LEHRBUCH DER DRAHTLOSEN

NACHRICHTENTECHNIK

HERAUSGEGEBEN VON

NICOLAI v. KORSHENEWSKY UND WILHELM T. RUNGE
STOCKHOLM BERLIN

VIERTER BAND

VERSTÄRKER UND EMPFÄNGER

ZWEITE VERBESSERTE AUFLAGE

Springer-Verlag Berlin Heidelberg GmbH 1951

VERSTÄRKER UND EMPFÄNGER

BEARBEITET VON

DR. TECHN. DR.-ING. E. H. M. J. O. STRUTT
ORD. PROFESSOR FÜR THEORETISCHE ELEKTROTECHNIK
AN DER EIDGENÖSSISCHEN TECHNISCHEN HOCHSCHULE
ZÜRICH

ZWEITE VERBESSERTE AUFLAGE

MIT 425 ABBILDUNGEN

Springer-Verlag Berlin Heidelberg GmbH 1951

ISBN 978-3-662-22821-0 ISBN 978-3-662-24754-9 (eBook)
DOI 10.1007/978-3-662-24754-9

Ursprünglich erschienen bei Springer-Verlag OHG in Berlin/Gottigen/Heidelberg 1951.
Softcover reprint of the hardcover 2nd edition 1951

Vorwort zur zweiten Auflage.

Als Herausgeber und Verleger mich vor einiger Zeit baten, eine zweite Auflage des vorliegenden Buches zu bearbeiten, habe ich diese Aufgabe zunächst etwas zögernd übernommen, weil ich nicht mehr in der Radioindustrie tätig bin. Dadurch aber, daß ich nicht mehr zu einer Großfirma der Radioindustrie gehöre, hat sich mein Kontakt mit dieser Industrie als Ganzes genommen vielleicht eher verstärkt, und ich glaube, hierdurch möglicherweise besser als früher in der Lage zu sein, den jetzigen Stand der Empfänger- und Verstärkertechnik zu bearbeiten. Außerdem ergibt sich durch meine jetzige Tätigkeit die Möglichkeit, verschiedene grundlegende Aufgaben der Vorausberechnung von Verstärkern und Empfängern ausführlicher zu bearbeiten als früher. Es sei noch besonders auf die in diesem Jahr bei den Eröffnungen mancher Radioausstellungen gemachten Bemerkungen hingewiesen, des Inhaltes, daß im großen und ganzen die heutigen Geräte keine wesentlichen Veränderungen gegen jene vor 5 Jahren und gegen jene zu Anfang des zweiten Weltkrieges aufweisen.

Durch die kurze zur Verfügung stehende Zeit war es leider nicht möglich, den geplanten Ersatz mancher Abbildungen von Verstärkern, Empfängern und Einzelteilen der ersten Auflage durch neue Ausführungen verschiedener Firmen durchzuführen. Die Vorarbeiten zu diesem Wandel werden vielleicht für eine evtl. spätere Auflage nützlich sein. Ich habe mich davon überzeugt, daß das vorliegende Bildmaterial auch den heutigen Ansprüchen noch weitgehend genügt. Die vielen kleinen und größeren Textänderungen beziehen sich teils auf Verbesserungen und Vereinfachungen, teils auf Ergebnisse neuer eigener und anderer Arbeiten, welche in einigen Fällen hier zum erstenmal veröffentlicht werden. Ich möchte dabei auf folgende Abschnitte aufmerksam machen: A 1aε, A 1bε, A 2e, A 7bα, C 3a, C 3cγ, D 1, F, G 4, G 5. In manchen dieser Abschnitte finden sich neue Kurvenbilder, welche zum Teil von meinen Mitarbeitern und mir für diese zweite Auflage berechnet wurden.

In den Nachkriegsjahren hat die Verbreitung von Verstärkern und Empfängern eine starke Zunahme erfahren. Während mir für Europa, Asien, Australien keine genauen Zahlen vorliegen, sind folgende Daten für die USA neuerdings veröffentlicht worden. („Fortune", Juli 1950, S. 55): Empfängerproduktion (ohne Fernsehen) im Jahre 1946 etwa 14.10^6, im Jahre 1947 etwa 21.10^6, im Jahre 1948 etwa 17.10^6 und im Jahre 1949 etwa 9.10^6. Geschätzte heutige Gesamtzahl der Empfänger etwa 85.10^6 (im Jahre 1944 etwa 46.10^6), mit einem Gesamtpreis von etwa 412.10^6 Dollar. Hierzu kommen noch die Fernsehgeräte (etwa $5{,}8.10^6$ am 1. Mai 1950, mit einem Gesamtpreis von etwa 1900.10^6 Dollar). Man schätzt, daß 1955 etwa 30.10^6 Fernsehempfänger in Betrieb sein werden, mit etwa 121 Fernsehsendern Ende 1950. Diese eindrucksvollen Zahlen vermitteln ein klares Bild der großen und wachsenden wirtschaftlichen Bedeutung der Radioindustrie (vgl. Schrifttum: 112, 231, 271).

Indem ich allen, die mich bei dieser zweiten Auflage unterstützt haben, aufs herzlichste danke, spreche ich die Hoffnung aus, daß sie einen ebensolchen Anklang finden möge wie die erste Auflage.

Zürich, im Herbst 1950. **M. J. O. Strutt.**

Vorwort zur ersten Auflage.

Der freundliche Vorschlag von Herausgebern und Verlag, den vorliegenden Band des Lehrbuchs zu bearbeiten, eröffnete für mich die Möglichkeit, eine Reihe wichtiger Anwendungen der Elektronenröhren auf dem Gebiet der Nachrichtentechnik zusammenfassend darzustellen. Als Ausgangspunkt konnte das Buch „Moderne Mehrgitterelektronenröhren" (Springer, 2. Aufl. 1940) dienen, das eine Darstellung der wichtigsten neuzeitlichen Empfängerröhren enthält. Der Kurzwellenempfang unterhalb etwa 10 m Wellenlänge wurde fortgelassen, da er kürzlich im Buche „Moderne Kurzwellenempfangstechnik" (Springer 1939, heute vergriffen) eine Zusammenfassung erfahren hat.

Durch berufliche Arbeit bin ich in den letzten 12 Jahren mit vielen der im vorliegenden Band behandelten Aufgaben der Verstärker- und Empfängertechnik in enge Berührung gekommen. Wo ich nicht unmittelbar an eigene Erfahrung anknüpfen konnte, bildeten die umfangreichen Spezialkenntnisse vieler hiesiger Kollegen auf dem Gebiet des Empfänger- und Verstärkerbaues eine unerschöpfliche Quelle. In erster Linie möchte ich ihnen allen herzlich für ihre liebenswürdigen Auskünfte danken.

Dem Einwurf, daß durch hauptsächliche Orientierung nach den Erzeugnissen einer einzigen Großfirma eine einseitige Behandlung entstehen könnte, möchte ich mit der Bemerkung begegnen, daß die Entwicklungsrichtungen der internationalen Großerzeuger von Empfängern und Verstärkern in Hauptzügen parallel verlaufen.

Der Aufbau des Buches ist folgender: In einem einleitenden Abschn. (A) werden alle erforderlichen Grundlagen für die Betrachtung von Verstärkerstufen in weitestem Sinne zusammengestellt. Besonderes Gewicht wird auf die Rolle der spontanen Schwankungserscheinungen (Rauschen) gelegt. Der folgende Abschnitt (B) enthält die wichtigsten Unterlagen über die wesentlichen Bauteile (wobei z. B. auch Lautsprecher und Mikrophone, soweit sie vom Verstärkerstandpunkt interessieren, behandelt werden). Diese Grundlagen ermöglichen im Abschn. C eine weitgehende Darstellung neuzeitlicher Niederfrequenzverstärker. Der Teil II des Buches befaßt sich mit den spezifischen Empfängeraufgaben: Hochfrequenzverstärkung (Abschn. D), Gleichrichtung und Überlagerungsverstärkung (E), Verringerung der Wirkung spontaner Schwankungen (F), Empfängerschaltungen (G), Empfängergestaltung (H) und Empfängermessungen (J). An mehreren Stellen konnten eigene Arbeiten benutzt werden, welche zum Teil in dieser Form noch nicht veröffentlicht wurden. Hier ist vor allem das praktisch wichtige Ergebnis erwähnt, daß die Wirkung spontaner Schwankungen in Verstärkern und Empfängern durch Anwendung einfacher Schaltmaßnahmen in vielen Fällen bedeutend verringert werden kann. Mehrere Beispiele belegen diese Erörterungen. Weiter möchte ich in dieser Beziehung die Abschn. A 3b, C 2bβ, C 3b, C 3cα, C 4c, C 5, D 2bα, D 2bζ, E 2, F hervorheben. Auch die Abschn. A 5, E 1, G 3, G 4, G 6, H 1, H 6, J dürften in Fachkreisen besonderes Interesse finden. Die vielen Schaltbilder von Empfängern sind alle erprobt, manche sind in großen Stückzahlen ausgeführt worden. Als Leitfaden zieht sich durch die

Behandlung sämtlicher Empfängerfragen die Betrachtung des Verhältnisses Signal zu Störungen (besonders Rauschen) am Empfängerausgang hin.

Das Schrifttum wurde, soweit die heutige Lage das ermöglichte, bis Ende 1941 berücksichtigt und in einem alphabetisch geordneten Verzeichnis am Schluß des Bandes zusammengestellt. Am Ende der einzelnen Abschnitte des Buches wird nach diesem Verzeichnis verwiesen. Diese Art des Zitierens führt zu beträchtlicher Raumersparnis. Vollständigkeit des Schrifttums konnte und sollte nicht angestrebt werden. Prioritätsfragen bleiben auf Wunsch der Herausgeber unberührt. Neben den zitierten Arbeiten möchte ich auf die wertvollen laufenden Veröffentlichungen einiger Großfirmen hinweisen, wie z. B. „Philipps Miniwatt Monatshefte“, „Telefunkenröhre“, „R. C. A. Review“, „Gen. Electr. Review“. In diesen Heften findet sich eine Fülle von interessanten Arbeiten auf dem hier behandelten Gebiet, welche manche Fragen viel ausführlicher beleuchten, als hier aus Platzgründen möglich ist.

Zur Erleichterung der Auffindung einzelner Abschnitte bei Hin- und Rückverweisungen im Text ist oben auf jeder Buchseite die Abschnittbezeichnung (z. B. A1cβ) wiederholt.

Für die wirtschaftliche Bedeutung der Rundfunkempfänger sind folgende Zahlen interessant: In Deutschland wurden im Rundfunkjahr 1938/39 etwa 3 Millionen neue Geräte verkauft. In den Vereinigten Staaten im Jahre 1938 etwa 7 Millionen Geräte im Werte von etwa 250 Millionen Dollar. Die Gesamtzahl der Ende 1938 in den Vereinigten Staaten betriebenen Empfänger wird auf etwa 40 Millionen geschätzt. (Schrifttumsliste Nr. 112 und 231.)

Ich möchte nicht verfehlen, den Herren Prof. Dr. G. Holst und Dr. E. Oosterhuis für ihr liebenswürdiges Interesse an diesem Buch sowie mehreren Kollegen, und insbesondere den Herren Dipl.-Ing. J. Deketh, Ir., J. M. van Hofweegen, Dr. K. S. Knol, N. S. Markus und Dr. A. van der Ziel, für ihre wertvollen Bemerkungen und Hilfe beim Manuskript, den Abbildungen sowie bei den Korrekturen auch an dieser Stelle herzlich zu danken.

Eindhoven, Weihnachten 1941.

M. J. O. Strutt.

Inhaltsverzeichnis.

I. Verstärker.

II. Empfänger.

I. Verstärker.

A. Allgemeines über Verstärkerstufen.

In diesem einleitenden Abschnitt I A werden die verschiedenen grundsätzlichen Verfahren zur Verstärkung von Strömen, Spannungen und Leistungen behandelt. Zudem enthält er die wichtigsten bei dieser Verstärkung auftretenden Begriffe und Daten, welche in den weiteren Abschnitten des ersten und des zweiten Teiles angewandt und erweitert werden.

1. Verstärkung mittels passiver Schaltungen komplexer Widerstände.

Der Begriff „Verstärkung" umfaßt allgemein die Vergrößerung von Spannungen, Strömen oder Leistungen durch Anwendung geeigneter Schaltmittel. In diesem Abschnitt werden wir einige Schaltungen behandeln, mit denen „Verstärkung" erzielt werden kann, ohne Verstärkerröhren zu benutzen, lediglich unter Anwendung linearer, passiver (keine Leistung spendender) komplexer Widerstände.

a) Darstellung von Stromerzeugern und Spannungserzeugern; Verstärkung mittels Zweipole.

α) *Schaltbild von Spannungserzeugern nach* H. v. Helmholtz.

Die zu verstärkenden Spannungen und Ströme werden durch Spannungs- bzw. Stromerzeuger geliefert. Wie können solche Spannungs- bzw. Stromerzeuger allgemein dargestellt werden? Äußerlich ist ein solcher Erzeuger ein Kasten mit zwei Anschlüssen. Wenn man diese beiden Anschlüsse über ein Strommeßgerät miteinander verbindet, zeigt dieses Gerät einen bestimmten Stromwert an. Dieser angezeigte Stromwert ist geringer, wenn das Gerät bei gleicher Empfindlichkeit einen größeren Widerstand hat. Anwendung des Ohmschen Gesetzes ergibt unter Extrapolation nach Geräten mit dem Widerstand Null, daß der Erzeuger dargestellt werden kann als „Spannungsquelle", in Reihe mit einem bestimmten Widerstand, den man den „inneren Widerstand" des Erzeugers nennt. Die „Spannungsquelle" an sich hat den inneren Widerstand Null. Diese Verhältnisse sind in Abb. 1 veranschaulicht. Die Spannungsquelle der effektiven Spannung $\mathfrak{U}$ in Reihe mit dem Quellenwiderstand $\mathfrak{R}_i$ stellt den Spannungs- bzw. Stromerzeuger dar. An den beiden Klemmen *1* und *2* des Spannungserzeugers ist der „äußere" Widerstand $\mathfrak{R}$ angeschlossen, der beispielsweise zu einem Strommeßgerät gehört. Es fließt im Kreise ein effektiver Strom $\mathfrak{J}$, der durch die Formel:

(A 1, 1) $$\mathfrak{J} = \frac{\mathfrak{U}}{\mathfrak{R}_i + \mathfrak{R}}$$

dargestellt wird. Unter Benutzung der üblichen Rechenweise der Wechselstromtheorie für einwellige Ströme und Spannungen sind $\mathfrak{J}$, $\mathfrak{U}$, $\mathfrak{R}_i$ und $\mathfrak{R}$ im allgemeinen komplexe Zahlen.

Die Leistungsfähigkeit des Spannungserzeugers wird durch die Spannung $\mathfrak{U}$ der Quelle, die man „Leerlaufspannung" nennen kann, und durch den Quellenwiderstand $\mathfrak{R}_i$ bestimmt. Der Name „Leerlaufspannung" beruht auf der Anwendung von Spannungsmeßgeräten mit sehr großem Widerstand. Wenn $\mathfrak{R}$ den Widerstand eines solchen Gerätes darstellt, ist in Gl. (1, 1) $\mathfrak{R} \gg \mathfrak{R}_i$ (sowohl den reellen wie den imaginären Teilen der Widerstände nach) und angenähert $\mathfrak{J} = \mathfrak{U}/\mathfrak{R}$. Die vom Gerät angezeigte Spannung ist somit angenähert $\mathfrak{J}\mathfrak{R} = \mathfrak{U}$, d. h. die Leerlaufspannung.

Schrifttum: 65, 235, 315 *.

β) *Spannungsverstärkung.*

An Hand des von H. v. HELMHOLTZ stammenden Schaltbildes von Abb. 1 können wir einsehen, daß mittels geeignet gewählten komplexen Wechselstromwiderständen $\mathfrak{R}$ und $\mathfrak{R}_i$ Spannungsverstärkung erzielt werden kann. Genauer gesagt: daß der absolute Wert der Spannung zwischen *1* und *2* größer sein kann als der Absolutwert der Leerlaufspannung $\mathfrak{U}$. Die Spannung zwischen *1* und *2* beträgt:

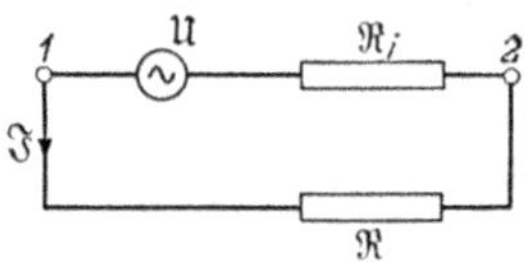

Abb. 1. Erstes Ersatzschaltbild eines Spannungserzeugers. Eine Quelle der effektiven Wechselspannung $\mathfrak{U}$, die selber den Quellenwiderstand Null hat, in Reihe mit einem Widerstand $\mathfrak{R}_i$, der dem Quellenwiderstand des Spannungserzeugers entspricht. Der Wechselstrom $\mathfrak{J}$ fließt durch die Reihenschaltung des Quellenwiderstandes $\mathfrak{R}_i$ und des Verbraucherwiderstandes $\mathfrak{R}$.

$$\text{(A 1, 2)} \qquad \mathfrak{U}_1 = \frac{\mathfrak{U}\,\mathfrak{R}}{\mathfrak{R}_i + \mathfrak{R}}.$$

Damit $|\mathfrak{U}_1| > |\mathfrak{U}|$ ist, muß offenbar der Absolutbetrag von $\mathfrak{R}$ größer sein als der Absolutwert von $\mathfrak{R}_i + \mathfrak{R}$. Diese Bedingung kann in verschiedener Weise erfüllt werden. Wir geben ein einfaches Beispiel: Der innere Widerstand $\mathfrak{R}_i$ sei eine Selbstinduktion, gleich $j\omega L$ ($j = +\sqrt{-1}$ und ω die Kreisfrequenz der Ströme und Spannungen, während L den Selbstinduktionskoeffizienten darstellt), und der äußere komplexe Widerstand $\mathfrak{R}$ sei eine Kapazität, gleich $1/j\omega C$. Dann wird $\mathfrak{R}_i + \mathfrak{R} = -j[(\omega C)^{-1} - \omega L]$, und der absolute Wert dieses Summenwiderstandes kann für geeignete Werte $(\omega C)^{-1}$ kleiner sein als der absolute Wert von $\mathfrak{R}$.

γ) *Zweite Darstellung eines Spannungserzeugers.*

Wir gehen zu einer zweiten Darstellung eines Spannungs- bzw. Stromerzeugers über, die oft neben der oben angegebenen für die Berechnung von Schaltungen nützlich ist. Um zu dieser zweiten Darstellung zu gelangen, multiplizieren wir den Zähler und den Nenner des Ausdrucks rechts in Gl. (1, 2) mit $\mathfrak{R}_i$:

$$\text{(A 1, 3)} \qquad \mathfrak{U}_1 = \frac{\mathfrak{U}}{\mathfrak{R}_i}\,\frac{\mathfrak{R}\mathfrak{R}_i}{\mathfrak{R} + \mathfrak{R}_i} = \frac{\mathfrak{U}}{\mathfrak{R}_i}\left[\frac{1}{\mathfrak{R}} + \frac{1}{\mathfrak{R}_i}\right]^{-1}.$$

Der Ausdruck in eckigen Klammern der Gl. (1, 3) stellt die Parallelschaltung der Widerstände $\mathfrak{R}$ und $\mathfrak{R}_i$ dar. Die Spannung $\mathfrak{U}_1$ entsteht demnach, indem der Strom $\mathfrak{J}_i = \mathfrak{U}/\mathfrak{R}_i$ durch die Parallelschaltung der Widerstände $\mathfrak{R}$ und $\mathfrak{R}_i$ fließt. Wir können folglich von einer Stromquelle der effektven Stärke $\mathfrak{J}_i$ ausgehen, die in Reihe mit dem inneren Widerstand $\mathfrak{R}_i$ geschaltet ist. Der äußere Widerstand $\mathfrak{R}$ kommt dann parallel zu $\mathfrak{R}_i$. Man nennt $\mathfrak{J}_i$ den „Kurzschlußstrom", weil er nach Abb. 1 bei Kurzschluß der Anschlüsse *1* und *2* erhalten wird. Zwischen den Punkten *1* und *2* der Abb. 2 können wir den Stromkreis durch einen sehr großen Widerstand geschlossen denken, der aber den Wert des Stromes $\mathfrak{J}_i$ in

* Diese Zahlen verweisen nach der Schrifttumsliste am Schluß des Buches.

keiner Weise beeinflußt. Diese Darstellung eines Spannungs- bzw. Stromerzeugers ist der obigen völlig gleichberechtigt an die Seite zu stellen.

Mit Hilfe dieser zweiten Darstellung können wir in einfacher Weise ein zweites Beispiel zur Spannungsverstärkung mittels Widerständen behandeln. Es sei $\mathfrak{R}_i$ eine Kapazität: $\mathfrak{R}_i = 1/j\omega C_1$ und $\mathfrak{R}$ die Parallelschaltung einer Kapazität C, einer Selbstinduktion L und eines Wirkwiderstandes R:

$$\mathfrak{R}^{-1} = j\omega C - \frac{j}{\omega L} + \frac{1}{\mathfrak{R}};$$

$$\mathfrak{R}^{-1} + \mathfrak{R}_i^{-1} = j\omega(C + C_1) - \frac{j}{\omega L} + \frac{1}{R}.$$

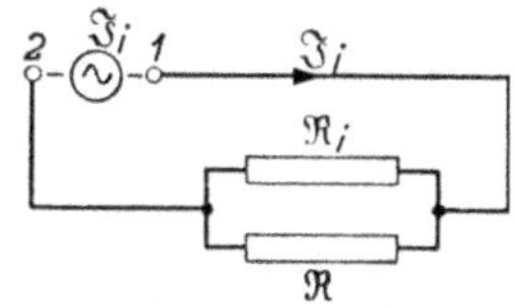

Abb. 2. Zweites Ersatzschaltbild eines Spannungserzeugers. Infolge einer zwischen den Anschlüssen *1* und *2* angeordneten Stromquelle fließt der Wechselstrom $\mathfrak{J}_i$ durch die Parallelschaltung des Widerstandes $\mathfrak{R}_i$, der dem Quellenwiderstand des Spannungserzeugers entspricht, und des äußeren Verbraucherwiderstandes $\mathfrak{R}$. Die Stromquelle zwischen *1* und *2* liefert einen festgelegten Strom und hat selber einen unendlich hohen Innenwiderstand (daher Anschlüsse gestrichelt).

Wir wählen nun die Werte $C + C_1$ und L derart, daß gilt: $\omega(C + C_1) = 1/\omega L$. Dann wird offenbar $(\mathfrak{R}^{-1} + \mathfrak{R}_i^{-1}) = R^{-1}$ und nach (1, 3):

$$\mathfrak{U}_1 = \mathfrak{U}\, j\omega C_1 R.$$

Da der absolute Wert von $j\omega C_1 R$ größer als 1 sein kann, ist es auch in diesem Falle möglich, daß $\mathfrak{U}_1$ im Absolutwert größer als $\mathfrak{U}$ ist, d. h. daß Spannungsverstärkung auftritt.

Obwohl in der Praxis weniger oft angewandt, sei hier auch kurz die *Stromverstärkung* mittels komplexer Widerstände behandelt. Hierzu gehen wir von der Darstellung des Stromerzeugers als Stromquelle nach Abb. 2 aus. Wir sprechen von Stromverstärkung, wenn in dem äußeren Widerstand $\mathfrak{R}$ ein Strom fließt, dessen Absolutbetrag größer ist als der Absolutwert von $\mathfrak{J}_i$. Nach Abb. 2 ist $\mathfrak{J}_i$ die Summe der Ströme durch $\mathfrak{R}_i$ und durch $\mathfrak{R}$. Nach dem üblichen Zeitvektordiagramm zur Berechnung einer solchen Verzweigung einwelliger Ströme ist $\mathfrak{J}_i$ die Vektorsumme der Vektoren für den Strom $\mathfrak{J}_1$ durch $\mathfrak{R}$ und für den Strom $\mathfrak{J}$ durch $\mathfrak{R}_i$. In Abb. 3 ist ein solches Vektordiagramm dargestellt, und zwar haben wir die Größen und die gegenseitigen Phasenwinkel der beiden letzteren Ströme so gewählt, daß der Betrag des resultierenden Stromes $\mathfrak{J}_i$ kleiner ist als der Betrag von $\mathfrak{J}_1$. In dieser Weise kann also Stromverstärkung mittels komplexer Widerstände auftreten.

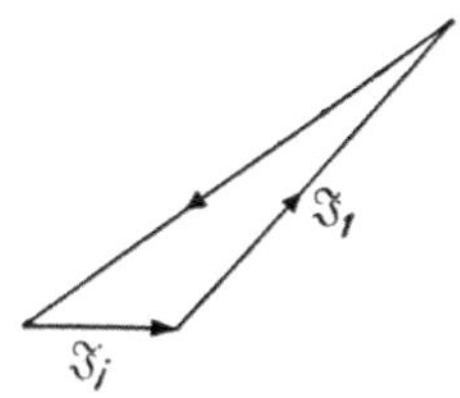

Abb. 3. Zur Stromverstärkung. $\mathfrak{J}_i$ stellt die Vektorsumme der Ströme $\mathfrak{J}_1$ durch $\mathfrak{R}$ (vgl. Abb. 2) und $\mathfrak{J}$ durch $\mathfrak{R}_i$ (Abb. 2) dar, und $\mathfrak{J}_1$ ist im Betrage größer als $\mathfrak{J}_i$.

δ) *Leistungsverstärkung.*

Können Leistungen eines Spannungs- bzw. Stromerzeugers mittels komplexer Widerstände verstärkt werden? Bei der Beantwortung dieser Frage müssen wir „Wirkleistung", „Blindleistung" und „Scheinleistung" unterscheiden. Wenn durch einen komplexen Widerstand ein Strom $\mathfrak{J}$ fließt und über dem Widerstand eine Spannung $\mathfrak{U}$ entsteht, so lauten die Ausdrücke für diese drei Leistungen, die in dem Widerstand auftreten, bei einwelligen Wechselströmen und -spannungen:

$$\text{Wirkleistung} \quad \mathfrak{N}_w = \mathrm{Re}(\mathfrak{J}\mathfrak{U}^*);$$
$$\text{Blindleistung} \quad \mathfrak{N}_b = \mathrm{Im}(\mathfrak{J}\mathfrak{U}^*);$$
$$\text{Scheinleistung} \quad \mathfrak{N}_s = |\mathfrak{J}\mathfrak{U}^*|.$$

Hierbei deutet der Stern an, daß der konjugiert komplexe Wert zu nehmen ist. also z. B. $\mathfrak{U} = U_1 + jU_2$, $\mathfrak{U}^* = U_1 - jU_2$. Weiter heißt Re (. .) der reelle

Teil und Im (. .) der imaginäre Teil. Wir berechnen diese drei Leistungen im äußeren komplexen Widerstand $\mathfrak{R}$ (vgl. Abb. 1 und 2) und im inneren Widerstand $\mathfrak{R}_i$. Wir setzen im Schaltbild Abb. 1: $\mathfrak{R}_i = |\mathfrak{R}_i| \exp(j\varphi_i)$ und $\mathfrak{R} = |\mathfrak{R}| \exp(j\varphi)$. Dann werden die drei genannten Leistungen in bezug auf den inneren Widerstand $\mathfrak{R}_i$, also Strom durch $\mathfrak{R}_i$ mal Spannung über $\mathfrak{R}_i$:

(A 1,4)
$$\left\{\begin{aligned} \mathfrak{N}_{wi} &= \mathrm{Re}\left(\frac{|\mathfrak{U}|^2\,|\mathfrak{R}_i|\,e^{-j\varphi_i}}{\{|\mathfrak{R}_i|\,e^{j\varphi_i} + |\mathfrak{R}|\,e^{j\varphi}\}\{|\mathfrak{R}_i|\,e^{-j\varphi_i} + |\mathfrak{R}|\,e^{-j\varphi}\}}\right)\\ &= \frac{|\mathfrak{U}^2|\,|\mathfrak{R}_i|\cos\varphi_i}{|\mathfrak{R}_i^2| + |\mathfrak{R}^2| + 2\,|\mathfrak{R}\mathfrak{R}_i|\cos(\varphi - \varphi_i)};\\ \mathfrak{N}_{bi} &= \frac{|\mathfrak{U}^2|\,|\mathfrak{R}_i|\sin\varphi_i}{|\mathfrak{R}_i^2| + |\mathfrak{R}^2| + 2\,|\mathfrak{R}\mathfrak{R}_i|\cos(\varphi - \varphi_i)};\\ \mathfrak{N}_{si} &= \frac{|\mathfrak{U}^2|\,|\mathfrak{R}_i|}{|\mathfrak{R}_i^2| + |\mathfrak{R}^2| + 2\,|\mathfrak{R}\mathfrak{R}_i|\cos(\varphi - \varphi_i)}. \end{aligned}\right.$$

Die analogen drei Leistungen in bezug auf den äußeren Widerstand (Leistungen im äußeren Kreis) sind:

(A 1,5)
$$\left\{\begin{aligned} \mathfrak{N}_{w} &= \frac{|\mathfrak{U}^2|\,|\mathfrak{R}|\cos\varphi}{|\mathfrak{R}_i^2| + |\mathfrak{R}^2| + 2\,|\mathfrak{R}\mathfrak{R}_i|\cos(\varphi - \varphi_i)};\\ \mathfrak{N}_{b} &= \frac{|\mathfrak{U}^2|\,|\mathfrak{R}|\sin\varphi}{|\mathfrak{R}_i^2| + |\mathfrak{R}^2| + 2\,|\mathfrak{R}\mathfrak{R}_i|\cos(\varphi - \varphi_i)};\\ \mathfrak{N}_{s} &= \frac{|\mathfrak{U}^2|\,|\mathfrak{R}|}{|\mathfrak{R}_i^2| + |\mathfrak{R}^2| + 2\,|\mathfrak{R}\mathfrak{R}_i|\cos(\varphi - \varphi_i)}. \end{aligned}\right.$$

Mit den Abkürzungen: $R_i = |\mathfrak{R}_i| \cos\varphi_i$, $X_i = |\mathfrak{R}_i| \sin\varphi_i$, $R = |\mathfrak{R}| \cos\varphi$, $X = |\mathfrak{R}| \sin\varphi$ wird die erste Gl. (1,5):

$$\mathfrak{N}_w = \frac{|\mathfrak{U}^2|\,R}{(R + R_i)^2 + (X + X_i)^2}.$$

ε) *Anpassung.*

Wir fragen bei vorgegebenen Werten R_i und X_i nach den Werten von R und X, *für welche die äußere Wirkleistung* $\mathfrak{N}_w$ *einen Höchstwert erreicht.* Differenzieren nach R ergibt als Bedingung:

(A 1,6)
$$R^2 = R_i^2 + (X_i + X)^2$$

und Differenzieren nach X ergibt:

(A 1,7)
$$X = -X_i.$$

Beide Höchstwertbedingungen zusammen ergeben: $R = R_i$ und $X = -X_i$. Der äußere Widerstand $\mathfrak{R}$ hat in diesem Fall den konjugiert komplexen Wert des inneren Widerstandes $\mathfrak{R}_i$. Unter diesen Bedingungen wird:

(A 1,8)
$$(\mathfrak{N}_w)_{\max} = \frac{|\mathfrak{U}^2|}{4R_i},$$

und dieser Höchstwert der äußeren Wirkleistung ist in diesem Falle der inneren Wirkleistung der Spannungsquelle $\mathfrak{N}_{wi}$ gleich. *Die höchste äußere Wirkleistung ist also gleich der Hälfte der gesamten von der Quelle abgegebenen Wirkleistung. Von einer Wirkleistungsverstärkung kann keine Rede sein.* Der Fall der Gl. (1,6), (1,7) und (1,8) wird als „Anpassung" des Außenwiderstandes an den Innenwiderstand des Spannungserzeugers bezeichnet.

Dagegen können die Scheinleistung und die Blindleistung im äußeren Widerstand $\mathfrak{R}$ wohl größer sein als der Wert der von der Quelle abgegebenen Wirk-, Schein- und Blindleistung, wie aus den Gl. (1,5) gefolgert werden kann.

In allen oben behandelten Fällen, wo Verstärkungen von Spannungen, Strömen oder Leistungen erhalten wurden, spielen *Blindwiderstände* eine wesentliche Rolle. Wenn der innere Widerstand $\mathfrak{R}_i$ und der äußere Widerstand $\mathfrak{R}$ nur *Wirkwiderstände* enthalten (R_i bzw. R), so können solche Verstärkungen *nicht*

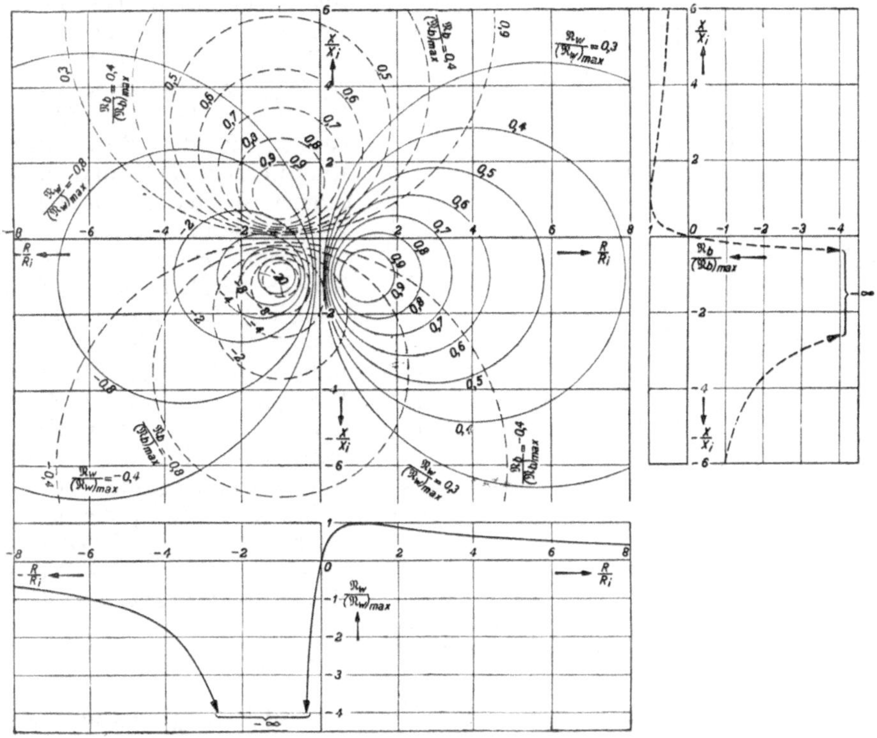

Abb. 4a. In der Hauptfigur ist als Horizontalachse R/R_i benutzt worden und als Vertikalachse X/X_i. Die ausgezogenen Kreise stellen die geometrischen Örter dar für das Verhältnis der in R verbrauchten Wirkleistung $\mathfrak{N}_w$ zur maximalen in R zu verbrauchenden Wirkleistung $(\mathfrak{N}_w)_{\max}$. Die gestrichelten Kreise sind die geometrischen Örter für das Verhältnis der in X aufgenommenen Blindleistung $\mathfrak{N}_b$ zur maximalen in X aufzunehmenden Blindleistung $(\mathfrak{N}_b)_{\max}$. Die Kurve in der unteren Figur stellt einen Querschnitt durch die obere Figur für die ausgezogenen Kreise dar, welcher durch die Kreiszentren verläuft. Analog stellt die rechte Figur einen Querschnitt durch die gestrichelten Kreise dar, welche durch die Kreiszentren verläuft. Es ist $X_i/R_i=1$ angenommen worden.

auftreten. An die Stelle der Verstärkung treten in diesem Falle die Begriffe der maximalen Spannung, des maximalen Stromes und der maximalen Leistung im äußeren Widerstand. Diese treten in der genannten Reihenfolge auf, wenn gilt: $R/R_i \to \infty$, $R/R_i \to 0$ und $R = R_i$. In den drei genannten Fällen gilt: Äußere Spannung gleich Leerlaufspannung, äußerer Strom gleich Kurzschlußstrom und äußere Leistung gleich der inneren Leistung.

Wir können in einer Ebene mit R/R_i und X/X_i als rechtwinklige Koordinaten (Abb. 4a links oben) geometrische Örter für ein konstantes Verhältnis $\mathfrak{N}_w/\mathfrak{N}_{w\max}$ der im äußeren Kreis erzielten Wirkleistung zur Höchstwirkleistung nach Gl. (1,8) zeichnen (ausgezogene Kreise). Ebenso ergeben sich Kreise als geometrische Örter zu einem konstanten Verhältnis der im äußeren Kreis erzielten Blindleistung $\mathfrak{N}_b$

zur Höchstblindleistung $\mathfrak{N}_{b\,\max}$. Letztere tritt für $X = X_i$ und $R = -R_i$ auf und wird durch den Ausdruck:

$$\mathfrak{N}_{b\,\max} = \frac{|\mathfrak{U}^2|}{4 X_i}$$

gegeben. Man beachte den reziproken Charakter der Bedingungen und Gleichungen für $\mathfrak{N}_{w\,\max}$ und $\mathfrak{N}_{b\,\max}$. Im unteren Teil der Abb. 4a ist für $X = -X_i$ das Verhältnis $\mathfrak{N}_w/\mathfrak{N}_{w\,\max}$ als Funktion von R/R_i gekennzeichnet worden. Analog gibt der rechte Teil der Abb. 4a das Verhältnis $\mathfrak{N}_b/\mathfrak{N}_{b\,\max}$ als Funktion von X/X_i für $R = -R_i$. Schließlich können wir in der Ebene mit den Koordinaten X/X_i und R/R_i die geometrischen Örter für konstanten Wirkungsgrad $\eta = \mathfrak{N}_w/(\mathfrak{N}_w + \mathfrak{N}_{w\,i})$ ermitteln. Hierfür ergeben sich Gerade parallel zur X/X_i-Achse (Abb. 4b). Im unteren Teil dieser Abbildung sind Kurven für η, $\mathfrak{N}_w$ und $\mathfrak{N}_w + \mathfrak{N}_{w\,i}$ als Funktion von R/R_i gezeichnet worden. Die Kurven der Abb. 4a und 4b geben einen Überblick der Leistungen und Wirkungsgrade beim Anschluß einer Leistungsquelle mit komplexem Quellenwiderstand an einen Verbraucher mit komplexem Widerstand für den Fall $X_i = R_i$.

Schrifttum: **364**.

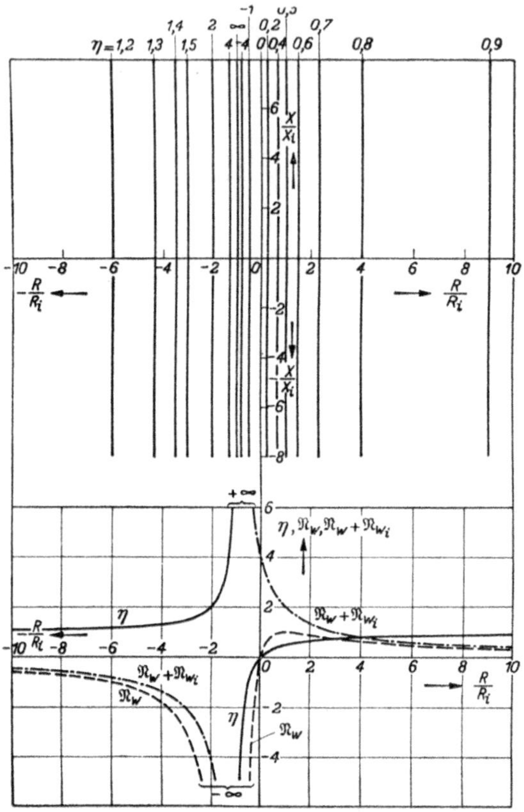

Abb. 4b. Die obere Figur stellt mit den gleichen Koordinaten wie die Zentralfigur von Abb. 4a die geometrischen Örter dar für alle Punkte mit dem gleichen Wirkungsgrad η, und zwar in bezug auf die Wirkleistung im Verbraucher zur gesamten Wirkleistung, welche die Quelle erzeugt. In der unteren Figur findet sich ein Querschnitt durch die obere, entlang der R/R_i-Achse. Die ausgezogene Kurve bezieht sich auf den Wirkungsgrad, die gestrichelte Kurve auf die Wirkleistung im Verbraucher und die Punkt-Strich-Kurve auf die Summe der Wirkleistung im Verbraucher und in der Quelle. Es ist $R_i = X_i$ angenommen worden.

b) Verstärkung mittels Transformatoren.

Während im vorigen Abschnitt zur Verstärkung komplexe Widerstände mit zwei Anschlüssen (Zweipole) benutzt wurden, wenden wir uns jetzt Anordnungen mit vier Anschlüssen zu, zwei Eingangsanschlüssen und zwei Ausgangsanschlüssen (Vierpole). Die positiv gezählten Stromrichtungen am Eingang und Ausgang sind in Abb. 5a angegeben. Die positive Spannungsrichtung am Eingang ist von *2* nach *1* und am Ausgang von *4* nach *3*. Dies gilt für alle Vierpole.

α) *Gleichungen des verlustlosen Transformators.*

Eine bekannte Anordnung dieser Art ist der Transformator. Zunächst betrachten und definieren wir einen *verlustlosen* Transformator (vgl. Abb. 5a). Zwischen dem Primär- und dem Sekundärkreis des Transformators befindet sich eine gegenseitige Induktion M mit den Selbstinduktionen L_1 und L_2. Die Gleichungen für die einwelligen Wechselströme $\mathfrak{J}_1$ und $\mathfrak{J}_2$ und für die Wechselspannungen $\mathfrak{U}_1$ und $\mathfrak{U}_2$ lauten:

$$\text{(A 1,9)} \qquad \begin{cases} \mathfrak{U}_1 = j\omega L_1 \mathfrak{J}_1 - j\omega M \mathfrak{J}_2; \\ \mathfrak{U}_2 = j\omega M \mathfrak{J}_1 - j\omega L_2 \mathfrak{J}_2. \end{cases}$$

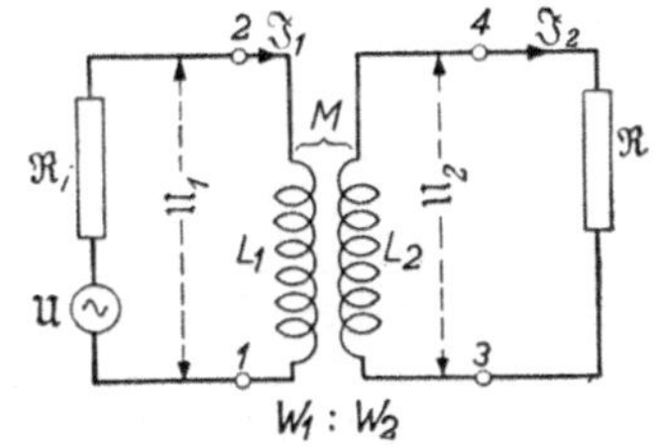

Abb. 5a. Schaltung eines verlustlosen Transformators mit der primären Selbstinduktion L_1, der sekundären Selbstinduktion L_2, der gegenseitigen Induktion M, der primären Spannungsquelle $\mathfrak{U}$ mit dem komplexen Quellenwiderstand $\mathfrak{R}_i$ und dem Verbraucherwiderstand $\mathfrak{R}$ im Sekundärkreis. Das Verhältnis $L_1/L_2 = w_1^2/w_2^2$, wobei w_1 und w_2 bzw. die Windungszahlen der primären und der sekundären Seite sind, die Spannungen $\mathfrak{U}_1$ und $\mathfrak{U}_2$ haben bzw. die Richtung von *2* nach *1* und von *4* nach *3*.

Der Transformator enthält nach der Voraussetzung der Verlustfreiheit keine Widerstände. Die Gl. (1,9) können in einfacher Weise umgeformt werden:

$$\text{(A 1,10)} \qquad \begin{cases} \mathfrak{J}_1 = \dfrac{L_2 \mathfrak{U}_1 - M \mathfrak{U}_2}{j\omega L_1 L_2 - j\omega M^2}; \\[2ex] \mathfrak{J}_2 = \dfrac{M \mathfrak{U}_1 - L_1 \mathfrak{U}_2}{j\omega L_1 L_2 - j\omega M^2}. \end{cases}$$

β) Gleichungen des idealen Transformators.

Der *ideale* Transformator ist erstens dadurch gekennzeichnet, daß $M^2 = L_1 L_2$. Folglich gilt in diesem Fall nach Gl. (1,10), damit $\mathfrak{J}_1$ und $\mathfrak{J}_2$ endlich bleiben:

$$L_2 \mathfrak{U}_1 - M \mathfrak{U}_2 = 0 \quad \text{oder} \quad \mathfrak{U}_2 = \frac{L_2}{M} \mathfrak{U}_1 = \pm \sqrt{\frac{L_2}{L_1}} \mathfrak{U}_1.$$

Da die Selbstinduktionen L_1 und L_2 dem Quadrate der Windungszahlen w_1 und w_2 der betreffenden Spulen proportional sind, ergibt sich unter Berücksichtigung der gewählten positiven Richtungen von $\mathfrak{U}_1$ und $\mathfrak{U}_2$:

$$\text{(A 1,11)} \qquad \frac{\mathfrak{U}_2}{\mathfrak{U}_1} = \frac{w_2}{w_1}.$$

Zur Berechnung der Ströme $\mathfrak{J}_1$ und $\mathfrak{J}_2$ aus Gl. (1,9) setzen wir $\mathfrak{R}\mathfrak{J}_2 = \mathfrak{U}_2$ (Abb. 5a). Aus der zweiten Gl. (1,9) ergibt sich dann:

$$(\mathfrak{R} + j\omega L_2)\mathfrak{J}_2 = j\omega M \mathfrak{J}_1.$$

Der ideale Transformator ist zweitens dadurch gekennzeichnet, daß M, L_1 und L_2 für alle Frequenzen unendlich groß sind. Auf der linken Seite der letzten Gleichung ist dann $\mathfrak{R}$ zu vernachlässigen gegen $j\omega L_2$. Folglich wird:

$$\text{(A 1,12)} \qquad \frac{\mathfrak{J}_2}{\mathfrak{J}_1} = \frac{M}{L_2} = \sqrt{\frac{L_1}{L_2}} = \frac{w_1}{w_2} = \frac{\mathfrak{U}_1}{\mathfrak{U}_2}.$$

Die Formeln (1,11) und (1,12) enthalten die vollständige rechnerische Beschreibung des idealen Transformators.

γ) Verstärkung mit einem idealen Transformator.

In welcher Weise können mit einem solchen idealen Transformator Verstärkungen von Spannungen, Strömen und Leistungen erzielt werden? Hierzu betrachten wir die Abb. 5a. Infolge des Transformators und des Sekundärkreises soll im Primärkreis ein zusätzlicher komplexer Widerstand $\mathfrak{R}_1$ auftreten. Dieser Primärkreis besteht somit aus der Reihenschaltung der Spannungsquelle $\mathfrak{U}$, des inneren Widerstandes $\mathfrak{R}_i$ und des Widerstandes $\mathfrak{R}_1$, den wir den „transformierten Widerstand des Sekundärkreises" nennen. Folglich ist die primäre Stromstärke

$\mathfrak{J}_1 = \mathfrak{U}/(\mathfrak{R}_i + \mathfrak{R}_1)$. Weiter gilt $\mathfrak{J}_2 = (w_1/w_2)\,\mathfrak{J}_1$ und $\mathfrak{J}_2\,\mathfrak{R} = \mathfrak{U}_2$, während $\mathfrak{U}_2$ wieder gleich $(w_2/w_1)\,\mathfrak{U}_1 = (w_2/w_1)\mathfrak{J}_1\mathfrak{R}_1$ ist. Diese Rechnung ergibt:

(A 1,13) $$\mathfrak{R}_1 = \left(\frac{w_1}{w_2}\right)^2 \mathfrak{R}.$$

Hiermit haben wir die *Transformationsregel für komplexe Widerstände* ermittelt, die den Regeln (1,11) und (1,12) für Spannungen und Ströme an die Seite zu stellen ist. Die Berechnung der Verstärkung mit einem idealen Transformator ist durch diese Regeln auf die Berechnung eines Kreises, wie in Abb. 1 gezeichnet, der nur komplexe Widerstände enthält, zurückgeführt. Nach den in Abschn. 1a angeführten Beispielen kann der Primärkreis der idealen Transformatorschaltung ohne weiteres durchgerechnet werden. Insbesondere können, falls $\mathfrak{R}_i$ und $\mathfrak{R}_1$ nicht beide Wirkwiderstände sind, in diesem Primärkreis bereits Verstärkungen von Spannungen, Strömen und Leistungen erzielt werden. Wenn die Spannung über, der Strom durch, oder die Leistung in dem Widerstand $\mathfrak{R}_1$ bekannt ist, ergeben die Regeln (1,11) und (1,12) sofort die entsprechenden Größen in bezug auf den Widerstand $\mathfrak{R}$ im Sekundärkreis der idealen Transformatorschaltung.

Im Gegensatz zur Verwendung von komplexen Widerständen (Zweipolen) können mit einem idealen Transformator auch Verstärkungen von Spannungen und Strömen erzielt werden, falls in den Kreisen nur Wirkwiderstände verwendet werden. Wir betrachten hierzu wieder die Abb. 5a und ersetzen $\mathfrak{R}_i$ durch R_i sowie $\mathfrak{R}$ durch R, wobei R_i und R Wirkwiderstände sind. Der transformierte Widerstand R_1 von R wird nach Gl. (1,13): $R_1 = (w_1/w_2)^2 R$ und die Spannung über R_1 im Primärkreis ist $\mathfrak{U}_1 = \mathfrak{U}\,R_1/(R_i + R_1)$. Offenbar ist $\mathfrak{U}_1$ immer kleiner als, höchstens aber gleich $\mathfrak{U}$. Die Sekundärspannung $\mathfrak{U}_2$ wird $\mathfrak{U}_2 = (w_2/w_1)\,\mathfrak{U}_1 = (w_2/w_1)\,\mathfrak{U}\,R_1/(R_i + R_1) = \mathfrak{U}\,(w_2/w_1)\,(w_1/w_2)^2 R[R_i + (w_1/w_2)^2 R]^{-1}$, oder:

(A 1,14) $$\frac{\mathfrak{U}_2}{\mathfrak{U}} = \frac{w_1}{w_2}\,\frac{R}{R_i + \left(\frac{w_1}{w_2}\right)^2 R}.$$

Der Faktor rechts in Gl. (1,14) kann größer als 1 sein: z. B. $w_1/w_2 = 1/2$ und $R = 10\,R_i$, $\mathfrak{U}_2/\mathfrak{U} = 10/7$. In dieser Weise kann also mit Wirkwiderständen und einem idealen Transformator Spannungsverstärkung erzielt werden. In analoger Weise kann man Stromverstärkung erreichen: $\mathfrak{J}_1 = \mathfrak{U}/(R_i + R_1)$; $\mathfrak{J}_2 = (w_1/w_2)\mathfrak{J}_1 = (w_1/w_2)\,\mathfrak{U}[R_i + (w_1/w_2)^2 R]^{-1}$, oder:

(A 1,15) $$\frac{\mathfrak{J}_2}{\mathfrak{J}_i} = \frac{w_1}{w_2}\,\frac{R_i}{R_i + \left(\frac{w_1}{w_2}\right)^2 R},$$

wo $\mathfrak{J}_i$ den Kurzschlußstrom der primären Stromquelle nach Abb. 2: $\mathfrak{J}_i = \mathfrak{U}/R_i$ darstellt. Der Faktor rechts in Gl. (1,15) kann wieder größer als 1 sein: z. B. $w_1/w_2 = 10$ und $R = R_i/100$, $\mathfrak{J}_2/\mathfrak{J}_i = 5$.

δ) *Anpassung.*

*Wirk*leistungsverstärkung kann aber mit einem idealen Transformator und komplexen Widerständen ebensowenig erhalten werden, wie mit Widerständen allein. Wir berechnen die größte Wirkleistung im Widerstand R des Sekundärkreises unter der Annahme: $\mathfrak{R}_i = R_i$, $\mathfrak{R} = R$. Die Wirkleistung beträgt im allgemeinen $\mathrm{Re}(\mathfrak{J}_2\,\mathfrak{U}_2^*)$ oder, wie aus (1,14) und (1,15) hervorgeht:

$$\mathfrak{N}_w = |\,\mathfrak{U}^2|\left(\frac{w_1}{w_2}\right)^2 \frac{R}{\left[R_i + \left(\frac{w_1}{w_2}\right)^2 R\right]^2}.$$

Als Funktion von $R_1 = (w_1/w_2)^2 R$ wird dieser Ausdruck möglichst groß für $R_i = R_1$, also für $R = (w_2/w_1)^2 R_i$, und zwar gilt dann:

$$(\mathfrak{N}_w)_{\max} = \frac{|\mathfrak{U}^2|}{4 R_i}. \tag{A 1,16}$$

Da nach (1,4) die innere Wirkleistung der Quelle ebenfalls gleich $\mathfrak{N}_{wi} = |\mathfrak{U}^2|/4 R_i$ ist, wird die Höchstleistung im Sekundärkreis gleich der Hälfte der von der Quelle gelieferten Gesamtwirkleistung, genau wie im Abschn. 1aε, wo Wirkwiderstände ohne Transformator verwendet werden. Der Fall der Gl. (1,16) wird als „*Anpassung*" bezeichnet.

ε) *Transformatoren der Praxis.*

Nachdem wir gesehen haben, in welcher Weise mit einem *idealen* Transformator Verstärkungen von Spannungen, Strömen und Leistungen erzielt werden können, wenden wir uns dem *wirklichen, nichtidealen Transformator* zu. In diesem Falle muß die Abb. 5a durch Verlustwiderstände R_p und R_s der primären und sekundären Wicklungen des Transformators erweitert werden (vgl. Abb. 6a). Diese Wicklungen besitzen außerdem eine gewisse Kapazität (Windungskapazität), die in Abb. 6a durch C_p und C_s dargestellt ist. Wenn der Transformator einen Eisenkern besitzt, treten in den Wicklungen auch noch „Eisenverluste" auf, die durch Verlustwiderstände R_{v1} und R_{v2} dargestellt werden (Abb. 6a). Sowohl die primäre als auch die sekundäre Selbstinduktion enthält Windungen, die nicht vollständig mit allen Windungen der sekundären bzw. primären Seite magnetisch gekoppelt sind. Deshalb sind diese Selbstinduktionen je in zwei Teile aufgespalten, einen Teil L_1 bzw. L_2 und einen Teil L_{s1} bzw. L_{s2}. Die Teile L_1 und L_2 enthalten nur Windungen, die mit der anderen Seite vollständig magnetisch gekoppelt sind, während die Windungen der Teile L_{s1} und L_{s2} nicht mit der anderen Seite gekoppelt sind und deshalb *Streuselbstinduktionen* genannt werden. Für die Teile L_1 und L_2 gilt wieder $M^2 = L_1 L_2$, wie beim idealen Transformator.

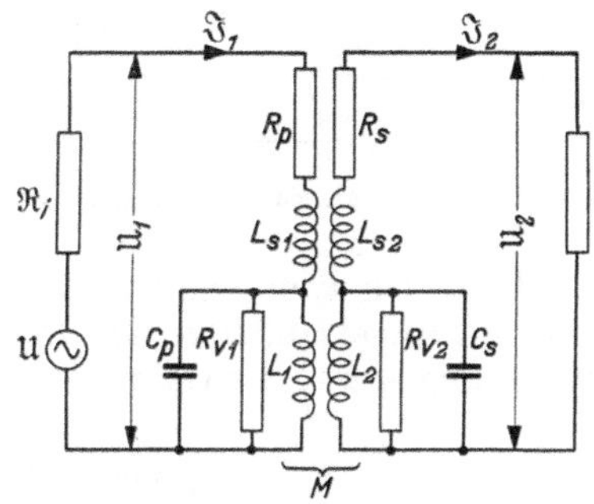

Abb. 6a. Schaltbild eines wirklichen Transformators. R_p und R_s sind die Reihenwiderstände der primären und der sekundären Wicklung, L_1 und L_2 jene Teile der primären und der sekundären Selbstinduktion, die nur Windungen enthalten, welche vollständig mit den Windungen der anderen Seite gekoppelt sind. M die gegenseitige Induktion, wobei $M^2 = L_1 L_2$, L_{s1}, und L_{s2} jene Teile der primären und der sekundären Selbstinduktion, welche nicht mit den Windungen der anderen Seite gekoppelt sind, R_{v1} und R_{v2} die Verlustwiderstände der primären und der sekundären Seite, die infolge von Eisenverlusten entstehen, C_p und C_s die Kapazitäten der primären und der sekundären Seite.

Wir wollen nun das Schaltbild 6a so vereinfachen, daß seine Durchrechnung in übersichtlicher Weise stattfinden kann. Hierzu gehen wir nach Abb. 5a zurück und setzen: $\mathfrak{U}_2 = \mathfrak{J}_2 \mathfrak{R}$. Aus der 2. Gl. (1,9) entsteht dann:

$$\mathfrak{J}_2 = \frac{j\omega M}{\mathfrak{R} + j\omega L_2} \mathfrak{J}_1.$$

Einsetzen dieses Wertes in die 1. Gl. (1,9) ergibt mit $M^2 = L_1 L_2$:

$$\mathfrak{U}_1 = \mathfrak{J}_1 \left(j\omega L_1 + \frac{\omega^2 M^2}{\mathfrak{R} + j\omega L_2}\right) = \mathfrak{J}_1 \frac{j\omega L_1 (\mathfrak{R} + j\omega L_2) + \omega^2 L_1 L_2}{\mathfrak{R} + j\omega L_2}$$

$$= \mathfrak{J}_1 \frac{j\omega L_1 \mathfrak{R}}{\mathfrak{R} + j\omega L_2} = \mathfrak{J}_1 \frac{j\omega L_1 \mathfrak{R}}{\mathfrak{R} + j\omega \frac{L_1 L_2}{L_1}}.$$

Wenn wir nun $L_2/L_1 = (w_2/w_1)^2$ setzen, entsteht die Gleichung:

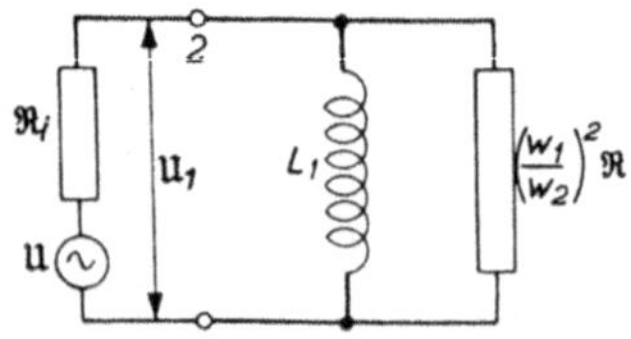

Abb. 5b. Ersatzschaltbild des idealen Transformators.

(A 1,17) $$\frac{\mathfrak{U}_1}{\mathfrak{J}_1} = \frac{j\,\omega L_1 \left(\frac{w_1}{w_2}\right)^2 \mathfrak{R}}{\left(\frac{w_1}{w_2}\right)^2 \mathfrak{R} + j\,\omega L_1}.$$

Der Ausdruck rechts gehört zur Parallelschaltung der Induktivität L_1 und des komplexen Widerstandes $\mathfrak{R}(w_1/w_2)^2$. Wir gelangen somit an Stelle der Abb. 5a zum Schaltbild 5b.

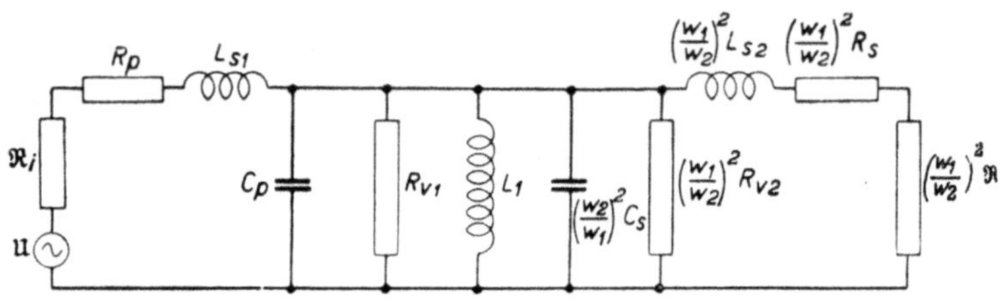

Abb. 6b. Anwendung des Ersatzschaltbildes von Abb. 5b auf den Transformator von Abb. 6a.

Diese Umwandlung von Abb. 5a in Abb. 5b kann unmittelbar auf das Schaltbild 6a angewandt werden und führt zur Abb. 6b. Anwendungen dieser Umwandlung von Schaltbildern mit Transformatoren finden sich in Abschn. C 3aδ.

c) Verstärkung mittels linearer Vierpole.

Ein Transformator ist nur ein Beispiel eines *Vierpols*, d. h. eines Kastens mit zwei Eingangs- und zwei Ausgangsklemmen. Innerhalb des Kastens können in beliebiger Weise komplexe Widerstände angeordnet sein.

α) *Gleichungen des linearen Vierpols.*

Bei einem solchen Vierpol (Abb. 7), der nur *lineare* Schaltelemente enthält (strenge Proportionalität zwischen allen Spannungen und Strömen), hängt der Eingangsstrom $\mathfrak{J}_1$ in linearer Weise von der Eingangsspannung $\mathfrak{U}_1$ und von der Ausgangsspannung $\mathfrak{U}_2$ ab (vgl. Abb. 7). Das gleiche gilt für den Ausgangsstrom $\mathfrak{J}_2$. Es gelten somit die Gleichungen:

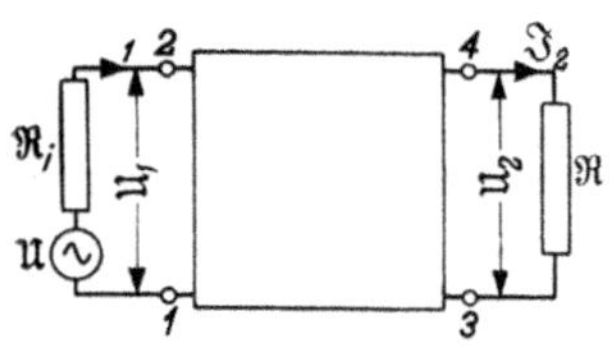

Abb. 7. Vierpol mit den Eingangsklemmen *1* und *2* und den Ausgangsklemmen *3* und *4*. Spannungsquelle $\mathfrak{U}$ mit dem Innenwiderstand $\mathfrak{R}_i$ und an der Ausgangsseite der Verbraucherwiderstand $\mathfrak{R}$. Die Spannungen $\mathfrak{U}_1$ und $\mathfrak{U}_2$ sind bzw. von *2* nach *1* und von *4* nach *3* gerichtet. Dies gilt auch für die weiteren Vierpolschaltbilder.

(A 1,18) $$\left\{\begin{aligned} \mathfrak{J}_1 &= \mathfrak{Y}_{11}\mathfrak{U}_1 + \mathfrak{Y}_{12}\mathfrak{U}_2; \\ \mathfrak{J}_2 &= \mathfrak{Y}_{21}\mathfrak{U}_1 + \mathfrak{Y}_{22}\mathfrak{U}_2, \end{aligned}\right.$$

wobei $\mathfrak{Y}_{11}, \mathfrak{Y}_{12}, \mathfrak{Y}_{21}$ und $\mathfrak{Y}_{22}$ im allgemeinen komplexe Konstante mit der Dimension von Leitwerten sind, die nicht von den Strömen oder von den Spannungen abhängen. Wir bemerken, daß die Transformatorgleichungen (1,10) auch diese Form haben, wobei gilt:

$$\mathfrak{Y}_{12} = -\mathfrak{Y}_{21}.$$

Mit Hilfe eines passiven Vierpols (Abb. 7) können wir Verstärkungen von Strömen, Spannungen und, bei geeigneten Bedingungen, auch von Leistungen (aber nicht von *Wirk*leistungen) erzielen. Wir werden die betreffenden Verstärkungen aus den Gl. (1,18) berechnen.

Zunächst berechnen wir $\mathfrak{I}_2/\mathfrak{I}_1$. Hierzu setzen wir in der zweiten Gleichung (1,18) $\mathfrak{I}_2\mathfrak{R} = \mathfrak{U}_2$ (vgl. Abb. 7) und finden:

$$\mathfrak{I}_2 = \frac{\mathfrak{Y}_{21}\mathfrak{U}_1}{1 - \mathfrak{Y}_{22}\mathfrak{R}}. \tag{A 1,19}$$

Hierauf setzen wir auch in der ersten Gleichung (1,18) $\mathfrak{I}_2\mathfrak{R} = \mathfrak{U}_2$ und benutzen den Wert (1,19) für $\mathfrak{I}_2$. Es entsteht die Formel:

$$\mathfrak{I}_1 = \left(\mathfrak{Y}_{11} + \frac{\mathfrak{Y}_{12}\mathfrak{Y}_{21}}{1 - \mathfrak{Y}_{22}\mathfrak{R}}\mathfrak{R}\right)\mathfrak{U}_1. \tag{A 1,20}$$

Folglich ist die Stromübersetzung:

$$\frac{\mathfrak{I}_1}{\mathfrak{I}_2} = \mathfrak{Y}_{11}\frac{1 - \mathfrak{Y}_{22}\mathfrak{R}}{\mathfrak{Y}_{21}} + \mathfrak{Y}_{12}\mathfrak{R}. \tag{A 1,21}$$

Das Verhältnis von $\mathfrak{I}_1$ zu $\mathfrak{U}_1$ nennt man den *Eingangsscheinleitwert* des Vierpols [vgl. Gl. (1,20)]:

$$\mathfrak{Y}_e = \frac{\mathfrak{I}_1}{\mathfrak{U}_1} = \mathfrak{Y}_{11} + \frac{\mathfrak{Y}_{12}\mathfrak{Y}_{21}}{1 - \mathfrak{Y}_{22}\mathfrak{R}}\mathfrak{R}. \tag{A 1,22}$$

Im Falle des Kurzschlusses am Ausgang ($\mathfrak{R} = 0$) wird $\mathfrak{Y}_{11} = \mathfrak{Y}_e$, wie auch unmittelbar aus (1,18) hervorgeht ($\mathfrak{U}_2 = 0$). Der Eingangsleitwert $\mathfrak{Y}_e$ ersetzt den Vierpol am Eingang. Folglich ist $\mathfrak{I}_1 = \mathfrak{U}(\mathfrak{R}_i + 1/\mathfrak{Y}_e)^{-1}$ (vgl. Abb. 7). Es sind somit alle Spannungen und Ströme durch die Quellenspannung $\mathfrak{U}$ und durch die Schaltgrößen $\mathfrak{R}_i$, $\mathfrak{Y}_{11}$, $\mathfrak{Y}_{12}$, $\mathfrak{Y}_{21}$, $\mathfrak{Y}_{22}$ und $\mathfrak{R}$ ausgedrückt (Abb. 7). Indem wir (1,19) links und rechts mit $\mathfrak{R}$ multiplizieren und $\mathfrak{R}\mathfrak{I}_2 = \mathfrak{U}_2$ setzen, erhalten wir die Spannungsübersetzung:

$$\frac{\mathfrak{U}_2}{\mathfrak{U}_1} = \frac{\mathfrak{Y}_{21}\mathfrak{R}}{1 - \mathfrak{Y}_{22}\mathfrak{R}}. \tag{A 1,23}$$

Aus der Gl. (1,23) kann das Verhältnis der Spannung $\mathfrak{U}_2$ zur Leerlaufspannung $\mathfrak{U}$ der Quelle berechnet werden. Hierzu setzen wir $\mathfrak{Y}_e\mathfrak{U}_1 = \mathfrak{I}_1$ und benutzen Gl. (1,23) sowie die Gl. $\mathfrak{I}_1 = \mathfrak{U}(\mathfrak{R}_i + 1/\mathfrak{Y}_e)^{-1}$:

$$\frac{\mathfrak{U}_2}{\mathfrak{U}} = \frac{\mathfrak{U}_2}{\mathfrak{U}_1}\frac{\mathfrak{U}_1}{\mathfrak{U}} = \frac{\mathfrak{Y}_{21}\mathfrak{R}}{1 - \mathfrak{Y}_{22}\mathfrak{R}}\frac{\mathfrak{I}_1/\mathfrak{Y}_e}{\mathfrak{U}} = \frac{\mathfrak{Y}_{21}\mathfrak{R}}{1 - \mathfrak{Y}_{22}\mathfrak{R}}\frac{1}{\mathfrak{R}_i\mathfrak{Y}_e + 1}.$$

Einsetzen des Wertes $\mathfrak{Y}_e$ aus Gl. (1,22) ergibt:

$$\frac{\mathfrak{U}}{\mathfrak{U}_2} = \frac{(1 + \mathfrak{R}_i\mathfrak{Y}_{11})(1 - \mathfrak{Y}_{22}\mathfrak{R})}{\mathfrak{Y}_{21}\mathfrak{R}} + \mathfrak{R}_i\mathfrak{Y}_{12}. \tag{A 1,24}$$

Schrifttum: 44, 83, 168.

β) *Beispiel eines passiven Vierpols.*

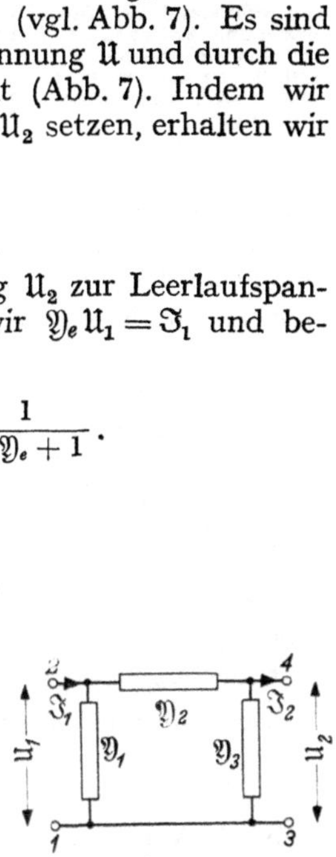

Abb. 8. Darstellung eines passiven Vierpols durch drei verschiedene Scheinleitwerte $\mathfrak{Y}_1$, $\mathfrak{Y}_2$, $\mathfrak{Y}_3$.

Als Beispiel eines Vierpols behandeln wir die in Abb. 8 gezeichnete Schaltung von drei komplexen Leitwerten $\mathfrak{Y}_1$, $\mathfrak{Y}_2$, $\mathfrak{Y}_3$. Wenn wir die Ströme $\mathfrak{I}_1$ und $\mathfrak{I}_2$ als Funktion der Spannungen $\mathfrak{U}_1$ und $\mathfrak{U}_2$ durch die linearen Gleichungen (1,18) darstellen, erhalten die Vierpolkonstanten $\mathfrak{Y}_{11}$, $\mathfrak{Y}_{12}$, $\mathfrak{Y}_{22}$ und $\mathfrak{Y}_{21}$ folgende Bedeutung: $\mathfrak{Y}_{11} = \mathfrak{Y}_1 + \mathfrak{Y}_2$, $\mathfrak{Y}_{12} = -\mathfrak{Y}_2$, $\mathfrak{Y}_{21} = \mathfrak{Y}_2$, $\mathfrak{Y}_{22} = -\mathfrak{Y}_2 - \mathfrak{Y}_3$. Im hier betrachteten Fall *passiver* Vierpole sind die *reellen Teile sämtlicher Leitwerte* $\mathfrak{Y}_1$, $\mathfrak{Y}_2$ und $\mathfrak{Y}_3$, *welche den Vierpol bilden, positiv.*

Schrifttum: 27, 44.

d) Einige Vierpolsätze.

α) *Satz von* M. L. Thévénin.

Für die Behandlung der Strom-, Spannungs- und Leistungsübertragung mittels Vierpole ist der Satz von M. L. Thévénin für Vierpole, die nur passive (keine Leistung spendende) komplexe Widerstände enthalten, von grundlegender Bedeutung. Dieser Satz besagt folgendes: Das in Abb. 7 gezeichnete Schaltbild kann für die Übertragung von Strömen, Spannungen und Leistungen von der Quelle $\mathfrak{U}$ auf den Widerstand $\mathfrak{R}$ durch das in Abb. 9 gezeichnete Schaltbild ersetzt werden. Hierbei ist die Spannung $\mathfrak{U}'$ gleich der Spannung $\mathfrak{U}_2$ der Abb. 7 für den Fall, daß $\mathfrak{R}$ unendlich groß wäre [Leerlaufspannung, vgl. Gl. (1,24)]:

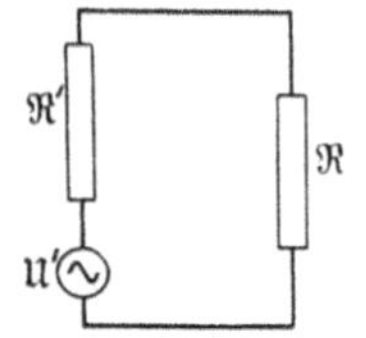

Abb. 9. Zur Anwendung des Satzes von M. L. Thévénin. Die Leistungsübertragung von der Spannungsquelle $\mathfrak{U}$ zum Verbraucherwiderstand $\mathfrak{R}$ der Abb 7 findet genau so statt, wie im Schaltbild der Abb. 9 von der Spannungsquelle $\mathfrak{U}'$ zum Verbraucherwiderstand $\mathfrak{R}$. Die Beziehung zwischen $\mathfrak{U}'$ und $\mathfrak{U}$ sowie zwischen $\mathfrak{R}'$ und $\mathfrak{R}_i$ zusammen mit den Vierpolleitwerten wird durch Gl. (1,25) und (1,26) dargestellt.

$$\text{(A 1,25)} \qquad \frac{\mathfrak{U}}{\mathfrak{U}'} = -\frac{\mathfrak{Y}_{22}}{\mathfrak{Y}_{21}}(1+\mathfrak{R}_i\mathfrak{Y}_{11}) + \mathfrak{R}_i\mathfrak{Y}_{12}.$$

Weiter ist $\mathfrak{R}'$ der komplexe Widerstand des Vierpols, von der Ausgangsseite gemessen, wenn die Eingangsseite mit dem Widerstand $\mathfrak{R}_i$ abgeschlossen ist. Dieser Widerstand $\mathfrak{R}'$ wird aus Gl. (1,18) mit $\mathfrak{J}_1\mathfrak{R}_i = -\mathfrak{U}_1$ erhalten:

$$\text{(A 1,26)} \qquad \mathfrak{R}' = \left(\frac{-\mathfrak{Y}_{12}\mathfrak{Y}_{21}}{1+\mathfrak{Y}_{11}\mathfrak{R}_i}\mathfrak{R}_i + \mathfrak{Y}_{22}\right)^{-1}.$$

Durch diesen Satz, der eine Erweiterung der H. v. Helmholtzschen Darstellung (Abb. 1) einer Spannungsquelle ist, wird die Einschaltung eines passiven Vierpols zwischen eine Spannungsquelle und einen Verbrauchswiderstand auf die in Abschn. 1 a α behandelte Schaltung eines äußeren Widerstandes an eine Spannungsquelle zurückgeführt. Insbesondere findet nach den Ausführungen in Abschn. 1 a ε eine maximale Wirkleistungsübertragung von der Spannungsquelle zum äußeren Widerstand $\mathfrak{R}$ statt, wenn $\mathfrak{R}' = \mathfrak{R}^*$ ist (Anpassung).

Eine wichtige Anwendung passiver Vierpole ist in dieser Ermöglichung maximaler Wirkleistungsübertragung von einer vorgegebenen Spannungsquelle auf einen vorgegebenen Verbrauchswiderstand gelegen. Die Vierpolkonstanten können so gewählt werden, daß für eine vorgegebene Frequenz oder für einen Frequenzbereich diese maximale Leistungsübertragung stattfindet. Hierbei kann durch Parallelschalten entsprechender Blindwiderstände zu $\mathfrak{R}'$ und zu $\mathfrak{R}$ stets dafür gesorgt werden, daß für die Berechnung der maximalen Wirkleistungsübertragung Wirkwiderstände R' und R vorliegen. In diesem Falle findet diese Bestübertragung für $R' = R$ statt. Als Beispiel vgl. Abschn. 1 b δ.

Schrifttum: 46, 83, 168, 217, 315.

β) *Reziprozitätssatz* (*Umkehrungssatz*).

Nach Abb. 10 gelten für einen Vierpol bei Vertauschung der Eingangs- und Ausgangsseite (Umkehren) folgende Gleichungen:

$$\begin{cases} \mathfrak{J}_1 = \mathfrak{Y}_{11}\mathfrak{U}_1 + \mathfrak{Y}_{12}\mathfrak{U}_2; \\ \mathfrak{J}_2 = \mathfrak{Y}_{21}\mathfrak{U}_1 + \mathfrak{Y}_{22}\mathfrak{U}_2; \end{cases}$$

$$\begin{cases} \mathfrak{J}_2' = -\mathfrak{Y}_{22}\mathfrak{U}_2' - \mathfrak{Y}_{21}\mathfrak{U}_1'; \\ \mathfrak{J}_1' = -\mathfrak{Y}_{12}\mathfrak{U}_2' - \mathfrak{Y}_{11}\mathfrak{U}_1'. \end{cases}$$

Wir müssen also $\mathfrak{Y}_{11}$ durch $-\mathfrak{Y}_{22}$ ersetzen und $\mathfrak{Y}_{12}$ durch $-\mathfrak{Y}_{21}$. Wenn man zunächst den Strom $\mathfrak{I}_2$ infolge der Spannungsquelle $\mathfrak{U}$ (Abb. 10a) aus Gl. (1,24), mit $\mathfrak{U}_2 = \mathfrak{I}_2\mathfrak{R}$, berechnet, entsteht die Formel:

$$\frac{\mathfrak{I}_2}{\mathfrak{U}} = \frac{\mathfrak{Y}_{21}}{(1+\mathfrak{Y}_{11}\mathfrak{R}_i)(1-\mathfrak{Y}_{22}\mathfrak{R}) + \mathfrak{Y}_{12}\mathfrak{Y}_{21}\mathfrak{R}_i\mathfrak{R}}.$$

Die Größe rechts heißt *Übertragungsleitwert*. Berechnet man hingegen den Strom $\mathfrak{I}_1'$ infolge der Quelle $\mathfrak{U}$ (Abb. 10b), so ergibt sich:

$$\frac{\mathfrak{I}_1'}{\mathfrak{U}} = \frac{-\mathfrak{Y}_{12}}{(1-\mathfrak{Y}_{22}\mathfrak{R})(1+\mathfrak{Y}_{11}\mathfrak{R}_i) + \mathfrak{Y}_{12}\mathfrak{Y}_{21}\mathfrak{R}_i\mathfrak{R}}.$$

Beide letzte Gleichungen sind identisch, wenn gilt:

(A 1,27) $$\mathfrak{Y}_{12} = -\mathfrak{Y}_{21}.$$

Diese Gl. (1,27) ist für alle Vierpole, die nur passive komplexe Widerstände enthalten, erfüllt. Solche passive Vierpole lassen sich in allen Fällen durch ein Schaltbild nach Abb. 8 mit geeigneten Leitwerten $\mathfrak{Y}_1$, $\mathfrak{Y}_2$ und $\mathfrak{Y}_3$ ersetzen, und für dieses Schaltbild ist, wie wir sahen, die Gl. (1,27) erfüllt. Man nennt den gerade für solche Vierpole bewiesenen, von G. Kirchhoff stammenden Satz: „Wenn in einem Netze komplexer Widerstände der Strom in einem Zweige 2 infolge einer Spannungsquelle (Innenwiderstand Null) in einem Zweige 1 gemessen wird, so ergibt sich der gleiche Strom im Zweige 1 infolge derselben Spannungsquelle im Zweige 2" den *Reziprozitätssatz* oder *Umkehrungssatz*. Es gilt für alle Vierpole, für die Gl. (1,27) erfüllt ist.

Schrifttum: 44, 86.

γ) *Symmetrische Vierpole.*

Wenn man bei der Vertauschung der Vierpolklemmen (Abb. 10) dieselben Vierpolgleichungen und damit das gleiche Verhalten des Vierpols zu erhalten wünscht, muß nach den obigen Gleichungen gelten:

(A 1,28) $$\begin{cases} \mathfrak{Y}_{11} = -\mathfrak{Y}_{22}; \\ \mathfrak{Y}_{12} = -\mathfrak{Y}_{21}. \end{cases}$$

Dies sind die Bestimmungsgleichungen eines *symmetrischen Vierpols*, der also nur zwei voneinander verschiedene Leitwerte enthält. Beim Vierpol der Abb. 8 würde der symmetrische Fall auftreten für $\mathfrak{Y}_1 = \mathfrak{Y}_3$, wie unmittelbar einleuchtet.

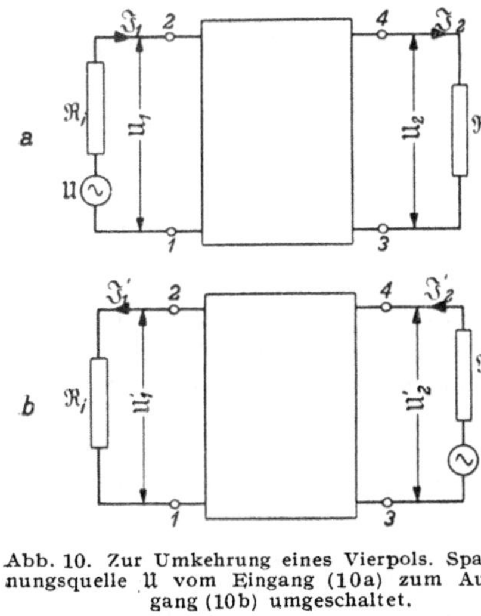

Abb. 10. Zur Umkehrung eines Vierpols. Spannungsquelle $\mathfrak{U}$ vom Eingang (10a) zum Ausgang (10b) umgeschaltet.

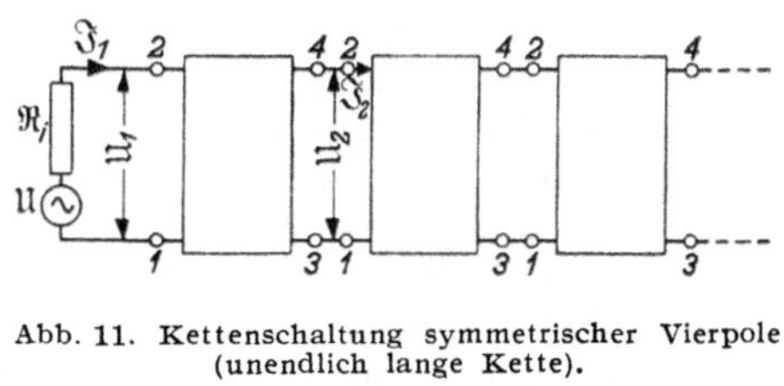

Abb. 11. Kettenschaltung symmetrischer Vierpole (unendlich lange Kette).

Wir schalten eine ununterbrochene Reihe gleicher symmetrischer Vierpole hintereinander (Abb. 11). Diese unendlich lange Vierpolkette hat einen Eingangsleitwert $\mathfrak{Y}_e$. Dieser Wert ergibt sich durch die Bedingung, daß der Eingangsleitwert des ersten Vierpols gleich jenem des zweiten, — — — usw. ist. Der Eingangsleitwert eines symmetrischen Vierpols, der mit einem Widerstand $\mathfrak{R}$ abgeschlossen ist, lautet [Gl. (1,22)]:

(A 1,29) $$\mathfrak{Y}_e = \frac{(\mathfrak{Y}_{11}^2 - \mathfrak{Y}_{12}^2)\,\mathfrak{R} + \mathfrak{Y}_{11}}{1 + \mathfrak{Y}_{11}\mathfrak{R}}.$$

Im Falle der obigen Vierpolkette muß $\mathfrak{R}$ durch $1/\mathfrak{Y}_e$ ersetzt werden. Der entstehende Wert des Eingangsleitwertes wird der *Wellenleitwert* $\mathfrak{Y}$, der reziproke Wert *Wellenwiderstand* $\mathfrak{Z}$ genannt. Er folgt sofort aus der Gl. (1,29) für $\mathfrak{Y}_e$:

(A 1,30) $$\mathfrak{Y}^2 = \mathfrak{Z}^{-2} = \mathfrak{Y}_{11}^2 - \mathfrak{Y}_{12}^2.$$

Der Eingangsleitwert im Falle eines unendlich großen Abschlußwiderstandes $\mathfrak{R} \to \infty$ wird *Leerlaufleitwert* $\mathfrak{Y}_l$, jener im Falle eines verschwindend kleinen Abschlußwiderstandes $\mathfrak{R} \to 0$ wird *Kurzschlußleitwert* $\mathfrak{Y}_k$ genannt. Eine kurze Rechnung ergibt aus Gl. (1,29) und (1,30):

(A 1,31) $$\mathfrak{Y}^2 = \mathfrak{Z}^{-2} = \mathfrak{Y}_l \mathfrak{Y}_k.$$

Das Verhältnis des Stromes $\mathfrak{J}_1$ zur Spannung $\mathfrak{U}_1$ (Abb. 11) wird durch $\mathfrak{Y}$ bestimmt:

(A 1,32) $$\frac{\mathfrak{J}_1}{\mathfrak{U}_1} = \frac{\mathfrak{J}_2}{\mathfrak{U}_2} = \cdots = \mathfrak{Y}.$$

Das Verhältnis $\mathfrak{J}_2/\mathfrak{J}_1 = \mathfrak{J}_3/\mathfrak{J}_2 = \mathfrak{J}_{n+1}/\mathfrak{J}_n$ ist das gleiche wie $\mathfrak{U}_2/\mathfrak{U}_1 = \mathfrak{U}_3/\mathfrak{U}_2 = \mathfrak{U}_{n+1}/\mathfrak{U}_n$ und wird *Wellenübersetzung* genannt. Man setzt:

(A 1,33) $$\frac{\mathfrak{J}_2}{\mathfrak{J}_1} = \frac{\mathfrak{U}_2}{\mathfrak{U}_1} = e^{-\mathfrak{g}}$$

und nennt $\mathfrak{g}$ das *Wellenübertragungsmaß*. Offenbar ist $\mathfrak{g}$ im allgemeinen eine komplexe Zahl:

(A 1,34) $$\mathfrak{g} = b + j a,$$

wo b als *Dämpfungsmaß* (ausgedrückt in Neper) und a als *Winkelmaß* (ausgedrückt in Radialen) bezeichnet wird.

Die Scheinleistungsübersetzung in einer Kette nach Abb. 11 ist ebenfalls leicht zu berechnen und beträgt:

$$\frac{\mathfrak{N}_2}{\mathfrak{N}_1} = \frac{\mathfrak{J}_2\mathfrak{U}_2}{\mathfrak{J}_1\mathfrak{U}_1} = e^{-2\mathfrak{g}}.$$

Im Wellenleitwert (Wellenwiderstand) und Übertragungsmaß haben wir zwei voneinander unabhängige komplexe Größen, welche die Eigenschaften eines symmetrischen Vierpols, der ja nach Gl. (1,28) nur zwei unabhängige Parameter enthält, vollständig bestimmen können. Man kann folglich alle abgeleiteten Größen, wie Eingangsleitwert, Ausgangsleitwert, Übertragungsleitwert, durch $\mathfrak{Y}$ (oder $\mathfrak{Z}$) und $\mathfrak{g}$ ausdrücken.

Bei Abschluß eines symmetrischen Vierpols oder einer endlichen Kette solcher Vierpole durch den Wellenwiderstand findet eine möglichst günstige Leistungsübertragung vom Eingang zum Abschlußwiderstand statt. Man kann sich in diesem Fall die Verhältnisse durch eine elektromagnetische Welle veranschaulichen, welche die Vierpolkette durchwandert und ohne Reflexion vom Wellenwiderstand am Ende absorbiert wird. Scheinbar ist ja die Kette bei diesem Abschluß unendlich lang, daher tritt keine Reflexion und keine rücklaufende Welle auf.

δ) *Aufbau unsymmetrischer Vierpole aus symmetrischen Vierpolen und umgekehrt.*

Die besonders einfachen Eigenschaften symmetrischer Vierpole (Ausgang gleich Eingang) machen es wünschenswert, unsymmetrische Vierpole aus symmetrischen aufzubauen und umgekehrt. Wir geben hierfür zwei Beispiele. Wenn man am Ende eines symmetrischen Vierpols einen idealen Transformator anschließt, so entsteht ein unsymmetrischer Vierpol. Durch die Übersetzung des Transformators und die beiden Parameter des symmetrischen Vierpols hat man drei Parameter, mit denen sich jeder passive unsymmetrische Vierpol nachbilden läßt. Wenn man zwei gleiche unsymmetrische Vierpole mit ihren gleichen Anschlüssen aneinanderreiht (Abb. 12), so entsteht offenbar ein symmetrischer Vierpol.

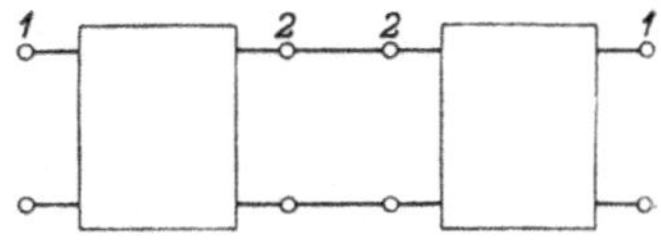

Abb. 12. Zwei unsymmetrische Vierpole (Eingang mit *1*, Ausgang mit *2* bezeichnet) werden mit ihren gleichen Seiten aneinandergereiht. Der Gesamtvierpol (von *1* nach *1*) ist symmetrisch.

Schrifttum 215, 222.

2. Verstärkung mit Hilfe von Elektronenröhren.

Im Abschnitt A 1 ist gezeigt, daß mit passiven komplexen Widerständen und Transformatoren keine Wirkleistungsverstärkung erzielt werden kann. Um eine solche Verstärkung zu erreichen, ist es offenbar notwendig, Schaltungselemente zu benutzen, durch die den Stromkreisen zusätzliche Leistungsbeträge zugeführt werden können. Solche Schaltelemente sind allgemein steuerfähige Gebilde, welche mit einer geringen Steuerleistung zusätzliche äußere Leistungsquellen einschalten oder beeinflussen. Bekannt sind als Schaltelemente dieser Art die Relaisgeräte mit elektromagnetischem oder elektroakustischem Antrieb. Alle diese Vorrichtungen haben aber der Elektronenröhre, als dem vollkommensten Steuergerät der Neuzeit, das Feld weitgehend überlassen.

a) Ersatzschaltbild einer Elektronenröhre.

α) *Grundsätzliche Wirkungsweise der Elektronenröhren.*

Alle Elektronenröhren enthalten eine Kathode, die bei Heizung, durch photoelektrische Wirkungen oder aber durch Beschießen mit Elektronen (Sekundäremission) oder anderen Partikeln Elektronen abgibt. Diese frei gewordenen Elektronen werden mit Hilfe einer geeigneten Elektrode gesteuert, wobei zunächst sowohl Steuerung ihrer Geschwindigkeit, ihrer Bahnkurven als auch Steuerung ihrer Anzahl in Betracht kommt. Eine Anode fängt die von der Kathode emittierten Elektronen auf. Im Frequenzgebiet, das der vorliegende Band behandelt (0 bis etwa $3 \cdot 10^7$ Hz), ist die Elektronenlaufzeit in Elektronenröhren üblicher Konstruktion fast immer klein im Vergleich zur Periode einer Schwingung. Effekte, die mit Änderungen dieser Laufzeit zusammenhängen (z. B. bei Geschwindigkeitssteuerung), sind daher auch stets vernachlässigbar. Wir haben somit lediglich die *Steuerung der Elektronenzahl*, die von der Kathode zur Anode gelangt, zu betrachten. In den heutigen Röhren findet diese Steuerung meistens durch eine gitterförmige Elektrode statt, die zwischen Kathode und Anode angeordnet ist. Die von der Kathode emittierten Elektronen durcheilen die Öffnungen dieses Gitters, bevor sie zur Anode gelangen. Die Anode hat eine positive Gleichspannung in bezug auf die Kathode. Durch die Öffnungen des Steuergitters hindurch wirkt diese positive Anodenspannung auf die Kathodenoberfläche und beschleunigt die emittierten Elektronen. Bei vielen

Anwendungen hat das Gitter selbst eine negative Gleichspannung in bezug auf die Kathode, die an sich die Elektronen zur Kathode zurücktreiben würde. Man kann die Gesamtwirkung beider Spannungen angenähert durch jene einer gedachten Steuerspannung in der Gitterfläche ersetzen, die eine lineare Funktion beider Spannungen ist. Wenn dem Gitter gegenüber der Kathode eine kleine zusätzliche einwellige Wechselspannung erteilt wird, entsteht eine einwellig von der Zeit abhängige Änderung jener Steuerspannung, die eine in erster Näherung ebenfalls einwellige Änderung des Anodenstromes zur Folge hat. Nennen wir die Gitterwechselspannung $\mathfrak{U}_g$ und den Anodenwechselstrom $\mathfrak{J}$, so gilt die Beziehung:

$$\mathfrak{J} = S\,\mathfrak{U}_g, \qquad \text{(A 2,1)}$$

wobei der für alle Frequenzen bis etwa $3 \cdot 10^6$ Hz hinauf reelle und frequenzunabhängige Proportionalitätsfaktor S die *Steilheit* der Röhre genannt wird.

β) *Schaltbild des Anodenkreises einer Elektronenröhre.*

Wenn wir zwischen Anode und Kathode einer Triode (Dreielektrodenröhre — Kathode, Gitter, Anode —, wie im Abschn. α betrachtet) einen komplexen Widerstand schalten, so entsteht über diesem Widerstand infolge des Anodenwechselstroms eine Wechselspannung. Wie groß ist diese? Offenbar haben wir in der Triode einen Spannungserzeuger vor uns, und es liegt nahe, für diesen Spannungserzeuger das Ersatzschaltbild aus Abschn. 1 a α anzuwenden. In diesem Fall kann der Anodenkreis durch eine Spannungsquelle $\mathfrak{U}$ in Reihe mit einem Innenwiderstand $\mathfrak{R}_a$ und einem Verbraucherwiderstand $\mathfrak{R}$ dargestellt werden (Abb. 1). Die Wechselspannung $\mathfrak{U}$ der Spannungsquelle setzen wir proportional zur Gitterspannung $\mathfrak{U}_g$, also $\mathfrak{U} = \mu\,\mathfrak{U}_g$. Wir können den Anodenkreis auch durch eine Wechselstromquelle darstellen, deren Wechselstrom $\mathfrak{J}$ die Parallelschaltung des Innenwiderstandes $\mathfrak{R}_a$ und des Verbraucherwiderstandes $\mathfrak{R}$ durchfließt (Abb. 2). Der genannte Wechselstrom ist zu $\mathfrak{U}_g$ proportional: $\mathfrak{J} = S\,\mathfrak{U}_g$ nach Gl. (2,1). Letztere Ersatzschaltung des Anodenkreises ist in Abb. 13 dargestellt. Die Pfeilrichtung des Stromes $\mathfrak{J}$ kann nach oben oder nach unten gewählt werden, je nachdem man die Phase der Spannung $\mathfrak{U}_g$ festlegt. Wir haben den Pfeil nach unten gelegt und schließen uns damit der üblichen Vorzeichenwahl an. Die Klemmen *3* und *4* stellen die beiden Ausgangsanschlüsse der Röhre für Wechselströme dar, also bzw. Kathode und Anode. Für den Strom $\mathfrak{J}_2$ liest man aus Abb. 13 folgende Beziehung ab (die positive Richtung von $\mathfrak{U}_2$ ist von *4* nach *3*):

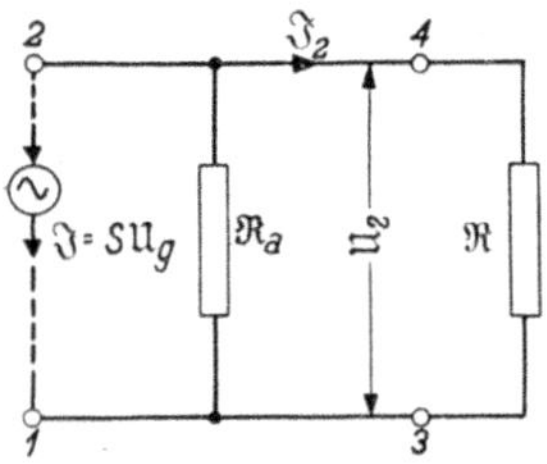

Abb. 13. Ersatzschaltung des Anodenkreises einer Elektronenröhre: Eine Stromquelle $\mathfrak{J} = S\,\mathfrak{U}_g$ schickt einen Strom $\mathfrak{J}$ durch die Parallelschaltung des komplexen Röhren-Anoden-Widerstandes $\mathfrak{R}_a$ und des äußeren Widerstandes $\mathfrak{R}$. Die Strichellinie zwischen den Punkten *1* und *2* soll andeuten, daß der Stromkreis hier über einen *sehr* hohen Widerstand geschlossen gedacht werden kann.

$$\mathfrak{J}_2 = -\mathfrak{J} - \frac{\mathfrak{U}_2}{\mathfrak{R}_a} = -S\,\mathfrak{U}_g - \frac{\mathfrak{U}_2}{\mathfrak{R}_a}. \qquad \text{(A 2,2)}$$

γ) *Vierpolschaltbild für niedrige Frequenzen.*

Wenn wir nun annehmen, daß das Steuergitter eine negative Gleichspannung gegen die Kathode erhält, die so groß ist, daß auch bei Überlagerung der Gitterwechselspannung in keinem Zeitpunkt eine positive Gitterspannung entsteht, so fließt praktisch kein Elektronenstrom zum Steuergitter. (Wir vernachlässigen zunächst die Elektronenaustrittsgeschwindigkeit aus der Kathode.) Für niedrige

Frequenzen können die Verschiebungsströme zum Gitter und zur Anode vernachlässigt werden. Zu den Eingangsanschlüssen der Röhre (Kathode und Steuergitter) fließt dann kein Wechselstrom. Das vollständige Vierpolschaltbild der Röhre ist unter diesen Voraussetzungen in Abb. 14 dargestellt. Die Klemmen *1* und *2* stellen bzw. Kathode und Steuergitter dar. Die Vierpolgleichungen lauten:

$$\text{(A 2,3)} \qquad \begin{cases} \mathfrak{I}_1 = 0; \\ \mathfrak{I}_2 = -S\,\mathfrak{U}_g - \dfrac{\mathfrak{U}_2}{\mathfrak{R}_a}. \end{cases}$$

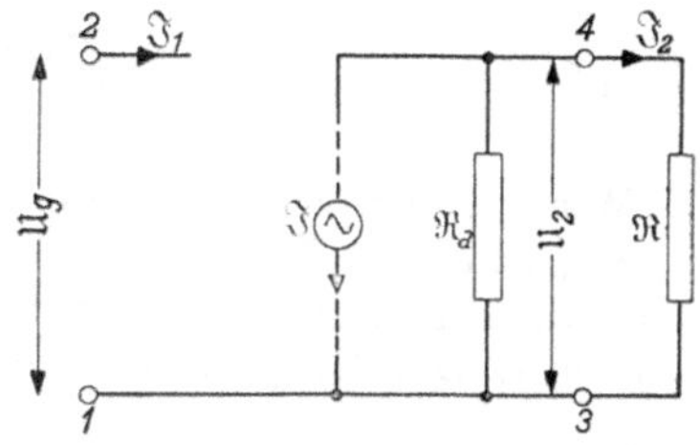

Abb. 14. Erstes Ersatzschaltbild einer Elektronenröhre (Triode) mit dem Leitwert Null zwischen Gitter und Kathode (Klemmen *1* und *2*) sowie zwischen Gitter und Anode (Klemmen *2* und *4*). Der Anodenkreis ist der gleiche wie in Abb. 13.

δ) *Allgemeingültiges Vierpolschaltbild einer Elektronenröhre.*

In den meisten Fällen, sobald die Frequenz einige hundert Hz überschreitet, müssen wir dieses Schaltbild jedoch erweitern. Zwischen Steuergitter und Kathode ist in der Röhre ein komplexer Leitwert $\mathfrak{Y}_g$ vorhanden, der als Parallelschaltung eines Wirkwiderstandes und einer Kapazität dargestellt werden kann. Der Wirkwiderstand rührt physikalisch von Verlusten infolge unvollkommener Isolationsmaterialien zwischen Kathode und Steuergitter her, sowie auch infolge von weiteren, namentlich im Kurzwellengebiet auftretenden Erscheinungen. Die Kapazität ist zwischen zwei benachbarten Elektroden stets vorhanden. Zwischen Steuergitter und Anode ist im wesentlichen nur eine Kapazität vorhanden, deren Wirkung wir durch einen Leitwert $\mathfrak{Y}_{ag}$ darstellen. Verluste treten hier weniger auf, weil die Anode vom Steuergitter meistens weiter entfernt und besser isoliert ist. Mit diesen Erweiterungen erhalten wir ein Vierpolschaltbild, das die Triode im ganzen Frequenzgebiet, das wir behandeln (einschließlich Kurzwellengebiet), darstellt (Abb. 15). Die Vierpolgleichungen dieses Schaltbildes können wir im unmittelbaren Anschluß an Abb. 8 anschreiben. Wie dort, nennen wir die vier Leitwerte der Vierpolgleichungen $\mathfrak{Y}_{11}$, $\mathfrak{Y}_{12}$, $\mathfrak{Y}_{21}$ und $\mathfrak{Y}_{22}$ [vgl. Gl. (1,18)]. Wie dort ist (vgl. Abb. 8 u. 15) $\mathfrak{Y}_{11} = \mathfrak{Y}_g + \mathfrak{Y}_{ag}$, $\mathfrak{Y}_{12} = -\mathfrak{Y}_{ag}$. Beim Leitwert $\mathfrak{Y}_{21}$ müssen wir erstens den Summanden $\mathfrak{Y}_{ag}$ berücksichtigen (wie bei Abb. 8) und weiterhin den Summanden $-S$, den wir von Gl. (2,3) übernehmen. Folglich wird $\mathfrak{Y}_{21} = \mathfrak{Y}_{ag} - S$. Schließlich wird $\mathfrak{Y}_{22}$ in genauem Anschluß an Abb. 8 gleich $-\mathfrak{Y}_{ag} - 1/\mathfrak{R}_a$. Die Vierpolgleichungen des Schaltbildes Abb. 15 lauten also:

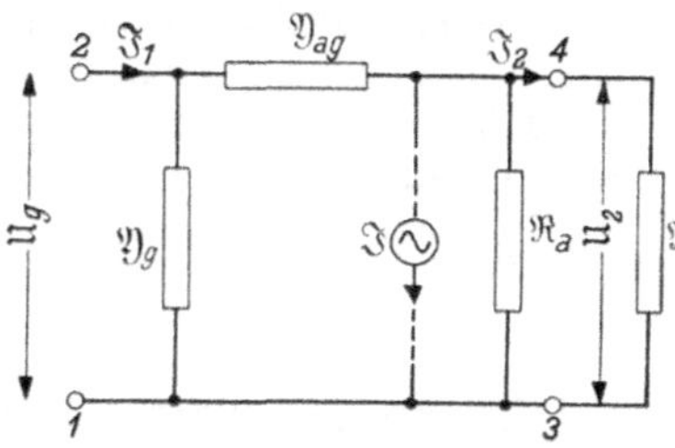

Abb. 15. Vollständiges Schaltbild einer Elektronenröhre (Triode) für das gesamte, in diesem Buch betrachtete Frequenzgebiet. Leitwerte $\mathfrak{Y}_g$ und $\mathfrak{Y}_{ag}$ vom Gitter zur Kathode sowie zur Anode. Anodenkreis wie in Abb. 13. Die Spannungen $\mathfrak{U}_g$ und $\mathfrak{U}_2$ in Abb. 13, 14 und 15 sind bzw. von *2* nach *1* und von *4* nach *3* gerichtet.

$$\text{(A 2,4)} \qquad \begin{cases} \mathfrak{I}_1 = \mathfrak{Y}_{11}\mathfrak{U}_g + \mathfrak{Y}_{12}\mathfrak{U}_2 = (\mathfrak{Y}_g + \mathfrak{Y}_{ag})\,\mathfrak{U}_g - \mathfrak{Y}_{ag}\mathfrak{U}_2; \\ \mathfrak{I}_2 = \mathfrak{Y}_{21}\mathfrak{U}_g + \mathfrak{Y}_{22}\mathfrak{U}_2 = (\mathfrak{Y}_{ag} - S)\,\mathfrak{U}_g - \left(\dfrac{1}{\mathfrak{R}_a} + \mathfrak{Y}_{ag}\right)\mathfrak{U}_2. \end{cases}$$

Im Gegensatz zu den *passiven* Vierpolen von Abschn. A 1 haben wir hier einen *aktiven* Vierpol vor uns (vgl. Abschn. A 2bγ).

b) Verstärkung von Spannungen, Strömen und Leistungen.

In den Gl. (2,4) und Abb. 15 haben wir einen allgemeinen Vierpol mit vier verschiedenen Leitwerten $\mathfrak{Y}_{11}$, $\mathfrak{Y}_{12}$, $\mathfrak{Y}_{21}$ und $\mathfrak{Y}_{22}$ vor uns, wie er bereits im Abschnitt 1 c α für Verstärkungszwecke angewandt wurde. Wir können die Formeln (1,23) und (1,21) für die Spannungsverstärkung bzw. Stromverstärkung unmittelbar anwenden.

α) *Spannungsverstärkung.*

Erstere Formel ergibt:

$$\frac{\mathfrak{U}_2}{\mathfrak{U}_g} = \frac{\mathfrak{Y}_{21}\mathfrak{R}}{1 - \mathfrak{Y}_{22}\mathfrak{R}} = \frac{(\mathfrak{Y}_{ag} - S)\,\mathfrak{R}}{1 + \frac{\mathfrak{R}}{\mathfrak{R}_a} + \mathfrak{Y}_{ag}\mathfrak{R}}. \qquad \text{(A 2,5)}$$

Wir nehmen an, der Betrag von $\mathfrak{Y}_{ag}$ sei klein im Vergleich zu S und zum Betrag von $1/\mathfrak{R}_a$. Da $\mathfrak{Y}_{ag}$ durch eine Kapazität C_{ag} gebildet wird, also $\mathfrak{Y}_{ag} = j\omega C_{ag}$, ist diese Annahme für nicht zu hohe Werte der Kreisfrequenz ω bei jeder Röhre erfüllt. Die Gl. (2,5) vereinfacht sich dann zu:

$$\frac{\mathfrak{U}_2}{\mathfrak{U}_g} = \frac{-S\mathfrak{R}}{1 + \frac{\mathfrak{R}}{\mathfrak{R}_a}}. \qquad \text{(A 2,6)}$$

Der komplexe Widerstand $\mathfrak{R}_a$ kann als Parallelschaltung einer Kapazität C_a und eines Wirkwiderstandes R_a dargestellt werden:

$$\frac{1}{\mathfrak{R}_a} = \frac{1}{R_a} + j\omega C_a.$$

Für nicht zu hohe Frequenzen kann der zweite Summand $j\omega C_a$ in bezug auf den ersten meistens vernachlässigt werden. Dann ist also $\mathfrak{R}_a$ einem Wirkwiderstand R_a gleichzusetzen, den man oft als *Innenwiderstand* oder *Anodenwiderstand* der Röhre bezeichnet. Weiterhin wählen wir als Verbraucherwiderstand $\mathfrak{R}$ ebenfalls einen Wirkwiderstand R und erhalten:

$$\frac{\mathfrak{U}_2}{\mathfrak{U}_g} = -\frac{SR}{1 + \frac{R}{R_a}}. \qquad \text{(A 2,7)}$$

Bei Röhren der üblichen Art liegt S meistens zwischen 1 mA/V und 10 mA/V, während R_a zwischen einigen kOhm und einigen Megohm liegt. Für $R \ll R_a$, $S = 2$ mA/V und $R = 10$ kOhm erhält man z. B. eine Spannungsverstärkung im Betrage von 20. Eine Erhöhung von R_a und gleichzeitig eine Verringerung von C_{ag} gegenüber Trioden wird durch Anordnung eines „Schirmgitters" zwischen Steuergitter und Anode erreicht. Das Schirmgitter hat eine positive Gleichspannung gegen die Kathode und eine Wechselspannung Null. Die betreffende Röhre heißt Tetrode.

β) *Stromverstärkung.*

Die Formel (1,21) ergibt unter Berücksichtigung von (2,4):

$$\frac{\mathfrak{J}_2}{\mathfrak{J}_1} = \frac{\mathfrak{Y}_{ag} - S}{\mathfrak{Y}_g + \mathfrak{Y}_{ag} + \left(\frac{\mathfrak{Y}_g}{\mathfrak{R}_a} + \mathfrak{Y}_g\mathfrak{Y}_{ag} + \frac{\mathfrak{Y}_{ag}}{\mathfrak{R}_a} + \mathfrak{Y}_{ag}S\right)\mathfrak{R}}. \qquad \text{(A 2,8)}$$

Der Leitwert $\mathfrak{Y}_g$ zwischen Gitter und Kathode (Abb. 15) wird für nicht zu hohe Frequenzen durch eine Kapazität C_g gegeben: $\mathfrak{Y}_g = j\omega C_g$. Für Trioden ist C_g von gleicher Ordnung wie C_{ag} und somit $\mathfrak{Y}_g$ vergleichbar mit $\mathfrak{Y}_{ag}$. Wir nehmen an Stelle von $\mathfrak{R}_a$ und $\mathfrak{R}$ wieder Wirkwiderstände R_a und R an und setzen voraus, daß $R \ll R_a$ ist. Weiter soll auch $\omega C_{ag} R \ll 1$ und $\omega C_{ag} \ll S$ sein. Dann vereinfacht sich Gl. (2,8) zu

$$\frac{\mathfrak{J}_2}{\mathfrak{J}_1} = \frac{-S}{j\omega(C_g + C_{ag} + C_{ag}SR)}.$$

Im Falle, daß $SR \gg 1$ ist (vgl. oben unter α), wird dies:

$$\text{(A 2,9)} \qquad \frac{\mathfrak{J}_2}{\mathfrak{J}_1} = \frac{-S}{j\,\omega C_{ag} S R} = \frac{-1}{j\,\omega C_{ag} R}.$$

Als Beispiel sei $C_{ag} = 2\,\text{pF} = 2 \cdot 10^{-12}$ Farad, $\omega = 1000$ und $R = 10^4$ Ohm. Dann erhält man aus (2,9) als Betrag der Stromverstärkung $10^9/2 \cdot 10^4 = 5 \cdot 10^4$.

γ) *Leistungsverstärkung.*

Die Eingangsscheinleistung ist der absolute Betrag des Produktes von $\mathfrak{J}_1$ und $\mathfrak{U}_g^*$ (Stern bedeutet den konjugiert komplexen Wert), die Eingangswirkleistung der reelle Teil dieses Produktes und die Eingangsblindleistung der imaginäre Teil dieses Produktes (vgl. Abschn. 1 a δ). Analoges gilt für die Ausgangsleistungen. Wir können folglich die Leistungsverstärkung mit Hilfe der Formeln aus obigen Abschn. (α) und (β) sofort hinschreiben [Gl. (2,5) und (2,8)]:

$$\text{(A 2,10)} \qquad \frac{\mathfrak{J}_2 \mathfrak{U}_2^*}{\mathfrak{J}_1 \mathfrak{U}_g^*} = \frac{(\mathfrak{Y}_{ag} - S)(\mathfrak{Y}_{ag} - S)^* \mathfrak{R}^*}{\left\{\mathfrak{Y}_g + \mathfrak{Y}_{ag} + \left(\frac{\mathfrak{Y}_g}{\mathfrak{R}_a} + \mathfrak{Y}_g \mathfrak{Y}_{ag} + \frac{\mathfrak{Y}_{ag}}{\mathfrak{R}_a} + \mathfrak{Y}_{ag} S\right)\mathfrak{R}\right\}\left(1 + \frac{\mathfrak{R}}{\mathfrak{R}_a} + \mathfrak{Y}_{ag}\mathfrak{R}\right)^*}.$$

Unter Einführung der oben genannten Vereinfachungen [Gl. (2,7) und (2,9)] ergibt sich an Stelle der komplizierten Formel (2,10):

$$\text{(A 2,11)} \qquad \frac{\mathfrak{J}_2 \mathfrak{U}_2^*}{\mathfrak{J}_1 \mathfrak{U}_g^*} = \frac{S R}{\left(1 + \frac{R}{R_a}\right) j\,\omega C_{ag} R} = \frac{S}{\left(1 + \frac{R}{R_a}\right) j\,\omega C_{ag}}.$$

Die Scheinleistungsverstärkung beträgt für die Werte der Beispiele in Abschn. (α) und (β) $20 \cdot 5 \cdot 10^4 = 10^6$, die Blindleistungsverstärkung ist Null, weil am Ausgang bei unseren Annahmen nur Wirkleistung auftritt, und die Wirkleistungsverstärkung ist unendlich groß, weil am Eingang nur Blindleistung auftritt. Bei Berücksichtigung der vernachlässigten Größen der allgemeingültigen Formel (2,10) erhält man eine geringe Blindleistungsverstärkung im Vergleich zu 1 (an Stelle von Null) und eine sehr beträchtliche Wirkleistungsverstärkung im Vergleich zu 1 (an Stelle von Unendlich).

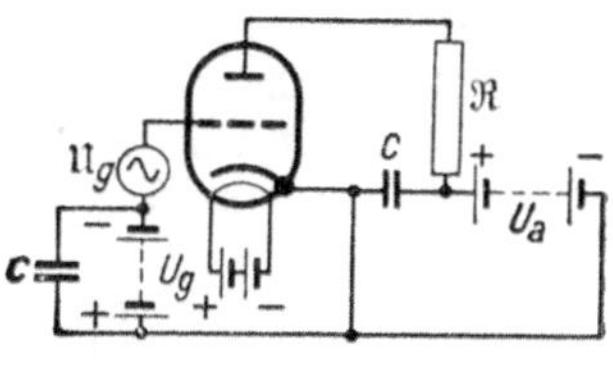

Abb. 16. Zur Erläuterung der Auffassung einer Elektronenröhre als fast ohne Steuerleistung arbeitendes Steuerorgan. Die im Widerstand 𝔑 auftretende Gleichstrom- oder Wechselstromleistung wird durch die Anodenspeisungsquelle (Batterie) geliefert. Die Kondensatoren C dienen zur Überbrückung der Batterien für Wechselströme (Blockkondensatoren). Für die Aufnahme statischer Kennlinien ist $\mathfrak{R} = 0$ zu setzen.

In diesen großen Leistungsverstärkungszahlen liegt die überragende Bedeutung der Verstärkerröhre als nahezu ohne Steuerleistung wirkendes Relaisgerät. Die *Quelle* dieser Leistungsverstärkung liegt in der *Gleichspannungsspeisung* der Anode durch eine Batterie oder durch einen anderen Gleichspannungserzeuger. Die im Anodenkreis auftretenden Wechselstromleistungen werden zum weitaus größten Teil diesen Speisungsquellen entnommen. Wir setzen somit in der Röhre Gleichstromleistung um. Das Schaltbild einer Triode als Verstärker in Abb. 16 dient zur Erläuterung dieses Zusammenhanges. Besonders klar wird die Herkunft der im Anodenkreis auftretenden gesteuerten Leistung, wenn man die Spannung des Steuergitters gegen die Kathode plötzlich um einen gewissen Betrag ändert. Hierdurch ändert sich auch der Anodenstrom sprunghaft und die Leistungsänderung im Anodenkreis entspricht ganz der veränderten Leistungsabgabe der Anodenspeisungsquelle.

c) Vergleich mit passiven Vierpolen und Transformatoren.

Wir wollen die Unterschiede in den erzielten Verstärkungen mit Elektronenröhren einerseits und mit passiven Vierpolen sowie insbesondere Transformatoren andererseits hervorheben und an Hand der betreffenden Vierpolgleichungen begründen.

α) Spannungsverstärkung.

Bei der Betrachtung des Ausdrucks (2,5) für die Spannungsverstärkung mit einer Röhre haben wir angenommen, der Betrag von $\mathfrak{Y}_{ag}$ sei klein im Vergleich zu S. Wenn wir von der Annahme ausgehen, S sei klein im Vergleich zum Betrag von $\mathfrak{Y}_{ag}$ und in erster Näherung neben $\mathfrak{Y}_{ag}$ zu vernachlässigen, so entsteht die Gleichung:

(A 2,12) $$\frac{\mathfrak{U}_2}{\mathfrak{U}_1} = \frac{\mathfrak{Y}_{ag}\,\mathfrak{R}}{\mathfrak{Y}_{ag}\,\mathfrak{R} + 1 + \dfrac{\mathfrak{R}}{\mathfrak{R}_a}}\,.$$

Wir setzen wieder voraus: $\mathfrak{Y}_{ag} = j\omega C_{ag}$, $\mathfrak{R} = R$ und $\mathfrak{R}_a = R_a$. Dann geht aus Gl. (2,12) für den Betrag der Verstärkung eine Zahl hervor, die kleiner als 1 ist. Von einer *Verstärkung* ist also keine Rede, der Vierpol erzeugt vielmehr eine Schwächung. Diese einfache Überlegung zeigt deutlich die überragende Rolle, welche die *Röhrensteilheit* bei der Verstärkerfunktion spielt. Bei zu geringer Steilheit geht die Verstärkung in eine Schwächung über.

Wenn wir das Vierpolschaltbild Abb. 15 und die Gl. (2,4) betrachten, zeigt sich, daß diese Steilheit bzw. die gesteuerte Stromquelle im Anodenkreis, welche unmittelbar mit ihr zusammenhängt, auch die einzigen Merkmale bilden, durch welche sich der Röhrenvierpol von einem passiven Vierpol mit nur komplexen Widerständen unterscheidet (vgl. Abb. 15 und Abb. 8).

β) Stromverstärkung.

Wir betrachten Gl. (2,8) und nehmen wieder an, S sei klein im Vergleich zum Betrage von $\mathfrak{Y}_{ag}$ und von $\mathfrak{Y}_g$, die beide durch Kapazitäten dargestellt werden. In erster Näherung vernachlässigen wir S im Zähler und das Glied $\mathfrak{Y}_{ag} S \mathfrak{R}$ im Nenner. $\mathfrak{R}$ und $\mathfrak{R}_a$ seien Wirkwiderstände, wie unter α. Der Ausdruck, welcher sich aus diesem Falle aus Gl. (2,8) ergibt:

(A 2,13) $$\frac{\mathfrak{J}_2}{\mathfrak{J}_1} = \frac{\mathfrak{Y}_{ag}}{\mathfrak{Y}_i + \mathfrak{Y}_{ag} + \mathfrak{Y}_g \dfrac{R}{R_a} + \mathfrak{Y}_g \mathfrak{Y}_{ag} R + \mathfrak{Y}_{ag} \dfrac{R}{R_a}}$$

zeigt, daß für den Betrag der Verstärkung eine Zahl kleiner als 1 herauskommt, also wieder eine Schwächung statt einer Verstärkung. Dieser Fall tritt ein, sobald S im Betrage klein wird im Vergleich zu $\mathfrak{Y}_{ag}$ und $\mathfrak{Y}_g$, analog wie bei der Spannungsverstärkung.

γ) Leistungsverstärkung.

Bei Betrachtung der Gl. (2,10) geht in analoger Weise, wie oben unter α) und β) ausgeführt, hervor, daß eine Schwächung an Stelle einer Verstärkung der Leistung entsteht, sobald die Steilheit zu klein wird. Dies entspricht der bereits hervorgehobenen Erkenntnis, daß die Leistungsverstärkung ausschließlich der Anodenspeisungsquelle zu verdanken ist. Sobald diese infolge mangelnder Steuerungsfähigkeit nicht genügend ausgenutzt wird, fällt die Leistungsverstärkung fort.

Wir fassen an dieser Stelle noch kurz die wesentlichen Merkmale von Schaltungen mit passiven Zweipolen, passiven Vierpolen und Elektronenröhren für die Verstärkung von Spannungen, Strömen und Leistungen zusammen.

Mit Hilfe von passiven Zweipolen können Verstärkungen von Spannungen, Strömen und Blind- sowie Scheinleistungen erzielt werden, wenn man in geeigneter Weise von Blindwiderständen Gebrauch macht. Wirkleistungsverstärkung läßt sich nicht erreichen, im günstigsten Fall der „Anpassung“ (Verbraucherwiderstand konjugiert komplex zum Innenwiderstand der Quelle) ist die Verbraucherleistung gleich der Hälfte der Quellenwirkleistung. Mit Schaltungen, die nur Wirkwiderstände enthalten, lassen sich keine Verstärkungen von Spannungen, Strömen, Blind- sowie Scheinleistungen erzielen.

Vierpole haben die wichtige Eigenschaft, daß sie die genannte Anpassung bei festgelegtem Innenwiderstand und Verbraucherwiderstand durch Zwischenschaltung vermitteln können. Bei geringen Verlusten im Vierpol läßt sich hierbei dann fast der Fall verwirklichen, daß die Verbraucherwirkleistung gleich der Hälfte der Wirkleistung der Quelle wird. Im übrigen könnten mit passiven Vierpolen ebenso wie mit Zweipolen Verstärkungen von Spannungen, Strömen, Blind- sowie Scheinleistungen erzielt werden, und zwar für erstere beiden Größen mit *Vier*polen auch bei Verwendung von *Wirk*widerständen.

Aktive Vierpole mit Elektronenröhren haben die Eigenschaft, daß wohl Wirkleistungsverstärkung möglich ist, während außerdem die wichtigen Vierpoleigenschaften, die eine vorher festgelegte Frequenzkennlinie der Verstärkungszahlen zu erreichen gestatten, ebenfalls bestehen bleiben. Die genannte Verstärkung kann auch mit Wirkwiderständen erzielt werden.

d) Erzeugung negativer Wirkwiderstände und Verstärkung mit solchen Widerständen.

In Abschn. 1 haben wir stets *passive* Zweipole und Vierpole vorausgesetzt, welche aus komplexen Widerständen aufgebaut sind, deren reeller Teil positiv ist. Mit Hilfe von Elektronenröhren ist es in mehrfacher Weise möglich, komplexe Widerstände zu bilden, deren reeller Teil negativ ist. Mit Hilfe solcher Widerstände können „*aktive*“ Zweipol- und Vierpolschaltungen aufgebaut werden. Mit Hilfe aktiver Zweipole und Vierpole sind Verstärkungen von Strömen, Spannungen und Leistungen möglich.

α) *Röhrenschaltung zur Erzeugung negativer Wirkwiderstände.*

Eine einfache Schaltung dieser Art kann aus dem Schaltbild der Abb. 15 erhalten werden. Hierzu wählen wir als Widerstand $\mathfrak{R}$ den Ausdruck $j\omega L$, wo L eine Selbstinduktion darstellt. Der komplexe Eingangsleitwert des Vierpols von Abb. 15 folgt aus den Vierpolgleichungen (2,4) zusammen mit der Formel (1,22):

$$\mathfrak{Y}_e = \mathfrak{Y}_g + \mathfrak{Y}_{ag} + \frac{-\mathfrak{Y}_{ag}^2 + \mathfrak{Y}_{ag} S}{1 + \left(\frac{1}{\mathfrak{R}_a} + \mathfrak{Y}_{ag}\right)\mathfrak{R}}\,\mathfrak{R}.$$

Wie im Abschn. 2b ersetzen wir $\mathfrak{Y}_g$ durch $j\omega C_g$, $\mathfrak{Y}_{ag}$ durch $j\omega C_{ag}$ und $\mathfrak{R}_a$ durch R_a, wobei wir $\omega L \ll R_a$ annehmen. Letztere Annahme ist durchaus nicht wesentlich, vereinfacht aber die Rechnung. Man erhält:

$$\text{(A 2,14)} \quad \left\{ \begin{aligned} \mathfrak{Y}_e &= j\omega(C_g + C_{ag}) + \frac{j\omega^3 C_{ag}^2 L - \omega^2 C_{ag} L S}{1 + \frac{j\omega L}{R_a} - \omega^2 C_{ag} L} \approx \\ &\approx j\left\{\omega(C_g + C_{ag}) + \frac{\omega^3 C_{ag}^2 L}{1 - \omega^2 C_{ag} L}\right\} - \frac{\omega^2 C_{ag} L S}{1 - \omega^2 C_{ag} L}. \end{aligned} \right.$$

Der reelle Teil dieses Leitwertes ist offenbar negativ, falls der wesentlichen Bedingung $\omega^2 C_{ag} L < 1$ genügt ist. Wir haben also zwischen den Eingangsklemmen dieses Vierpols einen Zweipol mit negativem reellem Teil des Leitwertes. Anders gesagt: Der entstandene Zweipol enthält einen negativen Widerstand. Parallel zum negativen Widerstand ist eine Kapazität C geschaltet, die dem imaginären Teil des Ausdrucks (2, 14) entspricht. Indem wir zum Zweipol eine Selbstinduktion L_1 parallel schalten, derart, daß die Bedingung $\omega^2 L_1 C = 1$ erfüllt ist, so entsteht ein Zweipol, der ein reiner negativer Wirkwiderstand ist. Wir heben hervor, daß der Wert des erzeugten negativen Wirkwiderstandes nach Gl. (2, 14) frequenzabhängig ist.

Ein negativer Widerstand bzw. aktive Zweipole oder auch Vierpole bedeuten, daß der Schaltung durch äußere Quellen Wirkleistung zugeführt wird. In unserem Fall ist diese Leistungsquelle die in der Schaltung vorhandene Elektronenröhre und insbesondere ihre Anodenspeisungsquelle.

β) *Verstärkung mit negativen Wirkwiderständen.*

Wie aus dem in α) behandelten Beispiel hervorgeht, können wir dank der Verwendung von Elektronenröhren damit rechnen, daß wir im Besitz negativer Widerstände von praktisch jedem Betrage sind. Wir verwenden einen solchen Widerstand in einer Zweipolschaltung und wählen Abb. 1. Der komplexe Widerstand $\mathfrak{R}$ dieser Abb. 1 soll ein negativer Wirkwiderstand $-R$ sein und der Innenwiderstand $\mathfrak{R}_i$ ein positiver Wirkwiderstand R_i. Der Strom wird:

$$\mathfrak{J} = \frac{\mathfrak{U}}{R_i - R} \tag{A 2, 15}$$

und die Spannung $\mathfrak{U}_1$ über dem Verbraucherwiderstand $-R$:

$$\mathfrak{U}_1 = \frac{-\mathfrak{U} R}{R_i - R}. \tag{A 2, 16}$$

Offenbar können sowohl $\mathfrak{J}$ wie $\mathfrak{U}_1$ im Betrage beliebig gesteigert werden, falls man R nahezu gleich R_i wählt. Analoges gilt für die Leistungen. Wir haben hier ein sehr einfaches Beispiel für Verstärkung mit Hilfe aktiver Zweipole.

e) Andere Verstärkerschaltungen mit Elektronenröhren.

Bei den obigen Anwendungen von Elektronenröhren in Abschn. A 2a und A 2b wurde die Eingangsspannung zwischen Kathode und Steuergitter, die Ausgangsspannung zwischen Kathode und Anode gelegt. Hier wollen wir zwei weitere Anschlußmöglichkeiten von Eingangs- und Ausgangskreis an eine Triode betrachten und diese mit der zuerst genannten vergleichen.

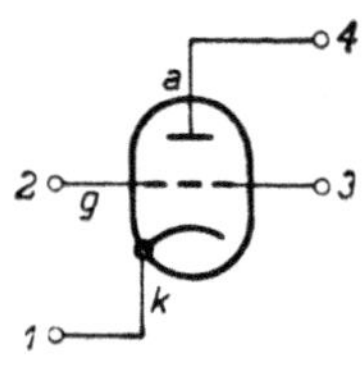

Abb. 17. Prinzip der Gitterbasisschaltung.

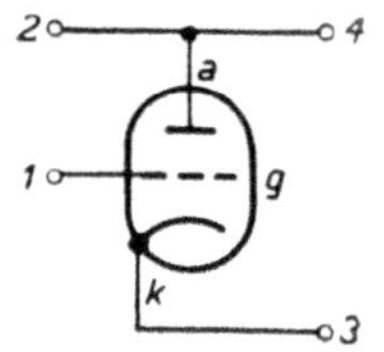

Abb. 18. Prinzip der Anodenbasisschaltung.

α) *Vierpolgrößen der Gitterbasis- und der Anodenbasisschaltungen.*

Weil bei der Schaltung einer Triode nach Abb. 13, 14 und 15 die Kathode direkt mit dem Eingang und mit dem Ausgang der Verstärkerstufe verbunden ist, also als „Basis" der Eingangs- und der Ausgangsseite dient, wird sie als *Kathodenbasisschaltung* bezeichnet. Bei den drei vorhandenen Elektroden: Kathode, Gitter und Anode, liegen noch zwei weitere Schaltmöglichkeiten vor: das Gitter dient als gemeinsame Basis der Eingangs- und der Ausgangsseite. Das entsprechende Schaltbild (Abb. 17) heißt *Gitterbasisschaltung*. Weiter kann auch die Anode als Basis der Eingangs- und Ausgangsseite gewählt werden. Wir gelangen dann zur *Anodenbasisschaltung*

(Abb. 18). Die positiven Richtungen der Spannungen $\mathfrak{U}_g$ und $\mathfrak{U}_1$ in Abb. 17 und 18 verlaufen in Abb. 17 von *1* nach *2* bzw. *4* nach *3* und in Abb. 18 von *1* nach *2* bzw. *3* nach *4*. Der Strom fließt im Punkte *1* in die Schaltung der Abb. 17 hinein und im Punkte *4* heraus. Er fließt im Punkte *1* in die Schaltung der Abb. 18 hinein und im Punkte *3* heraus.

Aus den Abb. 17 und 18 erhalten wir leicht die Vierpolschaltbilder. Zunächst betrachten wir die Gitterbasisschaltung nach Abb. 17. Hier gilt:

$$\text{(A 2,17)} \qquad \begin{cases} \mathfrak{J}_1 = (\mathfrak{Y}_{kg} + \mathfrak{Y}_{ka} + S)\,\mathfrak{U}_g - \mathfrak{Y}_{ka}\,\mathfrak{U}_2; \\ \mathfrak{J}_2 = (\mathfrak{Y}_{ka} + S)\,\mathfrak{U}_g - (\mathfrak{Y}_{ga} + \mathfrak{Y}_{ka})\,\mathfrak{U}_2. \end{cases}$$

Für die Anodenbasisschaltung erhalten wir:

$$\text{(A 2,18)} \qquad \begin{cases} \mathfrak{J}_1 = (\mathfrak{Y}_{ga} + \mathfrak{Y}_{kg})\,\mathfrak{U}_g - \mathfrak{Y}_{kg}\,\mathfrak{U}_2; \\ \mathfrak{J}_2 = (\mathfrak{Y}_{kg} + S)\,\mathfrak{U}_g - (\mathfrak{Y}_{ka} + \mathfrak{Y}_{kg} + S)\,\mathfrak{U}_2. \end{cases}$$

Mit Hilfe dieser Formeln können die Vierpolgrößen der obengenannten beiden Schaltungen mit denjenigen der üblichen Kathodenbasisschaltung nach Gl. (A 2,4) verglichen werden.

β) *Vergleich der Kathoden-, Gitter- und Anodenbasisschaltung.*

Die Eigenschaften der drei in Rede stehenden Vierpolschaltungen werden im wesentlichen durch folgende Größen bestimmt: *Eingangsleitwert* $\mathfrak{Y}_e$, *Ausgangsleitwert* $\mathfrak{Y}_a$, *Spannungsverstärkung* $\mathfrak{V}$, *Rückwirkungsleitwert* $\mathfrak{Y}_r$ und *Steilheitsleitwert* $\mathfrak{Y}$. Die Definitionen dieser Größen gehen daraus hervor, daß wir als allgemeine Vierpolgleichung für alle drei Fälle schreiben (vgl. auch Abschnitt A 6a):

$$\text{(A 2,19)} \qquad \begin{cases} \mathfrak{J}_1 = \mathfrak{Y}_e\,\mathfrak{U}_g - \mathfrak{Y}_r\,\mathfrak{U}_2; \\ \mathfrak{J}_2 = -\mathfrak{Y}\,\mathfrak{U}_g - \mathfrak{Y}_a\,\mathfrak{U}_2. \end{cases}$$

Weiter setzen wir, wie bereits in Abschn. A 1cα: $\mathfrak{J}_2 = \mathfrak{U}_2/\mathfrak{R}$, wo $\mathfrak{R}$ den äußeren Widerstand im Ausgangskreis bezeichnet. Durch Vergleich von (A 2,19) mit (A 2,18), (A 2,17) und (A 2,4) ergibt sich folgende Tabelle:

Schaltung	$\mathfrak{Y}_e$	$\mathfrak{Y}_a$	$\mathfrak{Y}_r$	$\mathfrak{Y}$
Kathodenbasis . . .	$\mathfrak{Y}_{kg} + \mathfrak{Y}_{ga}$	$\mathfrak{Y}_{ka} + \mathfrak{Y}_{ga}$	$\mathfrak{Y}_{ga}$	$S - \mathfrak{Y}_{ga}$
Gitterbasis	$\mathfrak{Y}_{kg} + \mathfrak{Y}_{ka} + S$	$\mathfrak{Y}_{ka} + \mathfrak{Y}_{ga}$	$\mathfrak{Y}_{ka}$	$-S - \mathfrak{Y}_{ka}$
Anodenbasis	$\mathfrak{Y}_{kg} + \mathfrak{Y}_{ga}$	$\mathfrak{Y}_{ka} + \mathfrak{Y}_{kg} + S$	$\mathfrak{Y}_{kg}$	$-S - \mathfrak{Y}_{kg}$

Für $\mathfrak{V}$ ergeben sich in obiger Reihenfolge die Werte:

$$\frac{\mathfrak{Y}_{ga} - S}{\frac{1}{\mathfrak{R}} + \mathfrak{Y}_{ka} + \mathfrak{Y}_{ga}}; \qquad \frac{\mathfrak{Y}_{ka} + S}{\frac{1}{\mathfrak{R}} + \mathfrak{Y}_{ka} + \mathfrak{Y}_{ga}}; \qquad \frac{\mathfrak{Y}_{kg} + S}{\frac{1}{\mathfrak{R}} + \mathfrak{Y}_{ka} + \mathfrak{Y}_{kg} + S}.$$

Aus obigen Werten können wir schließen: Der Eingangsleitwert der Anodenbasisschaltung ist der gleiche wie bei der Kathodenbasisschaltung. Auch der Ausgangsleitwert ist bei diesen Schaltungen nicht wesentlich verschieden. Dagegen ist die Verstärkung $\mathfrak{V}$ bei der Anodenbasisschaltung wesentlich geringer, wie man am besten erkennt im Falle: $|S| \gg |\mathfrak{Y}_{kg}|$, $|S| \gg |\mathfrak{Y}_{ka}|$; $|S| \gg |\mathfrak{Y}_{ga}|$; $|S\mathfrak{R}| \gg 1$. Bei der Anodenbasisschaltung erhalten wir dann $|\mathfrak{V}| = 1$ und bei der Kathodenbasisschaltung nach (A 2,5) den Wert $\mathfrak{V} = -S\mathfrak{R}$, also eine viel größere Zahl. In diesem Punkt ist also die Anodenbasisschaltung der früher behandelten Kathodenbasisschaltung bedeutend unterlegen. Bei der Gitterbasisschaltung ist der Ausgangsleitwert der gleiche wie bei der Kathodenbasisschaltung, die Verstärkungen $\mathfrak{B}$ unterscheiden sich nicht wesentlich, aber der Eingangsleitwert der Gitterbasisschaltung ist viel ungünstiger, wie man wieder am besten für $|S| \gg |\mathfrak{Y}_{kg}|$ und $|S| \gg |\mathfrak{Y}_{ka}|$ ersieht. Somit geht bei der Gitterbasisschaltung der wesentliche Vorteil der leistungslosen Steuerung der Kathodenbasisschaltung verloren. Hiermit sind die wesentlichen Merkmale der drei Schaltungen umrissen. In den meisten Fällen verdient die Kathodenbasisschaltung weitaus den Vorzug (vgl. auch Abschn. C 3bβ).

Schrifttum: 308, 330, 342, 351, 367.

3. Verzerrungen infolge Kennlinienkrümmungen.

Kennlinien nennt man allgemein Kurven, die Beziehungen zwischen den verschiedenen Strömen und Spannungen von Röhren darstellen. *Statische* Kennlinien erhält man, wenn zwischen den verschiedenen Elektroden keine Widerstände eingeschaltet sind, *dynamische* Kennlinien dagegen, wenn wohl Widerstände in den Verbindungen zwischen den verschiedenen Elektroden vorhanden sind.

a) Statische und dynamische Kennlinien.

α) *Statische Kennlinien.*

Wir betrachten zunächst eine Triode (Kathode — Steuergitter — Anode) und messen den Anodenstrom statisch als Funktion der Anodenspannung bei ver-

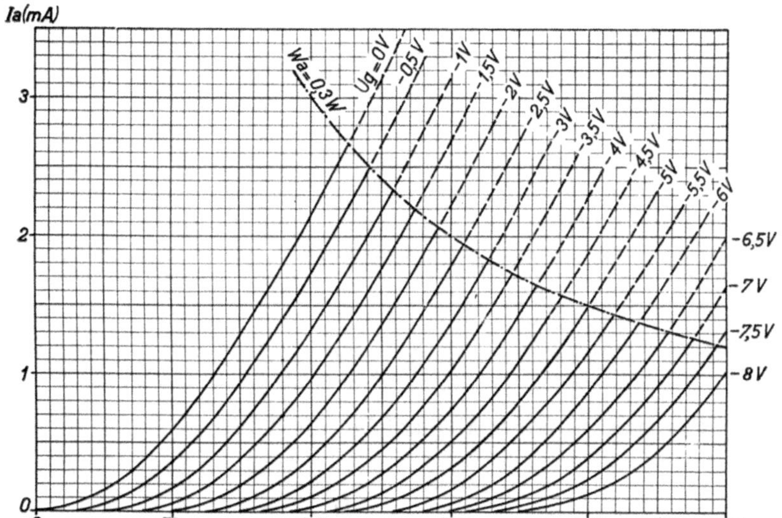

Abb. 19a. Statische Anodenspannungs- (horizontal) Anodenstrom- (vertikal) Kennlinien für verschiedene Werte der Gitterspannung $\mathfrak{U}_g$ einer Triode. Die eingezeichnete W_a-Kurve entspricht einem Produkt $\mathfrak{N}_a = I_a U_a$ von 0,3 W.

schiedenen Werten der Gitterspannung (Abb. 16). Das Ergebnis dieser Messung ist für eine neuzeitliche direkt geheizte Triode in Abb. 19a gezeichnet. Die Punktstrichkurve $\mathfrak{N}_a = 0{,}3$ W bezeichnet den geometrischen Ort der zusammengehörigen Werte des Anodenstromes und der Anodenspannung, für die eine Leistung $\mathfrak{N}_a$ von 0,3 W der Anode zugeführt wird. Für diese Röhre stellt dies die Grenze der betriebssicher erreichbaren Anodenleistung dar. Wenn man bei fester Anodenspannung den Anodenstrom als Funktion der Gitterspannung wünscht, so kann die Kurvenschar der Abb. 19a mit einer vertikalen Geraden zum Schnitt gebracht werden. Hieraus ergibt sich die gewünschte Kurve (Abb. 19b). Wir können offenbar die Anodenstrom-Anodenspannungskurven (Abb. 19a), wenigstens für einen gewissen Teil ihres Verlaufs, nahezu durch parallele Geraden idealisieren und die Anodenstrom - Gitterspannungskurven ebenfalls.

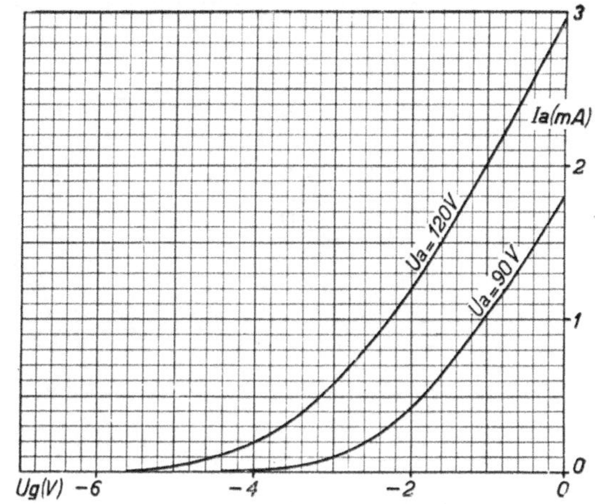

Abb. 19b. Statische Anodenstrom- (vertikal) Gitterspannungs- (horizontal) Kennlinie für die Triode der Abb. 19a bei fester Anodenspannung (120 und 90 V). Es handelt sich also um einen Schnitt der Kurven in Abb. 19a mit einer vertikalen Geraden für $U_a = 120$ und 90 V.

Analoge Messungen können wir bei Pentoden ausführen (Röhren bestehend aus einer Kathode, drei Gittern und einer Anode). Hierbei halten wir, wie für solche Röhren im normalen Betrieb üblich, die Schirmgitterspannung (zweites Gitter von der Kathode gerechnet) fest und legen das Bremsgitter (drittes Gitter von der Kathode gerechnet) an die Kathode (vgl. Abb. 22). Ergebnisse solcher Messungen statischer Kennlinien bei Pentoden sind in Abb. 20a und 20b dargestellt. Als *Arbeitspunkt* bezeichnet man jene zusammengehörigen (zeitlich) mittleren Spannungs- und Stromwerte der statischen Kennlinien, die bei

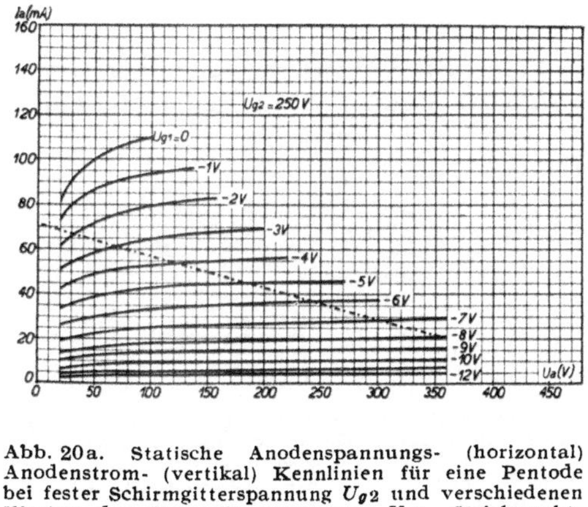

Abb. 20a. Statische Anodenspannungs- (horizontal) Anodenstrom- (vertikal) Kennlinien für eine Pentode bei fester Schirmgitterspannung U_{g2} und verschiedenen Werten der Steuergitterspannung U_{g1}. Strichpunkt-Gerade entspricht einem Nutzwiderstand von 7000 Ohm.

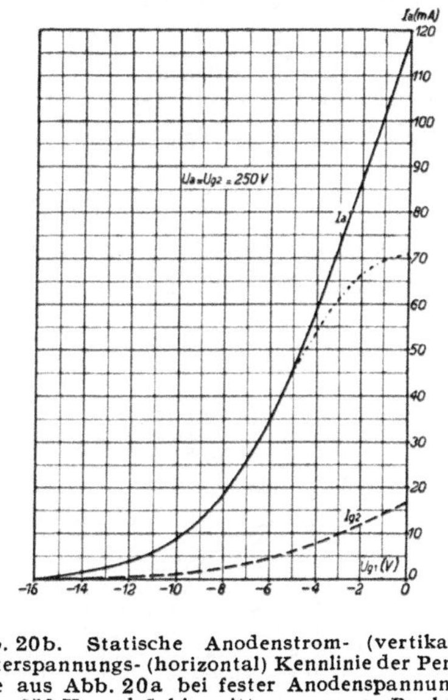

Abb. 20b. Statische Anodenstrom- (vertikal) Gitterspannungs- (horizontal) Kennlinie der Pentode aus Abb. 20a bei fester Anodenspannung ($U_a = 250$ V) und Schirmgitterspannung. Punkt-Strichlinie ist die dynamische Kennlinie, welche der Arbeitsgeraden in Abb. 20a entspricht. Gestrichelte Kurve: Schirmgitterstrom I_{g2} als Funktion von U_{g1} bei $U_a = 250$ V und $U_{g2} = 250$ V.

normalem Betrieb auftreten. Die Kurven von Abb. 19a und Abb. 20a zeigen den wesentlichen Unterschied im Verlauf dieser Kennlinien bei Trioden und bei Pentoden: bei Trioden hängt der Anodenstrom in der Umgebung des Arbeitspunktes (für Abb. 19a: $U_a = 120$ V, $U_g = -1{,}5$ V; für Abb. 20a: $U_a = 250$ V, $U_{g1} = -6$ V) viel stärker von der Anodenspannung ab als bei Pentoden.

Als letztes Beispiel für statische Kennlinien betrachten wir eine Diode (Kathode — Anode). Hier ist nur eine einzige Gleichspannung möglich: die Anodenspannung und die statische Kennlinie einer Diode stellt den Anodenstrom als Funktion der Anodenspannung dar. Man kann bei der Messung dieser Kenn-

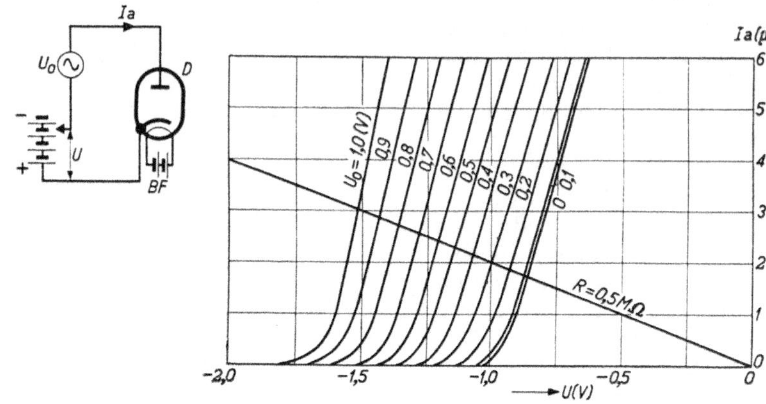

Abb. 21. Links oben: Schaltbild zur Aufnahme der rechts gezeichneten statischen Diodenkennlinien. U_0 ist die Amplitude einer Wechselspannungsquelle, U die Gleichspannung, I_a der Gleichstrom und BF die Heizfadenbatterie. Die Gerade R entspricht einem Außenwiderstand des Diodenkreises von 0,5 MOhm.

linie in Reihe mit der Gleichspannungsquelle noch eine Wechselspannungsquelle (Abb. 21) anordnen. Es ergibt sich dann bei jedem Wert der Wechselspannungsamplitude U_0 (Abb. 21) eine Kurve für den Anodenstrom I_a als Funktion der Gleichspannung U. Diese Kennlinien sind als „statisch" zu bezeichnen, weil keine Wechselstromwiderstände im Stromkreis aufgenommen sind (vgl. obige Definition statischer und dynamischer Kennlinien).

β) *Dynamische Kennlinien.*

Als erstes Beispiel dynamischer Kennlinien schalten wir zwischen der Anode und der Kathode einer Pentode einen Wirkwiderstand R in Reihe mit einem

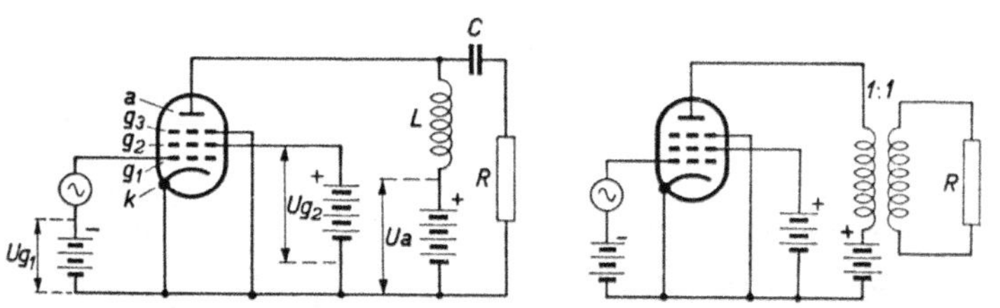

Abb. 22. Zur Messung der dynamischen Kennlinie einer Pentode. Die Augenblickswerte des Stromes i_a durch den Widerstand R und der Spannung u_a über diesem Widerstand liegen im Kennliniendiagramm der Abb. 20a auf einer Geraden, welche der Gl. (3, 1) genügt. Abb. a: Anodengleichspannungsspeisung durch eine Drosselspule L, Abb. b: Speisung durch einen Transformator. Für alle betrachteten Kreisfrequenzen ist $\omega CR \gg 1$ und $R \ll \omega L$.

Kondensator C. Wir halten die Schirmgitterspannung fest, legen das Bremsgitter an die Kathode und schalten eine Gleichspannungsquelle in Reihe mit einer Wechselspannungsquelle zwischen Kathode und Steuergitter. Die Anode speisen wir aus einer Gleichspannungsquelle in Reihe mit einer Drosselspule L. Der Wechselstromwiderstand dieser Drosselspule soll für die betrachteten Frequenzen groß im Vergleich zu R sein. Der Wechselstromwiderstand der Kapazität C soll klein im Vergleich zu R sein (Abb. 22a). An Stelle der Anordnung von

Abb. 22a kann auch ein idealer Transformator wie in Abb. 22b verwendet werden. Zu jedem Augenblickswert der Gitterspannung gegen die Kathode gehört ein Wert des Anodenstromes und ein Augenblickswert der Anodenspannung gegen die Kathode. Die Kurve für die Augenblickswerte des Anodenstromes als Funktion der Augenblickswerte der Gitterspannung pflegt man in diesem Fall als dynamische Kennlinie zu bezeichnen. Um diese dynamische Kennlinie aus den statischen Kennlinien der Abb. 20a und 20b zu erhalten, betrachten wir zunächst den geometrischen Ort für die zugehörigen Augenblickswerte i_a des Anodenstromes und u_a der Anodenspannung. Der Anodenwechselstrom fließt dabei voraussetzungsgemäß nur durch den Widerstand R und nicht durch die Drosselspule L. Der Augenblickswert der Anodenspannung ist daher gleich

(A 3, 1) $$u_a = U_a - R i_a.$$

Zwischen u_a und i_a besteht also eine lineare Beziehung: der geometrische Ort zusammengehöriger Anodenströme und Anodenspannungen ist eine Gerade, die man in diesem Fall oft als *Arbeitsgerade* bezeichnet. Diese Arbeitsgerade ist in Abb. 20a für einen Widerstand $R = 7000$ Ohm eingezeichnet. Wenn man die Arbeitsgerade mit den statischen Kennlinien zum Schnitt bringt (Abb. 20a) und die zusammengehörigen Werte des Anodenstromes und der Gitterspannung abliest, so erhält man die gesuchte dynamische Kennlinie, die in Abb. 20b als Punktstrichkurve eingezeichnet ist.

Aus Abb. 20b geht hervor, daß die dynamische Kennlinie dieser Pentode nur im oberen Teil von der statischen Kennlinie abweicht. Um den Grund hierfür klarzulegen, erörtern wir zunächst die Frage, warum die dynamische Kennlinie überhaupt von der statischen Kennlinie (Abb. 20b) abweicht. Die statische Kennlinie (Abb. 20b) geht aus den Kennlinien der Abb. 20a durch Schnitt mit einer vertikalen Geraden durch den Arbeitspunkt hervor. Eine solche vertikale Gerade entspricht einem verschwindend kleinen Widerstand R (Abb. 22). Bei wachsendem Widerstand R neigt sich die Arbeitsgerade (Abb. 20a) immer mehr von der vertikalen Richtung fort. Die Anodenstrom-Anodenspannungskennlinien der betrachteten Pentode (Abb. 20a) verlaufen für Anodenspannungswerte in der Umgebung des Arbeitspunktes fast horizontal. Wenn sie vollkommen horizontal verlaufen würden, wäre offenbar kein Unterschied zwischen der statischen Kennlinie der Abb. 20b und der dynamischen Kennlinie entlang der Arbeitsgeraden vorhanden. Ein deutlicher Unterschied im Verlauf der letztgenannten beiden Kennlinien entsteht dort, wo in der Abb. 20a eine deutliche Abweichung des Kennlinienverlaufs von der horizontalen Richtung auftritt, d. h. für niedrige Werte der Anodenspannung und zugleich hohe Werte des Anodenstromes (oben links in Abb. 20a). Dagegen verlaufen die Kennlinien der Abb. 20a für hohe Werte der Anodenspannung und zugleich niedrige Werte des Anodenstromes (unten rechts in Abb. 20a) fast horizontal. Daher weicht also die dynamische Kennlinie der Abb. 20b nur für hohe Werte des Anodenstromes von der entsprechenden statischen Kennlinie ab.

Als zweites Beispiel dynamischer Kennlinien betrachten wir eine Diode und schalten in Reihe mit einer Wechselspannungsquelle und der Diode noch einen Wirkwiderstand R, der durch einen Kondensator C überbrückt wird. Hierbei soll die Beziehung: $\omega R C \gg 1$ erfüllt sein (Abb. 23). Der Wechselstrom fließt also fast nur durch C und der Gleichstrom nur durch R. Wir fragen nach der Gleichspannung U_1, welche zwischen den Anschlüssen von R als Funktion der Wechselspannung entsteht (wir könnten auch nach dem Gleichstrom durch R als Funktion der Wechselspannung fragen). Die entstehende Kurve bezeichnen wir als dynamische Kennlinie. Sie kann aus Abb. 21 erhalten werden. Zwischen der

Gleichspannung U_1 über R und dem Gleichstrom I_a durch R besteht die Beziehung $U_1 = RI_a$, die durch eine Gerade dargestellt wird. Eine solche Gerade ist in Abb 21 für $R = 0{,}5$ MOhm gezeichnet. Indem wir die statischen Kennlinien der Abb. 21 mit dieser Geraden zum Schnitt bringen, erhalten wir für jede Wechselspannungsamplitude U_0 die zugehörige Gleichspannung U_1 und den zugehörigen Gleichstrom I_a (Abb. 23). Bereits für eine Amplitude $U_0 = 0$ fließt ein Gleichstrom (vgl. Abb. 21) und entsteht folglich eine Gleichspannung U über R. Wir bezeichnen mit U_1 jene zusätzliche Gleichspannung, die ihre Entstehung der Amplitude U_0 verdankt.

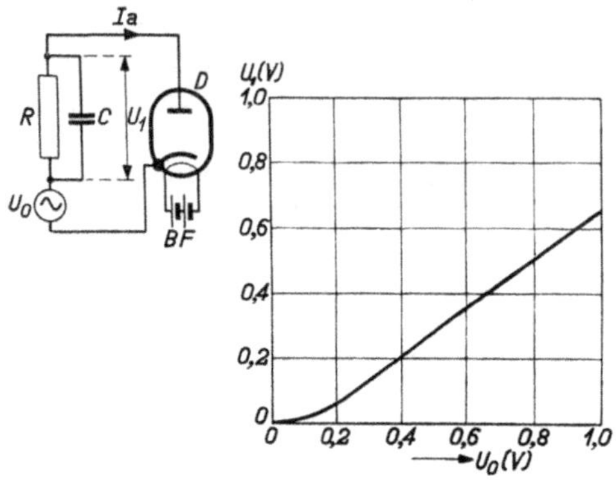

Abb. 23. Dynamische Kennlinie einer Diode. Links die Schaltung zur Aufnahme dieser Kennlinie. Rechts: aufgenommene Kennlinie.

γ) Verzerrungen und Schwingungsüberlagerung durch gekrümmte dynamische Kennlinien.

Gekrümmte dynamische Kennlinien können für die Anwendungen schädliche und nützliche Folgen haben. Bevor wir im nächsten Abschn. A 3b Hilfsmittel zur genauen rechnerischen Ermittlung dieser Folgen erörtern, wollen wir hier an Hand eines einfachen Beispiels den Leser mit ihnen vertraut machen. Als dynamische Kennlinie wählen wir:

$$i_a = C_2 (U_g - U_{g0})^2.$$

Wenn der Arbeitspunkt der Gitterspannung U_{g1} entspricht und weiterhin eine sinusförmig veränderliche Gitterspannung $U_0 \sin \omega t$ vorausgesetzt wird, also $U_g = U_{g1} + U_0 \sin \omega t$, ergibt sich:

$$\frac{i_a}{C_2} = (U_{g1} - U_{g0})^2 + 2(U_{g1} - U_{g0})\, U_0 \sin \omega t + \frac{U_0^2}{2} - \frac{U_0^2}{2} \cos 2\omega t.$$

Der Anodenstrom besteht also erstens aus einem Gleichstromanteil $C_2(U_{g1} - U_{g0})^2$, der auch vorhanden ist, wenn die Gitterwechselspannung gleich Null ist ($U_0 = 0$). Weiter entsteht ein Anodenstromanteil mit der Grundfrequenz der Gitterwechselspannung. Für viele Verstärkerzwecke ist dies der wichtigste erwünschte Anteil des Anodenstroms. Drittens ergibt sich ein weiterer Anodengleichstromanteil $U_0^2/2$, der verschwindet, wenn die Gitterspannungsamplitude gleich Null wird. Aus einer Gitterwechselspannung entsteht demnach ein *Gleichstrom*anteil des Anodenstroms. Hier haben wir also einen besonders einfachen Fall der *Gleichrichtung* vor uns. Viertens ergibt sich ein Anodenstromanteil mit der zweifachen Grundfrequenz der Gitterwechselspannung. In vielen Fällen stellt dieser Anteil eine unerwünschte *Verzerrung* der Verstärkung dar, die möglichst gering gehalten werden soll im Verhältnis zum Anodenstromanteil der Grundkreisfrequenz. Die obige Formel lehrt, daß dieses Verhältnis proportional zur Amplitude U_0 der Gitterwechselspannung ist. Man kann das Verhältnis verringern durch Verringerung des Verhältnisses $U_0/U_{g1} - U_{g0}$). Diese Regel, derzufolge das Verzerrungsverhältnis wächst bei wachsender Eingangsamplitude, werden wir für viele gekrümmte Kennlinien bestätigt finden. Zusammenfassend bemerken wir, daß die obige einfache quadratische Kennlinie bereits alle wesentlichen Merkmale der Verstärkung mit gekrümmten Kennlinien hervortreten läßt: 1. den Grundfrequenzanteil des Anodenstroms (unverzerrten Anteil), 2. den Gleichrichtungseffekt, 3. die Verzerrung des Anodenstroms gegenüber der Gitterwechselspannung (Oberwellenbildung).

In mehreren Anwendungen von Röhren mit gekrümmten Kennlinien (z. B. Überlagerungsstufen, vgl. Abschn. A 4 bγ) werden dem Steuergitter zwei Wechselspannungen verschiedener Frequenz zugeführt. Die Gitterspannung U_g wird dann: $U_g = U_{g1} + U_{01} \sin\omega_1 t + U_{02} \sin\omega_2 t$. Einsetzen dieses Ausdrucks in die Kennlinienformel ergibt:

$$\frac{i_a}{C_2} = (U_{g1} - U_{g0})^2 + 2(U_{g1} - U_{g0}) U_{01} \sin\omega_1 t + 2(U_{g1} - U_{g0}) U_{02} \sin\omega_2 t +$$
$$+ 2U_{01} U_{02} \sin\omega_1 t \sin\omega_2 t + \frac{U_{01}^2}{2} + \frac{U_{02}^2}{2} - \frac{U_{01}^2}{2} \cos 2\omega_1 t - \frac{U_{02}^2}{2} \cos 2\omega_2 t.$$

Wir erkennen in diesem Anodenstrom wieder die Anteile mit der Grundfrequenz jeder der beiden Gitterwechselspannungen, die Gleichrichtungsanteile, die Anteile mit der zweifachen Grundfrequenz jeder der Gitterwechselspannungen und schließlich noch den Anteil:

$$2C_2 U_{01} U_{02} \sin\omega_1 t \sin\omega_2 t = C_2 U_{01} U_{02} \{\cos(\omega_1 - \omega_2) t - \cos(\omega_1 + \omega_2) t\}.$$

Diesen *Überlagerungsanteil* des Anodenstroms wollen wir jetzt besonders betrachten, da er gegenüber den anderen Anteilen einen neuen Effekt darstellt: die Bildung der Summen- und Differenzfrequenz. Außer Oberwellen der Eingangsfrequenzen entstehen infolge Kennlinienkrümmungen also auch noch *Kombinationsfrequenzen*. Bei Verstärkern kann dieser Überlagerungseffekt besonders unangenehm wirken. Die Musikinstrumente, welche beispielsweise schließlich die Eingangswechselspannungen erzeugen, weisen selber auch Obertöne auf. Eine geringe Änderung des Verhältnisses der Obertonstärken zur Grundtonstärke bei der Wiedergabe hinter einem Verstärker ergibt zwar eine Klangänderung der Musik, aber wirkt im übrigen oft nicht besonders störend. Durch die Überlagerung entstehen aber neue Töne, die in der ursprünglichen Musik nicht vorhanden sind, und diese Verzerrungen können sehr störend wirken.

Der Überlagerungseffekt wird in den Überlagerungsstufen (vgl. Abschn. A 4 bγ) nützlich verwendet. Das Ziel ist hier, eine Gitterwechselspannung in einen Anodenwechselstrom anderer Frequenz umzuwandeln, wobei aber die Anodenstromamplitude möglichst genau proportional zur Gitterspannungsamplitude sein soll. Wenn wir U_{01} als die umzuwandelnde Gitterspannungsamplitude betrachten, wird in obigem Beispiel die Anodenstromamplitude gleich $C_2 U_{01} U_{02}$, also *genau* zu U_{01} proportional. Der Proportionalitätsfaktor kann durch Wahl von U_{02} noch in gewissen Grenzen beliebig gewählt werden. Auch die Frequenz dieses Anodenstromanteils kann durch Wahl von ω_2, wenn ω_1 gegeben ist, noch beliebig gewählt werden. Die quadratische Kennlinie stellt eine *ideale* Kennlinie für Überlagerungsstufen dar, weil die Anodenstromamplitude genau zur Gitteramplitude proportional wird.

Wir bemerken noch, daß in den obigen Ausführungen und Rechnungen stets vorausgesetzt wurde, daß die Augenblickswerte der Gitterspannung die Spannung U_{g0} nie überschreiten, d. h. daß $U_g - U_{g0}$ stets *positiv* bleibt. Die Kennlinie berührt im Punkt U_{g0} die Gitterspannungsachse, und für negative Werte von $U_g - U_{g0}$ bleibt $i_a = 0$. In dieser *Begrenzung* des Kennlinienbereichs liegt zugleich eine Begrenzung der Gültigkeit obiger Ausführungen, besonders z. B. in bezug auf die Verzerrungsfreiheit der Überlagerungsverstärkung.

b) Kennliniendarstellung durch Summen von Exponentialfunktionen.

Für die rechnerische Verfolgung der Verzerrungen, welche infolge der Kennlinienkrümmungen auftreten, ist es erwünscht, diese Kennlinien durch Funktionen darzustellen. Hierbei setzen wir voraus, daß die Kennlinien stetig sind. Solche Funktionen können z. B. TAYLOR-Reihen sein. Wir betrachten den Anodenstrom i_a einer Verstärkerröhre, z. B. einer Pentode, als Funktion der Steuergitterspannung U_g und entwickeln diese Funktion in der Umgebung eines bestimmten Gitterspannungswertes U_{g0}, der dem Arbeitspunkt der Kennlinie entspricht, in eine Potenzreihe:

$$i_a = C_0 U_{g0} + C_1(U_g - U_{g0}) + C_2(U_g - U_{g0})^2 + C_3(U_g - U_{g0})^3 + \cdots. \tag{A 3,2}$$

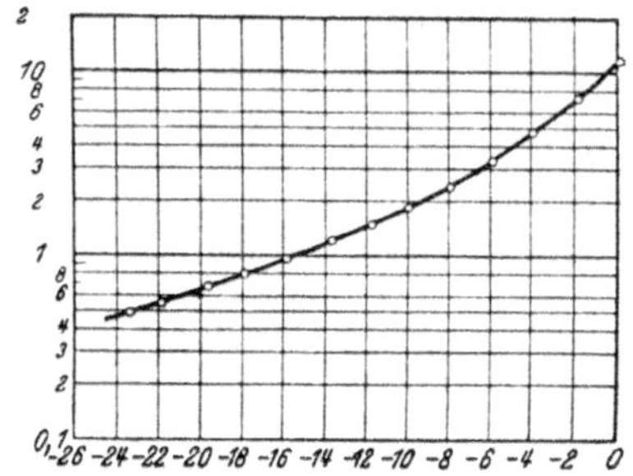

Abb. 24a. Röhre RCA'58.
Kurve berechnet aus $I_a = 3{,}30\,e^{0{,}080\,U_g} + 8{,}70\,e^{0{,}318\,U_g}$,

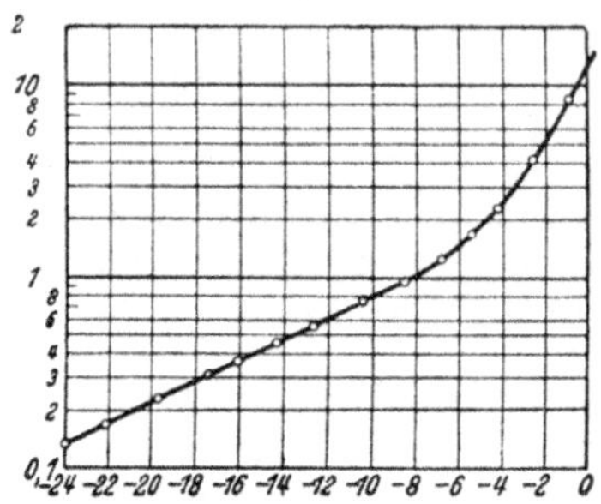

Abb. 24b. Röhre Philips E 447.
Kurve: $I_a = 2{,}60\,e^{0{,}122\,U_g} + 11{,}6\,e^{0{,}612\,U_g}$.

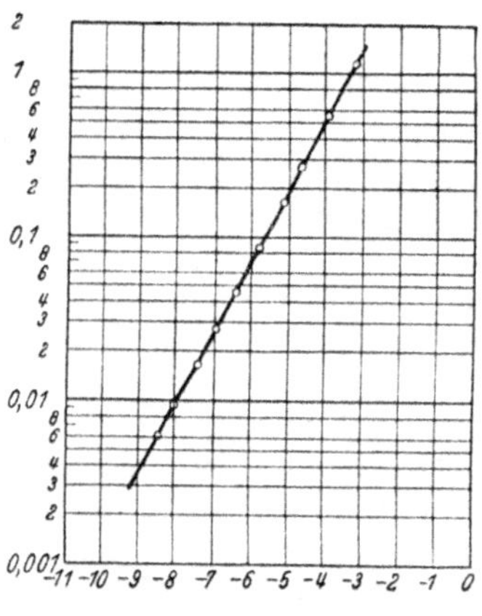

Abb. 24c. Röhre Philips E 452T.
Kurve: $I_a = 28{,}7\,e^{0{,}995\,U_g}$

Abb. 24a–c. Punkte für alle Kurven gemessen. Die Kurven der Abb. 24a, b u. c stellen die statischen Kennlinien der genannten Röhren dar. Vertikal: Anodenstrom I_a (mA). Horizontal: Gitterspannung U_g in Volt.

Ein solcher Ausdruck, der eine Erweiterung der quadratischen Kennlinie von Abschn. 3aγ darstellt, ist offenbar nur in der Umgebung von U_{g0} brauchbar, da die Koeffizienten $C_0, C_1, C_2, \ldots$ durch die Eigenschaften der anzunähernden Funktion im Punkte U_{g0} bestimmt werden.

α) *Darstellung durch Summen von Exponentialfunktionen.*

Wenn man eine einzige Darstellung einer Kennlinie für einen *großen* Bereich ihrer Variablen wünscht, kann in vielen Fällen an Stelle von (3,2) besser eine Darstellung durch eine Summe von Funktionen benutzt werden, wobei jede der Einzelfunktionen sich der Kennlinie in einem größeren Bereich besser anschmiegt als die Ausdrücke $U_g - U_{g0}$, $(U_g - U_{g0})^2$, usw. aus Gl. (3,2). Weiterhin sollen die Einzelfunktionen eine leichte Berechnung der verschiedenen Verzerrungskomponenten gestatten. In vielen Fällen haben sich die Exponentialfunktionen in diesem Sinne bestens bewährt. Wir betrachten wieder den Anodenstrom I_a einer Röhre als Funktion der Gitterspannung U_g:

$$I_a = A_1 e^{a_1 U_g} + A_2 e^{a_2 U_g} + A_3^{a_3 U_g} + \cdots. \tag{A 3,3}$$

In Abb. 24 sind drei Beispiele für diese Darstellung von Röhrenkennlinien gezeichnet. Diese Beispiele zeigen, daß in vielen Fällen nur wenige (z. B. 1 oder 2) Glieder der Reihe (3,3) genügen, um die betreffende Kennlinie in einem großen Bereich ihres Verlaufs genügend anzunähern.

Vom Ausdruck (3,2) kann gezeigt werden, daß er bei geeigneter Bestimmung der Koeffizienten C_1, C_2, ... für alle Werte von U_g konvergiert, sofern die anzunähernde Kennlinie im betreffenden Bereich dieser Werte stetig ist. Anders ausgedrückt: je mehr Glieder der Reihe man heranzieht, desto genauer wird die Kennlinie durch den Ausdruck (3,2) genähert. Analoge Eigenschaften hat die Gl. (3,3). Um dies zu zeigen, führen wir die neue Veränderliche $z = e^{U_g}$ ein. Offenbar kann die Reihe (3,3) dann wie folgt geschrieben werden:

$$I_a = A_1 z^{a_1} + A_2 z^{a_2} + A_3 z^{a_3} + \cdots. \tag{A 3,4}$$

Wenn wir in Gl. (3,4) an Stelle der Größen a_1, a_2, a_3, ... die Zahlen 0, 1, 2, 3, ... setzen, so erhalten wir eine Potenzreihe, also eine der Gl. (3,2) genau analoge Darstellung, wobei die Koeffizienten A_1, A_2, ... nach der üblichen Methode der TAYLOR-Entwicklung proportional zu den Differentialquotienten der Funktion I_a von z zu wählen sind. Eine Potenzreihe dieser Art konvergiert für alle Werte von z und folglich von U_g.

Bei der praktischen Anwendung der Gl. (3,3) wählen wir die Größen a_1, a_2, ... im allgemeinen nicht ganzzahlig (Abb. 24). Bei der Bestimmung der Größen A_1, A_2, ..., a_1, a_2, ... kann rechnerisch so vorgegangen werden, daß für die vorgelegte Kennlinie die Ordinatenwerte, welche zu vorgegebenen, in gleichen Abständen gewählten Abszissen gehören, abgelesen werden. Einsetzen der Abszissenwerte in Gl. (3,3) führt zu einer Anzahl von Bestimmungsgleichungen für die gesuchten Größen, wenn man die Gl. (3,3) bei einer bestimmten Gliederzahl abbricht. Diese Bestimmungsgleichungen können z. B. nach der Methode der kleinsten Quadrate gelöst werden. Hierdurch erhält man eine möglichst gute mittlere Annäherung der vorgelegten Kennlinie durch den Ausdruck (3,3).

Ein graphisches Verfahren zur Bestimmung von A_1, A_2, ..., a_1, a_2, ... ist folgendes: Man zeichnet die Ordinaten der vorgelegten Kennlinie (z. B. Anodenstrom-Gitterspannung) im logarithmischen Maßstab. In vielen Fällen kann die erhaltene Kurve (vgl. Abb. 24) durch zwei Gerade angenähert werden, d. h. man kommt mit einer Summe zweier Exponentialausdrücke aus. Durch Verschieben der Geraden, die diesen beiden Exponentialfunktionen entsprechen, findet sich in solchen Fällen oft rasch eine ausreichende Annäherung. Dieses graphische Verfahren kann übrigens auch bei komplizierteren Kennlinien angewandt werden, wenn auch mit mehr Arbeitsaufwand.

Schrifttum: 181, 182, 200.

β) *Berechnung der Verzerrungskomponenten.*

Bei dieser Berechnung machen wir von folgender Eigenschaft der Exponentialfunktion Gebrauch:

$$\left\{\begin{aligned} e^{aU_g + aU_0 \sin\omega t} = e^{aU_g}(&\alpha_0 + \alpha_1 \sin\omega t + \alpha_2 \cos 2\omega t + \alpha_3 \sin 3\omega t + \\ &+ \alpha_4 \cos 4\omega t + \cdots). \end{aligned}\right. \tag{A 3,5}$$

Die Koeffizienten α_0, α_1, ... haben eine einfache mathematische Bedeutung:

$$\left\{\begin{aligned} \alpha_0 &= J_0(j a U_0); \\ \alpha_1 &= \frac{2}{j} J_1(j a U_0); \\ \alpha_2 &= 2 J_2(j a U_0); \\ \alpha_3 &= \frac{2}{j} J_3(j a U_0); \\ \alpha_4 &= 2 J_4(j a U_0); \\ &\text{— — — — — —} \end{aligned}\right. \tag{A 3,6}$$

Die Ausdrücke J_0, J_1, ... sind BESSELsche Funktionen erster Art der Ordnung 0, 1, ... mit dem Argument $(j a U_0)$. Sie sind sämtlich tabelliert (E. JAHNKE und F. EMDE: Kurven- und Funktionentafeln. 4. Aufl. 1938). Folglich steht ihrer numerischen Anwendung nichts im Wege.

Die Gl. (3,5) gilt für jeden Summanden der Kennliniendarstellung (3,3). Wenn also z. B. dem Steuergitter eine Gleichspannung U_g mit einer überlagerten Wechselspannung $U_0 \sin \omega t$ zugeführt wird, kann aus (3,3) und (3,5) sofort berechnet werden, wie groß der Anodengleichstrom und die verschiedenen Wechselstromkomponenten des Anodenstroms werden. Außerdem ergibt sich für jeden dieser Anodenstrombestandteile auch sogleich die Abhängigkeit von der Gitterwechselspannungsamplitude.

Hiermit sind die Anwendungsmöglichkeiten der Gl. (3,3) und (3,5) durchaus nicht erschöpft. Man kann dem Steuergitter einer Röhre z. B. außer einer geeigneten Gleichspannung *zwei* Wechselspannungen verschiedener Frequenz und (oder) Amplitude zuführen (Gleichspannungsquelle in Reihe mit zwei Wechselspannungsquellen zwischen Kathode und Steuergitter). Im Anodenstromkreis fließt ein Gleichstromanteil nebst Wechselstromanteilen, deren Frequenzen die beiden Grundfrequenzen der Wechselspannungsquellen, Vielfache dieser Frequenzen (vgl. oben), Summen und Differenzen dieser Frequenzen sowie Summen und Differenzen von Vielfachen dieser Frequenzen sind. Alle diese Wechselstromanteile und der Gleichstromanteil können mit Hilfe der Gl. (3,5) und (3,3) fast unmittelbar berechnet werden. Beispiele enthält Abschn. A4.

Die Kennliniendarstellung durch Summen von Exponentialfunktionen hat zwei hervorstechende Merkmale: 1. Dadurch, daß man eine analytische Funktion erhält, welche die Kennlinie in einem größeren Bereich genau darstellt, können allgemeine Gesetzmäßigkeiten in bezug auf die verschiedenen Komponenten der Kenngrößen leicht abgeleitet werden. Beispiele hierfür ergeben sich in den Abschn. C, D und E. 2. Die genaue Darstellung führt zu einer numerischen Erfassung der verschiedenen Kenngrößen und ihrer Komponenten in einem größeren Bereich der Kennlinien.

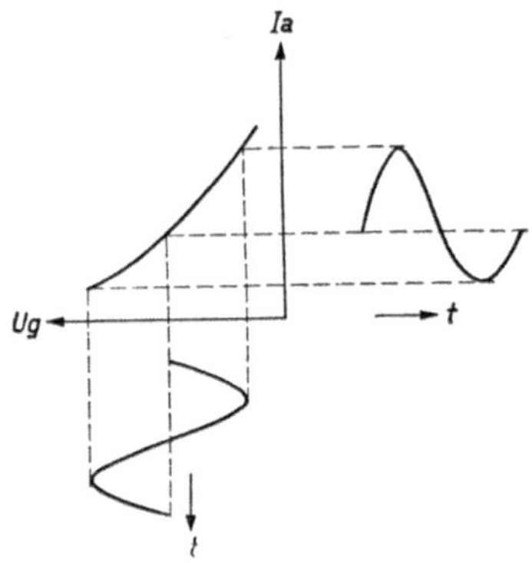

Abb. 25. Anodenstrom (vertikal) als Funktion der Gitterspannung (horizontal). Im unteren Teil ist der Verlauf einer einwelligen Gitterwechselspannung als Funktion der Zeit gezeichnet. Rechts ist daraus mit Hilfe der Kennlinie der Verlauf des Anodenstroms als Funktion der Zeit ermittelt.

c) Direkte Berechnung der Verzerrungen durch FOURIER-Zerlegung.

α) *Rezept der Berechnung.*

Die bedeutenden Vorteile der Verwendung von Exponentialsummen zur Kennliniendarstellung schließen jedoch nicht aus, daß es in besonderen Fällen nützlich sein kann, eine rasch zum Ziel führende Berechnungsweise einzelner Verzerrungskomponenten zu benutzen. Wir erläutern eine solche direkte Methode am Beispiel der Anodenstrom-Gitterspannungskennlinie, welche sowohl statisch als auch dynamisch sein darf. Es handelt sich darum, bei vorgegebener Gittergleichspannung in Reihe mit einer Gitterwechselspannungsquelle die verschiedenen Anteile des Anodenstroms angenähert zu berechnen. Man kann offenbar mit Hilfe der Kennlinie und der Gitterspannungskurve als Funktion der Zeit (Abb. 25) die Anodenstromkurve als Funktion der Zeit zeichnerisch ermitteln. Diese Anodenstromkurve kann dann nach dem FOURIERschen Lehrsatz in ihre Anteile zerlegt werden.

Das Verfahren ist bis zum Anodenstromanteil mit der sechsfachen Grundfrequenz rechnerisch durchgearbeitet worden und hat zu folgendem einfachen Rezept geführt: Wir setzen als Anodenstrom folgende Zeitfunktion an:

$$\text{(A 3,7)}\quad \begin{cases} i_a(t) = I + I_1 \sin\omega t + I_2 \cos 2\omega t + I_3 \sin 3\omega t + \\ \quad + I_4 \cos 4\omega t + I_5 \sin 5\omega t + I_6 \cos 6\omega t \end{cases}$$

und als Gitterspannung als Funktion der Zeit:

$$\text{(A 3,8)}\qquad u_g(t) = U_g + U_0 \sin\omega t.$$

Weiter bezeichnen wir als

I_0	den Anodenstrom für eine Gitterspannung	U_g (Arbeitspunkt);
$I_{\max}$	,, ,, ,, ,, ,,	$U_g + U_0$;
$I_{\min}$	,, ,, ,, ,, ,,	$U_g - U_0$;
I_a	,, ,, ,, ,, ,,	$U_g + U_0\sqrt{3}/2$;
I_b	,, ,, ,, ,, ,,	$U_g - U_0\sqrt{3}/2$;
I_c	,, ,, ,, ,, ,,	$U_g + U_0/2$;
I_d	,, ,, ,, ,, ,,	$U_g - U_0/2$.

Dann wird:

$$I = \tfrac{1}{12}[I_{\max} + I_{\min} + 2(I_a + I_b) + 2(I_c + I_d) + 2I_0];$$
$$I_1 = \tfrac{1}{6}[I_{\max} - I_{\min} + \sqrt{3}(I_a - I_b) + (I_c - I_d)];$$
$$I_2 = \tfrac{1}{6}[I_{\max} + I_{\min} + I_a + I_b - (I_c + I_d) - 2I_0];$$
$$I_3 = \tfrac{1}{6}[I_{\max} - I_{\min} - 2(I_c - I_d)];$$
$$I_4 = \tfrac{1}{6}[I_{\max} + I_{\min} - (I_a + I_b) - (I_c + I_d) + 2I_0];$$
$$I_5 = \tfrac{1}{6}[I_{\max} - I_{\min} - \sqrt{3}(I_a - I_b) + (I_c - I_d)];$$
$$I_6 = \tfrac{1}{6}[I_{\max} + I_{\min} - 2(I_a + I_b) + 2(I_c + I_d) - 2I_0].$$

Schrifttum: 87, 136, 200.

β) Beispiele für Anwendungen des Rezeptes.

In Abb. 26 ist eine Kennlinie gezeichnet, wobei der Anodenstrom durch die 3/2-Potenz der Gitterspannung gegeben ist. Wir wählen zunächst den Arbeitspunkt A dieser Kennlinie ($U_g = -19$ V, $I_0 = 83$ mA) und wählen dann U_0 gleich 9,5 V. Die Anwendung obigen Rezeptes ergibt: $I_1 = 61{,}2$ mA, $I_2/I_1 = 6{,}7\%$, $I_3/I_1 = 0{,}4\%$, $I_4/I_1 = 0{,}13\%$, $I_5/I_1 = 0{,}4\%$, $I_6/I_1 = 0{,}13\%$. Im Anodenstrom tritt also hauptsächlich der Grundfrequenzanteil (I_1) auf und zu 6,7% auch noch der Anteil mit zweifacher Frequenz (der eine Verzerrung darstellt). Die höheren Frequenzen sind aber fast nicht vertreten (man bedenke, daß bei der Anwendung des Rezeptes unvermeidliche Rechenungenauigkeiten eine Rolle spielen).

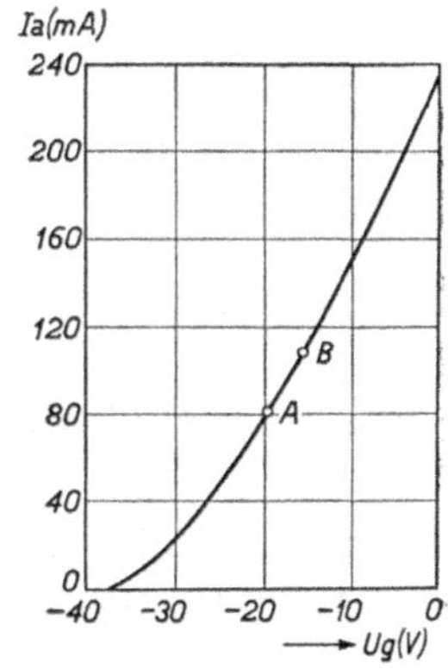

Abb. 26. Anodenstrom- (vertikal) Gitterspannungs- (horizontal) Kurve zur Anwendung des Rezeptes zur Berechnung der Anodenstromanteile nach Abb. 25.

Als zweites Beispiel wählen wir den gleichen Arbeitspunkt ($U_0 = -19$ V), aber eine Wechselspannungsamplitude $U_0 = 19$ V und erhalten: $I_1 = 121{,}5$ mA, $I_2/I_1 = 13{,}4\%$, $I_3/I_1 = 1{,}65\%$, $I_4/I_1 = 0{,}9\%$, $I_5/I_1 = 1{,}1\%$, $I_6/I_1 = 0{,}6\%$. Auch in diesem Fall ist im Anodenstrom außer der Grundfrequenz nur die zweifache Grundfrequenz in bedeutendem Maße vertreten.

Als drittes Beispiel wählen wir den Arbeitspunkt B der Abb. 26 ($U_g = -16$ V; $I_0 = 103$ mA) bei einer Wechselspannungsamplitude $U_0 = 16$ V. Wir erhalten: $I_1 = 110$ mA, $I_2/I_1 = 10{,}4\%$, $I_3/I_1 = 0{,}27\%$, $I_4/I_1 = 0{,}90\%$, $I_5/I_1 = 0{,}5\%$, $I_6/I_1 = 0{,}6\%$. In diesem Fall gilt offenbar die gleiche Schlußfolgerung wie in den beiden vorhergehenden Beispielen.

4. Gleichrichtung und Frequenzwandlung.

Die Erörterungen in Abschn. 3 zeigen, daß die in den Abschn. 1 und 2 benutzten *linearen* Gleichungen (alle Wechselströme und Wechselspannungen sind einander proportional) als Näherungen betrachtet werden müssen, deren Gültigkeitsgrenzen durch die *Krümmungen* der betreffenden Kennlinien bestimmt werden. Man kann diese Krümmungen, die nach obiger Betrachtungsweise Störungen darstellen, aber auch zur Erzielung einer Umwandlung von Wechselspannungen in Gleichspannungen (Gleichrichtung) und in Wechselspannungen anderer Frequenzen (Frequenzwandlung) nützlich verwerten.

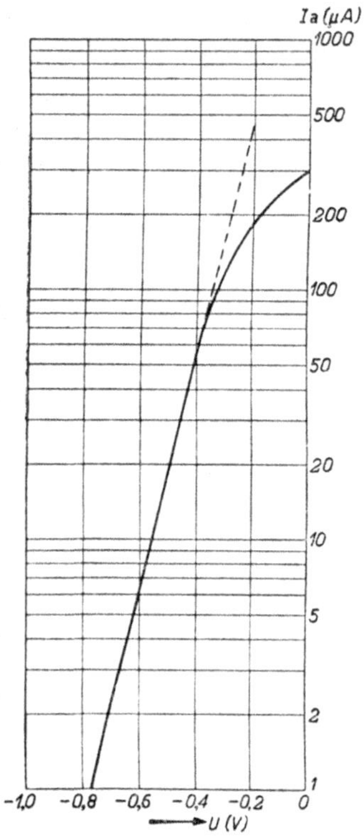

Abb. 27. Statistische Kennlinie einer Rundfunkdiode. Vertikal: Diodenstrom I_a (μA). Horizontal: Diodenspannung U (V).

a) Gleichrichtung.

Wir unterscheiden zwischen Gleichrichtung mit Dioden und Gleichrichtung mittels Kennlinienkrümmungen in Röhren mit Steuergitter.

α) *Diodengleichrichtung.*

Diese Gleichrichtung ist bereits in Abb. 23, im Anschluß an die statischen Kennlinien der Abb. 21, gestreift worden. Wir behandeln wieder das in Abb. 23 gezeichnete Schaltbild und gehen von der Diodenkennlinie aus, welche den Anodenstrom als Funktion der Anodengsleichpannung gibt (also von der Kennlinie für $U_0 = 0$ V der Abb. 21). Wenn wir für den Anodenstrom einen logarithmischen Maßstab benutzen (Abb. 27), so kommt für die meisten beim Rundfunkempfang üblichen Dioden bis etwa 100 μA Anodenstrom eine Gerade heraus. Wir benutzen daher die Darstellung:

(A 4,1) $$I_a = A\, e^{a U(t)},$$

wo für die Kurve der Abb. 27 gilt: $A = 3{,}7$ mA, $a = 10\ (\mathrm{V})^{-1}$. Für $U(t) = U + U_0 \sin \omega t$ erhält man nach Gl. (3,5) für den entstehenden Gleichstrom I:

(A 4,2) $$I = A\, e^{aU} J_0(j a U_0).$$

Für kleine Werte von aU_0 im Vergleich zu 1 (z. B. U_0 kleiner als 0,03 V) ist:

(A 4,3) $$J_0(j a U_0) = 1 + \tfrac{1}{4} a^2 U_0^2 + \cdots.$$

Die Gleichspannung U wird mit Hilfe des Reihenwiderstandes R der Abb. 23 erhalten:

(A 4,4) $$U = -I R.$$

Aus den Gl. (4,2), (4,3) und (4,4) ergibt sich, wenn man $U = U_g + U_1$ setzt (U_g tritt ohne Wechselspannungsamplitude U_0 auf, U_1 ist eine Folge dieser Amplitude):

(A 4,5) $$U_g + U_1 = -A e^{a(U_g+U_1)} R\left(1 + \tfrac{1}{4} a^2 U_0^2\right).$$

Für kleine Werte von aU_0 wird auch aU_1 klein sein:

$$e^{aU_1} = 1 + aU_1,$$

während weiterhin für $U_0 = 0$ auch $U_1 = 0$ ist, also:

$$-AR\, e^{aU_g} = U_g.$$

Folglich ergibt sich aus Gl. (4,5):

(A 4,6) $$1 + \frac{U_1}{U_g} = (1 + aU_1)\left(1 + \frac{1}{4} a^2 U_0^2\right)$$

oder

(A 4,7) $$U_1 = -\frac{1}{4}\,\frac{a U_0^2}{1 - \dfrac{1}{a U_g}}.$$

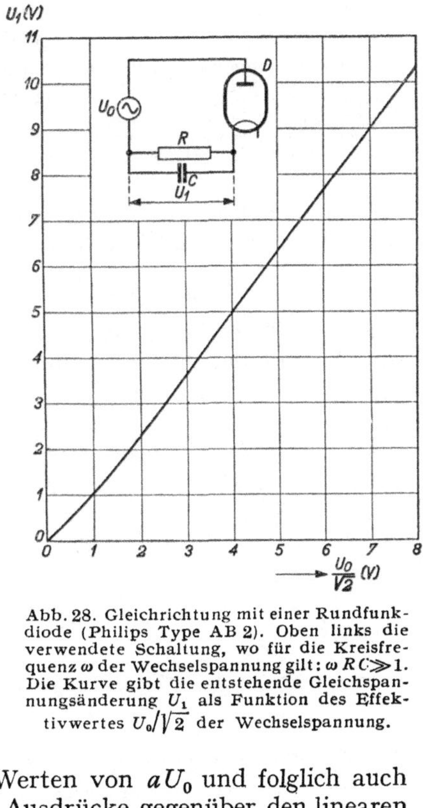

Abb. 28. Gleichrichtung mit einer Rundfunkdiode (Philips Type AB 2). Oben links die verwendete Schaltung, wo für die Kreisfrequenz ω der Wechselspannung gilt: $\omega RC \gg 1$. Die Kurve gibt die entstehende Gleichspannungsänderung U_1 als Funktion des Effektivwertes $U_0/\sqrt{2}$ der Wechselspannung.

Die gleichgerichtete Spannung U_1 infolge der Amplitude U_0 ist also in diesem Fall (kleine Werte von aU_0 in bezug auf 1) dem Quadrate der Amplitude U_0 proportional (vgl. auch Abb. 23).

Im Falle sehr großer Werte der Amplitude U_0, wodurch $aU_0 \gg 1$ wird, erhält man:

(A 4,8) $$J_0(j a U_0) = \frac{e^{aU_0}}{(2\pi a U_0)^{1/2}}$$

und folglich an Stelle von Gl. (4,6):

(A 4,9) $$1 + \frac{U_1}{U_g} = \frac{e^{aU_1 + aU_0}}{(2\pi a U_0)^{1/2}}.$$

Wenn wir (4,9) links und rechts logarithmieren, entsteht die Gleichung:

(A 4,10) $$2{,}30 \lg\left(1 + \frac{U_1}{U_g}\right) = aU_1 + aU_0 - \frac{1}{2}\, 2{,}30 \lg(2\pi a U_0).$$

Als erste Näherung können wir bei großen Werten von aU_0 und folglich auch von aU_1 annehmen, daß die logarithmischen Ausdrücke gegenüber den linearen vernachlässigt werden können. In diesem Fall ergibt Gl. (4,10):

(A 4,11) $$-U_1 \cong U_0.$$

Die gleichgerichtete Spannung ist also bei großen Amplituden im Betrage dieser Amplitude gleich. Aus Abb. 23 ist zu ersehen, daß die Kurve sich für größere Amplituden diesem Fall nähert. Für $aU_0 = 10$ ist aber die gleichgerichtete Spannung U_1 noch nicht gleich U_0. Wohl ist hier die Zunahme von U_1 etwa proportional zur Zunahme von U_0, d. h. wir haben bereits nahezu *lineare* Gleichrichtung, bevor U_1 gleich U_0 geworden ist. Letzteres wird für normale Rundfunkdioden bei etwa $aU_0 = 100$ erreicht (vgl. Abb. 28).

Schrifttum: 179.

β) *Krümmungsgleichrichtung.*

Hierbei wird eine Triode oder Pentode mit geeignet gewählter Steuergittergleichspannung benutzt. Dem Steuergitter wird weiterhin die gleichzurichtende Wechselspannung zugeführt. Als Folge dieser Wechselspannung entsteht eine Änderung des Anodengleichstromes. Wenn im Anodenkreis noch ein Wirkwiderstand R aufgenommen ist (Abb. 29), der durch eine Kapazität C überbrückt wird ($\omega C R \gg 1$), so entsteht infolge der Gitterwechselspannung im Anodenkreis über dem Widerstand R eine Änderung der Gleichspannung. Hiermit wird also eine Gleichrichterwirkung erzielt. Zur rechnerischen Verfolgung dieser Gleichrichtung stellen wir den Anodenstrom I_a in der Schaltung nach Abb. 29 als Funktion der Gitterspannung U durch eine Summe von Exponentialfunktionen dar [vgl. Gl. (3,3)]:

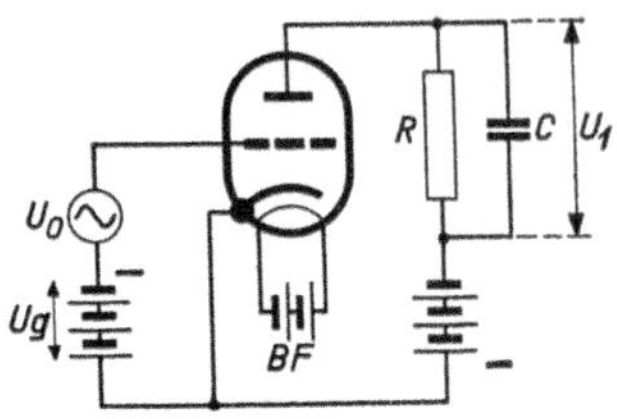

Abb. 29. Schaltung zur Erzielung von Gleichrichtung einer Wechselspannung (Amplitude U_0) mit einer Triode. Für die betrachtete Kreisfrequenz ω gilt: $\omega R C \gg 1$. BF ist die Heizfadenbatterie.

$$I_a = A_1 e^{a_1 U} + A_2 e^{a_2 U} + A_3 e^{a_3 U} + \cdots.$$

Der Anodengleichstrom wird bei einer Gitterspannung $U = U_g + U_0 \sin \omega t$ durch den Ausdruck [vgl. Gl. (3,5)]:

$$I_{a\,gl} = A_1 e^{a_1 U_g} J_0(j\,a_1 U_0) + A_2 e^{a_2 U_g} J_0(j\,a_2 U_0) + \cdots$$

gegeben. Ohne Wechselspannung sind die BESSELschen Funktionen J_0 gleich 1 und kommt der Anodenstrom $I_{a\,0}$ (Ruhestrom) heraus. Die Änderung $I_{a\,1}$ des Anodenstromes infolge der Wechselspannung wird:

$$\text{(A 4,12)} \quad I_{a1} = A_1 e^{a_1 U_g}[J_0(j\,a_1 U_0) - 1] + A_2 e^{a_2 U_g}[J_0(j\,a_2 U_0) - 1] + \cdots.$$

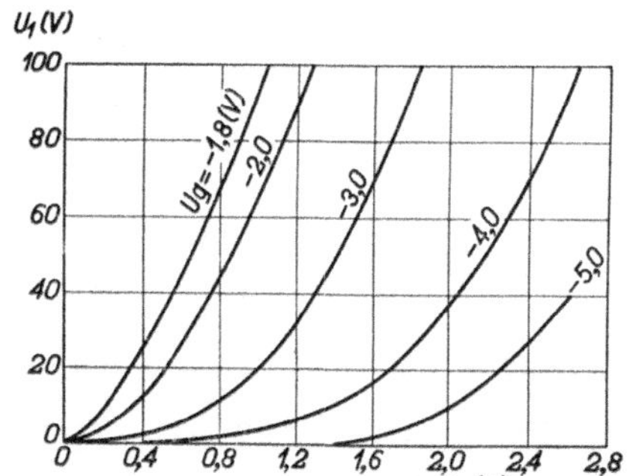

Abb. 30. Kurven, die experimentell mit einer Schaltung nach Abb. 29 ermittelt wurden. Vertikal: Die gleichgerichtete Spannung U_1 über dem Widerstand R. Horizontal: Die Wechselspannungsamplitude U_0.

Für kleine Werte der Wechselspannung: $a_1 U_0 \ll 1$, $a_2 U_0 \ll 1, \ldots$ erhält man [vgl. Gl. (4,3)]:

$$J_0(j\,a U_0) = 1 + \tfrac{1}{4}\, a^2 U_0^2 + \cdots,$$

also:

$$\text{(A 4,13)} \quad I_{a1} = \tfrac{1}{4} A_1 e^{a_1 U_g} a_1^2 U_0^2 + \tfrac{1}{4} A_2 e^{a_2 U_g} a_2^2 U_0^2 + \cdots.$$

Wie im Falle der Diodengleichrichtung ist der zusätzliche Gleichstrom infolge der Wechselspannung dem Quadrate der Amplitude proportional, wenn letztere klein ist. Für größere Amplituden muß die (Gl. 4,12) benutzt werden und ergibt sich keine einfache Gesetzmäßigkeit. Einige gemessene Kurven sind in Abb. 30 zusammengestellt (Philipstriode E 499 mit $R = 0{,}3$ MOhm und 220 V Spannung der Anodenbatterie, vgl. auch Abb. 29).

Schrifttum: 179, 185.

b) Frequenzwandlung.

In analoger Weise, wie mittels gekrümmten Kennlinien Gleichströme und Gleichspannungen aus Wechselspannungen erzeugt werden können, ist es auch möglich, Schaltungen anzugeben, mit denen Wechselspannungen erzeugt werden, deren Frequenz von der Eingangsfrequenz abweicht. Wir brauchen nur nach den Abschn. 3b und 3c zu verweisen, wo sich Formeln für solche Frequenzwandlungen finden. Hier sollen Schaltungen betrachtet werden, welche für diese Zwecke besonders geeignet sind. Bei der Berechnung der Wirkung dieser Schaltungen benutzen wir abwechselnd die beiden im Abschn. 3 (vgl. 3b und 3c) dargelegten Methoden: Darstellung der Kennlinien durch Exponentialsummen und FOURIER-Zerlegung der Anodenstromkurve als Funktion der Zeit.

α) *Frequenzwandlung mit Dioden.*

Während in Abb. 27 die Kennlinie einer Diode im Anlaufstromgebiet dargestellt wurde, zeigt Abb. 31 die Kennlinie einer Diode im Gebiet *größerer Ströme* und positiver Spannungen. Offenbar kann diese Kennlinie durch eine Gerade angenähert werden (Abb. 32). Den Tangens des Neigungswinkels dieser Geraden nennen wir $1/R_i$, den reziproken *Innenwiderstand* der Diode. Wir schalten eine Diode mit idealisierter Kennlinie (Abb. 32) in Reihe mit zwei Wechselspannungsquellen (beide mit einem Innenwiderstand Null), die bzw. die Spannungen

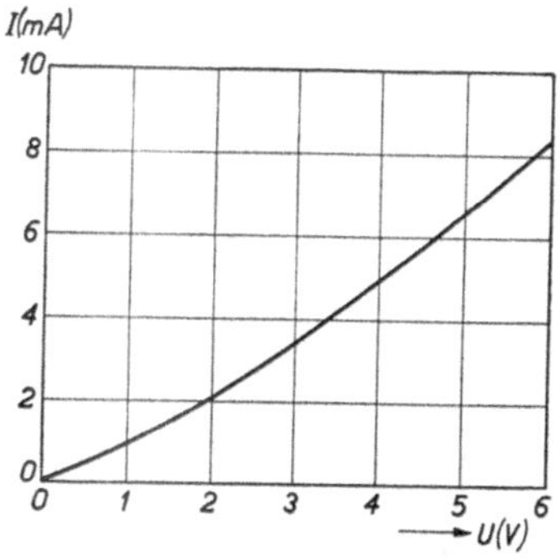

Abb. 31. Anodenstrom einer Rundfunkdiode (vertikal) als Funktion der Anodenspannung (horizontal). Experimentalkurve.

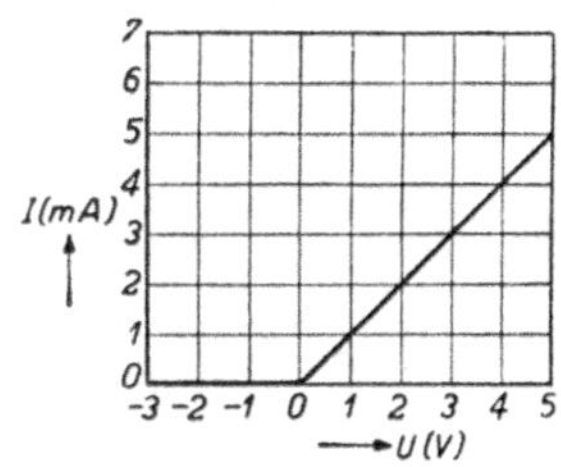

Abb. 32. Annäherung einer Kurve, wie in Abb. 31, durch eine Gerade.

$$U_1 \cos(\omega_1 t + \varphi_1) \quad \text{und} \quad U_2 \cos(\omega_2 t + \varphi_2)$$

erzeugen, und fragen nach dem Strom im Diodenkreise (Abb. 33). Dieser Strom ist Null, wenn die Summe der Augenblickswerte der beiden Spannungen Null oder negativ ist, und hat einen endlichen Wert proportional zur genannten Summe, wenn diese Summe positiv ist. Wir setzen zur besseren Übersicht $\omega_1 t + \varphi_1 = x$ und $\omega_2 t + \varphi_2 = y$, während $U_1 = U_0$ und $U_2 = k U_0$ sei. Offenbar ist der Strom im Diodenkreise gleich

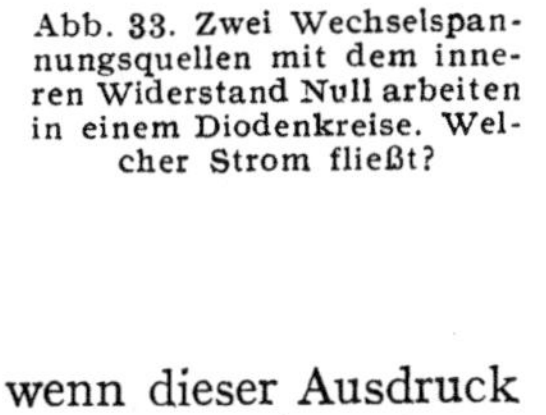

Abb. 33. Zwei Wechselspannungsquellen mit dem inneren Widerstand Null arbeiten in einem Diodenkreise. Welcher Strom fließt?

$$f(x, y) = \frac{U_0}{R_i} (\cos x + k \cos y),$$

wenn dieser Ausdruck positiv ist, und gleich $f(x, y) = 0$, wenn dieser Ausdruck negativ ist (R_i ist der Innenwiderstand der Diode, vgl. Abb. 32). Wir zerlegen die periodische Funktion f von x und von y in eine doppelte FOURIERsche Reihe:

$$\text{(A 4,14)} \qquad f(x, y) = \sum_{m=0}^{\infty} \sum_{n=0}^{\infty} [A_{\pm mn} \cos(m x \pm n y) + B_{\pm mn} \sin(m x \pm n y)].$$

Die Amplituden $A_{\pm mn}$ und $B_{\pm mn}$ der FOURIER-Komponenten werden nach dem FOURIERschen Lehrsatz (vgl. Abschn. A 7a α) durch die Gleichungen:

$$\text{(A 4,15)} \quad \begin{cases} A_{\pm mn} = \dfrac{1}{2\pi^2} \displaystyle\int_{-\pi}^{\pi} \int_{-\pi}^{\pi} f(x, y) \cos(mx \pm ny)\, dx\, dy; \\ B_{\pm mn} = \dfrac{1}{2\pi^2} \displaystyle\int_{-\pi}^{\pi} \int_{-\pi}^{\pi} f(x, y) \sin(mx \pm ny)\, dx\, dy \end{cases}$$

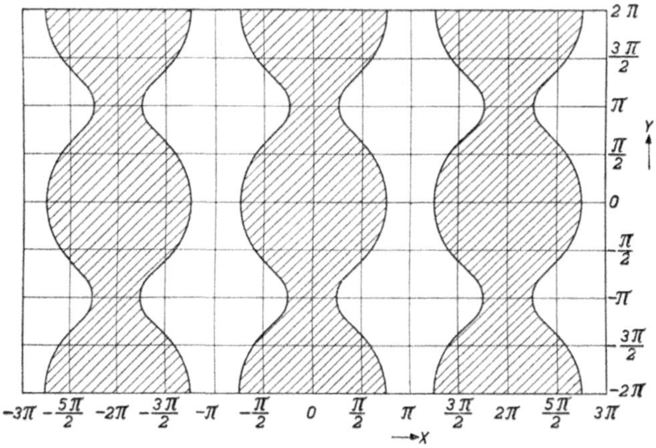

Abb. 34. Kurven $f(x, y) = U_0(\cos x + k \cos y)/R_i = 0$ in der x, y-Ebene.

bestimmt, wobei $f(x, y)$ die oben definierte periodische Funktion [gleich

$$U_0(\cos x + k \cos y)/R_i$$

für positive Werte und gleich Null für negative Werte dieses Ausdrucks] darstellt. Wir können uns $f(x, y)$ über der x, y-Ebene aufgetragen denken (Abb. 34) und müssen zur Berechnung der Integrale (4,15) über Werte x, y integrieren, die innerhalb eines schraffierten Gebietes der Abb. 34 liegen. Außerhalb dieser schraffierten Gebiete ist $f(x, y)$ gleich Null. Aus der Symmetrie der Abb. 34 geht hervor, daß alle Größen $B_{\pm mn}$ der Gl. (4,14) und (4,15) gleich Null sind. Die Berechnung der Größen $A_{\pm mn}$ nach Gl. (4,15) führt auf elliptische Integrale. Das numerische Ergebnis ist für einige dieser

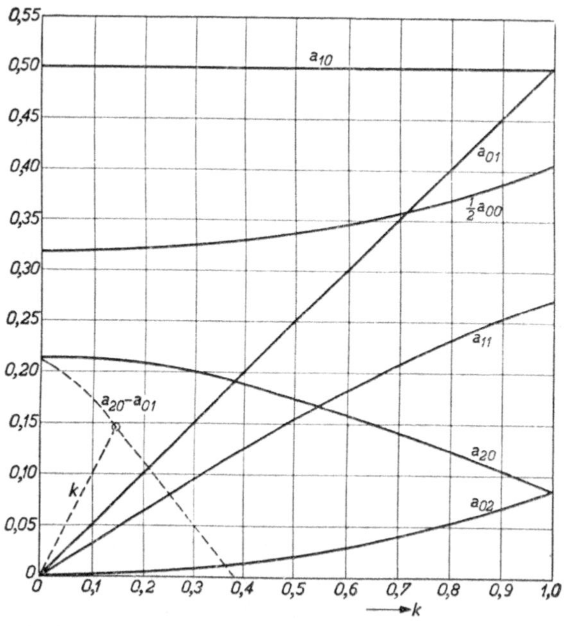

Abb. 35. Numerische Ergebnisse der Formeln (4, 15). An Stelle der Koeffizienten A_{mn} sind die Größen a_{mn} abgetragen als Funktion von k. Hierbei ist $U_0/R_i = 1$ gesetzt und folglich $a_{mn} = R_i A_{mn}/U_0$. Die Größe $A_{00}/2$ stellt den Gleichstrom durch die Diode dar.

Größen in Abb. 35 gezeichnet. Wir bemerken noch, daß manche Größen $A_{\pm mn}$ ebenfalls verschwinden, weil die Funktion $f(x, y)$ den in Abb. 34 gezeigten Symmetriecharakter hat; so verschwinden z. B. A_{30}, A_{21}, A_{12}, A_{03}.

Schrifttum: 12.

β) *Frequenzverdopplung mit Dioden.*

Wir betrachten den besonderen Fall: $\omega_2 = 2\omega_1$, $\varphi_1 = 0$, $\varphi_2 = \pi$, also $\cos y = -\cos 2x$. Die FOURIER-Komponente mit $m=2$, $n=0$ lautet $A_{20}\cos 2x$ und die FOURIER-Komponente mit $m=0$, $n=1$ lautet $-A_{01}\cos 2x$. Die gesamte FOURIER-Komponente mit der Frequenz $2\omega_1$ lautet demnach $A_{20}-A_{01}$. Dieses Ergebnis wenden wir zur Berechnung der Frequenzverdopplung mit der Schaltung von Abb. 36 an. Eine Spannungsquelle $U_0 \cos\omega_1 t$ (Innenwiderstand Null) ist in Reihe mit einer Diode (Innenwiderstand R_i, vgl. Abb. 32) D und einem Wechselstromwiderstand $\mathfrak{R}$ geschaltet. Dieser Wechselstromwiderstand $\mathfrak{R}$ ist für Wechselströme der Frequenz $2\omega_1$ ein Wirkwiderstand R und für alle Wechselströme anderer Frequenz gleich Null (z. B. ein Schwingungskreis, der auf $2\omega_1$ abgestimmt ist). Infolge der beiden Wechselspannungen $U_0\cos\omega_1 t$ und $-kU_0\cos 2\omega_1 t$ (Abb. 36) wird die Diode zu einer Wechselstromquelle der Kreisfrequenz $2\omega_1$. Der Strom dieser Quelle geht durch die Parallelschaltung des Diodeninnenwiderstandes R_i und des Außenwiderstandes R und erzeugt über dieser Parallelschaltung eine Wechselspannungsamplitude (der Kreisfrequenz $2\omega_1$) im Werte: $(A_{20} - A_{01})\,R R_i/(R + R_i)$. Man kann die Diode auch als Spannungsquelle in Reihe mit R_i und R auffassen und kommt dann zum gleichen Ergebnis. Diese Wechselspannungsamplitude ist andererseits gleich kU_0. Setzen wir $A_{20} = a_{20}U_0/R_i$ und $A_{01} = a_{01}U_0/R_i$, so wird:

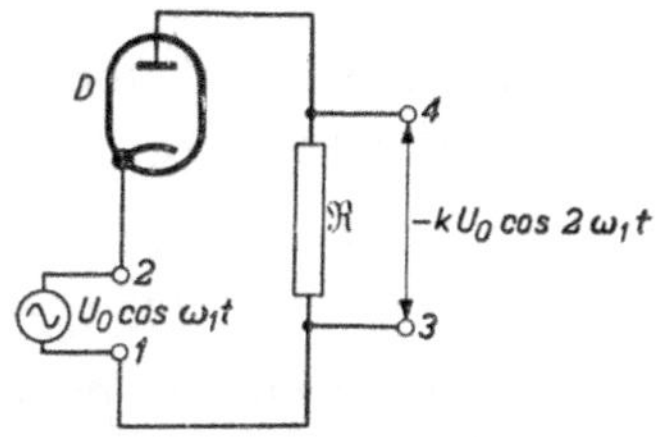

Abb. 36. Frequenzverdopplung mit einer Diode. Eine Spannungsquelle $U_0 \cos\omega_1 t$ wird an die Diode D gelegt, während der Kreis noch einen komplexen Widerstand $\mathfrak{R}$ enthält, der *nur* für die Frequenz $2\,\omega_1$ einen beträchtlichen Wert aufweist und für alle übrigen Frequenzen sehr klein ist.

$$\text{(A 4,16)} \quad \left\{ \begin{aligned} &(a_{20} - a_{01})\frac{U_0}{R_i}\,\frac{R R_i}{R + R_i} = kU_0 \\ &\text{oder} \\ &a_{20} - a_{01} = k\,\frac{R + R_i}{R}\,. \end{aligned} \right.$$

Für sehr große Verhältnisse R/R_i ist also $a_{20} - a_{01} = k$ und wird k nach Abb. 35 etwa 0,14. In diesem Fall der Frequenzverdopplung erhält man somit eine Amplitude der doppelten Frequenz von etwa 14% der angewandten Spannungsamplitude der Grundfrequenz. Diese Betriebsbedingungen sind für die Verwendung einer Diode als Frequenzverdoppler keineswegs die günstigsten, weder in bezug auf höchste Ausgangsleistung (der doppelten Frequenz) noch in bezug auf ein günstiges Verhältnis der Ausgangsleistung (der doppelten Frequenz) zur Eingangsleistung (der einfachen Frequenz). Die Ausgangswirkleistung wird

$$\mathfrak{N}_a = \frac{(kU_0)^2}{2R}$$

und die Eingangswirkleistung

$$\mathfrak{N}_e = \tfrac{1}{2}\,U_0 A_{10},$$

wobei A_{10} der Abb. 35 zu entnehmen ist. Es zeigt sich, daß günstigere Betriebsbedingungen erzielt werden, wenn der Diodenanode eine zusätzliche negative Gleichspannung erteilt wird. Der Leser führe als Übung diese Rechnung nach obigem Verfahren durch!

Schrifttum: 12.

γ) *Frequenzüberlagerung mit Trioden.*

Wir stellen die statische Anodenstrom-Gitterspannungskennlinie einer Triode durch eine Summe von Exponentialfunktionen dar. Bei Benutzung der in Abb. 37 dargestellten Schaltung (der Widerstand $\mathfrak{R}$ ist klein im Vergleich zum Anodenwiderstand der Triode), wobei dem Steuergitter außer einer Gleichspannung zwei Wechselspannungen verschiedener Frequenz zugeführt werden, erhält man als Anodenstrom den Ausdruck:

$$I(t) = A_1\, e^{a_1 U + a_1 U_h \sin\omega_h t + a_1 U_i \sin\omega_i t} + A_2\, e^{a_2 U + a_2 U_h \sin\omega_h t + a_2 U_i \sin\omega_i t} + \cdots.$$

Wir rechnen weiter einfachheitshalber mit einer einzigen Exponentialfunktion, wobei das Ergebnis für mehrere Exponentialfunktionen durch entsprechende Summenbildung sofort angegeben werden kann. Durch Zerlegung ergibt sich (vgl. Abschn. 3bβ):

$$A\, e^{a(U + U_h \sin\omega_h t + U_i \sin\omega_i t)}$$
$$= A\, e^{aU} (\alpha_0 + \alpha_1 \sin\omega_h t + \alpha_2 \cos 2\omega_h t + \alpha_3 \sin 3\omega_h t + \cdots) \times$$
$$\times (\alpha_0' + \alpha_1' \sin\omega_i t + \alpha_2' \cos 2\omega_i t + \alpha_3' \sin 3\omega_i t \ldots).$$

Offenbar treten in diesem Ausdruck Anteile mit allen Frequenzvielfachen von ω_h, von ω_i sowie ihren Summen und Differenzen auf. Bei Überlagerungsverstärkern ist besonders der Anodenstromanteil, der zur Differenz der beiden Kreisfrequenzen ω_h und ω_i gehört, wichtig (diese Differenzfrequenz nennt man vielfach *Zwischenfrequenz*):

$$\text{(A 4,17)} \qquad I_0 \cos\omega_0 t = \tfrac{1}{2} A\, e^{aU} \alpha_1 \alpha_1' \cos(\omega_h - \omega_i) t.$$

Hierbei bedeuten α_1 und α_1' nach Abschn. 3bβ die Ausdrücke:

$$\alpha_1 = \frac{2}{j} J_1(j a U_h) \quad \text{und} \quad \alpha_1' = \frac{2}{j} J_1(j a U_i).$$

Wir nehmen bei späteren Anwendungen dieser Formeln an, daß $a U_i \ll 1$ ist. In diesem Fall erhält man durch Reihenentwicklung von $J_1(j a U_i)$:

$$\text{(A 4,18)} \qquad \frac{I_0}{U_i} = S_c = A\, e^{aU} a \frac{1}{j} J_1(j a U_h) \left(1 + \frac{1}{8} a^2 U_i^2 + \cdots\right).$$

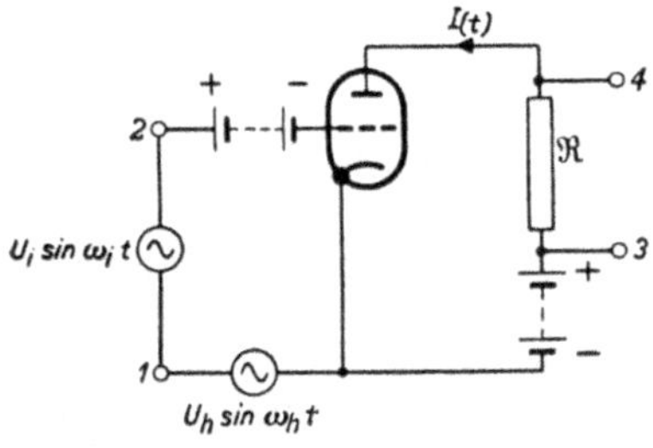

Abb. 37. Frequenzüberlagerung mit einer Triode. Zwei Wechselspannungen $U_i \sin\omega_i t$ und $U_h \sin\omega_h t$ werden in Reihe mit einer Gleichspannung U an das Steuergitter gelegt. Im Anodenkreis ist ein Wechselstromwiderstand $\mathfrak{R}$ aufgenommen, der nur für die Kreisfrequenz $\omega_h - \omega_i$ einen beträchtlichen Wert hat und einem Wirkwiderstand R gleich ist, der seinerseits klein ist im Vergleich zum Anodenwiderstand der Triode.

Man nennt $I_0/U_i = S_c$ die *Überlagerungssteilheit* der Röhre. Sie ist für kleine Eingangsamplituden U_i von dieser Amplitude nahezu unabhängig.

δ) *Frequenzwandler als Vierpole.*

Wir haben bisher zwei Arten von Vierpolen kennengelernt, die als „passive" und „aktive" Vierpole bezeichnet wurden. Die erste Art enthält nur „passive" Wechselstromwiderstände (Wirkwiderstand positiv) und kann stets für eine bestimmte Frequenz durch eine Schaltung, wie in Abb. 8 gezeigt, beschrieben werden. Die zweite Art enthält Leistungsquellen („aktive" Bestandteile) in der Gestalt von gesteuerten Elektronenröhren. Die eigentlichen Leistungsquellen sind hierbei *Gleichstromerzeuger*, welche durch die Röhre gesteuert werden.

In den Schaltungen von Abb. 36 und 37 haben wir eine neue Art von Vierpolen vor uns. Wir können bei diesen Schaltungen zwei Eingangsklemmen *1* und *2* sowie zwei Ausgangsklemmen *3* und *4* angeben. Die Wechselspannungen und -ströme am Eingang und am Ausgang haben aber (und das ist der äußere Unterschied von den obengenannten Vierpolen) *verschiedene Frequenz*. Wie die Beispiele der Schaltungen Abb. 36 und 37 zeigen, kann in geeigneten Fällen wohl nahezu Proportionalität zwischen den Ausgangsamplituden und den Eingangsamplituden vorliegen. Die Ursache für den Frequenzunterschied am Eingang und am Ausgang liegt zunächst im Vorhandensein eines Schaltungsgliedes mit nichtlinearer Kennlinie (vgl. Abb. 32 für die Diode). Weiterhin ist in manchen Fällen (vgl. Abb. 37) außer diesem Glied mit nichtlinearer Kennlinie noch ein zweiter Wechselspannungserzeuger im Vierpol vorhanden.

Wir können die Wirkung von Schaltungen, wie in Abb. 36 und 37, durch geeignete Vierpolschaltbilder unter Beachtung des Frequenzunterschiedes am Eingang und am Ausgang beschreiben (vgl. Abschn. E1aε und E2aβ).

5. Spontane Spannungs- und Stromschwankungen (Rauschen).

Viele haben im Mikroskop die winzigen Wärmebewegungen kleiner Fetttröpfchen beobachtet und so aus eigener Anschauung eine lebendige Vorstellung der BROWNschen Molekularwärmebewegung gewonnen. Wir müssen uns mit dem Gedanken vertraut machen, daß analoge Erscheinungen auch bei Elektronen im Stromkreis auftreten. Diese Erscheinungen äußern sich durch winzige Spannungs- und Stromschwankungen in diesen Kreisen, die sich nach gebührender Verstärkung, wie wir zeigen werden, auch recht gut messen lassen.

Um die Größenordnung der zu erwartenden Spannungsschwankungen in einfacher Weise zu überblicken, betrachten wir einen kleinen Kondensator von 0,9 pF und laden diesen zu einer Spannung von 1 Mikrovolt auf. Die Ladung berechnet sich zu 5,5 Elektronen. In Wirklichkeit wird sie eine ganze Anzahl von Elektronen, also etwa 5 oder 6 betragen. Daher sind Spannungsschwankungen bei diesen Ladungsbeträgen unvermeidlich. Ihre Größenordnung wird etwa 0,1 Mikrovolt sein.

a) Spannungsschwankungen bei Wirkwiderständen und passiven Zweipolen.

α) *Spannungsschwankungen bei Wirkwiderständen.*

Wir betrachten einen Wirkwiderstand R, welcher die Temperatur T (in absolutem Maß, also Cels $+273°$) hat. Theoretische und experimentelle Ergebnisse führen zur Auffassung, daß infolge Wärmebewegung der elektrischen Ladungen im Widerstand zwischen den Klemmen des Widerstandes winzige Spannungsschwankungen auftreten müssen. Es handelt sich zunächst darum, ein brauchbares Maß für diese Spannungsschwankungen zu gewinnen. Hierzu ist der FOURIERsche Integralsatz von grundlegender Bedeutung. Diesem Satz zufolge kann jede Spannung, die eine beliebige Funktion der Zeit sein darf, als Integral über Amplituden periodischer Zeitfunktionen aufgefaßt werden, wobei jede Amplitude zu einem infinitesimalen Frequenzintervall gehört (vgl. Abschnitt A 7aβ). Zur Erläuterung betrachten wir Abb. 38. Hier ist horizontal eine Frequenzskala gezeichnet, während vertikal die zu jedem schmalen Frequenzintervall Δf gehörigen Amplituden $\mathfrak{U}$ als Strecke angegeben sind. Diese Darstellung wird auch als „Spektrum" bezeichnet. Wenn wir ein solches Frequenz-

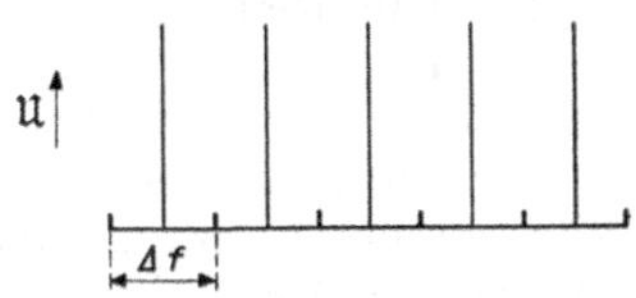

Abb. 38. Frequenzspektrum der spontanen Schwankungsspannungen an den Klemmen eines Widerstandes. Horizontal: Frequenzskala mit Frequenzintervallen Δf. Vertikal: Spannungsamplitude, die zu einem Frequenzintervall Δf gehört.

intervall Δf ins Auge fassen, so ist die effektive zugehörige Spannung durch die Gleichung

$$\mathfrak{U}^2 = A\,\Delta f \tag{A 5,1}$$

gegeben.

Die Proportionalität von $\mathfrak{U}^2$ zu Δf kann in folgender Weise begründet werden. Wir betrachten zwei Amplituden $\mathfrak{U}_1$ und $\mathfrak{U}_2$, die zu zwei benachbarten gleichen Frequenzintervallen Δf gehören. Da die betreffenden Wechselspannungen zu verschiedenen Frequenzen gehören, errechnet sich die resultierende Spannung $\mathfrak{U}$ nach der Gleichung $\mathfrak{U}^2 = \mathfrak{U}_1^2 + \mathfrak{U}_2^2$. Wenn $\mathfrak{U}_1$ und $\mathfrak{U}_2$ gleich groß sind, ist somit die zum Frequenzintervall $2\Delta f$ gehörende Spannung $\mathfrak{U}^2$ durch $\mathfrak{U}^2 = 2\,\mathfrak{U}_1^2$ gegeben. Somit ist $\mathfrak{U}^2$ proportional zu Δf.

Die thermischen Spannungsschwankungen haben die Eigenschaft, daß A für alle in diesem Buch betrachteten Frequenzen (von einigen Hz bis etwa $3 \cdot 10^7$ Hz) frequenzunabhängig ist. Man drückt dies durch den Satz aus: Die thermischen Spannungsschwankungen haben ein kontinuierliches Frequenzspektrum konstanter Amplitude. Es zeigt sich, daß A proportional zum Wirkwiderstand R und zur absoluten Temperatur T ist:

$$\mathfrak{U}^2 = 4kTR\,\Delta f. \tag{A 5,2}$$

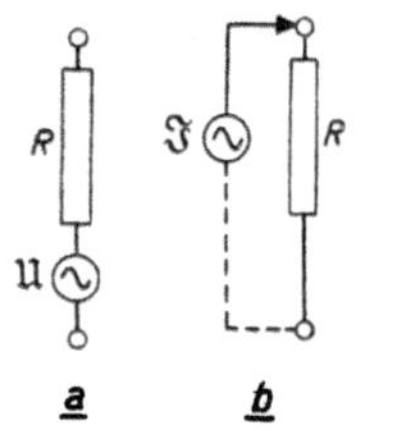

Abb. 39. Ersatzschaltbilder für einen Wirkwiderstand R als Erzeuger von Schwankungsspannungen. Schaltbild a: Spannungsquelle $\mathfrak{U}$ in Reihe mit R. Schaltbild b: Stromquelle $\mathfrak{J} = \mathfrak{U}/R$, die einen Strom durch R schickt. Die Strichellinie bedeutet, daß der Kreis der Stromquelle $\mathfrak{J}$ über einen *sehr* großen Widerstand in der gezeichneten Weise geschlossen gedacht werden kann.

Der Proportionalitätsfaktor k ist die bekannte Boltzmannsche Konstante. Diese Konstante tritt an vielen Stellen der theoretischen Physik auf und hat die Größe $k = 1{,}37 \cdot 10^{-23}$ Joule/Grad absolut. Man überzeugt sich in einfacher Weise davon, daß in Gl. (5,2) die Dimensionen stimmen, indem links und rechts durch R dividiert wird. Links steht dann Watt und rechts Joule/sek, also auch Watt. Sobald man $\mathfrak{U}^2/R$ proportional zu kT setzt, was durch Überlegungen der theoretischen Physik nahegelegt wird, und weiterhin zu Δf (vgl. oben), wird man zur Gl. (5,2) geführt, wenn der Zahlenfaktor 4 hinzukommt. Diese Gleichung ist auch experimentell recht gut bestätigt.

Jeder Wirkwiderstand ist somit als Spannungserzeuger aufzufassen, dessen effektive Spannung durch (5,2) gegeben ist. Wir können für diesen Spannungserzeuger die beiden Schaltbilder des Abschn. 1a angeben: 1. Eine Spannungsquelle $\mathfrak{U}$ in Reihe mit dem Wirkwiderstand R (innerer Widerstand des Spannungserzeugers). 2. Eine Stromquelle $\mathfrak{J} = \mathfrak{U}/R$, deren Strom durch den Wirkwiderstand R fließt (Abb. 39).

Wie müssen mehrere effektive Schwankungsspannungen oder mehrere Schwankungsströme addiert werden? Hierzu erinnern wir an die bereits oben angewandte Regel der Wechselstromtheorie, derzufolge die resultierende Spannung $\mathfrak{U}$ zweier Wechselspannungen $\mathfrak{U}_1$ und $\mathfrak{U}_2$ verschiedener Frequenz aus der Gleichung $\mathfrak{U}^2 = \mathfrak{U}_1^2 + \mathfrak{U}_2^2$ zu berechnen ist. Ebenso gilt für den resultierenden Strom $\mathfrak{J}$ zweier Ströme $\mathfrak{J}_1$ und $\mathfrak{J}_2$ verschiedener Frequenz: $\mathfrak{J}^2 = \mathfrak{J}_1^2 + \mathfrak{J}_2^2$. In unserem Fall hängen die Frequenzen der verschiedenen Schwankungsströme und -spannungen auch nicht miteinander zusammen. Folglich gelten auch in unserem Falle die genannten Additionsregeln.

Als Anwendung des Schaltbildes a der Abb. 39 betrachten wir die Reihenschaltung zweier Wirkwiderstände R_1 und R_2 mit den absoluten Temperaturen T_1 und T_2. Die effektive Spannung $\mathfrak{U}$ zwischen den Klemmen dieser Reihenschaltung wird $\mathfrak{U}^2 = \mathfrak{U}_1^2 + \mathfrak{U}_2^2$. Das äquivalente Schaltbild der Reihenschaltung enthält eine Spannungsquelle $\mathfrak{U}$ in Reihe mit einem Widerstand $R_1 + R_2$ (Abb. 40).

Als Anwendung des Schaltbildes b der Abb. 39 betrachten wir die Parallelschaltung zweier Wirkwiderstände R_1 und R_2 mit den Temperaturen T_1 und T_2. Hierfür können wir die Schaltbilder Abb. 41a oder b zeichnen. Wir wählen Abb. 41b. Hieraus leiten wir das Schaltbild Abb. 41c ab, indem wir $\mathfrak{I}^2 = \mathfrak{I}_1^2 + \mathfrak{I}_2^2$ setzen. Nach dem Obigen gilt:

$$\mathfrak{I}_1^2 = \frac{\mathfrak{U}_1^2}{R_1^2} = \frac{4\,k\,T_1\,\Delta f}{R_1} \quad \text{und} \quad \mathfrak{I}_2^2 = \frac{\mathfrak{U}_2^2}{R_2^2} = \frac{4\,k\,T_2\,\Delta f}{R_2}.$$

Der Strom $\mathfrak{I}$ erzeugt zwischen den Klemmen *1* und *2* der Abb. 41c die effektive Spannung:

$$\mathfrak{U} = \mathfrak{I}\,\frac{R_1 R_2}{R_1 + R_2}.$$

Folglich wird:

$$\mathfrak{U}^2 = 4\,k\,\Delta f \left(\frac{R_1 R_2}{R_1 + R_2}\right)^2 \left(\frac{T_1}{R_1} + \frac{T_2}{R_2}\right). \tag{A 5,3}$$

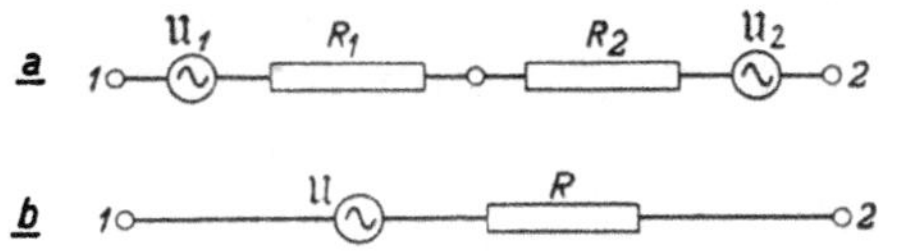

Abb. 40. Die Schwankungsspannung von zwei Wirkwiderständen R_1 und R_2 in Reihenschaltung (a) wird durch das Schaltbild b dargestellt: eine Spannungsquelle $\mathfrak{U}$ in Reihe mit dem Widerstand $R = R_1 + R_2$, wobei $\mathfrak{U}^2 = \mathfrak{U}_1^2 + \mathfrak{U}_2^2$.

Diese Formel (5,3) wird besonders einfach für $T_1 = T_2$. In diesem Fall gehört $\mathfrak{U}^2$ zu einem Wirkwiderstand, der aus der Parallelschaltung von R_1 und R_2 entsteht.

Bisher haben wir uns nur mit den Schwankungen infolge BROWNscher Elektronenbewegung in Widerständen beschäftigt. In der Praxis treten bei Widerständen aus Pulvermassen (Abschnitt B 1 a α) noch zusätzliche Schwankungen auf, deren Entstehen wie folgt beschrieben werden kann: Körner aus einem pulverförmigen Leiter (z.B. Kohle) werden in einem Brei mit nichtleitenden Bestandteilen vermischt und dann in einer Schicht auf einen Isolator aufgetragen. Zwischen den einzelnen Körnern entstehen Kontakte, die einen schwankenden Widerstand aufweisen. Hierdurch können im Gebiet niedriger Frequenzen (unterhalb 1 kHz) Schwankungen von Strömen und Spannungen entstehen, welche viele Male (z. B. 10 bis 20) größer sind als die oben behandelten thermischen Elektronenschwankungen. Gute Widerstände dieser Art zeigen diese „makroskopische" Erscheinung durch Verwendung geeigneter Materialien in geringerem Maße. Es tritt hier für Widerstände eine gewisse Parallele zum Funkeleffekt (Abschn. A 5 b γ) auf.

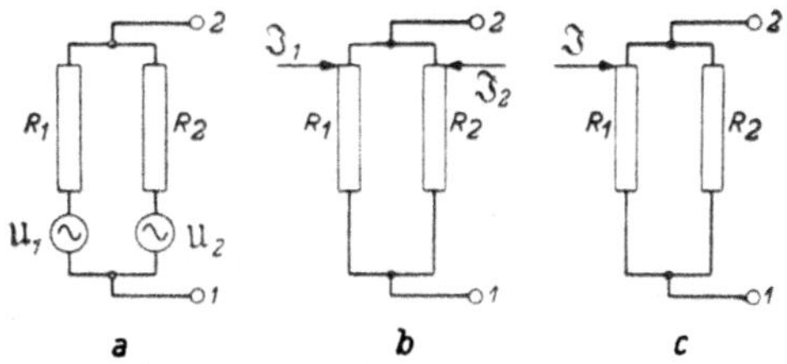

Abb. 41. Schaltbilder für die Schwankungsspannung, die durch zwei Wirkwiderstände R_1 und R_2 in Parallelschaltung erzeugt wird. Bild a: Jeder Widerstand hat eine Spannungsquelle in Reihe. Bild b: Jeder Widerstand hat eine Stromquelle parallel. Bild c: Bei der resultierenden Schaltung sind die beiden Widerstände parallelgeschaltet mit einer Stromquelle $\mathfrak{I}$, wo $\mathfrak{I}^2 = \mathfrak{I}_1^2 + \mathfrak{I}_2^2$.

Schrifttum: 57, 82, 119, 125, 128, 162, 170, 201.

β) *Spannungsschwankungen in passiven Zweipolen.*

Mit Hilfe der in Abb. 39 angegebenen Schaltbilder für die Spannungsschwankungen und Stromschwankungen in Wirkwiderständen können wir diese Größen für beliebige Zweipole berechnen, wenn wir annehmen, daß diese Zweipole keine Spannungs- bzw. Stromquellen außer den *Wirk*widerständen enthalten. Insbesondere sind also die Selbstinduktionen und Kapazitäten *nicht* als Quellen von Spannungsschwankungen oder Stromschwankungen zu betrachten. Experimentell wurde diese Regel daraus gefolgert, daß eine Temperaturerhöhung dieser Schaltelemente, abgesehen von ihren unvermeidlich vorhandenen Wirkwiderstandsanteilen, keine Änderung der Gesamtschwankungen in Zweipolen ergab. Wenn das Frequenzintervall Δf, das zur effektiven Spannung $\mathfrak{U}$ bzw. zum effektiven Strom $\mathfrak{J}$ gehört, genügend schmal ist, so unterscheiden diese Spannungen bzw. Ströme sich wenig von einwelligen Wechselspannungen und Wechselströmen. Wir werden deshalb die weitere Rechnung so durchführen, als ob $\mathfrak{U}$ und $\mathfrak{J}$ einwellige Wechselspannungen und Wechselströme sind, die zu einer bestimmten Kreisfrequenz ω gehören.

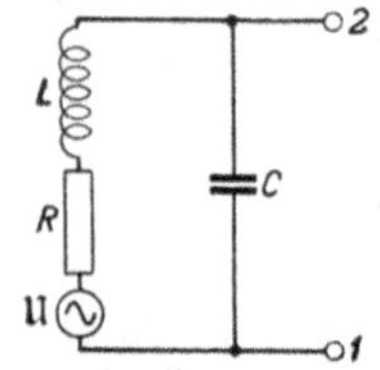

Abb. 42. Die Schwankungsspannung zwischen den Klemmen *1* u. *2* eines Schwingungskreises kann berechnet werden, wenn man in Reihe mit dem Wirkwiderstand R die zugehörige Spannungsquelle $\mathfrak{U}$ schaltet.

Als erstes Beispiel betrachten wir die in Abb. 42 gezeichnete Schaltung und berechnen die effektiven Spannungsschwankungen $\mathfrak{U}_1$ zwischen den Klemmen *1* und *2*. Die effektive Schwankungsspannung $\mathfrak{U}$ erzeugt einen Strom $\mathfrak{J}$ durch die Reihenschaltung:

$$\frac{\mathfrak{U}}{\mathfrak{J}} = R + j\omega L + \frac{1}{j\omega C}.$$

Folglich beträgt die Spannung $\mathfrak{U}_1$ zwischen *1* und *2*:

$$\mathfrak{U}_1 = \frac{\mathfrak{J}}{j\omega C} = \frac{\mathfrak{U}}{\left(R + j\omega L + \frac{1}{j\omega C}\right) j\omega C} = \frac{\mathfrak{U}}{j\omega C R + 1 - \omega^2 L C}$$

oder

$$(\text{A } 5{,}4) \qquad |\mathfrak{U}_1^2| = \frac{\mathfrak{U}^2}{\omega^2 C^2 R^2 + (1 - \omega^2 L C)^2} = \frac{4kTR\Delta f}{\omega^2 C^2 R^2 + (1 - \omega^2 L C)^2}.$$

Der komplexe Widerstand der Schaltung Abb. 42 zwischen den Klemmen *1* und *2* beträgt:

$$(\text{A } 5{,}5) \qquad \begin{cases} \mathfrak{R} = \left(\omega j C + \frac{1}{R + j\omega L}\right)^{-1} = \frac{R + j\omega L}{j\omega C R + 1 - \omega^2 L C} \\ \quad = \frac{R}{\omega^2 C^2 R^2 + (1 - \omega^2 L C)^2} + j\frac{\omega L(1 - \omega^2 L C) - \omega C R^2}{\omega^2 C^2 R^2 + (1 - \omega^2 L C)^2}. \end{cases}$$

Durch Vergleich der Formeln (5,4) und (5,5) geht hervor, daß *in der Formel für den Wert* $|\mathfrak{U}_1^2|$ *der reelle Teil des komplexen Widerstandes* $\mathfrak{R}$ *zwischen den Klemmen 1 und 2 auftritt.* Diese Regel findet man für passive Zweipole allgemein bestätigt.

Schrifttum: **57**, **236**.

γ) *Begriff des „äquivalenten Rauschwiderstandes" oder „Ersatzrauschwiderstandes".*

Die oben behandelten spontanen Spannungs- und Stromschwankungen werden allgemein als „Rauschen" bezeichnet. Diese Bezeichnung knüpft sich an die akustischen Äußerungen der genannten Erscheinungen in Rundfunkempfängern (Abschn. F). Jeder kennt die im Lautsprecher hörbaren Zischlaute, welche den Empfang schwacher Sender begleiten. Ihre Ursache hängt eng mit den behandelten Schwankungen zusammen. Wir können an Stelle der angegebenen effektiven Spannungsschwankungswerte einer Schaltung auch den Widerstandswert (auf Zimmertemperatur, also T gleich etwa 300° absolut) betrachten, der die gleiche effektive Spannungsschwankung an seinen Klemmen erzeugt wie die Schaltung an ihren Anschlüssen. Diesen Widerstandswert nennen wir „äquivalenten Rauschwiderstand" und benutzen ihn als Maß für das Rauschen eines Zweipoles.

Damit wir den Rauschwiderstand sofort und bequem in die zugehörige „Rauschspannung" umsetzen können, ist die Beziehung (5,2), welche beide Werte verknüpft, in Abb. 43 kurvenmäßig dargestellt.

Wir wenden den gewonnenen Begriff des äquivalenten Rauschwiderstandes auf die Schaltungen der Abschn. α) und β) an. Zunächst auf das Schaltbild der Abb. 40a. Hier ist offenbar der äquivalente Rauschwiderstand $R = R_1 + R_2$, falls $T_1 = T_2$. Man beachte, daß diese Additionsformel einfacher ist als die quadratische Additionsformel der effektiven Schwankungsspannungen. Weiter ist beim Begriff des äquivalenten Rauschwiderstandes bequem, daß man kein Frequenzintervall Δf anzugeben braucht.

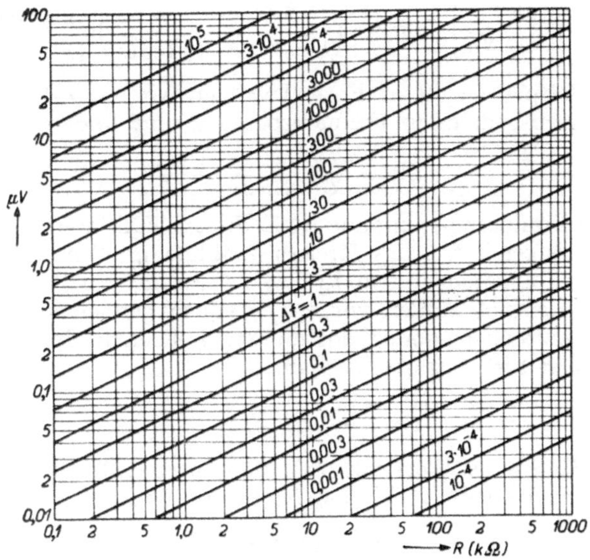

Abb. 43. Effektive Spannungsschwankung in Mikrovolt (vertikal) an den Klemmen eines Wirkwiderstandes R (horizontal) auf Zimmertemperatur, bei einem Frequenzintervall Δf (bei den Geraden in kHz angegeben).

Im Falle der Abb. 41 nehmen wir an, daß der Widerstand R_1 Zimmertemperatur (T_1) hat, und schreiben die Formel (5,3):

$$\mathfrak{U}^2 = 4kT_1\Delta f R_1\left(\frac{R_2}{R_1+R_2}\right)^2\left(1+\frac{T_2}{T_1}\frac{R_1}{R_2}\right).$$

Offenbar ist der äquivalente Rauschwiderstand R:

(A 5,6) $$R = R_1\left(\frac{1}{\frac{R_1}{R_2}+1}\right)^2\left(1+\frac{T_2}{T_1}\frac{R_1}{R_2}\right).$$

Je nachdem das Produkt der beiden Klammerausdrücke, von denen der erste kleiner als 1 und der zweite größer als 1 ist, ausfällt, wird R größer oder kleiner als R_1. Im Falle $T_1 = T_2$ wird $R = R_1 R_2/(R_1 + R_2)$.

Im Falle der Abb. 42 ist etwas mehr Überlegung notwendig, um zum äquivalenten Rauschwiderstand zu gelangen. Der Ausdruck (5,4) für die effektive Spannungsschwankung gilt nur für ein sehr kleines Frequenzintervall Δf um die betrachtete Kreisfrequenz $\omega = 2\pi f$ herum. Meistens wird die Aufgabe so gestellt, daß der äquivalente Rauschwiderstand das „Rauschen" (d. h. die effektiven Spannungsschwankungen) des Kreises in einem größeren Frequenzgebiet darstellen soll. Wir betrachten einen Kreisfrequenzbereich von ω_1 bis ω_2 und erhalten:

$$\mathfrak{U}_1^2 = \int_{\omega_1}^{\omega_2} 4kTRe(\mathfrak{R}) \frac{d\omega}{2\pi} = 4kT\frac{R}{2\pi}\int_{\omega_1}^{\omega_2} \frac{d\omega}{\omega^2 R^2 C^2 + (1 - \omega^2 LC)^2}.$$

Mit Hilfe der Abkürzungen: $\omega_0^2 = 1/LC$ (Resonanzkreisfrequenz), $\omega/\omega_0 = x$ und $\omega_0^2 R^2 C^2 = \alpha^2$ ergibt sich:

$$\text{(A 5,7)} \quad \begin{cases} \mathfrak{U}_1^2 = \dfrac{4kT}{C}\dfrac{\alpha}{2\pi}\displaystyle\int_{x_1}^{x_2} \frac{dx}{\alpha^2 x^2 + (1 - x^2)^2} \\ \quad = \dfrac{4kT}{C}\dfrac{\alpha}{2\pi}\left[\dfrac{1}{2\alpha}\operatorname{arctg}\left(\dfrac{\alpha x}{1 - x^2}\right) + \dfrac{1}{4\sqrt{4-\alpha^2}}\ln\dfrac{x^2 + x\sqrt{4-\alpha^2}+1}{x^2 - x\sqrt{4-\alpha^2}+1}\right]_{x_1}^{x_2}. \end{cases}$$

Als erstes Beispiel zu dieser Formel wählen wir $x_1 = 0$ und $x_2 = \infty$, also einen unendlich ausgedehnten Frequenzbereich, und finden aus (5,7):

$$\text{(A 5,7a)} \qquad \mathfrak{U}_1^2 = \frac{4kT}{C}\frac{\alpha}{2\pi}\frac{\pi}{2\alpha} = \frac{kT}{C}.$$

Die effektive Schwankungsspannung ist in diesem Falle vom Wirkwiderstand R und von der Induktivität L des Kreises unabhängig. Wir können (5,7a) auch thermodynamisch ableiten, indem $\mathfrak{U}_1^2 C = kT$ gesetzt wird.

Als zweites Beispiel wählen wir den Frequenzbereich symmetrisch beiderseits der Resonanzfrequenz derart, daß an den Grenzen des Intervalls gilt: $|1 - x^2| = \alpha x$. Wenn $\alpha \ll 1$ ist, ergibt sich dann:

$$\text{(A 5,8)} \qquad \mathfrak{U}_1^2 = \frac{4kT}{C}\frac{\alpha}{2\pi}\frac{1}{2\alpha}\frac{\pi}{2} = \frac{kT}{2C},$$

also genau die Hälfte des Wertes (5,7a). Man kann (5,8) auch mit Hilfe des benutzten Frequenzintervalls $\Delta f = \alpha\omega_0/2\pi$ in der Form:

$$\text{(A 5,8a)} \qquad \mathfrak{U}_1^2 = 4kTR_1\Delta f\frac{\pi}{4}$$

schreiben, wo $R_1 = L/CR$ der Wert des Wirkwiderstandes zwischen den Klemmen *1* und *2* in Abb. 42 für die Resonanzfrequenz ist. Der äquivalente Rauschwiderstand des Kreises ist hier somit gleich $R_1\pi/4$.

Für ein *sehr kleines* Frequenzintervall Δf um die Resonanzfrequenz herum ist:

$$\mathfrak{U}_1^2 = 4kTR_1\Delta f$$

und der äquivalente Rauschwiderstand ist hier also gleich R_1.

b) Spannungsschwankungen und Stromschwankungen in Dioden und Trioden.

α) *Spannungsschwankungen und Stromschwankungen in Dioden und Photozellen.*

Wir betrachten eine Diode, deren Kathode negativ geladene Teilchen (Elektronen) der Elementarladung $-e_1$ emittiert. Aus Abschn. 4aα (Abb. 27) wissen wir, daß der Anodenstrom I_a einer Diode, solange er klein ist (einige Mikroampere), nach einem Exponentialgesetz von der Anodenspannung U in bezug auf die Kathode abhängt:

$$\text{(A 5,9)} \qquad I_a = Ae^{aU}.$$

Theoretisch kann gezeigt werden, daß die Konstante a gleich e_1/kT_k ist (e_1 Ladung der emittierten Teilchen, k BOLTZMANNsche Konstante, T_k absolute Temperatur der Kathode). Wir legen bei unserer Diode eine derartige Gleichspannung U

zwischen Kathode und Anode an, daß das Gesetz (5,9) gilt. Wir berechnen nun die Änderung dI_a dieses Stromes bei einer kleinen Spannungsänderung dU und erhalten:

$$\frac{dI_a}{dU} = a I_a = \frac{e_1}{k T_k} \cdot I_a. \tag{A 5,10}$$

Den reziproken Wert des Ausdrucks (5,10) nennen wir den Innenwiderstand R_i der Diode.

Wir gehen, wie im Abschn. 5aα, davon aus, daß ein Wirkwiderstand R_i mit der Temperatur T_R an seinen Klemmen eine effektive Spannungsschwankung $\mathfrak{U}$ nach der Gleichung:

$$\mathfrak{U}^2 = 4 k T_R R_i \Delta f \tag{A 5,11}$$

aufweist und wenden dieses Gesetz auf eine gedachte Diode an, wobei nach (5,10) gilt:

$$R_i = \frac{dU}{dI_a} = \frac{k T_k}{e_1 I_a}. \tag{A 5,12}$$

Welche Temperatur T_R müssen wir für den Innenwiderstand R_i unserer Diode zugrunde legen? Die Temperatur der Kathode ist T_k, jene der Anode viel niedriger (z. B. 1100 und 300° absolut). Man könnte als erste Näherung die Temperatur $T_R = T_k/2$ für R_i annehmen. Tatsächlich deckt sich dann die Formel (5,11) genau mit Experimentalergebnissen.

An Stelle der Schwankungsspannung $\mathfrak{U}$ nach Gl. (5,11) kann auch der Schwankungsstrom $\mathfrak{I} = \mathfrak{U}/R_i$:

$$\mathfrak{I}^2 = \frac{\mathfrak{U}^2}{R_{ii}^2} = 2 e_1 I_a \Delta f \tag{A 5,13}$$

berechnet werden. Diese Formel (5,13) kann direkt aus statistischen Betrachtungen des Stromübergangs in einer Diode (Schroteffekt) abgeleitet werden: $\mathfrak{I}^2$ wird proportional zu I_a sein, weil beim Parallelschalten zweier gleicher Dioden I_a wie auch $\mathfrak{I}^2$ verdoppelt werden. Weiter ist $\mathfrak{I}^2$ proportional zu Δf (vgl. Abschn. 5aα). Aus Dimensionsgründen muß $\mathfrak{I}^2$ dann schließlich zu einer Ladung proportional sein. Die Rechnung ergibt den Faktor $2e_1$. Die Formel (5,13) gilt auch für *Dioden im Sättigungsstromgebiet* (wo R_i unendlich groß ist).

Experimentell hat sich gezeigt, daß die Formel (5,13) auch für Photozellen gilt, also für Dioden, deren Kathode nicht durch Heizung, sondern durch Lichtbestrahlung zur Elektronenemission gebracht wird. Unter I_a ist dabei, ebenso wie oben, der gesamte emittierte Strom verstanden. Solche Photozellen, deren Kathode meistens Zimmertemperatur hat, arbeiten durchwegs im Sättigungsbereich. Die obige Regel der „halben Kathodentemperatur" ist zwar bequem, aber auf Dioden im Sättigungsbereich nicht anwendbar.

Bei den ersten obigen Betrachtungen der Diode haben wir an Gl. (5,9) angeknüpft, die aber nur für sehr kleine Diodenströme gilt. Wie liegen die Verhältnisse bei größeren Stromstärken, wo Gl. (5,9) nicht mehr gilt? Experimentell und theoretisch hat sich ergeben, daß in diesen Fällen die Gl. (5,11) ebenfalls benutzt werden darf, wenn man T_R gleich etwa $5\,T_k/8$ (T_k Kathodentemperatur) wählt und $1/R_i$ gleich dI_a/dU bei den betreffenden Betriebsbedingungen. Hierdurch wird dann eine Formel gewonnen, deren Gültigkeitsbereich fast bis zum Sättigungsstrom der Diode reicht. Für den Rauschstrom $\mathfrak{I}$ der Diode gilt in diesem Falle die Formel:

$$\mathfrak{I}^2 = 2 F^2 e_1 I_a \Delta f, \quad \text{mit} \quad F^2 = \frac{5}{4} \frac{k T_k}{R_i e_1 I_a}. \tag{A 5,14}$$

Die Größe F^2 wird in dieser Formel immer kleiner als 1, z. B. in praktischen Fällen 0,2. Man spricht daher von einer „Raumladungsschwächung" der Stromschwankungen in einer Diode.

Die obigen Überlegungen könnten beim Leser vielleicht den Eindruck erwecken, daß eine Diode stets ohne weiteres durch einen rauschenden Widerstand auf halber Kathodentemperatur zu ersetzen wäre. Dies ist aber nicht immer der Fall. Der Innenwiderstand auf halber Kathodentemperatur dient nur dazu, die durch die Diode im Anlaufstromgebiet erzeugte Rauschspannung plausibel zu machen. Die wichtigen Endformeln für das Rauschen der Diode sind Gl. (5,13) und (5,14). Als äquivalentes Schaltbild der Diode können wir den Innenwiderstand R_i unter den vorliegenden Betriebsbedingungen (auf Zimmertemperatur) mit einer Schwankungsstromquelle $\mathfrak{J}$ betrachten. Als Erläuterung diene Abb. 44. Man kann aber auch von einer Spannungsquelle $\mathfrak{U}$ [Gl. (5,11)] in Reihe mit dem Innenwiderstand R_i (auf Zimmertemperatur) ausgehen (Abb. 44c). Die Stromstärke $\mathfrak{J}$ kann im Anlaufstromgebiet und im Sättigungsgebiet der Diode nach Gl. (5,13) und weiter (bis fast zur Sättigung) nach Gl. (5,14) berechnet werden.

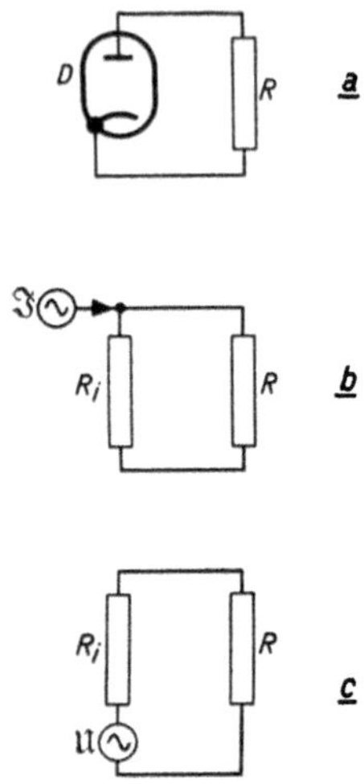

Abb. 44. Ersatzschaltbilder für die Schwankungsspannung und den Schwankungsstrom, die eine Diode erzeugt. Bild a: Schaltung der Diode D in Reihe mit dem Wirkwiderstand R. Bild b: Die Diode wird schwankungsmäßig durch eine Stromquelle $\mathfrak{J}$ und den effektiven Innenwiderstand R_i (auf Zimmertemperatur) dargestellt. Bild c: Die Diode wird durch eine Spannungsquelle $\mathfrak{U}$ in Reihe mit dem Innenwiderstand R_i dargestellt.

Schrifttum: 74, 125, 163, 165, 175, 200.

β) *Spannungsschwankungen und Stromschwankungen (Schroteffekt) in Trioden.*

Eine Triode kann als Diode mit einer gesonderten Steuerelektrode (Gitter) aufgefaßt werden. Im Anodenstrom einer Triode findet sich genau der gleiche effektive Schwankungsanteil wie im Anodenstrom einer Diode. Wenn wir diesen Anodengleichstrom auch, wie bei der Diode, I_a nennen, so gilt für diesen Schwankungsanteil des Anodenstromes [vgl. (5,14)]:

$$\mathfrak{J}^2 = 2F^2 e_1 I_a \Delta f. \quad \text{(A 5,14a)}$$

Dieser Schwankungsstrom fließt im Anodenkreis, wenn die Anode durch einen sehr kleinen Widerstand (z. B. die Anodenbatterie) mit der Kathode verbunden ist, während sich zwischen Steuergitter und Kathode ebenfalls nur ein sehr kleiner Widerstand (z. B. Batterie für die negative Gitterspannung) befindet. Für alle Frequenzen des Stromes $\mathfrak{J}$ ist somit sowohl der Anodenkreis als auch der Gitterkreis kurzgeschlossen (Abb. 45a), d. h. die ganze Schaltung soll als einzige Rauschquelle die betrachtete Triode enthalten.

Wir wollen die wirkliche Triode durch eine ideale nichtrauschende Röhre ersetzen. Bei kurzgeschlossenem Gitter-Kathoden-Kreis enthält der Anodenstrom dieser idealen Röhre *keinen* Schwankungsanteil. Zwischen Gitter und Kathode dieser idealen Röhre fügen wir eine Spannungsquelle ein (Abb. 45b), die eine solche effektive Schwankungsspannung liefert, daß im Anodenkreis wieder der gleiche Schwankungsstrom fließt, wie unter gleichen Betriebsbedingungen bei der wirklichen rauschenden Röhre (Abb. 45a) mit kurzgeschlossenem Gitter-Kathoden-Kreis. Die effektive Spannung $\mathfrak{U}_{ers}$ der Quelle errechnet sich aus der Formel $\mathfrak{U}_{ers} = \mathfrak{J}/S$, wobei S die Steilheit der Triode ist (vgl. Abschn. 2aα), also:

$$\mathfrak{U}^2_{\mathrm{ers}} = 2F^2 e_1 I_a \Delta f / S^2. \qquad \text{(A 5,15)}$$

Wir können diese effektive Schwankungsspannung auch durch das Rauschen eines Widerstandes R_{ers} auf Zimmertemperatur T erzeugt denken (Abb. 45c). Die von einem solchen Widerstand erzeugte Spannung ist:

$$\mathfrak{U}^2 = 4kTR_{\mathrm{ers}}\Delta f. \qquad \text{(A 5,16)}$$

Gleichsetzen von (5,15) und (5,16) ergibt:

$$R_{\mathrm{ers}} = \frac{F^2 e_1 I_a}{2kTS^2} = 2{,}0 \cdot 10^4 \frac{I_a}{S^2} F^2. \qquad \text{(A 5,17)}$$

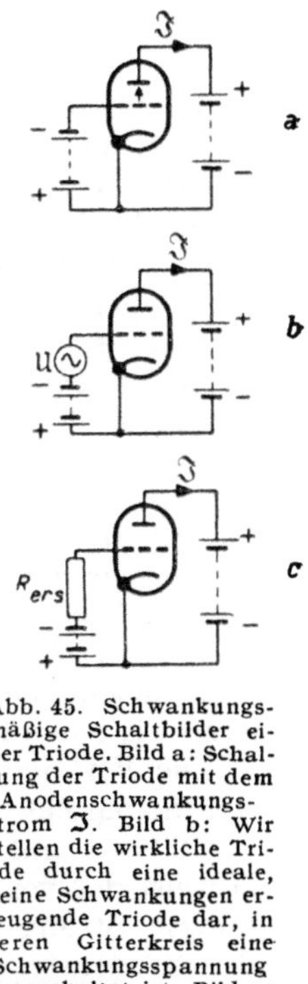

Abb. 45. Schwankungsmäßige Schaltbilder einer Triode. Bild a: Schaltung der Triode mit dem Anodenschwankungsstrom $\mathfrak{J}$. Bild b: Wir stellen die wirkliche Triode durch eine ideale, keine Schwankungen erzeugende Triode dar, in deren Gitterkreis eine Schwankungsspannung $\mathfrak{U}$ geschaltet ist. Bild c: Darstellung durch eine ideale Triode, in deren Gitterkreis ein Wirkwiderstand (Ersatzrauschwiderstand) als Quelle von Schwankungsspannungen aufgenommen ist. In den Fällen b und c wird im Anodenkreis wieder der Schwankungsstrom $\mathfrak{J}$ erzeugt.

Im letzten Teil der Gl. (5,17) ist I_a in mA, S in mA/V ausgedrückt, während $T = 290°$ absolut gesetzt ist. Hiermit haben wir den *Begriff des Ersatzrauschwiderstandes am Gitter einer Triode* gewonnen. Dieser Widerstand ersetzt die Röhre rauschmäßig vollkommen.

Die in den Formeln (5,15), (5,16) und (5,17) auftretende Größe F^2 kann nach Gl. (5,14) aus dem Innenwiderstand der Diode, welcher zwischen Kathode und Gitter gebildet wird, berechnet werden. Einfacher ist aber folgende halbempirische Formel, die bei den meisten heutigen Röhren recht brauchbar ist:

$$F^2 \approx 0{,}20 \frac{S\,(\mathrm{mA/V})}{I_a\,(\mathrm{mA})}. \qquad \text{(A 5,18)}$$

Bei der Anwendung dieses Ausdrucks in Gl. (5,17) müssen die Ströme in mA und die Steilheit in mA/V ausgedrückt werden. Man erhält dann R_{ers} in Ohm.

Wenn eine Triode in einer Schaltung zusammen mit passiven Zweipolen auftritt, kann sie im Anodenkreis rauschmäßig durch eine Stromquelle $\mathfrak{J}$ nach Gl. (5,14) und den Widerstand R_a zwischen Anode und Kathode auf Zimmertemperatur oder durch eine Spannungsquelle $\mathfrak{U} = \mathfrak{J} R_a$ in Reihe mit R_a ersetzt werden. Wir verweisen hierbei nach Abb. 44, die auch für den Anodenkreis einer Triode gilt.

γ) *Funkeleffekt.*

In den obigen Abschn. α) und β) haben wir nur Stromschwankungen und Spannungsschwankungen in Betracht gezogen, die direkt mit der Wärmebewegung der elektrischen Elementarladungen zusammenhängen. Dieser Effekt bildet die Hauptursache der bei Verstärkern beobachteten Rauschstörungen, soweit es sich um Frequenzen oberhalb etwa 1 kHz handelt. Unterhalb dieser Grenze gibt es in Röhren noch eine zweite Störungsursache, die als Funkeleffekt (englisch: flickereffect) bezeichnet wird.

In der Kathode, und insbesondere an ihrer Oberfläche, treten während des Betriebes als Elektronenemissionsquelle mechanische Änderungen und Umlagerungen auf, welche die Elektronenemission beeinflussen und daher zu Stromschwankungen im Anodenkreis führen. Diese Schwankungen können z. B. bei Frequenzen zwischen einigen und einigen hundert Hz etwa das Hundertfache jener Schwankungen betragen, die oben behandelt wurden. Durch Verwendung besonders behandelter Kathoden kann dieser Funkeleffekt stark verringert werden. Die rechnerische Behandlung der Folgen dieses Effektes in Schaltungen kann in der gleichen Weise wie oben dargelegt erfolgen, nur ist F^2 größer.

Auch durch andere Ursachen, wie z. B. Reflexion der Elektronen an der Anode und Sekundäremission derselben, können experimentell erhebliche Abweichungen von den Schwankungswerten aus Abschn. α) und β) auftreten.

Schrifttum: **81, 134, 135, 164,** 278.

c) Schwankungen in Mehrgitterröhren und in Elektronenvervielfachern.

α) *Verteilungsstromschwankungen.*

Wir betrachten einen Elektronenstrom, der zum Teil durch die Maschen eines Gitters mit positivem Potential hindurch zu einer zweiten Elektrode (Anode) mit positivem Potential gelangt und zum Teil auf dem genannten Gitter landet. Für jedes vor dem Gitter eintreffende Elektron besteht eine gewisse Wahrscheinlichkeit, daß es auf dem Gitter oder auf der Anode landet. Wenn dieser Vorgang während einer gewissen Zeit, die in gleich lange Zeitabstände geteilt wird, vor sich geht, so wird die Anzahl der auf dem Gitter landenden Elektronen nicht während allen Zeitintervallen die gleiche sein, und dies gilt auch für die zur Anode gelangenden Elektronen. Es findet eine gewisse Schwankung des Stromes zum Gitter und zur Anode in den genannten Zeitintervallen statt. Diese Schwankung nennen wir: *Verteilungsstromschwankung. Eine solche Verteilungsstromschwankung tritt in allen Fällen auf, in denen ein Elektronenstrom durch elektrische oder magnetische Felder so gesteuert wird, daß er zum Teil zu einer, zum Teil zu einer anderen positiven Elektrode gelangt.* Die Stärke der Verteilungsstromschwankungen hängt von den Bestimmungsgrößen jedes einzelnen Falles ab. Man kann den Verteilungsschwankungsstrom im äußeren Kreis als einen Strom von der einen positiven Elektrode zur anderen darstellen.

Die Verteilungsstromschwankungen stellen eine für sich bestehende Quelle von Stromschwankungen dar. Wenn wir eine Tetrode betrachten (Kathode, Steuergitter mit negativer Vorspannung, Schirmgitter mit positiver Spannung), so weist der vor dem Schirmgitter eintreffende Elektronenstrom bereits an sich gewisse Stromschwankungen auf, die wir im Abschn. 5bβ betrachtet haben. Der Anodenstrom I_a schwankt infolge der zusätzlichen Verteilungsstromschwankungen stärker als der vor dem Schirmgitter eintreffende Elektronenstrom (Kathodenstrom) $I_k = I_a + I_{g2}$ (I_{g2} der Gleichstrom zum Schirmgitter).

Die effektive Schwankung $\mathfrak{J}_{g2}$ des Schirmgitterstromes infolge der erwähnten Verteilungsstromschwankungen beträgt:

$$\mathfrak{J}_{g2}^2 = 2e_1 \frac{I_a I_{g2}}{I_a + I_{g2}} \Delta f. \tag{A 5,19}$$

Wir weisen darauf hin, daß diese Formel eine große Ähnlichkeit mit der Gl. (5,13) für die effektiven Stromschwankungen in einer Diode beim Betriebe im Anlaufstromgebiet aufweist. Diese Ähnlichkeit tritt besonders dann zutage, wenn $I_{g2} \ll I_a$ ist. Der gleiche Ausdruck gilt auch für die effektive Schwankung $\mathfrak{J}_{a\,v}$ des Anodenstromes infolge Stromverteilung:

$$\mathfrak{J}_{a\,v}^2 = 2e_1 \frac{I_a I_{g2}}{I_a + I_{g2}} \Delta f. \tag{A 5,20}$$

Man kann die Formeln (5,19) und (5,20) in einfacher Weise herleiten. Hierzu überlegen wir, daß die Verteilungsstromschwankung im äußeren Kreis der Röhre vom Schirmgitter zur Anode fließt. Folglich ist sie eine symmetrische Funktion von I_a und I_{g2}. Weiterhin wird das Quadrat der Verteilungsstromschwankung z. B. verdoppelt, wenn alle Gleichströme verdoppelt werden. Für $I_a \gg I_{g2}$ muß die Stromschwankungsformel (5,13) für eine Diode ohne Raumladung entstehen, da wir in unserem Falle die Raumladung vernachlässigen dürfen. Die symmetrische Funktion von I_a und I_{g2}, welche diese Forderungen erfüllt, ist $I_a I_{g2}/(I_a + I_{g2})$, und der Proportionalitätsfaktor $2e_1 \Delta f$ ergibt sich aus der zuletzt genannten Forderung.

Wenn wir nach der Gesamtschwankung $\mathfrak{J}_a$ des Anodenstromes infolge Stromverteilung und infolge der Schwankung des Kathodenstromes $I_k = I_a + I_{g2}$ fragen, so ist zu bedenken, daß die Formeln des Abschn. 5 bβ für letztere Schwankung ergeben [vgl. Gl. (5,14)]:

$$\mathfrak{J}_k^2 = 2 F_k^2 e_1 I_k \Delta f. \tag{A 5,21}$$

Hierbei ist der dimensionslose Faktor F_k^2 durch die Formel (5,18) gegeben:

$$F_k^2 \approx 0{,}20 \frac{S_k(\mathrm{mA/V})}{I_k(\mathrm{mA})}. \tag{A 5,22}$$

Mit S_k (Kathodensteilheit) ist eine kleine Änderung des Kathodenstromes I_k dividiert durch die zugehörige Änderung der Steuergitterspannung gemeint. Diese Schwankungen $\mathfrak{J}_k$ des Kathodenstromes I_k äußern sich nur zu einem Anteil $\mathfrak{J}_k I_a/I_k = \mathfrak{J}_{ak}$ im Anodenstrom. Folglich wird die gesamte Schwankung $\mathfrak{J}_a$ des Anodenstromes nach dem quadratischen Additionsgesetz unabhängiger Schwankungen:

$$\left\{\begin{aligned} &\mathfrak{J}_a^2 = \mathfrak{J}_{av}^2 + \mathfrak{J}_{ak}^2 = 2e_1 I_a \frac{I_{g2}}{I_k} \Delta f + 2e_1 \frac{I_a^2}{I_k^2} I_k F_k^2 \Delta f = 2e_1 I_a F_a^2 \Delta f, \\ &\text{mit} \quad F_a^2 = \frac{I_{g2} + F_k^2 I_a}{I_k}. \end{aligned}\right. \tag{A 5,23}$$

Die Gl. (5,23), die experimentell gut bestätigt wurde, ergibt in vielen Fällen eine bedeutende Vergrößerung der Anodenstromschwankungen einer Tetrode gegenüber denjenigen einer Triode mit gleichem Anodenstrom. Zahlenbeispiel: Triode mit $S = 2\,\mathrm{mA/V}$, $I_a = 2\,\mathrm{mA}$, $F^2 = 0{,}20$. Tetrode mit $S_k = 3\,\mathrm{mA/V}$, $I_k = 3\,\mathrm{mA}$, $I_a = 2\,\mathrm{mA}$, $I_{g2} = 1\,\mathrm{mA}$, $F_k^2 = 0{,}20$, $F_a^2 = 0{,}47$. Die effektive quadratische Stromschwankung $\mathfrak{J}_a^2$ ist somit für die Tetrode fast das 2,4fache des Wertes für die Triode bei gleichen Anodenströmen.

Die obigen Überlegungen sind so allgemein gehalten, daß sie auch auf Röhren angewandt werden können, in denen der Elektronenstrom zwischen Kathode und Anode mehrere Stromverteilungen erfährt. Als Beispiel betrachten wir eine Röhre mit einem Steuergitter (negative Spannung), Schirmgitter $g2$ (positive Spannung), einem zweiten Schirmgitter $g3$ (positive Spannung) und einer Anode (positive Spannung). Der Kathodenstrom I_k wird zum Teil vom zweiten Gitter ($g2$) abgefangen. Den durch $g2$ hindurchströmenden Teil von I_k nennen wir I_{k1}. Die effektive Schwankung $\mathfrak{J}_{k1}$ dieses Stromes I_{k1} wird durch die aus Gl. (5,23) unmittelbar hervorgehende Formel

$$\mathfrak{J}_{k1}^2 = 2 F_{k1}^2 e_1 I_{k1} \Delta f \quad \text{mit} \quad F_{k1}^2 = \frac{I_{g2} + F_k^2 I_{k1}}{I_k}$$

gegeben. Vom Strom I_{k1} wird der Teil I_{g3} vom Gitter $g3$ abgefangen. Die Schwankung $\mathfrak{J}_a$ des Anodenstromes wird durch die Formel

$$\left\{\begin{aligned} &\mathfrak{J}_a^2 = 2e_1 I_a \frac{I_{g3}}{I_{k1}} \Delta f + 2e_1 \frac{I_a^2}{I_{k1}^2} I_{k1} F_{k1}^2 \Delta f = 2e_1 I_a F_a^2 \Delta f \\ &\text{mit} \quad F_a^2 = \frac{I_{g3} + F_{k1}^2 I_a}{I_{k1}} \end{aligned}\right. \tag{A 5,24}$$

gegeben. Zahlenbeispiel: $I_k = 6$ mA, $I_{g2} = 2$ mA, $I_{k1} = 4$ mA, $S_k = 6$ mA/V, $F_k^2 = 0{,}20$, $F_{k1}^2 = 2{,}8/6 = 0{,}47$, $I_{g3} = 2$ mA, $I_a = 2$ mA, $F_a^2 = 0{,}73$. Die Anodenstromschwankung ist also gegenüber dem Fall einer Triode mit gleichem Anodenstrom und gegenüber einer Tetrode mit gleichem Anodenstrom noch bedeutend vergrößert.

Wir können auch für Mehrgitterröhren den in Gl. (5,17) benutzten Ersatzrauschwiderstand am Gitter definieren:

$$R_{\text{ers}}(\text{Ohm}) = 2{,}0 \cdot 10^4 \cdot \frac{I_a}{S_a^2} F_a^2, \qquad \text{(A 5,25)}$$

wo I_a in mA, S_a in mA/V ausgedrückt sind, während für die dimensionslose Größe F_a^2 die Gl. (5,24) gilt. Einige Vergleichszahlen moderner Röhren sind in der Tabelle zusammengestellt, wo die Werte R_{ers} für den Arbeitspunkt gelten.

Bei den obigen Betrachtungen wurde vorausgesetzt, daß für jedes Elektron, das vor einem Gitter mit positiver Spannung eintrifft, die gleiche Wahrscheinlichkeit besteht, auf dem Gitter oder auf der Anode zu landen. Im Falle weitmaschiger Gitter oder anderer Elektrodenformen mit großen Öffnungen kann diese Wahrscheinlichkeit aber für verschiedene Elektronen beträchtliche Unterschiede aufweisen. So werden z. B. die meisten Elektronen, die vor den Gitter*öffnungen* eintreffen, auf der Anode landen. In solchen Fällen muß vom Gesamtanodenstrom ein gewisser Teil, der die Verteilungsschwankungen *nicht* aufweist, abgetrennt werden. Die obigen Formeln sind dann also nur auf einen Teil des Anodenstroms anwendbar.

Firma	Röhre	R_{ers}(kOhm)	Firma	Röhre	R_{ers}(kOhm)
Philips . . .	EF 9	3,0	Telefunken .	EF 11	3,0
,, . . .	EF 8	2,5	,, .	EF 14	0,90
,, . . .	EF 50	1,4	,, .	AF 100	0,60
,, . . .	EF 42	0,75	RCA	6 SK 7	11,4
,, . . .	EF 51	0,90	,, ...	1852	1,0

Schrifttum: 6, 166.

β) *Schwankungen in Elektronenvervielfachern.*

In Elektronenvervielfachern wird ein Elektronenstrom auf eine Oberfläche gerichtet, die bei Elektronenbeschießung sekundäre Elektronen emittiert. Günstig gewählte Oberflächen dieser Art ergeben mehrere Sekundärelektronen für jedes primär aufprallende Elektron. Durch die Verwendung von Röhren mit solchen Elektroden hat man die Möglichkeit, den Anodenstrom und die Steilheit des Anodenstromes gegenüber Mehrgitterröhren ohne Vervielfachung bedeutend zu steigern. Indessen bildet diese Vervielfachung eine zusätzliche Schwankungsquelle. Um dies einzusehen, überlegen wir folgendes: Wenn ein primäres aufprallendes Elektron unter allen Umständen genau p Sekundärelektronen aus der Elektrodenoberfäche befreien würde, wäre der zur Anode der Röhre (mit *einer* Vervielfachungselektrode) gelangende Strom in allen Zeitintervallen genau das p-fache des primär auf die Vervielfachungselektrode prallenden Stromes I_p. Dieser primäre Strom enthält eine effektive Schwankungskomponente $\mathfrak{J}_p$:

$$\mathfrak{J}_p^2 = 2 F_p^2 e_1 I_p \Delta f.$$

Hier ist F_p^2 aus den Schwankungsquellen des Primärstromes I_p zu berechnen. Wenn z. B. der Primärstrom nur durch ein einziges positives Gitter hindurchgegangen ist, kann F_p^2 gleich F_a^2 nach Gl. (5,23) gesetzt werden und I_p gleich I_a von Gl. (5,23). Wir nennen I_s den Strom, der insgesamt die Vervielfachungselektrode verläßt, und $\mathfrak{I}_s$ seine effektive Schwankung. Dann ist nach unserer Annahme $I_s = p I_p$ und $\mathfrak{I}_s = p \mathfrak{I}_p$, also:

$$\mathfrak{I}_{s}^2 = 2F_p^2 e_1 p^2 I_p \Delta f = 2p F_p^2 e_1 I_s \Delta f = 2F_s^2 e_1 I_s \Delta f \quad \text{mit} \quad F_s^2 = p F_p^2 .$$

Berechnet man mit Hilfe dieser Daten den Ersatzrauschwiderstand mit Hilfe der nach Analogie von Gl. (5,25) gebauten Formel:

$$R_{\text{ers}} = 2{,}0 \cdot 10^4 \frac{I_s}{S_s^2} F_s^2 = 2{,}0 \cdot 10^4 \frac{p I_p}{p^2 S_p^2} p F_p^2 = 2{,}0 \cdot 10^4 \frac{I_p}{S_p^2} F_p^2 ,$$

so ergibt sich, daß der Ersatzrauschwiderstand am Steuergitter sich unter diesen Annahmen durch Einfügen einer Vervielfachungselektrode *nicht* ändern würde.

Bisher haben wir angenommen, jedes aufprallende primäre Elektron mache stets *genau* p Sekundärelektronen frei. In Wirklichkeit liegt diese Zahl nicht genau fest, sondern schwankt für sich auch, wenn wir sie aus Messungen in mehreren gleich langen Zeitintervallen bestimmen. Hierin liegt noch eine weitere zusätzliche Quelle von Stromschwankungen, die weitgehend von den Betriebsbedingungen der Sekundärkathode abhängt. Wir müssen daher an Stelle der Formel $F_s^2 = p F_p^2$ schreiben:

$$\text{(A 5,26)} \qquad \left\{ \begin{aligned} F_s^2 &= p F_p^2 + q \quad \text{und} \\ \mathfrak{I}_s^2 &= 2 F_s^2 e_1 I_s \Delta f , \\ I_s &= p I_p . \end{aligned} \right.$$

Für moderne Vervielfacherröhren (z. B. Philips EE 50) ist für p etwa 5 und für q etwa 1,5 zu setzen (vgl. den nächsten Abschn. γ). Der Rauschersatzwiderstand einer solchen Röhre mit *einer* Vervielfachungselektrode ist:

$$\text{(A 5,27)} \qquad R_{\text{ers}}\,(\text{Ohm}) = 2{,}0 \cdot 10^4 \frac{I_s(\text{mA})}{S_s^2(\text{mA/V})} F_s^2 ,$$

wo S_s (Steilheit) eine kleine Änderung des Stromes, der die Vervielfachungselektrode verläßt, dividiert durch die zugehörige Spannungsänderung des Steuergitters ist. Durch die Größe q, die unmittelbar mit der Schwankung der Zahl der Sekundärelektronen für ein aufprallendes Primärelektron zusammenhängt, ist R_{ers} für eine Röhre *mit* Vervielfachung wohl *größer* als für eine Röhre mit gleichem I_p, S_p und F_p. Zahlenbeispiel: $I_p = 2$ mA, $S_p = 2$ mA/V, $F_p^2 = 0{,}40$, $p = 5$, $q = 1{,}5$, dann wird $R_{\text{ers}} = 0{,}70 \cdot 10^4$ Ohm. Für die entsprechende Röhre ohne Vervielfachung wäre: $R_{\text{ers}} = 0{,}40 \cdot 10^4$ Ohm. Es tritt in diesem Fall fast Verdopplung des Ersatzrauschwiderstandes am Gitter durch die Vervielfachung ein.

Die obigen Unterlagen genügen auch zur Berechnung der Stromschwankungen von Röhren mit mehreren Vervielfachungsstufen. Man kann die obigen Formeln und Größen als experimentell gesichert betrachten.

Wir können die Vervielfachungsschwankungen durch einen Strom darstellen, der von der Vervielfachungselektrode zur Anode fließt.

Schrifttum: 47, 201, 239.

γ) *Vergleich mit Photozellen.*

Der Mechanismus der Elektronenvervielfachung zeigt einige charakteristische Unterschiede von den Betriebsbedingungen einer Photozelle, obwohl andererseits die Photoelektrode und die Vervielfachungselektrode beide durch Aufprallen primärer Leistung Sekundärelektronen emittieren. Wir wollen erörtern, wie diese charakteristischen Unterschiede zu quantitativ verschiedenen Schwankungen in beiden Fällen führen.

Bei diesem Vergleich ist es bequem, die primär aufprallende Leistung bei den Photozellen in Form von *Lichtquanten* anzunehmen. Die Zahl der auf die Photokathode treffenden Lichtquanten ist nicht konstant, sondern weist eine gewisse Schwankung auf. Es zeigt sich aber, daß eine sehr große Zahl von Lichtquanten (z. B. 100) notwendig ist, um ein einziges Elektron aus der Photokathode zu befreien. Deshalb äußert sich die genannte Schwankung der aufprallenden Lichtquanten fast gar nicht in der Schwankung der emittierten Anzahl der Photoelektronen.

Man kann diese Verhältnisse mit denjenigen bei einer Elektronen-Vervielfachungselektrode vergleichen, wenn für viele aufprallende Primärelektronen nur ein einziges Sekundärelektron emittiert würde. Die Zahl p der Gl. (5,26) wäre dann sehr klein und F_s^2 würde F_p^2 nur in sehr geschwächter Weise enthalten.

Die Wirkung der Photokathode kann durch den erwähnten Umstand auch mit guter Näherung so verstanden werden, daß eine zeitlich schwankungslose primäre Leistungsquelle aus der Kathode Elektronen befreit. Man hat daher den gleichen Prozeß wie im Falle, daß die primäre Leistung der Kathode durch Heizung durchgeführt wird. Da die Anodenspannung stets hoch ist, muß man eine Photozelle als Diode im Sättigungsstromgebiet betrachten und somit die Schwankung des Anodenstromes aus Gl. (5,14) mit $F^2 = 1$, d. h. aus Gl. (5,13) berechnen.

Wenden wir uns nun wieder der Vervielfachungselektrode zu, so tragen letztere Überlegungen zum Verständnis der Größe q in Gl. (5,26) bei. Wenn die primären Elektronen nur wenige Sekundärelektronen erzeugen würden ($p \ll 1$) und der primäre Strom somit als zeitlich nahezu konstante Leistungsquelle zur Anregung der Sekundäremission anzusehen wäre, könnte man die Annahme machen, daß die Schwankungen des emittierten Sekundärstromes denjenigen des Emissionsstromes einer gesättigten Diode äquivalent wären. Diese Annahme führt zu $q = 1$ in Gl. (5,26). In Wirklichkeit hängt q von den Betriebsbedingungen, wie Stromstärke und Spannung der Vervielfachungselektrode, ab, unterscheidet sich aber praktisch meistens nicht viel von 1 (vgl. obiges Beispiel mit $q = 1{,}5$). Wenn die Vervielfachungselektrode jedesmal genau n Sekundärelektronen *gleichzeitig* emittieren würde, wäre mit einer Ladung ne_1 statt e_1 in Gl. (5,13) zu rechnen. Daher wäre dann $q = n$ in den obigen Formeln. Die Zahl q hängt also mit der mittleren Anzahl der *gleichzeitig* emittierten Sekundärelektronen zusammen.

Schrifttum: 201.

6. Aufgabenstellungen für Verstärkerstufen.

Wir haben in den vorhergehenden Abschnitten die verschiedenen Verstärkungsarten (mit Zweipolen, mit Vierpolen, mit Elektronenröhren) und die wichtigsten bei der Verstärkung auftretenden Effekte (Verzerrung durch nichtlineare Kennlinien und Schwankungserscheinungen) kennengelernt. Dieses Rüstzeug genügt zur allgemeinen Formulierung einer Reihe von Aufgabenstellungen, die durch Anwendung geeigneter Verstärkungsstufen gelöst werden können.

a) Vorstufenverstärkung.

Unter Vorstufen verstehen wir alle Stufen in Verstärker- oder Empfangsgeräten, die sich vor den Endstufen beträchtlicher Ausgangsleistung befinden. Die Wirkleistungen der Elektronenröhren in Vorstufen betragen höchstens einige Zehntel Watt, jene der Endstufen können dagegen mehrere Watt betragen.

Insbesondere betrachten wir hier alle Vorstufen, deren Ausgangswechselspannung die gleiche Grundfrequenz hat wie die Eingangswechselspannung, also *Verstärkerstufen* und keine Überlagerungs- oder Gleichrichtungsstufen.

α) *Verstärkungsbedingung.*

Wir stellen die betrachtete Verstärkerstufe durch den äquivalenten Vierpol dar [vgl. Abb. 15 und Gl. (2,4)]:

$$\text{(A 6,1)} \qquad \begin{cases} \mathfrak{J}_1 = (\mathfrak{Y}_g + \mathfrak{Y}_{ag})\,\mathfrak{U}_g - \mathfrak{Y}_{ag}\,\mathfrak{U}_2; \\ \mathfrak{J}_2 = (\mathfrak{Y}_{ag} - S)\,\mathfrak{U}_g - \left(\frac{1}{\mathfrak{R}_a} + \mathfrak{Y}_{ag}\right)\mathfrak{U}_2. \end{cases}$$

Am Eingang des Vierpols (Abb. 46) befindet sich eine Spannungsquelle $\mathfrak{U}$ in Reihe mit dem komplexen Innenwiderstand $\mathfrak{R}_i$, und weiterhin ist zwischen den Eingangsklemmen *1* und *2* des Vierpols noch ein komplexer Widerstand $\mathfrak{R}_1$ geschaltet. Zwischen den Ausgangsklemmen *3* und *4* ist ein komplexer Widerstand $\mathfrak{R}_2$ geschaltet und weiterhin mit Hilfe eines idealen Transformators (Übersetzung $w_1 : w_2$) noch ein Ausgangswiderstand $\mathfrak{R}_0$.

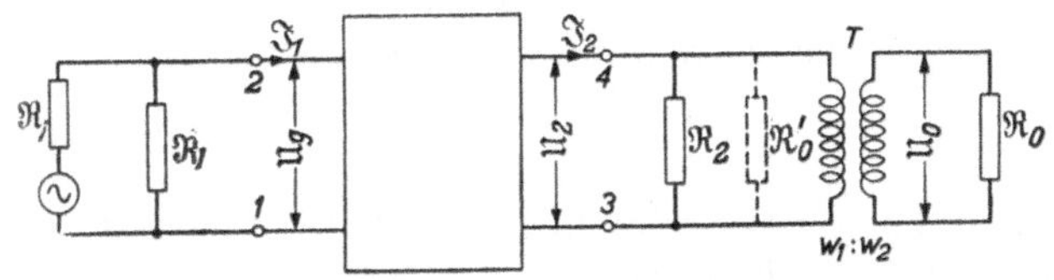

Abb. 46. Schaltbild einer Vorverstärkerkurve als Vierpol mit einem Ausgangstransformator T (Windungsverhältnis $w_1 : w_2$).

Eine erste Forderung, die an die Elektronenröhre einer Vorstufe zu stellen ist, lautet: Die Ausgangsspannung $\mathfrak{U}_0$ soll größer sein als die Spannung $\mathfrak{U}_g$, d. h. die Röhre der Vorstufe soll *verstärken*. Diese Bedingung kann an Hand der obigen Gl. (6,1) genauer formuliert werden. Hierbei dürfen wir annehmen, daß der Leitwert $\mathfrak{Y}_{ag}$ (Rückwirkung) klein ist im Vergleich zu den anderen Leitwerten der Gl. (6,1). Der komplexe Widerstand am Ausgang des Vierpols (Klemmen *3* und *4*) setzt sich aus der Parallelschaltung von $\mathfrak{R}_2$ und dem transformierten Widerstand $\mathfrak{R}_0'$ zusammen. Letzterer ist $\mathfrak{R}_0' = (w_1/w_2)^2\mathfrak{R}_0$. Wir können die Verstärkung mit der Schaltung Abb. 46 in drei Stufen betrachten: Erstens Verstärkung mit Hilfe einer Zweipolschaltung von $\mathfrak{U}$ zu $\mathfrak{U}_g$. Diese Verstärkung hat offenbar mit der Röhre nur insoweit etwas zu tun, als der Eingangsleitwert $\mathfrak{Y}_e$ des Vierpols parallel zu $\mathfrak{R}_1$ geschaltet ist. Offenbar ist es günstig, wenn wir von diesem Eingangsleitwert und insbesondere von $\mathfrak{Y}_g$ [vgl. Gl. (1,22) und (6,1)] fordern, daß der reelle Teil genügend klein ist. Für einen kleinen reellen Teil von $\mathfrak{Y}_g$ würde die Steuerung nahezu ohne Wirkleistungsverbrauch erfolgen. Der imaginäre Teil kann immer durch geeignete Wahl von $\mathfrak{R}_1$ in passender Weise abgestimmt werden.

Zweitens betrachten wir die Verstärkung $\mathfrak{U}_2/\mathfrak{U}_g$ des Vierpols (der Röhre). Diese beträgt [Gl. (2,6)] angenähert:

$$\frac{\mathfrak{U}_2}{\mathfrak{U}_g} = \frac{-S\,\mathfrak{R}_2'}{1 + \frac{\mathfrak{R}_2'}{\mathfrak{R}_a}} = \frac{-S}{\frac{1}{\mathfrak{R}_2'} + \frac{1}{\mathfrak{R}_a}},$$

wo $\mathfrak{R}_2'$ der Parallelschaltung von $\mathfrak{R}_2$ und $\mathfrak{R}_0'$ (Abb. 46) entspricht:

$$\frac{1}{\mathfrak{R}_2'} = \frac{1}{\mathfrak{R}_2} + \frac{1}{\mathfrak{R}_0'} = \frac{1}{\mathfrak{R}_2} + \frac{1}{\left(\frac{w_1}{w_2}\right)^2 \mathfrak{R}_0}.$$

Drittens ziehen wir die Verstärkung durch den Ausgangstransformator T (Abb. 46) in Betracht:

$$\text{(A 6,2)} \qquad \frac{\mathfrak{U}_0}{\mathfrak{U}_g} = \frac{\frac{w_2}{w_1}\mathfrak{U}_2}{\mathfrak{U}_g} = \frac{-\frac{w_2}{w_1}S}{\frac{1}{\mathfrak{R}_2} + \frac{1}{\mathfrak{R}_a} + \left(\frac{w_2}{w_1}\right)^2 \frac{1}{\mathfrak{R}_0}}.$$

Damit wir über diese Verstärkung einfache Aussagen machen können, ersetzen wir $\mathfrak{R}_2$, $\mathfrak{R}_a$ und $\mathfrak{R}_0$ durch Wirkwiderstände R_2, R_a und R_0. Die imaginären Teile der komplexen Leitwerte können in vielen Fällen so gewählt werden, daß sie sich gegenseitig aufheben. Aus Gl. (6,2) geht dann hervor, daß die Verstärkung maximal wird für

$$\left(\frac{w_2}{w_1}\right)^2 = \left(\frac{1}{R_2} + \frac{1}{R_a}\right) R_0,$$

und zwar wird sie dann gleich

$$\text{(A 6,3)} \qquad \left|\frac{\mathfrak{U}_0^2}{\mathfrak{U}_g^2}\right|_{\max} = \frac{S^2}{\frac{4}{R_0}\left(\frac{1}{R_2} + \frac{1}{R_a}\right)}.$$

Damit *Verstärkung* erzielt wird, muß offenbar gelten:

$$\text{(A 6,4)} \qquad \left(\frac{S}{2}\right)^2 > \frac{1}{R_0}\left(\frac{1}{R_2} + \frac{1}{R_a}\right).$$

Dies ist eine Bedingung für die Steilheit der Röhre im Zusammenhang mit den Ausgangsleitwerten der Schaltung. Wir setzen:

$$S^2 = \frac{4\alpha}{R_0}\left(\frac{1}{R_2} + \frac{1}{R_a}\right),$$

wo $\alpha > 1$ ist, und berechnen die Ausgangswirkleistung der Verstärkerstufe, die im Widerstand R_0 auftritt:

$$\frac{|\mathfrak{U}_0^2|}{R_0} = \frac{S^2 |\mathfrak{U}_g^2|}{4\left(\frac{1}{R_2} + \frac{1}{R_a}\right)} = \frac{\alpha |\mathfrak{U}_g^2|}{R_0}.$$

Die Eingangsleistung des Vierpols beträgt $|\mathfrak{U}_g^2| \, Re(\mathfrak{Y}_e)$. Wir haben oben gefordert, der reelle Teil von $\mathfrak{Y}_e$ sei klein. Aber auch wenn diese Forderung nicht erfüllt ist, bleibt unser Rechenergebnis unverändert. In letzterem Fall kann offenbar, wie aus den angeschriebenen Ausdrücken hervorgeht, die Ausgangsleistung sowohl kleiner als auch größer als die Eingangsleistung sein. Hierin liegt oft ein Unterschied der Vorstufenverstärkung mit der Endstufenverstärkung. Bei den letzteren Stufen soll die Ausgangsleistung größer als die Eingangsleistung sein. Man unterscheidet beide Stufenarten daher auch durch die Bezeichnungen „Spannungsverstärkung" und „Leistungsverstärkung".

β) *Rückwirkungsbedingung* (*Trennung*).

In einigen Anwendungen hat eine Vorverstärkerstufe nicht ausschließlich den Zweck zu verstärken, sondern auch zu *trennen*. Solche Fälle treten insbesondere auf, wenn am Eingang der nächsten Stufe eine beträchtliche Wechselspannung (z. B. von einer dort befindlichen gesonderten Quelle stammend) vorhanden ist, die nur zu einem möglichst geringen Bruchteil auf den Eingang der zuerst betrachteten Stufe gelangen soll. Die Stufe hat also die Aufgabe, eine Wechselspannung vom Eingang möglichst gut nach dem Ausgang zu verstärken und eine Wechselspannung (evtl. mit mehr oder weniger abweichender Frequenz), die am Ausgang vorhanden ist, möglichst wenig zum Eingang zurückzubringen.

Eine Elektronenröhre ist für diese Zwecke sehr geeignet, denn zur Verstärkung wird im Wesen die Steilheit S benutzt, während die Rückwirkung (Trennung) hauptsächlich von dem Leitwert $\mathfrak{Y}_{ag}$ abhängt, der dem Betrage nach klein sein kann im Vergleich zu S.

Wenn wir den gleichen Vierpol wie in Abb. 46 betrachten und eine Spannungsquelle an den Ausgang schalten (Abb. 47), so ergibt sich eine Schwächung vom Ausgang zum Eingang [vgl. Abschn. A 1dβ und Abb. 10 sowie Gl. (1,23) und (6,1)]:

(A 6,5) $$\frac{\mathfrak{U}_g}{\mathfrak{U}_2} = \frac{\mathfrak{Y}_{ag}\mathfrak{R}_i}{1+(\mathfrak{Y}_g+\mathfrak{Y}_{ag})\mathfrak{R}_i}.$$

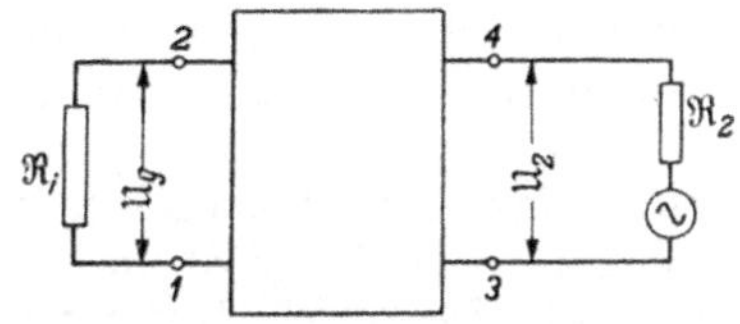

Abb. 47. Der gleiche Vierpol wie in Abb. 46 wird dazu benutzt, eine Spannung vom Ausgang nach dem Eingang zurückzuführen.

Aus dieser Formel (6,5) geht unmittelbar die obige Behauptung hervor, wonach die Rückwirkung zunimmt, wenn $\mathfrak{Y}_{ag}$ wächst. Voraussetzung für eine richtige Erfüllung der gestellten Trennungsaufgabe ist somit:

(A 6,6) $$|\mathfrak{Y}_{ag}\mathfrak{R}_i| \ll |1+(\mathfrak{Y}_g+\mathfrak{Y}_{ag})\mathfrak{R}_i|.$$

Die im vorigen Abschnitt behandelte Verstärkung kann möglicherweise in einem Trennungsfall, wie hier besprochen, kleiner als 1 werden. Die Bedingung (6,4) ist somit hier wohl erwünscht, aber nicht unbedingt erforderlich.

Die Bedingungen (6,4) und (6,6) sind mit *passiven* Vierpolen grundsätzlich zusammen nicht erfüllbar, da hier nach dem Umkehrungssatz stets gilt: $|\mathfrak{Y}_{12}| = |\mathfrak{Y}_{21}|$ (vgl. Abschn. 1dβ).

γ) *Verzerrungsbedingungen.*

Nach Gl. (3,7) kann der Anodenstrom einer Verstärkerstufe bei einer einwelligen Eingangswechselspannung der Kreisfrequenz ω durch den Ausdruck:

(A 6,7) $$I_a(t) = I + I_1 \sin\omega t + I_2 \cos 2\omega t + I_3 \sin 3\omega t + \cdots$$

dargestellt werden. Wenn U_0 die Amplitude der Eingangswechselspannung darstellt, so gilt allgemein [vgl. Gl. (3,5) und (3,6)]:

(A 6,8) $$\begin{cases} I = I_{00} + I_{02}U_0^2 + I_{04}U_0^4 + \cdots; \\ I_1 = I_{11}U_0 + I_{13}U_0^3 + I_{15}U_0^5 + \cdots; \\ I_2 = I_{22}U_0^2 + I_{24}U_0^4 + I_{26}U_0^6 + \cdots; \\ I_3 = I_{33}U_0^3 + I_{35}U_0^5 + I_{37}U_0^7 + \cdots. \end{cases}$$

Das geht unmittelbar aus den Potenzreihen der Besselschen Funktionen in Gl. (3,6) hervor. An Hand dieser Formeln können wir in einfacher Weise die Verzerrungen von Verstärkerstufen mit Elektronenröhren erörtern.

Hierbei unterscheiden wir zwei Fälle: 1. Die für den Betrieb des Verstärkers wesentliche Ausgangswechselspannung hat die gleiche Frequenz wie die Eingangswechselspannung. Dieser Fall tritt auf, wenn am Ausgang ein Zweipol vorhanden ist, der für die Grundfrequenz einen beträchtlichen Wechselstromwiderstand hat und für andere Frequenzen nur einen kleinen Widerstand (abgestimmter Schwingungskreis), oder wenn hinter der Verstärkerstufe ein Vierpol (Siebglied) angeordnet ist, der im wesentlichen nur Spannungen dieser Grundfrequenz durchläßt. Wir deuten diesen Fall der Kürze wegen als „Hochfrequenzstufe" an, weil die Grundfrequenz oft im Hochfrequenzgebiet liegt. 2. Die Ausgangswechselspannung des Verstärkers enthält alle oder fast alle Anteile höherer Frequenz, die im Anodenstrom [Gl. (6,7)] vorhanden sind. Wir nennen diesen

Fall: „Niederfrequenzstufe", weil die betreffende Grundfrequenz oft im Niederfrequenzgebiet liegt.

Im ersten Fall müssen wir für verzerrungsarme Verstärkung fordern, daß die Größen $I_{13}U_0^2$, $I_{15}U_0^4$ usw. klein sind im Vergleich zu I_{11}, z. B. höchstens wenige Prozente.

Im zweiten Fall fordern wir, daß I_2, I_3, I_4 usw. klein sind im Vergleich zu I_1.

Wie aus Gl. (3,5) und (3,6) hervorgeht, sind diese beiden Forderungen nicht unabhängig voneinander. Vielmehr wird in Fällen, in denen die zweite Forderung erfüllt ist, auch die erste erfüllt sein. Quantitativ führen beide Forderungen aber zu verschiedenen Gleichungen.

Oft sind am Eingang eines Verstärkers auch zwei oder sogar mehrere für sich einwellige Wechselspannungen gleichzeitig vorhanden. Für solche Fälle geht aus den Gl. (3,5) und (3,6) hervor, daß der Anodenstrom Frequenzanteile enthält, die durch Differenz- und Summenbildung sämtlicher Vielfachen der Eingangsfrequenzen entstehen. Auch diese, oft sehr unangenehm wirkenden Verzerrungen sollen möglichst gering sein (vgl. Abschn. C 2a α).

δ) *Rauschbedingungen.*

Aus den Erörterungen von Abschn. 5 geht hervor, daß die Stromschwankungen und Spannungsschwankungen, welche am Ausgang einer Verstärkerstufe als Folge des Betriebes der Elektronenröhre der Stufe auftreten, durch eine in einfacher Weise berechenbare Spannungsschwankung am Eingang der Röhre ersetzt werden können, während dann weiterhin angenommen werden kann, daß die Röhre ohne jegliche Schwankungserscheinungen verstärkt. Diese effektive Spannungsschwankung am Röhreneingang können wir uns durch einen Wirkwiderstand auf Zimmertemperatur erzeugt denken, der am Gitter geschaltet ist und den wir Ersatzrauschwiderstand R_{ers} genannt haben.

Am Eingang einer Vorverstärkerstufe sind oft noch mehrere weitere Quellen von Spannungsschwankungen vorhanden, die teils durch die Zweipole der Eingangsschaltung bedingt werden, teils durch Bauteile des betreffenden Gerätes, wie z. B. Mikrophone, Photozellen oder Antennen, erzeugt werden. Man kann alle diese Schwankungsquellen ebenfalls in vielen Fällen durch die Spannungsschwankungen ersetzen, die ein äquivalenter Wirkwiderstand $R_{ä}$ am Gitter der Röhre erzeugt. Für Zweipolschaltungen haben wir diese Rechnung (Abschn. 5a) bereits durchgeführt, für andere Bauteile werden wir die entsprechenden Werte noch angeben.

Wir müssen nun erstens fordern, daß die Gesamtschaltung am Röhreneingang (vgl. z. B. Abb. 46) darauf gerichtet ist, daß der Widerstand $R_{ä}$ möglichst gering wird, während andererseits die erwünschte Eingangswechselspannung der Röhre möglichst groß ist. Weiterhin ist zu fordern, daß unter diesen Bedingungen R_{ers} möglichst klein im Vergleich zu $R_{ä}$ ist. Anders gesagt: Der Eingangsrauschpegel der Röhre soll klein im Vergleich zum Eingangsrauschpegel der Schaltung sein. Selbstverständlich muß die erwünschte Eingangswechselspannung, damit ein sinngemäßer Betrieb der Stufe möglich wird, groß im Vergleich zur effektiven Spannungsschwankung sein, der dem gesamten Eingangsrauschpegel entspricht.

Auf die betrachtete erste Vorstufe folgt meistens noch eine weitere Verstärkerstufe. Diese zweite Stufe kann wieder durch einen Eingangsrauschwiderstand R'_{ers} am Gitter der betreffenden Elektronenröhre charakterisiert werden. Einfachheitshalber soll dieses Gitter unmittelbar mit dem Ausgang der ersten Stufe verbunden sein. Die Spannungsverstärkung der ersten Stufe soll den absoluten Betrag v haben. Dann gilt, da R'_{ers} proportional zum *Quadrat* der zugehörigen effektiven Spannungsschwankung ist (Abschn. 5a γ), daß dieser Rauschwiderstand der zweiten Stufe am Gitter der ersten Röhre mit dem Rauschwiderstand R'_{ers}/v^2 äquivalent ist. Folglich wird der gesamte Rauschwiderstand am Gitter der ersten Röhre:

$$R_g = R_{\ddot{a}} + R_{ers} + \frac{R'_{ers}}{v^2}. \tag{A 6,9}$$

Wir fordern, daß die Verstärkung v so groß ist, daß $R_{ers} + R'_{ers}/v^2$ zusammengenommen klein bleibt im Vergleich zu $R_{\ddot{a}}$. Diese Bedingung ist z. B. erfüllt, wenn R_{ers} klein ist und R'_{ers}/v^2 bedeutend kleiner als R_{ers}.

Ein besonders einfacher Fall entsteht, wenn zwei gleiche Verstärkerstufen hintereinandergeschaltet sind, also $R'_{ers} = R_{ers}$. Wenn dann v z. B. gleich 3 ist, wäre unsere letzte Forderung erfüllt. Hierdurch wird eine untere Grenze der Stufenverstärkungszahl bedingt.

Schrifttum: 93, 157.

b) Endstufenverstärkung.

Wie der Name besagt, handelt es sich hier um die letzte Stufe eines Verstärker- oder Empfangsgerätes, die dazu bestimmt ist, ihre Ausgangsleistung an ein Verbrauchsgerät, z. B. einen Lautsprecher, abzugeben. Da wir Senderverstärker, die *Hoch*frequenzstufen dieser Art enthalten, in diesem Band nicht betrachten, bleiben als solche Stufen im wesentlichen *Niederfrequenzverstärker* zu behandeln.

α) *Leistungsbedingungen.*

Bei Endstufen sind die Eingangswechselspannungen oft so groß, daß der Anodenwechselstrom bereits nicht mehr proportional zur Eingangswechselspannung ist [vgl. Gl. (6,7) und (6,8)]. Wir können in diesen Fällen die *Grundwelle* des Anodenstroms betrachten. Wenn wir vom Vierpolschaltbild 46 ausgehen und $\mathfrak{R}_2 \to \infty$ setzen, können wir für einen bestimmten Wert $\mathfrak{U}_g$ der Gitterwechselspannung bei einem vorgegebenen Wert R'_0 aus der ***dynamischen*** Anodenstrom-Gitterspannungskennlinie für diesen R'_0-Wert (vgl. Abb. 22 u. 20a) die genannte Grundwelle $\mathfrak{J}_a$ (Effektivwert) des Anodenstroms bestimmen. Die zugehörige Ausgangsnutzleistung $\mathfrak{N}_0$ beträgt:

$$\mathfrak{N}_0 = \mathfrak{J}_a^2 R'_0. \tag{A 6,10}$$

Indem wir diese Bestimmung für gleichbleibende Gitterwechselspannung bei verschiedenen Werten von R'_0 ausführen, ergibt sich ein Höchstwert von $\mathfrak{N}_0$ für die betreffende Gitterwechselspannung. Dieser Höchstwert entspricht unter den vorgelegten Betriebsbedingungen der „Anpassung" des Verbrauchswiderstandes R'_0 an die Leistungsstufe. Der Anpassungswert von R'_0 hängt von $\mathfrak{U}_g$ ab und kann als Funktion dieser Gitterwechselspannung bestimmt werden. Jener Anpassungswert, der für alle in Betracht gezogenen $\mathfrak{U}_g$-Werte die höchste Nutzleistung $\mathfrak{N}_0$ ergibt, kann als Anpassungswert des Außenwiderstandes schlechthin bezeichnet werden. Die Leistungsbedingungen für eine Endstufe entsprechen der Forderung, daß die höchsterzielbare Nutzleistung $\mathfrak{N}_0$ unter den vorgelegten Betriebsbedingungen einen vorgegebenen Wert erreichen soll. Bleibt sie unterhalb desselben, so ist eine andere Stufe (Endröhre) oder eine geänderte Betriebsweise derselben zu wählen.

Der Zusammenhang dieser Betrachtungen mit jenen in Abschn. A 6a α kann durch folgende Überlegungen hergestellt werden. Dem Anpassungswert von R'_0 entspricht ein *effektiver* Anodenwiderstand R_a sowie eine *effektive* Steilheit S der Stufe, wo R_a gleich dem betreffenden Wert von R'_0 gesetzt werden kann.

Wir gelangen zur Gleichung:

$$\frac{S_{\mathrm{eff}}\,|\mathfrak{U}_g^2|}{4}\,R_a = \mathfrak{R}_0 = \mathfrak{J}_a^2 R_0',$$

und folglich wird:

$$S_{\mathrm{eff}}\,|\mathfrak{U}_g|^2 = 4\,\mathfrak{J}_a^2.$$

Der Zusammenhang der Nutzleistung nach Gl. (6,10) mit den statischen Röhrendaten wird in Abschn. C 4b und C 4c erörtert.

β) Verzerrungsbedingungen.

Nach den Ausführungen in Abschn. 6aγ und 3c können wir uns mit einigen Zeilen begnügen. Da es sich um Niederfrequenzverstärkung handelt, ist im wesentlichen zu fordern, daß die Anodenstromanteile I_2, I_3, I_4 usw. der Gl. (3,7) klein sind im Vergleich zu I_1. Hierdurch wird dann auch erreicht, daß beim Vorhandensein von mehreren Wechselspannungen verschiedener Frequenzen am Steuergitter nur geringe Anodenstromanteile mit Summen- und Differenzfrequenzen auftreten (vgl. auch Abschn. C 2aα).

c) Überlagerungsverstärkung und Gleichrichtung.

Während wir in den Abschn. 6a und 6b Fälle betrachtet haben, in denen die Ausgangswechselspannung, abgesehen von unerwünschten Verzerrungen, die gleiche Frequenz hat wie die Eingangswechselspannung, wenden wir uns jetzt den Fällen zu, in denen am Ausgang eine von der Eingangsfrequnz verschiedene Frequenz auftritt. Hierbei ist also gerade die Erzeugung einiger der oben als „Verzerrung“ bezeichneten Anteile Hauptzweck der Anordnung geworden.

α) Verstärkung und Verzerrung bei Überlagerungsstufen.

Im Abschn. A 4bγ ist die Frequenzüberlagerung mit Trioden dargestellt worden. Hieraus ging als wichtigstes Ergebnis hervor, daß die Überlagerungssteilheit S_c für Überlagerungsstufen die gleiche Rolle spielt wie die gewöhnliche Steilheit S für Verstärkerstufen. Die Überlagerungssteilheit S_c ist definiert als Anodenwechselstromamplitude der Zwischenfrequenz dividiert durch die Amplitude der Eingangswechselspannung [Gl. (4,18)]. Im Abschn. A 4bδ ist hervorgehoben, daß Frequenzwandler, wie z. B. Überlagerungsstufen, als Vierpole aufgefaßt werden können, wobei aber damit gerechnet werden muß, daß am Ausgang eine andere Frequenz (Zwischenfrequenz) gilt wie am Eingang.

Wir betrachten die Ausgangsseite einer Überlagerungsstufe, wobei wir die Röhre als Stromquelle der Zwischenfrequenz darstellen. Weiter ist der Stufenausgang identisch mit dem in Abb. 46 gezeichneten Schaltbild. Wir vernachlässigen $\mathfrak{Y}_{ag}$, was wegen der verschiedenen Frequenzen am Eingang und Ausgang in vielen Fällen zulässig ist. Für die Stufenverstärkung (U_0 zwischenfrequente Ausgangswechselspannungs- und U_{0g} Eingangswechselspannungamplitude) erhalten wir die Gl. (6,2), wobei wir annehmen, $\mathfrak{R}_2$, $\mathfrak{R}_a$ und $\mathfrak{R}_0$ seien Wirkwiderstände:

$$\frac{U_0}{U_{0g}} = \frac{\frac{w_2}{w_1} S_c}{\frac{1}{R_2} + \frac{1}{R_a} + \left(\frac{w_2}{w_1}\right)^2 \frac{1}{R_0}}.$$

Die maximale Ausgangsamplitude wird wieder für

$$\left(\frac{w_2}{w_1}\right)^2 = R_0\left(\frac{1}{R_2} + \frac{1}{R_a}\right)$$

erreicht, und die Überlagerungsverstärkung ist in diesem Fall:

$$\left(\frac{U_0}{U_{0g}}\right)^2_{\max} = \frac{S_c^2}{4\frac{1}{R_0}\left(\frac{1}{R_2}+\frac{1}{R_a}\right)}.$$

Damit diese Verstärkung größer als 1 ist, müssen wir fordern:

(A 6,11) $$\frac{S_c^2}{4} > \frac{1}{R_0}\left(\frac{1}{R_2}+\frac{1}{R_a}\right)$$

in genauer Analogie zum Fall der Gl. (6,4).

Die Verzerrung von Überlagerungsstufen wurde auch bereits kurz im Abschnitt A 4bγ angedeutet und kann durch die Gleichung

(A 6,12) $$S_c = S_{c0} + S_{c2}U_{0g}^2 + S_{c4}U_{0g}^4 + \cdots$$

dargestellt werden. Wir müssen für geringe Verzerrungen fordern, daß alle weiteren Glieder rechts in Gl. (6,12) klein sind im Vergleich zum ersten Gliede.

Schrifttum: 182, 200.

β) *Rauschen von Überlagerungsstufen.*

Für die Betrachtung des Rauschens von Überlagerungsstufen wenden wir uns der *Eingangs*seite des in Abb. 46 gezeichneten Vierpols zu. In genauer Analogie zu Verstärkerstufen stellen wir auch hier bei Überlagerungsstufen das Rauschen durch einen Wirkwiderstand R_{ers} am Gitter dar. Für eine Mehrgittermischröhre kann dieser Widerstand R_{ers} aus einer den Gl. (5,25) und (5,27) genau nachgebildeten Gleichung mit Hilfe der Röhrendaten berechnet werden, wenn die Steilheit S_a bzw. S_s in diesen Gl. (5,25) und (5,27) durch die Überlagerungssteilheit S_c ersetzt wird. Hieraus ergibt sich, daß R_{ers} für Überlagerungsstufen im allgemeinen bedeutend höher ist (z. B. das Vierfache) als der Wert bei entsprechenden Verstärkerstufen. Diodenmischstufen erfordern eine gesonderte Betrachtung (vgl. Abschn. E 2a).

Die weiteren Rauschbedingungen für Überlagerungsstufen fallen genau mit den Bedingungen zusammen, die wir in dieser Beziehung für Verstärkerstufen (Abschnitt A 6a δ) aufgestellt haben, und bedürfen also keiner nochmaligen Aufzählung.

Schrifttum: 182, 200.

γ) *Verstärkung bei Gleichrichterstufen.*

Analog wie bei der Überlagerungsverstärkung treten auch bei der Gleichrichtung am Ausgang der Stufe Wechselspannungen anderer Frequenz auf als am Eingang der Stufe. Um dies einzusehen, müssen wir einen kleinen Exkurs auf das Gebiet der Modulation hochfrequenter Schwingungen machen (vgl. auch Abschn. D 1).

Die heute noch am weitesten verbreitete Art, Niederfrequenzschwingungen mit Hilfe von Hochfrequenzschwingungen zu übertragen, besteht in der *Amplitudenmodulation.* Hierbei ändert sich die Amplitude einer Hochfrequenzschwingung im Rhythmus der Niederfrequenzschwingung. Wenn ω die Kreisfrequenz der Hochfrequenzschwingung und p jene der Niederfrequenzschwingung ist, kann diese modulierte Schwingung wie folgt geschrieben werden:

(A 6,13) $$U(t) = U_0(1 + M\cos pt)\sin(\omega t + \varphi).$$

Hier ist U_0 die Amplitude der nichtmodulierten Hochfrequenzschwingung, M die Modulationstiefe, t die Zeit und φ ein Phasenwinkel.

Bei der Gleichrichtung amplitudenmodulierter Schwingungen wird so verfahren, daß am Ausgang der Stufe eine Wechselspannung der Kreisfrequenz p

entsteht. Wir zeigen dies am Beispiel der Krümmungsgleichrichtung (vgl. Abschnitt A4aβ). Hierbei entsteht in der Röhre durch Anlegen der Hochfrequenzspannung am Gitter eine Anodenstromänderung I_{a1}, für die allgemein bei kleinen Werten von U_0 der Ausdruck:

$$I_{a1} = \alpha_{20} U_0^2 (1 + M \cos pt)^2 + \alpha_{40} U_0^4 (1 + M \cos pt)^4 + \cdots$$

oder

$$\text{(A 6,14)} \quad \begin{cases} I_{a1} = \{(2\alpha_{20} U_0^2 + 4\alpha_{40} U_0^4 + \cdots) M + \alpha_{40} U_0^4 3 M^3 + \cdots\} \cos pt + \\ \quad + \text{Glieder mit vielfachen Kreisfrequenzen von } p \end{cases}$$

gilt. Die Koeffizienten $\alpha_{20}, \alpha_{40}, \ldots$ können aus den Kennlinien berechnet werden.

Wenn wir uns auf die Glieder des Ausdrucks (6,14) beschränken, die nur die erste Potenz von M enthalten, so können wir in analoger Weise wie bei der Überlagerungssteilheit hier eine „Gleichrichtungssteilheit" definieren. Als „Gleichrichtungssteilheit" S_g bezeichnen wir die Amplitude von $\cos pt$, welche aus den *linear* von M abhängigen Gliedern der Anodenstromänderung besteht, dividiert durch das Produkt $U_0 M$ (Hochfrequenzamplitude mal Modulationstiefe). Mit dieser Gleichrichtungssteilheit kann in analoger Weise gerechnet werden wie oben mit der Überlagerungssteilheit und wie früher mit der gewöhnlichen Steilheit ausgeführt wurde. Wenn wir z. B. eine Pentode, Tetrode oder Triode als Krümmungsgleichrichter betreiben (Abb. 30), so können wir die Röhre als eine Stromquelle $S_g U_0 M$ betrachten, dessen Strom durch den Anodenwiderstand $\mathfrak{R}_a$ parallel zur Verbrauchsschaltung fließt. Diese Wechslstromwiderstände müssen für die Kreisfrequenz p der Modulation berechnet werden. Wenn wir die Rückwirkung des Ausgangsteiles auf den Eingangsteil vernachlässigen dürfen, können wir ausgangsseitig z. B. die Schaltung der Abb. 46 annehmen und für diese Schaltung die Ausgangswechselspannung berechnen. Diese Spannung ist dann durch unsere Annahme proportional zu $M U_0$. Wenn wir sie durch $M U_0$ dividieren, erhalten wir die *Verstärkung* der Gleichrichterschaltung. Hierfür kann die Forderung: sie soll möglichst groß sein, aufgestellt werden.

Die Diodengleichrichtung erfordert eine gesonderte Betrachtung, da hier Ausgangsseite und Eingangsseite stärker miteinander gekoppelt sind (Rückwirkung nicht klein, wie oben angenommen). Wir verweisen nach Abschn. E 1a.

Schrifttum: 185.

δ) *Verzerrungen bei der Gleichrichtung.*

Aus dem obigen Beispiel geht bereits hervor, daß der Anodenstrom außer Gliedern, welche die Modulationstiefe M in erster Potenz enthalten [Gl. (6,14)], auch Glieder aufweist, welche die zweite, dritte, ... Potenz der Modulationstiefe enthalten. Weiter kommen im Anodenstrom außer Gliedern, welche die Grundkreisfrequenz der Modulation enthalten, auch Glieder mit Vielfachen dieser Kreisfrequenz vor. Alle diese weiteren Glieder können als Verzerrungen bezeichnet werden, und es ist unsere Aufgabe, sie möglichst gering im Verhältnis zu den erwünschten Anodenstromanteilen zu halten.

Wenn die Hochfrequenzeingangsspannung mit mehreren Modulationsfrequenzen gleichzeitig moduliert ist, entstehen im Anodenstrom Anteile, welche die Summen und Differenzen dieser Modulationsfrequenzen enthalten und Vielfache dieser Summen und Differenzen. Auch diese oft besonders störenden Anodenstromanteile sind möglichst zu verringern, und man kann im allgemeinen sagen, daß diese Verringerung parallel mit der Verringerung der obengenannten Verzerrungsglieder verläuft. Wir verweisen nach Abschn. E 1b.

Schrifttum: 185.

7. Verstärkung nichtperiodischer Spannungen und Ströme.

In den vorhergehenden sechs Abschnitten haben wir uns mit der Verstärkung einwelliger Wechselspannungen und Wechselströme befaßt. In der Praxis tritt oft die Aufgabe hervor, nichtperiodische Spannungen und Ströme zu verstärken. Im vorliegenden Abschnitt wollen wir zeigen, wie die Verstärkung in diesen Fällen berechnet werden kann, wenn die Verstärkungseigenschaften für einwellige Spannungen und Ströme bekannt sind.

a) FOURIERsche Reihe und FOURIERsches Integral.

α) FOURIERsche Reihe.

Die FOURIERsche Reihe hat den Zweck, eine *periodische* Funktion der Zeit in einwellige Komponenten zu zerlegen. Wir betrachten die Funktion $U(t)$, welche im Intervall t von $-T/2$ bis $+T/2$ gegeben ist und weiter periodisch mit der Periode T fortgesetzt wird. Die FOURIERsche Reihe dieser Funktion lautet:

$$U(t) = \sum_{n=-\infty}^{n=\infty} \mathfrak{U}_n e^{jn\frac{2\pi}{T}t}, \quad \text{mit} \quad \mathfrak{U}_n = \frac{1}{T}\int_{-T/2}^{T/2} U(t)\, e^{-jn\frac{2\pi}{T}t}\, dt. \tag{A 7,1}$$

Mit Hilfe dieser Formeln kann die Zerlegung der bei uns auftretenden Funktionen stets durchgeführt werden.

Als Beispiel wählen wir die in Abb. 48 bezeichnete Kurve $U(t)$, und zwar ist

$$U(t) = A\cos\frac{2\pi}{T}t - B,$$

solange dieser Ausdruck positiv ist und $U(t) = 0$ im t-Gebiet, in dem dieser Ausdruck negativ ist. Die Periode der Funktion $U(t)$ beträgt T. Wegen der Symmetrie der Funktion $U(t)$ um den Punkt $t = 0$ herum erhält man an Stelle von (7,1) die einfachere Gleichung:

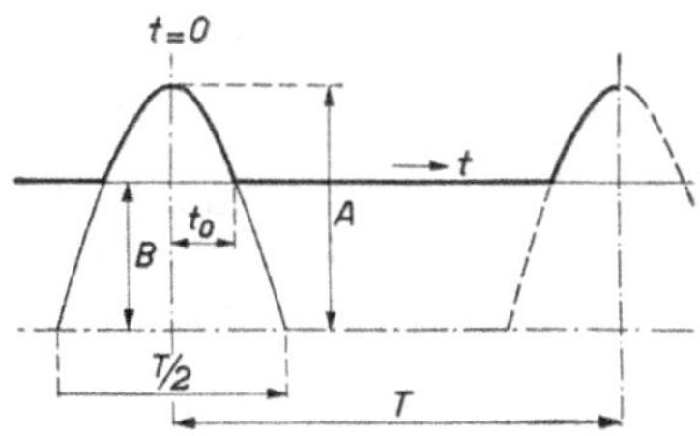

Abb. 48. Zur Entwicklung der Spitze einer Kosinuskurve in eine FOURIERsche Reihe.

$$U(t) = U_0 + \sum_{n=1}^{\infty} U_n \cos\frac{2\pi n}{T}t. \tag{A 7,2}$$

Die Größen U_0 und U_n berechnen sich wie folgt:

$$\left\{\begin{aligned} U_0 &= \frac{2}{T}\int_0^{T/2} U(t)\,dt = \frac{2}{T}\int_0^{t_0}\left(A\cos\frac{2\pi t}{T} - B\right)dt \\ &= \frac{A}{\pi}\left(\sqrt{1-\frac{B^2}{A^2}} - \frac{B}{A}\arccos\frac{B}{A}\right); \\ U_n &= \frac{4}{T}\int_0^{T/2} U(t)\cos\frac{2\pi n t}{T}\,dt; \\ U_1 &= -\frac{B}{\pi}\left(\sqrt{1-\frac{B^2}{A^2}} - \frac{A}{B}\arccos\frac{B}{A}\right). \end{aligned}\right. \tag{A 7,3}$$

Wenn eine Spannungsquelle (Innenwiderstand Null) mit der periodischen Spannung $U(t)$ an die Klemmen eines Zweipols gelegt wird, und wir fragen nach dem entstehenden periodischen Strom, so enthält Gl. (7,1) den Weg zur Lösung dieser Aufgabe. Durch diese FOURIER-Zerlegung erhalten wir eine unendliche Anzahl von einwelligen Wechselspannungen $\mathfrak{U}_n$ (komplexe Größen), die wir einzeln auf den Zweipol wirken lassen können. Dieser Zweipol soll für die Kreisfrequenz $2\pi n/T = n\omega$ den Leitwert $\mathfrak{Y}_n$ haben. Dann entsteht ein Strom $\mathfrak{I}_n = \mathfrak{Y}_n \mathfrak{U}_n$. Der Gesamtstrom als Funktion der Zeit wird

$$I(t) = \sum_{n=-\infty}^{n-\infty} \mathfrak{U}_n \mathfrak{Y}_n e^{j n \omega t}, \tag{A 7,4}$$

wobei vorausgesetzt wird, daß diese Reihe einen Sinn hat (konvergiert).

In analoger Weise können die Ströme und Spannungen berechnet werden, die bei Anschaltung einer periodischen Spannungsquelle (evtl. mit Innenwiderstand) an zwei Klemmen eines Vierpols entstehen. Auch hier zerlegen wir die periodische Spannung in ihre einwelligen Bestandteile und lassen diese einzeln auf den Vierpol wirken.

Schrifttum: **33**.

β) Fourier*sches Integral.*

Bei der Fourierschen Reihe beschränkt die Darstellung sich auf *periodische* Funktionen der Zeit [vgl. die Periode T in Gl. (7,1)]. Nichtperiodische Funktionen der Zeit können mit dieser Reihe nicht erfaßt werden, weil sämtliche Einzelglieder der Reihe einwellig periodische Zeitfunktionen sind. Man kann aber die Periode T der Gl. (7,1) unendlich groß wählen und in dieser Weise zu einer Darstellung nichtperiodischer Zeitfunktionen $U(t)$ gelangen, die im ganzen Gebiet $-\infty < t < \infty$ definiert sind. Hierzu schreiben wir Gl. (7,1) in der Form:

$$U(t) = \frac{1}{2\pi} \sum_{n=-\infty}^{n=\infty} \frac{2\pi}{T} \int_{-T/2}^{T/2} U(\tau)\, e^{-jn\frac{2\pi}{T}(\tau - t)}\, d\tau$$

und lassen T unendlich groß werden, also $2\pi/T$ gleich einer infinitesimal kleinen Größe $d\omega$. Statt nun über alle Glieder mit verschiedener Ordnungszahl n zu summieren, setzen wir $n 2\pi/T$ gleich ω und schreiben:

$$U(t) = \frac{1}{2\pi} \int_{-\infty}^{\infty} d\omega \int_{-\infty}^{\infty} U(\tau) e^{-j\omega(\tau - t)}\, d\tau. \tag{A 7,5}$$

Hiermit sind wir zum Fourier*schen Integral* gelangt. Man kann die Integralformel (7,5) auch in zwei Schritten schreiben:

$$U(t) = \int_{-\infty}^{\infty} e^{j\omega t} g(\omega)\, d\omega; \tag{A 7,5a}$$

$$g(\omega) = \frac{1}{2\pi} \int_{-\infty}^{\infty} e^{-j\omega\tau}\, U(\tau)\, d\tau. \tag{A 7,5b}$$

Die Gl. (7,5a) und (7,5b) bringen noch klarer als (7,5) die Beziehung der Fourierschen Integraldarstellung zur Fourierschen Reihe (7,1) zum Ausdruck. Die Gl. (7,5a) zeigt, daß die Integraldarstellung die Zerlegung der ursprünglichen Teilfunktion $U(t)$ in unendlich viele Komponenten $g(\omega)$ bringt, die je zu einer infinitesimal von den Nachbarfrequenzen abweichenden Kreisfrequenz ω gehören. Hierbei stellt $g(\omega)$ also die Größe jeder Frequenzkomponente der Funktion $U(t)$ dar, die mit Hilfe des Integrals (7,5b) berechnet werden kann.

Mit Hilfe des Fourierschen Integrals wollen wir jetzt eine für Anwendungen besonders wichtige nichtperiodische Zeitfunktion darstellen:

Die Funktion $U(t)$ ist gleich Null für $t=0$, gleich 1 für $t>0$ und gleich -1 für $t<0$, während $U(t)$ für *sehr* große positive sowie für im Betrage *sehr* große negative Werte von t verschwindet (Abb. 49). Da $U(t)$ hier eine *reelle* Funktion ist, können wir uns rechts in Gl. (7,5) auf den reellen Teil beschränken:

$$U(t)=\frac{1}{2\pi}\int_{-\infty}^{\infty}d\omega\int_{-\infty}^{\infty}U(\tau)\cos\omega(\tau-t)\,d\tau, \tag{A 7,6}$$

und wir erhalten:

$$\int_{-\infty}^{\infty}U(\tau)\cos\omega(\tau-t)\cdot d\tau=2\int_{0}^{\infty}U(\tau)\cos\omega(\tau-t)\,d\tau=2\,\frac{\sin\omega t}{\omega}.$$

Folglich ist die Integraldarstellung der Funktion $U(t)$ aus Abb. 49:

$$U(t)=\frac{1}{\pi}\int_{-\infty}^{\infty}\frac{\sin\omega t}{\omega}\,d\omega. \tag{A 7,7}$$

Dieses Integral kann auch in komplexer Form geschrieben werden:

$$U(t)=\frac{1}{j\pi}\int_{-\infty}^{\infty}\frac{e^{j\omega t}}{\omega}\,d\omega. \tag{A 7,7a}$$

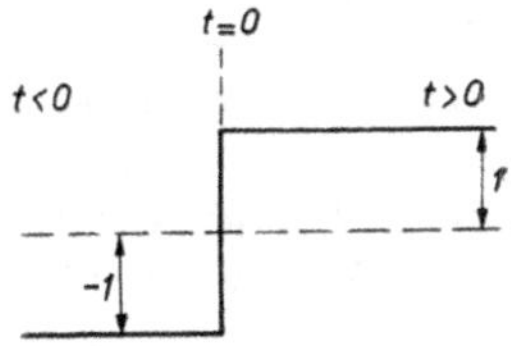

Abb. 49. Zur Entwicklung einer unstetigen Funktion der Zeit t in ein FOURIERsches Integral.

Wenn wir zu dieser Funktion $U(t)$ noch eine Funktion addieren, die für alle endlichen Werte von t gleich 1 ist und für sehr große Werte von $|t|$ gleich Null, erhalten wir eine Funktion $U_1(t)$, die für alle endlichen negativen Werte von t gleich Null ist und für alle endlichen positiven Werte gleich 2, während sie für $t=0$ gleich 1 wird. Diese Funktion $U_1(t)$ hat die gleiche Integraldarstellung wie die Funktion $U(t)$:

$$U_1(t)=\frac{1}{j\pi}\int_{-\infty}^{\infty}\frac{e^{j\omega t}}{\omega}\,d\omega. \tag{A 7,7b}$$

Schrifttum: 33.

b) Die Wirkung nichtperiodischer Spannungsquellen in Zweipolen und Vierpolen.

Mit Hilfe der im Abschn. 7a angegebenen Formeln für die frequenzmäßige Zerlegung nichtperiodischer Zeitfunktionen können die Wirkungen nichtperiodischer Spannungsquellen (und Stromquellen) in Zweipolen und in Vierpolen berechnet werden.

α) *Berechnung von Strömen und Spannungen in Zweipolen.*

Wenn am Eingang eines Zweipoles als Funktion der Frequenz der Leitwert $\mathfrak{Y}$ gilt, so ist beim Anschluß einer Spannungsquelle (Innenwiderstand Null) mit der Spannung $\mathfrak{U}$ für eine bestimmte Frequenz an den Zweipol der Strom $\mathfrak{I}$ durch $\mathfrak{I}=\mathfrak{Y}\,\mathfrak{U}$ gegeben. Diese einfache Beziehung gilt für jede Frequenz des stetigen unendlich großen Frequenzbereiches einer FOURIER-Integral-Zerlegung (7,5). Folglich wird der Strom:

$$I(t)=\frac{1}{2\pi}\int_{-\infty}^{\infty}d\omega\cdot\mathfrak{Y}(\omega)\int_{-\infty}^{\infty}U(\tau)\,e^{-j\omega(\tau-t)}\,d\tau, \tag{A 7,8}$$

Vorausgesetzt ist, daß der Ausdruck (7,8) Sinn hat, d. h. die Integrale sollen konvergieren.

Wenn der durch Gl. (7,8) gegebene Strom durch einen komplexen Widerstand $\mathfrak{R}_2$ fließt, der einen Teil des durch den Leitwert $\mathfrak{Y}$ dargestellten Zweipols bildet, so entsteht an den Klemmen dieses Widerstandes eine Spannung $U_2(t)$. Zur Berechnung von U_2 überlegen wir wieder, daß die zu jederFrequenz gehörige Wechselspannung $\mathfrak{U}_2$ aus dem Wechselstrom $\mathfrak{J}$ durch die Gleichung $\mathfrak{U}_2 = \mathfrak{R}_2 \mathfrak{J}$ hervorgeht. Indem wir diese Regel unter dem Integralzeichen anwenden, entsteht die Formel:

$$\text{(A 7,8a)} \qquad U_2(t) = \frac{1}{2\pi} \int_{-\infty}^{\infty} d\omega \cdot \mathfrak{Y}(\omega) \cdot \mathfrak{R}_2(\omega) \int_{-\infty}^{\infty} U(\tau)\, e^{-j\omega(\tau - t)}\, d\tau .$$

Wir wollen nun zeigen, daß der Stromverlauf in einem Zweipol in einfacher Weise für einen *beliebigen* Spannungsverlauf berechnet werden kann, falls er für die in Abb. 49 dargestellte Spannung als Funktion der Zeit bekannt ist. Dem sprunghaften Spannungsanstieg zur Zeit t_1 von 0 auf den Wert 1 entspreche der Stromverlauf: $I(t - t_1)$. Wenn nun zur Zeit $t_2 = t_1 + \Delta t$ ein zweiter Spannungssprung gleichen Betrages, aber in umgekehrter Richtung erfolgt, durch den die Spannung $t > t_2$ wieder Null wird, so kann der entsprechende Stromverlauf $I_1(t)$ in folgender Weise dargestellt werden:

$$\begin{aligned} I_1(t) &= I(t - t_1) - I(t - t_2) \\ &= I(t - t_1) - I(t - t_1 - \Delta t) \approx \\ &\approx I(t - t_1) - [I(t - t_1) - \Delta t I'(t - t_1)] \\ &\approx \Delta t I'(t - t_1), \end{aligned}$$

wo der Akzent die Differentiation von $I(x)$ nach der Veränderlichen x anzeigt.

Ein beliebiger Spannungsverlauf $U(t) = U_0 u(t)$, wo $u(t)$ die Dimension 0 hat, kann stets durch eine Folge von Spannungsstößen der genannten Art angenähert werden. Dementsprechend erzeugt er einen Stromverlauf:

$$I_2(t) \approx \sum_{t_1 = t_0}^{t_1 = t} u(t_1) \cdot I'(t - t_1) \cdot \Delta t .$$

Wenn wir das Intervall Δt immerfort verringern, entsteht nach einem Grenzübergang:

$$\text{(A 7,9)} \qquad I_2(t) = \int_{t_0}^{t} u(t_1) \cdot I'(t - t_1) \cdot dt_1 .$$

Wenn nun $I(t - t_1)$ und somit auch $I'(t - t_1)$ gegeben sind, kann mit Hilfe dieser Formel unmittelbar der Stromverlauf $I_2(t)$ für einen beliebigen Spannungsverlauf $U(t)$ berechnet werden. Hieraus geht die große Bedeutung der Funktion $I(t - t_1)$ hervor.

Schrifttum: 56, 144, 228.

β) *Integration in der komplexen Ebene.*

Die formale Lösung der gestellten Aufgaben in Gl. (7,8) und (7,8a) stellt jedesmal den ersten Schritt zur Berechnung der endgültigen Lösung dar. Als nächster Schritt müssen die auftretenden unendlichen Integrale ausgewertet werden. Hierzu kann vom Cauchy*schen Residuensatz* Gebrauch gemacht werden. Diesem Satz zufolge ist ein Integral über einen geschlossenen Weg in der komplexen ω-Ebene (Koordinatenachsen: reeller Teil von ω und imaginärer Teil von ω) gleich der Summe der Residuen, welche zu den Polen des Integranden innerhalb des genannten geschlossenen Weges gehören, multipliziert mit $2\pi j$. Wir nehmen an, daß die Pole der Funktionen von ω in Gl. (7,8) und (7,8a) alle im Endlichen liegen, und weiterhin, daß der gesamte Integrand außer der Exponentialfunktion für $|\omega| \to \infty$ im Betrage kleiner ist als $|\omega|^{-q}$, mit q eine positive Zahl größer als 1. In diesem Fall gehen wir so vor, daß wir den Integrationsweg von $\omega = -|r|$ bis $\omega = |r|$ durch einen Weg von $-|r|$ bis $|r|$ über einen Halbkreis von sehr großem Radius r (Abb. 50) ergänzen. Diesen Radius r lassen wir nach ∞ wachsen. Die gesuchten Integrale (7,8) und (7,8a) deuten wir mit Int_1 an, die Integrale über den geschlossenen gestrichelten Weg in Abb. 50 mit Int_2 und das Integral über den Halbkreisweg mit Int_3. Offenbar ist:

$$\mathrm{Int}_1 = \mathrm{Int}_2 - \mathrm{Int}_3.$$

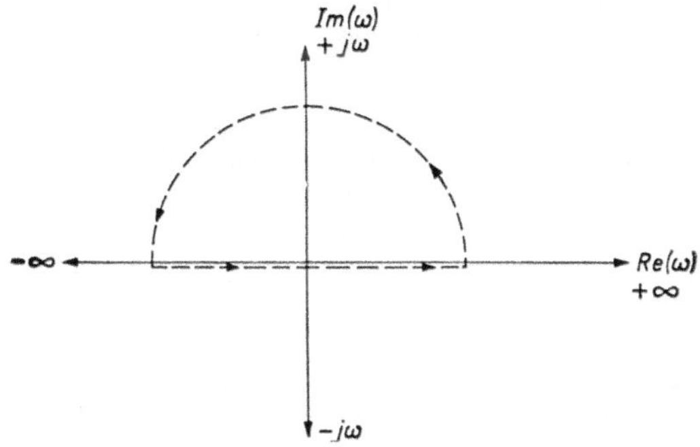

Abb. 50. Integrationswege in der komplexen ω-Ebene zur Anwendung des CAUCHYschen Residuensatzes auf die Berechnung von Integralen mit unendlichen Integrationsintervallen.

Durch die Voraussetzung über die Funktion von ω unter dem Integralzeichen im Unendlichen (kleiner als $|\omega|^{-q}$) ist $\mathrm{Int}_3 = 0$ und folglich $\mathrm{Int}_1 = \mathrm{Int}_2$. Das Integral Int_2 ergibt sich aus dem Residuensatz, wodurch dann das gesuchte Integral Int_1 bekannt ist [vgl. auch das Beispiel in Gl. (7,11)].

Wir erläutern diese Ausführungen an Hand eines einfachen Beispiels (Abb. 51). Hierzu wählen wir den Widerstand zwischen den Klemmen 2 und 3: $\mathfrak{R}_1 = j\omega L + R$ und den Widerstand zwischen den Klemmen 1 und 3: $\mathfrak{R}_2 = 1/j\omega C$. Folglich ist

$$\mathfrak{Y}(\omega) = \frac{j\omega C}{j\omega C R + 1 - \omega^2 L C}$$

Weiter soll die Spannungsquelle eine Spannung $U_1(t)$ nach Gl. (7,7b) liefern. Dann gilt nach (7,8) für den Strom $I(t)$ die Formel:

$$I(t) = \frac{1}{\pi j} \int_{-\infty}^{\infty} \frac{e^{j\omega t}}{\omega} \frac{j\omega C}{j\omega C R + 1 - \omega^2 L C}\, d\omega$$

und für die Spannung $U_2(t)$ zwischen den Klemmen 1 und 3 nach (7,8a) die Formel:

$$U_2(t) = \frac{1}{\pi j} \int_{-\infty}^{\infty} \frac{e^{j\omega t}}{\omega} \frac{d\omega}{1 - \omega^2 LC + j\omega C R} = \frac{-1}{\pi j} \int_{-\infty}^{\infty} \frac{e^{j\omega t}\, d\omega}{\omega(\omega - \omega_2)(\omega - \omega_3) L C}.$$

Wir werten letzteres Integral nach dem CAUCHYschen Satz aus. Die Pole des Integranden sind $\omega_1 = 0$ und

$$\omega_2 = \frac{jR}{2L} + \sqrt{\frac{1}{LC} - \frac{R^2}{4L^2}};$$

$$\omega_3 = \frac{jR}{2L} - \sqrt{\frac{1}{LC} - \frac{R^2}{4L^2}},$$

und die Residuen, welche zu diesen Polen gehören, sind bzw. $-1/LC\omega_2\omega_3$, $-e^{j\omega_2 t}/LC\omega_2(\omega_2 - \omega_3)$ und $-e^{j\omega_3 t}/LC\omega_3(\omega_3 - \omega_2)$. Wir erhalten als Ergebnis (Integral gleich $2\pi j$ mal Summe der Residuen):

$$U_2(t) = -\frac{2}{LC\omega_2\omega_3} - \frac{2e^{j\omega_2 t}}{LC\omega_2(\omega_2 - \omega_3)} - \frac{2e^{j\omega_3 t}}{LC\omega_3)\omega_3 - \omega_2)}. \qquad \text{(A 7,10)}$$

Das Produkt $\omega_2\omega_3$ ist nach Obigem gleich $-1/LC$. Die zwei letzten Glieder des Ausdrucks (7,10) für $U_2(t)$ enthalten beide als Faktor $\exp(-tR/2L)$, sie verschwinden also für große Werte von t, und es bleibt dann $U_2(t) = 2$, d. h. U_2 gleich U_1. Die beiden letzten Glieder der Formel (7,10) bezeichnet man als „Einschaltglieder“. Sie bestimmen den Spannungsverlauf $U_2(t)$ für kleine Werte von $Rt/2L$ in bezug auf 1, also kurz nach dem sprunghaften Anstieg der Funktion $U_1(t)$ von 0 auf 2.

In manchen Fällen, darunter auch im obigen Beispiel, kann die Funktion $I(t - t_1)$, wenn der Spannungssprung mit $t = t_1$ zusammenfällt, auch in elementarer Weise leicht berechnet werden und braucht man obige komplexe Integration *nicht* durchzuführen. Wir setzen dann:

$$I(t - t_1) = A_1 e^{\omega_1(t-t_1)} + A_2 e^{\omega_2(t-t_1)} + I_0,$$

wo I_0 den Strom für solche Werte $t - t_1$ bezeichnet, für welche die ersten beiden Summanden bereits verschwindend klein geworden sind. Im obigen Beispiel ist $I_0 = 0$ (kein Gleichstrom bei Gleichspannung vorhanden) und können die Konstanten A_1 und A_2 so gewählt werden, daß für $t = t_1$ der Strom und sein Differentialquotient I' verschwinden. Die Größen ω_1 und ω_2 ergeben sich aus:

$$\omega_{1,2}^2 LC - 1 - j\omega_{1,2} CR = 0.$$

In analoger Weise kann auch $U_2(t)$ bestimmt werden.

Schrifttum: 72.

γ) *Berechnung von Strömen und Spannungen in Vierpolen.*

Analoge Formeln wie (7,8) und (7,8a) können auch für *Vierpole* aufgestellt werden. Wir können z. B. den Ausgangsstrom $\mathfrak{J}_2$ für eine Kreisfrequenz ω aus der vorgegebenen Eingangsspannung $\mathfrak{U}_1$ berechnen:

$$\mathfrak{J}_2 = \mathfrak{Y}_{ae}(\omega) \cdot \mathfrak{U}_1.$$

Wenn nun die Eingangsspannung einen vorgegebenen Verlauf $U(t)$ als Funktion der Zeit hat, so berechnet sich der Ausgangsstrom nach Gl. (7,8), wenn wir die Größe $\mathfrak{Y}(\omega)$ dieser Gleichung durch $\mathfrak{Y}_{ae}$ ersetzen. In analoger Weise berechnet sich die Ausgangsspannung aus einem Integral, analog zu (7,8..). Im obigen Beispiel (Abschn. β) haben wir letzteren Fall, an Hand eines sehr einfachen Vierpols (Abb. 51), bereits betrachtet.

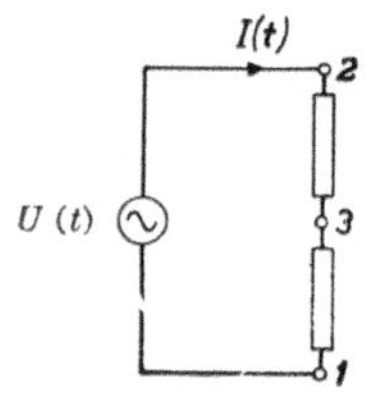

Abb. 51. Beispiel zur Anwendung der komplexen Integrationsweise.

δ) *Die Begriffe „Verstärkung“ und „Formtreue“ bei nichtperiodischen Vorgängen.*

Aus den vorhergehenden Überlegungen geht hervor, daß der in den Abschnitten 1, 2, 3, 4 und 6 benutzte Begriff „Verstärkung“ als Verhältnis von Ausgangs- und Eingangsspannung, Ausgangs- und Eingangsstrom sowie Ausgangs- und Eingangsleistung für nichtperiodische Vorgänge nicht mehr brauchbar ist. Die „Verstärkung“ ist in solchen Fällen eine Funktion der Zeit.

Als neuer, wichtiger Begriff tritt hier die „*Formtreue*“ hervor. Die Ausgangsgröße soll als Funktion der Zeit in vielen Fällen möglichst die gleiche Form haben wie die Eingangsgröße. Die Schaltung soll in solchen Fällen so gewählt werden, daß die „Formtreue“ gewährleistet ist. Im Beispiel des Abschn. 7 b β kann dies durch die Wahl $\mathfrak{R}_1 = R_1$ und $\mathfrak{R}_2 = R_2$ erreicht werden. In diesem Falle wird:

$$\mathfrak{Y}(\omega)\mathfrak{R}_2(\omega) = \frac{R_2}{R_1 + R_2},$$

und das Integral von Gl. (7,10) hat als einzigen Pol $\omega_1 = 0$. Folglich wird:

$$U_2(t) = \frac{2 R_2}{R_1 + R_2} U_1(t) \tag{A 7,11}$$

für alle positiven Werte von t und U_2 gleich Null für alle negativen Werte von t. Die Funktion $U_2(t)$ hat somit die gleiche Form wie $U_1(t)$ nach Gl. (7,7b), die Formtreue ist vollkommen gewahrt. In diesem letzten Beispiel ist die oben angegebene Forderung (kleiner als $|\omega|^{-q}$) für den Integranden der Gl. (7,8a) nicht erfüllt und wir können aus ihm entnehmen, daß diese Voraussetzung in manchen Fällen etwas abgemildert werden kann.

Wenn die „Formtreue" vollkommen oder nahezu besteht, kann wieder der Begriff „Verstärkung" benutzt werden. Wenn wir z. B. im zuletzt betrachteten Fall der Gl. (7,11) die Spannung $U_2(t)$ betrachten, so steht diese im Verhältnis $R_2/(R_1 + R_2)$ zur Spannung $U_1(t)$. Folglich ist die Verstärkung $R_2/(R_1 + R_2)$. In analoger Weise, wie hier an einem einfachen Beispiel gezeigt wurde, kann in verwickelten Fällen, die auch Elektronenröhren enthalten, verfahren werden.

Schrifttum: 228.

B. Schalt- und Bauteile.

Im Abschn. A ist das Rüstzeug an Definitionen und Berechnungsweisen erläutert, das bei der *rechnerischen* Behandlung von Aufgaben über Verstärker und Empfänger benötigt wird. Der *Bau* dieser Geräte erfordert Schalt- und Bauteile, wie Widerstände, Kondensatoren, Spulen, Schall ufnahme- und -wiedergabegeräte, deren Herstellung sich in den letzten zwei Jahrzehnten zu einem gesonderten Zweig der Schwachstromindustrie entwickelt hat. Es ist daher notwendig, sich mit diesen Teilen zu befassen, um eine sinngemäße Anwendung und eine volle Ausnutzung ihrer hochwertigen Eigenschaften zu ermöglichen. Wir beschränken uns dabei auf einige neuere Formen und Ausführungen.

Außer den in diesem Abschnitt genannten Teilen enthalten fast alle zu behandelnden Geräte noch *Elektronenröhren*. Wir behandeln diese aber nicht gesondert als Bauteile, da ihnen ein Band dieses Lehrbuches gewidmet ist. Außerdem findet der Leser im Schrifttum Hinweise auf Aufsätze und Werke über Röhren.

1. Widerstände.

a) Feste Widerstände.

α) *Halbleiterwiderstände.*

Bewährte Ausführungen solcher Widerstände bestehen aus einem keramischen Rohr, das mit einer gut haftenden Halbleiterschicht (z. B. aus graphithaltiger Masse) bedeckt ist. Diese Schicht wird gegen mechanische und Witterungseinflüsse (Feuchtigkeit) durch eine dauerhafte zähe Lackschicht geschützt, die zugleich eine Isolierung für Spannungen bis etwa 500 V bildet. Auf die beiden Enden der Halbleiterschicht ist je eine Metallkappe aufgepreßt (Abb. 52). Diese Kappen haben in der Mitte ein rundes Loch, durch das ein Lötdraht (z. B. verzinnter Kupferdraht) durchgeführt ist. Der Draht hat am Ende, das unter der Kappe steckt, einen Nagelkopf und kann sich folglich nicht von der Kappe lösen. Außerdem ist er an der Kappe festgelötet, damit ein guter elektrischer Kontakt entsteht. Durch den beschriebenen Aufbau ist bei der Verwendung der Widerstände eine Zugkraft von mehreren kg zulässig. Widerstände dieser Art werden für verschiedene Belastungen zwischen 0,1 und 1 Watt hergestellt. Die erhältlichen

Widerstandswerte liegen vielfach zwischen 10 Ohm und mehreren Megohm. Die Streuung der Widerstandswerte verschiedener Exemplare gleicher Herkunft und Bezeichnung liegt zwischen etwa 5 und 10% des Nennwertes.

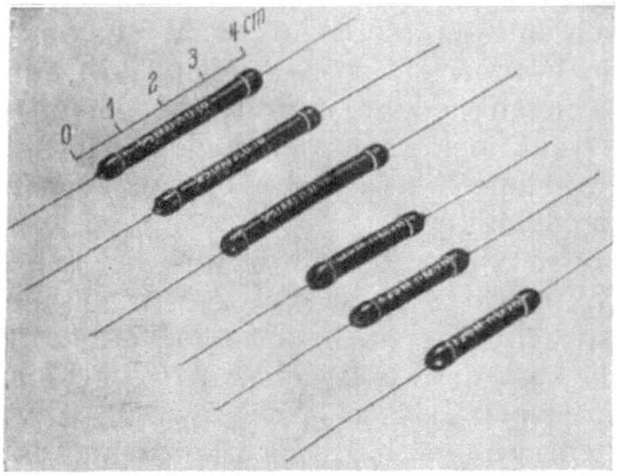

Abb. 52. Einige feste Halbleiterwiderstände (Bauart Philips).

Widerstände dieser Art haben zwischen den Klemmen eine Kapazität in der Größenordnung 0,5 pF. Der Widerstandswert hängt von der Meßfrequenz ab (Abb. 53). Diese Erscheinung wird durch kapazitiven Nebenschluß (Überbrückung) der einzelnen Längenelemente verursacht. Als Zweipol kann der Widerstand durch Parallelschaltung der genannten Kapazität und eines Wirkwiderstandes, der in der beschriebenen Weise frequenzabhängig ist, dargestellt werden (266).

Wie alle Halbleiter haben diese Widerstände meistens eine beträchtliche Temperaturabhängigkeit. Durch mangelhafte Kontakte zwischen den Metallkappen und der Halbleiterschicht könnten in den Geräten, welche die

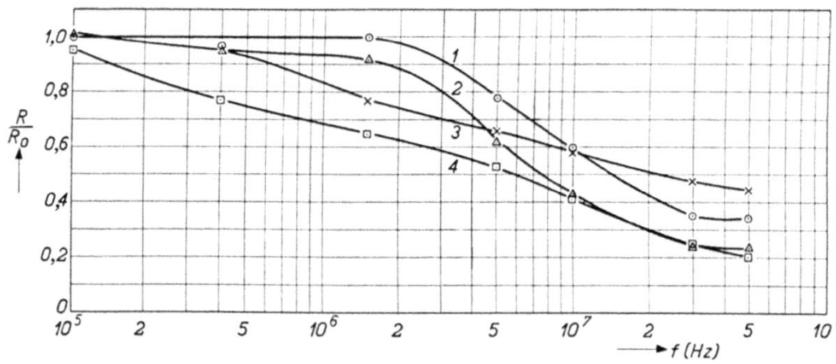

Abb. 53. Meßwerte über den Frequenzgang des Wirkwiderstandes einiger käuflicher fester Halbleiterwiderstände. R ist der Wirkwiderstand bei der Meßfrequenz, R_0 der Wirkwiderstand bei 500 Hz. Vertikal: R/R_0, horizontal: Frequenz f in Hz.

	Höchstleistung	Länge	Durchmesser
Kurve 1: R_0 = 100 kOhm	0,5 W	1,90 cm	0,40 cm
„ 2: R_0 = 100 „	1 W	3,50 „	0,40 „
„ 3: R_0 = 25 „	0,25 W	0,90 „	0,40 „
„ 4: R_0 = 60 „	0,50 W	2,20 „	0,40 „

Widerstände enthalten, Krachen sowie andere Geräuschstörungen entstehen (vgl. auch Abschn. A 5 a α).

β) *Drahtwiderstände.*

Zur Vermeidung des beträchtlichen Temperaturkoeffizienten von Halbleiterwiderständen werden auch Widerstände aus Draht mit geringem Temperaturkoeffizienten des Widerstandes hergestellt. Dieser Draht wird meistens auf ein keramisches Rohr fest aufgewickelt und durch eine zähe und dauerhafte Lackschicht festgehalten. Die Lackschicht schützt zugleich gegen mechanische Einflüsse und Feuchtigkeit und bildet eine Isolierung bis etwa 500 V. Auf die Enden des Widerstandsdrahtes sind Metallkappen aufgepreßt, die z. B. in der unter α) angegebenen Weise Lötdrähte oder Lötstreifen tragen. In den Kappen sind vielfach Ventilationsöffnungen angeordnet. In diesem Fall ist bei Verwendung der Widerstände auf eine vertikale Lage zu achten, damit Luftkühlung stattfinden kann. Die erhältlichen Werte sind z. B. für 1,5 Watt Belastung: 22 bis 6800 Ohm, für 3 Watt: 47 bis 22000 Ohm und für 5 Watt: 47 bis 47000 Ohm. Die Streuung ist 5 bis 10%, wie bei Halbleiterwiderständen. Die Umgebungstemperatur bei Höchstbelastung darf bei gebräuchlichen Typen nicht über 70° C liegen. Der Temperaturkoeffizient des Widerstandes beträgt zwischen 20° und 70° etwa 2 bis $10 \cdot 10^{-4}$ pro Grad. Die Widerstände sind als Zweipol durch eine Kapazität bzw. eine Selbstinduktion parallel zu einem Wirkwiderstand darstellbar. Der Frequenzgang ist meist stärker als bei Halbleiterwiderständen.

b) Veränderbare Widerstände.

α) *Halbleiterwiderstände.*

Hierbei ist eine nicht vollkommen geschlossene kreisförmige Halbleiterschicht, z. B. Graphitmasse, geeigneter Abmessungen auf einem ebenen runden Isolatorplättchen (z. B. Hartpapier) angebracht (z. B. gespritzt). Die Halbleiterschicht ist an einigen Stellen (an den Enden z. B.) mit Metallstreifen verbunden, die z. B. verzinnte Lötösen tragen. Über den Halbleiter streicht eine bewegbare Kontaktstelle (z. B. Kohlestift mit ebenem Ende), die wieder mit einem Metallstreifen und einer Lötstelle verbunden ist (Abb. 54).

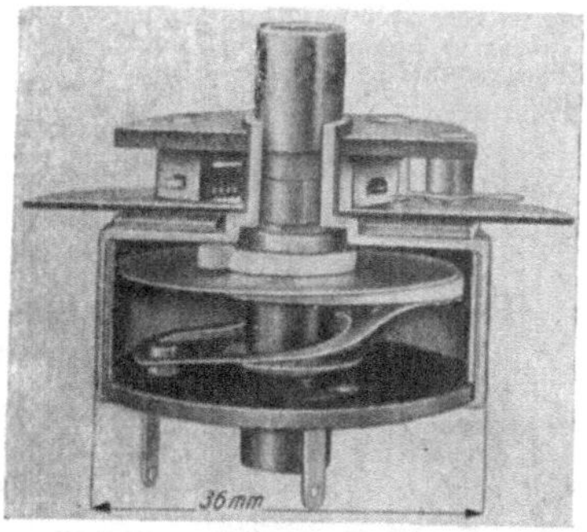

Abb. 54. Veränderbarer Halbleiterwiderstand (Potentiometer) mit eingebautem Netzschalter (oben). Beschreibung im Text. Bauart Philips.

Das Gehäuse ist bei der gezeigten Ausführung aus Aluminium gestanzt und bildet mit der Führungsbuchse (oben) ein Ganzes. Das Isolierplättchen mit der Halbleiterschicht ist durch Falzen an dem Gehäuse befestigt. Die Kohleschicht ist an den Abnahmestellen mit Silber bespritzt (gute Kontakte). Der Anschluß der Kohleschicht und des Schleifkontaktes erfolgt durch drei getrennte Lötstreifen, die an der Rückwand (in Abb. 54 unten) aus Hartpapier angeordnet sind. Der elektrische Teil des Widerstandes ist vollständig vom Gehäuse und von der Achse isoliert (Prüfspannung 2 kV). Das Gehäuse dient zur elektrostatischen Abschirmung der Schaltung, in der der Widerstand (Potentiometer) verwendet wird gegen Störungen aus dem Lichtnetz (Netzschalter oben auf dem gleichen Gehäuse in Abb. 54). Durch die erwähnten Vorkehrungen (Kohleschleifkontakt, Silberbespritzung der Halbleitermasse an den Abnahmestellen) ist das Krachen in Verstärkerschaltungen weitgehend vermieden. Eine durchbohrte Achse bietet günstige Einbau- und Zusammenbaumöglichkeiten (Bedienungsknopf in verschiedenen Abständen, mehrere Potentiometer, gegebenenfalls mit Schaltern, hintereinander mit gleichem Bedienungsknopf). Der Widerstandsverlauf als Funktion des Verdrehungswinkels ist bei verschiedenen Typen verschieden (Abb. 55) und kann bei der Herstellung weitgehend verändert werden. Der Frequenzgang der verschiedenen Widerstände im Potentiometer ist analog zu Abb. 53, während das Teilungsverhältnis (Abb. 55) nur wenig Frequenzabhängigkeit zeigt. Die Kapazität zwischen den Lötstellen ist von der Größenordnung 1 pF. Der Temperaturgang ist analog wie bei festen Halbleiterwiderständen. Die erhältlichen Widerstandswerte liegen zwischen etwa 10^2 und 10^6 Ohm. Es bleibt immer ein Mindestwiderstand im

Stromkreis eingeschaltet, der z. B. 10 Ohm beträgt. Die Lagerungen und der bewegliche Kontakt werden bei guten Widerständen dieser Art bei Stichproben viele tausend Male gedreht und dürfen dann noch keine schädliche Abnutzung zeigen.

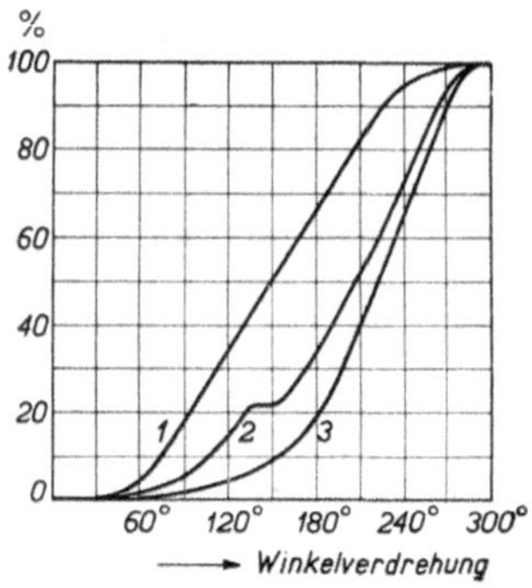

Abb. 55. Kurven für das Verhältnis der Ausgangsspannung zur Eingangsspannung (vertikal) bei Verwendung eines Potentiometers nach Abb. 54 als Funktion des Verdrehungswinkels in Grad (horizontal). Je nach Bedarf kann eine der Kurven *1*, *2* oder *3* erzielt werden.

β) Drahtwiderstände.

Bei den üblichen Ausführungen ist der Widerstandsdraht auf einem Kreiszylinderstreifen oder Ring aus Isolationsmaterial (z. B. Hartpapier, keramischer Ring oder Kunstharzring) gewickelt. Ein Kontaktstift, z. B. aus einem geeigneten Leiter (Graphit), schließt z. B. mehrere Windungen kurz und ist auf einem Dreharm angeordnet. Die Herstellung und Eigenschaften stimmen weitgehend mit denjenigen fester Drahtwiderstände überein. Nur ist an den Kontaktstellen der Draht blank, während im übrigen eine Lackschicht zum Schutz und zur Isolation den Draht bedeckt. Die erhältlichen Widerstandswerte liegen zwischen einigen Ohm und 10^5 Ohm (Abb. 56). In bezug auf Abnutzung gilt das im vorigen Abschn. B 1bα Gesagte.

2. Kondensatoren.

Die zwei wesentlichen Daten eines Kondensators sind: Kapazität C und Verlustwinkel δ, wobei δ ein Maß für die im Kondensator auftretenden Verluste ist (Ohmscher Widerstand der Zuleitungen und der Leiterschicht, Leitfähigkeit des Dielektrikums u. a.). Wenn wir den Kondensator durch die Reihenschaltung eines Wirkwiderstandes R_r und einer Kapazität C darstellen, ist $\operatorname{tg}\delta = \omega R_r C$. Wenn wir den Kondensator durch die Parallelschaltung eines Wirkwiderstandes R_p und einer Kapazität C darstellen, ist $\operatorname{tg}\delta = 1/\omega R_p C$. Die im Kondensator verbrauchte Wirkleistung ist $\mathfrak{N}_w = |\mathfrak{J}|^2 \operatorname{tg}\delta/\omega C = |\mathfrak{U}|^2 \omega C \operatorname{tg}\delta/(1+\operatorname{tg}^2\delta)$, wo $\mathfrak{U}$ und $\mathfrak{J}$ die Spannung über dem und den Strom durch den Kondensator bezeichnen. Der Verlustwinkel und die Kapazität der meisten Kondensatoren sind frequenzabhängig.

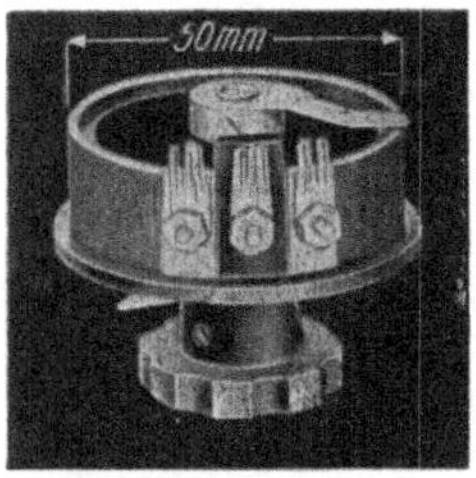

Abb. 56. Beispiel eines Potentiometers aus Widerstandsdraht (Bauart General Radio Co.).

a) Feste Kondensatoren.

α) Glimmerkondensatoren.

Guter Glimmer hat einen kleinen Verlustwinkel (δ etwa $2 \cdot 10^{-4}$ Radiale bei 50 Hz bis 1,5 MHz). Glimmerplättchen von etwa 20 Mikron Dicke werden einseitig mit einer dauerhaften Leiterschicht (z. B. Silber) versehen und mehrere Plättchen dieser Art aufeinandergelegt (Abb. 57). Die Plättchen tragen Anschlußstreifen, die mit den Elektroden der entsprechenden Plättchen verlötet werden. Ein Imprägnierungsvorgang vertreibt die innere Feuchtigkeit. Eine feuchtigkeits- und temperaturbeständige Wachsschicht bedeckt den ganzen Kondensator. Gute Ausführungen dieser Art sind tropenfest. Der Temperaturgang von C und δ ist gering. Die erhältlichen Kapazitätswerte liegen etwa zwischen 5 und 10^4 pF, die Höchstbetriebsspannung ist meistens 400 V und die Prüfspannung 1000 V. Eine zweite Ausführungsform ist in Abb. 58 dargestellt. Die Glimmerplättchen mit Silberelektroden sind hier rund und werden z. B. durch ein Metallgehäuse mit Falzrand umschlossen. Erhältliche Kapazitäten etwa 20 bis 200 pF (Philips) oder z. B. bis 10^4 pF (Ducati, Bologna). Die Streuung beträgt bei den kleineren Kapazitäten etwa 10% und kann bei den größeren auf etwa 1% des Nennwertes herabgesetzt werden.

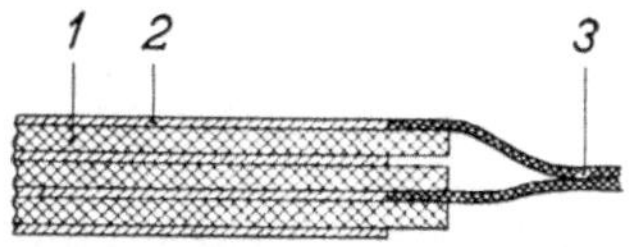

Abb. 57. Skizze des Aufbaues eines Glimmerkondensators: *1* Glimmerplättchen (z. B. 20 Mikron Dicke), *2* Silberbespritzung, *3* Anschlußstelle.

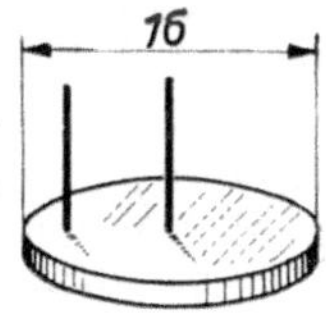

Abb. 58. Runde Ausführung von Glimmerkondensatoren (sog. Knopfkondensatoren). Maß in mm.

β) Keramische Kondensatoren.

Diese Kondensatoren bestehen aus einem Röhrchen aus keramischem Material (Abb. 59), das innen und außen mit einer Silberschicht bedeckt ist. Anschlußdrähte zum Verlöten sind fest mit diesen Silberschichten verbunden (Zugkraft mehrere kg). Der Verlustwinkel ist kleiner als $3 \cdot 10^{-3}$ Radiale bei 1,5 MHz. Durch eine Lackschicht sind die Kondensatoren feuchtigkeitsbeständig. Das Gewicht ist kleiner als 1,5 g. Die erhältlichen Kapazitäten liegen zwischen 3 und etwa 600 pF (verschiedene Länge). Die Streuung ist die gleiche wie unter α).

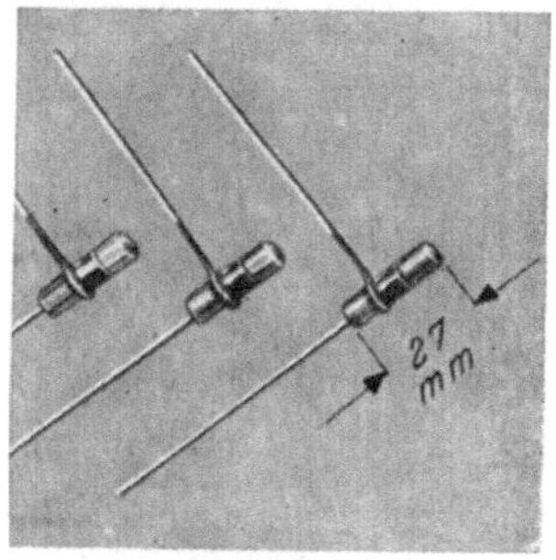

Abb. 59. Kondensatoren aus keramischen Röhrchen mit Silberschichten (Bauart Philips).

γ) Elektrolytische Kondensatoren.

Der Wunsch, für die Verwendung in Niederfrequenzstufen bei geringen Abmessungen über möglichst große Kapazitätswerte zu verfügen [größer als für die unter α) und β) genannten Typen möglich ist], hat zur Entwicklung der Elektrolytkondensatoren geführt. Diese beruhen auf der Erscheinung, daß einige Metalle (z. B. Aluminium, Tantal, Niob, Zirkon) sich bei der Elektrolyse (Metall positiv) mit einer dünnen Oxydschicht bedecken (z. B. Al_2O_3), die keine (oder geringe) Leitfähigkeit hat. Die Elektrolytlösung (z. B. Borsäure) kann als der eine und die Metalloberfläche als der andere Pol eines Kondensators benutzt werden, der wegen der äußerst dünnen dielektrischen Schicht (z. B. 0,5 Mikron) und der beträchtlichen dielektrischen Konstanten (z. B. etwa 10 für Al_2O_3) große Kapazitätswerte erhalten kann. Das Metall soll in der Schaltung nach Obigem stets positiv gegen die Lösung sein. Die Oberfläche des benutzten Anodenmetalls kann durch Beizen auf etwa das Zehnfache des ursprünglichen Wertes vergrößert werden, was zu einer entsprechenden Steigerung der Kapazität führt. Als Behälter der Elektrolytflüssigkeit dient meistens ein Zylindergefäß, z. B. aus Aluminium. Die Innenfläche dieses Gefäßes darf nicht oxydieren und wird deshalb mit einer dünnen, durch die Flüssigkeit nicht oder wenig angreifbaren Metallschicht geschützt. Damit diese Schutzschicht erhalten bleibt, darf die Wechselspannung an den Kondensatorklemmen einen vom Hersteller vorgeschriebenen Betrag nicht überschreiten. Auch die Gleichspannung ist begrenzt, und zwar durch die Zerstörungsspannung der dünnen Oxydschicht. Einer Gleichspannung von z. B. 300 V entspricht bei einer Schichtdicke von 0,5 Mikron ($5 \cdot 10^{-5}$ cm) bereits eine Feldstärke von $6 \cdot 10^6$ V/cm! Kurzzeitige Überschreitungen der vom Hersteller angegebenen maximalen Spannungen zerstören zwar örtlich die Oxydschicht, aber diese wird oft automatisch wieder „geheilt". Querschnitte elektrolytischer Kondensatoren zeigt Abb. 60. Die erhältlichen Typen haben Kapazitäten zwischen etwa 5 und 50 μF mit Höchstbetriebsspannung zwischen etwa 300 und 600 V. Die Höchstwechselspannung beträgt bei 50 Hz etwa 10 bis 30 $V_{(eff)}$. Die Kondensatoren haben bei den genannten Betriebsspannungen Restströme (Gleichstrom von 1—2 mA). Die Höchstbetriebstemperatur liegt bei 60° C. Der Reihenwirkwiderstand ist unter normalen Bedingungen bei 50 Hz etwa 10—100 Ohm. Die Gewichte betragen etwa 50—100 g, die Kapazitätsstreuung ist vielfach —10% bis +30% des Nennwertes (vgl. Abb. 60). Oft sind zwei Kondensatoren zusammengebaut (vgl. Abb. 60 rechts).

Für niedrige Betriebsspannungen (10 bis 50 V) sind kleine Elektrolytkondensatoren vom „trockenen" Typ erhältlich, hierbei besteht das Gehäuse aus imprägniertem Hartpapier. Im Inneren befindet sich die feuchte Elektrolytmasse (nicht flüssig wie bei den oben behandelten Kondensatoren) und die mit einer

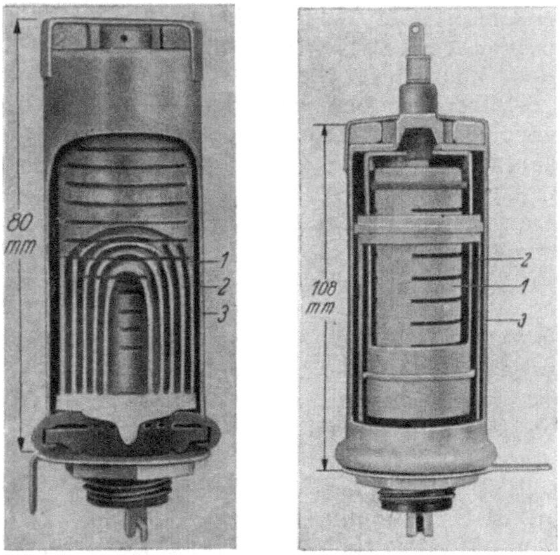

Abb. 60. Zwei Beispiele elektrolytischer Kondensatoren vom flüssigen Typ im Querschnitt (Bauart Philips). *1* Anodenmetall mit großer Oberfläche. *2* Flüssigkeitsraum. *3* Metallhülle. Kapazitäten bis etwa 50 μF. Rechts: zwei Kondensatoren übereinander angeordnet.

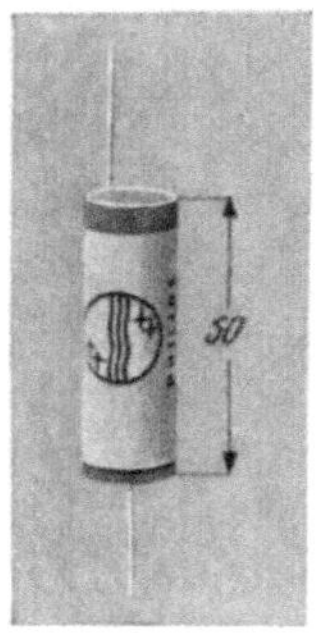

Abb. 61. „Trockene" Elektrolytkondensatoren mit kleinen Abmessungen. Kapazitäten bis etwa 50 μF. Maß in mm.

dünnen Oxydschicht bedeckte Metallanode. Die heutigen außerordentlich kleinen Ausführungen (Abb. 61) bei Kapazitätswerten zwischen 10 und 50 μF und Höchstwechselspannungen zwischen 3 und 6 $V_{(eff)}$ eröffnen viele neue Anwendungsmöglichkeiten. Für höhere Betriebsspannungen sind größere trockene elektrolytische Kondensatoren erhältlich.

Schrifttum: 52, 67, 362.

δ) *Kompensationskondensatoren.*

Normale Kondensatoren und andere Schaltteile für H.F.-Stufen (Verstärkerstufen, Schwingstufen) haben vielfach einen positiven Temperaturkoeffizienten der Kapazität (sie wird größer bei höherer Temperatur). Zur Kompensierung dieses Temperaturganges in Schaltungen können Kondensatoren mit negativem Temperaturkoeffizienten der Kapazität verwendet werden. Der Bau dieser Kondensatoren beruht auf der verschiedenen Wärmeausdehnung eines geeignet gewählten Metalls, z. B. Aluminium, und eines Keramikstäbchens (Abb. 62). Die größere Ausdehnung der Hülle (Al) im Vergleich zum axialen Stab verringert die Kapazität bei steigender Temperatur. Die Kapazität kann zwischen etwa 2 und 4 pF eingestellt werden (Schraube *H*). Der Temperaturgang kann durch Verwendung verschiedener Metalle sowie durch Änderung der Stablänge verändert werden und hängt außerdem von der eingestellten Kapazität ab (vgl. Abb. 63). Der Verlustwinkel bei 1,5 MHz liegt in der Größenordnung 10^{-3} Radiale. Die Prüfspannung ist etwa 300 V.

ε) Papierkondensatoren.

Eine sehr gebräuchliche Art von festen Kondensatoren wird durch die Papierkondensatoren gebildet. Diese entstehen durch Aufrollen imprägnierter Papier-

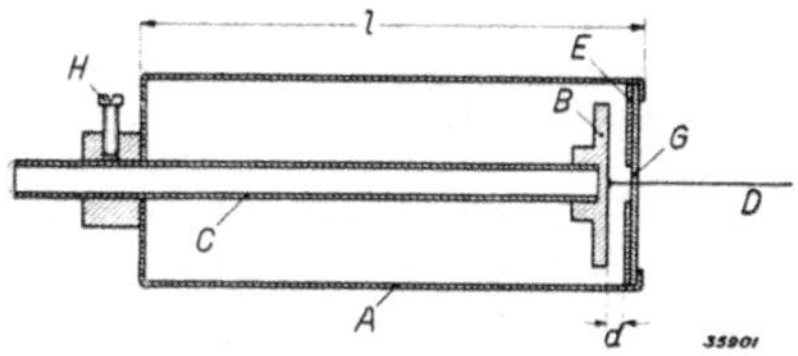

Abb. 62. Kompensationskondensatoren. *A* Aluminiumhülle, *C* Keramikstäbchen, *B* und *E* Kondensatorplatten, *G* Isolation, *D* Lötdraht, *d* Luftspalt mit der Schraube *H* einstellbar, *l* Gesamtlänge (etwa 6 cm).

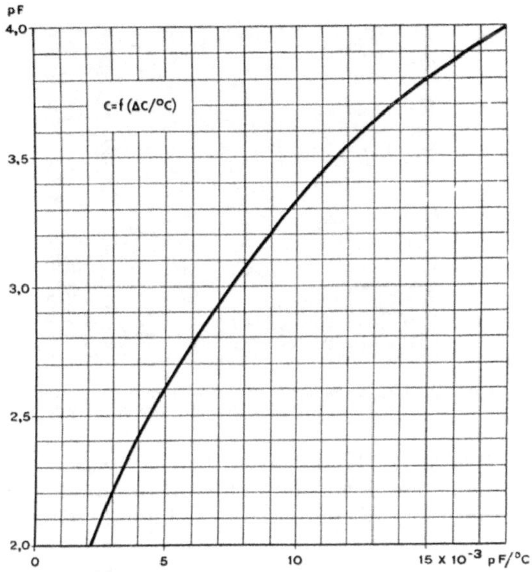

Abb. 63. Abhängigkeit der Gesamtkapazität *C* (vertikal) des Kondensators aus Abb. 62 von dem erzielten Temperaturkoeffizienten *ΔC* in pF pro Grad C (horizontal).

streifen zusammen mit Metallfolien. In dieser Weise können beträchtliche Kapazitäten erzielt werden. Als Beispiele erwähnen wir: 1. einen Kondensator von 2000 pF, Länge 2,5 cm, Durchmesser, 1,2 cm, Gewicht 4,2 g, Betriebsspannung 400 V; 2. einen Kondensator von 0,5 μF, Durchmesser 2,4 cm, Länge 5,5 cm, Gewicht 29 g, Betriebsspannung 400 V. Diese Kondensatoren sind meistens durch eine Schutzschicht aus Isolationsmaterial umgeben. Die Höchstbetriebstemperatur beträgt vielfach etwa 70° C. Die Verluste sind oft beträchtlich (z. B. $\operatorname{tg}\delta = 0{,}1$ bei 1,5 MHz).

b) Veränderbare Kondensatoren.

Während der im Abschnitt B 2a δ behandelte Kondensator bereits einen Übergangsfall zwischen den vollkommen festen und den in weiten Grenzen veränderbaren Kondensatoren darstellt, befassen wir uns jetzt mit der wichtigen Gruppe der Abstimmkondensatoren für Verstärker- und Empfangsgeräte.

α) Drehkondensatoren.

Während in den ersten Jahren des Rundfunks (um 1930) die Drehkondensatoren oft einzeln eingebaut und dann mit ihren Achsen aneinandergekoppelt wurden, werden heute durchwegs zusammengebaute Drehkondensatoren mit 2, 3 oder 4 auf derselben Achse angeordneten beweglichen Elektrodenpaketen benutzt (Abb. 64). An gute Kondensatoren dieser Art für Rundfunkgeräte können folgende Forderungen gestellt werden:

1. Günstige Werte des Verlustwinkels (z. B. etwa 10^{-4} bei 200 m Wellenlänge in einem mittleren Stand, entsprechend etwa 100 pF Kapazität). 2. Nied-

rige Minimalkapazität (z. B. 12 pF) und große Maximalkapazität (z. B. 500 pF). 3. Genauer Gleichlauf der Kondensatorpakete (z. B. Streuung 0,5%). 4. Gute Kontaktfedern, die den beweglichen Teilen Spannung zuführen, zur Vermeidung

a

b

Abb. 64. a) Zusammengebauter Abstimmkondensator mit drei Rotorpaketen auf gemeinsamer Achse. b) Eine weitere Ausführung mit zwei Rotorpaketen (Bauart Philips).

von Krachstörungen im Rundfunkgerät. 5. Kräftiges Gehäuse, das durch zweckdienliche Gestaltung gute Einbaumöglichkeiten und keine Kapazitätänderungen durch Verbiegen zuläßt. 6. Leichte Drehbarkeit, besonders für Geräte mit automatischer Abstimmung. 7. Kleine Temperaturabhängigkeit der Kapazität (z. B. 0,005% pro Grad C). 8. Große Lebensdauer durch gute Ausführung der Lagerung (z. B. nach 25000 Drehungen noch keine Datenverschiebung größer als die angegebene Streuung). 9. Feuchtigkeitsbeständig durch gute keramische Isolationsteile und korrosionsfreie Ausführung. 10. Für gewisse Zwecke staubdichte Ausführung.

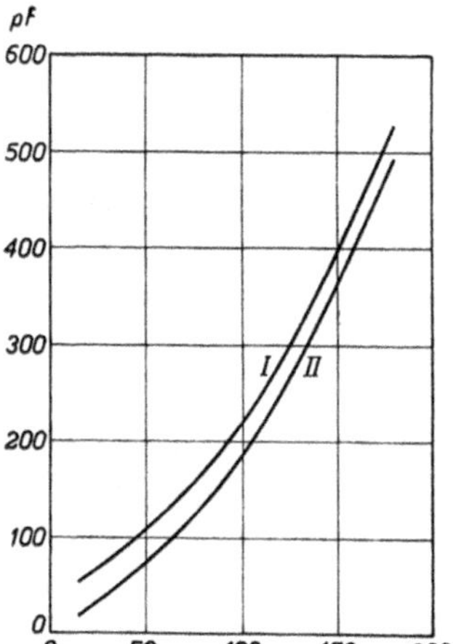

Abb. 65. Kapazitätskurve als Funktion des Verdrehungswinkels (horizontal) für einen handelsüblichen Drehkondensator. Kurve *I*: Mit Nullkapazität von 35 pF. Kurve *II*: Ohne diese Nullkapazität.

Die Kapazitätskurve als Funktion des Drehwinkels kann durch entsprechende Gestaltung der einzelnen Platten in weiten Grenzen gewählt werden (Beispiel in Abb. 65). Für gute Kondensatoren ist eine möglichst geringe Abweichung von der Sollkurve bei Einzelexemplaren erwünscht (z. B. geringer als 0,5%). Für Verwendung bei kurzen Wellen und in vielen Spezialempfangsgeräten (Kraftwagen, Flugzeuge) ist der obengenannte 5. Punkt von besonderer Bedeutung (große Steifigkeit gegen Stöße und Schwingungen). Hiermit hängt auch die „Klingfreiheit" zusammen, damit namentlich bei kurzen Wellen kein „Klingen" der Geräte stattfindet. Diese Erscheinung wird oft dadurch verursacht, daß die Kondensatorplatten durch Anregung mit akustischen Frequenzen infolge mehr oder weniger ausgeprägter Resonanzerscheinungen ins Schwingen geraten und dadurch die Trägerwelle modulieren (vgl. Abschn. D 3aβ).

β) *Schiebekondensatoren.*

Der Wunsch, bei ganz geringen Bewegungen und besonders kleinen Abmessungen der Abstimmkondensatoren in Empfangsgeräten beträchtliche Kapazitätsänderungen zu erzielen, hat zur Entwicklung der Schiebekondensatoren geführt, für die Abb. 66 ein Beispiel darstellt. Jeder Teil des Kondensators besteht aus einem 0,1 mm dicken Messingband, das in Form einer ARCHIMEDESschen Spirale aufgewickelt und hochkant auf einen Boden gelötet ist. Wenn man zwei völlig gleiche Spiralen dieser Art hat und die eine um eine halbe Umdrehung gegen die andere dreht, so liegen die Windungen der einen Spirale genau in der Mitte zwischen den Windungen der anderen. Der Abstand zwischen den beiden Spiralen beträgt bei der Ausführung der Abbildung 66 (abzüglich Blechdicke) 0,2 mm. Dieser äußerst kleine Elektrodenabstand wird durch die große Steifigkeit der Blechspiralstreifen in radialer Richtung ermöglicht. Die Durchbiegung dieser Streifen bleibt auch bei kräftigen Stößen und Schwingungen infolge dieser Steifigkeit und der durch den kleinen leichten Bau bedingten Massenkräfte fast vernachlässigbar klein. Die untere Grenze des Elektrodenabstandes wird im wesent-

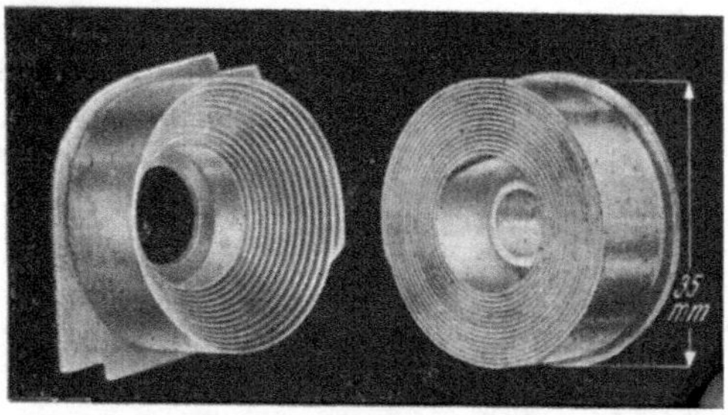

Abb. 66. Beispiel eines auseinandergenommenen „Schenbekondensators". Die Kondensatorbelegungen werdes beim Betriebe ineinandergeschoben (Bauart Philips)

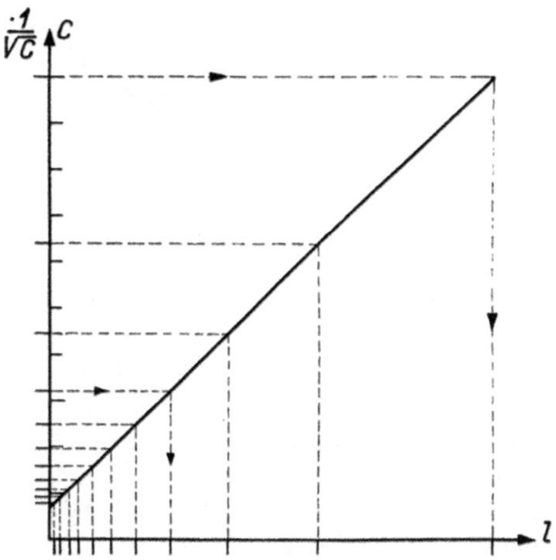

Abb. 67. Vertikal: Kapazität C und der Wert $(C)^{-1/2}$ (proportional zur Abstimmfrequenz bei konstanter Selbstinduktion) als Funktion der Verschiebung l der Kondensatorteile gegeneinander für den Kondensator aus Abb. 66. Die aufgerollten Blechstreifen sind in diesem Fall rechtwinklig abgeschnitten.

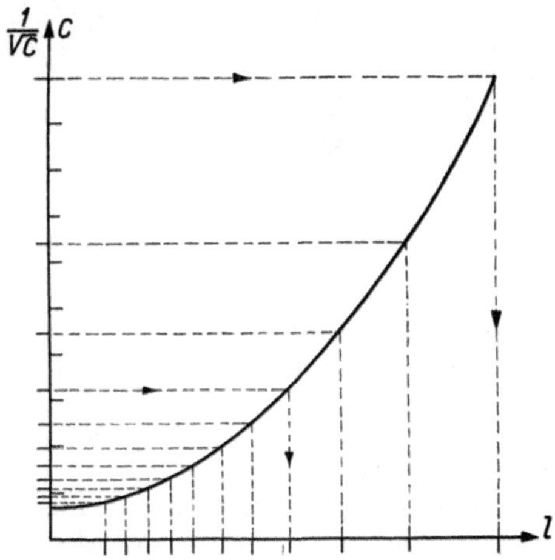

Abb. 68. Wie Abb. 67, aber für schräg abgeschnittene Blechstreifen. Die verschiedenen Rundfunkfrequenzen sind jetzt besser über die Schiebelänge verteilt.

lichen durch den unvermeidlichen Spielraum in den Gleitlagern und den Dickenstreuwerten des aufgewickelten Messingstreifens bestimmt. Bei einer axialen Länge von 10 mm und einem Außendurchmesser von 35 mm (Abb. 66) läßt sich bereits eine Maximalkapazität von etwa 500 pF erzielen. Der eine Blechstreifen wird z. B. nach der Spiralmitte zu in linearer Weise schmäler (Abb. 66). Hierdurch entsteht ein Kapazitätsgang als Funktion der Verschiebung l, wie in Abb. 67 und 68 angegeben. Bei einem Frequenzhöchstfehler von 0,5 kHz im Rundfunkgebiet bei Empfangsgeräten muß die axiale Verschiebung innerhalb etwa 0,005 mm genau festgelegt werden. Bei Mehrfachkondensatoren dieser Art kann der Gleichlauf dadurch eingestellt werden, daß die Spiralen jedes Einzelkondensators in entsprechender Weise etwas gegeneinander verdreht werden. Hierdurch liegt die eine Spirale dann nicht mehr genau in der Mitte zwischen der anderen und nimmt die Kapazität zu. Dieses Mittel ist bei Drehkondensatoren in analoger Weise zur Feinabregelung brauchbar (Verschieben der Plattensysteme oder einzelner Plattensegmente gegeneinander). Die Stromzufuhr zur beweglichen Welle findet durch biegsame Kupferstreifen statt. Die Lager der Welle sind vom Gehäuse isoliert. In bezug auf Verlustwinkel und Temperaturgang sowie die wichtigsten übrigen Eigenschaften gelten die unter α) gemachten Angaben.

Schrifttum: 142.

γ) Feinabstimmkondensatoren.

Diese Kondensatoren unterscheiden sich von den unter α) und β) behandelten Typen hauptsächlich durch die bedeutend geringere Maximalkapazität (oft 20 bis 30 pF, in Ausnahmefällen etwa 100 pF). Wie der Name angibt, werden

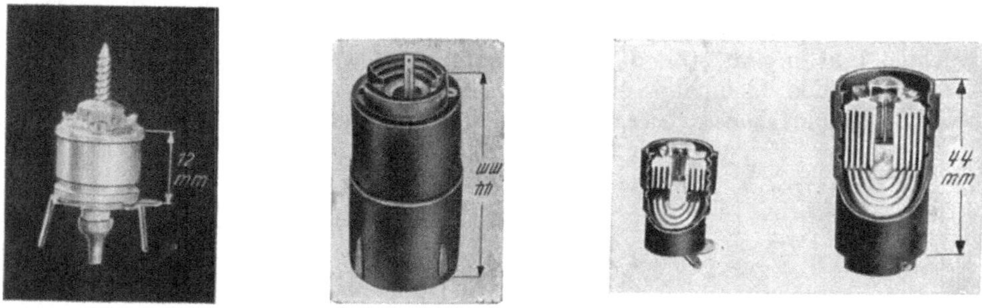

a b c

Abb. 69 a—c. Verschiedene Ausführungen von Feinabstimmkondensatoren (Bauart Philips).

sie zur Feinabstimmung von Schwingungskreisen benutzt. Ihre Einstellung findet in Rundfunkgeräten nur einige Male statt (bei der Herstellung, bei Auswechslungen und bei Reparaturen). Daher sind die Anforderungen an ihre Lebensdauer [z. B. 25000 Verdrehungen oder Verschiebungen bei den unter α) und β) behandelten Kondensatoren] viel geringer. Der feste und der bewegliche Teil werden aus einem Stück gepreßt (Abb. 69). Der bewegliche Teil wird fest auf einem Keramikröhrchen angeordnet. Die Einstellung findet mittels einer Welle mit Gewinde statt. Eine federnd in das Gewinde eingreifende Mutter verriegelt die Einstellung des Kondensators, während z. B. eine Kappe die Welle schützt. Eine andere Lösung besteht darin, daß auf der Innenseite des zylindrischen Gehäuses ein Gewinde angebracht ist (Abb. 69b u. c); hierbei ist eine ähnliche Verriegelung vorhanden. Der Drehwinkel des beweglichen Teiles beträgt etwa 1000°, entsprechend einer Verschiebung gegen den festen Teil von 5 bis 10 mm. Die Kapazitätsänderung hängt meistens in linearer Weise vom Drehwinkel ab. Forderungen, wie Feuchtigkeitsbeständigkeit, geringe Temperaturabhängigkeit der Kapazität, geringer Verlustwinkel, gelten auch hier. Dagegen sind die bei α) unter 3., 6. und 8. genannten Punkte hier weniger wichtig.

3. Spulen und Transformatoren.

Spulen werden in Schwingungskreisen (Resonanzkreisen) benutzt und dann mit Hilfe von Kondensatoren auf die gewünschte Frequenz abgestimmt. Solche *Abstimmspulen* werden im wesentlichen durch zwei elektrische Daten bestimmt:

die Selbstinduktion L und die Verluste, welche durch einen Wirkwiderstand R in Reihe mit L dargestellt werden können. Für die Anwendung solcher Spulen gibt man oft an: L (Henry oder μHenry) und R/L (Dimension Ohm/Henry oder 2π/sek). Als weitere Zahl kommt noch in Frage die *Gütezahl* $Q = \omega L/R$ (ω Kreisfrequenz, Q ist dimensionslos).

Weiter werden Spulen als Drossel benutzt. Hierzu kommt es darauf an, daß die Spule einen möglichst großen komplexen Widerstand für eine bestimmte Frequenz oder für ein Frequenzgebiet darstellt. Für diesen Zweck sind oft etwaige Verluste unwesentlich. Sie können die beabsichtigte Wirkung oft sogar erhöhen.

Endlich sind Transformatoren für Verstärker- und Empfangsgeräte wesentliche Teile. Wir können in bezug auf die Daten solcher Transformatoren nach Abschn. A 1 bε (Abb. 6) verweisen.

a) Abstimmspulen.

α) *Hochfrequenzspulen.*

Wesentliche Punkte beim Aufbau sind: 1. der Spulendraht; 2. der Wickelkörper, auf den der Draht gewickelt ist; 3. die Wickelungsart; 4. die Metallhülle, welche das Spulenfeld nach außen abschirmt; 5. der Spulenkern.

Für Spulen mit den kleinsten Verlusten wird Litzendraht zur Verringerung des Hauteffekts (Stromverdrängung) verwendet. Ein solcher Draht besteht aus mehreren gegeneinander isolierten Adern, deren Lage im Querschnitt entlang dem Draht wechselt. Bruchsicherheit des Drahtes und der Isolation sind für die Spulenherstellung wichtig. Gangbare Ausführungen sind z. B.: 10 Adern je 0,07 mm Durchmesser; 3×9 Adern, je 0,05 mm Durchmesser; 5×12 Adern, je 0,04 mm Durchmesser. Außer Litzendraht wird für Spulen, bei denen höhere Verluste zulässig sind, Kupferdraht mit Emaille- oder Seidenisolation verwendet, z. B. 0,1 bis 1 mm Durchmesser.

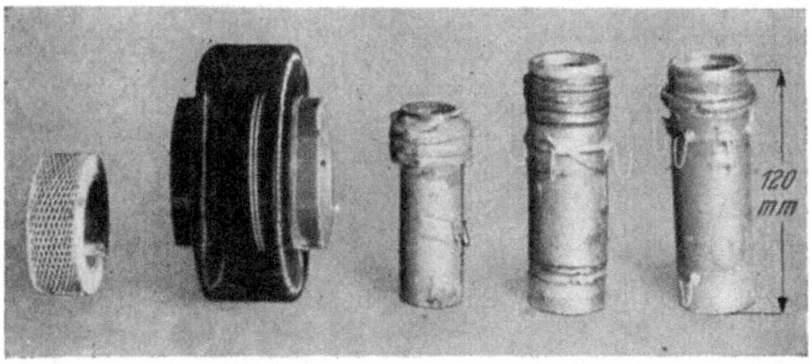

Abb. 70. Hochfrequenzspulen aus älteren Rundfunkgeräten. Von links: Honigwabenspule (1927), Toroidspule (1929), hochwertige Spulen von Geradeausempfängern (Philips Superinduktanz, bis 1934).

Der Wickelkörper ist aus Glasrohr, Quarzrohr (bei erforderlicher höchster Güte), Preßstoffrohr oder Keramikrohr hergestellt. Für besondere Zwecke wird auch bei Verwendung dicker Drähte und weniger Windungen der Wickelkörper fortgelassen und durch einzelne Stützen, z. B. Keramikstäbchen, ersetzt (vgl. Abb. 76). Außer auf die dielektrischen Verluste ist beim Wickelkörper auf die Wärmeausdehnung zu achten (beide möglichst gering).

Die Wicklungsart hat im Laufe der Jahre viele Änderungen erfahren. Bekannt sind die früheren Honigwabenspulen. Die neueren Wicklungsarten streben möglichst geringe Spulenverluste und Spulenkapazitäten an (Abb. 70).

Damit das elektromagnetische Feld der Spulen keine ungewünschten Kopplungen mit anderen Spulen oder mit sonstigen Teilen der Schaltung verursacht, werden Hochfrequenzspulen oft in eine Metallhülle eingekapselt. Diese Hülle soll erstens die angestrebte Abschirmung bewirken (genügende Metalldicke und Leitfähigkeit) und zweitens die Spulenverluste möglichst wenig erhöhen, während doch der Rauminhalt nicht zu groß sein soll. Beispiele neuzeitlicher

Metallhüllen zeigt Abb. 71. In einigen Fällen enthält die Metallhülle zugleich Feinabstimmkondensatoren (Abb. 71 rechts).

Zur Erhöhung der Selbstinduktion bei geringen Abmessungen werden Spulen mit einem Kern aus ferromagnetischem Material gebaut. Damit im Kernmaterial

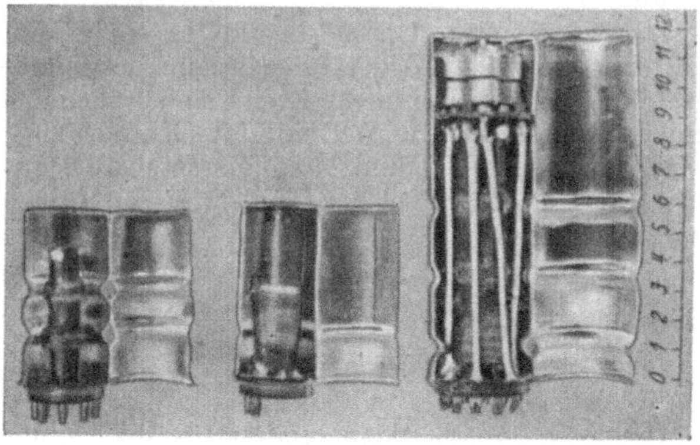

Abb. 71. Hochfrequenzspulen mit Abschirmgehäuse (geöffnet) moderner Rundfunk-Überlagerungsgeräte (Philips). Rechts mit eingebauten Feinabstimmkondensatoren (Abb. 69). Zentimetermaßstab.

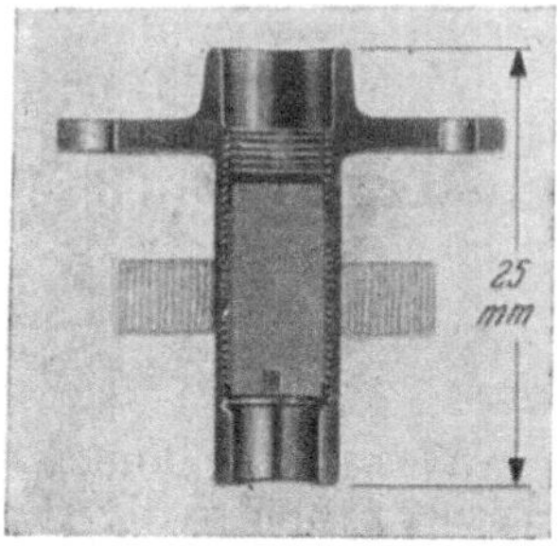

Abb. 72. Spulenkern aus Kunstharz mit ferromagnetischem Pulver (Philips).

keine zu großen Verluste auftreten, werden die Kerne aus sehr fein verteiltem Eisenpulver hergestellt, das in einem Bindemittel, wie z. B. Kunstharz, eingebettet ist (Abb. 72). Die Lage des Kernes in bezug auf die Spule kann verändert werden. In dieser Weise wird eine Feinabregelung der Selbstinduktion erzielt. Andere Feinabregelungen der Spulen beruhen auf der Feld- und somit Selbstinduktionsbeeinflussung, z. B. durch ein verschiebbares Kupferplättchen innerhalb der Metallhülle oder durch geringe Formänderungen der Abschirmhülle.

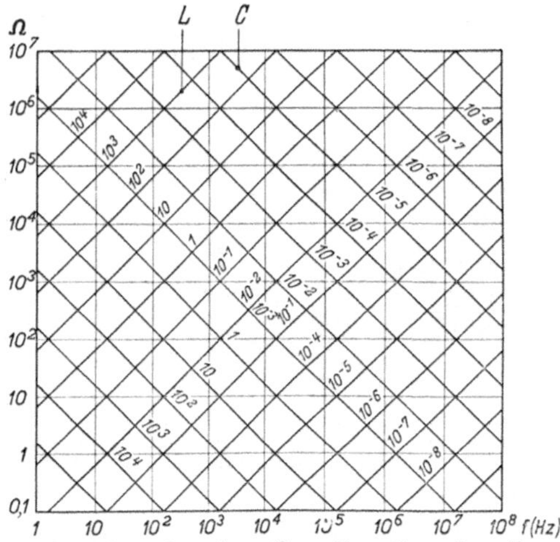

Abb. 73. Kurventafel zur Bestimmung des komplexen Widerstandes von Selbstinduktionen und Kapazitäten bei verschiedenen Frequenzen. Vertikal: Komplexer Widerstand. Horizontal: Frequenz. Parameter bei den Geraden: Selbstinduktion L bzw. Kapazität C. Eine bestimmte Selbstinduktion ist mit einer Kapazität abgestimmt bei einer Frequenz, die dem Schnittpunkt der betreffenden Geraden entspricht. Wenn die Selbstinduktionsparameter Henry und die Kapazitätsparameter μFarad bedeuten, ist die obere Frequenzskala zu benutzen. Für die untere Frequenzskala bedeuten diese Zahlen μH bzw. pF.

Die Selbstinduktion von Hochfrequenzspulen hängt direkt mit der Abstimmkapazität zusammen (vgl. Abb. 73). Die Verluste der fertigen eingekapselten Spulen kommen im R/L-Wert zum Ausdruck, der frequenzabhängig ist (namentlich durch die Frequenzabhängigkeit von R). Die besten Spulen, welche in großen Zahlen hergestellt wurden, haben bei etwa $1{,}5 \cdot 10^6$ Hz (200 m Wellenlänge) einen Wert von R/L gleich etwa $3 \cdot 10^4$ (etwa 50 pF Abstimmkapazität) und einen Wert von Q gleich etwa 300 (Abb. 70 rechts). Normale Spulen haben bei 200 m Wellenlänge einen Wert R/L etwa gleich 10^5 (etwa 50 pF Abstimmkapazität) (Abb. 71). Oft werden die Spulen für die verschiedenen Wellengebiete eines Empfangsgerätes auf einen gemeinsamen Kern gewickelt (Abb. 71). Dies ist praktisch immer der Fall, wenn es sich um Hochfrequenzspulen für den Mittel- und den Langwellenbereich handelt.

Schrifttum: 59, 132, 318.

β) *Spulen für Schwingstufen.*

Für Schwingstufen sind in Empfangsgeräten meistens für jeden Wellenbereich zwei miteinander gekoppelte Abstimmspulen erforderlich. Durch die Wahl der Streuselbstinduktion (Abb. 5 und 6), der gegenseitigen Induktion sowie der Spulenverluste (Drahtsorte) können die Eigenschaften der Schwingstufen in weitem Maße verändert werden. Solche Eigenschaften sind z. B.: erzeugte Schwingspannung, Verlauf der Schwingspannung mit der Wellenlänge in einem Wellenbereich, Frequenzverwerfung (vgl. auch Abschn. E 3). Beispiele für Schwingspulen neuzeitlicher Geräte zeigt Abb. 74. Feinabregelung der Spulen kann z. B. durch ein bewegbares Kupferplättchen oder durch geringe Formänderung des Gehäuses erfolgen.

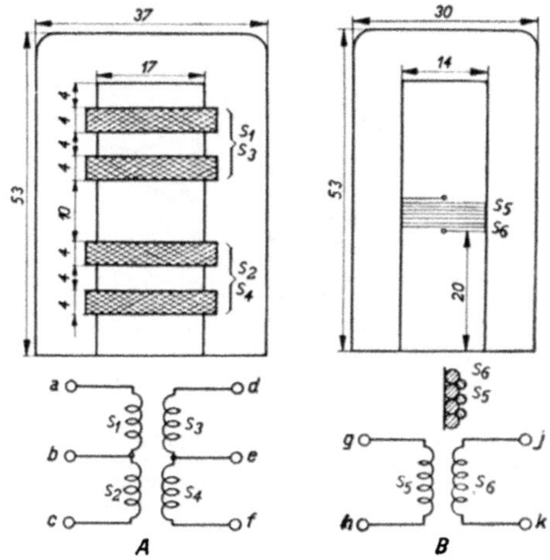

Abb. 74. Beispiele verschiedener Spulen für Schwingstufen. A: Mittel- und Langwellenbereich. B: Kurzwellenbereich. Maße in mm.

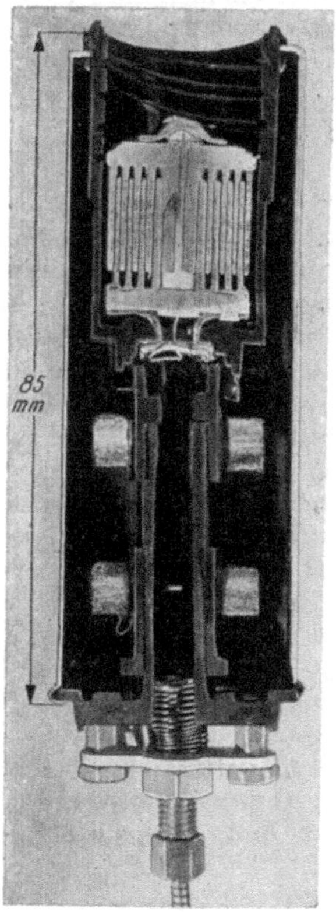

Abb. 75. Zwischenfrequenz-Bandfilter-Spulen mit variabler Kopplung (von unten auf- und abschiebbar) und Feinabstimmkondensator (oben). Querschnitt durch die Achse.

γ) *Zwischenfrequenzspulen.*

Dies sind Spulen, deren Abstimmfrequenz im allgemeinen niedriger ist als jene mancher Hochfrequenzspulen (z. B. 100 bis 500 kHz). Wegen dieser niedrigeren Frequenz ist oft der R/L-Wert niedriger als für Hochfrequenzspulen (z. B. 20000 bei 500 kHz und 100 pF Abstimmkapazität). Ein Beispiel von Zwischenfrequenzspulen mit variabler Kopplung zeigt Abb. 75. In mehreren Fällen werden die Zwischenfrequenzspulen mit Eisenkernen, wie in Abb. 72, ausgeführt.

Schrifttum: 105.

δ) *Variometer.*

Die in Abb. 75 gezeigten Spulen mit variabler Kopplung können bereits als Variometer aufgefaßt werden. Variable Kopplungsspulen werden sonst in Rundfunkgeräten selten angewandt, wohl aber in Geräten für gewerbsmäßigen Betrieb. Ein Beispiel für ein Variometer, wobei die eine Spule innerhalb der anderen gedreht werden kann, zeigt Abb. 76. Durch zweckmäßige Wahl und Anordnung der Isolation, des Antriebes und der Hülle können niedrige Verluste und große Kopplungsbereiche erzielt werden.

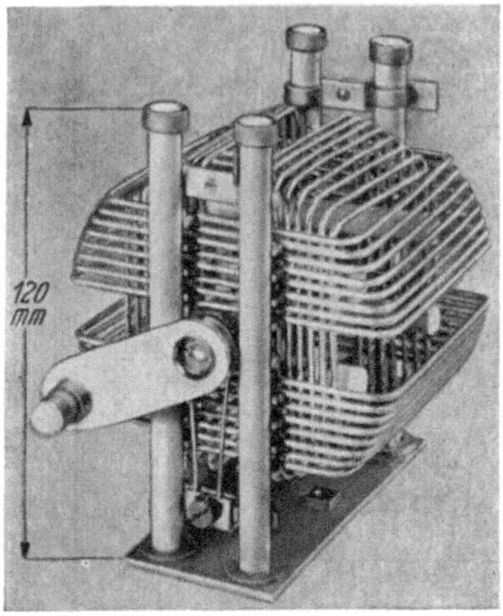

Abb. 76. Variometer eines neuzeitlichen Gerätes für gewerbsmäßigen Kurzwellenempfang. Die Spulen sind auf Keramikstäben befestigt und ineinander drehbar (Nederlandsche Seintoestellen Fabriek, Hilversum).

b) Drosselspulen.

α) *Hochfrequenzdrossel.*

Diese Spulen sollen für eine bestimmte Hochfrequenz oder für einen Hochfrequenzbereich einen hohen komplexen Widerstand aufweisen und für Niederfrequenz und Gleichstrom einen möglichst kleinen Widerstand. Äußerlich unterscheiden sie sich wenig von Hochfrequenzabstimmspulen. Nur wird meistens nicht so peinlich genau auf niedrige Verluste geachtet.

Schrifttum: 59.

β) *Niederfrequenzdrossel.*

Diese Spulen sollen für Frequenzen im akustischen Gebiet einen hohen komplexen Widerstand aufweisen und für Gleichstrom einen niedrigen Widerstand. Hierbei ist zu beachten, daß oft durch die Spule dauernd ein festgelegter Gleichstrom fließt. Heute werden Spulen dieser Art aus Kupferdraht mit Emailisolation gebaut, der auf einen Eisenblechkern gewickelt ist (Abbildung 77). Die Abmessungen werden derart gewählt, daß bei möglichst geringem Gewicht die übrigen Forderungen (Selbstinduktion, Gleichstromwiderstand) erfüllt werden. Der Eisenkern darf nicht im Sättigungsgebiet betrieben werden, damit die Permeabilität und somit die Induktivität hoch bleiben. Durch Imprägnieren mit geeignetem Lack werden die Spulen feuchtigkeitsbeständig gemacht. Als Beispiel sei eine Spule wie in Abb. 77 gewählt: Selbstinduktion (mit 5 V_{eff} Wechselspannung von 50 Hz, gemessen bei einem Gleichstrom von 50 mA) etwa 5 Henry, Gleichstromwiderstand etwa 400 Ohm, Prüfspannung gegen Kern etwa 1500 V (Isolation), Breite 49 mm, Dicke 31 mm, Höhe 47 mm, Gewicht 170 g.

Abb. 77. Beispiel einer neuzeitlichen Niederfrequenz-Drosselspule mit Eisenblechkern (Philips).

Schrifttum: 59.

c) Transformatoren.

α) *Niederfrequenztransformatoren.*

Diese Transformatoren dienen zur Übertragung von Leistungen, deren Frequenzen im akustischen Gebiet gelegen sind. Sie werden namentlich für zwei

Zwecke benutzt: 1. Kopplung zwischen dem Ausgang der einen Elektronenröhre und dem Eingang der nächsten; 2. Kopplung zwischen dem Ausgang der Endröhre und dem Schallwiedergabegerät (Lautsprecher, Kopfhörer). Die erste Art von Niederfrequenztransformatoren wird ihrer Aufgabe gemäß so gebaut, daß sie dem Ausgang einer bestimmten Röhre und dem Eingang einer weiteren Röhre angepaßt ist (Abschn. C 3a δ). Diese Röhrendaten: komplexer Ausgangswiderstand der ersten Röhre und komplexer Eingangswiderstand der zweiten, spielen bei der Dimensionierung eine wesentliche Rolle. Daneben muß oft dem Anodengleichstrom der ersten Röhre Rechnung getragen werden, der in vielen Fällen durch die Eingangstransformatorwicklung fließt. Die genannten Daten und der zu übertragende Frequenzbereich legen die Übersetzung des Transformators praktisch fest. Es ist wichtig, daß die Primärwicklung möglichst wenig

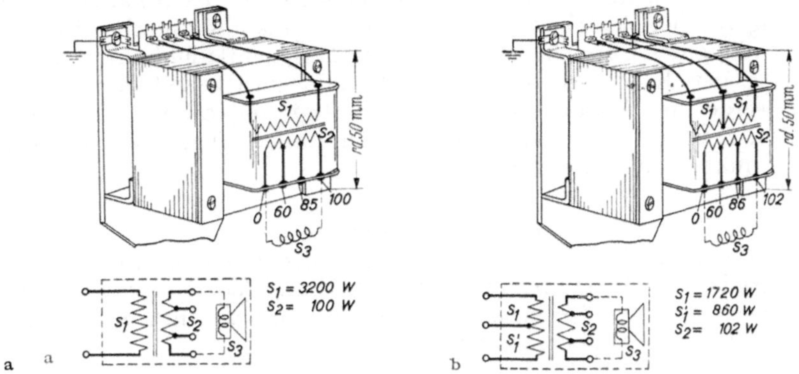

Abb. 78. Beispiele von Niederfrequenz-Ausgangstransformatoren für Anpassung an einen Lautsprecher. Die Windungszahlverhältnisse sind angegeben.

Widerstand hat (z. B. Wicklungsdraht aus Silberlegierung). Der Kern wird aus Nickel-Eisen-Legierungen hergestellt, zur Erzeugung einer möglichst hohen effektiven magnetischen Permeabilität und kleiner Streuselbstinduktionen im Verhältnis zur gegenseitigen Induktion der Transformatorwicklungen. Weiterhin wird durch Verwendung der genannten Blechlegierungen im Kern die nichtlineare Amplitudenabhängigkeit der Übersetzung auf ein Mindestmaß herabgedrückt. Die äußeren Formen der Transformatoren unterscheiden sich wenig von denjenigen der Abb. 77.

Die zweite Art der Niederfrequenztransformatoren ist dem Ausgang der Endstufe in Niederfrequenzverstärkern und dem Eingang des Lautsprechers angepaßt (der Fall eines Kopfhörers kommt weniger oft vor). In bezug auf Materialien und äußere Form gilt das oben bereits Gesagte. Rundfunkgerätehersteller haben meistens ihre Typen normalisiert. Als Beispiel erwähnen wir eine Anpassung an Lautsprechereingangswiderstände von 2,5, 5 und 7 Ohm einerseits und an Widerstände der Endstufe von 2, 4,5, 10 und 14 kOhm andererseits (Abb. 78). Mit einem solchen oder ähnlichen Satz kommt man für die meisten praktischen Fälle aus (vgl. Abschn. C 4dγ und C 6aβ).

Schrifttum: 41.

β) *Netztransformatoren.*

Diese werden zur Speisung von Geräten aus dem Wechselstromnetz angewandt. Der Bau dieser Transformatoren, welche die Gleichrichter des Gerätes speisen, richtet sich ganz nach der verbrauchten Leistung und unterscheidet sich nur in den Abmessungen, aber nicht grundsätzlich, vom Bau gebräuchlicher Starkstromtransformatoren. Wir gehen hier deshalb nicht weiter auf diesen Bau ein.

4. Schalter und Antriebe.

Neuzeitliche Rundfunkgeräte und Geräte für gewerbsmäßigen Empfang enthalten eine Reihe von Bauteilen, welche zur Feinmechanik gehören. Hiervon sind die Schalter und Antriebe die wichtigsten.

a) Schalter.

α) *Netzschalter.*

Diese dienen zum Ein- bzw. Abschalten des Starkstromnetzes bzw. der Speisung der Geräte. Da mangelhafte Kontakte in Verstärker- und Empfangsgeräten zu Krachstörungen im Lautsprecher führen können, sind diese Schalter mit mehr Sorgfalt auszuführen als die üblichen Lichtnetzschalter. Der Schalterkontakt soll unabhängig von der Betätigungsart rasch und vollständig unterbrochen werden, zur Vermeidung des Entstehens einer kleinen Bogenentladung und folglich Verunreinigung der Kontaktstellen. Der Betätigungsdruck soll gering sein. Die Schalter werden in Massenherstellung angefertigt und oft mit anderen Teilen kombiniert, z. B. mit veränderbaren Spannungsteilern (vgl. Abb. 54). Bezüglich weiterer Punkte beim Bau vgl. β).

β) *Mehrfachschalter.*

In Verstärker- und Empfangsgeräten sollen oft durch einen einzigen Handgriff eine Reihe von Stromkreisen unterbrochen und (oder) geschlossen werden. Hierzu dienen die Mehrfachschalter. Man kann im wesentlichen zwei Arten unterscheiden: 1. die „Nockenschalter", 2. die „Kontaktschneidenschalter". Bei der ersten Art wird jeder Kontakt durch zwei Kontaktfedern zustande gebracht. Eine Walze

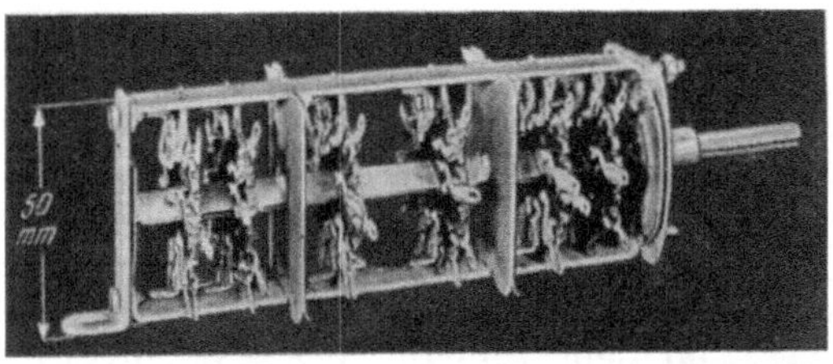

a

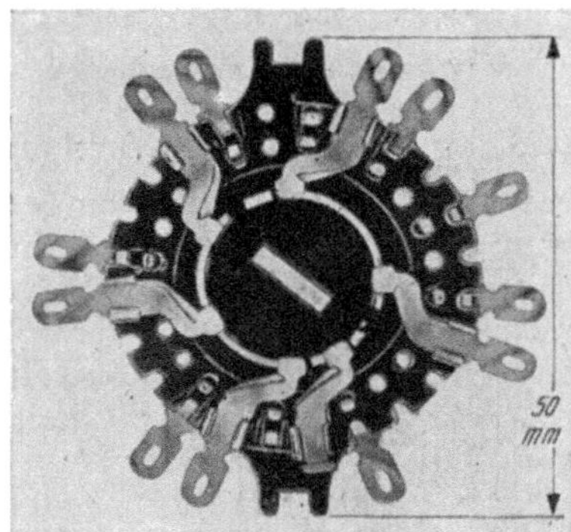

b

Abb. 79a u. b. Mehrfachschalter (Kontaktschneidentyp) neuzeitlicher Rundfunkgeräte. a) Gesamtbau, b) Kontaktwalze (Mitte) und Kontaktfedern des Schalters von a.

oder Schneide mit isolierten Nocken kann unterhalb der Federn gedreht werden und hebt sie auseinander. Solche Schalter werden in Telephonanlagen vielfach verwendet. Bei der zweiten Art wird der Kontakt durch eine leitende Schneide verursacht, die zwischen zwei leitende Federn geschoben wird. Diese letzte Art wird in vielen neuzeitlichen und handelsüblichen Rundfunkgeräten verwendet.

Zur Beurteilung der Eigenschaften von Schaltern verdienen die folgenden Punkte Beachtung: Kontaktmaterial (vorzugsweise Silber oder Silberlegierung), Kontaktdruck (mindestens etwa 200 g), Eigenkapazität (Nullkapazität) bei offenem Kontakt, Selbstreinigung der Kontakte bei Betätigung. Die obengenannte zweite Art der Mehrfachschalter kann bei guten Ausführungen allen

Anforderungen einschließlich Lebensdauer (z. B. 20000 Schaltungen ohne schädlichen Verschleiß) genügen und ist dabei in der Herstellung billig. Ein Beispiel eines solchen Mehrfachschalters, von dem viele Millionen Stück hergestellt wurden, zeigt Abb. 79.

b) Antriebe.

Bei Verstärker- und Empfangsgeräten müssen Schalter, veränderbare Kondensatoren, Wellenlängenskalen und andere veränderbare Bauteile betätigt werden. Hierzu sind Antriebsvorrichtungen der verschiedensten Art verwendet worden, deren Hauptmerkmale hier an Hand einiger Beispiele erwähnt werden. Hierbei unterscheiden wir direkte Antriebsvorrichtungen, wie Reibungs- und

Abb. 80. Kombinierter Zahnrad-Reibungs-Antrieb der Wellenskala, der Wellenbereiche und der Zusatzlautstärkeregelung eines älteren Rundfunkgerätes (Philips 1934). Rechts: Endloses Band zum Antrieb eines Potentiometers.

Zahnradkupplungen, und indirekte Vorrichtungen zur Abstandsbedienung, wie z. B. mittels flexibler Kabelverbindungen oder elektrischer Betätigung (Motorantrieb).

α) *Direkte Antriebsvorrichtungen.*

Die wichtigsten hierbei auftretenden Forderungen sind: 1. Leichter Gang; 2. kein Zurückbleiben oder Zurückspringen bzw. Vorspringen von Teilen des Triebwerkes; 3. richtige Übersetzung; 4. ausreichende Lebensdauer. Die erste Forderung kann durch möglichst reibungsfreie Lagerung aller beweglichen Teile erfüllt werden. Die zweite Forderung schließt federnde Zwischenglieder aus. Besonders in Geräten mit Kurzwellenbereichen führt diese Forderung zu schwerem solidem Bau des Triebwerkes. Die Übersetzung ist durch die notwendige maximale Bewegung des angetriebenen Teiles (z. B. Drehkondensator) bedingt. Die Lebensdauer soll derart sein, daß z. B. bei Rundfunkgeräten nach 25000 Bewegungen kein schädlicher Verschleiß auftritt.

Als Beispiel zeigen wir zunächst einen kombinierten Zahnrad-Reibungs-Antrieb der Wellenskala und des Drehkondensators eines älteren Rundfunkgerätes (Abb. 80). Das Bild zeigt auch einen Antrieb durch ein Stahlband sowie

Abb. 81. Kombinierter Antrieb eines neuzeitlichen Rundfunkgerätes (Philips). Beschreibung im Text. Links oben: Elektromotor für automatischen Antrieb.

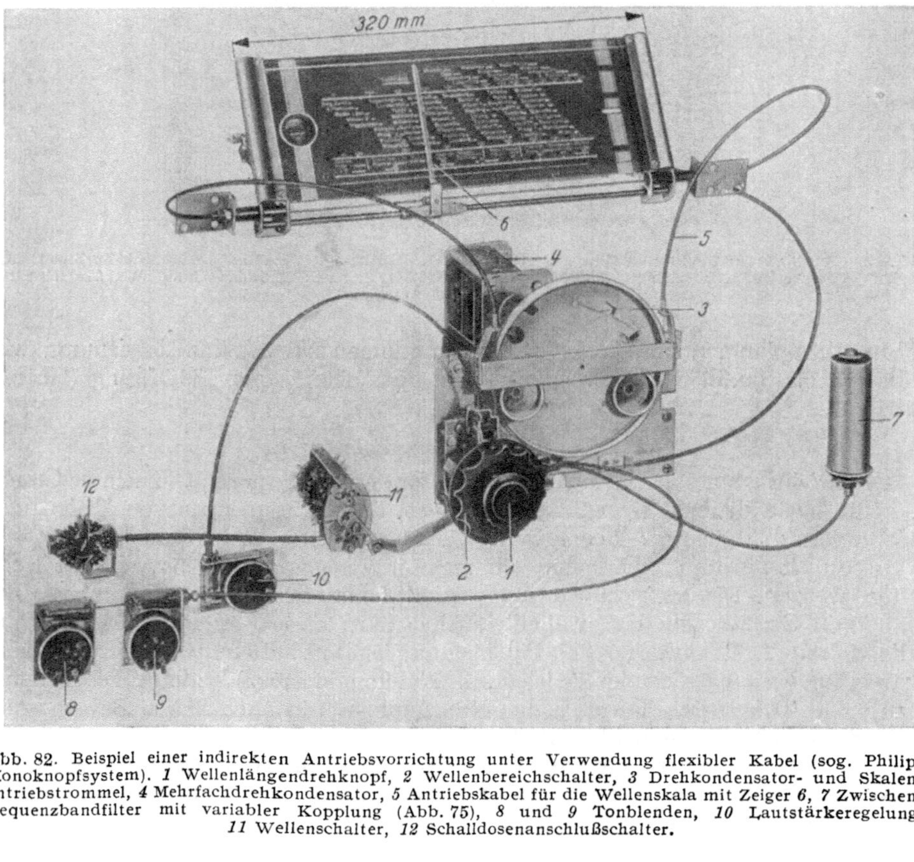

Abb. 82. Beispiel einer indirekten Antriebsvorrichtung unter Verwendung flexibler Kabel (sog. Philips Monoknopfsystem). *1* Wellenlängendrehknopf, *2* Wellenbereichschalter, *3* Drehkondensator- und Skalenantriebstrommel, *4* Mehrfachdrehkondensator, *5* Antriebskabel für die Wellenskala mit Zeiger *6*, *7* Zwischenfrequenzbandfilter mit variabler Kopplung (Abb. 75), *8* und *9* Tonblenden, *10* Lautstärkeregelung, *11* Wellenschalter, *12* Schalldosenanschlußschalter.

durch Hebelübertragung. Ein weiterer kombinierter Antrieb ist in Abb. 81 dargestellt. Ein einziger Drehknopf *X* treibt hier mehrere Teile (u. a. die Schiebekondensatoren *A*), während durch Hebelübertragung (*H*) ein Rad *L* angetrieben wird, das Kontakte *M* sowie eine Reihe von Wellenschaltern *W* betätigt.

β) Indirekte Antriebsvorrichtungen.

Wenn die anzutreibenden Teile an verschiedenen Stellen des Gerätes angeordnet sind, kann der Antrieb durch flexible Kabel erfolgen. Ein Beispiel wird in Abb. 82 und 83 gezeigt. Ein einziger Betätigungsknopf kann nach oben, unten, links und rechts bewegt und gedreht werden und bedient durch diese Bewegungen mehrere Einzelteile. Ein weiterer indirekter Antrieb durch einen elektrisch betätigten Motor ist in Abb. 81 (links oben) gezeigt.

Abb. 83. Der Bedienungsknopf aus Abb. 82. Der Knopf kann gedreht, nach oben, nach unten, nach links und nach rechts bewegt werden und bedient dann in dieser Reihenfolge die Wellenlänge, die Lautstärke und die Tonblende.

5. Röhrenfassungen, Leitungsdrähte, Lötstellen.

a) Röhrenfassungen.

Diese müssen mechanischen und elektrischen Anforderungen genügen: 1. Die Röhre soll durch Stöße oder Schwingungen nicht aus der Fassung springen.

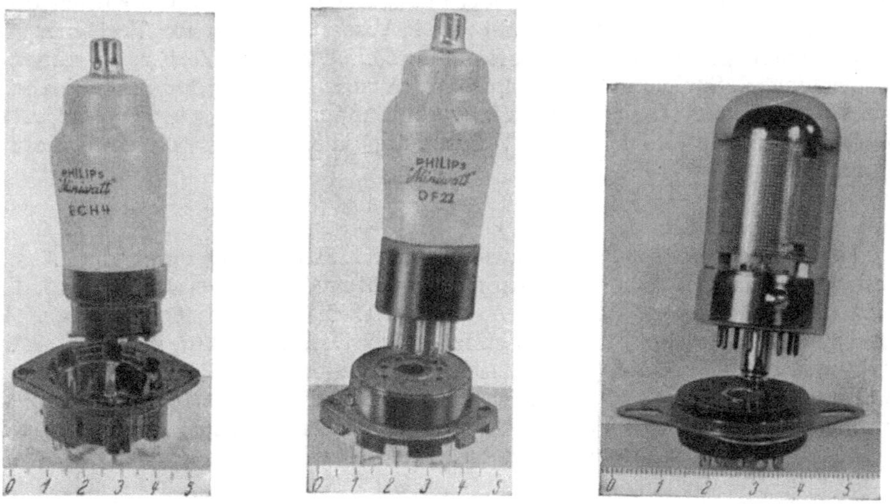

a b c

Abb. 84a—c. Elektronenröhren für Verstärker- und Empfangszwecke. a) Mischröhre mit Spitzenanschluß des Steuergitters und P-Fassung (Philips), b) eine Verstärkerröhre mit Stiftfassung (sog. „octal base", Philips), c) eine ganz aus Glas hergestellte analoge Röhre mit allen Elektroden am Boden (Sylvania „loctal base").

2. Die Auswechslung der Röhre soll nicht zu schwer vor sich gehen. 3. Genügender Kontaktdruck. 4. Vorzugsweise keine Reihenschaltung von Kontakt-

stellen. 5. Richtiges Material der Kontaktstellen (vgl. Abschn. B 4aβ) .6. Möglichst kurze Elektrodenverbindungen (vor allem im Kurzwellenbetrieb). 7. Einfaches Anlöten von Leitungsdrähten an die Fassung ohne Beschädigung der

a 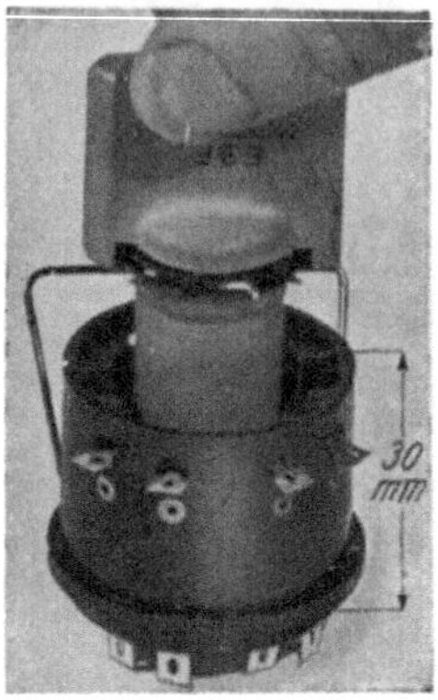

b 

Abb. 85a u. b. Zwei Röhren für Sonderzwecke, wie Luftfahrtgeräte (links) und Kurzwellen, nebst Fassungen.

Röhre oder der Fassung. 8. Geringe dielektrische Verluste. 9. Geringe Kapazitätsänderung bei Temperaturänderungen. Wie man in den letzten Jahren diesen Forderungen entsprochen hat, zeigen die Abb. 84 u. 85.

Schrifttum: 141, 146, 200.

b) Leitungsdrähte.

Hierzu stehen Kupferdrähte verschiedener Querschnitte mit Isolation (Email, Baumwolle, Seide, Isolationsrohr) oder in blanker Form, verzinnte Kupferdrähte, versilberte Drähte sowie Litzendrähte (vgl. Abschn. B 3aα) zur Verfügung. Die Wahl richtet sich nach dem angestrebten Ziel, den zur Verfügung stehenden Abmessungen (Spulen und Transformatoren) und der Anordnung im Gerät. So ist z. B. verzinnter Draht für alle Lötverbindungen praktisch. Im Kurzwellengebiet aber (Hauteffekt) ist die Verwendung dieses Drahtes nicht immer zu empfehlen.

c) Lötstellen.

Der sicherste feste Kontakt zwischen zwei Leitern wird durch die Lötstelle gebildet, die in Verstärker- und Empfangsgeräten vielfach verwendet wird. Gute Lötstellen sollen einige Forderungen erfüllen: 1. Einfach erreichbar zwecks Auswechslung von Teilen. 2. Die Erhitzung der Lötstelle darf keine schädliche Erhitzung anderer Teile (z. B. Glaseinschmelzungen von Röhren) verursachen. 3. Das Lötmaterial darf nicht in der Nähe befindliche Kontaktstellen verunreinigen oder verstopfen. Die Abb. 84 u. 85 zeigen Beispiele von Lötstellen an Röhrenfassungen. Beim Löten soll keine Säure verwendet werden.

6. Schallaufnahme- und -wiedergabegeräte.

Bei Verstärkern wird am Eingang oft ein Schallaufnahmegerät und am Ausgang ein Schallwiedergabegerät angeschlossen. Für den Bau solcher Verstärker sind einige Eigenschaften dieser elektroakustischen Bauteile von wesentlicher Bedeutung. Deshalb widmen wir diesen Eigenschaften so viel Raum, wie für die späteren Ausführungen nützlich ist.

a) Schallaufnahmegeräte.

Wie alle Spannungserzeuger können auch die Schallaufnahmegeräte durch eine Spannungsquelle (innerer Widerstand Null) in Reihe mit einem komplexen Widerstand dargestellt werden. Für die Anwendung ist bei diesen Daten (Spannung der Quelle und Widerstand) auch noch der Frequenzgang wichtig. Wir geben deshalb für die wichtigsten der behandelten Schallgeräte Kurven für die Spannung und für den komplexen Widerstand als Funktion der Frequenz an.

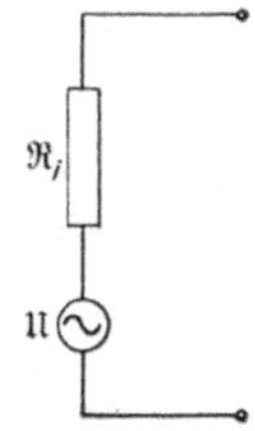

Abb. 86. Schaltbild eines Tonabnehmers oder eines Mikrophons: Eine Spannungsquelle (innerer Widerstand Null) $\mathfrak{U}$ ist in Reihe mit einem komplexen Widerstand $\mathfrak{R}_i$ geschaltet.

α) *Tonabnehmer* (*Schalldosen*).

Die meisten für Schallplattenwiedergabe verwendeten Tonabnehmer, welche mit elektrischen Verstärkern arbeiten, sind vom elektromagnetischen Typ: Die Bewegung eines Eisenankers durch die Nadel erregt ein wechselndes Magnetfeld und infolgedessen an den Klemmen einer Spule eine Induktionsspannung. Das Ersatzschaltbild eines Tonabnehmers dieser Art ist in Abb. 86 dargestellt. Der komplexe Widerstand $\mathfrak{R}_i$ kann oft als Reihenschaltung eines Wirkwiderstandes R_i und einer Selbstinduktion L_i aufgefaßt werden; $\mathfrak{R}_i = R_i + j\omega L_i$. Als Beispiel erwähnen wir $R_i = 15$ kOhm und $L_i = 10$ Henry. Die Größen R_i und L_i sind im allgemeinen beide frequenzabhängig, obige Werte geben also nur die Größenordnung an. Die Frequenzkennlinie eines Tonabnehmers wird in Abb. 87 gegeben.

Tonabnehmer anderer Art werden bei Stahlbändern benutzt, auf denen der Ton durch Magnetisierung festgelegt ist. Auch sind verschiedentlich Geräte dieser Art für besonders hohe Ansprüche in bezug auf Frequenzkennlinie und auf geringe Abnutzung der Platte durch die Nadel entwickelt worden.

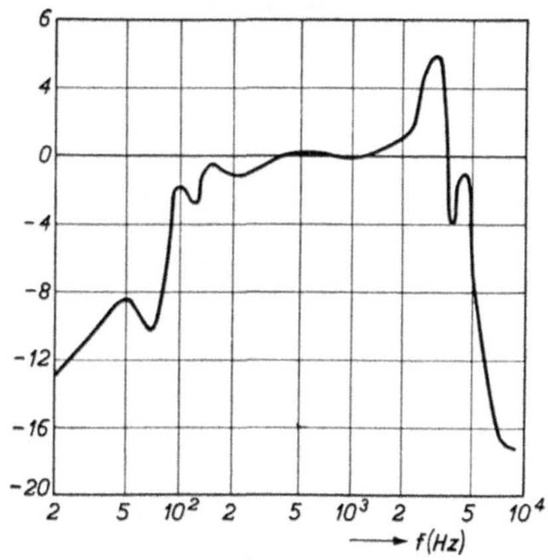

Abb. 87. Frequenzkennlinie der Quellenspannung $\mathfrak{U}$ (Abb. 86) eines Tonabnehmers. Vertikal: $\mathfrak{U}^2$ ausgedrückt in Dezibel, wo null Dezibel dem Wert etwa $\mathfrak{U} = 1$ V entspricht (vgl. Abschnitt C1bα). Horizontal: Frequenz in Hz. Diese Werte sind mit einer „Normalschallplatte" gemessen.

Eine bekannte Erscheinung ist das sog. „Plattenrauschen" oder „Nadelrauschen". Hierdurch wird an den Ausgangsklemmen des Tonabnehmers eine Störspannung verursacht, deren Charakter im hier betrachteten akustischen Frequenzgebiet weitgehend mit demjenigen der früher (Abschn. A 5) betrachteten Spannungsschwankungen analog ist. Für die Anwendung von Tonabnehmern ist es wichtig, den Effektivwert dieser Störspannung der Größenordnung nach festzulegen. Er ist für verschiedene Typen von Platten und Tonabnehmern sehr verschieden. Im Falle des Tonabnehmers, der zu Abb. 87 gehört, und Platten handelsüblicher Güte beträgt die Störspannung etwa 10 bis 30 mV.

Als andre Arten von Tonabnehmern nennen wir: Kristallschalldosen (Piezokristall) und Schalldosen, bei denen eine bewegliche Spule im Luftspalt eines konstanten Magnetfeldes angeordnet ist.

Die spontanen Spannungsschwankungen, welche die Tonabnehmer selber erzeugen, können aus dem komplexen Widerstand derselben berechnet werden.

Wenn R den reellen Teil des komplexen Widerstandes zwischen den Anschlußklemmen darstellt (z. B. oben $R = R_i$), so ergibt sich die effektive Schwankungsspannung an diesen Klemmen aus (A 5,2), wo T die Zimmertemperatur ist. Die entsprechende Spannungsquelle ist in Reihe mit dem komplexen Widerstand $\mathfrak{R}_i$ und mit dem äußeren Kreiswiderstand zu schalten.

Schrifttum: 34, 109, 253, 254.

β) *Mikrophone.*

Auch von diesen Schallaufnehmern sind viele Typen entwickelt worden, von denen wir nur erwähnen: Kohlemikrophone, Bandmikrophone, Kristall-

a

b

Abb. 88a–c. Verschiedene Mikrophone: a) Kohlemikrophon, b) Bandmikrophon, c) Kristallmikrophon.

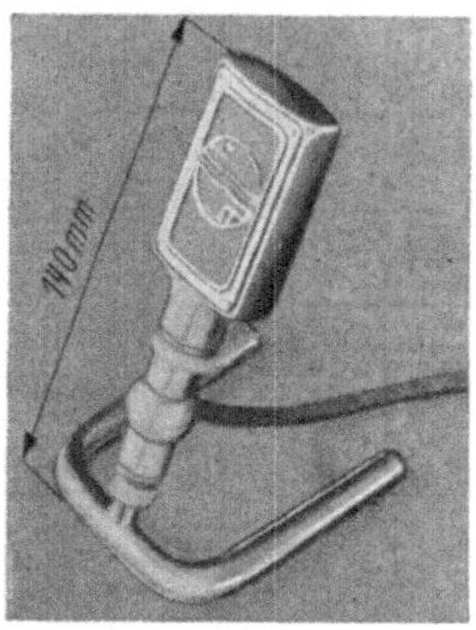

c

mikrophone (Abb. 88). Kohlemikrophone (Kohlepulver zwischen Elektroden) sind in verschiedenen Ausführungen erhältlich. Ihr Ersatzschaltbild entspricht der Abb. 86. Bei einem effektiven Schalldruck von 1 μBar (= 1 Dyn/cm^2), der etwa einem Sprechschall beträchtlicher Stärke im Abstand von 100 cm vom Mikrophon entspricht, ist die Wechselspannung $\mathfrak{U}$ (Abb. 86) bei verschiedenen Typen zwischen etwa 0,3 und 3 mV gelegen. Der Widerstand $\mathfrak{R}_i$ ist hier ein Wirkwiderstand R_i und liegt für die gezeigte Ausführung (Abb. 88a) zwischen etwa 30 und 100 Ohm.

Bandmikrophone enthalten ein sehr dünnes leichtes Bändchen (z. B. Aluminium von 5 mm Breite und 0,005 mm Dicke), das durch den Schalldruck zwischen den Polen eines permanenten Magneten bewegt wird. Meistens ist im Mikrophon ein Transformator eingebaut. Wenn wir wieder das Ersatzschaltbild von Abb. 86 benutzen, beträgt $\mathfrak{U}$ bei einem Schalldruck von 1 μBar etwa 0,5 mV, während $\mathfrak{R}_i$ durch einen Wirkwiderstand von etwa 250 Ohm dargestellt werden kann. Diese Daten gelten für die Sekundärklemmen (Ausgang) des genannten eingebauten Transformators.

Kristallmikrophone enthalten einen Kristall zwischen zwei Elektroden. Durch den Schalldruck schwingt der Kristall und induziert zwischen den Elektroden infolge piezoelektrischer Wirkung eine Wechselspannung $\mathfrak{U}$. Diese beträgt (Schaltbild Abb. 86) etwa 0,5 mV bei einem Schalldruck von 1 μBar. Der Widerstand $\mathfrak{R}_i$ wird durch die Parallelschaltung einer Kapazität C_i von z. B. 1000 pF und

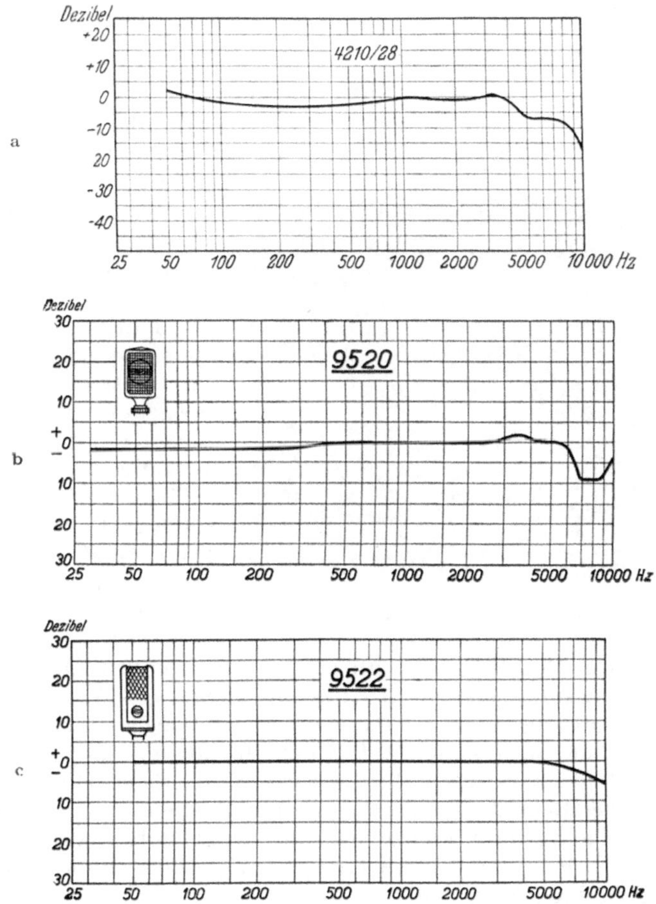

Abb. 89a–c. Frequenzkennlinien verschiedener Mikrophone. Vertikal: Quadrat der Ausgangsspannung ausgedrückt in Dezibel. Das Nullniveau entspricht der Spannung $\mathfrak{U} = 1$ mV bei 1 μBar Schalldruck für die Abb. 89a (Kohlemikrophon), $\mathfrak{U} = 0{,}5$ mV für Abb. 89b (Bandmikrophon) und $\mathfrak{U} = 0{,}5$ mV für Abb. 89c (Kristallmikrophon), jeweils bei 1 μBar Schalldruck. Horizontal: Frequenz (Hz). Die Nummern in den Abbildungen geben die Typen an (Philips). Für die Bedeutung der Bezeichnung Dezibel vgl. Abschn. C 1 b α.

eines Wirkwiderstandes R_i von etwa 100 MOhm dargestellt. Frequenzkennlinien der behandelten Mikrophone sind für einige Beispiele (Abb. 88) in Abb. 89 dargestellt.

Die behandelten Mikrophone erzeugen infolge verschiedener Wirkungen, wie z. B. Wärmebewegung, Wechselkontakte (Kohle), an den Ausgangsklemmen winzige Spannungsschwankungen, die wieder den Charakter eines „Rauschens" zeigen. Bei gut brauchbaren Ausführungen sollen diese Schwankungen aber genügend unter dem Spannungsniveau liegen, das an den Ausgangsklemmen durch unvermeidliche Störschälle im Raum, in dem sich das Mikrophon befindet, erzeugt wird. Das Niveau dieser Störschälle liegt selten unterhalb etwa $2 \cdot 10^{-9}$

Bar, entsprechend einer Ausgangswechselspannung, die z. B. für Kohlemikrophone etwa zwischen 0,6 und 6 μV liegt. Das Rauschen der Mikrophone an sich soll z. B. unterhalb eines Zehntels dieser Ausgangsspannung infolge von Störschällen liegen.

Wir können die spontanen Schwankungsspannungen der Mikrophone aus dem komplexen Widerstand zwischen ihren Anschlußklemmen berechnen. Hier gilt das gleiche Rezept wie oben bei Tonabnehmern erörtert (Abschn. B 6 a α).

Schrifttum: 19, 60, 107, 327.

γ) Tonfilmphotozellen.

Tonfilme enthalten eine Tonspur, welche im Tonfilmwiedergabegerät den Schallwiedergabeteil steuert. Heute ist eine solche Tonspur meistens eine zackige schwarze Spur auf einem durchsichtigen Teil des Filmstreifens. Durch den betreffenden Teil des Films wird Licht geworfen, dessen Stärke durch die vorbeigezogene Tonspur gesteuert wird. In vielen Fällen sind zwei Tonspuren (Gegentakttonaufnahme) desselben ursprünglichen Schallvorganges auf einem Film vorhanden. Das gesteuerte Licht fällt auf eine Photozelle. Diese setzt das Tonbild auf dem Film in elektrische Ströme um. Eine solche Photozelle wird fast immer so betrieben, daß sämtliche von der Kathode infolge des auffallenden Lichtes emittierten Elektronen zur Anode gelangen (Sättigungsstrom, vgl. Abschn. A 5 b α und A 5 c γ). Die Photozelle kann in diesem Fall als Quelle wechselnder Ströme mit *sehr* großem Innenwiderstand (z. B. 10 bis 100 MOhm) aufgefaßt werden. Die Stromstärken hängen von der Belichtung ab. Neuzeitliche Hochvakuumphotozellen erzeugen bei Belichtung mit Wolframglühlampen z. B. Ströme von etwa 20 μA/Lumen, Hochvakuumphotozellen mit eingebauten Vervielfacherstufen (Abschn. A 5 c β) z. B. 2 bis 50 mA/Lumen. Gasgefüllte Photozellen erzeugen Ströme von z. B. 150 μA/Lumen.

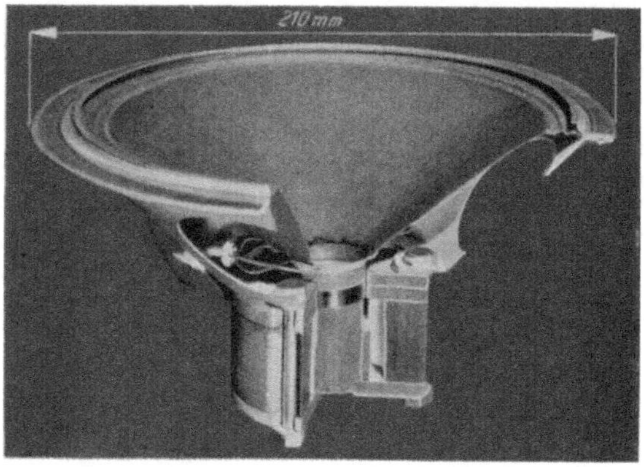

Abb. 90. Moderner Lautsprecher für Empfangsgeräte (Philips).

Die spontanen Schwankungen der Hochvakuumphotozellen sowie der Vervielfacherstufen wurden bereits in Abschn. A 5 b α und A 5 c γ behandelt. Gasphotozellen weisen spontane Stromschwankungen auf, deren Stromquadrat im Verhältnis zum Anodenstrom z. B. etwa das 6- bis 12fache des Wertes von Hochvakuumzellen beträgt.

Die normale Betriebslichtmenge bei voller Aussteuerung der Tonspur beträgt bei den genannten Photozellen etwa 10 bis 20 mLumen.

Schrifttum: 101, 107.

b) Schallwiedergabegeräte.

α) Lautsprecher.

Bei den heute verwendeten Lautsprechern wird vielfach die Eingangswechselspannung an die Klemmen einer kleinen Spule angelegt, die in einem Luftspalt eines permanenten Magneten schwingen kann und die zugleich mit dem kegelförmigen Schallerzeuger fest verbunden ist (Abb. 90, vgl. auch die am Ende von Abschn. B 6a α genannten Schalldosen). Diese Lautsprecher sind für verschiedene Schalleistungen und entsprechende elektrische Eingangsleistungen erhältlich. Für uns sind die wichtigsten Daten: Eingangswechselspannung bei normaler Schalleistung und komplexer Widerstand $\mathfrak{R}$ als Funktion der Frequenz. Als Beispiel wählen wir einen 6 Watt-Lautsprecher. Der absolute Wert von $\mathfrak{R}$ ist in Abb. 91 als Funktion der Frequenz dargestellt. Die Eingangswechselspannung der Lautsprecherspule bei der Leistung 6 Watt hat bei 1000 Hz den Wert 5,5 V, während $\mathfrak{R}$ bei dieser Frequenz etwa einem Wirkwiderstand von 5 Ohm gleichzusetzen ist. Der Eingangstransformator ist so gewählt, daß dieser Spulenspannung von 5,5 V eine Transformatoreingangsspannung von 100 V entspricht. Bei höheren Frequenzen ist $\mathfrak{R}$ als Reihenschaltung eines Wirkwiderstandes R und einer Selbstinduktion L aufzufassen: $\mathfrak{R} = R + j\omega L$. Daher steigt $|\mathfrak{R}|$ in Abb. 91 bei diesen höheren Frequenzen an. Andererseits liegt bei der niedrigen Frequenz von etwa 90 Hz eine Resonanzstelle des elektromechanischen Lautsprechersystems (Abb. 91). In der Umgebung dieser Resonanz ist $\mathfrak{R}$ komplex.

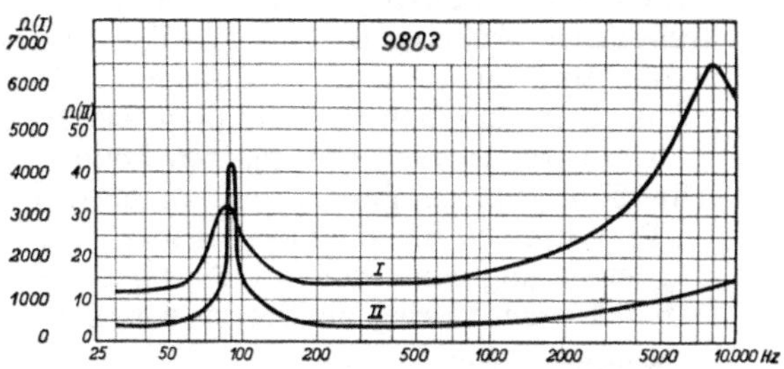

Abb. 91. Vertikal: Absoluter Betrag des komplexen Widerstandes eines neuzeitlichen Lautsprechers mit etwa 6 W normaler elektrischer Leistung (Philips). Horizontal: Frequenz. Kurve *I*: Mit Eingangstransformator. Kurve *II*: Ohne Eingangstransformator.

Schrifttum: 18, 21, 60, 107, 130, 226, 298.

β) *Kopfhörer.*

Diese Geräte bestehen meistens aus einer Stahlmembran, die dicht vor den Polen eines kleinen permanenten Magneten schwingen kann. Um die Magnetpole sind kleine Spulen gelegt, denen die Eingangswechselspannung zugeführt wird. Für uns sind wieder die wichtigsten Daten: Eingangswechselspannung bei normaler Schalleistung und komplexer Eingangswiderstand. Beide Größen sollen möglichst als Funktion der Frequenz bekannt sein. Als Beispiel wählen wir einen Kopfhörer, dessen Eingangswiderstand durch Reihenschaltung eines Wirkwiderstandes R und einer Selbstinduktion L näherungsweise dargestellt werden kann: $\mathfrak{R} = R + j\omega L$, wo R z. B. gleich 1000 Ohm und L gleich 0,2 Henry ist. Die Eingangswechselspannung bei normaler Schallstärke und 1000 Hz beträgt z. B. einige Hundertstel V.

γ) *Tonschreiber.*

Diese Geräte dienen dazu, Schälle auf Filmstreifen, Schallplatten oder Bänder aus magnetisierbarem Material festzulegen.

Die Tonschreiber für Filmstreifen zerfallen in zwei Typen: Lichtschreiber und mechanische Schreiber. Bei den Lichtschreibern wird z. B. ein Lichtstrahl mit Hilfe eines winzigen beweglichen Spiegels und einer geeigneten Optik auf den unbelichteten Filmstreifen geworfen. Die Bewegung des Spiegels durch die Wirkung des elektrisch verstärkten Schalles kann z. B. in analoger Weise wie in Oszillographen und Vibrationsgalvanometern (Bewegung eines von Wechselströmen durchflossenen Leiters im Luftspalt eines konstanten Magnetfeldes) stattfinden. Die für uns wichtigsten Daten eines solchen Lichtschreibers sind:

Eingangswechselspannung 𝔘 und komplexer Widerstand ℜ. Als Beispiel für die Größenordnung dieser Werte nennen wir: 𝔘 = 15 V und ℜ = 300 Ohm.

Bei den mechanischen Tonschreibern für Filmstreifen wird eine Messerschneide geeigneter Form transversal in bezug auf einen geschwärzten, gleichmäßig fortschreitenden Filmstreifen bewegt und erzeugt auf diesem Streifen eine Spur veränderlicher Breite (z. B. Philips-Miller-System). Die Bewegungsvorrichtung kann analog zum mechanisch-elektrischen Teil eines Tonabnehmers (Abschn. B 6aα) gebaut sein und hat auch analoge elektrische Daten.

Tonschreiber für Schallplatten können eine zu den zuletzt genannten Filmschreibern analoge Bauart mit analogen elektrischen Daten aufweisen.

Tonschreiber für magnetisierbare Bänder erzeugen eine örtlich wechselnde Magnetisierung eines gleichmäßig fortschreitenden Stahlbandes. Die elektrischen Daten können analog zu denen von Schallplattenschreibern sein.

Schrifttum: 107.

C. Niederfrequenzverstärker.

Hier behandeln wir im wesentlichen Verstärker, deren Wechselspannungen Frequenzen im akustischen Gebiet aufweisen, also z. B. 30 bis etwa 15000 Hz. Gelegentlich werden wir aber auch (Abschn. C 3c) höhere Frequenzen, bis etwa 10^6 Hz, bei der Breitbandverstärkung behandeln.

1. Frequenzbereich, Verstärkungsmaß, Dynamik.

a) Frequenzbereich.

α) *Frequenzkennlinien.*

Da es sich bei der Niederfrequenzverstärkung vielfach um Sprache und Musikdarbietungen handelt, ist es nützlich, sich einen Einblick in den Frequenzbereich solcher Schallquellen zu verschaffen. In Abb. 92 sind schematisch Angaben dieser Art zusammengefaßt. Aus dieser Abb. 92 folgt z. B. für eine mittlere Männerstimme ein Frequenzbereich von 120 bis 7000 Hz. Dies bedeutet keineswegs, daß für die Verständigung alle Teile dieses Frequenzbereiches gleich wichtig sind. Vielmehr kann aus dieser Angabe nur entnommen werden, daß bei einer solchen Stimme Frequenzanteile in dem genannten Bereich auftreten. Erfahrungsgemäß bietet aber die Übertragung eines Frequenzbereiches von z. B. 500 bis 3000 Hz für Sprache bereits gute Verständigungsmöglichkeiten. In ähnlicher Weise sind die anderen Angaben zu werten. Wir können aus Abb. 92 entnehmen, daß eine gleichmäßige Übertragung des Frequenzbereiches von 30 bis etwa 10000 Hz eine nahezu vollkommene Wiedergabe von Sprache und Musik gewährleisten würde.

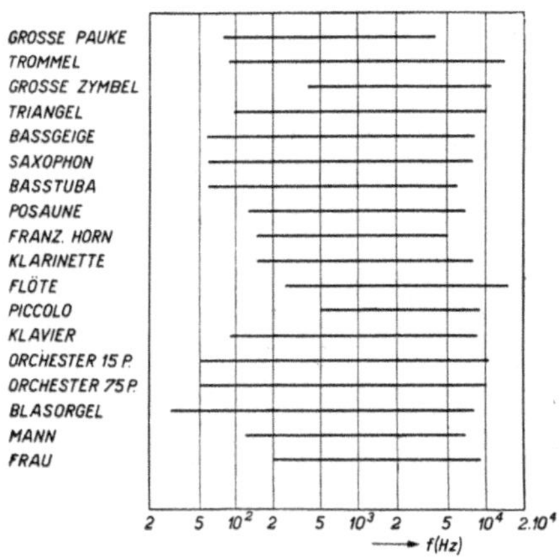

Abb. 92. Frequenzbereiche verschiedener Schallerzeuger.

Sehen wir nun nach, inwieweit diese „ideale“ Frequenzkennlinie bei den üblichen Aufnahme- und Wiedergabegeräten für Schall wirklich vorhanden ist, so geht aus den Kurven in Abb. 87, 89 und 93 hervor, daß in vielen Fällen nur ein Teil dieses ganzen Gebietes aufgenommen bzw. wiedergegeben wird. Es hat keinen Sinn, einen Verstärker zu bauen, der Wechselspannungen mit allen Frequenzen zwischen z. B. 30 und 10000 Hz gleichmäßig verstärkt, wenn die genannten akustischen Geräte nur für einen bedeutend geringeren Frequenzbereich brauchbar sind. Vielmehr müssen wir die Frequenzbereiche und -kennlinien der Verstärker denjenigen der Schallgeräte angleichen (vgl. β).

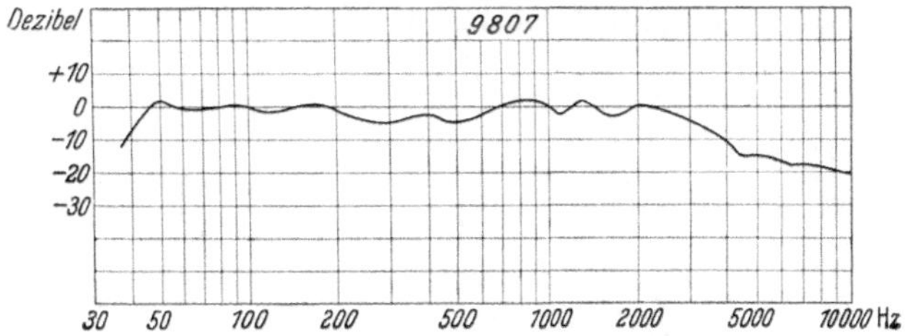

Abb. 93. Vertikal: Quadrat des Schalldrucks, den ein Lautsprecher (Philips, Type 9807) erzeugt, ausgedrückt in Dezibel. Das Nullniveau der Dezibelzählung entspricht etwa einer Schallstärke von $10^{-5,7}$ W/cm² in 2 m Entfernung auf der Lautsprecherachse (bei 10 W elektrischer Leistung). Horizontal: Frequenz in Hz.

β) *Kennlinienausgleich.*

Diese „Angleichung" kann in geeigneten Fällen zum „Ausgleich" oder zur „Glättung" zusammengehöriger Kennlinien führen. Wenn z. B. der Eingangsspannung $\mathfrak{U}_e$ eines Verstärkers die Kennlinie A der Abb. 94 entspricht und der Verstärkung $\mathfrak{v}$ (Ausgangsspannung dividiert durch Eingangsspannung) die Kennlinie B, dann erhält man für die Ausgangsspannung $\mathfrak{U}_a$ die Frequenzkennlinie C. Der an sich ungleichmäßige Verlauf jeder einzelnen Kennlinie ist in der Gesamtkennlinie (Produkt) geglättet. Als Beispiel vgl. auch Abb. 96.

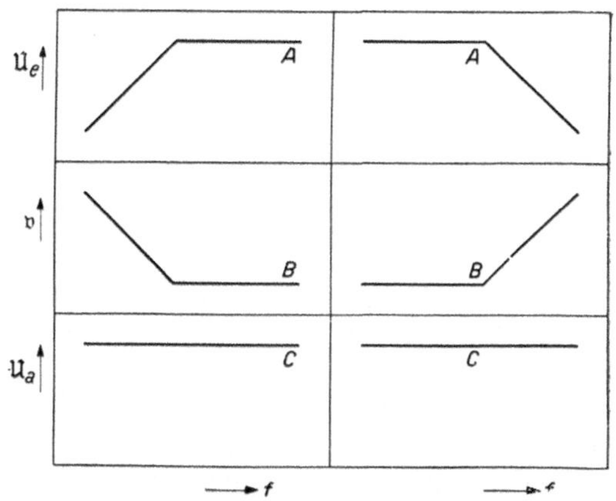

Abb. 94. Kennlinienausgleich. Vertikal: Kurve A die Eingangsspannung $\mathfrak{U}_e$, Kurve B die Verstärkung $\mathfrak{v}$ und Kurve C die Ausgangsspannung $\mathfrak{U}_a$ eines Verstärkers (alle in linearem Maßstab). Horizontal: Frequenz f.

b) Verstärkungsmaß.

α) *Verstärkungsskalen.*

In der Verstärkertechnik ist es oft üblich, für das Verhältnis zweier Leistungen ein logarithmisches Maß (Briggsscher Logarithmus) zu benutzen. Wenn dieses Verhältnis 10 beträgt, sagt man, daß die Leistungen sich um 10 *Dezibel* unterscheiden. Aus dieser Definition ergibt sich eine „Dezibelskala". Wenn die beiden Leistungen durch zwei verschiedene Stromstärken durch den gleichen Widerstand oder durch zwei verschiedene Spannungen über dem gleichen Widerstand erzeugt werden, ist ihr Verhältnis nach dieser Zählung gleich dem Verhältnis der Quadrate der beiden Spannungen oder der beiden Stromstärken. In diesem Sinne kann auch das Verhältnis zweier Spannungen oder zweier Ströme in Dezibel ausgedrückt werden. Diese Dezibelzählung wird durch Abb. 95 erleichtert. Wir lesen aus dieser Abbildung z. B. ab: Das Leistungsverhältnis 2 entspricht dem Dezibelbetrag 3, das Spannungsverhältnis 2 entspricht dem Dezibelbetrag 6. Diese Dezibelskala kann in der Verstärkertechnik dazu benutzt werden, die Leistungsverstärkung von Verstärkerstufen anzugeben. Man kann dabei ein bestimmtes Leistungsverhältnis als Null zählen und z. B. die Frequenzkennlinie des Verstärkers in Dezibel angeben (Beispiel Abb. 96 b). Auch für Schallaufnahme- und Schallwiedergabegeräte kann die Frequenzkennlinie in Dezibel, mit einem bestimmten Nullniveau, ausgedrückt werden. Bei der ersten Gruppe von Geräten ist dann gemeint: das Verhält-

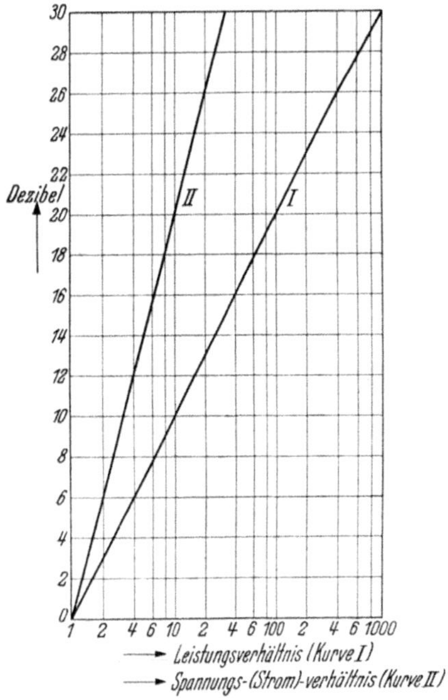

Abb. 95. *Dezibelzählung.* Horizontal: Leistungsverhältnis (Kurve *I*) oder Spannungs- bzw. Stromverhältnis (Kurve *II*). Vertikal: Entsprechende Dezibelskala.

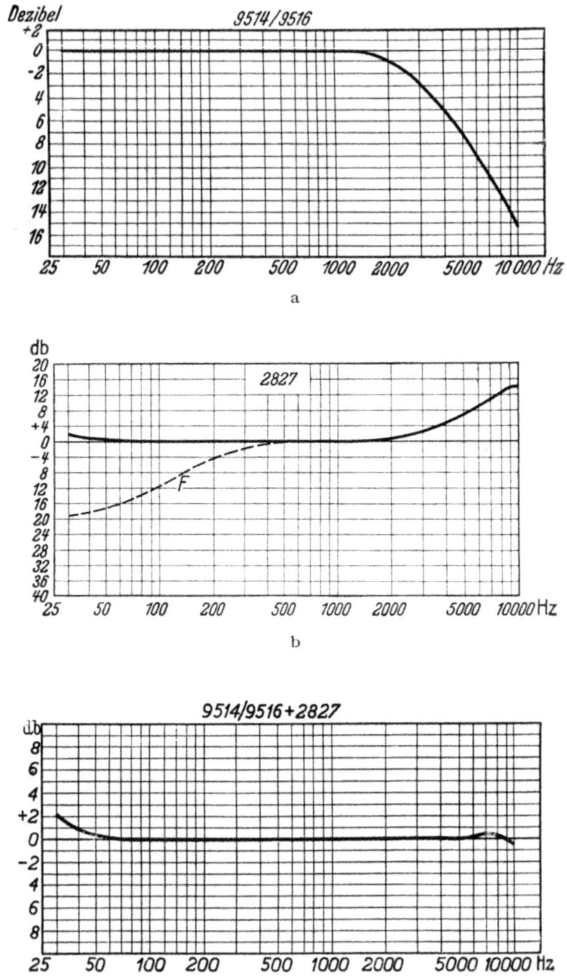

Abb. 96 a—c. Beispiele zur Dezibelzählung und zum Kennlinienausgleich. Vertikal: a) (Ausgangsspannung)² eines Mikrophons (Philips, Type 9514/16), ausgedrückt in Dezibel (0 Dezibel entspricht etwa 1 mV/μBar). b) Leistungsverstärkung eines Verstärkers (Philips, Type 2827) in Dezibel ausgedrückt (0 Dezibel entspricht z. B. einem Leistungsverhältnis am Ausgang und am Eingang von 50 Dezibel entsprechend etwa 6 Neper.) Gestrichelte Kurve *F*: Mit Tonblende zur Unterdrückung der niedrigen Frequenzen (z. B. für Sprachverstärkung). c) (Ausgangsspannung)² der Kombination der Geräte A und B in Dezibel ausgedrückt. Die Kennlinien sind ausgeglichen. Horizontal: Frequenz.

nis der elektrischen Ausgangsleistung zur akustischen Eingangsleitung (bei festgelegten Betriebsbedingungen). Als Beispiel diene Abb. 96 a und 96 c. Bei Wiedergabegeräten handelt es sich um das Verhältnis der Schallausgangsleistung zur elektrischen Eingangsleistung.

Die Bezeichnung Dezibel entspricht der Bezeichnung „Phon“ der Schallehre. Dort wird die Schallstärke von einem gewissen Mindestpegel an gerechnet, in Phon angegeben. Die genannte Mindestschallstärke wird oft zu 10^{-16} Watt/cm², entsprechend etwa $2 \cdot 10^{-4}$ μBar, angenommen (vgl. DIN-Blatt 1318, Febr. 1941). Als Beispiel der Phonskala in der Schalllehre geben wir eine Tabelle der mittleren Stärke verschiedener Geräusche in Phon (Phon = Dezibel über 10^{-16} Watt/cm²).

Ein anderes Maß für Verstärkungen ist das „Neper". Zwei Wechselspannungen $\mathfrak{U}_1$ und $\mathfrak{U}_2$ unterscheiden sich um a Neper, wenn $\mathfrak{U}_2/\mathfrak{U}_1 = e^a$ ist. Analoges gilt für Wechselströme. Das Neper ist somit ebenfalls ein logarithmisches Verstärkungsmaß. Es unterscheidet sich vom Dezibel 1. darin, daß die natürlichen (NAPIERschen) Logarithmen benutzt werden, und 2. darin, daß es sich auf Spannungen und auf Ströme (an Stelle von Leistungen, wie beim Dezibel) bezieht. Hieraus ergibt sich sofort der Umrechnungsfaktor zwischen den beiden Verstärkungsmaßen:

Geräuschart	Phon
Flüstern	20
Straßenlärm	50—60
Flugzeugpropeller in 20 m Abstand	95

$$a \text{ Neper} = 8{,}69\ a \text{ Dezibel}$$
$$a \text{ Dezibel} = 0{,}115\ a \text{ Neper}.$$

Wir werden in diesem Buch beide Skalen benutzen.

Schrifttum: 180.

β) *Verstärkungsmaße einiger Verstärkertypen.*

Das Verstärkungsmaß von Niederfrequenzverstärkern hängt unmittelbar mit der Eingangs- und der Ausgangsleistung zusammen. Letztere beträgt bei Verwendung von Lautsprechern größenordnungsmäßig 1 bis 50 Watt, bei Kopfhörern etwa 10^{-6} Watt. Die elektrische Leistung liegt bei Mikrophonen in der Größenordnung 10^{-6} Watt und bei Tonabnehmern etwa bei 10^{-4} Watt. Hierbei handelt es sich durchwegs um Zahlen für *mittlere* Betriebsbedingungen.

Aus diesen Zahlen geht hervor, daß wir bei geeigneten Mikrophonen zum Betriebe von Kopfhörern fast keine oder nur sehr geringe Verstärkungsmaße brauchen. Dies entspricht der Verwendung von Schwerhörigengeräten, die aus Mikrophon und Kopfhörer ohne zwischengeschaltete Leistungsverstärkung aufgebaut sind.

Von einem Mikrophon bis zu einem Lautsprecher brauchen wir ein Verstärkungsmaß von etwa 10^5 bis 10^6, entsprechend 60 Dezibel, wenn wir die obigen mittleren Zahlen zugrunde legen. Von einem Tonabnehmer bis zum Lautsprecher etwa 10^4, entsprechend 40 Dezibel.

Interessant ist die Leistungsverstärkung in einem Rundfunkempfangsgerät. Wir nehmen eine Eingangsspannung am Gitter der ersten Elektronenröhre von 0,1 mV über 10^4 Ohm an, entsprechend einer Eingangsleistung von 10^{-12} W. Bei einer Lautsprecherleistung von 10 W brauchen wir demnach ein Verstärkungsmaß von etwa 10^{13}, entsprechend 130 Dezibel. Hierbei ist eine beträchtliche Modulationstiefe des Eingangssignals (Amplitudenmodulation) vorausgesetzt (vgl. Abschn. D 1a).

c) Dynamik (Lautstärkebereich).

α) *Natürliche Dynamik verschiedener Schallvorgänge.*

Unter der Dynamik eines Schallvorganges oder seines elektrischen „Bildes" verstehen wir das Verhältnis der maximalen zur minimalen Schalleistung im Verlaufe des ganzen Vorganges. So können wir z. B. mit der Stimme Laute sehr verschiedener Stärke erzeugen. Beim leisesten Flüstern beträgt die Schalleistung etwa 0,001 μW, beim lautesten Schreien etwa 0,001 W. Das Verhältnis beider Leistungen nennt man die Dynamik der Stimme. Sie wird in Dezibel ausgedrückt. Die Dynamik der Stimme beträgt demnach etwa 60 Dezibel.

Die Dynamik anderer Schallvorgänge ist in der folgenden Tabelle zusammengestellt. Bei der Schallwiedergabe durch Lautsprecher soll in vielen Fällen angestrebt werden, die natürliche Dynamik der Schallvorgänge unverändert zu erhalten. Eine Dynamik der Lautsprecherwiedergabe von 60 Dezibel, also 6,9 Neper, kann in den meisten Fällen in dieser Hinsicht als gut bezeichnet werden.

Instrument	Dynamik (Dezibel)
Große Pauke ..	80
Trommel	70
Triangel	60
Baß-Tuba	80
Trompete	60
Flöte	60
Klavier	80
Orchester......	60—70
Orgel	60

Schrifttum: 180, 225.

β) *Dynamikschranken.*

Es gibt mehrere Ursachen, welche eine vollkommene Einhaltung der natürlichen Dynamik von Schallvorgängen bei der Verstärkung erschweren. Die erste Gruppe von Ursachen bewirkt eine Verdeckung der *schwächsten* übertragenen Schallvorgänge. Die wichtigsten dieser Ursachen sind in Abb. 97 zusammengefaßt worden.

Die zweite Gruppe von Ursachen beschränkt die *stärksten* wiedergegebenen Schälle. Solche Ursachen sind: Verzerrungen der verwendeten Verstärkerstufen mit nicht vollkommen linearen Schalt- und Bauteilen, wie z. B. Elektronenröhren, Transformatoren mit Eisenkern, weiter Verzerrungen der Schallaufnahme- und Schallwiedergabegeräte bei (für die betreffenden Geräte) zu starken Schällen.

Abb. 97. Die verschiedenen Glieder einer Schallübertragung und ihre Störungsursachen. „Sender" kann z. B. ein Schallplattengerät oder Tonfilmgerät sein. Die Andeutungen „Medium" sowie „Empfänger" sind ebenfalls im weitesten Sinne aufzufassen. Störungsursachen: Raum I und II: Mangelnde Schallisolation, also z. B. Straßenlärm. Mikrophon: Eigenrauschen, störempfindliche Leitungen. Sender: Rauschen von Verstärkern (Widerständen und Röhren). Medium: Atmosphärische Störungen, Nadelgeräusche.

Praktisch bewirken alle diese Ursachen in den meisten Fällen eine bedeutende Beschränkung der Dynamik. Wie weit diese Beschränkung manchmal geht, zeigen folgende Beispiele: 1. Rundfunksender. Hierbei beträgt die Dynamik meistens nicht mehr als 35 bis 45 Dezibel. Diese Zahlen gelten auch für handelsübliche Rundfunkempfangsgeräte. 2. Schallplatten und Tonfilmspur. Die Dynamik beträgt meistens etwa 25 bis 35 Dezibel bei Schallplatten und 40 bis 50 Dezibel beim Tonfilm. 3. Ein Niederfrequenzverstärker in handelsüblicher Ausführung (Philips Nr. 2820/05) mit 10 W Ausgangsnutzleistung. Die Dynamik beträgt 60 Dezibel. Analoge Verstärker für 20 W und 25 W Ausgangsnutzleistung weisen Dynamikzahlen von 60 und 62 Dezibel auf.

Schrifttum: 29, 107.

γ) *Dynamikbegrenzung und -dehnung.*

Man kann den Schranken, die der Dynamik durch Unvollkommenheiten der Übertragungsglieder gesetzt werden, dadurch begegnen, daß die Dynamik des Schallvorgangs am Anfang des Übertragers künstlich herabgesetzt wird. Man nennt dies *Dynamikbegrenzung*. Einige hierfür in Frage kommende Kennlinien sind in Abb. 98 dargestellt. Welche der drei Kennlinien den Vorzug verdient, hängt von der Art der Schalldarbietung ab. Wenn die Eingangsschallstärke fast immer im unteren Teil des Dynamikbereiches gelegen ist und nur selten die obere Dynamikgrenze erreicht, ist die Kennlinie *a* günstig. Wenn die

Eingangsschallstärke fast nie die untere Dynamikgrenze erreicht, ist die Kennlinie *b* zu wählen. Ist die Schalldarbietung gleichmäßig über den ganzen Eingangsdynamikbereich verteilt, so verdient die Kennlinie *c* den Vorzug.

Am Ende der Übertragungskette soll möglichst die ursprüngliche Dynamik wiederhergestellt werden. Hier ist *Dynamikdehnung* am Platze. Die Kennlinie der Dynamikdehnung geht aus jener der Dynamikverringerung durch Spiegelung an der 45°-Geraden hervor (Abb. 99).

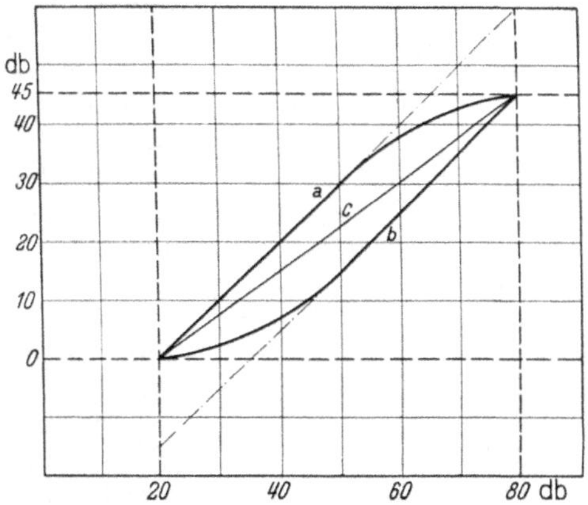

Abb. 98. Horizontal: Quadrat der Eingangsspannung, ausgedrückt in Dezibel. Vertikal: Quadrat der Ausgangsspannung, ebenfalls in Dezibel. Kurve *a* bringt Dynamikverringerung, wenn die Eingangsspannung über einer oberen Grenze liegt, Kurve *b* bringt Dynamikverringerung, sobald die Eingangsspannung eine untere Grenze unterschreitet, Kurve *c* bringt eine gleichmäßig über den ganzen Eingangsspannungsbereich verteilte Dynamikverringerung.

Die Dynamikbegrenzung kann mittels Handregelung der Verstärkung des Übertragers oder aber selbsttätig stattfinden. Im ersten Fall ist es möglich, die Dynamikregelung an Hand einer Partitur den besonderen Erfordernissen anzupassen. Dem steht gegenüber, daß es im allgemeinen nicht möglich sein wird, durch Dynamikdehnung vor der Wiedergabe genau die vorhergehende Dynamikverringerung auszugleichen.

Bei einer selbsttätigen Dynamikregelung soll die Verstärkung eine in bezug auf die einzelnen Schallvorgänge langsam veränderliche Funktion der mittleren Schallstärke im Verlaufe eines bestimmten Zeitintervalles sein. Hierdurch tritt keine Verzerrung (Erzeugung von Obertönen und Kombinationstönen) infolge der Dynamikregelung auf. Die Regelung darf auch nicht *zu* langsam arbeiten, da dann bei einer plötzlichen beträchtlichen Zunahme der Schallstärke eine vorübergehende Überlastung der Übertragungsgeräte und folglich Verzerrungen auftreten könnten.

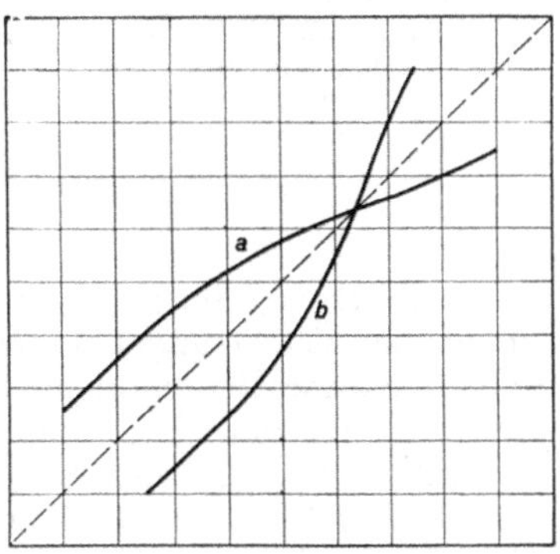

Abb. 99. Die Kennlinie *a* der Dynamikbegrenzung geht in die entsprechende Kennlinie *b* der Dynamikdehnung über durch Spiegelung an der 45°-Geraden. Achsen wie in Abb. 98.

Bei einer richtigen Wahl der Regelzeiten sollen einige physiologische Eigenschaften des Ohres berücksichtigt werden: die subjektive Anklingzeit und Abklingzeit. Das plötzliche Einsetzen eines Schalles kann im Gehör nicht von einem allmählichen Anklingen unterschieden werden, wenn letzteres nicht zu langsam stattfindet. Wir stellen die Schallstärke P^2 beim Anklingen als Funktion der Zeit durch die Gleichung

$$P^2 = P^2_{\text{Ende}} \left(1 - e^{-\frac{t}{\alpha}}\right)$$

dar. Für Werte von α zwischen 0 und etwa 0,07 sek ist kein Unterschied hörbar. Diese Zeit (0,07 sek) nennen wir die subjektive Anklingzeit. Analog stellen wir das Abklingen der Schallstärke durch die Gleichung

$$P^2 = P^2_{\text{Anfang}} \cdot e^{-\frac{t}{\alpha}}$$

dar. Bei leisen Schällen muß α mehr als 0,1 und bei lauten Schällen mehr als etwa 0,3 sek betragen, damit Unterschiede des Abklingvorganges hörbar werden. Die Einregelzeit bei der Dynamikverringerung bzw. Dynamikdehnung (entsprechend einer zunehmenden Schallstärke am Eingang) soll also kleiner sein als etwa 0,07 sek. Die Ausregelzeit bei der Dynamikverringerung bzw. -dehnung (entsprechend einer abnehmenden Schallstärke am Eingang) soll kleiner sein als etwa 0,3 sek. Diese Regelzeiten sind so lang, daß sie auch bei Schallvorgängen niedriger Frequenz (z. B. 40 Hz) noch angewandt werden können, ohne störende Verzerrungen zu verursachen.

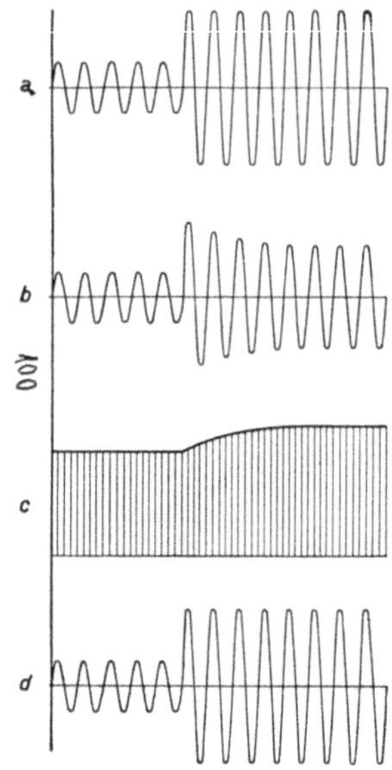

Abb. 100. Wirkung einer absichtlichen Verzögerung bei der Dynamikverringerung und bei der Dynamikdehnung. a) Verlauf des Schalldruckes am Eingang. b) Verlauf der Ausgangsspannung des Verstärkers mit Dynamikverringerung. c) Verlauf der Verstärkung des Empfangs- (oder Wiedergabe-) Gerätes. d) Ausgangsspannung des Empfangsgerätes.

Eine gut arbeitende Dynamikregelung erfordert eine möglichst genaue Übereinstimmung der Verzögerungszeit im Dynamikverringerungsglied mit jener im Dynamikdehner. Als Beispiel hierzu dient Abb. 100. Schaltungen zur Ausführung dieser Dynamikregelung werden noch behandelt (Abschn. C 3aε).

Schrifttum: **29, 113, 257, 293.**

2. Verfahren zur Verzerrungs- und Störungsverringerung.

Wie im Abschn. A 3 erwähnt, werden durch die Kennlinienkrümmungen der in Verstärkern verwendeten Elektronenröhren vielfach Verzerrungen erzeugt. Außerdem sind bei Verstärkern Störungen mancherlei Art, wie z. B. Rauschen, Brummen und Krachen, möglich. Wir werden zunächst das zulässige Maß der Verzerrungen und Störungen festlegen und dann Verfahren zu ihrer Verringerung angeben.

a) Zulässiges Maß der Verzerrungen und Störungen.

α) *Verzerrungen.*

Im Abschn. A 6aγ und A 6bβ sind bereits kurz die Bedingungen behandelt, denen die Verzerrungen in Niederfrequenzverstärkerstufen genügen sollen. Wir arbeiten diese Bedingungen hier quantitativ noch weiter aus, um ein Maß für die noch als zulässig zu bezeichnenden Verzerrungen zu gewinnen.

Indem wir die Bezeichnungen der genannten Abschnitte beibehalten und analog zu Gl. (A 6,7) für den Ausgangsstrom einer Verstärkerstufe bei einer einwelligen Eingangswechselspannung der Kreisfrequenz ω schreiben:

$$I(t) = I + I_1 \sin \omega t + I_2 \cos 2\omega t + I_3 \sin \omega 3 t + \cdots,$$

definieren wir den *Klirrfaktor* d durch die Gleichungen:

$$(\text{C } 2{,}1) \qquad \begin{cases} d_2 = I_2/I_1; \quad d_3 = I_3/I_1; \quad d_4 = I_4/I_1 \ldots, \\ d^2 = (d_2^2 + d_3^2 + d_4^2 + d_5^2 + \cdots)/(1 + d_2^2 + d_3^2 + \cdots). \end{cases}$$

Dieser Klirrfaktor d soll erfahrungsgemäß, damit die Schallwiedergabe am Ausgang der Verstärkerstufe als gut bezeichnet werden kann, nicht mehr als etwa 5% betragen. Ein Wert $d = 10\%$ führt bereits zu deutlich erkennbaren Verzerrungen. Zu einer tadellosen Wiedergabe gehört z. B. $d < 2\%$.

Bei feineren Betrachtungen der Schallwiedergabegüte am Ausgang einer Verstärkerstufe genügt eine Angabe von d allein nicht. Man muß vielmehr zunächst die einzelnen Verzerrungsanteile d_2, d_3, ... je für sich werten. Durch Experimente hat sich ergeben, daß beim Vorhandensein von nur I_2 (neben I_1) oder nur I_3 Verzerrungszahlen d_2 bzw. d_3 von etwa 4 bis 5% als zulässig bezeichnet werden können. Bei der Wiedergabe von Musik, die zu gleicher Zeit das Vorhandensein von Tönen niedriger und hoher Frequenzen bedingt, können durch nichtlineare Kennlinien noch weitere Verzerrungstöne außer den obengenannten erzeugt werden. Wir betrachten insbesondere zwei einwellige Eingangswechselspannungen mit den Kreisfrequenzen ω_1 und ω_2 (vgl. Abschn. A 3aγ). Der Ausgangsstrom enthält dann auch Anteile der Kreisfrequenzen $\omega_1 + \omega_2$ und $\omega_1 - \omega_2$ sowie allgemein $n\omega_2 \pm m\omega_2$ (m und n ganze Zahlen, vgl. Abschn. A4bγ). Wenn die eine Eingangswechselspannung eine sehr niedrige Frequenz hat (z. B. 100 Hz) und die andere eine höhere (z. B. 1000 Hz), so sind die entstehenden Kombinationstöne mit den Frequenzen 900 und 1100 Hz im Ausgangskreis unter Umständen sehr störend. Derartige Kombinationstöne können die Ursache dafür sein, daß die im Lautsprecher wiedergegebene Musik rauh klingt. Wenn die Amplitude dieser Kombinationstöne im Ausgangskreis mehr als etwa 2% von derjenigen des stärksten Grundtones beträgt, werden diese Störungseffekte bereits hörbar.

Auch eine kurz dauernde starke Erhöhung der Eingangswechselspannung, welche zu Steuergitterströmen in dem betrachteten Verstärker Anlaß gibt, kann stark störende Verzerrungen im Ausgangskreis hervorrufen, auch in Fällen, daß der Klirrfaktor d nur einige Prozent beträgt (vgl. auch Abschn. C 4dα).

Schrifttum: 38, 62, 107.

β) *Störungen.*

Als Störungen betrachten wir in diesem Abschnitt: Brummen, Krachen, Rauschen und ähnliche unerwünschte Laute, die manchmal im Lautsprecher mangelhafter Geräte störend hörbar werden. Wie stark dürfen diese Störgeräusche sein, damit die Wiedergabe von Sprache oder Musik nicht darunter leidet? Diese Frage ist schwer in allgemeiner Form zu beantworten, da die verschiedenen Störgeräusche im Zusammenhang mit den verschiedenen wiedergegebenen Schalldarbietungen stark verschiedene Werte für den zulässigen Störpegel bedingen. Durch Experimente hat sich ergeben, daß die Störgeräusche kaum mehr als störend empfunden werden, wenn ihre mittlere Stärke mehr als etwa 55 Dezibel unterhalb der mittleren Stärke der Schalldarbietung liegt. Gute Verstärker haben einen Störpegel von Geräuschen, wie z. B. Brummen und Krachen, der etwa 60 Dezibel unterhalb der Ausgangsnennleistung liegt. Hieraus ergibt sich, daß solche Verstärker bei einer Dynamik von z. B. 40 Dezibel bei den leisesten Wiedergabeschallstärken bereits relativ deutlich erkennbare Störgeräusche erzeugen (1 Dezibel = 0,115 Neper).

Bei der Beurteilung der Brummstörungen in Verstärkern muß die Ohrempfindlichkeit als Funktion der Frequenz berücksichtigt werden. Eine mittlere Kurve für diese Empfindlichkeit bei mittleren Schallstärken ist in Abb. 101 dargestellt. Als Nullpunkt der Dezibelskala ist die Empfindlichkeit bei 500 Hz gewählt. Aus der Kurve ist zu entnehmen, daß ein Brummton von 100 Hz, der z. B. in Leistung 50 Dezibel unterhalb dem mittleren Schalleistungspegel einer Musikdarbietung liegt, dem Ohr mehr als 70 Dezibel unterhalb dem Schallpegel erscheint. Bei der Messung der Brummempfindlichkeit von Netzanschlußgeräten (die ihre Speisung ganz dem Starkstromnetz entnehmen) geht man aus praktischen Gründen oft so vor, daß der 50 Hz Wechselspannung eines idealen, von Obertönen gesäuberten Netzes absichtlich einige Prozent Wechselspannungen von 250 Hz und von 500 Hz beigemischt werden (z. B. je 3%). Der vom Ohr aufgenommene Brummton hat dann hauptsächlich die Frequenz 500 Hz, wie die Ohrempfindlichkeitskurve der Abb. 101 lehrt. Man hat bei Rundfunkgeräten empirisch folgende Regel ermittelt: Die Wechselspannung von 500 Hz, welche auf irgendeine Röhrenelektrode gelangt und verstärkt zum Lautsprecher am Geräteausgang geführt wird, soll an den Klemmen dieses Lautsprechers eine Leistung ergeben, die um mindestens 70 Dezibel unterhalb der Lautsprecherleistung von 50 mW (Standardleistung, vgl. Abschn. I 1) liegt, damit im Gerät keine lästigen Brummstörungen auftreten.

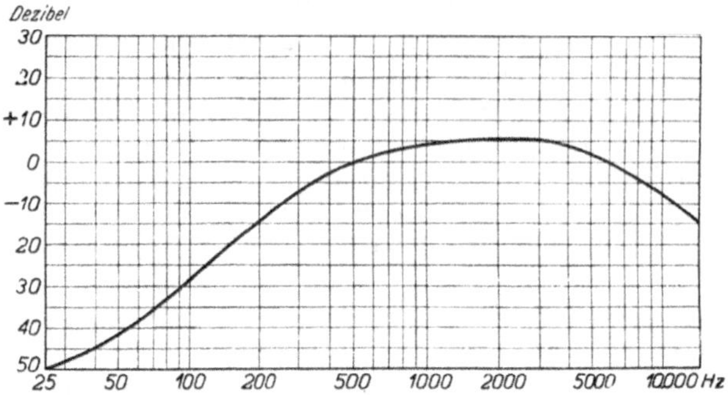

Abb. 101. Mittlere Ohrempfindlichkeit für Schälle mittlerer Stärke (vertikal), ausgedrückt in Dezibel als Funktion der Frequenz. Als Nullpunkt der Dezibelskala gilt die Empfindlichkeit bei 500 Hz.

Schrifttum: 73, 242, 275.

b) Verzerrungsverringerung.

Nachdem wir das zulässige Maß der Verzerrung festgelegt haben, behandeln wir die wichtigsten Verfahren zur Verzerrungsverringerung, damit wir bei Verstärkern auch wirklich in der Lage sein werden, die Verzerrungen unterhalb dieses zulässigen Maßes herabzudrücken.

α) *Kennlinienausgleich in Kaskadenstufen.*

Das erste Verfahren zur Verzerrungsverringerung, das wir behandeln, beruht auf folgendem Gedanken: Wenn in zwei aufeinanderfolgenden Verstärkerstufen im Verhältnis zur Grundwelle gleich starke Verzerrungsanteile erzeugt werden, die sich aber um π in Phase unterscheiden, so können sich diese Verzerrungsanteile am Ausgang der zweiten Stufe auslöschen. Ein Beispiel ist in Abb. 102 gezeichnet. Die Kennlinien zweier Verstärkerröhren in aufeinanderfolgenden Stufen sind hier so gewählt, daß die obengenannte Verzerrungsauslöschung stattfindet. Aus Abb. 102 ist zu ersehen, daß dieses Verfahren nur für jene Verzerrungsanteile wirksam ist, die den Anodenstromverlauf unsymmetrisch in bezug auf den Arbeitspunkt gestalten. Solche Verzerrungsanteile sind die Obertöne *gerader* Ordnung. Nur diese Obertöne können also mit diesem Verfahren verringert oder unterdrückt werden. Die wichtigsten Verzerrungsanteile, welche in Niederfrequenz-Verstärkerröhren auftreten, sind die Obertöne der doppelten und der dreifachen Grundfrequenz. Das genannte Verfahren ist somit zur Unterdrückung des zweiten Obertones geeignet. Man muß darauf achten, daß die Wechselspannung vom Ausgang der

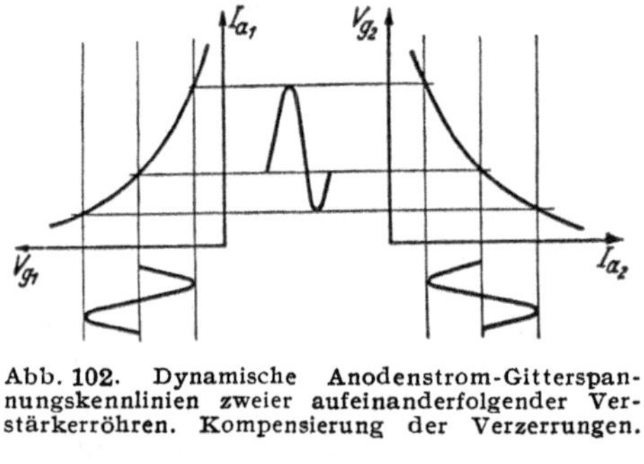

Abb. 102. Dynamische Anodenstrom-Gitterspannungskennlinien zweier aufeinanderfolgender Verstärkerröhren. Kompensierung der Verzerrungen.

ersten Röhre ohne Phasendrehung zum Eingang der zweiten Röhre gelangt. Ein Schaltungsbeispiel, das diese Bedingung erfüllt, ist in Abb. 103 dargestellt. Die Eingangswechselspannung der ersten Röhre (AF7) ist als einwellig vorausgesetzt. Unter normalen Betriebsbedingungen (Abb. 103) ergibt sich bei einer Eingangswechselspannung der Röhre AF7 von 20 mV ein Klirrfaktor d am Ausgang dieser Röhre von 6%, hauptsächlich aus d_2 bestehend. Am Ausgang der Röhre AD1 beträgt der Klirrfaktor aber nur 3,3%, wobei $d_2 = 1{,}3\%$ und $d_3 = 2{,}8\%$ ist. Es muß also ein Ausgleich stattgefunden haben. Die Verringerung von d und insbesondere von d_2 tritt deutlich hervor.

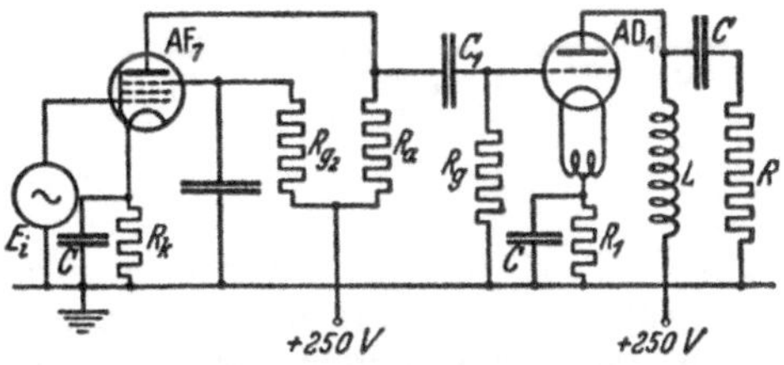

Abb. 103. Praktische Anwendung des Prinzips von Abb. 102 mit einer Pentode AF7 und einer Triode AD1. E_i Eingangsanschluß, C Kapazität von etwa 50 μF, R_k Widerstand 4 kOhm, R_{g_2} Widerstand 0,8 MOhm, R_a Widerstand 0,32 MOhm, R Widerstand 23 kOhm, L Selbstinduktion, $\omega L \gg R$, ω höchste betrachtete Kreisfrequenz, $C_1 = 1\,\mu$F, $R_1 = 750$ Ohm, $R_g = 1$ MOhm.

Schrifttum: 200.

β) Gegentaktschaltung und ihre Erweiterung zur Mehrtaktschaltung.

Ein Verfahren zur Verzerrungsverringerung, das mit dem obengenannten analog ist, das aber die Verringerung in einer einzigen Stufe an Stelle von zwei Kaskadenstufen durchführt, ist die Gegentaktschaltung. Ein Beispiel einer solchen Gegentaktschaltung ist in Abb. 104 angegeben. Die Eingangswechselspannung gelangt mit einer Phasendifferenz π auf die beiden Gitter der unter sich gleichen Röhren.

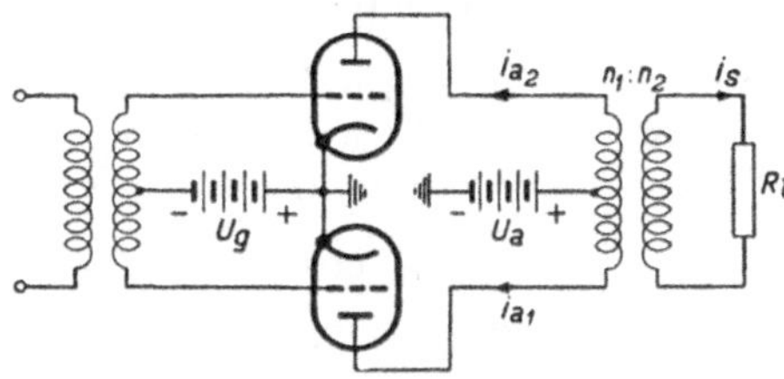

Abb. 104. Gegentaktschaltung zweier Trioden. Anodenströme i_{a1} und i_{a2}. Übersetzung des Ausgangstransformators $n_1 : n_2$. Sekundärstrom i_s durch den Belastungswiderstand R_l. Anodenspannung U_a, Gitterspannung U_g.

Wir betrachten den Anodenstrom der einen Röhre als Funktion der Zeit (vgl. Abschn. C 2a α):

$$I(t) = I + I_1 \sin\omega t + I_2 \cos 2\omega t + I_3 \sin 3\omega t + \cdots.$$

Für die zweite Röhre müssen wir ωt durch $\omega t + \pi$ ersetzen (wegen der Gegentaktschaltung am Röhreneingang). Folglich gilt dann:

$$I(t) = I - I_1 \sin\omega t + I_2 \cos 2\omega t - I_3 \sin 3\omega t + \cdots.$$

Weil die Röhrenausgänge im Gegentakt geschaltet sind, entsteht über dem Ausgangswiderstand R_l (Abb. 104) eine Spannung, welche zur Differenz der angeschriebenen Ausdrücke, also zu

$$2I_1 \sin\omega t + 2I_3 \sin 3\omega t + 2I_5 \sin 5\omega t + \cdots$$

proportional ist. Die Obertöne gerader Ordnung sind also hierbei ausgelöscht. Wir sehen, daß die Gegentaktschaltung eine analoge Wirkung hat wie das oben im Abschn. C 2bα behandelte Verfahren.

Wir können das Gegentaktverfahren noch etwas erweitern. An Stelle zweier gleicher Röhren verwenden wir n. Die einwelligen Eingangswechselspannungen dieser n Röhren sollen in einer bestimmten festgelegten Reihenfolge je die Phasendifferenzen $2\pi/n$ gegen die Nachbarspannungen haben. Die Anodenströme der Röhren als Funktion der Zeit werden in der genannten Reihenfolge erhalten, indem für die $m$te Röhre ωt durch $\omega t + m 2\pi/n$ ersetzt wird:

Röhre I: $I + I_1 \sin\omega t + I_2 \cos 2\omega t + I_3 \sin 3\omega t + \cdots,$

Röhre II: $I + I_1 \sin\left(\omega t + \frac{2\pi}{n}\right) + I_2 \cos\left(2\omega t + \frac{4\pi}{n}\right) + I_3 \sin\left(3\omega t + \frac{6\pi}{n}\right) + \cdots,$

Röhre m: $I + I_1 \sin\left(\omega t + \frac{2\pi m}{n}\right) + I_2 \cos\left(2\omega t + \frac{4\pi m}{n}\right) +$

$$+ I_3 \sin\left(3\omega t + \frac{6\pi m}{n}\right) + \cdots.$$

Als Beispiel wählen wir $n = 3$ (Abb. 105). Die Gitter der drei gezeichneten Röhren erhalten einwellige Wechselspannungen, deren Phasen sich um $2\pi/n$ oder 120° voneinander unterscheiden. Die Anodenströme in den Primärwicklungen der beiden gezeichneten Transformatoren T verlaufen als Funktionen der Zeit nach den Ausdrücken:

$$I + I_1 \sin\left(\omega t + \frac{2\pi}{3}\right) + I_2 \cos\left(2\omega t + \frac{4\pi}{3}\right) + I_3 \sin 3\omega t + \cdots;$$

$$I + I_1 \sin\left(\omega t + \frac{4\pi}{3}\right) + I_2 \cos\left(2\omega t + \frac{8\pi}{3}\right) + I_3 \sin 3\omega t + \cdots.$$

Wir wählen die Anschlüsse der Sekundärwicklungen dieser Transformatoren derart, daß durch den Verbraucherwirkwiderstand R (z. B. Lautsprecher) die Differenz der angeschriebenen Ströme fließt:

$$I_1 \sqrt{3} \cos\omega t - I_2 \sqrt{3} \sin 2\omega t + I_4 \sqrt{3} \sin 4\omega t + \cdots.$$

Dieser Wechselstrom durch den Nutzwiderstand enthält somit keine dritte Oberwelle.

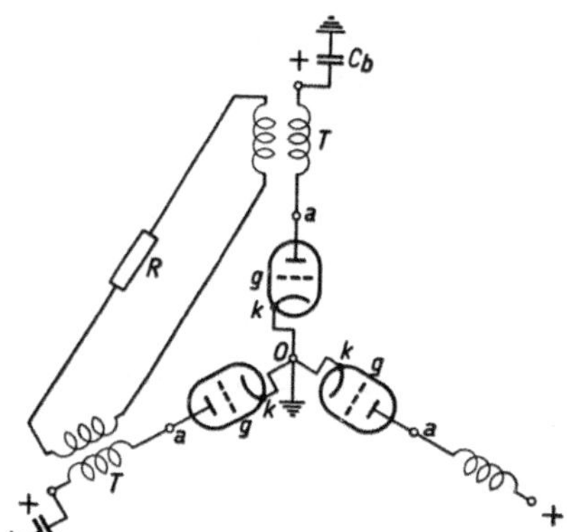

Abb. 105. Beispiel zur Dreitaktschaltung. Die Gitter g der Röhren erhalten gegen die Kathode k Wechselspannungen, die in Phase genau $2\pi/3$ verschieden sind. Im Belastungswiderstand R sind dann alle Harmonischen (infolge Kennlinienkrümmungen), die durch drei teilbar sind, ausgelöscht. T Transformatoren, a Anoden, C_b Blockkondensatoren.

Analoge Schaltungen können für n-Röhrensysteme angegeben werden, wobei dann im Nutzwiderstand die $n$te Oberwelle fortfällt.

Verstärkerröhren vom Pentodentyp werden vielfach so gebaut, daß ihre dynamischen Kennlinien keine oder nur schwache zweite Oberwellen im Anodenstrom ergeben. Die Verzerrung solcher Pentoden wird in der Hauptsache durch dritte Oberwellen gebildet. Für solche Pentoden könnte mit einer Schaltung analog zu der in Abb. 105 angegebenen die Verzerrung sehr bedeutend verringert werden.

Es ist bei einer n-Taktschaltung offenbar nicht notwendig, n Röhren zu benutzen. Vielmehr reichen *zwei* Röhren in entsprechender Schaltung (Phasendifferenz der Gitterwechselspannungen gleich $2\pi/n$) aus, um im Nutzwiderstand die $n$te Oberwelle auszulöschen (vgl. Abb. 105).

Schrifttum: 220.

γ) *Gegenkopplung.*

Bei dieser Maßnahme wird ein Teil der Ausgangswechselspannung einer Verstärkerstufe mit geeigneter Phase zum Eingang zurückgeführt. Die Eingangswechselspannung einer Verstärkerstufe sei $\mathfrak{U}_g$, die Ausgangswechselspannung $\mathfrak{U}_a$. Von dieser Spannung $\mathfrak{U}_a$ führen wir den Teil $\mathfrak{U}_a/m$ zum Eingang zurück und erhalten dadurch eine neue Eingangswechselspannung $\mathfrak{U}_e = \mathfrak{U}_g + \mathfrak{U}_a/m$. *Wenn wir die Ausgangsspannung $\mathfrak{U}_a$ festhalten,* ist ursprünglich die Verstärkung $\mathfrak{v} = \mathfrak{U}_a/\mathfrak{U}_g$ und nach der Gegenkopplung die neue Verstärkung $\mathfrak{U}_a/\mathfrak{U}_e = (1/\mathfrak{v} + 1/m)^{-1} = \mathfrak{v}m/(\mathfrak{v} + m)$. Wenn $\mathfrak{v}$ und m reelle positive Zahlen sind, ist diese neue Verstärkung stets kleiner als $\mathfrak{v}$. Wenn $\mathfrak{v}$ Verzerrungen enthält, während m völlig spannungsunabhängig ist, wird die neue Verstärkung diese Verzerrungen verhältnismäßig um so weniger enthalten, je beträchtlicher $1/m$ gegenüber $1/\mathfrak{v}$ ist. Bei dieser Gegenkopplung werden also die Verzerrungsanteile im Verhältnis zur Grundwelle am Stufenausgang herabgesetzt. Diese „Linearisierung" der Verstärkung geht aber auf Kosten der Größe der Verstärkung, denn $(1/\mathfrak{v} + 1/m)^{-1}$ ist unter den genannten Voraussetzungen kleiner als $\mathfrak{v}$. Wie diese allgemein gehaltenen Überlegungen zeigen, kann die Gegenkopplung über eine oder über mehrere Verstärkerstufen hinweg durchgeführt werden und zu einer Herabsetzung der Verzerrungen im Verhältnis zur Grundwelle bei einer ganzen Verstärkeranlage benutzt werden. Der Fall komplexer und auch negativer Zahlen $\mathfrak{v}$ und m kann unter gewissen Bedingungen zu einer Rückkopplung und zu Schwingungen führen (vgl. Abschn. C 2cγ).

Außer der Verstärkung und der Verzerrung ändert sich auch der effektive Anodenwiderstand einer Röhrenschaltung bei Anwendung von Gegenkopplung.

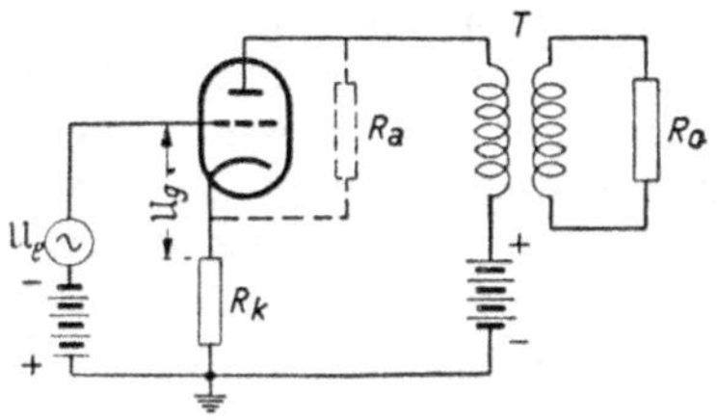

Abb. 106. Gegenkopplung mittels eines Widerstandes R_k in der Kathodenzuleitung. $\mathfrak{U}_e$ Eingangsspannung, $\mathfrak{U}_g$ Gitterspannung, T Transformator, R_0 Belastungswiderstand, R_a Anodenwiderstand der Röhre.

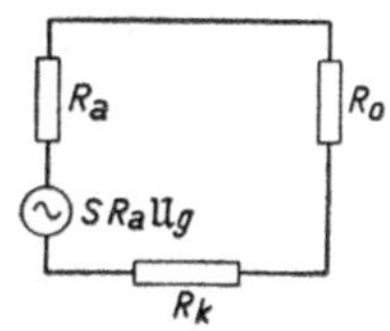

Abb. 107. Ersatzschaltbild für Abb. 106: Eine Spannungsquelle $SR_a\mathfrak{U}_g$ ist in Reihe mit R_a, R_0 und R_k geschaltet.

Wir berechnen diese Widerstandsänderung für einen vielfach angewandten Fall der Gegenkopplung, der in Abb. 106 dargestellt ist. Der Transformator T soll ideal sein und die Übersetzung 1 haben. Anodenseitig kann die Elektronenröhre durch eine Stromquelle $S\mathfrak{U}_g$ dargestellt werden, deren Strom durch die Parallelschaltung von R_0 und R_a (Anodenwiderstand oder innerer Widerstand der Röhre) und in Reihe mit R_k wieder zur Kathode zurückfließt. Wir fragen nach dem Widerstand, der infolge dieser Röhrenschaltung parallel zu R_0 auftritt, und nennen ihn den effektiven Anodenwiderstand R_a' der Schaltung.

Wir fassen die Röhre für die Berechnung als Spannungsquelle $SR_a\mathfrak{U}_g$ in Reihe mit den Widerständen R_a, R_0 und R_k auf (Abb. 107). Der Anodenstrom ist

$$\mathfrak{J}_a = SR_a\mathfrak{U}_g/(R_a + R_0 + R_k).$$

Da nach Abb. 106 gilt

$$\mathfrak{U}_e - \mathfrak{U}_g = \mathfrak{J}_a R_k,$$

erhalten wir

$$\mathfrak{J}_a = S\mathfrak{U}_e \frac{R_a}{R_a + R_0 + R_k + SR_kR_a}.$$

Für $R_0 \to \infty$ wird $\mathfrak{U}_0 = \mathfrak{J}_a R_0$ (Leerlaufspannung):

$$(\mathfrak{U}_0)_{R_0\to\infty} = S\mathfrak{U}_e R_a$$

und für $R_0 \to 0$ wird $\mathfrak{J}_a$ (Kurzschlußstrom):

$$(\mathfrak{J}_a)_{R_0\to 0} = S\mathfrak{U}_e \frac{R_a}{R_a + R_k + SR_kR_a}.$$

Das Verhältnis von Leerlaufspannung und Kurzschlußstrom ist der gesuchte Innenwiderstand R_a' (vgl. Abschn. A 1a):

$$R_a' = \frac{(\mathfrak{U}_0)_{R_0 \to \infty}}{(\mathfrak{J}_a)_{R_0 \to 0}} = R_a + R_k + S R_k R_a. \tag{C 2,2}$$

Der Innenwiderstand R_a' ist somit unter den obigen Voraussetzungen durch Anwendung der Gegenkopplung *größer* geworden als der Röhrenwiderstand R_a ohne Gegenkopplung.

Als Beispiel zu dieser Gegenkopplung betrachten wir die in Abb. 108 gezeichnete Schaltung einer Pentode. Hierbei ist angenommen, daß die durch das Produkt von Anodengleichstrom und Widerstand R_k bedingte negative Gleichspannung des Steuergitters gegenüber der Kathode größer ist, als für den Arbeitspunkt der Röhre vorgesehen. Folglich wird dem Steuergitter eine zusätzliche positive Spannung erteilt.

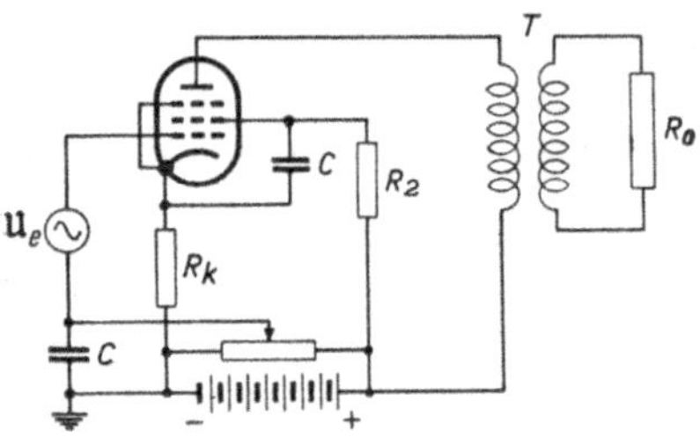

Abb. 108. Beispiel einer Gegenkopplungsschaltung mit einer Pentode. $\mathfrak{U}_e$ Eingangsspannung, C Blockkondensatoren (mehrere μF), R_k Kathodenwiderstand, R_2 Speisereihenwiderstand des Schirmgitters, T Transformator, R^0 Belastungswiderstand.

Wenn in einem Verstärker eine gewisse Störspannung erzeugt wird, die z. B. von dem Speisenetz des Gerätes herrührt, so kann diese Störspannung am Verstärkerausgang durch die angegebene Gegenkopplung im Verhältnis zur erwünschten Spannung verringert werden, und zwar im gleichen Maße wie die Verstärkung und wie die Verzerrungen. Als solche Störspannungen sind auch spontane Spannungs- und Stromschwankungen zu betrachten, die im Verstärker erzeugt werden (Rauschen). Vgl. auch Abschn. F 2aα.

Schrifttum: 10, 16, 20, 24, 110, 117, 131, 216, 252, 258, 329.

c) Störungsverringerung.

In analoger Weise, wie oben für die Verzerrungen ausgeführt wurde, können in vielen Fällen auch die bei Verstärkerstufen auftretenden Störungen durch geeignete Schaltmaßnahmen bekämpft werden. Beispiele hierzu werden im vorliegenden Abschnitt gegeben.

α) *Brummen und Krachen durch den Netztransformator.*

Bei Netzanschlußverstärkern werden die Gleichspannungen der Elektronenröhren durch Gleichrichterschaltungen erzeugt. Durch Unvollkommenheiten dieser Schaltungen sowie der Gerätegestaltung kann der Netzwechselstrom am Ausgang des Verstärkers (Lautsprecher) ein gewisses Brummen oder auch Krachen erzeugen. Eine wichtige Ursache für eine solches Brummen ist die magnetische Induktion (Kopplung durch magnetische Kraftlinien) vom Netztransformator (vgl. Abschn. B 3cβ) auf verschiedene Bauteile der Schaltung, wie Ausgangstransformator (vgl. Abschn. B 3cα), Lautsprecher, Drosselspulen, und auch auf das Innere der Röhren (magnetische Beeinflussung der Elektronenbewegung). Diese Störungen erfordern zu ihrer Beseitigung zunächst eine zweckmäßige Anordnung des Netztransformators im Gerät. Der *Abstand* des Netztransformators vom Ausgangstransformator sowie von anderen Niederfrequenztransformatoren und Spulen der Schaltung soll möglichst groß gewählt werden. Außer dem Abstand ist auch die gegenseitige *Lage* der Transformatoren und Spulen von größter Bedeutung. Diese soll derart gewählt werden, daß die Streukraftlinien des Netztransformators möglichst wenig Windungen der übrigen Transformatoren und Spulen schneiden. Man kann dies erreichen, indem die Wicklungsebenen der verschiedenen benachbarten Spulen senkrecht zueinander angeordnet werden. Auch soll verhütet werden, daß magnetische Streufelder der Netztransformatoren ins Innere von Elektronenröhren gelangen und dort durch direkte Steuerung der Elektronen Geräusche im Lautsprecher erzeugen.

Ein wirksames Mittel zur Unterdrückung der gegenseitigen Beeinflussung verschiedener Stromkreise (Induktion) besteht in der Einkapselung einzelner Bauteile. Dieses Mittel, das sowohl bei Niederfrequenz als auch bei Hochfrequenz angewandt wird, beruht darauf, daß ein elektromagnetisches Feld in einem massiven Leiter (z. B. Abschirmplatte), den es durchdringen soll, infolge der auftretenden Wirbelströme sehr geschwächt wird. Zahlenbeispiele für diese Schwächung gibt Abb. 109. Für eine Hohlkugel von 10 cm Halbmesser ist bei verschiedenen Materialien und Wandstärken die Schwächung (Neper) der elektrischen und magnetischen Feldstärken als Funktion der Frequenz angegeben. Offenbar kommen im Niederfrequenzgebiet nur ferromagnetische Wände in Frage, deren Stärke durchwegs über 1 mm liegen soll. Bei 100 Hz ergibt eine Wand von 1 mm Stärke aus Nickeleisen bereits eine mehr als zehnfache Schwächung des Feldes. Elektronenröhren mit Stahlhülle haben an sich oft bereits eine ausreichende Abschirmung gegen Streufelder.

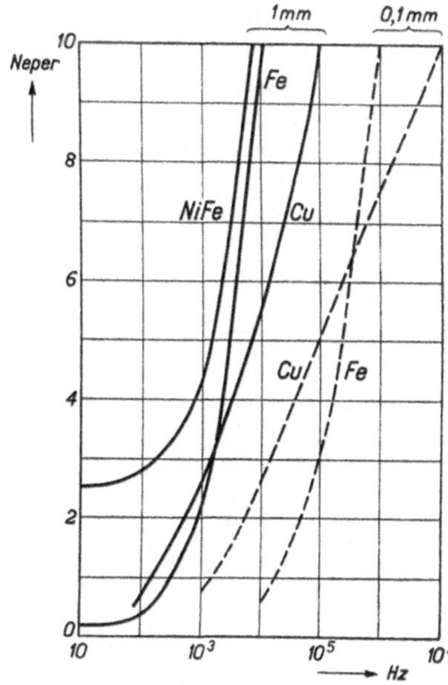

Abb. 109. Schwächung eines homogenen elektromagnetischen Feldes durch eine Kugel von 10 cm Halbmesser und verschiedener Dicke sowie verschiedenem Material. Nach Berechnungen von H. KADEN (Schrifttum 84). Vertikal: Verhältnis der Feldstärken außen und innen ausgedrückt in Neper. Horizontal: Frequenz (Hz).

Schrifttum: 55, 84, 123, 251, 320.

β) *Elektrodenbrummen und -krachen*

Durch die Welligkeit der Röhrenspeisespannungen, wie Anodenspannung, Schirmgitter-, Steuergitter- sowie Kathodenheizspannung, kann eine gewisse Wechselspannung auf diese Elektroden gelangen, die verstärkt zum Lautsprecher geführt wird. Die zu dieser Störung notwendige Kopplung zwischen den Wechselspannungsquellen der Störung und den Röhrenelektroden kann entweder durch die Schaltung direkt gegeben sein oder auf Streukapazitäten beruhen. Wir behandeln hierfür einige Beispiele. Eine *erschöpfende* Darstellung ist aus Raumgründen nicht beabsichtigt.

Das Anodenbrummen und -krachen kann durch eine Kapazität zwischen dem Heizfaden direkt oder indirekt geheizter Kathoden und der Anode entstehen. Wir nehmen an, daß die betreffende Anode für eine Lautsprecherleistung von 50 mW (vgl. Abschn. C2aβ) eine Wechselspannung von 0,40 V erhält. Dann darf die Störspannung von 500 Hz auf dieser Anode höchstens 0,10 mV betragen. Wir nehmen weiter an, zwischen der Anode und dem Gehäuse (Erde) sei für Wechselströme dieser Frequenzen ein Wirkwiderstand von 0,25 MOhm geschaltet. Wenn der Heizfaden eine Brummspannung $\mathfrak{U}_f = 10$ V (effektiv bei 50 Hz) gegen das Gehäuse führt, mit 3% Wechselspannungsanteil von 500 Hz (vgl. Abschn. C 2aβ), so errechnet sich die zulässige Kapazität C_{fa}, damit nur 0,10 mV Wechselspannung von 500 Hz auf die Anode gelangt, nach dem Schaltbild der Abb. 110 angenähert aus der Gleichung

$$\mathfrak{U}_a = 0{,}03\, \mathfrak{U}_f j\omega C_{fa} R_{ae}$$

zu $C_{fa} = 0{,}42$ pF. Es kommen in einigen Fällen noch andere Ursachen für ein Anodenbrummen infolge der Heizfadenwechselspannung in Betracht, z. B. mangelhafte Isolation zwischen Heizfaden und Anode, Steuerung des Elektronenstromes in den Röhren durch die Heizfadenwechselspannung (Heizfadenteile wirken als zusätzliche ,,Steuergitter"). Diese letzte Ursache fällt bei Verwendung geeigneter Röhren fort. Die Wirkung aller dieser Anodenbrummursachen wird verringert durch Herabsetzung des Widerstandes zwischen Anode und Gehäuse (R_{ae} in Abb. 110). Bei vielen dieser Ursachen wird die Wirkung durch Verringerung des Leitwertes (Kapazität oder Isolationsleitwert) zwischen Heizfaden und Anode herabgesetzt. Für die Schirmgitter gilt das gleiche wie für die Anoden.

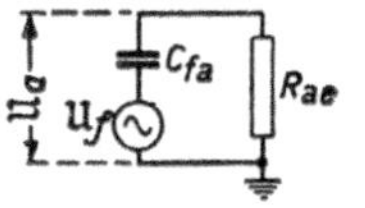

Abb. 110. Ersatzschaltbild zur Errechnung der Anodenbrummspannung $\mathfrak{U}_a$ bei gegebenen Werten der Heizfadenbrummspannung $\mathfrak{U}_f$ (gegen Erde oder Gehäuse), der Heizfaden-Anodenkapazität C_{fa} und des Widerstandes R_{ae} zwischen Anode und Erde oder Gehäuse.

Auch das Brummen und Krachen am Steuergitter kann die gleichen Ursachen haben, wie eben für die Anode angegeben (Leitwert zum Heizfaden). Weil aber am Steuergitter einer Röhre meistens eine kleinere Wechselspannung der erwünschten Frequenz vorhanden ist als auf der Anode, soll auch die Störspannung entsprechend geringer sein. Dementsprechend sind die genannten Leitwerte klein zu halten. Der Widerstand zwischen Steuergitter und Gehäuse soll nicht größer sein als unbedingt notwendig (vgl. R_{ae} in Abb. 110). Eine weitere mögliche Ursache: Elektronenemission vom Heizfaden indirekt geheizter Kathoden zum Gitter, ist bei guten Röhren so gering, daß hierdurch keine Störung auftritt.

In bezug auf das Kathodenbrummen (Störspannung zwischen indirekt geheizten Kathoden und Gehäuse) muß zunächst bemerkt werden, daß der Widerstand R_{ke} zwischen Kathode und Gehäuse in allen Schaltungen gering sein soll, weil zwischen Heizfaden und Kathode stets eine beträchtliche Kapazität und oft ein nicht sehr geringer Isolationsleitwert vorhanden ist. Werte von einigen hundert Ohm dürfen für den genannten Widerstand R_{ke} kaum überschritten werden, wie folgendes Beispiel lehrt: Der Isolationswiderstand Heizfaden—Kathode sei 1 MOhm, die Brummspannung am Heizfaden 10 V, mit 0,3 V Wechselspannung von 500 Hz. Auf der Kathode soll beispielsweise 0,1 mV Wechselspannung von 500 Hz gerade zulässig sein. Dann gilt:

$$R_{ke} \leqq \frac{0{,}1 \cdot 10^{-3} \cdot 10^6}{0{,}3} \sim 330 \text{ Ohm}.$$

Bei Röhren, deren Kathoden direkt geheizt werden, wo also der Heizfaden direkt Elektronen emittiert, kann bei Wechselstromheizung durch die geringe Wärmekapazität des Heizfadens die Emission mit der doppelten Netzfrequenz schwanken. Hierdurch wird im Anodenkreis ein entsprechender Wechselstrom dieser doppelten Netzfrequenz fließen. Moderne Verstärkerröhren (auch Leistungsverstärkerpentoden z. B.) sind oft mit *indirekt* geheizter Kathode ausgestattet, um diese Störungsursache zu vermeiden. Ferner ist bei direkt geheizten Kathoden darauf zu achten, daß die Eingangs- und die Ausgangswechselspannungsanschlüsse an der Kathodenmitte einerseits (oder einem äquivalenten Punkte der Schaltung) und an der betreffenden Elektrode andererseits liegen.

Die Gleichspannungen der Röhrenelektroden und namentlich der Steuergitter dürfen nur einen sehr geringen Welligkeitsanteil enthalten und müssen nach dem Netzgleichrichter sorgfältig gesiebt werden (vgl. Abschn. C 6bα).

Wenn am Ausgang des Verstärkers noch eine Brummspannung auftritt, so kann diese zum größten Teil ausgelöscht werden, indem man dem Ausgangstransformator mit richtiger Phase eine entsprechende Brummspannung vom Speisungsteil zuführt.

Früher zeigten Verstärker hier und da die Erscheinung, daß sie nach dem Einschalten nicht arbeiteten. Die Ursache dieses „Schalteffektes" lag in den Verstärkerröhren. Durch mangelhafte Einkapselung des Elektronenstromes konnten Elektronen auf Isolationsteile in der Röhre gelangen und dort Aufladungen zu hohen Potentialen verursachen, die ihrerseits zur Abriegelung des Hauptelektronenstromes führen konnten. Die heutigen Röhren bewährter Marken sind schalteffektfrei.

Schrifttum: 55.

γ) *Elektromagnetische Störkopplungen. Pfeifen.*

Im Abschn. C 2bγ haben wir die absichtliche Zurückführung eines Teiles der Ausgangsspannung eines Verstärkers zum Eingang zwecks Verzerrungsverringerung kennengelernt. Wir betrachten jetzt allgemein die möglichen Folgen einer solchen Kopplung, gleichgültig, ob sie bewußt oder ungewollt entstanden ist, für die Stabilität eines Verstärkers. Das Verhältnis der Ausgangsspannung $\mathfrak{U}_a$ zur Eingangsspannung $\mathfrak{U}_e$ ist:

$$\frac{\mathfrak{U}_a}{\mathfrak{U}_e} = \frac{\mathfrak{v}}{1 + \frac{\mathfrak{v}}{m}}. \tag{C 2,3}$$

Wenn $\mathfrak{v}/m = -1$ wird, erhält man eine unendlich große Verstärkung: bei ganz winzigen Eingangsspannungen infolge irgendwelcher Ursachen würden sich

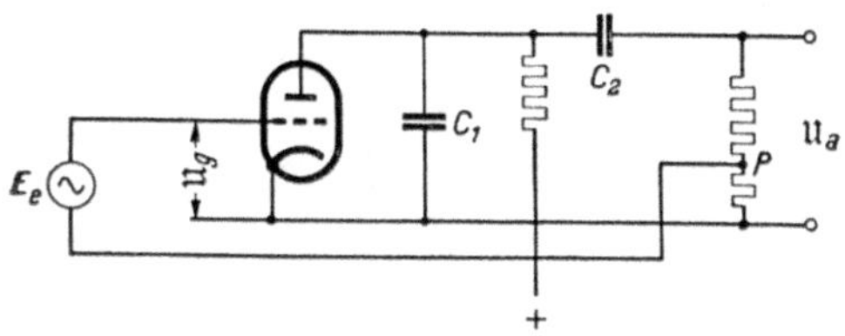

Abb. 111. Beispiel eines Widerstandsverstärkers mit Gegenkopplung. Eingangsspannung $\mathfrak{U}_e$, Gitterspannung $\mathfrak{U}_g$, Ausgangsspannung $\mathfrak{U}_a$, Parallelkapazität C_1, Reihenkapazität C_2.

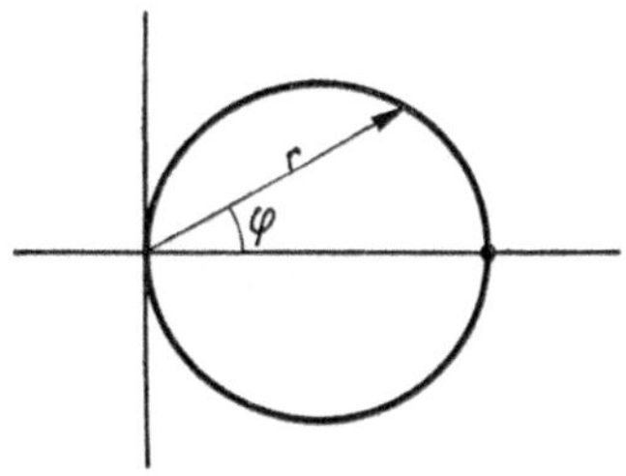

Abb. 112. Die Verstärkung $\mathfrak{v}$ des Verstärkers von Abb. 111 *ohne* Gegenkopplung (der Punkt P am unteren Ende des Ausgangswiderstandes) ist durch $\mathfrak{v} = re^{i\varphi}$ dargestellt. Darstellung von $\mathfrak{v}$ in der komplexen Ebene.

bereits Ausgangsspannungen endlicher Größe ergeben. Anders gesagt: Der Verstärker arbeitet nicht mehr stabil. Wenn man die möglichen freien Schwingungsarten eines Verstärkers betrachtet, so ist das elektrische System stabil, wenn diese Schwingungen alle gedämpft sind. Wenn $\mathfrak{v}/m = -1$ ist, treten ungedämpfte Schwingungen des Verstärkers auf.

Wir können die Größe $\mathfrak{v}/m$ in der komplexen Ebene für verschiedene Frequenzen aufzeichnen. Als Beispiel für ein solches Diagramm betrachten wir die Abb. 111 und 112. Der dargestellte Widerstandsverstärker arbeitet zunächst ohne Gegenkopplung. Für sehr niedrige Frequenzen stellt die Kapazität C_2 eine große Impedanz dar, $\mathfrak{v}$ geht im absoluten Betrag nach Null, und der Phasenwinkel φ von $\mathfrak{v}$ ist 90°. Für sehr hohe Frequenzen geht die Verstärkung $\mathfrak{v}$ infolge der Parallelkapazität C_1 ebenfalls in absolutem Betrag nach Null, und der Phasenwinkel von $\mathfrak{v}$ wird —90°, wie in Abb. 112 dargestellt. Wenn zwei Widerstandsverstärkerstufen hintereinandergeschaltet werden, entsteht für $\mathfrak{v}$ das in Abb. 113 gezeichnete Diagramm, da der Phasenwinkel für sehr niedrige Frequenzen gleich 180° und für sehr hohe Frequenzen gleich —180° wird, während der absolute Betrag von $\mathfrak{v}$ jedesmal Null wird. In analoger Weise können wir $\mathfrak{v}/m$ für jeden Verstärker berechnen und aufzeichnen. Hierbei ergibt sich für die Stabilität folgende Regel: *Liegt der Punkt —1 außerhalb des Kurvendiagramms, so ist der Verstärker stabil, liegt er innerhalb des Diagramms, so ist der Verstärker labil.* Demnach gehören Abb. 113 und 114a zu einem stabilen und Abb. 114b zu einem labilen Verstärker.

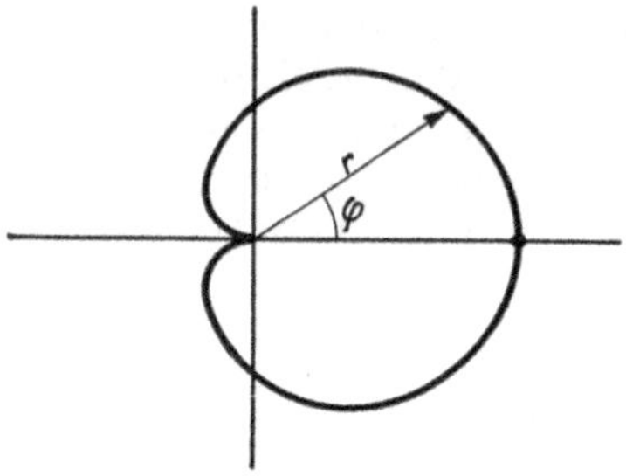

Abb. 113. Darstellung der Verstärkung in der komplexen Ebene für zwei Widerstandsstärkerstufen nach Abb. 111 in Reihe *ohne* Gegenkopplung.

Die Labilität eines Verstärkers äußert sich im Niederfrequenzgebiet durch das bekannte *Pfeifen* in einem Lautsprecher oder Kopfhörer. Nach den obigen Erläuterungen muß dies als Anfachung einer freien Schwingung des Verstärkers aufgefaßt werden, die sich schließlich auf eine gewisse Stärke einstellt, bei der die Anfachung gleich der Dämpfung ist. Wir haben einen besonderen Fall von Rückkopplung bereits in Abschn. A 2dα kennengelernt. Die Kopplung fand dabei durch die Gitter-Anodenkapazität statt, und bei Verwendung einer Selbstinduktion in der Anodenleitung entstand ein negativer Wirkwiderstand am Röhreneingang. Wenn an diesen Eingang ein Kreis angeschlossen ist, der für eine ihrer freien Schwingungsfrequenzen weniger Dämpfung hat als diesem

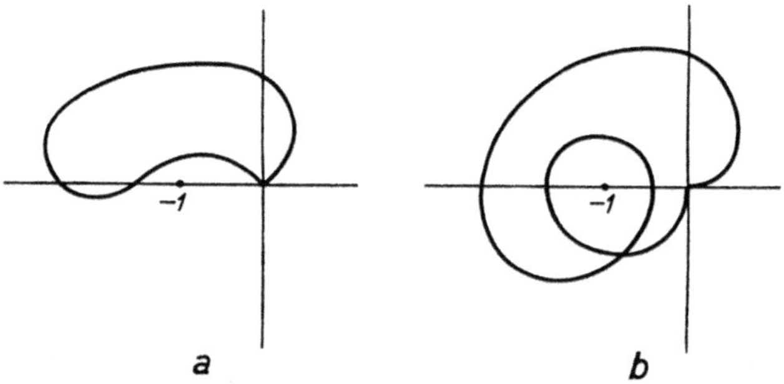

Abb. 114a u. b. Darstellung von $\mathfrak{v}/m$ in der komplexen Ebene. Der Fall a entspricht einem stabilen, der Fall b einem labilen System.

negativen Widerstand entspricht, so wird sich diese freie Schwingung bis zu einer Amplitude aufschaukeln, für die der genannte negative Widerstand infolge der Kennlinienkrümmungen bis auf einen Wert herabgesunken ist, welcher der genannten Dämpfung entspricht.

Damit dieses Pfeifen in Verstärkern vermieden wird, muß jede Kopplung vom Ausgang zum Eingang derselben Stufe oder zum Eingang einer vorhergehenden Stufe auf das geringste Maß verringert werden. Solche Kopplungen können z. B. entstehen durch kleine Kapazitäten zwischen Ausgang und Eingang (besonders gefährlich, wenn die Eingangs- und Ausgangskreise hohe Widerstände aufweisen), kleine magnetische Kopplungen (gegenseitigen Induktionen) zwischen Ausgangs- und Eingangskreis, Kopplungen infolge gemeinsamer Kabel und gemeinsamer Stromquellen verschiedener Stufen. Als Beispiel wählen wir einen Verstärker, dessen Eingangs- und Ausgangskreis je einen Widerstand R

von 1 kOhm hat. Für eine Frequenz von 16 kHz ergibt sich zwischen Ausgang und Eingang bei einer Kapazität C von 1 pF eine Rückkopplung:

$$\omega C R = 2\pi \cdot 16 \cdot 10^3 \cdot 10^{-12} \cdot 10^3 \approx 10^{-4}.$$

Dieser Wert entspricht etwa 80 Dezibel oder 9 Neper. Größer als diese Werte darf die Verstärkung also nicht sein, damit das Pfeifen mit Sicherheit vermieden wird. Wünscht man, daß die Rückkopplung z. B. nur 10% der Verstärkung beträgt, damit sie die Frequenzkennlinie des Verstärkers nicht zuviel beeinflußt, so wäre sogar nur etwa 1000fache Verstärkung (7 Neper) zulässig.

Das wichtigste Mittel zur Verringerung derartiger unerwünschter Rückkopplungen besteht in der Verwendung geerdeter Abschirmhüllen der empfindlichsten Verstärkerteile (Ausgang und Eingang). Für die Dicke und das Material der Hüllen verweisen wir nach Abb. 109. Die gemeinsamen Speiseleitungen verschiedener Stufen sollen bei jeder Stufe gut geerdet sein (große Kapazität, evtl. Elektrolytkondensator), und die weiteren Leitungsstücke sollen für Wechselspannungen der zu verstärkenden Frequenzen große Widerstände erhalten. Wir verweisen für diese Punkte nach Abschn. C 6b (Speisung).

δ) *Elektroakustische Störkopplungen. Klingen.*

Einzelne Bauteile eines Verstärkers (z. B. Widerstände, Transformatoren, Schalter, Kontaktstellen, Elektronenröhren) können ihre elektrischen Eigenschaften ändern, wenn sie sich in einem Schallwellenfeld befinden. In einem Verstärker können diese Schallwellen auf zwei Arten vom Lautsprecher zum betreffenden Bauteil gelangen: durch das Verstärkergehäuse hindurch (Körperschall) und durch die umgebende Luft. Wenn beispielsweise eine Kontaktstelle am Verstärkereingang von einem Gleichstrom durchflossen wird und infolge des Auftreffens solcher Schallwellen ihren Widerstand ändert, so entstehen winzige Spannungsschwankungen (Prinzip des Kohlemikrophons), die verstärkt wieder zum Lautsprecher gelangen. Durch genügend große Widerstandsänderungen und Spannungsschwankungen und ausreichende Verstärkung kann der Fall eintreten, daß der Lautsprecher stärker tönt, und dieser Vorgang kann sich aufschaukeln, bis eine Amplitude erreicht wird, für die infolge Kennlinienkrümmungen eine Dämpfung entsteht, welche gleich der Anfachung wird. Man nennt dies „Klingen" eines Verstärkers. Aus dem Obigen gehen zwei Bekämpfungsmittel hervor: 1. Die Bauteile unempfindlich gegen Schallwellen gestalten und anordnen. 2. Die Verstärkung nicht höher züchten, als aus anderen Gründen erforderlich ist. Da die Höchstverstärkung oft von vornherein festgelegt ist, bleibt als wichtigstes Mittel zur Verringerung dieser Störung das zuerstgenannte übrig. Hierbei können wieder zwei Wege gewählt werden: Unempfindlich gestalten der Bauteile an sich und Verringern des auf die Bauteile treffenden Schallfeldes, z. B. durch Vergrößerung der Entfernung zum Lautsprecher. Der erste Weg bedarf nur weniger Worte. Gute Bauteile mit festen Kontakten zeigen heute nur geringe Klingneigung. Transformatoren mit Blechkernen können erschütterungsempfindlich sein durch Änderung der Form (Luftspalt) oder durch Druckabhängigkeit der Permeabilität. Durch Anordnung an geeigneten Stellen, evtl. in akustisch abschirmenden Hüllen, kann das Übel beseitigt werden. Hier bleiben noch die Röhren, deren Klingneigung wir unten gesondert betrachten. Der zweite Weg beruht auf Erwägungen über die Schallfortpflanzung. Die Wellenlänge akustischer Schwingungen in Luft ist z. B. bei 2000 Hz etwa 15 cm, der Abstand zweier Punkte gegenphasiger Schwingung somit etwa 7,5 cm. Diese Längen sind von gleicher Größenordnung wie die Abmessungen eines Verstärkergerätes. Damit Klingen nach obiger Erläuterung einsetzt, muß die vom Lautsprecher erzeugte Schallschwingung mit richtiger Phase für die betreffende anfachungsfähige Frequenz auf den empfindlichen Verstärkerteil treffen. Diese Möglichkeit ist oft eher vorhanden, wenn die Phase der Schallschwingungen in Luft für benachbarte Punkte bereits stark verschieden ist. Wenn wir den Luftweg für diese Störkopplung durch Einkapselung möglichst gut sperren, so bleibt noch der Weg durch das Verstärkergehäuse. Hier ist aber die Wellenlänge z. B. etwa das Zehnfache des Wertes in Luft. Folglich kann die Phase der Störkopplung auf diesem Wege leichter so gewählt werden, daß für die betreffenden Frequenzen keine Anfachung stattfindet. Außerdem kann auch dieser Weg akustisch gesperrt werden, z. B. durch Einbau einer „Siebkette": Lautsprecher, Gerätewand, Gummi, Gerätegehäuse (Chassis), Gummi, empfindlicher Bauteil.

Wenn die übrigen Bauteile nur geringe Schallempfindlichkeit aufweisen, sind in manchen Fällen die Röhren die empfindlichsten Teile eines Gerätes. Wir betrachten die Erschütterungsempfindlichkeit von Elektronenröhren deshalb etwas ausführlicher. Als Beispiel wählen wir eine Schirmgitterröhre und setzen für den Anodenstrom I_a:

$$I_a = \text{Funktion von } (A\,U_a + G_2 U_2 + G\,U_g).$$

Hier ist U_a die Anodenspannung, U_2 die Schirmgitterspannung, U_g die Steuergitterspannung, während A, G_2 und G Größen sind, die direkt mit der Lage und mit den Abmessungen der Elektroden zusammenhängen. Bei festgehaltenen Spannungen können sie durch geringe Erschütterungen kleine Änderungen dA, dG_2 und dG erfahren. Wenn wir gleichzeitig auch den Spannungen kleine Änderungen dU_a, dU_2 und dU_g erteilen, entsteht für die Anodenstromänderung dI_a die Gleichung:

$$dI_a = F'A\,dU_a + F'G_2\,dU_2 + F'G\,dU_g + F'U_a\,dA + F'U_2\,dG_2 + F'U_g\,dG. \quad \text{(C 2,4)}$$

Nach der üblichen Definition gilt im Falle, daß nur U_g geändert wird:

$$dI_a = S\,dU_g, \quad \text{(C 2,5)}$$

wo S die Steilheit der Röhre darstellt, und im Falle, daß nur U_a geändert wird:

$$dI_a = \frac{1}{R_a}\,dU_a, \quad \text{(C 2,6)}$$

wo R_a den anodenseitigen Widerstand der Röhre (vgl. Abschn. A 2aβ u. δ) darstellt. Wenn wir diese Begriffe einführen und mit den Größen aus Gl. (2,4) vergleichen, ergibt sich:

$$F'G = S; \qquad F'A = \frac{1}{R_a}.$$

Wenn wir nun die Spannungen wieder unverändert lassen, vereinfacht sich Gl. (2,4) zu:

$$dI_a = \frac{U_a}{R_a}\frac{dA}{A} + S\,U_2\frac{dG_2}{G} + S\,U_g\frac{dG}{G}. \quad \text{(C 2,7)}$$

Aus dieser Gleichung kann zunächst der Schluß gezogen werden, daß Erschütterungen der Elektroden um so größere Anodenstromänderungen hervorrufen, je höher die Elektrodengleichspannungen sind. Diese Regel verdient namentlich bei der Schirmgitterspannung U_2 Berücksichtigung. Weiter ist bei einer gegebenen relativen Änderung dG/G die entsprechende Anodenstromänderung um so größer, je höher die Steilheit S ist. Wir können fragen, welche Steuergitterspannungsänderung dU_g der oben berechneten Anodenstromänderung entspricht:

$$dU_g = \frac{dI_a}{S} = \frac{U_a}{\mu}\frac{dA}{A} + U_2\frac{dG_2}{G} + U_g\frac{dG}{G}, \quad \text{(C 2,8)}$$

wo $\mu = R_a S$ meistens als „Verstärkungszahl" bezeichnet wird. Wenn wir also eine bestimmte Änderung von Röhrenabmessungen infolge Erschütterungen ins Auge fassen, können wir aus Gl. (2,8) die entsprechende Änderung $d\,U_g$ der Verstärkereingangsspannung berechnen. Diese Eingangsspannungsänderung wird im Verstärker zum Lautsprecher verstärkt, und wir müssen dann beurteilen, ob der entstehende Schall die betrachtete Änderung von A, G_2 oder G erzeugen kann. Hieraus geht hervor, daß *Verstärker klingempfindlicher sind, je höher das Verstärkungsmaß* ist. Röhrenhersteller geben oft Höchstverstärkungen hinter einem bestimmten Röhrentyp an, unterhalb denen die Röhren keine Klinggefahr für den Verstärker mehr ergeben.

Schrifttum 54, 209.

3. Vorverstärkerstufen.

Wir betrachten in diesem Abschnitt Verstärkerstufen im Sinne, der in Abschn. A 6a bereits dargelegt wurde, d. h. Stufen geringer Ausgangsleistung.

a) Verstärkung mit Trioden, Tetroden und Pentoden.

Bei der Verstärkung mit diesen Röhren nehmen wir im vorliegenden Abschnitt 3a an, daß *nur* das Steuergitter und die Anode Nutzwechselspannungen gegen das Gehäuse (Erde) führen, während bei Tetroden das Schirmgitter und bei Pentoden das Schirmgitter und das Bremsgitter keine solche Wechselspannungen gegen das Gehäuse aufweisen.

α) *Widerstandsverstärkung.*

Das Schaltbild einer Widerstandsverstärkerstufe mit einer Triode ist in Abb. 115 dargestellt. Durch die Wechselspannung $\mathfrak{U}$ einer Spannungsquelle mit dem Quellen-

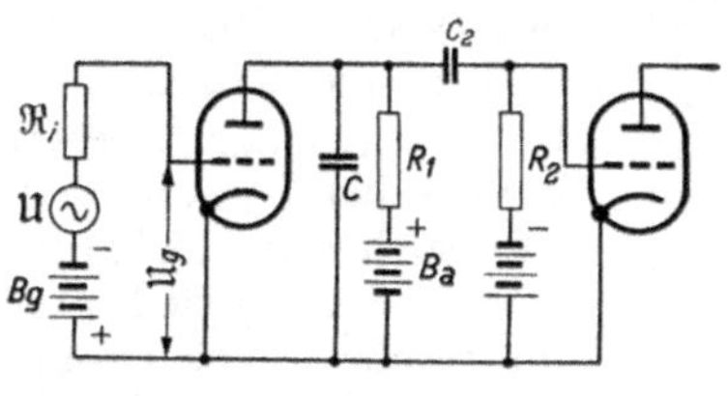

Abb. 115. Schaltbild einer Widerstandsverstärkerstufe. Von der zweiten Röhre ist nur die Eingangsschaltung angegeben worden. B_g Gittergleichspannung, B_a Anodengleichspannung.

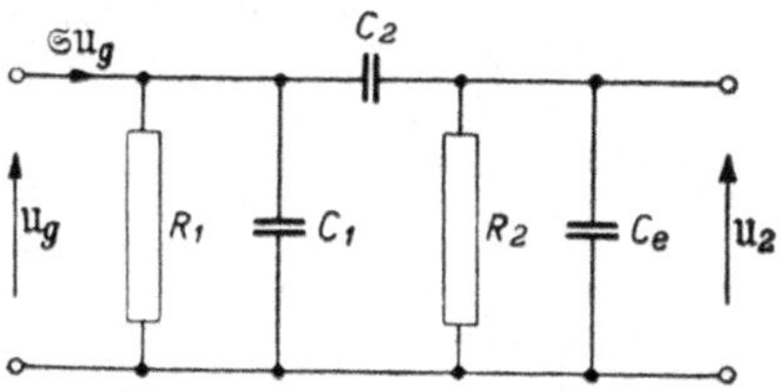

Abb. 116. Ersatzschaltbild der Verstärkerstufe von Abb. 115. Der Eingangsstrom ist gleich $S\mathfrak{U}_g$ gesetzt worden. Weitere Beschreibung im Text.

widerstand $\mathfrak{R}_i$ gelangt zwischen Steuergitter und Kathode eine Wechselspannung $\mathfrak{U}_g$. Diese wird in der Röhre zur Anode „verstärkt" und erzeugt eine Wechselspannung über dem Widerstand R_1 im Anodenkreis. Diese Wechselspannung gelangt über den Reihenkondensator C_2 zwischen Steuergitter und Kathode der nächsten Verstärkerröhre. Wir können die Wirkung der gezeichneten Verstärkerstufe an Hand des Schaltbildes 116 behandeln. Der Anodenkreis der ersten Röhre wird durch eine Stromquelle $S\,\mathfrak{U}_g$, der Anodenwiderstand R_a der Röhre parallel zum Widerstand im äußeren Kreis durch R_1 dargestellt. Die Kapazität von Anode zur Kathode sowie die Gesamtkapazität der Anodenzuleitungen im Verstärker gegen die Kathodenleitung werden in Parallelschaltung durch C_1 dargestellt. Am Eingang der nächsten Röhre befindet sich der Widerstand R_2 (Gitterableitwiderstand) und die Gesamteingangskapazität (einschließlich Kapazität der Zuleitungen) C_e.

Als 1. Fall sollen folgende Voraussetzungen erfüllt sein (Abb. 116):

(C 3, 1) $$R_1 \ll R_2; \quad C_e \ll C_1; \quad C_e \ll C_2.$$

Mit den Abkürzungen:

(C 3, 2) $$\omega_o = \frac{1}{R_1 C_1}; \quad \omega_u = \frac{1}{R_2 C_2}; \quad y = \frac{\omega}{\sqrt{\omega_o \omega_u}}$$

ergibt sich bei Vernachlässigung von R_1/R_2, C_e/C_1 und C_e/C_2 gegen 1:

(C 3, 3) $$\mathfrak{V} = |\mathfrak{V}|\, e^{j\varphi} = \frac{\mathfrak{U}_2}{\mathfrak{U}_g} = j S R_1 \sqrt{\frac{\omega_o}{\omega_u}} \frac{y}{\left(y - j\sqrt{\frac{\omega_o}{\omega_u}}\right)\left(y - j\sqrt{\frac{\omega_u}{\omega_o}}\right)}$$

und diesen Ausdruck bezeichnen wir als *Verstärkung* $\mathfrak{V}$ der Stufe. Der Betrag $|\mathfrak{V}|/S R_1$ und der Phasenwinkel φ der Verstärkung sind in Abb. 117 für verschiedene Werte ω_u/ω_o gezeichnet worden. Horizontal ist hier die Größe y benutzt worden. Bei Verwendung des gewählten horizontalen Maßstabes werden die $|\mathfrak{V}|/S R_1$-Kurven symmetrisch in bezug auf $y = 1$. Aus Abb. 117 ist die Bedeutung der Größen ω_u und ω_o zu erkennen. Für $\omega = \omega_u$ wird $y = (\omega_u/\omega_o)^{1/2}$. Betrachten wir nun die Kurve zu einem bestimmten Wert des Verhältnisses ω_u/ω_o, so ergibt sich, daß diese Kurve für $y = (\omega_u/\omega_o)^{1/2}$ bereits erheblich herabgesunken ist im Vergleich zum Höchstwert für $y = 1$. Analog ist für $\omega = \omega_o$ die Größe y gleich $(\omega_o/\omega_u)^{1/2}$, und für diesen y-Wert ist eine Kurve zum betreffenden Verhältnis ω_u/ω_o auch bereits wesentlich herabgesunken gegen den Höchstwert für $y = 1$.

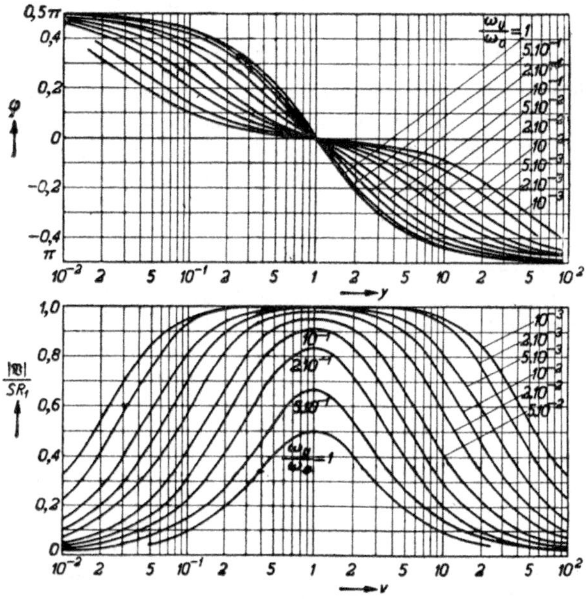

Abb. 117. Phasenwinkel und Betrag der Verstärkung einer Widerstandsverstärkerstufe nach Abb. 116 und nach (Gl. C 3,1) bis C 3,3 als Funktion der dimensionslosen Größe y nach Gl. (C 3,2). Der Parameter ist ω_u/ω_o.

Wir nennen ω_u die untere und ω_o die obere Grenzkreisfrequenz, weil für ω-Werte zwischen diesen Grenzen die Verstärkung $\mathfrak{V}$ im Betrag sich nicht sehr erheblich mit der Frequenz ändert. Diese Grenzen bestimmen demnach einen Frequenzbereich angenähert frequenzunabhängiger Verstärkung.

Als 2. Fall lassen wir die Bedingung $R_1 \ll R_2$ aus Gl. (C 3, 1) fort. Wir können dann für die Verstärkung $\mathfrak{V} = \mathfrak{U}_2/\mathfrak{U}_g$ eine Formel ableiten, welche fast die gleiche Gestalt hat wie (C 3, 1):

(C 3, 4) $$\mathfrak{V} = \frac{\mathfrak{U}_2}{\mathfrak{U}_g} = j S R_1 \sqrt{\frac{\omega_o'}{\omega_u'}} \frac{y' \frac{\omega_o}{\omega_o'}}{\left(y' - j\sqrt{\frac{\omega_o'}{\omega_u'}}\right)\left(y' - j\sqrt{\frac{\omega_u'}{\omega_o'}}\right)}.$$

Hierin sind folgende neue Größen eingeführt:

$$\text{(C 3,5)} \qquad \frac{\omega_u'}{\omega_o'} = \frac{1 + \frac{\omega_u}{\omega_o} + \frac{R_1}{R_2} - \sqrt{\left(1 - \frac{\omega_u}{\omega_o}\right)^2 + \left(\frac{R_1}{R_2}\right)^2 + 2\frac{R_1}{R_2} + 2\frac{\omega_u}{\omega_o}\frac{R_1}{R_2}}}{1 + \frac{\omega_u}{\omega_o} + \frac{R_1}{R_2} + \sqrt{\left(1 - \frac{\omega_u}{\omega_o}\right)^2 + \left(\frac{R_1}{R_2}\right)^2 + 2\frac{R_1}{R_2} + 2\frac{\omega_u}{\omega_o}\frac{R_1}{R_2}}};$$

$$\text{(C 3,6)} \qquad \frac{\omega_o}{\omega_o'} = \frac{2}{1 + \frac{\omega_u}{\omega_o} + \frac{R_1}{R_2} + \sqrt{\left(1 - \frac{\omega_u}{\omega_o}\right)^2 + \left(\frac{R_1}{R_2}\right)^2 + 2\frac{R_1}{R_2} + 2\frac{\omega_u}{\omega_o}\frac{R_1}{R_2}}};$$

$$\text{(C 3,7)} \qquad y' = \frac{\omega}{\sqrt{\omega_u'\omega_o'}}.$$

Offenbar gelten für $R_1/R_2 \to 0$ die Beziehungen $\omega_o' \to \omega_o$, $\omega_u' \to \omega_u$. Zur Berechnung der Verstärkung aus (C 3,4) haben wir das Verhältnis ω_u'/ω_o' als Funk-

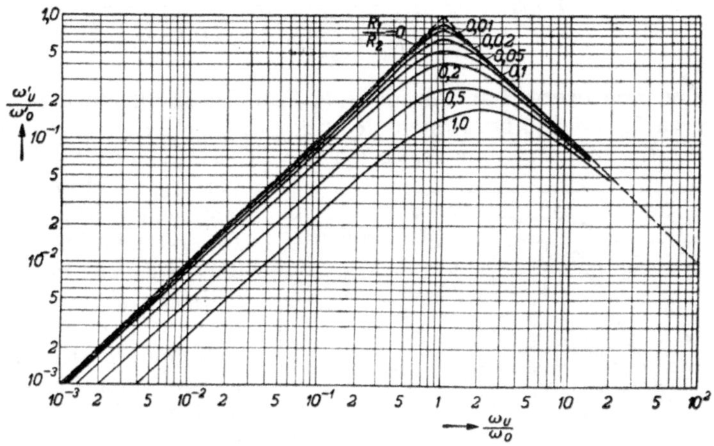

Abb. 118. Darstellung des Verhältnisses ω_u'/ω_o' nach Gl. (C 3,5) als Funktion von ω_u/ω_o mit R_1/R_2 als Parameter.

tion des Verhältnisses ω_u/ω_o für mehrere Werte R_1/R_2 in Abb. 118 nach Gl. (C 3,5) gezeichnet, während das Verhältnis ω_o/ω_o' nach Gl. (C 3,6) in Abb. 119 als Funk-

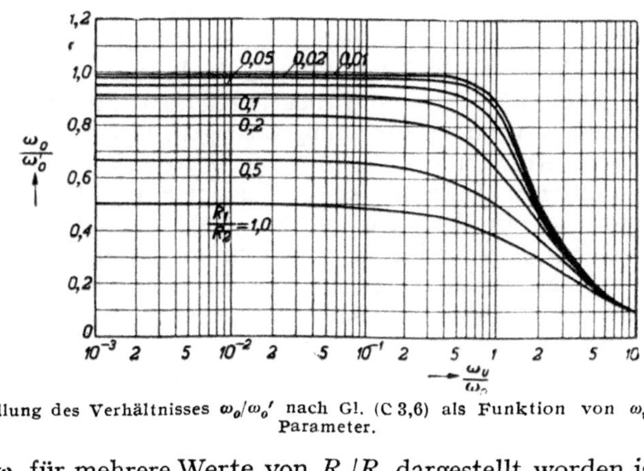

Abb. 119. Darstellung des Verhältnisses ω_o/ω_o' nach Gl. (C 3,6) als Funktion von ω_u/ω_o mit R_1/R_2 als Parameter.

tion von ω_u/ω_o für mehrere Werte von R_1/R_2 dargestellt worden ist. Wir können die Abb. 117 zur Berechnung von $\mathfrak{V}$ benutzen, indem horizontal die Größe y

durch y' ersetzt wird und die Ordinatenwerte mit ω_0/ω_0' nach Abb. 119 multipliziert werden. Offenbar haben ω_0' und ω_u' nicht mehr eine analog einfache Bedeutung wie ω_0 und ω_u. Weiter ist aus Abb. 119 und 117 zu ersehen, daß durch Steigerung von R_1/R_2 eine Verringerung des Verstärkungsbetrages stattfindet. Im Bereich $\omega_u/\omega_0 > 1$ ist diese Verringerung beträchtlicher als für $\omega_u/\omega_0 < 1$.

β) *Einfluß von Schaltungskapazitäten.*

Wir haben bis jetzt nach Gl. (C 3,1) vorausgesetzt, daß die Kapazität C_e des Schaltbildes 116 vernachlässigbar klein ist in bezug auf C_2 und auf C_1. In einigen Fällen ist diese Voraussetzung nicht erfüllt, und es sollen hier die Änderungen behandelt werden, welche die obige Formel (C 3,3) erfährt, wenn wir sie fallen lassen. Wir erhalten dann:

$$\mathfrak{V} = \frac{\mathfrak{U}_2}{\mathfrak{U}_g} = j\,S\,R_1 \frac{y\sqrt{\frac{\omega_0}{\omega_u}}}{y^2\left(1+\frac{C_e}{C_2}+\frac{C_e}{C_1}\right) - 1 - \left(1+\frac{R_1}{R_2}+\frac{\omega_u}{\omega_0}+\frac{C_e}{C_2}\right) j\,y\sqrt{\frac{\omega_0}{\omega_u}}}, \tag{C 3,8}$$

wo y dieselbe Bedeutung hat wie in Gl. (C 3,2). Diese allgemeingültige Formel betrachten wir für zwei Fälle. Erstens $R_1 \ll R_2$, $C_e \ll C_2$, C_2 von gleicher Größenordnung wie C_1 und zweitens $R_1 \ll R_2$, $C_e = C_2 = C_1$. Für zwei Verhältnisse von ω_u/ω_0 sind in Abb. 120 entsprechende Kurven gezeichnet. Im ersten Fall ist die Änderung der Kurven gegenüber dem früheren Fall nach Gl. (C 3,1) für $y < 1$ gering. Im zweiten Fall ändert sich dagegen der Kurvenverlauf im ganzen y-Bereich mit Ausnahme der Werte $y \ll 1$.

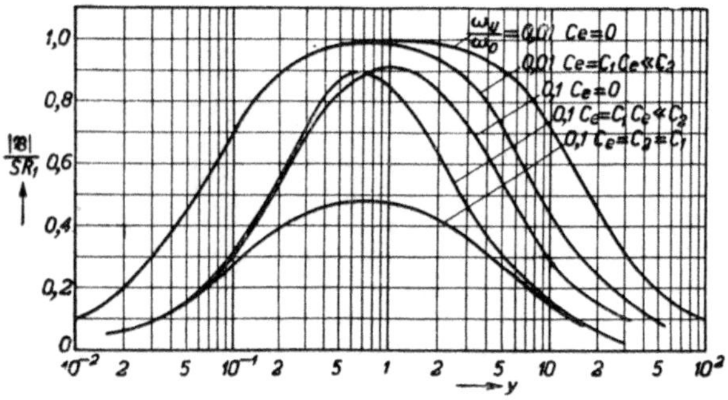

Abb. 120. Kurven zur Erläuterung des Einflusses der Schaltkapazitäten auf den Betrag der Verstärkung. Beschreibung im Text.

Wenn Röhren mit indirekt geheizter Kathode in Verstärkern verwendet werden, benutzt man oft einen Widerstand zwischen Gehäuse und Kathode, der vom Kathodengleichstrom durchflossen wird. Hierdurch erhält das Steuergitter automatisch eine negative Vorspannung in bezug auf die Kathode. Die Schaltung ist in Abb. 121a für eine Triode gezeichnet. Hierbei ist zur Vereinfachung der Innenwiderstand des Spannungserzeugers $\mathfrak{U}$ fortgelassen. Der Widerstand R_k wird vom Kondensator C_k überbrückt, der für alle Frequenzen im obengenannten mittleren Bereich der Ungleichung $\omega C_k R_k \gg 1$ genügt. Da außerdem C_k groß ist im Vergleich zur Eingangskapazität der Röhre, ist in diesem mittleren Frequenzbereich $\mathfrak{U}$ praktisch gleich $\mathfrak{U}_g$. Für sehr niedrige Frequenzen ist die obige Ungleichung aber oft nicht mehr erfüllt. Das der Abb. 121a entsprechende Ersatzschaltbild ist in Abb. 121b gezeichnet. Wenn $\mathfrak{J}$ der Wechselstrom durch R_1 ist, so gilt offenbar

$$\mathfrak{U} = \mathfrak{U}_g - \mathfrak{J}\left(\frac{1}{R_k} + j\,\omega C_k\right)^{-1} \tag{C 3,9}$$

und für $R_1 \gg R_k$:

$$\mathfrak{J} = -S\,\mathfrak{U}_g \frac{R_a}{R_1 + R_a}, \tag{C 3,10}$$

also

$$\text{(C 3,11)} \qquad \mathfrak{U} = \mathfrak{U}_g \left[1 + S \frac{R_a}{R_1 + R_a} \left(\frac{1}{R_k} + j\omega C_k\right)^{-1}\right].$$

Im Falle, daß $\omega R_k C_k \gg 1$ wäre, würde $\mathfrak{U} = \mathfrak{U}_g$ sein. Folglich muß die Eingangsspannung, damit an den Klemmen von R_1 die gleiche Ausgangsspannung

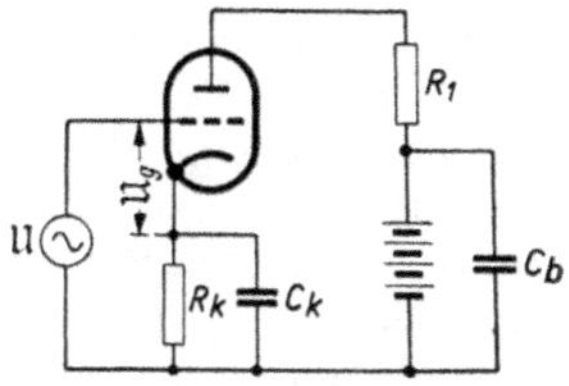

Abb. 121a. Schaltbild einer Triode mit indirekt geheizter Kathode, wobei zur Erzeugung der negativen Gittervorspannung zwischen Kathode und Gehäuse (Erde) ein Widerstand R_k, überbrückt durch eine Kapazität C_k, geschaltet ist, der vom Anodenstrom durchflossen wird.

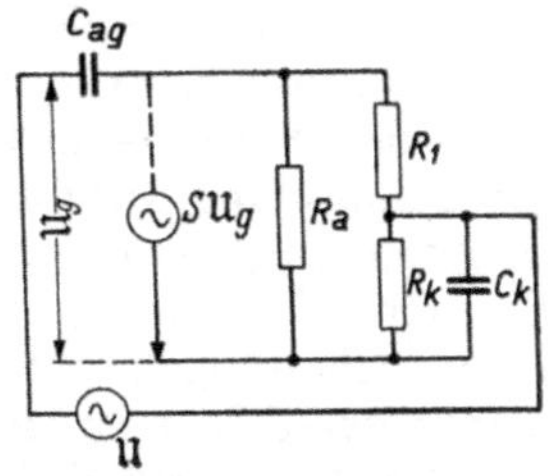

Abb. 121b. Ersatzschaltbild zur Abb. 121a. Die Röhre ist anodenseitig durch eine Stromquelle $S\mathfrak{U}_g$ ersetzt (die einen sehr großen inneren Widerstand hat, wie der gestrichelte Weg der Abbildung andeuten soll) und durch einen Widerstand R_a.

erhalten wird wie im genannten Falle, mit dem Faktor in eckigen Klammern multipliziert werden. Mit der Abkürzung $S_d = S R_a/(R_1 + R_a)$ ist somit die Verstärkung mit dem Faktor

(C 3,12)
$$F_1 = \frac{1}{1 + S_d \dfrac{R_k}{1 + j\omega C_k R_k}}$$

multipliziert worden. Der absolute Wert dieses Faktors

(C 3,13)
$$|F_1| = \frac{\sqrt{1 + \omega^2 C_k^2 R_k^2}}{\sqrt{(1 + S_d R_k)^2 + \omega^2 C_k^2 R_k^2}}$$

gibt also die Schwächung und den neu in die Schaltung durch R_k und C_k hineingetragenen Frequenzgang an. Dieser Wert (3,13) ist in Abb. 122 für zwei Werte von $S_d R_k$ als Funktion der Frequenz dargestellt. Diese Abbildung erlaubt, C_k in bezug auf R_k so zu wählen, daß kein unerwünschter Frequenzgang der Verstärkung bei niedrigen Frequenzen auftritt, wodurch die untere Grenzfrequenz der Verstärkerstufe herabgesetzt werden könnte. Da C_k im Grunde genommen immer so weit

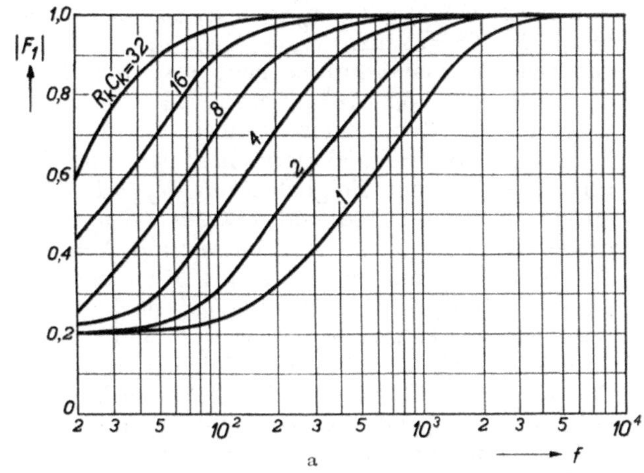

a

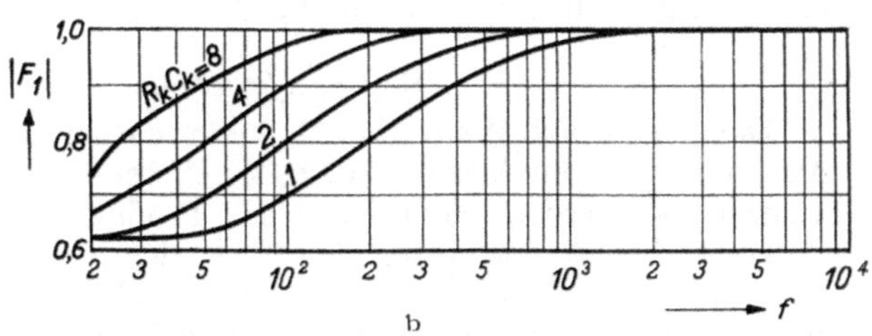

b

Abb. 122a u. b. Wert des Schwächungsfaktors $|F_1|$ nach Gl. (3, 13) (vertikal) als Funktion der Frequenz bei verschiedenen Werten von $R_k C_k$ (Abb. 121a). Der Widerstand R_k ist in kOhm, die Kapazität C_k in μF ausgedrückt. Abb. 122a gilt für $R_k S_d = 4$, wo $S_d = S R_a/(R_1 + R_a)$ ist und in mA/V ausgedrückt wird. Abbildung 122b gilt für $R_k S_d = 0{,}6$. Für kleinere Werte $S_d R_k$ wird offenbar die Schwächung geringer.

vergrößert werden kann, daß diese Frequenzgrenze genügend herabgesetzt wird, handelt es sich hier ebensowenig wie bei der oben zuerst behandelten unteren Grenzfrequenz um eine wesentliche Grenze.

γ) *Vorausberechnung von Widerstandsverstärkerstufen.*

In unseren Schaltbildern 115 und 116 setzt sich der Widerstand R_1 aus der Parallelschaltung des Anodenwiderstandes der Röhre und des Widerstandes im äußeren Kreis zwischen Anode und Kathode zusammen. Der Anodenwiderstand liegt bei Trioden meistens in der Größenordnung 10^4 Ohm, bei Pentoden dagegen in der Größenordnung 10^6 Ohm. Der Wert R_1 wird möglichst groß gewählt, da die Verstärkung in jedem Falle proportional zum Produkt SR_1 ist. Ein zu hoher Wert R_1 führt aber bei gegebenem C_1 (Anodenausgangskapazität der Röhre parallel zur Schaltungskapazität) zu einem kleinen Wert ω_o, d. h. unter den Voraussetzungen (C 3,1) zu einem niedrigen Wert der oberen Grenzkreisfrequenz. Andrerseits wird C_2 möglichst hoch gewählt, damit die untere Kreisfrequenz ω_u nach (C 3,2) den Forderungen gemäß genügend niedrig liegt. Auch R_2 wird aus diesem Grunde möglichst hoch gewählt. Dieser Widerstand darf in vielen Fällen aus röhrentechnischen Erwägungen nicht viel über 10^6 Ohm liegen. Wir wollen nun an einigen Beispielen zeigen, wie bei diesen Forderungen eine geeignete Kompromißlösung ermittelt werden kann.

Als erstes Beispiel betrachten wir eine Triodenstufe mit dem Widerstand R_1 gleich 10^4 Ohm, während R_2 gleich 10^6 Ohm sein soll. Folglich ist $R_1/R_2 = 10^{-2}$, und nach (C 3,5) gilt: $\omega_u'/\omega_o' \approx \omega_u/\omega_o$. Die untere Grenzfrequenz sei 50 Hz, die obere $5 \cdot 10^4$ Hz, also $\omega_u = 314$, $\omega_o = 314 \cdot 10^3$ und $\omega_u/\omega_o = 10^{-3}$. Die zugehörige Frequenzkennlinie geht aus Abb. 117 hervor. Die Kapazität C_2 wird: $C_2 = 1/\omega_u R_2 = 3{,}2 \cdot 10^3$ pF und $C_1 = 1/\omega_o R_1 \approx 320$ pF. Die Verstärkung beträgt für $y = 1$ bei einer Steilheit $S = 2$ mA/V: $SR_1 = 20$.

Als zweites Beispiel betrachten wir eine Pentodenstufe mit $R_1 = 10^5$ Ohm und $R_2 = 10^6$ Ohm. Folglich ist $R_1/R_2 = 10^{-1}$, und für $\omega_u'/\omega_o' = 10^{-3}$ (dies entspricht nach Abb. 118 und 117 etwa dem gleichen Verhältnis von unterer zu oberer Grenzfrequenz) erhalten wir aus Abb. 118 den Wert: $\omega_u/\omega_o = 1{,}15 \cdot 10^{-3}$. Der Wert ω_u kann wieder gleich 314 gesetzt werden, und hieraus ergibt sich $C_2 = 3{,}2 \cdot 10^3$ pF. Der Wert ω_o/ω_o' nach (C 3,6) ergibt sich aus Abb. 119 zu 0,91. Das Verhältnis ω_u/ω_o' wird $1{,}15 \cdot 10^{-3} \cdot 0{,}91 \approx 1{,}05 \cdot 10^{-3}$. Die Größe ω_o wird $314 \cdot 10^3/1{,}15 \approx 27 \cdot 10^4$. Folglich ergibt sich $C_1 = 1/27 \cdot 10^4 \cdot 10^5 = 37$ pF. Die Kapazität C_e ist von der Größenordnung 10 pF und somit in beiden Beispielen gegen C_1 und C_2 zu vernachlässigen. Die Verstärkung beträgt im Pentodenfall bei einer Steilheit von 2 mA/V: $SR_1\omega_o/\omega_o' = 2 \cdot 10^{-3} \cdot 10^5 \cdot 0{,}91 \approx 180$.

Die Abb. 120, 119, 118 und 117 erlauben in praktisch jedem vorliegenden Fall unmittelbar die Bestimmung der Größen einer Widerstandsverstärkerstufe.

δ) *Transformatorverstärkerstufen.*

Das Schaltbild 123a einer Transformatorverstärkerstufe kann an Hand der Ausführungen von Abschn. A 1 bε zu einem leicht berechenbaren Schaltbild 123b umgestaltet werden. Hier ist μ das Produkt der Steilheit S und des Anodenwiderstandes R_a der ersten Triode, r_1 der Reihenwiderstand der Eingangswicklung, L_{s1} die Streuinduktivität dieser Wicklung, C_1 ihre Kapazität parallel zur Schaltkapazität der übrigen Schaltung und zur Ausgangskapazität der ersten Röhre, L_1 die Induktivität der Eingangstransformatorwicklung, w_1 die Windungszahl der Eingangswicklung und w_2 jene der Ausgangswicklung, L_{s2} die Streuinduktivität der Ausgangswicklung, r_2 ihr Reihenwiderstand und C_2 ihre Kapazität parallel zur übrigen Schaltkapazität am Eingang der zweiten

Röhre und zur Eingangskapazität dieser Röhre. Das Verhältnis der Eingangsspannung $\mathfrak{U}_2$ der zweiten Stufe zur Eingangsspannung $\mathfrak{U}_g$ der ersten Stufe wird:

$$(\text{C }3,14)\quad \mathfrak{V} = \frac{\mathfrak{U}_2}{\mathfrak{U}_g} = \frac{j\,\omega\,\mu\,\frac{w_2}{w_1}}{-(R_a + r_1 + r_2' + j\,\omega\,L_s)\,\omega^2 C_2' + (R_a + r_1 + j\,\omega\,L_{s1})\left(\frac{1}{L_1} - \omega^2 C_1\right) \times (1 + j\,\omega\,C_2' r_2' - \omega^2 C_2' L_{s2}') + j\,\omega},$$

wo:

$$(\text{C }3,15)\quad \begin{cases} r = r_1 + r_2' = r_1 + \left(\frac{w_1}{w_2}\right)^2 r_2\,; \quad L_s = L_{s1} + L_{s2}' = L_{s1} + \left(\frac{w_1}{w_2}\right)^2 L_{s2}\,; \\ C_2' = \left(\frac{w_2}{w_1}\right)^2 C_2\,. \end{cases}$$

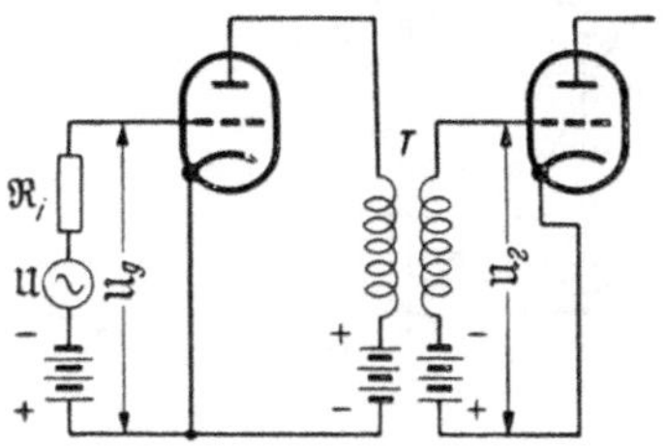

Abb. 123a. Schaltbild einer Transformator-Verstärkerstufe.

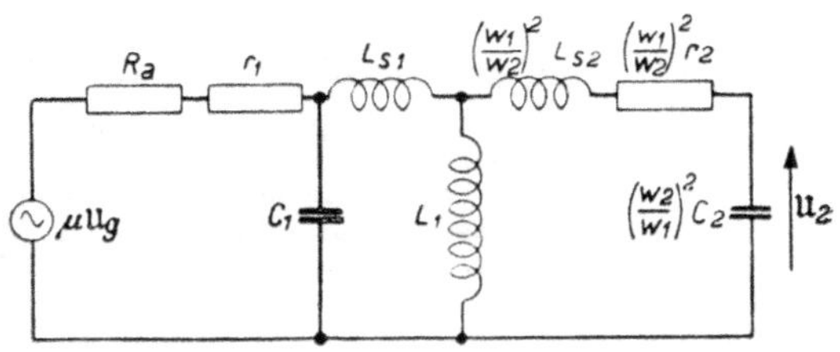

Abb. 123b. Ersatzschaltbild der Stufe von Abb. 123a.

Wir führen folgende, praktisch oft zutreffende Voraussetzungen ein:

$$(\text{C }3,16)\quad \frac{L_{s1}}{L_1} \ll 1\,; \quad \omega^2 C_1 L_1 \ll 1\,; \quad \omega C_2' r_2' \ll 1\,; \quad \omega^2 C_2' L_{s2}' \ll 1\,.$$

Dann geht (C 3,14) über in:

$$(\text{C }3,17)\quad \mathfrak{V} = \frac{\mu\left(\frac{w_2}{w_1}\right) j\,\omega}{\frac{R_a + r_1}{L_1} + j\,\omega - \omega^2\left(\frac{w_2}{w_1}\right)^2 C_2 (R_a + r) - j\,\omega^3 C_2' L_s}\,.$$

Zur weiteren Betrachtung dieses Ausdrucks ist es nützlich, folgende Bezeichnungen einzuführen:

$$(\text{C }3,18)\quad \omega_0^2 = \frac{1}{L_s C_2'}\,; \quad \omega_u = \frac{R_a + r_1}{L_1}\,.$$

Im Bereich niedriger Frequenzen kommen im Nenner von (C 3,17) nur die ersten beiden Glieder in Betracht. Hieraus geht hervor, daß ω_u den Charakter einer *unteren Grenzkreisfrequenz* hat. Für höhere Kreisfrequenzen als ω_0 sinkt der Betrag von $\mathfrak{V}$ als Funktion von ω rasch herab. Demnach hat ω_0 den Charakter einer *oberen Grenzkreisfrequenz*. Mit den weiteren Abkürzungen:

$$(\text{C }3,19)\quad x = \frac{\omega}{\omega_0}\,; \quad \frac{L_s}{L_1} = s\,,$$

erhalten wir an Stelle von (C 3,17) unter Berücksichtigung von (C 3,16):

$$(\text{C }3,20)\quad \mathfrak{V} = |\mathfrak{V}|\,e^{j\varphi} = \frac{\mu\,\frac{w_2}{w_1}\,j\,x}{\frac{\omega_u}{\omega_0}\left\{1 - \frac{x^2}{s^2}\left(1 + \frac{r_2'}{R_a + r_1}\right)\right\} + j\,x\,(x^2 - 1)}\,.$$

Der Frequenzgang des Betrages $|\mathfrak{V}|$ und des Phasenwinkels φ der Verstärkung $\mathfrak{V}$ kann aus dieser Gleichung unmittelbar berechnet werden. Als Parameter gehen in diese Frequenzkennlinien die Größen: ω_u/ω_0, s und $r_2'/(R_a + r_1)$ ein. In praktischen Fällen liegt die meistens als „Streuung" bezeichnete Größe s oft zwischen etwa 10^{-4} und 10^{-1}. Wir wählen für die Kurvenbilder $s = 10^{-3}$ und $s = 10^{-2}$. Für das Verhältnis $r_2'/(R_a + r_1)$ wählen wir 0, 0,2 und 0,5. Für den dritten Parameter ω_u/ω_0 wählen wir die Werte: 10^{-3}; $2 \cdot 10^{-3}$; 10^{-2}; $2 \cdot 10^{-2}$ und 10^{-1}. Zunächst stellt Abb. 124 die Werte $|\mathfrak{V}|$ und φ als Funktion von x für $s = 10^{-3}$

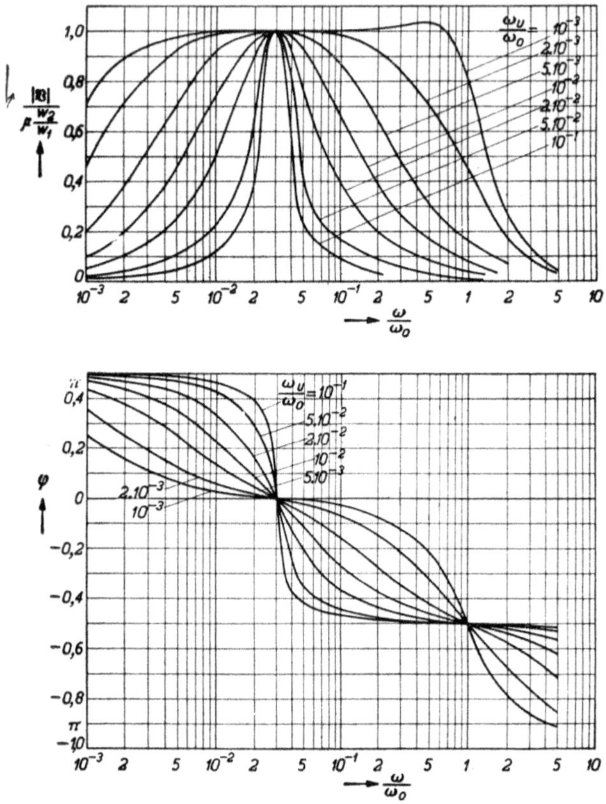

Abb. 124. Darstellung des Betrages $|\mathfrak{V}|$ und des Phasenwinkels φ der Verstärkung $\mathfrak{V}$ einer Transformatorverstärkerstufe als Funktion von ω/ω_0, wo ω_0 die obere Grenzkreisfrequenz nach (Gl. C 3,18) ist. Die Kurven gelten für $s = 10^{-3}$ und $r_2'/(R_a + r_1) = 0{,}2$.

und $r_2'/(R_a + r_1) = 0{,}2$ dar. Die Abb. 125a u. b, 126a—c geben den Wert $|\mathfrak{V}|$ als Funktion von x für die übrigen obengenannten Werte von s und $r_2'/(R_a + r_1)$. Diese Kurven geben einen allgemeinen Überblick der praktisch oft auftretenden Fälle und erlauben außerdem eine rasche Bestimmung der wesentlichen Verstärkergrößen, wie wir jetzt zeigen wollen.

Bei der Berechnung eines Verstärkers wird zunächst aus den Abb. 124, 125 und 126 bei gegebener unterer Grenzkreisfrequenz ω_u jene Kurve bestimmt, welche angenähert dem gewünschten Frequenzgang der Verstärkung entspricht. Für eine niedrige untere Grenzkreisfrequenz ist wegen (C 3,18) ein niedriger Wert R_a der Verstärkerröhre erwünscht. Aus diesem Grunde werden bei Transformatorverstärkerstufen meistens *Trioden* verwendet. Auch r_1 soll in diesem

Fall klein sein, also der primäre Wicklungsdraht des Transformators soll einen geringen Widerstand je cm Länge aufweisen. Der sekundäre Wicklungsdraht r_2 soll zur Erzeugung eines möglichst *flachen* Verlaufs von $|\mathfrak{V}|$ (Abb. 124, 125 und 126) nicht zu gering sein, also einen größeren Widerstand je cm Länge aufweisen. Als Zahlenbeispiel sei: $R_a = 10^4$ Ohm, $r_1 = 3 \cdot 10^3$ Ohm, $r_2 = 5 \cdot 10^4$ Ohm,

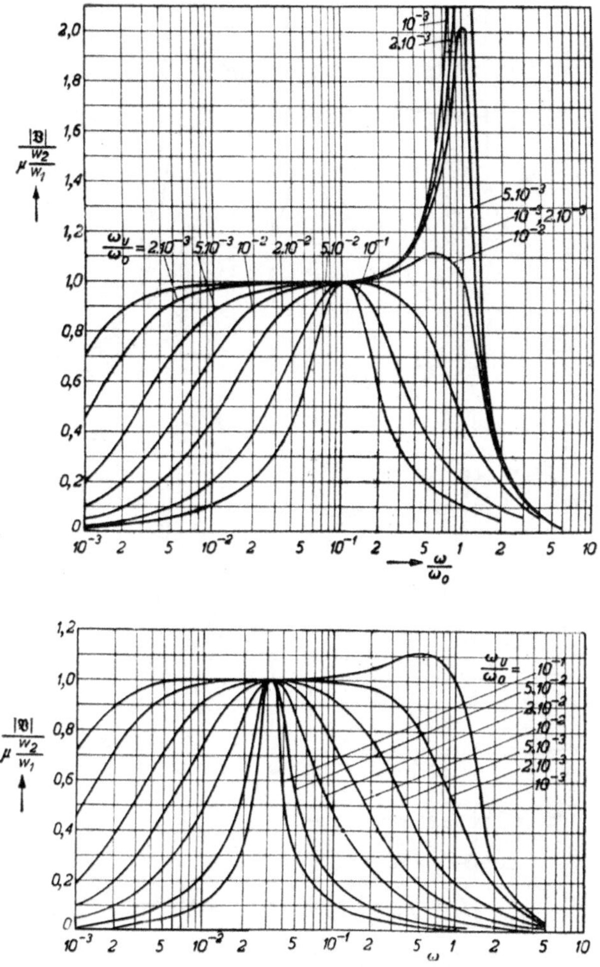

Abb. 125a u. b. Betrag $|\mathfrak{V}|$ der Verstärkung einer Transformatorstufe wie im oberen Bild 124. Im oberen Bild gilt: $s = 10^{-2}$ und $r_2'/(R_a + r_1) = 0$. Im unteren Bild gilt: $s = 10^{-3}$ und $r_2'/(R_a + r^1) = 0$.

$w_2/w_1 = 3$, $r_2' = 5{,}5 \cdot 10^3$ Ohm, $C_2 = 10^{-10}$ F, $C_2' = 9 \cdot 10^{-10}$ F, $L_1 = 25$ H, $s = 10^{-2}$, $L_s = 0{,}25$ H, $\omega_u = 5{,}2 \cdot 10^2$, $\omega_0 = 67 \cdot 10^3$, $\omega_u/\omega_0 = 0{,}78 \cdot 10^{-2}$. Die Kurven der Abb. 124, 125 und 126 zeigen die zu erwartenden Frequenzkennlinien.

Die Verstärkung ist mit w_2/w_1 proportional, aber eine Steigerung dieses Verhältnisses führt, wie leicht aus Abb. 124, 125 und 126 zu entnehmen, auf eine Verringerung des „flachen" Frequenzbereichs der Verstärkung. In vielen Fällen entspricht der oben angenommene Wert w_2/w_1 etwa dem gewünschten Frequenzgang bei Niederfrequenzverstärkern.

ε) *Verstärkungsregelung.*

In manchen Fällen ist es erforderlich, die Verstärkung einer Stufe von Hand oder auch automatisch herunterzuregeln. Bei dieser Regelung können Teile

a

b

c

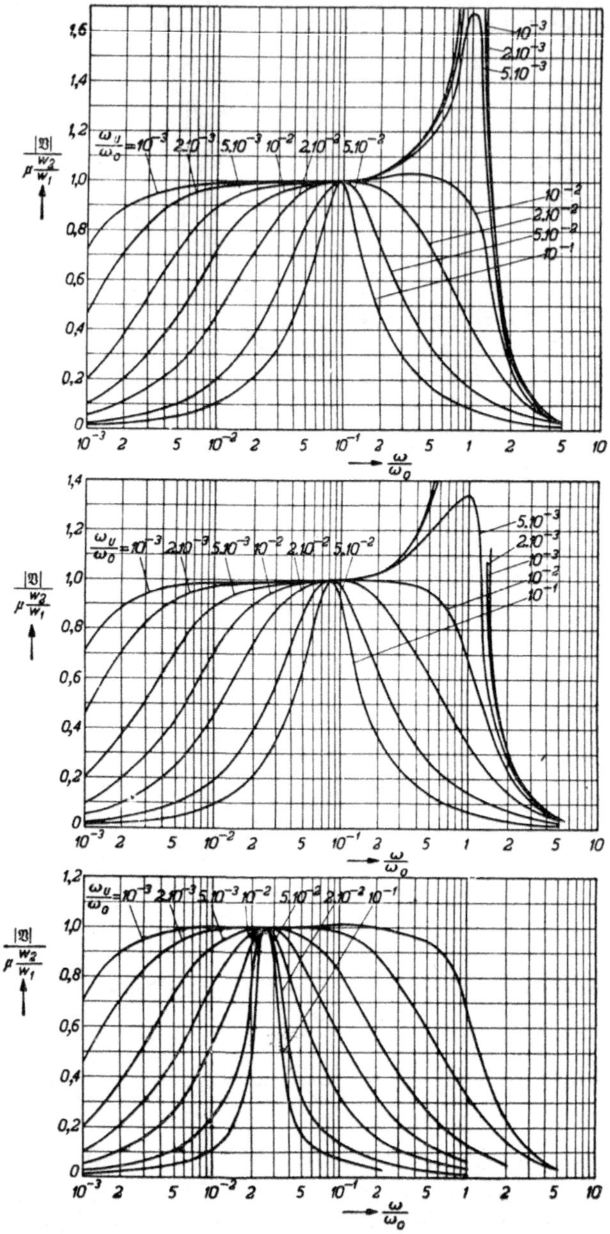

Abb. 126a–c. Achsen wie in Abb. 125. Im oberen Bild gilt: $s = 10^{-2}$, $r_2'/(R_a + r_1) = 0{,}2$. Im mittleren Bild sind diese Größen bzw. 10^{-2} und 0,5 und im unteren Bild bzw. 10^{-3} und 0,5.

der Schaltung verändert werden (z. B. Potentiometer) oder auch Röhreneigenschaften (z. B. die Steilheit).

Ein einfaches Beispiel für den zuerst genannten Fall ist in Abb. 127 gezeichnet. Der Spannungserzeuger am Eingang einer Vorverstärkerstufe (z. B. Mikrophon) ist durch die Spannungsquelle $\mathfrak{U}$ in Reihe mit dem inneren Widerstand R_i dargestellt. Diesem Spannungserzeuger ist der Eingang der ersten Röhre angepaßt. Zwischen Gitter und Kathode ist ein Widerstand R geschaltet, und, wenn notwendig, ist zwischen dem Spannungserzeuger und diesem Röhreneingang ein Transformator geschaltet. Wir nehmen an, daß R_i gleich R gemacht worden ist. Ein beweglicher Kontakt führt vom Widerstand R zum Gitter. Die Eingangskapazität C_e (Röhreneingangskapazität und Schaltkapazität) liegt zwischen diesem Kontakt und dem Gehäuse (Erde). Beim höchsten Stand des Kontakts erhält man:

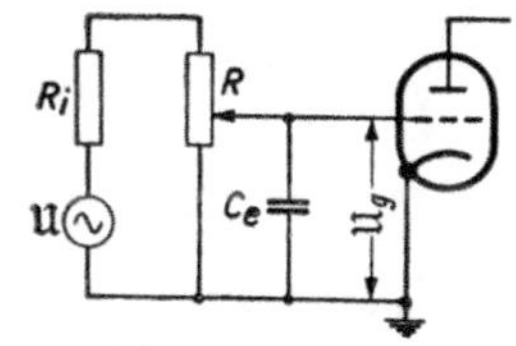

Abb. 127. Eingangsschaltung eines Verstärkers: Eine Spannungsquelle $\mathfrak{U}$ ist in Reihe mit dem inneren Widerstand R_i und dem Potentiometer R geschaltet. Der Röhreneingang ist durch Steuergitter und Kathode mit einer Eingangskapazität C_e angedeutet. Gleichspannungen sind der Übersichtlichkeit halber nicht angegeben.

$$\left|\frac{\mathfrak{U}_g}{\mathfrak{U}}\right| = \frac{1}{\sqrt{4 + \omega^2 C_e^2 R^2}}\,. \qquad \text{(C 3,23)}$$

Man wird nun R so wählen, daß für die höchsten gewünschten Frequenzen der Ausdruck $\omega C_e R$ noch nicht zu groß ist im Vergleich mit 2. Als Beispiel sei für für $\omega = 1{,}5 \cdot 10^4 \cdot 2\pi$ zugelassen: $\omega C_e R \leqq 2$ und $C_e = 20$ pF. Dann wird R höchstens etwa 10^6 Ohm. Wenn der Kontakt heruntergeregelt wird, überbrückt C_e nur einen Teil von R und bleibt die Frequenzkurve für $\mathfrak{U}_g/\mathfrak{U}$ bis zu noch höheren Frequenzen brauchbar.

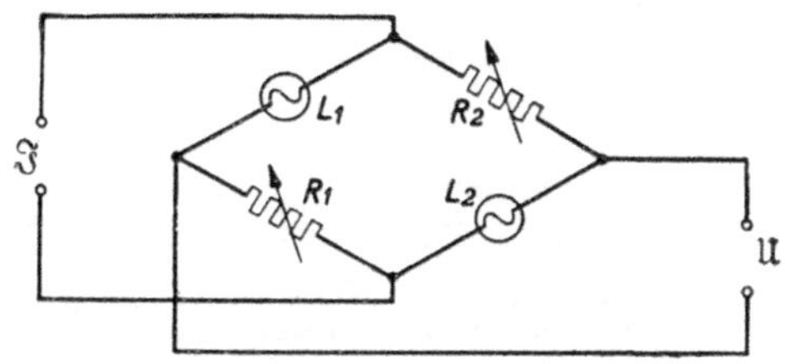

Abb. 128. Brückenschaltung zur Verstärkungsregelung. Die Widerstände R_1 und R_2 sind so abgeregelt, daß die Brücke bei Zimmertemperatur der Heizfäden L_1 und L_2 im Gleichgewicht ist. Wenn ein Strom $\mathfrak{J}$ durch die Brücke fließt, ist das Gleichgewicht durch Erwärmung der Heizfäden L_1 und L_2 gestört und entsteht eine Ausgangsspannung $\mathfrak{U}$.

Ein weiteres Beispiel zum erstgenannten Fall, das eine *automatisch* wirkende Schaltung betrifft, ist in Abb. 128 dargestellt. Eine Brücke besteht aus zwei Widerstandszweigen R_1 und R_2 und zwei weiteren Zweigen, die Schaltteile L_1 und L_2 enthalten. Diese Teile sind kleine Vakuumgefäße mit einem dünnen Wolframfaden, der bei Stromdurchgang seine Temperatur und folglich seinen Widerstand stark ändert (vgl. Abb. 129). Wenn die Brückenwiderstände R_1 und R_2 so eingeregelt sind, daß die Brücke bei kaltem Wolframfaden (geringem Empfangsstrom $\mathfrak{J}$ der Brücke) im Gleichgewicht ist, so nimmt das Verhältnis der Ausgangsspannung $\mathfrak{U}$ zum Strom $\mathfrak{J}$ bei wachsendem Strom zu. Wenn andererseits die Brücke so eingeregelt ist, daß sie für große Stromstärke $\mathfrak{J}$ im Gleichgewicht ist, so nimmt $\mathfrak{U}/\mathfrak{J}$ für wachsenden Strom $\mathfrak{J}$ (unterhalb der Höchststromstärke) ab. Man kann mit einer Regelbrücke dieser Art sowohl Schalldynamikverringerung als auch Dynamikdehnung vornehmen (vgl. Abschn. C 1cγ).

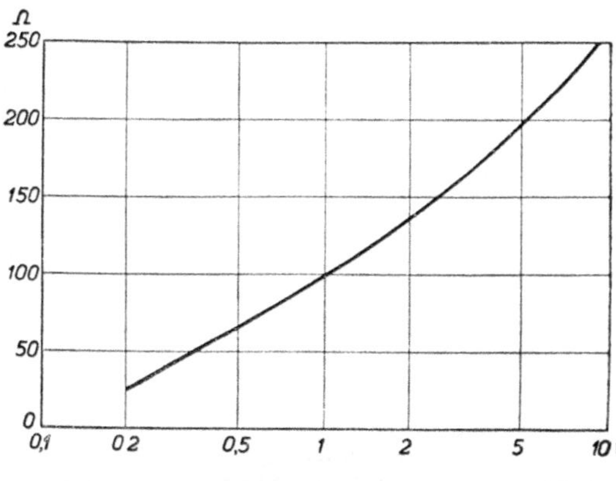

Abb. 129. Widerstand eines der Heizfäden L_1 und L_2 der Abb. 128 als Funktion der Spannung an den Fadenklemmen.

Die Verstärkungsregelung durch Steilheitsveränderung wird vielfach angewandt. Meistens wird die Steilheitsveränderung durch Änderung der negativen Vorspannung des Steuergitters bewirkt. Damit auch im heruntergeregelten Zustand die Verstärkung der betreffenden Stufe verzerrungsfrei bleibt, muß die Röhrenkennlinie: Steilheit als Funktion der negativen Vorspannung, gewissen Forderungen genügen. Im wesentlichen bestehen diese Forderungen darin, daß die Steilheit bei Steigerung der negativen Vorspannung in keinem Punkt der Kennlinie jäh herabsinken darf. Solche „gleitende" Kennlinien sind in sog. „Regelröhren" verwirklicht (vgl. Abb. 130). Zugleich ist in Abb. 130 eine Kurve gezeichnet, welche als Funktion der Steilheit angibt, welche Eingangsspannung $\mathfrak{U}_e$ der Röhre zugeführt werden darf, wenn man eine Verzerrung d_2 (Verhältnis des Ausgangswechselstromes der zweifachen Grundfrequenz zum Ausgangswechselstrom der Grundfrequenz, vgl. Abschn. A 3) von 2,5% zuläßt. Bemerkt sei noch, daß es sich in Abb. 130 um *statische* Kennlinien handelt, die aber von den dynamischen Kennlinien in Verstärkerschaltungen der behandelten Art nur in der Umgebung des Arbeitspunktes (U_g etwa —2 V) abweichen (vgl. auch Abschn. A 3aβ). Für Röhren, die keine Regelkennlinie aufweisen, ist die zulässige Eingangsspannung für $d_2 = 2{,}5\%$ in heruntergeregeltem Betriebszustand viel geringer.

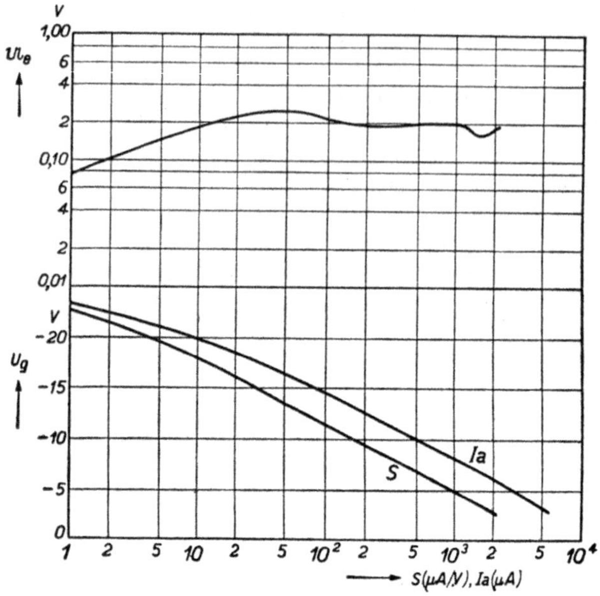

Abb. 130. Vertikal: Im oberen Teil: Zulässige effektive Eingangswechselspannung für $d_2 = 2{,}5\%$ im Anodenstrom (Verhältnis des Anteils der doppelten Grundfrequenz zum Anteil der Grundfrequenz). Im unteren Teil: Steuergitterspannung. Horizontal: Steilheit S(µA/V) für beide Teile der Abbildung und Anodengleichstrom I_a(µA). Röhre Philips EF 5 Regelröhre.

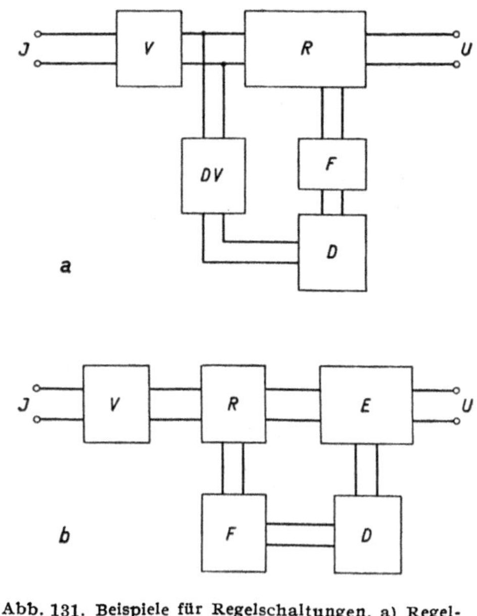

Abb. 131. Beispiele für Regelschaltungen. a) Regelspannung wird dem Eingang der Regelstufe entnommen. b) Regelspannung wird dem Ausgang der Endstufe entnommen. *V* Vorverstärker, *R* Regelstufe, *F* Siebkreis, *D* Gleichrichter, *DV* Verstärker, *E* Endverstärker, *I* Eingangsstrom, *U* Ausgangsspannung.

Man kann die negative Gittervorspannung, welche zur Steilheitsregelung verwendet wird, entweder von Hand (z. B. mit Hilfe eines Potentiometers) dem Gitter zuführen oder aber automatisch. Im letzteren Fall erhält man selbstregelnde Schaltungen, die bei geeigneten Anwendungen auch zur Dynamikverringerung oder -dehnung benutzt werden können. Beispiele hierfür sind in Abb. 131 schematisch angedeutet. Im Falle *a* dieser Abb. 131 wird das Signal, welches die Regelung bewirkt, dem *Eingang* der Regelstufe *R* entnommen, in den Stufen *DV* und *D* verstärkt und gleichgerichtet und im Siebkreis *F* gesiebt. Die gesiebte Gleichspannung wird dem Gitter der Regelröhre der Stufe *R* zugeführt. Im Fall *b* der Abb. 131 wird das Signal, welches die Regelung bewirkt, dem *Ausgang* des Verstärkers entnommen, gleichgerichtet (*D*), gesiebt (*F*) und dem Gitter der Regelröhre *R* zugeführt. Die Regelung kann entweder so erfolgen, daß das Verhältnis: Ausgangsspannung zu Eingangsspannung des Verstärkers bei wachsender Eingangsspannung (oder Ausgangsspannung) wächst oder daß dieses Verhältnis sinkt (Dynamikdehnung bzw. -verringerung).

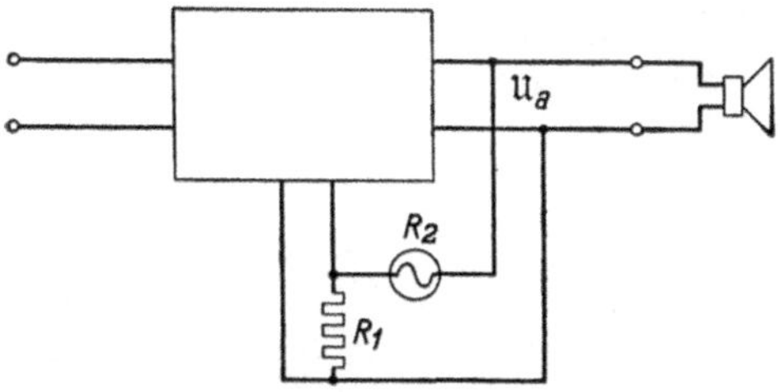

Abb. 132. Automatische Regelschaltung (Dynamikdehnung). Die Ausgangsspannung $\mathfrak{U}_a$ wird in Reihe an R_1 und R_2 gelegt, wo R_1 ein unveränderlicher Widerstand ist und R_2 die Kennlinie der Abb. 129 aufweist.

Als letztes Beispiel zur Verstärkungsregelung betrachten wir eine automatisch veränderliche Gegenkopplung (Abb. 132). Die Ausgangsspannung $\mathfrak{U}_a$ eines Verstärkers wird durch zwei Widerstände R_1 und R_2 in Reihe überbrückt. Der Widerstand R_1 hängt nicht vom hindurchfließenden Strom ab, der Widerstand R_2 wohl (vgl. Abb. 129). Die dem Widerstand R_1 entnommene Spannung wird z. B. dem Verstärkereingang zugeführt. Sie beträgt $\mathfrak{U}_a/m$, wobei $m = (R_1 + R_2)/R_1$ (vgl. Abschn. C 2bγ). Die ursprüngliche Verstärkung (für $R_1 = 0$) sei $\mathfrak{v}$. Dann wird die neue Verstärkung $(\mathfrak{v}^{-1} + m^{-1})^{-1}$, und da m vom Verhältnis R_1 zu R_2 abhängt, gilt das gleiche für die Verstärkung. Bei wachsender Ausgangsspannung wird R_2 größer, folglich m größer, also auch die resultierende Verstärkung größer (Dynamikdehnung).

Schrifttum: 29, 79, 200, 293, 357.

b) Verstärkung mit Raumladungsgitterröhren und mit Elektronenvervielfachern.

Mit Hilfe von Röhren der obengenannten Arten lassen sich Schaltungen angeben, die in gewissen Fällen besondere Vorzüge aufweisen. Bei diesen Schaltungen machen wir im wesentlichen davon Gebrauch, daß mehr als ein Steuergitter bzw. mehr als eine Ausgangselektrode vorhanden ist, die in verschiedener Weise kombiniert werden können.

α) *Mehrfachsteuerung.*

Der Grundgedanke der Mehrfachsteuerung liegt darin, daß Röhren mit mehreren Steuergittern verwendet werden, z. B. mit zwei Steuergittern (vgl. Abb. 133). Der Anodenstrom hängt bei solchen Röhren, die meistens ein Raumladungsgitter (g_2 in Abb. 133) aufweisen, von den Spannungen der verschiedenen Steuergitter (U_1 und U_3 in Abb. 133) ab. Man kann versuchen, durch besondere Wahl der negativen Vorspannungen der Steuergitter und der Größe (oder auch evtl. der Phase) des ihnen zugeführten Anteils der Eingangswechselspannung den Anodenstrom derart zu steuern, daß besondere Vorzüge solcher Schaltungen entstehen. Diese Vorzüge können z. B. darin bestehen, daß der Anodenstrom besonders wenig Verzerrungsanteile aufweist. Bei der in Abb. 133 gezeigten Röhre kann eine solche Spannungswahl ermittelt werden. Sie besteht darin, daß dem Gitter g_1 eine Vorspannung von etwa —2,5 V und dem Gitter g_3 eine Vorspannung von etwa —2 V erteilt wird. Die Wechselspannung wird nur dem

Gitter g_1 zugeführt. Bei einem Wert dieser Eingangswechselspannung von 1 V beträgt der Klirrfaktor des Anodenstromes (bei kleinem Widerstand im Anodenkreis) nur wenige Promille. Wie die obigen Zeilen zeigen, ist die Anwendung der Mehrfachsteuerung nicht auf dieses eine Beispiel beschränkt.

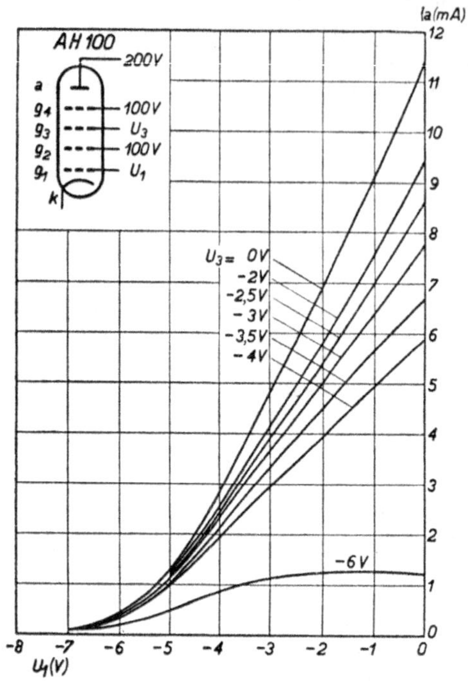

Abb. 133. Verstärkerröhre mit zwei Steuergittern (g_1 und g_3) nebst statischen Kennlinien des Anodenstroms als Funktion der beiden Steuergitterspannungen U_1 und U_3.

Schrifttum: 89, 200.

β) *Mehrtaktschaltungen.*

In Verstärkern tritt vielfach die Aufgabe hervor, von Eintaktstufen auf Mehrtaktstufen überzugehen, z. B. von einer Eintaktstufe auf eine Gegentaktstufe. Eine einfache Schaltung dieser Art ist in Abb. 134 dargestellt. Die Eingangswechselspannung $\mathfrak{U}_e$ wird zwischen Gitter und Kathode einer Triode *I* angelegt. Der Anodenwechselstrom dieser Röhre erzeugt über dem Widerstand *R* eine Wechselspannung, die dem Steuergitter der einen Röhre der Gegentaktstufe zugeführt wird. Dem Steuergitter der anderen Röhre der Gegentaktstufe muß eine gleich große und gegenphasige Wechselspannung zugeführt werden. Dies wird in Abb. 134 mittels einer zweiten Triode *II* erreicht, die lediglich als Phasenumkehrröhre dient. Hierbei wird von der allgemeinen Eigenschaft Gebrauch gemacht, daß die Anodenwechselspannung einer Verstärkerröhre, wie hier verwendet, einen Phasenunterschied π gegen die Gitterwechselspannung aufweist (vgl. die Formeln des Abschnitt A 2b, wo in der Verstärkung stets ein *negatives* Vorzeichen auftritt).

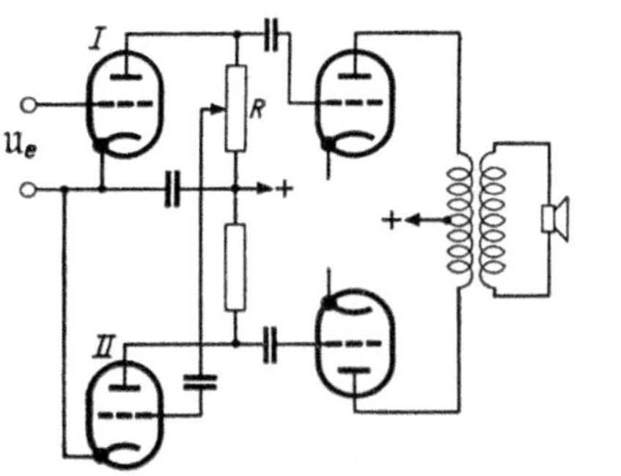

Abb. 134. Speisung einer Gegentaktstufe durch eine Triode *I* und eine zweite Triode *II*, die als Phasenumkehrröhre geschaltet ist.

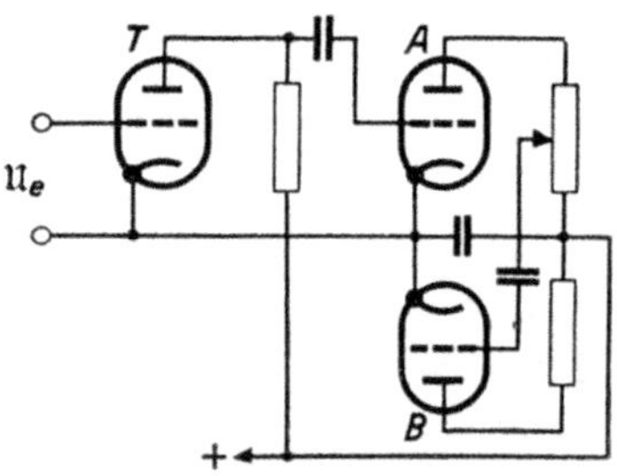

Abb. 135. Speisung der einen Röhre *A* einer Gegentaktstufe durch eine Triode *T*, während die Gitterwechselspannung der zweiten Röhre *B* der Gegentaktstufe dem Ausgang der ersten Röhre *A* entnommen wird. Gitterableitwiderstände sind fortgelassen.

Eine andere Schaltung zum gleichen Zweck ist in Abb. 135 gezeichnet. Die Vorröhre *T* (Widerstandsverstärkung) erzeugt die Gitterwechselspannung der Röhre *A*. Ein Teil der Anodenwechselspannung dieser Röhre *A* dient als

Gitterwechselspannung der Röhre *B*. Die Röhre *A* arbeitet also erstens als Teil einer Gegentaktstufe und zweitens als Phasenumkehrröhre für die Eingangsspeisung der zweiten Gegentaktröhre *B*. Die Schaltung der Abb. **134** arbeitet gut, wenn die Anodenbelastung der Gegentaktstufe ein Transformator mit Lautsprecher ist, oder auch, wenn sie aus Widerständen besteht. Die Schaltung der Abb. **135** arbeitet dagegen nur im zuletztgenannten Fall gut, weil sonst die Steuerung der Röhre *B* zu stark frequenzabhängig wäre. Eine dritte Schaltung für den gleichen Zweck ist in Abb. **136** dargestellt. In der Kathodenleitung ist ein Widerstand R_k aufgenommen und in der Anodenleitung ein Widerstand R_a. Die Wechselspannungen an den Klemmen dieser Widerstände weisen bei der gezeichneten Schaltung eine Phasendifferenz π auf und können durch richtige Bemessung der Widerstände im Betrage gleichgemacht werden. Diese Wechselspannungen sind dazu geeignet, eine Gegentaktstufe zu speisen, wie in Abb. **136** gezeichnet. Ein Nachteil dieser Schaltung ist für viele Anwendungen, daß die beiden Eingangsklemmen Wechselspannung gegen Erde (Gehäuse des Gerätes) führen.

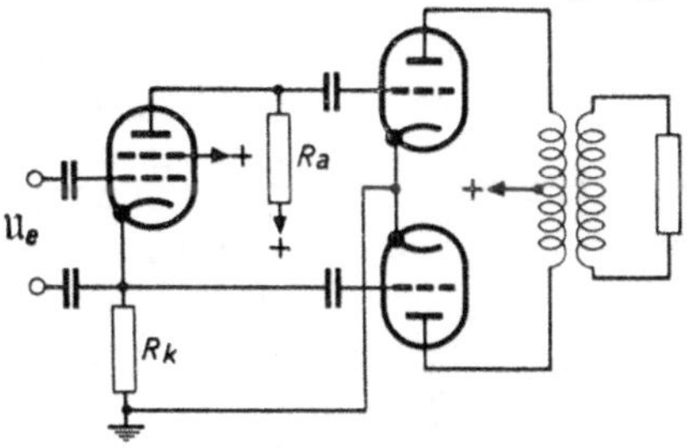

Abb. 136. Speisung einer Gegentaktstufe durch eine Röhre, in deren Anodenkreis ein Widerstand R_a und in deren Kathodenzuleitung ein Widerstand R_k geschaltet ist (Kathodyneschaltung).

In einer Röhre mit *Raumladungsgitter* haben wir im Prinzip ein Mittel zur Lösung der behandelten Schaltaufgabe. Eine hierzu geeignete Schaltung ist in Abb. **137** gezeichnet. Die Vorspannung des Eingangsgitters (zweites Gitter von der Kathode gerechnet) gegen die Kathode ist so gewählt, daß ein Teil der Elektronen, welche das positive Raumladungsgitter (erstes Gitter von der Kathode gezählt) durcheilt haben, vor dem Eingangsgitter wieder umkehrt, während der übrige Teil zur Anode fliegt. Die umkehrenden Elektronen landen auf dem Raumladungsgitter. Wenn die Spannung des Eingangsgitters nun erhöht wird, gelangen mehr Elektronen zur Anode und weniger zum Raumladungsgitter. Man kann dies auch so ausdrücken, daß der Anodenstrom in bezug auf die Eingangsgitterspannung eine Steilheit hat, die gegenphasig zur Steilheit des Raumladungsgitterstromes in bezug auf die Eingangsspannung ist. Durch die gezeichnete Schaltung werden diese beiden Steilheiten mit Hilfe eines Ausgangswiderstandes in gegenphasige Spannungen umgesetzt, die zur Speisung der Steuergitter einer Gegentaktstufe dienen.

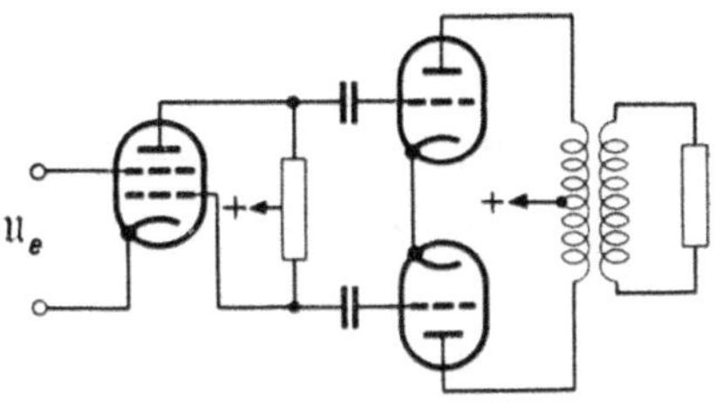

Abb. 137. Speisung einer Gegentaktstufe durch eine Sauggitterröhre (Raumladungsgitterröhre). Der Ausgangswiderstand der Speisungsröhre ist zwischen Anode und Raumladungsgitter geschaltet.

Als Nachteil der beschriebenen Schaltung könnte angegeben werden, daß eine beträchtliche Kapazität zwischen Eingangsgitter und Raumladungsgitter (wie in einer Triode die Gitter-Anoden-Kapazität) unvermeidlich ist. Außerdem ist die Steilheit und somit die Verstärkung der betreffenden Röhre meistens gering.

Wenn man zur Speisung einer Gegentaktstufe eine Röhre mit geringer Kapazität zwischen Eingang und Ausgang wünscht, kann eine *Elektronenver-*

vielfacherröhre (Abb. 138) benutzt werden, die weiterhin noch den Vorteil einer bedeutend größeren Steilheit aufweist. Eine solche Röhre der gezeichneten Form enthält eine geheizte Kathode, ein Steuergitter, ein Schirmgitter, eine Hilfskathode, die für ein einziges auftreffendes Elektron insgesamt p Elektronen emittiert, und eine Anode, die alle diese Elektronen auffängt (vgl. Abb. 138 und Abschn. A 5cβ). Infolge dieser Betriebsweise fließt, wenn man den durch das Schirmgitter hindurchgegangenen Elektronenstrom I_p nennt, zur Hilfskathode ein Strom $(p-1) I_p$ und zur Anode ein Strom $p I_p$. Wenn $S_p \Delta U_g$ die Änderung des Stromes I_p bei einer kleinen Änderung ΔU_g der Steuergitterspannung bezeichnet, so ist die entsprechende Änderung des Anodenstromes $p S_p \Delta U_g$ und jene des Hilfskathodenstromes $-(p-1) S_p \Delta U_g$. Das Minuszeichen des letzten Ausdrucks soll andeuten, daß die Änderungen des Anodenstromes und des Hilfskathodenstromes entgegengesetztes Vorzeichen haben. Wenn wir die genannten Ströme durch zwei Widerstände R_1 und R_2 (Abb. 138) schicken, die im Verhältnis $R_2/R_1 = (p-1)/p$ stehen, so erhalten wir bei einer Eingangswechselspannung am Steuergitter an den Klemmen dieser Widerstände zwei Wechselspannungen

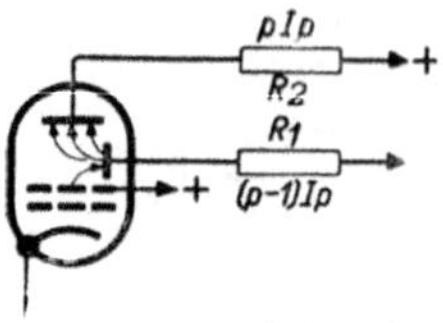

Abb. 138. Anwendung des Schaltverfahrens von Abb. 137 auf eine Elektronenvervielfacherröhre (Kathode, Steuergitter, Schirmgitter, Vervielfachungselektrode, Anode).

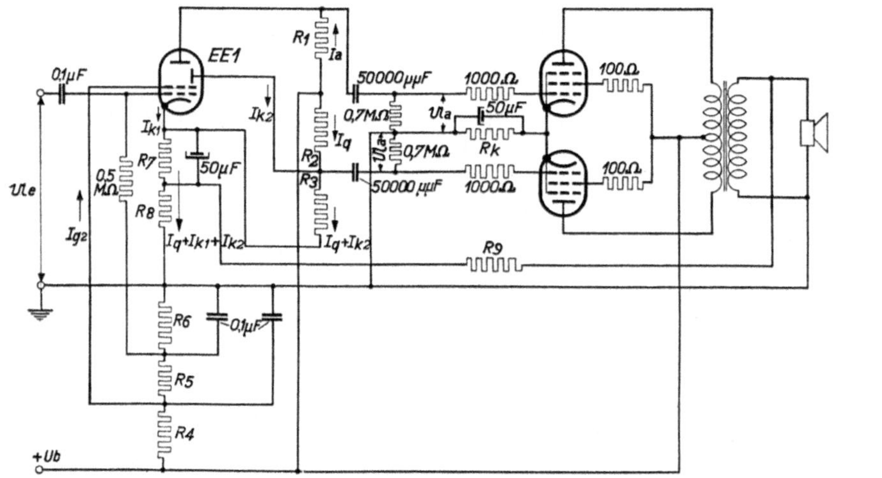

Abb. 139. Schaltbild einer Vervielfacherröhre (Philips EE1) mit zwei Endröhren. Für $U_b = 275$ V ergibt sich: $R_1 = 8$ kOhm, $R_2 = 25$ kOhm, $R_3 = 16$ kOhm, $R_4 = 80$ kOhm, $R_5 = 150$ kOhm, $R_6 = 20$ kOhm, $R_7 + R_8 = 2{,}25$ kOhm. Die Stufe enthält noch eine Gegenkopplung vom Ausgang der Endröhren über R_9 und R_8. Diese beiden Widerstände sind dem Gegenkopplungsgrad entsprechend zu wählen. Die Eingangswechselspannung der Röhre EE1 beträgt $\mathfrak{U}_e$, diejenige *einer* Endröhre ist $\mathfrak{U}_a$.

gleicher Größe mit einer Phasendifferenz π. Diese Wechselspannungen können zum Betriebe einer Gegentaktstufe verwendet werden. Ein hierzu geeignetes Schaltbild wird für bestimmte Röhren in Abb. 139 gezeigt. Die Verstärkung der Eingangswechselspannung am Steuergitter der Vervielfacherröhre EE1 bis zur Wechselspannung zwischen Gitter und Kathode einer Endröhre ist etwa 70, und der Gesamtklirrfaktor ohne Gegenkopplung bei $\mathfrak{U}_a = 5$ V beträgt 3,6%.

Bisher haben wir uns in diesem Abschnitt mit Gegentaktschaltungen befaßt. Wie bereits im Abschn. C 2bβ erwähnt, kann man bestimmte Obertöne am Ausgang einer Zweitaktstufe zum Verschwinden bringen, wenn man den Eingangsgittern der betreffenden Röhren Wechselspannungen gleicher Größe zuführt, deren Phase sich um $2\pi/n$ unterscheidet. Damit die dritte Oberwelle am Ausgang verschwindet, muß $n=3$ sein, die betreffende Phasendifferenz also gleich 120°. Wir können diesen Fall für eine einzige Frequenz (bzw. für ein schmales Frequenzgebiet) leicht mit Hilfe einer Vervielfacherröhre verwirklichen. Hierzu betrachten wir das Vektordiagramm in Abb. 140. Die Steilheiten pS_p und $-(p-1)S_p$ sind als Vektoren mit 180° Phasenwinkel eingezeichnet. Die Wechselströme der betreffenden Elektroden schicken wir je durch einen komplexen Widerstand $(R_1+j\omega L_1)$ bzw. $(1/R_2+j\omega C_2)^{-1}$. Hierdurch entstehen an den Klemmen dieser komplexen Widerstände (vorausgesetzt, daß die inneren Widerstände der Anodenstrecke und der Hilfskathodenstrecke der Röhre viel größer als R_1 und R_2 sind) zwei Wechselspannungen:

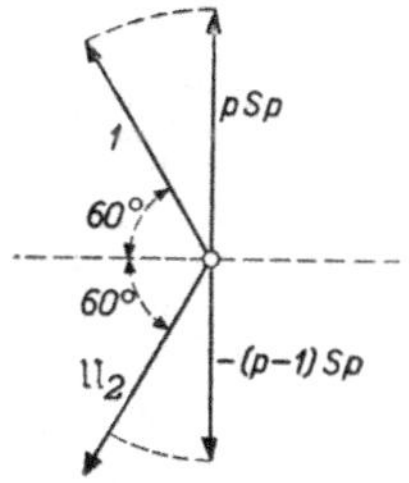

Abb. 140. Vektordiagramm der Eingangsspannungen $\mathfrak{U}_1$ und $\mathfrak{U}_2$ einer Zweitaktstufe, die 120° Phasendifferenz aufweisen zur Auslöschung der Anodenstromanteile mit dreifacher Grundfrequenz.

$$\mathfrak{U}_1 = pS_p(R_1+j\omega L_1)$$

und

$$\mathfrak{U}_2 = -(p-1)\,S_p\,(1/R_2+j\omega C_2)^{-1}.$$

Für die fünf Größen ω, R_1, R_2, L_1 und C_2 haben wir in unserem Beispiel folgende Bestimmungsgleichungen (vgl. Abb. 140):

$$\frac{\omega L_1}{R_1}=\frac{1}{\sqrt{3}},\qquad \omega C_2 R_2=\frac{1}{\sqrt{3}},\qquad \frac{p^2}{(p-1)^2}=\frac{R_2^2}{(1+\omega^2 C_2^2 R_2^2)(R_1^2+\omega^2 L_1^2)}.$$

Hieraus erhält man:

$$\frac{3}{4}\frac{R_2}{R_1}=\frac{p}{p-1},\qquad \omega^2 L_1 C_2=\frac{1}{4}\,\frac{p-1}{p}.$$

Man kann die gewählte Lage der Vektoren $\mathfrak{U}_1$ und $\mathfrak{U}_2$ in Abb. 140, z. B. für 1000 Hz, in einfacher Weise durch richtige Wahl von R_1, R_2, C_2 und L_1 nach den obigen Gleichungen erreichen. Eine derart gebaute Stufe kann z. B. für Meßzwecke Vorteile aufweisen. In analoger Weise kann man für andere Werte von n verfahren.

γ) *Rückkopplungsschaltungen.*

Wir haben bereits in den Abschn. C 2bγ und C 2cγ sowie A 2d Rückkopplungen kennengelernt. Diese Schaltungen brachten den *Ausgang* einer Verstärkerstufe mit dem *Eingang* in Verbindung. Die im vorliegenden Abschnitt behandelten Röhren geben uns die Möglichkeit, eine Rückkopplung anzuwenden, die den Ausgang der Verstärkerstufe unberührt läßt. Wir können z. B. das Raumladungsgitter als Rückkopplungselektrode verwenden und die Anode als Ausgangselektrode, oder umgekehrt. Ebenso kann die Hilfskathode einer Vervielfacherröhre als Rückkopplungselektrode benutzt werden und die Anode als Ausgangselektrode, oder umgekehrt. Bei solchen Schaltungen kann weiterhin das Vorzeichen der Steilheit der Ströme zum Raumladungsgitter bzw. zur Hilfskathode mit besonderem Nutzen verwendet werden. Wir bemerken, daß zwischen dem Raumladungsgitter und der Vervielfachungskathode insoweit ein Unterschied besteht, als letztere Elektrode vom Eingangsgitter fast vollkommen abgeschirmt sein kann (kleine Kapazität), während eine solche Abschirmung beim Raumladungsgitter kaum möglich ist.

Eine einfache Rückkopplungsschaltung dieser Art mit einer Raumladungsgitterröhre ist in Abb. 141 gezeichnet. Wir betrachten das System: Eingangsgitter (g_2), Kathode (k), Raumladungsgitter (g_1) als eine Triode und berechnen den Eingangsleitwert $\mathfrak{Y}_e$ zwischen den Klemmen *1* und *2*, wenn in der Zuleitung von g_1 ein komplexer Widerstand $\mathfrak{R}$ angeordnet ist. Hierbei lassen wir die Wirkung der Anode a zunächst außer acht. Wir können übrigens zwischen a und g_2 noch ein Schirmgitter annehmen, wodurch diese Wirkung vernachlässigbar würde. Diese Aufgabe haben wir bereits in Abschn. A 2dα gelöst. Der Eingangsleitwert $\mathfrak{Y}_e$ beträgt [vgl. die Ableitung der Gl. (2,14) von Abschn. A 2dα]:

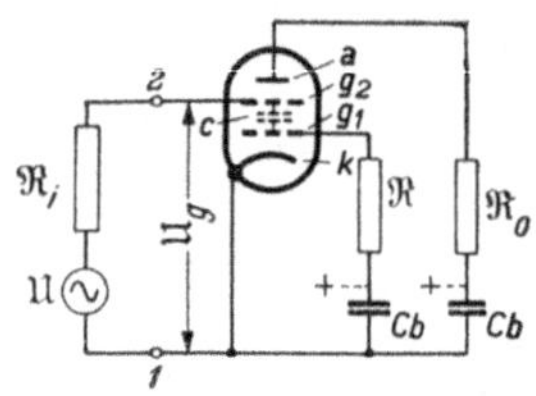

Abb. 141. Rückkopplungsschaltung mit einer Raumladungsgitterröhre. C_b sind Blockkondensatoren, die übrigen Buchstaben werden im Text genannt.

$$\text{(C 3,24)} \qquad \mathfrak{Y}_e = j\omega(C_g + C) + \frac{\omega^2 C^2 \mathfrak{R} - j\omega C S_{g1} \mathfrak{R}}{1 + \left(\frac{1}{\mathfrak{R}_a} + j\omega C\right)\mathfrak{R}}.$$

In dieser Formel ist C_g die Kapazität des Steuergitters zur Kathode, C die Kapazität zwischen g_2 und g_1 (vgl. Abb. 141), S_{g1} die Steilheit des Stromes nach g_1 in bezug auf kleine Spannungsänderungen an g_2 und $\mathfrak{R}_a$ der „Anodenwiderstand" der Strecke g_1-Kathode. Man beachte, daß in Abweichung von Gl. (2,14) in Abschn. A 2dα die Steilheit $-S_{g1}$ hier negativ ist.

Als ersten Fall nehmen wir an, $\mathfrak{R}$ sei ein Wirkwiderstand R, $|R/\mathfrak{R}_a| \ll 1$ und $\omega C R \ll 1$, und erhalten angenähert:

$$\text{(C 3,25)} \qquad \mathfrak{Y}_e = j\omega(C_g + C - C S_{g1} R) + \omega^2 C^2 R.$$

Die ursprüngliche Eingangskapazität $C_g + C$ ist somit auf den Wert $C_g + C - C S_{g1} R$ *verringert* worden. Unsere Rückkopplungsschaltung erlaubt also, die Eingangskapazität der Stufe sogar auf Null herabzudrücken. Bei höheren Frequenzen bewirkt sie allerdings eine zusätzliche Dämpfung am Eingang, die dem Glied $\omega^2 C^2 R$ entspricht.

Als zweiten Fall wählen wir $\mathfrak{R} = 1/j\omega C_1$ und $|\omega C_1 \mathfrak{R}_a| \gg 1$. Dann wird der Eingangsleitwert angenähert:

$$\text{(C 3,26)} \qquad \mathfrak{Y}_e = j\omega\left(C_g + C - \frac{C^2}{C_1 + C}\right) - \frac{C S_{g1}}{C + C_1}.$$

Die ursprüngliche Eingangskapazität ist auch in diesem Fall verringert worden, und zwar um den Betrag $C^2/(C_1 + C)$. Dagegen tritt aber am Eingang der Röhre eine *Entdämpfung* auf, die dem reellen Teil des Ausdrucks (3,26) entspricht. Unter Beachtung der Voraussetzung $|\omega C_1 \mathfrak{R}_a| \gg 1$ ist diese Entdämpfung *frequenzunabhängig*. Damit zum Gitter g_1 in diesem Falle Gleichstrom fließen kann, muß die Kapazität C_1 z. B. durch einen Widerstand R_1 überbrückt werden, der entsprechend der Bedingung $\omega C_1 R_1 \gg 1$ gewählt werden kann. Neben der genannten Voraussetzung $|\omega C_1 \mathfrak{R}_a| \gg 1$ wird das Frequenzgebiet der Entdämpfung auch durch diesen Widerstand R_1 etwas beschränkt.

Die angegebene Entdämpfung des Eingangsleitwertes kann zu einer zusätzlichen Verstärkung in der gleichen Weise benutzt werden, wie im Abschn. A 2dβ bereits allgemein für einen negativen Widerstand angegeben wurde. Wir betrachten hierzu Abb. 141 und bestimmen das Verhältnis $\mathfrak{U}_g/\mathfrak{U}$, wobei wir der Einfachheit halber $\mathfrak{R}_i$ durch einen Wirkwiderstand R_i ersetzen und $C_g + C - C^2/(C_1 + C) \ll C S_{g1}/(C + C_1)\omega$ setzen. Dann gilt ($\mathfrak{U}_g$ ist die Spannung zwischen Steuergitter und Kathode):

$$\text{(C 3,27)} \qquad \frac{\mathfrak{U}_g}{\mathfrak{U}} = \frac{-\frac{C_1 + C}{C S_{g1}}}{R_i - \frac{C_1 + C}{C S_{g1}}} = \frac{1}{1 - \frac{C S_{g1} R_i}{C_1 + C}}.$$

Durch geeignete Wahl von S_{g1} und C sowie C_1 kann bei vorgegebenem Wert R_i eine sehr beträchtliche Verstärkung $\mathfrak{U}_g/\mathfrak{U}$ erzielt werden (Beispiel: $C_1 = C$, $S_{g1} R_i = 1{,}8$, $\mathfrak{U}_g/\mathfrak{U} = 10$).

Eine der Abb. 141 ähnliche Schaltung kann mit einer Vervielfacherröhre erhalten werden (Abb. 142a). Bei einer solchen Röhre ist die Kapazität zwischen Eingangssteuergitter und Anode oft sehr gering. Der Verstärkungsvorgang zum Anodenkreis (Ausgangswiderstand $\mathfrak{R}_0$) wird daher durch die übrige Schaltung kaum berührt. An Stelle von S_{g1} muß hier die Steilheit des Stromes zur Vervielfacherkathode gesetzt werden. Es hat sich gezeigt, daß in dieser Weise mit der Vervielfacherröhre EE 1 (vgl. Abb. 139) Stufenverstärkungszahlen von mehr als 1000 im ganzen Schallfrequenzgebiet erhalten werden können. Vervielfacherröhren mit *zwei* Vervielfachungsstufen können dazu benutzt werden,

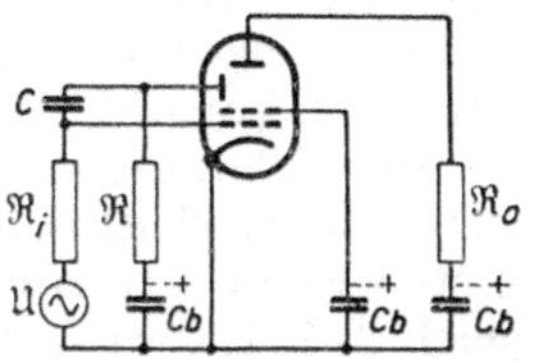

Abb. 142a. Verwendung einer Vervielfacherröhre an Stelle der Raumladungsgitterröhre in Abb. 141. C_b sind Blockkondensatoren.

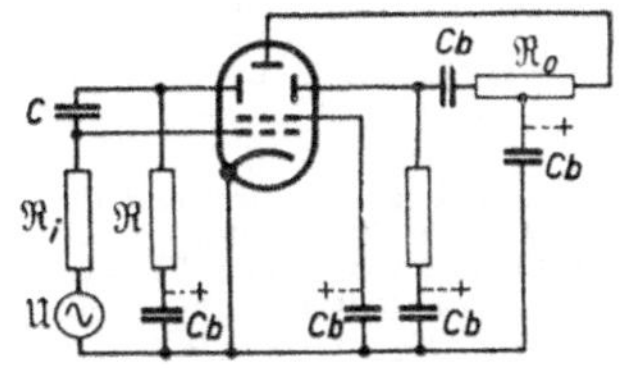

Abb. 142b. Verwendung einer Röhre mit zwei Vervielfacherelektroden (die erste links und die zweite rechts vor der Anode) in einer Schaltung, die eine Kombination der Abb. 142a mit Abb. 139 darstellt.

die Schaltung der Abb. 142a mit derjenigen der Abb. 139 zu kombinieren, wie in Abb. 142b dargestellt.

Rückkopplung kann in Röhren mit mehreren Steuerelektroden (z. B. Abb. 133) auch dazu benutzt werden, die Verzerrungen der Ausgangsspannung zu verringern. Man kann z. B. einen Teil der Ausgangswechselspannung mit geeigneter Phase zum zweiten Steuergitter (g_3 in Abb. 133) führen und in dieser Weise den Anodenstrom so steuern, daß etwaige Verzerrungen, welche infolge des Steuervorganges des ersten Gitters (g_1 in Abb. 133) entstehen, verringert werden. Wir haben hier eine besondere Form der in Abschn. C 2bγ behandelten Maßnahmen vor uns. Durch das Vorhandensein mehrerer Steuerelektroden braucht die Rückkopplung nicht zum Eingangsgitter geführt zu werden, sondern kann mit Hilfe eines gesonderten Steuergitters stattfinden. In analoger Weise ist es durch Verwendung von Röhren mit mehreren Ausgangselektroden (vgl. EE 1 in Abb. 139) auch möglich, von der Hilfsausgangselektrode zum Eingang zurückzukoppeln, wobei dann der eigentliche Ausgang der Verstärkerstufe unberührt bleibt.

c) Verstärkerstufen für Sonderzwecke.

Nachdem wir in den Abschn. C 3a und C 3b eine Reihe von Schaltungen für Vorstufenverstärker behandelt haben, befassen wir uns im vorliegenden Abschnitt mit der *Anwendung* dieser Schaltungen in Verstärkern für Sonderzwecke. Es ist nicht unsere Absicht, etwa einen Überblick der heutigen Anwendungen von Vorverstärkerstufen zu geben, sondern lediglich an einigen charakteristischen Beispielen zu zeigen, wie die Lehren der vorangegangenen Abschnitte in der Praxis Verwendung finden können. Zudem werden wir in Abschn. γ eine bisher nicht behandelte Stufenart kennenlernen.

α) *Breitbandverstärkung.*

Die Verstärkung breiter Frequenzbänder, die sich von einigen Hz bis z. B. einigemal 10^6 Hz erstreckt, ist für manche Gebiete der Nachrichtenübermittlung von großer Bedeutung. Wir betrachten als Beispiel einen *Photozellenverstärker*, der für Fernsehzwecke Verwendung findet. An Stelle einer Photozelle kann auch ein Ikonoskop (Bildfängerröhre) gedacht werden. Das Schaltbild des Eingangs der ersten Verstärkerstufe einer solchen Anordnung ist in Abb. 143 gezeichnet. Die Bezeichnungen sind in Anlehnung an Abb. 116 gewählt. Durch den auf die Photokathode treffenden Lichtstrom und die Spannung der Batterie B fließt durch den Widerstand R_1 ein Gleichstrom I. Wenn der Lichtstrom sich in einwelliger Weise ändert, weist auch dieser Strom eine einwellige Wechselkomponente auf, die wir $\mathfrak{J}_1$ nennen. Wir können voraussetzen, daß der Betrag des Wechselstromes $\mathfrak{J}_1$ gleich FI ist, wo F als „Modulationsfaktor" zu bezeichnen wäre. Die Frequenzen der Lichtstromänderungen bestreichen ein Gebiet von einigen Hz bis einige MHz. Das gleiche gilt für die entsprechenden Anodenwechselströme der Photozelle, und wir müssen fordern, daß die Wechselspannung $\mathfrak{U}_2$ am Eingang der ersten Röhre in diesem ganzen Frequenzgebiet gleich $\mathfrak{R}\mathfrak{J}_1$ ist, wo $\mathfrak{R}$ frequenzunabhängig sein soll. Hieraus geht, unter Beachtung der Gl. (3,1) von Abschnitt C 3aα, hervor, daß das Produkt $\omega C_2 R_2 \gg 1$ sein soll, damit $\mathfrak{U}_2$ für niedrige Frequenzen gleich $\mathfrak{U}_1$ wird. Für eine untere Grenzkreisfrequenz ω_u gleich 5 und $R_2 = 1$ MOhm erhält man z. B. $C_2 = 0{,}2\,\mu$F. Damit die obere Grenzkreisfrequenz ω_0 z. B. gleich 10^7 würde, müßte nach Gl. (3,2) von Abschnitt C 3aα bei einem Wert C_1 von 5 pF der Wert R_1 höchstens gleich $0{,}2 \cdot 10^5$ Ohm gewählt werden. Durch diese Wahl von R_1 ist auch $\mathfrak{U}_1$ festgelegt. Da wir die Photozelle als *gesättigte* Diode (also mit sehr großem Innenwiderstand) auffassen dürfen (Abschn. A 5bα), wird $\mathfrak{U}_1 = R_1\mathfrak{J}_1$ für alle Frequenzen, gelegen im Gebiet, das durch die genannten Frequenzgrenzen beschränkt ist. In diesem Frequenzgebiet ist $\mathfrak{U}_2$ gleich $\mathfrak{U}_1$.

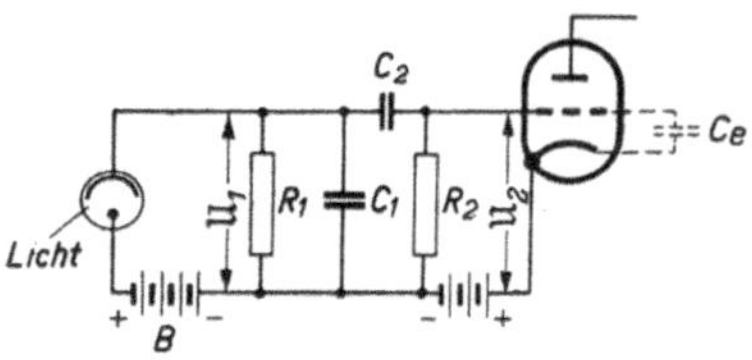

Abb. 143. Schaltbild des Eingangs der ersten Stufe eines Photozellenverstärkers. Links die Photozelle (oder die Bildfängerröhre).

Die Verstärkung sehr geringer Veränderungen des einfallenden Lichtstromes mit der Anordnung von Abb. 143 wird durch die auftretenden spontanen Strom- und Spannungsschwankungen erschwert. Dem mittleren Photozellengleichstrom I entsprechen spontane Stromschwankungen, die in einem schmalen Frequenzbereich Δf (der innerhalb des oben abgegrenzten Gebietes gelegen ist) durch die Formel:

(C 3,28) $$\mathfrak{J}^2 = 2 e_1 I \Delta f$$

gegeben sind (vgl. Abschn. A 5bα). Für die mittlere Frequenz f dieses schmalen Intervalles Δf gilt nach den obigen Überlegungen für den Signalwechselstrom $\mathfrak{J}_1$ die Gleichung:

$$\mathfrak{J}_1 = F_f I \quad \text{und somit} \quad \mathfrak{U}_1 = \mathfrak{U}_2 = F_f I R_1.$$

Infolge der Stromschwankungen (3,28) entstehen am Röhreneingang Spannungsschwankungen, die im Frequenzintervall Δf durch

(C 3,29) $$\mathfrak{U}_p^2 = \mathfrak{J}^2 R_1^2 = 2 e_1 I R_1^2 \Delta f$$

gegeben sind. Weiterhin treten am Röhreneingang noch Spannungsschwankungen infolge des Widerstandes R_1 ($R_2 \gg R_1$) und des Schroteffektes in der Röhre auf (Abschn. A 5bβ). Wenn wir diese Spannungsschwankungen im Frequenzintervall Δf mit $\mathfrak{U}_r$ und den Ersatzrauschwiderstand der Röhre (Abschn. A 5bβ) mit R_r bezeichnen, so ist:

(C 3,30) $$\mathfrak{U}_r^2 = 4 k T (R_1 + R_r) \Delta f.$$

Das quadratische Verhältnis der Signalwechselspannung zur effektiven Spannungsschwankung wird also im Frequenzintervall Δf am Röhreneingang:

$$\text{(C 3,31)}\quad \frac{\mathfrak{U}_2^2}{\mathfrak{U}_p^2+\mathfrak{U}_r^2}=\frac{F_f^2 I^2 R_1^2}{(2e_1 I R_1^2+4kTR_1+4kTR_r)\,\Delta f}=\frac{F_f^2 I^2}{\left(2e_1 I+\frac{4kT}{R_1}+\frac{4kTR_r}{R_1^2}\right)\Delta f}\,.$$

Diese Formel zeigt, daß wir dieses Verhältnis bei gegebenen Werten von F_f, I und Δf heben können, wenn R_1 vergrößert wird, und zwar können wir hiermit Gewinn erzielen, bis der zweite und dritte Summand im Nenner klein gegenüber dem ersten geworden ist. Wir wollen diese Verhältnisse an einem Beispiel erläutern: Es sei $I=40\cdot 10^{-6}$ A, $T=300°$ (absolut), $R_r=1000$ Ohm und $R_1=2\cdot 10^4$ Ohm (vgl. oben). Dann wird der Betrag der drei Klammerglieder im Nenner bzw. $1{,}3\cdot 10^{-23}$; $0{,}8\cdot 10^{-24}$ und $4\cdot 10^{-26}$. Der oben gewählte Wert $R_1=2\cdot 10^4$ Ohm ist also bereits so groß, daß eine weitere Vergrößerung keine merkliche Hebung des Verhältnisses (3,31) bewirken kann. Erst wenn I etwa

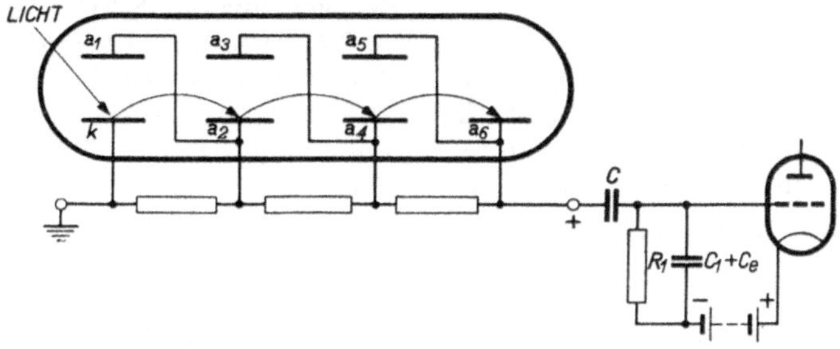

Abb. 144. Schaltbild einer Elektronenvervielfacherröhre mit zwei Vervielfachungsstufen hinter einer Photokathode k. Die gekrümmten Linien deuten die Elektronenbahnen an unter dem Einfluß eines Magnetfeldes senkrecht zur Zeichenebene, zusammen mit den elektrischen Feldern der Elektroden a_1 bis a_6. Rechts der Eingang der ersten Verstärkerröhre.

10mal kleiner wäre, müßte R_1 größer als $2\cdot 10^4$ Ohm gewählt werden. Eine solche Vergrößerung von R_1 würde aber die obere Grenzfrequenz herabsetzen.

Für die Verstärkung von so geringen Photoströmen unter Beibehaltung der Grenzfrequenzen ist eine Elektronenvervielfacherröhre günstig. Die betreffende Schaltung ist in Abb. 144 gezeichnet. Der veränderliche Lichtstrom fällt auf die erste Kathode k des Vervielfachers. Durch das elektrische Feld der Anoden a_1 und a_2 zusammen mit einem Magnetfeld senkrecht zur Zeichenebene werden die photoelektrisch aus k befreiten Elektronen nach der Anode a_2 gesaugt, wo sie eine größere Anzahl von Sekundärelektronen frei machen. Diese gelangen in analoger Weise nach a_4, machen dort wieder eine größere Anzahl von Sekundärelektronen frei, und letztere gelangen schließlich nach a_6. Insgesamt sollen für ein Photoelektron bei k je v Elektronen auf a_6 treffen. Wir nennen v die Verstärkungszahl des Vervielfachers. Über einen genügend großen Kondensator C (damit die untere Grenzfrequenz niedrig liegt) wird die Wechselspannung von a_6 zum Gitter einer Verstärkerröhre mit dem Widerstand R_1 gegen die Kathode geführt. Wenn I den von der Photokathode k emittierten mittleren Gleichstrom darstellt, ist der Strom zur Anode a_6 gleich vI. Wir nehmen an, R_1 sei viel kleiner als der Anodenwiderstand der Anode a_6. Dann wird die Signalwechselspannung über R_1 gleich $F_f I v R_1$. Der Strom zur Anode a_6 hat eine effektive Schwankung, deren Quadrat durch $2e_1 I v^2 m\Delta f$ dargestellt ist, wo m eine Zahl größer als Eins ist, welche mit den zusätzlichen Schwankungen der Sekundäremission zusammenhängt (vgl. Abschn. A 5cβ). In praktischen Fällen ist m z. B. 2 bis 4. Die übrigen Schwankungen am Gitter der Röhre in Abb. 144 sind die gleichen wie bereits oben behandelt. Wir erhalten somit an diesem Gitter für das Verhältnis der Signalspannung $\mathfrak{U}_e$ zur gesamten Schwankungsspannung $\mathfrak{U}_s$ an Stelle von (3,31) den Ausdruck:

$$(\text{C } 3{,}32)\quad \frac{\mathfrak{U}_e^2}{\mathfrak{U}_s^2} = \frac{F_f^2 I^2 v^2 R_1^2}{(2e_1 I v^2 m R_1^2 + 4kTR_1 + 4kTR_r)\,\Delta f} = \frac{F_f^2 I^2}{\left(2e_1 I m + \frac{4kT}{v^2 R_1} + \frac{4kTR_r}{v^2 R_1^2}\right)\Delta f}\,.$$

Aus dieser Formel geht hervor, daß dieses Verhältnis bereits für viel geringere Werte von R_1 praktisch von R_1 unabhängig wird, als das in Gl. (3,31) angeschriebene Verhältnis. Namentlich bei geringen Werten von I kann hier R_1 leicht so gewählt werden, daß zugleich die obere Grenzfrequenz noch richtig ist und das Verhältnis (3,32) von R_1 unabhängig wird. Hierdurch ist in solchen Fällen das Verhältnis (3,32) oft noch günstiger als (3,31), trotzdem infolge des Faktors m an sich eine Steigerung der Schwankungen hervorgerufen wird. Als Zahlenbeispiel betrachten wir $I = 0{,}4 \cdot 10^{-6}$ A und $m = 3$, während weiter die Daten die gleichen sind wie im obigen Beispiel zur Gl. (3,31). Der Nenner der Gl. (3,31) wird $(1{,}3 \cdot 10^{-25} + 8 \cdot 10^{-25} + 0{,}4 \cdot 10^{-25}) \approx 10^{-24} \Delta f$, und jener der Gl. (3,32) wird mit $v = 100$: $(3{,}9 \cdot 10^{-25} + 8 \cdot 10^{-29} + 0{,}4 \cdot 10^{-29})\Delta f = 4 \cdot 10^{-25} \Delta f$, also in der Tat bedeutend kleiner als der erstgenannte Nenner.

Für Verfahren, die eine weitere Herabsetzung des Verhältnisses (3,31) erzielen könnten, verweisen wir nach Abschn. F 2a.

Schrifttum: 22, 101, 153, 204.

β) *Gleichspannungsverstärkung.*

Widerstandsverstärker der in Abschn. C 3aα behandelten Art können leicht so bemessen werden, daß sie auch Wechselspannungen sehr niedriger Frequenz (z. B. einiger Hz) noch verstärken, wie Beispiele in Abschn. C 3cα zeigen. Es

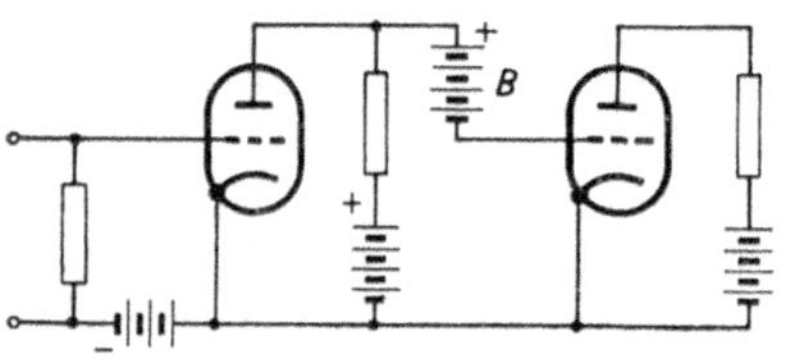

Abb. 145. Grundsätzliches Schaltbild eines Gleichspannungsverstärkers. Die Gegenspannungsbatterie B sorgt dafür, daß das Gitter der zweiten Röhre die richtige Vorspannung erhält.

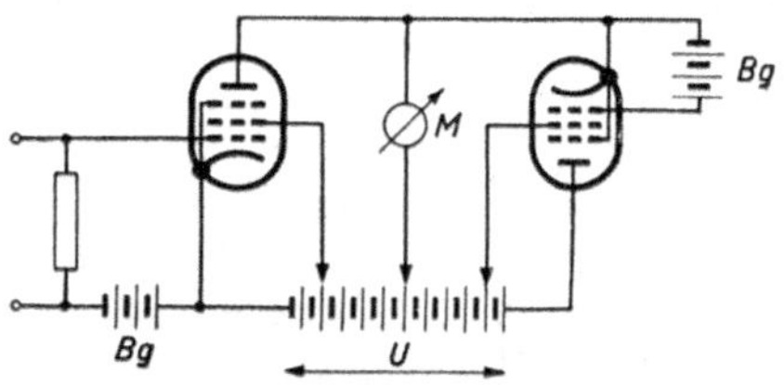

Abb. 146. Einstufiger Gleichspannungsverstärker mit sehr hoher Verstärkung. Zwei gleiche Pentoden (z. B. Philips EF 6) werden so geschaltet, daß die zweite Röhre als Nutzwiderstand im Anodenkreis der ersten Röhre dient. M ist ein elektrostatisches Voltmeter zur Messung der verstärkten Spannung.

kommen aber (namentlich bei physikalischen Messungen) Fälle vor, in denen die untere Grenzfrequenz exakt Null sein soll. In solchen Fällen spricht man von Gleichspannungsverstärkung. Die in Abb. 115 angegebene Anordnung ist in solchen Fällen nicht brauchbar, weil der Kondensator C_2 sehr langsame Spannungsänderungen nicht zum Gitter der nächsten Röhre leitet. Damit dieses Gitter bei Kurzschluß von C_2 nicht die Anodenspannung der vorigen Röhre gegen die Kathode erhält, muß eine Gegenspannungsbatterie B benutzt werden (Abb. 145). Wenn man berücksichtigt, daß in dieser Weise für einen mehrstufigen Verstärker mehrere Zusatzbatterien notwendig sind, deren innere Spannungsschwankungen durch den Verstärker ebenfalls verstärkt werden, so leuchtet ein, daß man versucht hat, diesen Schwierigkeiten durch besondere Schaltungen zu begegnen. Bevor wir eine dieser besonderen Anordnungen behandeln, wollen wir noch einen einstufigen Spannungsverstärker mit sehr beträchtlicher Verstärkung erwähnen (Abb. 146). Als Verstärkerröhre benutzen wir eine Pentode (z. B. Philips EF 6) und als Anodenwiderstand eine genau gleiche Pentode mit dem gleichen Arbeitspunkt (mit Hilfe der Batterien B_g einzustellen). Die Spannungsverstärkung kann z. B. mit einem elektrostatischen Voltmeter M gemessen werden. Bei gleichen Röhren gleicher Einstellung zeigt M ohne Eingangsspannung keine Spannung an. Die Steilheit der Röhre sei S, der Anodenwiderstand R_a. Dann beträgt die Verstärkung offenbar:

$$V = S\frac{R_a}{2}.$$

Man kann ableiten, daß R_a für Röhren dieser Art ungefähr proportional zum Verhältnis der Anodenspannung zum Anodenstrom I_a ist, also: $R_a = bU/I_a$. Folglich wird:

$$V = \frac{b}{2}U\frac{S}{I_a}.$$

Das Verhältnis S/I_a ist möglichst günstig im Anlaufstromgebiet sehr geringer Ströme. Hier wird die Verstärkung etwa gleich der halben statischen „Verstärkungszahl" (Produkt von Steilheit und Anodenwiderstand) der betreffenden Röhre, also z. B. gleich etwa 10^4 für die Röhre EF 6.

Eine der genannten Schaltungen zur Vermeidung der Schwierigkeit der Gleichspannungsverstärkung geht von einer Umformung der Gleichspannungen in Wechselspannungen aus und ist in Abb. 147 dargestellt. Als wesentliche

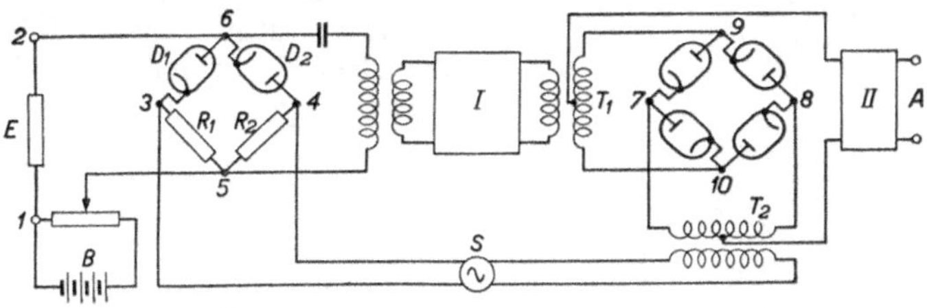

Abb. 147. Gleichspannungsverstärker, wobei die Gleichspannung mittels einer Gleichrichterbrücke in Wechselspannung umgeformt, die Wechselspannung verstärkt und schließlich mit einer zweiten Gleichrichterbrücke wieder in Gleichspannung umgeformt wird. E Eingang, A Ausgang. Beschreibung der Wirkung im Text.

Bestandteile werden zwei Brückenschaltungen benutzt, die Gleichrichter enthalten. Diese Gleichrichter sind als Dioden gezeichnet. Es können aber auch sog. Trockengleichrichter verwendet werden. Die Eingangsspannung wird an die Punkte *1* und *2* gelegt. Durch die Batterie B sind die Arbeitspunkte der Dioden D_1 und D_2 bestimmt. Die Widerstände R_1 und R_2 werden so geregelt, daß die Brücke im Gleichgewicht ist, wenn am Eingang E zwischen den Punkten *1* und *2* keine Gleichspannung vorhanden ist. Der Schwingungserzeuger S ergibt zwischen den Punkten *3* und *4* der Brücke eine Wechselspannung, die aber infolge des Brückengleichgewichts keine Wechselspannung zwischen den Punkten *5* und *6* der Brücke erzeugt. Sobald aber zwischen *1* und *2* eine Gleichspannung angelegt wird, ist die Brücke infolge der Änderung der Betriebsbedingungen der Dioden D_1 und D_2 nicht mehr im Gleichgewicht und entsteht zwischen den Punkten *5* und *6* der Brücke wohl eine Wechselspannung, die zum Verstärker *I* geführt wird und von da aus auf eine zweite Brücke gelangt, die aus vier gleichen Gleichrichtern besteht, wie gezeichnet. Zwischen den Punkten *7* und *8* dieser Brücke steht eine von der Quelle S stammende Wechselspannung. Wenn nun zwischen die Punkte *9* und *10* dieser Brücke eine vom Verstärker *I* stammende

Wechselspannung gleicher Frequenz gelangt, so kann zwischen den Punkten T_1 und T_2 eine Gleichspannung entstehen, die in Größe und Phase mit letzterer Wechselspannung übereinstimmt. Diese Gleichspannung wird im Siebkreis *II* von Wechselspannunganteilen befreit und ergibt am Ausgang *A* nach Größe und Phase ein verstärktes Bild der Eingangsgleichspannung bei *E*. Der Verstärker *I* kann so gebaut werden, daß er nur ein enges Frequenzgebiet um die Frequenz der Quelle *S* herum verstärkt. Hierzu sind Siebkreise notwendig, ebenso wie im Schaltteil *II*. Es würde zu weit führen, hier solche Siebkreise zu behandeln. Man kann sie allgemein als Vierpole mit bestimmtem Übertragungsmaß und frequenzabhängigem Dämpfungsmaß auffassen (vgl. Abschn. A 1d).

Man hat analoge Verstärker auch mit Gegenkopplung ausgeführt.

Schrifttum: **13, 42, 161, 229, 306.**

γ) *Gleichstromverstärker. Magnetische Verstärker.*

Die Verstärkung von Gleichströmen unterscheidet sich oft wenig von derjenigen von Gleichspannungen. Man kann den betreffenden Gleichstrom durch einen Widerstand schicken und dann die über dem Widerstand entstehende Gleichspannung verstärken. Hierbei treten aber z. B. besondere Aufgaben hervor, sobald es sich um sehr winzige Ströme handelt. Diesen Fall wollen wir hier ins Auge fassen. Früher hat man sich in solchen Fällen vielfach der Elektrometer bedient, das sind Instrumente, die durch winzige elektrostatische Aufladungen bereits meßbare Ausschläge ergeben. Heute werden meistens besondere Verstärkerröhren, „Elektrometerröhren" genannt, benutzt. Diese Röhren müssen einer Reihe schwer zu erfüllender Forderungen genügen, von denen eine der

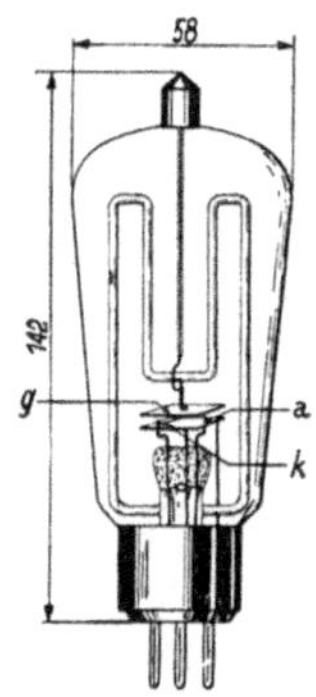

Abb. 148a. Elektrometertriode (Philips 4060). *k* Kathode (Heizfaden), *a* Anode, *g* Steuergitter. Die ganze Bauart ist auf möglichst gute Isolation des Steuergitters von den anderen Elektroden gerichtet. Maße in mm.

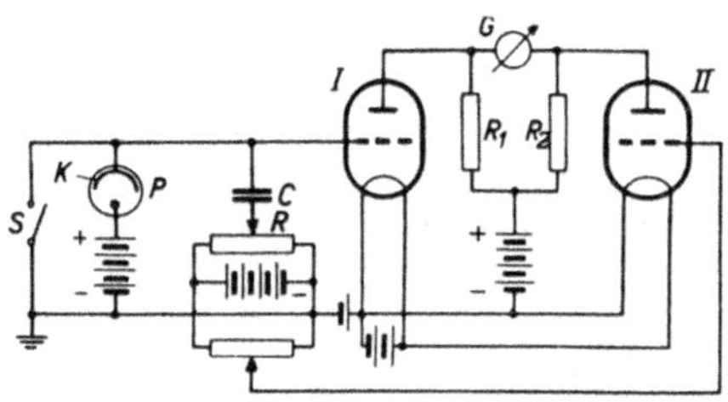

Abb. 148b. Schaltung mit zwei gleichen Trioden nach Abb. 148a zur Verstärkung winziger Ströme, welche die Photozelle *P* erzeugt. Beschreibung der Wirkung im Text.

wichtigsten lautet: Gitterstrom möglichst gering. Man hat durch besondere Maßnahmen (gute Isolation, niedrige Spannungen der Elektroden zur Vermeidung von Ionisierung) z. B. Ströme von der Ordnung von 10^{-15} A erreicht. Eine solche Röhre ist in Abb. 148a gezeigt. Die Steilheit ist infolge der gewählten Gestaltung nur gering, etwa 25 μA/V, der Anodenwiderstand ist etwa 40 kOhm.

Eine Anwendung von Elektronenröhren zur Bestimmung sehr schwacher Photoströme (z. B. beim Photometrieren der Spektren von Sternen) ist in Abb. 148b schematisch angegeben. Die Photokathode *K* der Photozelle *P* emittiert infolge des einfallenden Lichtstromes Elektronen. Vor der Messung ist der Schalter *S* geschlossen. Zu Beginn der Messung wird *S* geöffnet. Die Gitterspannungen der beiden gleichen Elektronenröhren und die beiden Widerstände R_1 und R_2 werden so eingeregelt, daß das Galvanometer G vor Beginn der Messung nicht ausschlägt. Vom Beginn der Messung ab wird der Kondensator C infolge des Photostromes I aufgeladen und erhält eine Ladung $CU = It$ (t Zeit). Man kann entweder den Endausschlag des Galvanometers G oder den Ausschlag während der Zeit t als Maß für I verwenden. Bei $t = 100$ sec, $C = 10$ pF und $U = 1$ mV erhält man z. B. $I = 10^{-16}$ A. Bei der Ausführung der Messung solcher winzigen Ströme muß die Isolation des Eingangskreises sehr hochgezüchtet werden. Für 1 % Fehler wäre z. B. in obigem Beispiel ein Isolationswiderstand des Gitterkreises von 10^{15} Ohm erforderlich. Auf die hierzu notwendigen Maßnahmen gehen wir nicht ein.

Schrifttum: 13, 42, 61, 96, 211, 291, 370.

Bereits vor der Entwicklung der Elektronenröhren ist die Aufgabe der Gleichstromverstärkung durch die heute so genannten „magnetischen Verstärker" gelöst, welche früher als „vormagnetisierte Drossel" oder auch „Transduktoren" (englisch: transductors) bezeichnet wurden. Die Grundlage ihrer Wirkungsweise wollen wir an Hand von Abb. 149 erläutern. Ein Eisenkern trägt zwei Wicklungen.

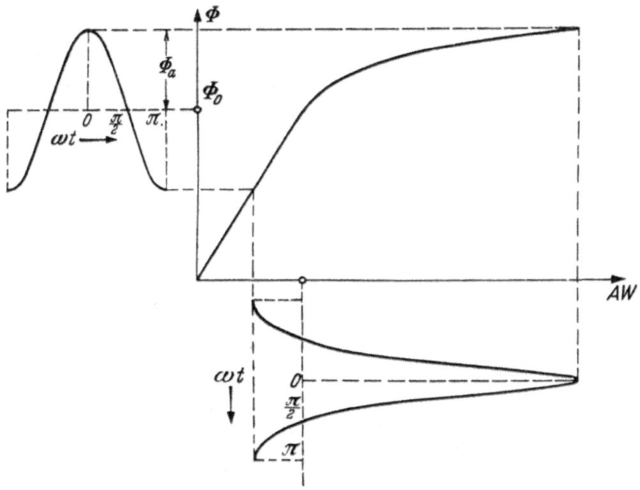

Abb. 149a. Diagramm zur Erläuterung der grundsätzlichen Wirkungsweise eines magnetischen Verstärkers.

Die eine wird von einer idealen Gleichstromquelle ($R_i = \infty$) mit I_0 gespeist. Die zweite liegt an einer idealen Wechselspannungsquelle ($R_i = 0$). Hieraus ergibt sich unter Vernachlässigung der Kupferverluste ein Flußverlauf Φ, der sich aus einem Gleichfluß Φ_0 und einem Wechselfluß zusammensetzt.

$$\Phi = \Phi_0 + \Phi_a \cos(\omega t) .$$

Die Magnetisierungskurve des Eisenkerns vereinfachen wir unter Vernachlässigung der Hysterese und aller sonstiger Eisenverluste durch eine Kurve, welche den Fluß Φ als eindeutige Funktion der Erregung AW darstellt. Die Erregung setzt sich zusammen aus einem Gleichstromanteil und einem Wechselstromanteil:

$$AW = I_0 W_e + i W_a .$$

Den Wechselstrom i richten wir mittels einer Gleichstrombrücke GB gleich und erhalten den Gleichstrom I. Wenn nun I_0 (der „Vormagnetisierungsstrom") um ΔI_0 geändert wird, so ändert der Strom I (der „Ausgangsstrom") um ΔI, und zwar im allgemeinen um einen größeren Betrag als ΔI_0. Somit findet eine Stromverstärkung $\Delta I/\Delta I_0$ statt.

Eine praktische Schaltung eines magnetischen Verstärkers ist in der Abb. 149b dargestellt. Zwei Eisenkerne, welche gleiche Eigenschaften haben, tragen gleiche Wicklungen. Infolge der einwelligen Wechselspannungsquelle $\mathfrak{U}$ fließt durch die gleichsinnig in Reihe geschalteten Wicklungen *a* und *b* der Wechselstrom *i*, durch die im entgegengesetzten Sinn geschalteten Wicklungen *c* und *d* fließt der Gleichstrom I_0. Wenn der Gleichstromwiderstand der Wicklungen *c* und *d* zusammen R_0 beträgt, so findet für eine kleine Änderung ΔI_0 die folgende Leistungsverstärkung statt:

$$\frac{\Delta I \cdot I \cdot R}{\Delta I_0 \cdot I_0 \cdot R_0}.$$

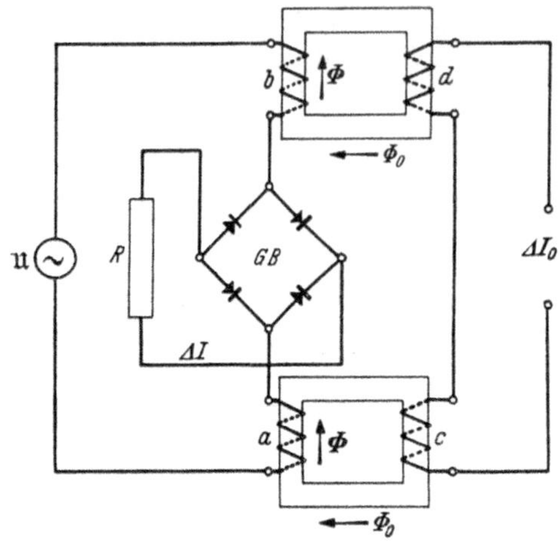

Abb. 149b. Schema eines magnetischen Verstärkers. Erläuterung im Text.

Findet die Vormagnetisierung durch Permanentmagnete oder durch weitere Hilfswicklungen statt, so daß $\Delta I_0 = I_0$ und $\Delta I = I$, so erhalten wir eine Leistungsverstärkung

$$\frac{(\Delta I)^2 R_0}{(\Delta I_0)^2 R},$$

welche beträchtlich (z. B. 10) sein kann. Auf magnetische Verstärker können auch Rückkopplungen angewandt werden, durch welche Leistungsverstärkungszahlen von 10^4 und mehr pro Stufe erzielt worden sind. Magnetische Verstärker haben Zeitkonstanten, welche infolge der beträchtlichen Induktivität ziemlich groß sind. Sie werden durch Rückkopplung noch vergrößert. Größere Verstärkerzahlen bedingen höhere Zeitkonstanten.

Es würde zu weit führen, wenn wir auf die vielen vorgeschlagenen und verwendeten Schaltmöglichkeiten eingingen, und es sei deshalb auf das Schrifttum hingewiesen.

Magnetische Verstärker können unter geeigneten Bedingungen auch für Wechselströme verwendet werden.

Schrifttum: **283, 284, 317, 323, 361.**

δ) *Leitungsverstärker.*

Vorstufenverstärker der im vorliegenden Abschn. C 3 behandelten Art werden vielfach im Telephonverkehr über große Entfernungen angewandt. Für die Einschaltung solcher Verstärker in Fernsprechleitungen werden im wesentlichen zwei Grundschaltungen verwendet, die *Zweidrahtschaltung* und die *Vierdrahtschaltung*. Im ersten Fall findet Sprechen in beiden Richtungen über dieselben beiden Drähte statt. Die Verstärker für beide Richtungen werden in der in Abb. **150**a gezeichneten Art in die Leitung eingefügt. Im letzten Fall ist der Sprechverkehr in der einen Richtung von dem in der anderen Richtung vollständig getrennt. Beide Drahtpaare führen über gesonderte Verstärker. Erst am Anfang und am Ende der Gesamtverbindung sind die beiden Zweidrahtleitungen parallelgeschaltet (Abb. 150b). Die Parallelschaltung von Eingang und

Ausgang eines Verstärkers ist nicht ohne weiteres möglich, da in den meisten Fällen eine Selbsterregung, d. h. Schwingungserzeugung, einsetzen würde. Man verwendet zu diesem Zweck Kompensationsschaltungen, von denen Abb. 151 ein Beispiel zeigt. Es handelt sich hierbei im wesentlichen um eine Brücken-

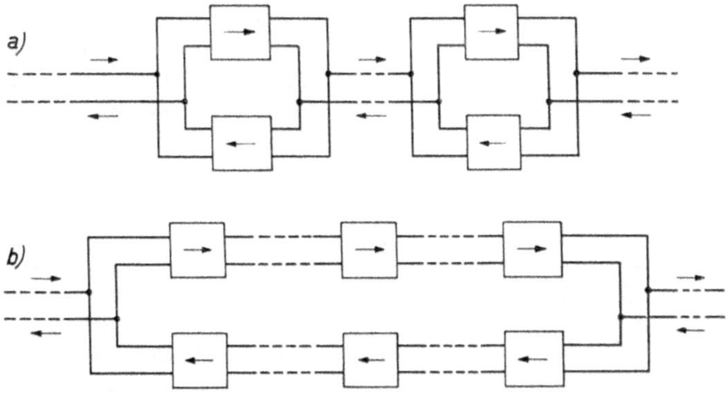

Abb. 150a u. b. Zweidrahtschaltung (*a*) und Vierdrahtschaltung (*b*) im Fernsprechverkehr mit Verstärkerämtern. Im Falle *a* werden Gespräche in beiden Sprechrichtungen über das gleiche Drahtpaar geleitet. Im Falle *b* werden die Gespräche in der einen Sprechrichtung über das eine und jene in der anderen Sprechrichtung über das andere Drahtpaar geleitet. Die Vierecke sollen die Verstärkerämter andeuten. Die Strichellinien bezeichnen lange Kabelleitungen.

schaltung, die bei vollkommenem Gleichgewicht keine Spannung vom Ausgang des einen Verstärkers zum Eingang des zweiten Verstärkers gelangen läßt. Man kann diese Verhältnisse in einfacher Weise an Hand der Abb. 152 überblicken. Der Ausgang des Verstärkers V_2 der Abb. 151 ist durch eine Wechselspannungs-

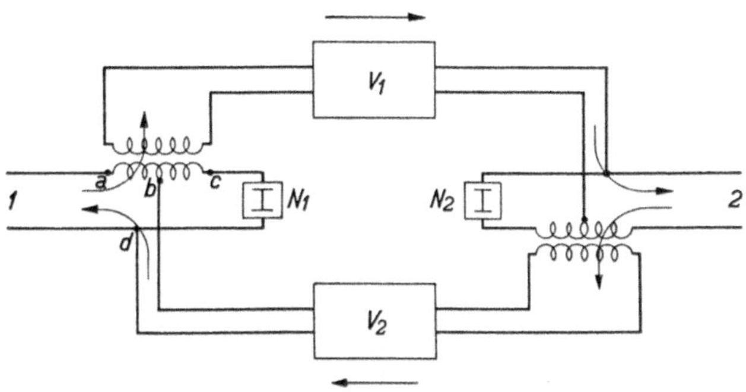

Abb. 151. Beispiel eines Zweidrahtverstärkeramtes. Die Schaltung soll verhüten, daß verstärkte Spannungen vom Ausgang des Verstärkers V_1 auf den Eingang des Verstärkers V_2 gelangen und umgekehrt. N_1 und N_2 sind Widerstände gleich den Wellenwiderständen der Leitungen *1* und *2*. Beschreibung der Wirkung im Text.

quelle $\mu \mathfrak{U}_g$ in Reihe mit dem Anodenwiderstand $\mathfrak{R}_a$ dargestellt. Der Eingang des Verstärkers V_1 der Abb. 151 ist durch den Eingangswiderstand $\mathfrak{R}_e$ dargestellt. Das Kabelende *1* entspricht dem Wellenwiderstand $\mathfrak{Z}$ (vgl. Abschn. A1dγ, wobei ein Kabel als symmetrischer Vierpol betrachtet werden kann). Die „Kabelnachbildung" N_1 hat ebenfalls den Widerstand $\mathfrak{Z}$. Der Anschlußpunkt *b* liegt in der Mitte zwischen *a* und *c*. Unter diesen Bedingungen gelangt von der Spannung $\mu \mathfrak{U}_g$ nichts auf den Eingang $\mathfrak{R}_e$, wie oben bemerkt. Außerdem können die Widerstände $\mathfrak{R}_a$ und $\mathfrak{R}_e$ so gewählt werden, daß von der Seite *1* aus gesehen zwischen den Anschlußpunkten *a* und *d* wieder der Widerstand $\mathfrak{Z}$ entsteht. Unter diesen Bedingungen ist das Kabel von *1* aus gesehen scheinbar unendlich lang, eine von *1* eintreffende Welle wird nicht reflektiert, was für den richtigen Betrieb der Leitung wesentlich ist. Weiterhin soll z. B. der Belastungswiderstand des Verstärkerausgangs gleich $\mathfrak{R}_a$ sein. Diese beiden Bedingungen legen $\mathfrak{R}_a$ und $\mathfrak{R}_e$ fest. Ein vollkommen analoges Schaltbild kann für die Seite *2* der Schaltung Abb. 151 gezeichnet werden. Bei Vierdrahtleitungsverstärkern werden ähnliche Brückenschaltungen angewandt, wie oben für Zweidrahtverstärker beschrieben. In der Praxis ist das Verstärkungsmaß bei Zweidrahtverstärkern 1,3 bis 1,8 Neper und bei Vierdrahtverstärkern 3,4 oder 4,6 Neper (in letzterem Fall mehr, weil Selbsterregung bei nicht vollkommen ausgeglichener Brücke wegen der zusätzlichen Kabeldämpfung weniger leicht stattfindet).

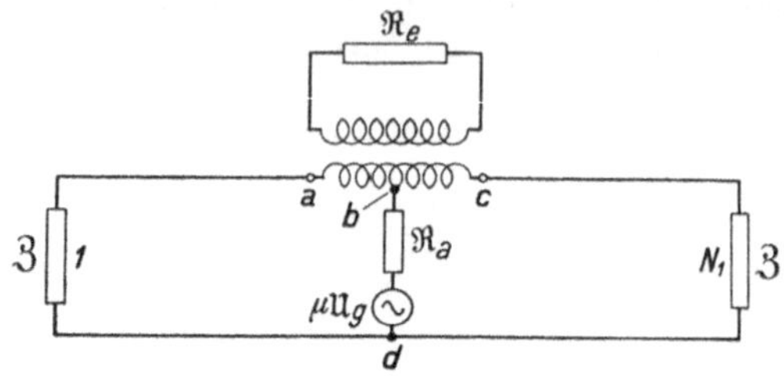

Abb. 152. Ersatzschaltbild der Schaltung von Abb. 151 von der Leitung *I* (links) aus gesehen. Die Leitung wird durch ihren Wellenwiderstand $\mathfrak{Z}$ dargestellt und durch N_1, gleich diesem Wellenwiderstand, abgeschlossen. Zwischen den Punkten *a* und *c* (vgl. Abb. 151) ist der Eingangswiderstand $\mathfrak{R}_e$ des Verstärkers V_1 (Abb. 151) geschaltet, zwischen den Punkten *b* und *d* (Abb. 151) der Ausgang des Verstärkers V_2, den wir als Reihenschaltung einer Spannungsquelle $\mu\mathfrak{U}_g$ (μ = Verstärkungszahl der Röhre im Verstärker V_2 und $\mathfrak{U}_g$ die Gitterspannung) und des Anodenwiderstandes $\mathfrak{R}_a$ der betreffenden Verstärkerröhre darstellen. Durch die gezeichnete Brückenschaltung gelangt keine Spannung vom Ausgang des Verstärkers V_2 auf den Eingang von V_1.

Leitungsverstärker müssen besonderen Anforderungen in bezug auf Konstanz, Frequenzkennlinie, abgegebene Leistung (z. B. 50 mW) sowie Verzerrungen genügen. Es würde zu weit führen, die hierbei verwendeten Schaltmaßnahmen

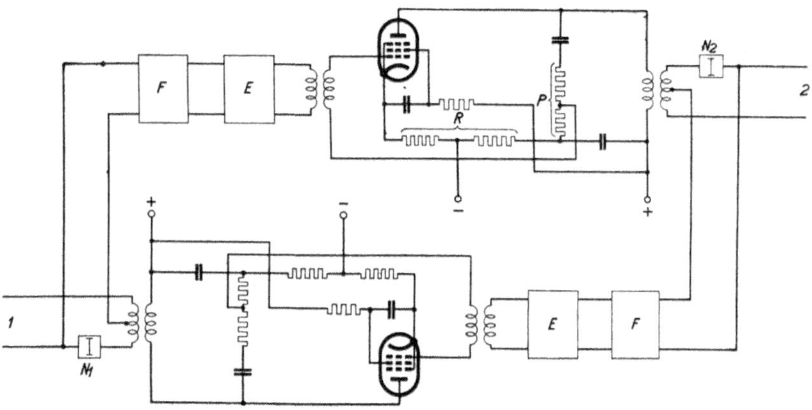

Abb. 153. Schaltbeispiel eines Zweidrahtverstärkers mit Pentoden und Gegenkopplung zur Verzerrungsverringerung (Widerstände *R* und *P*). N_1 und N_2 vgl. Abb. 152. *E* Ausgleichsvierpol. *F* Siebkreis.

und Siebkreise sowie Ausgleichsvierpole (zum Ausgleich verschiedener Frequenzkennlinien) ausführlich zu behandeln. Erwähnt sei nur, daß die Verzerrungsverringerung heute fast allgemein durch Anwendung von Gegenkopplung (vgl. Abschn. C 2bγ) stattfindet. Ein diesbezügliches Schaltbild eines Zweidrahtverstärkers mit Pentoden und Gegenkopplung ist in Abb. 153 dargestellt. Die Gegenkopplung findet durch den Widerstand *R* in der Kathodenleitung statt.

Beim Trägerwellentelephonverkehr werden ähnliche Verstärker verwendet wie oben beschrieben. Hierbei werden besondere Siebkreise verwendet, um die verschiedenen Sprechkanäle, welche die verschiedenen Trägerwellenverbindungen auf einem einzigen Kabel bilden, zu trennen.

Schrifttum: 40, 49, 114, 169, 309, 335, 336.

4. Endverstärkerstufen.

Dieser Abschnitt ist den Endverstärkerstufen mit beträchtlicher Ausgangsleistung im Sinne, der im Abschn. A 6b dargelegt wurde, gewidmet.

a) Kennlinien und Schaltungen.

In erster Linie ist für Endverstärkerstufen die Ausgangsleistung in Abhängigkeit der Schaltungsdaten maßgebend. Da für solche Stufen heute zwei wesentlich verschiedene Röhrenarten: Trioden einerseits und Tetroden oder Pentoden andererseits, benutzt werden, behandeln wir die Ausgangsleistung für diese beiden Röhrenarten. Hierbei gehen wir über die allgemein gehaltenen Ausführungen in Abschn. A 6b hinaus.

α) *Kennlinien von Trioden und Pentoden.*

Bei der Bestimmung der Ausgangsleistung gehen wir von den Anodenstrom-Anodenspannungs-Kennlinien aus und betrachten eine Schar solcher Kennlinien,

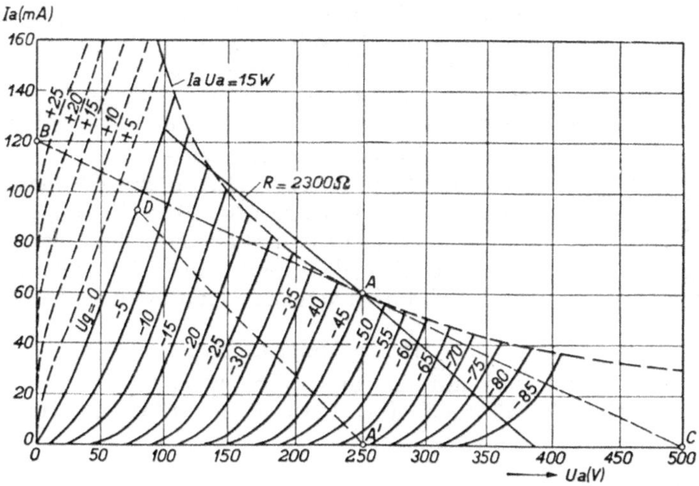

Abb. 154. Statische Anodenstrom (vertikal)-Anodenspannungs (horizontal)-Kennlinien einer Leistungstriode (Philips AD1) für verschiedene Werte der Gitterspannung U_g. Die eingezeichneten Geraden entsprechen verschiedenen Betriebsbedingungen.

die jeweils für eine bestimmte Steuergitterspannung aufgenommen sind (Abb. 154). Zugleich ist eine gestrichelte Hyperbel eingezeichnet, welche die höchstzulässige Leistung in der Anode der Röhre angibt (Anodenstrom mal Anodenspannung konstant, in diesem Beispiel gleich 15 W). Beim Betrieb der Röhre soll also mit der Anodenverlustleistung nicht über diese Hyperbel hinausgegangen werden. Die Kurven der Abb. 154 gestatten für jeden Arbeitspunkt bei *kleinen* Änderungen der Spannung und des Stromes den örtlichen Anodenwiderstand R_a der Triode zu bestimmen (Anodenstromänderung durch eine gegebene Spannungsänderung bei konstanter Gitterspannung ist gleich $1/R_a$).

Für eine feste Anodenspannung kann aus den Kurven der Abb. 154 der Anodenstrom als Funktion der Gitterspannung entnommen werden (Abb. 155, Kurve *1*). Diese Kurve (statische Anodenstrom-Gitterspannungskurve, vgl. Abschn. A 3aα) entspricht dem Fall, daß sich die Anodenspannung als Folge der Anodenstromänderung nicht ändert. Sie gehört also zu einem Belastungswiderstand Null im äußeren Anodenkreis. Wenn in diesem äußeren Kreis ein endlicher Widerstand R vorhanden ist (Abb. 156), so ändert sich die Anodenspannung in linearer Weise als Funktion des Anodenstromes:

(C 4,1) $$U_a = U_b - I_a R.$$

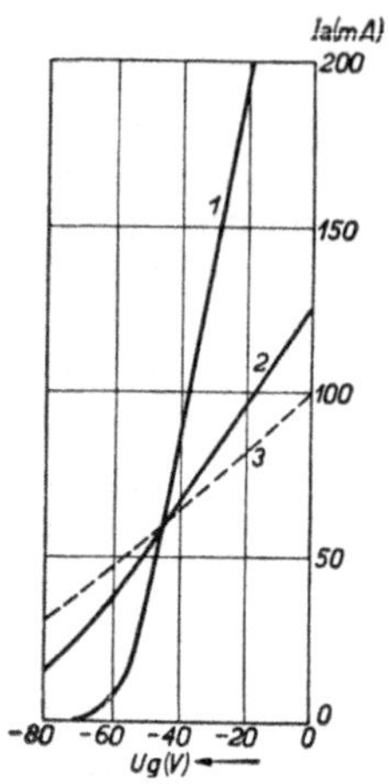

Abb. 155. Statische (Kurve 1) und dynamische (Kurven 2 und 3) Anodenstrom (vertikal)-Gitterspannungs (horizontal)-Kennlinien der Triode von Abb. 154. Sämtliche Kurven entsprechen dem Arbeitspunkt A der Abb. 154. Die Kurve 2 gehört zur ausgezogenen, die Kurve 3 zur gestrichelten Geraden durch A in Abb. 154

Diese Gleichung wird im I_a-U_a-Kennlinienbild (Abb. 154) durch eine Gerade dargestellt, welche die U_a-Achse bei $U_a = U_b$ und die I_a-Achse bei $I_a = U_b/R$ schneidet. Solche Geraden sind für verschiedene Widerstandswerte R in Abb. 154 gezeichnet. Man kann entlang jeder dieser Geraden die zusammengehörigen I_a- und U_g-Werte ablesen und diese Werte wieder zu I_a-U_g-Kennlinien vereinigen. Man erhält so dynamische Kennlinien für die betrachtete Triode (Abb. 155, vgl. auch Abschn. A 3aβ). Offenbar weichen diese dynamischen Kennlinien erheblich von der statischen Kennlinie (Abb. 155) ab. Für die Verstärkung von Wechselspannungen soll der Widerstand R der Abb. 156 zwar für Wechselstrom bestehen, aber für Gleichstrom keinen Spannungsabfall aufweisen (vgl. Abb. 22). Für Pentoden haben wir bereits in Abb. 20a und 20b (Abschn. A 3a) statische und dynamische Kennlinien betrachtet, und wir können jetzt feststellen, daß diese beiden Kennlinienarten bei Trioden viel stärker voneinander abweichen als bei Pentoden.

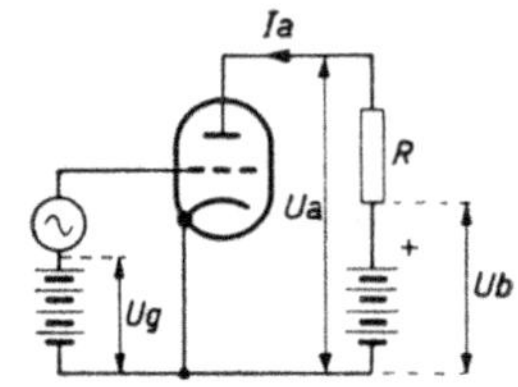

Abb. 156. Schaltung einer Leistungstriode mit einem Widerstand R im Anodenkreis.

β) Schaltungen.

Wenn der Arbeitspunkt auf der dynamischen I_a-U_g-Kennlinie derart gewählt ist, daß für alle während einer Periode der Eingangsspannung durchlaufenen U_g-Werte noch Anodenstrom fließt, haben wir die sog. A-Schaltung vor uns. Im Idealfall einer geraden dynamischen Kennlinie ist diese Schaltung durch den in Abb. 157 gezeichneten Arbeitspunkt bestimmt.

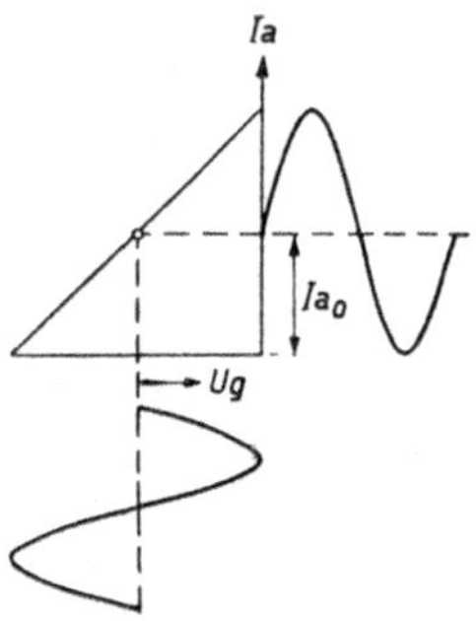

Abb. 157. Dynamische Anodenstrom-Gitterspannungs-Kennlinie mit einem Arbeitspunkt, der A-Schaltung entsprechend.

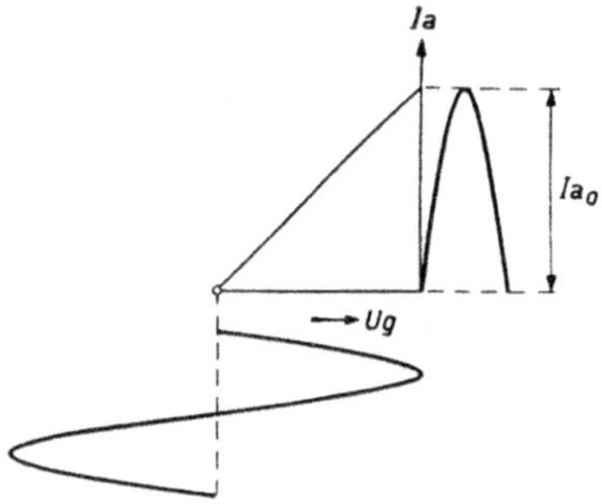

Abb. 158. Wie Abb. 157, aber für die B-Schaltung.

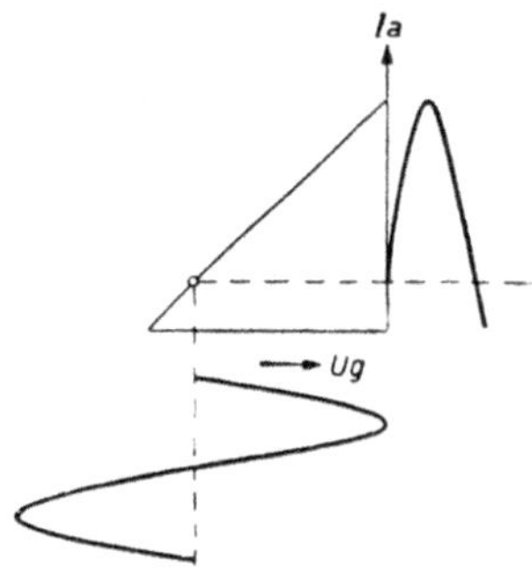

Abb. 159. Wie Abb. 157, aber für die A/B-Schaltung.

Bei der B-Schaltung liegt der Arbeitspunkt dort, wo die dynamische I_a-U_g-Kennlinie die U_g-Achse schneidet (Abb. 158).

Bei der A/B-Schaltung hat der Arbeitspunkt eine mittlere Lage zwischen den beiden vorigen Fällen (Abb. 159).

Zwei gleiche Röhren in der A-Schaltung können sowohl parallel als auch im Gegentakt benutzt werden. Wie aus Abb. 158 ersichtlich, ergibt die B-Schaltung bei Verwendung einer einzelnen Röhre oder auch zweier gleicher Röhren in Parallelschaltung sehr beträchtliche Verzerrungen des Anodenstromes. Wenn man aber zwei gleiche Röhren in der B-Schaltung im Gegentakt verwendet, ergänzen sich die beiden Anteile des Anodenstromes. Lineare dynamische Kennlinien ergeben in diesem Fall einen vollkommen unverzerrten Anodenstrom (Abb. 160). Die B-Schaltung tritt daher bei der Niederfrequenzverstärkung ausschließlich zusammen mit der Gegentaktschaltung auf. Das gleiche gilt für die A/B-Schaltung. Auch in diesem Fall kann bei geeignet gewählten Kennlinien und Arbeitspunkten ein unverzerrter Anodenstrom entstehen (Abb. 161). An Stelle der Gegentaktschaltung kann in gewissen Fällen Dreitaktschaltung verwendet werden (vgl. Abschn. C 3bβ, Abb. 162).

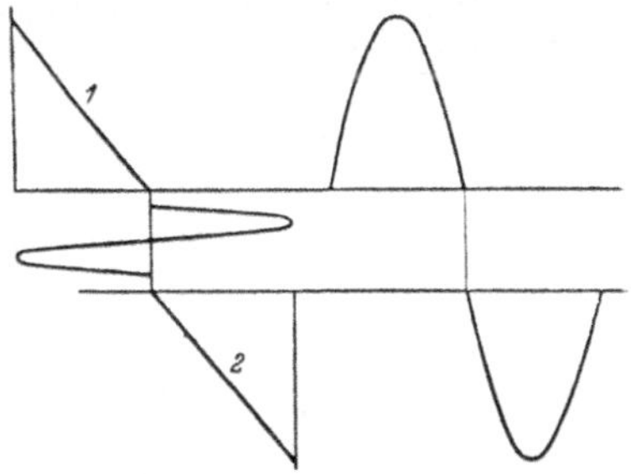

Abb. 160. Gegentakt-B-Schaltung (vgl. Abb. 158). Zwei gleiche Kennlinien *1* und *2*.

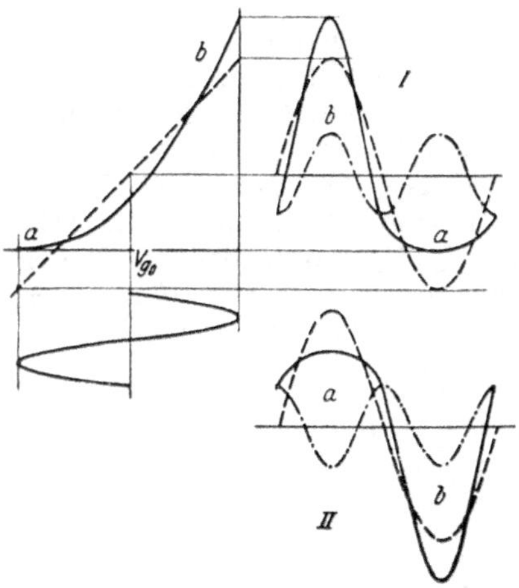

Abb. 161. Gegentakt-A/B-Schaltung (vgl. Abb. 159). Die gestrichelte Kennlinie ist eine Gerade, die ausgezogene eine Parabel. Im letzteren Fall entsteht bei *b* eine Vergrößerung des Anodenstromscheitelwertes, bei *a* eine Verringerung. Die Oberwellen der Röhren *I* und *II* haben die gleichen Werte und eine Phasenverschiebung π. Der resultierende Anodenstrom ist daher einwellig.

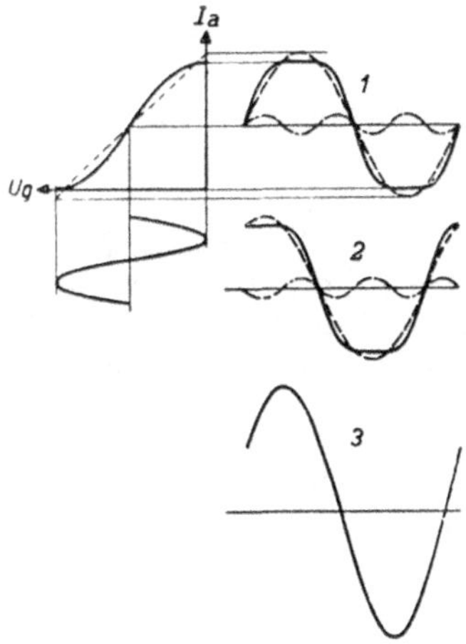

Abb. 162. Das Analogon zur Abb. 161, aber mit einer Dreitaktschaltung. Die Eingangswechselspannungen der beiden Röhren *1* und *2* haben $2\pi/3 = 120°$ Phasendifferenz. Die Anodenströme jeder Röhre (ausgezogene Kurven *1* und *2*) haben starke dritte Oberwellen (Punkt-Strich-Kurven) neben den Grundwellen (gestrichelte Kurven). Die zusammengesetzte Kurve *3* ist einwellig.

b) Ausgangsleistung bei Wirkwiderstandsbelastung.

In diesem Abschnitt nehmen wir an, die Kennlinien der betrachteten Röhren seien gerade Linien.

α) *Die A-Schaltung bei Trioden und bei Pentoden (Tetroden).*

Wir idealisieren die I_a-U_a-Kurven der Abb. 154 durch eine Reihe von parallelen Geraden (Abb. 163) und fragen, wie die Anodenleistung und die abgegebene Leistung der Triode vom Belastungswiderstand R abhängen. Bei dieser Betrachtung ist es wichtig, die Betriebsbedingungen im Auge zu behalten, welche bei der Verwendung von Trioden zur Endverstärkung erfüllt werden sollen. In erster Linie ist der Höchstwert der Anodenverlustleistung für die betreffende Röhre festgelegt (gestrichelte Hyperbel in Abb. 163). Weiter soll die Anodengleichspannung (Speisespannung) U_{a0} gegeben sein. Drittens soll beim Betriebe die Gitterspannung U_g nie positiv werden, damit keine Gitterströme fließen. Diese Ströme würden in manchen Fällen zu starken Verzerrungen Anlaß geben (C 4dα). Der Anodengleichspannung U_{a0} wird im Betriebe eine Anodenwechselspannung $\mathfrak{U}_a$ überlagert, deren Amplitude in der A-Schaltung nicht größer sein darf als U_{a0}, wenn das Auftreten starker Verzerrungen vermieden werden soll. Diese Bedingungen legen für jeden gewählten Ausgangswiderstand R die Leistungsverhältnisse im Anodenkreis und den Arbeitspunkt vollkommen fest.

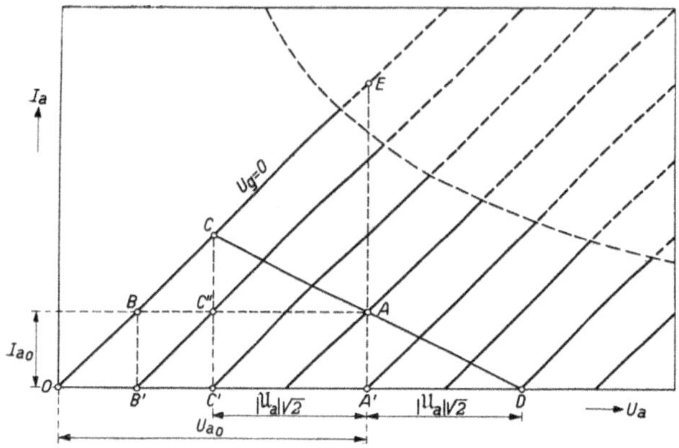

Abb. 163. Idealisierung der Kennlinien der Abb. 154 durch Geraden.

In Abb. 163 ist durch den Arbeitspunkt A die Gerade CAD gelegt, die dem Belastungswiderstand R entspricht (die Strecke AA' dividiert durch die Strecke $A'D$ ist $1/R$), und zwar derart, daß $CC' = 2AA'$. Aus Abb. 163 folgt: $BB' = I_{a0}$ und $CC' = 2I_{a0}$, wobei I_{a0} der Anodengleichstrom ist, welcher zum Arbeitspunkt A gehört. Die Strecke OC' wird gleich $2I_{a0}R_a$, wo R_a der Anodenwiderstand der Triode ist, welcher der Neigung der Kennlinien in Abb. 163 entspricht (Strecke CC' dividiert durch Strecke OC' ist $1/R_a$). Folglich ergibt sich:

$$\sqrt{2}\,|\mathfrak{U}_a| = U_{a0} - 2I_{a0}R_a.$$

Da weiter gilt (Strecke $A'D$ ist Strecke $A'A$ mal R):

(C 4,2) $$\sqrt{2}\,|\mathfrak{U}_a| = RI_{a0},$$

erhält man:

(C 4,3) $$I_{a0} = \frac{U_{a0}}{R + 2R_a}.$$

Die im Widerstand R verbrauchte Leistung ist $\mathfrak{N} = |\mathfrak{U}_a|^2/R$ oder, nach Gl. (4,2) und (4,3):

(C 4,4) $$\mathfrak{N} = \frac{U_{a0}^2 R}{2(R + 2R_a)^2}.$$

Diese Nutzleistung $\mathfrak{N}$ wird möglichst groß für:

(C 4,5) $$R = 2R_a,$$

und zwar gleich:

(C 4,6) $$\mathfrak{N}_{\max} = \frac{U_{a0}^2}{16R_a}.$$

Die Gleichstromleistung der Anodenspeisungsquelle beträgt $\mathfrak{N}_a = I_{a0}U_{a0}$ oder für $R = 2R_a$ nach Gl. (4,3) und (4,5):

(C 4,7) $$\mathfrak{N}_{a\max} = \frac{U_{a0}^2}{4R_a}.$$

Folglich beträgt die Höchstnutzleistung nach (4,7) und (4,6) *ein Viertel der Gleichstromleistung des Anodenkreises, der Wirkungsgrad der Endtriode ist also 25%.*

Die Betriebsverhältnisse in Abb. 163 sind so gezeichnet worden, daß sie dieser Höchstnutzleistung entsprechen. An Hand der Formel (4,4) kann bei gleichbleibender Anodengleichstromleistung die Nutzleistung als Funktion des Verhältnisses R_a/R berechnet werden. Die entsprechende Kurve ist in Abb. 164 gezeichnet nach Gl. (4,4) und (4,6):

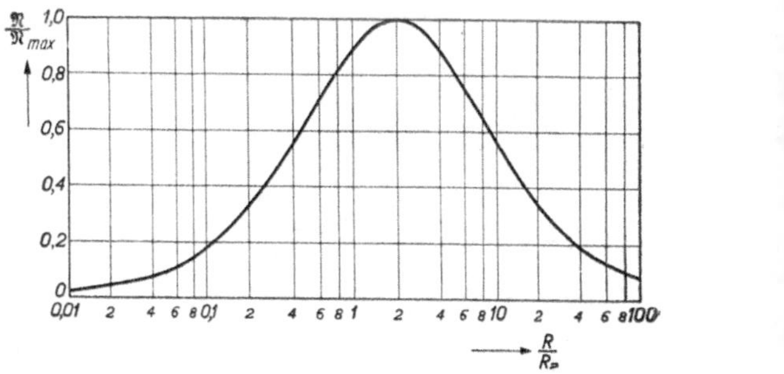

Abb. 164. Verhältnis der Nutzleistung $\mathfrak{R}$ im Anodenkreis einer Endtriode zur Höchstnutzleistung $\mathfrak{R}_{max}$ als Funktion des Verhältnisses des Nutzwiderstandes R im Anodenkreis zum Anodenwiderstand R_a.

$$\text{(C 4,8)} \qquad \frac{\mathfrak{R}}{\mathfrak{R}_{max}} = \frac{8\,\frac{R_a}{R}}{4 + 4\,\frac{R}{R_a} + \left(\frac{R}{R_a}\right)^2}\,.$$

Wenn für die vorgelegte Triode der Verlauf der I_a-U_a-Kennlinien (den wir durch Geraden annähern) gegeben ist, wobei die $(U_g = 0)$-Kurve nicht überschritten werden soll, und außerdem noch die Anodenspeisespannung U_{a0}, so bildet die Auffindung des Außenwiderstandes R, welcher der Höchstnutzleistung entspricht, eine Aufgabe, die wir oben auf rechnerischem Wege gelöst haben. Wir können aber an Hand der Abb. 163 auch eine einfache geometrische Lösung angeben, die vielleicht einige Zusammenhänge noch deutlicher erkennen läßt. Hierzu sind in Abb. 165 Teile der Abb. 163 noch einmal gezeichnet. Die Anodenwechselspannung ist ebenso wie der Anodenwechselstrom als Funktion der Zeit unten bzw. rechts angedeutet. Offenbar ist die Ausgangsnutzleistung möglichst groß, wenn das Rechteck $CE'A'C'$ eine möglichst große Fläche hat. Hierbei liegt von diesem Rechteck der Eckpunkt A' fest, während E' entlang der Geraden $A'E$ gleiten soll und C auf der Geraden OE liegen muß. Nach Regeln der Elementargeometrie ist diese Rechteckfläche möglichst groß, wenn OC' gleich $C'A'$ ist. Da die Strecke OC' dividiert durch die Strecke $C'C$ gleich R_a ist, und die Strecke $C'A'$ dividiert durch die Strecke $C'C''$ gleich R, während $C'C''$ gleich $C''C$ ist, ersieht man sofort, daß R gleich $2R_a$ werden muß. Die Anodengleichstromleistung $I_{a0}U_{a0}$ wird durch das Rechteck $OB''AA'$ dargestellt und die Anodenwechselstromleistung (Nutzleistung) durch die Hälfte der Rechteckfläche $C''C'A'A$. Man ersieht aus der Abb. 165 sogleich, daß letztere Leistung im behandelten günstigsten Falle $(R = 2R_a)$ dem vierten Teil der ersteren Leistung entspricht.

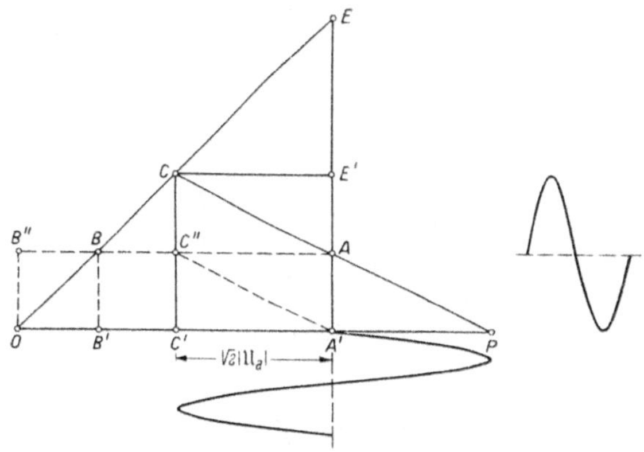

Abb. 165. Teil der Abb. 163. Die geneigte Kennlinie OE entspricht der Kennlinie $U_g = 0$ der Abb. 163. Buchstaben stimmen mit Abb. 163 überein.

Diese geometrische Betrachtung bildet auch eine gute Überleitung zur Lösung der entsprechenden Aufgabe bei Tetroden und Pentoden. Die I_a-U_a-Kennlinien dieser Röhren zeigen (abgesehen von geringfügigen Abweichungen) einen Verlauf, wie er durch Abb. 20a (Abschn. A 3a α) dargestellt wird. Analog wie bei Trioden, ersetzen wir diesen wirklichen Verlauf auch für Tetroden und Pentoden durch einen idealisierten Verlauf, der in Abb. 166 gezeichnet ist. In erster Näherung können wir auch noch vom schrägen Teil OE absehen und annehmen, daß der Punkt E mit C zusammenfällt. Die eingezeichnete Hyperbel gibt die Höchstverlustleistung der Anode an. Außerdem ist noch die Anodengleichspannung U_{a0} gegeben. Wenn wir unter diesen Bedingungen die Widerstandsgerade, welche einem Nutzwiderstand R entspricht, so einzeichnen wollen, daß eine möglichst hohe Nutzleistung in diesem Widerstand erzielt wird, so müßten wir den Arbeitspunkt A so wählen, daß $AA' = \frac{1}{2}CO$ ist. Wir ziehen die Widerstandsgerade durch A

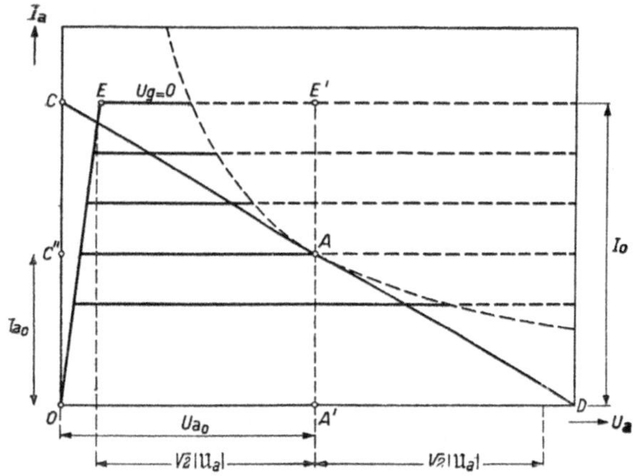

Abb. 166. Idealisierter Verlauf der I_a-U_a-Kennlinien von Tetroden und Pentoden (vgl. Abb. 20a). Man kann als erste Näherung den Punkt E mit C zusammenfallen lassen.

und durch den Punkt C, wo die Kennlinie für $U_g = 0$ die I_a-Achse trifft. Die Abbildung zeigt den günstigen Fall, daß sie in A die Hyperbel berührt. Hierdurch erreichen wir: 1. Auch für eine Gitterwechselspannung Null wird die in der Anode verbrauchte Leistung nicht zu groß, da A auf der Hyperbel liegt. 2. Bei voller Aussteuerung wird die Gitterspannung nie positiv. 3. Anodenspannung und Anodenstrom werden ebenfalls voll ausgesteuert ($\sqrt{2}\,|\mathfrak{U}_a| = \mathfrak{U}_{a0}$, wenn E mit C zusammenfällt, wie angenommen). Die Nutzleistung im Widerstand R beträgt in diesem Fall $I_{a0} U_{a0}/2$ und die zugeführte Gleichstromleistung $I_{a0} U_{a0}$, der Wirkungsgrad also 50%. Der Grund für diesen günstigeren Wirkungsgrad als bei einer Triode erhellt durch Vergleich der Abb. 166 und 165. Dem Rechteck $C''AA'C'$ der Abb. 165 entspricht das Rechteck $C''AA'O$ der Abb. 166. Diese Rechteckflächen geben für jeden Fall die zweifache Höchstnutzleistung an. In Abb. 166 erstreckt sich aber die Fläche bis zur I_a-Achse, während sie sich in Abb. 165 nur bis zur Geraden $C'C''$ erstreckt und folglich die halbe Größe aufweist. Für die Triode hängt dies unmittelbar mit der Neigung der Kennlinie OE der Abb. 165 zusammen. Wir bemerken noch, daß wir der obigen Betrachtung einen unendlich großen Wert von R_a für Pentoden und Tetroden zugrunde gelegt haben, da die Kennlinien (z. B. EE') in Abb. 166 horizontal verlaufen.

In Abb. 167 sind die behandelten Leistungsverhältnisse für Trioden und Pentoden noch einmal veranschaulicht. Die Differenz zwischen der Gleichstromleistung und der Nutzleistung heißt die Anodenverlustleistung. Auf letztere Leistungen beziehen sich die Hyperbeln der Abb. 154, 163 und 166.

Sowohl im Falle von Trioden als für Tetroden und Pentoden haben wir mehrere Idealisierungen der Kennlinien vorgenommen. In Wirklichkeit bleiben die Nutzleistungen und die Wirkungsgrade für die behandelten Fälle unterhalb der berechneten Werte. Für die Triode kann der wirkliche Kennlinienverlauf der Abb. 154 durch parallele Geraden mit einem unteren gekrümmten Teil angenähert werden (Abb. 168). Offenbar können die Konstruktionen der Abb. 163

und 165 auch für diese, der Wirklichkeit besser angepaßten Geraden ausgeführt werden. Hierbei kommt aber *weniger* Nutzleistung heraus, weil der Schnittpunkt der Widerstandsgeraden mit der ($U_g = 0$)-Kurve weiter nach rechts von der I_a-Achse fortrückt. In analoger Weise ergibt Abb. 166, wenn man den Punkt E *nicht* mit dem Punkt C zusammenfallen

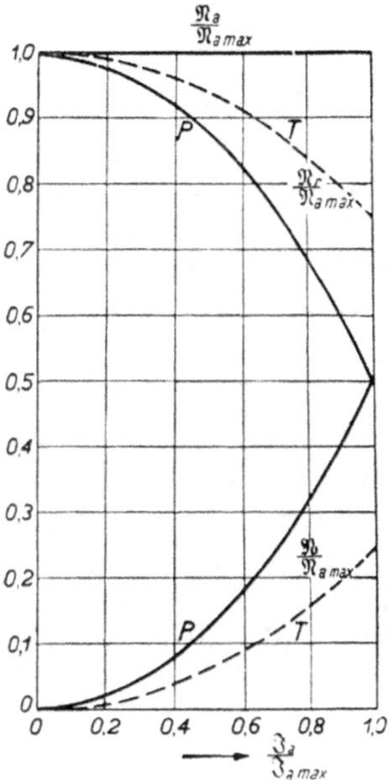

Abb. 167. Horizontal: Anodenwechselstrom $\mathfrak{J}_a$ dividiert durch Anodenwechselstrom $\mathfrak{J}_{a\,max}$ für volle Aussteuerung bis zum Gitterstromeinsatz. Vertikal: Obere gestrichelte Kurve T: Anodenverlustleistung $\mathfrak{N}_v$ dividiert durch den Höchstwert $\mathfrak{N}_{a\,max}$ der Anodenspeisungsleistung. Untere Kurve T: Nutzleistung $\mathfrak{N}$ im Anodenkreis dividiert durch $\mathfrak{N}_{a\,max}$. Beide Kurven für Endtrioden in der A-Schaltung. Kurven P: Entsprechende Werte für Pentoden.

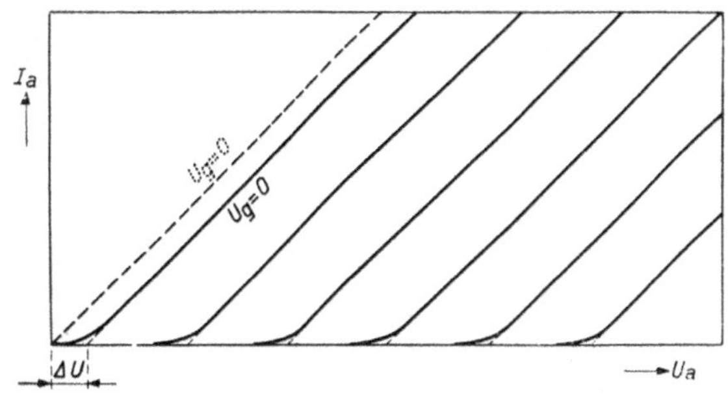

Abb. 168. Die wirklichen I_a-U_a-Kennlinien von Trioden können besser durch Geraden angenähert werden, die gegenüber den Geraden der Abb. 163 und 165 um einen Betrag ΔU, entsprechend der unteren Krümmung der Kennlinien (Abb. 154), verschoben sind.

läßt, eine geringere Nutzleistung, weil die Anodenspannungsamplitude $\sqrt{2}|\mathfrak{U}_a|$ kleiner wird als U_{a0}, wie auch in Abb. 166 gezeichnet. Die Anodengleichstromleistung bleibt sowohl für Trioden wie für Pentoden, auch bei Berücksichtigung dieser feineren Züge, die gleiche wie oben berechnet (nämlich $I_{a0} U_{a0}$). Folglich ist der Höchstwirkungsgrad unter den betrachteten Betriebsbedingungen bei Trioden geringer als 25% und bei Pentoden geringer als 50%.

Schrifttum: 214.

β) *Die B- und die A/B-Schaltung bei Trioden und bei Pentoden (Tetroden).*

Wir fragen zunächst, ebenso wie bei der A-Schaltung, wie die Anodenleistung und die abgegebene Nutzleistung einer Triode vom Belastungswiderstand R abhängen. Hierbei stellen wir einige Voraussetzungen auf, die beim Betriebe dieser Röhren erfüllt sein sollen: Die Anodengleichspannung (Speisespannung) sei fest gegeben gleich U_{a0}. Die Gitterspannung soll während des Betriebes nie positiv werden (keine Gitterströme).

Für einen bestimmten Nutzwiderstand R zeichnen wir das der Abb. 165 entsprechende Diagramm im Falle der B-Schaltung (Abb. 169). Der Unterschied im Verlaufe des Anodenwechselstromes und der Anodenwechselspannung erhellt sofort aus diesen beiden Zeichnungen. Im vorliegenden Fall der B-Schaltung ist der Anodenstrom im Augenblick, daß die Anodenspannung gleich U_{a0} wird, gleich Null. Die Gerade $A'C$ in Abb. 169 ist die Widerstandsgerade und entspricht der Geraden CAP in Abb. 165. Die Nutzleistung für *eine* Röhre der B-Schaltung (vgl. Abb. 158) ist nach Abb. 169: $\mathfrak{N} = |\mathfrak{U}_a \mathfrak{J}_a|/2 = |\mathfrak{U}_a|^2/2R$. Wir wollen die Gerade CA' (Widerstandsgerade) so legen, daß diese Nutzleistung möglichst groß wird. Offenbar muß hierbei die gleiche geometrische Maximumaufgabe gelöst werden wie im Anschluß an Abb. 165. Die Lösung lautet daher auch hier, daß die Strecke OA' durch den Punkt C' in zwei gleiche Teile geteilt werden muß. Der Unterschied in den Neigungen der Widerstandsgeraden der Abb. 165 und 169 bedingt aber, daß dieser Lösung im Falle der B-Schaltung der Wert:

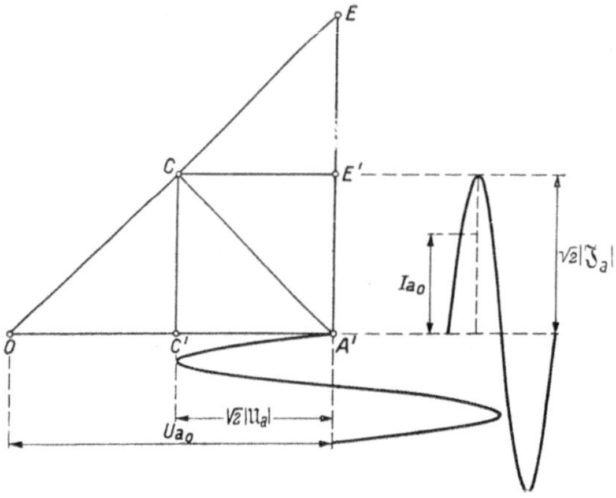

Abb. 169. Das der Abb. 165 entsprechende Bild im Falle der B-Schaltung für die gleiche Endtriode.

(C 4, 9) $$R = R_a$$

entspricht (statt $R = 2R_a$ in der A-Schaltung). Die Spannungsamplitude $\sqrt{2}|\mathfrak{U}_a|$ wird gleich $U_{a0}/2$ und folglich die Höchstnutzleistung für *eine* Röhre:

(C 4, 10) $$\mathfrak{N}_{\max} = \frac{|\mathfrak{U}_a|^2}{2R_a} = \frac{U_{a0}^2}{16R_a}.$$

Der mittlere Anodengleichstrom, welcher diesen Betriebsbedingungen entspricht, wird $I_{a0} = 2\sqrt{2}|\mathfrak{J}_a|/\pi = 2\sqrt{2}|\mathfrak{U}_a|/\pi R = U_{a0}/\pi R_a$. Die Anodengleichstromleistung ist also für *eine* Röhre (die Ströme fließen nur während einer *halben* Periode):

(C 4, 11) $$\mathfrak{N}_{a\max} = \frac{1}{2} U_{a0} I_{a0} = \frac{U_{a0}^2}{2\pi R_a},$$

und der Wirkungsgrad wird $\pi/8$ oder 39,3%. Dieser Wirkungsgrad ist somit bedeutend höher als für die A-Schaltung. Offenbar liegt die Ursache für diesen höheren Wirkungsgrad in dem günstigeren Verhältnis von $\mathfrak{J}_a$ zu I_{a0} ($\sqrt{2}|\mathfrak{J}_a| = \pi I_{a0}/2$ in der B-Schaltung und $\sqrt{2}|\mathfrak{J}_a| = I_{a0}$ in der A-Schaltung). Wenn $R \neq R_a$ ist, erhält man aus Abb. 169 die Beziehung: $\sqrt{2}|\mathfrak{U}_a| = R U_{a0}/(R + R_a)$, welche sofort die Nutzleistung ergibt.

Für Pentoden in der B-Schaltung kann eine der Abb. 166 analoge Darstellung angegeben werden. Wir brauchen hierzu keine neue Zeichnung, sondern können die Verhältnisse aus der Abb. 166 ablesen. Im Falle der B-Schaltung verläuft die Widerstandsgerade, die dem Nutzwiderstand R entspricht, nicht von A nach C, sondern von A' nach C. Dieser Unterschied ist vollkommen analog mit demjenigen zwischen Abb. 165 und 169. Wenn wir auch jetzt zunächst, wie es auch bei der Behandlung der A-Schaltung geschah, den Punkt E der Abb. 166 mit C zusammenfallen lassen, entsteht eine Höchstnutzleistung für *eine* Röhre der B-Schaltung:

(C 4, 12) $$\mathfrak{N}_{\max} = \frac{1}{2}\frac{|\mathfrak{U}_a|^2}{R} = \frac{1}{2}\frac{U_{a0}^2}{2R},$$

weil im günstigsten Falle $\sqrt{2}|\mathfrak{U}_a|$ gleich U_{a0} wird (Abb. 166). Das Verhältnis zwischen der Anodenstromamplitude $\sqrt{2}|\mathfrak{J}_a|$ und dem mittleren Anodengleichstrom I_{a0} ist hier das gleiche wie bei Trioden:

$$\sqrt{2}|\mathfrak{J}_a| = \pi I_{a0}/2 = \sqrt{2}|\mathfrak{U}_a|/R = U_{a0}/R.$$

Folglich ist die höchste Anodengleichstromleistung für *eine* Röhre:

(C 4, 13) $$\mathfrak{N}_{a\max} = \frac{1}{2} U_{a0} I_{a0} = \frac{1}{2}\frac{2U_{a0}^2}{\pi R}.$$

Die Gl. (4, 12) und (4, 13) ergeben für den Wirkungsgrad von Pentoden (und Tetroden) in der B-Schaltung im Falle höchster Nutzleistung: $\pi/4 = 78{,}5\%$.

Auch hier ist der Wirkungsgrad bedeutend höher als im Falle der A-Schaltung (50%). Die Ursache dieses höheren Wirkungsgrades liegt wieder im günstigeren Verhältnis der Wechselstromamplitude zum mittleren Gleichstrom.

An dieser Stelle ist es nützlich, die Nutzleistungen sowie die Wirkungsgrade von Röhren in der A- und in der B-Schaltung zu vergleichen. Hierbei halten wir die Anodengleichspannung U_{a0} fest und vermeiden bei voller Aussteuerung am Gitter den Gitterstrom (gehen also nur bis $U_g = 0$). Zunächst betrachten wir Trioden. In der A-Schaltung hatten wir gefunden (Abschn. C 4bα):

$$\text{(C 4,14)} \quad \begin{cases} \dfrac{\mathfrak{N}}{\mathfrak{N}_{\max}} = \dfrac{8\dfrac{R}{R_a}}{4 + 4\dfrac{R}{R_a} + \left(\dfrac{R}{R_a}\right)^2}; \quad \mathfrak{N}_{\max} = \dfrac{U_{a0}^2}{16 R_a}; \\ \text{Wirkungsgrad } \eta = \dfrac{\mathfrak{N}}{\mathfrak{N}_a} = \dfrac{R}{2(R + 2R_a)} = \dfrac{\dfrac{R}{R_a}}{2\dfrac{R}{R_a} + 4}. \end{cases}$$

Hierbei ist $\mathfrak{N}_{\max}$ die Höchstnutzleistung für $(R = 2R_a)$ und $\mathfrak{N}_a$ die Anodengleichstromleistung. In der B-Schaltung gilt:

$$\text{(C 4,15)} \quad \begin{cases} \dfrac{\mathfrak{N}}{\mathfrak{N}_{\max}} = \dfrac{4\dfrac{R}{R_a}}{1 + 2\dfrac{R}{R_a} + \left(\dfrac{R}{R_a}\right)^2}; \quad \mathfrak{N}_{\max} = \dfrac{U_{a0}^2}{16 R_a} \text{ (je Röhre)}; \\ \eta = \dfrac{\pi}{4} \dfrac{1}{1 + \dfrac{R_a}{R}}. \end{cases}$$

Für Pentoden tritt an die Stelle des Innenwiderstandes R_a bei Trioden die Größe $2\,U_{a0}/I_0$, wo I_0 im idealisierten Diagramm der Abb. 166 den Anodengleichstrom bei der Gitterspannung $U_g = 0$ darstellt. Wir führen hier den „Widerstand"

$$\text{(C 4,16)} \qquad R_0 = \frac{2\,U_{a0}}{I_0}$$

ein und vergleichen den Nutzwiderstand R stets mit diesem Widerstand R_0. Wir lassen dabei zunächst die Hyperbelgrenzkurve (Abb. 166) außer acht. Für einen Widerstand $R > R_0$ gilt bei voller Aussteuerung am Gitter in der A-Schaltung stets $I_{a0} = U_{a0}/R$ (Abb. 166). Die Widerstandsgerade geht stets durch den Punkt D dieser Abb. 166. Die Anodengleichstromleistung ist also:

$$\text{(C 4,17)} \qquad \mathfrak{N}_a = \frac{U_{a0}^2}{R} \quad \text{für } R > R_0$$

und die Nutzleistung:

$$\text{(C 4,18)} \qquad \mathfrak{N} = \frac{U_{a0}^2}{2R} \quad \text{für } R > R_0.$$

Wenn $R < R_0$ ist, wird die Anodenwechselspannungsamplitude kleiner als U_{a0} (Abb. 170), und zwar $\sqrt{2}\,|\mathfrak{U}_a| = R I_0/2$, während die Anodenwechselstromamplitude gleich $I_0/2$ bleibt. Die Widerstandsgerade geht für $R < R_0$ stets durch den Punkt A (Abb. 166 und 170). Die Anodengleichstromleistung ist [vgl. Gl. (4,16)]:

$$\text{(C 4,19)} \qquad \mathfrak{N}_a = \frac{U_{a0}\,I_0}{2} = \frac{U_{a0}^2}{R_0} \quad \text{für } R < R_0$$

und die Nutzleistung

(C 4,20) $$\mathfrak{N} = \frac{|\mathfrak{U}_a|^2}{R} = \frac{R I_0^2}{8} = \frac{U_{a0}^2 R}{2 R_0^2} \quad \text{für} \quad R < R_0.$$

Im Falle der B-Schaltung geht die Widerstandsgerade stets durch den Punkt A' (Abb. 170). Für $R > R_0/2$ bleibt die Anodenwechselspannungsamplitude gleich U_{a0} und erhält man eine Anodengleichstromleistung je Röhre:

(C 4,21) $$\mathfrak{N}_a = \frac{1}{2} \frac{2}{\pi} \frac{U_{a0}^2}{R} \quad \text{für} \quad R > R_0/2$$

und eine Nutzleistung je Röhre:

(C 4,22) $$\mathfrak{N} = \frac{1}{2} \frac{U_{a0}^2}{2R} \quad \text{für} \quad R > R_0/2.$$

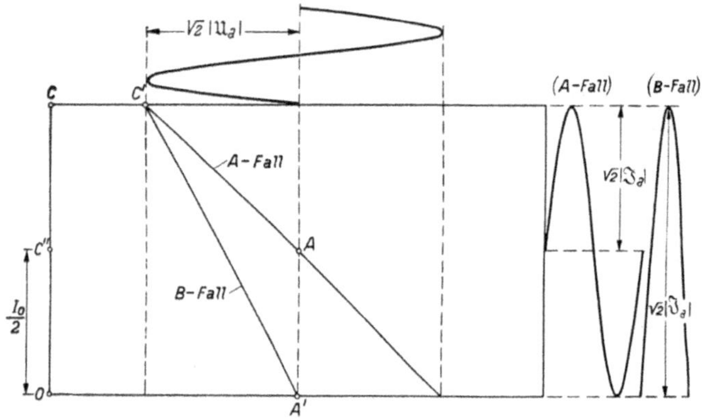

Abb. 170. Achsen wie in Abb. 166. In den gezeichneten Fällen wird der Anodenstrom voll ausgesteuert, die Anodenspannung nicht.

Für $2R < R_0$ bleibt die Anodenwechselstromamplitude gleich I_0 (Abb. 170) und erhält man eine Anodengleichstromleistung je Röhre:

(C 4,23) $$\mathfrak{N}_a = \frac{1}{2} \frac{2}{\pi} U_{a0} I_0 = \frac{1}{2} \frac{4}{\pi} \frac{U_{a0}^2}{R_0} \quad \text{für} \quad R < R_0/2$$

und eine Nutzleistung je Röhre:

(C 4,24) $$\mathfrak{N} = \frac{1}{2} \frac{2 U_{a0}^2 R}{R_0^2} \quad \text{für} \quad R < R_0/2.$$

Diese Formeln erlauben ohne weiteres, sowohl $\mathfrak{N}/\mathfrak{N}_{\max}$ als auch den Wirkungsgrad η für jeden der behandelten Fälle zu berechnen, und man erhält:

Für Pentoden in der A-Schaltung aus Gl. (4,17), (4,18), (4,19), und (4,20):

(C 4,25) $$\begin{cases} \dfrac{\mathfrak{N}}{\mathfrak{N}_{\max}} = \begin{cases} \dfrac{R_0}{R} & \text{für} \quad R > R_0; \\[2mm] \dfrac{R}{R_0} & \text{für} \quad R < R_0; \end{cases} \\[4mm] \mathfrak{N}_{\max} = \dfrac{U_{a0}^2}{2 R_0}; \\[4mm] \eta = \begin{cases} 0{,}5 & \text{für} \quad R > R_0; \\[2mm] \dfrac{R}{2 R_0} & \text{für} \quad R < R_0. \end{cases} \end{cases}$$

Für Pentoden in der B-Schaltung aus Gl. (4,12), (4,21), (4,22), (4,23) und (4,24):

$$(\text{C }4{,}26)\quad \begin{cases} \dfrac{\mathfrak{N}}{\mathfrak{N}_{\max}} = \begin{cases} \dfrac{R_0}{2R} & \text{für} \quad R > R_0/2; \\ \dfrac{2R}{R_0} & \text{für} \quad R < R_0/2; \end{cases} \\ \mathfrak{N}_{\max}\ (\text{je Röhre}) = \dfrac{1}{2}\dfrac{U_{a0}^2}{R_0}; \\ \eta = \begin{cases} \dfrac{\pi}{4} & \text{für} \quad R > R_0/2; \\ \dfrac{\pi}{2}\dfrac{R}{R_0} & \text{für} \quad R < R_0/2. \end{cases} \end{cases}$$

Die Formeln (4,14), (4,15), (4,25) und (4,26) sind in Abb. 171 veranschaulicht worden, die einen Überblick über die Leistungsverhältnisse für Trioden und Pentoden (Tetroden) in der A- und in der B-Schaltung bei voller Aussteuerung (bis $U_g = 0$ bzw. bis $U_a = 0$) gibt.

Die A/B-Schaltung nimmt nach Abb. 159 eine Zwischenlage zwischen der A- und der B-Schaltung ein. Der oben gegebene Überblick über die Leistungsverhältnisse in den letztgenannten Schaltungen erlaubt daher auch, die Verhältnisse für die A/B-Schaltung qualitativ zu übersehen. Eine ausführliche Behandlung dieser Schaltung vom Gesichtspunkte der auftretenden Leistungen dürfte sich daher erübrigen.

Schrifttum: 214.

γ) *Vergleich der A-, B- und A/B-Schaltungen.*

Wie bereits mehrfach erwähnt, können für eine vorgelegte Röhre die Anodengleichspannung U_{a0} und die höchstzulässige in der Anode der Röhre verbleibende Leistung $\mathfrak{N}_v$ (gleich Anodenspeiseleistung minus Nutzleistung im Anodenkreis) als gegeben betrachtet werden. Mit diesen Daten als Ausgangspunkt wollen wir jetzt die verschiedenen Schaltungen für Trioden und Pentoden (Tetroden) leistungsmäßig vergleichen.

Als erste Röhre betrachten wir eine Triode, bei der höchstens 15 W Leistung in der Anode verbleiben darf (Abb. 154). In der A-Schaltung müssen wir damit rechnen, daß möglicherweise die Gitterwechselspannung nicht bis zur vollen Aussteuerung (bis an den Punkt $U_g = 0$ heran) ausreicht. Die genannte Anodenleistung soll auch für eine Gitterwechselspannung Null nicht überschritten werden. Nach Abb. 167 ist die Verlustleistung $\mathfrak{N}_v$ in letzterem Falle gleich $I_{a0} U_{a0}$, und der höchstzulässige Anodengleichstrom I_{a0} ist hierdurch bestimmt. Sobald die Gitterwechselspannung wächst, nimmt $\mathfrak{N}_v$ ab, und zwar bei voller Aussteuerung bis $0{,}75\, I_{a0} U_{a0}$ (Abb. 167). In vielen Fällen ist der so ermittelte Anodengleichstrom im Arbeitspunkt niedriger als derjenige, der sich aus der oben angegebenen Konstruktion (Abschn. C 4b α) für den günstigsten Nutzwiderstand R ergibt. Als Beispiel wählen wir die Kennlinien der Abb. 154. Wenn wir die Kurve $U_g = 0$ durch eine Gerade annähern und die Konstruktion der Abb. 163 und 165 durchführen, so würde sich als Arbeitspunkt A etwa $I_{a0} = 80$ mA bei $U_{a0} = 250$ V ergeben. Bei dieser Anodenspannung ist aber nur $I_{a0} = 60$ mA zulässig. Folglich ist der Arbeitspunkt $I_{a0} = 60$ mA bei $U_{a0} = 250$ V zu wählen. Die höchste Nutzleistung bei voller Aussteuerung beträgt etwa 4 W und die Anodenverlustleistung in diesem Falle etwa 11 W. Wenn wir zwei solche Röhren parallel schalten, erhalten wir die doppelten Zahlen. Zwei dieser Röhren in der B-Schaltung (Konstruktion der Abb. 169) können bei voller Aussteuerung mit dem günstigsten

Nutzwiderstand ($R = R_a$) etwa 5 W Höchstnutzleistung je Röhre erzeugen [Gl. (4, 15) mit $U_{a0} = 250$ V und $R_a = 125 \cdot 10^3/160$ Ohm nach Abb. 154] bei einem Wirkungsgrad $\pi/8 = 39{,}3\,\%$. Die gesamte Anodenleistung beträgt somit in diesem Falle etwa 12,7 W und die Anodenverlustleistung etwa 7,7 W. Letzterer Wert liegt weit unterhalb des zulässigen Wertes (15 W). Wenn die Aussteuerung nicht bis an den Punkt $U_g = 0$ heranreicht, sinkt die Nutzleistung, aber auch die gesamte Anodenleistung und die Verlustleistung. Diese Verhältnisse sind für die *B*-Schaltung in Abb. 172 dargestellt. Die Höchstnutzleistung liegt nach diesem Vergleich unter den genannten Betriebsbedingungen für Trioden in der *B*-Schaltung nicht bedeutend günstiger als in der *A*-Schaltung.

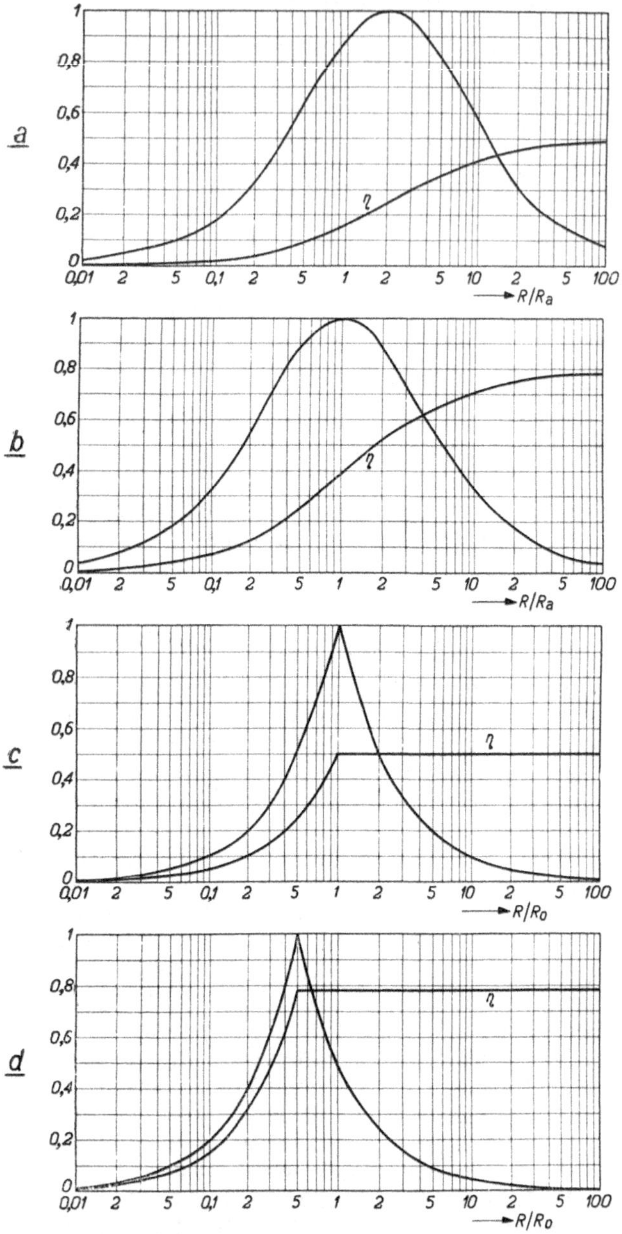

Abb. 171. Vertikal: Verhältnis der Nutzleistung $\mathfrak{N}$ im Anodenkreis zur Höchstnutzleistung $\mathfrak{N}_{max}$ (nicht bezeichnete Kurven) und Wirkungsgrad η (Nutzleistung im Anodenkreis dividiert durch Anodenspeiseleistung). Horizontal: Verhältnis des Nutzwiderstandes R zum Anodenwiderstand R_a für die Diagramme *a* und *b*, die sich auf Endtrioden beziehen, und Verhältnis des Nutzwiderstandes R zum Wert R_0 nach Gl. (C4,16) für die Diagramme *c* und *d*, die zu Endpentoden gehören. Die Diagramme *a* und *c* gelten für die *A*-Schaltung, *b* und *d* für die Gegentakt-*B*-Schaltung.

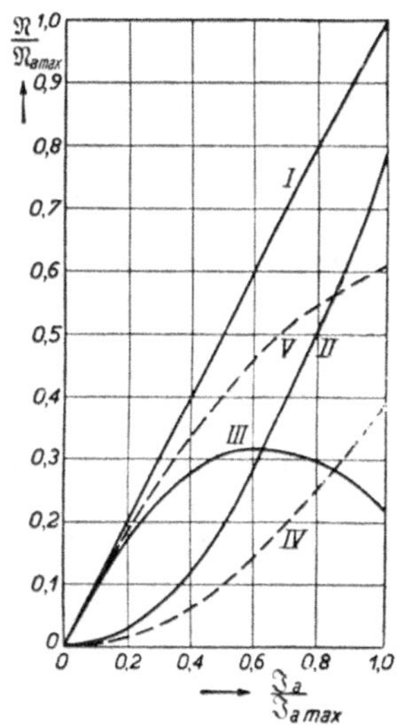

Abb. 172. Vertikal: Verhältnis der Leistung $\mathfrak{N}$ (vgl. unten) zur höchsten Anodenspeiseleistung $\mathfrak{N}_{a\,max}$. Horizontal: Verhältnis des Anodenwechselstromes $\mathfrak{J}_a$ zum Höchstwert $\mathfrak{J}_{a\,max}$ des Anodenwechselstroms. Kurve *I*: $\mathfrak{N} = \mathfrak{N}_a$ (Anodenspeiseleistung) bei Pentoden und Trioden. Kurve *II*: $\mathfrak{N}$ = Nutzleistung bei Pentoden. Kurve *III*: $\mathfrak{N} = \mathfrak{N}_v$ (Anodenverlustleistung = Speiseleistung — Nutzleistung) bei Pentoden. Kurve *IV*: $\mathfrak{N}$ = Nutzleistung bei Trioden. Kurve *V*: $\mathfrak{N} = \mathfrak{N}_v$ (Verlustleistung) bei Trioden. Alle Kurven beziehen sich auf die Gegentakt-*B*-Schaltung.

Wenn wir eine Pentode mit einer höchstzulässigen Anodenverlustleistung von 15 W betrachten, so können wir den Arbeitspunkt in der *A*-Schaltung so wählen, daß die Gleichstromleistung bei einer Gitterwechselspannung Null genau 15 W beträgt. Bei voller Aussteuerung (bis an den Punkt $U_g = 0$ heran) erhalten wir dann etwa 7,5 W Nutzleistung und 7,5 W Anodenverlustleistung. Wir dürfen den Arbeitspunkt nicht einer höheren Leistung entsprechend wählen, weil während des Betriebes auch eine Gitterwechselspannung Null auftreten kann. In der *B*-Schaltung erhalten wir je Röhre bei voller Aussteuerung etwa $\mathfrak{N}_{a\,\max} = 30/\pi = 9{,}5$ W. Die Nutzleistung beträgt $0{,}785 \cdot 9{,}5$ oder etwa 7,5 W und die Verlustleistung etwa 2 W. Wenn die Gitterwechselspannung sinkt, sinkt die Nutzleistung und auch die Anodenleistung, aber die Verlustleistung erreicht einen Höchstwert von etwa 3 W (vgl. Abb. 172) und sinkt dann ebenfalls nach Null herab. Die Höchstnutzleistung ist also in der *B*-Schaltung ungefähr die gleiche wie in der *A*-Schaltung.

Bisher haben wir vorausgesetzt, daß die Anodengleichspannung U_{a0} fest gegeben ist. Wenn wir aber diese Anodenspannung in der *B*-Schaltung so weit erhöhen, daß die Verlustleistung wieder den vorgeschriebenen Höchstwert erreicht, können wir bedeutend *höhere* Nutzleistungen erzielen als in der *A*-Schaltung. Im obigen Beispiel von Trioden in der *B*-Schaltung können wir die Anodenspannung von 250 V auf etwa 350 V erhöhen und würden dann je Röhre eine Verlustleistung von etwa 15 W bei voller Aussteuerung und eine Nutzleistung von etwa 10 W erreichen, bei einer gesamten Anodenleistung von etwa 25 W. Diese Zahlen müssen mit jenen der *A*-Schaltung (4 W Nutzleistung, 15 W Anodenleistung und 11 W Verlustleistung) verglichen werden, um den großen Fortschritt in den Leistungen bei Übergang von der *A*- nach der *B*-Schaltung zu erkennen. Bei den Pentoden des obigen Beispiels können wir durch Erhöhen der Anodenspannung von 250 V auf etwa 400 V eine Höchstnutzleistung für 2 Röhren von etwa 38 W bei einer Verlustleistung von etwa 10 W erzielen. Diese Zahlen sind ebenfalls viel günstiger als für die *A*-Schaltung.

Der Vorteil der *B*-Schaltung gegenüber der *A*-Schaltung (evtl. mit zwei gleichen Röhren parallel) muß namentlich im besseren *Wirkungsgrad* erblickt werden. Die Anodenspeiseleistung ist daher in der *B*-Schaltung bei etwa gleicher Nutzleistung geringer als in der *A*-Schaltung (für die Trioden des obigen Beispiels 12,7 W gegenüber 15 W und für die obigen Pentoden höchstens 9,5 W gegenüber 15 W). Weiter ist zu bemerken, daß in der *B*-Schaltung die Anodenspeiseleistung nach Null geht, wenn die Gitterwechselspannung nach Null sinkt (Abb. 172), während sie in der *A*-Schaltung konstant bleibt (Abb. 167). Wenn wir durch besondere Verhältnisse möglichst Gleichstromleistung sparen wollen (z. B. bei Batteriebetrieb), so ist die *B*-Schaltung besonders empfehlenswert, weil sie im Ruhefall keine Leistung braucht. Außerdem kann das Fortfallen gewisser Verzerrungen im *B*-Falle diese Schaltung noch besonders günstig erscheinen lassen (vgl. Abschn. C 2bβ). Demgegenüber steht, daß wir stets zwei Röhren brauchen (oder evtl. eine Röhre, die zwei gleiche Elektrodensysteme enthält, also eine komplizierte, teure Röhre).

δ) *Steuergittervorspannung und Schirmgitterspannung.*

In der *A*-Schaltung ist bei Annahme gerader Kennlinien der Anodengleichstrom vom Anodenwechselstrom und somit von der Gitterwechselspannung unabhängig. Folglich kann dieser Anodengleichstrom dazu benutzt werden, die negative Gittervorspannung zu erzeugen. Die hierzu geeignete Schaltung ist in Abb. 173 dargestellt. Der durch die Anodenspeisungsquelle *B* erzeugte Anodenstrom fließt durch den Kathodenwiderstand R_k und erzeugt in dieser Weise über dem Gitterableitwiderstand R_g eine negative Gittervorspannung in bezug auf die Kathode. Wenn $-U_g$ die gewünschte Gittervorspannung ist und I_{a0} der Anodenstrom, so gilt $I_{a0} R_k = U_g$. Der Überbrückungskondensator C_k ist so zu bemessen, daß $\omega C_k R_k \gg 1$, wo ω die niedrigste in Frage kommende Kreisfrequenz darstellt (vgl. auch Abschn. C 3aβ). Diese einfache Art der Gittervorspannungserzeugung kann genau genommen nur bei A-Verstärkerstufen angewandt werden. Denn bei A/B- und B-Stufen hängt der Anodengleichstrom vom Anodenwechselstrom und folglich von der Eingangswechselspannung ab. Bei A/B-Stufen ist jedoch diese Abhängigkeit viel geringer als bei B-Stufen. Man kann daher auch bei A/B-Stufen die Schaltung der Abb. 173 zur Erzeugung der negativen Vorspannung anwenden, wenn der Widerstand R_k so bemessen wird, daß bei der höchsten Gitterwechselspannung (und folglich beim höchsten Anodengleichstrom) gerade die B-Einstellung des Arbeitspunktes erreicht wird. Für kleinere Gitterwechselspannung wird die Vorspannung dann weniger negativ und nähert sich die Arbeitsweise der Stufe folglich mehr jener einer A-Stufe. Ein Beispiel einer Gegentakt-A/B-Stufe mit Kathodenwiderstand ist in Abb. 174 dargestellt. Für B-Stufen ist der Anodengleichstrom proportional zum Anodenwechselstrom, und wäre folglich auch die negative Gittervorspannung proportional zur Gitterwechselspannung, wenn man einen Kathodenwiderstand nach Abb. 174 anwenden würde. Man könnte diese Schaltung trotzdem anwenden, wenn man

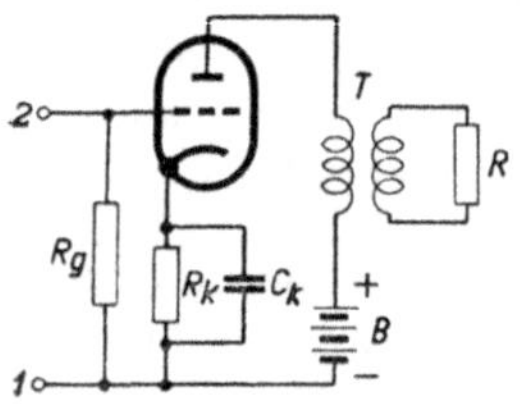

Abb. 173. Schaltung zur Erzeugung der Gittervorspannung mit Hilfe eines Widerstandes R_k, überbrückt von einer großen Kapazität C_k ($\omega C_k R_k \gg 1$ für die niedrigste betrachtete Kreisfrequenz ω), durch den Anodengleichstrom fließt.

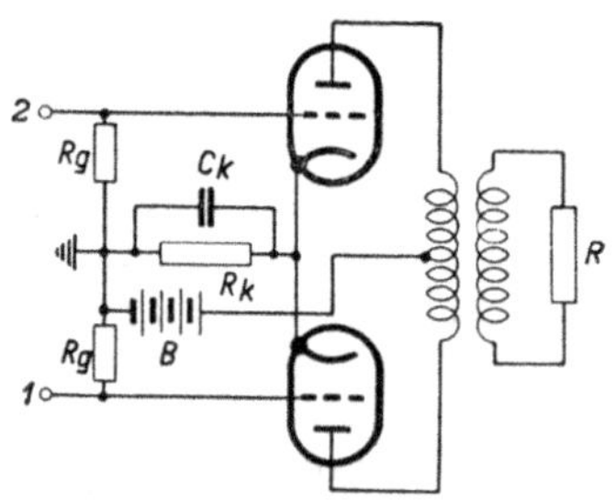

Abb. 174. Schaltung zur Erzeugung negativer Gittervorspannung mit Hilfe eines Widerstandes R_k in der Gegentakt-A/B-Schaltung (vgl. Abb. 173).

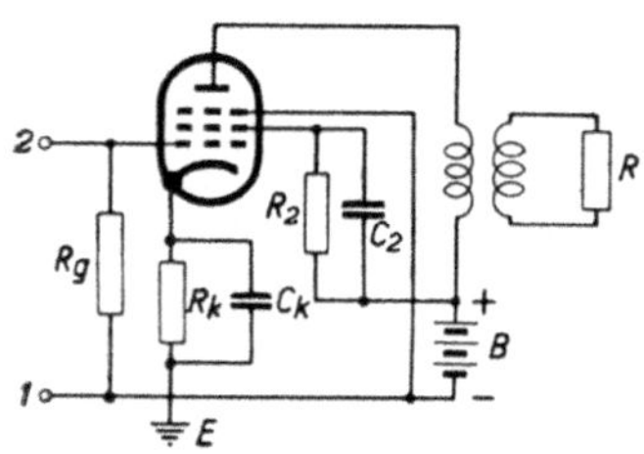

Abb. 175. Erzeugung der Schirmgitterspeisespannung aus der Anodenspeisespannung B mit Hilfe eines Widerstandes R_2, überbrückt von einer großen Kapazität C_2.

in Kauf nehmen würde, daß die genaue B-Einstellung nur für die Höchstausgangsleistung auftritt, während bei kleineren Leistungen die Stufe in einer A/B-Einstellung arbeitet. Wünscht man aber unabhängig von der Leistung stets eine genaue B-Einstellung, so muß für die negative Gittervorspannung eine gesonderte Speisungsquelle vorgesehen werden.

Bei Tetroden und Pentoden ist bisher vorausgesetzt, daß die Schirmgitterspeisespannung, ebenso wie die Anodenspeisespannung, von der Steuergitterwechselspannung und somit auch von der Anodennutzleistung vollkommen unabhängig sei. Die Schirmgitterspeisespannung wird oft über einen Reihenwiderstand einer Spannungsquelle, welche entweder die gleiche ist wie für die Anodenspannung, oder auch eine andere, entnommen (Abb. 175). Dieser Reihenwiderstand R_2 muß durch eine Kapazität C_2 überbrückt werden, wobei die Ungleichung $\omega R_2 C_2 \gg 1$ erfüllt sein soll (ω ist die niedrigste in Betracht gezogene Kreisfrequenz). Diese Verhältnisse liegen analog wie jene, welche wir in Abschn. C 3aβ in bezug auf den Kathodenwiderstand R_k und den überbrückenden Kondensator C_k erörtert haben. Wir wollen noch kurz untersuchen, welche Störungen der Verstärkung auftreten, wenn zwischen Schirmgitter und Kathode eine Wechselspannung vorhanden ist. In diesem Falle nehmen wir an, daß zwischen dem Schirmgitter und dem Erdpunkt E der Schaltung (Abb. 175), der mit dem Gehäuse des Verstärkers zusammenfällt, ein komplexer Widerstand $\mathfrak{R}_2$ vorhanden ist, der für unsere Betrachtungen angenähert gleich $1/j\,\omega C_2$ gesetzt werden kann. Über dem Widerstand $\mathfrak{R}_2$ entsteht eine Wechselspannung $\mathfrak{U}_2$. Wenn wir den ersten Teil der Pentode, d. h. das System Kathode, Steuergitter, Schirmgitter, als Triode betrachten, die den Anodenwiderstand $R_{a\,2}$ hat (Änderung der Schirmgitterspannung dividiert durch eine gegebene Änderung des Schirmgitterstromes bei fester Spannung des Steuergitters, des dritten Gitters und der Anode), so kann der Wechselstrom $\mathfrak{J}_2$ nach dem Schirmgitter aus der Wechselspannung $\mathfrak{U}_g$ am Steuergitter bei konstanter Anodenspannung durch die Formel [vgl. Gl. (2,6) von Abschn. A 2bα]:

$$\mathfrak{J}_2 = \frac{-S_2\mathfrak{U}_g}{1+\dfrac{\mathfrak{R}_2}{R_{a2}}} \tag{C 4,27}$$

erhalten werden. Dem Schirmgittergleichstrom ist somit ein Wechselstrom $\mathfrak{J}_2$ überlagert. Wir dürfen annehmen, daß die Steilheit S_2 (Änderung des Schirmgitterstromes dividiert durch eine gegebene Änderung der Steuergitterspannung bei fester Spannung des Schirmgitters, des dritten Gitters und der Anode) bei diesem Vorgang konstant bleibt. Weiter dürfen wir annehmen, daß der Anodenwechselstrom der Röhre bei im übrigen festen Elektrodenspannungen mit dem Schirmgitterwechselstrom proportional ist. Dieser Anodenwechselstrom ist also nach (4,27) proportional zum Faktor:

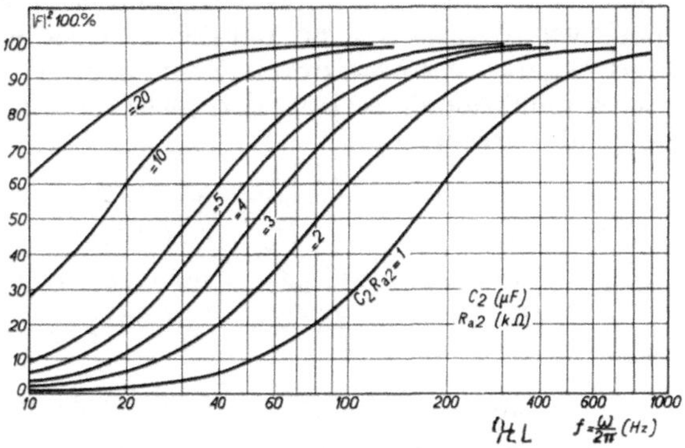

Abb. 176. Vertikal: Absoluter Betrag des Faktors $|F_2|$ nach Gl. (C 4,28). Horizontal: Frequenz f in Hz. Parameter: Produkt der Kapazität C_2 in μF und des Widerstandes R_{a2} in kOhm [vgl. Gl. (C 4,28) und Abb. 175].

$$F_2 = \frac{R_{a\,2}}{R_{a\,2}+\mathfrak{R}_2} = \frac{R_{a\,2}}{R_{a\,2}+\dfrac{1}{j\omega C_2}}$$

und der absolute Betrag des Anodenwechselstromes proportional zu:

$$|F_2| = \frac{\omega R_{a\,2} C_2}{[1+\omega^2 R_{a\,2}^2 C_2^2]^{1/2}}. \tag{C 4,28}$$

Für hohe Frequenzen und für hohe Werte von C_2 wird dieser Faktor F_2 gleich 1. Für niedrige Frequenzen und nicht sehr hohe Kapazitäten wird er kleiner als 1 und gibt die Schwächung der Verstärkung der betrachteten Stufe an. Einige Kurven sind in Abb. 176 zusammengefaßt. Als Beispiel sei erwähnt, daß der Widerstand $R_{a\,2}$ für moderne Endpentoden oft in der Größenordnung 10 bis 20 kOhm liegt.

c) Ausgangsleistung bei komplexer Belastung.

Genau wie im Abschn. 4b nehmen wir auch im vorliegenden Abschnitt an, die *Kennlinien* der behandelten Röhren seien *gerade Linien*.

α) *Gestalt der Arbeitskurve.*

Wir nehmen einen einwelligen Anodenwechselstrom $\mathfrak{J}$ an, der durch einen komplexen Widerstand $\mathfrak{R}$ fließt und infolge dieses Widerstandes eine Anodenwechselspannung $\mathfrak{U}$ erzeugt. Wenn wir die Augenblickswerte dieses Stromes und dieser Spannung i und u nennen und die Amplituden I_0 und U_0, können wir nach dem geometrischen Ort fragen, auf dem zusammenghörige i- und u-Werte im Stromspannungsdiagramm liegen. Diesen geometrischen Ort nennen wir *Arbeitskurve.* Im Falle, daß $\mathfrak{R}$ ein Wirkwiderstand ist, vereinfacht sich diese Kurve, wie im Abschn. C 4b gezeigt, zu einer Geraden. Wir betrachten $u/U_0 = u_1$ und $i/I_0 = i_1$ als rechtwinklige Koordinaten und berechnen die Gleichung der Arbeitskurve in diesem Koordinatensystem. Es ist:

(C 4, 29) $$\begin{cases} u = -U_0 \cos\omega t \quad \text{und} \\ i = I_0 \cos(\omega t + \varphi). \end{cases}$$

Der Phasenwinkel φ ist positiv, wenn der komplexe Widerstand $\mathfrak{R}$ durch einen positiven Wirkwiderstand parallel zu einer Kapazität dargestellt werden kann, und negativ, wenn er durch einen positiven Wirkwiderstand parallel zu einer Selbstinduktion darstellbar ist. Die Gleichung der Arbeitskurve ergibt sich aus folgender Rechnung:

$$U_0 i = U_0 I_0 (\cos\omega t \cos\varphi - \sin\omega t \sin\varphi);$$
$$I_0 u \cos\varphi = -U_0 I_0 \cos\omega t \cos\varphi;$$
$$(U_0 i + I_0 u \cos\varphi)^2 = (U_0 I_0 \sin\omega t \sin\varphi)^2 = U_0^2 i^2 + I_0^2 u^2 \cos^2\varphi + 2 I_0 U_0 u i \cos\varphi;$$
$$(I_0 u \sin\varphi)^2 = I_0^2 U_0^2 \cos^2\omega t \sin^2\varphi,$$

also

$$(U_0 i + I_0 u \cos\varphi)^2 + I_0^2 u^2 \sin^2\varphi = U_0^2 I_0^2 \sin^2\varphi = U_0^2 i^2 + 2 U_0 I_0 u i \cos\varphi + I_0^2 u^2.$$

In unserem rechtwinkligen Koordinatensystem mit den dimensionslosen Koordinaten u_1 und i_1 lautet die Gleichung der Arbeitskurve:

(C 4, 30) $$i_1^2 + 2 u_1 i_1 \cos\varphi + u_1^2 = \sin^2\varphi.$$

Dies ist die Gleichung einer Ellipse. Der Winkel ψ zwischen der Ellipsenhauptachse und der u_1-Achse wird durch die Gleichung $|\mathrm{tg}\, 2\psi| = \infty$ für alle Werte von φ außer $(2n + 1)\pi/2$ gegeben. Folglich verläuft die Ellipsenhauptachse, wenn $\cos\varphi \neq 0$ ist, unter 45° mit der u_1-Achse. Man sieht aus Gl. (4, 30), daß die Ellipse für $\cos\varphi = 0$ in einen *Kreis* übergeht. Wir haben also in unserem Koordinatensystem für alle auftretenden φ-Werte nur zwei wesentlich verschiedene Fälle (Abb. 177). Diese Abb. 177 zeigt auch deutlich, wie die Arbeitskurven sich von einer Geraden unter 45° (für $\varphi = 0$) allmählich bei wachsendem Phasenwinkel φ zu einer immer runderen Ellipse gestalten, um schließlich (für $\varphi = 90°$) in einen Kreis (Abb. 177b) überzugehen. Bei negativen φ-Werten gelten die gleichen Ellipsen wie bei den im Betrag gleichen positiven φ-Werten.

Es ist nützlich, einige allgemeine Eigenschaften der gezeichneten Ellipsen an Hand der Abb. 177a zu erwähnen. Die Berührungspunkte D und E haben die Koordinaten: $u_1 = -\cos\varphi$, $i_1 = 1$ und $u_1 = -1$, $i_1 = \cos\varphi$. Die Schnittpunkte H und H' der Ellipse mit den Achsen haben vom Mittelpunkt A den Abstand $\sin\varphi$. Die Halbmesser AD und AH sind zueinander konjugiert, ebenso wie AE und AH'. Hieraus ergibt sich: $EF = FB$ und $CK = KH$. Für den Fall $\cos\varphi = 1/2$ (Abb. 177a) ist B der Endpunkt der kleinen Ellipsenachse, C der Endpunkt der großen Ellipsenachse und H ein Schnittpunkt der Ellipse mit der u_1-Achse. Ebenso ist $DG = GB'$. Offenbar gilt für $\cos\varphi = 1/2$ die Formel: $(AC)^2 = 2\sin^2\varphi = 3/2$. Wenn wir das Ellipsenstück ECD durch einen

Kreis annähern, der die Ellipse in E und in D berührt, hätten wir als halbe große Ellipsenachse: 1,21, während der exakte Wert $\sqrt{3/2} = 1{,}22$ beträgt. Diese Näherung erscheint also brauchbar. Nach einer bekannten Eigenschaft ist für jede Ellipse die Summe der Quadrate konjugierter Halbmesser konstant, während

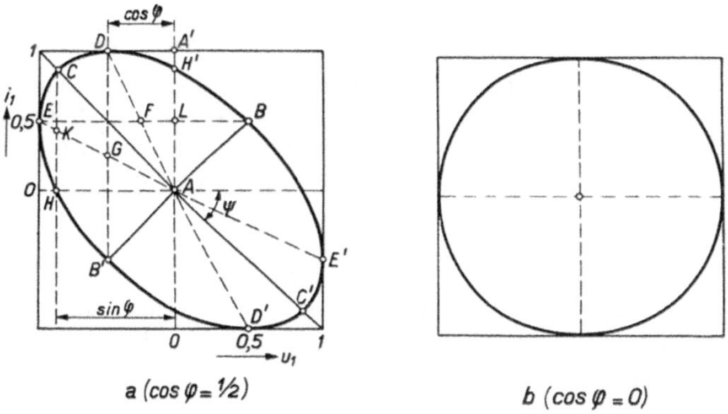

Abb. 177a u. b. In den u_1- und i_1-Koordinaten gibt es nur zwei wesentlich verschiedene Fälle der Arbeitskurve: a) Eine Ellipse für $\cos\varphi \neq 0$, deren Hauptachse immer unter 45° verläuft, während das Achsenverhältnis von $\cos\varphi$ abhängt. Für $\cos\varphi = 1$ geht die Ellipse in eine Gerade unter 45° über. b) Ein Kreis im Falle $\cos\varphi = 0$.

das von zwei konjugierten Halbmessern gebildete Dreieck eine konstante Fläche hat. Diese Regeln erlauben allgemein die Berechnung der Achsenlängen. Wir werden diese aber nicht brauchen.

β) *Die A-Schaltung für Trioden und für Pentoden (Tetroden).*

Bei Trioden in der A-Schaltung fragen wir wieder nach der Abhängigkeit der verschiedenen Leistungen (Nutzleistung, Anodengleichstromleistung, Anodenverlustleistung) vom komplexen Nutzwiderstand, wenn die Anodengleichspannung U_{a0} gegeben ist, während die Arbeitskurve die Kennlinie $U_g = 0$ ***berühren*** soll (keine Gitterströme bei voller Aussteuerung). Wie in Abschn. C 4b, setzen wir voraus, alle Kennlinien seien Geraden. Wir benutzen die geometrische Methode des Abschn. C 4bα. Die Koordinatenachsen seien i_1 und u_1, wie in Abb. 177, nur verschieben wir die u_1-Achse etwas nach unten (Abb. 178). Es handelt sich, wie man in Anlehnung an Abschn. C 4bα erkennt, um folgende Aufgabe: Bei vorgegebenem komplexem Nutzwiderstand $\mathfrak{R}$, vorgegebener Anodengleichspannung und vorgegebenem Anodenwiderstand R_a der Triode sind die Anodengleichstromleistungen und die Nutzleistung gesucht. Im gewählten Koordinatensystem ist der Neigungswinkel α der Triodenkennlinien

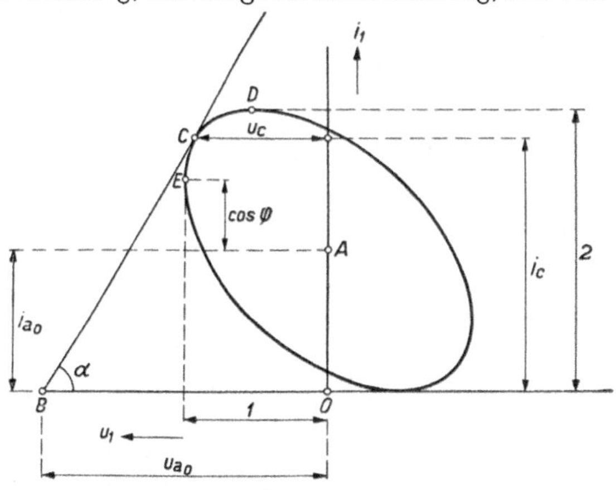

Abb. 178. Zur Berechnung der Leistungen bei einer Endtriode mit komplexem Nutzwiderstand. Die Koordinaten sind die u_1- und i_1-Koordinaten der Abb. 177, wobei die ($i_1 = 0$)-Achse von A nach 0 verschoben ist im Vergleich zu Abb. 177.

(Abb. 178) durch $\operatorname{tg}\alpha = \Delta i_1/\Delta u_1 = |\mathfrak{R}|/R_a$ gegeben. Wir müssen die Kennlinie für $U_g = 0$ (Gitterspannung Null) so in die Abbildung legen, daß sie die gezeichnete Ellipse, welche zu einem bestimmten Wert von $\cos\varphi$ gehört, *berührt* (Abb. 178). Es kommt darauf an, die Lage des Punktes B im benutzten Koordinatensystem zu berechnen. Die Lage ist bekannt, sobald die Lage des Berührungspunktes C bekannt ist, denn der Winkel α ist ja gegeben. Für sehr große Werte $|\mathfrak{R}|/R_a$ und folglich von $\operatorname{tg}\alpha$ fällt C nahezu mit E zusammen, und für sehr kleine Werte $|\mathfrak{R}|/R_a$ fällt C nahezu mit D zusammen. Wie im vorigen Abschn. C 4cα bereits angedeutet, nähern wir die Ellipse zwischen D und E durch einen Viertelkreis mit dem Radius $1 - \cos\varphi$ an. Hieraus ergibt sich unmittelbar: $u_c = \cos\varphi + (1 - \cos\varphi)\sin\alpha$ (vgl. Abb. 178 und 177) und $i_c = 1 + \cos\varphi + (1 - \cos\varphi)\cos\alpha$. Folglich wird:

$$u_{a0} = u_c + i_c\cot\alpha = \cos\varphi + (1 - \cos\varphi)\sin\alpha + \{1 + \cos\varphi + (1 - \cos\varphi)\cdot\cos\alpha\}\cot\alpha.$$

Wenn wir noch bedenken, daß die Koordinaten u_1 gleich den Spannungen in Volt dividiert durch die Wechselspannungsamplitude U_0 sind, erhält man für die Anodengleichspannung U_{a0} den Wert:

$$U_{a0} = \frac{U_0}{\sin\alpha}[1 - \cos\varphi + \cos\alpha + \cos\varphi(\sin\alpha + \cos\alpha)].$$

Der Anodengleichstrom I_{a0} wird: $I_{a0} = I_0 = U_0/|\mathfrak{R}|$ und somit die Anodenspeisungsleistung:

$$\text{(C 4,31)} \quad \begin{cases} \mathfrak{N}_a = \dfrac{I_0 U_0}{\sin\alpha}[1 - \cos\varphi + \cos\alpha + \cos\varphi(\sin\alpha + \cos\alpha)], \\ \text{mit} \quad \operatorname{tg}\alpha = |\mathfrak{R}|/R_a. \end{cases}$$

Die Scheinnutzleistung ist:

$$\text{(C 4,32)} \qquad \mathfrak{N}_s = \tfrac{1}{2} I_0 U_0,$$

die Wirknutzleistung:

$$\text{(C 4,33)} \quad \begin{cases} \mathfrak{N}_w = \dfrac{1}{2} I_0 U_0 \cos\varphi = \dfrac{U_{a0}^2}{2|\mathfrak{R}|}\cos\varphi\sin^2\alpha \times \\ \qquad \times [1 - \cos\varphi + \cos\alpha + \cos\varphi(\sin\alpha + \cos\alpha)]^{-2} \end{cases}$$

und die Blindnutzleistung:

$$\text{(C 4,34)} \qquad \mathfrak{N}_b = \tfrac{1}{2} I_0 U_0 \sin\varphi,$$

während der Wirkungsgrad in bezug auf die Wirknutzleistung wird:

$$\text{(C 4,35)} \qquad \eta_w = \frac{\mathfrak{N}_w}{\mathfrak{N}_a} = \frac{1}{2}\cos\varphi\sin\alpha[1 - \cos\varphi + \cos\alpha + \cos\varphi(\sin\alpha + \cos\alpha)]^{-1}$$

Für Pentoden (Tetroden) in der A-Schaltung liegen die Verhältnisse etwas einfacher. Auch hier benutzen wir die gleichen Koordinaten und die gleichen Koordinatenachsen wie in Abb. 178 und 177. Weiter benutzen wir als Vergleichsgröße, an Stelle des Anodenwiderstandes R_a bei Trioden, den Widerstand R_0, der in Abschn. C 4bβ definiert wurde [Gl. (C 4,16)]:

$$\text{(C 4,36)} \qquad R_0 = \frac{2U_{a0}}{I_a},$$

wo U_{a0} die Anodengleichspannung im Arbeitspunkt und I_a den Anodengleichstrom bei der Gitterspannung $U_g = 0$ bedeuten. Je nachdem $|\mathfrak{R}| < R_0$ oder

$|\mathfrak{R}| > R_0$ ist, haben wir die Situation von Abb. 179a oder jene von Abb. 179b. Hieraus ergibt sich unmittelbar: $U_{a0} = u_{a0} U_0 = U_0 R_0 / |\mathfrak{R}|$, $I_{a0} = I_0 = U_0/|\mathfrak{R}|$ für $|\mathfrak{R}| < R_0$ und $U_{a0} = U_0$ sowie $I_0 = U_0/|\mathfrak{R}| = I_{a0}$ für $|\mathfrak{R}| > R_0$, also:

$$\text{(C 4,37)}\quad \begin{cases} \mathfrak{N}_a = I_{a0} U_{a0} = \dfrac{U_{a0}^2}{R_0} & \text{für } |\mathfrak{R}| < R_0; \\ \mathfrak{N}_a = I_{a0} U_{a0} = \dfrac{U_{a0}^2}{|\mathfrak{R}|} & \text{für } |\mathfrak{R}| > R_0; \end{cases}$$

$$\text{(C 4,38)}\quad \begin{cases} \mathfrak{N}_s = \dfrac{1}{2} I_0 U_0 = \begin{cases} \dfrac{1}{2} \dfrac{U_{a0}^2 |\mathfrak{R}|}{R_0^2} & \text{für } |\mathfrak{R}| < R_0; \\ \dfrac{1}{2} \dfrac{U_{a0}^2}{|\mathfrak{R}|} & \text{für } |\mathfrak{R}| > R_0; \end{cases} \\ \mathfrak{N}_w = \mathfrak{N}_s \cos\varphi; \\ \mathfrak{N}_b = \mathfrak{N}_s \sin\varphi; \end{cases}$$

$$\text{(C 4,39)}\quad \eta_w = \begin{cases} \dfrac{|\mathfrak{R}|}{2 R_0} \cos\varphi & \text{für } |\mathfrak{R}| < R_0; \\ \dfrac{\cos\varphi}{2} & \text{für } |\mathfrak{R}| > R_0. \end{cases}$$

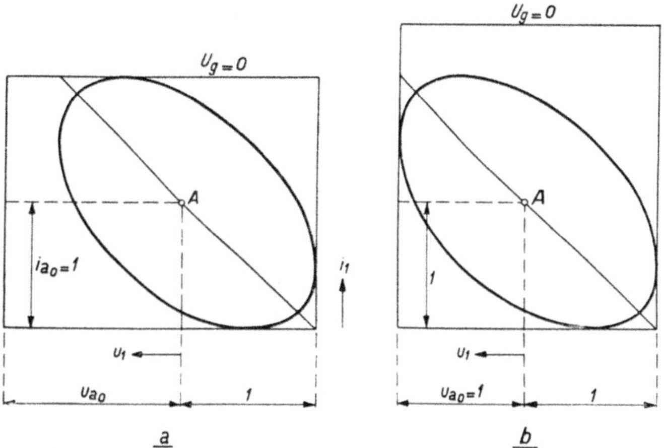

Abb. 179a u. b. Zur Berechnung der Leistungen bei einer Endpentode im Falle, daß der Anodenstrom voll ausgesteuert wird (*a*), und im Falle, daß die Anodenspannung voll ausgesteuert wird (*b*). In diesen Fällen gilt bzw.: $|\mathfrak{R}| < R_0$ und $|\mathfrak{R}| > R_0$.

Die Ergebnisse aus Gl. (4,31), (4,35), (4,37) und (4,39) sind in Abb. 180a u. c für einige Werte von $\cos\varphi$ dargestellt. Diese Abb. 180 ist den Abb. 171a u. c an die Seite zu stellen. Letztere Abb. 171a u. c stellen einen Sonderfall der Abb. 180 dar, und zwar für $\cos\varphi = 1$. Es zeigt sich, daß die abgegebene Wirkleistung und der Wirkungsgrad vom Verhältnis $|\mathfrak{R}|/R_a$ bzw. $|\mathfrak{R}|/R_0$ in einer Weise abhängen, die für verschiedene Phasenwinkel φ verschieden ist. Nur im Falle der Kurve *1* von Abb. 180c (und d) hängt $\mathfrak{N}_w/\mathfrak{N}_{w\,\max}$ nicht von φ ab.

γ) *Die B-Schaltung für Trioden und für Pentoden (Tetroden).*

Im Falle der *B*-Schaltung kann für Trioden ein zur Abb. 178 analoges Diagramm angegeben werden, wobei der Arbeitspunkt *A* auf der u_1-Achse liegt

(Abb. 181). Wie bei Abb. 178 kommt es auch hier auf die Lage des Punktes B an, die bekannt ist, sobald man die Lage des Punktes C kennt. Es ist: $u_{a0} = U_{a0}/U_0 = u_c + i_c \operatorname{cotg}\alpha = \cos\varphi + (1 - \cos\varphi)\sin\alpha + [\cos\varphi + (1 - \cos\varphi)\cos\alpha]\operatorname{cotg}\alpha$. Man erhält folglich:

$$U_{a0} = \frac{U_0}{\sin\alpha}\left[1 - \cos\varphi + \cos\varphi(\sin\alpha + \cos\alpha)\right]$$

und

$$I_{a0} = \frac{2 I_0}{\pi} = \frac{2}{\pi}\,\frac{U_0}{|\mathfrak{R}|}.$$

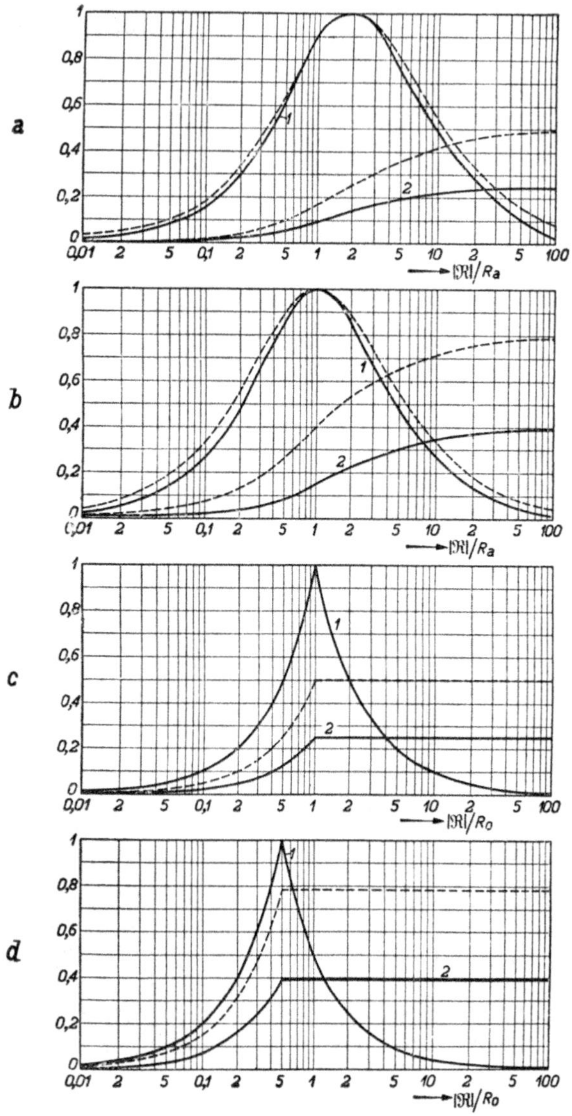

Abb. 180a—d. Vertikal: Kurven *1*: Verhältnis der Wirknutzleistung $\mathfrak{N}_w$ zum Höchstwert $\mathfrak{N}_{w\max}$ dieser Wirknutzleistung für $\cos\varphi = 0{,}5$ (gestrichelt für $\cos\varphi = 1$ nach Abb. 171). Kurven *2*: Wirkungsgrad η_w in bezug auf die Wirknutzleistung für $\cos\varphi = 0{,}5$ (gestrichelt für $\cos\varphi = 1$ nach Abb. 171). Horizontal: Verhältnis des Absolutwertes $|\mathfrak{R}|$ des Nutzwiderstandes zum Anodenwiderstand R_a (Diagramme *a* und *b*) sowie zum Widerstand R_0 (Diagramme *c* und *d*). Die Diagramme *a* und *c* beziehen sich auf Trioden bzw. Pentoden in der *A*-Schaltung, die Diagramme *b* und *d* auf Trioden bzw. Pentoden in der *B*-Schaltung.

Letztere Gleichung ist mit der entsprechenden Gleichung [vgl. die Gleichung nach Gl. (C 4,12)] für $\cos\varphi = 1$ identisch. Diese beiden Gleichungen ergeben sofort die Ausdrücke für die Anodenspeisungsleistung $\mathfrak{N}_a$ (je Röhre):

$$\text{(C 4,40)}\qquad \mathfrak{N}_a = \frac{1}{2} I_{a0} U_{a0} = \frac{1}{\pi} \frac{U_0^2}{|\mathfrak{R}|\sin\alpha}[1 - \cos\varphi + \cos\varphi(\sin\alpha + \cos\alpha)]$$

und für die Nutzleistungen:

$$\text{(C 4,41)}\quad \begin{cases} \text{(Scheinleistung)}\ \mathfrak{N}_s = \frac{1}{4} I_0 U_0 = \frac{1}{4}\frac{U_0^2}{|\mathfrak{R}|} \\ \qquad = \frac{U_{a0}^2}{4R_a}\frac{R_a}{|\mathfrak{R}|}\sin^2\alpha\cdot[1-\cos\varphi+\cos\varphi(\sin\alpha+\cos\alpha)]^{-2}; \\ \text{(Wirkleistung)}\ \mathfrak{N}_w = \mathfrak{N}_s\cos\varphi; \\ \text{(Blindleistung)}\ \mathfrak{N}_b = \mathfrak{N}_s\sin\varphi. \end{cases}$$

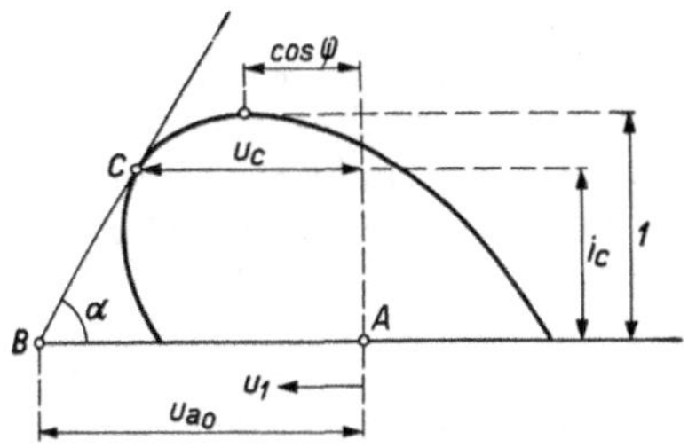

Abb. 181. Zur Berechnung der Leistungen für Trioden in Gegentakt-B-Schaltung bei komplexem Nutzwiderstand

Für Pentoden (Tetroden) in der B-Schaltung benutzen wir wieder als Vergleichsgröße den Wert $R_0 = 2U_{a0}/I_a$ nach Gl. (4,36) an Stelle des Anodenwiderstandes R_a bei Trioden. Die Abb. 179 wird nun durch Abb. 182 ersetzt. Wir erhalten wieder verschiedene Formeln für die Leistungen, je nachdem der absolute Wert $|\mathfrak{R}|$ des komplexen Nutzwiderstandes kleiner oder größer als R_0 ist. Die Ableitung der betreffenden Formeln kann sofort aus Abb. 182 abgelesen werden, wenn man die Ableitung der Formeln (4,37) bis (4,39) aus Abb. 179 nachahmt:

$$\text{(C 4,42)}\quad \begin{Bmatrix}\text{(Anodenspeise-}\\ \text{leistung je Röhre)}\end{Bmatrix}\ \mathfrak{N}_a = \frac{1}{2} I_{a0} U_{a0} = \begin{cases} \frac{1}{\pi}\frac{U_0^2}{|\mathfrak{R}|}\frac{R_0}{2|\mathfrak{R}|} & \text{für } 2|\mathfrak{R}| < R_0; \\ \frac{1}{\pi}\frac{U_0^2}{|\mathfrak{R}|} & \text{für } 2|\mathfrak{R}| > R_0; \end{cases}$$

$$\text{(C 4,43)}\quad \begin{Bmatrix}\text{(Scheinnutz-}\\ \text{leistung je Röhre)}\end{Bmatrix}\ \mathfrak{N}_s = \frac{1}{4}\frac{U_0^2}{|\mathfrak{R}|} \begin{cases} \text{für } 2|\mathfrak{R}| < R_0 \\ \text{und für } 2|\mathfrak{R}| > R_0; \end{cases}$$

$$\text{(C 4,44)}\qquad \text{(Wirkungsgrad)}\qquad \eta_w = \frac{\mathfrak{N}_w}{\mathfrak{N}_a} = \begin{cases} \frac{\pi}{4}\frac{2|\mathfrak{R}|\cos\varphi}{R_0} & \text{für } 2|\mathfrak{R}| < R_0; \\ \frac{\pi}{4}\cos\varphi & \text{für } 2|\mathfrak{R}| > R_0. \end{cases}$$

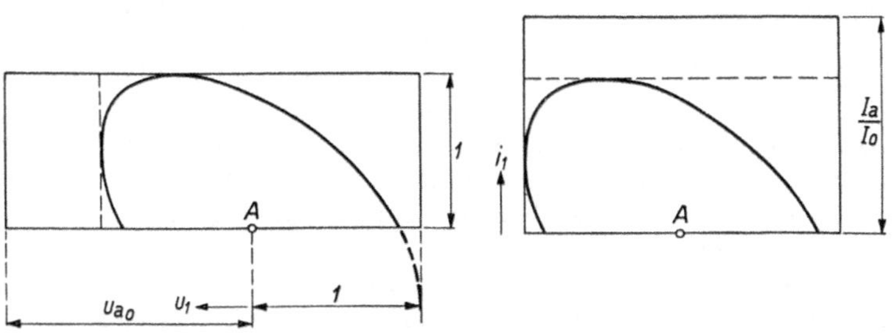

Abb. 182a u. b. Zur Berechnung der Leistungen für Pentoden in der Gegentakt-B-Schaltung.

Die Wirknutzleistung $\mathfrak{N}_w$ und die Blindnutzleistung $\mathfrak{N}_b$ ergeben sich aus $\mathfrak{N}_s$ durch die Gleichung $\mathfrak{N}_w = \mathfrak{N}_s\cos\varphi$ und $\mathfrak{N}_b = \mathfrak{N}_s\sin\varphi$.

Die Formeln (4,42), (4,43), (4,44), (4,40) und (4,41) sind in Abb. 180b u. d veranschaulicht worden. Diese Kurven können mit jenen der Abb. 171b u. d verglichen werden, um den Einfluß des Phasenwinkels φ des komplexen Belastungswiderstandes zu erkennen.

Die A/B-Schaltung nimmt eine Zwischenlage zwischen der A- und der B-Schaltung ein und wird hier deshalb nicht ausführlich betrachtet.

Bezüglich des Vergleichs der A- mit der B-Schaltung können im Fall eines komplexen Belastungswiderstandes ganz analoge Schlüsse gezogen werden wie im Falle eines Wirkwiderstandes als Belastung (Abschn. C 4bγ). Deshalb erübrigt sich hier eine nochmalige Durchführung des Vergleichs.

d) Verzerrungen und Anpassung.

Im Gegensatz zu den Abschn. 4b und 4c lassen wir jetzt die Bedingung, daß alle Kennlinien Geraden sein, fallen und wenden uns den Verzerrungen durch die Kennlinienkrümmungen zu. Auf Grund dieser wirklichen Kennlinien leiten wir Regeln für die günstigsten Betriebsbedingungen vorgelegter Röhren als A- und als B-Verstärker ab.

α) *Trioden und Pentoden als A-Verstärker.*

Die Abb. 154 und 155 zeigen die Konstruktion der dynamischen Anodenstrom-Gitterspannungs-Kurve (Kurve *2* der Abb. 155) aus den Anodenstrom-Anodenspannungs-Kennlinien einer Triode. Diese dynamische Kennlinie kann nach dem in Abschn. A 3c dargelegten Verfahren dazu benutzt werden, die Verzerrungen der Ausgangsleistung zu berechnen. Bei der betrachteten Triode ergibt sich hierbei der in Abb. 183 gezeichnete Verlauf der Ausgangsleistung und des Klirrfaktors (vgl. Abschn. C 2aα) als Funktion des Nutzwirkwiderstandes R. Dabei besteht die Verzerrung hauptsächlich aus Anteilen mit der doppelten Grundfrequenz. Diese Abb. 183 ist für die Mehrzahl der heutigen Endtrioden typisch. Es ist nach Abb. 183 günstig, den Nutzwiderstand *größer* als den doppelten Anodenwiderstand R_a (hier etwa 700 Ohm) zu wählen, weil dann die Ausgangsleistung noch nicht beträchtlich geringer ist als der Höchstwert (vgl. Abb. 171a und 180a), während der Klirrfaktor bereits bedeutend abnimmt. Man kann für den Nutzwiderstand z. B. 3- oder 4mal den Anodenwiderstand wählen. Die Tatsache, daß die Verzerrungen hauptsächlich aus Anteilen der doppelten Grundfrequenz bestehen, hängt eng mit dem Verlauf der dynamischen Anodenstrom-Gitterspannungs-Kennlinien zusammen (z. B. Kurve *2* der Abb. 155). Diese Kennlinien können bei Trioden fast immer gut durch Kurven zweiten Grades angenähert werden.

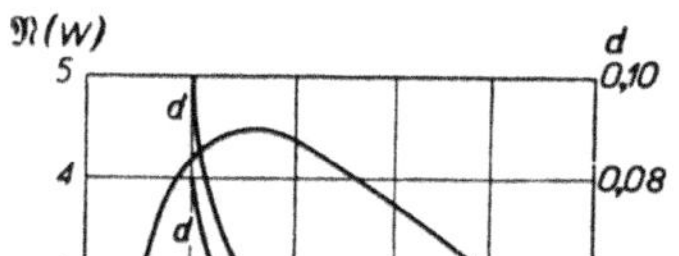

Abb. 183. Ausgangsleistung (vertikal, links) bei konstanter Anodenspannung und Aussteuerung bis zum Gitterstromeinsatz und Klirrfaktor (vertikal, rechts) bei jeweils konstanter Ausgangsleistung, erzielt durch entsprechende Gitterwechselspannung, als Funktion des Nutzwiderstandes R im Anodenkreis (horizontal) für eine Endtriode (Philips AD 1).

Für Pentoden in der A-Schaltung haben wir bereits in den Abb. 20a und 20b die Konstruktion der dynamischen Anodenstrom-Gitterspannungs-Kennlinien aus den Anodenstrom-Anodenspannungs-Kurven gezeigt. Wenn wir nach dem Verfahren des Abschn. A 3c den Klirrfaktor und die Ausgangsleistung $\mathfrak{J}^2 R$ berechnen, so entstehen die Kurven der Abb. 184. Hieraus geht hervor, daß es einen bestimmten Wert des Nutzwiderstandes gibt, für den der Klirrfaktor möglichst gering wird, während die Ausgangsleistung für diesen Nutzwiderstandswert fast noch dem Höchstwert gleich ist. Dieser Tatbestand ist für die Mehrzahl der heutigen Pentodenröhren charakteristisch. Für den Nutzwiderstandswert, der dem kleinsten Klirrfaktor entspricht, besteht die Verzerrung hauptsächlich aus Anteilen der *dreifachen* Grundfrequenz. Die dynamische Kennlinie einer Pentode (Abb. 20b) kann für diesen Nutzwiderstand gut durch eine Kurve dritten Grades angenähert werden. Daher das Vorwiegen der Verzerrungsanteile mit der dreifachen Grundfrequenz. Der obenbestimmte Wert des Nutzwiderstandes (für die Röhre der Abb. 184 etwa 7 kOhm) entspricht meistens genau dem Nutzwiderstandswert, der aus der in dem Abschn. C4bα abgeleiteten Regel $R = R_0$ (vgl. Abb. 171 und 180) hervorgeht. Für Pentoden in der A-Schaltung wird also (abweichend vom oben angegebenen Tatbestand bei Trioden) durch Berücksichtigung der Verzerrungen der günstigste Wert des Nutzwiderstandes nicht gändert.

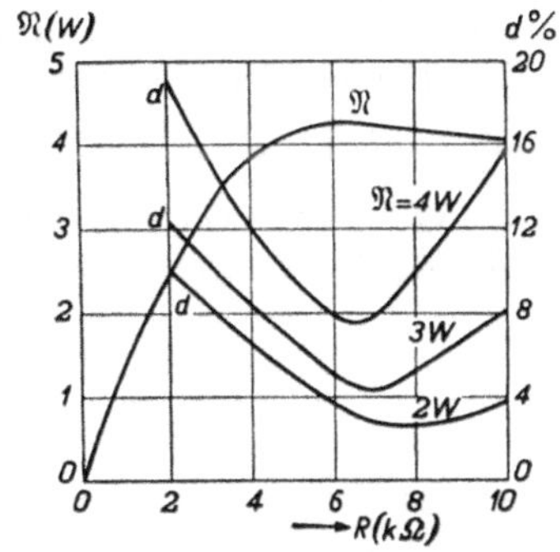

Abb. 184. Achsen wie in Abb. 183, aber für eine Endpentode (Philips AL 4).

Wie die Arbeitskurven im Anodenstrom-Anodenspannungs-Kennlinienfeld liegen, wenn der Nutzwiderstand komplex ist und dem Steuergitter mehrere Wechselspannungen verschiedener Frequenz zugeführt werden, zeigen die mit einem Kathodenstrahloszillographen experimentell aufgenommenen Kurven

a

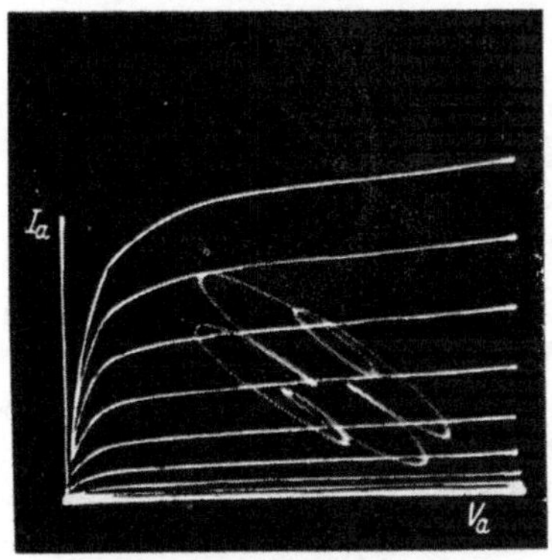

b

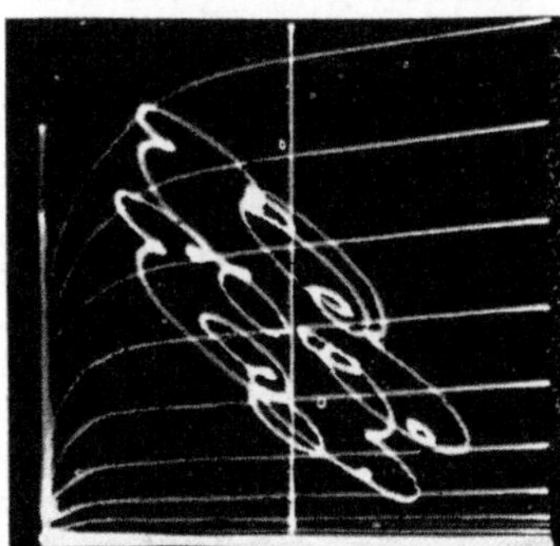

c

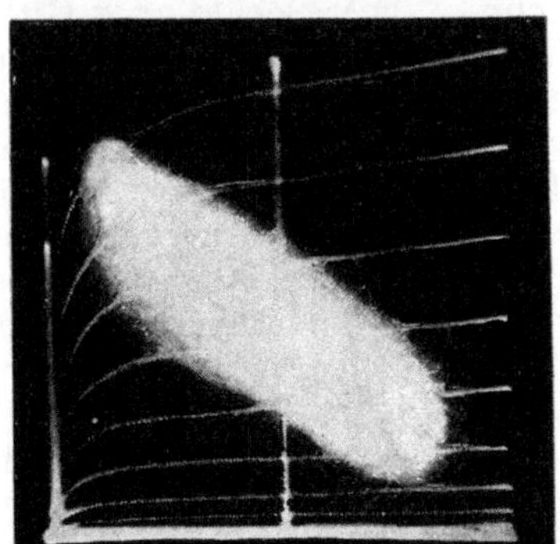

d

Abb. 185a–d. Kathodenstrahloszillogramme der Anodenstrom-Anodenspannungs-Kennlinien von Endpentoden mit eingezeichneten Belastungskurven. *a* Lautsprecherbelastung entspricht einer Selbstinduktion in Reihe mit einem Wirkwiderstand. Belastungskurven für verschiedene Gitterspannungsamplituden. *b* wie *a*, aber für zwei einwellige Gitterspannungen im Frequenzverhältnis 1:4. *c* wie *b*, aber für drei einwellige Gitterspannungen. *d* Dem Steuergitter wird eine Musikdarbietung zugeführt.

der Abb. 185 (a bis d). Bei einer einwelligen Gitterwechselspannung und einem komplexen Nutzwiderstand zeigt Abb. 186 für eine Pentode die Abhängigkeit der Nutzleistung vom Nutzwiderstand bei verschiedenen Klirrfaktoren und Phasenwinkeln. Wir bemerken, daß die Arbeitskurve bei einem komplexen Belastungswiderstand, wenn man die Verzerrungen berücksichtigt, nicht mehr genau eine Ellipse ist, sondern eine ellipsenähnliche Kurve (Abb. 185a).

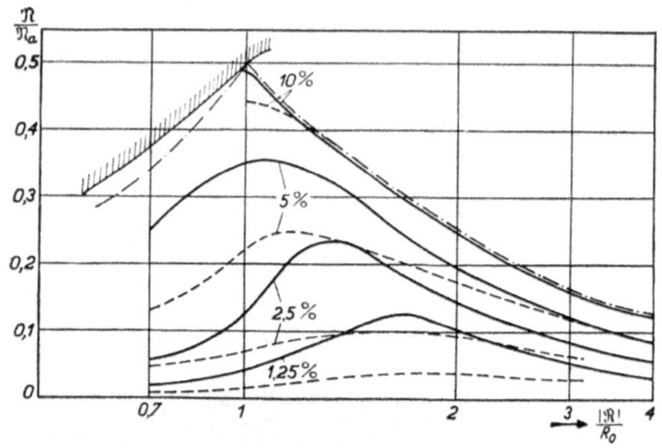

Abb. 186. Vertikal: Wirknutzleistung $\mathfrak{N}$ im Verhältnis zur Anodenspeisungsleistung $\mathfrak{N}_a$ als Funktion des Verhältnisses des Moduls $|\mathfrak{R}|$ des Nutzwiderstandes zum Widerstand R_0. Punkt-Strich-Kurve gilt für einen Wirknutzwiderstand bei idealen Pentoden (Abb. 171c). Ausgezogene Kurven gelten für Wirknutzwiderstände bei verschiedenen Klirrfaktoren, erzielt durch entsprechende Gitterwechselspannungen. Die schraffierte Linie bezeichnet die Grenze des Gitterstromeinsatzes. Die gestrichelten Kurven gelten für einen Phasenwinkel von 45° des Nutzwiderstandes $\mathfrak{R}$. Philips Pentode EL 3 in A-Schaltung.

Wenn man Gitterströme zuläßt, also die Aussteuerung über den Punkt $U_g = 0$ hinaus bis in den Bereich positiver Gitterspannungen treibt, entstehen neue Gesichtspunkte. In diesem Fall können für Trioden sowohl die Ausgangsnutzleistung als auch der Wirkungsgrad erheblich gesteigert werden im Vergleich zu den Werten, die man bei Aussteuerung bis $U_g = 0$ erhält. Als Beispiel hierzu betrachten wir Abb. 154, wo links auch Kennlinien (gestrichelt) für positive Gitterspannungen U_g eingezeichnet sind. Als Arbeitsgerade kann in diesem Fall die gestrichelt eingezeichnete Gerade BAC benutzt werden, entsprechend einem Nutzwiderstand von etwa 4,2 kOhm. Die Anodennutzleistung wird etwa 7,5 W und die Anodenspeisungsleistung etwa 15 W, der Wirkungsgrad somit etwa 50%, genau wie bei Pentoden (an Stelle von 25% im günstigsten Fall bei Trioden und Aussteuerung bis $U_g = 0$). Warum benutzt man diese Betriebsweise nicht immer? Die Antwort hängt mit den zusätzlichen Verzerrungen zusammen, die diese Betriebsart bedingt. Wir haben bis jetzt stets angenommen, daß die benutzten Elektronenröhren ohne Leistung gesteuert wurden (vgl. Abschn. A 2a δ). Sobald aber Gitterströme fließen, ist ein gewisser Wirkleistungsaufwand notwendig, um dem Steuergitter gegenüber der Kathode eine positive Spannung zu erteilen. Diese Wirkleistung muß nur in jenem Teil jeder Periode der Gitterwechselspannung geliefert werden, in dem Gitterströme fließen. Die Röhre vor der Endröhre (sog. Treiberröhre) muß diese Wirkleistung liefern können, und zwar in möglichst unverzerrter Form. Die Belastung des Anodenkreises dieser Treiberröhre erfordert also in einem Teil der Periode nur Blindleistung und in einem anderen Teil eine zusätzliche Wirkleistung. Bei normalen Treiberröhren geringer Ausgangsleistung verursacht diese Belastung sehr starke und sofort bei Tondarbietungen erkennbare Verzerrungen (sog. „scharfer“ Klang). Man muß, damit diese Verzerrungen gering bleiben, eine Treiberröhre beträchtlicher Ausgangsleistung verwenden. Der höchste Augenblickswert der Anodennutzleistung dieser Treiberröhre soll möglichst noch klein sein im Vergleich zum Höchstwert der Ausgangsnutzleistung der betreffenden Röhre. Offenbar steht dem Vorteil eines besseren Wirkungsgrades der Endröhre der Nachteil gegenüber, daß eine kostspieligere Treiberröhre erforderlich ist, während immer noch die Gefahr hörbarer Verzerrungen besteht. Man wird deshalb dieses Mittel nur in Fällen verwenden, wo der höhere Wirkungsgrad der Endröhre ausschlaggebend ist.

Bei Pentoden kann man durch Zulassen von Gitterströmen meistens nicht viel gewinnen, da normalerweise (ohne Gitterströme) auch bereits ein Wirkungsgrad von fast 50% erzielt wird.

Schrifttum: 9, 63, 64, 220, 335, 336.

β) *Trioden und Pentoden als B- und A/B-Verstärker.*

Wie kann man aus den vorgelegten Anodenstrom-Anodenspannungs-Kennlinien das Verhalten von Endröhren in der Gegentakt-*B*- oder -*A/B*-Schaltung und insbesondere die Verzerrungen entnehmen? Offenbar ist es hierzu notwendig, zunächst die dynamische Anodenstrom-Gitterspannungs-Kennlinie für die betreffende Schaltung zu konstruieren. Indem dann die gegebene Gitterwechselspannung an diese dynamische Kennlinie angelegt wird, erhält man den Anodenstromverlauf als Funktion der Zeit. Diese Kurve wird in eine Fourierscche Reihe zerlegt. Hieraus ergibt sich die Ausgangsleistung und die Verzerrung.

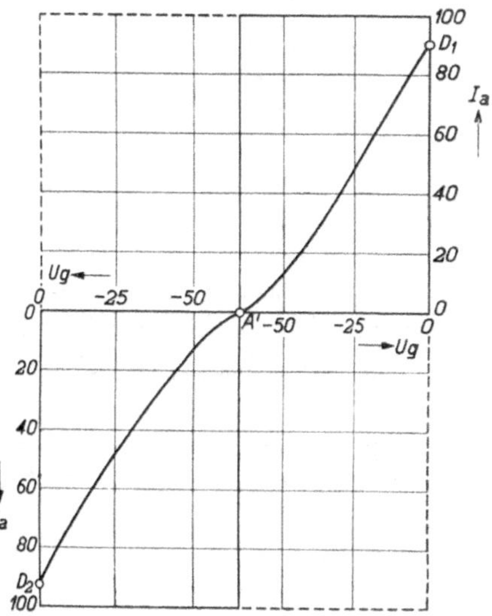

Abb. 187. Zusammensetzung der dynamischen Kennlinien nach Abb. 154 zweier Trioden in Gegentakt-*B*-Schaltung. (Belastungsgerade *A'D* in Abb. 154.)

Wir führen als Beispiel das Verfahren an Hand der Kennlinien in Abb. 154 durch. Es handelt sich hierbei um eine Triode. Diese Wahl ist darin begründet, daß eine Triode infolge des quadratischen Verlaufs ihrer dynamischen Kennlinien besonders geeignet erscheint, in Gegentaktschaltungen wegen der hierbei auftretenden Auslöschung der Verzerrungsanteile gerader Ordnung (2., 4., 6. ... Oberwellen) verwendet zu werden. Die Anodenspannung habe in Abb. 154 wieder den Wert 250 V. Die Arbeitsgerade bei Wirkwiderstandsbelastung verlaufe in dieser Abb. 154 von *A'* nach *D*. Die hieraus für die beiden Gegentaktröhren hervorgehenden dynamischen Kennlinien sind in Abb. 187 gezeichnet. Für die Bestimmung der verschiedenen Anodenstromanteile bei einwelliger Gitterwechselspannung kann das in Abschn. A 3cα dargelegte Verfahren sinngemäß verwendet werden. Wir können die dynamische Kennlinie der Abb. 187 hierzu in einem einzigen I_a-U_g-Koordinatensystem gezeichnet denken, das aus den beiden Systemen der Abb. 187 durch Ergänzung der Figur mit Hilfe der gestrichelten Geraden hervorgeht. Auf diese neue Figur wenden wir dann das genannte Rezept an und erhalten alle Anodenstromanteile bis zur sechsten Harmonischen einschließlich.

Offenbar wird der „Knick" im Punkte *A'* der Kennlinie in Abb. 187 zusätzliche Verzerrungsanteile erzeugen, die in manchen Fällen herabgedrückt werden können, wenn die Kennlinien der beiden Röhren nicht wie in Abb. 187, sondern wie in Abb. 188 (links) aneinandergelegt werden. Wir gelangen so von der *B*-Schaltung automatisch zur *A/B*-Schaltung. Welche dynamische Anodenstrom-Gitterspannungs-Kennlinie gehört zu dieser *A/B*-Schaltung? Bei der Beantwortung dieser Frage erfordert nur der Teil der dynamischen Kennlinie, in der *beide* Röhren Anodenstrom liefern, besondere Überlegung. Wenn nur eine

Röhre an dem gesamten Anodenstrom beteiligt ist, ist das Verfahren das gleiche wie oben für die B-Schaltung dargelegt. Wir betrachten das Gegentaktschaltbild Abb. 104. Die Augenblickswerte der Anodenströme der beiden Röhren sind i_{a1} und i_{a2}. Der Augenblickswert i_s des Stromes durch den Nutzwiderstand R_t setzt sich unter der Voraussetzung eines idealen Transformators (Gesamtübersetzung $n_1 : n_2$, vgl. Abb. 104) wie folgt zusammen:

$$i_s = \frac{1}{2}\frac{n_1}{n_2} i_{a2} - \frac{1}{2}\frac{n_1}{n_2} i_{a1} = \frac{n_1}{2n_2}(i_{a2} - i_{a1}).$$

Diese Formel gibt sofort Aufschluß über die dynamische Kennlinie im Gebiet, in dem beide Röhren Strom liefern. Offenbar entsteht die gestrichelte Kennlinie links in Abb. 188. Diese Kennlinie kann dann weiter in der oben dargelegten Weise zur Verzerrungsberechnung verwendet werden. Man wird versuchen, einen solchen Arbeitspunkt für die beiden Röhren zu wählen, daß der gestrichelte Teil der dynamischen Kennlinie links in Abb. 188 möglichst gerade verläuft.

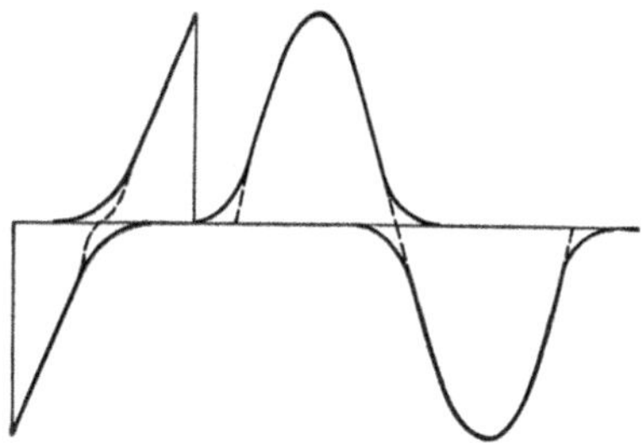

Abb. 188. Vermeidung der Knickstelle in der zusammengesetzten dynamischen Kennlinie nach Abb. 187 durch Überlappen der beiden Einzelkennlinien (links) und entstehender Anodenstrom (rechts).

Ein Beispiel der Verzerrungen einer Gegentaktstufe unter Verwendung zweier Pentoden, deren Ausgangsleistung und Verzerrung als A-Verstärker in Abb. 184 gezeigt wurden, geben wir in Abb. 189. Wir sehen hier die Ausgangsnutzleistung und die Verzerrungen als Funktion des Nutzwiderstandes R (der nach der primären Transformatorseite transformierte Nutzwiderstand R_t aus Abb. 104) für verschiedene Arbeitspunkte, bei Aussteuerung jeder Röhre bis $U_g = 0$. Wenn man Pentoden (oder Tetroden) in Gegentaktstufen verwendet, wird man möglichst solche Arbeitsbedingungen wählen, daß die Verzerrungsanteile gerader Ordnung des Anodenstromes jeder Röhre überwiegend sind, weil dann diese Verzerrungen durch die Schaltung im Nutzwiderstand ausgelöscht werden. Wir weisen noch auf die Möglichkeit der Mehrtaktschaltung (Abschn. C 2bβ) hin zur Auslöschung von Verzerrungsanteilen 3., 5. oder höherer Ordnung.

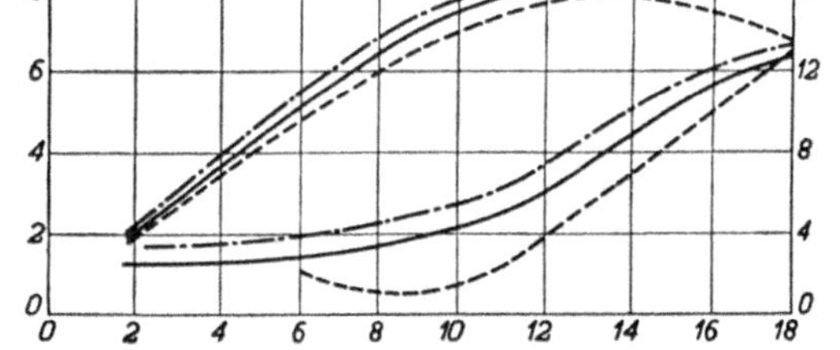

Abb. 189. Achsen wie in Abb. 183 und 184, aber für zwei Pentoden (Philips AL 4) in Gegentaktschaltung. Ausgezogene Kurve: A-Einstellung mit als Arbeitspunkt U_{a0} = 250 V und I_{a0} = 36 mA. Gestrichelte Kurve: A/B-Einstellung bei einem Arbeitspunkt U_{a0} = 250 V und I_{a0} = 30 mA. Punkt-Strich-Kurve: A/B-Einstellung bei einem Arbeitspunkt U_{a0} = 250 V und I_{a0} = 20 mA. Die drei oberen Kurven gehören zur Ausgangsnutzleistung (Maßstab links), die drei unteren Kurven zur Verzerrung (Maßstab rechts). Aussteuerung bis zum Gitterstromeinsatz für alle sechs Kurven.

Aus Abb. 189 können wir schließen, daß der Nutzwiderstand R, der die größte Nutzleistung erzeugt, etwa 14 kOhm beträgt, während bei der gleichen Röhre als A-Verstärker (einfache Stufe) nach Abb. 184 für die Höchstnutzleistung ein Nutzwiderstand von etwa 7 kOhm erforderlich war. Diese Zahlen werden verständlich, wenn man bedenkt, daß Abb. 189 sich auf eine Gegentaktstufe bezieht, wo R den gesamten Ausgangsnutzwiderstand darstellt (für 2 Röhren). Je Röhre hat man also ebenfalls

7 kOhm, genau wie in Abb. 184. Wir können schließen, daß die Einstellung einer Röhre als A/B-Verstärker ungefähr den gleichen Nutzwiderstand zur Erzielung der Höchstausgangsleistung erfordert wie die Einstellung als A-Verstärker. Dieser Schluß gilt allgemein für Trioden und für Pentoden.

Schrifttum: **9, 63, 64, 220, 335, 336.**

γ) *Anpassung und Überblick.*

Wenn ein Nutzwiderstand R_l (z. B. zu einem Lautsprecher gehörend) vorgelegt ist, welches Übersetzungsverhältnis des Ausgangstransformators muß dann gewählt werden, damit möglichst viel Ausgangsleistung bei gegebenen Röhren zum Widerstand gelangt? Bei Trioden geben wir die Anodengleichspannung U_{a0} und den Anodenwiderstand R_a, bei Pentoden die Anodengleichspannung U_{a0} und den Widerstand $R_0 = 2\,U_{a0}/I_a$, wo wir mit I_a den Anodenstrom für $U_g = 0$ bezeichnen (im Gebiet, wo dieser Strom von der Anodenspannung praktisch unabhängig ist). Wir verweisen nach Abb. 190.

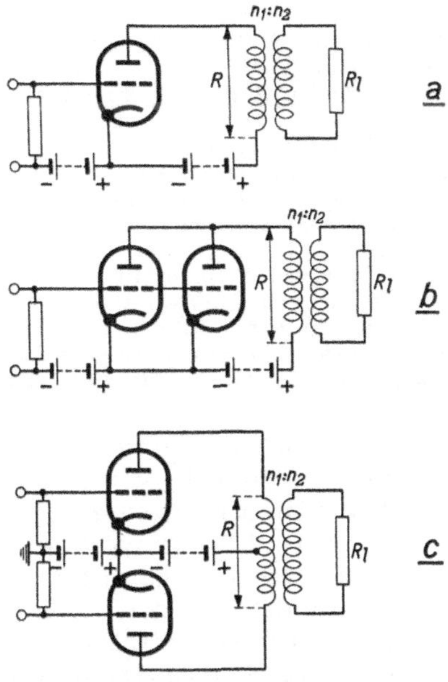

Abb. 190a—c. Zur Definition der Anpassung und der Übersetzung bei einfachen (a), parallelen (b) und Gegentaktröhren (c).

Bei Trioden als A-Verstärker (Abbildung 190a) ist der günstigste Nutzwiderstand $R = 2\,R_a$ und folglich die gesuchte Übersetzung $(n_2/n_1)^2 = R_l/2\,R_a$, wo n_2 die Windungszahl des Transformators an der Seite von R_l bezeichnet.

Bei Trioden als B-Verstärker (Abb. 190c) ohne Gitterstrom ist $R/2 = R_a$ für jede Röhre und folglich $(n_2/n_1)^2 = R_l/2\,R_a$, wo n_1 und n_2 die *gesamten* Windungszahlen des Transformators sind. Man kann diese Formel verstehen, indem man bedenkt, daß jeweils während einer halben Periode nur *eine* Röhre arbeitet. Die *Hälfte* der Primärwindungen muß daher mit den Sekundärwindungen eine Übersetzung ergeben, die für *eine* Röhre den Nutzwiderstand $R/2 = R_a$ erzeugt.

Bei Pentoden als A-Verstärker gilt $R = R_0$ und folglich $(n_2/n_1)^2 = R_l/R_0$.

Bei Pentoden als B-Verstärker ist $R = R_0$ und folglich (vgl. oben) $(n_2/n_1)^2 = R_l/R_0$.

Bei Trioden als A-Verstärker *mit* Gitterstrom gilt etwa das gleiche wie bei Pentoden als A-Verstärker. Unter I_a ist bei Trioden dann der höchste Augenblickswert des Anodenstromes zu verstehen. Ebenso gilt bei Trioden als B-Verstärker *mit* Gitterstrom etwa das gleiche wie bei Pentoden als B-Verstärker, wo für I_a wieder das oben Gesagte gilt.

Bei A/B-Einstellungen gilt etwa das gleiche wie bei A-Stufen, nur unter Berücksichtigung der *Gegentakt*schaltung (vgl. Ende des vorigen Abschn. β).

Folgende Tabelle faßt diese Daten sowie die erzielte Ausgangsleistung $\mathfrak{N}$ beim günstigsten Nutzwiderstand, bei voller Aussteuerung am Gitter und den dazu gehörigen Wirkungsgrad η zusammen (vgl. Abb. 190).

Zu dieser Tabelle bemerken wir, daß mit R der *gesamte* Nutzwiderstand, gemessen an den Primärklemmen des Transformators, bezeichnet ist, während n_1/n_2 das Verhältnis der gesamten Primärwindungszahl zur Sekundärwindungszahl darstellt (Abb. 190) und $\mathfrak{N}_{\max}$ die *gesamte* Ausgangsnutzleistung der Schaltung

Schaltung	Nutzwiderstand	Übersetzung	Ausgangsleistung	Höchstwirkungsgrad
	$R =$	$(n_2/n_1)^2 =$	$\mathfrak{N}_{max} =$	$\eta =$
Eine Triode A ohne Gitterstrom . . .	$2R_a$	$R_l/2R_a$	$U_{a0}^2/16R_a$	25%
Eine Pentode A	R_0	R_l/R_0	$U_{a0}^2/2R_0$	50%
Zwei Trioden A parallel ohne Gitterstrom	R_a	R_l/R_a	$U_{a0}^2/8R_a$	25%
Zwei Pentoden A parallel	$R_0/2$	$2R_l/R_0$	U_{a0}^2/R_0	50%
Zwei Trioden A gegentakt	$4R_a$	$R_l/4R_a$	$U_{a0}^2/8R_a$	25%
Zwei Pentoden A gegentakt	$2R_0$	$R_l/2R_0$	U_{a0}^2/R_0	50%
Zwei Trioden B gegentakt ohne Gitterstrom	$2R_a$	$R_l/2R_a$	$U_{a0}^2/8R_a$	39%
Zwei Pentoden B gegentakt	R_0	R_l/R_0	U_{a0}^2/R_0	78%
Zwei Trioden B gegentakt mit Gitterstrom	R_0	R_l/R_0	U_{a0}^2/R_0	78%
Eine Triode A mit Gitterstrom	R_0	R_l/R_0	$U_{a0}^2/2R_0$	50%
Zwei Trioden A gegentakt mit Gitterstrom	$2R_0$	$R_l/2R_0$	U_{a0}^2/R_0	50%
Zwei Trioden parallel A mit Gitterstrom	$R_0/2$	$2R_l/R_0$	U_{a0}^2/R_0	50%

(also evtl. für *zwei* Röhren zusammen) bedeutet. R_a und R_0 gehören jeweils zu *einer* Röhre. Im Falle von Trioden *mit* Gitterstrom hat R_0 die gleiche Bedeutung wie bei Pentoden: $R_0 = 2U_{a0}/I_a$.

Wenn der Leistungsverbraucher einen komplexen Widerstand hat, wie z. B. ein Lautsprecher, so kann für eine bestimmte Frequenz die Anpassung so durchgeführt werden, daß der absolute Betrag des komplexen Widerstandes als R_l in obige Formeln eingesetzt wird. Man kann bei richtiger Wahl der betreffenden Frequenz (z. B. 1000 Hz) und bei nicht zu starker Frequenzabhängigkeit des komplexen Widerstandes in diesem Fall eine redlich gute Klangwiedergabe erwarten.

Die im Schrifttum oft erörterte Frage, wie die Wahl des Röhrentyps für Endstufen lauten soll: Triode, Tetrode oder Pentode?, ist in dieser Form wohl kaum allgemein zu beantworten. Es kommt dabei auf die gewünschte Leistung und zugelassene Verzerrung sowie auf ihre Frequenzabhängigkeit und selbstverständlich auf die zur Wahl stehenden konkreten Röhren an. An Hand der obigen Darlegungen sollte es möglich sein, in jedem Einzelfall eine günstige Wahl zu treffen.

In bezug auf die Ausgangstransformatoren sei nach Abschn. B 3cα und C 6aβ verwiesen.

Schrifttum: 9, 30, 62, 87.

5. Verstärkung nichtperiodischer Vorgänge.

Wir haben uns bisher in diesem Abschn. C fast ausschließlich mit der Verstärkung *einwelliger* Ströme und Spannungen befaßt. In Wirklichkeit sollen vielfach auch nichtperiodische Vorgänge verstärkt werden. Als Beispiel behandeln wir zwei Fälle: eine plötzliche Spannungsänderung und einen Spannungsimpuls. Die hierbei gewonnenen Ergebnisse dürften auch in komplizierten Fällen einen Einblick in die vorliegenden Verhältnisse gewähren. Wenn der Fall einer Spannungsänderung bekannt ist, kann durch Integration der Fall eines beliebigen Spannungsverlaufs behandelt werden (vgl. Abschn. A 7bα).

a) Verstärkung einer Spannungsänderung.

Als Beispiel einer Spannungsänderung behandeln wir den durch Gl. (7,7) und (7,7b) von Abschn. A 7aβ sowie Abb. 49 dargestellten Spannungsverlauf.

α) In einer Widerstandsverstärkerstufe.

Als Ausgangspunkt verwenden wir die Gl. (C 3,4) für die Verstärkung einer Widerstandsverstärkerstufe bei einer bestimmten Kreisfrequenz unter Benutzung der Abkürzungen (C 3,2), (C 3,5) und (C 3,6) für $C_a \ll C_1$ und $C_e \ll C_2$ (Abb. 116):

$$\frac{\mathfrak{U}_2}{\mathfrak{U}_g} = j S R_1 \sqrt{\frac{\omega_o'}{\omega_u'}} \frac{y' \frac{\omega_o}{\omega_o'}}{\left(y' - j\sqrt{\frac{\omega_o'}{\omega_u'}}\right)\left(y' - j\sqrt{\frac{\omega_u'}{\omega_o'}}\right)} \equiv F(\omega). \tag{C 5,1}$$

Die Eingangsspannung U_g soll nun den in Gl. (7,7b) und Abb. 49 dargestellten Verlauf als Funktion der Zeit haben. Zur Berechnung der Ausgangsspannung $U_2(t)$ als Funktion der Zeit verfahren wir nach Gl. (7,8a) und erhalten für $U_2(t)$ den Integralausdruck:

$$U_2(t) = \frac{1}{\pi j} \int_{-\infty}^{\infty} \frac{e^{j\omega t}}{\omega} F(\omega)\, d\omega. \tag{C 5,2}$$

Durch eine kleine Umformung ergibt sich nach (C 3,5), (C 3,6) und (C 3,7):

$$F(\omega) = \frac{S}{C_1} \frac{j\omega}{(\omega - \omega_1)(\omega - \omega_2)}, \tag{C 5,3}$$

wo:

$$\begin{cases} \omega_1 = j\omega_o'; \\ \omega_2 = j\omega_u'. \end{cases} \tag{C 5,4}$$

Anwendung des CAUCHYschen Residuensatzes auf (C 5,2) führt zum Ausdruck:

$$U_2(t) = 2j \frac{S}{C_1} \left(\frac{e^{j\omega_1 t}}{\omega_1 - \omega_2} + \frac{e^{j\omega_2 t}}{\omega_2 - \omega_1} \right), \tag{C 5,5}$$

oder:

$$U_2(t) = \frac{2S}{C_1(\omega_o' - \omega_u')} \left\{ e^{-\frac{\omega_o'}{\omega_u'}(\omega_u' t)} - e^{-\omega_u' t} \right\}. \tag{C 5,6}$$

Wenn die erste Voraussetzung (C 3,1) erfüllt ist, können ω_o' und ω_u' durch ω_o und ω_u ersetzt werden und die Ausdrücke für diese obere und untere Grenzkreisfrequenz sind in (C 3,2) zusammengestellt. Wir haben in Abb. 191 den Klammerausdruck der Gleichung (C 5,6) für verschiedene Werte von ω_o/ω_u dargestellt. Wenn die erste Voraussetzung (C 3,1) nicht erfüllt ist, sind in der Abb. 191 sowie in ihrer Unterschrift ω_o und ω_u durch ω_o' und ω_u' nach Gl. (C 3,5) und (C 3,6) zu ersetzen. Das gleiche gilt für die weiteren Formeln dieses und des nächsten Abschnitts. Die Formel (5,6) und Abb. 191 lassen folgende Gesetzmäßigkeiten erkennen: Für einen gegebenen Wert des Verhältnisses ω_o/ω_u findet der Spannungsanstieg

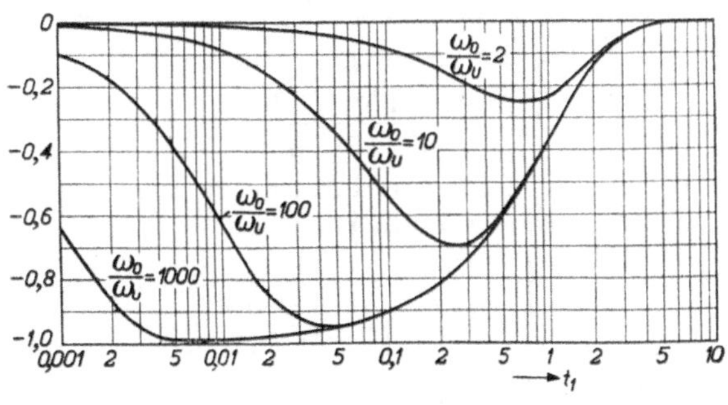

Abb. 191. Zeitlicher Verlauf der Ausgangsspannung einer Widerstandsverstärkerstufe, wenn am Eingang die Spannung zur Zeit $t = 0$ plötzlich von -1 auf 1 V anwächst. Vertikal: Ausgangsspannung U_2 dividiert durch $2\,S/C_1(\omega_o - \omega_u)$, wo S die Steilheit der Röhre, C_1 die gesamte Parallelkapazität des Verstärkers, ω_u die untere Grenzkreisfrequenz und ω_o die obere Grenzkreisfrequenz ist. Horizontal: $t_1 = \omega_u t$, wo t die Zeit ist. Kurven für verschiedene Werte der oberen Grenzkreisfrequenz ω_o im Verhältnis zur unteren Grenzkreisfrequenz ω_u.

am Ausgang des Verstärkers zu einer Zeit $t = t_1/\omega_u$ (Zeitnullpunkt beim Eingangsspannungssprung), d. h. um so später statt, je kleiner ω_u (untere Grenzkreisfrequenz) ist. Gleichzeitig ist das Verhältnis des Spitzenwertes der Ausgangsspannung zum Sprung der Eingangsspannung umgekehrt proportional zu $\omega_o - \omega_u$ bei gegebenem Wert ω_o/ω_u. Wenn man ω_u festhält, findet der Anstieg der Ausgangsspannung um so später statt, je kleiner das Verhältnis ω_o/ω_u ist. Weiterhin ist das obengenannte Spannungsverhältnis bei festem Wert $\omega_o - \omega_u$ um so kleiner, je kleiner ω_o/ω_u ist. Die Größe der Ausgangsspannung ist in allen Fällen für $t_1 = \omega_u t = 3$ bis 4 bis auf einen unbeträchtlichen Wert herabgesunken. Als Faustregel für die ungefähre Lage des Ausgangsspannungsanstiegs kann gelten: $t_1 = \omega_u t = \omega_u/\omega_o$ oder $t = 1/\omega_o$ (vgl. Abb. 191). Hierdurch ist somit die *Verzögerung* oder *Laufzeit* des Vorganges, welche durch eine Widerstandsverstärkerstufe verursacht wird, bestimmt.

Die Gl. (5,6) vereinfacht sich noch weiter, wenn wir den Fall eines Gleichstromverstärkers (Abschn. C 3cβ u. γ) betrachten, wo $\omega_u = 0$ ist, zu:

(C 5,7) $$U_2(t) = -\frac{2S}{C_1\omega_o}(1 - e^{-\omega_o t}).$$

Die obige Faustregel für die Verzögerung oder Laufzeit gilt auch in diesem Falle.

Schrifttum: 11, 56, 228.

β) *In mehreren Kaskaden-Widerstandsverstärkerstufen.*

Wenn n gleiche Widerstandsverstärkerstufen in Kaskade geschaltet sind, während für jede Stufe die Gl. (5,1) gilt, erhält man für die Ausgangsspannung $U(t)$ des Gesamtverstärkers an Stelle von (5,2) die Gleichung

(C 5,8) $$U(t) = \frac{1}{\pi j}\int_{-\infty}^{\infty}\frac{e^{j\omega t}}{\omega}F^n(\omega)\,d\omega.$$

Für die Auswertung des Integrals (5,8) müssen wir für $\omega = \omega_1$ und für $\omega = \omega_2$ die Residuen des Integranden bestimmen. Im allgemeinen Fall für beliebige n-Werte sind die Ausdrücke für diese Residuen etwas kompliziert. Wir behandeln daher zunächst den Fall $n = 2$. Hier wird die Summe der genannten Residuen des Ausdrucks (5,8):

(C 5,9) $$\left(\frac{jS}{C_1}\right)^2\frac{1}{(\omega_1-\omega_2)^2}\left[e^{j\omega_1 t}\left(1 - \frac{2\omega_1}{\omega_1-\omega_2} + j\omega_1 t\right) + e^{j\omega_2 t}\left(1 + \frac{2\omega_2}{\omega_1-\omega_2} + j\omega_2 t\right)\right]$$

und somit die Ausgangsspannung $U(t)$:

(C 5,10) $$U(t) = \frac{2S^2}{(\omega_o-\omega_u)^2 C_1^2}\left[e^{-\omega_o t}\left(1 - \frac{2\omega_o}{\omega_o-\omega_u} - \omega_o t\right) + e^{-\omega_u t}\left(1 + \frac{2\omega_u}{\omega_o-\omega_u} - \omega_u t\right)\right].$$

Wenn wir wieder als Parameter $\omega_u t = t_1$ und ω_o/ω_u einführen (vgl. Abb. 191), so entsteht die Formel:

(C 5,11) $$\left\{\begin{aligned} U(t)_{(n=2)} = \frac{2S^2}{C_1^2(\omega_o-\omega_u)^2}&\left[e^{-\frac{\omega_o}{\omega_u}t_1}\left(1 - \frac{2\frac{\omega_o}{\omega_u}}{\frac{\omega_o}{\omega_u}-1} - \frac{\omega_o}{\omega_u}t_1\right)+\right. \\ &\left.+\,e^{-t_1}\left(1 + \frac{2}{\frac{\omega_o}{\omega_u}-1} - t_1\right)\right]. \end{aligned}\right.$$

Zur Berechnung der oben angegebenen Residuen kann man von der Definition derselben ausgehen: Das Residuum eines Ausdrucks $f/(\omega - \omega_1)^n$, wo f eine

Funktion von ω darstellt, an der Stelle $\omega = \omega_1$ ist der Koeffizient des Gliedes $(\omega - \omega_1)^{-1}$ in der Reihenentwicklung dieses Ausdrucks nach Potenzen von $\omega - \omega_1$. Die Reihenentwicklung der Funktion f lautet:

$$f = f(\omega)_{\omega=\omega_1} + \frac{\omega - \omega_1}{1!}\left(\frac{df}{d\omega}\right)_{\omega=\omega_1} + \frac{(\omega-\omega_1)^2}{2!}\left(\frac{d^2 f}{d\omega^2}\right)_{\omega=\omega_1} + \cdots .$$

Im obigen Falle $n = 2$ z. B. ist das Residuum also:

$$\left(\frac{df}{d\omega}\right)_{\omega=\omega_1},$$

wo:

$$f = \left(\frac{jS}{C_1}\right)^2 \frac{e^{j\omega t}\,\omega}{(\omega-\omega_2)^2}.$$

In analoger Weise kann der Fall $n = 3$ behandelt werden. Man erhält:

$$(C\,5,12)\quad \begin{cases} U(t)_{(n=3)} = \dfrac{2S^3}{C_1^3(\omega_o-\omega_u)^3}\left[e^{-\frac{\omega_o}{\omega_u}t_1}\left(1 + \dfrac{6\left(\frac{\omega_o}{\omega_u}\right)^2}{\left(\frac{\omega_o}{\omega_u}-1\right)^2} - 6\,\dfrac{\frac{\omega_o}{\omega_u}}{\frac{\omega_o}{\omega_u}-1} + \right.\right. \\ \quad \left. + 3\,\dfrac{\left(\frac{\omega_o}{\omega_u}\right)^2 t_1}{\frac{\omega_o}{\omega_u}-1} - 2\,\dfrac{\omega_o}{\omega_u}t_1 + \dfrac{\omega_o^2}{\omega_u^2}\,\dfrac{t_1^2}{2}\right) - \\ \quad \left. - e^{-t_1}\left(1 + \dfrac{6}{\left(\frac{\omega_o}{\omega_u}-1\right)^2} + \dfrac{6}{\frac{\omega_o}{\omega_u}-1} - \dfrac{3t_1}{\frac{\omega_o}{\omega_u}-1} - 2t_1 + \dfrac{t_1^2}{2}\right)\right]. \end{cases}$$

Die Formeln (5,11) und (5,12) sind in Abb. 192 veranschaulicht. Die im Anschluß an Abb. 191 gefolgerten Beziehungen können im Anschluß an Abb. 192 für zwei und drei Kaskaden-Widerstandsverstärkerstufen erweitert werden: Für einen gegebenen Wert des Verhältnisses ω_o/ω_u findet der Spannungsanstieg wieder zu einer Zeit $t = t_1/\omega_u$ (Eingangsspannungssprung ist Zeitnullpunkt) statt, d. h.

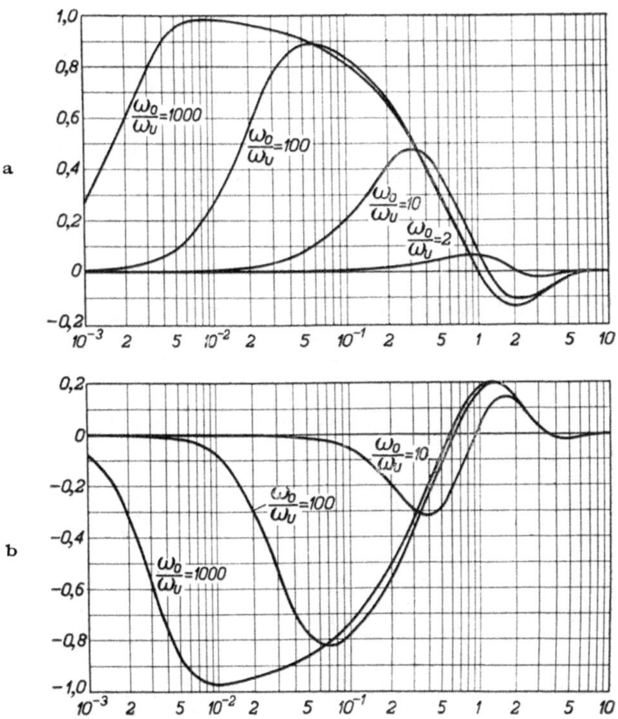

Abb. 192a u. b. Zeitlicher Verlauf der Ausgangsspannung $U(t)$ von zwei (Diagramm *a*) und von drei (Diagramm *b*) in Reihe geschalteten gleichen Widerstandsverstärkerstufen. Vertikal sind die Ausdrücke U dividiert durch $2S^2/C_1^2(\omega_o - \omega_u)^2$ (im Falle *a*) und U dividiert durch $2S^3/C_1^3(\omega_o - \omega_u)^3$ (im Falle *b*) gezeichnet, wo die Buchstaben die gleiche Bedeutung haben wie in Abb. 191. Horizontal: $t_1 = t\,\omega_u$. Kurven für verschiedene Verhältnisse ω_o/ω_u. Die Eingangsspannung steigt zur Zeit $t = 0$ plötzlich von -1 auf 1 V an.

um so später, je kleiner die untere Grenzkreisfrequenz ω_u ist. Bei gegebenem Wert ω_o/ω_u ist das Verhältnis der Ausgangsspannungsspitze zum Eingangsspannungssprung proportional zu $(\omega_o - \omega_u)^{-2}$ bei zwei Stufen und zu $(\omega_o - \omega_u)^{-3}$ bei drei Stufen. Die Faustregel für die ungefähre Lage des Ausgangsspannungsanstiegs lautet bei zwei Stufen: $t_1 = \omega_u t = 2\,\omega_u/\omega_o$ und für drei Stufen $t_1 = 3\,\omega_u/\omega_o$, also $t = 2/\omega_o$ bzw. $3/\omega_o$. Diese Regel bestimmt demnach die *Verzögerung* oder *Laufzeit* des Vorganges im Verstärker.

Auch in den obigen Fällen tritt eine bedeutende Vereinfachung der Formeln ein, wenn man *Gleichstromverstärker* mit $\omega_u = 0$ betrachtet:

(C 5, 11 a) $$U(t)_{(n=2)} = -\frac{2S^2}{C_1^2\,\omega_0^2}\left[e^{-\omega_o t}\,(1 + \omega_o t) - 1\right];$$

(C 5, 12 a) $$U(t)_{(n=3)} = \frac{2S^3}{C_1^3\,\omega_0^3}\left[e^{-\omega_o t}\left(1 + \omega_o t + \omega_0^2\frac{t^2}{2}\right) - 1\right].$$

Die obigen Faustregeln für die Verzögerung oder Laufzeit gelten auch hier.

γ) *In einer Transformatorverstärkerstufe.*

Wir gehen von der Formel (C 3, 17) aus, welche die Verstärkung für eine bestimmte Kreisfrequenz gibt:

(C 5, 13) $$\frac{\mathfrak{U}_2}{\mathfrak{U}_g} = -\mu\frac{w_2}{w_1}\frac{1}{L_s C_2'}\frac{\omega}{\omega^3 - j\omega^2\frac{R_a + r}{L_s} - \frac{\omega}{L_s C_2'} + j\frac{R_a + r_1}{L_1 L_s C_2'}} \equiv G(\omega).$$

Die Bedeutung der Buchstaben geht aus Abb. **123 b** sowie aus (C **3, 15**) und (C **3, 16**) hervor. Durch Anlegen einer Eingangsspannung $U_g(t)$ nach Gl. (**7, 7 b**) und Abb. 49 ergibt sich für die Ausgangsspannung $U_2(t)$ als Funktion der Zeit:

(C 5, 14) $$U_2(t) = \frac{1}{\pi j}\int\limits_{-\infty}^{\infty}\frac{e^{j\omega t}}{\omega}G(\omega)\,d\omega,$$

wo $G(\omega)$ die in (C 5, **13**) angegebene Bedeutung hat. Die drei Nullstellen des Nenners von $G(\omega)$ bezeichnen wir mit ω_1, ω_2 und ω_3:

$$\frac{G(\omega)}{\omega} = -\frac{\mu\frac{w_2}{w_1}}{L_s C_2'(\omega - \omega_1)(\omega - \omega_2)(\omega - \omega_3)},$$

wo im Falle $s < (1 + a)\,10^{-2}$ und $\omega_u < 10^{-2}\,\omega_o$ angenähert gilt:

(C 5, 15) $$\left\{\begin{aligned} &\omega_1 = j\,\omega_u \text{ nach Gl. (3, 18)};\\ &\omega_2 = j\frac{\omega_u}{2}\left[\frac{1+a}{s} + \sqrt{\left(\frac{1+a}{s}\right)^2 - 4\left(\frac{\omega_o}{\omega_u}\right)^2}\right];\\ &\omega_3 = j\frac{\omega_u}{2}\left[\frac{1+a}{s} - \sqrt{\left(\frac{1+a}{s}\right)^2 - 4\left(\frac{\omega_o}{\omega_u}\right)^2}\right];\\ &a = \frac{r_2'}{R_a + r_1}.\end{aligned}\right.$$

Anwendung der CAUCHYschen Formel ergibt:

(C 5, 16) $$U_2(t) = \frac{-2\mu\frac{w_2}{w_1}}{L_s C_2'}\left\{\frac{e^{j\omega_1 t}}{(\omega_1 - \omega_2)(\omega_1 - \omega_3)} + \frac{e^{j\omega_2 t}}{(\omega_2 - \omega_1)(\omega_2 - \omega_3)} + \frac{e^{j\omega_3 t}}{(\omega_3 - \omega_1)(\omega_3 - \omega_2)}\right\}.$$

Wir können nun zwei Fälle betrachten: 1. der Wurzelausdruck in den Formeln für ω_2 und ω_3 ist reell, also $1 + a > 2s\,\omega_o/\omega_u$, und 2. der genannte Wurzelausdruck ist imaginär, also $1 + a < 2s\,\omega_o/\omega_u$. Im 1. Fall gilt: $\omega_2 = j\,\omega_u\alpha$; $\omega_3 = j\,\omega_u\beta$, wo α und β reell sind, und folglich erhält man aus (C 5,16) unter Berücksichtigung von (C 3,18):

$$\text{(C 5,17)}\quad U_2(t) = 2\mu\left(\frac{\omega_o}{\omega_u}\right)^2\frac{w_2}{w_1}\left\{\frac{e^{-t_1}}{(1-\alpha)(1-\beta)} - \frac{e^{-\alpha t_1}}{(1-\alpha)(\alpha-\beta)} + \frac{e^{-\beta t_1}}{(1-\beta)(\alpha-\beta)}\right\};\ t_1 = \omega_u t.$$

Im 2. Falle gilt:

$$\text{(C 5,18)}\quad U_2(t) = 2\mu\frac{w_2}{w_1}\frac{\left(\frac{\omega_o}{\omega_u}\right)^2}{1-\frac{1+a}{s}+\left(\frac{\omega_o}{\omega_u}\right)^2}\left[e^{-t_1} + e^{-t_1\frac{1+a}{2s}}\left\{\frac{1-\frac{1+a}{2s}}{\alpha_1}\sin\alpha_1 t_1 - \cos\alpha_1 t_1\right\}\right],$$

wo:

$$\alpha_1^2 = \left(\frac{\omega_o}{\omega_u}\right)^2 - \left(\frac{1+a}{2s}\right)^2.$$

Wir haben die Formeln (C 5,17) und (C 5,18) in einigen Kurven veranschaulicht. Die Kurven der Abb. **193a** entsprechen dem Ausdruck in geschweiften Klammern der Gl. (C 5,17) multipliziert mit $(\omega_o/\omega_u)^2$. Die Kurve in Abb. **193b** entspricht dem Ausdruck in eckigen Klammern der Gl. (C 5,18). Durch Steigerung von a werden in Abb. **193b** die Schwingungen stärker gedämpft und somit ihr Ausschlag verringert.

Ein Vergleich der Abb. **193** mit der Abb. 191 zeigt, daß in vielen Fällen bei Transformatorstufen eine längere Zeitverzögerung des Vorgangs bei der Verstärkung von Spannungssprüngen auftritt als bei Widerstandsstufen, während außerdem die in Abb. **193b** gezeigten Schwingungen noch hinzukommen können. Zur sicheren Vermeidung dieser Schwingungen genügt es, ω_u/ω_o größer als $2s/(1 + a)$ zu machen.

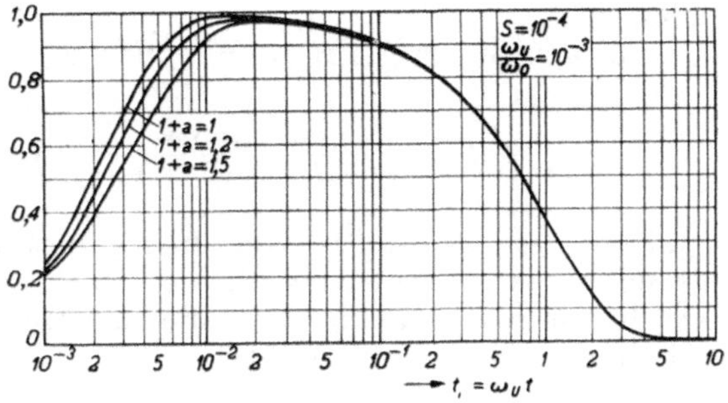

Abb. 193a. Vertikal: Ausdruck in geschweiften Klammern der Gl. (C 5,17) Horizontal: $t_1 = \omega_u t$ (reduzierte Zeit). Kurven gelten bzw. für $1 + a = 1$; 1,2 und 1,5 sowie für $s = 10^{-4}$ und $\omega_u = 10^{-3}\,\omega_o$ nach Gl. (C 5,17).

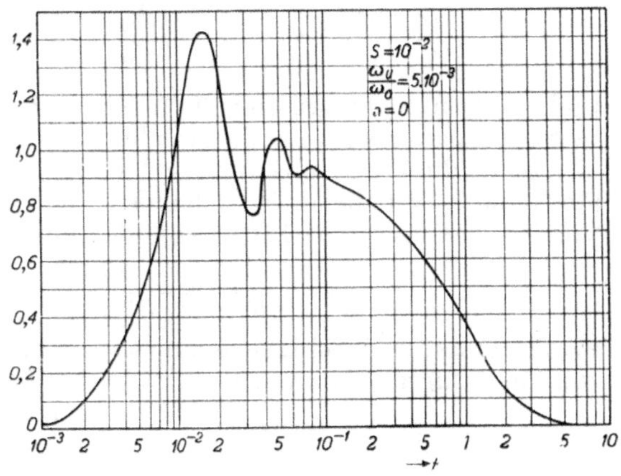

Abb. 193b. Vertikal: Ausdruck in eckigen Klammern der Gl. (C 5,18). Horizontal $t_1 = \omega_u t$ (reduzierte Zeit).

δ) *Reihenschaltung von Widerstandsverstärkerstufen und einer Endtransformatorstufe.*

Wir wollen hier die Verstärkung einer Spannungsänderung mit Hilfe der Reihenschaltung einer Widerstandsverstärkerstufe und einer Endstufe mit Ausgangstransformator betrachten. Für die Widerstandsverstärkerstufe sollen die Voraussetzungen (C 3,1) erfüllt sein und wird somit die Ausgangsspannung durch (C 5,2) mit (C 5,3) und (C 5,4) gegeben, wo ω_o' und ω_u' durch ω_o und ω_u nach (C 3,2) ersetzt werden können.

Für die Endstufe mit der Eingangsspannung $\mathfrak{U}_2$ wird bei einer bestimmten Kreisfrequenz ω der Lautsprecherstrom $\mathfrak{J}_l$ nach (C 6,2) durch:

$$\mathfrak{J}_l = \frac{\mu \mathfrak{U}_2}{(R_1 + R_2)(1+s)} \frac{1}{1 + j\frac{\omega}{\omega_o} + \frac{\omega_u}{j\omega}}$$

gegeben. Falls $\omega_u < \omega_o \cdot 10^{-2}$, kann hierfür angenähert geschrieben werden:

$$\mathfrak{J}_l \approx \frac{\mu \mathfrak{U}_2}{(R_1 + R_2)(1+s)} \frac{\omega_o\,\omega/j}{(\omega - j\omega_o)(\omega - j\omega_u)}.$$

Abgesehen von einem frequenzunabhängigen Faktor erhalten wir in diesem Fall somit *die gleiche Frequenzfunktion wie beim Widerstandsverstärker,* wenn wir in beiden Fällen für ω_o und ω_u die gleichen Werte wählen, was etwa der Praxis entspricht.

Für den Stromverlauf als Funktion der Zeit entsteht schließlich die Formel:

$$I_l(t) = \frac{1}{\pi j} \frac{\mu S \omega_o}{(R_1 + R_2)(1+s)C_1} \int_{-\infty}^{\infty} \frac{\omega^2 e^{j\omega t}}{(\omega - j\omega_o)^2(\omega - j\omega_u)^2} \frac{d\omega}{\omega},$$

und dies ist, abgesehen vom frequenzunabhängigen ersten Faktor im Integranden, der gleiche Ausdruck wie (C 5,8) für $n = 2$, d. h. wie die Zeitfunktion, welche zu zwei in Reihe geschalteten Widerstandsverstärkerstufen gehört. Wir erhalten somit nach (C 5,11):

$$I_l(t) = \frac{2\mu S\omega_o}{(R_1 + R_2)(1+s)C_1(\omega_o - \omega_u)^2} \left\{ e^{-\frac{\omega_o}{\omega_u}t_1} \left(1 - \frac{2\frac{\omega_o}{\omega_u}}{\frac{\omega_o}{\omega_u} - 1} - \frac{\omega_o}{\omega_u} t_1 \right) + \right.$$
$$\left. + e^{-t_1} \left(1 + \frac{2}{\frac{\omega_o}{\omega_u} - 1} - t_1 \right) \right\}$$

und die Funktion in geschweiften Klammern ist bereits für verschiedene Werte von ω_o/ω_u in Abb. 192a dargestellt worden.

Auch die Voranschaltung einer weiteren gleichgebauten Widerstandsverstärkerstufe vor die oben behandelte Reihenschaltung läßt sich nach obigem unmittelbar nach (C 5,12) formelmäßig behandeln:

$$I_l(t) = \frac{2\mu S^2\omega_o}{(R_1 + R_2)(1+s)C_1^2(\omega_o - \omega_u)^3} \left[\frac{\omega_o}{\omega_u}, t_1 \right],$$

wo die Funktion in eckigen Klammern von ω_o/ω_u und von t_1 ganz mit der Funktion in eckigen Klammern der Gl. (C 5,12) übereinstimmt und in Abb. 192b dargestellt worden ist.

Schrifttum: 249.

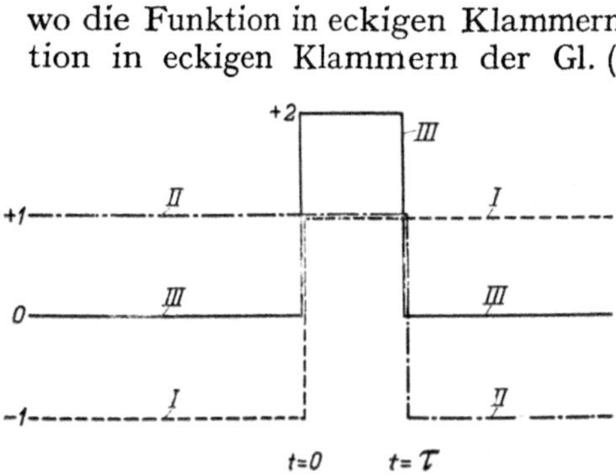

Abb. 194. Zusammenstellung zweier Kurven nach Abb. 49 (Kurven *I* und *II*) zu einer Impulsfunktion der Zeit (Kurve *III*).

b) Verstärkung eines Spannungsimpulses.

α) Darstellung für einen Spannungsimpuls.

Als einfachen Verlauf der Eingangsspannung legen wir der Erörterung folgende Zeitfunktion zugrunde: Für alle endlichen Zeitpunkte vor der Zeit $t = 0$ ist die Spannung gleich 0. Zur Zeit $t = 0$ wird sie sprunghaft gleich $+2$. Zur Zeit $t = \tau$ wird sie wieder sprunghaft gleich 0 (Abb. 194, Kurve *III*). Wenn wir die Funktion aus Abb. 49 und Gl. (A 7,7) sowie (A 7,7b) mit $U_1(t)$ bezeichnen, so kann die in Abb. 194 dargestellte Funktion offenbar durch:

$$U_i(t) = U_1(t) - U_1(t-\tau) \qquad \text{(C 5,19)}$$

dargestellt werden.

β) *Verstärkung eines Impulses.*

Diese Darstellung ermöglicht eine besonders einfache Erörterung der Verstärkung eines Spannungsimpulses. Die Kurven der Abb. 191, 192 und 193 können unmittelbar dazu benutzt werden, neue Kurven für die Ausgangsspannungen zu ermitteln, indem wir für jede „Impulskurve" zwei gleiche Kurven mit entgegengesetztem Vorzeichen und horizontal um $\omega_u \tau = \tau_1$ verschoben addieren. Einige Ergebnisse dieser Art sind in Abb. 195 zusammengefaßt. Hieraus kann der Schluß gezogen werden, daß $\tau_1 = \omega_u \tau$ groß sein muß in bezug auf ω_u/ω_o, z. B. $\omega_u \tau > 100\, \omega_u/\omega_o$ oder $\omega_0 \tau > 100$, damit der Impuls in den Verstärkerstufen wenig verzerrt wird. Bei mehreren Stufen in Kaskadenschaltung wird diese Bedingung noch strenger, d. h. die Zahl 100 in obigem Beispiel noch größer.

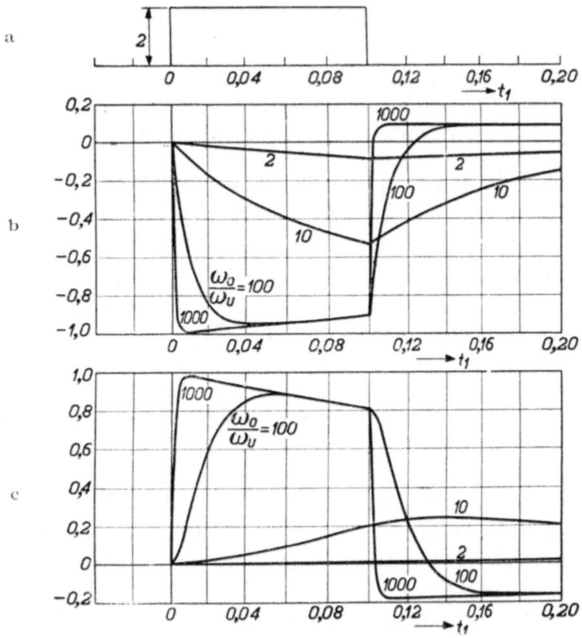

Abb. 195a–c. Verstärkung eines Spannungsimpulses. Horizontal: Eine Einheit ist $0{,}1/\omega_u$ Sek. Obere Kurve *a*: Verlauf der Eingangsspannung als Funktion der Zeit *t* (horizontal): für $t < 0$ ist die Eingangsspannung 0, für $t = 0$ springt sie auf 2 V, bei $t = 0{,}1/\omega_u$ Sek. springt sie wieder auf 0 und behält diesen Wert weiterhin bei. Diagramm *b*: Ausgangsspannungsverlauf als Funktion der Zeit für eine Widerstandsverstärkerstufe. Vertikal wie in Abb. 191. Kurven für verschiedene Verhältnisse ω_o/ω_u. Diagramm *c*: Ausgangsspannung als Funktion der Zeit für zwei gleiche Widerstandsverstärkerstufen hintereinander. Vertikal wie in Abb. 192a. Kurven für verschiedene Verhältnisse ω_o/ω_u.

Wenn diese Bedingung erfüllt ist, kann die im Abschnitt A 7b δ eingeführte *Formtreue* als vorhanden betrachtet werden und hat folglich der Begriff der *Verstärkung* auch für Impulse Sinn. Diese Verstärkung beträgt dann für einen n-stufigen Widerstandsverstärker:

$$V_n = \frac{S^n}{C_1^n(\omega_o - \omega_u)^n}(-1)^n . \qquad \text{(C 5,20)}$$

Die obigen Betrachtungen dürften ausreichen, um in den wichtigsten praktischen Fällen vollständigen Aufschluß über die Verstärkung nichtperiodischer Vorgänge zu geben. Im Schrifttum sind analoge Fälle in anderer Weise behandelt worden. Die obigen Formeln und Kurven dieses Abschn. C 5 sind unseres Wissens neu.

Schrifttum: 11, 228, 249, 311.

6. Gestaltung von Niederfrequenzverstärkern.

Die Gestaltung von Niederfrequenzverstärkern erfordert eine Reihe von Überlegungen, welche in den vorhergegangenen Abschnitten nicht oder nur zum Teil gebracht wurden. Einige wichtige Punkte dieser Art sollen hier behandelt werden.

a) Eingangs- und Ausgangsanpassung.

α) *Eingangsanpassung.*

Die Eingangsanpassung eines Schallaufnahmegerätes (Mikrophon, Tonabnehmer) oder eines anderen Wechselspannungserzeugers (z. B. Gleichrichterstufe) an die erste Verstärkerröhre bezweckt: 1. eine möglichst hohe und evtl. regelbare Tonfrequenz-Wechselspannung bei möglichst geringer Störspannung auf das Gitter der Röhre zu bringen; 2. eine die übrigen Erfordernisse des Verstärkers berücksichtigende und evtl. regelbare Frequenzkennlinie der Gitterwechselspannung zu erzielen. Die für diese Eingangsanpassung verwendeten Vierpole enthalten meistens keine Elektronenröhren.

Zwei Beispiele zur Eingangsanpassung haben wir bereits behandelt (Abschnitte C 3cα und C 3aε). Wir betrachten hier den Fall, daß zwischen dem Spannungserzeuger und dem Röhreneingang ein Transformator geschaltet wird. Den Spannungserzeuger (Mikrophon, Tonabnehmer) stellen wir durch eine Spannungsquelle $\mathfrak{U}$ in Reihe mit dem Wirkwiderstand R dar. Wenn der innere Widerstand des Erzeugers komplex ist, können wir durch Reihenschalten eines entsprechenden konjugiert komplexen Widerstandes zum Erzeuger stets wenigstens für eine Frequenz einen solchen Wirkwiderstand erzielen. Zwischen Gitter und Kathode der ersten Röhre befindet sich eine Eingangskapazität C_e. Durch den Anpassungstransformator soll eine möglichst hohe Wechselspannung an den Klemmen von C_e entstehen. Wir können die vorliegende Schaltung ganz auf jene des Abschn. C 3aδ, Abb. 123b (Transformatorverstärkung) zurückführen. An die Stelle des dortigen Anodenwiderstandes R_a tritt hier der Widerstand R.

Die Regelung der Spannung am Steuergitter der Röhre kann durch mehrere Kontakte auf der sekundären Transformatorseite erzielt werden. Es ist auch möglich, an der Sekundärseite des Transformators ein Potentiometer zu ver-

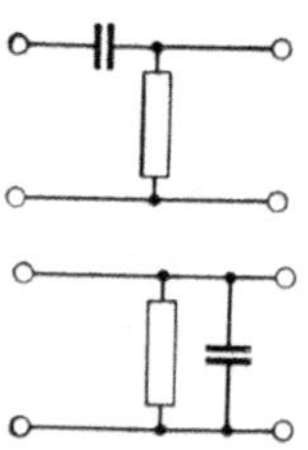

Abb. 196a. Schaltungen zur Unterdrückung niedriger (*a*) und hoher Frequenzen (*b*).

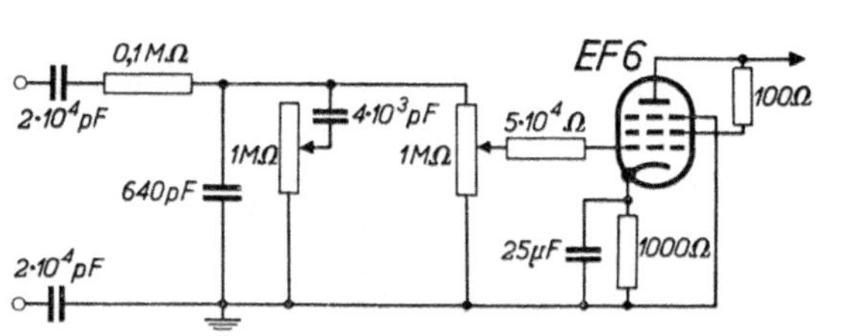

Abb. 196b. Beispiel einer Eingangsschaltung eines Mikrophonverstärkers mit Lautstärkeregelung (am Steuergitter) und Tonregelung (das andere Potentiometer).

wenden, von dem die Gitterwechselspannung abgenommen wird. Dieses Potentiometer kann mit einer geeigneten Schaltung verbunden werden, die außer der Lautstärkeregelung auch eine Tonregelung erzielt, wobei diese zwei Regelungen gleichzeitig oder auch getrennt wirken können. Die tiefen Töne können durch einen geeigneten Reihenkondensator, die hohen Töne durch einen geeigneten Parallelkondensator zum Widerstand zwischen Gitter und Kathode verringert werden (Abb. 196a). Ein praktisches Beispiel einer Tonregelung nebst Lautstärkeregelung am Eingang eines Verstärkers ist in Abb. 196b dargestellt. Es empfiehlt sich, die Regelung *vor* der ersten Röhre vorzunehmen, weil in diesem Falle auch alle Störspannungen zugleich mit der Schallwechselspannung heruntergeregelt werden. Bei der Verstärkung von Sprache werden die tiefen Töne oft unterdrückt, weil die Verständlichkeit hierdurch kaum leidet (vgl. Abb. 92), während Störgeräusche, wie Brummen, herabgesetzt werden.

Beim Ein- und Ausschalten der Betätigungsbatterie von Mikrophonen soll zuerst die Batterie und dann der Verstärker eingeschaltet und andererseits zuerst der Verstärker und dann die Batterie abgeschaltet werden (sog. ,,Krachtötung").

Bei Verwendung hochohmiger Mikrophone, deren Standort weit vom zugehörigen Verstärker entfernt ist, wodurch längere Kabel erforderlich sind, wird oft eine Vorverstärkerstufe beim Mikrophon eingebaut. Als Beispiel sei der Widerstand des Schallaufnehmers 0,2 MOhm und der Wellenwiderstand des Kabels 600 Ohm. Dann kann ein Verstärker benutzt werden, der eine Eingangsspannung von 0,5 V über 0,2 MOhm in eine Ausgangsspannung von 0,5 V über 600 Ohm umsetzt (z. B. Philips Typ 4583 mit *einer* Verstärkerröhre).

Die Anpassungselemente für Schalldosen und Mikrophone an den Eingang von Verstärkern werden oft in Form von ,,Anpassungskästchen" gebaut, die in verschiedenen Ausführungen käuflich sind.

Auf Tonfilmen wird manchmal eine Gegentakttonspur verwendet. Am Verstärkereingang hinter den betreffenden Photozellen eines Wiedergabegerätes wirkt dann eine Gegentaktspannung. Man kann dann entweder bei den Anfangsverstärkerstufen die Gegentaktschaltung anwenden oder am Verstärkereingang, z. B. mittels eines geeigneten Transformators, zur Eintaktschaltung übergehen.

β) *Ausgangstransformator und -anpassung.*

Zwischen der Endröhre eines Verstärkers und dem Leistungsverbraucher wird in vielen Fällen ein Ausgangstransformator benutzt. Wir betrachten hier

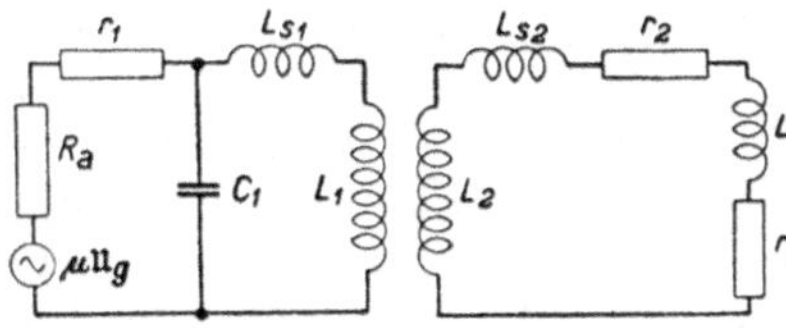

a

Abb. 197a. Schaltbild einer Endverstärkerstufe mit Ausgangstransformator und Lautsprecher.

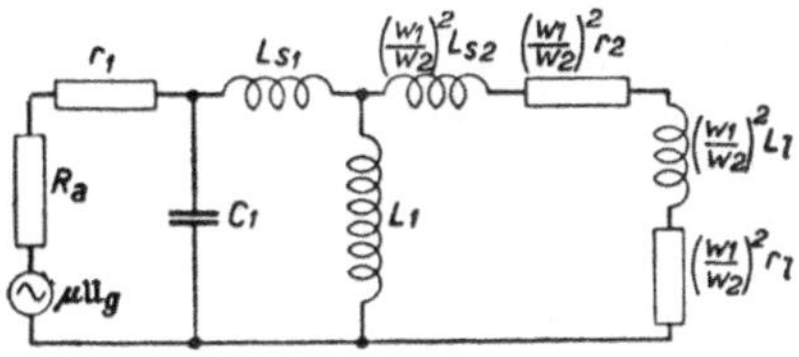

b

Abb. 197b. Umwandlung des Schaltbildes von Abb. 197a zu einem leicht berechenbaren Ersatzschaltbild.

insbesondere den Fall, daß die Endröhre einen Lautsprecher speist (vgl. Abschnitt C 4dγ). Das betreffende Schaltbild in Abb. 197a führt zum vereinfachten Schaltbild 197b. Hierin sind folgende Bezeichnungen verwendet worden: $\mathfrak{U}_g$ Steuergitterwechselspannung der Endröhre, R_a Anodenwiderstand der Endröhre, μ Produkt der Steilheit und des Anodenwiderstandes der Endröhre (letztere Daten: effektive Werte unter den benutzten Betriebsbedingungen, vgl. Abschnitt A 6bα), C_1 Kapazität der Primärseite des Transformators parallel zur Schaltungskapazität der Zuleitungen von der Endröhre zum Transformator und zur Ausgangskapazität der Endröhre, r_1 Reihenwiderstand der Primärwicklung des Transformators, L_{s1} Streuinduktivität der Primärwicklung, L_1 und L_2 gekoppelte Wicklungsinduktivitäten ($L_1/L_2 = w_1^2/w_2^2$, wo w_1 und w_2 die Windungszahlen der Primär- und der Sekundärwicklung darstellen, L_{s2} Streuinduktivität der Sekundärwicklung, r_2 Reihenwiderstand der Sekundärwicklung, L_l Lautsprecherinduktivität, r_l Lautsprecherreihenwiderstand. Wir nehmen an, daß obige Größen frequenzunabhängig sind, was nicht genau der Wirklichkeit entspricht, sondern als Näherung aufzufassen ist. In den meisten Fällen kann im betrachteten Frequenzbereich der Einfluß von C_1 auf die Frequenzkennlinie vernachlässigt werden, und wir lassen deshalb weiterhin C_1 fort. Unter Benutzung der Abkürzungen:

$$(\text{C } 6,1) \quad \begin{cases} \omega_o = \dfrac{\left(1+\dfrac{L_2'}{L_1}\right)R_1 + \left(1+\dfrac{L_{s1}}{L_1}\right)R_2}{L_{s1} + L_2' + \dfrac{L_{s1}L_2'}{L_1}}\,; \quad \omega_u = \dfrac{R_1 R_2}{L_1\left\{R_1\left(1+\dfrac{L_2'}{L_1}\right) + R_2\left(1+\dfrac{L_{s1}}{L_1}\right)\right\}}\,; \\ L_2' = \left(\dfrac{w_1}{w_2}\right)^2 (L_{s2} + L_l)\,; \quad R_1 = r_1 + R_a\,; \quad R_2 = \left(\dfrac{w_1}{w_2}\right)^2 (r_2 + r_l) \end{cases}$$

erhalten wir für den Strom durch die Reihenschaltung von r_l und L_l (Lautsprecherspule) im Falle $(w_1/w_2)^2 L_{s2} = L_{s1} = s L_1$ angenähert den Wert:

$$(\text{C } 6,2) \quad \mathfrak{J}_l = \frac{\mu\,\mathfrak{U}_g}{(R_1+R_2)(1+s)}\;\frac{1}{1 + j\dfrac{\omega}{\omega_o} + \dfrac{\omega_u}{j\omega}} = \frac{\mu\,\mathfrak{U}_g f}{(R_1+R_2)(1+s)}\,.$$

Die entsprechenden Kurven für den Betrag von f als Funktion von ω/ω_o für verschiedene Werte von ω_u/ω_o sind in Abb. 197c gezeichnet worden. Sie können als Frequenzkennlinien der Ausgangsstufe betrachtet werden.

Zur Berechnung der Daten eines Ausgangstransformators kann vom Verhältnis w_2/w_1 ausgegangen werden, das in Abschn. C 4dγ als Verhältnis n_2/n_1 für verschiedene Endstufen angegeben worden ist. Die betreffende Tabelle ist als erste Näherung aufzufassen, da den Transformatorgrößen und der Lautsprecherinduktivität keine Rechnung getragen worden ist. Durch die Wahl der Induktivität L_1 sowie der Streuung s kann darauf der Frequenzgang beeinflußt werden. Die Induktivität L_1 bestimmt nach (C 6,2) und (C 6,1) im wesentlichen die untere Grenzkreisfrequenz ω_u der Frequenzkennlinie. Nachdem w_2/w_1, L_1 und s gewählt worden sind, kann der Lautsprecherstrom $\mathfrak{J}_l$ nach (C 6,2) und (C 6,1) unter Berücksichtigung der weiteren Wirkwiderstände und Induktivitäten berechnet werden. Falls der Frequenzgang noch nicht den Wünschen entspricht, muß eine Änderung der getroffenen Wahl erfolgen, und so gelangt man schließlich zu einer Annäherung der gewünschten Frequenzkennlinie.

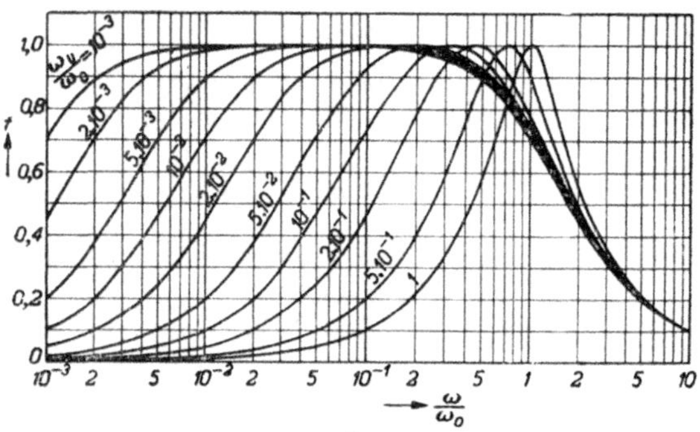

Abb. 197c. Vertikal: Betrag der Funktion f von ω/ω_0 (horizontal). Hierdurch ist im wesentlichen der Frequenzgang der Ausgangsstufe gegeben. Bezeichnungen sind im Text angegeben.

Besondere Verhältnisse treten bei Ausgangstransformatoren von Gegentaktstufen auf. Im Falle der A- und der B-Verstärkung soll die Streuung zwischen den beiden Hälften der primären Wicklung sehr klein sein. Sonst sind die Anodenströme nicht genau gegenphasig und können bedeutende Verzerrungen im Lautsprecher auftreten (besser gesagt: nicht durch die Gegentaktschaltung unterdrückt werden). Ein Mittel zur Verringerung der genannten Streuung besteht darin, daß die Primärwicklung jeder Hälfte in mehrere Teile aufgeteilt und dann jeweils ein Teil der einen Hälfte neben einen Teil der zweiten Hälfte verlegt wird. In dieser Weise wird die Kopplung gefördert und die Streuung herabgesetzt.

Wenn mehrere verschiedene Lautsprecher vom Ausgang eines Verstärkers gespeist werden sollen, können mehrere Wege eingeschlagen werden, um die richtige Anpassung und somit Frequenzwiedergabe aller Lautsprecher zu bewirken. Wir beschreiben hier eine Schaltweise, die für moderne Verstärker und Lautsprecher vielfach verwendet wird (Philips) und eine Vereinfachung gegenüber den früheren unübersichtlichen Verfahren der Reihen- und Parallelschaltung bedeutet. Für eine bestimmte Nutzleistung $\mathfrak{N}$ des betreffenden Verstärkers (gleich der Nennleistung) wird der Verstärker-Ausgangstransformator so gewählt, daß an den Ausgangsklemmen eine bestimmte Wechselspannung entsteht. Die Anpassung findet also für einen Wirkwiderstand $R = \mathfrak{U}^2/\mathfrak{N}$ statt. Jeder Lautsprecher erhält einen Eingangstransformator, der derart gewählt ist, daß für die elektrische Nennleistung des Lautsprechers ($\mathfrak{N}_l$) an den Primärklemmen (Eingang) des Transformators ebenfalls die Spannung $\mathfrak{U}$ entsteht. An diesen Primärklemmen entspricht die Lautsprecherbelastung demnach einem Widerstand $R_l = \mathfrak{U}^2/\mathfrak{N}_l$. Wenn nun mehrere Lautsprecher durch den Verstärkerausgang gespeist werden, deren Nennleistungen $\mathfrak{N}_{l1}$, $\mathfrak{N}_{l2}$, $\mathfrak{N}_{l3}, \ldots$ eine Summe gleich $\mathfrak{N}$ ergeben, so werden die Lautsprecher (die ungleich sein dürfen) parallelgeschaltet. Der entstehende Nutzwiderstand am Verstärker ist offenbar:

$$\frac{1}{R_{l1}} + \frac{1}{R_{l2}} + \frac{1}{R_{l3}} + \cdots = \frac{\mathfrak{N}_{l1}}{\mathfrak{U}^2} + \frac{\mathfrak{N}_{l2}}{\mathfrak{U}^2} + \cdots = \frac{\mathfrak{N}}{\mathfrak{U}^2} = \frac{1}{R},$$

d. h. gerade der richtige Anpassungswiderstand des Verstärkers. Wenn die Summe der Leistungen $\mathfrak{N}_{l1} + \mathfrak{N}_{l2} + \mathfrak{N}_{l3} + \cdots$ größer als $\mathfrak{N}$ ist, nimmt jeder Lautsprecher bei dieser Parallelschaltung eine prozentmäßig gleich geringere Leistung auf. Wenn die Summe der Lautsprecherleistungen kleiner ist als die Verstärkerleistung $\mathfrak{N}$, muß die Ausgangsübersetzung des Verstärkers geändert oder ein Verstärker geringerer Ausgangsleistung benutzt werden. Praktisch steht eine Reihe von Verstärkern dieser Art (z. B. Ausgangsleistungen **6**, **12**, **24** und **60** W) zur Verfügung, wodurch stets eine passende Wahl getroffen werden kann. Als Ausgangsspannung $\mathfrak{U}$ wird z. B. 100 V gewählt (100 V-Anpassung).

b) Speisung.

Die Erzeugung der Speisespannungen für die verschiedenen Stufen eines Verstärkers erfordert die Lösung einer Reihe von Aufgaben, von denen einige hier behandelt werden.

α) *Aus dem Starkstromnetz mit Gleichrichtern.*

Am meisten benutzt wird die *Vollweggleichrichterschaltung* (Abb. 198). Hierbei wird die Wechselspannung $\mathfrak{U}_t$ über der Sekundärwicklung des Transformators im Gegentakt den beiden Anoden der Diode zugeführt. Der Widerstand R_t stellt die Summe des Wirkwiderstandes der sekundären Transformatorseite und des auf die Sekundärseite transformierten Wirkwiderstandes der primären Transformatorseite dar. Wir können die Streuung des Transformators in erster Näherung vernachlässigen. Wenn durch den Verbraucherkreis ein Gleichstrom I fließt, entsteht über dem Kondensator C eine Gleichspannung U und eine kleine „Welligkeitsspannung“ $\mathfrak{U}$. Mit Hilfe eines Siebkreises, der aus der Drossel L und dem Kondensator C_1 besteht, wird diese Welligkeitsspannung auf den Betrag $\mathfrak{U}_1$ verringert, während die Gleichspannung U praktisch erhalten bleibt.

Für die Rechnung können wir den Vollweggleichrichter von Abb. 198 als die Summe zweier Einweggleichrichter auffassen und jeden dieser Einfachgleichrichter durch das Schaltbild in Abb. 199 darstellen. Der Widerstand R stellt die Summe des Wirkwiderstandes der Spannungsquelle $\mathfrak{U}$ und des Diodeninnenwiderstandes dar (vgl. die Darstellung der statischen Diodenkennlinien

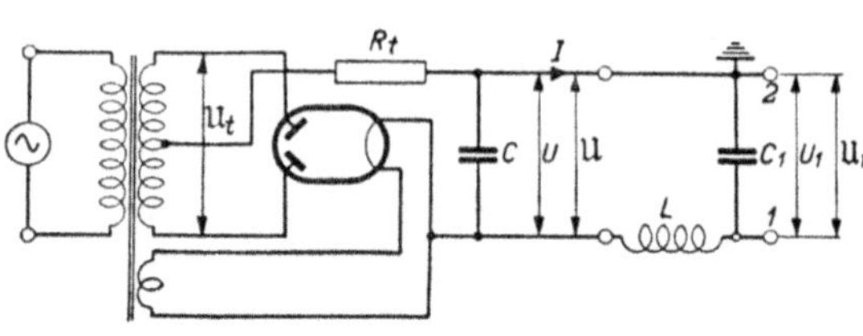

Abb. 198. Vollweg- (auch Zweiweg-) Gleichrichterschaltung. Die sekundäre Transformatorspannung ist $\mathfrak{U}_t$, der Gesamtwiderstand im Gleichrichterkreis R_t, die Gleichspannung über dem Kondensator C beträgt U, die effektive Welligkeitsspannung $\mathfrak{U}$. Ein Siebglied mit einer Selbstinduktion L und einer Kapazität C_1 erzeugt an den Ausgangsklemmen *1* und *2* eine Gleichspannung U_1 und eine Welligkeitsspannung $\mathfrak{U}_1$.

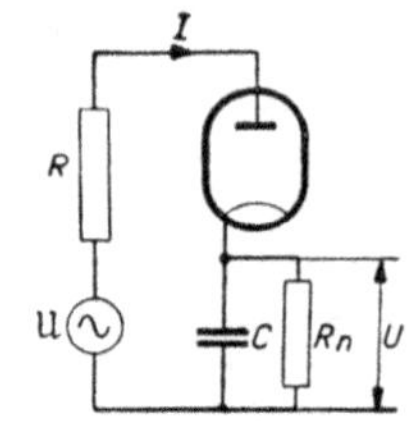

Abb. 199. Einfachgleichrichter, mit Spannungen und Widerständen.

in Abschn. A 4bα). R_n ist der Nutzwiderstand des Verbrauchers, entsprechend der Gleichung $I R_n = U$. Auf die Diode wirkt eine Spannung $u(t) = U_0 \cos\omega t - U$, und der Strom beträgt $i(t) = u(t)/R$ (vgl. Abschn. A 4bα). Wir zerlegen den Strom $i(t)$ in eine FOURIERsche Reihe [vgl. Abschn. A 7aα, Gl. (7,3)]:

$$i(t) = I + a_1 \cos\omega t + a_2 \cos 2\omega t + a_3 \cos 3\omega t + \cdots$$

und finden:

$$I = \frac{U_0}{\pi R}\left(\sqrt{1 - \frac{U^2}{U_0^2}} - \frac{U}{U_0} \arccos\frac{U}{U_0}\right) = \frac{U}{R_n}. \tag{C 6,3}$$

Da zunächst nur U_0 und R gegeben sind, liegt nach Gl. (6,3) bei gegebenem Verbraucherstrom I die Gleichspannung U eindeutig fest und kann aus dieser Gl. (6,3) berechnet werden. Wenn der Verbraucherwiderstand R_n gegeben ist, können die Gleichspannung U und der Verbraucherstrom I beide berechnet werden. In weitaus den meisten Fällen ist der Verbraucherstrom I gegeben. Wenn eine Vollwegschaltung nach Abb. 198 benutzt wird, fließt durch *jede* der Dioden ein Gleichstrom I. Einige gemessene Kurven für die Beziehung zwischen I, U, U_0 und R_t sind für einen in Rundfunkgeräten oft verwendeten Gleichrichter (Philips AZ1) in Abb. 200 dargestellt.

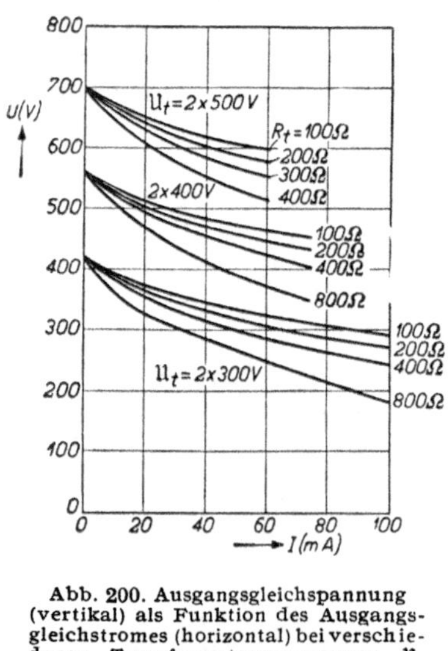

Abb. 200. Ausgangsgleichspannung (vertikal) als Funktion des Ausgangsgleichstromes (horizontal) bei verschiedenen Transformatorspannungen $\mathfrak{U}_t$ und verschiedenen Wirkwiderständen R_t im Transformatorkreis. Gleichrichter Philips AZ 1.

Zur Erörterung der Welligkeitsspannung $\mathfrak{U}$ zeichnen wir die oben als $u(t)$ bezeichnete Spannung als Funktion der Zeit (Abb. 201). Zwischen den Zeitpunkten t_1 und t_2 fließt Strom durch den Diodenkreis. Dieser Strom lädt den Kondensator C auf, der sich dann während der Zeit $t_3 - t_2$ wieder über den Verbraucherwiderstand entlädt. Folglich steigt die Spannung an den Klemmen des Kondensators C von t_1 bis t_2 an und sinkt dann von t_2 bis t_3 wieder herab. Wenn wir als erste Näherung annehmen, daß die Spannung an den Klemmen von C linear sinkt, so erhält man für den gesamten Spannungsabfall, den wir näherungsweise gleich $2{,}5\sqrt{2}\,|\mathfrak{U}|$ ($\mathfrak{U}$ die *effektive* Welligkeitswechselspannung; der Faktor 2,5 ergibt sich angenähert bei der FOURIER-Zerlegung einer Sägezahnkurve als Koeffizient der Grundwelle) setzen (Spannung gleich Ladung dividiert durch Kapazität):

$$2{,}5\sqrt{2}\,|\mathfrak{U}| = \frac{I\,(t_3 - t_2)}{2\,C}.$$

Beim Vollweggleichrichter kann an Stelle von $t_3 - t_2$ der Ausdruck $T/2 - (t_2 - t_1)$ benutzt werden, wo T die Periode der primären Wechselspannung bedeutet:

$$\text{(C 6,4)}\qquad 1{,}25\sqrt{2}\,|\mathfrak{U}| = \frac{I\left(\frac{T}{2} - (t_2 - t_1)\right)}{2\,C} = \frac{I\left(\frac{\pi}{2} - \pi\,\frac{t_2 - t_1}{T}\right)}{\omega C},$$

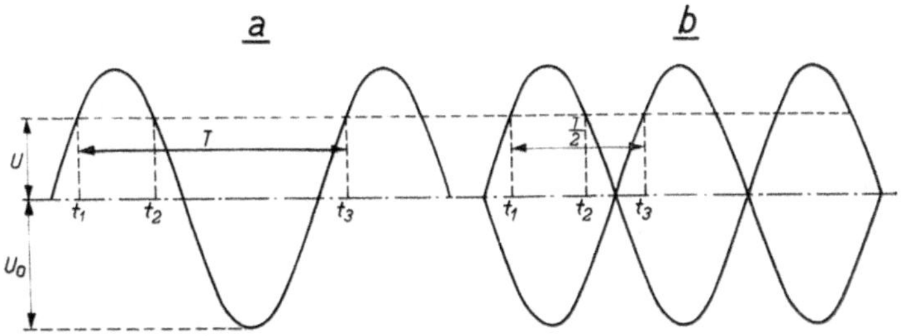

Abb. 201 a u. b. Spannungsverlauf als Funktion der Zeit für einen Einfachgleichrichter (*a*) und einen Vollweggleichrichter (*b*). *T* ist eine Periode.

wo ω die Kreisfrequenz $\omega = 2\pi/T$ darstellt. Die Größe $(t_2 - t_1)/T$ folgt unmittelbar aus der Gleichung (vgl. Abb. 48):

$$\text{(C 6,5)}\qquad \pi\,\frac{t_2 - t_1}{T} = \arccos\frac{U}{U_0},$$

Diese Gl. (6,5) gilt für einen Einweg- sowie für einen Vollweggleichrichter (Abb. 201), wobei U die Gleichspannung und U_0 die Amplitude der Wechselspannung für *eine* Diode darstellen (also beim Vollweggleichrichter ist U_0 die *Hälfte* der sekundären Transformatorspannungsamplitude). Die Welligkeitsspannung ist aus Gl. (6,4) und (6,5) berechnet und in Abb. 202 dargestellt worden (Vollweggleichrichter):

$$\text{(C 6,6)}\qquad \frac{1{,}25\sqrt{2}\,|\mathfrak{U}|\,\omega C}{I} = \frac{\pi}{2} - \arccos\frac{U}{U_0}.$$

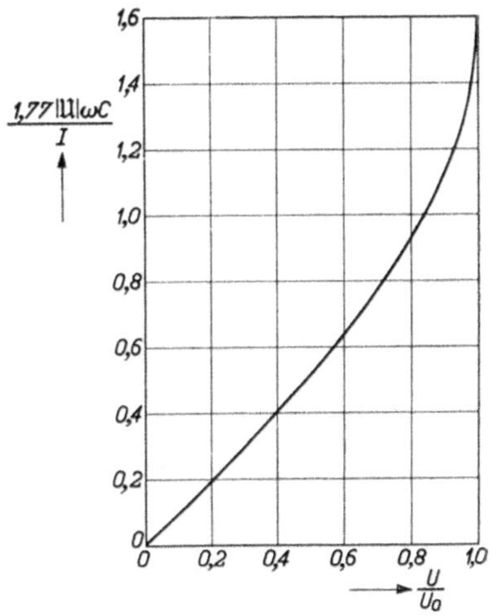

Abb. 202. Vertikal: Produkt der effektiven Welligkeitsspannung $\mathfrak{U}$, der Netzkreisfrequenz ω und der Gleichrichterkapazität C (Abb. 198) dividiert durch den Ausgangsgleichstrom I. Horizontal: Verhältnis der Ausgangsgleichspannung U zur Transformatorwechselspannungsamplitude U_0 (pro Diode). Die Kurve gilt für einen Vollweggleichrichter (Abb. 198 und 201 b).

Die Frequenz der Welligkeitsspannung $\mathfrak{U}$ ist beim Einweggleichrichter gleich der Netzfrequenz, beim Vollweggleichrichter gleich der doppelten Netzfrequenz.

Wenn nach der Abb. 198 noch ein Siebkreis L, C_1 eingeschaltet wird, erhält man als Ausgangswelligkeitsspannung angenähert:

$$\text{(C 6,7)}\qquad \frac{\mathfrak{U}_1}{\mathfrak{U}} = \frac{\frac{1}{j\omega C_1}}{j\omega L + \frac{1}{j\omega C_1}} = \frac{1}{1 - \omega^2 L C_1}.$$

Als Beispiel sei die Welligkeitsfrequenz 100 Hz, C_1 gleich 16 μF und L gleich 5 H (Abschn. B 3 b β), dann wird $|\mathfrak{U}_1|$ etwa gleich $|\mathfrak{U}|/31$. Die höheren harmonischen Komponenten der Welligkeitsspannung werden wegen des Faktors ω^2 noch bedeutend stärker ausgesiebt als die Grundkomponente. Praktisch ist die Kenntnis der Welligkeitsspannung wichtig zur Beurteilung von Brummstörungen, die auf dieser Ursache beruhen können (Abschn. C 2 c β und D 3 a α), und weiterhin für die Wahl der evtl. zu verwendenden Elektrolytkondensatoren (vgl. Abschnitt B 2 a γ).

β) *Zerhacker und Gleichrichter.*

In vielen Fällen steht zur Speisung der Verstärker eine Gleichspannungsquelle zur Verfügung, z. B. ein Bleisammler (bei Verstärkeranlagen in Zügen, Kraftwagen und Flugzeugen) oder ein Gleichstromnetz (z. B. bei Verstärkeranlagen

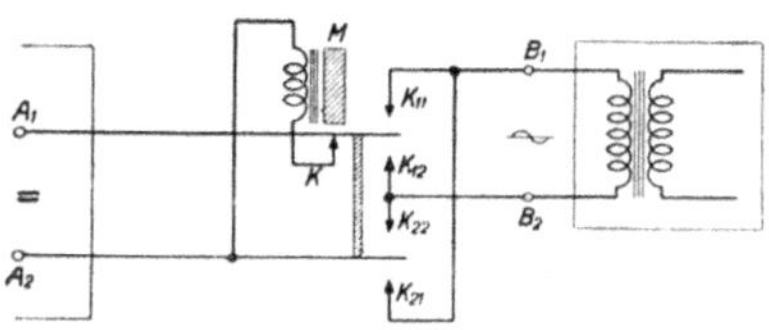

Abb. 203. Schaltbild eines neuzeitlichen Zerhackers zur Umformung von Gleichspannung in Wechselspannung. Wirkungsweise wird im Text beschrieben.

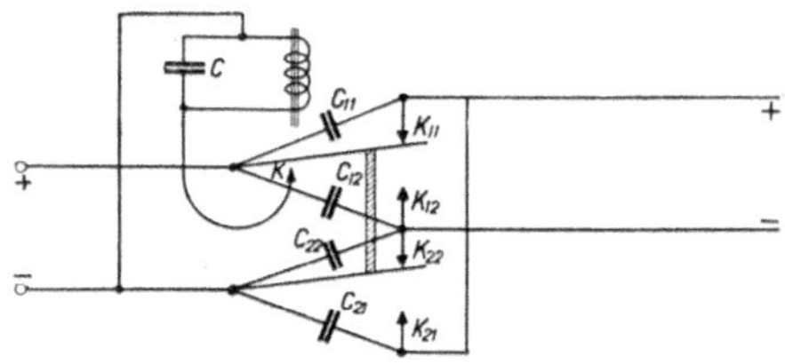

Abb. 204. Zur Vermeidung hoher Induktionsspannungen beim Zerreißen der Kontakte sind diese durch Kondensatoren überbrückt.

in elektrischen Bahnen). In solchen Fällen ist es oft zweckmäßig, die Gleichspannung in Wechselspannung umzuformen und dann die Wechselspannung mittels Gleichrichtern (vgl. den vorigen Abschnitt) zur Speisung des Verstärkers zu benutzen. Ein solcher Fall tritt z. B. bei einer Kraftwagen-Verstärkeranlage auf. Der Bleisammler stellt 6 V Gleichspannung zur Verfügung, und diese Gleichspannung kann für viele Röhrenarten (z. B. Philips E-Reihe) unmittelbar zur Speisung der Kathodenheizleitungen verwendet werden. Für die übrigen Röhrenspannungen ist aber oft 100 V und mehr Gleichspannung erforderlich, und diese wird auf dem genannten Wege erzeugt.

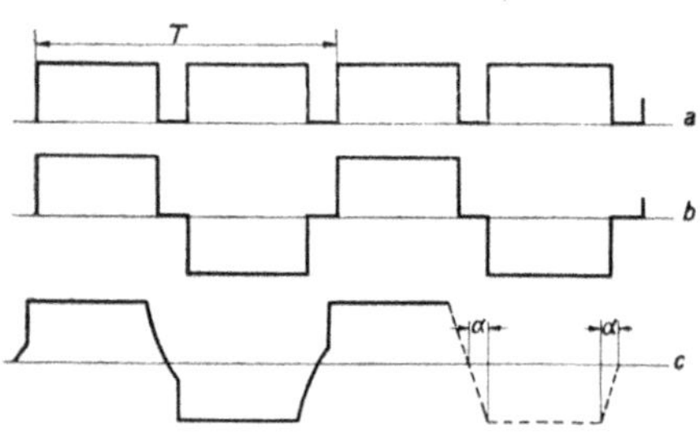

Abb. 205 a–c. Spannungsverlauf des Zerhackers: *a* unterbrochene primäre Gleichspannung, *b* Primärspannung am Transformator, *c* Sekundärspannung des Transformators.

Die Umformung von Gleichspannung in Wechselspannung findet zweckmäßig mittels eines Zerhackers statt, der nach demselben Prinzip arbeitet wie eine elektrische Klingel. Die Schaltung ist in Abb. 203 dargestellt. Der Zerhacker besteht aus einem zweipoligen Umschalter mit den Federn A_1 und A_2, die elektrisch getrennt und mechanisch gekoppelt sind und abwechselnd Kontakt mit K_{11} und K_{12} bzw. K_{22} und K_{21} herstellen. Der Elektromagnet M wirkt auf einen mechanisch mit den Federn A_1 und A_2 verbundenen Anker. In der Ruhelage, mit ausgeschalteter Speisung, ist A_1 über K mit der Magnetspule verbunden. Beim Anschluß der Speisespannung werden A_1 und A_2 durch M nach oben gezogen (Abb. 203) und fließt ein Strom von A_1 über K_{11} nach B_1, weiter nach B_2 und über K_{22} nach A_2 zurück. Der Kontakt K zerreißt, die Federn kehren von ihrer oberen Lage zurück, schwingen über die Ruhelage hinweg und schließen die Kontakte K_{12} und K_{21}, wodurch ein Strom von A_1 über K_{12} nach B_2, weiter nach B_1 und über K_{21} nach A_2 zurückfließt. Dieses Spiel wiederholt sich. Die Kontakte werden durch Kondensatoren überbrückt (Abb. 204), zur Vermeidung hoher Induktionsspannungen beim Zerreißen der Kontakte. Die entstehenden Spannungen sind in Abb. 205 schematisch angegeben. Die Schwingungsfrequenz der Federn beträgt etwa 100 Hz. Die effektive Wechselspannung $\mathfrak{U}$ am Zerhacker ist etwas niedriger als die Gleichspannung U (vgl. Abb. 205):

$$\mathfrak{U} = U\left(1 - \frac{4\,\alpha}{3\pi}\right)^{1/2}.$$

Eine praktische Ausführung des Zerhackers ist in Abb. 206 gezeigt. Der leistungsmäßige Wirkungsgrad eines Zerhackers kann 40 bis 60% betragen. Die Gleichrichtung und Abflachung der Sekundärspannung des Transformators (Abb. 203) kann in derselben Weise stattfinden, wie im vorigen Abschnitt beschrieben.

Mit Hilfe eines solchen Zerhackers ist es möglich, Geräte zu bauen, die nach einfacher Umschaltung sowohl aus dem Starkstromnetz (50 Hz) als auch durch irgendwelche Gleichspannungsquellen (z. B. Sammler) gespeist werden können.

Schrifttum: 1, 102, 245, 260, 296, 363.

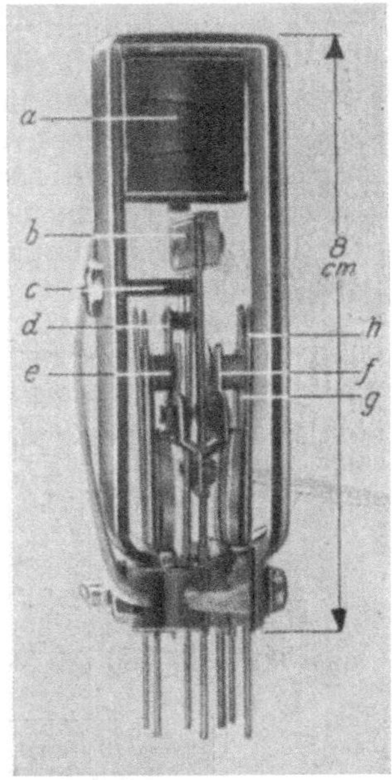

Abb. 206. Praktische Ausführung eines Zerhackers. *a* Magnetspule, *M* der Abb. 203, *b* Anker, *c* Anschlagstift des Laufkontaktes, *d* Laufkontakt *K* (Abb. 203), *e* Seitenkontakte K_{11} und K_{12} (Abb. 203), *f*, *g* und *h* hängen mit K_{11}, K_{12}, K_{22} und K_{21} der Abb. 203 zusammen.

γ) *Batteriespeisung.*

Für Verstärkergeräte, die nicht ortsfest oder fahrbar, sondern tragbar sein sollen, kommen als Speisungsquellen Batterien in Frage. In den meisten Fällen sind zwei Batterien notwendig, eine für die Kathodenheizströme der Röhren und eine zweite für die positiven Spannungen, welche bei sog. Batterieröhren (z. B. Philips D-Reihe) nicht höher als 120 V sind. Die heutigen Batterien bewährter Hersteller sind außerordentlich leistungsfähig und zeichnen sich durch eine lange Lebensdauer aus. Als Beispiel erwähnen wir Zahlen von Batterien amerikanischer Herkunft (1939): 1. Heizspannungsbatterie, Nennspannung 1,5 V, Gewicht etwa 1 kg, bei konstanter Stromentnahme von 300 mA sinkt die Spannung nach 340 Stunden etwa bis 1 V. Die Kapazität bis zu dieser Entladungsspannung beträgt demnach etwa 100 Amperestunden, die Leistung etwa 120 Wattstunden für 1 kg Gewicht; 2. Anodenspannungsbatterie, Nennspannung 120 V, Gewicht etwa 11 kg, bei täglich sechsstündiger Stromentnahme von 30 mA sinkt die Spannung nach etwa 16 Tagen auf 70 V. Die Kapazität beträgt demnach etwa 3 Amperestunden, die Leistung etwa 300 Wattstunden für 11 kg Gewicht.

Während einerseits die Batteriefirmen ihre Erzeugnisse ständig verbessern, haben andererseits Röhrenhersteller neuerdings Batterieröhren in den Handel gebracht (z. B. die obengenannte Philips-Valvo-D-Reihe), welche außerordentlich sparsam im Stromverbrauch sind. Einige Beispiele mögen dies zeigen: 1. Verstärkerpentode für Widerstandsstufen (DF 21), Anodenstrom etwa 0,1 mA bei 90 bis 120 V, Schirmgitterstrom etwa 0,02 mA, Heizspannung etwa 1,1 bis 1,5 V, Heizstrom etwa 25 mA. 2. Endverstärkerpentode (DL 21), Anodenstrom in A-Schaltung etwa 4 bis 5 mA (90 bis 120 V), Schirmgitterstrom etwa 0,8 mA,

Heizstrom etwa 50 mA bei einer Spannung von 1,1 bis 1,5 V. 3. Doppelendpentode (DLL21), bei Betrieb als Gegentakt *B*- oder *A*/*B*-Verstärker (vgl. Abschn. C 4bγ) und einer Ausgangsnutzleistung von 1,2 W ergibt sich ein Anodenstrom zwischen etwa 2mal 2 mA (Ruhestrom) bis 2mal 8 mA (volle Aussteuerung) und 90 bis 120 V Spannung, Schirmgitterstrom etwa 0,6 bis 4,5 mA (insgesamt), Heizstrom 200 mA bei 1,1 bis 1,5 V. Ein vollständiger Verstärker mit den beiden erstgenannten Röhren würde also nur etwa 6 mA Anodenstrom (90 bis 120 V) und 75 mA Heizstrom (1,1 bis 1,5 V) brauchen. Während die genannten Röhren eine ziemlich hohe Anodenspannung brauchen, sind neuerdings Röhren herausgebracht, deren Anoden- und Schirmgitterspannung nur etwa 12 bis 15 V beträgt (Philips DAH50). Der Stromverbrauch bei Verwendung als Verstärker ist etwa 1 bis 2 mA bei 15 V (Anodenspannung) und etwa 25 bis 50 mA bei 1,1 bis 1,5 V (Heizspannung). Bereits drei normale Taschenlampenbatterien zu je 4,5 V würden zum Betrieb eines kleinen Verstärkers mit diesen Röhren für längere Zeit ausreichen. Derartige Zahlen ermöglichen die Herstellung tragbarer Geräte mit sehr geringem Gesamtgewicht (vgl. Abschn. C 6cγ).

Es ist mit Hilfe solcher Batterieröhren möglich, Geräte zu bauen, die sowohl mit Batteriespeisung als mit Netzspeisung arbeiten können (nach einfacher Umschaltung). Solche *Allstromgeräte* sind fast allen praktisch auftretenden Speisungsverhältnissen anzupassen. (Vgl. auch Abschn. H 2aβ.)

c) Der Bau von Verstärkeranlagen.

Allgemeine Regeln bezüglich des Baues von Verstärkeranlagen können nur insoweit aufgestellt werden, als es sich um Bekämpfung von Störungen handelt

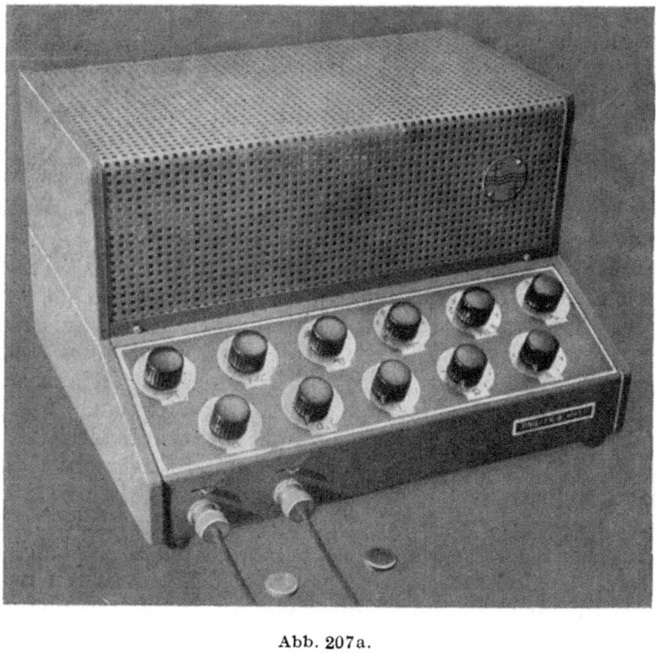

Abb. 207a.

(Abschn. C 2aβ). Im übrigen soll sich jede Anlage den spezifischen Bedürfnissen des vorliegenden Falles anpassen. Zur Erläuterung solcher Bedürfnisse geben wir einige Beispiele für den Gesamtbau von Verstärkern.

α) *Netzgespeiste Verstärker.*

Obwohl Gewicht und Raumbedarf hier oft keine solche hervorragende Rolle spielen wie bei anderen Anlagen, werden bei neuzeitlichen Verstärkern doch Übersichtlichkeit und kleine Abmessungen angestrebt. Als Beispiel zeigen wir

Abb. 207b.

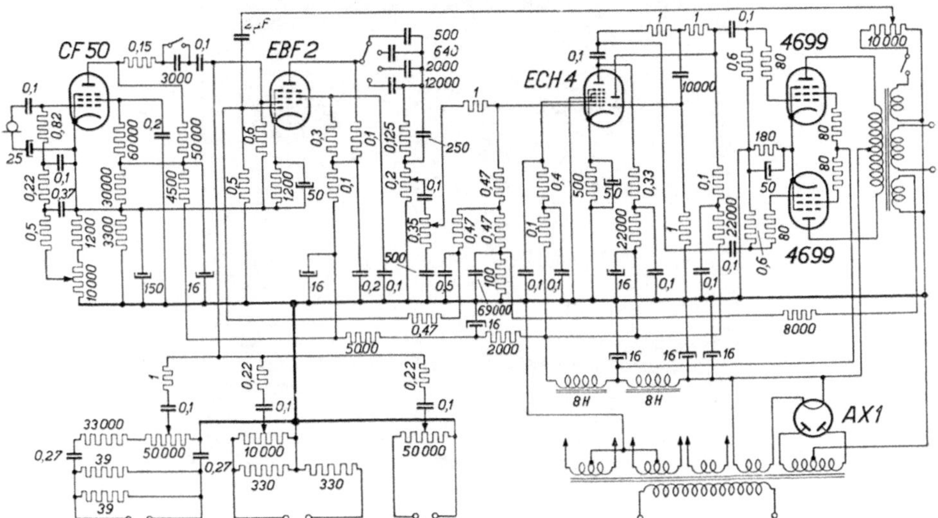

Abb. 207c.

Abb. 207a–c. *a* und *b* Vorder- und Rückansicht eines neuzeitlichen Verstärkers (Philips). Die Regler auf dem vorne angeordneten Pult haben folgende Funktionen. Obere Reihe von links: Sprach-Musik-Schalter für Mikrophon *I*, derselbe Schalter für Mikrophon *II*, Tieftonblende, Hochtonblende, Gesamtlautstärkeregler, Netzschalter. Untere Reihe von links: Lautstärkeregler Mikrophon *I*, derselbe für Mikrophon *II*, Lautstärkeregler bei Übertragungsleitungsanschluß am Eingang, Schalldosen-Lautstärkeregler, Lautstärkeregler bei Anschluß eines Rundfunkempfängers am Eingang. Der Verstärker enthält drei Vorverstärkerstufen und eine Endstufe. Die ersten Röhren des Vorverstärkers (207b rechts) sind gegen Klinggefahr sorgfältig akustisch abgeschirmt. Abb. 207c: Schaltung eines Verstärkers mit etwa 25 W Ausgangsnutzleistung. Direkt am Gitter der Röhre CF 50 ist der Mikrophonanschluß gezeichnet und links unten die Anschlüsse für einen Rundfunkempfänger (*R*), Kabellinie (*L*) und Schalldose (*Gr*). Die verwendeten Röhrentypen (Philips) sind angegeben. Die Zahlen bei den Kondensatoren bedeuten durchweg μF und bei den Widerständen MOhm. Nur die hohen Zahlen dieser Art sind pF und Ohm.

in Abb. 207 eine serienmäßige Ausführung (Philips). Diese Verstärker werden für 6, 12, 24 und 60 W Ausgangsnutzleistung gebaut bei 77, 77, 118 und 250 W Netzleistungsbedarf. Das Regelpult an der Vorderseite enthält Lautstärkeregler und Tonblenden, während die rückwärtigen Eingangsanschlüsse für Mikrophone, Fernsprechleitungen, Schalldosen und Rundfunkempfänger geeignet sind. Der

Abb. 208. Geöffnete Rückseite einer Tonfilmwiedergabeanlage. Die oberen zwei Abteile sind identisch und werden abwechselnd benutzt. In der Mitte der Motor zum Filmantrieb, links die Projektionsanlage, das sichtbare Kabel verbindet die Photozelle zur Tontastung mit dem Photozellenvorverstärker in der linken oberen Ecke. Im unteren Abteil sind die weiteren Verstärkerstufen angeordnet. Gesamthöhe etwa 1,5 m.

Ausgang hat die oben (Abschn. C 6aβ) behandelte „100 V-Anpassung“ mit einem Regler für niedrigere Ausgangsleistungen als die Nennleistung. Die Lautstärke der beiden Mikrophoneingänge kann erforderlichenfalls mittels flexibler Kabelübertragungen fernbedient werden. Die Vorverstärkerröhren sind zur Vermeidung jeder Klinggefahr auf einer besonderen, federnd am Gehäuse befestigten Grundplatte angeordnet (Abb. 207b) und von einer schallisolierenden Kappe umgeben. Ein Schaltbeispiel für einen Verstärker dieser Art mit etwa 25 W Ausgangsleistung ist in Abb. 207c gegeben.

Als nächstes Beispiel zeigen wir in Abb. 208 den Einbau eines Verstärkers in ein Tonfilmgerät. Die Photozelle wird durch ein abgeschirmtes Kabelstück mit dem Photozellenvorverstärker verbunden.

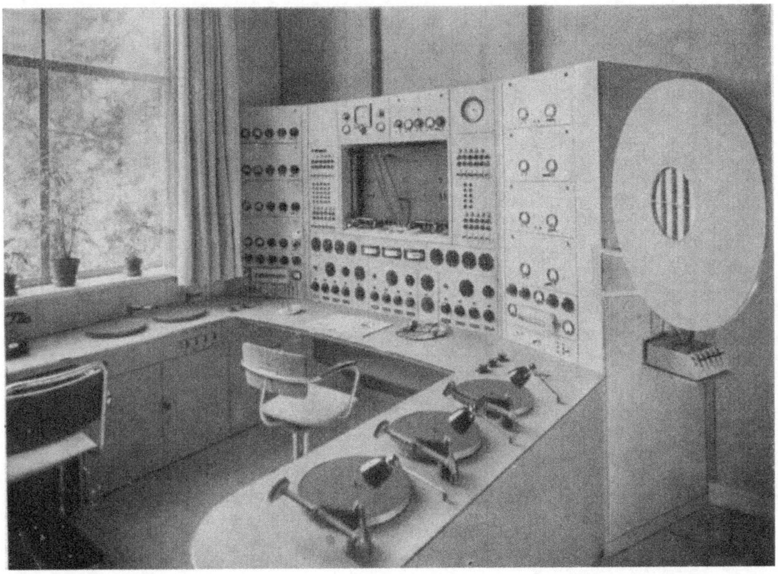

Abb. 209. Verstärkeranlage eines Rundfunkhauses. Beispiel für Gestellbauart.

Bei Studioeinrichtungen für Rundfunk- und Tonfilmzwecke ist oft Gestellbau üblich, wie in Abb. 209 gezeigt. Ein weiteres Beispiel für eine solche Bauart zeigt Abb. 210 in Form eines Linienverstärkers für Fernsprechämter.

Schrifttum: 108, 137, 140, 212, 213, 289, 324, 328, 335, 336, 338.

β) *Kraftwagenanlagen.*

Hier ist den kleinen Raumverhältnissen durch eine besonders gedrängte Bauart sowie durch möglichst geringes Gewicht Rechnung zu tragen. Eine entsprechende Ausführung wird in Abb. 211 und 212 gezeigt.

γ) *Tragbare Anlagen.*

Endlich zeigen wir noch eine tragbare, aus einem Sammler und Trockenbatterien gespeiste Ausführung (Abb. 213), welche in hohem Maße die Anforderungen: kleiner Rauminhalt und geringes Gewicht (etwa 7 kg mit Batterien), erfüllt.

Schrifttum: 17, 95.

Abb. 210. Linienverstärker in Gestellbauart (Telephonbetrieb).

Abb. 212. Aufnahmeraum und Mischraum (hinten) von Abb. 211.

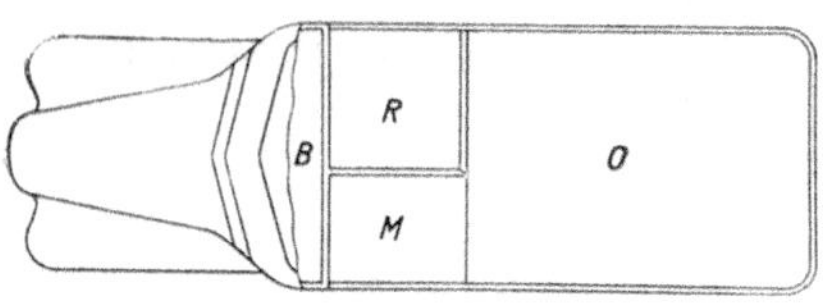

Abb. 211. Rundfunkreportagewagen im Grundriß. *B* Fahrerabteil, *R* Reporterabteil, *M* Mischraum, *O* Aufnahmeraum.

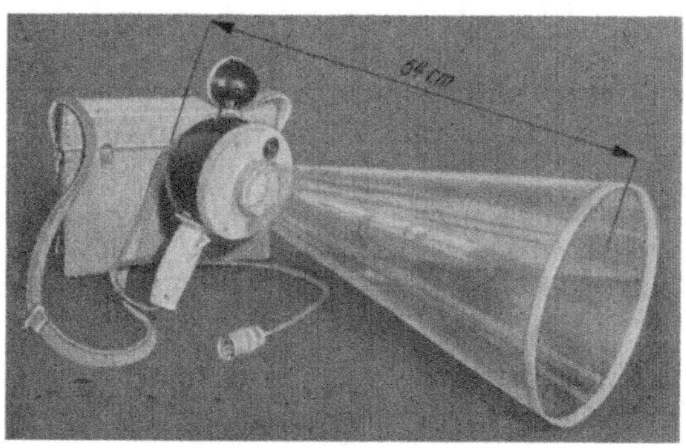

Abb. 213. Tragbare Verstärkeranlage mit Sammler, Verstärker, Mikrophon und Lautsprecher. Gewicht etwa 3,5 kg ohne Batterien (Philips).

II. Empfänger.

Wir wenden uns jetzt den Aufgaben zu, die bei Empfangsgeräten elektromagnetischer hochfrequenter Schwingungen und Signale auftreten.

D. Hochfrequenzverstärkung.

Das hier behandelte Frequenzgebiet der Hochfrequenzverstärkung erstreckt sich von einigen kHz bis zu etwa 100 MHz, entsprechend den höchsten heute im Weltfunk verwendeten Frequenzen. Hierdurch umfaßt der vorliegende Abschnitt auch die in Empfangsgeräten als „*Zwischenfrequenzstufen*" bezeichneten Teile. Noch höhere Frequenzen erfordern besondere Überlegungen, die bereits an anderer Stelle zusammengefaßt worden sind.

Schrifttum: **199.**

1. Hochfrequenzsignalarten.

Die am Eingang der Hochfrequenzverstärker eintreffenden Ströme und Spannungen werden vielfach als *Eingangssignale* bezeichnet. Wir zählen hier die wichtigsten heute gebräuchlichen Signalarten auf.

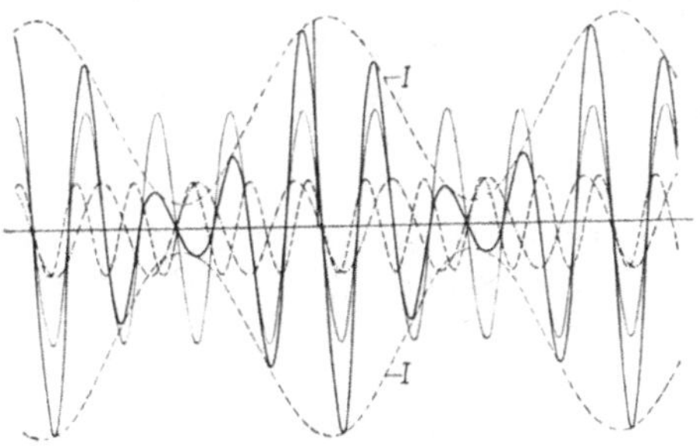

Abb. 214a. Eingangssignalspannung (vertikal) als Funktion der Zeit (horizontal). Dünn gezogene Kurve: Trägerwelle nach Gl. (1,1) mit $M = 0{,}8$, $p = \omega/4$, $\varphi = 30°$, dünne Punkt-Strich-Kurve und gestrichelte Kurve: die beiden symmetrischen Seitenschwingungen nach Gl. (1,1), dick gezogene Kurve entsteht durch Zusammensetzung der drei genannten Kurven, Kurve I: Umhüllende der dick gezogenen Kurve, welche die Niederfrequenzmodulation und nach linearer Gleichrichtung die Niederfrequenzspannung darstellt.

a) Amplitudenmodulierte Signale.

Wie der Name ausdrückt, handelt es sich hierbei um Hochfrequenzschwingungen, deren Amplitude sich periodisch ändert. Wenn wir die Zeitabhängigkeit der Hochfrequenzschwingungen durch $\cos \omega t$ festlegen, kann die Amplitude in der Form

$$U_0[1 + M\cos(pt + \varphi)]$$

geschrieben werden. Die Kreisfrequenz ω gehört zur Hochfrequenzschwingung und p zur Niederfrequenzschwingung (Modulationskreisfrequenz), während M als Modulationstiefe bezeichnet wird.

α) Symmetrische Seitenwellen.

Wir können den obigen Ausdruck für eine amplitudenmodulierte Hochfrequenzschwingung in drei Anteile zerlegen:

$$\text{(D 1,1)} \quad \begin{cases} u(t) = U_0\,[1 + M\cos\,(pt + \varphi)]\cos\omega t \\ \quad = U_0\cos\omega t + \tfrac{1}{2}MU_0\cos\,[(\omega + p)\,t + \varphi] + \tfrac{1}{2}MU_0\cos\,[(\omega - p)\,t - \varphi]. \end{cases}$$

Man nennt den ersten Anteil rechts die Trägerwelle. Sie stellt die Hochfrequenzschwingung bei einer Modulationstiefe Null dar. Die beiden anderen Anteile nennt man die *Seitenwellen.* Sie stellen Hochfrequenzschwingungen der Kreisfrequenzen $\omega + p$ und $\omega - p$ dar, die *symmetrisch* in bezug auf die Trägerwellenkreisfrequenz ω gelegen sind. Wir erläutern den Charakter der durch Gl. (1,1) dargestellten Schwingungen durch Abb. 214. Die Umhüllenden I der resultierenden Schwingung sind Sinuskurven, entsprechend dem Faktor

$$1 + M\cos(pt + \varphi).$$

An Stelle der Darstellung des Signalverlaufs als Funktion der Zeit nach Abb. 214a kann auch eine Vektordarstellung des betrachteten Signals gegeben werden (Abb. 214b). Hierbei gehen wir von der üblichen Darstellung einer einwellig veränderlichen Größe als Vektor aus. Der Augenblickswert dieser Größe wird durch senkrechte Projektion auf eine Gerade G erhalten, welche sich in der Zeichenebene mit der Winkelgeschwindigkeit ω um den Fußpunkt des Vektors dreht. Wir zeichnen die Trägerwelle $U_0 \cos\omega t$ als Vektor T (Abb. 214b). Die beiden Seitenwellen mit den Kreisfrequenzen $\omega - p$ und $\omega + p$ können als Vektoren dargestellt werden, welche sich in bezug auf den Trägerwellenvektor mit der Winkelgeschwindigkeit p bzw. $-p$ drehen. Wir bezeichnen diese Seitenwellenvektoren mit $S_{\omega-p}$ und $S_{\omega+p}$ (Abb. 214b). Da die beiden Seitenwellenvektoren *symmetrisch* in bezug auf den Trägerwellenvektor gelegen sind, entsteht durch Zusammensetzung der drei Vektoren in jedem Augenblick ein Vektor in der Richtung von T, d. h. nur der Betrag, nicht die Richtung von T wird geändert. Dies entspricht der Bezeichnung: Amplitudenmodelung.

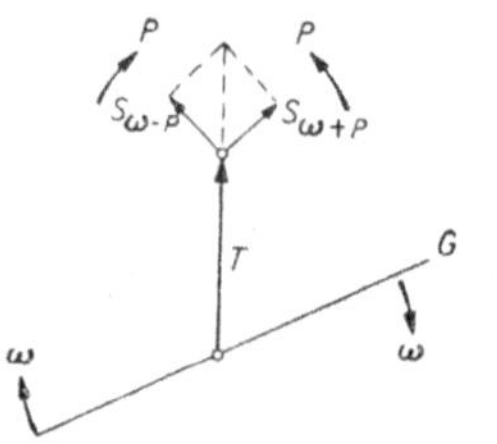

Abb. 214b. Vektordiagramm der Trägerwelle T und der beiden symmetrischen Seitenwellen $S_{\omega-p}$ und $S_{\omega+p}$. Beschreibung im Text.

Schrifttum: 66, 158, 230, 312, 347, 360, 371.

β) *Unsymmetrische Seitenwellen.*

Durch verschiedene Ursachen, wie Maßnahmen im Sender, besondere Übertragungsbedingungen (z. B. selektive Schwunderscheinungen) können sowohl die Amplituden als auch die Phasen der beiden Seitenwellen in bezug auf die Trägerwelle geändert werden, wodurch der Ausdruck (1,1) in

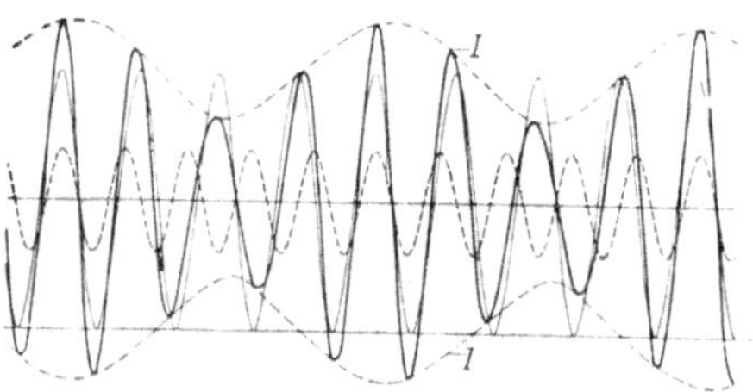

Abb. 215a. Signalspannung, die aus einer Trägerwelle (dünn gezogen) und einer einzigen Seitenschwingung (dünn gestrichelt) nach Gl. (1,2) mit $M_2 = 0$, $M_1 = 0{,}4$, $p = \omega/4$ und $\varphi_1 = 30°$ besteht. Die Zusammensetzung dieser Kurven ergibt die dick gezogene Kurve. Die Kurve I stellt die Umhüllende der letzteren Kurve dar und ergibt nach linearer Gleichrichtung die Niederfrequenzspannung. Die eingezeichnete Gerade parallel zur Zeitachse zeigt, daß letztere Kurve keinen einwelligen Verlauf hat, was auf Niederfrequenzverzerrungen schließen läßt.

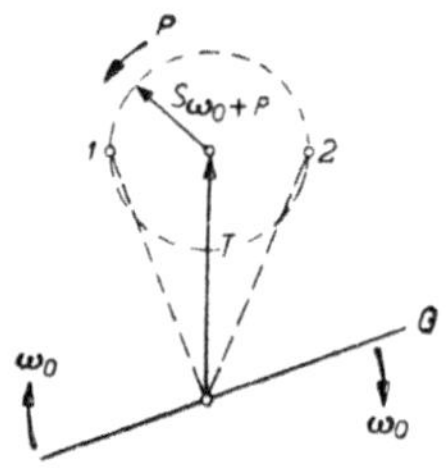

Abb. 215b. Wie Abb. 214b, aber mit nur einer Seitenwelle.

$$\text{(D 1,2)} \quad u(t) = U_0\cos\omega t + U_0 M_1 \cos[(\omega + p)t + \varphi_1] + U_0 M_2 \cos[(\omega - p)t - \varphi_2]$$

übergeht. In solchen Fällen nennt man die Seitenschwingungen unsymmetrisch. Wir können diese Verhältnisse am besten an Hand einiger Beispiele erläutern. Zuerst sei $M_2 = 0$, also nur die Trägerwelle und eine Seitenwelle vorhanden. Die Zusammensetzung dieser Schwingungen ist für verschiedene Werte von M_1 in Abb. 215a und Abb. 216a gezeigt. *Die umhüllende Kurve ist keine einwellige Sinuslinie.* Die Nulldurchgänge der zusammengesetzten Schwingung liegen nicht in gleichen Abständen wie in Abb. 214a bei symmetrischen Seitenwellen. Wenn man den reziproken Zeitabstand zweier benachbarter Nulldurchgänge als Frequenz bezeichnet, ergibt sich, daß diese Frequenz der zusammengesetzten Schwingung nicht konstant, sondern moduliert ist. Wir haben also *bei unsymmetrischen Seitenwellen Frequenzmodulation.*

Wenn wir die Vektordarstellung der Abb. 214b auf obigen Fälle *unsymmetrischer* Seitenwellen anwenden, gelangen wir zu den Abb. 215b und 216b. Hieraus ist unmittelbar zu ersehen, daß die Lage des aus S und T zusammengesetzten Spannungsvektors nicht unverändert bleibt, sondern während einer Periode $2\pi/p$ zwischen den gestrichelt gezeichneten Grenzlagen hin und her pendelt. Die Kreisfrequenz dieses zusammengesetzten Spannungsvektors, welche durch seine Winkelgeschwindigkeit in bezug auf die rotierende Gerade G gegeben ist, unterliegt also periodischen Änderungen der Periode $2\pi/p$ der Modulation. Diese Änderungen der Kreisfrequenz stellen die obengenannte *Frequenzmodulation* dar. Dem charakteristischen Hin- und Herpendeln des zusammengesetzten

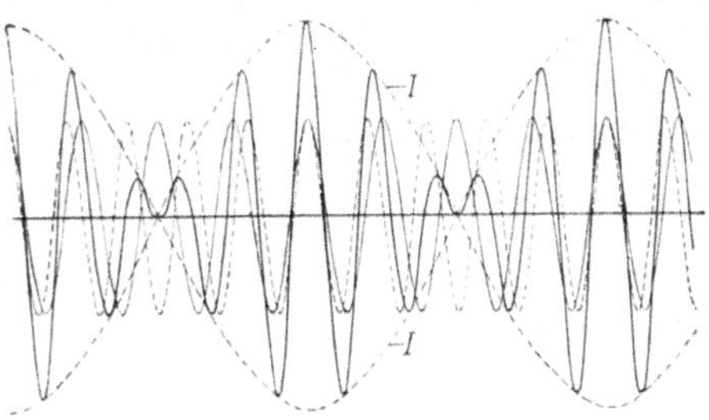

Abb. 216a.
Wie Abb. 215, aber für $M_1 = 1, \varphi_1 = 0, M_2 = 0, p = \omega/4$.

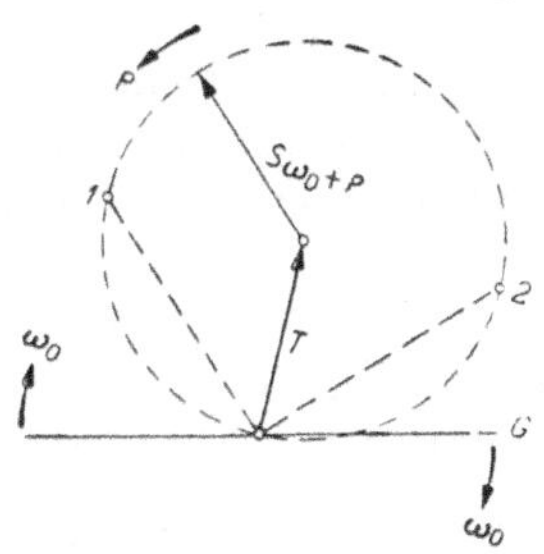

Abb. 216b. Wie Abb. 214b mit einer Seitenwelle, deren Amplitude gleich jener der Trägerwelle ist.

Vektors bei nicht symmetrischen Seitenwellen verdankt obige Darstellung der Abb. 214b, 215b und 216b den Namen „Pendelzeigerdarstellung".

Durch Vergrößerung des Trägerwellenvektors T in bezug auf die Seitenwellenvektoren kann die Frequenzmodelung herabgedrückt werden, denn der zusammengesetzte Vektor pendelt dann immer weniger hin und her. Bei einer einzigen Seitenwelle S ist der größte Pendelwinkel α nach jeder Seite durch $\operatorname{tg}\alpha = S/T$ gegeben. Die Länge des zusammengesetzten Vektors, welche die Hüllkurven der Abb. 214a, 215a und 216a ergibt, ändert sich um so genauer einwellig, je kleiner das Verhältnis S/T ist. Wir können somit bei unsymmetrischen Seitenwellen durch Steigerung der Trägerwelle im Vergleich zu den Seitenwellen zu einer fast einwelligen Hüllkurve gelangen. Diese Erkenntnis liegt einem praktisch angewandten Verfahren zur Behebung der verzerrenden Folgen von frequenzabhängigen Schwunderscheinungen beim Empfang zugrunde (vgl. Abschnitt G 6c).

Schrifttum: 312, 371.

b) Frequenz- und phasenmodulierte Signale.

Die Pendelzeigerdarstellungen nach Abb. 214b, 215b und 216b sind besonders geeignet, den Frequenzbegriff bei Wellen dieser Art zu klären. Wir nennen den Winkel Φ, den der zusammengesetzte Signalvektor dieser Vektorbilder mit irgendeinem festen Vektor einschließt, die *Phase* des Vektors, im Anschluß an die übliche Bezeichnung der Wechselstromtheorie. Der Augenblickswert der Kreisfrequenz ω des Signalvektors bei zeitlich veränderlicher Phase ist der Augenblickswert der Winkelgeschwindigkeit ω dieses Vektors in bezug auf die Gerade G.

Der genannte feste Bezugsvektor soll gegen G die Winkelgeschwindigkeit ω_0 haben. Dann ist ω offenbar gleich $\omega_0 + d\Phi/dt$.

α) Spektrum bei Frequenz- und bei Phasenmodelung.

Aus den obigen Definitionen geht hervor, daß die *Kreisfrequenz* sich proportional zum *Differentialquotienten der Phase nach der Zeit* ändert. Frequenzmodelung liegt vor, wenn die Kreisfrequenz eine gegebene Zeitfunktion ist, Phasenmodelung tritt auf, wenn die Phase eine gegebene Zeitfunktion ist. Im allgemeinen wird bei Frequenzmodelung auch die Phase als Funktion der Zeit veränderlich sein und ebenso bei Phasenmodelung die Frequenz als Funktion der Zeit. Als Beipiel betrachten wir Abb. 217, wo die Kreisfrequenz ω zwischen zwei Grenzwerten ω_1 und ω_2 pendelt, während die Phase $\Phi(t)$ der Schwingung einen eckigen Verlauf zeigt.

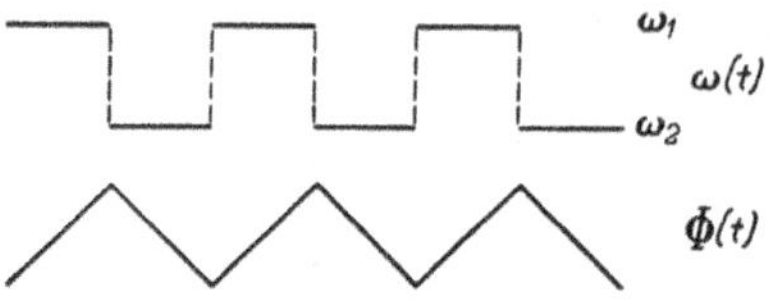

Abb. 217. Beispiel für die Beziehung zwischen der Kreisfrequenz ω als Funktion der Zeit (obere Kurve) und der Phase $\Phi(t)$ als Funktion der Zeit.

Wir gehen jetzt davon aus, daß die *Frequenz* einer Hochfrequenzschwingung in einwelliger Weise als Funktion der Zeit verändert wird (Frequenzmodelung):

$$\omega = \omega_0 + \Delta\omega \cos(pt + \psi),$$

wo ψ die Zeit t nicht enthält und $\Delta\omega$ von p unabhängig ist. Hierdurch erhält man als Ausdruck für den zeitlichen Spannungsverlauf:

$$u(t) = U_0 \cos[\omega_0 t + m \sin(pt + \psi)],$$

wo $mp = \Delta\omega$ ist. Die Größe m kann als *Modelungskonstante* bezeichnet werden. Wenn der *Frequenzhub* $\Delta\omega$ gegeben ist, erhält man die Modelungskonstante als Quotienten des Frequenzhubs und der Modelungskreisfrequenz p.

Ebenso wie im Falle der Amplitudenmodelung fragen wir auch hier nach der Zerlegung der frequenzmodulierten Spannung in Einzelschwingungen (Spektrum). Die Antwort lautet:

$$\text{(D 1,3)}\left\{\begin{aligned} u(t) &= U_0 \cos[\omega_0 t + m \sin(pt + \psi)] = U_0 J_0(m) \cos\omega_0 t - \\ &- U_0 J_1(m) [\cos\{(\omega_0 - p)t - \psi\} - \cos\{(\omega_0 + p)t + \psi\}] + \\ &+ U_0 J_2(m) [\cos\{(\omega_0 - 2p)t - 2\psi\} + \cos\{(\omega_0 + 2p)t + 2\psi\}] - \\ &- U_0 J_3(m) [\cos\{(\omega_0 - 3p)t - 3\psi\} - \cos\{(\omega_0 + 3p)t + 3\psi\}] + \cdots. \end{aligned}\right.$$

Die Ausdrücke $J_0, J_1, J_2, \ldots$ sind uns bereits im Abschn. A 3 b β begegnet und stellen BESSELsche Funktionen erster Art der Ordnungen $0, 1, 2, \ldots$ mit dem Argument m dar. Diese Funktionen sind alle tabelliert und können folglich für jeden praktischen Wert von m angegeben werden. Für Werte $m \ll 1$ ist $J_0(m) = 1$, $J_1(m) = m/2$, $J_2(m)$ proportional zu m^2, $J_3(m)$ zu m^3 usw. Folglich vereinfacht sich die Gl. (1,3) in diesem Falle angenähert zu:

$$\text{(D 1,4)} \quad u(t) = U_0 \cos\omega_0 t - \frac{m}{2} U_0 \cos\{(\omega_0 - p)t - \psi\} + \frac{m}{2} U_0 \cos\{(\omega_0 + p)t + \psi\}.$$

Wenn man diesen Ausdruck mit Gl. (1,1) vergleicht, ergibt sich fast das gleiche Bild: Eine Trägerwelle und zwei Seitenschwingungen. Nur haben jetzt die beiden Seitenschwingungen entgegengesetztes Vorzeichen. Wir können (1,4) mit (1,2) zur Deckung bringen durch die Wahl: $M_1 = M_2 = m/2$, $\varphi_1 = \psi$, $\varphi_2 = \psi + \pi$. Die Amplituden der verschiedenen Frequenzanteile können sofort aus Gl. (1,3) abgelesen werden und sind in Abb. 218 für verschiedene Werte von m gezeichnet

(Spektrum). Hierbei fällt auf, daß die größten Amplituden innerhalb eines Frequenzintervalls $2\Delta\omega = 2mp$ gelegen sind, d. h. in einem Bande, dessen Breite gleich dem doppelten Frequenzhub ist.

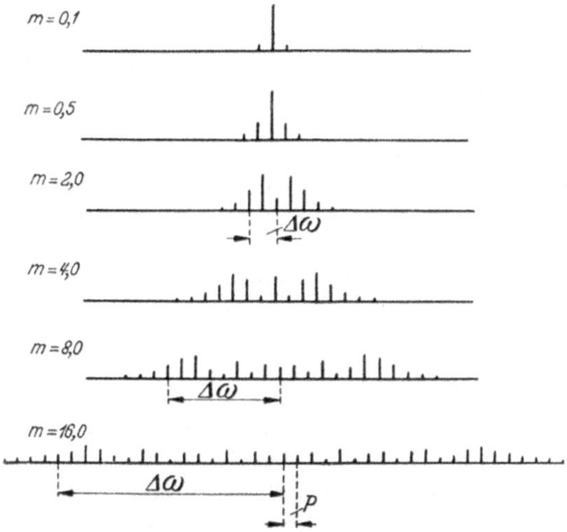

Abb. 218. Frequenzspektrum einer frequenzmodulierten Welle nach Gl. (1,3). Die Amplituden der Frequenzanteile sind vertikal in willkürlichem, linearem Maßstab gezeichnet (für alle Fälle der gleiche Maßstab). Horizontal: Frequenz. Verschiedene Werte von m (Modelungskonstante) und des Frequenzhubs $\Delta\omega = mp$, wo p die Modelungskreisfrequenz ist. Der wichtigste Teil des Spektrums befindet sich in einem Frequenzintervall $2\Delta\omega$.

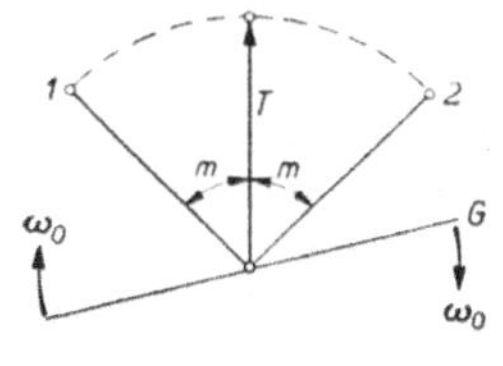

Abb. 219a.

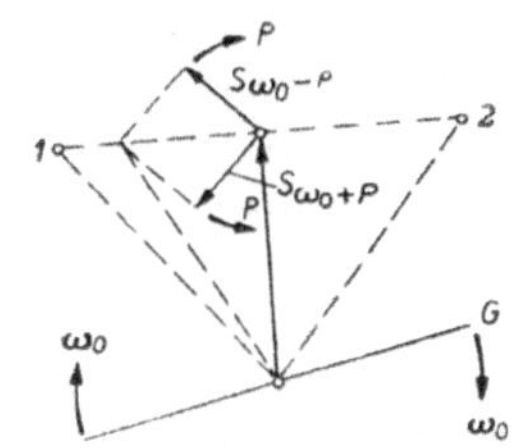

Abb. 219b.

β) *Verzerrungen frequenzmodulierter Signale.*

Zur Erörterung dieser Verzerrungen verwenden wir die Pendelzeigerdarstellung einer frequenzmodulierten Welle nach (D 1,3), (Abb. 219a). Der Trägerwellenvektor T wird zwischen zwei Grenzlagen *1* und *2* bei gleichbleibender Länge hin- und hergeschwenkt. Der Phasenwinkel gegen die Mittellage T ist hierbei

$$\Phi(t) = m \sin(pt + \psi).$$

Wir nehmen zunächst an, daß die frequenzmodulierte Welle derart verstümmelt ist, daß vom Spektrum nach (D 1,3) nur jene Seitenwellen übrigbleiben, die der Trägerwelle direkt benachbart sind. Diese beiden Seitenwellen haben, wie bei der Amplitudenmodelung, die Kreisfrequenzen $\omega - p$ bzw. $\omega + p$. Ihre Vektoren drehen sich daher in bezug auf T mit der Winkelgeschwindigkeit p nach der einen bzw. der entgegengesetzten Richtung. Ihre Phasenwinkel gegen T sind aber nach (D 1,3) derart, daß die in Abb. 219b gezeichnete Darstellung entsteht. Die Symmetriegerade der beiden Seitenwellenvektoren steht *senkrecht* zur Mittellage T

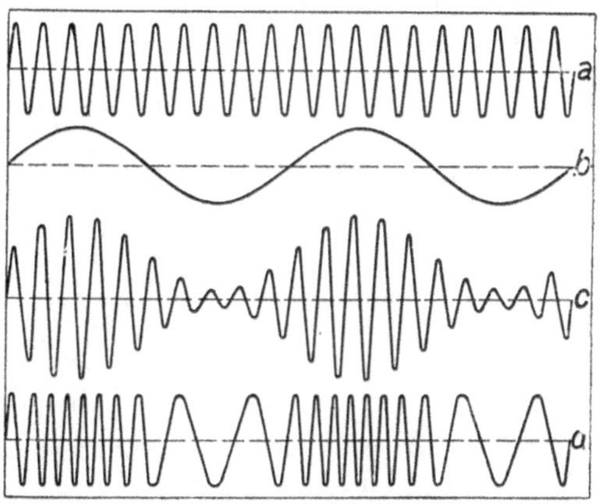

Abb. 220. Zur Veranschaulichung der Amplitudenmodelung und der Frequenzmodelung. Kurve *a*: Unmodulierte Trägerwelle. Kurve *b*: Niederfrequenzmodulation. Kurve *c*: Amplitudenmodulierte Trägerwelle. Kurve *d*: Frequenzmodulierte Trägerwelle. Der Augenblickswert der Frequenz ist umgekehrt proportional zum Abstand zweier benachbarter Nullstellen, und dieser Abstand ändert sich nach der Kurve *b*.

des Trägerwellenvektors. Demnach wird der Endpunkt des zusammengesetzten Vektors zwischen den Grenzpunkten *1* und *2* hin- und hergeschwenkt, welche auf der zu T senkrechten Geraden liegen. Da die Länge des Trägerwellenvektors sich somit ändert, liegt Amplituden- *und* Phasenmodulation vor.

Wenn wir nun neben den obigen die nächstbenachbarten beiden Seitenwellen nach (D 1,3) in Betracht ziehen, so liegen die entsprechenden Seitenwellenvektoren in jedem Augenblick symmetrisch zur Mittellage T, wie z. B. in Abb. 214b. Die nächsten beiden Seitenwellenvektoren haben wieder, wie in Abb. 219b, eine Symmetriegerade senkrecht zu T, usw. Wir sehen so, wie durch das Zusammenspiel aller Seitenwellenvektoren nach (D 1,3) die reine Frequenzmodulation ohne Amplitudenmodulation nach Abb. 219a zustande kommt.

Zum Schluß fassen wir noch einmal die wesentlichen Merkmale der Amplitudenmodelung und der Frequenzmodelung in Abb. 220 zusammen.

2. Hochfreqenzverstärkerstufen.

Während wir bei der Niederfrequenzverstärkung zwischen Vorverstärkerstufen und Endstufen unterschieden haben, brauchen wir bei der Hochfrequenzverstärkung nur Vorstufen zu behandeln. Die Endstufen kommen nur für *Sender* in Betracht und liegen somit außerhalb des Bereiches unserer Ausführungen.

a) Kopplungsglieder.

Zwischen zwei Hochfrequenzverstärkerröhren wird ein passiver Vierpol geschaltet, der die Aufgabe hat, die Ausgangsspannung der einen Röhre zum Eingang der zweiten zu übertragen, bei gleichzeitiger Erfüllung von weiteren Anforderungen, die sich meistens auf die Frequenzkennlinie beziehen. Wir nennen solche Vierpole allgemein *Kopplungsglieder*.

α) *Schwingungskreis.*

Das einfachste Kopplungsglied ist der Schwingungskreis, wobei wir Parallelresonanzkreise und Reihenresonanzkreise unterscheiden (Abb. 221). In beiden

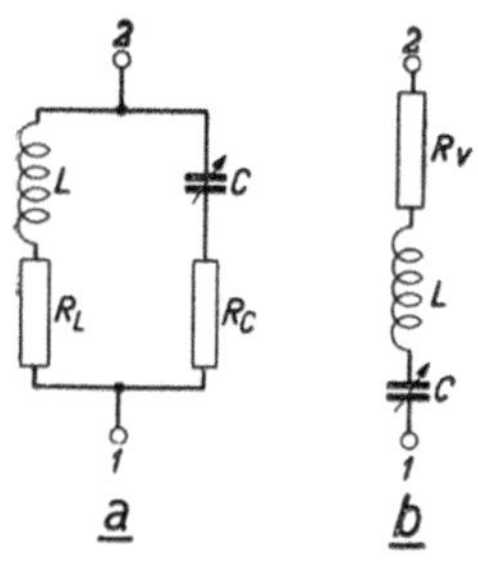

Abb. 221. Zur Unterscheidung von Parallelresonanzkreisen (*a*) und Reihenresonanzkreisen (*b*). R_L, R_C und R_v sind Wirkwiderstände, L Selbstinduktionen und C Kondensatoren.

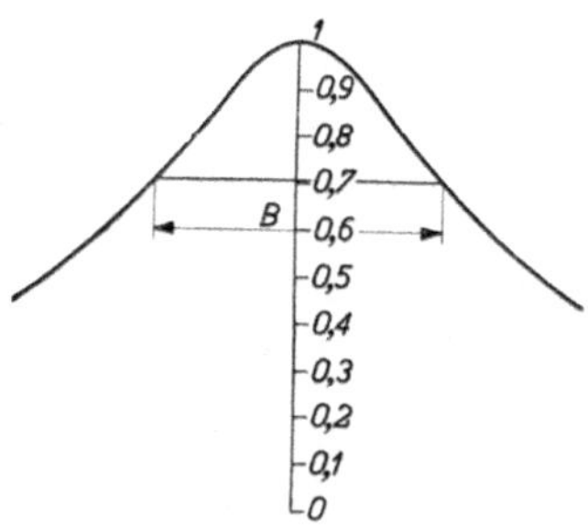

Abb. 222. Absoluter Betrag (Modul) des Wechselstromwiderstandes $\mathfrak{R}$ zwischen den Punkten *1* und *2* des Kreises in Abbildung 221a (vertikal) als Funktion der Frequenz (horizontal) in der Umgebung der Resonanzstelle zur Definition der Bandbreite B.

Fällen ist für praktische Anwendungen der komplexe Widerstand zwischen den Klemmen *1* und *2* wichtig.

Beim Parallelresonanzkreis (Abb. 221a) errechnet man für diesen komplexen Widerstand den Ausdruck:

$$\text{(D 2,1)}\quad \left\{\begin{aligned} \mathfrak{R} = {} & \frac{\omega_0 L \frac{\omega}{\omega_0}}{\left(1-\frac{\omega^2}{\omega_0^2}\right)^2 + \operatorname{tg}^2\delta\left(1+\frac{\omega^2}{\omega_0^2}\frac{1}{Q\operatorname{tg}\delta}\right)^2}\left[\frac{1}{Q}+\frac{\omega^2}{\omega_0^2}\operatorname{tg}\delta+\frac{\operatorname{tg}^2\delta}{Q}+\frac{\operatorname{tg}\delta}{Q^2}\frac{\omega^2}{\omega_0^2}+\right.\\ & \left. +j\left(1-\frac{\omega^2}{\omega_0^2}-\frac{1}{Q^2}\frac{\omega^2}{\omega_0^2}+\operatorname{tg}^2\delta\right)\right], \end{aligned}\right.$$

wo $\omega_0^2 LC = 1$, $\operatorname{tg}\delta = \omega C R_c$ (δ der *Verlustwinkel* des Kondensators C, vgl. Abschn. B 2) und $Q = \omega L / R_L$ die *Qualität* oder *Gütezahl* der Spule (Abschn. B 3) ist. Die Formel (2,1) zeigt, daß der komplexe Widerstand $\mathfrak{R}$ die Kreisfrequenz ω nur in der Form ω/ω_0 enthält. Für die meisten Anwendungen ist der Wert von $\mathfrak{R}$ in der Umgebung von $\omega = \omega_0$ (Resonanz) wichtig. In solchen Fällen kann Gl. (2,1) bedeutend vereinfacht werden, wenn man bedenkt, daß meistens $\operatorname{tg}\delta \ll 1$ und $Q \gg 1$ ist (vgl. Abschn. B 2 und B 3). Man erhält:

(D 2,2)
$$\mathfrak{R} = \omega_0 L \frac{\omega}{\omega_0} \frac{\frac{1}{Q} + \frac{\omega^2}{\omega_0^2}\operatorname{tg}\delta + j\left(1 - \frac{\omega^2}{\omega_0^2} - \frac{1}{Q^2}\frac{\omega^2}{\omega_0^2} + \operatorname{tg}^2\delta\right)}{\left(1 - \frac{\omega^2}{\omega_0^2}\right)^2 + \operatorname{tg}^2\delta\left(1 + \frac{\omega^2}{\omega_0^2}\frac{1}{Q\operatorname{tg}\delta}\right)^2}.$$

Für $\omega = \omega_0$ wird dies:

(D 2,3)
$$\mathfrak{R}_{\omega=\omega_0} = \omega_0 L \frac{\frac{1}{Q} + \operatorname{tg}\delta + j\left(\operatorname{tg}^2\delta - \frac{1}{Q^2}\right)}{\operatorname{tg}^2\delta\left(1 + \frac{1}{Q\operatorname{tg}\delta}\right)^2}.$$

Exakt genommen ist der Widerstand $\mathfrak{R}$ im Resonanzfall also komplex. Meistens ist aber der imaginäre Teil vernachlässigbar im Vergleich zum reellen. Der absolute Betrag des komplexen Widerstandes $\mathfrak{R}$ im Resonanzfall ergibt sich in erster Näherung zu:

(D 2,4)
$$|\mathfrak{R}|_{\omega=\omega_0} \approx \omega_0 L \frac{\frac{1}{Q} + \operatorname{tg}\delta}{\operatorname{tg}^2\delta\left(1 + \frac{1}{Q\operatorname{tg}\delta}\right)^2} = \text{reeller Teil von } (\mathfrak{R}_{\omega=\omega_0}).$$

Diese Formel kann vereinfacht werden, indem wir Zähler und Nenner durch $\operatorname{tg}\delta$ dividieren. Man sieht dann, daß $|\mathfrak{R}|$ möglichst groß wird, wenn Q möglichst groß gemacht wird, und zwar erhält man für $Q\operatorname{tg}\delta \gg 1$:

(D 2,5)
$$(|\mathfrak{R}_{\omega=\omega_0}|)_{\max} = \frac{\omega_0 L}{\operatorname{tg}\delta}.$$

Wenn man bedenkt, daß gute Luft-Abstimmkondensatoren $\operatorname{tg}\delta < 10^{-4}$ haben können, ergibt sich aber, daß Q in den meisten praktisch bei Hochfrequenzverstärkern vorliegenden Fällen nicht so groß gewählt werden kann (Abschn. B 3), daß die Bedingung $Q\operatorname{tg}\delta \gg 1$ erfüllt wird. Wir müssen vielmehr in diesen Fällen $Q\operatorname{tg}\delta \ll 1$ setzen und erhalten dann aus (2,4) den Resonanzwert:

(D 2,6)
$$|\mathfrak{R}|_{\omega_0=\omega} = \omega_0 L Q = \frac{Q}{\omega_0 C}.$$

Dieser Wert ist praktisch nicht größer als (2,5), denn der Q-Wert für (2,6) ist in den vorliegenden Fällen viel niedriger als der Q-Wert in Gl. (2,5) bei gleichen $\operatorname{tg}\delta$-Werten. Aus Gl. (2,6) geht die *Bedeutung der Qualitätszahl* Q deutlich hervor: Der Resonanzwert des Kreiswiderstandes ist zu Q proportional.

Wir betrachten jetzt den Verlauf von $|\mathfrak{R}|$ für Werte von ω in der *Umgebung* von ω_0 (Resonanzkurve) unter der obigen Voraussetzung $Q\operatorname{tg}\delta \ll 1$. Hierzu gehen wir von Gl. (2,2) aus und finden:

$$|\mathfrak{R}| = \omega_0 L \frac{\omega}{\omega_0}\left[\frac{\omega^4}{\omega_0^4}\frac{1}{Q^2} + \left(1 - \frac{\omega^2}{\omega_0^2}\right)^2\right]^{-1/2} = \omega_0 L Q\left[\frac{\omega^2}{\omega_0^2} + Q^2\left(\frac{\omega_0}{\omega} - \frac{\omega}{\omega_0}\right)^2\right]^{-1/2}.$$

In dieser Gleichung setzen wir $\omega = \omega_0 + \omega_1$ und $\omega_1 \ll \omega_0$. Folglich wird:

(D 2,7)
$$\begin{cases} |\mathfrak{R}| = \omega_0 L Q\left[1 + Q^2\frac{4\,\omega_1^2}{\omega_0^2}\right]^{-1/2} = \frac{Q}{\omega_0 C}\left[1 + Q^2\frac{4\,\omega_1^2}{\omega_0^2}\right]^{-1/2} \\ \quad = |\mathfrak{R}|_{\max}\,(1 + \beta^2 Q^2)^{-1/2}, \end{cases}$$

wo $\beta = 2\omega_1/\omega_0$ gesetzt ist. Diese Formel (2,7) ist in Abb. 222 als Kurve *I* gezeichnet, wo vertikal das Verhältnis $|\mathfrak{R}/\mathfrak{R}_{\max}|$ abgetragen ist. Den Wert von ω_1, für den $|\mathfrak{R}|$ auf $1/\sqrt{2}$ des Höchstwertes bei $\omega_1 = 0$ gefallen ist, setzen wir gleich πB und nennen B die *Bandbreite* des Schwingungskreises (Abb. 222). Dann ergibt sich aus (2,7) ein einfacher und wichtiger Zusammenhang zwischen dem Höchstwert von $|\mathfrak{R}|$, der Bandbreite B und der Kreiskapazität C (Abb. 223):

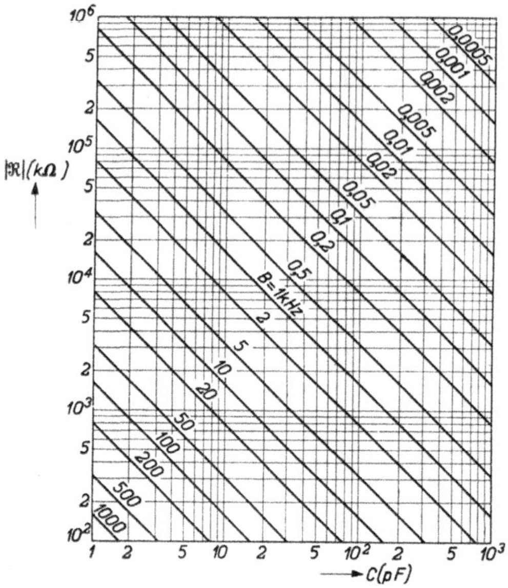

Abb. 223. Resonanzwerte des absoluten Betrages des Widerstandes $|\mathfrak{R}|$ in kOhm des Kreises *a* in Abb. 221 (vertikal) als Funktion der Kreiskapazität C in pF (horizontal) bei verschiedenen Bandbreiten B in kHz nach Gl. (D 2,8). Voraussetzung $Q \operatorname{tg} \delta \ll 1$.

(D 2,8) $$|\mathfrak{R}|_{\max} = \frac{1}{2\pi B C} = \frac{Q}{\omega_0 C}.$$

Aus Gl. (2,7) ist zu ersehen, daß der Verlauf von $|\mathfrak{R}|$ in der Umgebung der Resonanzstelle eine symmetrische (gerade Funktion) von ω_1 ist, d. h. die Resonanzkurve ist hier *symmetrisch in bezug auf die Resonanzstelle.*

Wir behandeln jetzt den Reihenkreis von Abb. 221b. Hier ist der komplexe Widerstand $\mathfrak{R}$:

(D 2,9) $$\mathfrak{R} = R_v + j\left(\omega L - \frac{1}{\omega C}\right).$$

Der absolute Wert dieses komplexen Widerstandes wird möglichst klein für $\omega^2 LC = 1$, und zwar gleich R_v. Wenn wir wieder $\omega = \omega_0 + \omega_1$ und $\omega_0^2 LC = 1$ (Resonanz) setzen, ergibt sich für $\omega_1 \ll \omega_0$:

(D 2,10) $$|\mathfrak{R}| = \left[R_v^2 + \frac{1}{\omega^2 C^2}\left(1 - \frac{\omega^2}{\omega_0^2}\right)^2\right]^{1/2} \approx \left[R_v^2 + \frac{1}{\omega_0^2 C^2}\,\frac{4\,\omega_1^2}{\omega_0^2}\right]^{1/2}.$$

Auch hier ist, genau wie beim Parallelresonanzkreis, der Verlauf von $|\mathfrak{R}|$ als Funktion der Frequenz in der Umgebung der Resonanzstelle symmetrisch in bezug auf diese Stelle.

β) *Zwei gekoppelte Kreise.*

Für viele Hochfrequenzverstärker genügt ein einfacher Schwingungskreis als Kopplungsglied zwischen zwei Röhren nicht, weil die Resonanzkurve (Abb. 222)

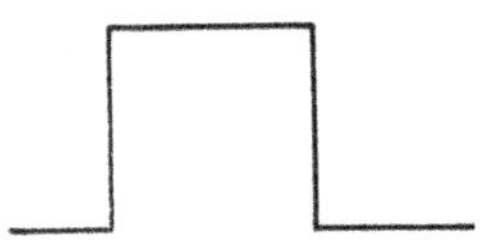

Abb. 224. Idealisierte Frequenzkennlinie (Resonanzkurve) von Empfangsgeräten: maximaler Empfang innerhalb der gewünschten Bandbreite und kein Empfang außerhalb der Bandbreite.

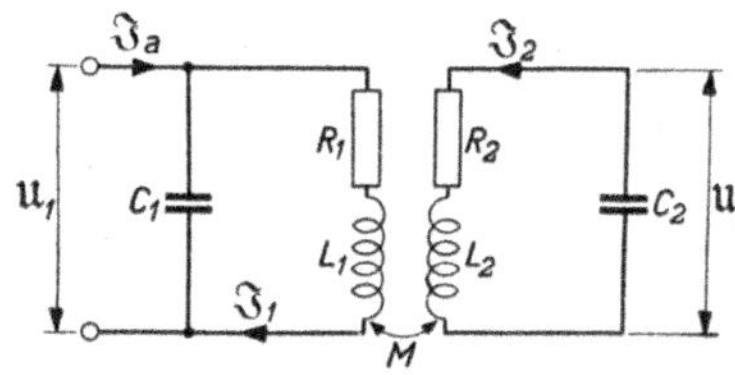

Abb. 225. Vierpol, gebildet aus zwei gekoppelten Kreisen mit Gegeninduktivitätskopplung (M).

in der Umgebung der Resonanzstelle nicht die richtige Form hat. Die für Empfangsgeräte oft ideale Form einer solchen Resonanzkurve ist in Abb. 224 gezeichnet. Alle Frequenzanteile innerhalb eines bestimmten Intervalles um die Resonanzfrequenz herum sollen durch die Kurve erfaßt werden, während außerhalb dieses Intervalles die Kurve möglichst steil abfallen soll. Durch die Verwendung gekoppelter Kreise kann dieser ideale Verlauf besser angenähert werden.

Zwei gekoppelte Kreise (Abb. 225) können als Vierpol aufgefaßt werden. Wir behandeln zunächst zwei Kreise mit induktiver Kopplung (Abb. 225) und schreiben die Grundgleichungen dieser Kreise an:

$$\text{(D 2,11)} \qquad \begin{cases} \mathfrak{J}_1(R_1 + j\omega L_1) + (\mathfrak{J}_1 - \mathfrak{J}_a)\dfrac{1}{j\omega C_1} + \mathfrak{J}_2 j\omega M = 0; \\ \mathfrak{J}_2\left(R_2 + j\omega L_2 + \dfrac{1}{j\omega C_2}\right) + \mathfrak{J}_1 j\omega M = 0. \end{cases}$$

Wir setzen voraus, daß beide Kreise die gleiche Abstimmkreisfrequenz ω_0 haben: $\omega_0^2 L_1 C_1 = \omega_0^2 L_2 C_2 = 1$, und führen noch die Bezeichnungen: $Q_1 = \omega L_1/R_1$, $Q_2 = \omega L_2/R_2$, $k^2 = M^2/L_1 L_2$ (Kopplungsfaktor), $\beta = (\omega^2 - \omega_0^2)/\omega\omega_0 \approx 2\omega_1/\omega_0$, wo $\omega_1 = \omega - \omega_0 \ll \omega_0$ ist, ein. Für viele Anwendungen kommt es auf das Verhältnis $\mathfrak{J}_2/\mathfrak{J}_a$ an, das durch Fortschaffen von $\mathfrak{J}_1$ aus den obigen Gleichungen erhalten wird:

$$\text{(D 2,12)} \qquad \mathfrak{J}_2\left[\left(\beta - \frac{\omega}{\omega_0}\frac{j}{Q_1}\right)\left(\beta - \frac{\omega}{\omega_0}\frac{j}{Q_2}\right) - \frac{\omega^2}{\omega_0^2}k^2\right] = \mathfrak{J}_a \frac{M}{L_2}.$$

Hieraus ergibt sich unmittelbar die Spannung $\mathfrak{U}_2$ am Ausgang des Kopplungsgliedes: $\mathfrak{U}_2 = -\mathfrak{J}_2/j\omega C_2 = j\omega_0^2 L_2 \mathfrak{J}_2/\omega$, und zwar erhält man:

$$\text{(D 2,13)} \qquad \frac{\mathfrak{U}_2}{\mathfrak{J}_a} = \frac{j\dfrac{\omega_0^2}{\omega}M}{\left(\beta - \dfrac{\omega}{\omega_0}\dfrac{j}{Q_1}\right)\left(\beta - \dfrac{\omega}{\omega_0}\dfrac{j}{Q_2}\right) - \dfrac{\omega^2}{\omega_0^2}k^2} = \frac{j\omega_0\dfrac{\omega_0}{\omega}k\sqrt{L_1 L_2}}{\left(\beta - \dfrac{\omega}{\omega_0}\dfrac{j}{Q_1}\right)\left(\beta - \dfrac{\omega}{\omega_0}\dfrac{j}{Q_2}\right) - \dfrac{\omega^2}{\omega_0^2}k^2}.$$

Im Resonanzfall ist $\omega = \omega_0$ und folglich $\beta = 0$:

$$\left(\frac{\mathfrak{U}_2}{\mathfrak{J}_a}\right)_{\omega=\omega_0} = \frac{-j\omega_0 k\sqrt{L_1 L_2}}{\dfrac{1}{Q_1 Q_2} + k^2}.$$

Wenn wir die neue Abkürzung: $Q^2 = Q_1 Q_2$ einführen (Q ist die „mittlere“ Qualität der Kreise), ergibt sich:

$$\text{(D 2,14)} \qquad \left(\frac{\mathfrak{U}_2}{\mathfrak{J}_a}\right)_{\omega=\omega_0} = \frac{-jkQ(\omega_0 L_1 Q_1 \cdot \omega_0 L_2 Q_2)^{1/2}}{1 + k^2Q^2} = \frac{-jkQ(|\mathfrak{R}_1|\cdot|\mathfrak{R}_2|)^{1/2}}{1 + k^2Q^2}.$$

Hier sind die Bezeichnungen $|\mathfrak{R}_1|$ und $|\mathfrak{R}_2|$ für die absoluten Werte der komplexen Kreiswiderstände in der Abstimmung [vgl. Gl. (2,6)] eingeführt. Das Verhältnis der Ausgangsspannung zum Eingangsstrom ist somit gleich dem geometrischen Mittelwert der beiden Kreiswiderstände in der Abstimmung multipliziert mit dem Faktor $-jkQ/(1 + k^2Q^2)$, der in Abb. 226 als Funktion von kQ dargestellt ist. Offenbar ist der Höchstwert dieses Faktors gleich 0,5, und dieser Wert tritt für $kQ = 1$ auf. Die durch letztere Gleichung definierte Kopplung $k = 1/Q$ pflegt man durch den Namen *„kritische Kopplung“* anzudeuten.

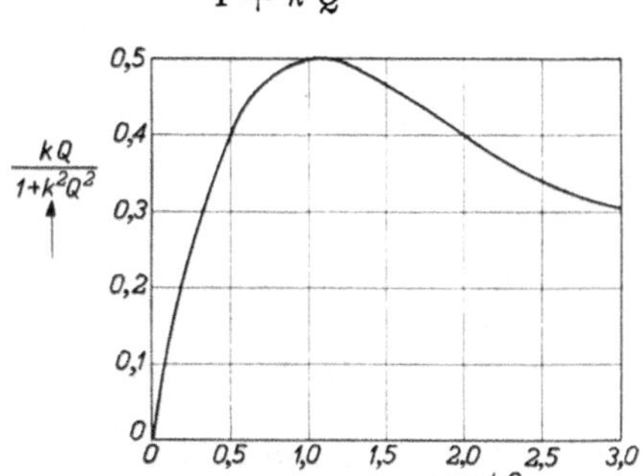

Abb. 226. Der Faktor $kQ/(1 + k^2Q^2)$ als Funktion von kQ hat ein Maximum gleich 0,5 für $kQ = 1$. In diesem Fall liegt kritische Kopplung vor.

Wir berechnen noch das Verhältnis der Ausgangsspannung $\mathfrak{U}_2$ zur Eingangsspannung $\mathfrak{U}_1$ für den Resonanzfall:

$$\text{(D 2,14a)} \qquad \frac{\mathfrak{U}_1}{\mathfrak{U}_2} = \frac{(\mathfrak{J}_1 - \mathfrak{J}_a)C_2}{\mathfrak{J}_2 C_1} = j\omega_0 C_2\left[\frac{R_1 R_2}{j\omega_0 M}(1 + jQ_1) - j\omega_0 M\right].$$

Im Falle kritischer Kopplung und gleicher Kreise wird der Betrag der Ausgangsspannung $\mathfrak{U}_2$ angenähert gleich dem Betrag der Eingangsspannung $\mathfrak{U}_1$.

Bisher haben wir uns mit der induktiven Kopplung befaßt (Abb. 225). Andere gebräuchliche Kopplungsarten sind in Abb. 227 und 228 gezeigt. Die entsprechenden Gleichungen lauten mit praktisch ausreichender Annäherung:

$$\text{(D 2,15) (Abb. 227)}\quad \begin{cases} \mathfrak{I}_1\left(R_1 + j\omega L_1 + \dfrac{1}{j\omega C_k}\right) + (\mathfrak{I}_1 - \mathfrak{I}_a)\dfrac{1}{j\omega C_1} + \mathfrak{I}_2\dfrac{1}{j\omega C_k} = 0; \\ \mathfrak{I}_2\left(R_2 + j\omega L_2 + \dfrac{1}{j\omega C_2} + \dfrac{1}{j\omega C_k}\right) + \mathfrak{I}_1\dfrac{1}{j\omega C_k} = 0. \end{cases}$$

$$\text{(D 2,16) (Abb. 228)}\quad \begin{cases} \mathfrak{I}_1(R_1 + j\omega L_1) + \left(\mathfrak{I}_1 - \mathfrak{I}_a - \mathfrak{I}_1\dfrac{C_k}{C_1}\right)\dfrac{1}{j\omega C_1} + \mathfrak{I}_2\dfrac{C_k}{C_2}\dfrac{1}{j\omega C_1} = 0; \\ \mathfrak{I}_2(R_2 + j\omega L_2) + \mathfrak{I}_2\left(1 - \dfrac{C_k}{C_2}\right)\dfrac{1}{j\omega C_2} + \mathfrak{I}_1\dfrac{C_k}{C_1}\dfrac{1}{j\omega C_2} = 0. \end{cases}$$

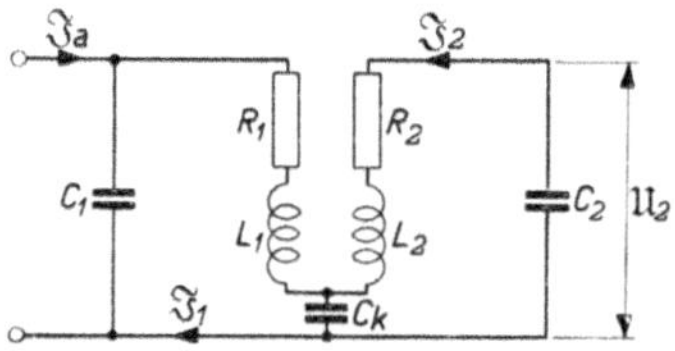

Abb. 227. Zwei Kreise mit kapazitiver Kopplung „am unteren Ende". Die Ströme $\mathfrak{I}_1$ und $\mathfrak{I}_2$ sollen durch R_1, L_1 bzw. R_2, L_2 fließen und nicht wie in der Abbildung angegeben. Die Pfeilrichtungen sind beizubehalten.

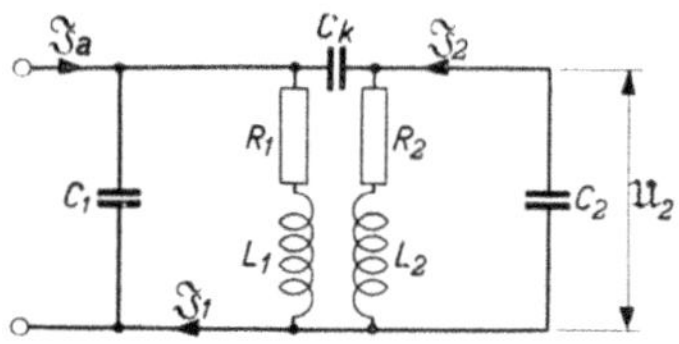

Abb. 228. Zwei Kreise mit kapazitiver Kopplung „am oberen Ende". Für die Ströme $\mathfrak{I}_1$ und $\mathfrak{I}_2$ gilt das gleiche wie in Abb. 227.

Wenn wir die Gl. (2,15) und (2,16) mit (2,11) vergleichen, ergibt sich, daß alle diese Gleichungen im wesentlichen dieselbe Form haben. Im Falle der Gl. (2,15) muß der Ausdruck $j\omega M$ aus Gl. (2,11) durch $1/j\omega C_k$ ersetzt werden, während außerdem in den Gl. (2,15) noch Zusatzglieder gegenüber den entsprechenden Gl. (2,11) vorkommen. Diese Zusatzglieder können so gedeutet werden, daß die Kreiskapazitäten nach Gl. (2,15) und Abb. 227 gegenüber denen nach Gl. (2,11) und Abb. 225 durch den Kopplungskondensator etwas geändert werden. Wir brauchen daher die Rechnung nicht von neuem durchzuführen, sondern können die Formeln (2,12), (2,13) und (2,14) übernehmen, wenn wir hierin $j\omega M$ durch $1/j\omega C_k$ und somit $k^2 = M^2/L_1L_2$ durch $1/L_1L_2\omega^4C_k^2$ oder

$$\text{(D 2,17)}\qquad k^2 = \frac{\omega_0^4}{\omega^4}\frac{C_1C_2}{C_k^2}$$

ersetzen. Die Kapazität C_k ist in diesem Falle für kritische Kopplung ($k^2Q_1Q_2 = 1$) meistens viel größer als C_1 oder C_2. Analoge Überlegungen können wir beim Vergleich der Gl. (2,16) und (2,11) anstellen. Auch hier werden die Kreiskapazitäten aus Gl. (2,11) durch die Faktoren $1 - C_k/C_1$ und $1 - C_k/C_2$ ein wenig geändert ($C_k \ll C_1$ und $C_k \ll C_2$). Weiterhin muß der Ausdruck $j\omega M$ aus Gl. (2,11) durch $C_k/j\omega C_1C_2$ ersetzt werden, um zu den Gl. (2,16) zu gelangen. Folglich können die Gl. (2,12), (2,13) und (2,14) auch für die Gl. (2,16) mit dieser Änderung benutzt werden, wobei $k^2 = M^2/L_1L_2$ durch $C_k^2/\omega^4C_1^2C_2^2L_1L_2$ oder

$$\text{(D 2,18)}\qquad k^2 = \frac{\omega_0^4}{\omega^4}\frac{C_k^2}{C_1C_2}$$

zu ersetzen ist. In diesem Falle ist C_k für kritische Kopplung meistens viel kleiner als C_1 oder C_2.

Wir haben somit alle drei Kopplungsarten der Abb. 225, 227 und 228 durch die drei Gl. (2,12), (2,13) und (2,14) behandelt. Wir berechnen aus den Gl. (2,13) und (2,14) noch das Verhältnis der Ausgangsspannung $\mathfrak{U}_2$ für eine Frequenz in der Umgebung der Resonanzstelle zur Ausgangsspannung $\mathfrak{U}_{2\,\mathrm{res}}$ im Resonanzfall. Während die allgemeine Formel für dieses Verhältnis sofort als Quotient der genannten Ausdrücke angeschrieben werden kann, führen wir zur praktischen

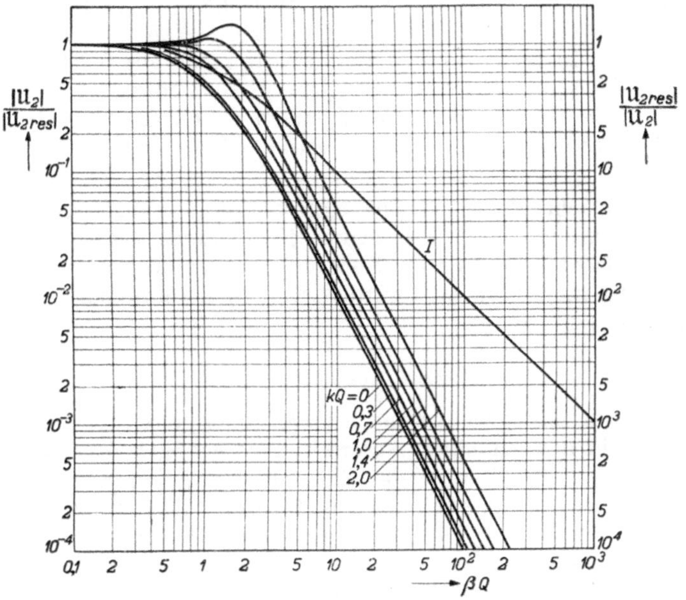

Abb. 229. Resonanzkurven der Spannung nach Gl. (2, 19) für zwei gekoppelte Kreise mit verschiedener Kopplung ($kQ = 0$ bis 2,0). Die Kurve *I* gehört zu Gl. (D 2, 7) und stellt die Resonanzkurve eines einzelnen Kreises dar.

Berechnung noch zwei weitere Vereinfachungen ein: Wir setzen den Quotienten $\omega/\omega_0 = 1$ und $Q_1 = Q_2$. Hieraus ergibt sich dann die Näherungsformel:

$$\text{(D 2,19)} \qquad \left|\frac{\mathfrak{U}_2}{\mathfrak{U}_{2\,\mathrm{res}}}\right|_{\beta \ll 1} \approx \frac{1 + k^2Q^2}{[(1 + k^2Q^2)^2 + 2\beta^2Q^2(1 - k^2Q^2) + \beta^4Q^4]^{1/2}}.$$

Diese Formel ist in Abb. 229 veranschaulicht. In dieser Abb. 229 ist zugleich der Fall eines einzelnen Parallelschwingungskreises nach Gl. (2,7) gezeichnet. Man sieht deutlich, daß mit zwei gekoppelten Kreisen der ideale Kurvenverlauf von Abb. 224 viel besser angenähert wird als mit einem einzelnen Kreis. Wenn man die Resonanzkurven des „Übertragungswiderstandes" zeichnet, also den Ausdruck (2,19) noch mit dem Wert $\mathfrak{U}_{2\,\mathrm{res}}/\mathfrak{J}_a$ aus Gl. (2,14) multipliziert, entstehen Kurven, von denen einige in Abb. 230 gezeichnet sind. Bei der Benutzung der Abb. 229 für praktische Berechnungen sind die Vernachlässigungen zu berücksichtigen, welche oben bei der Ableitung der Gl. (2,19) aus (2,13) und (2,14)

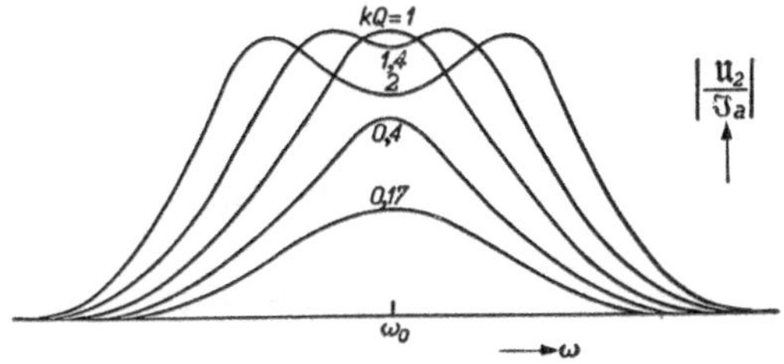

Abb. 230. Resonanzkurven des Übertragungswiderstandes $|\mathfrak{U}_2/\mathfrak{J}_a|$ (vgl. Abb. 225, 227 und 228) in linearem Maßstab als Funktion der Frequenz (horizontal) in der Umgebung der Resonanz für verschiedene Kopplungen.

eingeführt wurden. Die genauere Formel lautet:

$$\text{(D 2,20)} \qquad \left|\frac{\mathfrak{U}_2}{\mathfrak{U}_{2\,\mathrm{res}}}\right| = \frac{\omega_0}{\omega}\,\frac{1+\frac{\omega_0^2}{\omega^2}k^2Q_1Q_2}{\left[(1+k^2Q_1Q_2)^2+\beta^2\frac{\omega_0^2}{\omega^2}(Q_1^2+Q_2^2-2k^2Q_1Q_2)+\beta^4\frac{\omega_0^4}{\omega^4}Q_1^2Q_2^2\right]^{1/2}}.$$

Zum Vergleich der Formeln (2,19) und (2,20) wählen wir einige Beispiele: 1. Es sei $Q_1 = 3Q_2$, $k^2Q_1Q_2 = k^2Q^2 = 1$, $\beta^2Q_1Q_2 = \beta^2Q^2 = 25$ und $\beta = 2\%$. Die Ergebnisse der Formeln (2,19) und (2,20) verhalten sich wie 0,080 zu 0,078. 2. Es sei $Q_1 = 5Q_2$, $k^2Q_1Q_2 = k^2Q^2 = 1$, $\beta^2Q_1Q_2 = \beta^2Q^2 = 16$ und $\beta = 10\%$. Das Ergebnis der Gl. (2,19) verhält sich zu demjenigen der Gl. (2,20) wie 0,125 zu 0,114. In vielen Fällen sind diese Unterschiede vernachlässigbar und kann die Abb. 229 benutzt werden.

Die drei oben behandelten Kopplungsarten können auch kombiniert werden zu teils induktiven und teils kapazitiven Kopplungen zweier Kreise. Die Resonanzkurven solcher kombinierter Kopplungsglieder können in einfacher Weise aus den obigen Formeln berechnet werden. Der Leser führe dies zur Übung durch.

Schrifttum: 45, 126, 247, 250.

γ) *Drei gekoppelte Kreise.*

Wenn die Resonanzkurven, welche mit zwei gekoppelten Kreisen erzielt werden können, noch nicht den gestellten Anforderungen genügen, kann man versuchen, das Ziel mit drei gekoppelten Kreisen zu erreichen. Da dieser Fall in der Praxis nicht oft auftritt, behandeln wir nur drei *gleiche* gekoppelte Kreise mit induktiver Kopplung. Die Behandlung gestattet dem Leser aber, sofort die Formeln für ungleiche Kreise und ganz oder teilweise kapazitive Kopplung abzuleiten. Wir beziehen uns auf Abb. 231 und erhalten aus den Gesetzen von OHM und KIRCHHOFF:

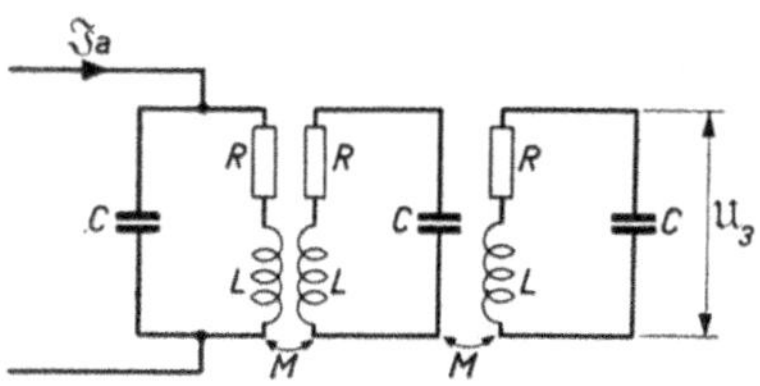

Abb. 231. Schaltbild dreier mit Hilfe von gegenseitiger Induktion gekoppelter Kreise.

$$\text{(D 2,21)} \qquad \begin{cases} \mathfrak{J}_1(R+j\omega L)+(\mathfrak{J}_1-\mathfrak{J}_a)\frac{1}{j\omega C}+\mathfrak{J}_2 j\omega M = 0;\\ \mathfrak{J}_2\left(R+j\omega L+\frac{1}{j\omega C}\right)+\mathfrak{J}_1 j\omega M+\mathfrak{J}_3 j\omega M = 0;\\ \mathfrak{J}_3\left(R+j\omega L+\frac{1}{j\omega C}\right)+\mathfrak{J}_2 j\omega M = 0. \end{cases}$$

Aus diesen Gl. (2,21) schaffen wir $\mathfrak{J}_1$ und $\mathfrak{J}_2$ fort und finden:

$$\frac{\mathfrak{J}_3}{\mathfrak{J}_a} = -\frac{\omega^2M^2\frac{1}{j\omega C}}{\left(R+j\omega L+\frac{1}{j\omega C}\right)\left\{2\omega^2M^2+\left(R+j\omega L+\frac{1}{j\omega C}\right)^2\right\}}$$

und folglich für die Ausgangsspannung $\mathfrak{U}_3 = \mathfrak{J}_3/j\omega C$:

$$\frac{\mathfrak{U}_3}{\mathfrak{J}_a} = \frac{\frac{M^2}{C^2}}{\left(R+j\omega L+\frac{1}{j\omega C}\right)\left\{2\omega^2M^2+\left(R+j\omega L+\frac{1}{j\omega C}\right)^2\right\}}.$$

In dieser Formel führen wir wieder die bereits benutzten Bezeichnungen ein: $\omega_0^2 LC = 1$, $\beta = (\omega^2 - \omega_0^2)/\omega\omega_0$, $Q = \omega L/R$, $k = M/L$ und finden:

$$\left|\frac{\mathfrak{U}_3}{\mathfrak{J}_1}\right| = \frac{\frac{M^2}{C^2}}{R^3\left[\left(2k^2Q^2 - \beta^2Q^2\frac{\omega_0^2}{\omega^2} + 3\right)^2 \beta^2Q^2\frac{\omega_0^2}{\omega^2} + \left(2k^2Q^2 - 3\beta^2Q^2\frac{\omega_0^2}{\omega^2} + 1\right)^2\right]^{1/2}}. \tag{D 2,22}$$

Das Verhältnis der Spannung $\mathfrak{U}_3$ zur Spannung $\mathfrak{U}_3$ im Resonanzfall ($\beta = 0$ und $\omega = \omega_0$) ergibt sich zu:

$$\left|\frac{\mathfrak{U}_3}{\mathfrak{U}_{3\,\mathrm{res}}}\right| = \frac{1 + 2k^2Q^2}{\left[\left(2k^2Q^2 - \beta^2Q^2\frac{\omega_0^2}{\omega^2} + 3\right)^2 \beta^2Q^2\frac{\omega_0^2}{\omega^2} + \left(2k^2Q^2 - 3\beta^2Q^2\frac{\omega_0^2}{\omega^2} + 1\right)^2\right]^{1/2}}. \tag{D 2,23}$$

Diese Gl. (2,23) wird durch die Abb. 232 veranschaulicht. Ein Vergleich mit Abb. 229 zeigt die Verbesserung der Resonanzkurven durch den dritten Kreis.

Schrifttum: 45, 346.

δ) *Sperrkopplungsglieder.*

Die oben behandelten Kopplungsglieder haben die Eigenschaft, Schwingungen einer gegebenen Frequenz (Resonanzfrequenz) besonders gut zu übertragen, während Schwingungen beträchtlich abweichender Frequenz viel weniger gut übertragen werden. In Empfangsgeräten tritt manchmal die Aufgabe hervor, Schwingungen einer gegebenen Frequenz möglichst gar nicht zu übertragen (zu sperren) und Schwingungen abweichender Frequenz möglichst gut zu übertragen. Kopplungsglieder, welche diese Forderung erfüllen, bezeichnen wir als Sperrkopplungsglieder. Ein Beispiel hierfür haben wir bereits im Abschn. D 2a α kennengelernt (vgl. Abb. 221 b). Wenn durch den angegebenen Reihenkreis ein Wechselstrom $\mathfrak{J}$ fließt, wird das Verhältnis der Spannung $\mathfrak{U}$ über dem Kreis zu $\mathfrak{J}$ nach Gl. (2,10) angenähert:

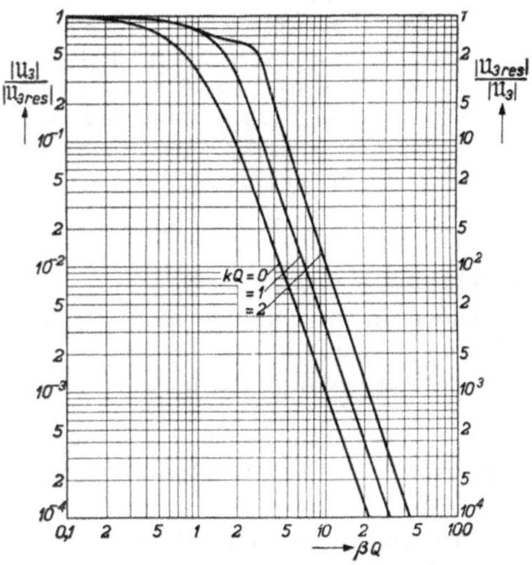

Abb. 232. Spannungsresonanzkurven für drei gekoppelte Kreise nach Abb. 231 bei verschiedener Kopplung. Man vergleiche diese Kurven mit jenen der Abb. 229, um die erzielte Verbesserung durch den dritten Kreis zu beurteilen.

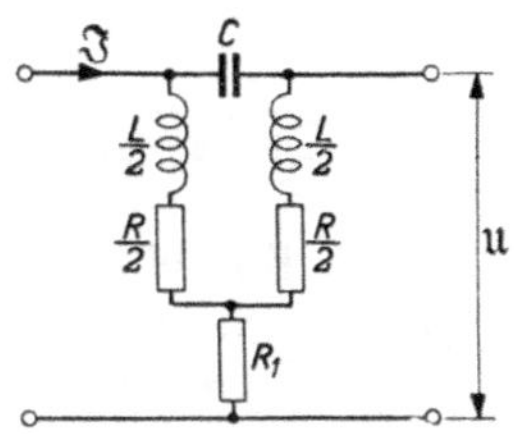

Abb. 233. Sperrkopplungsglied.

$$\left|\frac{\mathfrak{U}}{\mathfrak{J}}\right| = \left[R_v^2 + \frac{1}{\omega_0^2 C^2}\,\frac{4\omega_1^2}{\omega_0^2}\right]^{1/2} = R_v\left[1 + Q^2\frac{4\omega_1^2}{\omega_0^2}\right]^{1/2} = R_v[1 + \beta^2Q^2]^{1/2} \tag{D 2,24}$$

und dieser Ausdruck weist für $\omega_1 = 0 = \beta$ (Resonanz) ein Minimum auf.

Ein weiteres Sperrkopplungsglied ist in Abb. 233 angegeben. Der Widerstand R_1 sei derart gewählt, daß $\mathfrak{U}$ für die Kreisfrequenz $\omega_0 = 1\sqrt{LC}$ verschwindet.

Angenähert wird $R_1 = \omega_0^2 L^2/4R$. Wir finden:

$$\frac{\mathfrak{U}}{\mathfrak{J}} = \frac{\frac{1}{4R}(j\omega L + R)^2 - \frac{1}{4}R(jQ+1)^2\left[1 + jQ\left(\frac{\omega}{\omega_0} - \frac{\omega_0}{\omega}\right)\right]}{1 + jQ\left(\frac{\omega}{\omega_0} - \frac{\omega_0}{\omega}\right)};$$

wo: $\omega_0^2 LC = 1$ und $Q = \omega_0 L/R$. Mit der bereits geläufigen Bezeichnung $\beta = (\omega^2 - \omega_0^2)/\omega\omega_0$ ergibt sich nach einiger Rechnung für Kreisfrequenzen ω in der Umgebung von ω_0:

(D 2,25) $$\left|\frac{\mathfrak{U}}{\mathfrak{J}}\right| = \frac{1}{4}\omega_0 L Q\left[1 + \frac{1}{\beta^2 Q^2}\right]^{-1/2} = \frac{L}{4CR}\left[1 + \frac{1}{\beta^2 Q^2}\right]^{-1/2}.$$

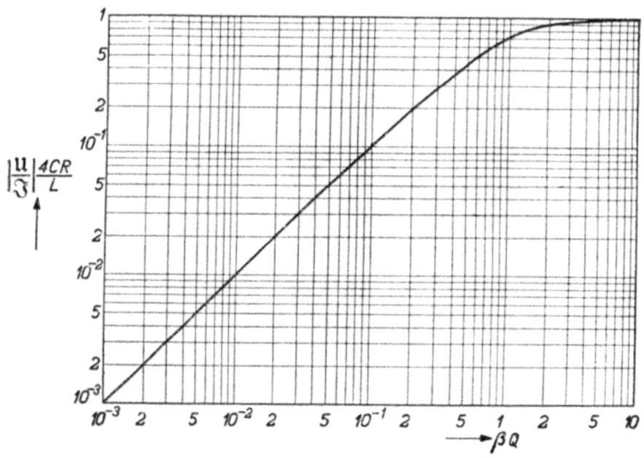

Abb. 234. Ausgangsspannung dividiert durch Eingangsstrom des Sperrgliedes von Abb. 233 (vertikal) als Funktion von βQ.

Für den Resonanzfall ($\omega = \omega_0$ und $\beta = 0$) erhält man also für jeden Eingangsstrom $\mathfrak{J}$ eine Ausgangsspannung Null. Es findet hier eine vollkommene Sperrwirkung statt. Weit von der Resonanz entfernt ist der Klammerausdruck von Gl. (2,25) gleich 1 und folglich $\mathfrak{U}/\mathfrak{J} = L/4CR$. In der Umgebung der Resonanz wächst die Ausgangsspannung von Null ab proportional zu βQ an, wie Abb. 234 zeigt. Wir verdanken dieses Sperrglied Herrn B. D. H. TELLEGEN.

Schrifttum: 45.

b) Kombination von Röhren und Kopplungsgliedern.

Nachdem wir im Abschn. D 2a verschiedene Arten von Kopplungsgliedern zwischen Hochfrequenzverstärkerröhren kennengelernt haben, behandeln wir jetzt die Wirkungsweise von Verstärkerstufenschaltungen, in denen solche Kopplungsglieder verwendet werden.

α) *Röhren mit einzelnen Schwingungskreisen als Kopplungsglieder. Trennschärfe.*

Das Schaltbild der hier betrachteten Anordnung ist in Abb. 235 angedeutet. Die verwendeten Röhren sollen Pentoden mit sehr großem Anodenwiderstand und sehr kleiner Steuergitter-Anodenkapazität C_{ag} sein. Wir vernachlässigen zunächst die Wirkung dieser Größen. In diesem Fall ist

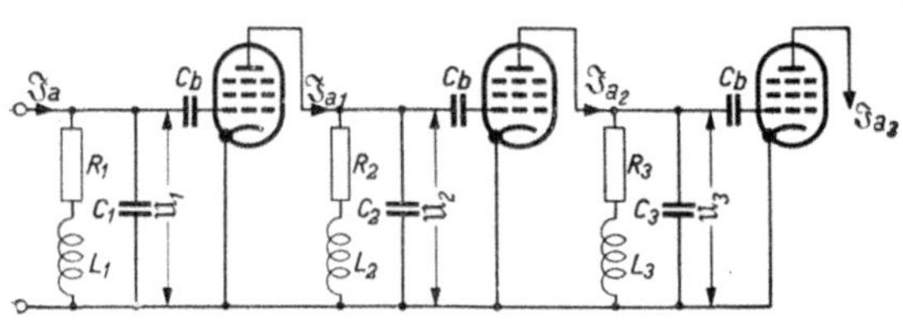

Abb. 235. Kopplung von Verstärkerröhren durch einzelne Schwingungskreise. C_b sind Blockkondensatoren.

$$\mathfrak{J}_{a1} = -S\,\mathfrak{U}_1,$$
$$\mathfrak{J}_{a2} = -S\,\mathfrak{U}_2,$$
$$\mathfrak{J}_{a3} = -S\,\mathfrak{U}_3, \ldots,$$

wo S die Steilheit der verwendeten Röhren bezeichnet.

Weiter ist nach Abschn. D 2a α, Gl. (2,7) und (2,8):

$$\left|\frac{\mathfrak{U}_1}{\mathfrak{J}_a}\right| = \frac{1}{2\pi B_1 C_1}\left[1 + \frac{\omega_1^2}{\pi^2 B_1^2}\right]^{-1/2},$$

wo $\omega_1 = \omega - \omega_{01} \ll \omega_{01}$, $\omega_{01}^2 L_1 C_1 = 1$, $B_1 = R_1/2\pi L_1$ ist. In analoger Weise ergibt sich:

$$\left|\frac{\mathfrak{U}_2}{\mathfrak{J}_{a1}}\right| = \frac{1}{2\pi B_2 C_2}\left[1 + \frac{\omega_1^2}{\pi^2 B_2^2}\right]^{-1/2}; \quad \left|\frac{\mathfrak{U}_3}{\mathfrak{J}_{a2}}\right| = \frac{1}{2\pi B_3 C_3}\left[1 + \frac{\omega_1^2}{\pi^2 B_3^2}\right]^{-1/2} \text{ usw.},$$

wo ω_1 in bezug auf jeden Kreis eine analoge Bedeutung hat. Am Eingang der vierten Röhre erhält man:

$$\left|\frac{\mathfrak{U}_4}{\mathfrak{J}_a}\right| = \left|\frac{\mathfrak{U}_4}{\mathfrak{J}_{a3}}\frac{\mathfrak{J}_{a3}}{\mathfrak{U}_3}\frac{\mathfrak{U}_3}{\mathfrak{J}_{a2}}\frac{\mathfrak{J}_{a2}}{\mathfrak{U}_2}\frac{\mathfrak{U}_2}{\mathfrak{J}_{a1}}\frac{\mathfrak{J}_{a1}}{\mathfrak{U}_1}\frac{\mathfrak{U}_1}{\mathfrak{J}_a}\right| = \frac{S^3}{(2\pi)^4 B_1 B_2 B_3 B_4 C_1 C_2 C_3 C_4} \times$$
$$\left[1 + \frac{\omega_1^2}{\pi^2 B_4^2}\right]^{-1/2}\left[1 + \frac{\omega_1^2}{\pi^2 B_3^2}\right]^{-1/2}\left[1 + \frac{\omega_1^2}{\pi^2 B_2^2}\right]^{-1/2}\left[1 + \frac{\omega_1^2}{\pi^2 B_1^2}\right]^{-1/2}.$$

Durch eine geeignete Wahl der Bandbreiten und Resonanzfrequenzen der verschiedenen Kreise können wir versuchen, für $\mathfrak{U}_4/\mathfrak{J}_a$ Frequenzkurven zu erhalten, die dem Idealfall der Abb. 224 nahe kommen. Einige Beispiele sollen dies zeigen. Als erstes Beispiel wählen wir alle Kreise gleich und erhalten:

(D 2,26)
$$\left|\frac{\mathfrak{U}_4}{\mathfrak{J}_a}\right| = \frac{S^3}{(2\pi)^4 B^4 C^4}\left[1 + \frac{\omega_1^2}{\pi^2 B^2}\right]^{-4/2}.$$

Wir setzen den Wert von ω_1, für den der Ausdruck $|\mathfrak{U}_4/\mathfrak{J}_a|$ gleich $1/\sqrt{2}$ seines Höchstwertes wird, gleich πB_0 und können dann B_0 als Bandbreite des ganzen Verstärkers bezeichnen. Die Beziehung zwischen B_0 und B lautet:

(D 2,27)
$$1 + \frac{\pi^2 B_0^2}{\pi^2 B^2} = 2^{1/4} \quad \text{oder} \quad B_0 = B(2^{1/4} - 1)^{1/2}.$$

Für n Kreise und $n - 1$ Röhren müßte $1/4$ durch $1/n$ ersetzt werden. Aus (2,27) geht hervor, daß die Bandbreite der einzelnen Kreise größer gewählt werden muß als B_0, und zwar um so größer, je mehr Stufen vorhanden sind. Hierdurch sinkt aber die Verstärkung nach Gl. (2,26) derart, daß mehr Stufen notwendig werden, um eine gegebene Gesamtverstärkung zu erzielen.

Als *Trennschärfe* T eines Verstärkers bezeichnen wir das Verhältnis der Verstärkung für die Symmetriefrequenz der Gesamtfrequenzkennlinie (vorausgesetzt, daß diese symmetrisch ist) zur Verstärkung in einem Abstande B_0 von der Symmetriefrequenz. Im obengenannten Fall n gleicher Kreise und $n - 1$ Röhren ergibt sich für T folgende Formel:

(D 2,28)
$$T = \left[1 + \frac{(2\pi B_0)^2}{\pi^2 B^2}\right]^{n/2} = [1 + 4(2^{1/n} - 1)]^{n/2},$$

die in Abb. 236 veranschaulicht ist. Die Kurve der Abb. 236 zeigt deutlich „Sättigungscharakter". Die Trennschärfe nimmt bei größeren n-Werten fast nicht mehr zu. Im Falle, daß die Trennschärfe für einen Abstand $aB_0/2$ von der Symmetriefrequenz definiert würde, wäre $\omega_1 = a\pi B_0$ und somit 4 durch a^2 zu ersetzen. Für die Idealkurve der Abb. 224 ist T unendlich groß.

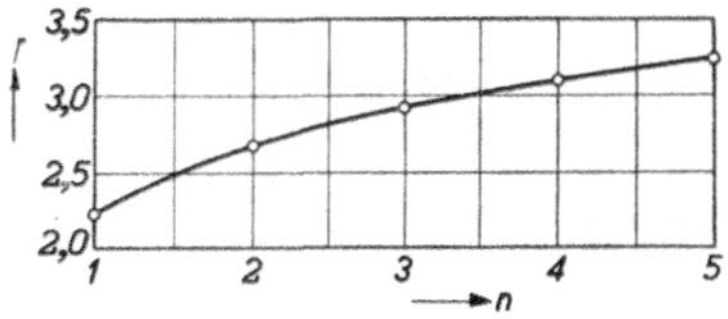

Abb. 236. Trennschärfe T für n gleiche Kreise und $n - 1$ Röhren nach Abb. 235 als Funktion von n.

Man kann diese Trennschärfe dadurch erhöhen, daß die Kreise nicht alle die gleiche Bandbreite und nicht alle die gleiche Abstimmfrequenz erhalten. Wir behandeln einige Beispiele, welche die allgemeinen Gesichtspunkte bei der Wahl dieser Kreisdaten zeigen sollen. Wenn drei Kreise vorhanden sind, wählen wir bei einer vorgegebenen Bandbreite B_0 des ganzen Verstärkers einen Kreis mit einer Bandbreite etwa gleich B_0 und zwei Kreise mit einer geringeren Bandbreite B, deren Abstimmfrequenzen etwa im gegenseitigen Abstand B_0 symmetrisch um die Abstimmfrequenz des ersten Kreises liegen. Das Verfahren wirkt befriedigend, wenn B_0 zwischen $2B$ und $3B$ liegt. Im Falle, daß vier Kreise vorhanden sind, wobei wieder die Bandbreite des ganzen Verstärkers B_0 betragen soll, sind in Abb. 237 drei verschiedene Beispiele für die Wahl der Kreisdaten zusammengefaßt. Zum Vergleich erhält diese Abb. 237 auch noch eine Kurve für vier gleiche Kreise.

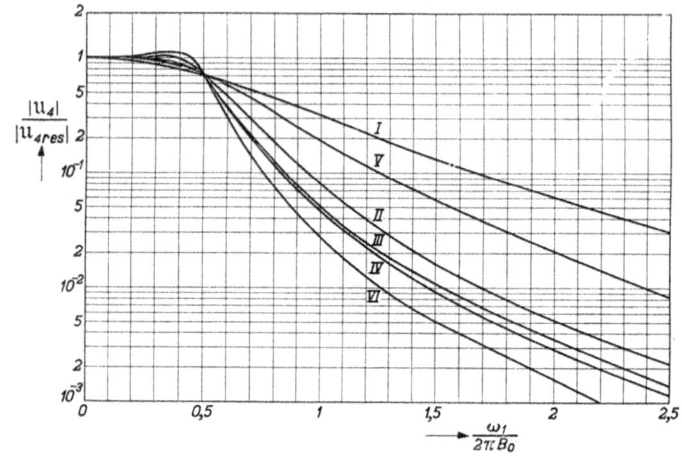

Abb. 237. Zusammenstellung einiger Trennschärfekurven, welche auf gleiche Bandbreite B_0 umgerechnet sind (definiert als Abfall auf $1/\sqrt{2}$ des Resonanzwertes). Vertikal: Spannung über dem Ausgangskreis dividiert durch Spannung im Resonanzfall (für die Symmetriefrequenz der Anordnung). Horizontal: Verhältnis des Frequenzabstandes von der Symmetriefrequenz zur Bandbreite. Kurve *I*: Vier gleiche Kreise gleicher Abstimmung mit 3 Röhren (vgl. Abb. 235). Kurve *II*: Vier Kreise, von denen zwei auf die Frequenzen $F_0 - B$ und $F_0 + B$ abgestimmt sind (F_0 ist die Symmetriefrequenz, entsprechend $\omega_1 = 0$ der Abbildung) und je die Bandbreite B haben, während die anderen zwei Kreise auf die Frequenzen $F_0 \pm 0{,}5\,B$ abgestimmt sind und je die Bandbreite $2\,B$ haben. Es ist $B_0 = 2{,}09\,B$. Kurve *III*: Zwei Kreise sind auf die Frequenz F_0 abgestimmt und haben je die Bandbreite $3\,B$, während die zwei anderen Kreise auf die Frequenzen $F_0 \pm 1{,}5\,B$ abgestimmt sind und je die Bandbreite B haben. Es ist $B_0 = 3{,}25\,B$. Kurve *IV*: Zwei Kreise haben je die Bandbreite B und die Abstimmfrequenzen $F_0 \pm 1{,}5\,B$, während die zwei übrigen Kreise je die Bandbreite $3\,B$ haben und die Abstimmfrequenzen $F_0 \pm 0{,}5\,B$. Es ist $B_0 = 3{,}4\,B$. Kurve *V* und *VI* sind die Kurven $k_1 Q_0 = 1$ bzw. $k_1 Q_0 = 4$ der Abb. 248. Aus dieser Abbildung geht hervor, daß vier einzelne Kreise so gewählt werden können, daß ihre Gesamttrennschärfekurve fast ebenso günstig ist, wie die besten Kurven bei der gleichen Zahl gekoppelter Kreise.

Hier ist noch eine Bemerkung über die Verstärkung im Resonanzfall mit den vier ersten in Abb. 237 behandelten Kreisanordnungen am Platze. Im Falle von vier gleichen abgestimmten Kreisen ist sie nach Gl. (2,26) durch:

$$\left|\frac{\mathfrak{U}_{4\,\mathrm{res}}}{\mathfrak{J}_a}\right| = \frac{S^3}{(2\pi B C)^4} = \frac{S^3}{(2\pi B_0 C)^4}\,(2^{1/4}-1)^2 = \frac{S^3}{(2\pi B_0 C)^4}\cdot 0{,}036$$

gegeben. Im Falle der Kurven *II*, *III* und *IV* der Abb. 237 beträgt sie:

$$\left|\frac{\mathfrak{U}_{4\,\mathrm{res}}}{\mathfrak{J}_a}\right| = \frac{S^3}{(2\pi B_0)^4 C_1 C_2 C_3 C_4}\cdot G,$$

wo der Faktor G für die betreffenden Kurven bzw. etwa die Werte 0,8, 1,2 und 1,3 hat. Der Fall gegeneinander verstimmter Kreise zeichnet sich somit nicht nur durch eine größere Trennschärfe (Abb. 237), sondern auch durch höhere Verstärkung aus (man wähle zum Vergleich etwa $C_1 = C_2 = C_3 = C_4 = C$). Zum Vergleich haben wir in Abb. 237 auch noch die Frequenzkennlinie zweier, je aus zwei gekoppelten Kreisen bestehender, Vierpole, getrennt durch eine Röhre (Abb. 240 und 248) mit dem gleichen Frequenzmaßstab eingezeichnet. Es ergibt sich, daß die Trennschärfe der aus vier verstimmten Einzelkreisen bestehenden Anordnungen von gleicher Größenordnung ist als jene der Anordnung mit zwei Paaren gekoppelter Kreise.

Schrifttum: 30, 88, 198, 255, 286.

β) *Einfluß der Steuergitter-Anodenkapazität.*

Der Anodenwiderstand R_a der Verstärkerröhren kann die Ergebnisse nur insoweit beeinflussen, daß er die Kreisbandbreiten vergrößert. Er kann deshalb in einfacher Weise mitberücksichtigt werden. Dagegen ist der Einfluß der Steuergitter-Anodenkapazität etwas verwickelter. Wir brechen zur Erörterung dieses Einflusses die Schaltung der Abb. 235 nach dem zweiten Kreis ab, betrachten also eine Verstärkerröhre mit je einem Kreis am Eingang und am Ausgang und setzen den Anodenwiderstand als sehr groß im Vergleich zum komplexen Widerstand des Ausgangskreises voraus. Der komplexe Widerstand des Eingangskreises soll so niedrig sein, daß er praktisch in der Umgebung der Resonanz nicht durch die Rückwirkung von der Anode her beeinflußt wird. Nach Gl. (A 2,5) von Abschn. A 2bα und nach (D 2,26) ergibt sich für das Verhältnis $\mathfrak{U}_2/\mathfrak{J}_a$:

(D 2,29)
$$\left\{\begin{aligned} \left|\frac{\mathfrak{U}_2}{\mathfrak{J}_a}\right| &= \frac{1}{2\pi B_1 C_1 \left(1+\frac{\omega_1^2}{\pi^2 B_1^2}\right)^{1/2}} \left|\frac{(j\omega C_{ag}-S)\,\mathfrak{R}_2}{1+j\omega C_{ag}\mathfrak{R}_2}\right| \\ &= \frac{S}{2\pi B_1 C_1\left(1+\frac{\omega_1^2}{\pi^2 B_1^2}\right)^{1/2} 2\pi B_2 C_2 \left(1+\frac{\omega_1^2}{\pi^2 B_2^2}\right)^{1/2}} \left|\frac{1-j\omega C_{ag}/S}{1+j\omega C_{ag}\mathfrak{R}_2}\right|, \end{aligned}\right.$$

wo $\mathfrak{R}_2$ den komplexen Widerstand des Ausgangskreises darstellt. Der Ausdruck:

$$\left|\frac{1-\frac{j\omega C_{ag}}{S}}{1+j\omega C_{ag}\mathfrak{R}_2}\right|$$

gibt die Änderung des Frequenzganges von $\mathfrak{U}_2/\mathfrak{J}_a$ infoge der Kapazität C_{ag} an. In erster Näherung können wir in diesem Ausdruck $\omega = \omega_0$ setzen und erhalten für seinen absoluten Wert:

(D 2,30)
$$\frac{\left(1+\omega_0^2\frac{C_{ag}^2}{S^2}\right)^{1/2}}{\left[1+\frac{\omega_0^2 C_{ag}^2}{(2\pi B_2 C_2)^2\left(1+\frac{\omega_1^2}{\pi^2 B_2^2}\right)}\right]^{1/2}} = \left(1+\omega_0^2\frac{C_{ag}^2}{S^2}\right)^{1/2} F_{ag}.$$

Der Frequenzgang dieses Ausdrucks steckt in dieser Näherung offenbar ganz im Nenner, also im Faktor F_{ag}, während der Zähler nur den Betrag des Ausdrucks bedingt. Der Faktor F_{ag} ist in Abb. 238 dargestellt. Bei beträchtlichen Werten von $x = \omega_0 C_{ag}/2\pi B_2 C_2$ kann dieser Faktor nach Abb. 238 dahin wirken, daß die Trennschärfe des Verstärkers *verringert* wird und daß die Resonanzkurve sogar „Schultern“ bekommt.

Derart beträchtliche Werte der Kapazität C_{ag} können nicht nur die Frequenzkennlinie des Verstärkers ungünstig beeinflussen, sondern auch zu Störschwingungen führen (vgl. Abschn. C 3aγ). Wir gehen von der in Abschn. A 2dα angegebenen Formel für den Eingangsleitwert der oben betrachteten Anordnung aus:

(D 2,31)
$$\mathfrak{Y}_e = \mathfrak{Y}_g + \mathfrak{Y}_{ag} + \frac{-\mathfrak{Y}_{ag}^2 + \mathfrak{Y}_{ag} S}{1+\mathfrak{Y}_{ag}\mathfrak{R}_2}\mathfrak{R}_2,$$

wo wieder R_a sehr groß gegen $|\mathfrak{R}_2|$ vorausgesetzt ist. Unter dem Leitwert $\mathfrak{Y}_g$ wollen wir den Eingangskreis mit dem Röhreneingang parallel zusammenfassen. Die obige Voraussetzung über den Eingangskreis lassen wir fallen. In der Abstimmung ist dann $\mathfrak{Y}_g = 1/R_1$, wenn R_1 den Abstimmwiderstand des Eingangsschwingungskreises bedeutet. Störschwingungen treten auf, sobald der reelle Teil von $\mathfrak{Y}_e$ nach Gl. (2,31) negativ ist. Als Bedingung für das Ausbleiben solcher Störschwingungen kann somit gelten: $Re(\mathfrak{Y}_e) \geq 0$. Aus Abschn. A 2d$\alpha$ wissen wir, daß der reelle Teil von $\mathfrak{Y}_e$ einen negativen Anteil enthält, wenn $\mathfrak{R}_2$ einen Selbstinduktionsanteil hat. Setzen wir $\mathfrak{Y}_{ag} = j\omega C_{ag}$ und $1/\mathfrak{R}_2 = 1/\mathfrak{R}_2 - j\omega C_2$, wo R_2 ein Wirkwiderstand ist, so ergibt sich:

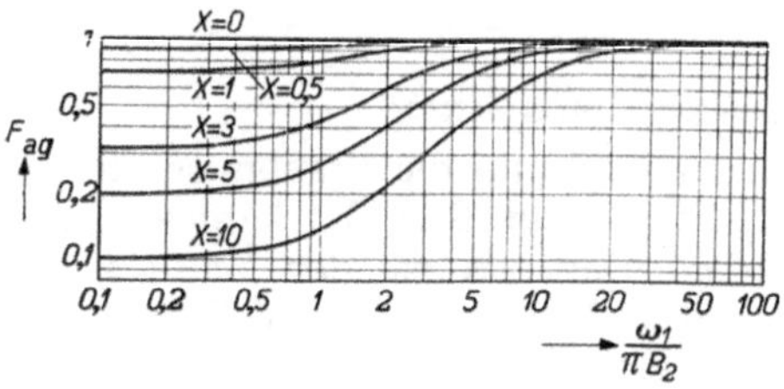

Abb. 238. Der Faktor F_{ag} der Gl. (2,30) als Funktion von $\omega_1/\pi B_2$ für verschiedene Werte von $x = \omega_0 C_{ag}/2\pi B_2 C_2$.

$$Re(\mathfrak{Y}_e) = \frac{1}{R_1} + \frac{\frac{\omega^2 C_{ag}^2}{R_2} + \omega^2 C_{ag} S (C_{ag} - C_2)}{\frac{1}{R_2^2} + \omega^2 (C_{ag} - C_2)^2}.$$

Wir bestimmen $C_{ag} - C_2$ derart, daß $Re(\mathfrak{Y}_e)$ einen Extremwert erreicht. Man erhält nach einfacher Rechnung:

$$\text{(D 2,32)} \qquad \omega(C_{ag} - C_2) = \frac{1}{R_2 S}\left(-\omega C_{ag} \pm \sqrt{\omega^2 C_{ag}^2 + S^2}\right).$$

Einsetzen dieses Wertes in $Re(\mathfrak{Y}_e)$ soll diesen Ausdruck *positiv* machen. Unter der Voraussetzung $\omega C_{ag} \ll S$ ergibt sich aus dieser Bedingung:

$$\text{(D 2,33)} \qquad \omega C_{ag} R_1 R_2 S < 2.$$

Wir können R_2 angenähert als Kreiswiderstand in der Abstimmung betrachten. Neuere Hochfrequenzpentoden weisen C_{ag}-Werte unterhalb 10^{-2} pF und oft in der Nähe von $2 \cdot 10^{-3}$ pF auf. Letzterer Wert ergibt bei einer Wellenlänge von 200 m, Kreiswiderständen R_1 und R_2 von 10^5 Ohm und einer Steilheit S gleich 2 mA/V einen Wert $\omega C_{ag} S R_1 R_2$ von etwa 0,4. Die Grenze nach Gl. (2,33) wird also nicht überschritten, obwohl die Stufenverstärkung in diesem Fall 200 beträgt.

Schrifttum: 129.

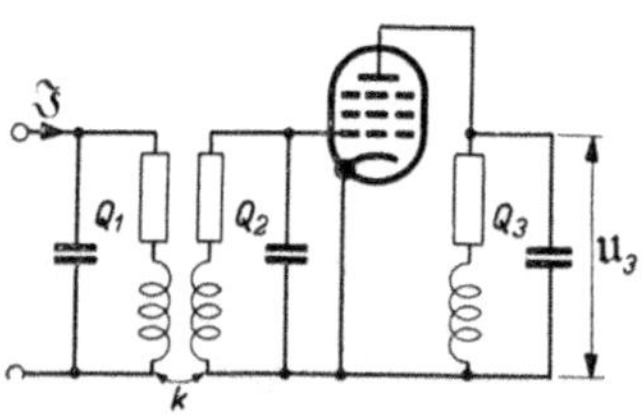

Abb. 239. Schaltbild mit zwei gekoppelten Kreisen am Eingang und einem einzelnen Schwingungskreis am Ausgang einer Hochfrequenzverstärkerröhre. Q_1, Q_2 und Q_3 sind die Qualitätszahlen der Kreise, k ist der Kopplungsfaktor.

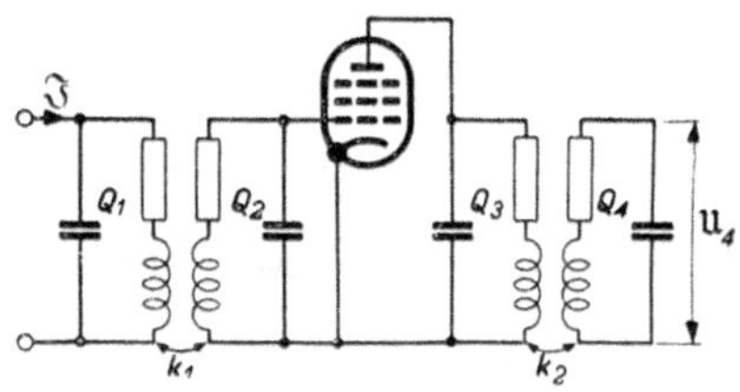

Abb. 240. Zwei gekoppelte Kreise am Eingang und am Ausgang einer Hochfrequenzverstärkerröhre. Q_1, Q_2, Q_3 und Q_4 sind die Qualitätszahlen der Kreise, k_1 und k_2 die Kopplungsfaktoren.

γ) *Röhren mit gekoppelten Kreisen.*

Zwei einfache Schaltungen von Röhren und gekoppelten Kreisen sind in Abb. 239 und 240 dargestellt, während einige dazugehörige Resonanzkurven in Abb. 246 und 247 gezeigt sind. Die Berechnung dieser und analoger Kurven kann ohne weiteres mit Hilfe von Abschn. D 2a stattfinden.

Wir behandeln jetzt Schaltungen, wobei die Kopplung zwischen Schwingungskreisen zum Teil mittels Röhren und zum Teil durch gegenseitige Induktion stattfindet. An Stelle der gegenseitigen Induktion kann nach Gl. (2,17) und (2,18) auch kapazitive Kopplung verwendet werden. Eine Schaltung dieser Art ist in Abb. 241 dargestellt. Die Kapazität C_k sei so klein, daß der Strom durch C_k gegen die übrigen Ströme zu vernachlässigen ist. Aus den Gesetzen von OHM und KIRCHHOFF ergeben sich die Gleichungen:

$$\frac{\mathfrak{J}_1}{j\omega C_1} + (\mathfrak{J}_1 + \mathfrak{J} + \mathfrak{J}_a)(R_1 + j\omega L_1) + \mathfrak{J}_2 j\omega M = 0;$$

$$\mathfrak{J}_2\left(R_2 + j\omega L_2 + \frac{1}{j\omega C_2}\right) + \mathfrak{J}_1 j\omega M = 0;$$

$$\mathfrak{J}_a = \frac{\mathfrak{J}_2}{j\omega C_2}\,\frac{R_k}{R_k + \dfrac{1}{j\omega C_k}}\,S,$$

wo S die Steilheit der Röhre bedeutet. Der Anodenwiderstand der Röhre sei sehr groß im Vergleich zu den komplexen Kreiswiderständen und die Steuer-

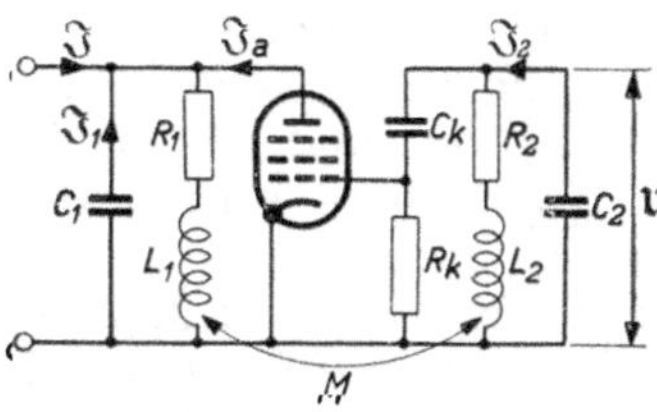

Abb. 241. Kopplung zweier Schwingungskreise teils mittels einer Verstärkerröhre und teils mittels gegenseitiger Induktion M.

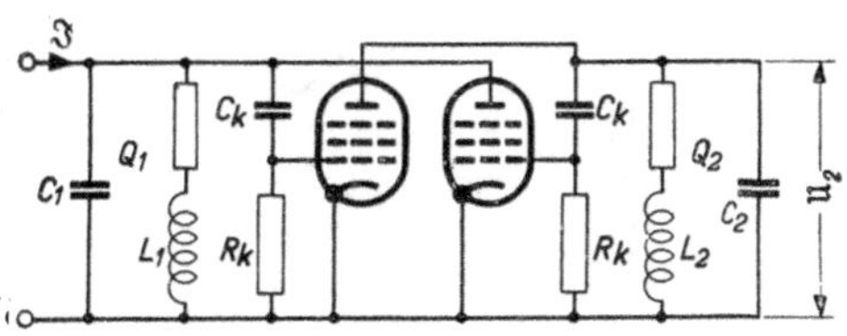

Abb. 242. Kopplung zweier Schwingungskreise mittels zweier Verstärkerröhren.

gitter-Anodenkapazität sei vernachlässigbar. Wir nehmen weiterhin an: $1/\omega C_k \gg R_k$ und finden durch Fortschaffen von $\mathfrak{J}_1$ und $\mathfrak{J}_a$ aus den obigen Gleichungen für die Umgebung der Resonanz ($\omega_0^2 L_1 C_1 = \omega_0^2 L_2 C_2 = 1$):

(D 2,34) $$\frac{\mathfrak{U}_2}{\mathfrak{J}} = \frac{-\mathfrak{J}_2}{j\omega C_2 \mathfrak{J}} = \frac{j\omega M}{(\beta - j/Q_1)(\beta - j/Q_2) - (k^2 + \omega_0^2 M C_k R_k S)},$$

wo β, k und Q die bereits im Anschluß an Gl. (2,11) genannte Bedeutung haben. Die Gl. (2,34) zeigt einige Ähnlichkeit mit der Gl. (2,13) für zwei induktiv gekoppelte Kreise, aber die Glieder, welche mit der Kopplung zusammenhängen, sind natürlich verschieden. Die Frequenzkennlinie der Anordnung von Abb. 241 ergibt sich aus der Gleichung:

(D 2,35) $$\left|\frac{\mathfrak{U}_2}{\mathfrak{U}_{2\,\mathrm{res}}}\right| = \frac{\dfrac{1}{Q_1 Q_2} + k^2 + \omega_0^2 M C_k R_k S}{\left[\left(\beta^2 - \dfrac{1}{Q_1 Q_2} - k^2 - \omega_0^2 M C_k R_k S\right)^2 + \beta^2\left(\dfrac{1}{Q_1} + \dfrac{1}{Q_2}\right)^2\right]^{1/2}}.$$

Offenbar kann diese Frequenzkennlinie durch Änderung der Steilheit S geregelt werden. Für eine Anwendung sei nach dem nächsten Abschn. δ verwiesen.

Die Schaltung der Abb. 241 kann in einfacher Weise zu einer symmetrischen Schaltung erweitert werden, bei der die Kopplung der Kreise *nur* durch die Röhren stattfindet (Abb. 242). Eine Rechnung, die ganz analog zur obigen verläuft (mit den gleichen Voraussetzungen in bezug auf die Röhren, auf C_k und auf R_k), ergibt:

(D 2,36) $$\frac{\mathfrak{U}_2}{\mathfrak{J}} = \frac{-\dfrac{C_k R_k S}{\sqrt{C_1 C_2}}\, j\omega_0 \sqrt{L_1 L_2}}{\left(\beta - \dfrac{j}{Q_1}\right)\left(\beta - \dfrac{j}{Q_2}\right) - \left(\dfrac{C_k R_k S}{\sqrt{C_1 C_2}}\right)^2}.$$

Diese Formel (2,36) zeigt große Ähnlichkeit mit der Gl. (2,13). Der Kopplungsfaktor k aus letzter Gleichung ist jetzt in Gl. (2,36) durch $C_k R_k S/\sqrt{C_1 C_2}$ ersetzt. Dieser Vergleich erhellt besonders deutlich die Möglichkeiten, welche sich durch Röhrenkopplung für die Kopplungsregelung bieten (vgl. auch den nächsten Abschn. δ).

δ) *Bandbreitenregelung.*

In Empfangsgeräten wünscht man oft die Trennschärfe und somit die Frequenzkennlinie der benutzten Verstärkerschaltung zu regeln, was wir kurz als „Bandbreitenregelung" bezeichnen. Zur Erzielung dieser Regelung können verschiedene Wege eingeschlagen werden, von denen die wichtigsten sind: *Q-Regelung, Verstimmungsregelung* und *Kopplungsregelung.*

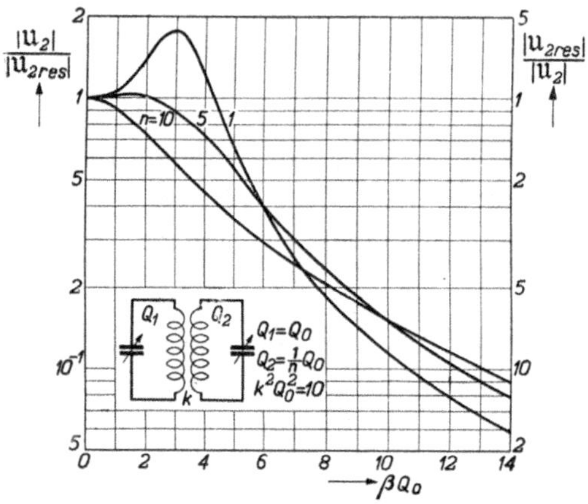

Abb. 243. Beispiel zur Bandbreitenregelung mittels Q-Regelung. Die Wahl der Qualitätszahlen Q_1 und Q_2 sowie der Kopplung der Kreise ist angegeben.

Im Falle der Q-Regelung wird die Qualität $Q = \omega L/R$ der einzelnen Schwingungskreise geändert. Als Beispiel hierzu betrachten wir zwei gekoppelte Kreise, gehen von Gl. (2,20) aus und wählen $Q_1 = Q_0$, $Q_2 = Q_0/n$ und $k^2 Q_0^2 = 10$. Für $n = 10$ haben wir in diesem Fall gerade die kritische Kopplung. Das Ergebnis ist in Abb. 243 gezeichnet. Für wachsende n-Werte wird der Scheitel der Resonanzkurve schmäler, aber gleichzeitig werden die Flanken weniger steil, was zu einer Herabsetzung der Trennschärfe führt. Eine „ideale" Bandbreitenregelung sollte etwa die in Abb. 244 angedeuteten Eigenschaften haben, d. h. *die Trennschärfe für weiter von der Abstimmung entfernte Frequenzen nicht ändern.* Die Q-Regelung erscheint von diesem Gesichtspunkt aus nicht günstig. Auch die Verstärkung, d. h. $\mathfrak{U}_{2\,res}/\mathfrak{J}_a$

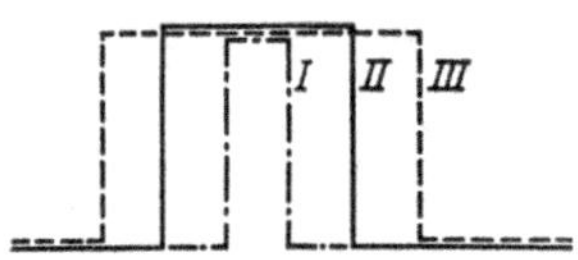

Abb. 244. Schematische Frequenzkennlinien einer idealen Bandbreitenregelung: die Trennschärfe der Kennlinien *I*, *II* und *III* in der Umgebung der Abstimmung wird wohl, jene in weiter Entfernung von der Abstimmung nicht geändert.

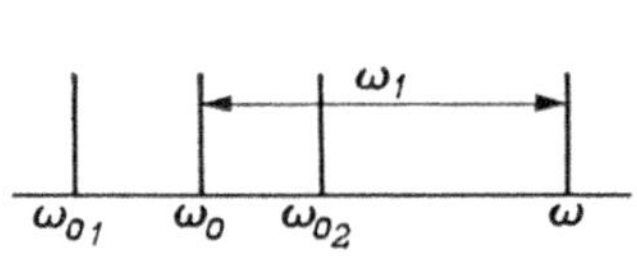

Abb. 245. Gegenseitige Lage der verschiedenen Kreisfrequenzen, welche bei der Bandbreitenregelung zweier gekoppelter Kreise mittels Verstimmung auftreten.

nach Gl. (2,14), wird für wachsendes n geringer. Demgegenüber hat diese Regelung den Vorteil der Einfachheit. Indem zu einem der Kreise die Strecke Anode—Kathode einer Röhre parallel geschaltet und der Anodenwiderstand geregelt wird, kann Q leicht geändert werden. Diese Regelung kann in Empfangsgeräten evtl. selbsttätig stattfinden.

Bei der Verstimmungsregelung wird die Abstimmfrequenz eines Kreises gegenüber derjenigen des anderen von zwei gekoppelten Kreisen geändert. Die Formeln für diesen Fall können aus den Gl. (2,11) abgeleitet werden, wenn die neuen Bedingungen $\omega_{01}^2 L_1 C_1 = 1$ und $\omega_{02}^2 L_2 C_2 = 1$ eingeführt werden. Es sei $\omega_0 = (\omega_{02} + \omega_{01})/2$, $\beta = (\omega^2 - \omega_0^2)/\omega\omega_0 \approx 2\omega_1/\omega_0$, wie in Abschn. D 2a β, $k_0^2 = M^2/L_1 L_2$ und $k^2 = k_0^2 + \beta_u^2$, wo $\beta_u = (\omega_0^2 - \omega_{01}^2)/\omega_0\omega_{01}$. Die gegenseitige Lage der verschiedenen Kreisfrequenzen ist in Abb. 245 dargestellt. Mit Hilfe dieser neuen Bezeichnungen ergibt sich für zwei Kreise mit gleichem Q:

$$\left|\frac{\mathfrak{U}_2}{\mathfrak{U}_2}\right|_{\omega=\omega_0} = \left|\frac{1 + k^2 Q^2}{(\beta Q - j)^2 - k^2 Q^2}\right|. \tag{D 2,37}$$

Dieses Verhältnis ist von dem aus den Gl. (2,13) und (2,14) folgenden nur darin verschieden, daß k jetzt eine andere Bedeutung hat. Bei dieser Verstimmungsregelung ergibt sich eine bedeutende Änderung der *Verstärkung*, die aus der Formel:

$$\left|\frac{\mathfrak{U}_2}{\mathfrak{I}_a}\right|_{\omega=\omega_0} = \frac{\omega_0 k_0 \sqrt{L_1 L_2}}{k^2 + \dfrac{1}{Q^2}} = \frac{\omega_0 k_0 Q^2 \cdot \sqrt{L_1 L_2}}{k^2 Q^2 + 1} \tag{D 2,38}$$

hervorgeht. Wenn k zweimal so groß gemacht wird, verringert sich die Verstärkung auf etwa $^1/_4$ bis $^1/_3$ des ursprünglichen Wertes. Die praktische Durchführung dieser Bandbreitenregelung durch Verstimmung soll so vorgenommen werden,

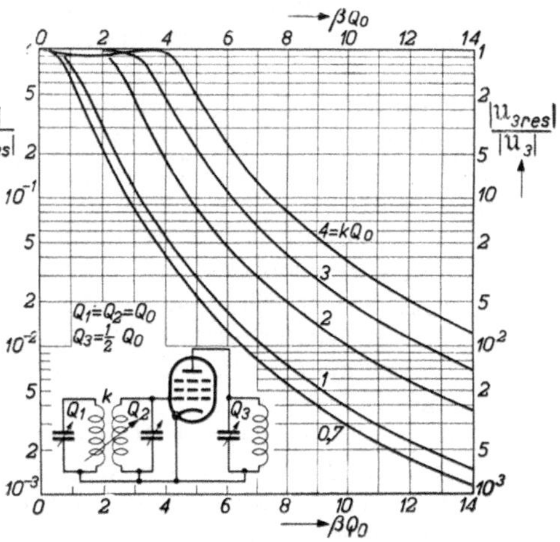

Abb. 246. Beispiel zur Bandbreitenregelung mittels Kopplungsänderung zweier Kreise. Die Schaltung und die zugehörigen Q-Werte sind in der Abbildung angegeben. Die Kopplung k wird geändert.

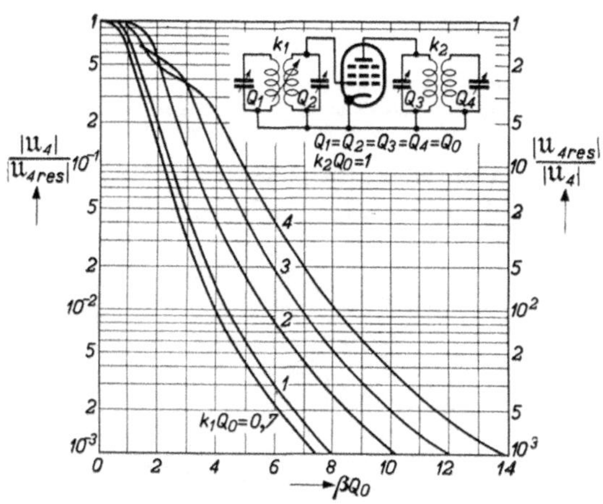

Abb. 247. Frequenzkennlinien der rechts oben gezeichneten Anordnung von vier gleichen Schwingungskreisen, von denen je zwei induktiv miteinander gekoppelt sind. Kurven zeigen den Einfluß der Änderung von einem der betreffenden Kopplungsfaktoren.

daß beide Kreise gleichzeitig im entgegengesetzten Sinne um den gleichen Betrag verstimmt werden, was z. B. durch Ändern der Kreiskapazitäten stattfinden kann. Evtl. könnte eine solche Änderung auch selbsttätig durchgeführt werden.

Die gebräuchlichste Bandbreitenregelung beruht auf Kopplungsregelung. Die Abb. 229 und 232 zeigen für zwei und für drei gekoppelte Kreise die Wirkung einer Änderung der Kopplung k auf die Bandbreite. Aus Abb. 230 geht hervor, daß die Frequenzkennlinie zweier gekoppelter Kreise bei starker Vergrößerung von kQ über 1 hinaus „Schultern" bekommt. Man kann diese Schultern durch Kombinieren mit einem Einzelkreis abflachen, wie im Beispiel der Abb. 246 gezeigt. Der Wert von kQ kann hier von 0,7 bis 4 vergrößert werden, ohne daß merkliche Schultern auftreten. Weiter kann die Schulterbildung auch durch geeignete Zusammenstellung zweier gekoppelter Kreise mit zwei weiteren gekoppelten Kreisen vermieden werden, wie die Beispiele in Abb. 247 und 248 zeigen. Diese Frequenzkennlinien nähern sich alle dem Idealfall der Abb. 244. Eine praktische Ausführung der Kopplungsänderung ist in Abb. 75 gezeigt.

Bei der Betrachtung der Frequenzkennlinien dieses Abschnitts, wo der horizontale Maßstab meistens βQ als Veränderliche zeigt, ist es oft erwünscht, diese Werte von βQ in eine Frequenzabweichung Δf von der Resonanz- bzw. Symmetriefrequenz umzurechnen. Hierzu können die Kurven der Abb. 249 gute Dienste leisten.

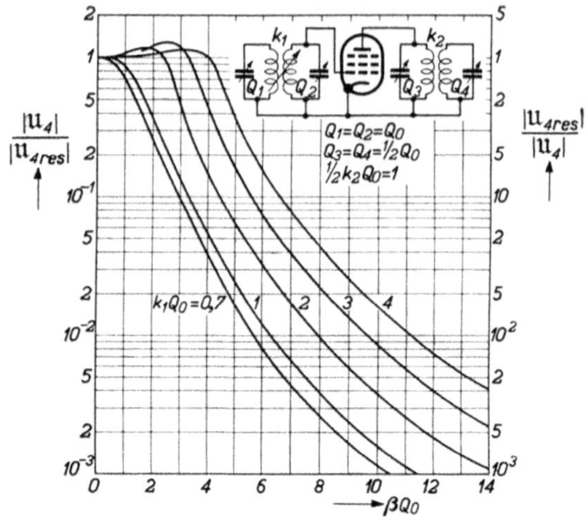

Abb. 248. Frequenzkennlinien der oben rechts gezeichneten Anordnung. Kurven zeigen den Einfluß der Änderung von einem der zwei Kopplungsfaktoren.

Schrifttum: 45, 58, 250, 314, 343, 356, 358.

ε) *Kurzwellenstufen.*

Unser Frequenzgebiet soll, den heutigen Weltfunkverhältnissen entsprechend, bis etwa 100 MHz (3 m Wellenlänge) reichen. Demgemäß sind hier einige Bemerkungen über die Änderungen am Platze, die unsere obigen Überlegungen für die höchsten behandelten Frequenzen erfahren. Wir haben bereits in Abschnitt A 2a δ das allgemeingültige Vierpolschaltbild einer Elektronenröhre abgeleitet. Die obengenannten Änderungen beziehen sich in erster Linie auf die Leitwerte dieses Vierpolschaltbildes, d. h. auf $\mathfrak{Y}_g$, $\mathfrak{Y}_{ag}$, S und $1/\mathfrak{R}_a$ von Gl. (A 2,4).

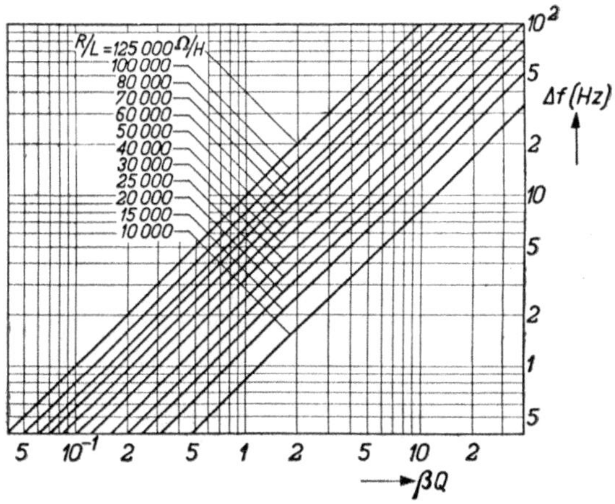

Abb. 249. Zusammenstellung von βQ-Werten als Funktion der Frequenzentfernung Δf von der Resonanz- bzw. Symmetriefrequenz für verschiedene R/L-Werte des betreffenden Schwingungskreises. Diese Kurven erleichtern die praktische Anwendung der Kennlinien in Abb. 248, 247, 246, 243, 237, 234, 232, 229.

Der Gitterleitwert $\mathfrak{Y}_g$ kann allgemein als Parallelschaltung eines Widerstandes R_g und einer Kapazität C_g dargestellt werden: $\mathfrak{Y}_g = 1/R_g + j\omega C_g$. Die Kapazität C_g ist im ganzen betrachteten Frequenzbereich angenähert frequenzunabhängig. Der Widerstand R_g beträgt bis etwa 1 MHz hinauf in den meisten Fällen mehrere MOhm und ist in diesem Gebiet praktisch frequenzunabhängig. Für höhere Frequenzen sinkt R_g aber herab, wie die Kurven der Abb. 250 zeigen. Diese Kurven sind für alle heute verwendeten Röhren charakteristisch. Wir müssen also damit rechnen, daß *die Steuerung der Elektronenröhren im Kurzwellengebiet nicht mehr leistungslos stattfindet,* sondern daß die Eingangskreise durch die Röhren eine Dämpfung erfahren, welche nach kürzeren Wellen stark zunimmt (nach Abb. 250 ist bei 100 MHz der Wert R_g auf etwa 2,3 kOhm gesunken). Analoge Kurven gelten für den reellen Teil des Anodenleitwertes

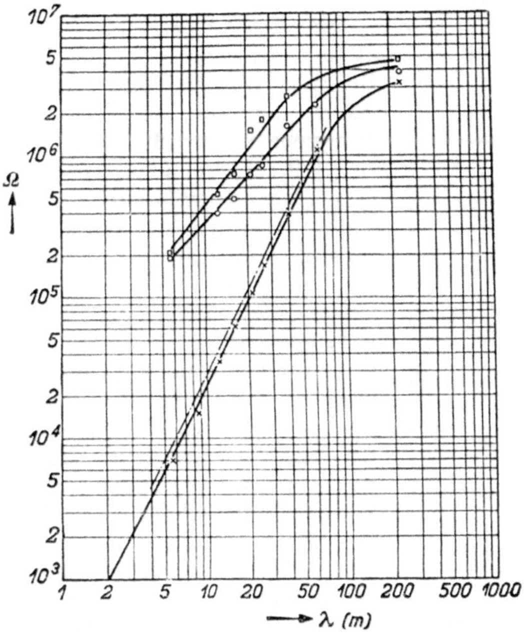

Abb. 250. Vertikal: Eingangswiderstand R_g einer Hochfrequenzpentode im Arbeitspunkt als Funktion der Wellenlänge. Kreuze: Röhre in normalem Betrieb. Kreise: Röhre mit ungeheizter Kathode. Quadrate: Steuergittervorspannung weit negativ. Die Punkt-Strich-Kurve entspricht Leitwerten, welche erhalten werden als Differenz der Leitwerte der Kreuzkurve und jener der Quadratkurve.

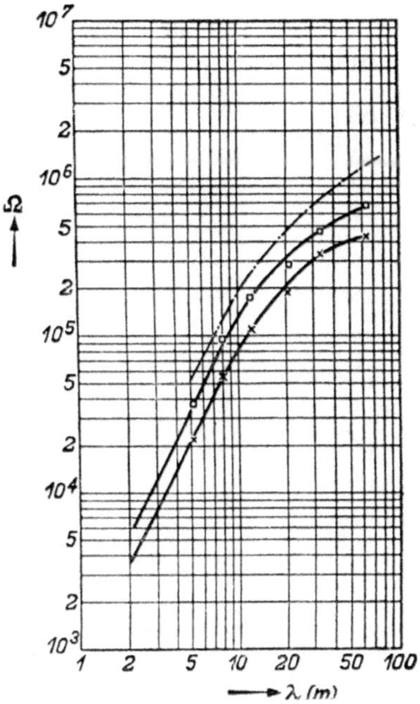

Abb. 251a. Ausgangswiderstand R_a einer Hochfrequenzpentode im Arbeitspunkt (vertikal) als Funktion der Wellenlänge. Kreuze: Röhre in normalem Betrieb. Quadrate: Steuergitterspannung weit negativ. Die Punkt-Strich-Kurve entspricht Leitwerten, die als Differenz der Leitwerte der Kreuzkurve und jener der Quadratkurve erhalten werden.

$1/\mathfrak{R}_a = 1/R_a + j\omega C_a$ (Abb. 251a). Auch hier ist C_a im betrachteten Gebiet praktisch frequenzunabhängig, während R_a bei wachsender Frequenz abnimmt. Hierbei müssen wir berücksichtigen, daß R_a bei niedrigen Frequenzen bereits einen endlichen Wert R_{a0} hat (den wir stets Anodenwiderstand genannt haben) und daß sich folglich der Kurzwelleneffekt als

$$1/R_{a\,\mathrm{akt}} = 1/R_a - 1/R_{a0}$$

äußert. Wie aus Abb. 251b hervorgeht, ist $1/R_{a\,\mathrm{akt}}$ bei neuzeitlichen Pentoden proportional zur Steilheit, wenn diese z. B. mit Hilfe von negativer Steuergitterspannung geregelt wird.

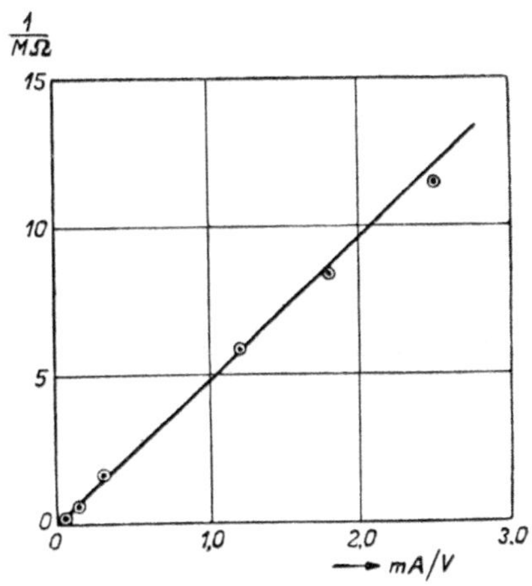

Abb. 251b. Vertikal: Ausgangsleitwert einer Hochfrequenzpentode nach Abzug des statischen Anodenleitwertes als Funktion der Steilheit, geregelt mittels negativer Steuergitterspannung bei 8 m Wellenlänge.

Der Rückwirkungsleitwert $\mathfrak{Y}_{ag}$ ist im Kurzwellengebiet ebenfalls stark frequenzabhängig, wie die Kurve der Abb. 252 zeigt. Auch diese Kurve kann als charakteristisch für die heute verwendeten Röhren betrachtet werden. Die empirischen Daten können durch die Gleichung:

(D 2,39) $$\mathfrak{Y}_{ag} = j\omega\,(C_{ag0} - A f^2)$$

gut erfaßt werden (C_{ag0} in pF und f in MHz). Der Kurve aus Abb. 252 entsprechen die Zahlen: $C_{ag0} = 3{,}0 \cdot 10^{-3}$ pF und $A = 0{,}28 \cdot 10^{-4}$ pF/(MHz)². Wie aus Abb. 252 und Gl. (2,39) ersichtlich, gibt es im allgemeinen eine Frequenz f, für die $\mathfrak{Y}_{ag}$ verschwindet. Für die Röhre der Abb. 252 liegt diese Frequenz bei etwa 10 MHz. Oberhalb dieser Frequenz entspricht $\mathfrak{Y}_{ag}$ einer *negativen* Kapazität. Hierdurch müssen die Überlegungen in Abschn. D 2bβ bezüglich des Selbstschwingens einer Stufe geändert werden, wie unten im Anschluß an die Steilheits-Frequenzabhängigkeit dargelegt wird.

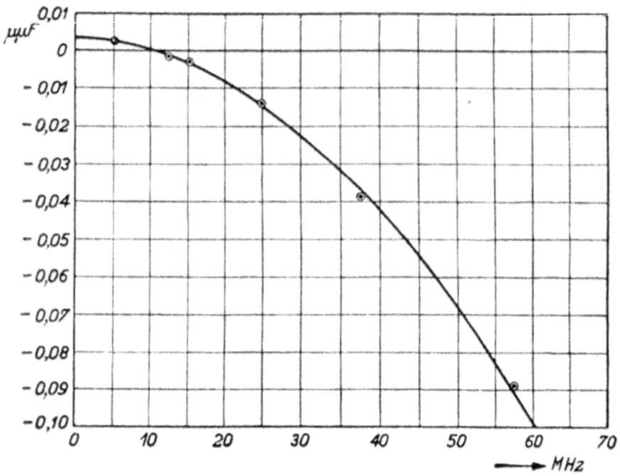

Abb. 252. Effektive Rückwirkungskapazität (vertikal) als Funktion der Frequenz für eine Hochfrequenzpentode.

Während wir bis jetzt die Steilheit S als *reelle* Größe betrachtet haben, müssen wir im Kurzwellengebiet für die meisten verwendeten Röhren damit rechnen, daß ein zusätzlicher Phasenwinkel auftritt: $S = S_0 e^{-j\psi}$. Der absolute Betrag S_0 der Steilheit ist im betrachteten Gebiet praktisch fast frequenzunabhängig. Der Phasenwinkel ψ ist etwa proportional zur Frequenz und beträgt für Pentoden üblicher Bauart etwa 20° bei 30 MHz, für Trioden aber nur etwa 5° bei 30 MHz. Bei Hexoden können unter Umständen bei 30 MHz Phasenwinkel von 40° auftreten. Diese Zahlen gelten für normale Betriebsbedingungen.

Durch diesen Steilheitsphasenwinkel, zusammen mit der Vorzeichenänderung der Rückwirkungskapazität, müssen die Selbstschwingungsbedingungen für eine Stufe mit Eingangskreis und Ausgangskreis wie folgt formuliert werden: Ausgehend von Gl. (2,31) setzen wir wieder den Widerstand des Eingangskreises in der Abstimmlage gleich R_1 und verstimmen den Ausgangskreis derart, daß sein komplexer Widerstand durch $1/\mathfrak{R}_2 = 1/R_2 + j\omega C_2$ gegeben ist. Der reelle Teil des Eingangsleitwertes wird unter Vernachlässigung von ωC_{ag} gegen S_0 und gegen $|1/\mathfrak{R}_2|$:

$$Re(\mathfrak{Y}_e) = \frac{1}{R_1} + S_0 \omega C_{ag} R_2 \left(\frac{\sin\psi + \omega C_2 R_2 \cos\psi}{1 + \omega^2 C_2^2 R_2^2} \right),$$

und dieser reelle Teil soll positiv sein. Weil C_{ag} negativ vorausgesetzt wird, ist die ungünstigste Situation für die Erfüllung dieser Bedingung vorhanden, wenn der Klammerausdruck rechts positiv und möglichst groß ist. Dies ist für $\psi < \pi/2$ der Fall, wenn $\omega C_2 R_2 = (1 - \sin\psi)/\cos\psi$ ist, und wir erhalten die Bedingungsgleichung:

$$\frac{1}{R_1} + S_0 \omega C_{ag} R_2 \frac{\sin\psi + \dfrac{1-\sin\psi}{\cos\psi}\cos\psi}{1 + \left(\dfrac{1-\sin\psi}{\cos\psi}\right)^2} \geqq 0$$

oder

$$\frac{1}{R_1} + S_0 \omega C_{ag} R_2 \frac{\cos^2\psi}{2(1-\sin\psi)} \geqq 0$$

oder

$$|S\omega C_{ag} R_2 R_1| \leqq \frac{2(1-\sin\psi)}{\cos^2\psi} = \frac{2(1-\sin\psi)}{1-\sin^2\psi} = \frac{2}{1+\sin\psi}. \qquad \text{(D 2, 40)}$$

Für $\psi = 0$ erhalten wir wieder die Bedingung (2,33). Für $\psi = \pi/2$ ist die Zahl 2 rechts in Gl. (2,33) auf 1 gesunken. *Folglich wird durch den Phasenwinkel der Steilheit die Grenze des Selbstschwingens herabgesetzt.*

Die Ursachen des beschriebenen Verhaltens der Röhrenleitwerte im Kurzwellengebiet müssen zum Teil in induktiven und kapazitiven Kopplungen der Elektrodenzuleitungen und zum Teil in der endlichen Trägheit der Elektronen gesucht werden. Möglichst kurze Elektrodenzuleitungen sind erwünscht.

In zweiter Linie ist zu berücksichtigen, daß die Widerstände der Abstimmspulen im Kurzwellengebiet viel größer sind als für niedrigere Frequenzen. Die Ursache hierfür liegt in der Stromverdrängung. Als praktische Regel kann festgestellt werden, daß die Q-Werte von Spulen im Kurzwellengebiet etwa die gleichen sein können wie für entsprechende Spulen bei längeren Wellen, oder in manchen Fällen sogar noch etwas höher. Folglich nimmt R/L roh betrachtet etwa proportional zur Frequenz zu. Die verschiedenen Frequenzkennlinien für Schwingungskreise in den Abschn. D 2a und D 2b können auch im Kurzwellengebiet ohne weiteres benutzt werden, ebenso wie Abb. 249 für die Umrechnung von βQ in Δf. Der Widerstand eines Schwingungskreises in der Abstimmlage wird nach Gl. (2,8) durch $Q/\omega_0 C$ gegeben. Wenn man also die gleichen Kapazitätswerte im Kurzwellengebiet betrachtet wie im Gebiet längerer Wellen (und das entspricht den bei Rundfunkgeräten oft auftretenden Verhältnissen), so ist aus dem Obigen zu ersehen, daß der Schwingkreiswiderstand etwa umgekehrt proportional zur Abstimmfrequenz ist. Folglich ist er in diesem Fall im Kurzwellengebiet viel geringer als für längere Wellen. Auch die Verstärkung je Stufe ist dementsprechend viel geringer. Während an sich die zusätzlichen Verluste am Röhreneingang und Röhrenausgang bereits eine geringere Verstärkung im Kurzwellengebiet bedingen, haben wir in dem gekennzeichneten Verhalten der Schwingkreiswiderstände eine zweite Ursache für geringere Verstärkungszahlen.

Schrifttum: **129, 186, 189, 192, 193, 199, 303, 354.**

ζ) *Gegentaktstufen.*

Bei Hochfrequenzverstärkern werden auch, analog wie bei Niederfrequenzverstärkern, Gegentaktstufen angewandt, weil sie Vorteile gegenüber den einfachen Verstärkerstufen aufweisen können. In Abb. 253 ist eine solche Gegentaktstufe dargestellt. Hierbei sind als Verstärkerröhren zwei Tetroden angenommen worden. Die Rückwirkung vom Anoden- zum Steuergitterkreis vernachlässigen wir, und vom Anodenwiderstand der Röhren setzen wir voraus, daß er groß sei im Vergleich zum Abstimmwiderstand des Ausgangsschwingungskreises. Der Eingangsschwingungskreis $C_e L_e$ und der Ausgangskreis $C_a L_{a1} L_{a2}$ sind auf die Kreisfrequenz ω des zu verstärkenden Signales abgestimmt. Die Steilheit jeder der beiden gleichen Verstärkerröhren sei S. Über dem Eingangsschwingungskreis sei eine Signalspannung $\mathfrak{U}_e$ vorhanden. Zur Berechnung der Ausgangssignalspannung $\mathfrak{U}_a$ gehen wir als ersten Fall von der Voraussetzung aus, daß zwischen den beiden

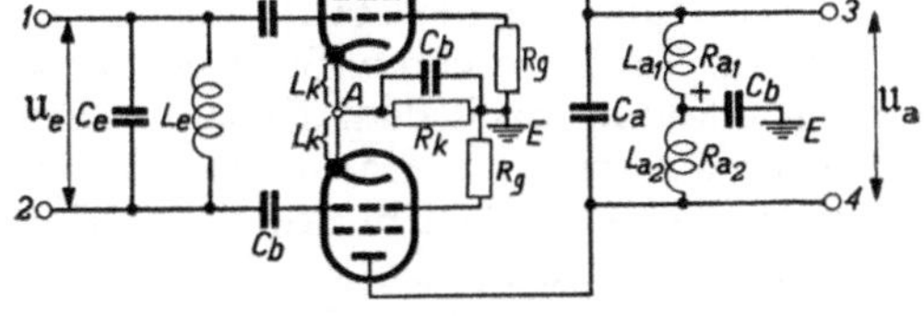

Abb. 253. Gegentakt-Hochfrequenzstufe. Eingangsspannung $\mathfrak{U}_e$ zwischen *1* und *2*, Ausgangsspannung $\mathfrak{U}_a$ zwischen *3* und *4*. Weiter $L_e C_e$ Eingangsschwingungskreis, $L_{a2} L_{a1} C_a$ Ausgangsschwingungskreis, C_b Blockkondensatoren, R_g Gitterableitwiderstände, R_k Kathodenwiderstand zur Erzeugung der negativen Gittervorspannung, L_k Selbstinduktionen der Kathodenzuleitungen, R_{a1} und R_{a2} Widerstände der Spulen L_{a1} und L_{a2}.

Spulen L_{a1} und L_{a2} *keine* Kopplung bestehe. Der Abstimmwiderstand des Ausgangkreises ist:

$$\mathfrak{R}_a = \frac{(L_{a1} + L_{a2})}{C_a(R_{a1} + R_{a2})} = \frac{L_{a1}}{C_a R_{a1}},$$

wenn wir annehmen: $L_{a1} = L_{a2}$ und $R_{a1} = R_{a2}$. Wir können den Ausgangsschwingungskreis in zwei vollkommen getrennte Hälften zerlegen, wenn wir auch die Kapazität C_a aus der Reihenschaltung von zwei Kapazitäten zu je $2C_a$ bestehen lassen. Jede Kreishälfte ist ebenfalls auf die Kreisfrequenz ω abgestimmt und der Abstimmwiderstand jeder Hälfte beträgt:

$$\mathfrak{R}_{a1} = \frac{L_{a1}}{2C_a R_{a1}} = \frac{\mathfrak{R}_a}{2}.$$

Die Verstärkung jeder Hälfte der Gegentaktstufe kann nun für sich betrachtet werden. Man erhält als Eingangsspannung $\mathfrak{U}_e/2$ und als Ausgangsspannung $S\mathfrak{U}_e\mathfrak{R}_{a1}/2 = S\mathfrak{U}_e\mathfrak{R}_a/4$. Die Gesamtausgangsspannung der Stufe wird demnach $\mathfrak{U}_a = 2S\mathfrak{U}_e\mathfrak{R}_a/4 = S\mathfrak{U}_e\mathfrak{R}_a/2$, also die *Gesamtstufenverstärkung gleich der halben Steilheit jeder Stufenhälfte, multipliziert mit dem Gesamtabstimmwiderstand* $\mathfrak{R}_a$ *des Ausgangsschwingungskreises der Stufe.*

Als zweiten Fall nehmen wir bei der Berechnung der Stufenverstärkung an, daß die beiden Spulen L_{a1} und L_{a2} vollkommen miteinander gekoppelt sind. Wir zerlegen den Ausgangskreis wieder in zwei Hälften, je mit der Kapazität $2C_a$. Der Abstimmwiderstand jeder Ausgangskreishälfte ist bei vollkommener Kopplung gleich $\mathfrak{R}_a/4$. Die Ausgangsspannung über jeder Hälfte beträgt dann $S\mathfrak{U}_e\mathfrak{R}_a/8$, wenn am Eingang *einer* Stufenhälfte die Eingangsspannung $\mathfrak{U}_e/2$ vorhanden ist. Die Gesamtausgangsspannung der Stufe bei der Eingangsspannung $\mathfrak{U}_e/2$ auf *einer* Stufenhälfte beträgt somit $S\mathfrak{U}_e\mathfrak{R}_a/4$. Wenn auf *beiden* Stufenhälften eine Eingangsspannung $\mathfrak{U}_e/2$ vorhanden ist, wird die Gesamtausgangsspannung $S\mathfrak{U}_e\mathfrak{R}_a/2$. Wir erhalten also bei Annahme vollkommener Kopplung zwischen den beiden Hälften der Ausgangsspule das gleiche Ergebnis in bezug auf die Stufenverstärkung wie oben bei Annahme einer Kopplung Null.

Im Anschluß an diese Ergebnisse kann jetzt die Frage erörtert werden, inwiefern Gegentaktstufen Vorteile in bezug auf Verstärkung gegenüber entsprechenden einfachen Stufen aufweisen. Die Röhreneingangskapazitäten und die Dämpfungen der Steuergitter-Kathodenstrecken (z. B. infolge Elektronenträgheit) sind in Reihe geschaltet, betragen also zwischen den Punkten 1 und 2 der Schaltung nur die Hälfte der entsprechenden Zahlen für jede Stufenhälfte. Auch die unerwünschten Streukapazitäten der verschiedenen Punkte der Eingangsschaltung nach dem Gehäuse (Erde) zwischen den Punkten 1 und 2 betragen nur etwa die Hälfte der Werte zwischen den Eingangsklemmen einer entsprechenden einfachen Stufe (eine Eingangsklemme geerdet). Es ist folglich bei Verwendung von Spulen gleicher Güte möglich, den Gesamtabstimmwiderstand des Eingangskreises (mit Röhren und Schaltung) gegenüber dem Widerstand bei einer entsprechenden einfachen Stufe etwa zu verdoppeln. Die gleiche Überlegung gilt für den Abstimmwiderstand des Ausgangskreises. Bei einer einfachen Stufe würden wir als Verstärkung erhalten: $S\mathfrak{R}'_a$ wo $\mathfrak{R}'_a$ den Abstimmwiderstand des Ausgangskreises bezeichnet. Bei der Gegentaktstufe ist die Verstärkung $S\mathfrak{R}_a/2$, wo $\mathfrak{R}_a = 2\mathfrak{R}'_a$, also auch $S\mathfrak{R}'_a$. Wir erhalten also mit einer Gegentaktstufe etwa die gleiche Verstärkung wie mit einer entsprechenden einfachen Stufe.

Im Kurzwellengebiet ist diese Schlußfolgerung nicht mehr richtig. Hier wird die Eingangsdämpfung der Verstärkerröhren so beträchtlich, daß sie eine wesentliche Beschränkung der Kreisabstimmwiderstände bedeutet (vgl. Abschnitt D 2bε). Ein Teil dieser Dämpfungen entstammt den Elektronenstrecken zwischen den betreffenden Röhrenelektroden und beruht auf der Elektronenträgheit. Für diese Dämpfungen kann die obige Schlußweise angewandt werden. Ein anderer Teil der Dämpfungen entstammt aber den Elektrodenzuleitungen, und dieser Teil kann durch Anwendung geeigneter Gegentaktschaltungen bedeutend verringert werden. Als Beispiel zu diesen Überlegungen betrachten wir die Röhreneingangsdämpfung. Im Kurzwellengebiet wird ein wesentlicher Teil dieser Dämpfung durch die Selbstinduktion der Kathodenzuleitung (L_k in Abb. 253) verursacht. Bei einer Gegentaktanordnung ist der gemeinsame Teil der Kathodenzuleitungen, also in Abb. 253 zwischen den Punkten A und E, in dieser Hinsicht wirkungslos, weil er von zwei Strömen durchflossen wird, die gleich groß sind (bei gleichen Stufenhälften) und eine Phasendifferenz π aufweisen. Folglich kommt es darauf an, die nicht gemeinsamen Teile der Kathodenleitungen (in Abb. 253 die Teile L_k) möglichst kurz zu gestalten. Bei günstigen Anordnungen gelingt es in dieser Weise, im Kurzwellengebiet den Eingangswiderstand einer Gegentaktstufe auf z. B. das 5fache des Widerstandes einer entsprechenden einfachen Stufe zu erhöhen (an Stelle der 2fachen Erhöhung durch die Reihenschaltung allein). Analoge Betrachtungen können auch für den Stufenausgang angestellt werden. Bei der weitesten Durchführung dieser Gegentaktanordnung wird nur ein einziger Röhrenkolben benutzt mit zwei Elektrodensystemen, deren nicht gemeinsame dämpfende Zuleitungen auf das kleinste erreichbare Maß herabgedrückt worden sind.

Im Kurzwellengebiet bestehen die Empfangsantennen oft aus zwei gleichen symmetrischen Hälften, und hier kann die Benutzung einer Gegentaktverstärkerstufe eine gewisse Vereinfachung des Gesamtaufbaus bedeuten.

Schrifttum: 199, 354.

c) Verstärkungsregelung.

In Empfangsgeräten ist es vielfach erforderlich, die Verstärkung von Hochfrequenzstufen zu regeln. Wir behandeln hier die wichtigsten Verfahren.

α) *Steilheitsregelung.*

Wir haben diese Art der Regelung bereits in Abschn. C 3aε und Abb. 130 kennengelernt. Für Hochfrequenzstufen müssen einige Nebenerscheinungen betrachtet werden, welche mit dieser Regelungsart verknüpft sind. In erster Linie ändert sich die Röhreneingangskapazität, wie aus dem Beispiel in Abb. 254

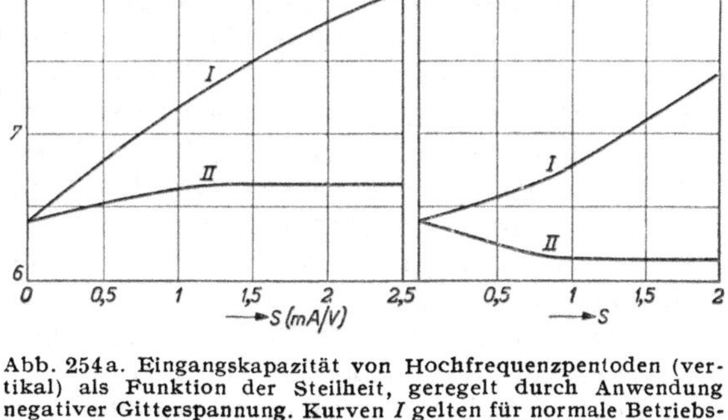

Abb. 254a. Eingangskapazität von Hochfrequenzpentoden (vertikal) als Funktion der Steilheit, geregelt durch Anwendung negativer Gitterspannung. Kurven *I* gelten für normale Betriebsbedingungen. Kurven *II* gelten für den Fall, daß in der Kathodenleitung ein Wirkwiderstand R_k nach Abb. 254b aufgenommen ist. Im letzteren Fall wird die Eingangskapazitätsänderung bedeutend verringert gegenüber den entsprechenden Kurven *I*.

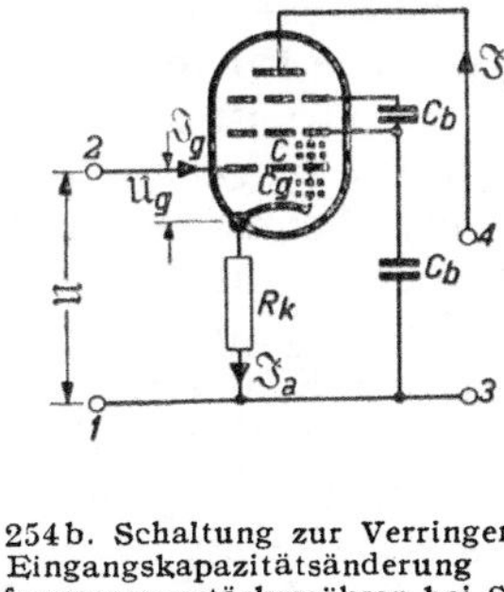

Abb. 254b. Schaltung zur Verringerung der Eingangskapazitätsänderung von Hochfrequenzverstärkerröhren bei Steilheitsregelung durch Anwendung eines Reihenwiderstandes R_k in der Kathodenleitung. C_b sind Blockkondensatoren großer Kapazität.

hervorgeht. Die Ausgangskapazität bleibt im Gegensatz zur Eingangskapazität praktisch unverändert. Da parallel zum Röhreneingang ein Schwingungskreis geschaltet ist, verursacht diese Eingangskapazitätsänderung eine unerwünschte Verstimmung und bei gekoppelten Kreisen eine Bandbreitenänderung (Abschnitt D 2 b δ). Man hat daher Mittel gesucht, durch welche diese Eingangskapazitätsänderung vermieden wird. Das einfachste Mittel dieser Art besteht in der Einschaltung eines kleinen Reihenwiderstandes (nicht durch eine Kapazität überbrückt) in die Leitung zwischen Kathode und Gehäuse (Erde). Hierbei werden Röhren mit indirekt geheizten Kathoden vorausgesetzt. Die Wirkung dieser Schaltung erörtern wir an Hand der Abb. 254b: Zwischen den Spannungen $\mathfrak{U}$ und $\mathfrak{U}_g$ besteht angenähert die Beziehung: $\mathfrak{U} = \mathfrak{U}_g - \mathfrak{J}_a R_k = \mathfrak{U}_g (1 + S R_k)$. Für den Strom $\mathfrak{J}_g$ zum Steuergitter gilt angenähert die Formel:

$$\mathfrak{J}_g = j\omega C \mathfrak{U} + j\omega C_g \mathfrak{U}_g .$$

Folglich erhält man in dieser Näherung für den Eingangsleitwert der Schaltung zwischen den Punkten *1* und *2* den Ausdruck:

(D 2,41)

$$\mathfrak{Y}_e = j\omega C_e = \frac{\mathfrak{J}_g}{\mathfrak{U}} = j\omega C + \frac{j\omega C_g}{1 + S R_k} .$$

Wenn nun die Steilheit S heruntergeregelt wird, sinken sowohl C als auch C_g. Andererseits sinkt auch der Ausdruck $1 + S R_k$ in Gl. (2,41), und man kann nun R_k so wählen, daß der Eingangsleitwert $\mathfrak{Y}_e$ bei diesem Vorgang in einem weiten Steilheitsbereich fast konstant bleibt. Beispiele hierzu sind in Abb. 254a gegeben.

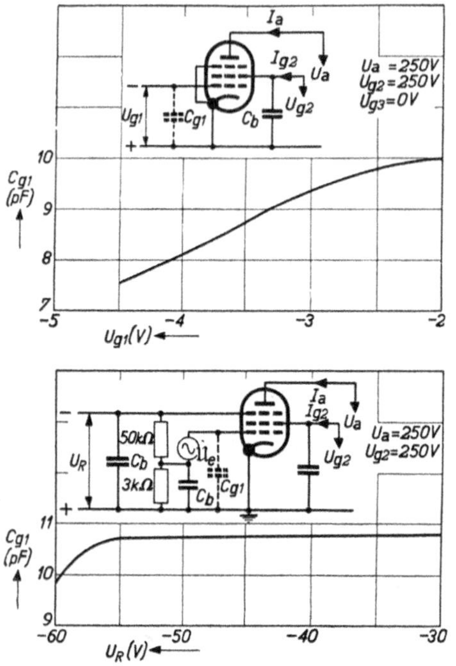

Abb. 255. Oberes Bild: Eingangskapazität d. Hochfrequenzpentode EF 50 (Philips) als Funktion der negativen Steuergitterspannung (horizontal). Unteres Bild: Anwendung einer Regelspannung U_R auf Gitter *1* und Gitter *3* (von der Kathode gezählt) der gleichen Röhre mit Hilfe eines Spannungsteilers. Die Eingangskapazität bleibt bei dieser Regelung praktisch konstant.

Ein weiteres Mittel zur Verringerung der Eingangskapazitätsänderung infolge Steilheitsregelung besteht in der Verwendung einer Röhre mit zwei Steuergittern, analog zur Röhre der Abb. **133**. Wenn bei einer solchen Röhre die Vorspannung des ersten Gitters (von der Kathode gerechnet) mehr negativ geschoben wird, sinkt die Eingangskapazität, an diesem Gitter gemessen (wie oben bereits dargelegt). Wenn aber die Vorspannung des dritten Gitters weiter negativ geschoben wird, steigt die Eingangskapazität, am ersten Gitter gemessen. Man kann nun die Eingangswechselspannung dem ersten Gitter zuführen und die Regelspannung zur Steilheitsregelung sowohl dem ersten Gitter als auch (evtl. zum Teil) dem dritten Gitter. Durch geeignete Wahl der Verhältnisse kann man erreichen, daß sich die Eingangskapazität des ersten Gitters bei der Steilheitsregelung in dieser Weise nur wenig ändert. Ein Beispiel ist in Abb. 255 gegeben.

Außer der Eingangskapazität ändert sich bei der Steilheitsregelung auch der Anodenwiderstand, wie die Kurve der Abb. 256 an einem Beispiel zeigt. Nun ist der Anodenwiderstand der üblichen Hochfrequenzpentoden im Arbeitspunkt (d. h. bei der vom Hersteller angegebenen Nennsteilheit) bereits so hoch (vgl. Abb. 256), daß er praktisch gegenüber den Abstimmwiderständen der verwendeten Hochfrequenzkreise nur eine geringe Rolle spielt. Eine Vergrößerung des Anodenwiderstandes durch die Steilheitsregelung hat daher meistens nur wenig Einfluß auf das Verhalten der betreffenden Hochfrequenzstufe.

Schrifttum: 188, 199, 354.

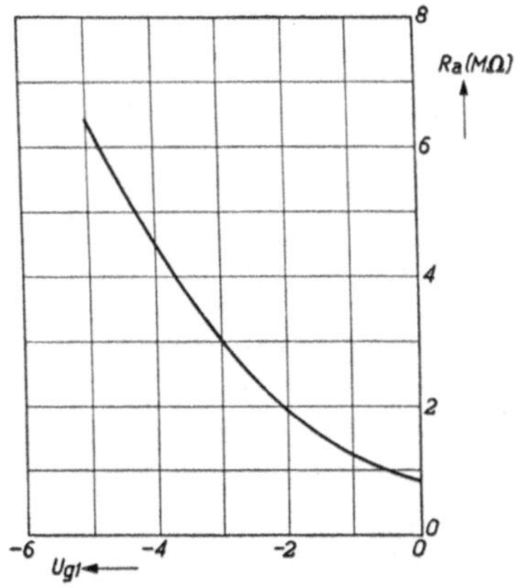

Abb. 256. Anodenwiderstand (vertikal) einer Hochfrequenzpentode als Funktion der negativen Steuergitterspannung.

β) Verstärkungsregelung durch Gegenkopplung.

Im Abschn. C 3 a ε haben wir bereits eine Verstärkungsregelung durch Gegenkopplung kennengelernt. Die dort verwendete Schaltung (Abb. 132) ist auch für Hochfrequenzstufen im Prinzip brauchbar, wenn man die mit ihr unzertrennlich verbundene Trägheit in Kauf nimmt.

Wir betrachten hier noch eine weitere Schaltung dieser Art (Abb. 257). Die Verstärkerstufe wird durch eine Röhre und einen Ausgangsschwingungskreis mit dem Abstimmwiderstand R_0 dargestellt. Zwischen dem Ausgang und dem Eingang ist ein Widerstand R_k angeordnet, der eine Gegenkopplung erzeugt. Wir haben diese Schaltung bereits im Abschn. C 2 b γ, Abb. 106 und 107, behandelt. Das Ersatzschaltbild ist in Abb. 257 unterhalb des Schaltbildes gezeichnet, wo R_a den Anodenwiderstand der Röhre und S ihre Steilheit darstellen. Im vorliegenden Fall interessiert uns das Verhältnis der Ausgangsspannung $\mathfrak{U}_a$ zur Eingangsspannung $\mathfrak{U}_e$, d. h. die Verstärkung der Stufe. Hierfür erhalten wir im Anschluß an die Gleichungen des genannten Abschn. C 2 b γ den Wert:

$$\text{(D 2,42)}\qquad \frac{\mathfrak{U}_a}{\mathfrak{U}_e} = \frac{R_0 S R_a}{R_a + R_0 + R_k + S R_k R_a} = \frac{S R_0}{1 + \dfrac{R_0 + R_k}{R_a} + S R_k}.$$

Im Falle einer Pentode als Verstärkerröhre dürfen wir oft annehmen, daß $R_0 + R_k \ll R_a$ ist, und vereinfacht sich dieser Ausdruck:

$$\text{(D 2,43)}\qquad \left(\frac{\mathfrak{U}_a}{\mathfrak{U}_e}\right)_{\text{Pent}} = \mathfrak{v} = \frac{S R_0}{1 + S R_k}.$$

Wir haben hier offenbar ein einfaches Mittel, die Verstärkung durch Änderung von R_k zu regeln. Wenn wir $\mathfrak{v}_0$ die Verstärkung für $R_k = 0$ nennen, ergibt sich für $\mathfrak{v}/\mathfrak{v}_0$ als Funktion von $S R_k$ die in Abb. 257 gezeichnete Kurve. Die Bandbreite des Ausgangsschwingungskreises mit dem Abstimmwiderstand R_0 wird außer durch die Kreisverluste auch durch den Anodenwiderstand der Röhre bestimmt, der für

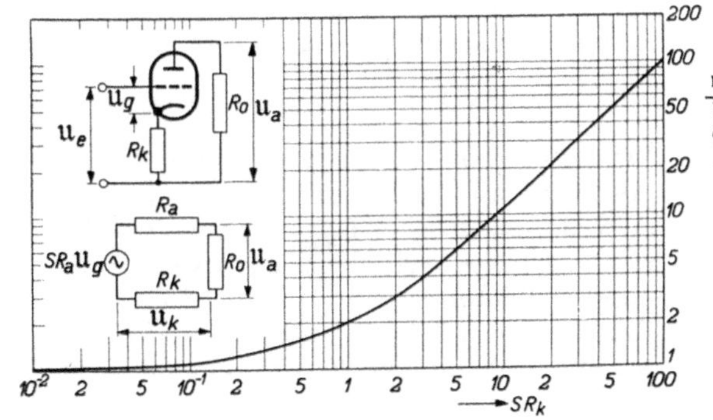

Abb. 257. Zur Verstärkungsregelung einer Hochfrequenzstufe durch Anwendung eines regelbaren Wirkwiderstandes R_k in der Kathodenleitung. R_0 bezeichnet den Ausgangsschwingungskreis. Das Schaltbild und das Ersatzschaltbild sind angegeben. Die Regelkurve gibt das Verhältnis der Verstärkung $\mathfrak{v}_0$ (Verhältnis der Ausgangsspannung $\mathfrak{U}_a$ zur Eingangsspannung $\mathfrak{U}_e$ für $R_k = 0$) zur Verstärkung $\mathfrak{v}$ für einen bestimmten R_k-Wert nach Gl. (2,42) und (2,43).

$R_k = 0$ parallel zum Kreis liegt. Mit Gegenkopplung wird der effektive Anodenwiderstand größer nach Gl. (C 2,2). Wenn R_a an sich bereits groß gegen R_0 ist, wird die Bandbreite durch die Gegenkopplung kaum geändert. Es ist nicht immer zulässig, R_k als klein im Vergleich zu R_a zu betrachten. In solchen Fällen soll Gl. (2,42) an Stelle von (2,43) benutzt werden. Ein praktisches Beispiel: $S = 1$ mA/V, $R_a = 3 \cdot 10^6$ Ohm, $R_0 = 2 \cdot 10^5$ Ohm, dann ist für $S R_k = 100$ ein Widerstand R_k von 10^5 Ohm notwendig und die Gl. (2,43) ist noch gut brauchbar.

Die Regelung des Widerstandes R_k kann mit der Hand erfolgen. Es ist aber auch möglich, diese Regelung zum Teil oder ganz automatisch auszuführen. Hierzu sind z. B. Halbleiterwiderstände käuflich, die eine Heizspirale im Innern enthalten. Der Heizstrom kann z. B. der Ausgangsleistung eines Empfangsgerätes entnommen werden. Auf die hierbei auftretenden Verzögerungsfragen gehen wir nicht ein (vgl. Abschn. H 1aβ).

Obwohl am Ausgang der Stufe keine wesentliche Verstimmung auftritt, findet wohl eine Änderung des Eingangsleitwertes bei der Regelung statt. Nach den Ausführungen in Abschn. D 2cα ergibt sich eine Verringerung der Eingangskapazität bei der Regelung nach Gl. (D 2,41).

3. Verfahren zur Störungs- und Verzerrungsverringerung.

Wie bei Niederfrequenzverstärkerstufen, behandeln wir auch die wichtigsten Störungs- und Verzerrungsursachen der Hochfrequenzverstärkung sowie Verfahren zu ihrer Verringerung bzw. Beseitigung.

a) Störungsverringerung.

α) *Brummen, Rauschen.*

Bezüglich der Abschirmung des Netztransformators zur Beseitigung von Brummstörungen können wir nach Abschn. C 2cα verweisen. Weil in Hochfrequenzverstärkerröhren der Elektronenstrom durch Hochfrequenzwechselspannungen gesteuert wird, äußern sich derartige Störungen durch eine Brummmodelung der Ausgangswechselspannungen.

Die Welligkeit der Röhrenspeisespannungen kann ebenfalls eine solche Störmodelung erzeugen. Wir nehmen als Beispiel an, die Steuergittervorspannung sei wellig und in der betreffenden Röhre hänge der Anodenstrom i_a durch eine Exponentialkennlinie von der Steuergitterspannung u_g ab (vgl. Abschn. A 3bα):

$$i_a = A\,e^{a u_g}.$$

Der allgemeine Fall einer Summe von Exponentialfunktionen kann leicht im Anschluß an die angeschriebenen Formeln überblickt werden. Die Steuergitterspannung sei $u_g = U_g + U_0 \sin \omega t + U_p \sin p t$, wo der letzte Summand die obengenannte Welligkeit, der zweite Summand die (ungemodelte) Hochfrequenzeingangsspannung und U_g die Vorspannung des Gitters darstellen. Einsetzen dieses Ausdrucks in die Exponentialfunktion und Zerlegen ergibt für den Anodenstromanteil mit der Kreisfrequenz ω (Hochfrequenzanodenstrom):

$$\text{(D 3,1)} \quad I_0 \sin \omega t = A\,e^{a U_g} \frac{2}{j} J_1(j a U_0) \left[J_0(j a U_p) + \frac{2}{j} J_1(j a U_p) \sin p t + \cdots \right] \sin \omega t.$$

In den eckigen Klammern sind Oberwellen von $\sin p t$ fortgelassen worden. Wenn wir nun annehmen, die Welligkeit der Gitterspannung sei gering ($a U_p \ll 1$), so kann nach (3,1) der Anodenwechselstrom als amplitudenmodulierter Strom aufgefaßt werden, mit der Modulationstiefe M_b (Brummodelung):

(D 3,2)
$$M_b = \frac{2}{j} J_1(j a U_p)/J_0(j a U_p) \approx a U_p .$$

Die Brummodelung ist also beträchtlicher, je größer a und je größer die Welligkeitsamplitude U_p sind. Hieraus ergeben sich sofort die Mittel zur Verringerung des Störeffektes: Verwendung von Röhren mit geringem a und gute Abflachung der Speisespannungen (Abschn. C 6b α). Wenn wir den Anodenstrom i_a in logarithmischem Maßstab als Funktion der Gitterspannung aufzeichnen (vgl. Abb. 24), so bedeutet die erste Bedingung, daß diese Kurven im ganzen bei der Verstärkung benutzten Bereich eine geringe Neigung haben sollen (Abschn. D 3c α). Kurven für die zulässige Eingangswechselspannung bei einer festgelegten Brummmodelung sind für eine moderne Hochfrequenzpentode in Abb. 130 gezeigt. Die Kurve für $d_2 = 2{,}5\%$ entspricht einer Störmodulation M_b von 10%. Wir können diese Beziehung rasch einsehen, wenn wir die Kennlinie (Anodenstrom-Steuergitterspannung) wieder, wie oben, durch eine einzige Exponentialfunktion darstellen, was in einem kleinen Gitterspannungsbereich immer durchführbar ist. Nehmen wir nun eine Gitterspannung $u_g = U_g + U_0 \sin\omega t$ an, so wird der Anodenstrom [Gl. (A 3,5) und (A 3,6)]:

$$i_a(t) = A e^{a U_g}\left(J_0(j a U_0) + \frac{2}{j} J_1(j a U_0)\sin\omega t + 2 J_2(j a U_0)\cos 2\omega t + \cdots\right).$$

Für Werte von $a U_0 \ll 1$ erhält man hieraus:

$$d_2 = 2 J_2(j a U_0)\Big/\frac{2}{j} J_1(j a U_0) \approx \frac{a^2 U_0^2}{4}\Big/ a U_0 = \frac{a U_0}{4}.$$

Folglich ist $4 d_2 = M_b$ und für $d_2 = 2{,}5\%$ (Abb. 130) wird $M_b = 10\%$.

Der „Schalteffekt“ trat früher auch bei Hochfrequenzröhren auf, ist aber heute durchwegs überwunden (vgl. Abschn. C 2c β).

Das „Rauschen“ von Hochfrequenzstufen infolge Elektronenwärmebewegung in den Kreisen und Schroteffekt in den Röhren kann unmittelbar im Anschluß an die Ausführungen in Abschn. A 5 behandelt werden. Am besten bedienen wir uns auch hier wieder des Begriffes des äquivalenten Rauschwiderstandes. Am Röhreneingang (Steuergitter-Kathode bzw. Steuergitter-Gehäuse oder -Erde) ist der gesamte äquivalente Rauschwiderstand nach Abschn. A 6a δ die Summe des Rauschwiderstandes des Eingangskreises und des Eingangsrauschwiderstandes der Verstärkerröhre. Der letztgenannte Begriff bedarf nach dem in Abschn. A 5b β Gesagten keiner weiteren Erörterung. Wenn sich am Eingang der Röhre ein einzelner Parallelschwingungskreis befindet, können wir nach Abschnitt A 5a γ verweisen. Hier soll uns der Fall beschäftigen, daß am Eingang der Röhre zwei gekoppelte Kreise geschaltet sind. Wir gehen hierzu von zwei *gleichen* Kreisen nach Gl. (D 2,11) und Abb. 225 aus. Offenbar können wir den komplexen Widerstand dieser Anordnung, gemessen am Röhreneingang, durch das Verhältnis $\mathfrak{U}_1/\mathfrak{J}_a$ ausdrücken. Nach einigen Zwischenrechnungen [Fortschaffen von $\mathfrak{J}_2$ aus Gl. (2,11), Ausdrücken von $\mathfrak{J}_1$ in $\mathfrak{J}_a$ und Berechnen von $\mathfrak{U}_1 = (\mathfrak{J}_a - \mathfrak{J}_1)/j\omega C_1$] entsteht die Formel:

$$\frac{\mathfrak{U}_1}{\mathfrak{J}_a} = \frac{1}{\omega C}\,\frac{Q + 2\beta Q - j(1 - \beta Q^2 - \beta^2 Q^2 + k^2 Q^2)}{1 - \beta^2 Q^2 + k^2 Q^2 + 2 j \beta Q}.$$

Der reelle Teil dieses komplexen Widerstandes wird:

$$Re\left(\frac{\mathfrak{U}_1}{\mathfrak{J}_a}\right) = \frac{L}{CR}\left[\frac{1}{1 + (\beta Q - kQ)^2} - \frac{2\beta Q k Q}{\{1 + (\beta Q + kQ)^2\}\{1 + (\beta Q - kQ)^2\}}\right].$$

Die Spannungsschwankung $\mathfrak{U}$ infolge dieser gekoppelten Kreise am Röhreneingang wird aus der Formel:

$$\mathfrak{U}^2 = 4kT \int Re\left(\frac{\mathfrak{U}_1}{\mathfrak{J}_a}\right) df = 4kT \frac{1}{4\pi} \frac{\omega_0}{Q} \int Re\left(\frac{\mathfrak{U}_1}{\mathfrak{J}_a}\right) d(\beta Q)$$

erhalten, wo die Integrationsgrenzen durch das Frequenzintervall festgelegt werden, das die Spannungsschwankungen begrenzt. Hier dürfen für $\mathfrak{U}_1/\mathfrak{J}_a$ angenähert die obigen Ausdrücke eingesetzt werden, obwohl diese streng genommen nur für $\beta \ll 1$ gelten. Dies ist darin begründet, daß der Hauptbeitrag zum Integral von der Umgebung der Abstimmfrequenz ω_0 herrührt. Als erstes Beispiel nehmen wir wie im Abschn. A 5 a γ an, diese Grenzen seien $-\infty$ und ∞, entsprechend einem großen Frequenzbereich des Verstärkers im Vergleich zur „Bandbreite" $B = R/2\pi L$ unserer gekoppelten Kreise. Eine einfache Rechnung ergibt für diesen Fall:

$$\mathfrak{U}^2 = 4kT \frac{L}{CR} B \frac{\pi}{4} = 4kTR_1 B \frac{\pi}{4}. \tag{D 3,3}$$

Im Vergleich zur Gl. (A 5, 7) beträgt somit das effektive Schwankungsquadrat zweier gekoppelter Kreise nur die Hälfte des Wertes für einen Einzelkreis. Als zweites Beispiel begrenzen wir das Frequenzintervall durch die Bandbreite B und integrieren von $\beta Q = -1$ bis $+1$. Für kritische Kopplung $kQ = 1$ erhalten wir:

$$\mathfrak{U}^2 = 4kTR_1 B \frac{1}{2}\left[\operatorname{arctg} 2 + \operatorname{arctg}\frac{1}{2}\right] \approx 4kTR_1 B \frac{\pi}{10}. \tag{D 3,4}$$

Auch dieser Wert ist kleiner als der entsprechende Wert für einen Einzelkreis nach Gl. (A 5, 8). Als äquivalenter Rauschwiderstand der gekoppelten Kreise am Röhreneingang kann im Falle der Gl. (3, 3) der Wert $R_1\pi/4$ und im Falle der Gl. (3, 4) der Wert $R_1\pi/10$ gelten, wo R_1 den Resonanzwert des komplexen Widerstandes *eines* Kreises darstellt.

Schrifttum: 80, 200, 240, 241, 277, 278, 279, 282, 354, 365.

β) *Klingen.*

Analog wie bei Niederfrequenzverstärkern (Abschn. C 2 c δ) können auch bei Hochfrequenzverstärkern akustische Störkopplungen auftreten, die zum „Klingen" führen können. Da im Hochfrequenzverstärker nur *Hochfrequenz*schwingungen verstärkt werden und Schwingungen akustischer Frequenzen nicht, kann diese Erscheinung nur als „Modelung" eines Hochfrequenzsignals auftreten, das hinter dem Hochfrequenzverstärker gleichgerichtet, und dessen Modulation noch über einen Niederfrequenzverstärker einem Lautsprecher zugeleitet wird. Durch die Schallwellen des Lautsprechers werden klingempfindliche Teile des Hochfrequenzverstärkers angeregt, und ihre Schwingungen können das Hochfrequenzsignal modulieren. Beispiele hierfür sind: Kondensatoren, besonders Drehkondensatoren und Verstärkerröhren. Die Kondensatorplatten können gegeneinander in Schwingung geraten und so eine rhythmisch veränderliche Abstimmkapazität erzeugen. Hierdurch entsteht ein veränderlicher komplexer Widerstand des betreffenden Schwingungskreises für das Hochfrequenzsignal und folglich eine veränderliche Stufenverstärkung. Da auch der Phasenwinkel des Hochfrequenzwiderstandes sich rhythmisch verändern kann, ist unter Umständen außer mit einer Amplitudenmodelung des Hochfrequenzsignals auch mit einer Phasenmodelung zu rechnen. In analoger Weise kann durch Schwingungen von Röhrenelektroden, insbesondere des Steuergitters, die Steilheit und damit die Stufenverstärkung rhythmisch verändert werden. Der Rhythmus dieser Modulation wird nach der Gleichrichtung wieder auf den Lautsprecher übertragen, und in dieser Weise kann eine Anfachung stattfinden, die sich in einem Klingen des Gerätes äußert. Hierzu ist also notwendig: 1. Das Vorhandensein eines Hochfrequenzsignals, 2. Gleichrichtung und Schallerzeugung durch einen Lautsprecher. Man kann die Hochfrequenzklingempfindlichkeit am besten durch die Modulationstiefe des Hochfrequenzsignals beim Durchgang durch klingempfindliche Schaltteile ausdrücken. Dieses Maß ist von der Signalstärke, solange Verstärkung und Gleichrichtung linear stattfinden, unabhängig. Die empfindlichsten Teile wurden bereits genannt. Daneben sind auch Schalter und Spulen zu beachten. Man kann die genannte Klingmodulationstiefe solcher Teile dadurch bestimmen, daß möglichst ungünstige Verhältnisse gewählt werden (große Verstärkung, Lautsprecher in einer zur Anfachung günstigen Lage). Unter diesen Umständen soll die Klingmodulationstiefe im gesamten Hochfrequenzgebiet (bis 30 MHz) nur wenige Prozent betragen, wenn unter praktisch vorliegenden Verhältnissen keine Klinggefahr vorliegen soll. Die Maßnahmen zur akustischen Isolation klingempfindlicher Teile vom Lautsprecher sind die gleichen wie im Abschn. C 2cδ angegeben.

Schrifttum: 54, 199, 200, 209, 354.

γ) *Schwingen.*

Im Abschn. D 2bβ wurde der Einfluß der Steuergitter-Anodenkapazität einer Hochfrequenzröhre auf die Schwingneigung einer Verstärkerstufe behandelt und für einen einfachen Fall (Parallelschwingungskreis am Röhreneingang und -ausgang) eine Bedingung angegeben, welche diese Kapazität erfüllen soll, damit keine Schwinggefahr der Stufe vorliegt. Hierbei wurde erwähnt, daß diese Kapazität für die heutigen Röhren nur einige Tausendstel pF beträgt. Damit diese äußerst geringe Kapazität bei der Verwendung der Röhren in Stufen nicht infolge von Streukapazitäten bedeutend vergrößert wird, müssen besondere Abschirmungsmaßnahmen getroffen werden.

Bei manchen der heute verwendeten Röhren sind der Steuergitter- und der Anodenanschluß an verschiedenen Seiten des Röhrenkolbens angeordnet. Früher war vielfach die Anode an der Spitze ausgeführt und das Steuergitter mit den übrigen Elektroden unten im Röhrensockel. Seit einigen Jahren hat sich fast überall die aus den Vereinigten Staaten stammende Praxis durchgesetzt: Steuergitter oben an der Spitze des Kolbens und Anode mit den übrigen Elektroden unten am Sockel. Der Steuergitteranschluß soll von den übrigen Röhrenelektroden möglichst gut abgeschirmt sein, was durch Metallschirmhüllen um den Glaskolben herum, durch Bespritzen des Kolbens mit Metallack oder durch eine Schirmhülle um das ganze Elektrodensystem im Glaskolben erreicht wird. Die genannten Abschirmungen werden mit dem Gehäuse (Erde) verbunden. Hiermit ist aber erst ein Teil der ganzen Abschirmung zwischen Steuergitterkreis und Anodenkreis erzielt. Um den Gitteranschluß am Röhrenkolben herum wird noch eine Metallschirmhülle gelegt (vgl. Abb. 258), und der hieraus zum Gitterschwingungskreis führende Draht ist durch einen geerdeten Mantel umgeben, der mit der letztgenannten Hülle und mit dem Gehäuse verbunden ist. Auch die Hochfrequenzspulen sind eingekapselt und der Gitterdrahtmantel führt bis zum Loch, durch das der Gitterdraht in diese Spulenhülle hineintaucht. Andererseits ist der Röhrensockel im Gehäuse versenkt (Abb. 258), und die Schaltteile der übrigen Elektroden befinden sich unter der Gehäusegrundplatte (Abb. 258). Die Verbindung von der Anode zur Anodenspule wird wieder durch einen Draht mit geerdetem Mantel gebildet.

Heute werden vielfach Röhren verwendet, deren Steuergitter- und Anodenanschlüsse mit sämtlichen übrigen Elektrodenanschlüssen unten am Glaskolben (oder Metallkolben bei Stahlröhren) angeordnet sind. Im Innern der Röhren ist ein Metallschirm zwischen Gitteranschluß und Anodenanschluß vorhanden. Dieses Schirmblech wird außerhalb der Röhre fortgesetzt und trennt die Elektrodenanschlüsse der Röhrenfassung (Abb. 259) in zwei Gruppen, die zur Gitterseite und zur Anodenseite gehören. Auch diese weniger kostspielige Anordnung

Abb. 258a.

Abb. 258b.

Abb. 258a u. b. Zwei Ansichten des Gehäuses eines älteren Rundfunkempfängers. Die Röhren haben den Steuergitteranschluß an der Kolbenspitze. Von diesem Anschluß führen abgeschirmte Kabelleitungen zu den eingekapselten Spulen der betreffenden Schwingungskreise. Das Gehäuse des Gerätes bildet mit der Röhrenaußenmetallisierung (versenkte Röhrenfassungen) zusammen Teile der Steuergitter-Anoden-Abschirmung.

gewährleistet bei guter Durchführung die genannten äußerst geringen Gitter-Anodenkapazitäten (vgl. auch Abb. 84c).

Während wir bis jetzt nur die Kopplung der Eingangs- und Ausgangsseite *einer* Röhre betrachtet haben, können bei Verstärkern auch noch Kopplungen (Streukapazitäten, Streuinduktionen) über mehrere Stufen hinweg auftreten.

Durch die zwischenliegende beträchtliche Verstärkung soll die Abschirmung hier noch besser sein als zwischen Eingang und Ausgang *einer* Stufe. So kann z. B. eine gemeinsame Metallachse von Mehrfachkondensatoren, die zu verschiedenen Schwingungskreisen gehören, eine derartige Kopplung verursachen. Auch die Speiseleitungen des Heizfadens, des Schirmgitters oder der Kathode können durch gegenseitige Kapazitäten oder Induktionen eine unerwünschte Wirkung

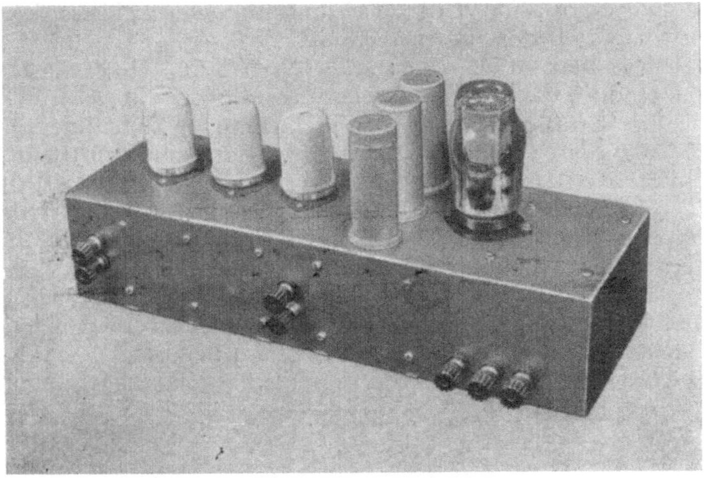

Abb. 259a.

Abb. 259b.

Abb. 259a u. b. Zwei Ansichten des Gehäuses eines Hochfrequenzverstärkers, in dem neuzeitliche Röhren mit sämtlichen Elektrodenanschlüssen am Röhrenboden verwendet werden. Die Anschlüsse der Röhrenfassung werden durch eine Abschirmblechwand (vgl. Unterseite) in zwei Gruppen geteilt, welche zur Gitterseite und zur Anodenseite gehören. Diese Abschirmung trennt auch den Eingangs- und Ausgangskreis. Maßnahmen, wie abgeschirmte Kabel u. dgl. der Abb. 258, fallen hier fort.

dieser Art haben. Es ist empfehlenswert, sie möglichst nahe der Röhrenfassung durch eine genügend große Kapazität mit dem Gehäuse zu verbinden (zu „erden", wie meistens gesagt wird).

Es ist möglich, daß durch besondere Leitwertverhältnisse in einer Röhre oder (und) in der Schaltung das Auftreten von äußerst kurzwelligen Schwingungen (z. B. nach BARKHAUSEN) ermöglicht wird. In solchen Fällen genügt oft das Einschalten eines kleinen (z. B. 10 bis 50 Ohm) unüberbrückten Widerstandes in die Zuleitung der schwingempfindlichen Elektrode (z. B. Steuergitter), um das Auftreten solcher „parasitärer" Schwingungen zu vermeiden.

Im Kurzwellengebiet ändert sich die Steuergitter-Anodenkapazität einer Röhre nach der Gl. (D 2, 39). Die Größe A dieser Gleichung kann im wesentlichen als Produkt der Eingangskapazität C_e, der Ausgangskapazität C_a und der gemeinsamen Selbstinduktion L der Zuleitungen dieser beiden Elektroden aufgefaßt werden. Größenordnungsmäßig ist z. B. $C_e = C_a = 10^{-11}$ Farad und $L = 10^{-8}$ Henry. Man erhält dann: $A = (2\pi)^2 C_e L C_a \cdot 10^{24} = 0{,}4 \cdot 10^{-4}$ pF je (MHz)², während in Gl. (2,39) angegeben wurde: $A = 0{,}28 \cdot 10^{-4}$ pF/(MHz)², also die richtige Größenordnung. Einer gemeinsamen Zuleitungsinduktion von 10^{-8} Henry entspricht etwa 1 cm Drahtlänge. Man kann nun leicht absichtlich diese Induktion und damit A vergrößern und so den Nullpnkt des Leitwerkes $\mathfrak{Y}_{ag}$ nach Gl. (D 2, 39) nach niedrigeren Frequenzen verlegen. Andererseits kann man durch Vergrößern von C_{ag0} in Gl. (D 2, 39) diesen Nullpunkt nach höheren Frequenzen verschieben. Wir haben also im Kurzwellengebiet die Möglichkeit, den Leitwert zwischen Gitter und Anode für eine bestimmte Frequenz gleich Null zu machen und somit in einem vorgelegten Frequenzbereich klein zu halten. Auch bei längeren Wellen ist diese Möglichkeit grundsätzlich vorhanden, aber ihre praktische Durchführung erfordert dort oft beträchtlichere Maßnahmen.

Schrifttum: 146, 186, 189, 305, 316, 319, 325, 354.

b) Verzerrungseffekte.

Wir behandeln zunächst die wichtigsten Verzerrungseffekte bei Hochfrequenzstufen, bevor wir die Verfahren zu ihrer Unterdrückung erörtern.

α) *Lineare Verzerrungseffekte.*

Als lineare Verzerrungseffekte bezeichnen wir jene Erscheinungen, die von den benutzten Kreisen und Kopplungsgliedern und nicht von Krümmungen der Röhrenkennlinien herrühren. Solche Effekte können durch Änderungen der Amplituden und der Phasenwinkel der einzelnen Hochfrequenzanteile amplituden- oder frequenzmodulierter Wellen zustande kommen (vgl. Abschn. D 1 aβ und D 1bβ). Wir unterscheiden zwei Fälle: 1. die Trägerwelle fällt mit der Abstimmfrequenz bzw. Symmetriefrequenz der verwendeten Kopplungsglieder zusammen; 2. die Trägerwelle fällt nicht mit dieser Frequenz zusammen.

Wir zeigen zunächst, daß die genannten linearen Verzerrungseffekte im ersten Falle sowohl für Amplitudenmodelung als auch für Frequenzmodelung bei allen behandelten Kopplungsgliedern von Abschn. D 2a bei richtiger Bemessung derselben sehr gering sind. Für Amplitudenmodelung geht aus Gl. (D 1,1) hervor, daß die Phasenwinkel der beiden Seitenschwingungen im unverzerrten Fall im Betrage gleich und im Vorzeichen entgegengesetzt, während die Amplituden der beiden Seitenschwingungen einem bestimmten Bruchteil der Trägeramplitude gleich sind. Wenn diese Verhältnisse beim Durchgang eines unverzerrten Signals durch Kopplungsglieder nach Abschn. D 2a unverändert bleiben, tritt also keine lineare Signalverzerrung dieser Art auf. In bezug auf das Verhältnis der Amplituden der Seitenschwingungen zur Trägerwellenamplitude sei bemerkt, daß es praktisch unverändert erhalten bleibt, falls die Bandbreite der verwendeten Kopplungsglieder einen ausreichenden Betrag hat. Bei Amplitudenmodulation soll die halbe Bandbreite etwa gleich der höchsten akustischen Frequenz des Empfangsgerätes sein, bei Frequenzmodulation etwa gleich dem Frequenzhub.

Wenn die Bandbreite geringer ist, wird die Modulationstiefe für die höchsten Modulationsfrequenzen verringert. Die Phase ist bei sämtlichen behandelten Kopplungsgliedern in der Umgebung der Abstimmlage (bzw. Symmetriefrequenz) proportional zu β oder zu ω_1, also links und rechts in gleichen Abständen von dieser Lage gleich und von entgegengesetztem Vorzeichen. Die Formeln für die einfachsten Kopplungsglieder lauten:

(D 3, 5) Parallelschwingungskreis im Falle $Q \operatorname{tg} \delta \ll 1$:

$$(\text{Phasenwinkel von } \mathfrak{R}) = \operatorname{arctg}\left(-\frac{1}{Q} - \beta Q\right)$$

nach Gl. (D 2, 2);

(D 3, 6) zwei gekoppelte Kreise:

$$(\text{Phasenwinkel von } \mathfrak{U}_2/\mathfrak{J}_a) = -\operatorname{arc\,cotg} \frac{\beta (Q_1 + Q_2)}{\beta^2 Q_1 Q_2 - 1 - k^2 Q_1 Q_2}$$

nach Gl. (D 2, 13). Für mehrere Parallelschwingungskreise, getrennt durch Röhren, ist in Abb. 260 der Verlauf des Phasenwinkels in der Umgebung der Symmetriefrequenz angegeben. Aus diesen Angaben geht hervor, daß die behauptete Proportionalität zu β angenähert besteht. Man kann aus Gl. (D 1, 1) und (D 1, 7) folgern, daß hierdurch auch die Verzerrungsfreiheit sowohl bei Amplitudenmodulation wie bei Frequenzmodulation gewährleistet ist.

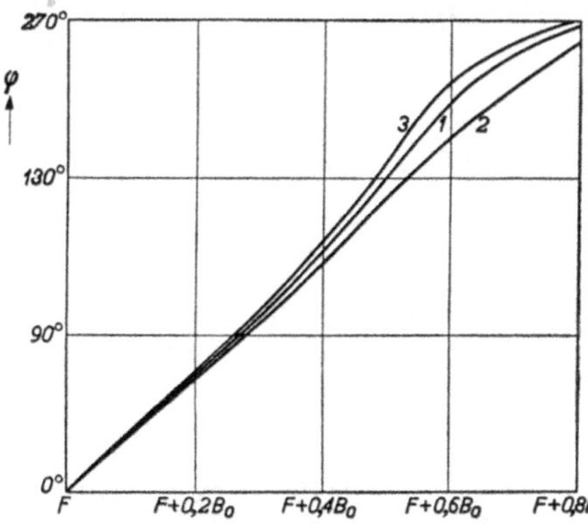

Abb. 260. Phasendrehung als Funktion der Frequenz für Schaltungen nach Abb. 235. Die Kurve *1* entspricht dem in Abb. 237, Kurve *III*, behandelten Fall, die Kurve *2* dem in Abbildung 237, Kurve *II*, behandelten Fall und die Kurve *3* dem in Abb. 237, Kurve *IV*, behandelten Fall. Der Verlauf der Phasenwinkel als Funktion der Frequenz ist angenähert linear.

Im zweiten obengenannten Fall, daß die Trägerwelle nicht mit der Abstimmfrequenz bzw. Symmetriefrequenz zusammenfällt, treten um so stärkere Verzerrungen des Hochfrequenzsignals auf, je größer diese Abweichung ist. Die Formeln (D 1, 1) und (D 1, 3) gestatten für verschiedene praktisch auftretende Werte dieser Frequenzabweichung in Verbindung mit den Frequenzkennlinien und Phasenwinkeln der Kopplungsglieder die Berechnung der Signalverzerrungen bei Amplitudenmodulation und Frequenzmodulation. Für frequenzmodulierte Wellen liegen die Verhältnisse weniger einfach, da das Hochfrequenzsignal vor der Gleichrichtung noch eine Begrenzerstufe durchläuft und dabei stark verändert wird. Wir kommen auf diese Verhältnisse in Abschn. G 4cγ zurück. Ein einfaches Beispiel ist in Abschn. D 1bβ gegeben.

β) *Nichtlineare Verzerrungen.*

Die hier betrachteten nichtlinearen Verzerrungen sind eine Folge der Kennlinienkrümmungen bei den verwendeten Röhren. Im Falle kleiner Widerstände im Anodenkreis kann an Stelle der dynamischen Anodenstrom-Gitterspannungskennlinie (Abb. 20) die statische Kennlinie der benutzten Pentoden verwendet werden. Diese statische Kennlinie kann als Summe von Exponentialfunktionen nach Abschn. A 3b dargestellt werden. Wir nehmen zur Vereinfachung an Stelle einer solchen Summe eine einzige Exponentialfunktion an. Die Formeln im allgemeinen Fall einer Summe solcher Funktionen können in einfacher Weise aus den angeschriebenen Ausdrücken abgeleitet werden. Außerdem ist eine einzige Exponentialfunktion oft geeignet, die statische Kennlinie in einem kleinen Gitterspannungsbereich mit großer Näherung darzustellen.

Anodenseitig spielt nur jener Stromanteil eine Rolle, der ungefähr die gleiche Hochfrequenz hat wie die Eingangsspannung. Bei einer Kennliniendarstellung:

$$i_a(t) = A\, e^{a\, u_g}$$

mit $u_g = U_g + U_0 \sin \omega t$ kann für die Amplitude I_0 dieses Stromanteils der Ausdruck:

$$\text{(D 3,7)}\quad I_0 = A\, e^{a U_g} \frac{2}{j} J_1(j a U_0) = A\, e^{a U_g}\left(a U_0 + \frac{1}{8} a^3 U_0^3 + \cdots\right) = S\, U_0 + S_3 U_0^3 + \cdots$$

aus Gl. (A 3,5) und (A 3,6) abgeleitet werden. Hieraus ergeben sich unmittelbar die gesuchten Verzerrungseffekte, wenn an Stelle von U_0 die modulierte Amplitude $U_0[1 + M \cos(pt + \varphi)]$ eingesetzt wird (amplitudenmodulierte Welle). Man findet unter Beschränkung auf die angeschriebenen zwei ersten Glieder der Funktion $J_1(j a U_0)$:

$$\text{(D 3,8)}\quad \begin{cases} I_0 = S\, U_0 + S_3 \tfrac{3}{2}\, U_0^3 M^2 + S_3 U_0^3 + (S\, U_0 M + 3 S_3 U_0^3 M + \\ \quad + \tfrac{3}{4}\, S_3 U_0^3 M^3) \cos(pt + \varphi) + \tfrac{3}{2}\, S_3 U_0^3 M^2 \cos(2pt + 2\varphi) + \\ \quad + \tfrac{1}{4}\, S_3 U_0^3 M^3 \cos(3pt + 3\varphi) + \cdots . \end{cases}$$

Die Modulationstiefe der Anodenstromamplitude mit der Kreisfrequenz p wird (Glieder mit $\cos pt$ dividiert durch zeitunabhängige Glieder rechts):

$$M' = \frac{S\, U_0 M + 3 S_3 U_0^3 M + \frac{3}{4} S_3 U_0^3 M^3}{S\, U_0 + \frac{3}{2} S_3 U_0^3 M^2 + S_3 U_0^3},$$

woraus sich gegenüber der Modulationstiefe M der Gitterspannung angenähert eine Zunahme der Modulationstiefe:

$$\text{(D 3,9)}\quad \frac{M' - M}{M} = \frac{S_3}{S}\, U_0^2 \left(2 - \frac{3}{4} M^2\right)$$

ergibt. Als *erster Effekt* ergibt sich also eine *Steigerung der Modulationstiefe.*

Die Gl. (3,8) enthält auch Glieder mit den Kreisfrequenzen $2p$, $3p$ usw., die Verzerrungen der Modulation bedeuten. Wenn also eine mit einer einzigen Kreisfrequenz p modulierte Welle durch eine Verstärkerröhre hindurchgegangen ist, ist sie am Ausgang auch mit den Kreisfrequenzen $2p$, $3p$ usw. moduliert. Insbesondere beträgt die Modulationstiefe M_2 mit der Kreisfrequenz $2p$ nach Gl. (3,8) angenähert:

$$\text{(D 3,10)}\quad \frac{M_2}{M} = \frac{S_3}{S}\, \frac{3}{2}\, M\, U_0^2.$$

Wenn das Signal am Röhreneingang mit mehr als einer akustischen Frequenz moduliert ist, entsteht am Ausgang Modulation mit den Summen und Differenzen dieser Frequenzen. Als einfachen Fall nehmen wir an, das Eingangssignal habe die Modulationstiefe M_p für die Kreisfrequenz p und die Modulationstiefe M_q für die Kreisfrequenz q. Am Ausgang entsteht dann eine Modulationstiefe $M_{p \pm q}$ für die Kreisfrequenz $p \pm q$, welche angenähert beträgt:

$$\text{(D 3,11)}\quad \frac{M_{p \pm q}}{M_p M_q} = \frac{S_3}{S}\, 3\, U_0^2.$$

Alle diese Effekte fassen wir unter dem Namen „*Modulationsverzerrung*“ zusammen.

Eine weitere, praktisch sehr wichtige Erscheinung tritt auf, wenn am Röhreneingang mehr als ein hochfrequentes Signal vorhanden ist. Wir nehmen zwei solche Signale an: Ein nichtmoduliertes $U_0 \sin \omega_0 t$ und ein moduliertes $U_k(1 + M_k \cos pt) \sin \omega_k t$. Am Ausgang der Röhre hat der Anodenstromanteil der Kreisfrequenz ω_0 eine gewisse Modulationstiefe M_0 mit der akustischen Kreisfrequenz p. Eine einfache Berechnung ergibt für die Anodenstromamplitude der Kreisfrequenz ω_0:

$$I_0 = J_0[j a U_k(1 + M_k \cos pt)] \frac{2}{j} J_1(j a U_0) A \varepsilon^{a U_g} \approx$$

$$\approx [1 + \tfrac{1}{4} a^2 U_k^2 (1 + 2 M_k \cos pt + M_k^2 \cos^2 pt) + \cdots] (a U_0 + \cdots) A \varepsilon^{a U_g}.$$

Diese Gleichung ergibt sofort einen Näherungsausdruck für die gesuchte *Kreuzmodulationstiefe* M_0:

(D 3,12) $$M_0 = \frac{1}{2} a^2 U_k^2 M_k = 4 \frac{S_3}{S} U_k^2 M_k.$$

Alle in diesem Abschnitt behandelten Hochfrequenzverzerrungseffekte lassen sich in erster Näherung durch das Verhältnis S_3/S nach Gl. (3,7) ausdrücken. Die Verringerung dieser Effekte kann also in erster Linie dadurch stattfinden, daß dieses Verhältnis für die benutzten Röhren herabgedrückt wird. Weiter sind alle behandelten Effekte proportional zum Quadrat der betreffenden Eingangsspannungsamplitude. In zweiter Linie können sie also durch Herabdrücken dieser Amplitude verringert werden. Wir behandeln diese beiden Verfahren in den nächsten zwei Abschnitten.

Schrifttum: **69, 177, 181, 200, 302, 354.**

c) Verfahren zur Verzerrungsverringerung.

α) *Durch Anwendung von Röhren mit „gleitenden" Kennlinien.*

Das Verhältnis S_3/S ist proportional zu a^2 nach Gl. (D 3,7). Wenn wir also für die Anodenstrom-Gitterspannungskennlinie einer Verstärkerröhre einen logarithmischen Maßstab des Anodenstroms und einen linearen Maßstab der Gitterspannung benutzen, ist das Verhältnis S_3/S um so größer, je größer die Neigung der betreffenden Kennlinie ist, d. h. je mehr sie sich einer vertikalen Geraden nähert. Diese Bemerkung gilt für jeden Abschnitt der betreffenden Kennlinie. Im allgemeinen zeigt sich, daß diese Kennlinien bei den heute vorliegenden Röhren schematisch den in Abb. 261 angedeuteten Verlauf haben. Bei den verschiedenen Röhren ist die Länge der drei in Abb. 261 gezeichneten Abschnitte einer solchen Kennlinie verschieden (vgl. auch Abb. 24). Es kann vorkommen, daß nur zwei Abschnitte oder auch nur ein einziger vorhanden ist. Während der Verstärkungsregelung mit Hilfe der Steilheitsregelung (Abschn. D 2cα) wird die gesamte Kennlinie durchlaufen. Es ist nun wichtig, daß jene Teile der Kennlinie, welche meistens bei diesem Regelvorgang mit beträchtlichen Eingangssignalen zusammenfallen, eine geringe Neigung aufweisen. Der Grund der genannten Verstärkungsregelung

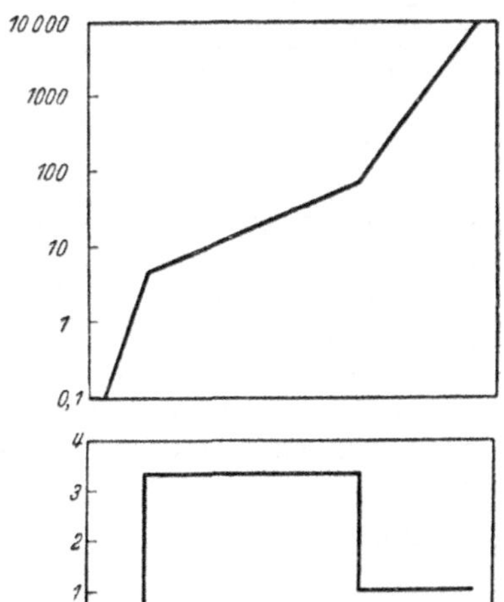

Abb. 261. Schematischer Verlauf der Anodenstrom-Gitterspannungskurve einer neuzeitlichen Hochfrequenzröhre (oberer Teil der Abbildung). Vertikal: Anodenstrom in logarithmischem Maßstab. Horizontal: Gitterspannung in linearem Maßstab. Im unteren Teil der Abbildung ist vertikal in linearem Maßstab die zulässige Eingangssignalspannung für einen bestimmten Prozentsatz Modulationsverzerrung oder Kreuzmodulation angegeben. Diese Eingangsspannung ist proportional zu $(S/S_3)^{1/2}$. Die Bedeutung von S und S_3 ist der Gl. (D 3,7) zu entnehmen.

liegt meistens eben in der Stärke der betreffenden Eingangssignale. Folglich kann damit gerechnet werden, daß die Eingangssignale größer sind, je mehr die Verstärkung heruntergeregelt wird, und umgekehrt. Das Verhältnis S_3/S soll also kleiner werden, wenn die Gittervorspannung weiter negativ geschoben wird. In diesem Fall spricht man von einer „gleitenden Kennlinie". Ein Beispiel für den Unterschied im Verlauf von S_3/S als Funktion von U_g bei Röhren mit gleitender und nichtgleitender Kennlinie ist in Abb. 262 gezeigt. Man hat diesen gleitenden Kennlinienverlauf noch durch mehrere Hilfsmittel gefördert, von denen wir nennen: 1. Verwendung von Röhren mit zwei Steuergittern (vgl. Abb. 133). Indem die negative Vorspannung beider Steuergitter in einem bestimmten Verhältnis geändert wird, kann ein gleitender Kennlinienverlauf erzielt werden. 2. Anwendung eines Reihenwiderstandes zur Erzeugung der Schirmgitterspeisespannung (vgl. Abb. 175). Wenn die Steuergitterspannung weiter negativ geschoben wird, nimmt der Schirmgitterstrom ab, der Spannungsabfall am Speisewiderstand wird geringer, die Schirmgittergleichspannung wächst. Hierdurch wird S_3/S herabgedrückt.

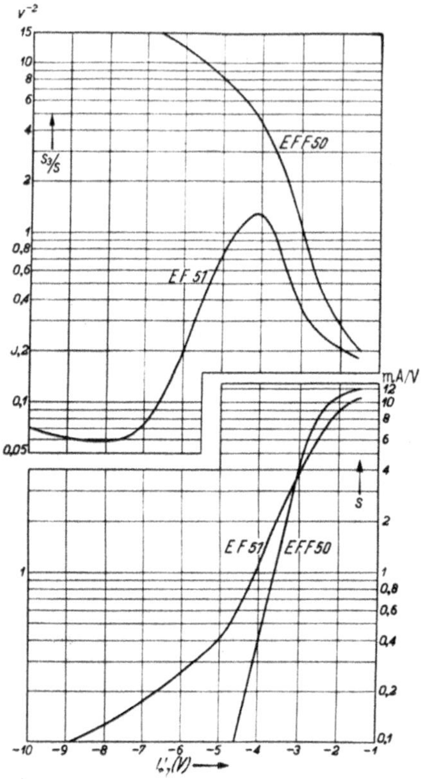

Abb. 262. Unterer Teil der Abbildung: Steilheit S als Funktion der Steuergitterspannung für zwei neuzeitliche Pentoden EF 51 und EFF 50 (Philips). Oberer Teil der Abbildung: Der Verlauf von S_3/S als Funktion von U_g für diese Röhren. Die Röhre EF 51 hat eine gleitende Kennlinie, die Röhre EFF 50 nicht. Bei letzterer Röhre ist S_3/S deshalb größer, namentlich bei heruntergeregelter Steilheit.

Schrifttum: 79, 89, 91, 177, 181, 200.

β) *Durch Gegenkopplung.*

In Abschn. D 2cβ wurde die Verstärkungsregelung durch Änderung eines Gegenkopplungswiderstandes behandelt (Abb. 257). Diese Art der Regelung hat den Vorteil, daß die Gitterwechselspannung $\mathfrak{U}_g$ der Röhre (Abb. 257) bei der Regelung herabgedrückt wird im Verhältnis zur Eingangsspannung $\mathfrak{U}_e$ der Stufe. Dieses Verhältnis ist nach Abschn. D 2cβ:

$$\frac{\mathfrak{U}_g'}{\mathfrak{U}_e} = \frac{1}{1 + SR_k}, \tag{D 3,13}$$

wobei wir wieder voraussetzen: $R_0 + R_k \ll R_a$ (vgl. Abb. 257). Wir können für dieses Verhältnis somit die Kurve der Abb. 257 benutzen. Da eine Verstärkungsregelung oft angewandt wird, weil $\mathfrak{U}_e$ wächst, haben wir hier grundsätzlich ein Mittel, die Gitterwechselspannung gering zu halten und damit die Verzerrungen nach Abschn. D 3bβ, die alle zu $\mathfrak{U}_g^2$ proportional sind, bedeutend herabzudrücken. Wir haben somit die beiden grundsätzlich möglichen Wege zur Verringerung der Verzerrungen angewandt: Herabsetzen von S_3/S und Herabdrücken der Eingangswechselspannung.

Schrifttum: 16, 23.

E. Gleichrichtung und Überlagerungsverstärkung.

Wir gehen in diesem Abschnitt von den in Abschn. A 4 behandelten Grundlagen aus und erweitern diese bis zum Verständnis der technischen Daten der heute in Empfangsgeräten verwendeten Anordnungen.

1. Gleichrichtung.

a) Diodengleichrichtung.

α) Verzerrungen bei kleinen und bei großen Hochfrequenzamplituden.

Wir betrachten die in Abb. 23 gezeichnete Schaltung, wo insbesondere die Bedingung $\omega R C \gg 1$ für die Kreisfrequenz ω des Hochfrequenzsignals erfüllt sein soll, während $p R C \ll 1$ ist, wo p die Kreisfrequenz der niederfrequenten Modulation darstellt. Bei *kleinen* Hochfrequenzamplituden U_0 (nach Abschnitt A 4a α z. B. U_0 kleiner als 30 mV) ist nach Gl. (A 4,7) die gleichgerichtete Spannung U_1 an den Klemmen des Widerstandes R (Abb. 23) durch die Formel:

$$U_1 = -\frac{1}{4}\,\frac{a U_0^2}{1 - \dfrac{1}{a U_g}} \qquad \text{(E 1,1)}$$

gegeben, wo a bei den üblichen Rundfunkdioden mit indirekt geheizter Kathode etwa gleich 10 (V^{-1}) ist und U_g die Gleichspannung darstellt, welche ohne Hochfrequenzsignal über dem Widerstand R entsteht. Nach Abb. 21 beträgt diese Gleichspannung U_g etwa 0,85 V bei einem Widerstand R von 0,5 MOhm. Wenn nun das Hochfrequenzsignal amplitudenmoduliert ist, muß in Gl. (1,1) an Stelle von U_0 der Ausdruck $U_0[1 + M\cos(pt + \varphi)]$ eingesetzt werden und erhält man:

$$\text{(E 1,2)} \quad \left\{ \begin{aligned} U_1 = -\frac{1}{4}\left(1 - \frac{1}{a U_g}\right)^{1} a U_0^2 \Big[1 + \frac{1}{2} M^2 + 2M\cos(pt+\varphi) + \\ + \frac{1}{2} M^2 \cos(2pt + 2\varphi)\Big]. \end{aligned} \right.$$

Offenbar tritt hier eine beträchtliche Verzerrung auf, und der Klirrfaktor $d = d_2$ beträgt $\frac{1}{4} M$, also bei einer Modulationstiefe M von 80% sogar 20%. Sehr störende Verzerrungen treten auch auf, wenn mehr als eine Modulationsfrequenz vorhanden ist. Hieraus ist zu ersehen, daß dieser Betrieb eines Diodengleichrichters möglichst vermieden werden soll, und wenn das nicht durchführbar ist, soll er möglichst nur bei geringer Modulationstiefe angewandt werden.

Für *große* Hochfrequenzamplituden U_0 liegt nach Abb. 23 eine nahezu lineare Abhängigkeit der gleichgerichteten Spannung U_1 an den Klemmen des Widerstandes R von der Amplitude U_0 vor. Diese Beziehung tritt angenähert für $a U_0 > 10$, also $U_0 > 1$ V auf. Wenn nun wieder an Stelle von U_0 der Ausdruck $U_0[1 + M\cos(pt + \varphi)]$ eingesetzt wird, ergibt sich, daß die gleichgerichtete Spannung dem eckigen Klammerausdruck proportional wird, also fast keine Verzerrung auftritt. Wir können diese „lineare Gleichrichtung" so deuten, daß die Niederfrequenzspannung am Widerstand R die „Umhüllende" der modulierten Hochfrequenzkurve nach Abb. 214a, 215a und 216a ist. *Diese Betriebsart des Diodengleichrichters soll wegen der geringen Verzerrungen stets angestrebt werden.* Eine derart betriebene Diode stellt einen geradezu idealen Gleichrichter dar. Aus dem Abschn. D 1a gehen die Niederfrequenzverzerrungen hervor, welche in diesem Falle infolge verzerrter Signale auftreten können.

β) *Verzerrungen bei linearer Gleichrichtung.*

Wir betrachten jetzt einige praktisch auftretende Verzerrungsmöglichkeiten bei dieser „linearen" Gleichrichtung. In erster Linie betrachten wir den Fall, daß die Bedingungen $\omega RC \gg 1$ und $pRC \ll 1$ nicht beide erfüllt sind. Dieser Fall tritt z. B. auf, wenn ω und p nicht weit auseinanderliegen, z. B. $p = 2\pi \cdot 1000$ Hz und $\omega = 2\pi \cdot 5000$ Hz (Trägerfrequenztelephonie). Die Kapazität C soll so gewählt sein, daß die Ungleichung $\omega RC \gg 1$ erfüllt ist, aber die Ungleichung $pRC \ll 1$ nicht. Der Belastungswiderstand der Diode ist dann für die Kreisfrequenz p komplex. In erster Näherung ist der geometrische Ort der Augenblickswerte des Niederfrequenzstromes und der Niederfrequenzspannung eine Ellipse (vgl. Abschn. C 4 c α). Für die Modulationstiefe Null stellt sich bei einem Wert von z. B. $U_0 = 5$ V für den vorliegenden Widerstand R der Arbeitspunkt A in Abb. 263 ein. Dieser Arbeitspunkt bildet den Mittelpunkt des genannten geometrischen Ortes (Arbeitskurve). Für verschiedene Modulationstiefen M sind solche Arbeitskurven eingezeichnet. Solange diese Arbeitskurven ganz innerhalb des Kennlinienbereiches fallen, sind die Verzerrungen gering. Wenn aber die Arbeitskurve zum Teil außerhalb des Kennliniendiagramms fällt, tritt eine erhebliche Verzerrung der Niederfrequenzspannung auf, wie in Abb. 263 für ein Beispiel gezeigt. Die höchstzulässige Modulationstiefe M, bei der diese Verzerrungen gerade noch nicht auftreten, ist angenähert durch jene Ellipse gegeben, welche die horizontale Achse der Abb. 263 gerade berührt. Hierfür ist die Niederfrequenzstromamplitude nach Abb. 263 durch den zum Arbeitspunkt A gehörigen Stromwert I_0 gegeben und die zugehörige Niederfrequenzspannungsamplitude durch $I_0 R (1 + p^2 R^2 C^2)^{-1/2}$. Einer hundertprozentigen Modulationstiefe entspricht eine Spannungsamplitude gleich U_0. Folglich soll angenähert für die Modulationstiefe M die Ungleichung:

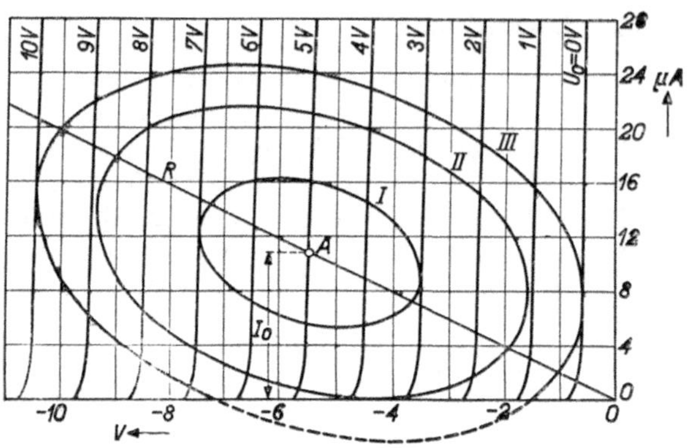

Abb. 263. Vertikal: Anodengleichstrom einer Diode als Funktion der Anodengleichspannung (horizontal) bei verschiedenen Wechselspannungsamplituden U_0. Die Gerade OA entspricht einem Widerstand $R = 0{,}5$ MOhm. Die Ellipsen bilden die geometrischen Orte der Augenblickswerte von Niederfrequenzstrom und Niederfrequenzspannung bei einwelliger Modulation des Hochfrequenzsignals. Die Ellipse *I* gilt für eine Modulationstiefe der Hochfrequenzträgerwelle von 40%, die Ellipsen *II* und *III* für 78 bzw. 100% Modulationstiefe.

$$\text{(E 1,3)} \qquad M < I_0 R (1 + p^2 R^2 C^2)^{-1/2} U_0^{-1}$$

erfüllt sein, damit keine unzulässigen Verzerrungen auftreten. Für $pRC \ll 1$ wird diese Grenze nach Abb. 263 nahezu 100%, für $pRC = 1$ ist sie bereits auf etwa 70% gesunken.

Eine zweite Schaltung, die zu Verzerrungen der Niederfrequenzspannungen und -ströme Anlaß geben kann, ist in Abb. 264 gezeichnet. Der Gleichstromwiderstand im Diodenkreis wird durch R_1 gegeben. Weil aber der Kondensator C_2 sehr groß ist, sind für die Niederfrequenzsignale die Widerstände R_1 und R_2 parallel geschaltet. Der Niederfrequenzwechselstromwiderstand R_w ist also kleiner als der Gleichstromwiderstand $R_g = R_1$. In Abb. 265 sind die gleichen statischen Diodenkennlinien wie in Abb. 263 noch einmal gezeichnet. Die dem Gleichstromwiderstand R_g entsprechende Gerade bedingt den Arbeitspunkt A, wie in Abb. 263.

Durch diesen Arbeitspunkt ziehen wir die dem Wechselstromwiderstand R_w entsprechende Arbeitsgerade, die den geometrischen Ort der Augenblickswerte der Niederfrequenzströme und -spannungen darstellt. Solange die Modulationstiefe gering ist, wandern diese Augenblickswerte auf der Geraden R_w hin und her und entfernen sich nicht weiter von A als der Strecke AB bzw. AB' entspricht. Sobald aber die Modulationstiefe größer ist als die Strecke AB dividiert durch AC, werden die Spitzen der Niederfrequenzspannungskurve als Funktion der Zeit abgeschnitten (Abb. 265c) und treten Verzerrungen auf. Die Modulationstiefe soll also, damit keine Verzerrungen auftreten, geringer sein als M_{max}, wo M_{max} angenähert gleich dem Verhältnis der Strecke AB zur Strecke AC ist.

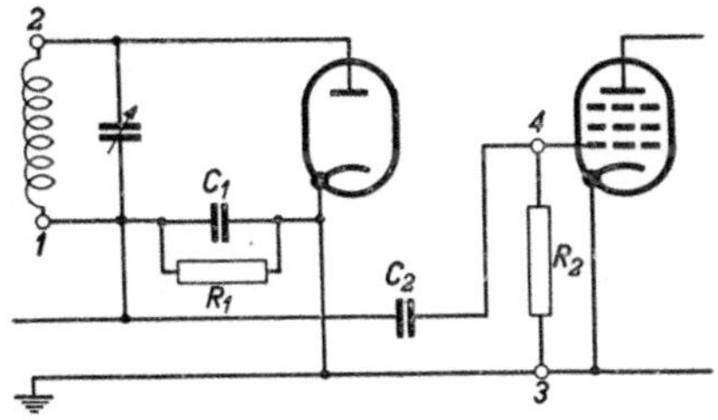

Abb. 264. Schaltung einer Diodenstufe vor einer Niederfrequenzverstärkerstufe. Die Hochfrequenzsignalspannung wird zwischen *1* und *2* angelegt, die Niederfrequenzausgangsspannung der Diodenstufe entsteht zwischen *3* und *4*. Die Gleichstromlage der Diodenstufe wird durch R_1 bestimmt, die Niederfrequenzarbeitsgerade durch die Parallelschaltung von R_1 und R_2, der ein Widerstand R_w entspricht.

Wir haben eine einfache Möglichkeit diese Grenze bis zur hundertprozentigen Modulationstiefe zu erweitern, wenn wir den Arbeitspunkt A verschieben, indem wir eine positive Vorspannung gleich der Strecke OD anwenden. In diesem Fall wandern die Augenblickswerte der Niederfrequenzspannungen und -ströme auf der Ge-

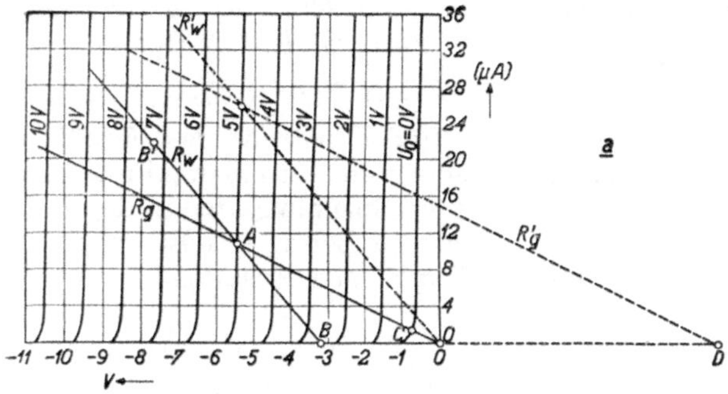

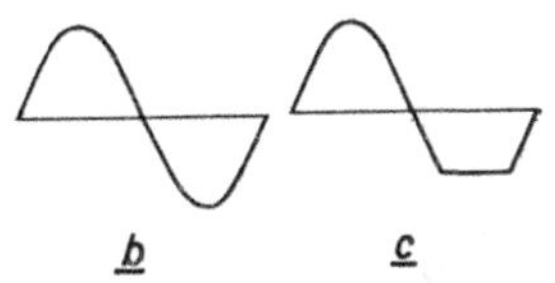

Abb. 265a–c. Die gleichen Diodenkennlinien wie in Abb. 263 sind hier nochmals gezeichnet zur Erörterung der Wirkung des Schaltbildes 264. Der Gleichstromwiderstand R_g wird durch den Widerstand R_1 von Abb. 264 gebildet und bestimmt den Arbeitspunkt A. Für die Niederfrequenzströme und -spannungen ist aber der Wechselstromwiderstand R_w maßgebend, der in Abb. 264 durch die Parallelschaltung von R_1 und R_2 gebildet wird. Diesem Widerstand R_w entspricht die ebenso bezeichnete Arbeitsgerade der Abb. 265a als geometrischer Ort der Augenblickswerte von Niederfrequenzströmen und -spannungen. Bei kleinen Modulationstiefen der Hochfrequenzeingangsspannungen schwingt dieser geometrische Ort um A herum nicht weiter hin und her als den Strecken AB' bzw. AB entspricht. In diesem Fall gilt für die Niederfrequenzspannung als Funktion der Zeit die Kurve *b*. Wenn aber die Modulationstiefe so groß ist, daß B überschritten würde, so entsteht die Kurve *c* und treten Verzerrungen ein. Die gestrichelten Arbeitsgeraden R'_g und R'_w entstehen durch Anwendung einer zusätzlichen positiven Gleichspannung, die der Strecke OD entspricht.

raden R'_w hin und her und hierbei findet sogar bei hundertprozentiger Modulationstiefe keine Verzerrung statt. Das gleiche Mittel einer Verschiebung des Arbeitspunktes durch zusätzliche positive Vorspannung kann auch auf den ersten oben betrachteten Fall (Abb. 263) angewandt werden und führt hier ebenfalls zu einer Erweiterung der zulässigen verzerrungsfreien Grenze der Modulationstiefe bis 100%. Wir werden aber im nächsten Abschnitt γ sehen, daß dieses Mittel in anderer Hinsicht unangenehme Folgen haben kann, die seine Anwendung nicht immer empfehlenswert machen.

γ) *Eingangsleitwert einer Diodengleichrichterstufe.*

Wie bereits in Abb. 264 angegeben, wird der Eingang einer Diodengleichrichterstufe in einem Empfangsgerät meistens an einen Schwingungskreis angeschlossen. Der Eingangsleitwert der Diodenstufe ist daher parallel zum Schwingungskreis geschaltet, und wir behandeln jetzt die Größe dieses Leitwertes, den wir als Verhältnis des hochfrequenten Eingangswechselstromes zur Eingangswechselspannung definieren. Hierbei betrachten wir zwei heute gebräuchliche Schaltungen einer Diodenstufe, die in Abb. 266 angegeben sind. Die Diodenströme seien wieder, wie oben auch stets vorausgesetzt, so klein, daß die Exponentialdarstellung nach Abschn. A 4a α gültig ist. Bei den heutigen Rundfunkdioden ist diese Stromgrenze häufig etwa 100 μA. Die Hochfrequenzstromamplitude I_0 wird durch die Grundwelle des Diodenstromes gegeben und ist nach Gl. (A 4,1) und (A 3,5):

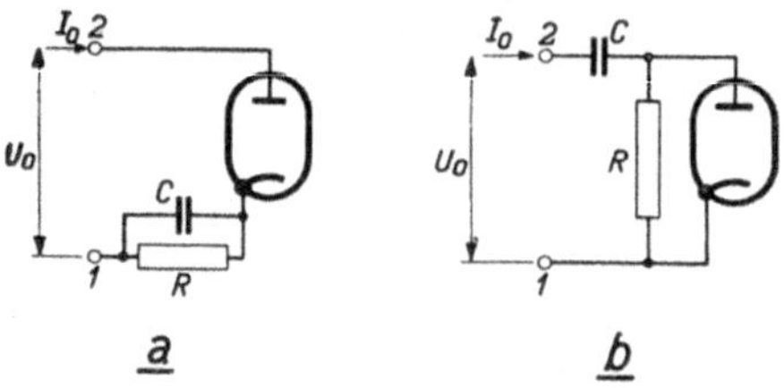

Abb. 266. Zwei verschiedene Schaltungen einer Diodenstufe mit dem Ableitwiderstand in Reihe mit und parallel zu der Diode. Die Hochfrequenzeingangsspannung (Amplitude U_0) wird an die Klemmen *1* und *2* angelegt

$$I_0 = A\, e^{aU} \frac{2}{j} J_1(j\, a\, U_0), \tag{E 1,4}$$

wo U die Gleichspannung zwischen Anode und Kathode der Diode und U_0 die Hochfrequenzspannungsamplitude bedeuten (vgl. Abb. 266). Da der Diodengleichstrom I nach Gl. (A 4,2) durch

$$I = A\, e^{aU} J_0(j\, a\, U_0)$$

gegeben ist, finden wir für das Verhältnis der hochfrequenten Stromamplitude zur hochfrequenten Spannungsamplitude, d. h. für den absoluten Betrag des Eingangsleitwertes der Diode, den Ausdruck:

$$|\mathfrak{Y}_e| = \frac{I}{U_0} \frac{\frac{2}{j} J_1(j\, a\, U_0)}{J_0(j\, a\, U_0)} = \frac{I}{U_0} Q, \tag{E 1,5}$$

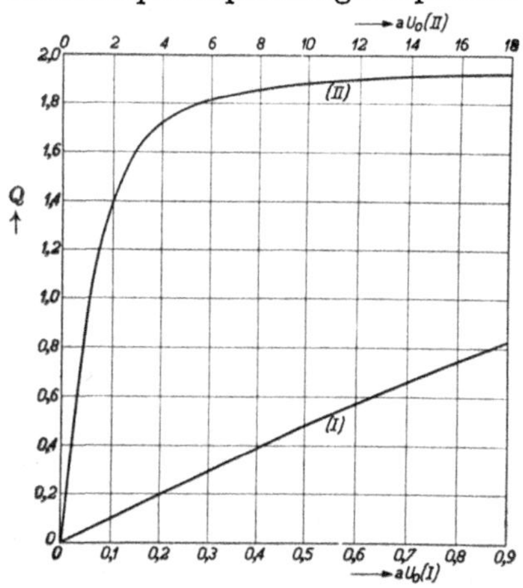

Abb. 267. Die Funktion Q von $a\,U_0$ nach Gl. (E 1,5). Kurve *I*: Untere horizontale Skala. Kurve *II*: Obere horizontale Skala.

wo Q eine Funktion von $a\,U_0$ ist. Dieser Eingangsleitwert ist reell, wenn wir die Diodenkapazität C_d (meistens wenige pF) außer acht lassen. Setzen wir diese Kapazität in Rechnung, so muß zu (1,5) noch $j\omega C_d$ addiert werden. Diese Kapazität C_d kann in vielen Fällen als ein Teil der Kapazität des vorangehenden Hochfrequenzkreises aufgefaßt werden. Bei der Schaltung *a* der Abb. 266 stellt der Ausdruck (1,5) den Leitwert zwischen den Klemmen *1* und *2* dar. Bei der Schaltung *b* der Abb. 266 muß noch berücksichtigt werden, daß der Widerstand R zum Eingang parallel liegt. Hier muß also noch $1/R$ zu (1,5) addiert werden. Die im Ausdruck (1,5) auftretende Funktion Q von $a\,U_0$ ist in Abb. 267 gezeichnet. Aus dieser Abb. 267 geht hervor, daß angenähert gilt:

$$\begin{cases} \text{für } a\,U_0 < 1: & Q \approx a\,U_0; \\ \text{für } a\,U_0 > 10: & Q \approx 2. \end{cases} \tag{E 1,6}$$

Für große Hochfrequenzamplituden U_0 hatten wir bereits in Abschn. (A 4a α) gefunden, daß die Spannung über dem Widerstand R nahezu gleich der Amplitude U_0 wird. Wir können also in diesem Fall statt $I/U_0 = U_1/U_0 R \approx U_0/U_0 R$ in Gl. (1,5) auch angenähert $1/R$ schreiben. Hieraus ergeben sich für $\mathfrak{Y}_e$ nach Gl. (1,5) unmittelbar die Näherungsformeln:

(E 1,7)
$$\mathfrak{Y}_e \begin{cases} = a I & \text{für } a U_0 < 1\,; \\ = \dfrac{2}{R} & \text{für } a U_0 \gg 1\,. \end{cases}$$

Als Beispiel für den Verlauf von $1/\mathfrak{Y}_e$ (also des Hochfrequenzeingangswiderstandes) geben wir die Abb. 268, die für eine übliche Rundfunkdiode bei $R = 0{,}5$ MOhm (ebenfalls ein üblicher Wert) gilt.

Die Formel (1,5) zeigt, daß der Eingangsleitwert im Gültigkeitsbereich der Exponentialdarstellung für den Diodenstrom proportional zum Diodengleichstrom wächst. Wenn also dieser Diodengleichstrom durch Anwendung einer zusätz-

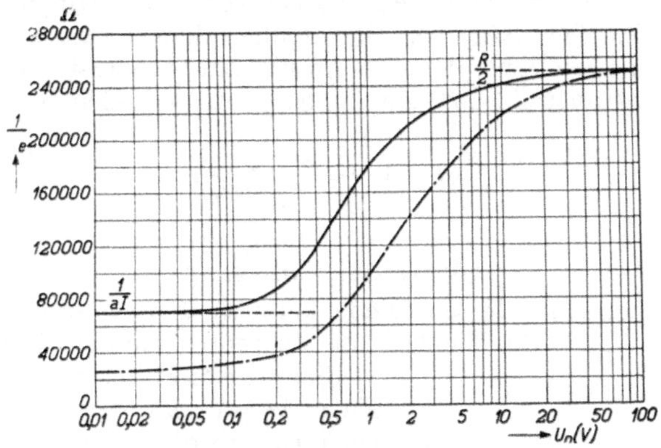

Abb. 268. Der Eingangswiderstand $1/\mathfrak{Y}_e$ einer Diodengleichrichterstufe nach dem Schaltbild 266a als Funktion der Eingangshochfrequenzamplitude U_0 (horizontal). Die ausgezogene Kurve gilt für eine normale Rundfunkdiode und R (Abb. 266a) gleich 0,5 MOhm. Gestrichelt sind die beiden Grenzwerte der Größe $1/\mathfrak{Y}_e$ für kleine und für große Werte von U_0 nach Gl. (E 1,7) eingezeichnet. Die Punkt-Strich-Kurve gilt für den Fall, daß in Abb. 266a in Reihe mit R eine Gleichspannungsquelle von 1,3 V (Diodenanode positiv) geschaltet wird (vgl. auch die gestrichelten Geraden der Abb. 265a).

lichen positiven Vorspannung vergrößert wird, findet hierdurch auch eine Vergrößerung von $\mathfrak{Y}_e$ statt (Beispiel in Abb. 268). Deshalb ist die am Schluß von Abschn. E 1 a β angegebene Maßnahme zur Erhöhung der verzerrungsfreien Modulationsgrenze nicht immer empfehlenswert, denn die Dämpfung der Hochfrequenzschaltung durch die Diodenstufe wächst hierdurch. Man soll in diesen Fällen Vor- und Nachteile gegeneinander abschätzen.

Wir berechnen noch den Eingangsleitwert einer Diodenschaltung, deren Gleichstromwiderstand R_g nach Abb. 264 und 265 nicht dem Niederfrequenzwechselstromwiderstand R_w gleich ist. Hierzu gehen wir von einem amplitudenmodulierten Signal $U_0(1 + M\cos pt)\sin\omega t$ aus und berechnen die Hochfrequenzleistung, welche dieses Signal in die Gleichrichterstufe hineinschickt:

(E 1,8)
$$\mathfrak{N} = \tfrac{1}{2} I_0 U_0 (1 + M\cos pt) = \tfrac{1}{2} I Q U_0 (1 + M\cos pt)$$

nach Gl. (E 1,4) und (E 1,5). Wir nehmen weiterhin $a U_0 > 10$ an, und somit $Q \approx 2$. Die Spannung über dem Niederfrequenzwiderstand im Diodenkreis beträgt $U + M U_0 \cos pt$, und der Strom I ist folglich:

(E 1,9)
$$I = \frac{U}{R_g} + \frac{M U_0 \cos pt}{R_w}\,.$$

Einsetzen von (1,9) in (1,8) ergibt:

$$\mathfrak{N} = \frac{U U_0 (1 + M \cos pt)}{R_g} + \frac{M U_0^2 \cos pt}{R_w} + \frac{M^2 U_0^2 \cos^2 pt}{R_w},$$

und der Mittelwert über einer Niederfrequenzperiode beträgt:

$$\text{(E 1,10)} \qquad \frac{1}{2\pi}\int\limits_0^{2\pi} \mathfrak{N}\, d(pt) = \frac{U_0^2}{2}\left(\frac{1}{\frac{1}{2} R_g \frac{U_0}{U}} + \frac{1}{2} M^2 \frac{1}{\frac{1}{2} R_w}\right).$$

Für $M = 0$ (unmodulierte Trägerwelle) finden wir wieder $\mathfrak{Y}_e = 2/R_g$, da $U_0 \approx U$ ist, und das zweite Klammerglied der Gl. (1,10) stellt folglich den Hochfrequenzleitwert für die beiden Seitenschwingungen (vgl. Abschn. D 1a) dar. Da dieser Leitwert größer als jener für die Trägerwelle ist, entsteht infolge der Anschaltung einer Diodenstufe dieser Art an einen Hochfrequenzschwingungskreis eine *Verringerung der Modulationstiefe* im Signal über dem Kreis. Wenn dieser Hochfrequenzkreis ohne Diodenstufe einen Abstimmungswiderstand R_k aufweist, wird die neue Modulationstiefe M' am Eingang der Diodenstufe (vgl. auch Abschnitt E 1a ε):

$$\text{(E 1,11)} \qquad M' = M \frac{R_w}{R_g} \frac{2R_k + R_g}{2R_k + R_w}.$$

δ) *Gittergleichrichtung.*

An Stelle einer gesonderten Diode kann auch das Steuergitter einer Verstärkerröhre als Anode der Diodenstufe verwendet werden. Die Niederfrequenzspannug gelangt dann zwischen Gitter und Kathode und kann nach dem Anodenkreis verstärkt werden. Dieser einfache Grundgedanke führt aber in der Praxis nicht immer zu empfehlenswerten Schaltungen. Ein Beispiel dieser Gittergleichrichtung ist in Abbildung 269 nebst der gemessenen Niederfrequenzausgangsspannung der Stufe gezeigt. Die Niederfrequenzspannung steigt zunächst angenähert proportional zur Hochfrequenzspannung an, aber nachdem letztere einen gewissen Wert überschritten hat, hört die Proportionalität auf. An dieser Stelle setzen auch Verzerrungen der Niederfrequenzspannung bei einwelliger Modulation der Hochfrequenzspannung ein. Die Ursache dieser Erscheinung liegt in der unteren Krümmung der Anodenstrom-Gitterspannungskennlinien der Verstärkerröhre. Wenn die Hochfrequenzspannung wächst, wird in der angegebenen Schaltung nach Abb. 269 die Gittervorspannung mehr negativ und gelangt allmählich aus dem Gebiet linearer Verstärkung der Röhre heraus in das Gebiet der unteren Kennlinienkrümmungen und damit der Krümmungsgleichrichtung. Diese kann aber gegenphasig zur Gitter- (oder Dioden-) -gleichrichtung sein, und hiermit kann zum Teil das Abbiegen der Kurve in Abb. 269 gedeutet werden. Weiter sinkt auch die Steilheit und somit

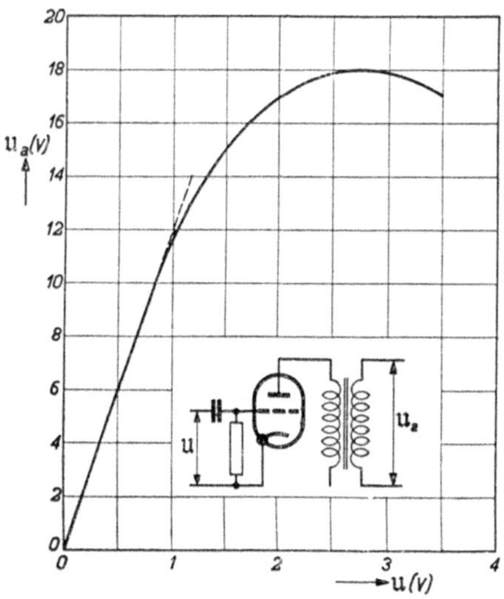

Abb. 269. Gittergleichrichtungsschaltung nebst gemessener Niederfrequenzausgangsspannung $\mathfrak{U}_a$ (vertikal) als Funktion der Hochfrequenzeingangsspannung $\mathfrak{U}$.

die Verstärkung der Röhre in diesem Gebiet herab. Solange man aber im Proportionalitätsbereich der Kurve aus Abb. 269 bleibt, arbeitet die Gittergleichrichtung befriedigend.

ε) *Diodenstufe in einem Empfangsgerät.*

In einem Empfangsgerät wird eine Diodenstufe meistens zwischen einer Hochfrequenzverstärkerstufe (oder Zwischenfrequenzverstärkerstufe) und einer Niederfrequenzverstärkerstufe angeordnet (Abb. 270a). Wir haben oben den Eingangsleitwert der Diodenstufe, von der Hochfrequenzseite aus gesehen, behandelt und können daher für die vorhergehende Hochfrequenzstufe mit angeschalteter Diodenstufe das Ersatzschaltbild 270b zeichnen, wo die Diodenstufe

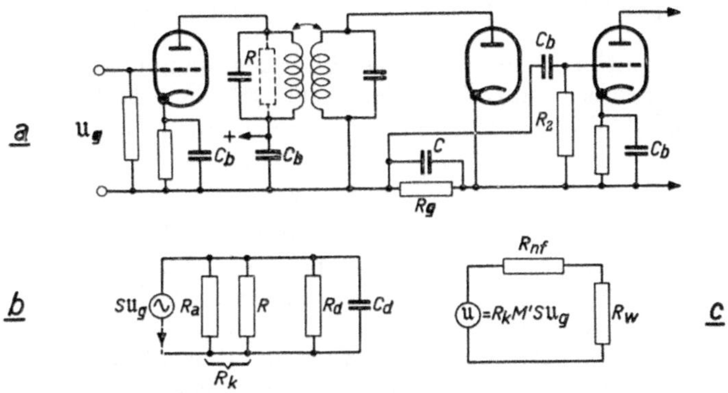

Abb. 270a—c. Anordnung einer Diodengleichrichterstufe zwischen einer Hochfrequenzverstärkerstufe und einer Niederfrequenzverstärkerstufe in einem Empfangsgerät. C_b sind Blockkondensatoren, R ist der Eingangswiderstand der zwei gekoppelten Hochfrequenzkreise (Abb. 270a). Die Abb. b stellt das Hochfrequenzersatzschaltbild der Diodenstufe und Abb. c das Niederfrequenzersatzschaltbild dar. In Abb. b fließt der Quellenstrom $S\mathfrak{U}_g$ (vgl. Abb. a) durch die gezeichnete Parallelschaltung des Anodenwiderstandes R_a der Hochfrequenzröhre, des Widerstandes R des Kopplungsgliedes, des Hochfrequenzeingangswiderstandes R_d der Diodenstufe und der Kapazität C_d dieser Stufe. Letztere Kapazität kann durch Abstimmen der Hochfrequenzkreise in diese aufgenommen werden. In Abb. c schickt die Niederfrequenzspannungsquelle $\mathfrak{U}$ einen Strom durch die Reihenschaltung der Widerstände R_{nf} und R_w, die im Text definiert werden: $R_{nf} = 2\,R_k$ (Abb. b) und $R_w^{-1} = R_g^{-1} + R_2^{-1}$ (Abb. a).

durch den Hochfrequenzeingangswiderstand R_d (entsprechend dem reziproken Wert des Ausdrucks E 1,5) parallel zur Diodenstufenkapazität C_d dargestellt ist. Dieses Ersatzschaltbild setzt uns in die Lage, aus der vorgegebenen Gitterwechselspannung der Hochfrequenzstufe und den anderen Daten dieser Stufe die Hochfrequenzeingangsspannung der Diode zu bestimmen. Als Beispiel sei $\mathfrak{U}_g = 50$ mV, $S = 1{,}8$ mA/V, der Abstimmwiderstand der Anodenkreise insgesamt gleich $R = 2{,}5 \cdot 10^5$ Ohm, der Anodenwiderstand R_a der Hochfrequenzröhre gleich 10^6 Ohm. Die Parallelschaltung von R_a und R ergibt einen Kreiswiderstand $R_k = 2 \cdot 10^5$ Ohm. Der Diodeneingangswiderstand R_d ist für die Trägerwelle gleich $R_g/2$ und im Beispiel gleich $2{,}5 \cdot 10^5$ Ohm (wir setzen $Q = 2$ voraus, vgl. Abb. 267). Der Widerstand R_w der Diodenstufe (Parallelschaltung von $R_g = 5 \cdot 10^5$ und $R_2 = 10^6$ Ohm) sei $3{,}3 \cdot 10^5$ Ohm. Folglich beträgt der Eingangswiderstand der Diodenstufe für die Modulationsseitenschwingungen $1{,}65 \cdot 10^5$ Ohm nach Gl. (E 1,10). Die Verringerung der Modulationstiefe errechnet sich aus Gl. (E 1,11) zu:

$$\frac{M'}{M} = \frac{R_w}{R_g}\,\frac{2R_k + R_g}{2R_k + R_w} = \frac{0{,}33}{0{,}5}\,\frac{0{,}4 + 0{,}5}{0{,}4 + 0{,}33} = 0{,}81\,.$$

Wenn also am Eingang der Hochfrequenzstufe eine Modulationstiefe $M = 0{,}3$ herrscht, so beträgt die entsprechende Modulationstiefe M' am Eingang der Diodenstufe nur 0,24.

Infolge des „inneren“ Widerstandes der Hochfrequenzspannungsquelle der Diodenstufe entsteht im Ersatzschaltbild dieser Stufe für die Niederfrequenzwechselströme ein Widerstand, den wir mit R_{nf} bezeichnen. Die Eingangsamplitude der Diodenstufe beträgt für die Trägerwelle (wir setzen kritische Kopplung und Gleichheit der Hochfrequenzkreise in Abb. 270 voraus):

$$U_0 = S\sqrt{2}\,|\mathfrak{U}_g|\left(\frac{1}{R_k}+\frac{1}{R_d}\right)^{-1}. \qquad \text{(E 1,12)}$$

Für R_d schreiben wir $R_g/2$ und berücksichtigen, daß der Betrag der gleichgerichteten Spannung am Widerstand R_g gleich U_0 ist, wenn $Q = 2$ vorausgesetzt wird. Folglich kann an Stelle der Gl. (E 1,12) geschrieben werden:

$$U_0 = S\sqrt{2}\,|\mathfrak{U}_g|\left(\frac{1}{R_k}+\frac{2}{R_g}\right)^{-1} = S\sqrt{2}\,|\mathfrak{U}_g|\,R_k\,\frac{R_g}{R_g+2R_k}.$$

Wenn eine Modulationstiefe M' der Hochfrequenzspannung über dem Kreis R_k vorliegt, geht hieraus unmittelbar die Formel für die effektive Niederfrequenzspannung im Diodenkreis hervor, sobald wir noch R_w an Stelle von R_g schreiben:

$$U_{nf} = S\,\mathfrak{U}_g\,R_k\,M'\,\frac{R_w}{R_w+2R_k}. \qquad \text{(E 1,13)}$$

Diese Formel (1,13) kann man so deuten, daß eine Niederfrequenzspannungsquelle $S\,\mathfrak{U}_g R_k M'$ in Reihe mit dem „inneren“ Widerstand $2R_k$ und dem Nutzwiderstand R_w geschaltet ist. Das entsprechende Ersatzschaltbild ist in Abb. 270c gezeichnet. Infolge des Hochfrequenzquellenwiderstandes R_k erhält also der Diodenkreis einen Niederfrequenzinnenwiderstand gleich $2R_k$. Hierdurch wird die Rückwirkung des Hochfrequenzteiles auf den Niederfrequenzteil der Schaltung ausgedrückt.

Wir fahren jetzt in unserem oben begonnenen Zahlenbeispiel fort. Bei 30% Modulationstiefe von $\mathfrak{U}_g$ und 24% Modulationstiefe M' über R_k entsteht eine Niederfrequenznutzspannung am Widerstand R_w (Eingang der nächsten Stufe):

$$\mathfrak{U}_{nf} = 1{,}8\cdot 10^{-3}\cdot 5\cdot 10^{-2}\cdot 2\cdot 10^{5}\cdot 0{,}24\,\frac{0{,}33}{0{,}33+0{,}4} = 1{,}95\ \text{V}.$$

Die Höchstmodulationstiefe M' über dem Kreise R_k für verzerrungsfreie Gleichrichtung beträgt nach Abschn. E 1aβ und Abb. 265 etwa $R_w/R_g = 0{,}66$, und die entsprechende Höchstmodulationstiefe am Gitter der Hochfrequenzröhre ist etwa 0,81.

b) Krümmungsgleichrichtung.

α) *Schaltungen, Verstärkung, Verzerrungen.*

Wir gehen von den Ausführungen in Abschn. A 6cγ und A 4aβ aus. Die grundsätzliche Schaltung ist in Abb. 29 dargestellt. An Stelle der festen negativen Vorspannung wird oft ein Kathodenwiderstand, überbrückt von einer großen Kapazität, angewandt. Eine diesbezügliche Schaltung einer Pentode ist in Abb. 271 gezeichnet. In dieser Schaltung verschiebt sich also der Arbeitspunkt auf der Kennlinie bei veränderlicher Eingangsspannung. Einige Daten, die sich auf die Schaltung der Abb. 271 beziehen, sind folgende: Bei

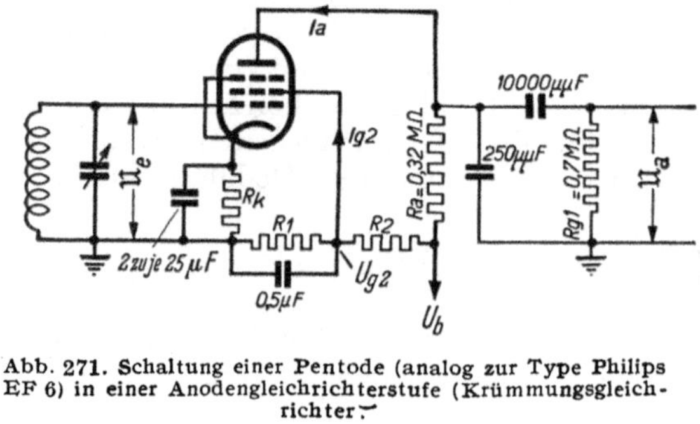

Abb. 271. Schaltung einer Pentode (analog zur Type Philips EF 6) in einer Anodengleichrichterstufe (Krümmungsgleichrichter).

$R_k = 10$ kOhm, $U_{g2} = 100$ V, $U_b = 250$ V, $\mathfrak{U}_e = 2$ V ist $\mathfrak{U}_a = 14$ V bei einer Modulationstiefe $M = 0{,}3$ am Eingang (U_e). Der Klirrfaktor der Niederfrequenzausgangsspannung U_a für $M = 0{,}3$ ist $d = 5{,}6\%$; bei $M = 0{,}1$ wird $d = 2{,}5\%$. Für sehr kleine Signalspannungen am Eingang findet die Gleichrichtung rein quadratisch statt und ist der Klirrfaktor etwa gleich $M/4$, genau wie bei Diodengleichrichtung und kleinen Signalen nach Gl. (E 1,2) und (A 6,14). Während bei Diodengleichrichtung die Verzerrung bei größeren Eingangssignalen rasch sinkt, bleibt sie bei der Krümmungsgleichrichtung beträchtlich. In dieser Hinsicht ist diese Gleichrichtung nur bei geringen Modulationstiefen brauchbar. Diesem Nachteil steht der Vorteil einer beträchtlichen Verstärkung der Gleichrichterstufe gegenüber. Weiter ist auch der Eingangsleitwert günstiger als bei Diodenstufen und besteht fast ganz aus Kapazität. Man hat aber bei den heute üblichen großen Modulationstiefen der Rundfunksender aus Verzerrungsgründen die Krümmungsgleichrichtung in Rundfunkempfängern guter Qualität durchwegs zugunsten der Diodengleichrichtung verlassen.

Schrifttum: 179, 185, 277, 281.

β) *Lineare Anodengleichrichtung.*

Man hat versucht, die günstigen Eigenschaften der Krümmungsgleichrichtung (keine Eingangsdämpfung und Verstärkung) mit der „linearen" Gleichrichtung einer Diodenstufe bei großen Eingangssignalen zu kombinieren und ist dabei zur Schaltung der Abb. 272 gelangt. Der Kathodenwiderstand R wird so groß gewählt, daß auch bei großen Hochfrequenzeingangssignalen kein Gitterstrom fließt. Hierdurch wird die bei Diodenstufen und bei Gittergleichrichtung auftretende Eingangsdämpfung vermieden (vgl. Abb. 272 rechts). Die Niederfrequenzspannung wird von den Klemmen des Widerstandes R abgenommen. Bei kleinen Hochfrequenzamplituden wird die Gleichrichtung im Punkt a der Kennlinie quadratisch und ist also eine beträchtliche Verzerrung vorhanden. Bei größeren Amplituden wird die Gleichrichtung, analog wie bei der Diodengleichrichtung, linear. Einige Meßergebnisse für diese Schaltung sind in Abb. 273 zusammengestellt. Eine Ver-

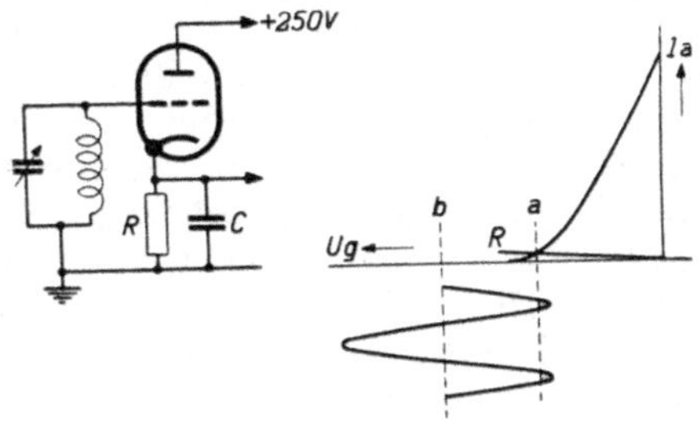

Abb. 272. Schaltung zur „linearen" Anodengleichrichtung. Der Anodenstrom der Röhre fließt durch den Widerstand R und erzeugt an seinen Klemmen eine Niederfrequenzspannung und eine Gleichspannung, die den Arbeitspunkt b (vgl. das Kennlinienbild) bestimmt.

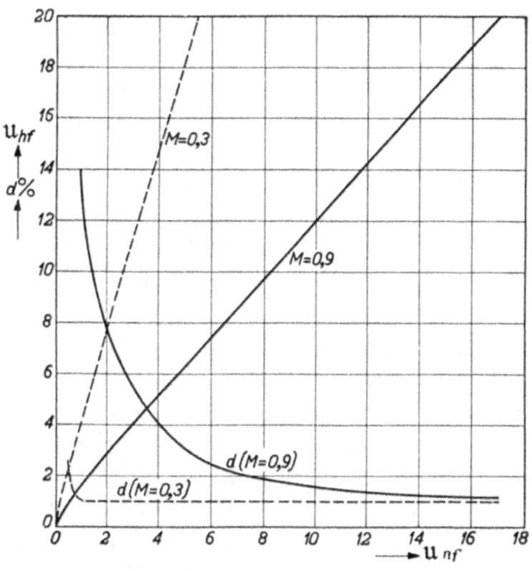

Abb. 273. Meßergebnisse bezüglich der Schaltung 272. Die mit $M = 0{,}9$ und $M = 0{,}3$ bezeichneten Kurven stellen die Niederfrequenzspannung $\mathfrak{U}_{nf}$ über dem Widerstand R (Abb. 272) als Funktion der Hochfrequenzeingangsspannung $\mathfrak{U}_{hf}$, die in Abb. 272 über dem Schwingungskreis auftritt, dar für die angegebenen Werte der Modulationstiefe letzterer Spannung. Die entsprechenden mit d bezeichneten Kurven geben den Niederfrequenzklirrfaktor als Funktion der Niederfrequenzausgangsspannung. Die benutzte Schaltung ist jene der Abb. 272, die benutzte Röhre die Triode der Verbundröhre EBC 3, und der Widerstand R war 0,5 MOhm

stärkung tritt hier ebensowenig wie bei Diodenstufen auf. Die praktische Anwendung in Geräten wird durch den großen Widerstand R in der Kathodenleitung erschwert, der Brummen und Krachen hervorrufen kann (Abschn. C 2cβ).

2. Überlagerungsstufen (Mischstufen).

Wir behandeln hier die praktischen Ausführungen von Überlagerungsstufen, deren grundsätzliche Eigenschaften bereits in Abschn. A 4bγ sowie A 6cα und β erwähnt wurden.

a) Diodenstufen.

Diodenstufen können, bei geeigneter Schaltung, auch für Überlagerung (Mischung) benutzt werden und weisen auch hier bestimmte Vorteile auf, die ihre Anwendung in einigen Fällen empfehlenswert machen.

α) *Verstärkung.*

Bei der Behandlung der Diodengleichrichtung haben wir in Abschn. A 4aα und E 1a die Exponentialdarstellung der statischen Diodenkennlinie benutzt. Bei den geringen in Frage kommenden Stromstärken war diese Rechenweise dadurch gerechtfertigt, daß bei den üblichen Dioden (Abb. 27) eine einzige Exponentialfunktion die Kennlinie sehr genau darstellt. Diese kleinen Stromstärken hängen unmittelbar mit den bei Diodengleichrichterstufen benutzten großen Ableitwiderständen (z. B. 0,5 MOhm) zusammen. Wenn kleinere Widerstände verwendet werden (z. B. einige kOhm), treten bedeutend größere Ströme auf (Abb. 31) und können wir besser die in Abb. 32 dargestellte Näherung der Diodenkennlinie durch eine Gerade der Rechnung zugrunde legen. Dieser Fall liegt oft bei den jetzt zu betrachtenden Diodenmischstufen vor. Wir gehen davon aus, daß durch die Diode fließen: 1. ein Gleichstrom, 2. ein Wechselstrom der Eingangssignalkreisfrequenz ω_i, 3. ein Wechselstrom der Oszillatorkreisfrequenz (Hilfskreisfrequenz) ω_h, 4. ein Wechselstrom der Zwischenkreisfrequenz $\omega_0 = \omega_h - \omega_i$ und 5. Wechselströme, deren Kreisfrequenzen gleich $\pm m\omega_h \pm n\omega_i$ sind, wo m und n ganze Zahlen darstellen. Dementsprechend betrachten wir ein Schaltbild (Abb. 274), in dem vier Spannungsquellen, den erstgenannten vier Strömen entsprechend, in Reihe mit einer Diode geschaltet sind. Bei der allgemeinen Behandlung der Diodenmischung für beliebige Spannungswerte müßte in analoger Weise, wie in Abschn. A 4bα für zwei Wechselspannungen ohne zusätzliche Gleichspannung ausgeführt, für die drei Wechselspannungen mit der zusätzlichen Gleichspannung die Aufgabe der Fourierschen Reihenentwicklung gelöst werden. Eine solche Lösung liegt aber heute noch nicht vor. Deshalb beschränken wir uns auf den Fall: $U_i \ll U_h$, $U_i \ll U$ und $U_0 \ll U_h$, $U_0 \ll U$. In diesem Fall können wir von der Aufgabe ausgehen, die in Abschnitt A 7 aα gelöst wurde: Eine Wechselspannung $U_h \cos\omega_h t$ wirkt in Reihe mit einer Gleichspannung U auf eine Diode, deren Kennlinie in Abb. 32 dargestellt ist. Gesucht ist der Diodenstrom. Den Innenwiderstand der Diode, entsprechend der Neigung der Kennlinie in Abb. 32, nennen wir R. Dann wird der Strom im Diodenkreis ($\varphi = 2\pi t_0/T$, vgl. Abb. 48, wo $\cos\varphi = U/U_h$):

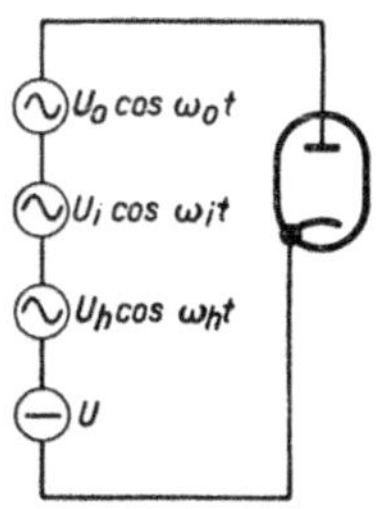

Abb. 274. Schaltbild einer Diode mit vier in Reihe geschalteten Spannungsquellen: einer Hochfrequenzeingangsspannung $U_i \cos\omega_i t$, einer Oszillatorspannung $U_h \cos\omega_h t$, einer Zwischenfrequenzspannung $U_0 \cos\omega_0 t$ und einer Gleichspannung U.

$$
\text{(E 2,1)}\quad
\begin{cases}
i(t) = I_{00} + I_{10}\cos\omega_h t + I_{20}\cos 2\omega_h t + I_{30}\cos 3\omega_h t + \cdots;\\
I_{00} = \dfrac{U_h}{\pi R}\left(\sqrt{1-U^2/U_h^2} - \dfrac{U}{U_h}\arccos\dfrac{U}{U_h}\right) = \dfrac{U_h}{\pi R}(\sin\varphi - \varphi\cos\varphi);\\
I_{10} = -\dfrac{U}{\pi R}\left(\sqrt{1-U^2/U_h^2} - \dfrac{U_h}{U}\arccos\dfrac{U}{U_h}\right) = \dfrac{U_h}{\pi R}\left(\varphi - \dfrac{1}{2}\sin 2\varphi\right);\\
I_{20} = \dfrac{2U_h}{3\pi R}\sqrt{1-U^2/U_h^2}\left(1 - \dfrac{U^2}{U_h^2}\right) = \dfrac{U_h}{\pi R}\left(\dfrac{1}{2}\sin\varphi - \dfrac{1}{6}\sin 3\varphi\right);\\
I_{30} = \dfrac{2U}{3\pi R}\sqrt{1-U^2/U_h^2}\left(1 - \dfrac{U^2}{U_h^2}\right) = \dfrac{U_h}{\pi R}\left(\dfrac{1}{6}\sin 2\varphi - \dfrac{1}{12}\sin 4\varphi\right).
\end{cases}
$$

Wir berücksichtigen die zwei kleinen Wechselspannungen U_0 und U_i durch eine kleine Änderung der Gleichspannung U und schreiben an Stelle von U die Spannung $U - u$, wo $u \ll U$ ist. Durch Anwendung der Taylorreihe auf Gl. (2,1) erhält man:

$$
\text{(E 2,2)}\quad
\begin{cases}
i(t) = I_{00} + I_{01}\dfrac{u}{U_h} + I_{02}\dfrac{u^2}{U_h^2} + I_{03}\dfrac{u^3}{U_h^3} + \cdots +\\
\qquad + \left(I_{10} + I_{11}\dfrac{u}{U_h} + I_{12}\dfrac{u^2}{U_h^2} + I_{13}\dfrac{u^3}{U_h^3} + \cdots\right)\cos\omega_h t +\\
\qquad + \left(I_{20} + I_{21}\dfrac{u}{U_h} + I_{22}\dfrac{u^3}{U_h^2} + I_{23}\dfrac{u^3}{U_h^3} + \cdots\right)\cos 2\omega_h t + \cdots,\\
\text{wo } I_{00}, I_{10}, I_{20}, \ldots \text{ die in Gl. (2,1) angegebene Bedeutung haben, und:}\\
\qquad I_{01} = \dfrac{U_h\varphi}{\pi R}, \quad I_{11} = \dfrac{2U_h\sin\varphi}{\pi R}, \quad \ldots, \quad I_{n1} = \dfrac{2U_h\sin n\varphi}{\pi R n};\\
I_{02} = \dfrac{U_h}{2\pi R\sin\varphi}, \quad \ldots, \quad I_{n2} = \dfrac{U_h\cos n\varphi}{\pi R\sin\varphi};\\
I_{03} = -\dfrac{U_h\cos\varphi}{6\pi R\sin^3\varphi}, \ldots, I_{n3} = -\dfrac{U_h\{(n+1)\cos(n-1)\varphi - (n-1)\cos(n+1)\varphi\}}{6\pi R\sin^3\varphi}.
\end{cases}
$$

(Die Größen I_{mn} wurden von den Herren J. HAANTJES und B. D. H. TELLEGEN berechnet.)

Wir nehmen nun an, daß in Abb. 274 an Stelle der Spannungsquelle $U_0\cos\omega_0 t$ ein Wirkwiderstand vorhanden ist, der für die Kreisfrequenz ω_0 den Wert R_0 hat und für alle anderen Frequenzen den Wert Null (auf ω_0 abgestimmter Schwingungskreis). Die Spannung u der Formel (2,2) ersetzen wir durch: $u = U_i\cos\omega_i t + U_0\cos\omega_0 t$. Einsetzen dieses Wertes in Gl. (2,2) ergibt für die Wechselstromamplitude I_0, welche zum Strom $\mathfrak{J}_0$ der Kreisfrequenz ω_0 gehört, in erster Näherung (Vernachlässigung aller Potenzen von U_i und von U_0, höher als die erste) den Wert (es gilt $\omega_0 = \omega_h - \omega_i$):

$$I_0 = I_{01}\frac{U_0}{U_h} + \frac{1}{2} I_{11}\frac{U_i}{U_h}.$$

Wenn wir voraussetzen, daß die Spannung $\mathfrak{U}_0$ durch den Strom $\mathfrak{J}_0$ über dem Widerstand R entsteht: $\mathfrak{U}_0 = -\mathfrak{J}_0 R_0$, erhalten wir aus dieser Beziehung unmittelbar die Überlagerungsverstärkung:

$$\text{(E 2,3)}\qquad V = \frac{\mathfrak{U}_0}{\mathfrak{U}_i} = -\frac{I_{11}}{2\left(I_{01} + \dfrac{U_h}{R_0}\right)} = -\frac{\sin\varphi}{\pi R\left(\dfrac{\varphi}{\pi R} + \dfrac{1}{R_0}\right)} = -\frac{\sin\varphi}{\varphi + \dfrac{\pi R}{R_0}}.$$

Im Falle, daß der Nutzwiderstand R_0 groß ist im Vergleich zu R (Diodeninnenwiderstand), erhält man für den absoluten Betrag der Mischverstärkung:

$$|V| = \frac{\sin\varphi}{\varphi},$$

und wenn man weiterhin noch φ klein annimmt, wird $V = -1$. Der höchste erzielbare Betrag der Überlagerungsverstärkung ist in dieser Schaltung somit 1. Wir erinnern an das vollkommen analoge Ergebnis in Gl. (A 4,11) in bezug auf die Gleichrichtung in einer Diodenstufe. Wir können den in Gl. (2,3) auftretenden Arbeitswinkel φ durch das Verhältnis des Diodenwiderstandes R und des Gleichstromwiderstandes R_g der Schaltung nach Abb. 276a ausdrücken, wenn wir den Gleichstrom I_{00} der Gl. (2,1) gleich der Gleichspannung U dividiert durch R_g setzen. Es ergibt sich (Abb. 275):

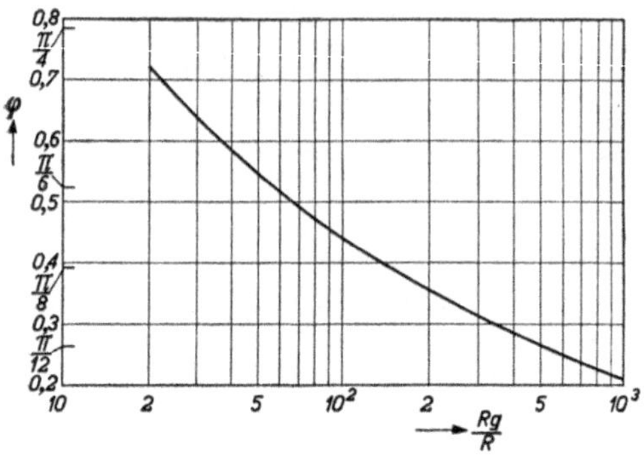

Abb. 275. Arbeitswinkel φ nach Gl. (2,1) und (2,2) als Funktion des Verhältnisses des Widerstandes R_g (vgl. Abb. 276a) zum Diodeninnenwiderstand R.

$$\operatorname{tg}\varphi - \varphi = \frac{\pi R}{R_g}.$$

Mit Hilfe dieser Beziehung wird die Verstärkung nach Gl. (2,3) eine Funktion der Verhältnisse R/R_g und R_0/R_g, die in Abb. 278 dargestellt ist.

Schrifttum: 182, 187, 206, 349, 354.

β) *Leitwerte, Ersatzschaltbilder.*

Wir unterscheiden in der Diodenmischstufe drei verschiedene Leitwerte: 1. $\mathfrak{Y}_i$ für die Kreisfrequenz ω_i, die zum Eingangssignal gehört, 2. $\mathfrak{Y}_h$ für die Kreisfrequenz ω_h, die zum Oszillator gehört, 3. $\mathfrak{Y}_0$ für die Kreisfrequenz ω_0 (Zwischenfrequenz), die zur Ausgangsspannung gehört. Diese Leitwerte können aus Gl. (E 2,2) berechnet werden, wenn wir nähere Voraussetzungen über die verwendete Schaltung machen. In Abb. 276a ist eine praktische Diodenmischstufe gezeichnet. Zur Berechnung des Leitwertes, der in Abb. 276a zwischen den Klemmen *1* und *2* nach rechts gesehen auftritt, setzen wir in Gl. (E 2,2)

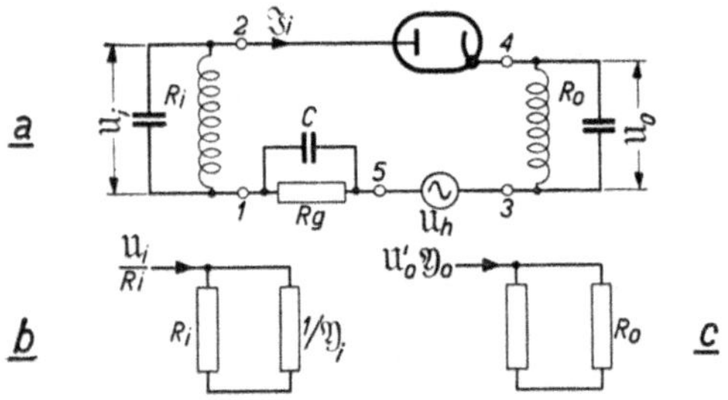

Abb. 276a–c. *a*) Schaltbild einer Diodenmischstufe mit der Eingangsspannung $\mathfrak{U}_i$ über dem abgestimmten Eingangskreis (Abstimmwiderstand für die Eingangsfrequenz gleich R_i), einem Reihenwiderstand R_g überbrückt durch C, einer Oszillatorspannung $\mathfrak{U}_h$, einem Ausgangskreis, (Abstimmwiderstand für die Ausgangsfrequenz gleich R_0) und einer Ausgangsspannung $\mathfrak{U}_0$. *b*) Ersatzschaltbild für die Eingangsfrequenz: Ein Strom $\mathfrak{U}_i/R_i$ fließt durch die Parallelschaltung von R_i und $1/\mathfrak{Y}_i$ (dem komplexen Eingangswiderstand der Schaltung rechts der Klemmen *1* und *2* in Bild a für die Eingangsfrequenz). *c*) Ersatzschaltbild für die Ausgangsfrequenz: Ein Strom $\mathfrak{U}_0'\mathfrak{Y}_0$ fließt durch die Parallelschaltung von R_0 und $1/\mathfrak{Y}_0$, wo $\mathfrak{Y}_0$ der Ausgangsleitwert der Schaltung links der Klemmen *3* und *4* in Bild a für die Ausgangsfrequenz ist. Es ist $\mathfrak{U}_0' = -\mathfrak{U}_i \sin\varphi/\varphi$ (vgl. Abb. 275).

$$u = U_i \cos\omega_i t + U_0 \cos\omega_0 t,$$

drücken U_0 nach Gl. (2,3) in U_i aus und ermitteln den Stromanteil $\mathfrak{J}_i$ der Kreisfrequenz ω_i (Beschränkung auf lineare Glieder in u). Das Verhältnis von $\mathfrak{J}_i$ zu $\mathfrak{U}_i$ stellt den Leitwert $\mathfrak{Y}_i$ dar:

$$\text{(E 2,4)} \quad \mathfrak{Y}_i = \frac{I_{01}}{U_h} - \frac{1}{2}\,\frac{I_{11}}{U_h}\,\frac{\sin\varphi}{\varphi + \dfrac{\pi R}{R_0}} = \frac{1}{\pi R}\left(\varphi - \frac{\sin^2\varphi}{\varphi + \dfrac{\pi R}{R_0}}\right) = \frac{1}{\pi R}(\varphi - |V|\sin\varphi).$$

Für kleine Winkel φ erhält man hieraus die Gl.:

$$\text{(E 2,5a)} \qquad (\mathfrak{Y}_i)_{\varphi\to 0} = \frac{\varphi}{\pi R}(1 - |V|)$$

und

(E 2,5b) $$(\mathfrak{Y}_i)_{\substack{\varphi\to 0\\ R\ll\varphi R_0}} = \frac{1}{R_0} + \frac{\varphi^3}{3\pi R} + \cdots \approx \frac{1}{R_0} + \frac{1}{R_g}.$$

Wenn also die Verstärkung $|V|$ nahezu gleich 1 ist, wird der Eingangsleitwert $\mathfrak{Y}_i$ sehr klein. Wir müssen berücksichtigen, daß zum reellen Leitwert nach Gl. (2,4) und (2,5) noch eine Kapazität parallel kommt, welche der Summe der Schaltungskapazitäten parallel zu den Klemmen *1* und *2* entspricht.

Der Ausgangsleitwert $\mathfrak{Y}_0$ tritt zwischen den Klemmen *3* und *4*, nach links gesehen, auf. Man kann ihn in analoger Weise erhalten, wie oben für $\mathfrak{Y}_i$ angegeben. Man kann aber auch bemerken, daß der Ausgang und der Eingang der Stufe sich nicht wesentlich unterscheiden. Wir brauchen deshalb nur in Gl. (2,4) R_0 durch R_i (Abb. 276a) zu ersetzen, um $\mathfrak{Y}_0$ zu erhalten:

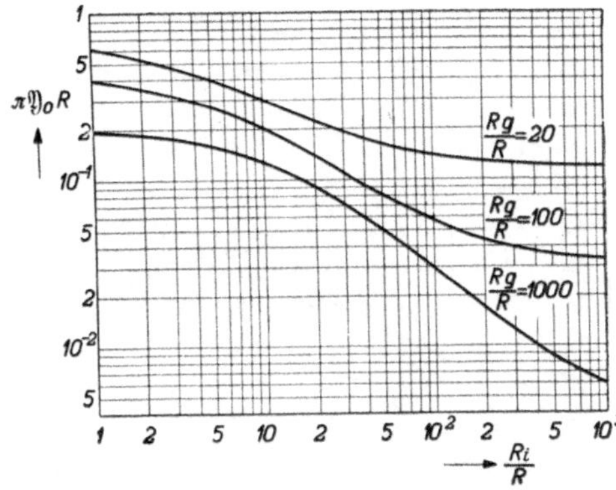

Abb. 277. Vertikal: Produkt des Ausgangsleitwertes $\mathfrak{Y}_0$ der Mischstufe nach Gl. (2,6) (Abb. 276) und des Diodeninnenwiderstandes R. Horizontal: Verhältnis des Abstimmwiderstandes R_i des Eingangskreises (Abb. 276) zum Diodeninnenwiderstand R. Parameter: Verhältnis des Widerstandes R_g (Abb. 276) zum Widerstand R. Die Zeiger 0 und i können auch vertauscht werden. Man erhält dann den Eingangsleitwert $\mathfrak{Y}$ nach Gl. (2,4) (Abb. 276).

(E 2,6) $$\mathfrak{Y}_0 = \frac{1}{\pi R}\left(\varphi - \frac{\sin^2\varphi}{\varphi + \frac{\pi R}{R_i}}\right).$$

Der Klammerausdruck der Gl. (2,4) und (2,6) ist in Abb. 277 dargestellt, und zwar als Funktion von R/R_g und R/R_0, wo man an Stelle von R_0 auch R_i lesen kann. Der Leitwert $\mathfrak{Y}_h$ tritt zwischen den Klemmen *3* und *5* der Abb. 276 auf. In erster Näherung ergibt sich dieser Leitwert, wenn wir in Gl. (2,1) den Stromanteil der Kreisfrequenz ω_h aufsuchen:

(E 2,7) $$\mathfrak{Y}_h = \frac{1}{\pi R}(\varphi - \sin\varphi\cos\varphi).$$

Zu den Ausdrücken (2,6) und (2,7) sind noch Schaltungskapazitäten zu addieren.

Mit Hilfe dieser Leitwerte können wir für jede der Kreisfrequenzen ω_i, ω_0 und ω_h ein Ersatzschaltbild der Schaltung von Abb. 276a zeichnen. Die Ersatzschaltbilder für ω_i und ω_0 sind wieder reziprok [Gl. (2,4) und (2,6)] und sind in Abb. 276b und c dargestellt. Die Spannung $\mathfrak{U}_0'$ in Abb. 276c (Leerlaufspannung) ist die Spannung $\mathfrak{U}_0$ für $R_0 \to \infty$, also $\mathfrak{U}_0' = -\mathfrak{U}_i \sin\varphi/\varphi$.

γ) *Oberwellenüberlagerung, Pfeifstellen.*

Wir haben bisher angenommen, ω_0 sei gleich $\omega_h - \omega_i$. Wir können aber auch von der Voraussetzung $\omega_0 = 2\omega_h - \omega_i$ oder $\omega_0 = m\omega_h - \omega_i$, $m = 2, 3, 4, \ldots$ ausgehen. In diesem Falle verwenden wir nicht die Grundwelle des Oszillators zur Überlagerung, sondern eine Oberwelle. An die Stelle der Größe I_{11} in Gl. (2,3) tritt dann offenbar nach Gl. (2,2) die Göße I_{m1}, und wir erhalten für die Verstärkung den Ausdruck:

(E 2,8) $$V_{m1} = \frac{\mathfrak{U}_0}{\mathfrak{U}_i} = -\frac{I_{m1}}{2\left(I_{01} + \frac{U_h}{R_0}\right)} = -\frac{\sin m\varphi}{\pi R m\left(\frac{\varphi}{\pi R} + \frac{1}{R_0}\right)} = -\frac{\sin m\varphi}{m\varphi + \frac{\pi m R}{R_0}}.$$

Dieser Ausdruck ist in Abb. 278 für $m = 1$, 2 und 3 dargestellt. Für ein gegebenes Verhältnis R/R_0 und einen gegebenen Arbeitswinkel $\varphi < \pi/m$ wird die Verstärkung geringer, je größer m ist.

Durch die Oberwellenüberlagerung können Störungen des Mischvorganges entstehen, die als „Pfeiftöne" oder „Pfeifstellen" bezeichnet werden. Wir werden hier jene Pfeiftöne untersuchen, die ihr Entstehen der Mischröhre verdanken. Es können auch andere Ursachen von Pfeiftönen in Empfängern vorhanden sein. Wenn wir annehmen, daß die Siebkreise nach der Mischröhre (Zwischenfrequenzfilter) derart konstruiert sind, daß sie nur die Kreisfrequenz ω_0 und um diese Frequenz ein Gebiet von z. B. ± 5 kHz durchlassen, so können jene anderen Ursachen im Gerät nach der Mischröhre zunächst ausgeschaltet werden. Bei genügender Linearität der Hochfrequenzverstärkung vor der Mischröhre können auch hier keine Quellen von Pfeiftonstörungen auftreten.

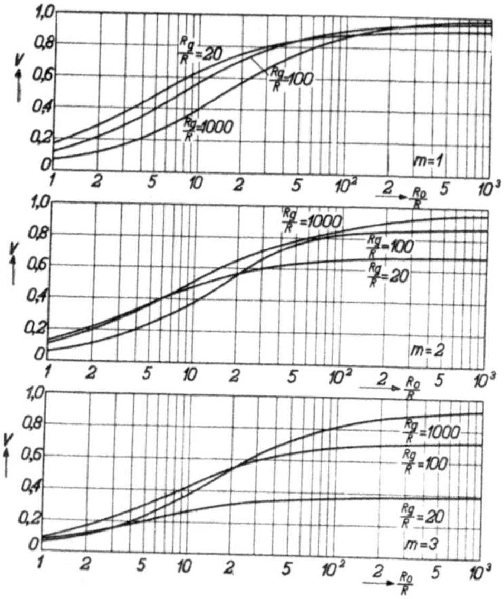

Abb. 278. Vertikal: Mischverstärkung (Zwischenfrequenzausgangsamplitude dividiert durch Hochfrequenzeingangsamplitude). Oberste Kurvenschar gilt für die Grundfrequenz des Oszillators nach Gl. (E 2,3). Mittlere Kurvenschar gilt für die zweite Oberwelle [$m = 2$ nach Gl. (2,8)] und untere Kurvenschar für die dritte Oberwelle [$m = 3$ in Gl. (2,8)] des Oszillators. Horizontal: Verhältnis des Abstimmwiderstandes R_0 des Ausgangskreises (Abb. 276) zum Diodeninnenwiderstand R. Parameter: Verhältnis des Widerstandes R_g (Abb. 276) zu R.

Wir nehmen zunächst an, daß nur ein einziges Eingangssignal auf den Eingang der Mischröhre gelangt. Dies setzt voraus, daß entweder nur ein einziges Eingangssignal auf dem Antennenanschluß des Gerätes vorhanden ist, oder daß die Hochfrequenzkreise vor der Mischröhre nur ein einziges Signal, das ihrer Abstimmung entspricht, zur Mischröhre gelangen lassen.

Wenn neben der Zwischenfrequenz ω^0 noch eine hiervon nur wenig verschiedene Frequenz $\omega_0 \pm \delta$ am Mischröhrenausgang auftritt, so werden diese beiden Frequenzen durch die Zwischenfrequenzsiebe durchgelassen und gelangen schließlich beide nach der Zwischenfrequenzverstärkerstufe auf die Gleichrichterröhre, wo dann infolge der Gleichrichtung ein hörbarer Ton der Frequenz δ gebildet wird. Dieser Ton wird im Niederfrequenzteil des Gerätes verstärkt und gelangt zusammen mit der gewünschten Musikmodulation auf den Lautsprecher. Wir fragen: Wie kann in der Mischröhre eine Wechselspannung der Kreisfrequenz $\omega_0 \pm \delta$ neben einer solchen der Kreisfrequenz ω_0 entstehen?

Der Anodenstrom der Mischröhre enthält sowohl Oberwellen der Eingangssignalfrequenz ω_i als auch Obertöne der Oszillatorfrequenz ω_h. Es bilden sich Summen und Differenzen der Frequenzen jener Obertöne. Es sei:

$$\pm\,\omega_0 = \omega_h - \omega_i. \tag{E 2,9}$$

Meistens gilt in Gl. (E 2,9) das positive Zeichen. Durch die Oberwellen von ω_h und von ω_i kann nun die Gleichung

$$\pm m\,\omega_h \pm n\,\omega_i = \omega_0 \pm \delta \tag{E 2,10}$$

mit ganzzahligen positiven Werten von m und n erfüllt sein und somit ein störender Pfeifton auftreten. Nimmt man in Gl. (E 2,9) das obere Zeichen an, so erhält man aus Gl. (E 2,10) z.B.

$$\text{(E 2,11)} \quad \begin{cases} \dfrac{\omega_0}{\omega_i} = \dfrac{m-n}{1-m} \\ \text{oder } \dfrac{\omega_0}{\omega_i} = \dfrac{n-m}{1+m}. \end{cases}$$

Natürlich muß der Quotient ω_0/ω_i positiv sein, und dies beschränkt in jeder der Gl. (2,11) die möglichen Werte von m und n etwas. Die nachfolgende Tabelle enthält einige berechnete Quotienten ω_0/ω_i:

n	3	7	6	2	5	7	1	5	7	6	2	5	3
m	0	1	1	0	1	2	0	2	3	3	1	3	2
ω_0/ω_i	3	3	5/2	2	2	5/3	1	1	1	3/4	1/2	1/2	1/3

Die Tabelle kann natürlich nach Wunsch bedeutend erweitert werden. Auch der Fall, daß in Gl. (2,9) das untere Zeichen gilt, kann analog wie oben behandelt werden. Die Pfeiftöne sind im allgemeinen schwächer, je höher n und (oder) m, so daß diejenigen der Tabelle mit niedrigstem m und (oder) n an sich als die störendsten anzusehen sind. In besonderen Fällen können aber auch andere Pfeifstellen Störungen verursachen.

Wir nehmen nun an, daß außer dem gewünschten Eingangssignal aus der Antenne noch ein zweites Signal oder sogar mehrere andere Eingangssignale auf den Eingang der Mischröhre gelangen. Die störenden Signale, welche gleichzeitig mit dem erwünschten Signal der Kreisfrequenz ω_i auf den Eingang der Mischröhre gelangen, sollen die Kreisfrequenzen ω_1, ω_2, ω_3 usw. haben. Dann entstehen nach Analogie mit den Ausführungen, welche oben angegeben wurden, Pfeiftöne, wenn die Gleichungen

$$\text{(E 2,12)} \quad \begin{cases} \omega_h - \omega_i = \omega_0; \\ \pm m\omega_h \pm n\omega_i \pm n_1\omega_1 \pm n_2\omega_2 \pm n_3\omega_3 \pm \cdots = \omega_0 \pm \delta, \end{cases}$$

mit ganzzahligen Werten $m, n, n_1, n_2, \ldots$ gleichzeitig erfüllt sind. Offenbar gibt es sehr viele Möglichkeiten hierzu.

Wir untersuchen noch insbesondere den Fall, daß außer dem erwünschten nur ein einziges störendes Signal auf das Eingangsgitter der Mischröhre gelangt. Hierbei nehmen wir an, ω_0/ω_i stehe nicht in einem solchen Verhältnis, daß hierdurch bereits ein Pfeifton durch das erwünschte Signal allein erzeugt werden kann. Dann bleiben z. B. die Gleichungen:

$$\text{(E 2,13)} \quad \omega_h - \omega_i = \omega_0; \quad \pm m\omega_h \pm n_1\omega_1 = \omega_0 \pm \delta.$$

Bei vorgegebenem ω_h, ω_i und ω_0 kann man aus Gl. (2,13) leicht die Frequenzen ω_1 berechnen, welche zu Pfeiftönen Anlaß geben können. Als Beispiel sei $\omega_i/2\pi = 10000$ kHz, $\omega_0/2\pi = 150$ kHz, $\omega_h/2\pi = 10150$ kHz. Dann wird ein unerwünschtes Signal $\omega_1/2\pi = 10076$ kHz zu einem Pfeifton führen, denn $2 \cdot 10150 - 2 \cdot 10076 = 148$ kHz. Diese Frequenz unterscheidet sich aber nur um $\delta/2\pi = 2$ kHz von $\omega_0/2\pi = 150$ kHz, und man wird im Lautsprecher einen Pfeifton von 2000 Hz hören.

Wir können die Pfeiftonstärke aus Gl. (E 2,2) berechnen. Als Beispiel wählen wir den Fall $n = 2$, $m = 1$, $\omega_0/\omega_i = 1/2$ aus obiger Tabelle, wobei also $2\omega_i - \omega_h = \omega_0 = \omega_h - \omega_i$ ist. Ein Anodenstromanteil der Kreisfrequenz ω_0, welcher zu einem Pfeifton Anlaß gibt, entsteht erstens aus dem Glied $I_{12}u^2\cos\omega_h t/U_h^2 = I_{12}(U_i\cos\omega_i t + U_0\cos\omega_0 t)^2\cos\omega_h t/U_h^2$ der Gl. (2,2). Außerdem ergibt aber das Glied $I_{02}u^2/U_h^2 = I_{02}(U_i\cos\omega_i t + U_0\cos\omega_0 t)^2/U_h^2$ wegen $2\omega_0 = \omega_i$ eine Ausgangswechselspannung der Kreisfrequenz ω_0. Die genannten zwei Anteile haben entgegengesetztes Vorzeichen. Hierdurch wird die Gesamtausgangsspannung der Pfeifstelle gering, und zwar um so geringer, je höher die Oszillatoramplitude U_h ist, weil die zwei Anteile proportional zu $1/U_h^2$ sind. Analoge Überlegungen gelten für die anderen Pfeifstellen. Die akustische Stärke des Pfeiftons ist unter den obengenannten idealen Bedingungen im Gerät durch das Verhältnis der Pfeifausgangsspannung zur normalen Ausgangsspannung der Mischstufe gegeben. Dieses Verhältnis kann als *Modulationstiefe der Pfeifstelle* bezeichnet werden. Für obiges Beispiel ergibt sich:

$$M = \left[\frac{I_{12}}{2I_{11}}\left\{1 + \left(\frac{I_{11}}{2I_{01} + \frac{2U_h}{R_0}}\right)^2\right\} - \frac{I_{02}}{I_{01} + \frac{U_h}{R_0}}\right]\frac{U_i}{U_h}. \tag{E 2,14}$$

Bei $R_0 = 45$ kOhm, $\varphi = 20°$ und $R = 250$ Ohm ergibt sich $M = -0{,}22\, U_i/U_h$. Für $U_h = 10$ V wird somit M den Wert 1% haben für eine Eingangsamplitude $U_i = 455$ mV. (Dieses Beispiel entstammt Berechnungen der Herren B. D. H. Tellegen und J. Haantjes.)

Allgemein kann bemerkt werden, daß die Modulationstiefe für eine Pfeifstelle, welche zum Frequenzanteil $n\,\omega_i$ gehört, proportional zu $(U_i/U_h)^{n-1}$ ist (in obigem Beispiel war $n = 2$). Diese Regel folgt unmittelbar aus der Gl. (E 2,2).

Schrifttum: 184, 187, 190, 191, 200, 354.

δ) *Nichtlineare Verzerrungen, Störungen und Rauschen.*

Bei der Überlagerungsverstärkung sind die gleichen Verzerrungseffekte zu berücksichtigen wie bei der Hochfrequenzverstärkung (Abschn. D 3bβ), also: Änderung der Modulationstiefe, Modulationsverzerrung und Kreuzmodulation. Aus Gl. (E 2,2) können wir leicht allgemein die Abhängigkeit dieser Verzerrungseffekte vom Verhältnis U_i/U_h ableiten. Die Berechnung der genauen Größe der Verzerrungseffekte soll uns hier nicht beschäftigen.

Wie wir bei der Hochfrequenzverstärkung die Gl. (D 3,7) abgeleitet haben, zeigen wir zuerst für die Mischverstärkung die Beziehung:

$$U_0 = V_{m1} U_i + V_{m3} U_i^3 + \cdots, \tag{E 2,15}$$

wo U_0 die *Amplitude* der Ausgangsspannung und U_i die *Amplitude* der Eingangsspannung bedeuten. Der Ausdruck V_{m1} ist für $m = 1$ bereits in Gl. (E 2,3) berechnet: $V_{m1} = |V|$. Der Beweis der Gl. (2,15) geht davon aus, daß infolge Nichtlinearität des Mischvorganges am Ausgang der Stufe Stromanteile auftreten können, die nach Gl. (E 2,2) proportional zu $(U_i \cos\omega_i t)^n$, $n = 1, 2, 3, \ldots$ sind. Nur jene Stromanteile, welche schließlich die Kreisfrequenz ω_0 enthalten, geben Anlaß zu einer Wechselspannung auf dem Ausgangskreis, der auf die Kreisfrequenz ω_0 abgestimmt ist. Wenn wir von Pfeifstellen, wie im vorigen Abschnitt γ behandelt, absehen und nur Kombinationen der zwei Frequenzen ω_h und ω_i sowie ihrer Oberwellen betrachten, muß diese Kreisfrequenz ω_0 durch die Differenz $\omega_h - \omega_i$ zustande kommen, also durch ein Produkt von Faktoren, das den Ausdruck $\cos\omega_i t$ enthält. Von allen Ausdrücken $(U_i \cos\omega_i t)^n$ ergeben aber nur jene mit *ungeraden* Werten n einen Anteil $\cos\omega_i t$. Folglich können nur diese Ausdrücke zur Ausgangsspannung einen Beitrag liefern. Auch bei Kombinationen der *drei* Frequenzen ω_0, ω_h und ω_i sowie ihrer Oberwellen ergeben sich nur *ungerade* Potenzen von U_i. Somit gelangt man zur Gl. (E 2,15). Die Gl. (E 2,2) lehrt weiterhin, daß alle Stromanteile, welche $(U_i \cos\omega_i t)^n$ enthalten, auch zu U_h^{-n+1} proportional sind. Wir können die Gl. (E 2,15) daher in der Form

$$\frac{U_0}{U_i} = V_{m1} + v_3\left(\frac{U_i}{U_h}\right)^2 + v_5\left(\frac{U_i}{U_h}\right)^4 + \cdots \tag{E 2,16}$$

schreiben, wo V_{m1}, v_3, v_5, . . . die Oszillatoramplitude U_h nicht mehr explizite enthalten. Wenn wir in Gl. (2, 16) die Eingangsamplitude U_i durch das amplitudenmodulierte Signal $U_i(1 + M \cos pt)$ ersetzen, ergeben sich unmittelbar die Änderung der Modulationstiefe und die Modulationsverzerrung, wobei wir nach Gl. (D 3, 8), (D 3, 9), (D 3, 10) und (D 3, 11) verweisen, die auch im vorliegenden Falle gelten, wenn man V_{m3}/V_{m1} an die Stelle von S_3/S setzt. Die betreffenden Effekte sind proportional zu $(U_i/U_h)^2$.

Eine weitere nichtlineare Störungserscheinung ist die *Kreuzmodulation*. Wenn am Eingang der Mischstufe zwei Hochfrequenzsignale vorhanden sind: ein moduliertes Störsignal $U_k(1 + M_k \cos pt) \cos \omega_k t$ und ein nichtmoduliertes Signal $U_i \cos \omega_i t$, wobei am Ausgang ein Signal $U_0 \cos \omega_0 t$, mit $\omega_0 = \omega_h - \omega_i$ entsteht, so erscheint die Amplitude U_0 bis zu einem Grade M_0 mit der Kreisfrequenz p moduliert. Diese Kreuzmodulationstiefe M_0 [vgl. Gl. (D 3, 12), die auch hier gilt mit V_{m3}/V_{m1} an Stelle von S_3/S] ist zu M_k und zu $(U_k/U_h)^2$ proportional.

In analoger Weise wie bei Hochfrequenzstufen kann auch bei Mischstufen eine Störungsmodulation des Ausgangssignals durch eine Welligkeit (Brummen) der Speisespannungen auftreten. Als Beispiel hierzu nehmen wir an, der Emissionsstrom der Diode sei nicht ganz konstant. Hierdurch wird der Diodenwiderstand R etwas veränderlich sein. Der entsprechende Niederfrequenzton und seine Oberwellen werden in das Ausgangssignal hineinmoduliert. Die betreffende Störungsmodulationstiefe M_b zeigt sich, analog wie bei Hochfrequenzstufen [vgl. Gl. (D 3, 2)] in erster Näherung proportional zu U_p/U_h, wenn U_p die Brummspannung ist.

Wir kommen jetzt zum *Rauschen* der betrachteten Mischstufe (Abb. 276a). Hierzu betrachten wir zuerst den Fall $R \ll R_g$, $R \ll R_0$ und $R \ll R_i$, der einer idealen Diode mit sehr geringem inneren Widerstand entspricht. In diesem Fall kann in Abb. 276b $\mathfrak{Y}_0$ nach Gl. (E 2, 6) und (E 2, 5b) durch $1/R_i + 1/R_g$ ersetzt werden und entsteht als Leitwert am Ausgang die Parallelschaltung von R_i, R_g und R_0. Die Diode geht also nicht mehr in die Leitwerte ein. Das gesamte Rauschen am Ausgang der Mischstufe entspricht einem äquivalenten Rauschwiderstand $R_{äq}$, der durch Parallelschalten von R_i, R_g und R_0 entsteht. Der gleiche Rauschwiderstand würde auch auftreten, wenn wir keine Mischung vorgenommen und ein Eingangssignal $U_0 \cos \omega_0 t$ auf die Parallelschaltung von R_i, R_g und R_0 gebracht hätten. Wir können das Ergebnis auch so ausdrücken, daß *im günstigsten Fall der Mischvorgang ohne zusätzliches Rauschen stattfindet.* Wenn die genannten idealen Bedingungen nicht erfüllt sind, tritt durch den Mischvorgang wohl ein Zusatzrauschen am Ausgang auf. Man kann zeigen, daß der gesamte äquivalente Rauschwiderstand in diesem Fall angenähert durch die Parallelschaltung von R_0 und den Leitwert $\mathfrak{Y}_0$ nach Gl. (E 2, 6), also durch den Gesamtwiderstand der Ersatzschaltung nach Abb. 276c gegeben ist.

Schrifttum: 187, 350, 354 (vgl. auch Abschn. F 2 c α).

b) Additive Mischung.

In Diodenmischstufen sind zwischen den beiden Elektroden der Röhre sämtliche drei Wechselspannungen: Oszillatorspannung (Hilfsspannung), Eingangsspannung und Ausgangsspannung vorhanden. Beim Entwicklungsgang der Mischröhren war man bestrebt, durch Verwendung von Röhren mit mehreren Elektroden für die verschiedenen Spannungen gesonderte Elektroden vorzusehen. Ein erster Schritt auf diesem Wege ist die „additive Mischung“.

α) *Arbeitsweise.*

Die Arbeitsweise der additiven Mischung ist bereits in Abschn. A 4 b γ im Anschluß an Abb. 37 erörtert: Die Hilfsspannung $U_h \sin \omega_h t$ (Oszillatorspannung) und die Eingangsspannung $U_i \sin \omega_i t$ (Signalspannung) werden in Reihe zwischen Steuergitter und Kathode einer Verstärkerröhre angelegt (daher „additive“ Mischung). Meistens wird eine Tetrode oder Pentode verwendet. In Empfangsgeräten stammt die Signalspannung fast immer von einem abgestimmten Schwingungskreis und wird die in Abb. 279 gezeichnete Anordnung benutzt. Hierbei ist eine Klemme des Eingangskreises geerdet (mit dem Gehäuse verbunden), während die Oszillatorspannung einer ebenfalls einseitig geerdeten kleinen Kopplungsspule entstammt. Der Wechselstromwiderstand dieser Spule (und der damit gekoppelten Schaltung) soll für die Eingangskreisfrequenz ω_i gering sein.

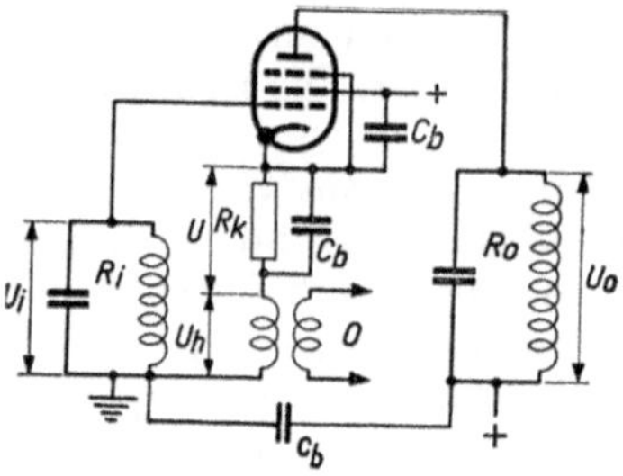

Abb. 279. Schaltbild der additiven Mischung. R_i Abstimmwiderstand des Eingangskreises mit der Eingangsamplitude U_i. Vom Oszillator O her stammt die Oszillatoramplitude U_h. Die Gittervorspannung U wird durch den Kathodenwiderstand R_k, überbrückt von dem großen Kondensator C_b, erzeugt. R_0 ist der Abstimmwiderstand des Ausgangskreises für die Zwischenfrequenz (Zwischenfrequenzamplitude U_0).

Die Überlagerungssteilheit S_c ist für die additive Mischung in Gl. (A 4,18) angegeben:

$$S_c = A e^{aU} \frac{1}{j} J_1(j a U_h), \tag{E 2,17}$$

wobei vorausgesetzt ist, daß die Eingangssignalspannung klein ist: $a U_i \ll 1$, und daß die statische Anodenstrom-Gitterspannungskennlinie durch eine einzige Exponentialfunktion dargestellt wird. Aus der Gl. (E 2,17) kann die Abhängigkeit der Überlagerungssteilheit von der Hilfsspannungsamplitude U_h gefolgert werden: Für kleine Werte von U_h $(a U_h \ll 1)$ ist S_c zu U_h proportional. Wenn U_h gesteigert wird, müssen wir eine Verabredung über die Gittervorspannung U treffen. Diese wählen wir so, daß bei wachsender Spannung U_h die Summe $U_h + U$ (U ist negativ) konstant bleibt (z. B. gleich -2 V). Für große Werte von U_h $(a U_h \gg 1)$ wird die Gl. (2,17):

$$S_c = A \frac{e^{a(U + U_h)}}{(2\pi a U_h)^{1/2}}. \tag{E 2,17a}$$

Die Überlagerungssteilheit sinkt somit in diesem Bereich bei wachsendem U_h.

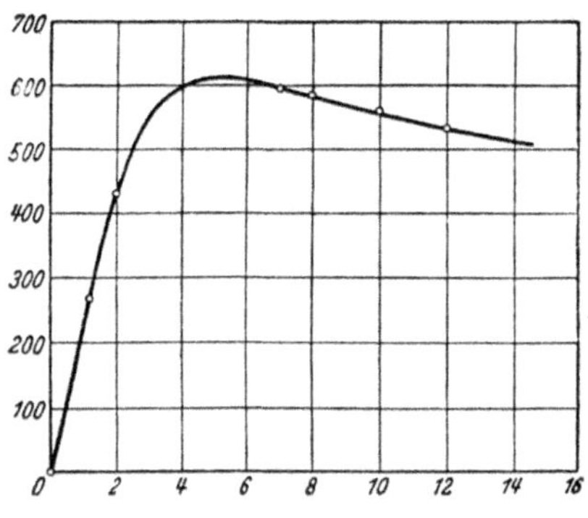

Abb. 280. Überlagerungssteilheit (Ordinate) in μA/V als Funktion der Oszillatorspannung (horizontal, Scheitelwert in V) für die Röhre der Abb. 24b, wobei der Scheitelwert der Oszillatorspannung stets um 1,8 V kleiner ist als der Betrag der negativen Vorspannung. Punkte gemessen. Kurve berechnet nach der Kennlinie von Abb. 24b und Gl. (E 2,17).

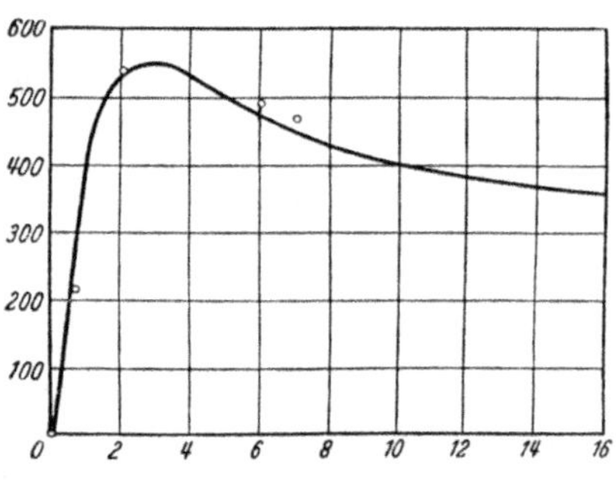

Abb. 281. Wie Abb. 280, aber für die Röhre der Abb. 24a. Scheitelwert der Oszillatorspannung gleich dem Betrag der negativen Vorspannung. Punkte gemessen. Kurve nach der Kennlinie von Abb. 24a berechnet.

Für einen mittleren U_h-Wert gibt es einen *Höchstwert* von S_c. Als Beispiel zeigen wir in Abb. 280 und 281 gemessene und berechnete S_c-Werte für zwei

Pentoden, deren Kennlinien in Abb. 24 bereits durch Exponentialfunktionen dargestellt sind. Diese Abb. 280 und 281 zeigen deutlich das Maximum der Überlagerungssteilheit unter den genannten Betriebsbedingungen. Zugleich zeigen diese Abbildungen den Nutzen der Exponentialdarstellung von Röhrenkennlinien für die genaue Berechnung verwickelter Röhreneigenschaften.

Wir können die additive Mischung außer auf dem gerade erörterten rechnerischen Wege auch noch in anschaulicher Weise verstehen. Hierzu betrachten wir Abb. 282. Durch die Wirkung der Oszillatorspannung im unteren Teil dieser Abb. 282 schwankt die Steilheit mit der Kreisfrequenz ω_h zwischen zwei Werten, von denen der erste dem Arbeitspunkt der Röhre (in Abb. 282 bis

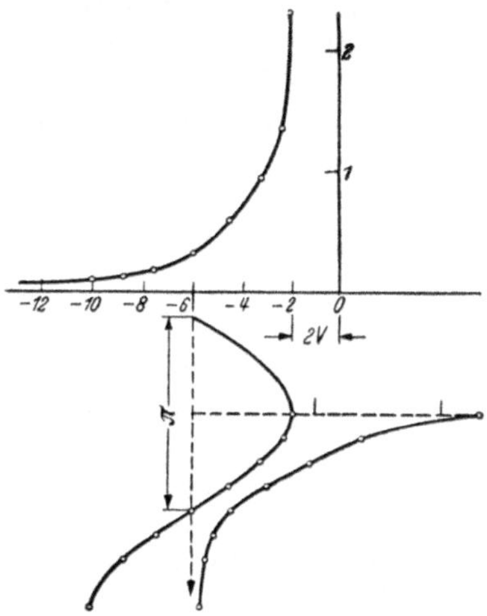

Abb. 282. Oberer Teil: vertikal: Steilheit in mA/V, horizontal: negative Steuergitterspannung. Im unteren Teil ist eine Wechselspannung zwischen Steuergitter und Kathode und die sich ergebende Steilheitskurve als Funktion der Zeit gezeichnet.

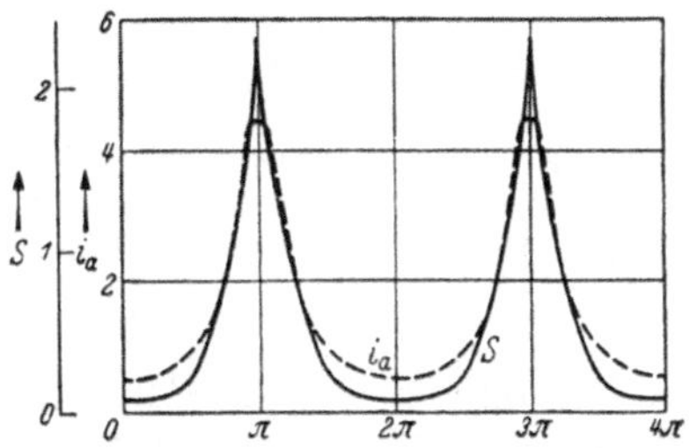

Abb. 283. Steilheit und Anodenstrom (vertikal) als Funktion der Zeit für dieselbe Röhre wie in Abbildung 282 bei −6 V Gittervorspannung und 4 V Scheitelwert der Wechselspannung.

— 2 V Gittervorspannung) entspricht, während der andere viel geringer ist. Die entsprechende Steilheitskurve als Funktion der Zeit ist in Abb. 283 gezeichnet. Diese Kurve wird nun nach dem Fourierschen Lehrsatz zerlegt:

$$S(t) = S_0 + S_1 \cos \omega_h t + S_2 \cos 2\omega_h t + \cdots.$$

Nach der Definition der Überlagerungssteilheit in Abschn. A 4bγ soll diese, mit der Eingangsamplitude U_i multipliziert, die Amplitude des Anodenstromanteils der Kreisfrequenz ω_0 (Zwischenfrequenz) ergeben. Folglich erhält man: $S_c = S_1/2$. Die anschauliche Betrachtung lehrt auch, daß bei immer weiter wachsendem U_h-Wert ($U_h + U =$ konst.) die Überlagerungssteilheit abnehmen muß, weil die Spitzen nach Abb. 283 immer schmäler werden und somit S_1 sinkt. Durch diese Betrachtung sind wir in der Lage, uns über die Größenordnung der Höchstüberlagerungssteilheit einer Röhre im Verhältnis zur Steilheit S im Arbeitspunkt ein Bild zu machen. Wenn wir annehmen, die Kennlinie: Steilheit als Funktion der Steuergitterspannung in Abb. 282 links oben verlaufe gerade und schneide die U_g-Achse bei U_{g1}, die Schwingamplitude $U_h(V)$ sei gleich $|U_{g1}| - 2$, so wird die Steilheitskurve als Funktion der Zeit (Abb. 283) aus Hälften einer Sinuskurve bestehen. Die Fourierzerlegung einer solchen Kurve ist bekannt und ergibt: $S_1 = S/2 =$ [Gl. (A 7,3)]. Folglich ist die Überlagerungssteilheit S_c gleich $S_1/2 = S/4$, also ein Viertel der Steilheit im Arbeitspunkt. Diese Größenordnung (zwischen $^1/_5$ und $^1/_3$) trifft bei den meisten Röhren zu. Für besondere Anordnungen, welche bisher nicht praktisch angewandt wurden, kann der betreffende Faktor nahezu 1 werden (Schrifttum: 269, 292).

Schrifttum: 181, 182, 183, 190, 191, 197, 200, 227, 350, 354.

β) *Verzerrungen und Störungen.*

Die Gl. (A 4,18) und A 6,12) beschreiben die Abhängigkeit der Überlagerungssteilheit von der Eingangsspannungsamplitude U_i. Diese haben genau dieselbe Form wie die Gl. (D 3,7) für Hochfrequenzverstärkerstufen. Wir ersetzen die Amplitude U_i durch den Ausdruck $U_i(1 + M\cos pt)$ und berechnen in der gleichen Weise wie in Abschn. D 3bβ für Hochfrequenzstufen durchgeführt, die nichtlinearen Verzerrungen der Überlagerungsverstärkung. Diese sind in erster Linie: Änderung der Modulationstiefe und Verzerrung der Modulation. Die Größe dieser Effekte ist genau dieselbe wie für Hochfrequenzstufen in Abschnitt D 3bβ abgeleitet. Wir verweisen auch noch nach Gl. (E 2,2), die wir auch als Grundlage der vorliegenden Rechnung benutzen können, wenn wir $u = U_i\cos\omega_i t + U_0\cos\omega_0 t$ setzen. Die Modulationstiefe M' im Anodenkreis wird [vgl. auch Gl. (D 3,9) und (D 3,10)]:

$$\frac{M' - M}{M} = \frac{S_{c2}}{S_{c0}} U_i^2 \left(2 - \frac{3}{4} M^3\right) \tag{E 2,18}$$

und die Modulationstiefe M_2 mit der Kreisfrequenz $2p$:

$$\frac{M_2}{M} = \frac{S_{c2}}{S_{c0}} \frac{3}{2} M U_i^2 . \tag{E 2,19}$$

Für die Bedeutung der Größen S_{c2} und S_{c0} verweisen wir nach Gl. (A 6,12):

$$S_c = S_{c0} + U_i^2 S_{c2} + \cdots .$$

Bei Darstellung der Anodenstrom-Gitterspannungskennlinie durch eine einzige Exponentialfunktion erhält man [vgl. Gl. (A 4,18)]:

$$S_{c0} = A\,e^{aU} \frac{1}{j} J_1(j a U_h),$$

$$S_{c2} = A\,e^{aU} \frac{1}{j} J_1(j a U_h) \frac{a^2}{8} .$$

Auch für die Gl. (D 3,11) kann das entsprechende Analogon im Falle der Überlagerungsverstärkung angeschrieben werden.

Wenn am Eingang der Überlagerungsstufe zwei Signale vorhanden sind, ein moduliertes $U_k(1 + M_k\cos pt)\sin\omega_k t$ und ein nichtmoduliertes $U_i\sin\omega_i t$, wobei die Hilfskreisfrequenz ω_h mit ω_i zusammen die Zwischenkreisfrequenz ω_0 ergibt: $\omega_h - \omega_i = \omega_0$, so ist am Ausgang der Überlagerungsstufe die Ausgangsspannung $U_0\cos\omega_0 t$ bis zu einer Tiefe M_0 mit der Kreisfrequenz p moduliert. Diese Erscheinung (Kreuzmodulation) ist auch vollkommen zum entsprechenden Effekt bei Hochfrequenzstufen (Abschnitt D 3bβ) analog:

$$M_0 = 4\frac{S_{c2}}{S_{c0}} U_k^2 M_k . \tag{E 2,20}$$

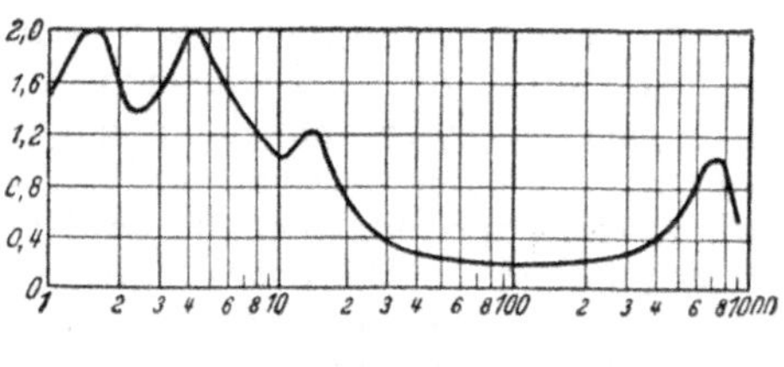

Abb. 284. Vertikal: Gemessene zulässige effektive Störspannung $U_k/\sqrt{2}$ nach Gl. (E 2,20) in Volt für $M_0 = 0{,}06\,M_k$ als Funktion der Überlagerungssteilheit in μA/V bei der Röhre von Abb. 24b.

Für die in Abb. 24b verwendete Kennlinie ist in Abb. 284 die zulässige Eingangswechselspannung U_k für $M_0/M_k = 6\%$ gezeigt.

Außer diesen nichtlinearen Verzerrungseffekten können auch Störungen infolge Welligkeit der Speisespannungen (Brummen) auftreten. Wir nehmen an, die Steuergittervorspannung U sei etwas wellig: $U = U_{g0} + U_p\sin pt$. Wenn wir wieder, wie oben, eine einzige Exponentialfunktion zur Darstellung der statischen

Gitterspannungs-Anodenstromkennlinie verwenden, muß infolge dieser „Brummspannung" in dem Ausdruck für S_c der Faktor

$$e^{aU} \text{ durch } e^{aU_{g0}}(1 + aU_p \sin pt + \cdots)$$

ersetzt werden, und das Ausgangssignal erfährt infolgedessen eine Modulationstiefe, die angenähert

$$M_b = aU_p \qquad \text{(E 2,21)}$$

beträgt, mit der Brummkreisfrequenz p. Diese Formel entspricht genau der Gl. (D 3,2) bei Hochfrequenzverstärkerstufen.

Eine der wichtigsten Störungen der Hochfrequenzverstärkung ist das Rauschen, das durch spontane Stromschwankungen in der Röhre verursacht wird. Wir haben diesen Effekt in Abschn. A 5c α ausführlich behandelt und auch eine Tabelle angegeben für die Ersatzrauschwiderstände einiger Röhren, welche heute verwendet werden. Diese Zahlen müssen bei Verwendung der gleichen Röhren als Mischröhren mit dem Verhältnis der Steilheit im Arbeitspunkt zur Überlagerungssteilheit, also bei maximaler Überlagerungssteilheit etwa mit 4 multipliziert werden [vgl. den vorigen Abschn. α und Gl. (A 5,17) sowie (A 5,18)].

Wie bei den Diodenmischstufen können auch im vorliegenden Fall Störungen durch Pfeifstellen auftreten. Was in Abschn. E 2a γ über diese Pfeifstellen ausgeführt wurde, trifft im allgemeinen auch hier zu. Insbesondere gilt wieder die Regel, daß die Modulationstiefe des Signals infolge einer Pfeifstelle für Pfeifstellen, welche $n\omega_i$ enthalten, proportional zur $(n - 1)$ten Potenz der Eingangssignalamplitude U_i ist. Hier darf der Index i auch durch 1 ersetzt werden, wo dieser neue Index zu einer beliebigen Eingangsstörspannung der Mischstufe gehören kann.

Schrifttum: 181, 184, 190, 191, 194, 197, 199, 200, 354.

c) Mehrgittermischröhren.

Bei den Mehrgittermischröhren hat man die Verwendung getrennter Elektroden für die Eingangssignalspannung, für die Oszillatorspannung und für die Ausgangsspannung angestrebt.

α) *Betriebsweise und Schaltungen.*

Die hier behandelten Mehrgittermischröhren enthalten zwei Steuergitter, die durch ein geeignetes Schirmgitter getrennt werden (vgl. Abschn. C 3b α, Abb. 133). Wir nennen das Steuergitter, das der Kathode am nächsten angeordnet ist, das „erste", und das andere das „zweite" Steuergitter. Die heute verwendeten Mischröhren zerfallen in zwei Gruppen: 1. Das erste Steuergitter erhält die Oszillatorspannung, das zweite die Eingangssignalspannung. Nach einem weitverbreiteten Vertreter dieser Gruppe nennen wir sie: Oktodentyp. 2. Das erste Steuergitter erhält die Eingangssignalspannung, das zweite Steuergitter die Oszillatorspannung. Wir bezeichnen diese Röhre als zum Hexodentyp gehörend. Bei beiden Gruppen wird die Ausgangsspannung der Anode entnommen, die vom zweiten Steuergitter noch durch ein Schirmgitter, und in manchen Fällen auch noch durch ein Bremsgitter, getrennt ist. Diese Gruppeneinteilung ist in Abb. 285 veranschaulicht. Der Kürze halber nennen wir das

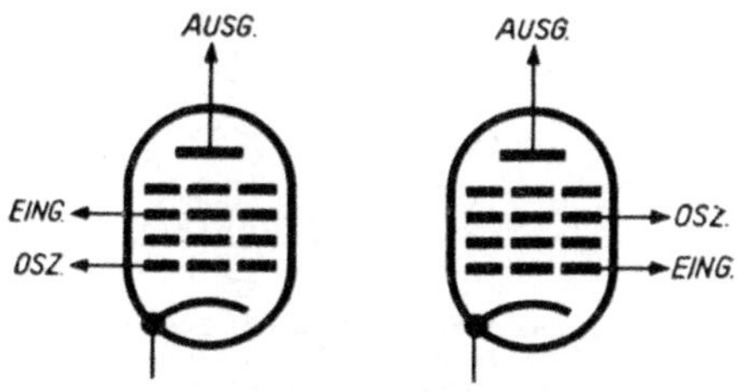

Abb. 285. Veranschaulichung der zwei Gruppen von Mehrgittermischröhren, welche heute verwendet werden. Links: Oktodentyp, rechts: Hexodentyp.

Gitter, das die Oszillatorspannung erhält, das „Oszillatorgitter", und das andere Steuergitter „Eingangsgitter". Wir messen den Anodenstrom und die Steilheit des Anodenstroms in bezug auf eine kleine Änderung der Eingangsgitterspannung (im Arbeitspunkt dieser Spannung) als Funktion der Spannung des Oszillatorgitters (Abbildung 286). Wenn wir nun dem Oszillatorgitter die Oszillatorwechselspannung nebst einer geeigneten Vorspannung zuführen, so können die Anodenstromkurve und die Steilheitskurve als Funktion der Zeit erhalten werden (Abbildung 286 rechts). Diese Steilheitskurve zerlegen wir in ihre FOURIER-Anteile. Die Amplitude der Grundwelle sei S_1. Dann wird, genau wie im Falle der additiven Meischung (E 2bα), die Überlagerungssteilheit S_c gleich $S_1/2$. Dieses Verfahren kann für alle Mischröhren der genannten zwei Gruppen durchgeführt werden und liefert bei Anwendung bekannter numerischer Rechenweisen zur Bestimmung des Grundwellenanteils S_1 auch genaue Ergebnisse. Die Vorspannung des Oszillatorgitters ändert sich im normalen Betrieb bei wachsender Oszillatorspannung meistens ungefähr proportional zur Amplitude U_h. Hierdurch entstehen für die Überlagerungssteilheit als Funktion der Oszillatorwechselspannung Kurven, welche den in Abb. 280 und 281 gezeigten Kurven ähnlich sind.

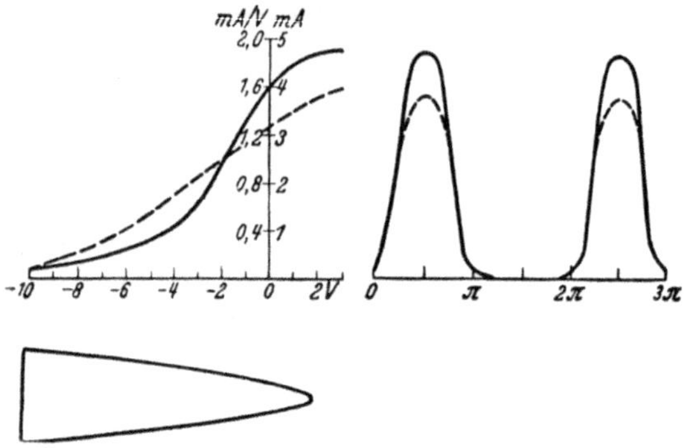

Abb. 286. Oben links: Steilheit des Anodenstromes in bezug auf die Eingangsgitterspannung (ausgezogene Kurve) und Anodenstrom (gestrichelte Kurve), beide vertikal, als Funktion der Vorspannung des Oszillatorgitters (horizontal) im Arbeitspunkt der Vorspannung des Eingangsgitters einer Mischröhre (Oktodentyp oder Hexodentyp). Unten links: Oszillatorspannung nebst Vorspannung des Oszillatorgitters als Funktion der Zeit. Oben rechts: Anodenstrom (gestrichelt) und Steilheit als Funktion der Zeit infolge der unten links gezeichneten Oszillatorspannung.

Als Beispiel einer Mischröhre der ersten Gruppe behandeln wir eine neuzeitliche Oktode. Diese Röhre enthält eine Kathode, 6 teils gitterförmige Elektroden und eine Anode. Ein Querschnitt des Elektrodensystems ist in Abb. 287 gezeigt, mit eingezeichneten Elektronenbahnen. Die Kathode bildet zusammen mit den „Gittern" $g1$ und $g2$ eine Triode, die zur Erzeugung der Oszillatorwechselspannung dient (vgl. Abschn. E 3). Diese Wechselspannung ist in dieser Weise automatisch zwischen $g1$ und der Kathode vorhanden und erzeugt selbsttätig mit Hilfe eines Widerstandes und Kondensators in der bei den Gleichrichterstufen (Abschn. E 1) verwendeten Weise die erforderliche negative Vorspannung von $g1$. Die Schaltung ist in Abb. 288 gezeichnet.

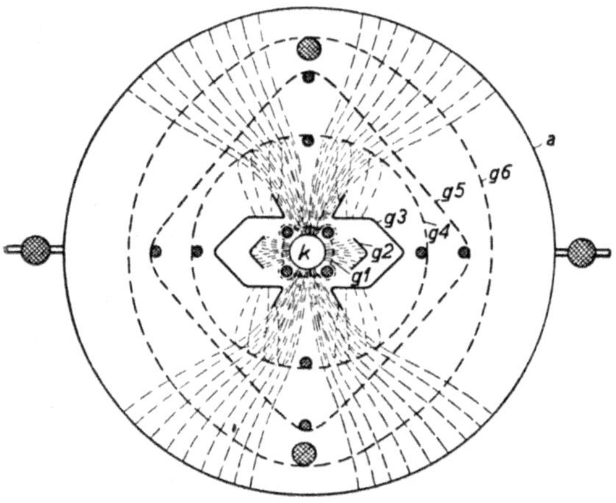

Abb. 287. Querschnitt durch das Elektrodensystem einer neuzeitlichen Oktodenmischröhre (analog zur Type Philips EK 3) mit einer Ebene senkrecht zur Kathodenachse. K Kathode, $g\,1$ erstes Gitter (Oszillatorgitter), $g\,2$ Anode des Triodenteils (Schwingstufe), $g\,3$ Abschirmung zwischen dem Schwingteil und dem weiteren Teil der Mischröhre, $g\,4$ Eingangsgitter, $g\,5$ Schirmgitter, $g\,6$ Bremsgitter (Fanggitter), a Anode. Gestrichelt sind die Elektronenbahnen im Falle, daß die Elektronen $g\,4$ durcheilen, und im Falle, daß sie vor $g\,4$ umkehren, skizziert.

Es handelt sich hier somit um eine *Mehrfachröhre*, die erstens zur Schwingungserzeugung und zweitens zur Mischung dient. Verschiedene Betriebsdaten der Mischröhre sind in Abb. 289 zusammengefaßt.

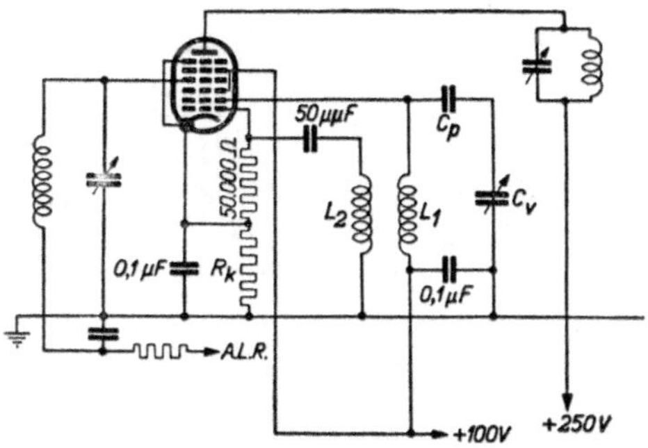

Abb. 288. Schaltbild einer Oktodenmischröhre nach Abb. 287. Die Reihenfolge der gezeichneten Elektroden von der Kathode zur Anode ist: g 1, g 2, g 3, g 4, g, 5, g 6. R_k Widerstand zur Erzeugung der Vorspannung des Eingangsgitters. L_1 und L_2 gekoppelte Oszillatorspulen, C_p und C_v Abstimmkapazitäten des Schwingungskreises. Der mit 50000 Ohm bezeichnete Widerstand (oft R_{g_1} genannt, vgl. Abb. 289) dient zur Erzeugung der Vorspannung des Oszillatorgitters. A.L.R. heißt automatische Lautstärkeregelung (Abschn. H 1a β).

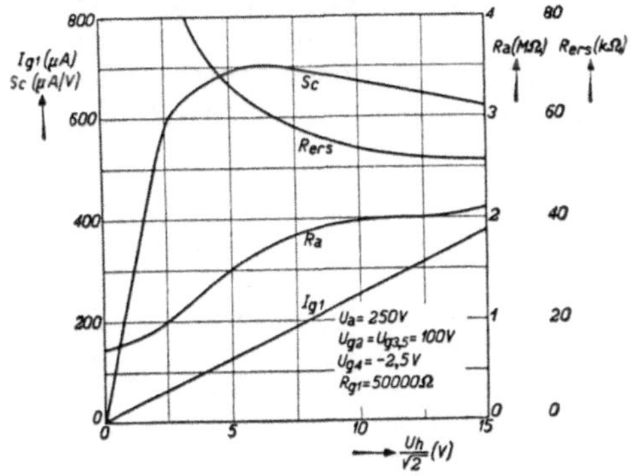

Abb. 289. Betriebsdaten der Röhre von Abb. 287 und 288. Horizontal: effektive Oszillatorspannung nach der Schaltung von Abb. 288 (R_{g_1} = 50000 Ohm). Die Betriebsspannungen sind angegeben. S_c Überlagerungssteilheit, I_{g_1} Gleichstrom nach g 1 (dieser Strom fließt durch 50000 Ohm und erzeugt mit diesem Widerstand die Vorspannung des Oszillatorgitters). R_a Anodenwiderstand, R_{ers} Ersatzrauschwiderstand am Eingangsgitter).

Als Beispiel einer Mischröhre der zweiten Gruppe behandeln wir eine Triode-Heptode. Es handelt sich hier um eine *Verbundröhre*, bei der eine kleine Triode und eine Heptode um die gleiche zylindrische Kathode herum nebeneinander

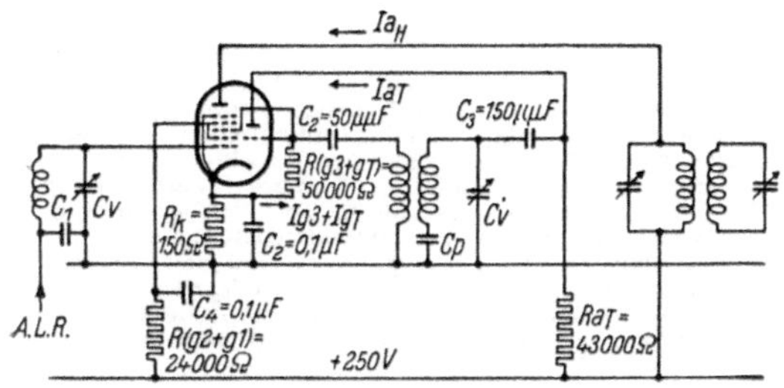

Abb. 290. Schaltbild einer Verbundmischröhre vom Hexodentyp (Philips ECH 4).

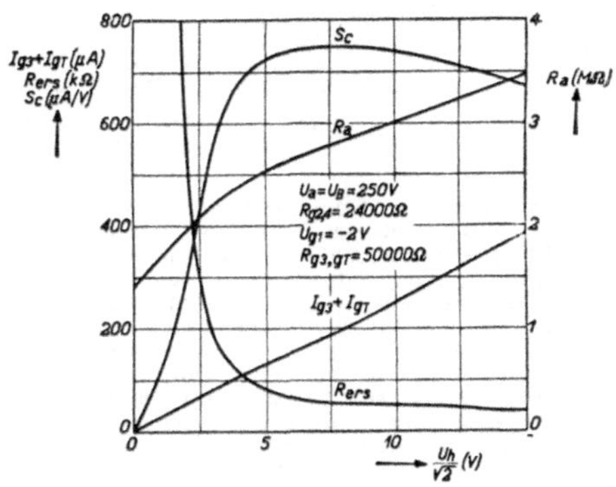

Abb. 291. Betriebsdaten der Röhre von Abb. 290 (vgl. für die Bezeichnungen Abb. 290 und 289).

angeordnet sind. Die Triode dient zur Schwingungserzeugung. Die Oszillatorspannung wird, zusammen mit einer negativen Vorspannung, dem 3. Gitter der Heptode zugeführt. Die Schaltung ist in Abb. 290 angegeben, während einige Betriebsdaten in Abb. 291 zusammengefaßt sind.

Schrifttum: 181, 183, 200, 227.

β) *Nichtlineare Verzerrungen und Störungen.*

Wir können den Anodenstrom i_a einer Mischröhre aus jeder der beiden oben behandelten Gruppen formal durch folgenden Ausdruck darstellen:

$$i_a = C_1 e^{a_1 u_1 + b_1 u_3} + C_2 e^{a_2 u_1 + b_2 u_3} + \cdots,$$

wo u_1 die Spannung des Eingangsgitters und u_3 die Spannung des Oszillatorgitters bedeuten. Diese Darstellung hat vollkommen analoge Eigenschaften wie jene des Abschn. A 3bα für Röhren mit einem Steuergitter. Wir nehmen statt einer Summe von Exponentialfunktionen nur eine einzige an, setzen $u_1 = U_i \sin \omega_i t + U_1$

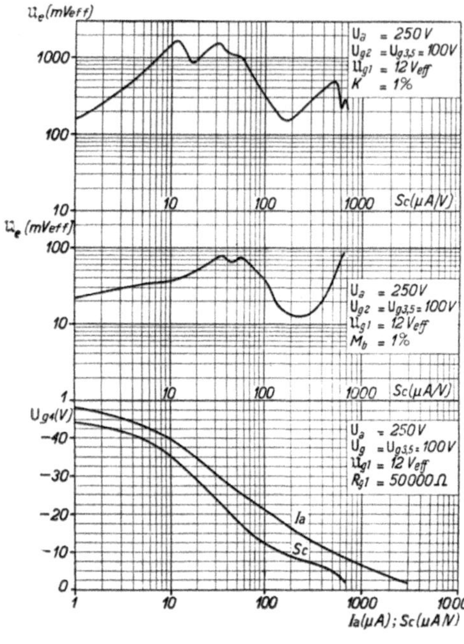

Abb. 292. Betriebskurven für die Mischröhre EK 3 der Abb. 287 und 288. Horizontal: Überlagerungssteilheit S_c und Anodengleichstrom I_a, geregelt durch die Vorspannung des Eingangsgitters (U_{g_4}), die vertikal im unteren Teil der Abbildung angegeben ist. Mittelteil der Abbildung: Eingangsspannung $\mathfrak{U}_e$ für 1% Brummodulation bei 12 V Oszillatorspannung ($\mathfrak{U}_{g_1}$). Oberer Teil der Abbildung: Eingangsspannung $\mathfrak{U}_e$ eines Störsignals, das 1% Kreuzmodulation (K) verursacht (ebenfalls $\mathfrak{U}_{g_1}$ = 12 V).

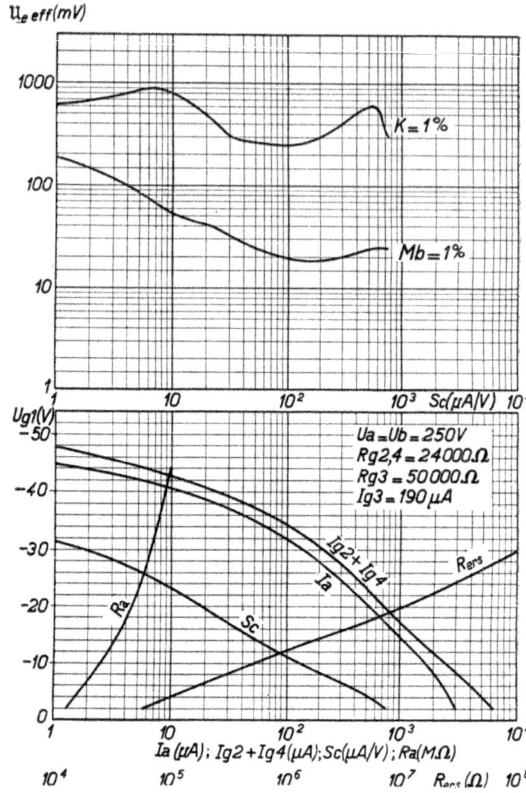

Abb. 293. Betriebsdaten für die Mischröhre ECH 4 der Abb. 290 und 291. Horizontal: Anodenstrom I_a, Schirmgitterstrom $I_{g_2} + I_{g_4}$, Überlagerungssteilheit S_c, Anodenwiderstand R_a und Ersatzrauschwiderstand R_{ers}. Unterer Teil der Abbildung: Vertikal: Vorspannung U_{g_1} des Eingangsgitters. Oberer Teil der Abbildung: Kreuzmodulations- und Brummodulationskurve, wie in Abb. 292. Die Oszillatorspannung und die Vorspannung des Oszillatorgitters werden durch I_{g_3} (Strom zum Gitter der Triode und nach g 3 der Heptode parallel) und R_{g_3} = 50 kOhm (vgl. Abb. 290) bestimmt.

und $u_3 = U_h \sin \omega_h t + U_3$ und finden für die Überlagerungssteilheit S_c den Ausdruck:

$$S_c U_i = C e^{aU_1 + bU_3} \frac{1}{j} J_1(j b U_h) \frac{2}{j} J_1(j a U_i), \tag{E 2,22}$$

der mit Gl. (A 4,18) zu vergleichen ist. Durch Reihenentwicklung für die Bessel-sche Funktion J_1 ergibt sich für $a U_i \ll 1$:

$$\left\{\begin{aligned} S_c &= C e^{aU_1 + bU_3} \frac{1}{j} J_1(j b U_h) \left(1 + \frac{1}{8} a^2 U_i^2 + \cdots\right) \\ &= S_{c0} + S_{c2} U_i^2 + S_{c4} U_i^4 + \cdots, \end{aligned}\right. \tag{E 2,23}$$

die zur Gl. (A 6,12) analog ist. Diese Reihenentwicklung der Überlagerungssteilheit nach Potenzen der Eingangsamplitude U_i gibt uns die Möglichkeit, die drei nichtlinearen Verzerrungseffekte: Änderung der Modulationstiefe, Verzerrung der Modulation und Kreuzmodulation, in genau derselben Weise für Mehrgittermischröhren wie für Eingittermischröhren (Abschn. E 2bβ) abzuleiten. Es kommen auch genau dieselben Ergebnisse heraus [Formeln (E 2,18), (E 2,19) und (E 2,20)], die wir deshalb nicht nochmals anschreiben.

Auch die Behandlung der Störmodulation infolge einer Welligkeit der Eingangsgittervorspannung (Brummen) geht in derselben Weise vor sich wie bei Eingittermischröhren und führt wieder zu Gl. (E 2,21). Einige Meßdaten sind in Abb. 292 und 293 zusammengefaßt.

Bezüglich der Pfeifstörungen können wir nach Abschn. E 2aγ und E 2bβ verweisen. Die dort aufgestellten Regeln gelten auch im vorliegenden Fall. Einige Meßdaten sind für die Pfeifstelle mit $n = 2$, $m = 1$, $\omega_0/\omega_i = 1/2$ in Abbildung 294 gezeichnet.

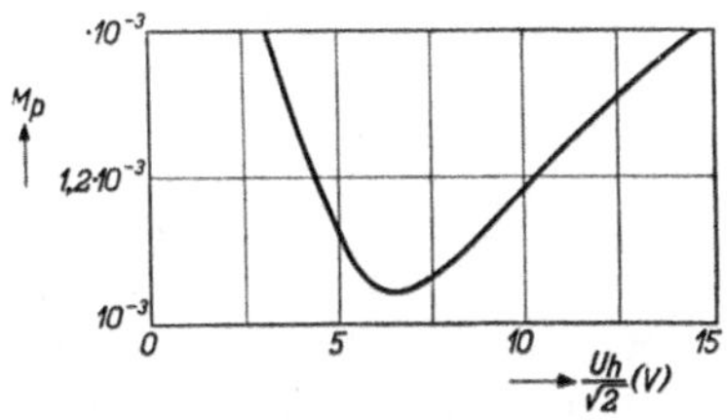

Abb. 294. Modulationstiefe M_p für die Pfeifstelle $m = 1$, $n = 2$, $\omega_0/\omega_i = 1/2$ bei der Oktode EK 3 (Betriebsdaten vgl. Abb. 288) für eine Eingangsspannung von 1 mV als Funktion der Oszillatoramplitude U_h.

Die spontanen Stromschwankungen in Mehrgitterröhren sind infolge der mehrfachen Stromverteilung (Abschn. A 5cα) bedeutend stärker als in Eingitterröhren. Bei den jetzt betrachteten Mischröhren treten hohe Ersatzrauschwiderstände am Eingangsgitter auf, wie die in Abb. 289, 291 und 293 gezeichneten Kurven zeigen. Diese Zahlen sind bedeutend höher als bei Pentoden, wenn wir diese zur additiven Mischung verwenden (Abschn. E 2bβ).

Schrifttum: 181, 182, 183, 184, 190, 191, 197, 199, 200, 354.

γ) *Störüberlagerung.*

Die behandelten Mehrgittermischröhren sind aus dem Wunsch heraus entstanden, der Oszillatorspannung und der Eingangsspannung getrennte Steuerelektroden zuzuordnen. Wenn nun durch irgendwelche Ursachen Oszillatorspannung auf das Eingangsgitter oder (und) Eingangsspannung auf das Oszillatorgitter gelangt, können zusätzliche Mischvorgänge auftreten, die wir unter dem Namen „Störüberlagerung" zusammenfassen. Wir können diese Störüberlagerung formal an Hand der Gl. (E 2,22) behandeln, wenn wir U_1 gleich $U_{10} + \alpha U_h \sin(\omega_h t + \varphi_h)$ und U_3 gleich $U_{30} + \beta U_i \sin(\omega_i t + \varphi_i)$ setzen. Der Anodenstromanteil der Zwischenfrequenz ω_0 wird dann aus dem Ausdruck:

$$C e^{aU_{10}+bU_{30}} \Big[J_0(ja\alpha U_h) \frac{2}{j} J_1(jbU_h) \sin\omega_h t \cdot aU_i \sin\omega_i t +$$

$$+ J_0(jbU_h) \frac{2}{j} J_1(ja\alpha U_h) \sin(\omega_h t + \varphi_h) aU_i \sin\omega_i t +$$

$$+ J_0(ja\alpha U_h) \frac{2}{j} J_1(jbU_h) \sin\omega_h t \cdot \beta bU_i \sin(\omega_i t + \varphi_i) +$$

$$+ J_0(jbU_h) \frac{2}{j} J_1(ja\alpha U_h) \sin(\omega_h t + \varphi_h) \beta bU_i \sin(\omega_i t + \varphi_i) \Big]$$

erhalten, wo $aU_i \ll 1$ und $\beta bU_i \ll 1$ angenommen ist, also

$$J_0(jaU_i) = 1,$$

$$J_0(jb\beta U_i) = 1,$$

$$\frac{2}{j} J_1(jaU_i) = aU_i \quad \text{sowie}$$

$$\frac{2}{j} J_1(jb\beta U_i) = b\beta U_i$$

und ergibt sich zu ($\omega_0 = \omega_h - \omega_i$):

$$
\text{(E 2,24)} \quad \left\{
\begin{aligned}
& C e^{aU_{10} + bU_{30}} \Big[J_0(ja\alpha U_h) \frac{1}{j} J_1(jbU_h)\, a U_i \cos\omega_0 t + \\
& + J_0(jbU_h) \frac{1}{j} J_1(ja\alpha U_h)\, a U_i \cos(\omega_0 t + \varphi_h) + \\
& + J_0(ja\alpha U_h) \frac{1}{j} J_1(jbU_h)\, \beta b U_i \cos(\omega_0 t - \varphi_i) + \\
& + J_0(jbU_h) \frac{1}{j} J_1(ja\alpha U_h)\, \beta b U_i \cos(\omega_0 t + \varphi_h - \varphi_i) \Big].
\end{aligned}
\right.
$$

Dieser Anodenstromanteil kann sowohl größer als auch kleiner sein als der Ausdruck:

$$
C e^{aU_1 + bU_3} \frac{1}{j} J_1(jbU_h)\, a U_i \cos\omega_0 t,
$$

der sich ohne Störüberlagerung ergibt. Das Verhältnis beider Ausdrücke hängt von α, β, φ_h und φ_i ab. Unter Umständen können sich die verschiedenen Glieder der Gl. (E 2,24) gegenseitig ganz oder zum Teil aufheben.

Auf welche Weise können diese Störungen entstehen? Wir betrachten als ersten Fall eine Oktode (Abb. 287). Die Einkapselung der verschiedenen Teile der Röhre hat das Ziel, Störeffekte der hier betrachteten Art zu verhüten. Insbesondere ist dafür gesorgt, daß Elektronen, welche vor $g4$ umkehren, nicht wieder in die Umgebung von $g1$ gelangen können. Durch solche Umkehrelektronen könnten unter Umständen Eingangswechselspannungen auf das Oszillatorgitter $g1$ übertragen werden. In der Röhre nach Abb. 287 ist aber grundsätzlich noch eine Übertragung von Oszillatorspannung auf das Eingangsgitter möglich. Wenn während einer Schwingperiode der Augenblickswert der Oszillatorspannung weit negativ ist, gelangt fast kein Strom zum übrigen, weiter von der Kathode liegenden Röhrenteil. Es ist dann also keine Raumladung vor $g4$ vorhanden. Wenn aber während einer Schwingperiode der Augenblickswert der Oszillatorgitterspannung gerade 0 oder etwas positiv ist, so fließt ein beträchtlicher Elektronenstrom durch die Röhre. Vor dem negativ vorgespannten $g4$ staut sich dieser Strom und tritt also eine Raumladung auf. Diese periodisch sich bildende und verschwindende Elektronenraumladung vor $g4$ verursacht einen Influenzstrom nach $g4$ mit der Frequenz der Oszillatorspannung. Wenn zwischen $g4$ und der Kathode ein beträchtlicher komplexer Widerstand (z. B. Schwingungskreis) vorhanden ist, entsteht eine Wechselspannung der Oszillatorfrequenz auf $g4$, die eine Störüberlagerung im obigen Sinne verursacht. Es zeigt sich, daß man sich den genannten Influenzstrom durch eine scheinbare *negative* Kapazität von $g1$ nach $g4$ erzeugt denken kann. Diese negative Kapazität ist nur einseitig von $g1$ nach $g4$ vorhanden und nicht umgekehrt, analog wie eine Steilheit z. B. als einseitiger Widerstand vom Steuergitter zur Anode gedeutet werden kann. Man kann diesen Influenzstrom daher durch eine geeignet gewählte wirkliche Kapazität von $g1$ nach $g4$ aufheben. Die Größenordnung der Kapazität ist etwa 1 pF. Eine solche Zusatzkapazität ist bei der behandelten Oktode eingebaut. Bei genauer Einstellung ist der genannte Influenzeffekt vollständig aufgehoben und diese Störüberlagerung beseitigt. Es bleibt allerdings dann noch eine Kapazität von $g4$ nach $g1$ übrig, durch welche Eingangsspannung (ω_i) auf $g1$ gelangen kann.

Bei den heute verwendeten Heptoden (Abb. 290) sind keine Einkapselungsmaßnahmen der Art, wie in Abb. 287 gezeigt, getroffen. Die verschiedenen Elektroden sind vielmehr als Spiralgitter um die Kathode herum ausgebildet. Daher können Elektronen, die vor $g3$ umkehren, wieder in die Umgebung von $g1$ gelangen und hier einen Influenzstrom der Oszillatorfrequenz verursachen. Andererseits entsteht durch Influenz auch eine Spannung der Eingangsfrequenz auf dem Oszillatorgitter in analoger Weise, wie für die Oktode oben beschrieben. Folglich sind hier Störüberlagerungen aller oben behandelten Arten grundsätzlich vorhanden, und diese können unter Umständen beträchtliche Änderungen der Überlagerungssteilheit verursachen.

Schrifttum: **191, 194, 195, 196, 200.**

δ) *Kurzwelleneigenschaften.*

Da die Eingangsseite und die Oszillatorseite einer Mischstufe auch im Kurzwellengebiet betrieben werden, behandeln wir ihre wichtigsten Kurzwelleneigenschaften. Wir beschränken uns hier auf die Eingangsklemmen, weil die Oszillatorfragen in Abschn. E 3 erörtert werden. Es handelt sich zunächst um den Eingangsleitwert für Wechselspannungen der Kreisfrequenz ω_i. Diesen Leitwert können wir als Parallelschaltung eines Widerstandes R_e und einer Kapazität C_e auffassen. Einige gemessene Zahlen für die in Abschn. E 2cα behandelten Beispiele (Oktode und Triode-Heptode) im Arbeitspunkt unter normalen Betriebsbedingungen sind in folgender Tabelle zusammengefaßt:

Röhre	Wellenlänge m	Eingangswiderstand R_e kOhm	Eingangskapazität C_e pF
Oktode EK 3	200	$1{,}0 \cdot 10^3$	15,5
	14	60	15,3
Triode-Heptode ECH 4 . .	200	$1{,}5 \cdot 10^3$	7,1
	13	15	6,9

Es ist auffallend, daß der Eingangswiderstand von Röhren der zweiten Gruppe im allgemeinen bei kurzen Wellen geringer ist als jener von Röhren der ersten Gruppe. Messungen haben ergeben, daß die Ursache in Elektronen gesucht werden muß, die im erstgenannten Fall vor $g3$ umkehren. Die allgemeine Regel (vgl. Abschn. D 2bε, Abb. 250), nach der R_e ungefähr proportional zum Quadrat der Wellenlänge ist, wird auch bei Mischröhren im allgemeinen bestätigt gefunden. Durch die Rückwirkung der Oszillatorschaltung auf den Eingang werden aber in einigen Fällen Abweichungen von dieser Regel verursacht. Die Überlagerungssteilheit behält bis 10 m Wellenlänge herab für diese Röhrentypen den gleichen absoluten Wert wie für längere Wellen. Die Zeit, welche die Elektronen in Oktoden brauchen, um von $g1$ bis $g4$ zu gelangen, wird im Kurzwellengebiet beträchtlich im Vergleich zu einer Wechselspannungsperiode. Eine Folge hiervon ist, daß der Influenzeffekt (Abschn. E 2cγ) nicht mehr durch Einschalten einer Kapazität zwischen $g1$ und $g4$ vollständig kompensiert werden kann. Vielmehr ist in Reihe mit der Kapazität noch ein kleiner Widerstand (Größenordnung 1 kOhm) erforderlich. Das Produkt beider Größen ist ein Maß für die betreffende Elektronenlaufzeit.

Die im Abschn. E 2cγ behandelten Störüberlagerungen treten im Kurzwellengebiet in viel stärkerem Maße auf als im Rundfunkgebiet. Die Ursache hierfür liegt darin, daß die Schwingungskreise am Eingangsgitter und am Oszillatorgitter im Kurzwellengebiet fast dieselbe Abstimmung haben (Beispiel: Eingangsfrequenz 30 MHz, Oszillatorfrequenz 30,5 MHz), weil die Zwischenfrequenz meistens gering ist im Vergleich zur Eingangs- und Oszillatorfrequenz. Folglich können an den genannten Gittern im Kurzwellengebiet viel leichter beträchtliche Störspannungen entstehen, die eine unerwünschte Störüberlagerung verursachen.

Schrifttum: 191, 194, 195, 196, 200.

3. Schwingstufen.

Die Schwingstufen bilden einen wesentlichen Bestandteil der Mischstufen. Ihre Eigenschaften und Gestaltung sind daher für den Betrieb der Mischstufen von größter Bedeutung.

a) Schwingschaltungen.

α) *Grundsätzliche Arbeitsweise und Röhrendaten.*

Eine Schwingröhre wird stets so gestaltet, daß ein Teil der Anodenwechselspannung zum Steuergitter mit solcher Phase zurückgeführt wird, daß infolge der Röhrensteilheit die Anodenwechselspannung vergrößert wird. Wir nehmen zunächst an, daß wir eine Pentode verwenden, deren Steuergitter-Anodenkapazität vernachlässigbar klein ist und deren Anodenwiderstand so groß ist, daß wir ihre Wirkung außer acht lassen können. Zwischen Anode und Kathode schalten wir einen Schwingungskreis. Einen Teil t der Wechselspannung über diesem Kreis führen wir dem Gitter zu (Abb. 295). Wenn $\mathfrak{R}$ der Widerstand des Schwingungskreises ist, gilt die Beziehung: $\mathfrak{U}_a = -\mathfrak{U}_g S \mathfrak{R}$ (S die effektive Steilheit der Röhre, vgl. unten). Wir setzen weiter $t\mathfrak{U}_a = \mathfrak{U}_g$ und erhalten als Schwingungsbedingung:

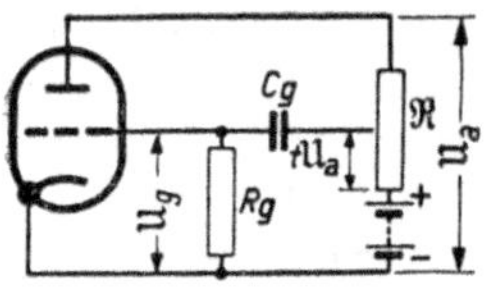

Abb. 295. Grundsätzliche Schaltung einer Schwingstufe mit einem abgestimmten Kreis (Wechselstromwiderstand $\mathfrak{R}$) zwischen Anode und Kathode. Ein Teil t der Anodenwechselspannung $\mathfrak{U}_a$ über diesem Kreis wird dem Steuergitter zugeführt ($\mathfrak{U}_g$).

$$tS\mathfrak{R} = -1. \qquad \text{(E 3,1)}$$

Da S und $\mathfrak{R}$ positiv sind, muß t negativ gewählt werden, was man auch so ausdrücken kann, daß bei der Rückkopplung zugleich eine Phasendrehung um π stattfinden soll. In dieser Schwingungsgleichung (3,1) stehen zwei Schaltungsgrößen (t und $\mathfrak{R}$) und eine Röhrengröße (S). Wir betrachten zuerst diese Steilheit. Hierbei setzen wir als einfachste Näherung eine gerade Röhrenkennlinie voraus (Abbildung 296). Die Gitterwechselspannung soll angenähert bis $U_g = 0$ schwingen, d. h. es sollen nur sehr geringe Gitterströme fließen. Diese Bedingung ist angenähert erfüllt, wenn der Gitterwiderstand R_g der Abb. 295 genügend groß ist. Wenn die Gitterwechselspannung als Funktion der Zeit nach der Kurve I verläuft, erhält man als Anodenstrom die entsprechende Kurve I, und die Steilheit S in Gl. (3,1) ist gleich S_0 von Abb. 296 zu setzen. Wenn die Gitterwechselspannung nach der Kurve II verläuft, ergibt sich die entsprechende Anodenstromkurve II der Abb. 296, und es kommt nun darauf an, von dieser Anodenstromkurve die Grundwelle zu berechnen. Das Verhältnis der Amplitude dieser Grundwelle zur Eingangsamplitude U_0 nennen wir die effektive Steilheit S der Röhre. Wir haben diese Berechnung bereits in Gl. (A 7,3) durchgeführt und finden durch einfache Übertragung der dortigen Ergebnisse auf den vorliegenden Fall:

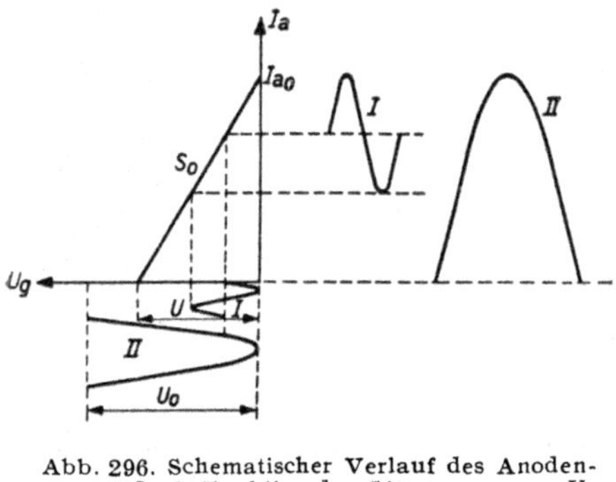

Abb. 296. Schematischer Verlauf des Anodenstroms I_a als Funktion der Gitterspannung U_g einer Schwingröhre. Unten: Gitterspannungen als Funktion der Zeit. Rechts: Anodenstrom als Funktion der Zeit.

$$\frac{S}{S_0} = -\frac{U_0 - U}{\pi U_0}\left(\sqrt{1 - \frac{(U_0 - U)^2}{U_0^2}} - \frac{U_0}{U_0 - U} \arccos \frac{U_0 - U}{U_0}\right). \qquad \text{(E 3,2)}$$

Die Gl. (3,2) ist in Abb. 297 veranschaulicht. In analoger Weise kann Gl. (A 7,3) herangezogen werden, um den mittleren Anodengleichstrom I_a aus Abb. 296 zu berechnen:

$$\text{(E 3,3)} \qquad \frac{I_a}{I_{a0}} = \frac{I_a}{S_0 U} = \frac{U_0}{\pi U}\left(\sqrt{1 - \frac{(U_0 - U)^2}{U_0^2}} - \frac{U_0 - U}{U_0} \arc\cos \frac{U_0 - U}{U_0}\right).$$

Das Verhältnis der Ausdrücke (3,2) und (3,3) multipliziert mit U_0/U kann als *Wirkungsgrad* η der Röhre bezeichnet werden und gibt die Amplitude der Grundwelle im Anodenstrom, dividiert durch den Anodenstrom I_a:

$$\text{(E 3,4)} \qquad \eta = \frac{U_0}{U} \cdot \frac{\frac{S}{S_0}}{\frac{I_a}{S_0 U}} = \frac{S U_0}{I_a}.$$

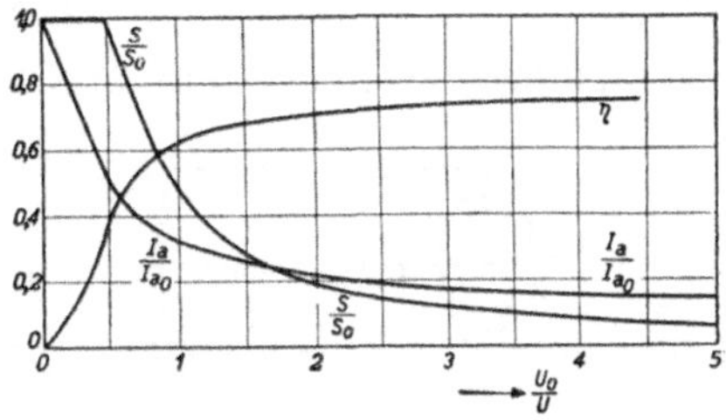

Abb. 297. Die Verhältnisse S/S_0 und I_a/I_{a0} nach Gl. (E 3,2) und (E 3,3) sowie Abb. 296 als Funktion von U_0/U (Abb. 296). Die η-Kurve bezeichnet die Größe $S U_0/I_a$ nach Gl. (E 3,4).

Die Gl. (3,3) und (3,4) sind ebenfalls in Abb. 297 veranschaulicht. Bei wirklichen Röhren stimmt der Verlauf dieser Größen ziemlich gut mit dem berechneten Verlauf der Abb. 297 überein, wie Abb. 298 und 299 zeigen. Man wird stets einen Betrieb der Röhre im „Sättigungsgebiet" der Wirkungsgradkurve anstreben, weil hier der Gleichstrom- und damit der Speiseleistungsverbrauch am günstigsten ist. Aus den Kurven kann ferner bei gegebener

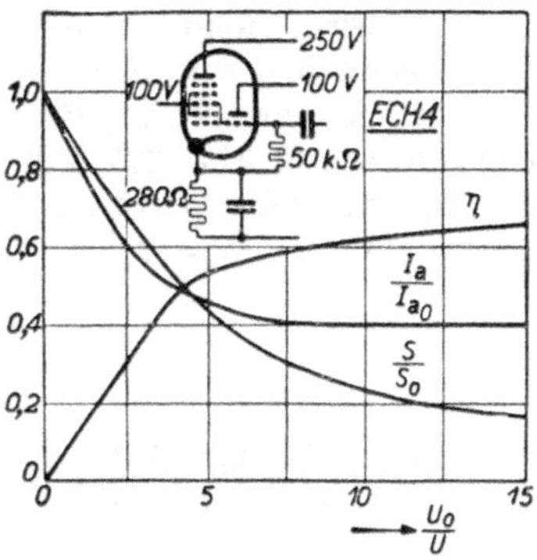

Abb. 298. Die den berechneten Kurven der Abb. 297 entsprechenden Kennlinien wurden für die Triode der Mischröhre ECH 4 gemessen. Die Kennlinien verlaufen analog zu den berechneten Kurven der Abb. 297.

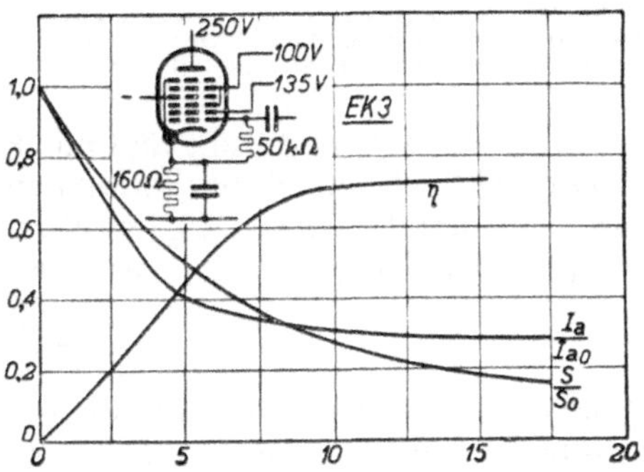

Abb. 299. Wie die Abb. 298, aber für den Schwingteil der Mischröhre EK 3.

Amplitude U_0 die notwendige Steilheit S_0 der Röhrenkennlinie abgelesen werden, damit diese Amplitude bei gegebenem Widerstand $\mathfrak{R}$ und Verhältnis t (Abb. 295) nach Gl. (E 3,1) auch wirklich erzeugt wird.

β) *Eigenschaften verschiedener Schaltungen.*

An Stelle der in Abb. 295 gezeichneten schematischen Schaltung behandeln wir jetzt ausführlicher die praktischen Schwingschaltungen und wählen als erste diejenige der Abb. 300 (Anodenabstimmung). Der Widerstand $\mathfrak{R}$ des Schwingungskreises beträgt:

$$\mathfrak{R} = \frac{(j\omega L_1 + R_1)R}{(j\omega L_1 + R_1)(1 + j\omega RC) + R},$$

während sich für das Teilungsverhältnis t der Ausdruck

$$t = \frac{\mathfrak{U}}{\mathfrak{U}_a} = \frac{j\omega M}{j\omega L_1 + R_1}$$

ergibt. Hierbei ist angenommen, daß durch den Widerstand und Kondensator im Gitterkreis der Abb. 295 keine zusätzliche Phasendrehung entsteht. Die Schwingungsgleichung (E 3,1) schreibt sich demnach:

$$\text{(E 3,5)} \qquad t\mathfrak{R} = \frac{j\omega M R}{(j\omega L_1 + R_1)(1 + j\omega R C) + R} = -\frac{1}{S}\,.$$

Damit der Ausdruck links in Gl. (3,5) reell wird, muß die Gleichung

$$\text{(E 3,6)} \qquad \omega^2 L_1 C = 1 + \frac{R_1}{R}$$

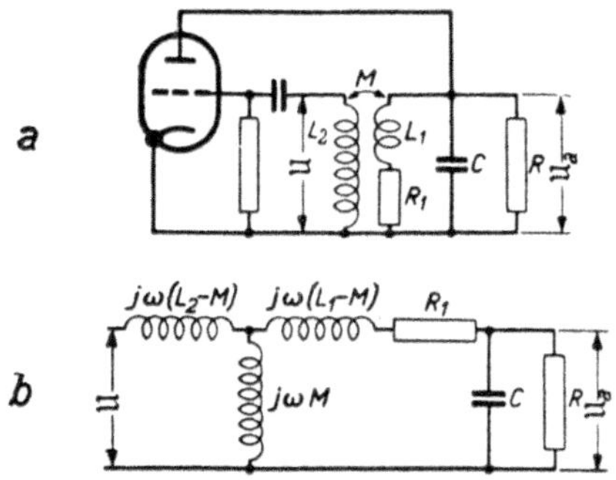

Abb. 300. Schwingschaltung mit abgestimmtem Schwingungskreis in der Anodenleitung (Bild a) und entsprechendes Ersatzschaltbild (Bild b).

erfüllt sein. Hierdurch wird die Schwingungskreisfrequenz festgelegt. Mit Hilfe der Gl. (3,6) schreibt sich (3,5):

$$\text{(E 3,7)} \qquad \frac{SMR}{L_1 + R_1 R C} = -1\,.$$

Die gegenseitige Induktion M soll also negativ sein. Die erzeugte Spannung der Schwingstufe in Abhängigkeit von der Abstimmkapazität C, die in einem Wellenbereich eines Empfängers meistens erheblich verändert wird, folgt unmittelbar aus Gl. (3,7), wenn man die Frequenzabhängigkeit von R und R_1 in Betracht zieht, S aus (3,7) bestimmt und mit Hilfe von Kurven, wie in Abb. 297, 298 und 299 gezeichnet, aus S die Schwingungsamplitude U_0 ermittelt. Wir betrachten zwei Sonderfälle der Gl. (3,7): Wenn der Reihenwiderstand $R_1 = 0$ ist und R frequenzunabhängig, ergibt sich aus (3,7):

$$\frac{SMR}{L_1} = -1$$

und somit eine Schwingungsamplitude, die nicht von C abhängt. Für $R \to \infty$ ergibt sich mit Hilfe der Bezeichnung $Q_1 = \omega L_1 / R_1$ und der Gleichung $\omega^2 L_1 C = 1$:

$$S M Q_1 \omega = -1\,.$$

Die Steilheit S soll damit umgekehrt proportional zur Frequenz sein, und die Schwingungsamplitude wächst mit der Frequenz (Abb. 297, 298 und 299).

Als zweite Schaltung behandeln wir jene der Abb. 301 (Gitterabstimmung). Das Ersatzschaltbild 301b erlaubt, sofort das Verhältnis $t = \mathfrak{U}/\mathfrak{U}_a$ zu berechnen:

$$t = \frac{\mathfrak{U}}{\mathfrak{U}_a} = \frac{\mathfrak{R}_2}{\mathfrak{R}_2 + j\omega(L_2 - M)} \; \frac{\mathfrak{R}_1}{\mathfrak{R}_1 + j\omega(L_1 - M) + R_1}\,,$$

wo $\mathfrak{R}_2$ und $\mathfrak{R}_1$ die komplexen Widerstände der in Abb. 301b gestrichelt umrandeten Schaltungsteile bezeichnen. Der Widerstand $\mathfrak{R}$ der Abb. 295 wird:

$$\mathfrak{R} = \mathfrak{R}_2 + j\omega(L_2 - M)\,,$$

und die Schwingungsgleichung (E 3,1) schreibt sich:

$$\text{(E 3,8)} \qquad \frac{S R j\omega M}{(j\omega L_1 + R_1)(1 + j\omega R C) + R} = -1\,.$$

Die Bedingung, daß der Nenner von (3,8) rein imaginär sein soll, ergibt die Gleichung

$$\omega^2 L_1 C = 1 + \frac{R_1}{R},$$

die genau der Gl. (E 3,6) entspricht und die Schwingungsfrequenz bestimmt. Mit Hilfe dieser Gleichung erhält man aus (3,8):

$$\frac{SRM}{L_1 + R_1 RC} = -1,$$

also eine genau der Gl. (E 3,7) entsprechende Gleichung. Sowohl in bezug auf Schwingungsfrequenz als auch auf Schwingungsamplitude ist es somit vollkommen gleichgültig, ob man Anodenabstimmung (Abb. 300) oder Gitterabstimmung (Abb. 301) anwendet.

Namentlich im Kurzwellenbereich von Empfangsgeräten kann unter Umständen nach dem oben Behandelten eine beträchtliche Frequenzabhängigkeit

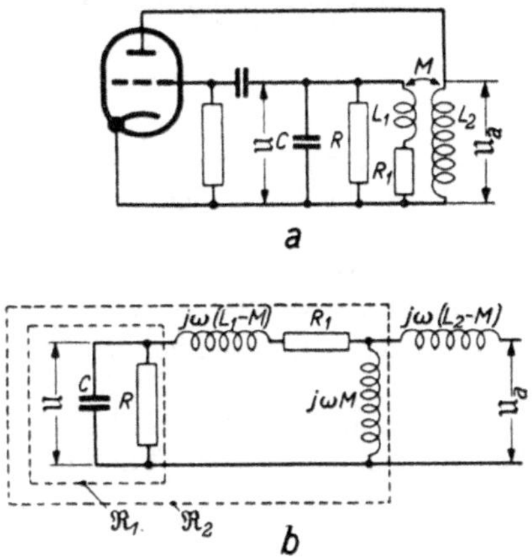

Abb. 301. Schwingschaltung mit abgestimmtem Schwingungskreis in der Gitterzuleitung (Bild *a*) nebst entsprechendem Ersatzschaltbild (Bild *b*).

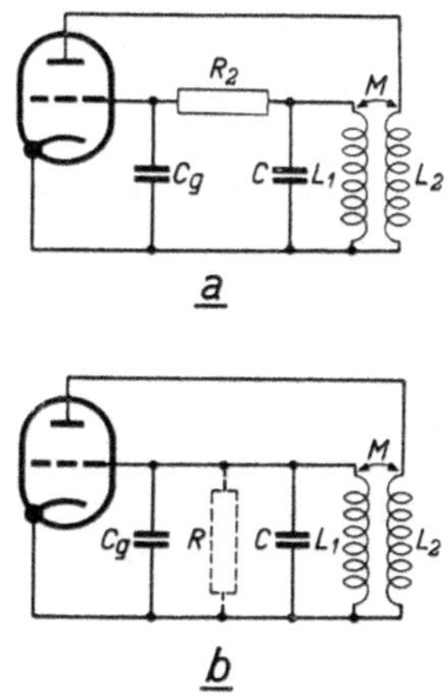

Abb. 302. Bild *a*: Einfügen eines Reihenwiderstandes R_2 zur Verringerung der Frequenzabhängigkeit der Schwingspannung in einem Wellenbereich. Bild *b*: Der Reihenwiderstand R_2 von Bild *a* wird auf einen Parallelwiderstand R (gestrichelt angegeben) umgerechnet.

der Schwingamplitude am Gitter auftreten, welche meistens so verläuft, daß die Amplitude vom Kurzwellenende des Bereichs zum Langwellenende abnimmt. Diese Abnahme kann durch Einschalten eines Reihenwiderstandes in die Gitterleitung verringert werden. Das entsprechende Schaltbild ist in Abb. 302a dargestellt. Es handelt sich darum, das Schaltbild 302a auf 302b umzurechnen, denn letzteres Schaltbild ist mit Abb. 301 im wesentlichen identisch. Es gilt:

$$R = R_2\left(1 + \frac{1}{\omega^2 C_g^2 R_2^2}\right).$$

Für $\omega C_g R_2 \ll 1$ wird also:

$$R = \frac{1}{\omega^2 C_g^2 R_2}.$$

Der Widerstand R nimmt bei wachsender Frequenz stark ab. Hierdurch wird der Frequenzgang der Schwingamplitude, welcher aus Gl. (E 3,7) folgt, zum guten Teil kompensiert. Als Beispiel nehmen wir an, daß der Widerstand $\mathfrak{R}$ des Schwingungskreises sich im betrachteten Wellenbereich von 5 kOhm bis 15 kOhm ändert, bei Frequenzen von 20 bis 60 MHz. Wir sorgen nun dafür, daß R bei der höchsten Frequenz etwa 10 kOhm beträgt. Am Langwellenende des Bereichs ist R dann etwa 100 kOhm, und der Widerstand $\mathfrak{R}$ verläuft nur noch wenig. Für die praktischen Daten $\omega = 10^8$, $C_g = 10^{-11}$ und $R = 10$ kOhm erhält man: $R_2 = 0{,}1$ kOhm. Dieser Wert erscheint also dazu geeignet, die Schwingamplitude praktisch im ganzen Wellenbereich konstant zu halten.

γ) *Einfluß der Röhrenleitwerte und der Anodenspeisung.*

Die bei Schwingschaltungen außer der Steilheit in Betracht kommenden Röhrenleitwerte sind: der Gitterleitwert, der Anodenleitwert (Anodenwiderstand) und die Gitteranodenkapazität. In bezug auf den Gitterleitwert kann nach den Betrachtungen in Abschn. E 1aγ über den Eingangsleitwert einer Diodengleichrichterstufe, denn um eine solche handelt es sich auch hier, verwiesen werden. Zwar handelt es sich meistens bei Schwingschaltungen um kleinere Widerstände R_g als in Abschn. E 1aγ, aber wir können doch, wenigstens angenähert, die dortigen Überlegungen hier anwenden. Wir haben im vorliegenden Fall die Schaltung Abb. 266b vor uns. Wenn wir annehmen, daß die Bedingung $a U_0 \gtrapprox 1$ in Gl. (E 1,7) erfüllt ist, finden wir als Leitwert $\mathfrak{Y}_g$:

$$\mathfrak{Y}_g = \frac{3}{R_g},$$

wo R_g den äußeren Widerstand zwischen Gitter und Kathode bezeichnet (Abb. 295) und $\mathfrak{Y}_g$ der Parallelschaltung des Widerstandes R_g mit der Gitter-Kathodenstrecke entspricht.

Wir kommen zum effektiven Anodenwiderstand (Widerstand der Röhre zwischen Anode und Kathode), der im Schaltbild 300a parallel zu R liegt. Den statischen Anodenwiderstand der Röhre, entsprechend der Steilheit S_0, nennen wir R_{a0}. Wenn μ die Verstärkungszahl der Röhre bedeutet, gilt die Gl. $R_{a0} S_0 = \mu$. Für die effektive Steilheit S im Betriebe als Schwingungserzeuger und den effektiven Anodenwiderstand R_a gilt angenähert ebenfalls $S R_a = \mu$. Folglich wird:

$$\frac{R_a}{R_{a0}} = \frac{S_0}{S}.$$

Da der statische Anodenwiderstand R_{a0} der Röhre als bekannt vorausgesetzt werden kann und das Verhältnis S_0/S ebenfalls bekannt ist (Abb. 297, 298 und 299), kann R_a aus dieser Gleichung berechnet werden. Größenordnungsmäßig ergibt sich, daß R_a etwa gleich 4- bis 5mal R_{a0} wird. Wir können die Schwingungsbedingung (E 3,1) für diesen Anodenwiderstand korrigieren, indem wir R_a zu $\mathfrak{R}$ in Abb. 295 parallelgeschaltet denken. Den Wechselstrom durch $\mathfrak{R}$ nennen wir $\mathfrak{J}$ und finden:

$$\mathfrak{J} = -S\,\mathfrak{U}_g - \frac{\mathfrak{U}_a}{R_a} = -S\left(\mathfrak{U}_g + \frac{\mathfrak{U}_a}{\mu}\right) = -S\,\mathfrak{U}_g\left(1 + \frac{1}{\mu t}\right).$$

Folglich lautet die korrigierte Schwingungsgleichung (E 3,1):

$$t S \mathfrak{R}\left(1 + \frac{1}{\mu t}\right) = -1. \qquad \text{(E 3,9)}$$

Aus dieser Gl. (3,9) ist zu ersehen, daß t nicht beliebig verringert werden kann. Vielmehr darf μt nicht gleich 1 werden, da dann der Klammerausdruck verschwinden würde (t hat ja ein negatives Vorzeichen).

Als nächsten Röhrenleitwert betrachten wir die Gittereingangskapazität C_e. Diese bildet zusammen mit der Kapazität C_g einen Spannungsteiler (Abb. 303). Hierdurch wird:

$$\mathfrak{U}_e = \frac{C_g}{C_e + C_g}\,\mathfrak{U}_g,$$

und an die Stelle der oben verwendeten Größe t ist eine neue Größe t' zu setzen, wo $t' = tC_g/(C_e + C_g)$ ist. Da die Größe von C_g nicht immer beliebig gesteigert werden kann (vgl. E 3a δ), kann hierdurch eine Erschwerung der Schwingungsbedingungen eintreten.

Endlich behandeln wir die Steuergitteranodenkapazität C_{ag}, die wir in den vorhergehenden Berechnungen ebenfalls vernachlässigt haben (vgl. Abschn. E 3a α). Auch durch diese Kapazität entsteht eine Spannungsteilung (Abb. 304). Eine einfache Rechnung ergibt (Abb. 304):

$$t' = \frac{\mathfrak{U}_g}{\mathfrak{U}_a} = t\frac{C_v}{C_g + C_{ag}} + \frac{C_{ag}}{C_g + C_{ag}}. \qquad \text{(E 3,10)}$$

Diese Größe t' muß an die Stelle von t gesetzt werden, wenn in den obigen Formeln der Einfluß von C_{ag} angenähert berücksichtigt werden soll.

In den obigen Schaltungen (Abb. 295 bis 304) wurde angenommen, daß der Anodengleichstrom durch die Anodenspule fließt. Wenn aus bestimmten Grün-

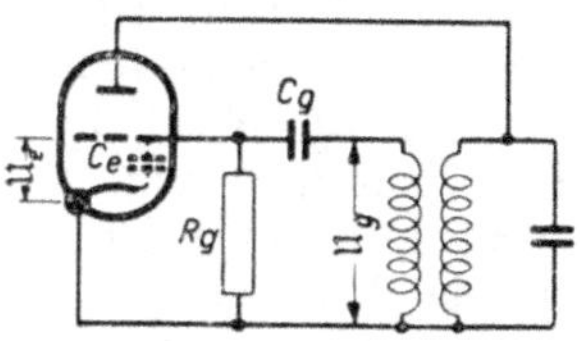

Abb. 303. Zur Berücksichtigung der Gittereingangskapazität C_e in einer Schwingstufe.

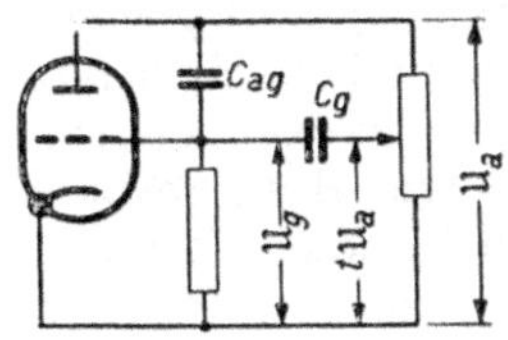

Abb. 304. Zur Berücksichtigung der Gitteranodenkapazität C_{ag} in einer Schwingstufe.

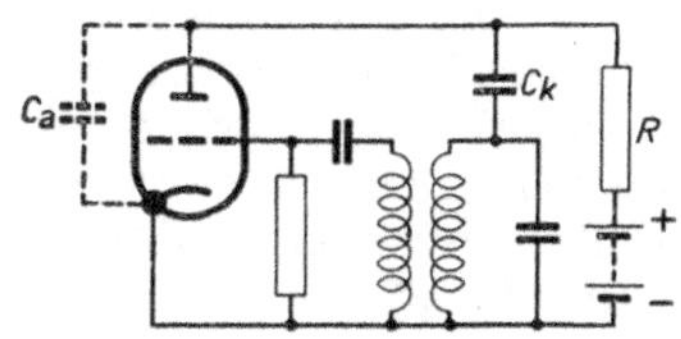

Abb. 305. Speisung der Anode über einen Widerstand R unter Benutzung eines Kondensators C_k zur Ankopplung des Schwingungskreises an die Anode.

den (z. B. damit der Drehkondensator keiner Gleichspannung ausgesetzt wird) die Anodenspeisung über einen getrennten Widerstand stattfinden soll, gelangen wir zum Schaltbild 305. Wenn der Kondensator C_k sehr groß ist, unterscheidet sich dieses Schaltbild praktisch nicht von Abb. 300a. Wenn aber C_k im Vergleich zu den übrigen Schaltungsteilen einen beträchtlichen Wechselstromwiderstand aufweist, entsteht eine Spannungsteilung, die eine Änderung der Schwingungsamplitude am Gitter verursacht. Diese Verhältnisse gehen aus dem Beispiel in Abb. 306 hervor, wo der Gitterstrom (als Maß für die Schwingungsamplitude) der Röhre von Abb. 299 (mit $R_g = 50$ kOhm) als Funktion von C_k für verschiedene Frequenzen im Mittelwellenbereich eines Rundfunkgerätes gemessen ist. Offenbar gibt es einen Wertebereich von C_k, in dem nur eine sehr geringe Frequenzabhängigkeit der Schwingungsamplitude auftritt ($C_k = 60$ bis 80 pF), und diese C_k-Werte erscheinen aus diesem Grunde empfehlenswert.

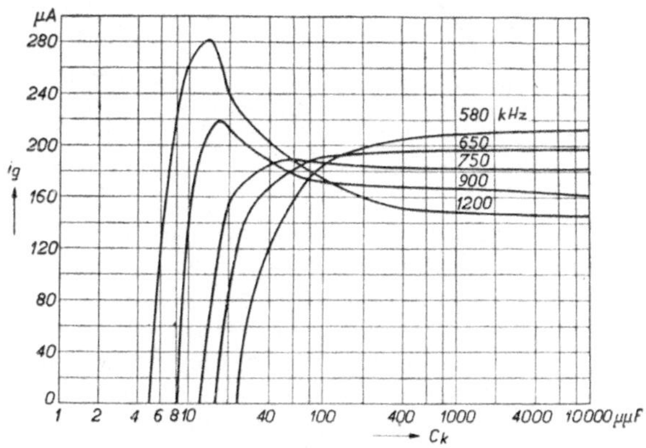

Abb. 306. Einfluß der Kapazität C_k (Abb. 305) auf die Schwingamplitude, wo als Maß für letztere der Gittergleichstrom (vertikal) bei einem Gitterwiderstand R_g von 50 kOhm gewählt wurde. Es gibt einen bestimmten C_k-Wert, für den die Schwingamplitude im Wellenbereich der Schwingstufe möglichst konstant ist (etwa 80 pF).

δ) *Überschwingen.*

Wir haben in Abschn. E 3a α in bezug auf die Gittervorspannung U_1 der Schwingröhre die Annahme gemacht, daß die Schwingungsamplitude angenähert bis $U_g = 0$ reicht. Das Verhältnis der Schwingungsamplitude U_0 am Gitter zur Gittervorspannung U_1 ist wesentlich durch die Gleichrichtung der Schwingspannung am Gitter bedingt (vgl. Abschn. A 4aα). Bei der Verfolgung dieser Beziehungen setzen wir voraus, daß es sich um eine Pentode handelt, deren Gitteranodenkapazität so gering und deren Anodenwiderstand so groß ist, daß ihr Einfluß auf die Schwingungsvorgänge vernachlässigt werden kann. Die in Abschn. E 3aα gemachte Voraussetzung ($U_0 = U_1$, vgl. Abb. 296) ist als Näherung zu betrachten, die wir jetzt fallen lassen.

Als Ausgangsschaltung wählen wir Abb. 295 mit sehr großen Werten von C_g und R_g. Wir denken die Anodengleichspannung der Röhre zu einer bestimmten Zeit eingeschaltet. Infolge der Elektronenwärmebewegungen entstehen winzige Schwankungsspannungen zwischen Steuergitter und Kathode der Röhre, welche verstärkt auf den Kreis $\mathfrak{R}$ (Abb. 295) gelangen, sofern ihre Frequenzen in der unmittelbaren Umgebung der Abstimmfrequenz dieses Kreises liegen. Das Gitter der Röhre hat noch die Vorspannung Null gegen die Kathode. Die effektive Steilheit ist in diesem Betriebszustand beträchtlich und die Schwingungen schaukeln sich rasch hoch in einer Zeit, die vergleichbar ist mit dem L/R-Wert der im Schwingungskreis $\mathfrak{R}$ verwendeten Abstimmspule (L Selbstinduktion und R Reihenwirkwiderstand dieser Spule). Diesen Vorgang werden wir in Abschn. G3cα und Abb. 337 ausführlich betrachten. Die Zeit, welche für die Erzeugung der dieser aufgeschaukelten Schwingungsamplitude entsprechenden negativen Gittervorspannung erforderlich ist, hat die Größenordnung $R_g C_g$, von der wir voraussetzen, daß sie bedeutend größer ist als L/R. Allmählich wächst die negative Gittervorspannung, und es kann nun der Zustand eintreten, daß die effektive Steilheit (Abb. 297), welche dieser Gittervorspannung entspricht, geringer ist, als für die Erfüllung der Schwingungsgleichung (E 3,1) bei der vorliegenden hochgeschaukelten Amplitude notwendig wäre. Die Schwingungsamplitude nimmt dann wieder ab. Die negative Gittervorspannung kommt wieder nicht so rasch mit, d. h. sie bleibt zunächst größer, als der neuen, kleineren Schwingspannung entsprechen würde. Die Schwingspannung nimmt daher bis auf einen zu kleinen Wert ab. Ein Oszillogramm eines solchen Schwingungsvorganges ist in Abb. 307 wiedergegeben. Dieser Vorgang: Anfachung und Abnahme der Schwingung, wiederholt sich. Die ganze Erscheinung wird als „Überschwingen" bezeichnet. In Empfangsgeräten werden die Vorgänge z. B. beim Einschalten des Gerätes noch komplizierter als oben angedeutet, weil die Speisespannungen der Röhre auch mit einer gewissen Verzögerung bis zu den vollen Betriebswerten ansteigen, weil Frequenzverwerfungen während der ersten Betriebszeit auftreten können und weil die Schwingschaltungen oft komplizierter sind als oben gemäß Abb. 295 vorausgesetzt (z. B. automatische Frequenzregelung).

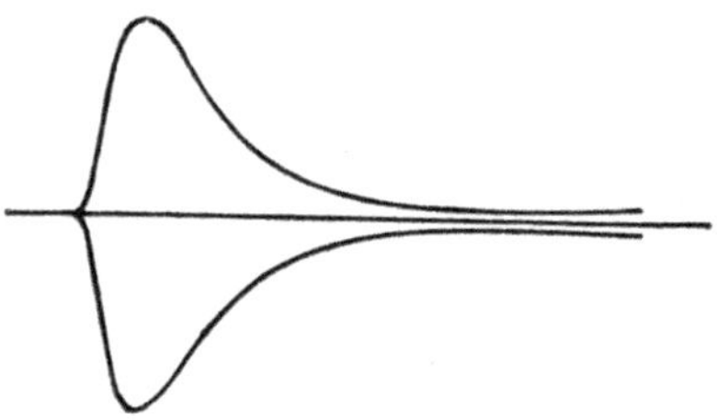

Abb. 307. Oszillogramm des Aufschaukelns und Verschwindens eines Schwingungsvorganges beim Überschwingen. Es ist die Umhüllende der Schwingungsamplituden gezeichnet.

Das Überschwingen wird gefördert durch ein großes Produkt $R_g C_g$, durch eine geringe Gitterstromdämpfung (Abschn. E 3aγ), durch einen kleinen L/R-Wert und durch eine große Rückkopplung vom Anoden- zum Gitterkreis. Überschwingungen treten in Kurzwellenbereichen von Empfängern häufiger auf als bei längeren Wellen. In Kurzwellenbereichen hat $\omega L/R$ (Kreisgüte) etwa den gleichen Wert wie für längere Wellen, folglich ist L/R bedeutend kleiner als für Langwellenkreise. Wenn R_g und C_g in allen Wellenbereichen gleich sind, wird das Produkt $R_g C_g$ größer in bezug auf L/R für Kurzwellenbereiche als für längere Wellen. Auch die Rückkopplung ist in Kurzwellenbereichen meistens größer.

Diese Erörterung zeigt auch bereits die Mittel zur Vorbeugung des Überschwingens: 1. Verringerung von R_g und C_g. Hiermit kann aber nicht zu weit gegangen werden, wie die Überlegungen der Abschn. E 3a α und β zeigen. 2. Vergrößerung der Gitterstromdämpfung. Diese wird dadurch erreicht, daß man den Innenwiderstand (vgl. Abschn. A 4b α) der Diodenstrecke, welche vom Gitter und von der Kathode gebildet wird, verringert. Hierzu haben neuzeitliche Schwingtrioden für Empfangsgeräte eine zusätzliche Diode parallel zum Gitter geschaltet, indem ein Teil des Gitters als Blech (Diodenanode) gestaltet ist (Abb. 308). 3. Vergrößerung von L/R führt zu einer größeren Aufschaukelzeit der Schwingungsanfachung, wodurch die dem Produkt $R_g C_g$ entsprechende Zeit, welche zur Erzeugung der negativen Gittervorspannung erforderlich ist, nicht mehr groß in bezug auf die Aufschaukelzeit ist. Zur Vergrößerung von L/R sind verlustfreiere Spulen notwendig. Folglich ist diese Vergrößerung beschränkt. Auch die Verringerung der Rückkopplung als viertes Mittel kann meistens nur in beschränktem Umfang angewandt werden.

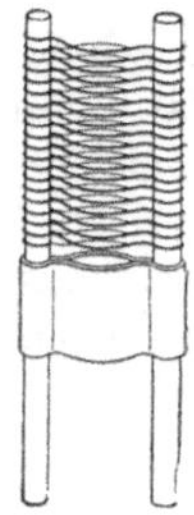

Abb. 308. Verringerung des inneren Widerstandes der Kathodengitterstrecke einer Schwingröhre durch Gestaltung eines Teiles d. Gitterfläche als Diode.

Schrifttum: 97, 120, 152, 171, 173, 176, 218, 248, 259, 354, 369.

b) Gleichlauf, Frequenzverwerfung.

In Überlagerungsstufen von Empfangsgeräten tritt die Aufgabe hervor, mit der Schwingröhre eine Frequenz zu erzeugen, die in einem größeren Wellenbereich eine bestimmte Differenz gegenüber der Abstimmfrequenz des Eingangskreises der Stufe aufweist. Diese gegenseitige Einstellung der Abstimmungen von Eingangs- und Schwingungskreis pflegt man als „Gleichlauf" zu bezeichnen. Wenn die Schwingröhre ihre Frequenz in unerwünschter Weise ändert, so pflegt man diese Änderung als „Frequenzverwerfung" zu bezeichnen.

α) *Formulierung der Gleichlaufaufgabe.*

Der Eingangskreis der Überlagerungsstufe soll die Selbstinduktion L und die Abstimmkapazität C haben, die zusammen auf die Eingangskreisfrequenz ω_i abgestimmt sind: $\omega_i^2 LC = 1$. Für den Kreis der Schwingstufe setzen wir den gleichen veränderlichen Abstimmkondensator C voraus (vgl. Abschn. B 2b α und β) wie für den Eingangskreis (Abb. 309). Wir haben weiter im Kreis der Schwingstufe einen zusätzlichen festen Kondensator C_s („Gleichlaufkondensator") in Reihe mit C und einen Feinabstimmkondensator (Abschn. B 2b γ) C_f parallel zur Spule vorgesehen. Die Selbstinduktion dieses Kreises soll aL betragen. Gegenüber dem Eingangskreis haben wir also im Schwingstufenkreis drei wählbare Größen: a, C_s und C_f. Wir schließen uns mit dieser Anordnung der im Rundfunkgerätebau allgemein üblichen Praxis an. Die Wahl dieser drei Größen soll nun derart erfolgen, daß in einem ganzen vorgelegten Wellenbereich die Abstimmkreisfrequenz ω_h der Schwingstufe sich möglichst genau um den Betrag der Zwischenkreisfrequenz ω_0 von der Abstimmkreisfrequenz ω_i des Eingangskreises beim gleichen C-Wert unterscheidet.

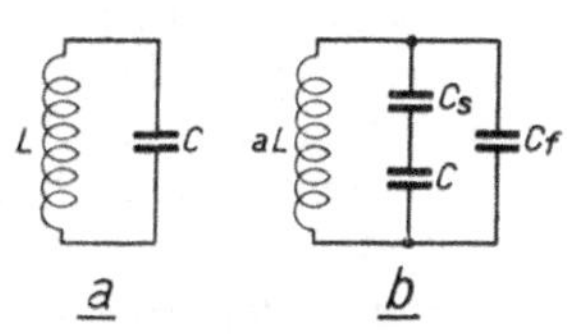

Abb. 309. Eingangskreis (Bild *a*) und Schwingstufenkreis (Bild *b*) eines Empfängers.

Es ist allgemein üblich, die Oszillatorfrequenz *höher* als die Abstimmfrequenz des Eingangskreises zu wählen. Hierdurch erreicht man für den Oszillator einen kleineren Wellenbereich als für den Eingangskreis. Beispiel: Eingangsfrequenz 0,5 bis 1,5 MHz, Zwischenfrequenz 0,5 MHz, Oszillatorfrequenz 1,0 bis 2,0 MHz, also nur 1 : 2, während der Eingangsbereich 1 : 3 beträgt. Im Kurzwellengebiet ist dieser Grund außer bei sehr hoher Zwischenfrequenz weniger maßgebend.

Eine exakte Erfüllung der genannten Bedingung ist offenbar nicht möglich. Vielmehr ist vorauszusagen, daß die Gleichung $\omega_h - \omega_i = \omega_0$ nur für *drei* verschiedene Kreisfrequenzen ω_i (und somit ω_h) im vorgelegten Wellenbereich durch Wahl von a, C_f und C_s erfüllt werden kann. Nach dieser Erkenntnis tritt sogleich die Frage hervor: Wie legen wir diese drei Abgleichfrequenzen im vorgelegten Frequenzbereich? Die Antwort wird in den meisten Fällen lauten: Die Abweichung der Schwingstufenabstimmfrequenz vom richtigen, durch die Gleichung $\omega_h - \omega_i = \omega_0$ gegebenen Wert soll überall im vorgelegten Frequenzgebiet möglichst klein sein. Man kann leicht zeigen, daß der genannte Frequenzfehler im gegebenen Frequenzbereich durch eine Kurve, wie in Abb. 310 gezeichnet, dargestellt wird, d. h. angenähert durch eine Kurve dritten Grades. Der gegebene Frequenzbereich verläuft in dieser Abbildung von $x = -1$ bis $x = 1$, und der Frequenzfehler wird durch y dargestellt. Wir wollen nun die Abgleichpunkte x_1, x_2 und x_3 so wählen, daß die größten absoluten Werte von y im Bereich $-1 \leqq x \leqq 1$ möglichst gering sind. Diese mathematische Aufgabe wurde von Tchebycheff gelöst. Hierbei ergab sich, daß die Höchstwerte von $|y|$ an den Enden des Bereichs und im Maximum sowie im Minimum der Kurve auftreten und daß diese Werte möglichst klein sind, wenn sie alle vier gleich groß gewählt werden. Die Kurve 3. Grades wird dann durch die Formel

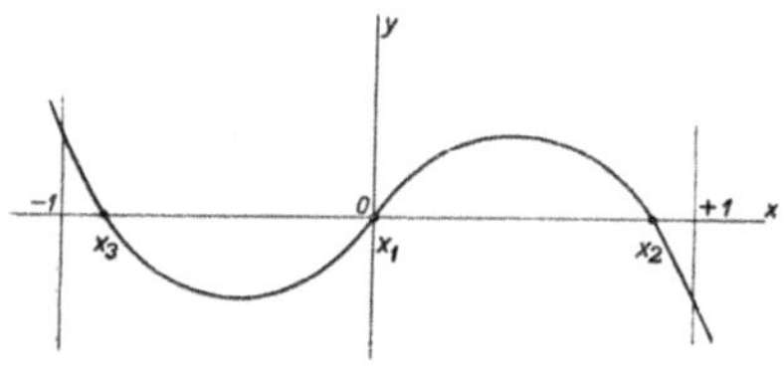

Abb. 310. Darstellung der Fehlerkurve $y = x^3 - 3x/4$ bei der Gleichlaufaufgabe

(E 3, 11) $$y = x^3 - \tfrac{3}{4} x$$

dargestellt, und diese Kurve ist in Abb. 310 gezeichnet. Die drei Abgleichpunkte liegen bei $x_1 = 0$, $x_2 = \sqrt{3/4}$ und $x_3 = -\sqrt{3/4}$. Wenn wir zwei dieser Abgleichpunkte näher zusammenrücken, wird der zwischen ihnen liegende Höchstwert von $|y|$ geringer, aber dafür werden andere Höchstwerte von $|y|$ größer. Wenn aber besondere Erwägungen dazu führen, daß man den Gleichlauf in einem Teil des vorgelegten Frequenzbereichs besonders genau wünscht, so kann eine entsprechende Änderung der Abgleichpunkte vorgenommen werden.

Für einen Frequenzbereich, der sich von f_A bis f_B erstreckt, ist also ein Abgleichpunkt der Frequenz $f_1 = (f_A + f_B)/2$ entsprechend zu wählen und die anderen beiden Abgleichpunkte f_2 und f_3 in einem Frequenzabstand $(f_A - f_B)\sqrt{3/16}$ unter und über der Frequenz f_1.

Schrifttum: 104, 120, 147, 280, 287, 288, 301.

β) *Praktische Gleichlaufkurven.*

Die Abstimmkreisfrequenz des Eingangskreises genügt der Gleichung $\omega_i^2 L C = 1$, jene des Schwingungskreises der Gleichung:

(E 3, 12) $$\omega_h^2 \, a L \left(C_f + \frac{C C_s}{C + C_s} \right) = 1 .$$

Wir nennen das Verhältnis ω_i^2/ω_h^2 für $\omega_i = 2\pi f_1$ (erste Abgleichkreisfrequenz) M_1, für $\omega_i = 2\pi f_2$ sei es gleich M_2 und für $\omega_i = 2\pi f_3$ gleich M_3. Die entsprechenden Werte von C seien C_1, C_2 und C_3. Dann ergeben sich die Gleichungen:

$$\text{(E 3,13)}\quad \begin{cases} M_1 C_1^2 + M_1 C_s C_1 - a C_f C_1 - a C_f C_s - a C_1 C_s = 0; \\ M_2 C_2^2 + M_2 C_s C_2 - a C_f C_2 - a C_f C_s - a C_2 C_s = 0; \\ M_3 C_3^2 + M_3 C_s C_3 - a C_f C_3 - a C_f C_s - a C_3 C_s = 0. \end{cases}$$

Hieraus lassen sich die Werte von C_s, a und C_f bestimmen. Nach einiger Rechnung ergibt sich aus (3,13):

$$\text{(E 3,14)}\quad \begin{cases} C_s = \dfrac{C_1^2 M_1 (C_3 - C_2) + C_2^2 M_2 (C_1 - C_3) + C_3^2 M_3 (C_2 - C_1)}{C_1 M_1 (C_2 - C_3) + C_2 M_2 (C_3 - C_1) + C_3 M_3 (C \;\; - C_2)}; \\ a = \dfrac{(C_2 + C_s)(C_3 + C_s)(C_2 M_2 - C_3 M_3)}{C_s^2 (C_2 - C_3)}; \\ C_f = \dfrac{M_3 C_3^2 + M_3 C_3 C_s - a C_3 C_s}{a C_3 + a C_s}. \end{cases}$$

Damit die Ergebnisse der numerischen Rechnung genügend genau werden, soll mit einer mindestens fünfstelligen Logarithmentafel oder mit einer entsprechenden Rechenmaschine gerechnet werden. Als Beispiel wählen wir einen Bereich von 550 bis 1500 kHz und eine Abstimmkapazität von 400 pF bei der niedrigsten Frequenz (550 kHz). Die Abgleichpunkte sollen bei 600, 1000 und 1400 kHz liegen. Dann ergeben sich für verschiedene Zwischenfrequenzen $\omega_0/2\pi$ nebenstehende Zahlen. Kapazitäten, z. B. Drehkondensatoren, die mit der obigen Genauigkeit eingestellt werden können, gibt es nicht. Man kann aber diese Genauigkeit in einem vorliegenden Gerät dadurch erreichen, daß mit Hilfe von Feinabstimmkondensatoren (Abschn. B 2bγ) die gegenseitige Abgleichung beider Kreise für drei bestimmte Frequenzen (von einem Hilfssender erzeugt) exakt durchgeführt wird. Die entsprechenden Gleichlaufkurven für $\omega_0/2\pi = 40$, 175 und 3000 kHz sind in Abb. 311 dargestellt. Obwohl die Abgleichpunkte nicht genau den im vorigen Abschnitt α empfohlenen Stellen entsprechen, sind die Gleichlaufkurven doch ziemlich günstig. Die Frequenzfehler der Gleichlaufkurve sind offenbar um so kleiner, je niedriger die Zwischenfrequenz ist.

$\frac{\omega_0}{2\pi}$ (kHz)	C_s (pF)	a	C_f (pF)
40	4638,27	0,938926	1,22449
110	1706,15	0,845167	3,21078
175	1084,44	0,770416	4,90399
265	727,625	0,682466	7,04875
520	388,537	0,501305	12,2054
1000	220,462	0,309061	19,7324
3000	101,042	0,078401	41,3971

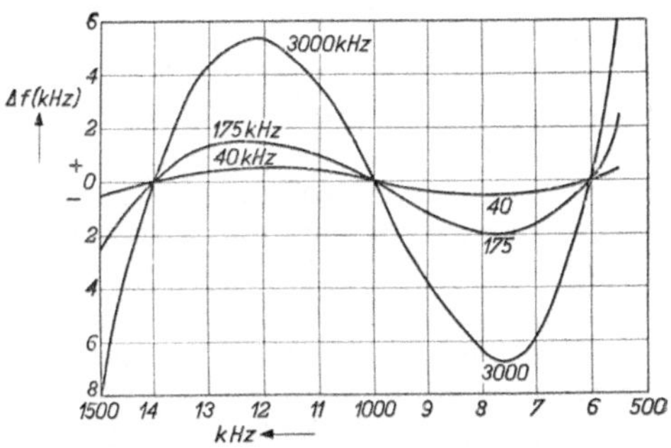

Abb. 311. Berechnete Gleichlaufkurven in einem Frequenzbereich 550—1500 kHz für die Zwischenfrequenzen 40, 175 u. 3000 kHz. Vertikal: Abstimmfehler Δf in kHz. Horizontal: Abstimmfrequenz (kHz).

Jeder andere Wellenbereich kann in entsprechender Weise behandelt werden. In praktischen Fällen treten bei der Herstellung von Geräten auch bei möglichst genauer Einhaltung der berechneten Werte noch zusätzliche Abweichungen der Gleichlaufkurve auf als Folge von unvermeidlichen Streuwerten der benutzten Kapazitäten und Selbstinduktionsspulen, von Meßfehlern und von Abweichungen der wirklichen Kreise vom einfachen Fall der Abb. 309. Solche zusätzlichen Abweichungen können nur im Gerät selber am Meßplatz abgeglichen werden.

Von verschiedener Seite sind graphische Verfahren ausgearbeitet worden, welche die oben erörterten Rechenoperationen mit einer oft ausreichenden Genauigkeit bei bedeutender Zeitersparnis auszuführen gestatten.

Schrifttum: **104, 120, 147, 280, 287, 288, 301.**

γ) *Frequenzverwerfung.*

Unter dem Namen „Frequenzverwerfung" fassen wir alle unbeabsichtigten Änderungen der Frequenz einer Schwingstufe zusammen. Eine erste Ursache für Frequenzverwerfung liegt in Speisespannungsänderungen. Wenn die Anodenspannung sich ändert, so ändern sich die Steilheit, der Anodenstrom, die Schwingamplitude, die negative Vorspannung und der Gitterstrom. Hierdurch werden Änderungen der Kapazität und des Widerstandes zwischen Steuergitter und Kathode und des Anodenwiderstandes verursacht, die unmittelbar die Schwingungsfrequenz beeinflussen [z. B. Gl. (E 3,6)]. Die Änderungen des Gitterleitwertes sind meistens größer als jene des Anodenleitwertes. Folglich kann eine weniger feste Kopplung des Schwingungskreises mit dem Steuergitter, also Verlegen des Schwingungskreises zum Anodenkreis der Röhre als Mittel zur Verringerung dieser Frequenzverwerfung angeführt werden (Schaltbild 300). Hierdurch kann die Verwerfung z. B. bei 5% Speisespannungsänderung und 30 MHz Schwingungsfrequenz auf wenige kHz herabgedrückt werden.

Eine zweite Ursache für Frequenzverwerfung hängt mit der Regelung der Überlagerungssteilheit der zugehörigen Mischröhre zusammen. Infolge dieser Regelung können am Oszillatorgitter der Mischröhre Leitwertsänderungen auftreten, die zu einer Verwerfung führen. Solche Leitwertsänderungen können bei genügender Abschirmung des Oszillatorgitters vom Eingangsgitter der Röhre, sowohl in bezug auf statische Kapazität als auch auf Elektronenkopplung, stark verringert werden. Als Beispiel verweisen wir nach Abb. 287, die eine derartige Abschirmung zeigt. Bei Heptoden (Abb. 290) ist diese Abschirmung meistens weniger effektiv. Die heutigen Mehrgittermischröhren zeigen infolge dieser Ursache Verwerfungen von z. B. 10 kHz bis 30 MHz in normalen Rundfunkgeräteschaltungen.

Da beide obengenannten Ursachen im Gebiet kürzester Wellen zu den stärksten Verwerfungen führen und weil hier die Kapazitätsänderungen parallel zum Schwingungskreis überwiegen, kann außer Verringerung des Kopplungsgrades zwischen dem Schwingungskreis und der sich ändernden Kapazität auch Vergrößerung der Schwingungskapazität als Mittel zur Herabsetzung der Verwerfung benutzt werden. Freilich wird hierdurch der Abstimmwiderstand dieses Kreises verringert und somit die Schwingungsanfachung erschwert.

Eine besonders wichtige Rolle spielen im Kurzwellengebiet die Frequenzverwerfungen infolge von Temperaturänderungen der Schwingröhre. Als Beispiel führen wir einige Messungen für eine Oktode an (Abb. 312). Die nach Einschalten stattfindende allmähliche Erwärmung der ganzen Röhre muß nach diesen Messungen als Ursache der auftretenden Frequenzverwerfung betrachtet werden. Der Schwingungskreis ist im benutzten Gerät zwischen der Kathode und dem Gitter *1* der Oktode geschaltet. Die gemessene Frequenzverwerfung von etwa 5 kHz kann als Kapazitätsänderung dieses Kreises gedeutet werden. Unter der Annahme einer Gesamtschwingkreiskapazität von 75 pF bei 20 m Wellenlänge beträgt diese Kapazitätsänderung zwischen Gitter *1* und der Kathode etwa $5 \cdot 10^{-2}$ pF. Als Ursache hierfür kommt die Änderung der dielektrischen Konstante des Glases im Quetschfuß der Röhre in Betracht. Wenn man als

Kapazität zwischen den Zuleitungen nach Gitter *1* und der Kathode im Quetschfuß etwa 1 pF annimmt, müßte die dielektrische Konstante sich um etwa 5% ändern. Bei einer Endtemperatur von 200° C für den Quetschfuß ist diese Größenordnung für die verwendete Glassorte richtig.

Außer Änderungen der Kapazitäten der verwendeten Röhren infolge von Erwärmung müssen auch Änderungen von Kapazitäten und Selbstinduktionen in der Schaltung im Gerät durch Temperaturänderungen während des Betriebes in Betracht gezogen werden. Je kürzer die Wellenlänge, desto beträchtlicher werden die Frequenzverwerfungen. Man hat neuerdings Kurzwellenempfangsgeräte hergestellt, wobei ein kleiner Wellenbereich (z. B. 30 bis 31,5 m) auf einem großen Teil der ganzen Wellenskala auseinandergezogen ist (vgl. Abschn. H 3c). Hierbei sind dann die einzelnen Kurzwellensender durch Striche auf dieser Skala angegeben. Die genannten Frequenzverwerfungen würden eine völlig falsche Markierung auf dieser Skala zur Folge haben. Durch Verwendung von Kompensationskondensatoren (Abschn. B 2a δ) mit bekanntem Temperaturgang können diese Verwerfungen stark herabgedrückt werden.

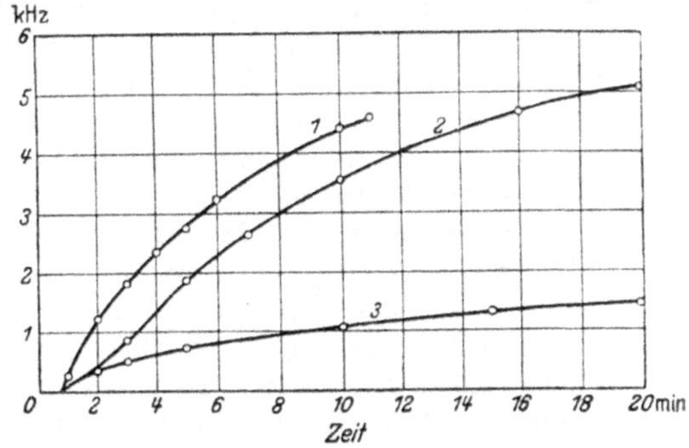

Abb. 312. Frequenzverwerfung bei der Oktode AK 2 als Folge von Temperaturänderungen der Röhre im Empfangsgerät. Vertikal: Frequenzverwerfung in kHz. Horizontal: Zeit in Minuten nach dem Einschalten der Röhre. Kurve *1* bei einer Abstimmwellenlänge des Gerätes von 19,7 m. Kurve *3* bei einer Abstimmwellenlänge von 200 m. Bei diesen beiden Kurven war das Gerät zur Zeit Null (horizontale Skala) nebst Röhren kalt und wurde dann der Netzschalter betätigt. Bei der Kurve *2* wurde das Gerät 60 Min. vor der Zeit Null der Abbildung eingeschaltet. Zur Zeit Null wurde die im Gerät befindliche Oktode durch eine kalte Oktode ersetzt (Wellenlänge 19,7 m). Ein Vergleich der Kurven *1* und *2* zeigt, daß die Frequenzverwerfung in diesem Fall im wesentlichen von der Oktode AK 2 und nicht von anderen Ursachen herrührt.

Besonders schwer zu erfüllende Bedingungen in bezug auf Frequenzverwerfung treten bei Flugzeugempfängern auf, namentlich im Kurzwellengebiet. Luftdruckänderungen zwischen dem Meeresspiegel und 12 km Höhe sowie Temperaturänderungen zwischen +40° und —40° C dürfen keine unzulässigen Frequenzänderungen erzeugen. Die Hilfsmittel zur Lösung dieser Aufgaben haben wir im wesentlichen oben genannt. Sie werden durch geeigneten Bau der Geräte unterstützt.

Schrifttum: 191, 200, 354.

4. Praktische Verwendung und Vergleich der verschiedenen Überlagerungsstufen.

a) Diodenüberlagerungsstufen.

α) *Grundsätzliche Wahl der Betriebsdaten.*

Aus Abb. 278 gehen die Daten hervor, welche für eine möglichst hohe Ausgangswechselspannung maßgebend sind. Der Abstimmwiderstand R_0 des Zwischenfrequenzkreises, von der Diode aus gesehen, soll mehr als das Hundertfache des Innenwiderstandes R der benutzten Diode betragen. Als Beispiel erwähnen wir $R = 500$ Ohm. Dann soll R_0 also mehr als etwa 50 kOhm betragen. In diesem Fall tritt eine Verstärkung V (Zwischenfrequenzausgangsspannung über R_0 dividiert durch Hochfrequenzeingangsspannung) größer als etwa 0,9 auf. Wenn diese Bedingung erfüllt ist, ist für die Verstärkung die Wahl des Verhältnisses von R_g (Ableitwiderstand) zu R nicht kritisch. Aus Abb. 278 ($m = 1$) geht hervor, daß Verhältnisse zwischen 20 und 1000 etwa dieselbe Verstärkung ergeben. Für den Eingangsleitwert $\mathfrak{Y}_i$ und den Ausgangsleitwert $\mathfrak{Y}_0$ ist die Wahl des Verhältnisses R_g/R von größerer Bedeutung, wie Gl. (E 2,5a), (E 2,5b), (E 2,6) und Abb. 277 zeigen. Je größer dieses Verhältnis, um so kleiner der betreffende Leitwert, und zwar für alle betrachteten Werte des Verhältnisses R_0/R bzw. R_i/R. Ein solcher geringer Leitwert ist erstrebenswert wegen der geringen Dämpfung des Eingangskreises und des Ausgangskreises durch die Diodenschaltung, welche die Trennschärfe der betreffenden Kreise (Bandbreite) dann wenig beeinflußt. Wir weisen aber darauf hin, daß für sehr große R_g/R-Werte (z. B. 1000) unsere Berechnungsergebnisse des Abschn. E 2a nicht mehr ohne weiteres auf wirkliche Diodenmischstufen anwendbar sind, weil wir dann nicht mehr im geradlinigen Teil der statischen Diodenkennlinie, sondern auch im Anlaufstromgebiet (Exponentialteil der Kennlinie) arbeiten. Qualitativ bleiben die Schlüsse aber richtig. Da sämtliche Verzerrungs- und Störungseffekte (Abschnitt E 2aγ und δ) bei wachsender Oszillatoramplitude U_h abnehmen, ist es günstig, diese z. B. gleich 10 V oder sogar noch höher zu wählen, damit die betreffenden Effekte gering bleiben. Diese Verzerrungen sind im Anlaufstromgebiet größer. Schließlich bemerken wir, daß die Kapazität C (Abb. 276a) so gewählt werden soll, daß $\omega_i C R_g \gg 1$, $\omega_h C R_g \gg 1$, $\omega_0 C R_g \gg 1$ und $p C R_g \ll 1$, wo p die höchste niederfrequente Modulationskreisfrequenz des Eingangs- sowie des Ausgangssignals darstellt.

β) Praktische Wahl der Betriebsdaten und Verwendung in Empfängern.

Wir betrachten jetzt eine Diodenmischstufe zwischen einer Wechselspannungsquelle und einer Verstärkerröhre (Abb. 313a). Die Wechselstromwiderstände R_i und R_e der Abb. 313a stellen Schwingungskreise dar, die auf die Eingangskreisfrequenz ω_i und auf die Ausgangskreisfrequenz ω_0 abgestimmt sind. Die Anzapfungen dieser Kreise sollen andeuten, daß in der angegebenen Weise herab- oder hinauftransformiert wird, wobei wir ideale Transformation (keine Streuung) voraussetzen. Es ist unsere Aufgabe, bei gegebener Wechselspannung $\mathfrak{U}$ der Spannungsquelle (Kreisfrequenz ω_i) eine möglichst hohe Wechselspannung $\mathfrak{U}_e$ (Kreisfrequenz ω_0) zu erzeugen (Verstärkungsbedingung). Hierzu können wir die Abstimmwiderstände R_i und R_e sowie die Transformationsverhältnisse t_e, t_d und t_0 wählen. Bei günstiger Wahl von R_g (vgl. oben) ergibt sich zunächst, daß $t_d = 1$ sein soll, damit eine möglichst hohe Eingangswechselspannung auf die Mischstufe gelangt. Diese Bedingung wollen wir im folgenden einhalten. Für das Verhältnis $t_e \mathfrak{U}_i/\mathfrak{U}$ ergibt sich nach Gl. (A 1,14):

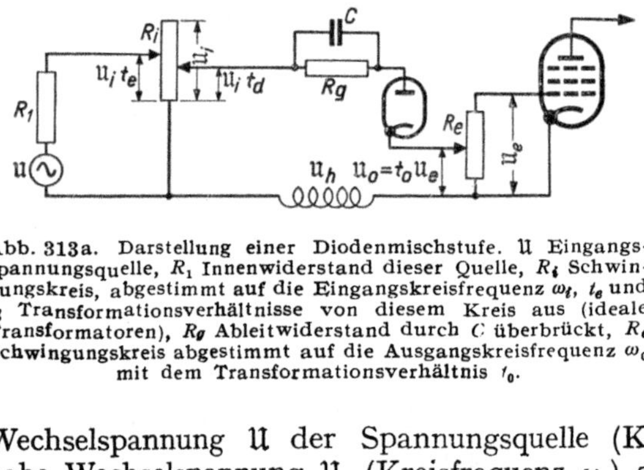

Abb. 313a. Darstellung einer Diodenmischstufe. $\mathfrak{U}$ Eingangsspannungsquelle, R_1 Innenwiderstand dieser Quelle, R_i Schwingungskreis, abgestimmt auf die Eingangskreisfrequenz ω_i, t_e und t_d Transformationsverhältnisse von diesem Kreis aus (ideale Transformatoren), R_g Ableitwiderstand durch C überbrückt, R_e Schwingungskreis abgestimmt auf die Ausgangskreisfrequenz ω_0 mit dem Transformationsverhältnis t_0.

(E 4,1)
$$\frac{t_e \mathfrak{U}_i}{\mathfrak{U}} = \frac{t_e^2 R_i'}{R_1 + t_e^2 R_i'}.$$

In dieser Formel entsteht R_i' durch die Parallelschaltung des Kreiswiderstandes R_i und des Eingangswiderstandes $1/\mathfrak{Y}_i$ nach Gl. (E 2,4) der Diodenstufe:

(E 4,2)
$$\frac{1}{R_i'} = \frac{1}{R_i} + \mathfrak{Y}_i \quad \text{oder} \quad R_i' = \frac{R_i}{1 + R_i \mathfrak{Y}_i}.$$

In Gl. (E 4,2) tritt $\mathfrak{Y}_i$ und somit der Widerstand R_0 des Ausgangskreises, von der Diode gesehen, auf: $R_0 = t_0^2 R_e$. Folglich hängt das Verhältnis $\mathfrak{U}_i/\mathfrak{U}$ von R_1, R_i, t_e, t_0 und R_e ab. Am Ausgang der Mischstufe benutzen wir das Ersatzschaltbild 276c und finden für das Verhältnis $|\mathfrak{U}_0/\mathfrak{U}_i|$ schließlich einen Ausdruck, der $R_0 = t_0^2 R_e$ enthält. Aus $\mathfrak{U}_0$ berechnen wir $\mathfrak{U}_e = \mathfrak{U}_0/t_0$ und gelangen so zum gesuchten Verhältnis $|\mathfrak{U}_e/\mathfrak{U}|$, das somit von R_1, R_i, t_e, t_0, R_0, R_g und dem Diodenwiderstand R abhängt. Wenn wir nur t_e und t_0 als Veränderliche betrachten, können wir fragen, welches Wertepaar t_e und t_0 das Verhältnis $|\mathfrak{U}_e/\mathfrak{U}|$ zum Maximum macht. Die Antwort lautet (wir verdanken sie Herrn J. VAN SLOOTEN):

$$\text{(E 4,3)} \quad \begin{cases} t_e^2 = R_1\left(\dfrac{\varphi^2}{\pi^2 R^2} - \dfrac{\sin^2\varphi}{\pi^2 R^2} + \dfrac{\varphi}{\pi R R_i}\right)^{1/2}\left(1 + \dfrac{\pi R}{\varphi R_i}\right)^{1/2}; \\[2ex] t_0^4 = \dfrac{\varphi R_e^2}{\pi R}\left\{\dfrac{\varphi}{\pi R} - \dfrac{\sin^2\varphi}{\pi^2 R^2\left(\dfrac{1}{R_i} + \dfrac{\varphi}{\pi R}\right)}\right\}; \end{cases}$$

und der zugehörige Wert $\mathfrak{U}_e/\mathfrak{U}$ ist:

$$\text{(E 4,4)} \quad \left|\frac{\mathfrak{U}_e}{\mathfrak{U}}\right| = \frac{1}{2}\left(\frac{R_e}{R_1}\right)^{1/2} \frac{\dfrac{\sin\varphi}{\varphi}}{\left(1 + \dfrac{\pi R}{\varphi R_i}\right)^{1/2} + \left(1 - \dfrac{\sin^2\varphi}{\varphi^2} + \dfrac{\pi R}{\varphi R_i}\right)^{1/2}}.$$

Der Winkel φ hängt ausschließlich von R_g/R ab nach der Abb. 275. Der Ausdruck (E 4,4) zerfällt in zwei Faktoren, der erste würde auch auftreten, wenn $\mathfrak{U}_e$ und $\mathfrak{U}$ die gleiche Frequenz hätten und von der Spannungsquelle mit dem Widerstand R_1 in der günstigsten Weise die Spannung auf den Kreis R_e hinauftransformiert wäre [vgl. Gl. (A 1,14) für den Fall der „Anpassung", der in unseren jetzigen Bezeichnungen einem Transformationsverhältnis $(w_2/w_1)^2 = R_e/R_1$ entspricht]. Dieser erste Faktor hat somit nichts mit dem Mischvorgang zu tun. Dieser Vorgang wird ganz durch den zweiten Faktor beschrieben, der in Abb. 313b dargestellt ist. Unter günstigen Bedingungen nähert sich dieser Faktor dem Wert 1 und kann die Wirkung der Mischstufe von Abb. 313a fast ganz als bloße Spannungstransformation (mit zusätzlicher Frequenzwandlung) aufgefaßt werden.

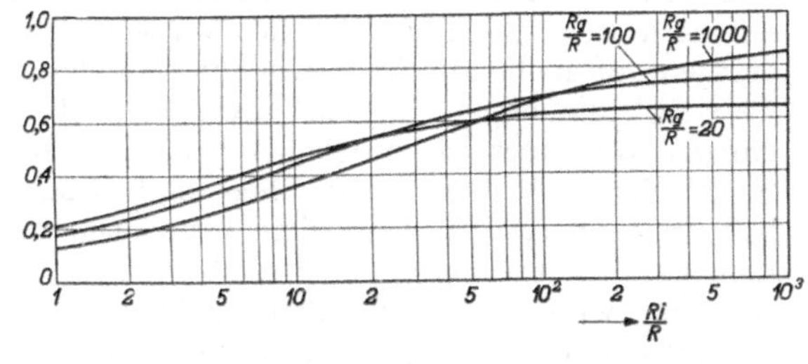

Abb. 313b. Der Faktor mit dem Bruchstrich in Gl. (E 4,4) als Funktion von R_i/R bei verschiedenen Verhältnissen R_g/R (entsprechend verschiedenen Arbeitswinkeln φ nach Abb. 275). Dieser Faktor stellt die Korrektur des Verhältnisses Ausgangsspannung zu Quellenspannung einer Mischstufe gegenüber dem Fall einfacher Anpassung ohne Frequenzwandlung dar.

Man kann zeigen, daß die oben gewählte Einstellung der Stufe von Abb. 313a auch angenähert einem günstigen Verhältnis der Signalspannung zur Schwankungsspannung am Eingang der Verstärkerröhre entspricht. Der Eingangsrauschwiderstand der nachfolgenden Röhre soll möglichst gering sein im Verhältnis zum Widerstand R_e des Eingangskreises, parallelgeschaltet zum transformierten Ausgangswiderstand $1/\mathfrak{Y}_0$ der Diodenstufe.

Während die Anwendung von Diodenmischstufen wegen der günstigen Verzerrungs-, Störungs- und Rauschverhältnisse in Empfangsgeräten für Sonderzwecke (z. B. gewerblicher Nachrichtenempfang) vorteilhaft erscheinen kann, stößt sie in Rundfunkgeräten auf einige Schwierigkeiten: 1. Es findet durch die

Reihenschaltung des Oszillators und des Eingangskreises „Strahlung" statt, d. h. es kann eine beträchtliche Oszillatorspannung auf den Eingangskreis und von da aus auf die Empfangsantenne gelangen und Störstrahlung verursachen. 2. Der Zwischenfrequenzleitwert $\mathfrak{Y}_0$ hängt vom Hochfrequenzkreis R_i ab. Folglich findet in einem Wellenbereich, in welchem R_i sich beträchtlich ändert, auch eine an sich unerwünschte Änderung von $\mathfrak{Y}_0$ und somit der Trennschärfe des Zwischenfrequenzkreises statt. 3. Die Verlegung des Erdungspunktes der Schaltung führt oft zur Verletzung von Bedingungen, die aus röhrentechnischen und gerätebaulichen Gründen gestellt werden müssen (z. B. Kathode der Diode soll geerdet sein, eine Klemme des Kreises R_i und des Kreises R_e sollen geerdet sein). Diese Erwägungen machen die Anwendung einer Diodenmischstufe in Rundfunkgeräten oft nicht empfehlenswert.

b) Additive Mischung.

Die günstigste Wahl der Betriebsdaten bei der additiven Mischung (Abb. 279) umfaßt im wesentlichen die Bestimmung der günstigsten Oszillatorspannung und Steuergittervorspannung. Letztere wird man so wählen, daß auch jene Augenblickswerte der Gitterspannung (Vorspannung plus Oszillatoramplitude), welche am wenigsten negativ sind, noch etwa —2,5 bis —3,5 V betragen, damit zum Steuergitter auch dann keine Gitterströme fließen, wenn die Eingangsamplitude z. B. etwa 0,5 bis 1 V beträgt. Die Oszillatoramplitude, welche zur höchsten Überlagerungssteilheit führt, liegt nach der Wahl dieses „Grenzpunktes" der Gitterspannung fest (Abb. 280 und 281). Diese Oszillatoramplitude führt auch zum kleinsten Ersatzrauschwiderstand am Röhreneingang. Aus diesen Angaben läßt sich auch gleich eine bei der Verwendung additiver Mischung in Empfangsgeräten auftauchende Schwierigkeit verstehen. Damit die genannten günstigsten Betriebsbedingungen erreicht werden, muß die Oszillatoramplitude in einem ganzen Wellenbereich möglichst genau konstant gehalten werden. Wir haben im Abschn. E 3aβ und γ gesehen, daß diese Konstanz nur mühsam und auch nur angenähert erzielt werden kann. Die praktische Folge hiervon ist, daß man zur Vermeidung von Gitterströmen die Gittervorspannung weiter negativ schieben wird, was zu Steilheitsrückgang und Rauscherhöhung führt.

Ein weiterer Punkt, der gegen die Verwendung additiver Mischung in Rundfunkgeräten Bedenken hervorrufen kann, ist folgender: Die Oszillatorspannung soll ganz zwischen Steuergitter und Kathode wirken (Abb. 279). Wenn aber der Wechselstromwiderstand des Eingangssignalkreises für die Oszillatorfrequenz nicht mehr verschwindend klein ist (z. B. im Kurzwellengebiet), findet eine Verteilung der Oszillatorspannung zwischen dem Eingangskreis und der Steuergitter-Kathodenstrecke statt. Hierdurch entsteht eine Verringerung der wirksamen Oszillatorspannung, die einen Verstärkungsrückgang erzeugt. Auch hier kann, genau wie bei Diodenmischstufen, eine Übertragung von Oszillatorspannung zum Geräteeingang stattfinden, die zur Störstrahlung führen kann.

Da der Ausgang bei Verwendung von Pentoden genügend vom Eingang abgeschirmt ist, kann die Rückwirkung in den meisten Fällen ganz vernachlässigt werden. Damit keine zusätzliche Rückkopplung vom Ausgang zum Eingang entsteht, müssen wir fordern, daß der Wechselstromwiderstand der Oszillatorspule in der Kathodenleitung für die Ausgangsfrequenz verschwindend klein ist.

Durch die Verwendung von Röhren mit gleitender Kennlinie kann die Überlagerungssteilheit in analoger Weise ohne allzu große Verzerrungen heruntergeregelt werden, wie bei Hochfrequenzröhren (Abschn. D 3cα). Ein Beispiel einer solchen Regelkurve ist in Abb. 284 gezeigt. Durch diese Regelung ändert sich die Eingangskapazität der Röhre, welche mit der Oszillatorschaltung gekoppelt ist. Die Steilheitsregelung kann daher eine Ursache für Frequenzverwerfung der Schwingstufe bilden. Zur Vermeidung dieser Kapazitätsänderung können Schaltungen wie in Abb. 254 und 255 angegeben verwendet werden.

Eine zur additiven Mischung verwendete Röhre kann auch ihre Oszillatorspannung selber erzeugen. Hierzu kann z. B. eine Rückkopplungsschaltung mit einem Schwingungskreis in der Anodenleitung und einer Rückkopplungsspule in der Kathodenleitung benutzt werden. Störkopplungen sind hierbei kaum ganz zu vermeiden.

Schrifttum: 200.

c) Mehrgittermischröhren.

Bei den Mehrgittermischröhren wird der Arbeitspunkt des Eingangsgitters (z. B. —2 V) nicht von der verwendeten Oszillatoramplitude am Oszillatorgitter beeinflußt. Hierdurch gewinnt man in bezug auf die Wahl letzterer Größe mehr Freiheit. Die Abb. 289 und 291 zeigen, daß diese Oszillatoramplitude innerhalb eines weiten Bereichs (z. B. im Verhältnis 1 : 4) verändert werden kann, ohne daß sich die Überlagerungssteilheit beträchtlich ändert. In diesem Verhalten ist einer der großen Vorteile der Mehrgittermischröhren gegenüber der additiven Mischung zu erblicken. Allerdings soll die Oszillatoramplitude stets über einer gewissen unteren Grenze liegen (Abb. 289 und 291), damit das genannte Verhalten zutrifft. Unterhalb dieser Grenze ändert sich die Überlagerungssteilheit proportional zur Oszillatoramplitude.

Durch den Zusammenbau des Oszillatorteiles mit dem Mischteil ist einerseits ein gedrängter Aufbau der Mischstufe möglich, wird aber andererseits die Gefahr unerwünschter Kopplungen in der Schaltung vergrößert. Als Beispiel erwähnen wir, daß die Kapazität zwischen dem Oszillatorgitter und der Anode des Mischteiles der Röhre von Abb. 290 nur einige hundertstel pF beträgt. Der gleiche Betrag gilt auch für die Kapazität zwischen der Anode des Mischteiles und der Anode sowie dem Gitter des Oszillatorteiles. Diese geringen Kapazitäten können aber durch ungenügende Abschirmung in der Schaltung leicht auf mehrere zehntel pF vergrößert werden. Hierdurch kann z. B. eine Wechselspannung der Zwischenfrequenz auf die Oszillatortriode gelangen, dort infolge Mischung auf dem Triodengitter (es handelt sich um „Diodenmischung") eine Wechselspannung der Eingangsfrequenz bilden, die auf das Oszillatorgitter des Mischteiles (Heptode) gelangt und dort Störüberlagerung verursacht. In besonderen Fällen sind in Geräten als Folge dieser und analoger Störüberlagerungen Rückgänge der Überlagerungssteilheit bis 50% beobachtet worden. Je kürzer die Wellenlänge, desto stärker treten derartige Störungen auf, da die Oszillatorfrequenz und die Eingangsfrequenz sich dann relativ näher liegen. Die Wechselstromwiderstände der betreffenden Kreise sind dann für diese Frequenzen weniger verschieden. Man soll deshalb auch bei den Mehrgittermischröhren auf sauberste Schaltungen und beste Abschirmung achten. Trotzdem ist es z. B. fast unvermeidlich, daß bei 30 MHz Eingangsfrequenz auf das Eingangsgitter der Röhre von Abb. 290 in Geräten Wechselspannungen der Oszillatorfrequenz von der Größenordnung mehrerer zehntel Volt gelangen, die eine Störüberlagerung verursachen. Die entsprechenden Änderungen der effektiven Überlagerungssteilheit liegen meistens in der Größenordnung 10 bis 20%.

Die Überlagerungssteilheit läßt sich bei Mehrgittermischröhren, ebenso wie bei der additiven Mischung, durch Anwendung negativer Vorspannung am Eingangsgitter herunterregeln (vgl. Abb. 292 und 293). Man hat ebenso wie bei dem entsprechenden Regelvorgang für Hochfrequenzverstärkerröhren darauf zu achten, daß die Verzerrungseffekte (Abb. 292 und 293) eine zulässige Größe bei den zu erwartenden Eingangssignalspannungen im heruntergeregelten Zustand nicht überschreiten. Wenn dies für die benutzte Röhre wohl der Fall wäre, sollen diese Signalspannungen herabgesetzt werden (z. B. durch Regeln *vor* der Mischstufe).

Die Eingangsleitwerte der Mischröhren sollen sich beim Regelvorgang möglichst wenig ändern, damit keine Verstimmung oder Trennschärfenänderung des Eingangsschwingungskreises eintritt. Bei der Mischröhre nach Abb. 287 (Philips EK 3) ist diese Bedingung in befriedigender Weise erfüllt. Die Mischröhre nach Abb. 290 zeigt aber eine Abnahme der Eingangskapazität beim Herunterregeln, die in der Größenordnung von 1 pF liegt. Genau wie bei Hochfrequenzverstärkerröhren kann diese Abnahme durch Einfügen eines unüberbrückten Widerstandes in die Kathodenzuleitung (Abb. 254) zum guten Teil vermieden werden. Allerdings geht mit diesem Hilfsmittel eine Herabsetzung der höchsten erzielbaren Überlagerungssteilheit mit der betreffenden Schaltung einher.

Die Triode-Heptode der Abb. 290, deren Triode nur dieselbe Kathode hat wie die Heptode, aber im übrigen vollständig getrennt ist, kann auch als Verbundröhre, d. h. in gleicher Weise wie zwei getrennte Röhren, verwendet werden. Als Beispiel nennen wir: Heptode als Zwischenfrequenzverstärkerröhre, Triode als Niederfrequenzverstärker. Durch derartige Schaltungen lassen sich hochempfindliche Empfangsgeräte mit sehr geringer Röhrenzahl bauen (vgl. Abschnitt G 2bβ).

Auch bei Mischröhren kann unter Umständen, analog wie bei Hochfrequenzverstärkerröhren (vgl. Abschn. D 3aβ) *Klingen* auftreten. Während dieses Klingen im *Misch*teil einer Mehrgittermischröhre in analoger Weise zustande kommt wie bei Hochfrequenzverstärkerröhren, kann im *Schwing*teil der Mischstufe noch ein bisher nicht behandelter Vorgang auftreten. Durch die mechanischen Schwingungen treten kleine Kapazitätsänderungen und daher *Frequenzänderungen* des Schwingungskreises auf. Das Klingen kann daher Frequenzmodulation erzeugen (vgl. Abschn. D 1bα und G 4). Diese Erscheinung kann namentlich im Kurzwellenbereich störend wirken. Das Klingen kann durch Erschwerung der Schallübertragung auf die empfindlichen Teile vermieden werden.

Schrifttum: 200.

d) Vergleich der verschiedenen Arten von Mischstufen.

Eine Diodenmischstufe kann so gebaut werden, daß am Eingang der nachfolgenden Zwischenfrequenzröhre durch den Mischvorgang fast gar kein zusätzliches Rauschen auftritt. Weiter können die Betriebsbedingungen (Oszillatorspannung, Ableitwiderstand R_g) so gewählt werden, daß die Verzerrungs- und Störungseffekte (Brummen, Pfeifstellen) gering sind. Diese beiden Möglichkeiten sind weder bei der additiven Mischung noch bei Mehrgittermischröhren vorhanden. In den beiden letztgenannten Fällen wird der Eingangsrauschwiderstand der Mischstufe in beträchtlichem Maße durch die Mischröhre bedingt und liegt zwischen einigen kOhm (additive Mischung) und etwa 0,1 MOhm (Mehrgittermischröhren) im Arbeitspunkt. Die Verzerrungen und Störungen werden durch die Krümmungen der Röhrenkennlinien bestimmt und können durch besondere Wahl der Oszillatoramplitude auch nicht wesentlich verringert werden. Diese Effekte sind daher in den meisten Fällen viel stärker als bei günstig gebauten Diodenmischstufen. Diesen Nachteilen steht der Vorteil der Regelfähigkeit gegenüber, ohne daß im Regelbereich eine wesentliche Vergrößerung der Verzerrungen und Störungen auftritt. Dagegen würde beim Herunterregeln der Verstärkung einer Diodenmischstufe durch Anwendung von zusätzlicher negativer Vorspannung eine sehr beträchtliche Steigerung der Verzerrungs- und Störungseffekte stattfinden. Der Diodenwiderstand R würde ebenso wie das Rauschen der Mischstufe zunehmen. Da eine solche Regelung meistens vorgenommen wird weil das Eingangssignal steigt, ist aber bei allen Mischstufen die Zunahme des Rauschwiderstandes bei der Regelung oft nicht von großer Bedeutung. Die Nachteile (Abschn. E 4aβ) einer Diodenmischstufe lassen ihre Verwendung nur in besonderen Fällen zu, wo die Vorteile ausschlaggebend sind.

Der größte Nachteil einer additiven Mischstufe gegenüber einer Mehrgitterröhre liegt in der erforderlichen konstanten Oszillatoramplitude in einem ganzen Wellenbereich. Demgegenüber besteht der Vorteil eines geringeren Rauschpegels. In gerätebaulicher Hinsicht ist der Nachteil zu erwähnen, daß die Kathode eine Wechselspannung gegen Erde (Gehäuse) erhält, während namentlich für kürzere Wellen eine beträchtliche Wechselspannung der Oszillatorfrequenz auf den Eingangskreis gelangen kann (Strahlung). Die beiden zuletzt genannten Nachteile treten bei gut abgeschirmten und kompensierten Mehrgitterröhren (z. B. EK 3, Abb. 287) nicht auf, und bei üblichen sonstigen Röhren (z. B. Abb. 290) ist die Strahlung ebenfalls gering. Dagegen ist der Rauschpegel der Mehrgittermischröhren durch die starken Stromverteilungsschwankungen hoch (z. B. im Arbeitspunkt 50 bis 80 kOhm Ersatzrauschwiderstand am Eingang). Zusammenfassend kann man schließen, daß die Mehrgittermischröhren heute wegen ihrer gerätebaulichen Vorteile in Rundfunkempfängern den Vorzug verdienen, während bei Empfangsgeräten für Sonderzwecke (z. B. für gewerblichen Empfang) die Vorteile der additiven Mischung oder der Diodenmischung für ihre Verwendung ausschlaggebend sein können. Den Nachteilen der letzteren Mischstufen kann man in solchen Fällen oft durch etwas kostspieligere Baumaßnahmen begegnen.

Schrifttum: 200.

e) Gegentaktschaltungen bei Mischstufen.

Analog wie bei Niederfrequenzstufen und bei Hochfrequenzstufen, kann man auch bei Mischstufen versuchen, durch Gegentaktschaltungen Störerscheinungen zu verringern. Da wir bei Mischstufen drei verschiedene Anschlüsse: Eingang, Oszillator und Ausgang unterscheiden, ergeben sich in bezug auf Gegentaktschaltungen zweier gleicher Stufenhälften grundsätzlich folgende verschiedene Möglichkeiten:

	Eingang	Oszillator	Ausgang
1.	gegentakt	gegentakt	gegentakt
2.	gegentakt	gegentakt	nicht gegentakt
3.	gegentakt	nicht gegentakt	gegentakt
4.	gegentakt	nicht gegentakt	nicht gegentakt
5.	nicht gegentakt	gegentakt	nicht gegentakt
6.	nicht gegentakt	gegentakt	gegentakt
7.	nicht gegentakt	nicht gegentakt	gegentakt
8.	nicht gegentakt	nicht gegentakt	nicht gegentakt

Den 8. Fall haben wir bisher betrachtet. Der 1. Fall kann demgegenüber nur im Kurzwellengebiet in bezug auf die Leitwerte für die Eingangsspannung, Oszillatorspannung und Ausgangsspannung unter Umständen Vorteile aufweisen, analog zur Gegentaktschaltung von Hochfrequenzverstärkerstufen (vgl. Abschnitt D 2bζ). Im 2. Fall kann keine Eingangsspannung der Grundfrequenz auf den Ausgangskreis gelangen, und das gleiche gilt für die Oszillatorspannung. Auch ungerade Oberwellen der Eingangsspannung und der Oszillatorspannung können nicht auf den Ausgangskreis gelangen. Der Grund für diese Regel ist darin zu erblicken, daß die betreffenden Wechselspannungen mit einer Phasendifferenz π auf die beiden Eingangsgitter bzw. Oszillatorgitter der Mischröhren

gelangen. Die entstehenden Ströme in den Anodenleitungen der Mischröhren haben auch dieselbe Phasendifferenz π und heben sich im Ausgangskreis also gegenseitig auf. Dagegen gelangen gerade Oberwellen gleichphasig auf die Eingangsgitter bzw. Oszillatorgitter und können demnach auch in den Ausgangskreis gelangen. Diese Verhältnisse führen dazu, daß gewisse Pfeifstellen nicht auftreten können, z. B. jene mit n eine ungerade Zahl und $m = 0, 2, 4, \ldots$ sowie jene mit m eine ungerade Zahl und $n = 0, 2, 4, \ldots$ (vgl. Abschn. E 2aγ). Die Ausgangsspannung kann die Kreisfrequenz $\omega_0 = m\omega_h \pm n\omega_i$, wo $m = 1, 3, 5, \ldots$ und $n = 1, 3, 5, \ldots$ haben, also insbesondere die Grundkreisfrequenz $\omega_0 = \omega_h - \omega_i$. Im 3. Fall können die Grundwelle und die Oberwellen ungerader Ordnung der Eingangsspannung nicht auf den Oszillatorkreis gelangen. Andererseits können die Grundwelle und sämtliche Oberwellen der Oszillatorspannung nicht auf den Eingangskreis gelangen. Hierdurch werden einige Störüberlagerungsmöglichkeiten vermieden (vgl. Abschn. E 2cγ). Die Ausgangsspannung kann die Kreisfrequenzen $\omega_0 = m\omega_h \pm n\omega_i$, $m = 0, 1, 2, 3 \ldots$, $n = 1, 3, 5, \ldots$ haben. Im 4. Fall gilt das gleiche wie im 3. Fall in bezug auf die gegenseitige Wirkung von Eingangsspannung und Oszillatorspannung. In diesem Fall kann aber am Ausgang keine Wechselspannung entstehen, deren Kreisfrequenz ω_0 gleich der Differenz der Oszillatorkreisfrequenz ω_h und der Eingangskreisfrequenz ω_i ist, im Gegensatz zu den bisher betrachteten Fällen, wie leicht durch Berücksichtigung der Phasenverhältnisse in den beiden Mischröhren der Stufe einzusehen. Nur *gerade* Oberwellen der Eingangsspannung können eine Ausgangsspannung mit der Kreisfrequenz $\omega_0 = m\omega_h \pm n\omega_i$, $m = 0, 1, 2, 3, \ldots$, $n = 0, 2, 4, \ldots$ erzeugen. Bei einwelliger Eingangsspannung geringer Amplitude (welche auch infolge von Röhrenkennlinienkrümmungen keine beträchtlichen Oberwellen erzeugen kann), tritt überhaupt keine nennenswerte Ausgangsspannung auf. Im 5. Fall sind gegenüber dem 4. die Rollen von Eingangs- und Oszillatorspannung verwechselt. Die Mischung wird nur durch *gerade* Oberwellen der Oszillatorspannung zustande gebracht, die auch bei einwelliger Oszillatorspannung infolge Kennlinienkrümmungen mit beträchtlicher Stärke entstehen, weil die Oszillatoramplitude normalerweise entsprechend groß ist. Die Ausgangsspannung hat daher die Kreisfrequenz $\omega_0 = 2m\omega_h \pm n\omega_i$, wo $m = 0, 1, 2, 3, \ldots$, $n = 0, 1, 2, 3, \ldots$ Im 6. Fall ist gegenüber dem 5. der Ausgangskreis im Gegentakt geschaltet. Gegenüber dem 3. Fall sind Oszillatorspannung und Eingangsspannung zu vertauschen. Die Ausgangsspannung kann somit die Kreisfrequenzen $\omega_0 = m\omega_h \pm n\omega_i$, $m = 1, 3, 5, \ldots$, $n = 0, 1, 2, 3 \ldots$ haben. Im übrigen gilt der bereits im 2. Fall genannte Vorteil, daß keine Eingangsspannung auf den Ausgangskreis gelangen kann, und weiterhin der Vorteil, daß keine Oszillatorspannung (Grundwelle und ungerade Oberwellen) auf den Eingang gelangen kann. Im 7. Fall gilt, daß keine Eingangsspannung (Grundwelle und alle Oberwellen) und keine Oszillatorspannung (Grundwelle und alle Oberwellen) auf den Ausgang gelangen kann. Am Ausgang kann aber auch keine Spannung der Kreisfrequenz $\omega_0 = m\omega_h \pm n\omega_i$ ($m = 0, 1, 2, \ldots$, $n = 0, 1, 2, 3, \ldots$) auftreten. Diese Mischschaltung ist also, ebenso wie die 4. oben behandelte, als unbrauchbar zu betrachten. Im ganzen erhalten wir demnach sechs brauchbare verschiedene Gegentakt-Mischschaltungen. Für die Berechnung der Ausgangsspannung aus der Eingangsspannung und den Überlagerungssteilheiten der beiden Hälften der Mischstufen verweisen wir nach Abschn. D 2bζ, während in jedem Fall die Phasenverhältnisse berücksichtigt werden müssen. Als Stufenhälften können wir sowohl Diodenschaltungen, additive Mischung als auch Mehrgittermischröhren verwenden.

Schrifttum: 199, 206, 350, 354.

F. Verfahren zur Verringerung der Wirkung spontaner Schwankungen in Verstärkerstufen und in Empfangsgeräten.

Die spontanen Schwankungen, welche wir in Abschn. A 5 behandelt haben, können an sich wohl kaum unterdrückt werden. Ihre Wirkung in Verstärkerstufen und in Empfangsgeräten kann aber durch verschiedene Verfahren verringert werden. Bevor wir diese Verfahren betrachten, stellen wir die wichtigsten Wirkungen zusammen. Durch Anwendung von Rückkopplungen kann in bestimmten Leitungen eine Steigerung des Signal/Schwankungsverhältnisses erzeugt werden. Neben diesem Verfahren gibt es noch weitere, welche zum gleichen Ergebnis führen.

1. Signal/Schwankungsverhältnis in Verstärkerstufen.

a) Signal/Schwankungsverhältnis am Eingang.

α) *Quellen.*

Als Signalquellen am Eingang einer Verstärkerstufe kommen z. B. Antennen, Photozellen (Bildfängerröhren) sowie Schallquellen, wie Mikrophone oder Tonabnehmer, in Betracht. Alle diese Quellen erzeugen außer der Signalspannung auch eine Schwankungsspannung und somit für jedes betrachtete kleine Freqenzintervall Δf ein bestimmtes Verhältnis der effektiven Signalspannung zur effektiven Schwankungsspannung. Für Schallquellen haben wir dieses Verhältnis bereits in Abschn. B 6a α und B 6a β, für Photozellen und analoge Signalquellen, welche durch Lichtsignale angeregt werden, wie Bildfängerröhren (Ikonoskope) beim Fernsehen, im Abschn. C 3c α angegeben. Wir wollen hier besonders auf Antennen eingehen, welche die durch den Raum übermittelten Hochfrequenzsignale empfangen.

Eine Empfangsantenne kann empfängerseitig als Zweipol betrachtet werden. Im Falle einfacher Rundfunkempfangsantennen ist die eine Klemme das untere Ende des Antennendrahtes und die andere Klemme das obere Ende der Erdungsleitung. Bei komplizierteren Antennen können zwei untere Enden der Antennenanordnung vorhanden sein, die z. B. aus zwei symmetrisch gegeneinander gelegenen Teilen bestehen kann, die je mit einem Draht zum Empfängereingang geleitet werden. In diesem Fall ist auch die Erde (das Empfängergehäuse) oft symmetrisch in bezug auf die beiden Antennenhälften gelegen. Grundsätzliche Unterschiede in der genannten Zweipoleigenschaft treten bei diesen vorliegenden Antennen nicht auf (vgl. Abschn. H 4a).

Die Empfangsantenne ergibt zwischen ihren Anschlußklemmen, wenn diese offengelassen werden (oder über einen sehr großen Widerstand miteinander verbunden), eine gewisse Signalwechselspannung, die wir $\mathfrak{U}$ nennen (Leerlaufwechselspannung), vgl. Abschn. A 1a α. Wir können die Antenne als Spannungsquelle mit der Wechselspannung $\mathfrak{U}$ (innerer Widerstand der Quelle ist Null) in Reihe mit einem Wechselstromwiderstand $\mathfrak{R}$ darstellen. Diesen Wechselstromwiderstand können wir ermitteln, indem wir die Antennenklemmen über einen bekannten Widerstand schließen und den Strom nach dem OHMschen Gesetz bestimmen. Wir können auch eine Spannungsquelle bekannter Eigenschaften an die Antennenklemmen legen, den Strom messen und ebenfalls das OHMsche Gesetz anwenden (Abschn. A 1a α und A 1d α). Wir können den imaginären Teil des Antennenwiderstandes $\mathfrak{R}$ durch Anschalten eines geeigneten Zweipols (Kondensator oder Selbstinduktion) an die Antennenklemmen zum Verschwinden bringen und behalten dann einen Wirkwiderstand r übrig. Diesen Vorgang können wir als „Abstimmen der Antenne" bezeichnen. In den meisten Fällen kann die Antenne bei einer bestimmten Abstimmung nur für eine einzige Frequenz exakt zu einem Wirkwiderstand r gestaltet werden. Aber auch in der Umgebung dieser Antennenabstimmfrequenz kann sie meistens mit guter Näherung durch den Wirkwiderstand r dargestellt werden. Wir haben in Abschn. A 5 a α gesehen, daß jeder Wirkwiderstand eine bestimmte Schwankungsspannung an seinen Klemmen erzeugt. Diese Regel gilt auch für den Antennenabstimmwiderstand, und wir nennen die betreffende effektive Spannung $\mathfrak{U}_a$ (in einem kleinen Frequenzintervall Δf um die Abstimmfrequenz herum). Welche Beziehung gilt zwischen $\mathfrak{U}_a$ und r? Aus Abschn. A 5 a α würden wir hierfür schließen:

$$\mathfrak{U}_a^2 = 4kTr\Delta f. \qquad \text{(F 1,1)}$$

Diese Beziehung ist auch im vorliegenden Fall brauchbar, wenn wir die Temperatur T richtig wählen. Es zeigt sich, daß T mit der Temperatur des Antennendrahtes und der Umgebung im allgemeinen nicht zusammenhängt. Vielmehr müssen wir uns vorstellen, daß T durch die elektromagnetischen Strahlungseigenschaften der Antenne bedingt wird und folglich eine charakteristische Größe des Strahlungsraumes und der Antennenanordnung ist. Messungen von T liegen bisher nur im Bereich kurzer Wellen (über etwa 15 MHz) vor. Aus diesen Messungen ist hervorgegangen, daß T stark von der Richtung der von der Antenne empfangenen Strahlung abhängt. Die gemessenen Spannungsschwankungen sind am größten, wenn diese Empfangsrichtung zur Milchstraße zeigt. Nach neueren Betrachtungen rührt die betreffende Schwankungsstrahlung von Materie her, die mit äußerst geringer Dichte im Raum des Milchstraßensternensystems verteilt ist (etwa 1 H-Atom je cm^3). Die entsprechende Temperatur dieser Strahlung beträgt im Kurzwellenbereich größenordnungsmäßig etwa 10^4 Grad abs. Weil eine Empfangsantenne im allgemeinen auch aus anderen Richtungen des Raumes Strahlung empfängt, ist die Temperatur T in Gl. (F 1,1) meistens viel niedriger. Wenn die Hauptempfangsrichtung der Antenne nicht zur Milchstraße zeigt, können bedeutend geringere Antennenschwankungsspannungen entstehen. Wir können z. B. annehmen, daß T das 5- bis 7fache der Umgebungstemperatur beträgt, bei etwa 20 MHz und im Kurzwellengebiet etwa wellenlängenunabhängig ist. Durch absichtliche Wahl (sofern aus sonstigen Gründen möglich) der Empfangsrichtung derart, daß sie nicht zur Milchstraße zeigt, kann T niedriger werden, z. B. gleich der Umgebungstemperatur. Im Gebiet längerer (z. B. Rundfunk-) Wellen wird T voraussichtlich mit der Frequenz abnehmen. Für sehr lange Wellen wird der Strahlungswiderstand einer Antenne begrenzter Länge sehr klein und überwiegen schließlich die Ohmschen Verlustwiderstände. Die Temperatur T nähert sich dann der Umgebungstemperatur.

Diese Überlegungen ergeben ein vollständiges Ersatzschaltbild einer Empfangsantenne, die wir der Einfachheit halber abgestimmt voraussetzen: Eine Signalspannungsquelle $\mathfrak{U}$ in Reihe mit einer Schwankungsspannungsquelle $\mathfrak{U}_a$ (beide mit dem inneren Widerstand Null) in Reihe mit einem Wirkwiderstand r.

Schrifttum: 7, 76, 77, 128, 150, 234, 352, 354.

β) *Schaltbild des Verstärkereingangs.*

Jeder Verstärker enthält mindestens eine Verstärkerröhre. Unter Verstärkereingang wollen wir die Schaltung vor dieser Verstärkerröhre verstehen. Der zu verstärkende Frequenzbereich soll die Breite B Hz haben und der Eingang soll diesem Frequenzbereich entsprechen. Im Falle eines Niederfrequenzverstärkers sowie allgemein eines Verstärkers, bei dem der Frequenzbereich B von einer (in bezug auf B) niedrigen Frequenz anfängt, besteht die entsprechende Schaltung aus einem Wirkwiderstand R, dem die Schaltkapazität C_1 und die Röhreneingangskapazität C_e parallelgeschaltet sind (vgl. Abschn. C 3c). Im Falle eines Hochfrequenzverstärkers erstreckt sich der Bereich B zwischen zwei Frequenzen, die je für sich hoch gegen B sind. In diesem Fall kann der Eingangskreis aus einem Schwingungskreis (Parallelresonanzkreis) nach Abschn. D 2a α bestehen, dessen Abstimmfrequenz etwa der Mitte des Frequenzbereichs der Breite B entspricht.

Wir wollen nun zeigen, daß diese beiden Fälle unter bestimmten Voraussetzungen durch das gleiche Schaltbild dargestellt werden können. Hierzu betrachten wir Abb. 314. Nach Abschn. D 2a α wird der in Abb. 314a gezeichnete Resonanzkreis für die Abstimmkreisfrequenz ω_0, welche der Gl. $\omega_0^2 L (C_1 + C_e) = 1$ genügt, mit guter Näherung durch den Parallelwiderstand R dargestellt: $R = L/R_1 \cdot (C_1 + C_e)$. Für eine Kreisfrequenz $\omega = \omega_0 + \Delta\omega$, wo $\Delta\omega$ negativ oder positiv sein kann und $|\Delta\omega/\omega_0| \ll 1$ ist, wird der komplexe Widerstand des Kreises von Abb. 314a durch die Parallelschaltung des Widerstandes R mit einer Kapazität C zwischen Kathode und Steuergitter der Röhre dargestellt, wo

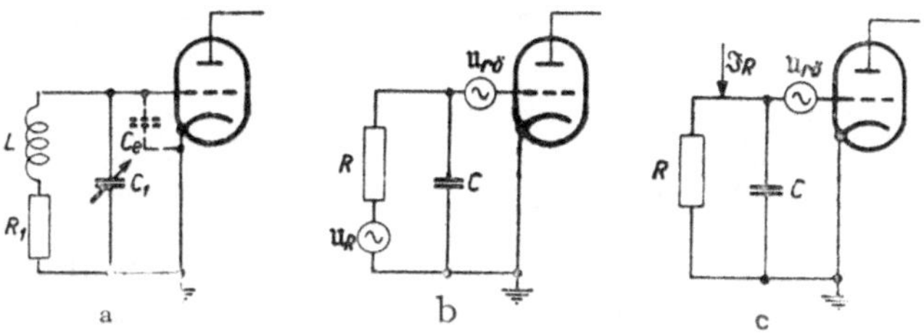

Abb. 314a–c. Schaltung am Eingang eines Verstärkers unter Berücksichtigung der Rauschspannung $\mathfrak{U}_R$ des Eingangskreises und $\mathfrak{U}_{r\ddot{o}}$ der Röhre.

$C = C_1 + C_e$. Für diese Kreisfrequenz $\omega = \omega_0 + \Delta\omega$ ist der gesamte komplexe Leitwert am Eingang gleich $R^{-1} + j\,2\,\Delta\omega\,C$. Andererseits gilt das Schaltbild 314b auch für den Fall, daß $\omega_0 = 0$ und $\Delta\omega$ die Kreisbandbreite $2\pi B$ darstellt. In diesem Fall ist der gesamte Leitwert am Eingang gleich $R^{-1} + j\,\omega\,C$. Wir können somit für beide Fälle von diesem Schaltbild 314b ausgehen.

Zur vollständigen Berechnung des Signal/Schwankungsverhältnisses am Verstärkereingang müssen wir noch die Signal- und Schwankungsquellen berücksichtigen. Zunächst betrachten wir die Schwankungsquellen, welche zum gezeichneten Verstärkereingang gehören. Dem Wirkwiderstand R entspricht eine Schwankungsspannung $\mathfrak{U}_R$ nach Gl. (A 5,2) und Abb. 42, die in Abb. 314b in der Gestalt einer Spannungsquelle eingezeichnet worden ist. An Stelle dieser Spannungsquelle kann zur Berechnung auch eine Stromquelle benutzt werden, mit dem in Abb. 314c eingezeichneten Quellenstrom $\mathfrak{J}_R = \mathfrak{U}_R/R$. Diese Größen $\mathfrak{U}_R$ und $\mathfrak{J}_R$ beziehen sich auf einen sehr kleinen Frequenzbereich Δf innerhalb der Bandbreite B. Schließlich können die spontanen Schwankungen im Anodenstrom der Verstärkerröhre nach Abschn. A 5b β und Abb. 45 durch eine Schwankungsspannungsquelle in Reihe mit der Gitterzuleitung dargestellt werden. Die zugehörige Spannung $\mathfrak{U}_{r\ddot{o}}$ für das kleine Frequenzintervall Δf kann aus den Eigenschaften der Röhre nach Abschn. A 5b und A 5c berechnet werden.

Schrifttum: 205, 207, 219, 351, 354.

γ) *Günstigster Anschluß der Quelle an den Verstärkereingang.*

Wir kommen jetzt zur Darstellung der Signalquelle, welche an den oben betrachteten Verstärkereingang angeschlossen werden soll. Wie bereits oben im

Abschn. F 1a α angegeben, kann die Signalquelle durch die Reihenschaltung eines Wirkwiderstandes r, einer Signalspannungsquelle mit der Spannung $\mathfrak{U}$ und einer Schwankungsspannungsquelle mit der effektiven Spannung $\mathfrak{U}_a$ beschrieben werden. Diese Signalquelle soll nun über einen idealen Transformator nach Abschn. A 1b β mit dem Wicklungsverhältnis w_1/w_2 an den Verstärkereingang angeschlossen werden (Abb. 315a). Die transformierte Quelle kann durch eines der Schaltbilder 315b oder 315c dargestellt werden, welche keiner weiteren Erläuterung bedürfen.

Wenn diese Signalquelle nach Abb. 315c an den Röhreneingang, der bereits die Schaltung 314c enthält, geschaltet wird, entsteht Abb. 315d. Hieraus kann

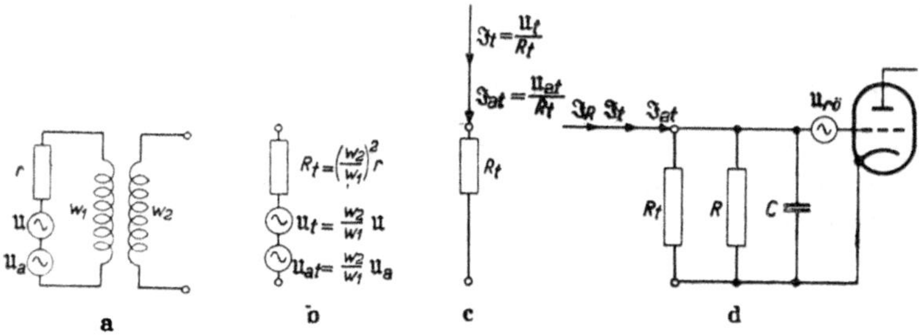

Abb. 315. Bild a: Antennenwiderstand r, Eingangssignalspannung $\mathfrak{U}$ und Antennenschwankungsspannung $\mathfrak{U}_a$ werden über einen idealen Transformator mit dem Übersetzungsverhältnis w_1/w_2 an die Röhreneingangsschaltung angeschlossen. Bild b: Die obigen Größen nach der Transformation. Bild c: Umrechnung auf Schwankungs- und Signalstromquelle. Bild d: Resultierende Eingangsschaltung der Röhre.

unmittelbar das Verhältnis der Signalspannung $\mathfrak{U}_{\text{sign}}$ zur Schwankungsspannung $\mathfrak{U}_{\text{schw}}$ zwischen Gitter und Kathode der ersten Verstärkerröhre, welche wegen der Annahme der Schwankungsspannung $\mathfrak{U}_{r\ddot{o}}$ in Abb. 315d schwankungsfrei verstärkt, ermittelt werden. Hier soll noch erwähnt werden, daß diese Rechenweise das Fehlen von Rückwirkung vom Röhrenausgang auf den Eingang bedingt, was bei Verwendung von Tetroden oder Pentoden gewährleistet ist. Der komplexe Widerstand zwischen Gitter und Kathode sei: $\mathfrak{R}_e = (R_t^{-1} + R^{-1} + j2\Delta\omega C)^{-1}$. Dann gilt:

$$\left|\frac{\mathfrak{U}_{\text{sign}}^2}{\mathfrak{U}_{\text{schw}}^2}\right| = \frac{|\mathfrak{I}_t^2\,\mathfrak{R}_e^2|}{|\mathfrak{I}_{at}^2\,\mathfrak{R}_e^2| + |\mathfrak{I}_R^2\,\mathfrak{R}_e^2| + \mathfrak{U}_{r\ddot{o}}^2}. \tag{F 1,2}$$

Wir wollen nun das Wicklungsverhältnis w_2/w_1 des Transformators so bestimmen, daß das Signal/Schwankungsverhältnis nach Gl. (F 1,2) einen größten Wert erreicht. Zunächst betrachten wir den Fall $\Delta\omega = 0$, der einem Wirkwiderstand $R_e = (R_t^{-1} + R^{-1})^{-1}$ an Stelle von $\mathfrak{R}_e$ entspricht. Nach den üblichen Rechenregeln zur Bestimmung dieses günstigsten Wertes von w_2/w_1 ergibt sich unter Berücksichtigung der Bezeichnungen von Abb. 315c und 315d:

$$\left(\frac{w_2}{w_1}\right)^2_{\text{günst}} = \frac{R}{r}\left(1 + \frac{\mathfrak{U}_R^2}{\mathfrak{U}_{r\ddot{o}}^2}\right)^{-1/2} = \frac{R}{r}(1+a)^{-1/2}, \tag{F 1,3}$$

wo: $a = \mathfrak{U}_R^2/\mathfrak{U}_{r\ddot{o}}^2$. Einsetzen dieses Wertes in (F 1,2) führt zum günstigsten Signal/Schwankungsverhältnis (vgl. Abb. 315):

$$\left|\frac{\mathfrak{U}_{\text{sign}}^2}{\mathfrak{U}_{\text{schw}}^2}\right|_{\text{günst}} = \frac{\mathfrak{U}^2\sqrt{1+a}}{\mathfrak{U}_a^2\sqrt{1+a} + \mathfrak{U}_R^2\,\frac{r}{R} + \mathfrak{U}_{r\ddot{o}}^2\,\frac{r}{R}\,(1+\sqrt{1+a})^2}. \tag{F 1,4}$$

In einigen Fällen ist der Widerstand r der Signalquelle sehr groß im Vergleich zu den übrigen Widerständen der Schaltung. Dies trifft z. B. bei einer Photozelle als Signalquelle zu. In solchen Fällen (vgl. Abschn. C 3cα) wird die Signalquelle direkt mit dem Verstärkereingang verbunden und ist $w_2/w_1 = 1$ zu setzen, während der Quellensignalstrom gleich $\mathfrak{J}$ und der Quellenschwankungsstrom gleich $\mathfrak{J}_a$ ist. Das Verhältnis des Signals zu den Schwankungen wird dann durch den Ausdruck (C 3,31) gegeben, wo R_1 nach unserer jetzigen Schreibweise durch R zu ersetzen ist.

Für eine Kreisfrequenz, welche um $\Delta\omega$ von der Abstimmkreisfrequenz des Eingangskreises, bzw. um $2\Delta\omega$ von der Frequenz Null, abweicht, erhält man als günstigsten Wert des Verhältnisses w_2/w_1:

$$\left(\frac{w_2}{w_1}\right)^2 = \frac{R}{r}\{1 + a + (2\Delta\omega)^2 C^2 R^2\}^{-1/2} \tag{F 1,3a}$$

und das entsprechende Signal/Schwankungsverhältnis wird mit $b = (2\Delta\omega)^2 C^2 R^2$:

$$\left|\frac{\mathfrak{U}^2_{\text{sign}}}{\mathfrak{U}^2_{\text{schw}}}\right|_{\text{günst}} = \frac{\mathfrak{U}^2\{1 + a + b\}^{1/2}}{\mathfrak{U}_a^2\,(1 + a + b)^{1/2} + \mathfrak{U}_R^2\frac{r}{R} + \mathfrak{U}_{r\delta}^2\frac{r}{R}\{(1 + \sqrt{1 + a + b})^2 + b\}}. \tag{F 1,4a}$$

Diese letzte Formel bezieht sich auf ein schmales Frequenzintervall Δf, dessen Mitte um die Frequenz $\Delta\omega/2\pi$ von der Abstimmfrequenz des Kreises von Abb. 314 entfernt ist ($\Delta f 2\pi \ll \Delta\omega$).

Wir wollen nun die für ein günstigstes Signal/Schwankungsverhältnis berechneten Werte w_2/w_1 mit jenen vergleichen, welche einer Höchstsignalspannung am Verstärkereingang entsprechen. In letzterem Fall gilt nach Abschn. A 1aε: $w_2/w_1 = R/r$. In den obigen Formeln (F 1,3) und (F 1,3a) liegt somit eine *größere* Übersetzung vor als zum Höchsteingangssignal bzw. zur Höchstsignalleistung im Eingangskreis des Verstärkers gehört. Anders gesagt: Für ein günstigstes Signal/Schwankungsverhältnis muß die Quelle *fester* an den Verstärkereingang gekoppelt werden als für ein Höchstsignal.

Wenn wir in einem ganzen Kreisfrequenzbereich $2\Delta\omega$ an Stelle eines schmalen Frequenzintervalls Δf ein möglichst günstiges Signal/Schwankungsverhältnis erzielen möchten, so wären die verschiedenen Teile dieses Bereiches zunächst mit einer Wertung zu belegen, welche ihre relative Wichtigkeit ausdrückt. Im allgemeinen zeigen obige Formeln, daß in solchen Fällen ein etwas *größerer* Wert w_2/w_1 zu wählen ist als der Gl. (F 1,3) entspricht.

Schrifttum: 48, 90, 92, 351, 354.

δ) *Verwendung mehrerer gleichartiger Quellen.*

Unter bestimmten Voraussetzungen können die Signale mehrerer gleichartiger Signalquellen zusammenhängend sein. Hiermit soll ausgedrückt werden, daß die Signale in bestimmter Phasenbeziehung zueinander stehen. Zwei Quellen können dann so zusammengeschaltet werden, daß z. B. eine Signalspannung gleich der Summe oder der Differenz der beiden Signale entsteht. Andererseits können zugleich die Schwankungen der beiden Quellen unzusammenhängend sein. Hiermit soll ausgedrückt werden, daß bei Zusammenschaltung der Quellen im obigen Beispiel die entstehende Schwankungsspannung gleich der Quadratwurzel der Summe der Quadrate der einzelnen Schwankungsspannungen ist. Zwischen diesen Extremfällen — ganz zusammenhängend und ganz unzusammenhängend — gibt es noch viele weitere Fälle, in denen der Zusammenhang weder vollkommen noch ganz abwesend ist.

Wir wollen der Einfachheit halber n gleichartige Quellen annehmen, deren Zusammenhang in bezug auf Signale vollkommen, in bezug auf Schwankungen gleich Null sein soll. Diese n Quellen können dann mit Hilfe geeigneter Schaltmittel derart zusammengeschaltet werden, daß eine neue Signalquelle entsteht, deren Signalspannung das n-fache der Einzelsignalspannungen beträgt. Andererseits ist die Schwankungsspannung der neuen Quelle nach obigem das $\sqrt{n}$-fache der Einzelschwankungsspannungen. Im Verhältnis: Signalspannungsquadrat zu Schwankungsquadrat gewinnen wir durch diese Maßnahme offenbar einen Faktor n.

Als praktisches Beispiel können wir n Empfangsantennen benutzen, welche z. B. verschiedene Polarisationen und Standorte haben sollen. Bei genügender räumlicher Entfernung der Einzelantennen kann im Einklang mit Versuchen angenommen werden, daß ihre Schwankungsspannungen (vgl. Abschn. F 1 a α) nicht mehr, oder jedenfalls unvollkommen zusammenhängen. Jede Empfangsantenne wird z. B. mit einem gesonderten Empfänger verbunden und die Ausgänge der Einzelempfänger werden derart zusammengeschaltet, daß Addition der Signale stattfindet. In diesem Beispiel wird das obengenannte Signal/Schwankungsverhältnis günstigstenfalls gegenüber einer Einzelantenne um den Faktor n gesteigert. Hier haben wir bereits ein erstes, wenn auch kostspieliges Verfahren zur Steigerung des Signal/Schwankungsverhältnisses vor uns.

Schrifttum: 100, 145, 199, 354.

b) Der Frequenzbereich von Verstärkern und Empfängern.

α) *Grundlegende Bedeutung des Frequenzbereichs.*

Ein vollkommen unveränderliches, einwelliges Signal kann keine Nachrichten übertragen. Bei jeder Nachrichtenübermittlung muß das Signal verändert oder unterbrochen, anders gesagt: moduliert werden. Eine solche Modulation ist aber stets damit verbunden, daß neben dem ursprünglichen einwelligen Signal andere Signale mit abweichender Frequenz entstehen (vgl. Abschn. D 1). Jede Nachrichtenübertragung ist daher mit einem gewissen Frequenzbereich verknüpft. Die Größe des Frequenzbereiches hängt direkt mit der Nachrichtenmenge zusammen, die gleichzeitig übertragen wird. Einige Beispiele mögen diese Sätze erläutern. Bei der Morsetelegraphie wird z. B. das Signal während kürzerer oder längerer Zeitintervalle unterbrochen. Diese Unterbrechungen entsprechen nur einem geringen Frequenzintervall (der Größenordnung der Zeichenfrequenz gleichzusetzen). Die gleichzeitig übertragene Nachrichtenmenge ist gering. Die Zeit, welche die Übertragung einer vorgelegten Nachricht in Anspruch nimmt (abgesehen von der Laufzeit auf dem Übertragungswege), ist dementsprechend lang. Wenn die Zeichenfrequenz erhöht wird (wie beim Maschinentelegraphen), wird diese Zeit kürzer, der benutzte Frequenzbereich größer. Die Übertragung einer Musikdarbietung mit einem Frequenzbereich von z. B. 10 kHz kann als gleichzeitige Übermittlung vieler Nachrichten aufgefaßt werden. Eine noch größere Anzahl von Nachrichten wird z. B. beim Fernsehen gleichzeitig übertragen, wodurch hier Frequenzbereiche von mehreren MHz erforderlich sind. Allgemein kann in dieser Beziehung bemerkt werden, daß die zur Übertragung einer gegebenen Nachrichtenmenge erforderliche Zeit proportional zum reziproken Wert des bei der Übermittlung verwendeten Frequenzbereiches ist.

Diese Erörterungen rücken die grundlegende Bedeutung des bei der Nachrichtenübermittlung verwendeten Frequenzbereiches ins Licht und zeigen, daß bei jeder Empfangsvorrichtung von vornherein ein solcher Frequenzbereich vorliegt. Dieser Bereich bedeutet eine bestimmte Gesamtfrequenzkennlinie des Empfangsgerätes. Die Frequenzskala dieser Kennlinie ist im absoluten Maße willkürlich. Nur die Frequenzdifferenzen im Bereich haben eine wesentliche Bedeutung. Wenn z. B. am Ausgang des Empfangsgerätes die empfangene Nachricht auf irgendeiner Trägerwelle amplitudenmäßig moduliert erscheint, so wird die genannte Frequenzkennlinie um die Trägerfrequenz herum gelegen sein. Wenn andererseits am Ausgang des Empfängers Niederfrequenzsignale erscheinen, so verläuft die Frequenzkennlinie von der Frequenz Null (bzw. von einer unteren Grenzfrequenz) bis zu einer bestimmten oberen Grenzfrequenz.

Schrifttum: 204, 205, 207, 265, 273, 274, 290, 313.

β) Nachrichtenübertragung als Funktion von Bandbreite und Störpegel.

Die qualitativen Überlegungen des Abschnitts α können quantitativ gestaltet werden, indem wir ein Maß der übertragenen Nachrichtenmenge einführen. Als Einheit dieses Maßes benutzen wir nach amerikanischem Brauch eine „binäre Einheit" (binary digit, abgekürzt „bit"). Diese Einheit bezieht sich auf eine Wahl aus *zwei* vorhandenen verschiedenen Möglichkeiten, z. B. schwarz-weiß. Man kann jede Nachricht in eine Anzahl von bits zergliedern, wie das Beispiel eines Druckrasters bei Abbildungen zeigt. Der mengenmäßige Inhalt einer Nachricht wird durch die Zahl von bits gegeben, welche zu ihrer Codierung erforderlich ist.

Mit Hilfe dieses Maßes einer Nachricht können wir die Nachrichtenmenge bestimmen, welche irgendein „Übertragungskanal" pro Sekunde übermitteln kann. Ein solcher Übertragungskanal umfaßt sämtliche Einrichtungen, welche für die betreffende Nachrichtenübermittlung erforderlich sind, also den Sender, den Übertragungsweg und den Empfänger. Die Kapazität C eines Kanals sei definiert als die Zahl der bits pro Sekunde, welche übertragen werden kann. Bis vor wenigen Jahren nahm man an, diese Kapazität C sei proportional zur Bandbreite B des Kanals und unabhängig von der Senderleistung und von der Störleistung, welche bei der Übertragung auftritt.

Schrifttum: 290.

Neuere Arbeiten haben gelehrt, daß für C folgende Formel gilt:

$$C = B \log_2 \frac{\mathfrak{N}_{\text{sign}} + \mathfrak{N}_{\text{stör}}}{\mathfrak{N}_{\text{stör}}}. \tag{F 1,5}$$

Hier ist B die Bandbreite in Hertz, der Logarithmus hat die Basis 2, $\mathfrak{N}_{\text{sign}}$ ist die Signalleistung des Senders, $\mathfrak{N}_{\text{stör}}$ ist die Störleistung. Beide letzteren Größen können z. B. am Ausgang des Empfängers betrachtet werden. Diese Formel hat außerordentlich wichtige Folgen. Sie zeigt, daß bei einer Steigerung des Verhältnisses $\mathfrak{N}_{\text{sign}}/\mathfrak{N}_{\text{stör}}$ die Bandbreite B verringert werden darf, wenn die gleiche Übertragungskapazität beibehalten werden soll. Im Falle, daß $\mathfrak{N}_{\text{sign}} \gg \mathfrak{N}_{\text{stör}}$ ist, gilt angenähert, daß bei halber Bandbreite das Verhältnis $\mathfrak{N}_{\text{sign}}/\mathfrak{N}_{\text{stör}}$ verdoppelt werden muß, um die gleiche Übertragungskapazität zu erhalten. Interessant ist das Beispiel eines sehr kleinen Verhältnisses $\mathfrak{N}_{\text{sign}}/\mathfrak{N}_{\text{stör}}$. Auch hier ist es noch möglich, durch Steigerung der Bandbreite eine beträchtliche Übertragungskapazität zu erhalten. In der Formel (1,5) ist als Störung ausschließlich an „Rauschen", z. B. infolge von Schroteffekt oder Spannungsschwankungen von Widerständen gedacht. Andere Störungen, wie z. B. atmosphärische, führen zu einer geänderten Formel.

Die heutigen Systeme der Nachrichtenübertragung, wie z. B. die verschiedenen Impulssysteme, stehen in der erreichten Kapazität C noch hinter dem „idealen" Werte nach Gl. (1,5) zurück, und zwar muß bei den besten dieser praktisch verwendeten Systeme das Verhältnis $\mathfrak{N}_{\text{sign}}/\mathfrak{N}_{\text{stör}}$ um etwa 8 Dezibel größer gewählt werden zur Erzielung eines bestimmten C-Wertes, als aus Gl. (1,5) hervorgehen würde.

Schrifttum: 313, 334, 339, 340, 341.

γ) Erzielung des Frequenzbereichs in Verstärkern.

Die erforderliche Frequenzkennlinie kann in Verstärkern auf verschiedene Weise erzielt werden, wie aus Abschn. C 1aβ und D 2a hervorgeht. Ein Weg besteht z. B. darin, daß jeder Stufe eines Verstärkers, und insbesondere auch der ersten, eine Frequenzkennlinie erteilt wird, welche dem zu verstärkenden Frequenzbereich entspricht. In diesem Falle wird man insbesondere auch den Eingangskreis vor der ersten Röhre nach Abb. **314** und **315** entsprechend wählen. Für einen Frequenzbereich B, der sich von niedrigen Frequenzen $\ll B$ bis zur Frequenz B erstreckt (Niederfrequenzverstärker), führt dies zur Bedingung: $2\pi BCR \leqq 1$. Für einen Frequenzbereich B, der sich um eine Frequenz $\omega_0/2\pi$ herum erstreckt ($\omega_0 \gg 2\pi B$), lautet die entsprechende Bedingung ebenfalls: $2\pi BCR \leqq 1$ (Hochfrequenzverstärker). Offenbar ist es unter diesen Bedingungen, da B und C als vorgegebene Größen betrachtet werden müssen, nicht möglich, den Widerstand R des Kreises in der Abstimmung bzw. bei einer niedrigen Frequenz gegen B größer als einen Grenzwert zu wählen, der in den obigen Fällen durch $R = 1/2\pi BC$ gegeben ist.

Wie wir in Gl. (F 1,4) und (F 1,4a) gezeigt haben, ist es aber in vielen Fällen zur Erzielung eines hohen Signal/Schwankungsverhältnisses günstig, R möglichst groß zu wählen. Hierdurch würde die angeschriebene Bedingung verletzt. Die Gesamtfrequenzkennlinie des Verstärkers, auf die es zur Verstärkung des vorgegebenen Frequenzbereiches B ankommt, kann nach einer solchen Steigerung von R durch verschiedene Mittel wiederhergestellt werden. Wir wollen hier insbesondere den Kennlinienausgleich mit Hilfe der Frequenzkurven weiterer Kopplungsglieder des Verstärkers betrachten. Grundsätzlich ist ein solcher Ausgleich bereits in Abschn. C1aβ dargestellt, während der Abschnitt D 2b verschiedene Beispiele bei Hochfrequenzverstärkern enthält. Letztere können im allgemeinen dadurch beschrieben werden, daß die weiteren Schwingungskreise im Verstärker zu Kennlinien mit „Schultern" führen, welche eine Mehrverstärkung an den Stellen erzeugen, an welchen durch den hohen R-Wert des ersten Kreises ein Abfall der Frequenzkennlinie entstehen würde.

Im Falle eines Niederfrequenzverstärkers in obigem Sinn kann die Frequenzkennlinie z. B. durch Verwendung eines geeigneten Kopplungsgliedes zwischen erster und zweiter Röhre wiederhergestellt werden. Dieses Kopplungsglied kann aus demjenigen von Abb. **314c** dadurch erhalten werden, daß in Reihe mit dem Widerstand R eine Induktivität L geschaltet wird. Diese Induktivität ist mit C auf eine Frequenz abgestimmt, bei der die Frequenzkennlinie des Kreises vor der ersten Röhre bereits einen merklichen Abfall aufweist, während durch richtige Wahl des Widerstandes R die Resonanzkurve die gewünschte Breite erhält.

Im übrigen kann man in beiden oben betrachteten Fällen auch mehrere Ausgleichskopplungsglieder verwenden, welche über die verschiedenen weiteren Verstärkerstufen verteilt werden.

Schrifttum: 22, 204, 207, 354.

c) Signal/Schwankungsverhältnis am Ausgang.

Nachdem wir in Abschn. F 1a das obige Verhältnis am Eingang eines Verstärkers betrachtet haben, wenden wir uns jetzt dem Ausgang zu.

α) Berechnung der Schwankungsleistung am Ausgang.

Wir gehen davon aus, daß am Eingang der Gleichrichterstufe (Diode) eine Trägerwelle der Amplitude U_0 und spontane Spannungsschwankungen vorhanden sind, deren Stärke gleichmäßig über den ganzen betrachteten Frequenzbereich verteilt ist. Der Empfänger soll keine automatische Lautstärkeregelung aufweisen. Der Einfachheit halber setzen wir voraus, daß dieses Frequenzgebiet durch eine rechteckige Frequenzkennlinie begrenzt ist und zwischen $f_0 - B/2$ bis $f_0 + B/2$ liegt, wo f_0 die Frequenz der Trägerwelle bezeichnet. Zu einem kleinen Frequenzintervall df in diesem Bereich gehört ein Schwankungsquadrat u^2 und es ist: $\int u^2 df = U_r^2$, wenn das Integral über den genannten Bereich erstreckt wird und U_r^2 das Quadrat der effektiven Eingangsschwankungsspannung am Gleichrichter ist. Wenn wir zwei Spannungen $(u^2 df)^{1/2}$ in gleichen Abständen links und rechts von der Trägerfrequenz mit der Trägerwelle zusammen angenähert als moduliertes Signal auffassen, das am Eingang der Gleichrichterstufe wirkt, so können wir unter Anwendung der Ausführungen von Abschn. E 1 a α sofort die entsprechende Niederfrequenzausgangsspannung des Gleichrichters angeben. Die Modulationstiefe des Signals beträgt $m = 2(2u^2 df)^{1/2}/U_0$ und die Amplitude der Niederfrequenzausgangsspannung nach Gl. (E 1,2):

$$\text{(F 1,6)}\quad \begin{cases} \text{für } aU_0 \ll 1\ (U_0 < 30\,\text{mV}):\ U_{nf} = -\dfrac{aU_0^2}{4\left(1 - \dfrac{1}{aU_g}\right)}\,2m \\ (U_g \text{ Gleichspannung des Diodenarbeitspunktes}); \\ \text{für } aU_0 \gg 1\ (U_0 > 1\,\text{V}):\ U_{nf} = U_0 m. \end{cases}$$

Wenn wir das Quadrat dieser Niederfrequenzspannungen über df von 0 bis $B/2$ integrieren, erhalten wir Ausdrücke, die bis auf einen Faktor $\mathfrak{Y}$ von der Dimension eines Leitwertes die Ausgangsschalleistung $\mathfrak{N}_r$ des Lautsprechers ergeben. In den beiden Fällen der Gl. (F 1,6) erhält man:

$$\text{(F 1,7)}\quad \begin{cases} \text{für } aU_0 \ll 1\ (U_0 < 30\,\text{mV}):\ \mathfrak{N}_r = \mathfrak{Y}\dfrac{a^2 U_0^2}{\left(1 - \dfrac{1}{aU_g}\right)^2}\dfrac{U_r^2}{4}; \\ \text{für } aU_0 \gg 1\ (U_0 > 1\,\text{V}):\ \mathfrak{N}_r = \mathfrak{Y}U_r^2. \end{cases}$$

Diese Gl. (1,7) lehrt, daß die hörbare Schalleistung infolge der spontanen Spannungsschwankungen für kleine Werte der Trägerwellenamplitude proportional zum Quadrat dieser Amplitude und für große Amplituden unabhängig von U_0 ist. Man kann schließen, daß ohne Trägerwelle im Lautsprecher fast kein Rauschen auftritt. Diese Verhältnisse sind in Abb. 316 veranschaulicht. Wir bemerken noch, daß die obigen Überlegungen nur die wesentliche Abhängigkeit von U_0 zeigen sollen, während wir feinere Fragen, die z. B. bei sehr kleinen Werten von U_0 und bei sehr großen Frequenzbereichen auftreten, nicht erörtern. Man kann die grundsätzliche Gültigkeit der Abb. 316 leicht mit Hilfe eines Empfängers ohne automatische Verstärkungsregelung bestätigen.

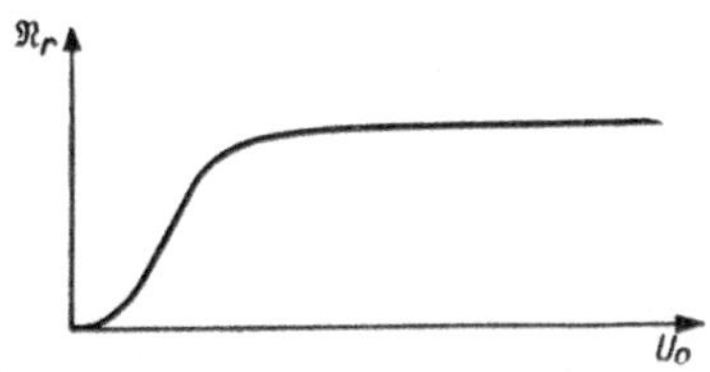

Abb. 316. Grundsätzlicher Verlauf der Ausgangsschalleistung im Lautsprecher $\mathfrak{N}_r$ (vertikal) infolge spontaner Spannungs- und Stromschwankungen eines Empfängers, als Funktion der Signalträgerwellenamplitude U_0 (horizontal).

Schrifttum: 279, 334.

β) *Verhältnis der Schwankungs- zur Signalleistung am Ausgang.*

Für die Beurteilung der akustischen Störung durch die spontanen Schwankungen ist das Verhältnis der oben berechneten Rauschleistung zur Schallleistung, welche von der Tonmodulation der Trägerwelle herrührt, maßgebend. Wir nehmen an, daß die Trägerwelle mit einer einzigen Modulationsfrequenz, die innerhalb des betrachteten Frequenzbereiches liegt, zur Tiefe M moduliert ist. Die entsprechende Niederfrequenzspannungsamplitude am Ausgang der Gleichrichterstufe beträgt nach Abschn. E 1 a α:

$$\text{(F 1,8)} \quad \begin{cases} \text{für } a U_0 \ll 1 \ (U_0 < 30 \text{ mV}): \ U = \dfrac{a U_0}{2\left(1 - \dfrac{1}{a U_g}\right)} M U_0; \\ \text{für } a U_0 \gg 1 \ (U_0 > 1 \text{ V}): \ U = M U_0. \end{cases}$$

Diese Niederfrequenzspannung erzeugt folgende Schalleistungen im Lautsprecher:

$$\text{(F 1,9)} \quad \begin{cases} \text{für } a U_0 \ll 1 \ (U_0 < 30 \text{ mV}): \ \mathfrak{N}_s = \mathfrak{Y} \dfrac{a^2 U_0^2}{8\left(1 - \dfrac{1}{a U_g}\right)^2} M^2 U_0^2; \\ \text{für } a U_0 \gg 1 \ (U_0 > 1 \text{ V}): \ \mathfrak{N}_s = \mathfrak{Y} M^2 \dfrac{U_0^2}{2}. \end{cases}$$

Das Verhältnis der Rauschleistung zur Tonleistung geht unmittelbar aus (F 1, 9) und (F 1, 7) hervor:

$$\text{(F 1,10)} \quad \begin{cases} \text{für } a U_0 \ll 1 \ (U_0 < 30 \text{ mV}): \ \dfrac{\mathfrak{N}_r}{\mathfrak{N}_s} = \dfrac{2 U_r^2}{M^2 U_0^2}; \\ \text{für } a U_0 \gg 1 \ (U_0 > 1 \text{ V}): \ \dfrac{\mathfrak{N}_r}{\mathfrak{N}_s} = \dfrac{2 U_r^2}{M^2 U_0^2}. \end{cases}$$

Dieses Verhältnis ist also offenbar bei linearer Gleichrichtung das gleiche wie bei quadratischer Gleichrichtung.

Messungen mit mehreren Versuchspersonen unter verschiedenen Bedingungen sind in bezug auf das Verhältnis (1, 9) ausgeführt worden. Hierbei ergab sich als Mittelwert, daß beträchtliche akustische Störungen nicht gehört werden, wenn $\mathfrak{N}_r$ mehr als etwa 40 Dezibel (entsprechend einem Spannungsverhältnis von 4,6 Neper) unterhalb $\mathfrak{N}_s$ liegt. In Einzelfällen können Abweichungen nach oben oder unten von dieser Grenze auftreten. Im oben berechneten Verhältnis kann für U_r auch die effektive Rauschspannung am Eingang des Gerätes und für U_0 die Trägerwellen-Amplitude an derselben Stelle eingesetzt werden, da die ganze Verstärkung (Hochfrequenzverstärkung, Mischverstärkung, Zwischenfrequenzverstärkung) vor dem Gleichrichter als linear vorausgesetzt werden kann. Hierbei ist die Wirkung der automatischen Lautstärkeregelung nicht berücksichtigt (vgl. Abschn. H 1 a ζ, Abb. 367).

Bei den obigen Betrachtungen ist stets vom Lautsprecher die Rede gewesen. Es soll aber erwähnt werden, daß sie auch auf Fälle angewandt werden können, in denen am Ausgang nicht ein Lautsprecher, sondern ein anderes Wiedergabegerät, z. B. eine Kathodenstrahlröhre (Fernsehen) verwendet wird. In solchen Fällen bezieht sich die berechnete Rauschleistung und die Signalleistung auf den Eingang des betreffenden Gerätes.

Schrifttum: 268, 277, 281, 282.

2. Umleitung der Schwankungsströme durch Rückkopplungen.

Wir wollen in diesem Abschnitt zeigen, daß die Schwankungsströme durch geeignet gewählte Rückkopplungsschaltungen umgeleitet werden können. Hierdurch können diese Ströme z. B. in bestimmten Leitungen einer Verstärkerstufe bedeutend verringert werden.

a) Sätze über das Signal/Schwankungsverhältnis bei Rückkopplungen.

Bevor wir an praktischen Beispielen zeigen wie die Schwankungsströme in bestimmten Leitungen eines Verstärkers durch Rückkopplungen geändert werden können, wenden wir uns der Ableitung allgemeiner Sätze zu, welche uns einen Überblick über den Einfluß von Rückkopplungen auf das Signal/Schwankungsverhältnis verschaffen. Bei unseren Rechnungen werden wir am Ausgang stets einen Kurzschluß annehmen. Auf den Wert des Signal/Schwankungsverhältnisses ist diese Annahme ohne Einfluß. Sie vereinfacht aber die Rechnungen.

α) *Rückkopplung bei Vierpolen.*

Wir betrachten einen linearen Vierpol mit kurzgeschlossenen Ausgangsklemmen. An den Eingang legen wir eine Signalspannung $\mathfrak{U}_{\text{sig}\,0}$. Infolge dieser Signalspannung fließt in der Kurzschlußleitung am Ausgang ein Strom $S\mathfrak{U}_{\text{sig}\,0}$, wo S die Dimension eines Leitwertes aufweist. Bei einer einzelnen Röhre wird S die Steilheit. Außer der Signalspannung $\mathfrak{U}_{\text{sig}\,0}$ liegt an den Eingangsklemmen auch noch die Schwankungsspannung $\mathfrak{U}_{\text{schw}\,0}$ und diese erzeugt in der Kurzschlußleitung einen Schwankungsstrom $S\,\mathfrak{U}_{\text{schw}\,0}$. Weiter erzeugt der Vierpol selber bei kurzgeschlossenem Eingang auch einen Schwankungsstrom im Ausgang, der von Ursachen im Vierpol (z. B. Schroteffekt der Röhren) herrührt und den wir mit $\mathfrak{J}_{\text{vierp}\,0}$ bezeichnen. Die beiden genannten Ausgangsschwankungsströme hängen nicht miteinander zusammen. Daher wird das Quadrat des Gesamtschwankungsstroms in der Kurzschlußleitung $\mathfrak{J}^2_{\text{vierp}\,0} + S^2\mathfrak{U}^2_{\text{schw}\,0}$. Als Signal/Schwankungsverhältnis ergibt sich in dieser Leitung:

$$\text{(F 2,1)} \qquad \frac{S^2\,\mathfrak{U}^2_{\text{sign}\,0}}{\mathfrak{J}^2_{\text{vierp}\,0} + S^2\,\mathfrak{U}^2_{\text{schw}\,0}}\,.$$

Nun führen wir eine Rückkopplung vom Ausgang zum Eingang durch. Die Signalspannung $\mathfrak{U}_{\text{sign}\,0}$ wird infolge dieser Rückkopplung geändert in $\mathfrak{U}_{\text{sign}}$:

$$\mathfrak{U}_{\text{sign}} = \mathfrak{U}_{\text{sign}\,0} + \mathfrak{R}_r S\,\mathfrak{U}_{\text{sign}}, \qquad \text{oder:} \qquad \mathfrak{U}_{\text{sign}} = \frac{\mathfrak{U}_{\text{sign}\,0}}{1 - \mathfrak{R}_r S}\,.$$

Die für die Rückkopplung charakteristische Größe $\mathfrak{R}_r$ hat die Dimension eines Widerstandes. Auch die Eingangsschwankungsspannung $\mathfrak{U}_{\text{schw}\,0}$ erfährt infolge der Rückkopplung eine Änderung in $\mathfrak{U}_{\text{schw}\,1}$:

$$\mathfrak{U}_{\text{schw}\,1} = \frac{\mathfrak{U}_{\text{schw}\,0}}{1 - \mathfrak{R}_r S}\,.$$

Schließlich gelangt infolge des Ausgangsstromes $\mathfrak{J}_{\text{vierp}\,0}$ eine zusätzliche Schwankungsspannung $\mathfrak{U}_{\text{schw}\,2}$ auf den Eingang:

$$\mathfrak{U}_{\text{schw}\,2} = \mathfrak{R}_r\,(\mathfrak{J}_{\text{vierp}\,0} + S\,\mathfrak{U}_{\text{schw}\,2}), \qquad \text{oder:} \qquad \mathfrak{U}_{\text{schw}\,2} = \frac{\mathfrak{J}_{\text{vierp}\,0}\,\mathfrak{R}_r}{1 - \mathfrak{R}_r S}\,.$$

Mit Hilfe dieser Eingangsschwankungsspannungen sind wir in der Lage, den Gesamtschwankungsstrom am Ausgang zu berechnen:

$$\mathfrak{J}^2_{\text{schw}} = |\,S^2\mathfrak{U}^2_{\text{schw}\,1}\,| + \mathfrak{J}^2_{\text{vierp}\,0}\left|\,1 + \frac{S\mathfrak{R}_r}{1 - \mathfrak{R}_r S}\,\right|^2 = \frac{|\,S^2\,\mathfrak{U}^2_{\text{schw}\,0}\,| + \mathfrak{J}^2_{\text{vierp}\,0}}{|\,1 - \mathfrak{R}_r S\,|^2}\,.$$

Der Ausgangssignalstrom wird:

$$\mathfrak{J}_{\text{sign}} = S\,\mathfrak{U}_{\text{sign}} = \frac{S\,\mathfrak{U}_{\text{sign}\,0}}{1 - \mathfrak{R}_r S}\,.$$

Als Verhältnis des Signalstromes zum Schwankungsstrom entsteht nach obigem mit Rückkopplung genau der Ausdruck (F 2,1). Wir gelangen somit zum Satz:

Durch die oben eingeführte Rückkopplung wird das Signal/Schwankungsverhältnis in einem kleinen Frequenzintervall Δf am Ausgang nicht geändert.

Der Eingangswiderstand des Vierpols bei kurzgeschlossenem Ausgang sei $\mathfrak{R}_{e0}$. Wenn wir $\mathfrak{I}$ den Kurzschlußstrom der Signalquelle am Eingang nennen, so ist: $\mathfrak{I}\mathfrak{R}_{e0} = \mathfrak{U}_{\text{sign}\,0}$ und nach Rückkopplung gilt: $\mathfrak{I}\mathfrak{R}_e = \mathfrak{U}_{\text{sign}}$, also:

$$\mathfrak{I}\mathfrak{R}_e = \mathfrak{U}_{\text{sign}} = \frac{\mathfrak{U}_{\text{sign}\,0}}{1 - \mathfrak{R}_r S},$$

oder:

$$\mathfrak{R}_e = \frac{\mathfrak{R}_{e0}}{1 - \mathfrak{R}\, S}. \tag{F 2,2}$$

Somit wird der Eingangswiderstand $\mathfrak{R}_{e0}$ durch die Rückkopplung in $\mathfrak{R}_e$ geändert.

Schrifttum: 207, 352, 353, 354, 355.

β) *Rückkopplung bei linearen Sechspolen.*

Als Sechspol bezeichnen wir eine Schaltung mit drei Paaren von Anschlußklemmen. Eines dieser Klemmenpaare verwenden wir als Eingang, die zwei weiteren Klemmenpaare als zwei Ausgänge. Diese beiden Ausgänge sollen, genau wie oben beim Vierpol, kurzgeschlossen sein. Beim nicht-rückgekoppelten Sechspol sei die Signaleingangsspannung $\mathfrak{U}_{\text{sign}\,0}$, die von der Signalquelle stammende Schwankungsspannung $\mathfrak{U}_{\text{schw}\,0}$. Der Signalstrom in der Kurzschlußleitung am Ausgang *1* sei $S_1\mathfrak{U}_{\text{sign}\,0}$. Vor der Rückkopplung hat der Schwankungsstrom in der Kurzschlußleitung *1* bei kurzgeschlossenem Eingang den Wert $\mathfrak{I}_{10}$ und bei nichtkurzgeschlossenem Eingang den Wert:

$$\mathfrak{I}^2_{\text{schw}\,10} = \mathfrak{I}^2_{10} + |S_1^2|\,\mathfrak{U}^2_{\text{schw}\,0}.$$

Die entsprechenden Größen für den Ausgang *2* sind: $\mathfrak{I}_{20}$ und $\mathfrak{I}_{\text{schw}\,20}$. Die Rückkopplung soll vom Ausgang *2* nach dem Eingang stattfinden. Wir wollen den Einfluß einer solchen Rückkopplung auf das Signal/Schwankungsverhältnis in der Augangsleitung *1* betrachten. Nach der Rückkopplung ist die Eingangssignalspannung $\mathfrak{U}_{\text{sign}}$ und für diesen Wert ergibt sich:

$$\mathfrak{U}_{\text{sign}} = \frac{\mathfrak{U}_{\text{sign}\,0}}{1 - \mathfrak{R}_r S_2}.$$

Der Signalstrom am Ausgang *1* ist nach dieser Rückkopplung $S_1\mathfrak{U}_{\text{sign}}$ und der Schwankungsstrom unter der Voraussetzung, daß $\mathfrak{I}_{10}$ und $\mathfrak{I}_{20}$ gar nicht zusammenhängen:

$$\mathfrak{I}^2_{\text{schw}} = \mathfrak{U}^2_{\text{schw}\,0}\left|\frac{S_1^2}{(1 - \mathfrak{R}_r S_2)^2}\right| + \mathfrak{I}^2_{10} + \mathfrak{I}^2_{20}\left|\frac{S_1\mathfrak{R}_r}{1 - \mathfrak{R}_r S_2}\right|^2.$$

Als Signal/Schwankungsverhältnis in der Ausgangsleitung *1* ergibt sich demnach bei Anwendung obiger Rückkopplung:

$$\frac{\mathfrak{U}^2_{\text{sign}\,0}}{\mathfrak{U}^2_{\text{schw}\,0} + \mathfrak{I}^2_{20}\,|\mathfrak{R}_r|^2 + \mathfrak{I}^2_{10}\left|\dfrac{1-\mathfrak{R}_r S_2}{S_1}\right|^2} \tag{F 2,3}$$

und ohne Rückkopplung:

$$\frac{\mathfrak{U}^2_{\text{sign}\,0}}{\mathfrak{U}^2_{\text{schw}\,0} + \dfrac{\mathfrak{I}^2_{10}}{|S_1|^2}}. \tag{F 2,4}$$

Das Signal/Schwankungsverhältnis am Ausgang *2* beträgt ohne Rückkopplung:

$$\frac{\mathfrak{U}^2_{\text{sign}\,0}}{\mathfrak{U}^2_{\text{schw}\,0} + \dfrac{\mathfrak{I}^2_{20}}{|S_2|^2}}. \tag{F 2,5}$$

Endlich betrachten wir noch mit Rückkopplung das Signal/Schwankungsverhältnis am Ausgang *1*, wenn $\mathfrak{J}_{10}$ und $\mathfrak{J}_{20}$ vollkommen zusammenhängen:

$$\text{(F 2,6)} \qquad \frac{\mathfrak{U}^2_{\text{sign}\,0}}{\mathfrak{U}^2_{\text{schw}\,0} + \left|\mathfrak{J}_{20}\mathfrak{R}_r + \frac{\mathfrak{J}_{10}}{S_1}(1 - \mathfrak{R}_r S_2)\right|^2}.$$

Der Fall, daß $\mathfrak{J}_{10}$ und $\mathfrak{J}_{20}$ zum Teil zusammenhängen, liegt offenbar zwischen den obigen Extremfällen vollkommen unzusammenhängender und vollkommen zusammenhängender Schwankungsströme.

Der Eingangswiderstand des rückgekoppelten Sechspols wird durch den Ausdruck (F 2,2) gegeben, in dem S durch S_2 zu ersetzen ist.

Wir wählen nun $\mathfrak{R}_r$ derart, daß $1 - \mathfrak{R}_r S_2 = 0$, also $\mathfrak{R}_e$ nach (F 2,2) gleich ∞. In diesem Fall ist offenbar das Verhältnis (F 2,3) sowie (F 2,6) nach Rückkopplung gleich dem Verhältnis (F 2,5). Wenn nun z. B. (F 2,5) größer als (F,2,4) vorausgesetzt wird, ergibt sich der Satz: *Durch Rückkopplung von einem der Ausgänge zum Eingang eines Sechspols kann das Signal/Schwankungsverhältnis an einem der Ausgänge stets gleich dem Signal/Schwankungsverhältnis gemacht werden, das an einem der beiden Ausgänge vor der Rückkopplung herrschte.*

Die Größe $\mathfrak{R}_r S_2$ in obigen Formeln ist im allgemeinen komplex. Wir können zeigen: *Das Signal/Schwankungsverhältnis, welches einem komplexen Wert der Größe $\mathfrak{R}_r S_2$ bei der Rückkopplung entspricht, ist stets geringer als das Verhältnis, welches einem reellen Wert von $\mathfrak{R}_r S_2$ gleich dem Realteil des genannten komplexen Wertes entspricht.* Der Beweis ergibt sich fast unmittelbar durch Einführen von $\mathfrak{R}_r S_2 = x + jy$ in (F 2,6) und in (F 2,3). (Der Leser führe ihn zur Übung durch.) Eine andere Ausdrucksweise für den gleichen Satz lautet: *Wenn ein Sechspol von einem Ausgang zum Eingang rückgekoppelt wird, kann das Signal/Schwankungsverhältnis dadurch erhöht werden, daß der imaginäre Teil des Rückkopplungsfaktors $\mathfrak{R}_r S_2$ zum Verschwinden gebracht wird.*

Schrifttum: 243, 352, 353, 354, 355.

γ) *Einfluß des Zusammenhangs zwischen den Ausgangsstromschwankungen.*

Als ersten Fall betrachten wir die Gl. (F 2,3), die vollkommen unzusammenhängenden Schwankungsströmen $\mathfrak{J}_{10}$ und $\mathfrak{J}_{20}$ entspricht. Wir setzen:

$$\text{(F 2,7)} \qquad a^2 = \left|\frac{\mathfrak{J}^2_{20}}{S_2^2}\right| \Big/ \left|\frac{\mathfrak{J}^2_{10}}{S_1^2}\right|.$$

Der vom Verstärker herrührende Schwankungsausdruck im Nenner von (F 2,3):

$$\text{(F 2,8)} \qquad \mathfrak{U}^2 = \left|\frac{\mathfrak{J}^2_{20}}{S_2^2}\mathfrak{R}_r^2 S_2^2\right| + \left|\frac{\mathfrak{J}^2_{10}}{S_1^2}(1 - \mathfrak{R}_r S_2)^2\right|$$

kann als Funktion von a^2 geschrieben werden und erreicht ein Minimum, wenn $|\mathfrak{R}_r S_2| = (1 + a^2)^{-1}$. Der betreffende günstigste Wert von $\mathfrak{U}^2$ beträgt:

$$\text{(F 2,8a)} \qquad \mathfrak{U}^2_{\text{günst}} = \left|\frac{\mathfrak{J}^2_{10}}{S_1^2}\right| \frac{a^2}{1+a^2} = \left|\frac{\mathfrak{J}^2_{20}}{S_2^2}\right| \frac{a^{-2}}{1+a^{-2}},$$

und dieser Wert ist stets *geringer* als der aus (F 2,4) hervorgehende Wert $|\mathfrak{J}^2_{10}/S_1^2|$. Folglich ist das Signal/Schwankungsverhältnis durch diese Wahl der Rückkopplungsgröße $\mathfrak{R}_r S_2$ gegenüber dem Wert (F 2,4) ohne Rückkopplung *gesteigert* worden. Dieser Wert $\mathfrak{U}^2_{\text{günst}}$ nach (F 2,8a) führt auch zu einem günstigeren Signal/Schwankungsverhältnis als durch Anwendung des ersten Satzes des vorigen Abschn. β erreicht werden kann. Falls $a^2 > 1$, sind die Schwankungen bei kurzgeschlossenem Eingang am Ausgang *1* geringer als am Ausgang *2*, für $a^2 < 1$ trifft das Umgekehrte zu. Im 1. Fall ist es also vorteilhaft, den Ausgang *1* für

Verstärkungszwecke zu benutzen, im 2. Fall dagegen den Ausgang *2*. Bei Anwendung einer Rückkopplung, welche zum günstigsten Wert $\mathfrak{U}^2$ nach (F 2,8a) führt, erhält man aber schließlich an beiden Ausgängen das gleiche Signal/Schwankungsverhältnis.

Wir können diese Ergebnisse auf zwei identische Vierpolstufen anwenden, deren Eingänge parallel geschaltet werden. Da nun nach (F 2,7) gilt: $a^2 = 1$, kann nach (F 2,8) die Größe $\mathfrak{U}^2$ durch geeignete Rückkopplung auf die *Hälfte* des Wertes ohne Rückkopplung herabgesetzt werden. Da das Signal/Schwankungsverhältnis auch noch die Schwankungen der Signalquelle enthält, wird es durch diese Maßnahme um weniger als einen Faktor 2 gesteigert.

Als 2. Fall betrachten wir die Gl. (F 2,6), die zu vollkommen zusammenhängenden Schwankungsströmen $\mathfrak{J}_{10}$ und $\mathfrak{J}_{20}$ gehört. Auch hier führen wir eine Hilfsgröße a nach (F 2,7) ein und erhalten für $\mathfrak{U}$ an Stelle von (F 2,8) den Ausdruck:

(F 2,9) $$\mathfrak{U}^2 = \left|\frac{\mathfrak{J}_{10}^2}{S_1^2}(1 - \mathfrak{R}_r S_2 + a\mathfrak{R}_r S_2)^2\right|.$$

Folglich ist $\mathfrak{U}^2 = 0$ für $1 + a\mathfrak{R}_r S_2 = \mathfrak{R}_r S_2$, oder: $\mathfrak{R}_r S_2 = 1/(1 - a)$. Im Falle $a < 0$ erhalten wir positive Werte von $\mathfrak{R}_r S_2 < 1$ und diese gehören zu einer *negativen Rückkopplung*, welche meistens *Gegenkopplung* (vgl. Abschn. C 2bγ) genannt wird. Falls $a > 1$, gelangen wir zu negativen Werten von $\mathfrak{R}_r S_2$ und diese gehören zu einer *positiven Rückkopplung*, welche oft als Rückkopplung schlechthin bezeichnet wird (die Eingangsspannung wächst infolge der Rückkopplung). Für $a = 1$ wird:

$$(\mathfrak{U}^2)_{a=1} = \left|\frac{\mathfrak{J}_{10}^2}{S_1^2}\right|$$

und findet durch obige Rückkopplung *keine* Steigerung des Signal/Schwankungsverhältnisses gegenüber dem Wert (F 2,4) statt. Schließlich erhalten wir für $0 < a < 1$ positive Werte von $\mathfrak{R}_r S_2$ welche >1 sind. Der Eingangswiderstand $\mathfrak{R}_e$ nach (F 2,2):

$$\mathfrak{R}_e = \frac{\mathfrak{R}_{e0}}{1 - \mathfrak{R}_r S_2}$$

erhält dann einen *negativen Realteil*, und deshalb könnte der Verstärker unter Umständen Schwingneigung zeigen (vgl. Abschn. C 2cγ). In solchen Fällen ist es aber möglich, den Ausgang *1* zur Rückkopplung und den Ausgang *2* als Verstärkerausgang zu benutzen. Dann wird $\mathfrak{U}^2 = 0$ für $\mathfrak{R}_r S_1 = 1/(1 - a^{-1})$, und wegen $0 < a < 1$ wird $a^{-1} > 1$ und folglich $\mathfrak{R}_r S_1 < 0$, was einer *positiven* Rückkopplung entspricht, welche bereits oben betrachtet wurde.

Wir können die Ergebnisse der obigen Betrachtungen zu folgendem Satz zusammenfassen: *Bei vollkommen zusammenhängenden Schwankungen an den beiden Ausgängen eines Sechspols kann eine Steigerung des Signal/Schwankungsverhältnisses durch Rückkopplung von einem der Ausgänge zum Eingang stattfinden, wenn der andere Ausgang als Verstärkerausgang benutzt wird, im Falle* $a \neq 1$ [vgl. Gl. (F 2,7)]. Diese zwei Ausgänge dürfen verwechselt werden. Durch richtige Wahl der Rückkopplung kann der Beitrag des Sechspols (Verstärkers) zu den Schwankungen am Ausgang *völlig* zum Verschwinden gebracht werden.

Schrifttum: 243, 350, 352, 353, 354, 355.

δ) *Rückkopplung bei linearen 2n-Polen.*

Als erste Erweiterung der oben betrachteten Sechspole behandeln wir einen Achtpol mit einem Eingangsklemmenpaar und drei Ausgangsklemmenpaaren. Einen dieser Ausgänge benutzen wir als Verstärkerausgang, während die anderen

Ausgänge Rückkopplungszwecken dienen. In dieser Reihenfolge seien die Ausgänge mit *1*, *2* und *3* bezeichnet. Die Überlegungen, welche zu den Formeln (F 2,3) sowie (F 2,6) für das Signal/Schwankungsverhältnis bei Anwendung von Rückkopplung im Falle eines Sechspols führten, können mit geringen Änderungen im vorliegenden Fall eines Achtpols benutzt werden. An Stelle der Rückkopplungsgröße $\mathfrak{R}_r S_2$ beim Sechspol führen wir jetzt die Größen $\mathfrak{R}_{r2} S_2$ und $\mathfrak{R}_{r3} S_3$ beim Achtpol ein. Im Falle vollkommen unzusammenhängender Schwankungsströme $\mathfrak{J}_{10}$, $\mathfrak{J}_{20}$ und $\mathfrak{J}_{30}$ an den drei Ausgängen bei kurzgeschlossenem Eingang ergibt sich als Signal/Schwankungsverhältnis am Ausgang *1*:

$$\text{(F 2,10)} \qquad \frac{\mathfrak{U}^2_{\text{sign}\,0}}{\mathfrak{U}^2_{\text{schw}\,0} + |\mathfrak{J}_{20}\mathfrak{R}_{r2}|^2 + |\mathfrak{J}_{30}\mathfrak{R}_{r3}|^2 + \left|\frac{\mathfrak{J}^2_{10}}{S_1^2}(1 - \mathfrak{R}_{r2}S_2 - \mathfrak{R}_{r3}S_3)^2\right|}$$

und im Falle vollkommen zusammenhängender Schwankungsströme $\mathfrak{J}_{10}$, $\mathfrak{J}_{20}$ und $\mathfrak{J}_{30}$:

$$\text{(F 2,11)} \qquad \frac{\mathfrak{U}^2_{\text{sign}\,0}}{\mathfrak{U}^2_{\text{schw}\,0} + \left|\mathfrak{J}_{20}\mathfrak{R}_{r2} + \mathfrak{J}_{30}\mathfrak{R}_{r3} + \frac{\mathfrak{J}_{10}}{S_1}(1 - \mathfrak{R}_{r2}S_2 - \mathfrak{R}_{r3}S_3)\right|^2}.$$

Ohne Rückkopplung ist $\mathfrak{R}_{r2} = \mathfrak{R}_{r3} = 0$. Die vom Achtpol (Verstärker) herrührenden Schwankungen können wieder, analog zu (F 2,8), zu einer Größe $\mathfrak{U}_8^2$ zusammengefaßt werden, die in den obigen zwei Fällen gleich dem Nenner unter Fortlassung des Summanden $\mathfrak{U}^2_{\text{schw}0}$ ist. Offenbar findet eine Steigerung des Signal/Schwankungsverhältnisses infolge der Rückkopplung statt, falls:

$$\mathfrak{U}_8^2 < \left|\frac{\mathfrak{J}_{10}}{S_1}\right|^2.$$

Analog zum Sechspol können auch hier beim Achtpol verschiedene Fälle betrachtet werden, in denen diese Ungleichung erfüllt wird. Als Beispiel wählen wir drei identische Vierpole (Verstärker), deren Eingänge wir parallel zueinander schalten. Durch geeignete Rückkopplungen (die Ströme $\mathfrak{J}_{10}$, $\mathfrak{J}_{20}$ und $\mathfrak{J}_{30}$ sind hier vollkommen unzusammenhängend) von zwei der Ausgänge zum Eingang erhalten wir für den Ausgang *1* die Größe:

$$(\mathfrak{U}_8^2)_{\text{günst}} = \left|\frac{\mathfrak{J}^2_{10}}{S_1^2}\right| \frac{a_2^2\, a_3^2}{a_2^2 + a_3^2 + a_2^2 a_3^2}\,;\; a_2^2 = \left|\frac{\mathfrak{J}_{20}/S_2}{\mathfrak{J}_{10}/S_1}\right|^2\,;\; a_3^2 = \left|\frac{\mathfrak{J}_{30}/S_3}{\mathfrak{J}_{10}/S_1}\right|^2.$$

Im vorliegenden Fall ist $a_2 = a_3$ und wird somit der günstigste Wert von $\mathfrak{U}_8^2$ ein Drittel des Wertes ohne Rückkopplung, der gleich $|\mathfrak{J}_{10}/S_1|^2$ ist. Das Signal/Schwankungsverhältnis wird nach Gl. (F 2,10) wegen der Quellenschwankungen $\mathfrak{U}^2_{\text{schw}0}$ um weniger als einen Faktor 3 gesteigert.

Bei vollkommen *zusammenhängenden* Schwankungsströmen $\mathfrak{J}_{10}$, $\mathfrak{J}_{20}$ und $\mathfrak{J}_{30}$ können die vom Achtpol herrührenden Schwankungen (d. h. $\mathfrak{U}_8^2$) durch geeignete Rückkopplungen, analog wie beim Sechspol, vollkommen zum Verschwinden gebracht werden. Die hierbei möglicherweise auftretende Schwingneigung ist beim Achtpol in weniger Fällen vorhanden als beim Sechspol, da wir zwei Ausgänge für die Durchführung der Rückkopplungen zur Verfügung haben. Der Leser möge diese Fälle als Übung an Hand von (F 2,11) betrachten.

Es bereitet nach diesen Überlegungen keine grundsätzlichen Schwierigkeiten, wenn wir an Stelle von Sechs- oder Achtpolen nun $2n$-Pole betrachten wollen. Als Beispiel behandeln wir n identische Vierpole, deren Eingänge wir parallelschalten. Durch Anwendung geeigneter Rückkopplungen von $n-1$ Ausgängen zum Eingang kann der Beitrag des Verstärkers zu den Schwankungen am $n$ten Ausgang auf $1/n$ des Wertes ohne Rückkopplung herabgesetzt werden.

Wegen der Quellenschwankungen $\mathfrak{U}^2_{\text{schw}\,0}$ wird dabei das Signal/Schwankungsverhältnis am betreffenden Ausgang um weniger als einen Faktor n gesteigert. Der Leser möge als Übung die weiteren obigen Überlegungen auf den Fall eines $2n$-Poles anwenden.

Schrifttum: **243, 352, 353, 354, 355.**

b) Anwendung von Rückkopplungen in Verstärkerstufen.

Als Beispiele zu obigen allgemeinen Überlegungen betrachten wir nun eine Reihe von Einzelfällen, welche auch für sich praktisches Interesse beanspruchen dürfen.

α) *Verringerung der Kathodenstromschwankungen im Anodenkreis.*

Wir betrachten die in Abb. 317 gezeichnete Schaltung. Der mit R bezeichnete Wirkwiderstand stellt den Abstimmwiderstand eines Schwingungskreises dar, der durch die Parallelschaltung eines Wirkwiderstandes R, einer Selbstinduktion L und einer Kapazität C gebildet wird. Wir betrachten die Wirkung der Schaltung bei einer Kreisfrequenz ω. Für diese Kreisfrequenz ist der genannte Schwingungskreis derart abgestimmt, daß gilt: $\omega^2 L(C + C_{kg}) = 1$.

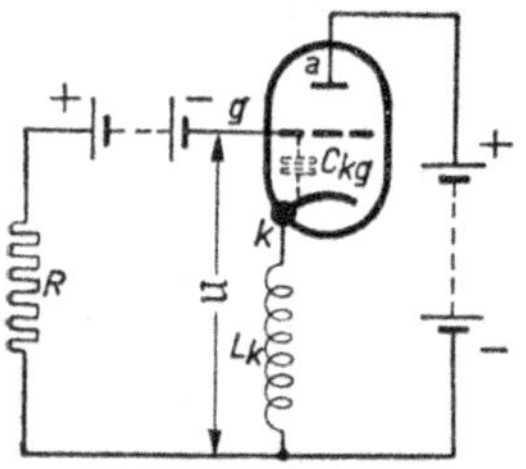

Abb. 317. Schaltbild einer Triode mit einer Selbstinduktion L_k in der Kathodenleitung.

Die Kathodenstromschwankung $\mathfrak{J}_k$ fließt durch die Selbstinduktion L_k und erzeugt zwischen deren Klemmen eine Schwankungsspannung $j\omega L_k \mathfrak{J}_k$. Zwischen den Klemmen von R sei eine Schwankungsspannung $\mathfrak{U}$ vorhanden, die mit dem Schwankungsstrom $\mathfrak{J}_k$ zusammenhängt. Wenn wir annehmen, daß $|\omega L_k \mathfrak{J}_k| \ll |\mathfrak{U}|$ ist, ergibt sich infolge der Steilheit S der Röhre durch die Schwankungsspannung $\mathfrak{U}$ ein Anodenschwankungsstrom $S\mathfrak{U}$ und somit eine Gesamtschwankungsspannung zwischen den Klemmen von L_k im Betrage $j\omega L_k (\mathfrak{J}_k + S\mathfrak{U})$. Durch diese Spannung würde zwischen den Klemmen von R angenähert (falls $\omega L_k \ll 1/\omega C_{kg}$) eine Schwankungsspannung $(\mathfrak{J}_k + S\mathfrak{U})\, j\omega L_k\, j\omega C_{kg} R$ erzeugt, und diese Spannung ist nach Voraussetzung gleich $\mathfrak{U}$. Folglich gilt:

$$\mathfrak{U} = -\mathfrak{J}_k \omega^2 L_k C_{kg} \left(\frac{1}{R} + \omega^2 S L_k C_{kg}\right)^{-1}.$$

Hieraus ergibt sich der Schwankungsstrom $\mathfrak{J}_a$ im Anodenkreis im Betrage:

$$\mathfrak{J}_a = \mathfrak{J}_k + S\mathfrak{U} = \mathfrak{J}_k \left\{1 - S\omega^2 L_k C_{kg} \left(\frac{1}{R} + \frac{1}{R_L}\right)^{-1}\right\},$$

mit:

$$\frac{1}{R_L} = \omega^2 L_k C_{kg} S.$$

Hier ist R_L ein *Dämpfungswiderstand*, der infolge der Selbstinduktion L_k *parallel zum Röhreneingang* kommt. Setzen wir weiterhin:

$$\frac{1}{R_L} + \frac{1}{R} = \frac{1}{R_i},$$

so entsteht die einfache Formel:

$$\mathfrak{J}_a = \mathfrak{J}_k \left(1 - \frac{R_i}{R_L}\right) = \mathfrak{J}_k \frac{R_i}{R}. \qquad \text{(F 2,12)}$$

Offenbar ist R_i der Gesamtwiderstand des Eingangskreises (Schwingungskreis mit Röhre parallel) in der Abstimmlage. Da definitionsgemäß R_i stets kleiner ist als R, wird $\mathfrak{J}_a$ immer geringer sein als $\mathfrak{J}_k$, d. h. es findet eine *Verringerung* des ursprünglich $\mathfrak{J}_k$ betragenden Schwankungsstromes im Anodenkreis statt.

Wie oben bereits bemerkt, stellt diese Rechnung eine *Näherung* dar, die aber die wirklichen Verhältnisse fast genau wiedergibt, wenn die Ungleichungen $\omega^2 S^2 L_k^2 \ll 1$ und $\omega^2 L_k C_{kg} \ll 1$ erfüllt sind. Weiter sind auch die vom Wirkwiderstand R herrührenden Spannungsschwankungen außer acht gelassen, da sie nicht mit den Kathodenstromschwankungen zusammenhängen.

Bei der exakten Durchrechnung dieser Aufgabe müssen die Gesetze von Ohm und Kirchhoff auf das Schaltbild 317 angewandt und die entstehenden linearen Gleichungen aufgelöst werden (der Leser führe diese Rechnung zur Übung durch). Das Ergebnis lautet mit geringfügigen Vernachlässigungen ($\mathfrak{U}_k$ ist die Schwankungsspannung über L_k):

$$|\mathfrak{U} - \mathfrak{U}_k| = |\mathfrak{J}_k| R_i \frac{\omega^2 L_k C_{kg}}{(1-\omega^2 L_k C_{kg})^2 + \omega^2 S^2 L_k^2} \cdot \frac{(1-\omega^2 L_k C_{kg})^2}{(1-\omega^2 L_k C_{kg})^2 + \omega^2 S^2 L_k^2}.$$

Für $\omega^2 S^2 L_k^2 \ll 1$ und $\omega^2 L_k C_{kg} \ll 1$ ergibt sich:

$$|\mathfrak{U} - \mathfrak{U}_k| = |\mathfrak{J}_k| R_i \omega^2 L_k C_{kg},$$

und dieser Ausdruck führt wieder zur Gl. (F 2,12).

Als Zahlenbeispiel sei $\omega = 10^7$ (etwa 200 m Wellenlänge), $C_{kg} = 4$ pF, $S = 2$ mA/V, $R = 10^5$ Ohm. Dann wird mit Hilfe einer Selbstinduktion $L_k = 1{,}25 \cdot 10^{-5}$ Henry ein Wert $1/R_L = 10^{-5}$ erzeugt. Somit erhält man $R_i/R = 0{,}5$. Die Kathodenstromschwankungen im Anodenkreis werden also nach Gl. (F 2,12) halbiert. Die Bedingungen: $\omega^2 S^2 L_k^2 \ll 1$ und $\omega^2 L_k C_{kg} \ll 1$ sind beide erfüllt, wie man leicht bestätigt.

Schrifttum: 202.

β) *Beseitigung der Stromverteilungsschwankungen.*

Hierzu betrachten wir die in Abb. 318a gezeichnete Schaltung. Zwischen Steuergitter und Kathode ist ein Wirkwiderstand R gezeichnet. Dieser Widerstand bezeichnet, wie im Abschn. F 2bα, den Abstimmwiderstand eines Schwingungskreises, der durch die Parallelschaltung einer Selbstinduktion L_1, einer Kapazität C_1 und eines Wirkwiderstandes R gebildet wird. Die Abstimmung ist so gewählt, daß für die betrachtete Kreisfrequenz ω gilt: $\omega^2 L_1 (C_1 + C) = 1$, wobei C die Kapazität zwischen Schirmgitter ($g2$) und Steuergitter ($g1$) bezeichnet. Zwischen den Klemmen von R und somit zwischen Steuergitter und Kathode soll infolge der vorgenommenen Schaltmaßnahmen (der genannte Schwingungskreis und die Selbstinduktion L in der Schirmgitterleitung) eine Schwankungsspannung $\mathfrak{U}$ entstehen, die mit den *Stromverteilungsschwankungen* zusammenhängt.

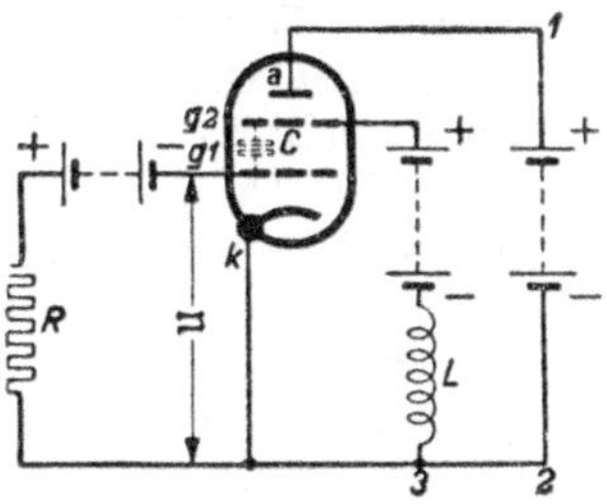

Abb. 318a. Schaltbild einer Tetrode mit einer Selbstinduktion L in der Schirmgitterleitung.

In der Schirmgitterleitung fließt nach Abschn. A 5cα eine Verteilungsstromschwankung $\mathfrak{J}_{g2}$ nach Gl. (A 5,19) im Falle, daß $R = 0$ und $L = 0$ ist. Weiter fließt in diesem Falle in der Anodenleitung ein Verteilungsschwankungsstrom $\mathfrak{J}_{av}$ nach Gl. (A 5,20). Wir wollen durch die genannten Schaltmaßnahmen erreichen, daß der Schwankungsstrom $\mathfrak{J}'_{av}$, der bei Berücksichtigung ihrer Wirkung in der Anodenleitung fließt, kleiner ist als der ursprüngliche Schwankungsstrom $\mathfrak{J}_{av}$.

Bei der Berechnung dieser Wirkung gehen wir davon aus, daß der Schirmgitterstrom eine Steilheit S_2 in bezug auf die Steuergitterspannung aufweist und der Anodenstrom eine Steilheit S_a. Die zwischen den Klemmen von L erzeugte Spannungsschwankung beträgt, unter Berücksichtigung der Spannungsschwankung $\mathfrak{U}$ zwischen Steuergitter und Kathode: $(\mathfrak{I}_{g2} + S_2\mathfrak{U})j\omega L$. Diese Spannungsschwankung erzeugt zwischen Steuergitter und Kathode infolge der Kapazität C angenähert (falls $\omega L \ll 1/\omega C$) eine Spannungsschwankung: $(\mathfrak{I}_{g2} + S_2\mathfrak{U})\omega^2 LCR$, und letztere Spannungsschwankung ist nach Voraussetzung gleich $\mathfrak{U}$. Folglich ergibt sich:

$$\mathfrak{U} = (\mathfrak{I}_{g2} + S_2\mathfrak{U})\,\omega^2 LCR \quad \text{oder} \quad \mathfrak{U} = \mathfrak{I}_{g2}\omega^2 LCR(1 - S_2 \cdot \omega^2 LCR)^{-1}.$$

Mit den Abkürzungen:

$$\frac{1}{R_2} = S_2\omega^2 LC \quad \text{und} \quad \frac{1}{R_i} = \frac{1}{R} - \frac{1}{R_2}$$

erhält man:

(F 2,13)
$$\mathfrak{U} = \frac{\mathfrak{I}_{g2}}{S_2}\,\frac{R_i}{R_2}.$$

Hier ist $-R_2$ ein Widerstand, der als Folge der Schaltmaßnahmen (L und R) parallel zum Röhreneingang entsteht, und R_i ist der Gesamtwiderstand des Eingangskreises in der Abstimmlage (Schwingungskreis und Röhre parallel).

Der Schwankungsstrom $\mathfrak{I}_{g2}$ zum Schirmgitter infolge der Stromverteilung erzeugt nach Gl. (F 2,13) direkt die Schwankungsspannung $\mathfrak{U}$ zwischen Steuergitter und Kathode. Diese Schwankungsspannung $\mathfrak{U}$ erzeugt infolge der Steilheit S_a einen Schwankungsstrom $S_a\mathfrak{U}$ in der Anodenleitung. Dieser Schwankungsstrom hat eine Phasendifferenz π gegenüber dem ursprünglich ($R = 0$, $L = 0$) in der Anodenleitung fließenden Schwankungsstromanteil $\mathfrak{I}_{av}$ (im Betrage gleich $\mathfrak{I}_{g2}$) infolge der Stromverteilung und hat den Betrag $S_a\mathfrak{I}_{g2}R_i/S_2R_2$. Wenn wir somit:

$$\frac{S_a}{S_2}\,\frac{R_i}{R_2} = 1$$

wählen, *können wir die Stromverteilungsschwankungen in der Anodenleitung völlig auslöschen.* Bei dieser Kompensierung der Stromverteilungsschwankungen in der Anodenleitung wird der ursprüngliche Schwankungsstrom $\mathfrak{I}_{ak}$ in dieser Leitung nach Gl. (A 5,23) im Betrage etwas vergrößert, und zwar mit dem Faktor $(I_{g2} + I_a)/I_a$ multipliziert. Da aber der Schirmgittergleichstrom I_{g2} meistens nur ein Bruchteil des Anodengleichstroms ist, ist dieser Faktor meistens nur wenig größer als 1.

Oben ist bereits erwähnt, daß unsere Rechnung nur angenähert richtig ist. Die genaue Rechnung zeigt, daß der Fehler darin steckt, daß in unserer Formel (F 2,13) 1 statt $1 - \omega^2 LC$ eingesetzt ist. Solange also $\omega^2 LC \ll 1$ ist, bleibt dieser Fehler gering. Auch die vom Wirkwiderstand R herrührenden Spannungsschwankungen sind nicht berücksichtigt, da sie nicht mit den Stromverteilungsschwankungen zusammenhängen. Der Leser führe zur Übung die exakte Rechnung auf Grund der Sätze von OHM und KIRCHHOFF durch.

Wir können die beschriebene Auslöschung der Verteilungsstromschwankungen im Anodenkreis in einfacher Weise deuten. Hierzu bemerken wir, daß vor der getroffenen Schaltmaßnahme diese Stromschwankungen von der Anode zum Schirmgitter verlaufen. Nach der Schaltmaßnahme fließen sie vom Schirmgitter zur Kathode und ist der Anodenkreis frei von diesem Schwankungsstrom.

Es sei noch erwähnt, daß als Folge der getroffenen Schaltmaßnahmen parallel zu R ein *negativer* Dämpfungswiderstand entsteht, dessen Betrag oben mit R_2 bezeichnet wurde.

Als Zahlenbeispiel sei $\omega = 10^7$ (etwa 200 m Wellenlänge), $S_2 = 2$ mA/V, $=L$ $2{,}5 \cdot 10^{-5}$ Henry, $C = 2$ pF. Dann wird $1/R_2 = 10^{-5}$ Ohm. Wenn

$R = 0{,}2 \cdot 10^5$ Ohm ist, erhält man $1/R_i = 4 \cdot 10^{-5}$ Ohm. Der neue Verteilungsschwankungsstrom $\mathfrak{I}'_{av}$ in der Anodenleitung wird:

(F 2,14) $$\mathfrak{I}'_{av} = \mathfrak{I}_{av}\left(1 - \frac{S_a}{S_2}\frac{R_i}{R_2}\right).$$

Für die obigen Zahlen erhält man im Falle $S_a = 3S_2$:

$$\mathfrak{I}'_{av} = \mathfrak{I}_{av}\left(1 - \frac{3}{4}\right) = \frac{1}{4}\mathfrak{I}_{av}.$$

Wir haben somit die Stromverteilungsschwankungen in der Anodenleitung auf $^1/_4$ des ursprünglichen Wertes herabgedrückt. Die Bedingung: $\omega^2 LC \ll 1$ ist in obigem Beispiel gut erfüllt.

Schrifttum: 202, 352, 353, 354, 355.

γ) *Beseitigung der Elektronenvervielfachungsschwankungen.*

Wir betrachten das Schaltbild 318b, das in der Zuleitung zur Vervielfachungselektrode eine Selbstinduktion L enthält und eine Kapazität C zwischen dieser Elektrode und dem Steuergitter. Der Widerstand R zwischen Steuergitter und Kathode deutet einen Schwingungskreis an, der aus der Parallelschaltung einer Selbstinduktion L_1, einer Kapazität C_1 und eines Wirkwiderstandes R besteht. Die Abstimmung entspricht der Beziehung $\omega^2 L_1(C_1 + C) = 1$. Wenn wir die mit der Vervielfachung zusammenhängende Spannungsschwankung zwischen Gitter und Kathode $\mathfrak{U}$ nennen, ergibt sich infolge der getroffenen Schaltmaßnahmen im Anodenkreis ein Vervielfachungsschwankungsstrom $\mathfrak{I}'_s$, der gleich $\mathfrak{I}_s + S_a\mathfrak{U}$ wird. Unter $\mathfrak{I}_s$ ist der Vervielfachungsschwankungsstrom im Anodenkreis ohne die getroffenen Schaltmaßnahmen zu verstehen, während S_a die Steilheit des Anodenstroms in bezug auf Spannungsänderungen am Steuergitter darstellt.

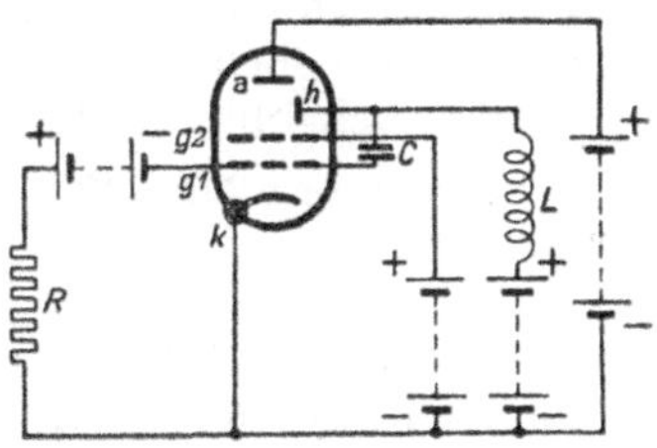

Abb. 318b. Schaltbild einer Elektronenvervielfacherröhre mit einer Selbstinduktion L in der Zuleitung der Vervielfacherelektrode.

Wenn S_h die Steilheit des Stromes zur Vervielfachungselektrode in bezug auf Spannungsänderungen am Steuergitter darstellt, entsteht über der Selbstinduktion L (Abb. 318b) eine Spannungsschwankung $-j\omega L(\mathfrak{I}_s - \mathfrak{U}S_h)$, die infolge der Kapazität C zu einer Spannungsschwankung über R führt. Letztere Schwankung setzen wir gleich $\mathfrak{U}$ und finden angenähert, falls $\omega L \ll 1/\omega C$ ist:

$$\mathfrak{U} = \omega^2 LCR(\mathfrak{I}_s - \mathfrak{U}S_h),$$

oder:

(F 2,15) $$\mathfrak{U} = \omega^2 LCR\mathfrak{I}_s(1 + \omega^2 LCRS_h)^{-1}.$$

Hieraus erhält man einen Schwankungsstrom $\mathfrak{I}'_s$ im Anodenkreis:

(F 2,16) $$\mathfrak{I}'_s = \mathfrak{I}_s\left[1 - \frac{R}{R_h}\frac{S_a}{S_h}\left(1 + \frac{R}{R_h}\right)^{-1}\right].$$

In dieser Formel ist zur Vereinfachung $1/R_h = \omega^2 LCS_h$ gesetzt. Dieser letzte Ausdruck bezeichnet die parallel zu R infolge der getroffenen Schaltmaßnahmen entstehende Dämpfung. Wir können nun offenbar R_h so wählen, daß der Ausdruck in eckigen Klammern verschwindet:

(F 2,17) $$\frac{RS_a}{S_h(R + R_h)} = 1.$$

Der gesamte Vervielfachungsschwankungsstrom im Anodenkreis ist dann ausgelöscht. Bei der obigen Rechnung ist $\omega^2 LC$ gegen 1 vernachlässigt. (Der Leser führe auf Grund der Sätze von OHM und KIRCHHOFF am Schaltbild 318b die exakte Rechnung als Übung durch.)

Physikalisch kann unser Verfahren so verstanden werden, daß der Verlauf der Vervielfachungsstromschwankungen vom Vervielfacherelektroden-Anodenkreis zum Vervielfachungselektroden-Kathodenkreis verlegt wird. Daher fließt im Anodenkreis nach der Schaltmaßnahme kein Vervielfachungsschwankungsstrom mehr.

Als Folge der getroffenen Schaltmaßnahmen entsteht parallel zu R ein positiver Dämpfungswiderstand, der oben mit R_h bezeichnet wurde.

Als Zahlenbeispiel sei $\omega = 10^7$ (etwa 200 m Wellenlänge). $L = 5 \cdot 10^{-5}$ Henry, $C = 2$ pF und $S_h = 10$ mA/V. Dann wird $1/R_h = 10^{-4}$ Ohm^{-1}. Für $R = 0{,}3 \cdot 10^5$ Ohm erhält man:

$$\frac{R}{R_h} \frac{1}{1+\frac{R}{R_h}} = \frac{0{,}3 \cdot 10^5}{10^4} \frac{1}{4} = 0{,}75.$$

Wir nehmen an: $S_a = 12$ mA/V. Die Vervielfachungsschwankungen in der Anodenleitung werden dann nach Gl. (F 2,16) infolge der getroffenen Schaltmaßnahmen mit dem Faktor $1 - 0{,}75 \cdot 1{,}2 = 0{,}1$ multipliziert, d. h. auf $^1/_{10}$ des ursprünglichen Wertes verringert. Die Bedingung $\omega^2 LC \ll 1$ für die Gl. (F 2,16) wird durch obige Zahlen recht gut erfüllt.

Schrifttum: **202, 352, 353, 354, 355.**

δ) *Steigerung des Signal/Schwankungsverhältnisses.*

Bei den Ausführungen in den obigen Abschn. F 2bα, β und γ wurde lediglich auf den Schwankungsstrom in bestimmten Elektrodenzuleitungen von Verstärkerröhren, aber nicht auf das Signal/Schwankungsverhältnis geachtet. Dies soll im vorliegenden Abschnitt nachgeholt werden.

Die in Abschn. F 2bα behandelte Schaltung entspricht einer Rückkopplung vom Ausgang zum Eingang. Als Ausgangsklemmen werden der Anodenanschluß und das von der Kathode abgewandte Ende der Induktivität L_k bezeichnet, als Eingangsklemmen der Steuergitteranschluß und eben dieses Ende von L_k. Zwar entspricht diese Rückkopplung nicht genau den Voraussetzungen des ersten Satzes von Abschn. F 2aα, weil die Anoden-Kathodenleitung, welche ohne Rückkopplung ($L_k = 0$) die Ausgangsleitung bildet, nicht bei der Rückkopplung kurzgeschlossen bleibt. Wenn wir aber die Voraussetzungen von Abschn. F 2bα in Betracht ziehen, bleibt dieser Satz doch angenähert gültig. Demnach ist zu erwarten, daß durch die eingeführte Rückkopplung das Signal/Spannungsverhältnis gegenüber dem Fall ohne Rückkopplung ($L_k = 0$) nahezu unverändert bleibt. Durch eine genaue Rechnung auf Grund der Sätze von OHM und KIRCHHOFF wird diese Erwartung bestätigt, wie der Leser zur Übung nachrechnen möge.

Bei der Schaltung nach Abschn. F 2bβ sind zwei Ausgänge vorhanden: Anode-Kathode und Schirmgitter-Kathode. Wir haben demnach einen *Sechspol* vor uns und können auf denselben die allgemeinen Sätze von Abschn. F 2aβ anwenden. Das Signal/Schwankungsverhältnis ist für die Kathodenzuleitung ohne Rückkopplung am günstigsten, denn durch dieselbe fließt, abgesehen von den Quellenschwankungen der Signalquelle, nur der Kathodenschwankungsstrom und nicht der Verteilungsschwankungsstrom (vgl. Abschn. A 5cα). Letzterer fließt vom Schirmgitter zur Anode. Nach dem ersten Satz von Abschn. F 2aβ können wir am Ausgangsklemmenpaar, das von der Anode und der Kathode gebildet wird, durch geeignete Rückkopplung vom anderen Ausgangsklemmenpaar (Schirmgitteranschluß-Kathode) ein Signal/Schwankungsverhältnis erzielen, das gleich demjenigen in der Kathodenleitung ist. Mit anderen Worten: wir können den Verteilungsschwankungsstrom in der Ausgangsleitung völlig beseitigen, wie auch in Abschn. F 2bβ gezeigt. In analoger Weise läßt sich der Vervielfachungsschwankungsstrom nach Abschn. F 2bγ betrachten. Der Leser führe diese Betrachtung zur Übung durch.

Schrifttum: 202, 207, 243.

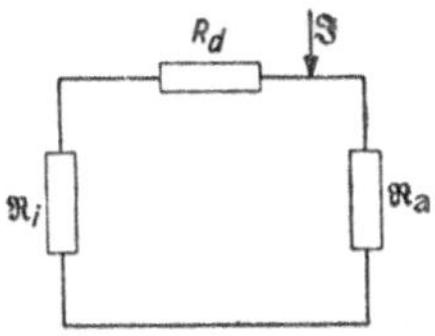

Abb. 319. Prinzipschaltbild einer Diodenmischstufe. $\mathfrak{R}_i$ ist der Wechselstromwiderstand des Eingangskreises für die Kreisfrequenz ω_i, $\mathfrak{R}_a$ der Wechselstromwiderstand des Ausgangskreises für die Kreisfrequenz ω_0 und R_d der Widerstand der Diodenstrecke. Der Schwankungsstrom $\mathfrak{J}$ wird durch die Diode erzeugt.

c) Anwendungen in Mischstufen.

Außer in Verstärkerstufen können die allgemeinen Überlegungen des Abschnitts F 2a auch in Mischstufen Anwendung finden, und wir wollen hier einige Beispiele betrachten.

α) *Diodenmischstufen.*

Im Anschluß an Abb. 276 zeichnen wir in Abb. 319 ein vereinfachtes Schaltbild einer Diodenmischstufe. Wir berücksichtigen nun, daß die Steilheit $s = 1/R_d$ eine periodische Funktion der Zeit ist:

$$\text{(F 2,18)} \qquad \begin{cases} s = A_0 + 2\,A_1 \cos \omega_h t + 2\,A_2 \cos 2\,\omega_h t + \cdots; \\ \sqrt{s} = a_0 + 2\,a_1 \cos \omega_h t + 2\,a_2 \cos 2\,\omega_h t + \cdots. \end{cases}$$

Offenbar ergibt sich aus diesen Gleichungen:

$$\text{(F 2,19)} \qquad \begin{cases} A_0 = a_0^2 + 2\,a_1^2 + 2\,a_2^2 + 2\,a_3^2 + \cdots; \\ A_1 = 2\,a_0\,a_1 + 2\,a_1\,a_2 + 2\,a_2\,a_3 + \cdots. \end{cases}$$

Bevor die Oszillatorspannung mit der Kreisfrequenz ω_h eingeschaltet wurde, betrachten wir Schwankungsstromanteile, deren relativ sehr kleine Frequenzintervalle Δf um die Kreisfrequenzen ω_0, $\omega_h + \omega_0$, $\omega_h - \omega_0$, $2\,\omega_h + \omega_0$, $2\,\omega_h - \omega_0$, $3\,\omega_h + \omega_0$, $3\,\omega_h - \omega_0$ usw. herum gelegen sind. Nach Einschalten der Oszillatorspannung ergeben sich dann hieraus die Schwankungsströme (bei sehr kleinem Δf, so daß angenähert einwellige Ströme entstehen):

$$\text{(F 2,20)} \qquad \begin{cases} p\sqrt{s}\cos(\omega_0 t + \alpha_0); \\ p\sqrt{s}\cos\{(\omega_h + \omega_0)t + \alpha_1\}; \\ p\sqrt{s}\cos\{(\omega_h - \omega_0)t + \beta_1\}; \\ p\sqrt{s}\cos\{(2\,\omega_h + \omega_0)t + \alpha_2\}; \\ p\sqrt{s}\cos\{(2\,\omega_h - \omega_0)t + \beta_2\} \text{ usw.} \end{cases}$$

Die Phasenwinkel α_0, α_1, β_1 usw. hängen nicht zusammen.

Hierbei ist $p^2 = 8\,k\,T\,\Delta f$. Wir schließen für die nun folgende Betrachtung $\mathfrak{R}_a$ in Abb. 319 kurz und berechnen das Signal/Schwankungsverhältnis in dieser Kurzschlußleitung. Man kann leicht zeigen, daß der gleiche Wert herauskommt wie ohne Kurzschluß, nur vereinfachen wir durch diesen Kunstgriff die Rechnung. Wir suchen unter Berücksichtigung von (2,18) für die erste Gl. (2,20) jene Stromkomponente heraus, deren Frequenzintervall Δf um die Kreisfrequenz ω_0 herum gelegen ist. Sie lautet:

$$p\,a_0 \cos(\omega_0 t + \alpha_0).$$

Weiter ergibt sich aus der ersten Gl. (2,20) eine Stromkomponente

$$p\, a_1 \cos(\omega_i t + \alpha_0)\,,$$

deren Frequenzintervall Δf um die Kreisfrequenz ω_i herum gelegen ist. Letzterer Strom erzeugt über dem Wechselstromwiderstand $\mathfrak{R}_i$ der Abb. 319 eine Spannung:

$$-\frac{p\, a_1 \cos(\omega_i t + \alpha_0)}{A_0 + \dfrac{1}{\mathfrak{R}_i}}\,.$$

Hierbei ist berücksichtigt, daß $1/R_d$ der Abb. 319 im vorliegenden Fall gleich A_0 ist. Diese Spannung erzeugt infolge des Mischvorganges in der Diode einen Schwankungsstrom:

$$-\frac{p\, a_1 A_1 \cos(\omega_0 t + \alpha_0)}{A_0 + \dfrac{1}{\mathfrak{R}_i}}$$

in der Ausgangskurzschlußleitung. Offenbar sind (infolge der gleichen Phase α_0) die beiden berechneten Schwankungsströme in der Ausgangskurzschlußleitung vollkommen zusammenhängend und ergeben somit durch Addition:

(F 2,21)
$$\left(p\, a_0 - \frac{p\, a_1 A_1}{A_0 + \dfrac{1}{\mathfrak{R}_i}}\right) \cos(\omega_0 t + \alpha_0)\,.$$

In analoger Weise können die übrigen Stromkomponenten der Gl. (2,20) behandelt werden. Die zweite ergibt in der Ausgangskurzschlußleitung einen Schwankungsstrom:

(F 2,22)
$$\left(p\, a_1 - p\, a_0 \frac{A_1}{A_0 + \dfrac{1}{\mathfrak{R}_i}}\right) \cos(\omega_0 t + \alpha_1)\,,$$

die dritte einen Strom:

(F 2,23)
$$\left(p\, a_1 - p\, a_2 \frac{A_1}{A_0 + \dfrac{1}{\mathfrak{R}_i}}\right) \cos(\omega_0 t + \beta_1)\,, \quad \text{usw.}$$

Alle diese Schwankungsströme am Ausgang sind unter sich vollkommen unzusammenhängend (Phasen α_0, α_1, β_1 usw.). Sie müssen dementsprechend quadratisch addiert werden, um das mittlere Quadrat des Gesamtschwankungsstromes zu ergeben. Für einen reellen Wert $\mathfrak{R}_i = R_i$ erhalten wir:

$$\mathfrak{J}^2_{\text{schw}} = \frac{p^2}{2}\left[(a_0^2 + 2\, a_1^2 + 2\, a_2^2 + \cdots)\left\{1 + \frac{A_1^2}{\left(A_0 + \dfrac{1}{R_i}\right)^2}\right\} - \right.$$
$$\left. - 4\,(a_0\, a_1 + a_1\, a_2 + a_2 a_3 + \cdots)\, \frac{A_1}{A_0 + \dfrac{1}{R_i}}\right].$$

Mit Hilfe der Gl. (2,19) ergibt sich hieraus:

(F 2,24)
$$\mathfrak{J}^2_{\text{schw}} = 4\, k\, T\, \Delta f \left\{A_0 - 2\, \frac{A_1^2}{A_0 + \dfrac{1}{R_i}} + \frac{A_0 A_1^2}{\left(A_0 + \dfrac{1}{R_i}\right)^2}\right\}.$$

In diesem Ausgangsschwankungsstrom mit einem Frequenzintervall Δf, das um die Kreisfrequenz ω_0 herumgelegt ist, sind die von der Eingangssignalquelle herrührenden Schwankungen *nicht* enthalten. Der Ausdruck (2,24) rührt *nur* von der Mischdiode her. Es ist nun interessant, den Ausdruck (2,23) für den Fall einer sehr großen Oszillatoramplitude zu betrachten. In diesem Fall gilt angenähert: $A_0 \approx A_1$. Wir nehmen weiterhin noch an: $A_0 R_i \gg 1$. Dann vereinfacht sich offenbar die Gl. (2,24) bedeutend, und wir erhalten das Ergebnis, daß die Glieder in den geschweiften Klammern sich angenähert gegenseitig aufheben. Unter diesen für den Mischvorgang besonders günstigen Bedingungen findet somit die Mischung *ohne zusätzliche Schwankungen* statt. Dieser Schluß wurde bereits in Abschnitt E 2a δ und E 4a β benutzt. Das Ergebnis beruht offenbar auf einer Rückkopplung, welche mit dem Mischvorgang verknüpft ist.

Schrifttum: 350, 354, 355.

β) *Mehrgitterröhren-Mischstufen.*

Wenn diese Mischstufen als Sechspole betrachtet werden, ergeben sich im Anschluß an Abschn. F 2a β Möglichkeiten zur Steigerung des Signal-Schwankungsverhältnisses am Ausgang. Hierzu müssen wir jene Zuleitung heraussuchen, welche das größte Signal/Schwankungsverhältnis aufweist. Offenbar ist dies hier, wie auch bereits in Abschn. F 2b δ hervorgehoben, die Kathodenleitung. Durch eine geeignete Rückkopplung kann am Ausgang nach dem ersten Satz von Abschn. F 2a β günstigstenfalls das gleiche Signal/Schwankungsverhältnis erzielt werden wie in dieser Kathodenleitung. Eine solche Rückkopplung tritt ein, wenn wir in die Kathodenleitung eine richtig bemessene Kapazität aufnehmen. Über dieser Kapazität entsteht infolge des Wechselstromes in der Ausgangsleitung eine Spannung, welche infolge der Gitter-Kathodenkapazität zum Eingang rückgekoppelt wird. Man vergleiche die Überlegungen in Abschn. F 2c α, wo eine Induktivität an der gleichen Stelle betrachtet wurde, an der wir jetzt eine Kapazität einfügen. Der Realteil des Eingangswiderstandes der Mischstufe für die Eingangskreisfrequenz ω_i wird infolge dieser Rückkopplung gesteigert und kann z. B. sehr groß positiv oder auch negativ werden. Hierdurch wird die Eingangssignalspannung am Röhreneingang im gleichen Maße gesteigert wie die Schwankungen: Quellenschwankungen, Kathodenstromschwankungen. Schließlich übertreffen diese Schwankungen nach Mischung am Ausgang der Stufe alle anderen Schwankungen (Stromverteilungsschwankungen) bei weitem, und das Signal/Schwankungsverhältnis der Mischstufe nähert sich demjenigen einer *Verstärkerstufe* ohne Verteilungsschwankungen. Da der Ersatzrauschwiderstand der Mehrgittermischstufen unter normalen Betriebsbedingungen zwischen 50 und 100 kOhm und jener der genannten Verstärkerstufen bei etwa 1 kOhm liegt, kann somit durch diese Maßnahme eine 50- bis 100fache Steigerung des Signal/Schwankungsverhältnisses am Ausgang erzielt werden.

Die bei der Anwendung der beschriebenen Maßnahme auftretende Schwingneigung kann wirksam dadurch bekämpft werden, daß eine zusätzliche negative Rückkopplung (Gegenkopplung) vom Ausgang zum Eingang durchgeführt wird. Nach dem ersten Satz des Abschn. F 2a α kann durch eine solche zusätzliche Gegenkopplung das erzielte günstige Signal/Schwankungsverhältnis nicht geändert werden. Wohl aber wird die Schwingneigung der Stufe wirksam herabgesetzt, und wir haben somit eine völlig stabile, rauscharme Mischstufe erhalten.

Schrifttum: 350, 352, 353, 355.

G. Empfangsverfahren und Empfängerschaltungen.

In diesem Abschnitt behandeln wir Anwendungen des Stoffes von Abschn. D und E auf praktische Empfangsaufgaben. Weiter betrachten wir die wichtigsten heutigen Empfangsverfahren.

1. Empfängereingangsschaltungen.

Wie in Abschn. F 2aβ dargelegt, können wir eine Empfangsantenne durch einen Wechselstromwiderstand $\mathfrak{R}$ in Reihe mit einer Spannungsquelle $\mathfrak{U}$ darstellen. Wir haben in Abschn. F 1aγ erörtert, wie im Falle, daß $\mathfrak{R}$ im wesentlichen gleich dem Antennenstrahlungswiderstand ist, die Antenne auf die günstigste Art an den Eingang des Gerätes gekoppelt werden kann. Hier befassen wir uns mit Empfängern, bei denen im allgemeinen diese günstigste Kopplung *nicht* verwendet werden kann.

a) Schaltungen.

α) Kapazitive und induktive Kopplung.

Die üblichen Rundfunkempfangsantennen können meistens durch eine Kapazität C_a in Reihe mit einer Selbstinduktion L_a, einem Widerstand r_a und mit einer Spannungsquelle $\mathfrak{U}$ dargestellt werden (vgl. für eine andere Antennendarstellung Abb. 417 und 418). Diese Darstellung gilt im ganzen Wellenbereich 200 bis 2000 m, und zwar pflegt man für C_a als Mittelwert etwa 200 pF anzunehmen, für L_a etwa 20 μH und für r_a den Wert 25 Ohm. Bis 200 m herunter können wir im Wechselstromwiderstand $\mathfrak{R} = r_a + j\omega L_a + \frac{1}{j\omega C_a}$, der dieser Reihenschaltung entspricht, den Wirkwiderstand r_a vernachlässigen. Bei etwa 200 m Wellenlänge, entsprechend $\omega = 10^7$, erhalten wir für $|\mathfrak{R}|$ den Wert 300 Ohm. Angenähert können wir im ganzen Rundfunkgebiet 200 bis 2000 m die Antenne durch eine Kapazität C_a ersetzen, die bei 200 m etwa 330 pF und für Wellen oberhalb 500 m etwa 200 pF beträgt. Zwischen 200 und 500 m findet eine verhältnismäßig geringe Änderung von C_a statt. Die angenommenen Werte von C_a, L_a und r_a stellen Mittelwerte dar, mit denen wir rechnen, von denen aber bei einzelnen Antennen sehr beträchtliche Abweichungen auftreten können (z. B. bei sehr großen Antennen $C_a = 1500$ pF und bei kleinen Antennen $C_a = 50$ pF).

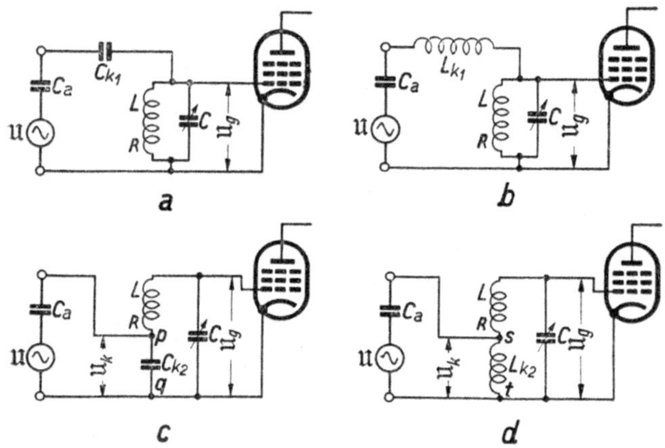

Abb. 320. Verschiedene Kopplungsarten der Antenne, dargestellt durch eine Kapazität C_a in Reihe mit einer Signalquelle $\mathfrak{U}$, an den Eingangskreis vor der ersten Röhre eines Empfängers. Bild *a*: kapazitive Kopplung oben am Kreis. Bild *c*: kapazitive Kopplung unten am Kreis. Bild *b*: Kopplung durch eine Selbstinduktion oben am Kreis. Bild *d*: Kopplung durch eine Selbstinduktion unten am Kreis.

Wenn am Eingang der ersten Röhre ein Schwingungskreis verwendet wird, kann die Kopplung in einfacher Weise kapazitiv oder induktiv stattfinden, wie in Abb. 320 angegeben. In den Fällen *a* und *b* dieser Abbildung ist in Reihe mit der Antennenkapazität C_a ein Kondensator C_{k1} bzw. eine Selbstinduktion L_{k1} geschaltet. In den Fällen *c* und *d* von Abb. 320 ist parallel zu C_a ein Kondensator C_{k2} bzw. eine Selbstinduktion L_{k2} geschaltet. In allen diesen Fällen interessiert uns das Verhältnis der Spannung $\mathfrak{U}_g$ am Röhreneingang zur Antennenspannung $\mathfrak{U}$. Dieses Verhältnis stellt die *Verstärkung* der Eingangsschaltung dar.

Im Falle der Abb. 320a kann die Reihenschaltung von C_a und C_{k1} als Kapazität C'_{k1} aufgefaßt werden. Man kann die Antenne durch eine Stromquelle $\mathfrak{J} = \mathfrak{U} j\omega C'_{k1}$ darstellen, deren Strom durch C'_{k1} parallel zum Schwingungskreis fließt (Abb. 321). Aus dieser Darstellung ergibt sich unmittelbar bei Abstimmung: $\omega^2 L(C + C'_{k1}) = 1$ die Gitterspannung:

$$\text{(G 1,1)} \qquad \mathfrak{U}_g = \mathfrak{J}\frac{L}{R(C + C'_{k1})} = \mathfrak{U} j\omega C'_{k1}\frac{L}{R(C + C'_{k1})} = \frac{jC'_{k1}\mathfrak{U}}{C + C'_{k1}} Q,$$

wo in üblicher Weise $\omega L/R$ mit Q bezeichnet wurde. In vielen Fällen kann Q im Wellenbereich als nahezu konstant betrachtet werden, und in Rundfunkgeräten gilt größenordnungsmäßig $Q \approx 100$ (Abschnitt B 3a α). Wenn wir annehmen, C'_{k1} sei etwa 20 pF und C von 30 bis 500 pF veränderlich in einem Wellenbereich, so ergibt sich bei der kürzesten Welle eine Verstärkung von etwa 40 und bei der längsten Welle von etwa 4.

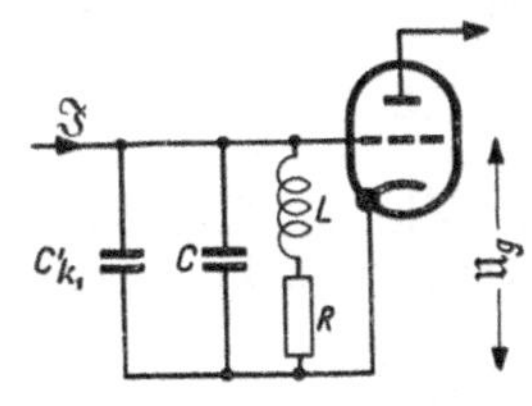

Abb. 321. Ersatz der Schaltung 320a durch eine Stromquelle $\mathfrak{J}$ und eine Parallelkapazität C'_{k1}, welche gleich der Reihenschaltung von C_a und C_{k1} der Abbildung 320a ist.

In analoger Weise kann im Falle der Abb. 320b die Reihenschaltung von C_a und L_{k1} durch eine Selbstinduktion $L'_{k1} = L_{k1}(1 - \omega_k^2/\omega^2)$ ersetzt werden, wo $\omega_k^2 L_{k1} C_a = 1$. Gehen wir nun in analoger Weise vor wie in Abb. 321 gezeigt, so ergibt sich für die Verstärkung im Falle der Abstimmung ($L'C\omega^2 = 1$, wo L' die Selbstinduktion der Parallelschaltung von L und L'_{k1} darstellt):

$$\text{(G 1,2)} \qquad \frac{\mathfrak{U}_g}{\mathfrak{U}} = \frac{1}{j\omega L'_{k1}}\,\frac{L'}{RC} = \frac{L'}{jL'_{k1}}\,\frac{1}{\omega CR} = \frac{L'}{jL'_{k1}}\,\frac{\omega L'}{R}.$$

Wenn L_{k1} sehr groß ist im Vergleich zu L, ist ω_k klein im Vergleich zu ω und wird die Verstärkung in einem Wellenbereich nahezu unabhängig von der Wellenlänge gleich LQ/jL_{k1}.

Im Falle der Abb. 320c erhält man unter den Voraussetzungen $C_{k2} \gg C$ und $C_{k2} \gg C_a$ die Formeln:

$$\text{(G 1,3)} \qquad \frac{\mathfrak{U}_k}{\mathfrak{U}} = \frac{C_a}{C_{k2} + C_a} \quad \text{und} \quad \frac{\mathfrak{U}_g}{\mathfrak{U}_k} = -\frac{j\omega L}{R}, \quad \text{also} \quad \left|\frac{\mathfrak{U}_g}{\mathfrak{U}}\right| = \frac{C_a}{C_{k2} + C_a} Q.$$

Auch bei dieser Schaltung ist die Verstärkung somit in jedem Wellenbereich angenähert konstant. Als Beispiel sei $C_a = 200$ pF, $C_{k2} = 5000$ pF und $Q = 100$. Dann erhält man für die Verstärkung den Wert 3,8.

Im Falle der Abb. 320d setzen wir voraus, daß L_{k2} sehr klein ist im Vergleich zu L und finden in analoger Weise wie oben dargelegt:

$$\text{(G 1,4)} \qquad \left|\frac{\mathfrak{U}_g}{\mathfrak{U}}\right| = \frac{\omega^2}{\omega_k^2 - \omega^2} Q, \quad \text{wo} \quad \omega_k^2 L_{k2} C_a = 1.$$

An Stelle von (G 1,4) kann man angenähert (weil $\omega_k \gg \omega$ ist) schreiben:

$$\left|\frac{\mathfrak{U}_g}{\mathfrak{U}}\right| = \frac{1}{\omega_k^2 LC} Q,$$

woraus hervorgeht, daß die Verstärkung in einem Wellenbereich umgekehrt proportional zur Abstimmkapazität C ist.

Man kann an Stelle eines Schwingungskreises am Eingang des Empfängers auch zwei gekoppelte Kreise benutzen (Abb. 322). Auch hier ersetzen wir die Reihenschaltung der Antennenkapazität und der Kopplungskapazität durch die

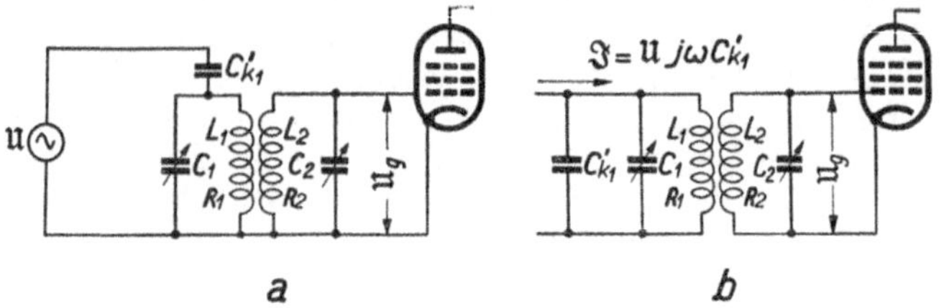

Abb. 322. Bild *a*: Kopplung der Antenne (dargestellt durch die Signalquelle $\mathfrak{U}$ in Reihe mit der Kapazität C'_{k1}) mit zwei gekoppelten Schwingungskreisen an den Eingang eines Empfängers vor der ersten Röhre. Bild *b*: Ersatz der Antenne durch eine Stromquelle $\mathfrak{J}$ mit der Parallelkapazität C'_{k1}.

Kapazität C'_{k1} und stellen nach Abb. 322b die Antenne durch eine Stromquelle dar. Wir können unmittelbar Gl. (D 2,14) benutzen und finden:

$$\frac{\mathfrak{U}_g}{\mathfrak{U}} = \omega C'_{k1} \frac{kQ(|\mathfrak{R}_1| \cdot |\mathfrak{R}_2|)^{1/2}}{1 + k^2 Q^2}, \tag{G 1,5}$$

wo die Bezeichnungen der Gl. (D 2,14) zu entnehmen sind. Im Falle gleicher Kreise und kritischer Kopplung ($kQ = 1$) erhält man:

$$\frac{\mathfrak{U}_g}{\mathfrak{U}} = \frac{1}{2} \frac{C'_{k1}}{C_1 + C'_{k1}} Q. \tag{G 1,6}$$

Ein Vergleich der Gl. (1,5) mit Gl. (1,1) lehrt, daß für zwei gleiche kritisch gekoppelte Kreise die Verstärkung nur die Hälfte des Wertes für einen einzigen Schwingungskreis beträgt. In bezug auf Wellenlängenabhängigkeit gilt auch hier das im Anschluß an Gl. (1,1) Gesagte. Im Falle nichtkritischer Kopplung ist die Verstärkung geringer (vgl. Abb. 226).

β) *Transformatorkopplung.*

Als Beispiel zur Transformatorkopplung betrachten wir den in Abb. 323a gezeichneten Fall. Das Ersatzschaltbild dieser Anordnung ist in Abb. 323b angegeben. Wir beschränken uns auf den Fall, daß M klein ist in bezug auf L_k

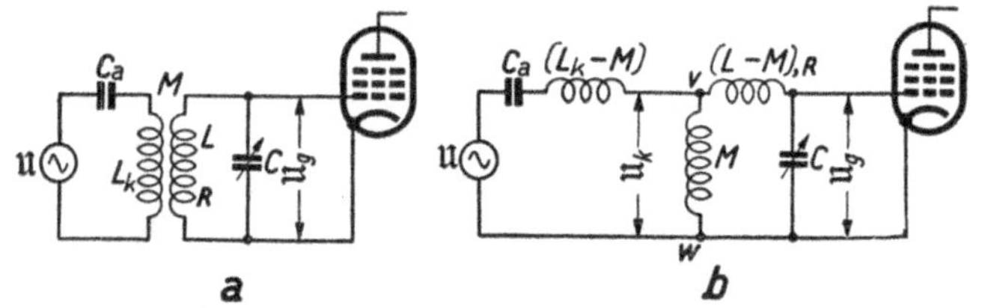

Abb. 323. Bild *a*: Transformatorkopplung einer Antenne (dargestellt durch eine Signalquelle $\mathfrak{U}$ in Reihe mit der Kapazität C_a) mit dem Eingangsschwingkreis eines Empfängers. Bild *b*: Ersatz des Transformators durch eine gegenseitige Induktion M, eine primäre Selbstinduktion L_k und eine Kreisselbstinduktion L.

und L. Der Wechselstromwiderstand zwischen den Punkten v und w ist dann angenähert durch $j\omega M$ gegeben. Bei der Berechnung der Verstärkung $\mathfrak{U}_g/\mathfrak{U}$ gehen wir in zwei Schritten vor und berechnen zunächst

$$\frac{\mathfrak{U}_k}{\mathfrak{U}} = \frac{j\omega M}{j\omega M + j\omega(L_k - M) + \frac{1}{j\omega C_a}} = \frac{j\omega M}{j\omega L_k + \frac{1}{j\omega C_a}} = \frac{M}{L_k} \frac{\omega^2}{\omega^2 - \omega_k^2},$$

wo $\omega_k^2 L_k C_a = 1$. Weiter gilt:

$$\frac{\mathfrak{U}_g}{\mathfrak{U}_k} = -\frac{j\omega L}{R}$$

und somit

$$\frac{\mathfrak{U}_g}{\mathfrak{U}} = -\frac{M}{L_k}\frac{\omega^2}{\omega^2-\omega_k^2}\frac{j\omega L}{R} = -j\frac{M}{L_k}\frac{\omega^2}{\omega^2-\omega_k^2}Q. \tag{G 1,7}$$

Wir unterscheiden bei der Erörterung von Gl. (1,7) zwei praktisch wichtige Fälle: 1. $\omega_k \ll \omega$ und 2. $\omega_k \gg \omega$. Im 1. Fall ist:

$$\left|\frac{\mathfrak{U}_g}{\mathfrak{U}}\right| = \frac{M}{L_k}Q,$$

also die Verstärkung angenähert frequenzunabhängig in einem Wellenbereich, wie nach Gl. (G 1,2). Im 2. Falle gelangen wir zur Verstärkung:

$$\left|\frac{\mathfrak{U}_g}{\mathfrak{U}}\right| = \frac{M}{L_k}\frac{\omega^2}{\omega_k^2}Q = \frac{M}{L_k}\frac{1}{\omega_k^2 LC}Q.$$

Diese Formel hat Ähnlichkeit mit Gl. (G 1,4) und führt auch zur gleichen Frequenzabhängigkeit der Verstärkung in einem Wellenbereich. In bezug auf Frequenzabhängigkeit verdient der 1. Fall, also $\omega_k \ll \omega$, der einer großen Selbstinduktion L_k entspricht, den Vorzug.

b) Verstimmung und Trennschärfenänderung durch die Antenne.

Im Abschn. G 1a haben wir nur auf die *Verstärkung* der Antennenspannung geachtet, welche durch die Antennenkopplung erzielt wird. Durch diese Ankopplung der Antenne an die Eingangsschaltung eines Gerätes kann aber auch eine *Verstimmung* und eine *Trennschärfenänderung* auftreten.

α) *Verstimmung.*

Wenn ein Schwingungskreis mit einer Selbstinduktion L und einer Kapazität C bei der Kreisfrequenz ω abgestimmt ist: $\omega^2 LC = 1$, so tritt infolge einer Änderung ΔL von L oder infolge einer Änderung ΔC von C eine Änderung $\Delta\omega$ der Abstimmkreisfrequenz auf:

$$\left\{\begin{aligned} &2\omega\Delta\omega = -\frac{\Delta L}{L^2 C} = -\frac{\Delta L}{L}\omega^2 \quad\text{oder}\quad -2\frac{\Delta\omega}{\omega} = \frac{\Delta L}{L} \\ \text{und}\quad &2\omega\Delta\omega = -\frac{\Delta C}{LC^2} = -\frac{\Delta C}{C}\omega^2 \quad\text{oder}\quad -2\frac{\Delta\omega}{\omega} = \frac{\Delta C}{C}. \end{aligned}\right. \tag{G 1,8}$$

Wenn man sich um die Kreisfrequenz πB (B ist die Bandbreite des Kreises) von der Abstimmlage entfernt, so ist die Spannung über einem Schwingungskreis gegenüber dem Wert in der Abstimmlage um den Faktor $1/\sqrt{2}$ gesunken. Die höchstzulässige Verstimmung $\Delta\omega$ setzen wir gleich $\pi B = \omega/2Q$ (Q ist die Gütezahl des Kreises). Folglich werden nach (G 1,8) die höchstzulässigen relativen Änderungen von L und C:

$$\left|\frac{\Delta L}{L}\right|_{\max} = \frac{1}{Q} \quad\text{und}\quad \left|\frac{\Delta C}{C}\right|_{\max} = \frac{1}{Q}. \tag{G 1,9}$$

Wenn wir $Q = 100$ und $C_{\min} = 50$ pF (am kurzwelligen Ende eines Wellenbereiches) setzen, so wird z. B.

$$\Delta C_{\max} = \frac{50}{100} = 0{,}5\ \text{pF}.$$

Im Falle der Abb. 320a sollen z. B. Antennen berücksichtigt werden, deren Kapazität zwischen 50 und 1500 pF liegt, und es sei die Kopplungskapazität $C_{k1} = 6$ pF gewählt. Wir erhalten:

$$\begin{aligned}
&\text{bei } C_a = 50\,\text{pF einen Wert } C'_{k1} = \frac{C_a C_{k1}}{C_a + C_{k1}} = 5{,}36\,\text{pF},\\
&\text{bei } C_a = 200\,\text{pF einen Wert } C'_{k1} = 5{,}83\,\text{pF},\\
&\text{bei } C_a = 1500\,\text{pF einen Wert } C'_{k1} = 5{,}98\,\text{pF}.
\end{aligned}$$

Wenn wir also die Abstimmung des ersten Kreises so legen, daß hierbei eine Antennenkapazität von 200 pF berücksichtigt wird, so wird der entsprechende C'_{k1}-Wert 5,83 pF und die größte Abweichung ΔC bei Verwendung anderer Antennen gleich 0,47 pF. Dieser Wert liegt somit gerade unter $\Delta C_{\max}$ im behandelten Beispiel. Die entsprechende Verstärkung $\mathfrak{U}_g/\mathfrak{U}$ hat für $C = 50$ pF und $C_a = 200$ pF den Wert 10,4. In analoger Weise kann die Berechnung der Fälle von Abb. 320b, c u. d erfolgen.

Besondere Erörterung verdient noch der Fall der Transformatorkopplung. Wir berechnen zunächst die effektive Selbstinduktion, welche in Abb. 323 parallel zur Abstimmkapazität C geschaltet ist. Aus dem Ersatzschaltbild 323b geht sofort der Wechselstromwiderstand der gesamten, zu C parallelgeschalteten Anordnung hervor. Wir setzen voraus, daß ω_k etwas niedriger ist als die niedrigste Kreisfrequenz ω des betrachteten Wellenbereiches. Falls erforderlich, kann man, um dies zu erreichen, zu C_a noch eine Kapazität C_k parallelschalten. Man erhält für den genannten Wechselstromwiderstand den Ausdruck:

$$R + j\omega(L - M) + j\omega M \frac{j\omega(L_k - M) + \dfrac{1}{j\omega C_a}}{j\omega(L_k - M) + \dfrac{1}{j\omega C_a} + j\omega M}$$

$$= R + j\omega L - \frac{(j\omega M)^2}{j\omega L_k + \dfrac{1}{j\omega C_a}} = R + j\omega L + \frac{\omega^2 M^2}{j\omega L_k\left(1 - \dfrac{1}{\omega^2 L_k C_a}\right)}$$

$$= R + j\omega L\left(1 - \frac{\omega^2 M^2}{\omega^2 L L_k\left(1 - \dfrac{\omega_k^2}{\omega^2}\right)}\right) = R + j\omega L\left[1 - k^2 \frac{\omega^2}{\omega^2 - \omega_k^2}\right],$$

wo $k^2 = M^2/L L_k$. Die effektive Selbstinduktion, welche parallel zur Abstimmkapazität C geschaltet ist, beträgt demnach:

$$L' = L\left(1 - k^2 \frac{\omega^2}{\omega^2 - \omega_k^2}\right).$$

Im Falle $\omega_k \ll \omega$ ergibt sich somit: $L'_0 = L(1 - k^2)$. In diesem Falle wäre L' von C_a unabhängig und könnte somit durch Anschalten verschiedener Antennen keine Verstimmung des Schwingungskreises auftreten. Die Differenz $L'_0 - L' = \Delta L'$ enthält also den Einfluß der Antenne auf die Kreisabstimmung:

$$\text{(G 1,10)} \qquad \frac{\Delta L'}{L'_0} = \frac{L k^2 \dfrac{\omega_k^2}{\omega^2 - \omega_k^2}}{L(1 - k^2)} = \frac{k^2}{1 - k^2}\,\frac{\omega_k^2}{\omega^2 - \omega_k^2}.$$

In den meisten Fällen ist $k^2 \ll 1$ und vereinfacht sich Gl. (G 1,10) zu:

$$\frac{\Delta L'}{L'_0} = k^2 \frac{\omega_k^2}{\omega^2 - \omega_k^2}.$$

Die höchste Kreisfrequenz ω des betrachteten Bereiches sei groß im Vergleich zu ω_k, die kleinste Kreisfrequenz ω des Bereiches von gleicher Ordnung wie ω_k. Wenn wir wieder, wie oben, voraussetzen, daß die höchstzulässige frequenzmäßige

Verstimmung durch $\Delta\omega = \pi B$ gegeben ist, so ergibt sich wie oben für das höchstzulässige Verhältnis $\Delta L'/L_0'$ der Wert $1/Q$. Somit wird:

$$k^2_{\max} \frac{\omega^2_{k\max}}{\omega^2_{\min} - \omega^2_{k\max}} = \frac{M^2_{\max}}{L L_k} \frac{1}{\frac{\omega^2_{\min}}{\omega^2_{k\max}} - 1} = \frac{1}{Q}.$$

Einsetzen dieses Wertes in Gl. (G 1,7) führt für das höchstzulässige Verhältnis $|\mathfrak{U}_g/\mathfrak{U}|$ im Falle $\omega^2 \gg \omega_k^2$ (höchste Kreisfrequenz des Bereiches) zum Wert:

$$\text{(G 1,11)} \qquad \left|\frac{\mathfrak{U}_g}{\mathfrak{U}}\right|_{\max} = \left(\frac{C_{a\min}}{C_{\max}} - \frac{L}{L_k}\right)^{1/2} Q^{1/2},$$

wo $C_{a\min}$ die kleinste in Betracht gezogene Antennenkapazität und $C_{\max}$ die höchste Abstimmkapazität eines Wellenbereiches bezeichnen. Als Beispiel sei $C_{a\min} = 200$ pF, $C_{\max} = 550$ pF, $L/L_k = 1/5$ und $Q = 100$. Dann ergibt sich für die Höchstverstärkung der Wert 4, und diese Zahl nimmt zum langwelligen Ende des Bereiches hin etwas zu.

Wenn wir bei der Transformatorkopplung ω_k an das langwellige Ende eines Wellenbereiches legen, so nimmt die Verstärkung in diesem Wellenbereich vom kurzwelligen zum langwelligen Ende zu. Andererseits wächst bei der kapazitiven Kopplung nach Abb. 320a die Verstärkung nach dem kurzwelligen Ende zu. Man kann nun durch Kombination beider Kopplungsarten (Abb. 324) eine sehr gleichmäßige Verstärkung im ganzen Wellenbereich erzielen.

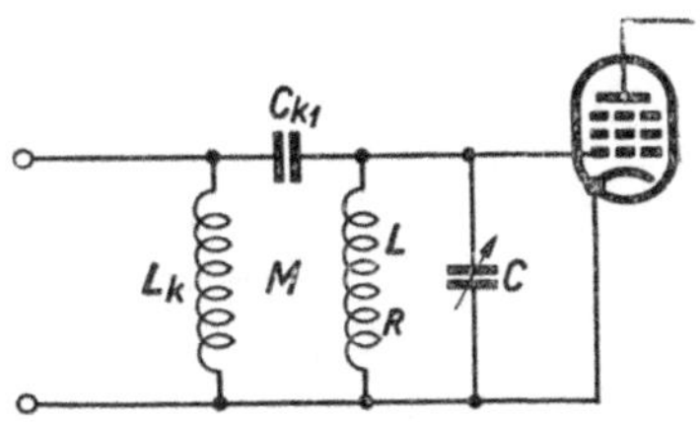

Abb. 324. Kombination der Transformatorkopplung (Abb. 323) mit der kapazitiven Kopplung (Abb. 320a) der Antenne an den Eingangsschwingungskreis.

Wenn am Eingang des Gerätes zwei gekoppelte Kreise verwendet werden (Abb. 322), wird nur der erste dieser Kreise durch Ankopplung der Antenne verstimmt. Eine solche Verstimmung eines Kreises der Anordnung hat eine Verbreiterung der Gesamtresonanzkurve (vgl. Abschn. D 2b δ) zur Folge und eine geringe Verstimmung der ganzen Anordnung. Aus diesem Grunde ändert sich durch die Antenne in diesem Fall hauptsächlich die Bandbreite der Anordnung.

Durch den Antennenwiderstand entsteht eine Dämpfung des Eingangskreises. Dieser Widerstand kann infolge mangelhafter Erdverbindung, schlechter Kontaktstellen oder langer Leitungen bei verschiedenen Antennen zwischen einigen Ohm und einigen hundert Ohm liegen. Die Dämpfung durch diesen Antennenwiderstand bleibt meistens innerhalb zulässiger Grenzen, wenn die oben angegebenen Regeln zur Vermeidung von beträchtlichen Verstimmungen befolgt werden.

Schrifttum: 39, 94, 174, 202, 208, 256, 324, 325, 356.

β) *Trennschärfenänderung durch die Antenne.*

In der unmittelbaren Umgebung der Abstimmung wird die Form der Resonanzkurve nur wenig geändert. Für Frequenzen, die weit von dieser Lage entfernt sind, kann aber durch die Ankopplung der Antenne eine beträchtliche Änderung des Resonanzkurvenverlaufs entstehen, wie wir jetzt in großen Zügen zeigen. Im Falle der Abb. 320a ist sofort zu ersehen, daß für sehr hohe Frequenzen das Verhältnis $\mathfrak{U}_g/\mathfrak{U}$ den Wert $C'_{k1}/(C'_{k1} + C)$ hat. Für die Frequenz Null ist auch $\mathfrak{U}_g = 0$. Der Verlauf von $\mathfrak{U}_g/\mathfrak{U}$ als Funktion der Frequenz hat demnach die in Abb. 325a angegebene Gestalt. Im Falle der Abb. 320c wird für niedrige Frequenzen das Verhältnis durch

$$\frac{\mathfrak{U}_g}{\mathfrak{U}} = \frac{C_a}{C_a + C_{k2} + C}$$

gegeben. Für hohe Frequenzen geht dieses Verhältnis $\mathfrak{U}_g/\mathfrak{U}$ nach Null. Die betreffende Kurve ist in Abb. **325**b gezeichnet. Im Falle der Transformatorkopplung werden sowohl die tiefen als auch die hohen Frequenzen stark unterdrückt (Abb. **323**b), und die entsprechende Kurve für $\mathfrak{U}_g/\mathfrak{U}$ ist in Abb. **325**c angegeben. In der Umgebung der Kreisfrequenz ω_k (Resonanzstelle der Antennenkopplungsspule) kann ein zweiter Scheitel der Kurve (Abb. **325**c) entstehen. Die induktiven Kopplungen der Abb. **320**b u. d zeigen einen ähnlichen Verlauf von $\mathfrak{U}_g/\mathfrak{U}$ wie in Abb. **325**c gezeichnet.

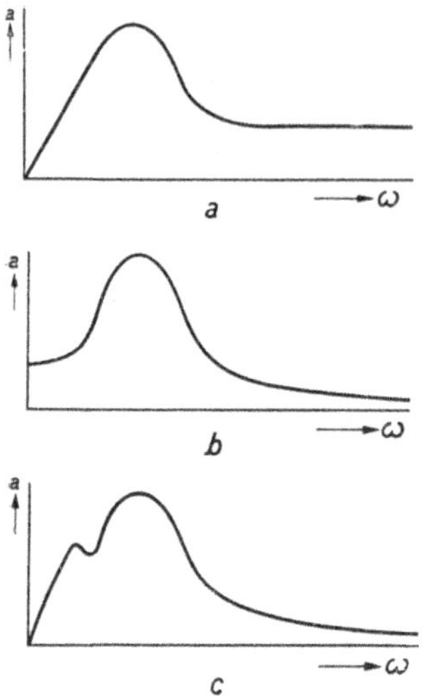

Abb. 325. Trennschärfenänderungen infolge der Antennenankopplung an den Eingangskreis eines Empfängers. Bild *a*: $a = \mathfrak{U}_g/\mathfrak{U}$ bei der Kopplung nach Abb. 320a als Funktion von ω (lineare Maßstäbe). Bild *b*: $a = \mathfrak{U}_g/\mathfrak{U}$ bei der Kopplung nach Abb. 320c als Funktion von ω. Bild *c*: Kopplung nach Abb. 323b, 320b oder 320d.

Die Bedeutung der Kurven von Abb. 325 liegt namentlich darin, daß aus ihnen entnommen werden kann, inwieweit Störsignale, deren Frequenzen von derjenigen des erwünschten Signals ziemlich weitab liegen, durch die Eingangsschaltung im Vergleich zum erwünschten Signal unterdrückt werden. Namentlich bei Überlagerungsempfängern können als Folge solcher Störsignale (Pfeifstellen) am Ausgang der 1. Stufe (vorausgesetzt, daß dies eine Überlagerungsstufe ist) Störungen auftreten. Die Gefahr des Auftretens solcher Störungen wird geringer, wenn der Verlauf von $\mathfrak{U}_g/\mathfrak{U}$ als Funktion der Frequenz in beträchtlicher Entfernung von der Resonanzstelle einen starken Abfall zeigt. Kurven wie Abb. **325**a und **325**b sind also weniger erwünscht, während 325c weit günstiger ist.

Bei Verwendung einer aus zwei gekoppelten Schwingungskreisen bestehenden Eingangsschaltung ist eine Änderung der Trennschärfe weniger zu befürchten, da nur einer der beiden Kreise unmittelbar mit der Antenne gekoppelt ist.

2. Geradeausempfang und Überlagerungsempfang.

Diese beiden Schaltungsarten sind heute bei weitaus der Mehrzahl aller Empfangsgeräte üblich.

a) Geradeausempfang.

Als Geradeausempfang bezeichnet man folgende Stufenanordnung im Gerät: Antenne—Hochfrequenzstufen—Gleichrichterstufe—Niederfrequenzstufen. Der Name soll einen Gegensatz zum Überlagerungsempfang ausdrücken, wo zuerst die Hochfrequenzstufe(n), dann eine Mischstufe, darauf Zwischenfrequenzstufen und weiter Gleichrichtung und Niederfrequenzverstärkung verwendet werden. Man geht gewissermaßen „geradeaus" von der Antenne bis zum Gleichrichter.

α) *Empfindlichkeit und Stufenzahl im Rundfunkgebiet.*

Die Zahl der Hochfrequenz- und Niederfrequenzstufen eines Geradeausempfängers hängt unmittelbar mit der gewünschten Empfindlichkeit zusammen. Beim Empfindlichkeitsmaß wird meistens der Lautsprecher durch einen Wirkwiderstand (ungefähr gleich dem Widerstand der Lautsprecherspule bei 400 oder 1000 Hz) ersetzt. In diesem Wirkwiderstand soll eine bestimmte Niederfrequenzleistung (meistens 50 mW) verbraucht werden (vgl. Abschn. I 1). Das Hochfrequenzeingangssignal des Gerätes soll eine bestimmte Modulationstiefe (z. B. 30% Amplitudenmodulation) haben. Dann bezeichnet man als Empfindlichkeit des Empfängers den Effektivwert des Hochfrequenzsignals, das die betreffende Niederfrequenzleistung (z. B. 50 mW) im Nutzwiderstand erzeugt. Die heutigen Empfänger haben im Rundfunkgebiet meistens Empfindlichkeiten zwischen 5 und 100 μV.

Von der Gleichrichterstufe wird gefordert, daß sie verzerrungsfrei arbeitet. Folglich soll die Hochfrequenzeingangsspannung dieser Stufe so hoch sein, daß sie im „linearen Bereich" (vgl. Abschn. E 1a α) arbeitet. Man kann die hierzu erforderliche Hochfrequenzspannung auf etwa 0,3 bis 1 V schätzen (vgl. Abb. 28). Bei einer Empfindlichkeitszahl von 20 μV soll also zwischen dem Eingang des Gerätes und dem Eingang der Gleichrichterstufe eine etwa $5 \cdot 10^4$-fache Verstärkung stattfinden. Hierzu können z. B. zwei Hochfrequenzstufen mit je etwas über 100facher Verstärkung verwendet werden. Die Verstärkungszahl je Stufe ergibt sich aus der Formel $SQ/\omega C$, wenn man an einzelne Kreise als Kopplungselemente denkt. Die Steilheit der heutigen Rundfunkröhren im Arbeitspunkt beträgt etwa 2 mA/V. Für Q setzen wir voraus, daß diese Größe in einem Wellenbereich etwa gleich 90 sei, unabhängig von der Frequenz. Die Kapazität C ändert sich im Frequenzbereich $1{,}5 \cdot 10^6$ bis $0{,}5 \cdot 10^6$ Hz etwa von 50 bis 500 pF. Man würde somit eine Verstärkungszahl von etwa 380 bei der höchsten Frequenz und etwa 110 bei der niedrigsten Frequenz erhalten. Vom Geräteeingang (Antenne) bis zum Gitter der ersten Röhre kann noch eine 3- bis 4fache Verstärkung stattfinden (vgl. Abschn. G 1a). Auch bei 100 μV Empfindlichkeit kann man nicht mit einer einzigen Hochfrequenzstufe auskommen, sondern braucht man mindestens zwei. Diese Anzahl von zwei Hochfrequenzstufen bei Geradeausempfängern wird auch nicht geändert, wenn die Grenze von 1 V am Gleichrichter etwas herabgesetzt wird.

Welche Niederfrequenzverstärkung braucht man nach der Gleichrichterstufe? Für die Niederfrequenzseite kann eine Gleichrichterstufe nach Abschn. E 1a ε (Abb. 270c) als Spannungsquelle in Reihe mit einem inneren Widerstand (gleich 2mal dem Abstimmwiderstand R_k des vorangehenden Hochfrequenzkreises ohne Gleichrichterstufe) und einem Nutzwiderstand R_w dargestellt werden. Wenn wir nach Obigem eine Quellenspannung von 0,3 V (entsprechend 1 V Hochfrequenzspannung bei 30% Modulationstiefe) annehmen, $R_k = 60$ kOhm und $R_w = 0{,}5$ MOhm setzen, so ergibt sich eine Niederfrequenzleistung der Gleichrichterstufe von etwa 10^{-7} W. Das Leistungsverstärkungsmaß des Niederfrequenzteiles soll somit etwa $5 \cdot 10^5$, entsprechend etwa 6,5 Neper betragen, wenn bei dem kleinsten in Betracht gezogenen Eingangssignal des Empfängers die Lautsprecherleistung 50 mW betragen soll. Diese Zahl liegt in der gleichen Größenordnung wie in Abschn. C 1b β für netzgespeiste Verstärker angegeben. Daher kann der Niederfrequenzanteil eines Empfängers z. B. auch als Schalldosenverstärker benutzt werden. In Rundfunkgeräten ist man bestrebt, diese Niederfrequenzverstärkung mit einer Vor- und einer Endverstärkerstufe zu erzielen. Wir betrachten zunächst die Endstufe bei 50 mW Ausgangsleistung. Der Gitterwechselspannungsbedarf liegt bei den heutigen Endröhren zwischen einigen Zehntel Volt und einigen Volt. Wenn wir 3 V annehmen, soll also die Spannungsverstärkung der Vorstufe in der Größenordnung 10 liegen. Eine solche Verstärkung ist stets in einer einzigen Stufe erreichbar (vgl. Abschn. C 3a). Die gesamte Stufenzahl eines Geradeausempfängers für amplitudenmodulierte Signale im Wellenbereich 100 bis 2000 m ist hiermit umrissen.

β) *Empfindlichkeit und Stufenzahl im Kurzwellengebiet.*

Im Kurzwellengebiet (z. B. 50 bis 10 m Wellenlänge) liegen diese Verhältnisse anders. Wenn wir $S = 2$ mA/V, $Q = 30$ und $C = 50$ pF voraussetzen, so ergibt sich bei 20 m Wellenlänge etwa eine Stufenverstärkung 12 (statt 360 im Beispiel von Abschn. α). Wenn wir die gleiche Empfängerempfindlichkeit von 20 μV wie bei längeren Wellen und eine Eingangsspannung von 1 V der Gleichrichterstufe annehmen, sollen die Hochfrequenzstufen zusammen wieder $5 \cdot 10^4$-fach verstärken. Hierzu brauchen wir 4 bis 5 Hochfrequenzstufen.

Man könnte daran denken, diese Stufenzahl etwa durch Steigern von Q zu verringern. Die Bandbreite B kann beim Empfang von schallmodulierten Wellen auf etwa 10^4 Hz geschätzt werden. Diesem Wert entspricht bei einer Kapazität C von 50 pF ein Kreisabstimmwiderstand $R = Q/\omega C = 1/2\pi BC = 3{,}2 \cdot 10^5$ und ein Q-Wert von etwa 1500 bei 20 m Wellenlänge. Wenn man diese Zahlen als obere Grenzen in Betracht zieht, könnte demnach eine erhebliche Steigerung von Q und somit der Verstärkung stattfinden. Man käme dann wieder auf etwa zwei Hochfrequenzstufen. Einer solchen Steigerung von Q stehen aber einige Überlegungen entgegen. In erster Linie ist eine beträchtliche Rückwirkung zu befürchten. Die in Gl. (D 2,40) enthaltene Größe $S R^2 \omega C_{ag}$ würde bei $S = 2$ mA/V, $R^2 = 10^{11}$, $\omega C_{ag} = 2\pi \cdot 1{,}5 \cdot 10^7 \cdot 3 \cdot 10^{-15} = 28 \cdot 10^{-8}$ etwa gleich 60, also größer als 2. Somit bestände hier sicherlich Schwinggefahr. Die Gitter-Anodenkapazität, welche zu $3 \cdot 10^{-3}$ pF angenommen wurde, müßte auf etwa $^1/_{40}$ bis $^1/_{60}$ dieses Wertes verringert werden, damit keine Schwinggefahr mehr vorläge. Für eine einzige Frequenz und für ihre nächste Umgebung wäre dies, wie wir in Abschn. D 2bε gezeigt haben, möglich, aber für ein größeres Frequenzgebiet wäre dies schwierig. In zweiter Linie wird oft die Bedingung gestellt, daß bei Auswechslung der Röhren keine zu große Verstimmung des Gerätes auftritt. Diese Bedingung hängt unmittelbar mit den Streuungen der Röhrenkapazitäten verschiedener Exemplare des gleichen Typs zusammen. Diese Streuwerte betragen für die heutigen handelsüblichen Röhren vielfach $\pm 0{,}4$ bis $\pm 0{,}8$ pF, bezogen auf die Eingangs- und die Ausgangskapazität. Wenn wir als Mittelwert $\pm 0{,}6$ pF für die Streuung der Kapazität eines Schwingungskreises annehmen, und weiter, daß die Abstimmfrequenz bei einer Kapazitätsänderung von 0,6 pF sich höchstens um die halbe Bandbreite B des Kreises ändern soll, so führt diese Bedingung zu einer Beschränkung von R und von Q. Man erhält:

$$(\text{G }2,1)\qquad 2\frac{\Delta\omega}{\omega} = 2\frac{\pi B}{\omega} = \frac{\Delta C}{C} \quad\text{oder}\quad 2\pi B = \frac{1}{RC} = \frac{\Delta C\omega}{C} \quad\text{oder}\quad \frac{1}{R} = \omega\Delta C\,.$$

Als Faustregel geht hieraus hervor, daß der Abstimmwiderstand R eines Schwingungskreises unter dieser Bedingung höchstens etwa so viele kOhm betragen soll wie die betrachtete Wellenlänge, gemessen in m. Im obigen Beispiel wäre bei 20 m Wellenlänge die Höchstgrenze von R nach dieser Überlegung etwa 20 kOhm, und wir kämen auf drei Hochfrequenzstufen vor der Gleichrichterstufe. Die erwähnte Bedingung der Röhrenauswechselbarkeit ohne beträchtliche Verstimmung wird nicht immer gestellt. Man kann auch z. B. mittels Feinabstimmkondensatoren die Kapazitätsänderungen bei der Röhrenauswechslung wieder aufheben.

Man könnte auch versuchen, an Stelle einer Diodengleichrichterstufe einen Krümmungsgleichrichter mit sehr kleinem Hochfrequenzeingangssignal zu verwenden und die Zahl der Hochfrequenzstufen einzuschränken. Hierbei muß man aber die beträchtlichen Verzerrungen bei dieser Art der Gleichrichtung, namentlich für größere Modulationstiefen, in Kauf nehmen.

Bezüglich der Niederfrequenzverstärkung gilt auch für Kurzwellenempfänger das in Abschn. G 2aα Bemerkte.

γ) *Beispiel eines Geradeausempfängers.*

Als einfaches Beispiel eines Geradeausempfängers behandeln wir ein Rundfunkgerät mit zwei Wellenbereichen: 600 bis 1400 kHz (500 bis 214 m) und 150 bis 350 kHz (2000 bis 860 m). Das Schaltbild dieses netzgespeisten Gerätes (vgl. die in Abschn. C 6bα behandelte Speisung) ist in Abb. 326 gezeichnet. Die Antenne ist kapazitiv (Kondensator C_2 von Abb. 326) mit dem „oberen" Ende des Eingangsschwingungskreises verbunden (Spule S_1—S_2—S_3 mit Abstimmkondensator C_3) nach der in Abb. 320a erörterten Schaltung. Die Anode der ersten Hochfrequenzröhre L_1 ist mittels des Transformators (S_4, S_5)—(S_6—S_7—S_8) mit dem zweiten Hochfrequenzschwingungskreis (S_6, S_7, S_8—C_7) und der zweiten

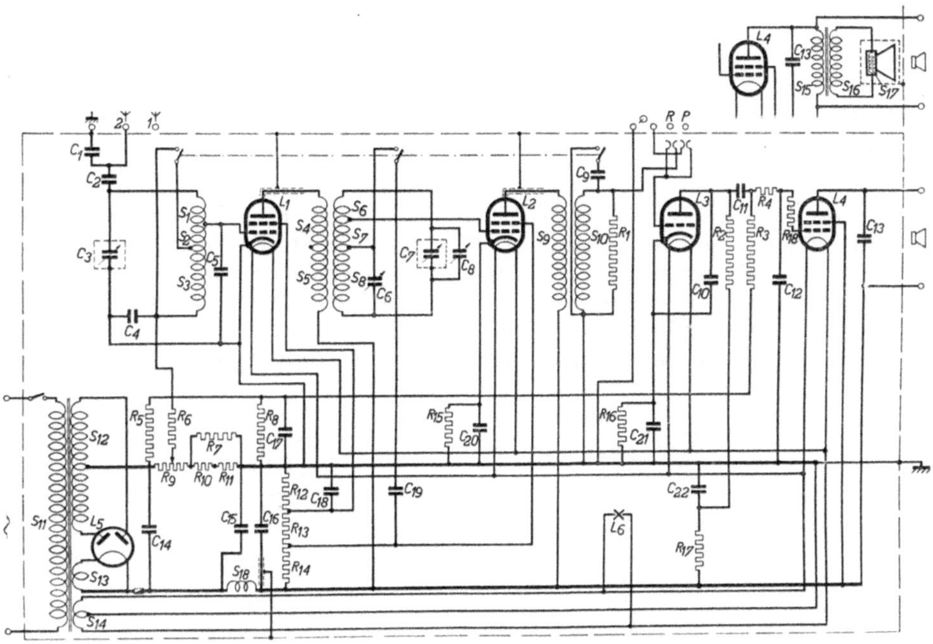

Abb. 326. Prinzipschaltbild eines netzgespeisten Geradeausempfängers für zwei Wellenbereiche: 600—1400 kHz und 150—350 kHz (Philips Type 834 A aus dem Jahrgang 1933 bis 1934). Die Drehkondensatoren C_3 und C_7 werden gleichzeitig abgestimmt. Die Spulen S_3, S_8 und S_{19} werden im Wellenbereich 600—1400 kHz kurzgeschlossen mit dem angedeuteten Wellenbereichschalter. Weitere Beschreibung im Text.

Stückliste.

Kondensatoren	*Widerstände*	*Spulen*	*Röhren*
C_1 = 100 pF	R_1 = 64000 Ohm	S_1 = } 235 μH	L_1 = E 455
C_2 = 20 ,,	R_2 = 0,32 MOhm	S_2 = }	L_2 = E 462
C_3 = 20—430 ,,	R_3 = 2 ,,	S_1 = }	L_3 = E 499
C_4 = 0,1 μF	R_4 = 0,32 ,,	S_2 = } 2400 μH	L_4 = C 453
C_5 = 25 pF	R_5 = 0,4 ,,	S_3 = }	L_5 = 1823
C_6 = 2,5—27 ,,	R_6 = 2 ,,	S_6 = } 235 μH	L_6 = 8046
C_7 = 20—430 ,,	R_7 = 160 Ohm	S_7 = }	
C_8 = 2,5—27 ,,	R_8 = 0,64 MOhm	S_6 = }	
C_9 = 640 ,,	R_9 = 1260 Ohm	S_7 = } 2400 μH	
C_{10} = 250 ,,	R_{10} = 440 ,,	S_8 = }	
C_{11} = 2000 ,,	R_{11} = 260 ,,	S_9 = 2,15 mH	
C_{12} = 50 ,,	R_{12} = 64000 ,,	S_{10} = 2,15 ,,	
C_{13} = 5000 ,,	R_{13} = 25000 ,,	S_{11}—S_{14} Netztransformator	
C_{14} = 16 μF	R_{14} = 40000 ,,	S_{15}—S_{16} Ausgangstransformator	
C_{15} = 16 ,,	R_{15} = 640 ,,	S_{17} Lautsprecher	
C_{16} = 1 ,,	R_{16} = 16000 ,,	S_{18} = 15,6 mH	
C_{17} = 0,25 ,,	R_{17} = 0,1 MOhm		
C_{18} = 0,1 ,,	R_{18} = 0,64 ,,		
C_{19} = 0,25 ,,			
C_{20} = 0,1 ,,			
C_{21} = 0,5 ,,			
C_{22} = 0,25 ,,			

Röhre L_2 gekoppelt. Die Drehkondensatoren C_3 und C_7 sind auf einer gemeinsamen Drehachse angeordnet. Die Feinabstimmkondensatoren C_6 und C_8 dienen zur Einregelung des Gleichlaufs der Abstimmungen der beiden Schwingungskreise. Die nächste Röhre (L_3) arbeitet als Krümmungsgleichrichter. Die Ausgangsspannung der zweiten Hochfrequenzstufe wird mit Hilfe des festen Trans-

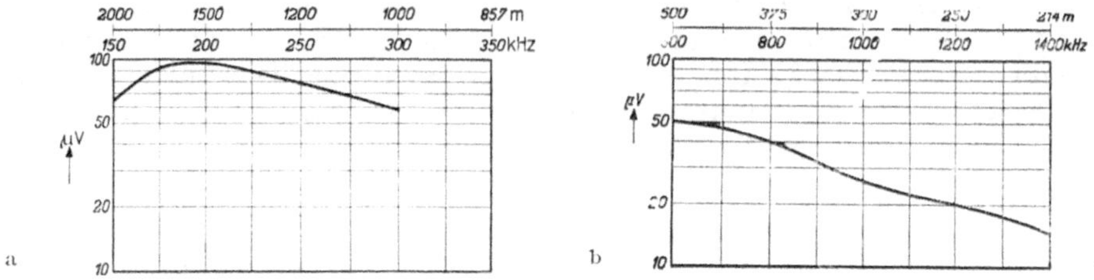

Abb. 327 a u. b. Empfindlichkeitskurven. Vertikal: Effektive Eingangssignalspannung des Empfängers 834 A für 50 mW Ausgangsleistung in der beweglichen Lautsprecherspule (oder in einem entsprechenden Ausgangsnutzwiderstand der Endröhre). Horizontal: Frequenz des Eingangssignals und der Empfängerabstimmung in kHz (oder Wellenlänge in m)

formators S_9—S_{10} dem Steuergitter der Gleichrichterröhre L_3 zugeführt (vgl. die in Abb. 271 angegebene Schaltung). Die Transformatoren S_9—S_{10} sowie S_4, S_5, S_6, S_7, S_8 sind aus zusammen aufgewickelten Drähten hergestellt und haben somit eine sehr geringe Streuung. Die Niederfrequenzspannung über dem Widerstand R_2 im Anodenkreis der Röhre L_3 gelangt über den Kondensator C_{11} auf das Steuergitter der Leistungsverstärkerröhre L_4 und vom Anodenkreis dieser

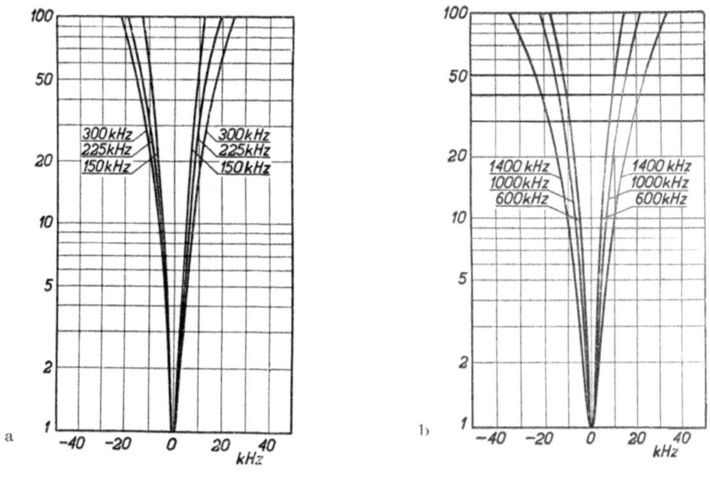

Abb. 328 a u. b. Trennschärfenkurven des Empfängers 834 A von Abb. 326. Vertikal: Verhältnis der Eingangssignalspannung für eine bestimmte Abweichung der Signalfrequenz (horizontal) von der Empfängerabstimmfrequenz zur Eingangssignalspannung bei der Abstimmfrequenz des Empfängers bei konstanter Ausgangsleistung. Zahlen bei den Kurven geben die jeweilige Empfängerabstimmfrequenz an.

Röhre zum Lautsprecher. Die negativen Steuergittervorspannungen der Röhren L_2 und L_3 werden mittels überbrückter Widerstände R_{15} und R_{16} in den Kathodenleitungen erzeugt. Die regelbare Gittervorspannung der Röhre L_1 stammt vom Spannungsteiler R_6, R_9. Die Vorspannung der Röhre L_4 wird über R_5—R_3—R_4—R_{18} dem Steuergitter zugeführt. Für bestimmte Röhren ist hier eine Stückliste der Schaltteile aus Abb. 326 angeführt. Als neuere Röhrentypen kämen in Frage: für L_1: EF 9, für L_2: EF 6, für L_3: EBC 3, für L_4: EL 3. Die Speisungswiderstände müßten für diese Röhren den geänderten Spannungen und Strömen entsprechend neu bestimmt werden. In Abb. 327 ist die Empfindlichkeit des Gerätes nach der obigen Stückliste entsprechend der in Abschn. G 2a α genannten Definition als Funktion der Abstimmung für beide Wellenbereiche gezeigt, im Falle, daß das Potentiometer R_6—R_9 auf höchste Empfindlichkeit eingestellt ist. Diese Empfindlichkeit liegt zwischen 20 und 100 μV und ist am langwelligen Ende jedes Bereiches am kleinsten. Die Trennschärfekurven des Gerätes sind in Abb. 328 gezeichnet.

Wir schätzen noch die effektive Rauschspannung, welche vom ersten Hochfrequenzkreis und von der ersten Röhre am Eingangsgitter dieser Röhre erzeugt wird, und zwar bei der kürzesten Wellenlänge (200 m). Der Q-Wert des Eingangskreises beträgt hier etwa 290, die Gesamtparallelkapazität etwa 60 pF und somit der Abstimmwiderstand des Kreises R_{kr} etwa $5 \cdot 10^5$ Ohm. Der Ersatzrauschwiderstand der Röhre L_1 (vgl. obige Stückliste) beträgt im Arbeitspunkt etwa $R_{ers} = 3$ kOhm, der Gesamtrauschwiderstand am Gitter demnach $R_{ers} + R_{kr} = 503$ kOhm. Wenn wir aus der zu 214 m Wellenlänge gehörenden Kurve von Abb. 328 die effektive Bandbreite B schätzen, ergibt sich etwa 7 kHz. Folglich beträgt die effektive Rauschspannung:

$$\mathfrak{U}_r = [4 k T (R_{kr} + R_{ers}) B]^{1/2} = 7{,}6\ \mu\text{V}.$$

Bei einem Signal von 50 μV bei 30% Modulationstiefe ergibt sich ein Verhältnis der Tonleistung zur Rauschleistung nach Gl. (F 1,10) von etwa 2,5. Das Rauschen ist unter diesen Bedingungen ziemlich störend.

Schrifttum: 39, 122, 127, 197, 198, 304, 325, 356.

b) Überlagerungsempfang.

α) *Empfindlichkeit, Stufenzahl, Spiegelempfang.*

Zur Berechnung der erforderlichen Stufenzahl im Zusammenhang mit der Empfindlichkeit gehen wir in analoger Weise vor wie in Abschn. G 2a α angegeben. Am Eingang der Gleichrichterstufe soll eine effektive Trägerwellenspannung von 1 V vorhanden sein. Die vorangehenden Stufen sollen somit bei einer Empfindlichkeit von 20 μV eine gesamte Spannungsverstärkung $5 \cdot 10^4$ aufweisen, und diese Verstärkung kann über die Antenneneingangsschaltung, Hochfrequenzstufe(n), Mischstufe und Zwischenfrequenzstufe(n) verteilt werden. Bei den heutigen Überlagerungsempfängern kann man zwei Haupttypen unterscheiden: 1. Antenne—Mischstufe—Zwischenfrequenzstufe(n)—Gleichrichter und 2. Antenne—Hochfrequenzstufe—Mischstufe—Zwischenfrequenzstufe—Gleichrichter. Im 1. Fall stehen also zur Verstärkung eine Mischstufe und eine oder mehrere Zwischenfrequenzstufen zur Verfügung. Die Güte Q der Zwischenfrequenzkreise kann oft auf 50 bis 100 geschätzt werden. Wenn wir 100 annehmen und die Zwischenkreisfrequenz ω_0 zu $2\pi \cdot 0{,}5 \cdot 10^6$ Hz, so ergibt sich bei einer Abstimmkapazität von etwa 50 pF ein Abstimmwiderstand R von etwa $6 \cdot 10^5$ Ohm. Meistens werden zwei gekoppelte Kreise benutzt. Im Falle kritischer Kopplung gleicher Kreise beträgt die Verstärkung vom Gitter der Mischröhre (mit einem Anodenwiderstand R_a) bis zum Gitter der nächsten Röhre nach Gl. (D 2,14):

$$V = S_c \frac{1}{2} \left(\frac{R R_i}{R + R_a} R \right)^{1/2} = \frac{S_c R}{2} \left(\frac{R_a}{R + R_a} \right)^{1/2}.$$

Nehmen wir für die Überlagerungssteilheit S_c den Wert 0,6 mA/V und für R_a den Wert 1,5 MOhm an, so ergibt sich eine Verstärkung V von etwa 150. Die Verstärkung der Antennenschaltung kann auf etwa 3 geschätzt werden. Wenn eine Zwischenfrequenzstufe zwischen der Mischstufe und dem Gleichrichter mit einer Verstärkungszahl von etwa 100 verwendet würde, wäre die erforderliche Gesamtverstärkung von $5 \cdot 10^4$ somit bereits erreicht. Wir können also sagen, daß man normalerweise im 1. Fall für eine Hochfrequenzempfindlichkeit von etwa 20 μV mit einer Mischstufe und einer Zwischenfrequenzstufe vor dem Gleichrichter auskommt. Im 2. Fall wird man die Verstärkung der Hochfrequenzstufe vor der Mischstufe oft auf 50 bis 100 schätzen und somit für die genannte Empfindlichkeit mit einer Hochfrequenzstufe und einer Mischstufe vor dem Gleichrichter auskommen können. Wenn man weniger hochgezüchtete Stufen bevorzugt, wird man (auch zur Erzielung besserer Trennschärfe) noch eine Zwischenfrequenzstufe zwischen der Mischstufe und dem Gleichrichter einschalten und dann die Empfindlichkeitszahl noch herabsetzen können (z. B. auf 5 μV). Nach dem Gleichrichter ist die gleiche Lage vorhanden wie bei Geradeausempfängern und erübrigt sich also eine weitere Erörterung.

Im Kurzwellengebiet ändert sich an den obigen Zahlen im 1. Fall kaum etwas. Im 2. Fall ist die Verstärkung der Hochfrequenzstufe geringer. Da aber hier bei Verwendung einer Zwischenfrequenzstufe doch ein Verstärkungsüberschuß vorhanden ist, können solche Geräte auch im Kurzwellengebiet Empfindlichkeiten zwischen 5 und 20 μV ergeben.

Wir nehmen an (vgl. Abschn. E 3bα), daß $\omega_h - \omega_i = \omega_0$ ist. Wenn $\omega_0 \ll \omega_h$ ist, liegt die Kreisfrequenz $\omega_i' = \omega_h + \omega_0$ nicht weit von der Kreisfrequenz $\omega_i = \omega_h - \omega_0$ entfernt. Man nennt ω_i' die *Spiegelkreisfrequenz.* Wenn ein Signal mit dieser Spiegelkreisfrequenz auf den Eingang der Mischstufe gelangt, entsteht am Ausgang in derselben Weise eine Zwischenfrequenzspannung wie für ein Signal der Kreisfrequenz ω_i. Man nennt dies *Spiegelempfang.* Die Möglichkeit des Spiegelempfangs hängt bei gutem Gleichlauf (Abschn. E 3bα) von der Trennschärfe des Eingangskreises ab. Dieser soll auf die Kreisfrequenz ω_i abgestimmt sein. Wenn auch die Spiegelkreisfrequenz ω_i' z. B. innerhalb der Bandbreite des Eingangskreises liegt, so wird man beim Abstimmen des Gerätes (Kondensatorveränderung) jeden Sender an zwei Stellen der Skala empfangen. Diese Lage tritt oft im Kurzwellengebiet von Rundfunkempfängern mit niedriger Zwischenfrequenz (z. B. 150 kHz) auf. Im Rundfunkwellengebiet ist die Trennschärfe des Eingangskreises meistens so gut, daß Signale der Spiegelkreisfrequenz ω_i' im Vergleich zu Signalen der Kreisfrequenz ω_i genügend geschwächt werden (z. B. 10- bis etwa 100fach oder mehr).

Welchen Einfluß hat der Spiegelempfang auf das Rauschen des Gerätes? Wir nehmen an, daß die Spiegelfrequenz ganz innerhalb der Bandbreite des Eingangskreises liegt und daß Signale dieser Frequenz mit genau derselben Verstärkung zum Eingang der Mischstufe gelangen wie Signale der Kreisfrequenz ω_i. Diese Bedingung soll auch für ein Frequenzintervall um ω_i' und ω_i herum erfüllt sein, dessen Breite gleich der Gesamtbandbreite des Gerätes ist. Die Trägerwelle hat die Kreisfrequenz ω_i. Die Spannungsschwankungen, welche einem Frequenzintervall um ω_i herum entstammen, werden nach Abschn. F 1cα am Ausgang des Gerätes eine Rauschleistung verursachen. Die Spannungsschwankungen, welche einem Frequenzintervall um ω_i' herum entstammen, werden aber ebenfalls mit der Trägerwelle der Kreisfrequenz ω_i eine modulierte Eingangsspannung der Gleichrichterstufe bilden und auch eine ebenso große Rauschleistung am Geräteausgang verursachen. *Diese Ausgangsrauschleistung wird beim Fehlen jeder Spiegelunterdrückung somit verdoppelt.* In Wirklichkeit wird stets eine gewisse Schwächung des Spiegelsignals im Vergleich zum Eingangssignal stattfinden und wird der genannte Faktor 2 zwischen 1 und 2 liegen. Zusammenfassend kann gefolgert werden, daß eine möglichst weitgehende Spiegelunterdrückung empfehlenswert ist. Eine hohe Zwischenfrequenz nebst trennscharfen Hochfrequenzkreisen und gutem Gleichlauf können diese Unterdrückung fördern.

In bezug auf die Trennschärfe am Eingang der Gleichrichterstufe wird heute allgemein die Forderung gestellt, daß in einem Abstand von 20 kHz von der gewünschten Trägerwelle eine Schwächung um etwa 4,6 Neper (spannungsmäßig also ein Faktor 100) vorliegen soll. Diese Trennschärfe wird hauptsächlich durch die Zwischenfrequenzkreise erzielt.

Schrifttum: 39, 124.

β) *Beispiel eines Überlagerungsempfängers im 1. Fall.*

Als erstes Beispiel wählen wir einen Empfänger, dessen erste Stufe eine Mischstufe ist (Abb. 329). Als Mischröhre wird die in Abschn. E 2 c α, Abb. 290 bis 291, behandelte Röhre verwendet. Die Kopplung der Antenne an den ersten Schwingungskreis des Gerätes findet mittels eines Transformators statt. Das Gerät ist

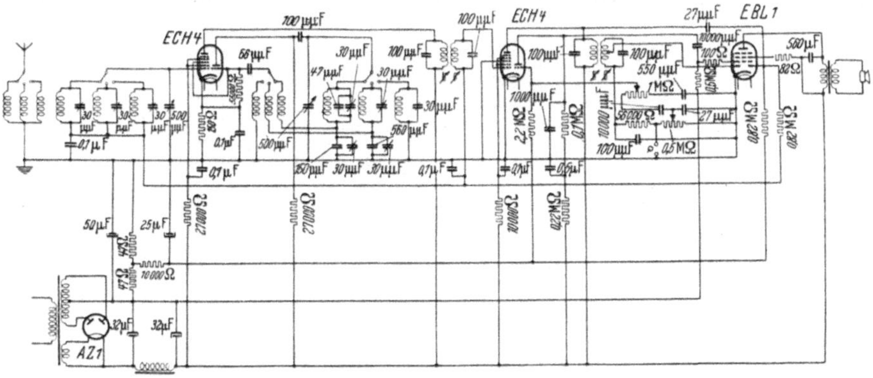

Abb. 329. Schaltbild eines netzgespeisten Überlagerungsempfängers mit einer Mischstufe, einer Zwischenfrequenzstufe, einer Diodengleichrichterstufe, einer Niederfrequenzvorstufe und einer Endstufe. Durch Verwendung von Verbundröhren können diese Stufen mit insgesamt drei Verstärkerröhren aufgebaut werden. Weitere Beschreibung im Text.

für drei Wellenbereiche: 15 bis 50 m, 200 bis 600 m und 800 bis 2000 m eingerichtet. Daher sind jeweils drei Kopplungsspulen und drei Schwingungskreisspulen nebeneinander gezeichnet. Mit Hilfe eines Wellenbereichschalters (Abschn. B 4 a β, Abb. 79) wird die gewünschte Spule gewählt. Der Abstimmkondensator (in der Abbildung mit 500 pF angedeutet) ist für alle Wellenbereiche der gleiche. Der Triodenteil der ersten Röhre ECH 4 wird als Schwingungserzeuger verwendet, mit dem Schwingungskreis im Anodenkreis der Triode. Die verschiedenen Gleichlauf- und Feinabstimmkondensatoren (letztere mit 30 pF angedeutet) sind angegeben. Das Eingangsgitter des Heptodenteils der ersten Röhre ECH 4 im Gerät erhält automatische negative Vorspannung durch den gezeichneten Kathodenwiderstand von 150 Ohm, überbrückt durch 0,1 μF. Außerdem erhält dieses Gitter eine zusätzliche negative Vorspannung von der automatischen Lautstärkeregelung (rechte Diode der Röhre EBL 1) mit dem Reihenwiderstand von 0,82 MOhm. Von dieser Diode stammt auch die Vorspannung des Eingangsgitters beim Heptodenteil der zweiten Röhre ECH 4 (von links gerechnet). Dieser Heptodenteil dient als Zwischenfrequenzverstärker (Zwischenfrequenz 475 kHz). Vor und hinter diesem Röhrenteil ist ein Zwischenfrequenzkopplungsglied, bestehend aus je zwei gekoppelten Kreisen, gezeichnet. Unterhalb der Spulen dieser Zwischenfrequenzkreise ist eine regelbare Selbstinduktion durch einstellbare Eisenkerne (Abb. 72 und Abschn. B 3 a γ) zur

Feinregelung angedeutet. Die linke Diode der Röhre EBL 1 dient zur Erzeugung der Niederfrequenzsignalspannung. Die Niederfrequenzausgangsspannung der linken Diode wird dem Triodenteil der zweiten Röhre ECH 4 (von links gezählt) zugeführt. Diese Triode ist als Niederfrequenz-Widerstandsverstärker geschaltet. Die verstärkte Niederfrequenzspannung dieser Triode wird dem Steuergitter des Pentodenteiles der Endröhre EBL 1 zugeführt. Das Steuergitter dieser Triode und jenes der Pentode erhalten negative Vorspannungen, welche dem Speisungsteil des Gerätes entnommen sind (vgl. auch Abschn. H 2a α). Durch Verwendung zweier Verbundröhren ECH 4 und einer Verbundröhre (Doppel-Diode-Pentode) EBL 1 ist ein Gerät entstanden, das mit nur drei Röhrenkolben (außer dem Netzspeisungsgleichrichter) insgesamt 7 Stufen enthält: Mischstufe, Schwingstufe, Zwischenfrequenzstufe, Gleichrichterstufe, Niederfrequenzstufe, Endstufe und automatische Lautstärkeregelungsstufe. Die notwendige Gitterwechselspannung der EBL 1 für 50 mW Ausgangsleistung beträgt 0,35 V, die Verstärkung der Niederfrequenzvorstufe ist etwa 10, somit die entsprechende

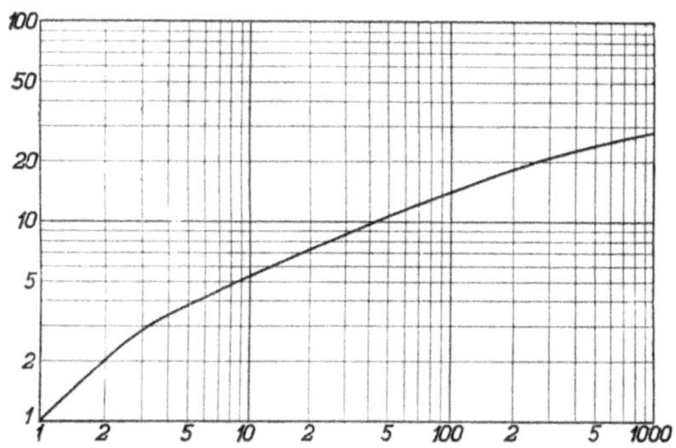

Abb. 330. Wirkung der automatischen Lautstärkeregelung des Empfängers von Abb. 329. Vertikal: Ausgangsleistung in Vielfachen von 50 mW. Horizontal: Eingangsspannung des Empfängers in Vielfachen der Eingangsspannung, für 50 mW Ausgangsleistung (also der Eingangsspannung, welche die Empfindlichkeit des Empfängers bestimmt).

Niederfrequenzausgangsspannung der Diodenstufe etwa 35 mV. Bei 30% Modulationstiefe beträgt die entsprechende Hochfrequenzeingangsspannung dieser Stufe etwa 200 mV. Die Zwischenfrequenzstufe verstärkt etwa 100fach, die Mischstufe im Mittel etwa 60fach. Die Empfindlichkeit am Eingangsgitter der Mischröhre ist somit etwa 33 μV, jene am Eingang des Gerätes etwa 10 μV. Mit wenigen Röhren ist somit ein hochempfindliches Gerät entstanden. Die Verwendung der Verbundröhren verursacht durch die unvermeidlichen Einflüsse der verschiedenen Röhrenteile aufeinander mehr Schwierigkeiten als jene von einfachen Röhren. Die Leistungsfähigkeit eines Gerätes mit einfachen Röhren und derselben Stufenzahl ist meistens höher. Die Wirkung der automatischen Lautstärkeregelung wird durch Abb. 330 veranschaulicht.

Wir schätzen noch die effektive Schwankungsspannung am Eingang der Mischröhre im Rundfunkgebiet. Der Ersatzrauschwiderstand des Eingangskreises dürfte im Rundfunkgebiet etwa zwischen 70 und 200 kOhm liegen, jener der Mischröhre ist nach Abb. 293 etwa 60 kOhm, zusammen also im Mittel etwa 200 kOhm, entsprechend einer Spannung von etwa 6 μV bei 10 kHz Bandbreite. Das Verhältnis der Tonleistung (30% Modulationstiefe) zur Rauschleistung ist demnach bei einer Eingangssignalspannung am Gitter der Mischröhre von 35 μV etwa 1,5, entsprechend etwa 0,2 Neper. Bei dieser Signalspannung ist das Rauschen ziemlich störend.

Schrifttum: 39.

γ) Beispiel eines Überlagerungsempfängers im 2. Fall.

Als Beispiel eines Empfängers mit Hochfrequenzstufe vor der Mischstufe betrachten wir das Schaltbild 331, das zu einem Rundfunkempfänger mit drei Wellenbereichen: 21,740 bis 5,880 MHz (13,8 bis 51 m), 1760 bis 513 kHz (170 bis 585 m) und 424 bis 150 kHz (708 bis 2000 m) gehört. Die Zwischenfrequenz beträgt 473 kHz. Die Antenne ist mittels eines Transformators mit dem ersten Hochfrequenzkreis gekoppelt. Die Hochfrequenzstufe (Röhre EF 8) hat am Ausgang ebenfalls einen Hochfrequenzkreis, der mit dem Eingangsgitter der Mischröhre ECH 3 (eine ähnliche Röhre wie die ECH 4 der Abb. 290) verbunden ist. Der Oszillatorschwingungskreis ist mit der Anode des Triodenteils der ECH 3 verbunden, die Rückkopplungsspule mit dem Gitter dieser Triode. Die drei veränderbaren Kondensatoren: des Eingangsschwingungskreises der Röhre EF 8, des Eingangsschwingungskreises der ECH 3 und des Oszillatorschwingungskreises sind mit gemeinsamer Achse ausgeführt in Form eines Dreifachschiebekondensators (vgl. Abschn. B 2bβ). Die Anode des Mischteiles der ECH 3 ist mit dem ersten Kreis zweier gekoppelter Kreise (Zwischenfrequenzkreise) verbunden. Vom zweiten Zwischenfrequenzkreis gelangt man zum Eingangsgitter der Zwischenfrequenzröhre EF 9. Am Ausgang dieser Röhre sind wieder zwei induktiv gekoppelte Zwischenfrequenzkreise angeordnet, die ihrerseits mit der Gleichrichterstufe verbunden sind. Die betreffende Röhre EAB 1 enthält drei Dioden, von denen die linke zur Erzeugung der Niederfrequenzspannung dient, die beiden anderen Dioden werden zur automatischen Lautstärkeregelung verwendet (vgl. Abschn. H 1aε). Die Niederfrequenzspannung der Gleichrichterstufe wird dem Eingangsgitter der Röhre EF 6 zugeführt und die Ausgangsspannung dieser Niederfrequenzstufe gelangt zum Gitter der Endröhre EL 3. Die noch angegebene Röhre EM 4 erhält ihre Steuerspannungen von der Gleichrichterstufe und dient zur Abstimmungsanzeige (Abschn. H 3aβ). Die Steuergitter der Röhren EF 8, ECH 3, EF 9, EF 6 und EL 3 erhalten durch Widerstände in den Kathodenleitungen negative Vorspannungen. Außerdem erhalten die Steuergitter der Röhren EF 8, ECH 3 (Mischteil) und EF 9 noch Vorspannungen von der automatischen Lautstärkeregelungsanlage. Die Zwischenfrequenzspulen haben regelbare Kopplung zur Einstellung der Bandbreite. Auf die sonstigen besonderen Bedienungs- und Regelvorrichtungen dieses Gerätes kommen wir in Abschn. H 1a und H 3 zurück. Die Empfindlichkeitszahlen am Eingang des Empfängers (Antenne) sind: bei 1,5 MHz (200 m) $< 10\,\mu$V, bei 550 m etwa 10 μV, bei 2000 m etwa 10 μV.

Wir schätzen noch die effektive Rauschspannung am Eingang der Röhre EF 8. Der Eingangskreis hat im Rundfunkgebiet einen mittleren Rauschwiderstand von etwa 100 kOhm, die Röhre EF 8 (rauscharme Röhre) einen Ersatzrauschwiderstand von etwa 3 kOhm, zusammen 103 kOhm, entsprechend einer Rauschspannung $\mathfrak{U}_r$ bei 10 kHz Bandbreite von 4 μV. Im Kurzwellengebiet kann für den mittleren Rauschwiderstand des Eingangskreises etwa 10 kOhm angenommen werden und ergibt sich für $\mathfrak{U}_r$ etwa 1,4 μV.

Schrifttum: 39.

c) Vergleich von Geradeausempfang mit Überlagerungsempfang.

α) Empfänger für gewerbliche Zwecke.

Im Wellenbereich zwischen etwa 200 und 2000 m ist, wie in Abschn. G 2aα dargelegt, Geradeausempfang mit zwei Hochfrequenzstufen und ausreichender Empfindlichkeit gut verwendbar. Störungen durch unerwünschte Rückwirkungen im Hochfrequenzteil (Schwingneigung) können durch sorgfältige Abschirmung

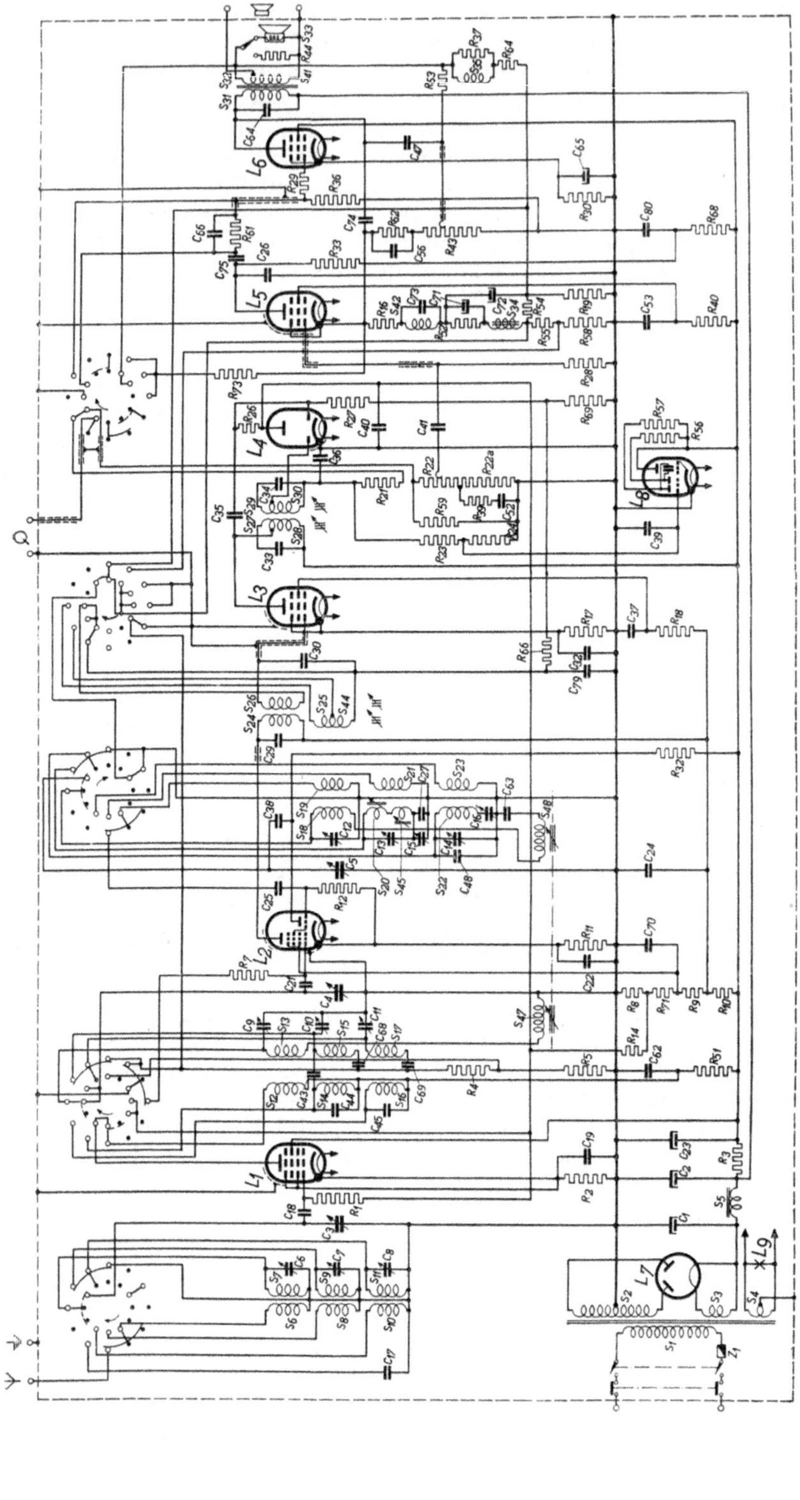

Abb. 331. Schaltbild eines Überlagerungsempfängers (Philips Type 895 X) mit Hochfrequenzvorstufe und drei Wellenbereichen (mit den oben gezeichneten Schaltern zu wählen) sowie Banddehnung im Kurzwellenbereich (vgl. Abschn. H 3c). Beschreibung im Text. (Stückliste zu Abb. 331 s. S. 315.)

Stückliste (zu Abb. 331, s. S. 314).

Kondensatoren.

C_{1} =	50 μF	C_{13} =	2,5—20 pF	C_{26} =	82 pF	C_{40} =	0,1 μF	C_{64} =	1000 pF
C_{2} =	50 ,,	C_{14} =	2,5—20 ,,	C_{27} =	350 ,,	C_{41} =	10000 pF	C_{65} =	50 μF
C_{3} =	20—500 pF	C_{15} =	0—200 ,,	C_{29} =	94 ,,	C_{43} =	2,2 ,,	C_{66} =	1200 pF
C_{4} =	20—500 ,,	C_{16} =	0—200 ,,	C_{30} =	100 ,,	C_{44} =	82 ,,	C_{68} =	33000 ,,
C_{5} =	20—500 ,,	C_{17} =	82 ,,	C_{32} =	47000 ,,	C_{45} =	330 ,,	C_{69} =	6800 ,,
C_{6} =	2,5—20 ,,	C_{18} =	100 ,,	C_{33} =	103 ,,	C_{47} =	2200 ,,	C_{70} =	47000 ,,
C_{7} =	2.5—20 ,,	C_{19} =	47000 ,,	C_{34} =	113 ,,	C_{48} =	33 ,,	C_{71} =	100 μF
C_{8} =	2,5—20 ,,	C_{21} =	100 ,,	C_{35} =	18 ,,	C_{52} =	82000 ,,	C_{72} =	12,5 ,,
C_{9} =	2,5—20 ,,	C_{22} =	47000 ,,	C_{36} =	39 ,,	C_{53} =	0,47 μF	C_{73} =	18000 pF
C_{10} =	2,5—20 ,,	C_{23} =	15 μF	C_{37} =	47000 ,,	C_{56} =	33000 pF	C_{74} =	27 ,,
C_{11} =	2,5—20 ,,	C_{24} =	0,1 ,,	C_{38} =	470 ,,	C_{62} =	47000 ,,	C_{75} =	47000 ,,
C_{12} =	2,5—20 ,,	C_{25} =	47 pF	C_{39} =	47000 ,,	C_{63} =	4000 ,,	C_{79} =	68000 ,,
								C_{80} =	0,22 μF

Widerstände.

R_{1} =	0,82 MOhm	R_{12} =	47000 Ohm	R_{24} =	2,7 MOhm	R_{39} =	15000 Ohm	R_{58} =	68 Ohm
R_{2} =	270 Ohm	R_{14} =	9,4 MOhm	R_{26} =	1,8 ,,	R_{40} =	0,33 MOhm	R_{59} =	0,47 MOhm
R_{3} =	1000 ,,	R_{16} =	330 Ohm	R_{27} =	0,82 ,,	R_{43} =	50000 Ohm	R_{61} =	1,5 ,,
R_{4} =	270 ,,	R_{17} =	330 ,,	R_{28} =	2,7 ,,	R_{44} =	12 ,,	R_{62} =	18000 Ohm
R_{5} =	33 ,,	R_{18} =	56000 ,,	R_{29} =	1000 Ohm	R_{51} =	1800 ,,	R_{63} =	2200 ,,
R_{7} =	0,82 MOhm	R_{19} =	10 ,,	R_{30} =	150 ,,	R_{52} =	1500 ,,	R_{64} =	68 ,,
R_{8} =	22000 Ohm	R_{21} =	1 MOhm	R_{32} =	27000 ,,	R_{54} =	220 ,,	R_{66} =	1,5 MOhm
R_{9} =	22000 ,,	R_{22} =	0,28 ,,	R_{33} =	0,1 MOhm	R_{55} =	39 ,,	R_{68} =	33000 Ohm
R_{10} =	3900 ,,	$R_{22}a$ =	70000 Ohm	R_{36} =	0,68 ,,	R_{56} =	1,5 MOhm	R_{69} =	0,18 MOhm
R_{11} =	270 ,,	R_{23} =	3,9 MOhm	R_{37} =	180 Ohm	R_{57} =	1,5 ,,	R_{71} =	12000 Ohm
								R_{72} =	56000

Spulen.

S_{6} =	10 μH	S_{22} =	609,5 μH
S_{7} =	1,3 ,,	S_{24} =	850—1150 ,,
S_{8} =	1 mH	S_{26} =	850—1150 ,,
S_{9} =	194,3 μH	S_{27}, S_{28} =	850—1150 ,,
S_{10} =	10 mH	S_{29}, S_{30} =	850—1150 ,,
S_{11} =	2585 μH	S_{34} =	100 mH
S_{13} =	1,1 ,,	S_{35} =	28 mH
S_{14} =	1,9 mH	S_{42} =	15,5 ,,
S_{15} =	193,7 μH	S_{45} =	10,9—13,6 μH
S_{16} =	46 mH	S_{47} =	max. 0,32 ,,
S_{17} =	2595 μH	S_{48} =	max. 0,32 ,,
S_{18} =	0,92 ,,		
S_{20} =	96—112 ,,		

Röhren.

L_{1} =	EF 8
L_{2} =	ECH 3
L_{3} =	EF 9
L_{4} =	EAB 1
L_{5} =	EF 6
L_{6} =	EL 3
L_{7} =	AZ 1
L_{8} =	EM 4
L_{9} =	8091 D—00

(Abschn. D 3aγ) vermieden werden. Ein wichtiger Punkt in dieser Beziehung ist, daß die Verstärkung von Hochfrequenzspannungen zum Lautsprecher und Rückwirkung von dort aus auf die Antenne sorgfältig unterdrückt werden müssen (genügende Sperrung der Hochfrequenzspannungen hinter dem Gleichrichter). Die spezifischen Störungen eines Überlagerungsgerätes: Pfeifstellen und Ausstrahlung der Schwingspannung durch die Empfangsantenne (wodurch benachbarte Empfänger stark gestört werden können) sind beim Geradeausempfang nicht vorhanden. Demgegenüber steht, daß der Hochfrequenzteil eines Überlagerungsempfängers ohne Hochfrequenzstufe etwas einfacher (z. B. ein Hochfrequenzeingangskreis und ein Hochfrequenzoszillatorkreis, also zwei Hochfrequenzkreise) sein kann, als derjenige eines zweistufigen Geradeausempfängers (meistens drei Hochfrequenzkreise). Sobald man aber einen Überlagerungsempfänger *mit* Hochfrequenzstufe wählt, fällt dieser Vorteil meistens fort. Da auch im letzteren Fall nur *eine* Hochfrequenzverstärkerstufe verwendet wird, ist die Schwinggefahr durch unerwünschte Rückwirkung bei Überlagerungsempfängern geringer und leichter zu beseitigen. Wenn man die Hochfrequenzstufe fortläßt, ist der Rauschpegel eines Überlagerungsempfängers bei gleicher Empfindlichkeit meistens höher als derjenige eines Geradeausempfängers. (Man könnte allerdings eine Diodenmischstufe verwenden und damit einen sehr niedrigen Rauschpegel erreichen, vgl. Abschn. F 2cα). Die Verwendung einer Hochfrequenzstufe empfiehlt sich, um Gleichheit der Rauschpegel bei Benutzung gleich hochwertiger Röhren zu erzielen. *Beim Überlagerungsempfänger ist es wegen der festen Zwischenfrequenz leichter, bestimmte Trennschärfekurven in einem ganzen Wellenbereich zu erhalten als bei*

Geradeausempfängern mit ihren veränderlichen Kreisen in einem Wellengebiet (Abb. 328). Auch Bandbreiteregelung läßt sich viel leichter bei Überlagerungsempfängern anwenden. Als Nachteil des Überlagerungsempfängers können die Gleichlauffehler (Abschn. E 3b) und die Frequenzverwerfung betrachtet werden. Beide Fehlerquellen können aber beseitigt werden (Abschn. E 3bγ und E 3bβ). Zusammenfassend kann man sagen, daß die beiden Empfangsmöglichkeiten einander in diesem Anwendungsbereich etwa gleichwertig sind.

Im Kurzwellengebiet sind die Schwierigkeiten bei Geradeausempfängern zur Erzielung ausreichender Empfindlichkeit in Abschn. G 2aβ dargelegt: entweder eine große Zahl von Hochfrequenzstufen oder Verwendung von Kreisen schwer herzustellender Güte. Der Überlagerungsempfänger ist hier in dieser Hinsicht entschieden weit im Vorteil. Andererseits bedeuten Pfeifstellen, Spiegelempfang, Strahlung, Frequenzverwerfung, Gleichlauffehler hier Störungs- und Fehlerquellen, welche schwerer zu beseitigen sind als im Falle der Rundfunkwellen. Bis 10 m Wellenlänge ist es aber mit den heutigen Mitteln durchaus möglich, sie genügend zu bekämpfen. Zusammenfassend: Im Kurzwellengebiet ist Überlagerungsempfang vorzuziehen.

Schrifttum: 40, 49, 53, 100, 112, 116, 148, 178, 197, 237, 270.

β) *Rundfunkempfänger.*

Geradeausempfänger für die beiden europäischen Rundfunkwellenbereiche sind in vielen Millionen Exemplaren von Philips in den Jahren 1931 bis 1935 hergestellt und verkauft worden. Viele dieser Geräte arbeiten heute noch einwandfrei. Damit ist dargetan, daß die Schwierigkeiten und hohen Anforderungen, welche bei der Herstellung mehrerer (bis 4) gleichlaufender Hochfrequenzkreise für die genannten Wellenbereiche auftreten, überwunden werden können (und worden sind), und zwar in wirtschaftlich erfolgreicher Weise. Als aber die Kurzwellensender immer größere Bedeutung erlangten (namentlich für Überseegebiete) und die Handelsgeräte einen Kurzwellenbereich erhalten mußten, schlug die Waage nach der Seite des Überlagerungsempfängers durch. Die Gründe, welche oben in Abschn. α und in Abschn. G 2aβ dargelegt wurden, schließen einen wirtschaftlichen Bau großer Zahlen von Geradeausempfängern mit Kurzwellenbereich (z. B. 13 bis 50 m) ausreichender Empfindlichkeit aus. Die Vor- und Nachteile von beiden Empfängerarten, welche in Abschn. α erwähnt wurden, gelten auch für Rundfunkgeräte, und zwar meistens in erhöhtem Maß, weil die Frage der wirtschaftlichen Herstellung eine bedeutende Rolle spielt. Wir heben noch hervor, daß es bei Geradeausempfängern schwerer ist eine im ganzen Wellenbereich gleiche Empfindlichkeit zu erzielen, als bei Überlagerungsempfängern (vgl. Abb. 327), wie unmittelbar aus der größeren Anzahl von Hochfrequenzkreisen hervorgeht. Die heutigen Rundfunkgeräte sind zum weitaus größten Teil Überlagerungsempfänger.

Schrifttum: 112, 127 325, 356.

3. Reflex-, Rückkopplungs- und Pendelrückkopplungsempfang.

Die im vorigen Abschn. G 2 behandelten Geradeaus- und Überlagerungsempfänger sind als *Normaltypen* der heutigen Empfangsgeräte anzusprechen. Alle im vorliegenden Abschnitt zu behandelnden Empfangsschaltungen sind dem Bestreben entsprungen, bei Verwendung weniger Stufen und Röhren Empfindlichkeitszahlen zu erzielen, welche denjenigen der Normaltypen fast gleichkommen. Sie sind somit als „Spartypen“ zu betrachten.

a) Reflexempfänger.

α) *Schaltungsverfahren.*

Reflexschaltungen beruhen auf der mehrfachen Ausnutzung einer und derselben Verstärkerröhre. Als Beispiele nennen wir: Verwendung einer Hochfrequenzstufe gleichzeitig zur Niederfrequenzverstärkung oder, umgekehrt, einer Niederfrequenzverstärkerröhre gleichzeitig zur Hoch- oder Zwischenfrequenzverstärkung. Der Name „Reflex" rührt daher, daß das Signal z. B. erst eine Hochfrequenzstufe durchläuft, gleichgerichtet und dann zurückgeführt (reflektiert) wird zur selben Röhre, um in ihr noch einmal niederfrequent verstärkt zu werden. Diese mehrfache Ausnutzung derselben Röhrenstrecke führt zu einer Reihe von Schaltaufgaben, welche sich aus der Trennungsforderung der Hoch- und Niederfrequenzsignalwege ergeben. Wir werden im nächsten Abschn. β Lösungsbeispiele solcher Aufgaben kennenlernen. Allgemein kann erwartet werden, daß die erforderlichen Schaltmaßnahmen eine gewisse Beeinträchtigung der einzelnen Funktionen der betreffenden Stufe zur Folge haben. Daher wird eine einzelne Reflexstufe kaum soviel leisten wie zwei getrennte entsprechende Stufen für die gleichen Zwecke.

Als Folge der Kennlinienkrümmungen entstehen Wirkungen der verschiedenen, von der Röhre verstärkten Signalspannungen aufeinander. Wir können hierbei im wesentlichen zwei Wirkungen unterscheiden: 1. Störungen des Hochfrequenzsignals durch das Niederfrequenzsignal und 2. Störungen des Niederfrequenzsignals durch das Hochfrequenzsignal. Bei der Beurteilung dieser Störungen müssen wir berücksichtigen, daß die Niederfrequenzwechselspannung am Röhreneingang fast immer bedeutend größer sein wird als die Hochfrequenzwechselspannung. Denn die erstgenannte Spannung entsteht durch Gleichrichtung der *verstärkten* Hochfrequenzeingangsspannung. Wir können dementsprechend erwarten, daß das Hochfrequenzsignal stärker durch das Niederfrequenzsignal gestört wird als umgekehrt. Diese Störung kann als Modulation aufgefaßt werden, welche der in Abschn. D 3a α, Gl. (3,2) erörterten Brummodulation gleichwertig an die Seite zu stellen ist. Durch diese Störmodulation wird das Hochfrequenzsignal (das an sich bereits moduliert ist) nochmals mit dem Niederfrequenzsignal moduliert. Hierbei entstehen als Modulationsfrequenzen sowohl jene des Niederfrequenzsignals (also jene der ursprünglichen Modulation des Hochfrequenzsignals) als auch Oberwellen dieser Frequenzen nach Gl. (D 3,1). Wenn wir die Anodenstrom-Gitterspannungskennlinie örtlich durch eine Exponentialfunktion $A e^{a u}$ annähern, so ist die entstehende Störmodulationstiefe an der betreffenden Kennlinienstelle angenähert gleich $a U_{nf}$, wo U_{nf} die Niederfrequenzamplitude am Gitter bezeichnet. Aus dieser Formel gehen die Mittel hervor, welche zur Verringerung dieser Störung angewandt werden können: 1. Verwendung von Kennlinien mit kleinem a (sog. gleitende Kennlinien nach Abschn. D 3c α) und 2. möglichste Verringerung von U_{nf}. Die Folgen einer beträchtlichen Störmodulation für den Empfang können je nach den Phasenverhältnissen zwischen der Niederfrequenzeingangsspannung und der modulierten Hochfrequenzeingangsspannung sein: Steigerung oder Verringerung der Modulationstiefe des Hochfrequenzsignals und weiterhin: Oberwellenmodulation. Beide Folgen können zu Verzerrungen am Ausgang des Empfängers führen. In den zuerst genannten Trennungsschaltmaßnahmen und den gerade behandelten Störungsquellen sowie in den Maßnahmen zur Verringerung ihrer Wirkung hat man den Kaufpreis für die erzielte Röhrenersparnis zu erblicken.

β) *Beispiel eines Reflexempfängers.*

Im Schaltbild 332 wird die Antennenspannung mittels Transformatorkopplung auf den ersten Hochfrequenzschwingungskreis übertragen. Der Empfänger hat zwei Wellenbereiche (etwa 200 bis 600 m und etwa 1000 bis 2000 m), dabei sind je zwei Hochfrequenzspulen vorhanden, die durch einen Wellenschalter umgeschaltet werden. Der Oszillatorteil der Mischröhre UCH 21 (analog zur Mischröhre ECH 4 der Abb. 290) hat ebenfalls je eine Schwingkreisspule und je eine Rückkopplungsspule für die genannten Wellenbereiche. Der Schwingungskreis ist an die Anode der Triode geschaltet. Die Kondensatoren C_1 und C_2 werden gemeinsam verändert (Drehkondensatoren oder Schiebekondensatoren), die Kondensatoren von 550 und 250 pF dienen zur Gleichlaufeinstellung. Die Anode des Mischteile der Röhre UCH 21 ist mit dem ersten zweier induktiv gekoppelter

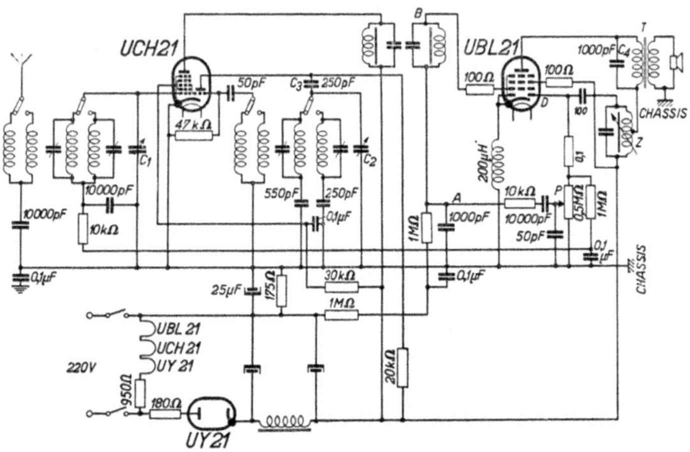

Abb. 332. Schaltbild eines Reflexempfängers (entsprechend dem früher vielfach verwendeten Volksempfänger) mit zwei Wellenbereichen (Mittel- und Langwellenbereich) und Wellenschalter. Beschreibung im Text. Die Speisung des Empfängers kann sowohl durch Gleichspannung als auch durch Wechselspannung stattfinden. Die Reihenfolge der Heizfadenanschlüsse der einzelnen Röhren ist unten links angegeben (vgl. Abschn. H 2 a β).

Zwischenfrequenzkreise verbunden, und der zweite dieser Kreise ist mit dem Steuergitter der Röhre UBL 21 (Endröhre mit zwei Dioden) verbunden. Diese Röhre wirkt als Zwischenfrequenzverstärker. Der Niederfrequenztransformator T ist für den Zwischenfrequenzstrom durch den Kondensator C_4 überbrückt, und dieser Strom erzeugt über dem Zwischenfrequenzkreis Z eine Spannung, die als Eingangsspannung der Diodenstufe D zugeführt wird. Die Niederfrequenzausgangsspannung dieser Diodenstufe wird vom Spannungsteiler P (Lautstärkeregelung) abgenommen und über A und B dem Steuergitter der Röhre UBL 21 zugeführt (Reflex). Diese Röhre arbeitet zugleich als Niederfrequenzröhre und speist den Lautsprecher am Ausgang des Gerätes. Auf den Speisungsteil dieses Gerätes kommen wir in Abschn. H 2a zurück. Als besondere Maßnahme erwähnen wir noch die Einschaltung einer Drosselspule von 200 μH in die Kathodenleitung der Röhre UBL 21. Hierdurch wird eine Zwischenfrequenzgegenkopplung erzeugt, welche die Linearität der Zwischenfrequenzverstärkung fördern soll (vgl. Abschnitt D 3cβ). Die Gefahr von Modulationsstörungen durch die Niederfrequenzeingangsspannung dieser Röhre (vgl. Abschn. α) wird hierdurch verringert. Die Empfindlichkeit dieser Schaltung kann an Hand der Röhrendaten beurteilt werden. Die Niederfrequenzeingangsspannung für 50 mW Ausgangsleistung beträgt bei der Röhre UBL 21 etwa 0,5 V. Bei 30% Modulationstiefe kann also eine Hochfrequenzeingangsspannung der Diodenstufe von etwa 1,5 bis 2 V angenommen werden. Wählen wir letztere Zahl und nehmen wir eine Gesamtverstärkung der Mischstufe mit der UCH 21 und der Zwischenfrequenzstufe mit der UBL 21 von $0{,}5 \cdot 10^4$ an, so entsteht bei etwa dreifacher Verstärkung von der Antenne bis zum Eingangsgitter der Mischstufe eine Empfindlichkeit von etwa 130 μV. Diese Zahl wird durch Messungen an ausgeführten Geräten bestätigt. Bei Verwendung von nur zwei Verstärkerröhren ist somit eine Empfindlichkeit erzielt, welche den zu Normalgeräten mit vier Verstärkerröhren gehörenden Zahlen nahekommt. Hierdurch wird der wesentliche Sparcharakter dieser Reflexempfänger beleuchtet.

Schrifttum: 39.

b) Rückkopplungsempfänger.

α) *Verstärkungssteigerung durch Rückkopplung.*

Wir haben in Abschn. C 3bγ, Abb. 141 und 142, die Rückkopplung als Mittel zur Vergrößerung der Verstärkung kennengelernt. Dieses Mittel kann auch in Empfangsgeräten angewandt werden. Oft wendet man diese Schaltung bei Gittergleichrichtern an (Abb. 333). Als Röhre verwenden wir eine Tetrode, deren Anodenwiderstand wir sehr groß und deren Steuergitter-Anodenkapazität wir sehr klein voraussetzen. Wir stellen im Anschluß an Abb. 320a und 321 die Antenne durch den Strom $\mathfrak{J} = j\omega C'_{k1}\mathfrak{U}$ dar und erhalten folgende Gleichung:

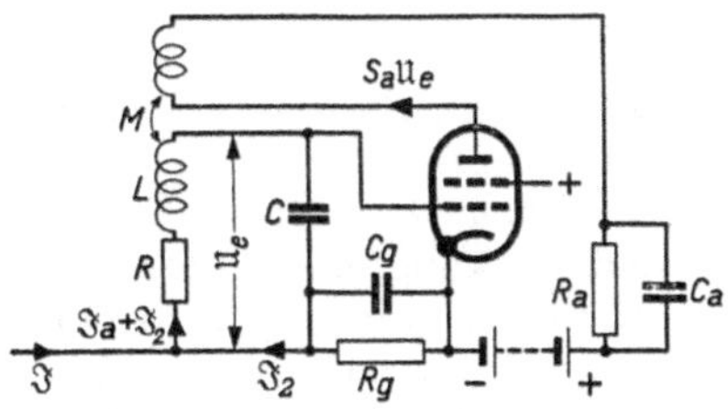

Abb. 333. Grundsätzliches Schaltbild zur Hochfrequenzrückkopplung einer Gittergleichrichterstufe.

(G 3,1) $$\mathfrak{J}(j\omega L + R) = \mathfrak{U}_e \times \times \{(1 - \omega^2 LC) + j\omega(CR - S_a M)\}.$$

Wenn das Antennensignal verschwindet ($\mathfrak{J} = 0$), kann eine endliche Eingangsspannung $\mathfrak{U}_e$ des zurückgekoppelten Gleichrichters entstehen, falls die Bedingungen $1 = \omega^2 LC$ und $CR = S_a M$ erfüllt sind. Diese Bedingungen bezeichnen wir als „kritische Rückkopplung". Bei kritischer Rückkopplung und endlichem Antennensignal ($\mathfrak{J} \neq 0$) wäre nach Gl. (3,1) die Eingangsspannung $\mathfrak{U}_e$ unendlich groß. Durch die Krümmungen der Röhrenkennlinien stellt sich aber eine endliche Spannung ein. Zur Berechnung dieser Spannung stellen wir die Röhrensteilheit S_a angenähert durch den Ausdruck

$$S_a = S - S_3 U_{e0}^2$$

dar, wo U_{e0} die Amplitude der Spannung $\mathfrak{U}_e$ bezeichnet [vgl. Gl. (D 3,8)] und berücksichtigen in dieser Weise angenähert die Krümmung der Anodenstrom-Gitterspannungskennlinie. Einsetzen dieses Ausdrucks in Gl. (3,1), wobei als kritische Kopplung jetzt die Bedingungen $1 = \omega^2 LC$ und $CR = SM$ erfüllt sein sollen, ergibt für die Eingangsamplitude U_{e0} angenähert für $R \ll \omega L$ den Ausdruck:

(G 3,2) $$U_{e0}\,\omega S_3 M U_{e0}^2 = \omega S_3 M U_{e0}^3 = I_0 \omega L = U_0 \omega C'_{k1} \omega L,$$

wo I_0 die Amplitude von $\mathfrak{J}$ und U_0 die Amplitude der Antennenspannung $\mathfrak{U}$ bezeichnen. Ohne Rückkopplung ($M = 0$) ergibt sich aus Gl. (3,1) eine Eingangsspannung

(G 3,3) $$\mathfrak{U}'_e = \mathfrak{J}(j\omega L + R)/j\omega CR = \frac{C'_{k1}}{CR}(j\omega L + R)\,\mathfrak{U}.$$

Wenn wir die Amplitude der Spannung $\mathfrak{U}_e'$ mit $\mathfrak{U}_{e0}'$ bezeichnen, so ergibt sich aus (3,2) und (3,3) im Falle $R \ll \omega L$:

$$(G\,3{,}4) \qquad \frac{\omega S_3 M U_{e0}^3}{U_{e0}'} = \omega C R \quad \text{oder} \quad U_{e0}^3 = \frac{CR}{S_3 M} U_{e0}' = \frac{S}{S_3} U_{e0}'.$$

Die dritte Potenz der Eingangsamplitude ist somit proportional zur Antennenspannungsamplitude nach Gl. (3,2) und proportional zur Eingangsspannung ohne Rückkopplung nach Gl. (3,4). Da nach Gl. (3,3) letztere Spannung größer wird, je besser die Spulengüte $Q = \omega L/R$ ist, ergibt sich, daß auch bei Anwendung von Rückkopplung diese Güte möglichst gesteigert werden soll, wenn man eine hohe Verstärkung wünscht. Weiter zeigt Gl. (3,2), daß die Verstärkung $\mathfrak{U}_e/\mathfrak{U}$ des Antennensignals größer wird, je kleiner dieses Antennensignal ist, wie ja auch einleuchtet, weil dann die Krümmungen der Röhrenkennlinien, welche die Verstärkung begrenzen, weniger Wirkung haben. Man kann zeigen, daß diese Ergebnisse im wesentlichen bestehen bleiben, wenn man über mehrere lineare Vorverstärkerstufen hinweg zurückkoppelt. Wir wollen noch die Größenordnung der durch Rückkopplung erzeugten Mehrverstärkung nach Gl. (3,4) abschätzen, die wir hierzu in der Form:

$$(G\,3{,}5) \qquad \frac{U_{e0}}{U_{e0}'} = \left(\frac{S}{S_3\,(U_{e0}')^2}\right)^{1/3}$$

schreiben. Für das Verhältnis S/S_3 nehmen wir (vgl. Abb. 262) als Beispiel 10 V^2 an. Dann erhält man für $U_{e0}' = 100$ mV eine Mehrverstärkung 10 und für $U_{e0}' = 100\,\mu$V eine Mehrverstärkung von 1000. In praktischen Fällen dürfte die Mehrverstärkung oft innerhalb dieser Grenzen liegen. Die genaue Einstellung der für diese Verstärkung erforderlichen kritischen Kopplung ist in der Praxis nicht immer einfach.

Wir weisen darauf hin, daß an die Röhren eines Rückkopplungsempfängers sowie eines Reflexempfängers, der in beträchtlicher Stückzahl mit gleichmäßigen Eigenschaften hergestellt werden soll, bedeutend größere Anforderungen in bezug auf geringe Streuung der Röhrendaten gestellt werden als an die Röhren eines normalen Empfängers. Vom Standpunkt des Röhrenherstellers erscheinen solche Schaltungen als Erschwerung der Herstellungsbedingungen und man sollte deshalb die Frage stellen, inwiefern von höherer Warte aus (Röhren- plus Empfängerbauer) solche „Trickschaltungen" wirtschaftlich berechtigt sind.

Schrifttum: 26, 171, 176, 359.

β) Beispiele von Empfängern mit Rückkopplung.

Als erstes Beispiel behandeln wir einen Empfänger mit Rückkopplung, bei dem nur eine einzige Verstärkerröhre verwendet wird (Abb. 334). Die Antenne wird an einen Sperrkreis *SP* mit dem Wellenbereich 200 bis 600 m angeschlossen, der dazu dient, unerwünschte Signale in diesem Wellenbereich (z. B. starke Ortssender) vom Empfängereingang fernzuhalten. Die Schaltbuchse *SB* ermöglicht ein Ausschalten des Sperrkreises. Die Antenne ist mittels eines Transformators an den Eingangsschwingungskreis *E* gekoppelt, und dieser ist mit dem Steuergitter des Triodenteils der Verbundröhre (Triode-Tetrode) UCL 11 verbunden. Von der Anode dieser Triode ist eine Rückkopplung über den veränderbaren Kondensator C_1 zum Eingangskreis geführt. Das Hochfrequenzsignal wird am Gitter dieser Triode gleichgerichtet und die Triode dient zugleich als Niederfrequenzverstärker. Die verstärkte Niederfrequenzspannung wird über die Drosselspule D_1 (zur Aussiebung der Hochfrequenzspannung) der Spule *KD* zugeführt, die als Niederfrequenz-Autotransformator mit einstellbarer Übersetzung (mehrere Kontakte) dient. Der Widerstand R_1 und der Kondensator C_2 bilden ein Anodenstromsieb für die Triode. Der Widerstand R_2 soll Störschwingungen unterdrücken. Durch Spulenumschaltung ist der Empfänger für mehrere Wellenbereiche (einschließlich Kurzwellen) verwendbar. Die Niederfrequenzspannung wird nun dem Gitter der Tetrode zugeführt, die als Endverstärkerröhre benutzt wird und den Lautsprecher L speist. Der Netzspeisungsteil ist ohne Netztransformator ausgeführt (Gleichrichterröhre UY 11). Die Gleichspannung wird noch mittels der Drosselspule D_2 gesiebt. Zusammenfassend kann der Empfänger also beschrieben werden als rückgekoppelter Gittergleichrichter nach Abb. 333 mit Niederfrequenzstufe und Endstufe. Wir schätzen noch die Empfindlichkeit. Am Gitter der Tetrode ist etwa 0,5 V erforderlich für 50 mW Ausgangsleistung. Die Triode verstärkt größenordnungsmäßig 10fach, folglich beträgt die Hochfrequenzspannung am Triodengitter bei 30% Modulationstiefe etwa 250 mV. Wenn man eine

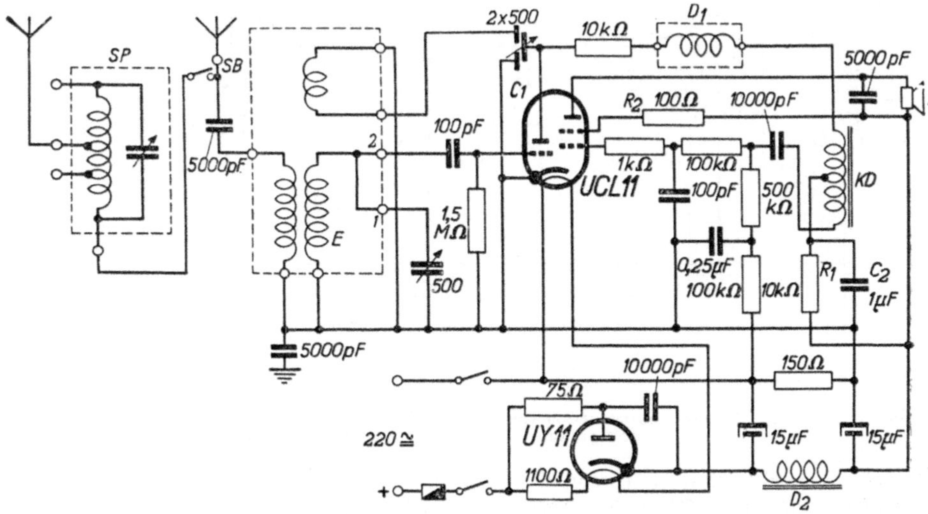

Abb. 334. Schaltbild eines Rückkopplungsempfängers mit einer einzigen Verstärkerröhre (Verbundröhre) und Gleichstrom-Wechselstromnetzspeisung. Empfindlichkeit etwa 2 mV. Beschreibung im Text.

Gesamtverstärkung des Antennensignals vor der Triode von etwa 100 annimmt, so kommt man auf eine Empfindlichkeit in der Größenordnung von 2 mV. Dem einfachen Charakter dieses Empfängers entsprechend können keine hohen Ansprüche in bezug auf Frequenzkennlinie gestellt werden, doch ist es überraschend, wieviel mit einem solch einfachen Gerät noch erreicht werden kann. Wir bemerken, daß die billigsten Typen der sogenannten „Volksempfänger" dem hier beschriebenen Empfänger ähnlich geschaltet sind.

Als zweites Beispiel eines Empfängers mit Rückkopplung betrachten wir das Schaltbild 335. Es handelt sich hierbei um ein Zweiröhrengerät mit Batteriespeisung, das als Hauptmerkmale hat: geringe Batteriespannungen (15 V Höchstspannung), geringen Stromverbrauch, große Empfindlichkeit. Der Wellenbereich ist 200 bis 600 m. Die Antenne ist mittels Transformatorkopplung (Spulen S_1 und S_2) an den Eingangsschwingungskreis (S_2—C_2) geschaltet, und diese Ankopplung gewährleistet eine etwa zweifache Verstärkung des Antennensignals im ganzen Wellenbereich. Die erste Röhre DAH 50 wird als Hochfrequenzverstärkerröhre verwendet. Von einer Hilfsausgangselektrode (Schirmgitter) findet eine Rückkopplung mit der Spule S_3 zum Eingangskreis statt, die eine zusätzliche Verstärkung erzeugt. Am Ausgang der ersten Verstärkerröhre ist wieder ein Schwingungskreis S_4—C_7 geschaltet, dessen Kondensator C_7 im Gleichlauf mit C_2 abgestimmt werden kann.

Von diesem Schwingungskreis wird die verstärkte Hochfrequenzspannung über den Kondensator C_8 der Diode der zweiten Röhre DAH 50 (rechts) zugeführt. Die gleichgerichtete Spannung wird dem Widerstand R_4 entnommen und über R_2 und R_1 dem Eingangsgitter der ersten Röhre DAH 50 (links) zugeführt, die somit auch zur Niederfrequenzverstärkung verwendet wird (Reflex). Die Niederfrequenzausgangsspannung dieser Röhre wird über einen Transformator dem Eingangssteuergitter der zweiten Röhre DAH 50 zugeleitet. An den Ausgang dieser Röhre ist ein Kopfhörer geschaltet. Am Eingangsgitter dieser letztgenannten Röhre ist eine Spannung von etwa 25 mV für eine befriedigende Lautstärke im Kopfhörer erforderlich. Die Gesamtverstärkung (die Gleichrichtung eingeschlossen) kann

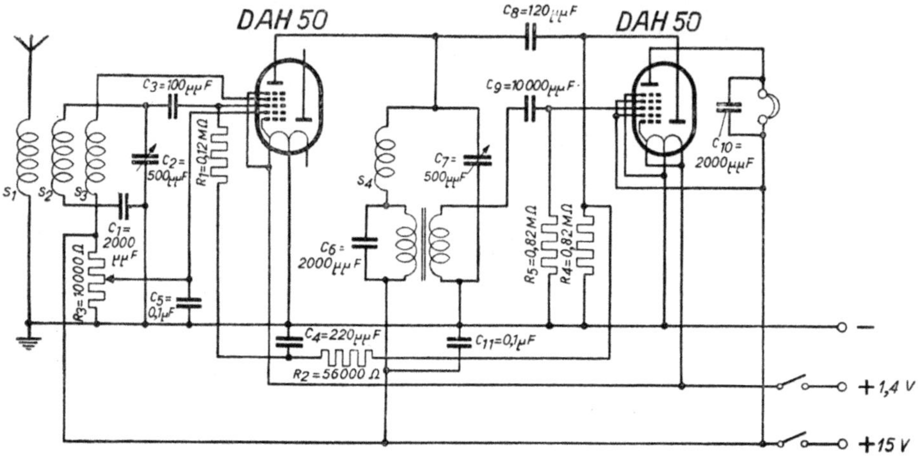

Abb. 335. Schaltbild eines batteriegespeisten Rückkopplungsreflexempfängers großer Empfindlichkeit für Kopfhörerempfang. Beschreibung im Text.

bei 30% Modulationstiefe von der Antenne bis zu diesem Gitter auf etwa 1000 geschätzt werden. Diese Zahl wurde in befriedigender Weise durch Messungen bestätigt. Für die Empfindlichkeit des Gerätes kann somit etwa 30 μV angegeben werden, d. h. eine Zahl, die sonst nur mit Mehrröhrengeräten in normaler Schaltung erreicht würde. Der Gesamtanodenstromverbrauch des Gerätes beträgt etwa 6 mA bei 15 V, der Heizstromverbrauch 75 mA bei 1,4 V. Wir haben hier also ein Spargerät in jeder Beziehung vor uns. Gesamtvolumen und Gesamtgewicht des Gerätes (einschließlich Batterien) können sehr beschränkt sein.

Schrifttum: 26, 39, 98, 171, 176, 359.

c) Pendelrückkopplungsempfänger.

α) *Wirkung der Pendelrückkopplung.*

Bei der Pendelrückkopplung wird eine rückgekoppelte Verstärkerröhre verwendet, die ohne Anwendung besonderer Schaltmaßnahmen kräftig schwingen würde. Wenn z. B. die Anodenspeisungsspannung eines solchen Schwingungserzeugers herabgesetzt wird, gelangt man zu einem Punkt, wo die Schwingungen aussetzen. Wir nehmen an, daß die Schwingamplitude in diesem Fall *stetig* bis auf Null sinkt und bei wachsender Anodenspannung wieder *stetig* von Null abwächst. Man spricht in solchen Fällen von „weichem Schwingungseinsatz". Bei der Pendelrückkopplung wird die Schwingung in dieser oder analoger Weise periodisch unterbrochen (*Pendel*rückkopplung). Die Unterbrechungsfrequenz soll über der höchsten hörbaren Frequenz liegen (z. B. über 15 kHz). Während dieser Unterbrechungen findet praktisch kein Empfang statt. Die Schwingstufe ist auf die Frequenz des eintreffenden Signals abgestimmt. Zu Anfang der Zeitintervalle, in denen die Betriebsbedingungen der Röhre die Schwingungserregung erlauben, setzt ein Selbstschwingen der Verstärkerstufe mit der Frequenz des eintreffenden Signals ein. Diese Schwingung schaukelt sich bis zu einer Höchstamplitude auf und klingt dann zu Ende der genannten Intervalle wieder ab. Die Schwingspannung wird einer Gleichrichterstufe zugeführt. Wenn das eintreffende Signal amplitudenmoduliert ist, ändert sich die gleichgerichtete Spannung im Rhythmus dieser Modulation, weil das Anschwingen der selbsterregten Schwingung durch die Augenblicksamplitude des eintreffenden Signals bedingt wird. Wir verfolgen diese Verhältnisse an Hand vereinfachender Annahmen über die obengenannte Schwingungsunterbrechung. Die Schwingungsanfachung der Röhre stellen wir hierbei durch einen negativen Widerstand dar und den Eingangsschwingungskreis des Gerätes durch das Schaltbild 336. Dem Antennensignal entspricht der Quellenstrom $\mathfrak{J}$ (vgl. z. B. Abb. 321), während $\mathfrak{U}$ die erzeugte Schwingungsspannung über dem Eingangskreis ist. Während der Schwingungsunterbrechungsintervalle hat der Kreis einen Wirkwiderstand R_1, während der Anfachungsintervalle einen negativen Wirkwiderstand $-R$. Der Schalter S soll die periodische Schwingungsunterbrechung nachahmen. In Wirklichkeit kann der in diesem Schaltbild dargestellte Zustand ziemlich gut erreicht werden, wenn z. B. die Anodenspannung der Schwingröhre eine Zeitfunktion ist, wie im oberen Teil der Abb. 337 dargestellt. Eine solche Zeitfunktion kann z. B. durch Kippschwingungen erzeugt werden. Die Schwingungsamplitude U_0 des Kreises ist in den Unterbrechungsperioden (Anodenspannung Null) gleich $I_0 L/CR_1$ [vgl. Gl. (D 2,6)], wo I_0 die Amplitude des Eingangsstromes $\mathfrak{J}$ darstellt. Vom Anfang des Anfachungsintervalls an wächst die Amplitude U_0 angenähert nach der Formel:

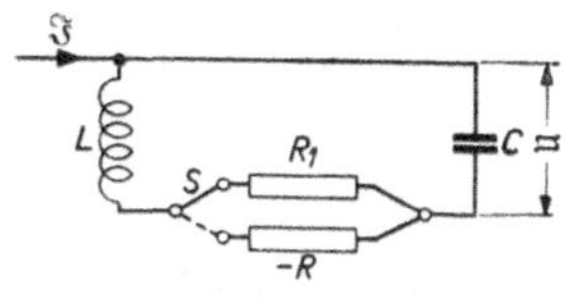

Abb. 336. Ersatzschaltbild des Eingangsschwingungskreises eines Pendelrückkopplungsempfängers. Während der Schwingungsintervalle tritt ein negativer Widerstand R infolge der Rückkopplung auf. Während der anderen Intervalle ist der Eingangskreis durch den Widerstand R_1 gedämpft. Die Pendelrückkopplung wird durch die Hinundherbewegung des Schalters S nachgeahmt.

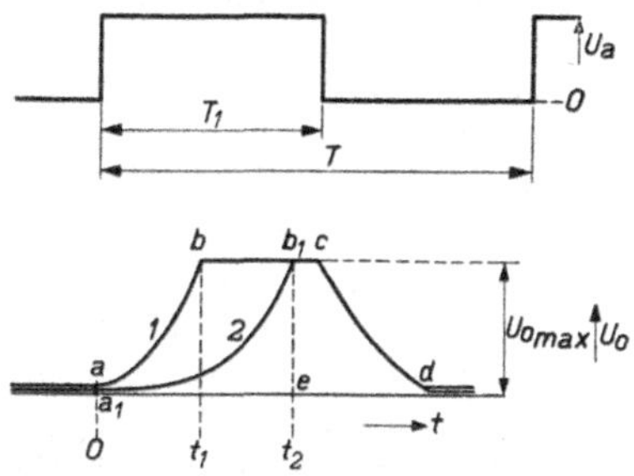

Abb. 337. Schematische Darstellung der Arbeitsweise einer Pendelrückkopplungsstufe. Oberer Teil: Anodenspannung der betreffenden Röhre als Funktion der Zeit. Unterer Teil: Anlauf- und Abklingungskurven der Schwingungsamplitude U_0 als Funktion der Zeit.

$$U_0 = I_0 \frac{L}{CR_1} + I_0 \frac{L}{CR} e^{\frac{R}{2L} t}. \tag{G 3,6}$$

Falls dieses Anfachungsintervall eine genügende Zeit dauert, erreicht die Amplitude infolge der Kennlinienkrümmungen der benutzten Röhre schließlich einen Endwert und bleibt dann während der weiteren Dauer dieses Intervalls konstant (vgl. Abschn. E 3a δ). Am Ende des Anfachungsintervalls beginnt die Amplitude wieder herabzusinken und erreicht schließlich im nächsten Unterbrechungsintervall wieder den Wert $I_0 L/CR_1$. Diese Verhältnisse sind im unteren Teil der Abb. 337 für zwei Stromamplituden I_0 gezeichnet, wobei die der Kurve *1* entsprechende Amplitude größer ist als die zu Kurve *2* gehörende Amplitude.

Schrifttum: 3, 5, 50, 97, 156, 173, 264, 285, 333.

β) *Gleichrichtung modulierter Schwingspannungen.*

Wenn wir voraussetzen, daß 1. die Endamplitude $U_{0\max}$ der angefachten Schwingungen groß ist im Vergleich zur Spannungsamplitude $I_0 L/CR_1$, welche dem ersten Summanden der Gl. (G 3,6) entspricht, und 2. die Dauer T_1 der Anfachungsintervalle genügend ist um diese Endamplitude zu erreichen, so kann der erste Summand der Gl. (G 3,6) überall, außer für Werte von $t \ll 2L/R$, gegenüber dem zweiten vernachlässigt werden. Wir können diese Bedingungen auch wie folgt schreiben:

(G 3,7) $$1.\ U_{0\max} \gg I_0 \frac{L}{CR_1} \quad \text{und} \quad 2.\ T_1 \gtrless \frac{2L}{R} \ln (U_{0\max} CR/I_0 L)$$

(ln ist der natürliche Logarithmus).

Unter diesen Voraussetzungen werden wir für ein moduliertes Hochfrequenzsignal die gleichgerichtete Amplitude bei Verwendung eines „linearen“ Gleichrichters berechnen. Wir bemerken, daß bei allen bekannten Gleichrichtern die Gleichrichtung nur von einer bestimmten Empfangsamplitude ab nahezu linear ist. Da aber der größte Beitrag zur Niederfrequenzspannung in unserem Fall praktisch von diesem linearen Bereich herrührt, kann die genannte lineare Gleichrichtung angenähert für alle Eingangsamplituden angenommen werden. Die Eingangsstromamplitude sei $I_0 = I_m[1 + M \cos(pt + \varphi)]$. Der Nullpunkt der Zeit t soll mit dem Anfang eines Anfachungsintervalls in Abb. 337 zusammenfallen. Da die Unterbrechungsperiodendauer T klein vorausgesetzt ist im Vergleich zur Modulationsperiode $2\pi/p$, kann für jede Unterbrechungsperiode angenähert eine konstante Eingangsamplitude I_0 angenommen werden. Während verschiedener Unterbrechungsperioden ist diese Eingangsamplitude verschieden und entstehen Augenblickswerte der Niederfrequenzspannung am Ausgang der Gleichrichterstufe, die zur jeweiligen Fläche $abcd$ (Abb. 337) oder $a_1 b_1 cd$ angenähert proportional sind. Wir untersuchen die Abhängigkeit dieser Niederfrequenzspannung von der Trägerwellenamplitude I_m und von der Modulationstiefe M. Die größten Oberflächen der Figur in Abb. 337 entstehen in den Unterbrechungsperioden, die angenähert der Bedingung $\cos(pt + \varphi) = 1$ entsprechen, und die kleinsten Oberflächen in den Unterbrechungsperioden, die angenähert zu $\cos(pt + \varphi) = -1$ gehören. Diese größten Oberflächen sollen in Abb. 337 durch die Flächen $abcd$ veranschaulicht werden. Nach Obigem tragen nur die *Änderungen* dieser Oberflächen zur Niederfrequenzausgangsspannung bei. Die Kurve $a_1 b_1$ soll zum Augenblickswert $I_1 = I_m[1 + M \cos(pt + \varphi)]$ der Eingangsamplitude gehören. Wir wollen zunächst zeigen, daß der Verlauf dieser Kurve angenähert mit demjenigen der um die Zeit $t_2 - t_1$ nach rechts verschobenen Kurve ab zusammenfällt. Hier gehen wir von Gl. (G 3,6) aus, unter Vernachlässigung des ersten Summanden rechts. Zur Kurve ab gehört die Gleichung:

(G 3,8) $$U_0 = I_m(1 + M) \frac{L}{CR} e^{\frac{R}{2L} t}$$

und zur Kurve $a_1 b_1$ die Gleichung:

(G 3,8a) $$U_0 = I_1 \frac{L}{CR} e^{\frac{R}{2L} t}.$$

Hieraus ergibt sich:

(G 3,9) $$t_2 - t_1 = \frac{2L}{R} \ln \left[\frac{I_m(1 + M)}{I_1}\right] = \frac{2L}{R} \ln \left[\frac{1 + M}{1 + M \cos(pt + \varphi)}\right].$$

Wir heben hervor, daß $t_2 - t_1$ unabhängig von der Trägerwellenamplitude I_m des Signals ist. Wenn wir in Gl. (3,8) die Zeit t durch $t - (t_2 - t_1)$ ersetzen, erhalten wir:

$$U_0 = I_m(1 + M) \frac{L}{CR} e^{\frac{R}{2L}(t - t_2 + t_1)} = I_1 \frac{L}{CR} e^{\frac{R}{2L} t},$$

d. h. genau den Ausdruck (G 3, 8a). Die obengenannten Oberflächenänderungen sind angenähert gleich $(t_2 - t_1)\, U_{0\max}$ oder:

$$\frac{2L}{R} U_{0\max} \ln \left[\frac{1+M}{1+M\cos(pt+\varphi)}\right].$$

Durch Reihenentwicklung des Logarithmus für $M \ll 1$ ergibt sich für den zeitabhängigen Teil dieses Ausdrucks:

$$\text{(G 3,10)} \qquad \frac{2L}{R} U_{0\max}\left[M\cos(pt+\varphi) - \frac{M^2}{2}\cos^2(pt+\varphi) + \frac{M^3}{3}\cos^3(pt+\varphi) + \cdots\right].$$

Um aus diesen Oberflächenänderungen die Niederfrequenzausgangsspannung u_{nf} der Gleichrichterstufe zu erhalten, müssen wir beachten, daß in einer Periode T (Abb. 337) nur während der Zeit $t_2 - t_1$ eine solche Oberflächenänderung stattfindet. Folglich wird angenähert:

$$\text{(G 3,11)} \qquad u_{nf} = \frac{2L}{RT} U_{0\max} [M\cos(pt+\varphi) + \cdots].$$

In erster Näherung erhält man somit am Ausgang der Gleichrichterstufe die Niederfrequenzmodulation $M\cos(pt+\varphi)$ des Eingangssignals.

γ) *Verzerrungen, Empfindlichkeit.*

Die Niederfrequenzspannung enthält noch Oberwellen dieser Modulation, die Verzerrungen bedeuten. Das Verhältnis d_2 der zweiten Oberwelle zur Grundwelle ist nach Gl. (3,10):

$$\text{(G 3,12)} \qquad d_2 = \frac{M}{4},$$

und dieser Ausdruck stellt in erster Näherung auch den Klirrfaktor dar. Wenn man einen Klirrfaktor geringer als 10% wünscht, soll somit die Modulationstiefe M des Eingangssignals geringer als 0,4 sein, genau wie bei der Krümmungsgleichrichtung nach Abschn. E 1 b α.

Die in Gl. (3,11) berechnete Niederfrequenzspannung gestattet eine Schätzung der Empfindlichkeit eines Pendelrückkopplungsempfängers. Wir gehen davon aus, daß die Gleichrichterstufe unmittelbar hinter der Rückkopplungsstufe geschaltet ist, wie auch in Gl. (3,11) zum Ausdruck kommt. Die Niederfrequenzamplitude U_{0nf} ist:

$$\text{(G 3,13)} \qquad U_{0nf} = \frac{2L}{RT} U_{0\max} M.$$

Bei einer vorgegebenen Modulationstiefe M fordern wir, daß die kleinste Signalamplitude I_0 im Verlauf einer Modulationsperiode gerade noch bis zu einer Hochfrequenzamplitude $U_{0\max}$ hochgeschaukelt wird. Der betreffende Punkt b_1 der Abb. 337 fällt dann mit c zusammen [vgl. die Ungl. (3,7)]:

$$\text{(G 3,14)} \qquad U_{0\max} = I_m (1-M) \frac{L}{CR} e^{\frac{R}{2L} T_1}.$$

Wenn wir z. B. in Gl. (3,14) $M = 0{,}3$ und $U_{0\max}$ gleich 2 V setzen, ergibt sich

$$\text{(G 3,15)} \qquad I_m = U_{0\max} \frac{CR}{0{,}7\,L} e^{-\frac{R}{2L} T_1} \approx 3\,\frac{CR}{L} e^{-\frac{R}{2L} T_1}\ (\text{Amp}),$$

und diese Gl. (3,15) bestimmt die kleinste Trägerwellenamplitude, bei der noch die von uns vorausgesetzten Betriebsbedingungen der Rückkopplungsstufe vorliegen. Wenn wir $T_1 = T/2$ setzen, ergibt sich aus Gl. (3,15), daß die Größe TR/L entweder sehr klein oder sehr groß im Vergleich zu 1 sein soll, damit I_m möglichst klein, die Empfindlichkeit also möglichst groß ist. Da C als vorgegeben betrachtet werden kann, soll außerdem R/L möglichst klein sein. Diese Bedingungen sind zu erfüllen, wenn wir $RT/L \ll 1$ wählen. Bei gegebener Abstimmfrequenz liegt L fest und soll somit R klein sein. Der Betrag des negativen Widerstandes bestimmt aber die Endamplitude $U_{0\max}$. Man soll somit den Schwingungskreis möglichst verlustfrei machen.

Ohne Pendelrückkopplung beträgt die Spannungsamplitude über dem Schwingungskreis bei einer Eingangsamplitude I_0

$$U_0' = I_0 \frac{L}{R_1 C}$$

und mit Pendelrückkopplung $U_{0\max}$. Folglich ist der Gewinn infolge der Pendelrückkopplung:

(G 3,16) $$\text{Gewinnfaktor} = \frac{U_{0\max}}{U_0'} .$$

Bei vorgegebenem Schwingungskreis liegt dieser Faktor fest. Wir setzen als Beispiel im Kurzwellengebiet U_0' gleich $10\ \mu$V und $U_{0\max} = 10$ V. Dann beträgt der Gewinn durch richtige Anwendung der Pendelrückkopplung 10^6. Diese ungeheure Verstärkungszahl einer einzigen Stufe ermöglicht bei Pendelrückkopplung den Verzicht auf jede Hochfrequenzverstärkung (außer der Rückkopplungsstufe) vor dem Gleichrichter.

Bei vorgegebener Signalamplitude I_0 läßt sich ein günstigster Wertebereich für die Pendelperiode T ermitteln. Bei zu kleinen T-Werten ist die zweite Ungl. (3,7) nicht mehr erfüllt und wird die Endamplitude $U_{0\max}$ nicht mehr erreicht (vgl. Abb. 337). Folglich sinkt U_{0nf} nach (3,13) in diesem Fall. Bei zu großen T-Werten sinkt U_{0nf} nach (3,13) ebenfalls. Da außerdem $T \ll 2\pi/p$ sein soll, damit bei der Gleichrichterstufe keine Störungen auftreten, liegt die Größenordnung der Pendelfrequenz für jeden praktischen Fall durch die zweite Ungl. (3,7) und die Gl. $T \ll 2\pi/p$ fest.

Schrifttum: 3, 5, 50, 173, 264, 285, 333.

δ) *Störungsverringerung, praktische Anwendung.*

Nach Gl. (3,11) und (3,13) ist die Niederfrequenzspannung bei den vorausgesetzten Betriebsbedingungen von der Eingangsträgerwellenamplitude I_m unabhängig. Diese Unabhängigkeit gilt für alle Werte von I_m, für welche die zweite Ungl. (3,7) mit $I_0 = I_m(1 - M)$ erfüllt ist. Wenn I_m kleiner ist, als dieser Ungleichung entspricht, nimmt u_{nf} ab. Der Punkt b_1 in Abb. 337 würde über c hinaus nach rechts rücken, und die Proportionalität der Oberflächenänderungen zu $t_2 - t_1$ würde nicht mehr gelten. Die Abhängigkeit der Niederfrequenzspannung u_{nf} von der Trägerwellenamplitude I_m wird für eine feste Einstellung der Pendelrückkopplungsstufe etwa den in Abb. 338 skizzierten Verlauf aufweisen. *Ein Pendelrückkopplungsempfänger hat also* bei diesen Betriebsbedingungen *eine selbsttätige Lautstärkeregelung.* Diese bemerkenswerte Eigenschaft wurde durch Versuche gut bestätigt.

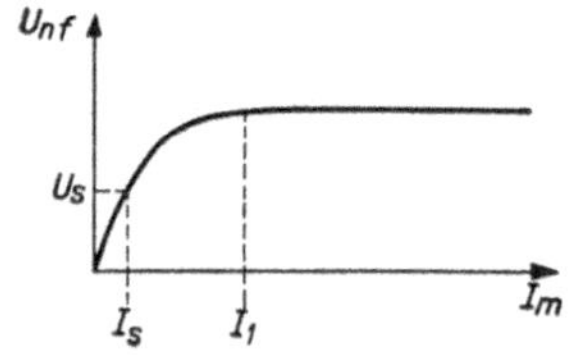

Abb. 338. Niederfrequenzspannung nach der Rückkopplungsstufe (vertikal) als Funktion der Antennenstromamplitude (horizontal) bei gewissen im Text angegebenen günstigen Betriebsbedingungen einer Pendelrückkopplungsstufe.

Wenn am Eingang des Empfängers kein Signal vorhanden ist, wird der Schwingungskreis durch spontane Schwankungsspannungen angestoßen. Diese winzigen Eingangsspannungen werden ebenfalls aufgeschaukelt, wobei die entsprechenden Niederfrequenzspannungen bei richtiger Einstellung des Empfängers unterhalb des Sättigungswertes der Kurve von Abb. 338 liegen sollen, wie der eingezeichnete Wert U_s entsprechend einem Eingangsstrom I_s. Im Kopfhörer oder Lautsprecher entsteht ohne Signal ein deutliches Rauschen. Wenn nun ein Signal eintrifft, dessen Wert größer ist als der Wert I_1 der Abb. 338, so können die spontanen Eingangsschwankungen, welche sich dem Signal überlagern, praktisch keine Änderung von u_{nf} erzeugen, sie werden fast vollständig vom Signal unterdrückt. Das gleiche gilt für kleine Störsignale an Stelle der Schwankungen. Die Wirkung der Pendelrückkopplung kommt einer Amplitudenbegrenzung nahe (vgl. Abschn. G 4bα, Abb. 341). Dieses Verhalten (beträchtliches Rauschen ohne Eingangssignal, kein Rauschen mit Eingangssignal) weicht stark von demjenigen eines normalen Empfängers (Abschn. F 1cα, Abb. 316), nämlich: kein Rauschen ohne Signal, wohl Rauschen mit Signal, ab. Diese Überlegungen bestimmen auch die untere Grenze des Signals, das bei günstigster Einstellung des Empfängers (Pendelfrequenz, R/L) noch gut empfangen werden kann. Durch eine solche günstigste Einstellung kann der „Sättigungsteil" der Kurve in Abb. 338 bis nach kleineren Signalen I_m herab verlegt werden. Diese Signale sollen aber stets die Schwankungen noch übertreffen, z. B. 5mal größer sein.

Praktische Pendelrückkopplungsempfänger arbeiten meistens im Kurzwellengebiet. Einer der Gründe hierfür ist darin zu erblicken, daß Normalempfänger im Kurzwellengebiet in vielen Fällen eine beträchtliche Stufenzahl erfordern (Abschn. G 2aβ), während wir in der Pendelrückkopplung ein Mittel haben, mit einer sehr geringen Stufenzahl äußerst empfindliche Empfänger zu bauen. Ein diesbezügliches Schaltbild ist in Abb. 339 gezeichnet. Der Schwingungskreis ist zwischen Steuergitter und Anode geschaltet, mit einer Rückkopplungsspule in der Rückleitung der Kathode (sog. Dreipunktschaltung). Der Abstimmkondensator C dient zur Abstimmung des Schwingungskreises auf die aus der Antennenleitung A stammenden Signale. Die Gleichrichtung der hochgeschaukelten Schwingspannung findet am Steuergitter statt mit Hilfe des Gitterkondensators C_g und des Gitterwiderstandes R_g (z. B. 50 pF und 0,1 MOhm). Die Pendelstufe P liefert eine Gittervorspannung, durch welche das Selbstschwingen der Röhre periodisch unterbrochen wird. Die Niederfrequenzgitterspannung wird nach der Anode verstärkt und über dem Niederfrequenztransformator T, der mittels des Kondensators C_b für die Hochfrequenzschwingungen überbrückt ist, der Endstufe E und schließlich dem Lautsprecher La zugeführt.

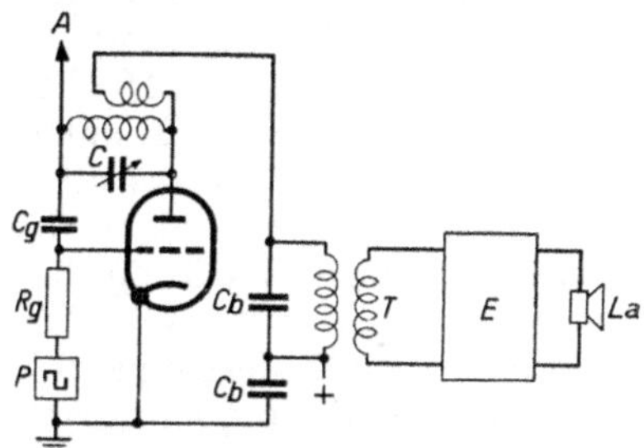

Abb. 339. Schaltbild eines Pendelrückkopplungsempfängers im Kurzwellengebiet. C_b sind Blockkondensatoren (z. B. etwa 0,01 μF), T ein Transformator, E ein Niederfrequenzverstärker nebst Endstufe und La ein Lautsprecher, A Antenne, P Pendelspannungsquelle (Kippspannungserzeuger).

Wenn für die Schwingstufe und die Pendelstufe zusammen eine einzige Verbundröhre verwendet wird (z. B. ECH 4, vgl. Abb. 290) und für die Endstufe eine zweite Röhre, so gelangt man zu einem Gerät mit nur zwei Verstärkerröhren, dessen Empfindlichkeit in der Größenordnung von 10 μV gelegen ist (vgl. oben), entsprechend einem Vielfachen der Eingangsrauschspannung. Wenn man sich mit Kopfhörerempfang begnügt, würde sogar eine einzige Röhre (z. B. ECH 4) in diesem Fall ausreichen. Wir bemerken, daß die Pendelstufe grundsätzlich statt Kippschwingungen auch Sinusschwingungen erzeugen darf.

Schrifttum: 3, 5, 50, 152, 156, 333.

4. Empfang frequenzmodulierter Wellen.

Im Gegensatz zu den im Abschn. G 2 und G 3 behandelten Sparempfängern handelt es sich beim vorliegenden Empfängertyp um eine Lösung der Aufgabe, das Verhältnis der Störungen zum Signal am Empfängerausgang herabzudrücken. Während wir in Abschn. F gezeigt haben, daß die Wirkung der spontanen Schwankungen *des Empfängers* grundsätzlich beseitigt werden kann, ist dort die Verringerung der aus der Antenne stammenden atmosphärischen und Fremdsender-Störungen sowie der in Stadt- und Industriebezirken auftretenden Geräuschstörungen nur gestreift worden (vgl. Abschn. F 1aδ für die Verwendung mehrerer Empfangsantennen zur Verringerung der zusammenhängenden Geräuschstörungen). Alle diese Störungen, und auch die spontanen Schwankungen, können im Verhältnis zum Signal durch richtige Anwendung der unten behandelten Schaltungen stark herabgedrückt werden.

a) Grundsätzliches zum Empfang frequenzmodulierter Signale.

α) *Verstärkung und Gleichrichtung.*

Wir haben in Abschn. D 1b die wichtigsten Begriffe kennengelernt, welche bei frequenzmodulierten Signalen auftreten. Wenn ein solches Signal der Empfangsantenne entnommen wird, kann zunächst in einer Hochfrequenzstufe (oder in mehreren) Verstärkung stattfinden. Wir setzen hierbei voraus, daß die Frequenzkennlinie dieser Hochfrequenzstufen eine Bandbreite aufweist, die etwa gleich dem doppelten Frequenzhub $2\Delta\omega$ (Abb. 218) ist. Nach der Hochfrequenzstufe kann eine Mischstufe benutzt werden, welche ein frequenzmoduliertes Zwischenfrequenzsignal an ihrem Ausgang erzeugt. Wenn eine gebührende Zwischenfrequenzverstärkung stattgefunden hat (für die Frequenzkennlinie vgl. oben), gelangt man zu einer Gleichrichterstufe, deren Aufgabe darin besteht, an ihrem Ausgang eine Niederfrequenzspannung zu erzeugen, welche ein möglichst getreues Bild der Niederfrequenzspannung ist, die im Sender zur Frequenzmodulation benutzt wurde (vgl. Abschn. D 1bα). Als Gleichrichter mit möglichst geringer Verzerrung (lineare Gleichrichter) stehen uns Diodenstufen (Abschn. E 1aα) zur Verfügung. Diese Gleichrichterstufen arbeiten aber nur dann richtig in der behandelten Weise (Abschn. E 1a), wenn am Eingang ein *amplitudenmoduliertes* Signal vorhanden ist. Aus der Benutzung dieser linearen Gleichrichter erwächst somit die Aufgabe, die Frequenzmodulation des verstärkten Antennensignals in Amplitudenmodulation umzusetzen. Dies findet meistens in einer *Umformerstufe* statt, die oft aus passiven Zweipolen bestehen kann. Hier sind wir auf die erste grundsätzlich neue Stufe dieser Empfängerart gestoßen.

Schrifttum: 4, 36, 233.

β) *Wirkung der Umformerstufe.*

Zum Verständnis der Wirkung einer Umformerstufe ist es nützlich, von der Wirkung eines frequenzmodulierten Signals in einem Zweipol auszugehen. Als frequenzmoduliertes Signal nehmen wir den Ausdruck:

$$i(t) = I_0\, e^{j\{\omega_0 t + m \sin(pt + \psi)\}} \tag{G 4,1}$$

an, wobei der Augenblickswert der Kreisfrequenz durch $\omega = \omega_0 + \Delta\omega \cos(pt + \psi)$ mit $\Delta\omega = mp$ (Frequenzhub) dargestellt wird. Wenn der Strom (4,1) durch einen Zweipol geschickt wird, entsteht an den Klemmen dieses Zweipols eine Spannung $u(t)$, die wir berechnen wollen. Der Wechselstromwiderstand des Zweipols für die Kreisfrequenz ω sei $\mathfrak{R}(\omega)$. Falls der Strom gleich $\mathfrak{I} = I_0\, e^{j\omega t}$ wäre, würde die gesuchte Spannung $\mathfrak{U} = \mathfrak{I}\,\mathfrak{R}(\omega)$ betragen. Wir setzen zunächst voraus, daß $\mathfrak{R}(\omega)$ im Bereich $\omega_0 \pm \Delta\omega$ angenähert gleich $\mathfrak{R}(\omega_0)$ sei. In diesem Fall wäre bei einem Strom nach Gl. (4,1) die entstehende Spannung angenähert gleich:

$$u(t) = I_0\, e^{j\{\omega_0 t + m \sin(pt+\psi)\}}\, \mathfrak{R}(\omega_0)\,. \qquad \text{(G 4,2)}$$

Wenn nun $\mathfrak{R}(\omega)$ im Bereich $\omega_0 \pm \Delta\omega$ *nicht* konstant ist, können wir angenähert an Stelle von $\mathfrak{R}(\omega_0)$ in die obige Gleichung

$$\mathfrak{R}(\omega_0) + \left\{\frac{d\,\mathfrak{R}(\omega)}{d\omega}\right\}_{\omega=\omega_0} (\omega - \omega_0) + \frac{1}{2!}\left\{\frac{d^2\,\mathfrak{R}(\omega)}{d\,\omega^2}\right\}_{\omega=\omega_0} (\omega - \omega_0)^2 + \cdots$$

setzen, wo die fortgelassenen Glieder höhere Differentialquotienten von $\mathfrak{R}$ in bezug auf ω enthalten. Hierdurch haben wir einen Näherungsausdruck für die Spannung an den Klemmen des Zweipols für ein frequenzmoduliertes Signal gewonnen:

$$u(t) = I_0\, e^{j\{\omega_0 t + m \sin(pt+\psi)\}} \left[\mathfrak{R}(\omega_0) + \left\{\frac{d\mathfrak{R}}{d\omega}\right\}_{\omega=\omega_0} \Delta\omega \cos(pt + \psi) + \cdots\right]. \qquad \text{(G 4,3)}$$

Im Falle, daß in der Umgebung der mittleren Kreisfrequenz ω_0 der Wechselstromwiderstand $\mathfrak{R}$ eine lineare Funktion von ω ist, werden alle höheren Differentialquotienten von $\mathfrak{R}$ nach ω gleich Null und ergeben die zwei angeschriebenen Glieder in eckigen Klammern die exakte Lösung unserer Aufgabe. Als einfaches Beispiel betrachten wir die in Abb. 340 gezeichnete lineare Funktion $\mathfrak{R}$ von ω. Wir erhalten $\mathfrak{R} = [\omega - (\omega_0 - \omega_g)]\,A$, also:

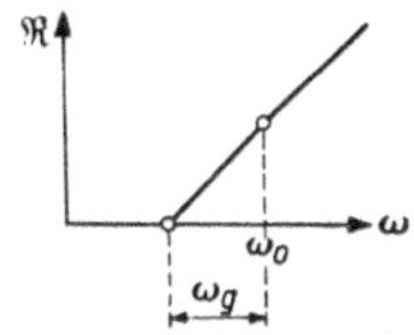

Abb. 340. Linearer Verlauf des Wechselstromwiderstandes $\mathfrak{R}$ eines Zweipols als Funktion der Kreisfrequenz ω.

$$\left\{\frac{d\,\mathfrak{R}(\omega)}{d\omega}\right\}_{\omega=\omega_0} = A = \frac{\mathfrak{R}(\omega_0)}{\omega_g} \quad \text{und}$$

$$u(t) = I_0\, e^{j\{\omega_0 t + m \sin(pt+\psi)\}}\, \mathfrak{R}(\omega_0) \left[1 + \frac{\Delta\omega \cos(pi + \psi)}{\omega}\right]. \qquad \text{(G 4,4)}$$

Wenn wir das frequenzmodulierte Signal (4,1) durch einen Wechselstromwiderstand schicken, der die in Abb. 340 gezeichnete Frequenzabhängigkeit aufweist, entsteht an den Klemmen des Widerstandes eine Spannung, deren Amplitude gleich:

$$U_0 = I_0\, \mathfrak{R}(\omega_0) \left[1 + \frac{\Delta\omega}{\omega_g} \cos(pt + \psi)\right] \qquad \text{(G 4,5)}$$

ist, also eine *amplitudenmodulierte* (und außerdem auch frequenzmodulierte) Spannung, deren Amplitudenmodulation ein Bild der Frequenzmodulation des Signals ist. Wir haben also eine Umformerstufe der am Ende des Abschn. α erwähnten Art vor uns. Praktisch kann ein Verlauf von $\mathfrak{R}$ wie in Abb. 340 z. B. angenähert durch Reihenschaltung eines Wirkwiderstandes, einer Kapazität und einer Selbstinduktion (vgl. Abschn. D 2a δ) erhalten werden. Auch die in Abb. 234 gezeichnete Frequenzkennlinie wäre in dieser Beziehung brauchbar.

Wenn der Umformer nicht den idealen linearen Verlauf aufweist, wenn also auch höhere Ableitungen von $\mathfrak{R}$ nach ω einen von Null abweichenden Wert haben, so treten auch höhere Harmonische der Modulationskreisfrequenz p auf. Es entstehen also Verzerrungen. Um diese Verzerrungen zu verringern, ist es zweckmäßig, eine Gegentaktschaltung zu benutzen. Außerdem wird dadurch das konstante Glied in Gl. (4,5) unterdrückt, was von Nutzen ist bei der Verringerung des Verhältnisses von Rausch- zu Schalleistung (vgl. G4aγ). Für diese Schaltung wählt man zwei Zweipole, die für $\omega = \omega_0$ die gleiche Impedanz aufweisen, deren erste Ableitungen nach ω jedoch entgegengesetztes Vorzeichen haben. Als Ausgangsspannung wählt man dann die Differenz der Spannungen über den beiden Zweipolen. Dadurch kann erreicht werden, daß das konstante Glied $\mathfrak{R}(\omega_0)$ und sämtliche geraden Ableitungen von $\mathfrak{R}(\omega)$ nach ω verschwinden und nur die *ungeraden* Ableitungen übrigbleiben. Ein Beispiel zu einer solchen Gegentaktumformerstufe wird in Abb. 345 und 346 gegeben.

Schrifttum: 25, 75, 233, 238, 295, 360.

γ) *Verhältnis der Rauschspannung zur Signalspannung nach linearer Gleichrichtung.*

Wir gehen davon aus, daß am Eingang der Umformerstufe außer dem Signal noch ein Schwankungsstrom vorhanden ist, dessen Amplitudenquadrat für das kleine Frequenzintervall df, das zur Kreisfrequenz ω gehört, den Betrag $i^2 df$ hat. Das Signal soll aus einer unmodulierten Trägerwelle: $I_0 \cos \omega_0 t$ bestehen. Die Summe der Störung und des Signals ergibt am Eingang der Umformerstufe angenähert den Ausdruck:

$$I_0 \cos \omega_0 t + (i^2 df)^{1/2} \cos \omega t = I_0 \cos \omega_0 t + (i^2 df)^{1/2} \cos (\omega_0 + \omega_1) t\,,$$

wo $\omega_1 = \omega - \omega_0$ ist. Die Spannung am Ausgang der Umformerstufe wird nach der Gl. (4,3) und Abb. 340 angenähert:

$$\text{(G 4,6)} \qquad I_0 \mathfrak{R}(\omega_0) \cos \omega_0 t + (i^2 df)^{1/2} \mathfrak{R}(\omega_0) \left(1 + \frac{\omega_1}{\omega_g}\right) \cdot \cos (\omega_0 + \omega_1) t\,.$$

Dieser Ausdruck stellt eine Trägerwelle (Kreisfrequenz ω_0) mit *einer* Seitenschwingung (Kreisfrequenz $\omega_0 + \omega_1$) dar (vgl. Abschn. D 1aβ sowie Abb. 215 und 216). Am Ausgang einer „linearen" Gleichrichterstufe entsteht infolge der Spannung (4,6) eine Niederfrequenzspannung, welche im Falle kleiner Amplitude der Seitenschwingung im Vergleich zur Trägerwelle folgenden Wert hat:

$$\text{(G 4,6a)} \qquad (u_{nf}^2 df)^{1/2} \cos \omega_1 t = (i^2 df)^{1/2} \mathfrak{R}(\omega_0) \left(1 + \frac{\omega_1}{\omega_g}\right) \cos \omega_1 t\,.$$

Wenn wir berücksichtigen, daß alle Schwankungsanteile innerhalb einer Bandbreite B in Rechnung gesetzt werden müssen, ergibt sich für die Schalleistung des Lautsprechers infolge der spontanen Schwankungen (vgl. Abschn. F 1cα):

$$\text{(G 4,7)} \qquad \left\{ \begin{aligned} \mathfrak{N}_r &= \frac{1}{2}\,\frac{1}{2\pi} \int\limits_{\omega_1=-\pi B}^{\omega_1=\pi B} u_{nf}^2 \mathfrak{Y}\, d\omega_1 = \frac{1}{4\pi} i^2 \mathfrak{R}^2(\omega_0)\, \mathfrak{Y} \int\limits_{-\pi B}^{\pi B} \left(1 + \frac{\omega_1}{\omega_g}\right)^2 d\omega_1 \\ &= \frac{i^2}{2} \mathfrak{R}^2(\omega_0)\, \mathfrak{Y} B \left[1 + \frac{(\pi B)^2}{3\,\omega_g^2}\right], \end{aligned} \right.$$

wo $d\omega_1 = 2\pi df$ gesetzt wurde und $\mathfrak{Y}$ die gleiche Bedeutung hat wie in Abschnitt F 1c (Proportionalitätsfaktor mit der Dimension eines Leitwertes).

Wenn am Eingang der Gleichrichterstufe ein frequenzmoduliertes Signal der Amplitude I_0 vorhanden wäre, würde man für die Schalleistung des Lautsprechers nach Gl. (G 4,5) den Ausdruck:

$$\text{(G 4,8)} \qquad \mathfrak{N}_s = \frac{1}{2} I_0^2 \mathfrak{R}^2(\omega_0)\, \mathfrak{Y} \left(\frac{\Delta\omega}{\omega_g}\right)^2$$

erhalten. Folglich entsteht für das Verhältnis der Rauschleistung zur Signalleistung am Lautsprecher der Ausdruck:

$$\text{(G 4,9)} \qquad \frac{\mathfrak{N}_r}{\mathfrak{N}_s} = \frac{i^2}{I_0^2} B \left[\left(\frac{\omega_g}{\Delta\omega}\right)^2 + \frac{1}{3}\left(\frac{\pi B}{\Delta\omega}\right)^2\right].$$

Bei der Ableitung der Gl. (4,7) und der Gl. (4,9) wurde nicht berücksichtigt, daß die Schwankungsstörung einem *modulierten* Eingangssignal überlagert ist, da wir in Gl. (4,6) ein nichtmoduliertes Eingangssignal vorausgesetzt haben. Es zeigt sich, daß zum Ausdruck in eckigen Klammern der Gl. (4,9) bei Berücksichtigung eines frequenzmodulierten Eingangssignals bei der Störungsüberlagerung noch ein weiteres Glied addiert werden muß (vgl. Abschn. G 4bβ, wo dieses Glied auch berechnet wird):

$$\frac{\mathfrak{N}_r}{\mathfrak{N}_s} = \frac{2 I_r^2}{I_0^2}\left[\frac{1}{2} + \left(\frac{\omega_g}{\Delta\omega}\right)^2 + \frac{1}{3}\left(\frac{\pi B}{\Delta\omega}\right)^2\right]. \tag{G 4,10}$$

In dieser Gl. (4,10) ist $2 I_r^2 = i^2 B$ gesetzt worden, entsprechend der in Abschn. F 1c gewählten Schreibweise. Sie geht aus Gl. (G 4,22) hervor, wenn man dort $\alpha = 0$ setzt.

Es ist nun interessant, das in Gl. (4,10) angegebene Verhältnis der Niederfrequenzrauschleistung $\mathfrak{N}_r$ zur Niederfrequenzsignalleistung $\mathfrak{N}_s$ bei frequenzmodulierten Signalen mit dem entsprechenden Verhältnis bei amplitudenmodulierten Eingangssignalen und normalen Empfängern (keine Umformerstufe) zu vergleichen. Im letzteren Fall erhält man nach Abschn. F 1c:

$$\frac{\mathfrak{N}_r}{\mathfrak{N}_s} = \frac{2 I_r^2}{M^2 I_0^2}, \tag{G 4,11}$$

wo M die Modulationstiefe des amplitudenmodulierten Eingangssignals darstellt. Für $M = 1$ unterscheiden sich die Ausdrücke (4,10) und (4,11) nur durch das Klammerglied der Gl. (4,10). Hierin ist $\omega_g/\Delta\omega$ stets größer als 1 (vgl. Abb. 340), während das Glied $(\pi B)^2/3(\Delta\omega)^2$ durch entsprechende Wahl von B und $\Delta\omega$ sehr klein gemacht werden kann. Der Klammerausdruck in Gl. (4,10) ist also stets größer als 3/2. Somit ist das relative Rauschen am Ausgang eines Empfängers der betrachteten Art für frequenzmodulierte Wellen *von gleicher Größenordnung* wie bei normalen Empfängern (ohne Umformerstufe).

Schrifttum: 25, 35, **224**, **233**, 334.

b) Verfahren zur Verringerung der Störungen am Ausgang.

Der wesentliche Vorteil des hier behandelten Empfangsverfahrens ist darin gelegen, daß es durch Anwendung besonderer Schaltmaßnahmen gestattet, den Störungspegel am Ausgang im Vergleich zum Signal in vielen Fällen weit unter das Maß herabzudrücken, das für normale Empfänger amplitudenmodulierter Wellen gilt.

α) Anwendung einer Amplitudenbegrenzerstufe.

Als erste Schaltmaßnahme dieser Art behandeln wir die Amplitudenbegrenzung. Hierbei wird vor der Umformerstufe eine Begrenzerstufe benutzt, welche eine Kennlinie nach Abb. 341 hat. Wenn die Eingangsspannung $\mathfrak{U}_e$ über einen gewissen Schwellenwert hinauswächst, ändert sich die Ausgangsspannung praktisch nicht mehr. Statt Spannung kann man auch Strom lesen. Wir untersuchen jetzt die Wirkung einer solchen Begrenzerstufe auf die Summe eines frequenzmodulierten Signals und einer Störung, die z. B. von spontanen Schwankungen herrührt:

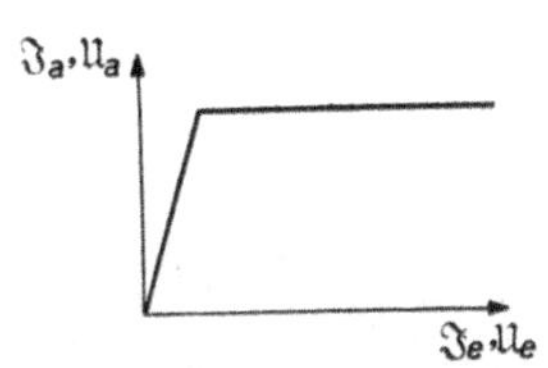

Abb. 341. Zur Wirkungsweise einer Begrenzerstufe. Horizontal: Eingangsstrom oder Eingangsspannung. Vertikal: Ausgangsstrom oder Ausgangsspannung.

$$i_e = I_0 \cos[\omega_0 t + m \sin(pt + \psi)] + (i^2 df)^{1/2} \cos(\omega_0 + \omega_1) t. \tag{G 4,12}$$

Nach der bekannten Formel:

$$a\cos x + b\cos y = [a^2 + b^2 + 2ab\cos(x-y)]^{1/2}\cos\left[x - \operatorname{arctg}\frac{b\sin(x-y)}{a+b\cos(x-y)}\right],$$

welche für $b \ll a$ angenähert ergibt:

$$a\cos x + b\cos y \approx [a + b\cos(x-y)]\cos\left[x - \frac{b}{a}\sin(x-y)\right],$$

kann die Gl. (4,12) im Falle, daß $I_0 \gg (i^2 df)^{1/2}$ ist, angenähert zur Gleichung

$$\text{(G 4,13)}\quad \begin{cases} i_e = I_0\left[1 + \frac{(i^2 df)^{1/2}}{I_0}\cos\{m\sin(pt+\psi) - \omega_1 t\}\right]\cos\left[\omega_0 t + m\sin(pt+\psi) - \right.\\ \left. - \frac{(i^2 df)^{1/2}}{I_0}\sin\{m\sin(pt+\psi) - \omega_1 t\}\right] \end{cases}$$

umgeformt werden. Diese Gl. (4,13) stellt ein Signal dar, das sowohl Amplitudenmodulation als auch Frequenzmodulation aufweist. Durch die Begrenzerstufe wird die Amplitudenmodulation im Idealfall vollständig unterdrückt. Wir erhalten in diesem Fall als Signal am Ausgang der Begrenzerstufe:

$$\text{(G 4,14)}\quad i_a = I_0\cos\left[\omega_0 t + m\sin(pt+\psi) - \frac{(i^2 df)^{1/2}}{I_0}\sin\{m\sin(pt+\psi) - \omega_1 t\}\right].$$

Dieses Signal gelangt zur Umformerstufe und erzeugt am Ausgang dieser Stufe nach Gl. (G 4,4) und der vorangehenden Überlegung eine Amplitude:

$$\text{(G 4,15)}\quad \begin{cases} I_0\mathfrak{R}(\omega_0)\left[1 + \frac{1}{\omega_g}\Delta\omega\cos(pt+\psi) - \right.\\ \left. - \frac{(i^2 df)^{1/2}}{\omega_g I_0}\{\Delta\omega\cos(pt+\psi) - \omega_1\}\cos\{m\sin(pt+\psi) - \omega_1 t\}\right]. \end{cases}$$

Nach linearer Gleichrichtung entsteht ein Niederfrequenzsignal, das nach Gl (4,15) proportional ist zum Ausdruck:

$$\text{(G 4,16)}\quad \Delta\omega\cos(pt+\psi) - \frac{(i^2 df)^{1/2}}{I_0}\{\Delta\omega\cos(pt+\psi) - \omega_1\}\cos\{m\sin(pt+\psi) - \omega_1 t\}.$$

Nach diesem Ausdruck ist die Amplitude des erwünschten Signals proportional zu $\Delta\omega$. Die effektive Störung wird aus dem zweiten Glied des Ausdrucks (4,16) erhalten. Wenn wir zur Berücksichtigung einer stetigen Frequenzverteilung der Rauschstörungen nach Gl. (4,7) verfahren, ergibt sich:

$$\frac{i^2}{I_0^2}\,\frac{1}{4\pi}\int\limits_{\omega_1=-\pi B}^{\omega_1=\pi B}\omega_1^2\,d\omega_1 = \frac{i^2}{2I_0^2}\,B\,\frac{(\pi B)^2}{3}.$$

Man kann zeigen, daß das Glied $\Delta\omega\cos(pt+\psi)$ in der Klammer hinter $(i^2 df)^{1/2}$ in Gl. (4,16) *keinen* Beitrag zum Niederfrequenzrauschen liefert. Für das Verhältnis $\mathfrak{N}_r/\mathfrak{N}_s$ der Störschalleistung zur Nutzschalleistung erhalten wir demnach:

$$\text{(G 4,17)}\quad \frac{\mathfrak{N}_r}{\mathfrak{N}_s} = \frac{i^2}{I_0^2}\,B\,\frac{1}{3}\left(\frac{\pi B}{\Delta\omega}\right)^2 = \frac{2I_r^2}{I_0^2}\,\frac{1}{3}\left(\frac{\pi B}{\Delta\omega}\right)^2.$$

Im Vergleich zu Gl. (4,10) ist nur ein einziges Glied übriggeblieben, und zwar jenes, das durch günstige Wahl von B und $\Delta\omega$ sehr klein gemacht werden kann. Die beiden größten Glieder der Gl. (4,10) sind durch Anwendung einer Begrenzerstufe verschwunden. Als Beispiel sei $\pi B = 2\pi\cdot 10^4$ und $\Delta\omega = 2\pi\cdot 10^5$. Dann wird das Verhältnis (4,17) nur $^1/_{300}$ des entsprechenden Verhältnisses (4,11) im Falle eines amplitudenmodulierten Signals ($M = 1$) und eines normalen Empfängers (ohne Begrenzerstufe und ohne Umformerstufe). Wir haben also in der Anordnung: Begrenzerstufe mit darauffolgender Umformerstufe ein Mittel, das eine sehr beträchtliche Verringerung der Rauschstörungen am Empfängerausgang im Vergleich zum Signal erlaubt.

Wir weisen darauf hin, daß eine besondere Art von Begrenzerstufe bereits in Abschn. G 3c (Pendelrückkopplung) behandelt wurde, wie z. B. aus Abb. 338 (Abschn. G 3cδ) hervorgeht. Bei der Verwendung einer Pendelrückkopplungsstufe zum Empfang frequenzmodulierter Wellen wäre grundsätzlich keine gesonderte Begrenzerstufe erforderlich.

Schrifttum: **4**, **25**, 36, **233**, 244.

β) *Anwendung von Frequenzrückkopplung.*

Die bei der Frequenzrückkopplung verwendete grundsätzliche Anordnung ist in Abb. **342** dargestellt. Die aus der Antenne stammenden frequenzmodulierten Signale werden zunächst in einer Hochfrequenzstufe verstärkt, dann in einer Mischstufe in Zwischenfrequenzschwingungen umgesetzt, in Zwischenfrequenzstufen verstärkt, in einer Umformerstufe in amplitudenmodulierte Schwingungen umgesetzt, gleichgerichtet und nach Niederfrequenzverstärkung in einem Lautsprecher wiedergegeben. Die zur Mischstufe gehörige Schwingstufe ist in Abb. **342** getrennt gezeichnet (*O*). Die Frequenz dieser Schwingstufe wird durch die Spannung am Ausgang der Gleichrichterstufe in einer unten angegebenen Weise gesteuert (vgl. auch Abschn. H 1b).

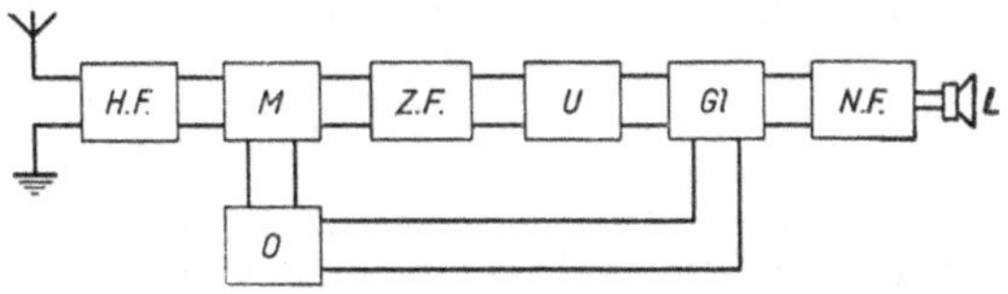

Abb. 342. Grundsätzliches Schaltbild zur Anwendung von Frequenzrückkopplung beim Empfang frequenzmodulierter Signale. *HF* Hochfrequenzstufe, *M* Mischstufe (Überlagerungsstufe), *ZF* Zwischenfrequenzstufe, *U* Umformerstufe, *Gl* Gleichrichterstufe, *NF* Niederfrequenzstufe, *L* Lautsprecher, *O* Schwingstufe der Mischröhre.

Als Zeitabhängigkeit des Hochfrequenzeingangssignals nehmen wir an:

$$\cos\left[\omega_i t - m \sin(pt + \psi)\right].$$

In der Mischstufe wird dieses Eingangssignal einer Hilfsspannung, die nach

$$\cos\left[\omega_h t - n f(t)\right]$$

schwingt, überlagert. Hierdurch entsteht ein Zwischenfrequenzsignal, dessen Zeitfunktion durch

$$\cos\left[\omega_0 t + m \sin(pt + \psi) - n f(t)\right]$$

gegeben ist. Wir setzen $\omega_h - \omega_i = \omega_0$. In der Umformerstufe entsteht hieraus eine zeitabhängige Amplitude, deren Niederfrequenzanteil proportional wird zu

$$\text{(G 4,18)} \qquad \frac{1}{\omega_J}\left[\Delta\omega \cos(pt + \psi) - n f'(t)\right],$$

wo $f' = df/dt$ ist. Wir addieren in Anlehnung an die Überlegungen in Abschnitt G 4$a\gamma$ und G 4bα zum Ausdruck (4,18) noch eine Störung infolge spontaner Schwankungen im kleinen Frequenzintervall df, die durch

$$\text{(G 4,19)} \qquad \frac{(\overline{i^2} df)^{1/2}}{I_0}\left[1 + \frac{\omega_1}{\omega_g} - \frac{n f'(t)}{\omega_g}\right] \sin\left[\omega_1 t - m \sin(pt + \psi)\right]$$

dargestellt wird [vgl. Gl. (4,6a) und (4,3)]. Der Ausdruck (4,18) erzeugt nach der Gleichrichterstufe das Niederfrequenzsignal, der Ausdruck (4,19) die Störung. Von dieser gesamten Niederfrequenzspannung, welche nach linearer Gleichrichtung entsteht, wird ein gewisser Bruchteil der Schwingstufe zugeführt, und dieser Bruchteil erzeugt die oben angegebene Frequenzmodulation:

$$\cos[\omega_h t - nf(t)]$$

des Oszillators, also die Frequenzabweichung $nf'(t)$. Wir setzen deshalb:

$$\alpha \Delta\omega \cos(pt+\psi) - \alpha n f'(t) + \\ + \alpha \frac{(i^2 df)^{1/2}}{I_0}[\omega_g + \omega_1 - nf'(t)] \sin[\omega_1 t - m \sin(pt+\psi)] = nf'(t),$$

woraus die Gleichung

$$\text{(G 4, 20)} \qquad \begin{cases} nf'(t) = \dfrac{\alpha}{1+\alpha}\Big[\Delta\omega\cos(pt+\psi) + \\ \qquad + \dfrac{(i^2 df)^{1/2}}{I_0}\{\omega_g + \omega_1 - nf'(t)\}\sin\{\omega_1 t - m\sin(pt+\psi)\}\Big] \end{cases}$$

hervorgeht. Als Näherung können wir im Falle kleiner Störungen: $(i^2 df)^{1/2} \ll I_0$ annehmen:

$$nf'(t) = \frac{\alpha}{1+\alpha}\Delta\omega\cos(pt+\psi),$$

und diesen Ausdruck für $nf'(t)$ setzen wir in den Gl. (4,18) und (4,19) an Stelle von $nf'(t)$. Folglich ergibt sich unter Berücksichtigung der Frequenzrückkopplung angenähert ein gesamtes Niederfrequenzsignal proportional zu:

$$\text{(G 4, 21)} \qquad \begin{cases} \Delta\omega(1+\alpha)^{-1}\cos(pt+\psi) + \\ + \dfrac{(i^2 df)^{1/2}}{I_0}\Big\{\omega_g + \omega_1 - \dfrac{\alpha}{1+\alpha}\Delta\omega\cos(pt+\psi)\Big\}\sin\{\omega_1 t - m\sin(pt+\psi)\}. \end{cases}$$

Der erste Summand des Ausdrucks (4,21) ergibt das erwünschte Signal und der zweite Summand die Störung. Das Verhältnis der Störschalleistung zur Nutzschalleistung im Lautsprecher wird [vgl. Gl. (4,10), welche sich im Falle $\alpha = 0$ aus Gl. (G 4, 22) ergibt]:

$$\text{(G 4, 22)} \qquad \frac{\mathfrak{N}_r}{\mathfrak{N}_s} = \frac{2 I_r^2}{I_0^2}\left[\frac{1}{2(1+\alpha)^2} + \left(\frac{\omega_g}{\Delta\omega}\right)^2 + \frac{1}{3}\left(\frac{\pi B}{\Delta\omega}\right)^2\right].$$

Wir haben die Möglichkeit, α durch entsprechende Wahl der Frequenzrückkopplung so groß zu machen, daß das erste Klammerglied der Gl. (4,22) sehr klein im Vergleich zu 1 wird. Das letzte Klammerglied der Gl. (4,22) kann, wie bereits oben angeführt, durch richtige Wahl von B und $\Delta\omega$ ebenfalls sehr klein im Vergleich zu 1 gemacht werden. Bleibt also das zweite Klammerglied. Der Frequenzhub $\Delta\omega$ des Hochfrequenzsignals ist gegeben. Die Frequenzänderung des Zwischenfrequenzsignals, die für die Wahl der Grenzkreisfrequenz ω_g der Umformerstufe maßgebend ist (Abb. 340), wird unter Berücksichtigung der Frequenzrückkopplung:

$$\Delta\omega\cos(pt+\psi) - nf'(t) = \Delta\omega\cos(pt+\psi) - \frac{\alpha}{1+\alpha}\Delta\omega\cos(pt+\psi) \\ = \frac{1}{1+\alpha}\Delta\omega\cos(pt+\psi).$$

Folglich ist der Zwischenfrequenzhub infolge der Rückkopplung gleich $\Delta\omega/(1+\alpha)$, also gegenüber dem Hochfrequenzhub beträchtlich verringert. Da wir ω_g nur etwas größer wählen müssen als der Zwischenfrequenzhub beträgt, ist ω_g in Gl. (4,22) gegenüber der ebenso bezeichneten Größe in Gl. (4,9) und (4,10) etwa um den Faktor $(1+\alpha)^{-1}$ verringert, und dieser Faktor kann viel kleiner als 1 gewählt werden. Wir haben also in der Frequenzrückkopplung ein Verfahren, um die beiden beträchtlichsten Glieder der Gl. (4,10) stark zu verringern. Das Endergebnis bei der Anwendung der Frequenzrückkopplung ist daher etwa ebenso günstig wie das am Ende von Abschn. G 4bα erläuterte Ergebnis bei der Anwendung einer Begrenzerstufe. Wir bemerken noch, daß die Wirkung der Frequenzrückkopplung auch als eine Art Begrenzung aufgefaßt werden kann, wie aus dem Vergleich von Gl. (4,21) im Falle größter α-Werte mit Gl. (4,16) hervorgeht.

Schrifttum: 26, 28, 233, 331.

γ) Störungen beträchtlicher Stärke im Vergleich zum Signal.

Wir haben in den Abschn. G 4bα und G 4bβ stets die Voraussetzung gemacht, daß die Störung im Vergleich zum Signal klein sei. Diese Voraussetzung lassen wir jetzt fallen und untersuchen die Wirkung beträchtlicher Störungen. Wir verwenden zur Störungsverringerung eine Begrenzerstufe. Bei der Ableitung der Gl. (4,13) aus (4,12) haben wir die Voraussetzung $I_0 \gg (i^2 df)^{1/2}$ eingeführt, und diese Voraussetzung soll jetzt nicht mehr zutreffen. Am Ausgang der Begrenzerstufe entsteht dann an Stelle des Ausdrucks (4,14) ein Gesamtsignal (einschließlich Störung) proportional zu:

$$\text{(G 4,23)} \qquad \cos\left[\omega_0 t + m\sin(pt+\psi) + \operatorname{arctg}\frac{\frac{(i^2 df)^{1/2}}{I_0}\sin\{\omega_1 t - m\sin(pt+\psi)\}}{1+\frac{(i^2 df)^{1/2}}{I_0}\cos\{\omega_1 t - m\sin(pt+\psi)\}}\right].$$

Dieses Signal gelangt auf die Umformerstufe und würde bei Anwendung der Gl. (G 4,4) an ihrem Ausgang eine Spannung ergeben, deren Niederfrequenzanteil [an Stelle des Ausdrucks (4,16)] proportional wäre zu:

$$\text{(G4,24)} \quad \left\{\begin{array}{l} \Delta\omega\cos(pt+\psi) - \\ -\frac{(i^2 df)^{1/2}}{I_0}\{\Delta\omega\cos(pt+\psi)-\omega_1\}\frac{\frac{(i^2 df)^{1/2}}{I_0}+\cos\{m\sin(pt+\psi)-\omega_1 t\}}{1+\frac{i^2 df}{I_0^2}+2\frac{(i^2 df)^{1/2}}{I_0}\cos\{m\sin(pt+\psi)-\omega_1 t\}} \end{array}\right.$$

Wenn in der Gl. (4,24) wieder die Voraussetzung $(i^2 df)^{1/2} \ll I_0$ eingeführt wird, geht aus ihr unmittelbar die Gl. (4,16) hervor. Offenbar können die Augenblickswerte der Störung, dem zweiten Summanden von (4,24) entsprechend, sehr beträchtlich werden, im Vergleich zum erwünschten Signal. Wie machen sich solche beträchtliche Störungen im Lautsprecher bemerkbar? Bei dieser Erörterung setzen wir voraus, daß die Umformerstufe eine Kennlinie nach Abb. 340 aufweist. Eine sehr beträchtliche Störung verursacht eine Frequenzmodulation des erwünschten Signals nach Gl. (4,23), deren Frequenzhub größer als $\Delta\omega$ und auch größer als ω_g (Abb. 340) werden kann. Solche extrem großen Frequenzwerte werden aber durch die Umformerstufe nicht mehr in der hier vorausgesetzten Weise verarbeitet. Wir können vielmehr annehmen, daß durch die Umformerstufe eine gewisse Begrenzung der aus der Eingangsfrequenzmodulation hervorgehenden Amplitudenmodulation vorgenommen wird. Eine Folge hiervon ist, daß der Ausdruck (4,24) für Werte $(i^2 df)^{1/2}$ nahe an I_0 nicht mehr in der angeschriebenen Form die wirklichen Verhältnisse richtig wiedergibt. Allgemein kann bemerkt werden, daß durch das Zusammenwirken von Begrenzerstufe und Umformerstufe auch im Fall sehr beträchtlicher Störungen, deren Stärke jene des Signals nicht überschreitet, eine effektive Verringerung des relativen Störpegels im Lautsprecher stattfindet.

Schrifttum: 35, 233, 244, 345.

δ) *Allgemeine Erörterung über die Verringerung des Störpegels.*

Bei dieser Erörterung betrachten wir nacheinander die drei wichtigsten Störungsquellen: spontane Schwankungen, Impulsstörungen (atmosphärischen oder anderen Ursprungs) und Störungen durch andere Sender. Im Falle spontaner Schwankungen haben Versuche gezeigt, daß praktisch die ganze durch die Gl. (4,17) ausgedrückte Störungsverringerung auch wirklich erzielt wird, falls am Ausgang der Umformerstufe die Störung mehr als etwa 0,7 Neper, also leistungsmäßig etwa ein Faktor 4, unterhalb des erwünschten Signals liegt. In dieser Hinsicht können sowohl durch Anwendung einer Begrenzerstufe als auch mittels Frequenzrückkopplung etwa die gleichen Ergebnisse erreicht werden. Wenn innerhalb eines vorgegebenen Frequenzbereiches spontane Schwankungsstörungen auftreten, so kann angenommen werden, daß die Höchstwerte dieser Störungen etwa 1,5 Neper über den effektiven Werten liegen. Für einwellige Signale beträgt dieses Verhältnis 0,35 Neper. Wenn somit am Empfängereingang die effektiven Schwankungsstörungen etwa 1,15 Neper unter dem Signal liegen, so sind die Höchststörungswerte etwa dem Signal gleichzusetzen. Man kann folglich annehmen, daß die volle, durch Gl. (4,17) gegenüber Gl. (4,11) ausgedrückte Verringerung des relativen Ausgangsstörpegels mit Sicherheit erreicht werden kann, falls die effektiven Störungen am Eingang 1,85 Neper oder mehr unterhalb des effektiven Signals liegen. Auch für Störungen, welche diese Grenze etwas überschreiten, dürfte dieses Ergebnis noch gelten. Wir haben bereits in einem Beispiel am Ende von Abschn. G 4bα gezeigt, daß diese Störungsverringerung sehr beträchtliche Ausmaße annehmen kann.

Impulsstörungen kann man nach dem FOURIERschen Integralsatz (Abschnitt A 7aβ) in ein Frequenzspektrum zerlegen, wobei die Amplituden für alle Frequenzen innerhalb des betrachteten Bereiches etwa gleich groß sind. Im Gegensatz zum Fall spontaner Schwankungen zeigen aber die zu kleinen Intervallen in diesem Frequenzbereich gehörenden Amplituden hier einen phasenmäßigen Zusammenhang. Deshalb ist die effektive Störung am Empfängereingang nicht, wie bei Schwankungsstörungen, proportional zur Quadratwurzel der Frequenzbandbreite, sondern etwa proportional zur Bandbreite. Folglich ist hier bereits bei kleineren Störamplituden (zu kleinen Frequenzintervallen gehörend) als im Falle von Schwankungsstörungen die oben betrachtete Grenze erreicht, für welche noch eine beträchtliche Verringerung des Störpegels erzielt werden kann. Im Falle sehr starker einzelner Impulse setzt der Empfang während kurzer Zeit durch die Wirkung der Umformerstufe und der Begrenzerstufe fast ganz aus. Man hört dann zwar auch kein Signal, aber die Gesamtwirkung solcher Störungen ist doch weniger unangenehm als bei normalen Empfängern amplitudenmodulierter Signale.

Durch die weitgehende Störungsunterdrückung ist im allgemeinen die Gebietsoberfläche um einen Sender frequenzmodulierter Signale herum, für die noch ein *guter* Empfang möglich ist, unter Berücksichtigung von anderen Sendern in der Umgebung, größer als bei einem Sender amplitudenmodulierter Signale etwa gleicher Leistung. Deswegen ist für ein Sendernetz in einem ganzen Lande die Verwendung von Frequenzmodulation in vielen Fällen empfehlenswert.

Wir betrachten noch die Frage: Ist die *Reichweite* eines Senders frequenzmodulierter Wellen größer als jene eines Senders entsprechender Leistung, der mit Amplitudenmodulation arbeitet? In beiden Fällen wird der Höchstabstand Sender—Empfänger durch die Störungen am Empfängereingang bestimmt. In beiden Fällen wird der Empfang unmöglich, falls die empfangenen Signale eine gewisse Stärke im Vergleich zu den Störungen unterschreiten. Im Falle frequenz modulierter Wellen liegt diese Grenze niedriger als bei amplitudenmodulierten Signalen, ist aber nicht um eine Größenordnung kleiner. Auch die Reichweite eines Senders frequenzmodulierter Wellen ist zwar etwas, aber nicht wesentlich größer als jene eines Senders entsprechender Leistung mit Amplitudenmodulation.

Schrifttum: 4, 35, 224, 232, 233, 244, 345, 366.

c) Praktische Anwendungen und Schaltungen.

α) *Begrenzer- und Umformerstufen.*

Wir erörtern hier einige praktische Schaltungen von Begrenzer- und Umformerstufen. Als Röhre kann in der Begrenzerstufe (Abb. 343) eine Hochfrequenzpentode verwendet werden (B in Abb. 343), die ihre Eingangswechselspannung von der Zwischenfrequenzverstärkerröhre Z mit Hilfe der beiden gekoppelten Schwingungskreise K_1 und K_2 erhält. In den Gitterkreis der Begrenzerröhre B ist

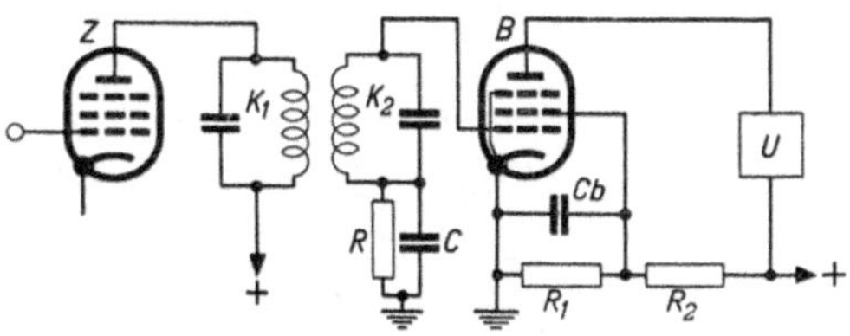

Abb. 343. Begrenzerstufe eines Empfängers frequenzmodulierter Wellen. Z Zwischenfrequenzröhre, K_1 und K_2 gekoppelte Schwingungskreise, B Begrenzerröhre, R und C Gittergleichrichtungsschaltung, U Umformerstufe, R_1 und R_2 Schirmgitterspeisung, C_b Blockkondensator.

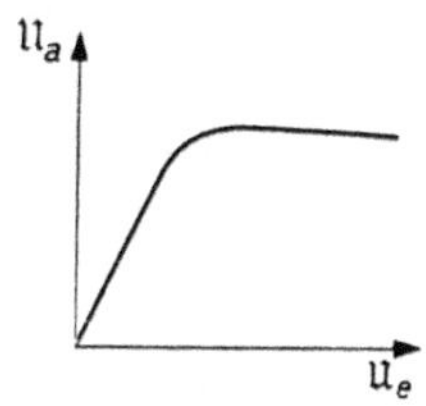

Abb 344. Ausgangsspannung (vertikal) als Funktion der Eingangsspannung (horizontal) der Stufe B in Abb. 343.

ein Widerstand R mit einer Kapazität C aufgenommen, welche eine Gleichrichtung (Gittergleichrichtung, vgl. Abschn. E 1a δ) des Zwischenfrequenzsignals der Röhre B bewirken. Die hierdurch erzeugte Gleichspannung wirkt als negative Gittervorspannung der Röhre B. Bei größeren Eingangssignalen wird die Gitterspannung mehr negativ und sinkt die Verstärkung der Pentode und damit auch die Eingangsspannung der Umformerstufe U. Die Kurve einer Spannung am Eingang der Umformerstufe als Funktion der Eingangssignalspannung der Röhre B hat den in Abb. 344 schematisch angegebenen Verlauf. Als Beispiel erwähnen wir für eine Zwischenfrequenzträgerwelle von 1,7 MHz einen Wert $R = 50$ kOhm und $C = 0{,}1\,\mu$F für eine Pentode, analog zur Type EF 9 (Philips).

Die Umformerstufe kann am besten in engem Zusammenhang mit der darauffolgenden Gleichrichterstufe betrachtet werden (Abb. 345). Die beiden Schwingungskreise Q_1 und Q_2 sind auf die gleiche Frequenz, gleich jener der unmodulierten Trägerwelle, abgestimmt. Durch die gezeichnete Anordnung erhalten die beiden Dioden Wechselspannungen, die gleichgerichtet werden, und die Differenz der gleichgerichteten Spannungen erscheint am Ausgang der Umformer-Gleichrichterstufe als Spannung U_d. Eine Berechnung des Schaltbildes 345 (der Leser führe diese zur Übung durch) ergibt:

$$\text{(G 4, 25)}\quad \frac{U_d}{|\mathfrak{J}_a|\,|\mathfrak{R}|} = \sqrt{\frac{|\mathfrak{R}_1|}{|\mathfrak{R}_2|}}\;\frac{\left\{\left(\frac{\beta Q}{p}+\frac{1}{2}kQ\sqrt{\frac{|\mathfrak{R}_2|}{|\mathfrak{R}_1|}}\right)^2+1\right\}^{1/2}-\left\{\left(\frac{\beta Q}{p}-\frac{1}{2}kQ\sqrt{\frac{|\mathfrak{R}_2|}{|\mathfrak{R}_1|}}\right)^2+1\right\}^{1/2}}{\left\{(\beta^2 Q^2-1-k^2Q^2)^2+\beta^2Q^2\left(p+\frac{1}{p}\right)^2\right\}^{1/2}}.$$

In dieser Formel ist $|\mathfrak{R}_1|$ der Betrag des Wechselstromwiderstandes des Schwingungskreises Q_1 von Abb. 345 in der Abstimmlage, während $|\mathfrak{R}_2|$ in entsprechender Weise zum Kreis Q_2 gehört und $|\mathfrak{R}^2| = |\mathfrak{R}_1\mathfrak{R}_2|$ ist. Weiter bedeuten Q_1 und Q_2

die Gütezahlen der Kreise, $Q^2 = Q_1 Q_2$, k ist der Kopplungsfaktor (Abschn. D2aβ) der Kreise, β hat die übliche Bedeutung (Abschn. D 2aβ und Abb. 249) und $p^2 = Q_1/Q_2$. Dieses Zeichen p hat nichts mit der Modulationskreisfrequenz p zu tun. Das Rechenergebnis (4,25) ist in Abb. **346** dargestellt. Die Ausgangs-

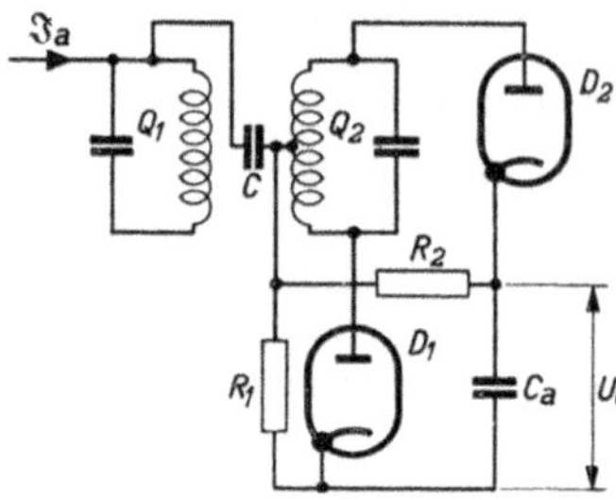

Abb. 345. Umformer- und Gleichrichterstufe eines Empfängers frequenzmodulierter Signale. $\mathfrak{J}_a$ Eingangsstrom der Umformerstufe, Q_1 und Q_2 induktiv gekoppelte Schwingungskreise, C zusätzlicher Trennungskondensator, R_1 und R_2 Gleichrichterwiderstände der Dioden D_1 und D_2, C_a Gleichrichterkondensator zu den Widerständen R_1 und R_2 derart, daß $\omega_0 C_a(R_1 + R_2) \gg 1$ und $p C_a (R_1 + R_2) \ll 1$, wo ω_0 die Kreisfrequenz der Signalträgerwelle am Eingang der Umformerstufe und p die Modulationskreisfrequenz darstellen. U_d ist die Ausgangsniederfrequenzspannung.

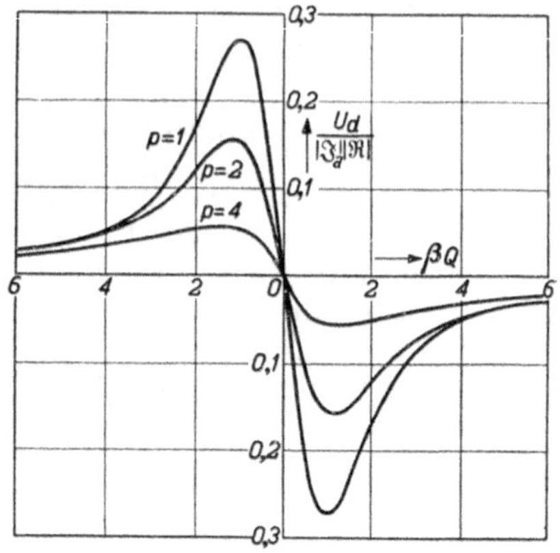

Abb. 346. Vertikal: Ausgangsspannung U_d dividiert durch $|\mathfrak{J}_a|\,|\mathfrak{R}|$, wo $\mathfrak{J}_a$ den Eingangsstrom, $|\mathfrak{R}|$ den geometrischen Mittelwert der Widerstände $\mathfrak{R}_1$ und $\mathfrak{R}_2$ der gekoppelten Schwingungskreise von Abb. 345 in der Abstimmlage bedeuten. Horizontal: βQ, wo β der Abb. 249 zu entnehmen ist und $Q^2 = Q_1 Q_2$ den geometrischen Mittelwert der Gütezahlen der beiden Schwingungskreise von Abb. 345 darstellt. Weiter ist $p^2 = Q_1/Q_2$.

spannung U_d der Stufe bildet die Niederfrequenzmodulation des Eingangssignals ab. Wir verweisen in bezug auf die in Abb. **345** angegebene Schaltung noch nach Abschn. H 1bβ, Abb. 372.

Schrifttum: 4, 36, 37, 106, 224, 244.

β) *Schaltbild eines Empfängers frequenzmodulierter Wellen.*

Wir geben hier ein Schaltbild eines solchen Empfängers, das in vieler Hinsicht durch Messungen erprobt ist (Abb. **347**). Die erste Röhre (RCA Type 6 SA 7) ist eine Mischröhre vom Oktodentyp (Abschn. E 2cα), die zugleich die Schwingstufe mit enthält. Die Eingangsträgerwellenfrequenz dieses Empfängers ist zwischen 40 und 44 MHz gelegen, die Zwischenfrequenz ist etwa 2,1 MHz. Auf die Mischstufe folgen zwei Zwischenfrequenzstufen (Pentoden RCA Type 1852) mit insgesamt drei, aus je zwei gekoppelten Kreisen bestehenden Kopplungsgliedern. Dann folgt eine Begrenzerstufe (Pentode RCA Type 6 S J 7) in einer Schaltung analog zu Abb. **343**. Am Ausgang der Begrenzerstufe ist eine Umformer-Gleichrichterstufe analog zu Abb. **345** angeordnet (Röhre RCA Type 6H6). An Stelle zweier getrennter Dioden ist eine Röhre mit zwei Diodenstrecken auf getrennten, indirekt geheizten Kathoden verwendet. Die zusätzliche Selbstinduktion von 5 mH, die in Abb. **347** in Reihe mit der Kapazität C aus Abb. **345** geschaltet ist, soll die Dämpfung der gekoppelten Zwischenfrequenzkreise durch die Diodenstrecken herabsetzen. Nach der Gleichrichterstufe ist noch eine Niederfrequenzverstärkerstufe (Röhre RCA Type 6 SF 5) und eine Endstufe (Röhre RCA Type 6 F 6) angeordnet. Die Speisung des Gerätes findet in der üblichen Weise aus dem Starkstromnetz mittels eines Gleichrichters RCA Type 80 statt. Die Zwischenfrequenzkreise des Empfängers sind so bemessen und regelbar, daß ein Frequenzhub von 15, 30, 60 und 75 kHz angewandt werden kann. In Abb. 348a sind einige Trennschärfekurven angegeben. Wir behandeln für diesen Empfänger einige Meßergebnisse in bezug auf Verzerrung, Frequenzverwerfung und Störungsverringerung im Vergleich zum Fall der Amplitudenmodulation. Zunächst hat sich ergeben, daß für keine der in Abb. 348a angegebenen Bandbreiten bei normalen Betriebsbedingungen mehr als etwa **3%** Klirrfaktor am Lautsprecher auftrat. Die Niederfrequenzkennlinie verläuft zwischen **50** und **10⁴** Hz innerhalb etwa 0,7 Neper (entsprechend **6** Dezibel) flach (vgl. z. B. auch Abb. 96). Die Frequenzverwerfung der Schwingstufe beträgt während einer Beobachtungszeit von **40** Minuten vom Augenblick des Einschaltens ab etwa 20 kHz. Das Gerät konnte bei der niedrigsten Zwischenfrequenzbandbreite (30 kHz) auch zum Empfang amplitudenmodulierter Wellen benutzt werden, wobei die Begrenzerstufe als normaler Gittergleichrichter arbeitete und die Umformer-Gleichrichterstufe (Röhre 6 H 6) ausgeschaltet wurde. Mit Hilfe eines gesonderten Verstärkers für etwa 2,1 MHz wurden spontane Schwankungen (Rauschen der ersten Stufe) erzeugt und dem Eingangsgitter der ersten Zwischenfrequenzröhre des Empfängers zugeführt. Die effektive Stärke dieser spontanen Schwankungen konnte durch Verstärkungsregelung des Hilfsverstärkers eingestellt werden. Die Stärke der Schwankungen wurde durch Vergleich mit einer **43** MHz-Trägerwelle bekannter Stärke am Empfängereingang mit Hilfe des Gitterstromes der Begrenzerstufe bestimmt. Die Ergebnisse einiger Messungen dieser Art sind in Abb. **348**b zusammengefaßt. Analoge Messungen wurden auch für andere Störungen (Impulsstörungen, Störsender) ausgeführt, mit ähnlichen Ergebnissen. Aus Abb. **348**b geht hervor, daß bei einer bestimmten Störung durch spontane Schwankungen zur Erzeugung eines vorgegebenen Verhältnisses des

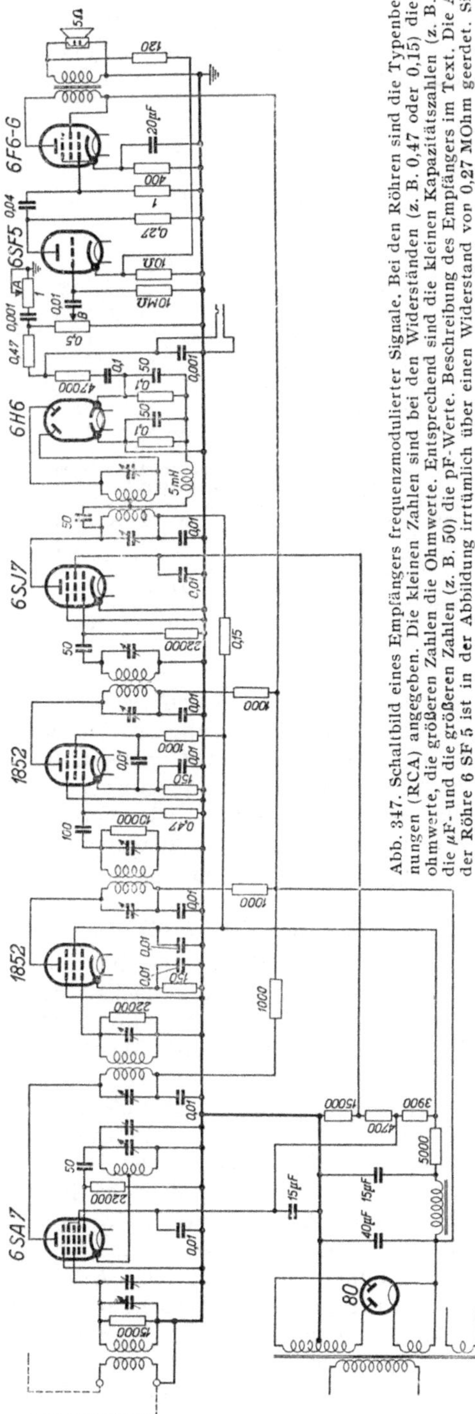

Abb. 347. Schaltbild eines Empfängers frequenzmodulierter Signale. Bei den Röhren sind die Typenbezeichnungen (RCA) angegeben. Die kleinen Zahlen sind bei den Widerständen (z. B. 0,47 oder 0,15) die Megohmwerte, die größeren Zahlen die Ohmwerte. Entsprechend sind die kleinen Kapazitätszahlen (z. B. 0,01) die μF- und die größeren Zahlen (z. B. 50) die pF-Werte. Beschreibung des Empfängers im Text. Die Anode der Röhre 6 SF 5 ist in der Abbildung irrtümlich über einen Widerstand von 0,27 MOhm geerdet. Sie soll über diesen Widerstand mit der positiven Spannungsleitung unterhalb der Erdleitung verbunden werden.

Signals zum Rauschen am Ausgang im Falle der Amplitudenmodulation eine etwa fünfzigfach höhere Trägerwellenspannung $\mathfrak{U}_s$ am Eingang erforderlich ist als im Falle der Frequenzmodulation mit einem Frequenzhub von 75 kHz.

Die Empfindlichkeit des Empfängers ist bei analoger Definition (vgl.

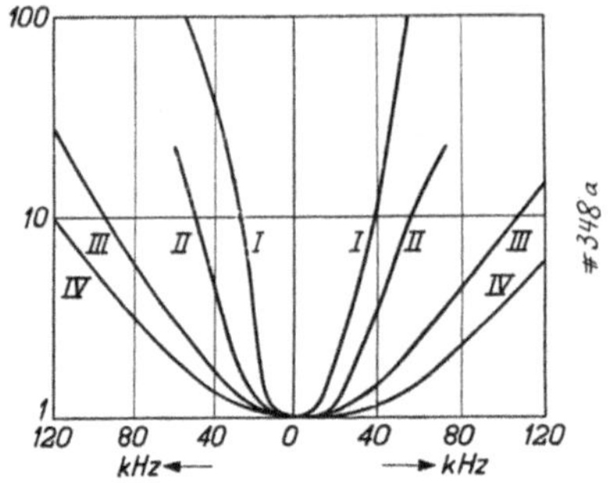

Abb. 348a. Trennschärfekurven des Empfängers von Abb. 347. Vertikal Eingangssignalspannung (unmodulierte Trägerwelle) für eine bestimmte Ausgangsspannung der letzten Zwischenfrequenzstufe (automatische Verstärkungsregelung außer Betrieb) als Funktion des Frequenzabstandes von der Empfängerabstimmung (horizontal). Die Kurven *I*, *II*, *III* und *IV* entsprechen den Empfängereinstellungen für einen Frequenzhub von 15, 30, 60 und 75 kHz.

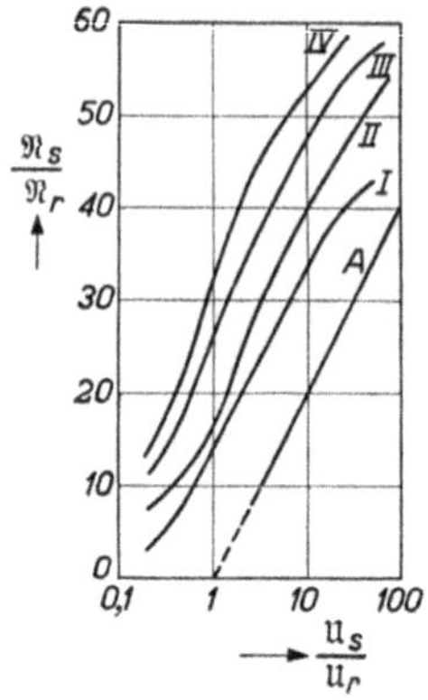

Abb. 348b. Vertikal: Verhältnis der Schalleistung des Signals zur Schalleistung infolge spontaner Schwankungen (Dezibel, wo 1 Dezibel gleich 0,115 Neper ist). Horizontal: Signaleingangsspannung des Empfängers dividiert durch effektive Schwankungsspannung am Eingang. Kurven *I*, *II*, *III* und *IV* beziehen sich auf Frequenzhübe von 15, 30, 60 und 75 kHz der Signalmodulation (Frequenzmodulation). Die Kurve *A* bezieht sich auf den entsprechenden Fall eines amplitudenmodulierten Eingangssignals beim gleichen Empfänger der Abbildung 347. Das Meßverfahren wird im Text angedeutet (vgl. auch Abschn. I 3 d β).

Abschn. I 1 und I 3a) von gleicher Größenordnung wie jene normaler Rundfunkempfänger für Amplitudenmodulation (Größenordnung 10 μV). Diese volle Empfindlichkeit kann (im Gegensatz zu normalen Empfängern) ohne übermäßige Rauschstörungen am Ausgang verwendet werden, weil durch die Begrenzerstufe die behandelte beträchtliche Verringerung des Verhältnisses der Rauschleistung zur Signalleistung am Ausgang erzielt wird.

Schrifttum: 37, 51, 68, 106, 224, 232, 244, 246, 261, 262, 265, 267, 276, 334, 347.

γ) *Allgemeine Gesichtspunkte für Empfänger frequenzmodulierter Signale.*

In analoger Weise wie bei normalen Empfängern amplitudenmodulierter Wellen bestimmen wir zunächst die erforderliche Stufenzahl. Hierbei kann am besten von der Eingangsspannung ausgegangen werden, welche der Schwelle der Begrenzerstufe entspricht. Wenn wir hierfür z. B. 5 V annehmen, so muß bei einer Signalspannung von 10 μV am Eingang des Gerätes insgesamt eine etwa $5 \cdot 10^5$fache Spannungsverstärkung stattfinden. Wenn wir eine Bandbreite von 150 kHz voraussetzen, so beträgt der Wechselstromwiderstand zweier kritisch gekoppelter Kreise bei einer Kreiskapazität von 30 pF etwa $1{,}5 \cdot 10^4$ Ohm (Abb. 223) und die Verstärkung je Zwischenfrequenzstufe bei Verwendung von Röhren mit einer Steilheit von 9 mA/V (wie in Abb. 347) etwa 135. Die Verstärkung der Mischstufe kann meistens nur etwa 10 betragen (entsprechend einer Überlagerungssteilheit von etwa 0,6 mA/V). Hieraus würde sich bei Verwendung einer Mischstufe und zweier Zwischenfrequenzstufen eine Verstärkung von etwa $1{,}8 \cdot 10^5$, gerechnet vom Gitter der Mischröhre, ergeben. Vor der Mischstufe kann noch eine etwa dreifache Spannungsverstärkung durch die Eingangsschaltung angenommen werden. Die benutzte Stufenzahl reicht also gerade aus für die vorgegebene Empfindlichkeit. Falls eine größere Empfindlichkeit erwünscht ist, wird noch eine weitere Stufe erforderlich, und hierzu kann man zweckmäßig eine Hochfrequenzstufe vor der Mischstufe wählen, weil hierdurch die Störungen infolge spontaner Schwankungen am Eingangsgitter der Mischröhre im Verhältnis zum Signal verringert werden. Die Zwischenfrequenzbandbreite kann etwas kleiner sein als der Höchstfrequenzhub des Senders, weil normalerweise z. B. nur 75% dieses Höchsthubs benutzt werden, während die übrigen 25% zur besseren Trennung von benachbarten frequenzmodulierten Sendern sowie zur Unterbringung der Seitenschwingungen hoher Ordnung verwendet werden. Da Störungen bereits sehr wirksam unterdrückt werden wenn sie mehr als etwa 0,7 Neper unterhalb der erwünschten Signalstärke liegen, unterliegt die Trennschärfe der Zwischenfrequenzkreise weniger strengen Forderungen als jene analoger Kreise im Falle von Amplitudenmodulationsempfängern. Falls die Abstimmung von Frequenzmodulationsempfängern nicht richtig ist (z. B. durch Frequenzverwerfung der Schwingstufe), so macht sich dieser Fehler am Lautsprecher erst bemerkbar, wenn mit dem gerade in dem Signal auftretenden Höchstfrequenzhub die Grenzen des Zwischenfrequenzbandes überschritten werden. Sobald eine solche Überschreitung stattfindet, treten Niederfrequenzverzerrungen auf. Durch diese Überlegung werden Höchstgrenzen für die zulässige Frequenzverwerfung festgelegt.

Schrifttum: 37, 51, 68, 106, 224, 232, 246, 265, 332.

δ) *Verzerrungen und Schwingungsüberlagerung in Elektronenröhren.*

Bei Amplitudenmodulation können durch gekrümmte Kennlinien der Elektronenröhren bekanntlich Verzerrungen auftreten. Bei Frequenzmodulation liegen, wie wir zeigen wollen, diese Sachverhältnisse anders. Wir nehmen an, daß am Steuergitter einer Röhre die Spannung $U_g(t) = U_{g0} + U_g \cos\{\omega_0 t + m \sin(pt + \psi)\}$ vorliegt. U_{g0} sei die Gleichspannungslage des Arbeitspunktes. Wie in Abschnitt A3b Gl. (A 3,2) kann z. B. der Anodenstrom i_a als Funktion der Steuergitterspannung U_g in eine TAYLOR-Reihe entwickelt werden. Bei Benutzung von Gl. (A 3,2) ergibt sich:

$$i_a = C_0 U_{g0} + C_1 U_g \cos\{\omega_0 t + m \sin(pt + \psi)\} + \\ + C_2 U_g^2 \cos^2\{\omega_0 t + m \sin(pt + \psi)\}^2 + \cdots,$$

oder anders gegliedert:

$$i_a = C_1 U_{g0} + D_1 \cos\{\omega_0 t + m \sin(pt + \psi)\} + \\ + D_2 \cos 2\{\omega_0 t + m \sin(pt + \psi)\} + \cdots,$$

wo die C_n Konstanten sind und die D_n nicht von den Frequenzen ω_0 und p, sondern nur von U_{g0}, U_g und C_n abhängen. Diese Gleichung zeigt, daß wohl höhere Harmonische der frequenzmodulierten Trägerwelle auftreten, aber keine Harmonische der Tonfrequenz p. Die Harmonische der Trägerwelle werden von den Kreisen im Verstärker nicht durchgelassen. *Es tritt also keine Modulationsverzerrung auf.*

Wir betrachten jetzt den Fall, daß zum Steuergitter einer Röhre zwei frequenzmodulierte Spannungen gelangen:

$$U_g(t) = U_{1g} \cos\{\omega_1 t + m_1 \sin(p_1 t + \psi_1)\} + U_{2g} \cos\{\omega_2 t + m_2 \sin(p_2 t + \psi_2)\}.$$

Wenn wir dieselbe TAYLOR-*Reihe* wie oben benutzen, so ergibt sich für den Anodenstrom:

$$i_a = C_0 U_{g0} + \sum_{n=1}^{\infty} C_n \,[U_{1g} \cos\{\omega_1 t + m_1 \sin(p_1 t + \psi_1)\} + \\ + U_{2g} \cos\{\omega_2 t + m_2 \sin(p_2 t + \psi_2)\}]^n.$$

Diese Gleichung läßt sich durch Kombination verschiedener Glieder in folgender Form schreiben:

$$i_a = \sum_{k=1}^{\infty} \sum_{n=1}^{\infty} D_{kn} \cos [k \{\omega_1 t + m_1 \sin (p_1 t + \psi_1)\} \pm n \{\omega_2 t + m_2 \sin (p_2 t + \psi_2)\}].$$

Wenn die zwei Trägerkreisfrequenzen ω_1 und ω_2 nicht einander gleich sind, so wird von den Kreisen im Verstärker nur die erwünschte Frequenz durchgelassen. *Es findet also keine Schwingungsüberlagerung statt.* Es können wohl Kombinationsfrequenzen auftreten, die innerhalb der Bandbreite des Empfängers fallen, nämlich wenn $k\omega_1 \pm n\omega_2 \approx \omega_1$. Diese können zu Störgeräuschen Anlaß geben.

Wir können also schließen, daß die Frequenzmodulation gegenüber der Amplitudenmodulation den Vorteil hat, daß die Elektronenröhren keine Modulationsverzerrungen und Schwingungsmodulation hervorrufen. Demgegenüber steht, daß die Kreise bei Frequenzmodulation Verzerrungen hervorrufen können, wie aus den höheren Gliedern der TAYLOR-Entwicklung (G 4, 3) hervorgeht. Im Vergleich zur Amplitudenmodulation ergibt sich somit ein gewisser Gegensatz, welcher folgender Tabelle zu entnehmen ist:

	Amplitudenmodulation	Frequenzmodulation
Kreise ergeben:	keine Verzerrungen	wohl Verzerrungen
Röhren ergeben:	wohl Verzerrungen	keine Verzerrungen

5. Weitere Empfangsverfahren.

In diesem Abschnitt behandeln wir Telegraphieempfang, Empfang amplitudenmodulierter Wellen mit unsymmetrischen Seitenschwingungen, Empfang amplitudenmodulierter Wellen mit veränderlichem Trägerwert und Empfang impulsmodulierter Wellen.

a) Telegraphieempfang.

α) *Telegraphiesysteme.*

Bei der Telegraphie werden verschiedene Zeichensysteme angewandt, von denen das Morsealphabet wohl am bekanntesten ist. Jeder Buchstabe wird hierbei durch eine Folge von Punkten und Strichen, voneinander durch Intervalle getrennt, wiedergegeben. Wir nennen die Zeitdauer eines Punktzeichens einen Telegraphierschritt, kurz „Schritt". Die Striche haben die Dauer dreier Schritte, die Intervalle innerhalb eines Buchstabens die Dauer eines Schrittes und jene zwischen zwei Buchstaben die Dauer dreier Schritte. Die am meisten benutzten Buchstaben enthalten die kleinste Schrittzahl, z. B. der Buchstabe e nur einen Schritt (Punkt). Im Mittel enthält ein Buchstabe 8 bis 9 Schritte.

Aus dem Morsealphabet können durch einfache Überlegungen andere Alphabete abgeleitet werden. Die Morseschrift besteht aus einer Folge von Zeichen- und Intervallschritten, wobei ein Strich durch Wegfall eines Intervalleinheitsschrittes entsteht und ein Intervall zwischen zwei Buchstaben durch Wegfall eines Zeicheneinheitsschrittes. Man kann deshalb eine Morsenachricht auch eindeutig durch Fortlassen aller Zeichen außer dem zweiten und dritten Schritt eines Strichs charakterisieren und dabei ein Intervall zwischen zwei Buchstaben durch einen Strich von zwei Schritten ersetzen. Durch weitere Vereinfachungen des so gewonnenen Systems können Telegraphiergeschwindigkeiten erzielt werden, welche unter vergleichbaren Bedingungen das Zweifache betragen von jener des Morsesystems. Oft ist es zweckmäßig, die neuen Zeichen nach Empfang wieder in

Morsezeichen umzuformen, um eine leichte Leserlichkeit der Nachricht zu gewährleisten.

Ein anderes System, das besonders bei Fernschreibern benutzt wird, enthält nur Punkte und Intervalle. Wenn man für jedes Zeichen n Schritte wählt und für jeden Schritt einen Punkt oder ein Intervall, so können mit diesem System 2^n Zeichen dargestellt werden. Für $n = 5$ gelangt man also zu 32 Zeichen, was für die 26 Buchstaben des lateinischen Alphabets und noch einige Zusatzzeichen genügt. Einige Ziffern und Zusatzzeichen erhalten in einem solchen *Fünfersystem* dieselbe Darstellung wie einige Buchstaben. Durch bestimmte Vereinbarungen ist aber eine Unterscheidung zwischen solchen Doppeldarstellungen möglich.

Ein weiteres System arbeitet mit *Doppelstrom*. Ein Morsepunkt wird durch einen positiven Strom der Dauer eines Schrittes dargestellt. Ein Morsestrich durch einen negativen Strom derselben Dauer. Einem Intervall zwischen zwei Buchstaben entspricht eine stromlose Zeit der Dauer eines Schrittes. In diesem Alphabet beträgt die mittlere Länge eines Buchstabens 3,7 Telegraphierschritte. Zur Anwendung dieses Systems bei der drahtlosen Übertragung sind noch besondere Maßnahmen erforderlich.

Schließlich erwähnen wir ein System, bei welchem die Trägerwelle mit zwei verschiedenen Tonfrequenzen in bestimmtem Rhythmus, welcher den Zeichen entspricht, moduliert wird. Es kann hierbei z. B. das Morsealphabet verwendet werden.

Schrifttum: 71, 78, 100, 116, 148, 237, 344.

β) *Übertragungsverfahren und Störungen.*

Bei der Telegraphieübertragung wird der Sender meistens während bestimmter Intervalle unterbrochen und wieder eingeschaltet. Die Signale sind somit aus gewissen Impulsen zusammengesetzt. Auf jeden Sendeimpuls treffen mehrere Hochfrequenzschwingungen. Die Hochfrequenzkreise des Empfängers sind auf die Frequenz dieser Schwingungen, die Zwischenfrequenzkreise auf die entsprechende Zwischenfrequenz abgestimmt. Der zeitliche Verlauf der Amplituden am Eingang der Gleichrichterstufe soll ein möglichst formtreues Bild des Amplitudenverlaufs am Empfängereingang sein. Welche Bedingungen sollen hierzu erfüllt werden? Das Antennensignal stellen wir durch den Strom [vgl. Gl. (C 5,19)]

$$i(t) = I_i(t)e^{j\omega_0 t}$$

dar, wo $I_i(t)$ die in Abb. 194 (Kurve III) gezeichnete Zeitfunktion ist. Wenn wir diese Zeitfunktion nach Abschn. A 7aβ in ein Spektrum zerlegen, erhalten wir für die Spektraldichte nach Gl. (A 7,5b):

$$g(\omega) = \frac{1}{2\pi}\int_{t=-\tau/2}^{t=\tau/2} e^{-jt(\omega-\omega_0)}\,dt = \frac{\sin\frac{\tau}{2}(\omega-\omega_0)}{\pi(\omega-\omega_0)}. \tag{G 5,1}$$

Für Kreisfrequenzen ω, welche weit von der Kreisfrequenz ω_0 des Senders entfernt sind, wird g sehr klein. Der Hauptteil des Spektrums ist demnach in der Umgebung der Kreisfrequenz ω_0 gelegen (Abb. 349). Dieses Frequenzspektrum eines Hochfrequenzimpulses erlaubt eine Abschätzung der zu seinem Empfang erforderlichen Kreisbandbreite B. Wenn wir voraussetzen, daß der wichtigste Teil des Frequenzspektrums (Abb. 349) in einem Bereich:

$$(\omega - \omega_0)\frac{\tau}{2} = \pi$$

gelegen ist, und den entsprechenden Frequenzbereich gleich πB (vgl. Abb. 222) setzen, so ergibt sich die Regel $\tau B = 2$. In Wirklichkeit geht man im Falle von

Telegraphieempfang noch etwas mit der Bandbreite herunter. An Stelle von 2 wird hier 1,6 gewählt. Wenn die Impulse möglichst formtreu wiedergegeben werden sollen, ist eine größere Bandbreite erforderlich und würde man z. B. $\tau B = 10$ setzen.

Innerhalb einer Impulsdauer τ sind stets mehrere Hochfrequenzschwingungen vorhanden, d. h. $\omega_0\tau$ ist stets groß gegen 1, z. B. stets über 20π, damit die Schwingungen der Empfangskreise in der Zeit τ ihre volle Amplitude erreichen. Bei der Gleichrichtung solcher Impulse sollen Widerstand R und Kondensator C der Gleichrichterstufe (Abb. 23) so bemessen werden, daß der Niederfrequenzimpuls ein möglichst formtreues Bild des Hochfrequenzimpulses ergibt. Hierzu ist wieder die oben angegebene Empfangsbandbreite maßgebend. Diese Bandbreite soll auch im Niederfrequenzteil eingehalten werden, was etwa zur Regel: $2\pi B C R \leqq 1$ führt. Den Niederfrequenzkopplungsteilen R und C im *gesamten* Niederfrequenzteil werden somit Schranken auferlegt. Diese Verhältnisse treten beim Fernsehen noch viel stärker hervor als beim Telegraphieempfang und spielen dort eine wichtige Rolle.

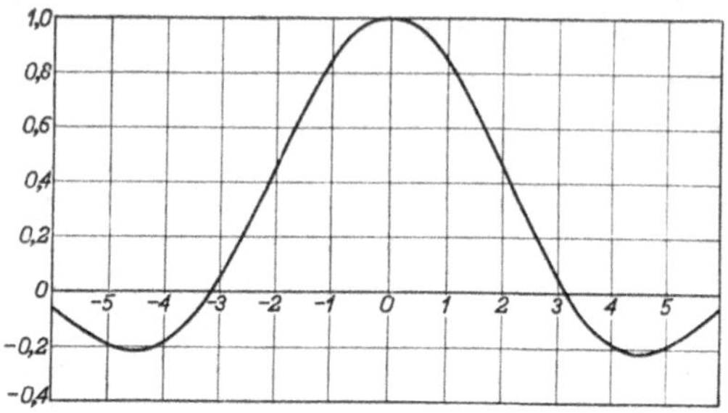

Abb. 349. Die Funktion $\dfrac{\sin\frac{\tau}{2}(\omega-\omega_0)}{\frac{\tau}{2}(\omega-\omega_0)}$ (vertikal) von $\frac{\tau}{2}(\omega-\omega_0)$ (horizontal) zur Veranschaulichung des Frequenzspektrums eines Hochfrequenzimpulses nach Gl. (G 5,1).

Die am häufigsten auftretenden Störungen beim Telegraphieempfang sind der Schwund und der Nachhall. Schwund tritt z. B. durch Interferenz von Wellen auf, welche entlang verschiedener Wege vom Sender zum Empfänger gelangen. Hierdurch kann die Signalstärke am Empfängereingang in beträchtlicher Weise beeinflußt werden. Nachhallstörungen entstehen, wenn die verschiedenen Wege solche Längenunterschiede aufweisen, daß das gleiche Telegraphiezeichen zweimal oder noch öfter getrennt zum Empfängereingang gelangt. Hierdurch könnten offenbar die Buchstaben leicht gefälscht werden. Man hat viele Mittel versucht, um die beiden genannten Störungen zu beseitigen. Hierbei hat sich gezeigt, daß zwar eine dieser Störungen beseitigt werden kann, aber nicht beide gleichzeitig.

Bei einem neueren Verfahren werden Impulse sehr kurzer Dauer übertragen an Stelle der früheren längeren Schrittzeichen. Die Impulsdauer ist so kurz, daß sie kaum zur Interferenzausbildung reicht. Offenbar kann in dieser Weise der Schwund beträchtlich verringert werden. Im Empfänger werden in gleichen Zeitabständen Empfängerimpulse erzeugt. Hierdurch erreicht man, daß im Empfänger jeweils nur der *Anfang* der Senderimpulse registriert wird. Die Telegraphiergeschwindigkeit hängt offenbar vom Nachhall ab. Der letzte Nachhallimpuls muß empfangen werden, bevor der nächste Telegraphierschritt eingesetzt hat. Da der Empfänger durch seine selbsterzeugten Impulse während der Zeit zwischen zwei benachbarten Telegraphierschritten nicht empfängt, wird durch die Nachhallimpulse keine Störung erzeugt. Dieses Verfahren bietet sowohl für den Empfang von Morsezeichen als auch für den Schreibempfang mittels Maschinen viele Vorteile.

Die Kurzwellenübertragungen können durch besondere Bedingungen in der Ionosphäre manchmal zum Teil oder vollständig aussetzen. Hierdurch können die betreffenden Verbindungen während mehrerer Stunden sehr stark gestört werden. Beim Vergleich der Wirtschaftlichkeit von Kurzwellenverbindungen mit Kabelverbindungen müssen auch diese Störungen in Betracht gezogen werden.

Schrifttum: 71, 78, 100, 115, 116, 148, 151, 197, 198, 237, 273, 299, 300, 344.

γ) *Frequenzbereichausnutzung.*

Die heutigen Nachrichtenmengen, welche übertragen werden sollen, machen eine möglichst wirtschaftliche Ausnutzung des zur Verfügung stehenden Frequenzbereichs zu einer der wichtigsten Aufgaben der Nachrichtentechnik. Wir wollen in dieser Beziehung die Übertragung im Telephonieverkehr mit derjenigen im Telegraphieverkehr vergleichen. Zur Telephonieübertragung ist ein Niederfrequenzbereich von etwa 2 bis 3 kHz erforderlich. Wir wählen nach heutiger Gepflogenheit 2,3 kHz mit einem Zwischenraum zum benachbarten Sprechkanal von 0,8 kHz. Für einen Sprechkanal ist somit ein Frequenzbereich von 3,1 kHz erforderlich. Die Sprechgeschwindigkeit liegt zwischen etwa 50 und 150 Worten je Minute. Hierdurch ist die mit dem Frequenzbereich eines Sprechkanals übertragbare Nachrichtenmenge bestimmt.

Wir betrachten jetzt Telegraphieübertragung nach dem Fünfersystem. Jeder Buchstabe besteht z. B. aus 5 Zeichen (Punkten und Zwischenräumen). Da zwischen je zwei Buchstaben ebenfalls ein Zeichen erforderlich ist, kann mit 6 Zeichen je Buchstabe gerechnet werden. Mit einem Schnelltelegraphen kann eine Geschwindigkeit von etwa 50 Zeichen je Sekunde (oder wie man sagt: 50 Baud) erreicht werden, entsprechend etwa 8 Buchstaben je Sekunde. Für eine Schreibgeschwindigkeit entsprechend 50 Baud ist erfahrungsgemäß ein Frequenzbereich von etwa 80 Hz erforderlich (vgl. Abschn. β, wo dieser Frequenzbereich dem Werte $\tau B = 1{,}6$ entspricht). Die Zwischenräume zwischen je zwei benachbarten Telegraphiekanälen betragen etwa 40 Hz. Je Kanal ist also insgesamt mit etwa 120 Hz Frequenzbereich zu rechnen. Eine praktische Grenze wird der Zeichenübertragungsgeschwindigkeit durch Überlappen der einzelnen Zeichen gesetzt. Sie beträgt im drahtlosen Weltverkehr etwa 250 Baud. Für diese Geschwindigkeit reicht eine einzige Telegraphiermaschine nicht aus. Eine praktische Möglichkeit ist z. B. die gleichzeitige Übertragung von 6 Telegrammen, deren Buchstaben jeweils in bestinmter Reihenfolge übermittelt und empfangsseitig nach Trennung 6 Schreibern zugeleitet werden. Bei dieser Übertragungsgeschwindigkeit ist ein Frequenzbereich von etwa 600 Hz erforderlich, und es werden etwa 40 Buchstaben/Sekunde oder etwa 350 Worte/Minute übermittelt. Diese Nachrichtenmenge beträgt somit etwa das 3- bis 5fache der mit einem Sprechkanal zu übermittelnden Menge. Der erforderliche Frequenzbereich von 600 Hz ist aber nur etwa $^1/_5$ des Bereichs für einen Sprechkanal. Man kann somit die Wirtschaftlichkeit der Frequenzbereichausnutzung bei derartigen Schnelltelegraphiesystemen auf etwa das 20fache des Wertes für Sprachübertragung schätzen. Demgegenüber steht die Einfachheit und unmittelbare Verständlichkeit der Sprachübertragung.

Schrifttum: 53, 71, 100, 148, 151, 169, 237, 273, 344.

δ) *Empfängerschaltungen.*

Normale Geradeaus- oder Überlagerungsempfänger können durch Anwendung eines Zusatzteiles auch für den Empfang von Telegraphiezeichen brauchbar gemacht werden. Ein hierzu geeignetes Schaltbild ist schematisch in Abb. 350 gezeichnet. Das Antennensignal erfährt zunächst Hochfrequenzverstärkung und durchläuft dann eine Mischstufe, in der die impulsmäßige Hochfrequenzträgerwelle in eine ebensolche Zwischenfrequenzträgerwelle umgewandelt wird. Die

Frequenz der Schwingstufe der Mischröhre wird automatisch geregelt (vgl. Abschn. H 1b). Die Zwischenfrequenzträgerwelle wird verstärkt und gelangt zusammen mit einer zweiten Trägerwelle konstanter Amplitude, die der Schwingstufe S_1 entstammt, auf die Gleichrichterstufe. Die beiden letztgenannten Trägerwellen haben eine Frequenzdifferenz, welche im akustischen Bereich gelegen ist (z. B. 1 kHz). Folglich entsteht am Ausgang der Gleichrichterstufe ein impulsmäßiger hörbarer Ton dieser Frequenz. Dieser Ton wird im Niederfrequenzverstärker verstärkt und darauf entweder im Lautsprecher oder Kopfhörer wiedergegeben oder zur Betätigung einer Relaisvorrichtung mit Schreiber benutzt. Die Hochfrequenz-, Misch- und Zwischenfrequenzstufen haben eine automatische Verstärkungsregelung (vgl. Abschn. H 1a). Alle Teile des gezeichneten Schaltbildes 350, außer der zweiten Schwingstufe S_1, können auch bei einem normalen Empfänger amplitudenmodulierter Wellen vorhanden sein. Daher kann ein solcher Normalempfänger durch Hinzufügen einer solchen Schwingstufe S_1 für Telegraphieempfang brauchbar gemacht werden. Diese zweite Schwingstufe soll die For-

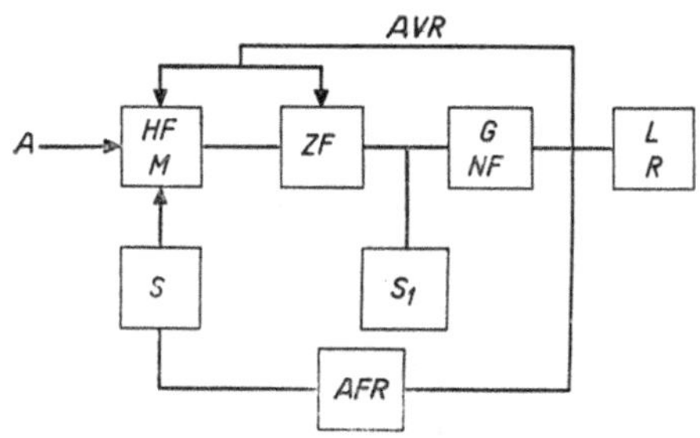

Abb. 350. Schaltskizze eines Telegraphieempfängers. *A* Antenne, *HFM* Hochfrequenz und Mischstufe, *ZF* Zwischenfrequenzstufe, *GNF* Gleichrichter- und Niederfrequenzstufe, *LR* Lautsprecher und Relaisvorrichtungen, *S* Schwingstufe der Mischstufe, S_1 Zusatzschwingstufe, *AVR* automatische Verstärkungsregelung, *AFR* automatische Frequenzregelung.

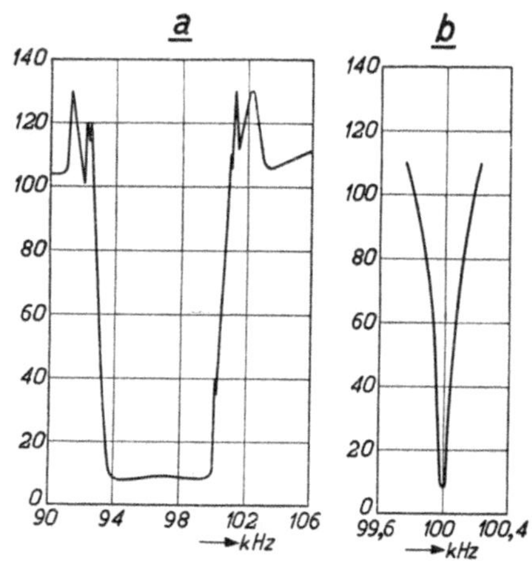

Abb. 351. Frequenzkennlinien von Siebkreisen für Telegraphie und Einseitenbandempfang. Vertikal: Verhältnis der Eingangssignalstärke zur durchgelassenen Signalstärke (Dezibel, wo 1 Dezibel gleich 0,115 Neper ist). Horizontal: Frequenz in kHz. Siebkreise dieser Art enthalten oft Quarzelemente als Resonatoren.

derung erfüllen, daß ihre Frequenz um einen hörbaren Ton (möglichst im hochempfindlichen Frequenzgebiet des Gehörs gelegen, also 1 bis 2 kHz) von der Zwischenfrequenz des Empfängers abweicht.

Die obengenannte Relaisvorrichtung am Ausgang des Empfängers enthält vielfach eine Gleichrichterstufe, eine Begrenzerstufe sowie eine geeignet eingestellte Kippstufe, welche eine oder zwei Röhren enthält. Diese Kippstufe erzeugt infolge von Eingangsimpulsen Stromstöße, welche die Schreibvorrichtung betätigen. Besondere Schaltungen sind zur Verringerung des Einflusses von Empfangsstörungen sowie zur gleichzeitigen Betätigung mehrerer Schreibvorrichtungen angegeben worden.

Für Telegraphieempfang ist nach Abschn. G 5aγ nur eine geringe Bandbreite (meistens weniger als 1 kHz) erforderlich. Zur Unterdrückung von Störungen durch spontane Schwankungen ist es erwünscht, die Durchlaßbandbreite der Zwischenfrequenzkopplungsglieder entsprechend klein zu wählen. Hierzu werden Vierpole (Siebkreise) benutzt, welche in manchen Fällen Piezoquarze enthalten zur Erzielung besonders günstiger Trennschärfe. Beispiele solcher Frequenzkennlinien sind in Abb. 351 bezeichnet.

Schrifttum: 78, 100, 115, 116, 148, 178, 237, 273, 299, 300, 321, 344.

b) Empfang amplitudenmodulierter Wellen mit einer Seitenschwingung.

α) *Grundlagen des Empfangs von Wellen mit einer Seitenschwingung.*

Diese Grundlagen gehen aus den in Abschn. D 1 a β erläuterten Zusammenhängen hervor. Dort wurde gezeigt, daß die bei linearer Gleichrichtung entstehende Niederfrequenzhüllkurve des modulierten Hochfrequenzsignals auch bei völliger Beseitigung einer Seitenschwingung nur einen geringen Niederfrequenzklirrfaktor aufweist, wenn die Amplitude der übriggebliebenen Seitenschwingung klein ist im Vergleich zur Trägerwellenamplitude (vgl. Abb. 215). Die Phasenbeziehung zwischen der Seitenschwingung und der Trägerwelle hat auf diesen Klirrfaktor nur einen geringen Einfluß. Wir können somit ein Signal mit nur einer Seitenschwingung und ganz oder teilweise unterdrückter Trägerwelle fast verzerrungsfrei gleichrichten, wenn wir die evtl. noch vorhandene Trägerwelle viel mehr verstärken als die Seitenschwingung und dann beide Schwingungen dem Gleichrichter zuführen, oder auch bei unterdrückter Trägerwelle zur Seitenschwingung eine neue Trägerwelle richtiger Frequenz und Amplitude hinzufügen und beide Schwingungen wieder dem Gleichrichter zuführen. Diese beiden Verfahren werden bei der Übertragung von Musik oder Sprache mittels eines einzigen Seitenschwingungsbandes angewandt.

Einige allgemeine Vorteile der genannten Verfahren sind folgende: 1. Bei vollständiger Unterdrückung der Trägerwelle kann die in einem Seitenschwingungsband übermittelte Nachricht nicht ohne weiteres mit einem normalen (z. B. Rundfunk-) Empfangsgerät empfangen werden. Die Geheimhaltung wird somit gefördert. 2. Der für die Übertragung notwendige Frequenzbereich beträgt nur etwa die Hälfte des Bandes, das im Falle amplitudenmodulierter Wellen mit zwei symmetrischen Seitenschwingungen erforderlich wäre, also für Sprachübertragung etwa 3 kHz und für Musikübertragung 5 bis 10 kHz. 3. Die erforderliche Leistung in den Endstufen des Senders ist viel geringer als bei Amplitudenmodulation mit zwei symmetrischen Seitenschwingungen, weil die in der Trägerwelle im letzten Falle ausgesandte Leistung größtenteils oder ganz fortfällt. 4. Schwunderscheinungen, und namentlich Effekte frequenzabhängiger Natur, haben erfahrungsgemäß auf die Übertragung im Verkehr über große Abstände weniger Einfluß als im Falle amplitudenmodulierter Wellen mit zwei symmetrischen Seitenschwingungen. 5. Verringerung der effektiven Schwankungsspannung am Eingang des Gerätes infolge des kleineren Frequenzbereichs. 6. Nichtlineare Röhrenkennlinien verursachen bei der Hochfrequenzverstärkung, Überlagerungsverstärkung und Zwischenfrequenzverstärkung weniger Störungen.

β) *Verstärkung und Gleichrichtung von Wellen mit einer Seitenschwingung.*

Auf Grund der Erörterungen in Abschn. A 3bβ, D 3 a α, D 3bβ, E 2 a δ, E 2bβ und E 2c β können wir in einfacher Weise den vorliegenden Fall einer einzigen Seitenschwingung mit ganz oder teilweise unterdrückter Trägerwelle betrachten. Wir erörtern zunächst den Fall einer vollständig unterdrückten Trägerwelle. Bei einwelliger Seitenschwingung besteht das Signal somit aus einer einwelligen Hochfrequenzschwingung. Wenn bei der Verstärkung Röhren mit gekrümmten Kennlinien benutzt werden, können wir als wichtigste Störungen die Modulation des Hochfrequenzsignals durch Brummfrequenzen und die Erzeugung von Oberwellen des Signals in Betracht ziehen. Für die erste Erscheinung ist die Gl. (D 3,1) maßgebend. Das Hochfrequenzsignal erhält eine Reihe von Seitenschwingungen mit symmetrisch zu beiden Seiten des ursprünglichen Wertes gelegenen Frequenzen und Frequenzabständen gleich der Brummfrequenz (Abb. 352). Die Modulationstiefe der Ausgangsschwingung mit der Grundfrequenz der Brummerscheinung wird durch Gl. (D 3,2) gegeben. Die unterdrückte Trägerwelle soll die Frequenz f_t haben (Abb. 352). Diese Welle wird vor der Gleichrichterstufe mit beträchtlicher Amplitude zum Signal hinzugefügt. Die erwünschte Niederfrequenz am Ausgang des Gleichrichters ist $f - f_t$ (Abb. 352). Außerdem entstehen aber offenbar auch noch Niederfrequenzstörspannungen mit den Frequenzen $f \pm n f_b - f_t$, wo $n = 1, 2, 3, \ldots$ Diese Frequenzen unterscheiden sich oft nur wenig von $f - f_t$ Als Beispiel sei $f - f_t = 1000$ Hz und $f_b = 50$ Hz, dann haben die Störspannungen die Frequenzen: 1050, 1100, 1150, ..., sowie 950, 900, 850, ... Hz. Im Falle einer amplitudenmodulierten Trägerwelle mit symmetrischen Seitenschwingungen wird in erster Linie die *Trägerwelle* mit den Brummfrequenzen moduliert und erhalten somit die Niederfrequenzbrummstörungen niedrige Frequenzen, z. B. im obigen Fall 50, 100, 150, ... Hz. Die bei einer einzigen Seitenschwingung mit unterdrückter Trägerwelle entstehenden Störfrequenzen werden nicht als Brummen, sondern als „Rauheit" des Tones gehört und können namentlich deshalb als störend empfunden werden, weil sie oft in einem Gebiet größerer Gehörempfindlichkeit liegen. Zur Verringerung der Störung sind die gleichen Mittel wie in Abschn. D 3c empfehlenswert: Verringerung der Brummspannung, gleitende Kennlinien der Röhren.

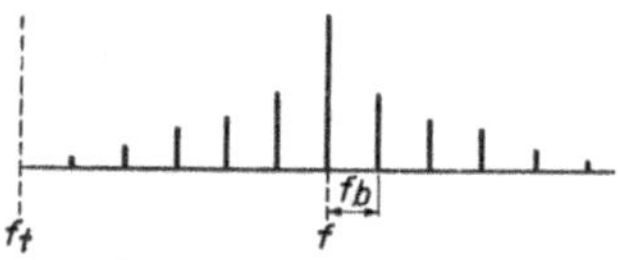

Abb. 352. Darstellung des Frequenzspektrums einer einzigen Seitenschwingung (Frequenz f) eines amplitudenmodulierten Signals mit unterdrückter Trägerwelle (Frequenz f_t) bei Brummodulation (Brummfrequenz f).

Die Erzeugung von Oberwellen der Seitenschwingung stört meistens nicht, weil diese außerhalb des durchgelassenen Hochfrequenzbandes im Empfänger liegen. Erscheinungen wie Modulationssteigerung und Modulationsverzerrung kommen hier offenbar nicht in Frage.

Wenn das Signal aus zwei Schwingungen eines Seitenschwingungsbandes bei unterdrückter Trägerwelle besteht, erzeugen die Kennlinienkrümmungen neue Frequenzen, gleich der Differenz und der Summe der beiden Schwingungsfrequenzen, sowie Vielfache dieser Differenzen und Summen. In vielen Fällen liegen diese Störfrequenzen aber außerhalb des durchgelassenen Frequenzbandes im Empfänger. Wir gelangen somit zum Schluß, daß die Kennlinienkrümmungen der Hochfrequenzröhren nur wenig zu den Verzerrungen des Niederfrequenzsignals am Ausgang der Gleichrichterstufe beisteuern können, im Gegensatz zum Fall amplitudenmodulierter Wellen mit zwei symmetrischen Seitenschwingungen (vgl. z. B. Abschn. D 3bβ).

Wenn außer der oben betrachteten Seitenschwingung noch eine schwache Trägerwelle vorhanden ist, ändern sich diese Überlegungen wenig, weil die Modulation der Trägerwelle durch Störschwingungen sich in der Niederfrequenzspannung am Ausgang des Gleichrichters nur schwach äußert.

Wir betrachten jetzt die Erscheinung der Kreuzmodulation. Hierzu nehmen wir eine amplitudenmodulierte Störwelle mit zwei symmetrischen Seitenschwingungen (Abschn. D 3bβ) und eine einwellige Schwingung, wie oben, an. Die einwellige Schwingung wird in einem bestimmten Grade mit der Modulation der Störwelle moduliert (Kreuzmodulation). Das entstehende Signal ist also der Abb. 352 analog. Nach Gleichrichtung entstehen somit Differenzfrequenzen: $f - f_t \pm f_b$, wenn f_b die Modulationsfrequenz der Störwelle darstellt. Diese Erscheinung kann sehr störend wirken. Die Mittel zu ihrer Verringerung sind z. B. bereits im Abschn. D 3c angegeben.

Alle obigen Bemerkungen gelten auch für Mischstufen und Zwischenfrequenzstufen.

Beispiele für Frequenzkennlinien von Kopplungsgliedern, welche in Empfängern und Sendern von Signalen der betrachteten Art benutzt werden, sind in Abb. 351 gezeichnet.

Im Falle vollkommen unterdrückter Trägerwelle ist es wichtig, daß die im Empfänger erzeugte und zur Seitenschwingung vor der Gleichrichterstufe hinzugefügte Trägerwelle genau die richtige Frequenz hat. Zur Einstellung dieser Frequenz kann z. B. im empfangenen Signal noch eine einwellige Schwingung vorhanden sein, die einer genau bekannten Niederfrequenzmodulation der Trägerwelle im Sender entspricht, z. B. 5 kHz bei Telephonie (Frequenzband 300 bis 2700 Hz). Im Empfänger wird die Frequenz der neuen Trägerwelle derart geregelt, daß die genannte Schwingung einen „Suchton" am Ausgang der Gleichrichterstufe ergibt, welcher genau die festgelegte Tonhöhe hat. Dies läßt sich z. B. mittels Stimmgabelschwingstufen kontrollieren. Die Erfahrung hat gelehrt, daß die Frequenz der Trägerwelle in bezug auf die empfangene Seitenschwingung bei Sprachübertragung etwa innerhalb 20 Hz und bei Musikübertragung etwa innerhalb 5 Hz richtig liegen soll, damit die Frequenzabweichungen im Lautsprecher nicht störend empfunden werden.

Schrifttum: **43, 49, 53, 99, 114, 133, 148,** 322, 368.

γ) *Empfängerschaltungen.*

Als Beispiel wählen wir einen Empfänger für den Fall vollkommen unterdrückter Trägerwelle im Signal (Abb. 353). Die aus der Antenne A eintreffenden Signale sind im Frequenzbereich 5 bis 20 MHz gelegen und werden zunächst im Hochfrequenzteil verstärkt (HF), dann in der ersten Mischstufe M_1 auf einen Frequenzbereich in der Umgebung von 470 kHz (Zwischenfrequenz, welche der unterdrückten Trägerwelle entspricht) transformiert und im Zwischenfrequenzteil ZF verstärkt. In der zweiten Mischstufe wird die Frequenz der unterdrückten Trägerwelle auf 10 kHz transformiert. Die Siebkreise S dienen zur Trennung des Suchtones sowie zur Begrenzung des verstärkten Frequenzbandes. Am Eingang der Gleichrichterstufe wird eine 10 kHz-Trägerwelle zum Seitenschwingungsband hinzugefügt. Am Ausgang des Gleichrichters ist noch ein Niederfrequenzteil NF und ein Lautsprecher L angeordnet. Der im Siebkreis S abgetrennte Suchton wird zur automatischen Regelung der Frequenzen der Oszillatorstufen O_1 (5 bis 20 MHz), O_2 (460 kHz) und O_3 (10 kHz) benutzt (vgl. Abschn. H 1 b). Die Ausgangsspannung der Gleichrichterstufe dient zugleich zur automatischen Verstärkungsregelung der Stufen HF, M_1, ZF und M_2 (vgl. Abschn. H 1 a). Die Verwendung zweier Mischstufen ist empfehlenswert, weil dann die Zwischenfrequenz der ersten Mischstufe so hoch gewählt werden kann, daß eine effektive Vermeidung des Spiegelempfangs (Abschn. G 2 bα) stattfindet. Im beschriebenen Empfänger wird durch eine Frequenzabweichung des Suchtons von 5 Hz eine Regelspannung erzeugt, die etwa 3 kHz Frequenzabweichung des Oszillators O_2

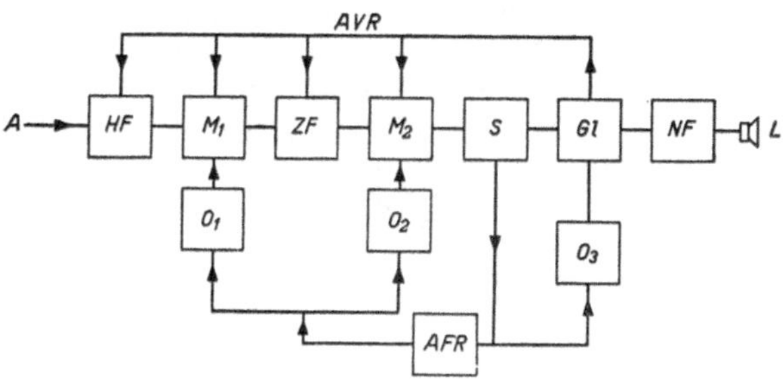

Abb. 353. Einseitenbandempfänger bei vollkommen unterdrückter Trägerwelle des Eingangssignals. A Antenne, HF Hochfrequenzstufe, M_1 Mischstufe, ZF Zwischenfrequenzstufe, M_2 Mischstufe, S Siebkreise, Gl Gleichrichterstufe, NF Niederfrequenzstufen, L Lautsprecher, O_1, O_2, O_3 Schwingstufen der Mischröhren M_1 und M_2 sowie zur Erzeugung eines Interferenzkontrolltones von 10 kHz, AVR automatische Verstärkungsregelung, AFR automatische Frequenzregelung.

zur Folge hat. Außer dem beschriebenen einen Seitenschwingungsband (z. B. 300 bis 2700 kHz) können mehrere solcher Bänder gleichzeitig empfangen, verstärkt, durch Siebe getrennt und gleichgerichtet werden. Man kann in dieser Weise mehrere Übertragungskanäle gleichzeitig betreiben.

Schrifttum: 40, 43, 53, 99, 115, 116, 133, 145, 154, 294, 322, 360.

c) Empfang amplitudenmodulierter Wellen mit veränderlichem Trägerwert.

Beim Empfang dieser Wellen treten einige Unterschiede gegenüber dem Fall eines konstanten Trägerwertes auf.

α) *Allgemeines.*

Bei der normalen Amplitudenmodulation wird eine Trägerwelle konstanter Amplitude vom Sender ausgesandt, welche mit Seitenwellen entsprechend der Musik- oder Sprachübertragung moduliert ist. In den Intervallen, daß keine Modulation vorhanden ist (Sendepausen), wird die volle Trägerwelle ausgestrahlt. Dies bedeutet offenbar einen Leistungsverlust. Zur Verringerung solcher Verluste hat man bei der hier zu behandelnden Modulationsart die Amplitude der Trägerwelle jenen der Seitenwellen angepaßt. Bei großen Amplituden der Seitenwellen wird eine entsprechend große Amplitude der Trägerwelle ausgestrahlt, und umgekehrt. Es wird aber bei dieser Anpassung darauf geachtet, daß für keine der Seitenwellen eine mehr als hundertprozentige Modulationstiefe entsteht. Sonst würden in normalen Empfangsgeräten für amplitudenmodulierte Wellen unzulässige Verzerrungen entstehen (Abschn. D 1a). Da normalerweise mehrere Seitenwellen gleichzeitig vorhanden sind, kann die obengenannte Anpassung der Trägeramplitude nicht immer für alle Seitenwellen vollkommen stattfinden. Außerdem würde für eine solche hundertprozentige Anpassung (bei welcher also die Modulationstiefe z. B. stets 100% wäre) bei Verwendung automatischer Lautstärkeregelung im Empfänger (Abschn. H 1a) die Lautstärke am Ausgang immer die gleiche sein. Die Dynamik der betreffenden Übertragung würde somit vollkommen verschwinden.

Diese Gründe führen dazu, immer eine restliche Trägerwellenamplitude, auch bei zeitweise fehlenden Seitenwellen, beizubehalten. Die Dynamik am Empfängerausgang wird dann durch die automatische Verstärkungsregelung wohl verringert, aber nicht vollkommen zum Verschwinden gebracht. Die erforderliche Senderleistung bleibt auch in diesem Fall bedeutend kleiner als bei konstanter Trägerwelle, und die Gesamtenergieersparnis bei Großsendern ist beträchtlich.

Dieses Verfahren der angepaßten Trägeramplitude bietet auch Vorteile in bezug auf Selektivschwund. Als solcher wird ein frequenzabhängiger Schwund bezeichnet. Wenn der Schwund z. B. gerade für die Trägerfrequenz beträchtlich ist, so kann es bei konstanter Trägeramplitude vorkommen, daß dieselbe am Empfämgereingang fast ausgelöscht wird. Dies hat bei normalen Empfängern zur Folge, daß die Modulationstiefe 100% überschreiten kann. Hierdurch können beträchtliche Verzerrungen des gleichgerichteten Signals entstehen (vgl. Abschn. D 1a und E 1a). Bei veränderlicher Trägeramplitude ist offenbar die Chance einer vollkommenen Auslöschung durch Interferenz (Schwund) geringer und hiermit auch die Chance großer Verzerrungen am Empfängerausgang.

Schrifttum: 103, 230.

β) *Verzerrungen in Empfängern.*

Wegen der beträchtlichen Verzerrungen, welche bei der Anwendung quadratischer Gleichrichtung für große Modulationstiefen auftreten (Abschn. D 1a α) kommt dieses Gleichrichtungsverfahren bei angepaßter Trägeramplitude nicht in Frage. Bei linearer Gleichrichtung treten keine beträchtlichen Verzerrungen auf, solange die Modulationstiefe 100% nicht überschreitet. Auf die Dynamikverringerung bei automatischer Verstärkungsregelung wurde bereits hingewiesen. Sie ist bei quadratischer Gleichrichtung (also für kleine Amplituden) geringer als bei linearer Gleichrichtung. Durch Anwendung von Dynamikdehnung (Abschn. C 1 c γ) kann die Dynamikverringerung zum Teil wieder aufgehoben werden.

Schrifttum: **103, 230.**

d) Empfang impulsmodulierter Wellen.

Bei dieser Modulationsart wird die Trägerwelle impulsmäßig verändert. Hierbei kann die zeitliche Lage der Impulse in bezug auf periodische „Markimpulse" verändert werden (Puls-Position-Modulation) oder auch die Zahl der Impulse pro Zeiteinheit (Puls-Frequenz-Modulation) oder aber die Zeitdauer der Impulse (Puls-Dauer-Modulation) oder schließlich die Amplitude der Impulse (Puls-Amplitude-Modulation).

α) *Empfangsverfahren.*

Es würde zu weit führen, wenn wir hier die heute bekannten Empfangsverfahren für alle obengenannten Impulsmodulationsarten behandeln wollten. Daher beschränken wir uns auf die Puls-Frequenz-Modulation. Während jeder der unter sich gleich lange dauernden Impulse werden viele Hochfrequenzschwingungen ausgestrahlt. Die Bandbreite der Hoch- und Zwischenfrequenzkreise des Empfängers muß dieser Dauer der Impulse angepaßt sein, etwa so, daß das Produkt von Impulsdauer τ und Bandbreite B gleich 2 oder 3 wird (vgl. Abschn. G 5 a β). Die Frequenz der Impulse ist der Modulationstiefe im Falle amplitudenmodulierter Wellen angepaßt und schwankt zwischen zwei Grenzwerten f_u und f_o. Die untere Grenzfrequenz f_u entspricht der Modulationstiefe Null und die obere Grenzfrequenz f_o der Modulationstiefe 100%. Beide Werte sind klein in bezug auf die obengenannte Bandbreite B.

Der Empfang beruht im wesentlichen auf einer Zählung der Impulszahl pro Sekunde, d. h. der Impulsfrequenz. Die Impulse werden zunächst gleichgerichtet, d. h. die Zwischenfrequenzträgerwelle entfernt. Die betreffende Stufe muß so gestaltet werden, daß gilt $\omega_i RC \gg 1$ und $BRC \ll 1$, wo ω_i die Zwischenkreisfrequenz der Trägerwelle, R und C die Schaltelemente der Gleichrichterstufe und B die Impulsbandbreite bedeuten. Nach dieser Gleichrichtung werden die Impulse einer zweiten Gleichrichterstufe zugeführt, für welche gilt $BR_1C_1 \gg 1$ und $f_o R_1 C_1 \ll 1$. Offenbar ist die Ausgangsspannung dieser Stufe dann proportional zur Augenblicksfrequenz f der Impulse und somit ein Maß für die Modulation.

Es sind mehrere andere Verfahren zum Impulsempfang bekannt, doch würde ihre Behandlung hier zu weit führen.

Schrifttum: **297, 307, 354, 371.**

β) *Signal/Schwankungsverhältnis.*

Die Schwankungen am Ausgang entstehen dadurch, daß die gezählte Augenblicksfrequenz f der Impulse pro Sekunde infolge von spontanen Änderungen der Ströme und Spannungen im Empfänger schwanken kann. Der Wert von f bei Mittelwertbildung über eine große Zahl gleicher Fälle sei $\bar{f}$. Dann sind die spontanen Schwankungen des Quadrates der Signal*spannung* am Ausgang proportional zu $\overline{(f-\bar{f})^2}$, wobei die Horizontalstriche Mittelwertbildungen bedeuten. Das

Quadrat der Signalspannung ist proportional zu $\bar{f}^2$ und somit das Signal/Schwankungsverhältnis zu:

$$\frac{\bar{f}^2}{\overline{(f-\bar{f})^2}}.$$

Wenn die spontanen Schwankungen unzusammenhängend sind, gilt:

$$\overline{(f-\bar{f})^2}\, t_0^2 = \bar{f} t_0 ,$$

wo t_0 die momentane Modulationsperiode bezeichnet. Die Signalspannung am Ausgang ist proportional zu $f\tau_0$, wo τ_0 die Impulsdauer ist. Hierdurch wird das Signal/Schwankungsverhältnis proportional zu:

$$\frac{\bar{f}\, t_0}{(\bar{f}\tau_0)^2}.$$

In einem vergleichbaren Falle der Amplitudenmodulation wäre das Signal/Schwankungsverhältnis proportional zu:

$$\frac{\bar{f}^2\, t_0^2}{\overline{(f-\bar{f}_0)^2}\, t_0^2}.$$

Somit erhalten wir beim Vergleich beider Fälle: $(\tau_0 / t_0)^2$, und der Proportionalitätsfaktor vor diesem Ausdruck hat die Größenordnung 1. Durch eine Vergrößerung der Bandbreite $(1/\tau_0)$ gegenüber dem Fall der Amplitudenmodulation $(1/t_0)$ kann eine bedeutende Steigerung des Signal/Schwankungsverhältnisses erzielt werden. Diese Steigerung hat die gleiche Größenordnung wie bei der Anwendung der Frequenzmodulation.

Schrifttum: 297, 307, 313, 354.

H. Gestaltung und Normung von Empfängern.

1. Regelung von Empfängern.

Die Aufgaben der Regelung von Empfängern zerfallen in Verstärkungsregelung (Lautstärkeregelung) und Frequenzregelung.

a) Verstärkungsregelung (Lautstärkeregelung).

α) *Handlautstärkeregelung* (nebst Tonregelung).

Jeder Empfänger hat eine Vorrichtung, mit der sich der Lautsprecherschall auf eine gewünschte Stärke einstellen läßt. Die erste in diesem Zusammenhang auftauchende Frage lautet: An welcher Stelle soll die Handlautstärkeregelung stattfinden? Bei den heutigen Empfängern wird als solche Stelle allgemein der Ausgang der Gleichrichterstufe gewählt. Diese Wahl wird durch folgende Punkte bedingt: 1. Die Lautstärkeregelung soll möglichst nahe dem Eingang des Gerätes stattfinden, weil hierdurch etwaige Störungen am Eingang ebenfalls heruntergeregelt werden, bevor sie sich in den Verstärkerstufen in unerwünschter Weise bemerkbar machen (z. B. Brummodulation, vgl. Abschn. C 2 c β, D 3 a α und E 2 b β) und weil eine etwaige Übersteuerung der Verstärkerstufen, welche zu Verzerrungen führt, vermieden wird. 2. Durch die Lautstärkeregelung soll auch die Verstärkung des Niederfrequenzteils an sich heruntergeregelt werden, weil oft dieser Teil als Schalldosen- oder Mikrophonverstärker benutzt werden kann. In den Schaltbildern 329, 331 und 332 sind Handlautstärkeregelungen mittels Spannungsteiler am Ausgang der Gleichrichterstufe zu erkennen. Im Schaltbild 331 ist diese Spannungsteileranordnung noch etwas erweitert, wie wir jetzt erläutern wollen.

Die Abb. 354 enthält für ein „mittleres" Gehör Kurven gleicher Lautstärke einwelliger Töne als Funktion der Frequenz. Offenbar ist der Unterschied in der Gehörempfindlichkeit zwischen tiefen und hohen Frequenzen für niedrige Lautstärken viel beträchtlicher als für stärkere Schälle. Damit bei niedriger Lautstärke im Lautsprecher, z. B. bei Orchesterwiedergabe, die tiefen Töne

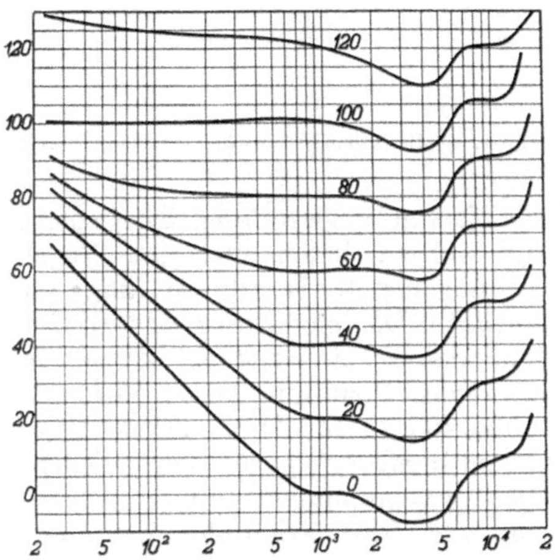

Abb. 354. Vertikal: Lautstärke in Dezibel über der unteren Schwellenlautstärke des Gehöres (10^{-16} W/cm²) als Funktion der Frequenz (horizontal). Kurven bezeichnen Werte gleicher Lautstärke. Die eingeschriebenen Zahlen zu den Kurven bezeichnen Lautstärken, welche sich um je 20 Dezibel (1 Dezibel = 0,115 Neper) bei 1000 Hz unterscheiden.

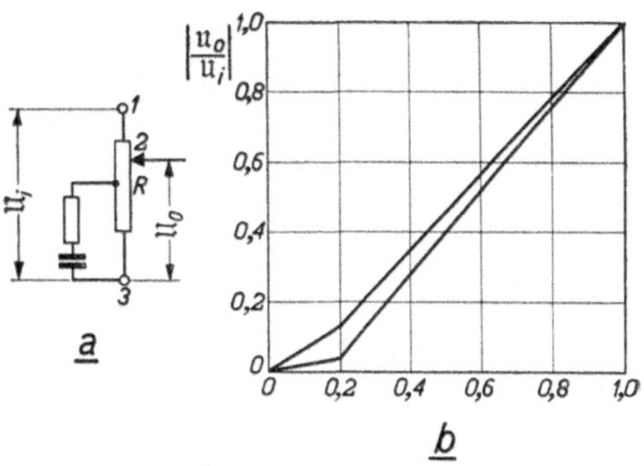

Abb. 355. Bild *a*: Schaltbild zur Lautstärkeregelung bei angenäherter Erhaltung des Toneindrucks. Bild *b*: Vertikal: Verhältnis der Ausgangsspannung zur Eingangsspannung der Schaltung von Bild *a*. Rechte Kurve für hohe Frequenzen, linke Kurve für niedrige Frequenzen. Horizontal: Stand des Spannungsteilers von Bild *a*.

nicht fast ganz infolge mangelnder Gehörempfindlichkeit verschwinden, sollen für diese Lautstärken die tiefen Frequenzen (z. B. 200 Hz) im Vergleich zu den höheren (z. B. 1500 Hz) mehr verstärkt werden. Durch die in Abb. 355a gezeichnete Anordnung wird dies erreicht, wie Abb. 355b zeigt. Eine solche erweiterte Lautstärkeregelung, mit Berücksichtigung der Gehörempfindlichkeit, wird heute in fortschrittlichen Empfängern angewandt (Abb. 331).

β) *Grundlagen der automatischen Verstärkungsregelung.*

Die Stärke der Signale am Eingang von Empfängern weist infolge mannigfacher Erscheinungen, wie z. B. Schwund, oft im Verlauf einer Nachrichtenübertragung starke Unterschiede auf. Diese Stärkeänderungen erfolgen meistens so rasch und so häufig, daß eine Korrektur durch Handlautstärkeregelung praktisch nicht in Frage kommt. Hierzu wird die automatische Verstärkungsregelung angewandt. Durch Anschluß einer Diodenschaltung an einen Zwischenfrequenzkreis wird eine Gleichspannung erzeugt, die den Steuergittern der verschiedenen Verstärkerröhren zugeführt wird. Je größer die Zwischenfrequenzspannung am Eingang der Diodenschaltung, um so größer wird die Gleichspannung und um so mehr wird die Verstärkung der geregelten Röhren herabgesetzt. Diese geregelten Röhren können von der Antenne gerechnet *vor* (Rückwärtsregelung) oder *nach* (Vorwärtsregelung) dem Zwischenfrequenzkreis mit Diodenstufe gelegen sein (Abb. 356).

In den meisten Fällen wünscht man ein Einsetzen der automatischen Verstärkungsregelung, wenn das Eingangssignal des Empfängers eine gewisse Schwelle überschreitet. Unterhalb dieser Schwelle soll keine Regelung stattfinden. Man

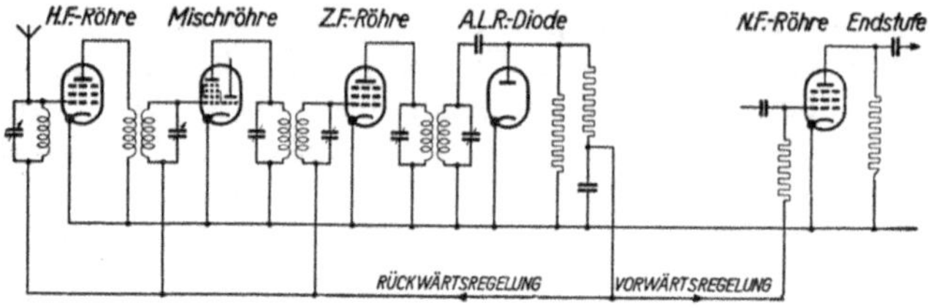

Abb. 356. Schaltskizze zur automatischen Verstärkungsregelung. Möglichkeit der Vorwärts- und der Rückwärtsregelung.

nennt dieses Verfahren: *verzögerte automatische Verstärkungsregelung*. Eine solche Verzögerung kann in einfacher Weise erzeugt werden, indem man der Regeldiode eine bestimmte feste negative Vorspannung erteilt. Hierdurch fängt ein beträchtlicher Diodenstrom erst zu fließen an, wenn der Scheitelwert der Zwischenfrequenzwechselspannung die Vorspannung übersteigt. In Abb. 357 ist dieser Gleichrichtungsvorgang für verschiedene Verzögerungsspannungen bezeichnet bei einer 30 proz. Modulation der Zwischenfrequenzspannung.

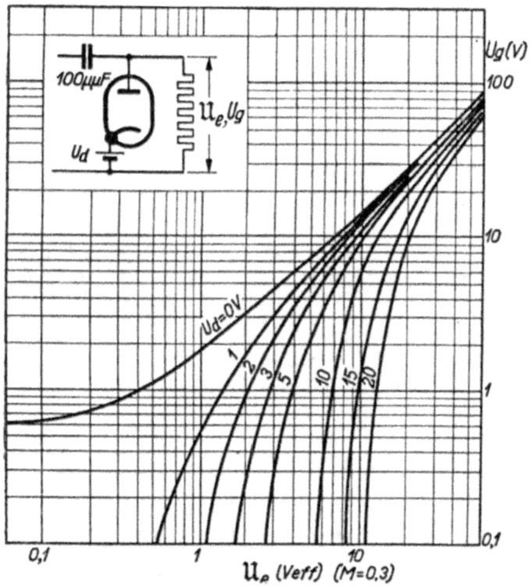

Abb. 357. Ausgangsgleichspannung U_g (vertikal) einer Gleichrichterstufe zur automatischen Verstärkungsregelung mit verschiedenen Vorspannungen U_d als Funktion der Eingangssignalspannung $\mathfrak{U}_e$ bei 30% Modulationstiefe (horizontal). Vgl. auch Abb. 365.

Die Berechnung der Regelkurve eines Empfängers mit automatischer Verstärkungsregelung kann auf Grund der Daten und Kennlinien der Regelröhren erfolgen. Wir wählen als Beispiel den Fall einer Rückwärtsregelung bei einem Empfänger mit einer Mischstufe und einer Zwischenfrequenzstufe (Abb. 358). Die Mischröhre (ECH 3) und die Zwischenfrequenzpentode (EF 9) werden in der in Abb. 359 angegebenen Weise gespeist. Die Steilheit (bzw. Überlagerungssteilheit) dieser Röhren hängt in der in Abb. 359 angegebenen Weise von der Vorspannung des Steuergitters ab. Der letzte Zwischenfrequenzkreis (Abb. 358) ist mit den zwei Dioden einer Zweifachdiode verbunden. Von diesen Dioden wird die eine in der angegebenen Weise zur Erzeugung der Niederfrequenzspannung des Gerätes verwendet, während die zweite die Regelspannung erzeugt. Diese vielfach in Empfängern angewandte Anordnung erlaubt eine Trennung der Niederfrequenzschaltung nebst Gleichrichtung von der Regelspannungserzeugung. Die Kondensatoren und Widerstände der Regelschaltung sind so zu bemessen, daß die Regelspannung den Modulationsänderungen der Zwischenfrequenzspannung nicht folgt. Für eine Rundfunkdiode üblichen Baues ist die erzeugte Niederfrequenzspannung als Funktion der Zwischenfrequenzspannung bei 30% Modulationstiefe in Abb. 360 gezeichnet. Wir nehmen an, die Mischstufe habe, ebenso wie die Zwischenfrequenzstufe, in ungeregeltem Zustand die Verstärkungszahl 100, während die Verstärkung vom Antenneneingang des Gerätes bis zum Steuergitter der Mischröhre 3 betragen soll. Die ursprüngliche Vorspannung dieser Stufen soll während des Regelns erhalten bleiben. Bei einer Zwischenfrequenzspannung von 0,3 V am Eingang der Gleichrichter-

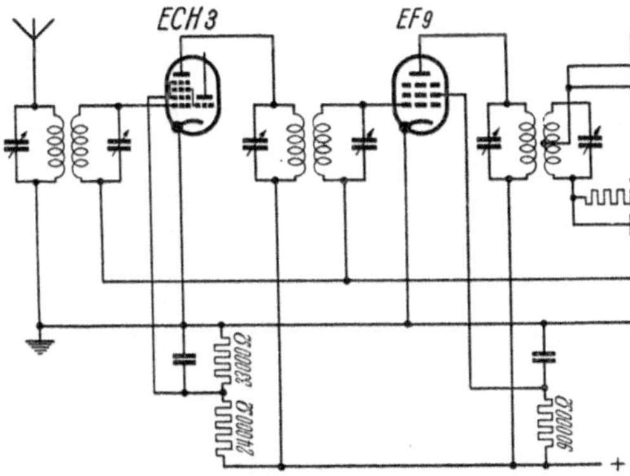

Abb. 358. Schaltbeispiel zur automatischen Verstärkungsregelung. Rückwärtsregelung in einem Empfänger mit einer Mischstufe (ECH 3) und einer Zwischenfrequenzstufe. Die linke Diodenstrecke dient zur Erzeugung der Niederfrequenzsignalspannung (Pfeil oben).
Die in den Kathodenleitungen der 2 Röhren links erforderlichen (von Kondensatoren überbrückten) Widerstände für die Steuergittervorspannung (etwa 3 V) sind nicht gezeichnet.

stufe (0,07 V Niederfrequenzspannung am Ausgang dieser Stufe bei 30% Modulationstiefe nach Abb. 360) soll die Endröhre die Standardleistung von 50 mW erzeugen. Dieser Leistung entspricht dann ein Antennensignal von 10 μV. Die

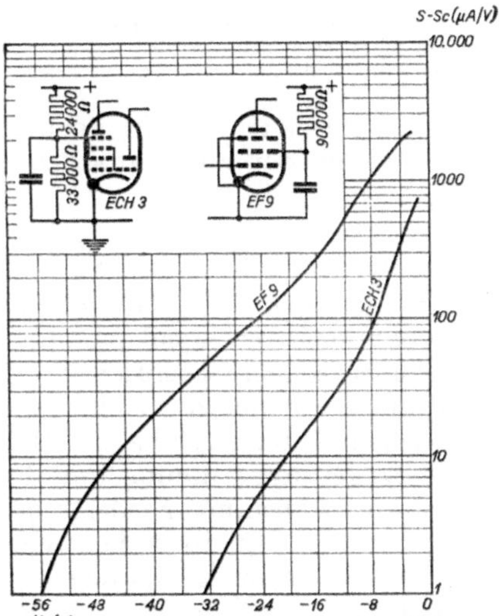

Abb. 359. Speisung der Mischröhre ECH 3 und der Zwischenfrequenzröhre EF 9 aus Abb. 358 (oben) und Steilheit bzw. Überlagerungssteilheit (vertikal) als Funktion der Eingangsgitterspannung (horizont.).

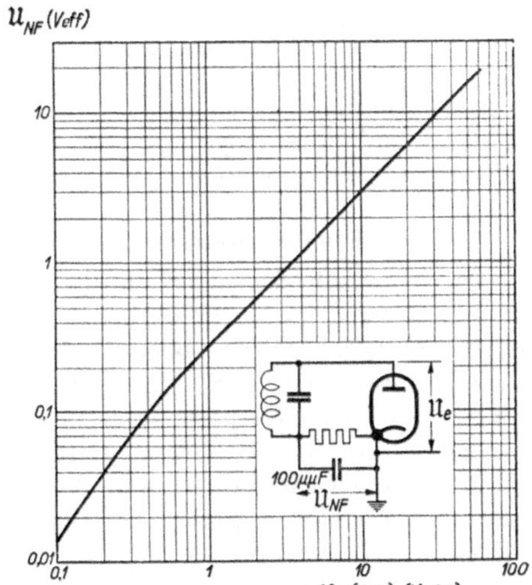

Abb. 360 Niederfrequenzausgangsspannung (vertikal) einer Diodengleichrichterstufe als Funktion der Hochfrequenzeingangsspannung (horizontal) bei 30% Modulationstiefe.

Verzögerungsspannung U_d soll 3 V betragen (Abb. 357). Dann erhält man aus den angegebenen Kennlinien folgende Tabelle für die Niederfrequenzspannungen am Gleichrichterausgang als Funktion des Antennensignals bei 30% Modulationstiefe.

Zunahme des Antennensignals	Antennensignal	Überlagerungsverstärkung	Zwischenfrequenzverstärkung	Regelspannung (V)	Zwischenfrequenzspannung am Gleichrichter (V)	Niederfrequenzspannung (V)	Zunahme
1 ×	10 μV	100	100	0	0,3	0,07	1 ×
4 ×	40 ,,	100	100	0	1,2	0,33	4,7
6,7 ×	67 ,,	100	100	0	2	0,55	7,8
38 ×	380 ,,	46	77	2,3	4	1,15	16,4
220 ×	2,2 mV	18,5	50	5,0	6	1,75	25
2800 ×	28 ,,	5,1	23	10,5	10	2,9	41
14000 ×	140 ,,	2,8	11	14,5	13	3,8	54
80000 ×	800 ,,	1,2	5,9	20	17	5,0	71

Die entsprechende Regelkurve ist in Abb. 361 dargestellt. Eine analoge Berechnung kann für jeden praktisch vorliegenden Fall aufgestellt werden.

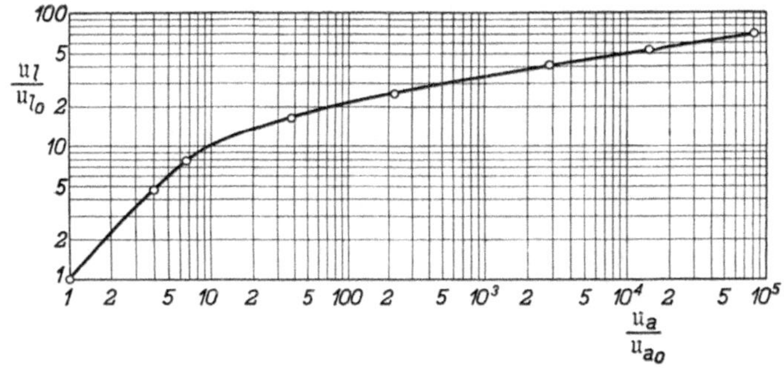

Abb. 361. Vertikal: Zunahme der Niederfrequenzausgangsspannung der Gleichrichterstufe nach Abb. 358 als Funktion der Zunahme des Antennensignals bei Anwendung einer verzögerten automatischen Rückwärtsregelung (Abb. 358) für 30% Modulationstiefe.

Die Handlautstärkeregelung soll *hinter* der Regeldiodenstufe angeordnet werden, weil eine Regelung vor dieser Stufe infolge der automatischen Verstärkungsregelung weniger wirksam wäre.

γ) *Erwünschte Gestalt der Gesamtregelkurve eines Empfängers.*

Aus Abb. 361 ist ersichtlich, daß die Niederfrequenzspannung bei wachsendem Antennensignal zunächst etwas rascher als proportional zur Signalspannung ansteigt (entsprechend der bei kleinen Signalen quadratischen Gleichrichtung), um dann in eine gewisse Sättigungskurve überzugehen, wo nur noch ein geringer Anstieg der Niederfrequenzspannung bei wachsendem Antennensignal stattfindet. Dieser Verlauf ist für alle Regelkurven mit Verzögerungsspannung und Rückwärtsregelung charakteristisch. An sich könnte eine konstante Niederfrequenzspannung für alle Signaleingangsspannungen über einer gewissen Schwelle als erstrebenswert betrachtet werden. Denn die Wiedergabe im Lautsprecher wäre dann praktisch von Signaländerungen unabhängig. Aber bei einer solchen Regelkurve würde eine volle Aussteuerung der Endröhre nur für einen bestimmt gewählten Modulationsgrad des Eingangssignals stattfinden. Bei stärkerer Modulation würde die Endröhre übersteuert, bei niedrigerer Modulation dagegen würde die volle Aussteuerung nie erreicht. Im letzten Fall könnte man mit dem Gerät also nicht die unverzerrte Höchstschalleistung entsprechend der verwendeten Endstufe nebst Lautsprecher erzielen. Diese Gründe lassen einen vollkommen flachen Verlauf der Regelkurve weniger erwünscht erscheinen. Wenn man keine Verzögerung verwendet, so steigt die Niederfrequenzspannung als

Funktion der Antennenspannung so schwach an, daß die volle Aussteuerung der Endröhre praktisch nicht erreicht wird. Deshalb ist Verzögerung stets zu empfehlen. Nur in Geräten der niedrigsten Preisklassen wird manchmal die Verzögerung, da sie einen Mehraufwand bedingt, fortgelassen. Eine Regelkurve vom Charakter der Abb. **361** erscheint, wenn sie in bezug auf die zur Aussteuerung der Endröhre notwendige Niederfrequenzspannung günstig liegt, am günstigsten. Die günstige Lage wird dadurch gegeben, daß die Niederfrequenzspannung, welche dem Anfang der Sättigungskurve, also dem „Knick" der Kurve in Abb. **361** entspricht, etwa eine Ausgangsleistung der Endstufe von 50 mW (Standardleistung) ergeben soll.

Wir betrachten jetzt die Mittel, welche den Verlauf der Regelkurve beeinflussen können. Hierzu verwenden wir wieder das in Abb. **358** gezeichnete Schaltbeispiel. Wir können grundsätzlich folgende Daten wählen: 1. die Verstärkung

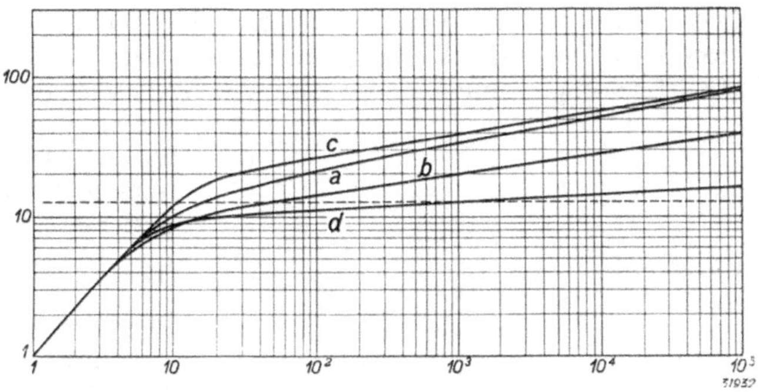

Abb. 362. Achsen wie in Abb. 361. Zusammenstellung einiger Regelkurven. Beschreibung im Text.

vor der Regeldiode, 2. die Verstärkung *nach* der Regeldiode, 3. die Verzögerungsspannung, 4. die Regelart (Rückwärtsregelung, Vorwärtsregelung). Der Einfluß dieser verschiedenen Daten im behandelten Beispiel wird durch Abb. **362** wiedergegeben. Die Kurve *a* dieser Abb. 362 entspricht der Kurve von Abb. **361.** Bei der Kurve *b* ist die Niederfrequenzverstärkung nach dem Gleichrichter auf die Hälfte verringert, wodurch bei 30% Modulationstiefe ein Zwischenfrequenzsignal von 0,6 V zur Erzielung der Standardleistung von 50 mW am Ausgang der Endstufe erforderlich wird. Für eine bestimmte Niederfrequenzanordnung (Vorverstärkerröhre EFM 1 und Endröhre EL 3) ist die dieser Ausgangsleistung entsprechende Niederfrequenzspannung der Gleichrichterstufe in Abb. **362** durch eine Strichellinie angegeben. Bei der Kurve *c* ist die Verzögerungsspannung von 3 auf 6 V gesteigert, bei der gleichen Verstärkung wie für die Kurve *a*. Für die Kurve *d* haben Verstärkung und Verzögerungsspannung die gleichen Werte wie für die Kurve *a*, aber es ist noch eine zusätzliche Vorwärtsregelung angewandt worden. Diese Kurve besitzt nahezu ideale Regeleigenschaften. Um die Endröhre voll auszusteuern, ist aber eine größere Modulationstiefe als 30% erforderlich (vgl. oben). Deshalb wird man in vielen Fällen eine Kurve wie *a* bevorzugen.

In Empfängern ist bei vorgegebenen Röhren und Kreisen die Verstärkung vor und nach der Regelstufe praktisch festgelegt. Auch die Verzögerungsspannung ist oft, falls sie der negativen Vorspannung einer Röhre entstammt, nur in engen Grenzen wählbar. Deshalb ist praktisch die Freiheit der Wahl der Regelkurve ziemlich beschränkt. Glücklicherweise werden an den Verlauf dieser Kurve keine allzu genauen Anforderungen gestellt. Man kann deshalb in vielen Fällen im gegebenen Rahmen befriedigende Ergebnisse erzielen.

δ) *Zusammenhang mit den Röhrenkennlinien.*

Die automatische Verstärkungsregelung bezweckt nicht nur die Niederfrequenzausgangsleistung bei veränderlichem Eingangssignal möglichst konstant zu halten, sondern auch Verzerrungen, welche infolge verschiedener Eigenschaften der Röhrenkennlinien auftreten können, zu verringern und zu beseitigen. Solche Verzerrungen können eine Folge sein von Modulationsverzerrung (Kennlinienkrümmungen, vgl. z. B. Abschn. D3bβ und E2bβ), Gitterstrom- und Anodenspannungsübersteuerung. Zur Vermeidung der Modulationsverzerrung soll das Gittersignal im betrachteten Punkt der Kennlinie unterhalb eines gegebenen, als zulässig betrachteten Wertes liegen (vgl. Abb. 261, 292 und 293). Wenn das Gittersignal im vorliegenden Punkt der Kennlinie diesen zulässigen Wert übersteigt (z. B. entsprechend 4% Modulationsverzerrung bei 100% Modulationstiefe), so soll die Verstärkungsregelung derart eingestellt werden, daß die Röhre aus dem betreffenden Kennlinienbereich herausgeregelt wird (vgl. Abb. 261, 292 und 293).

Als Mittelwert kann oft angenommen werden, daß der Gitterstrom bei den heutigen Röhren etwa bei —1,3 V Vorspannung einsetzt. Nennt man den Absolutwert der Gittervorspannung U_g, so soll die Wechselspannungsamplitude der Trägerwelle U_0 am Gitter auch bei einer Modulationstiefe von 100% keinen Gitterstrom erzeugen:

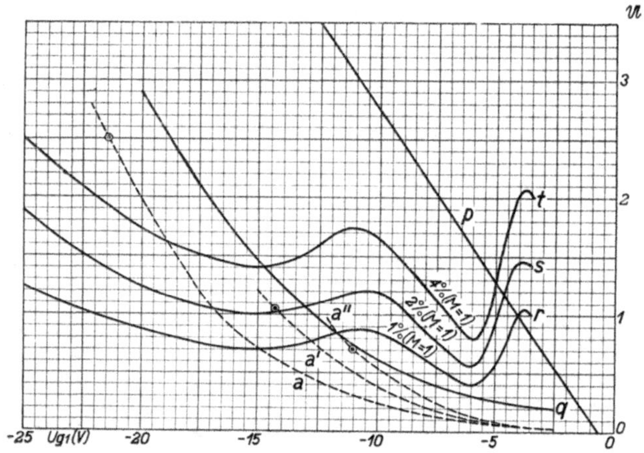

Abb. 363. Kurven für die zulässige Signalspannung (U_{eff}) am Steuergitter der Zwischenfrequenzröhre EF 9 (Abb. 358) als Funktion der Gittervorspannung (horizontal). Kurve *p* gibt ein Beispiel für die Grenze bei Berücksichtigung des Gitterstromes der Röhre an, Kurve *q* ist die Grenze mit Rücksicht auf die Anodenspannungsaussteuerung nach Gl. (H 1,2) mit $|\mathfrak{R}| = 150$ kOhm, Kurven *r*, *s*, *t* entsprechen bei einer Modulationstiefe von 100% einer Modulationsverzerrung von 1%, 2% und 4%, Kurve *a* gibt die nach dem Schaltbild 358 am Gitter auftretende Signalspannung für $U_d = 3$ V (Verzögerungsspannung) und berechnet aus der Tabelle auf S. 356 an, Kurve *a'* gibt die gleiche Spannung wie Kurve *a* an, nur mit der Hälfte der zur Verfügung stehenden Regelspannung als Vorspannung der Röhre EF 9, Kurve *a''* gehört zum Fall, daß diese Vorspannung 1/3 der Regelspannung ist. Die mit einem Kreis umrandeten Punkte der Kurven *a*, *a'*, *a''* entsprechen einem Antennensignal nach Abb. 358 von 0,5 V.

$$(\text{H } 1,1) \qquad 2U_0 \leqq U_g - 1{,}3.$$

In bezug auf Anodenspannungsaussteuerung kann bemerkt werden, daß die Anodenspannungsamplitude U_{a0} bei 100% Modulationstiefe kleiner sein soll als die halbe Anodengleichspannung: $U_a/2$. Wenn wir die Amplitude U_{a0} auf das Gitter umrechnen:

$$U_{a0} = |\mathfrak{R}|\, S\, U_0,$$

wo $|\mathfrak{R}|$ den absoluten Betrag des Widerstandes im Anodenkreis (mit dem Röhrenanodenwiderstand parallel) und S die Steilheit darstellen, so ergibt sich:

$$(\text{H } 1,2) \qquad 2U_0 < \frac{U_a}{S\,|\mathfrak{R}|}.$$

Von den drei angegebenen Grenzen ist jene maßgebend, welche die niedrigste Amplitude U_0 der Trägerwelle am Gitter ergibt. Wir erörtern diese Verhältnisse an Hand des Schaltbildes 358 für die dort verwendete Zwischenfrequenzröhre. Im allgemeinen erhält die letzte Stufe vor der Regeldiode die größten Signale und ist folglich in bezug auf Verzerrungen am meisten gefährdet. Die Kurven, welche den drei genannten Grenzen entsprechen, sind in Abb. 363 zusammengestellt. Bei der Kurve *q*, entsprechend der Grenze (1,2) wurde $|\mathfrak{R}| = 150$ kOhm angenommen. Die Kurve *a* stellt die am Gitter auftretende Signalspannung dar, nach der Tabelle im Abschn. H I a β. Offenbar bilden die Grenzen (1,1) und (1,2) bei dieser Röhre in der vorliegenden Schaltung keine Beschränkung der Signaleingangsspannung. Bei 17 V Gittervorspannung kann aber bereits eine Modulationsverzerrung von 2% auftreten. Bei größeren Antennensignalen steigt diese Modulationsverzerrung rasch. Die Kreise in Abb. **363** bezeichnen den Punkt, der einem Antennensignal von 0,5 V entspricht. Zur Vermeidung dieser Modulationsverzerrung kann eine größere Zwischenfrequenzverstärkung angewandt werden (in ungeregeltem Zustand). Der hier vorliegende Wert 100 ist für praktische Verhältnisse als niedrig zu betrachten. Eine andere Maßnahme zur Vermeidung der Modulationsverzerrung besteht darin, daß die Zwischenfrequenzröhre nur einen Teil der vollen, zur Verfügung stehenden Regelspannung erhält. Hierdurch wächst die Eingangssignalspannung der Regelstufe und damit auch die Gesamtregelspannung. Die Mischstufe wird dann stärker geregelt und folglich das Eingangssignal der Zwischenfrequenzstufe verringert. Die betreffende Regelschaltung ist in Abb. **364** dargestellt. Für die Kurve a' der Abb. **363** ist $R_1 = R_2$ in Abb. **364** und für die Kurve a'' der Abb. **363** ist $2R_2 = R_1$. Offenbar ist für beträchtliche Signalstärken die Modulationsverzerrung infolge der getroffenen Maßnahme stark verringert worden. Auch die anderen Schranken (Kurven p und q der Abb. **363**) werden noch nicht überschritten. In analoger Weise kann die Frage der Modulationsverzerrung für die Mischröhre der Abb. **358** erörtert werden.

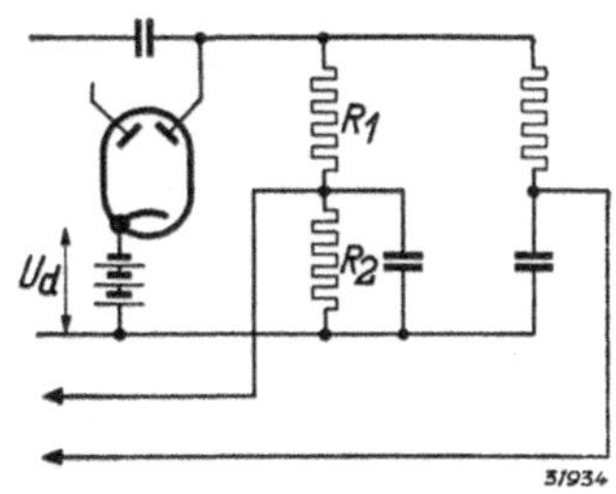

Abb. 364. Schaltung zur Erzeugung zweier verschiedener Regelspannungen zur automatischen Verstärkungsregelung.

Wir untersuchen noch die Störung infolge Kreuzmodulation und ihre Verringerung durch richtige Einstellung der automatischen Verstärkungsregelung. In Abb. **293** ist für eine Mischröhre, welche zu derjenigen der Abb. **358** analog ist, die zulässige Eingangsspannung des Störsignals für 1% Kreuzmodulation angegeben. Diese Kreuzmodulationskurve weist für eine bestimmte Überlagerungssteilheit (und entsprechende Gittervorspannung) ein Minimum auf. Wenn in einem praktisch vorliegenden Fall (Stärke des Antennensignals vom gewünschten Sender und vom Störsender) die Mischröhre gerade derart geregelt wird, daß der Arbeitspunkt in diesem Minimum landet, so ist eine Störung möglich. Man soll die Regelung somit ändern, damit die Mischröhre aus dem betreffenden ungünstigen Kennlinienbereich herausgeregelt wird. Das wirksamste Mittel gegen Kreuzmodulation ist immer in genügender Trennschärfe der Kopplungsglieder *vor* der betrachteten Röhre gelegen. Nur wenn eine solche Trennschärfe, z. B. aus Preisrücksichten, nicht angewandt werden kann, kommen Erwägungen der angestellten Art in bezug auf die Regelung in Frage.

Schrifttum: **91**, **177**, **275**, **357**.

ε) *Dreidiodenschaltung.*

Am Ausgang der letzten Zwischenfrequenzstufe wird meistens ein Kopplungsglied mit zwei gekoppelten Kreisen verwendet. Die Gleichrichterdiode zur Erzeugung der Niederfrequenzspannung wird meistens an den Sekundärkreis dieses Kopplungsgliedes (von der Zwischenfrequenzröhre aus gesehen) angeschlossen. Wenn wir die Regeldiode ebenfalls an den Sekundärkreis anschließen, wird die Dämpfung dieses an sich bereits durch die Gleichrichterstufe gedämpften Kreises nicht bedeutend vergrößert. Folglich verursacht die Regelschaltung in diesem Fall keine beträchtliche Verringerung der Trennschärfe. Es gibt aber zwei

Gründe, welche einen Anschluß der Regeldiode an den Primärkreis empfehlenswert machen. Beim Abstimmen des Empfängers (vgl. Abschn. H 3) ist es manchmal erwünscht, daß im Lautsprecher deutliche Lautstärkeunterschiede hörbar sind. Wenn die Regeldiode, ebenso wie die Gleichrichterdiode, an den Sekundärkreis angeschlossen ist, bleibt die Ausgangslautstärke des Gerätes beim Abstimmen fast konstant und kann die richtige Lage der Abstimmung in dieser Weise schlecht ermittelt werden. Beim Anschluß der Regeldiode an den Primärkreis sorgt dagegen die Trennschärfe des Sekundärkreises noch für deutliche Lautstärkeveränderungen beim Abstimmen. Wenn die Regeldiode eine Verzögerungsspannung hat, so kann die von dieser Diode erzeugte Niederfrequenzspannung starke Verzerrungen aufweisen, sobald der Scheitelwert der Zwischenfrequenzspannung größer ist als die Verzögerungsspannung. Diese verzerrte Niederfrequenzspannung gelangt über C_1 und R_1 (Abb. 358) auch auf den Niederfrequenzteil des Gerätes und kann folglich Verzerrungen im Lautsprecher erzeugen. Wenn die Regeldiode an den Primärkreis angeschlossen ist, so kann sie zwar an sich ebenfalls eine verzerrte Niederfrequenzspannung erzeugen, aber diese wird vom Primärkreis nicht auf den Sekundärkreis übertragen und gelangt folglich nicht zum Lautsprecher am Ausgang. Diese beiden Gründe (namentlich der zweite Punkt) sprechen für einen Anschluß der Regeldiode an den Primärkreis.

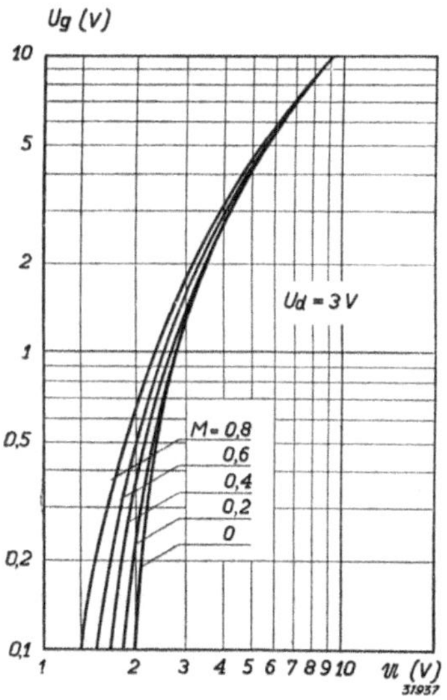

Abb. 365. Achsen wie Abb. 357, aber für verschiedene Modulationstiefen des Hochfrequenzsignals bei einer Verzögerungsspannung $U_d = 3$ V.

Bei großer Modulationstiefe wird die Dämpfung des Zwischenfrequenzkreises durch die Regelschaltung während jener Zeit verringert, da die Zwischenfrequenzspannung kleiner ist als die Verzögerungsspannung. Hieraus ergibt sich eine Modulationsverzerrung, die am beträchtlichsten wird, wenn die Trägerwellenamplitude etwa gleich der Verzögerungsspannung ist. Weiter ist auch die von der Regeldiode erzeugte Gleichspannung von der Modulationstiefe des Zwischenfrequenzsignals abhängig, wie Abb. 365 zeigt. Die Verstärkungsregelung ist größer bei größerer Modulationstiefe, wodurch eine Dynamikverringerung (vgl. Abschn. C 1cγ) der wiedergegebenen Darbietung entsteht.

Zur Vermeidung der beschriebenen unerwünschten Folgen des Anschlusses einer Regeldiode mit Verzögerungsspannung an den Primärkreis des Zwischenfrequenzkopplungsgliedes ist eine Schaltung mit drei Dioden angegeben worden, die in einer Röhre vereinigt sein können (z. B. Philips Type EAB 1). Bei dieser Schaltung dient eine Diode (vgl. Abb. 366) d_3 zur Erzeugung der Niederfrequenzspannung, eine zweite Diode d_1 zur Erzeugung der Regelspannung und eine dritte Diode d_2 nebst einer positiven Vorspannung (durch eine Batterie U_b dargestellt) zur Erzeugung der Verzögerung. Solange bei kleinen Signalen die von der Diode d_1 erzeugte negative Spannung gering ist, fließt infolge der Spannung U_b ein Strom durch d_2. Der kleine Widerstand dieser Diodenstrecke schließt C_1 kurz und es entsteht keine Regelspannung, was also einer Verzögerung bei der Regelung gleichkommt. Sobald U_{d1} aber U_b im Betrage übersteigt, wird d_2 stromlos, der Widerstand dieser Diodenstrecke also sehr groß. Folglich entsteht eine Regelspannung U_{d2} über C_1. Der Widerstand R_4 bildet eine zusätzliche Entladungsstrecke für die Spannung über C_1.

ζ) Einfluß der automatischen Verstärkungsregelung auf das Rauschen.

Nach den Formeln für den Ersatzrauschwiderstand R_{ers} [Gl. (A 5,17) und (A 5,18)] nimmt dieser Widerstand am Röhreneingang und folglich auch das Quadrat der effektiven Schwankungsspannung proportional zu $1/S$ zu, wenn die

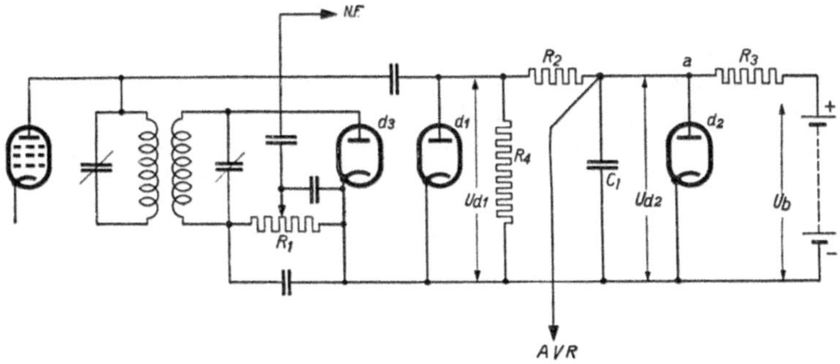

Abb. 366. Dreidiodenschaltung zur automatischen Verstärkungsregelung und zur Erzeugung der Niederfrequenzspannung. Die Diode d_3 dient zur Erzeugung der Niederfrequenzsignalspannung, die Diode d_1 zur Erzeugung der Regelspannung und die Diode d_2 zur Erzeugung der Verzögerung.

Steilheit S (bzw. Überlagerungssteilheit) heruntergeregelt wird. Parallel zum Röhreneingang denken wir am Eingang eines Empfängers einen Schwingungskreis mit dem Abstimmwiderstand R (einschließlich parallelgeschaltetem Röhreneingang und Antennenanschluß). Sobald R_{ers} größer wird als R, spielt das Rauschen der ersten Röhre am Ausgang des Gerätes eine beträchtliche Rolle. Für Wellenlängen über etwa 50 m ist bei Hochfrequenzverstärkerröhren in den meisten Fällen R bedeutend größer als R_{ers}. Wir können bei der Einstellung der automatischen Verstärkungsregelung dem Umstand Rechnung tragen, daß R_{ers} bei kleinen Antennensignalen nicht zuviel wachsen soll, d. h. eine entsprechende Verzögerung der Regelung anwenden. Im Kurzwellengebiet wird R_{ers} beträchtlicher in bezug auf R und ist diese Verzögerung entsprechend etwas größer zu wählen.

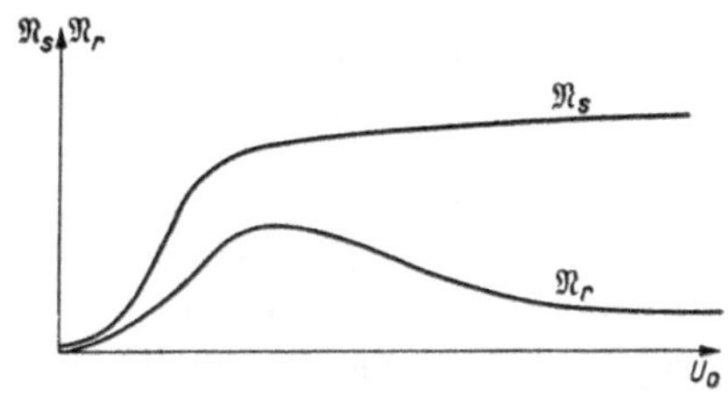

Abb. 367. Vertikal: Rauschleistung $\mathfrak{N}_r$ und Signalleistung $\mathfrak{N}_s$ am Ausgang eines Empfängers mit automatischer Verstärkungsregelung in linearem Maßstab. Horizontal: Eingangssignalspannung (Trägerwelle) des Empfängers in linearem Maßstab. Die Kurven sollen nur den Verlauf der betreffenden Größen in den Hauptzügen zeigen. Für einzelne Empfänger kann dieser Verlauf in Einzelheiten von den gezeichneten Kurven abweichen.

Wenn die erste Röhre des Gerätes eine Mehrgitter-Mischröhre ist, wird R_{ers} sowohl im Kurzwellengebiet als auch für längere Wellen beträchtlich im Vergleich zu R, und die Regelung der betreffenden Röhre soll mit einer solchen Verzögerung durchgeführt werden, daß bei kleinen Antennensignalen das Verhältnis des Signals zum Rauschen im Lautsprecher möglichst günstig bleibt. Man kann wieder bemerken, daß im Kurzwellengebiet eine stärkere Verzögerung erforderlich sein wird als für längere Wellen.

In Abb. 319 ist der Verlauf der Rauschleistungen am Ausgang eines Gerätes ohne automatische Verstärkungsregelung als Funktion der Eingangssignalspannung dargestellt. Mit automatischer Verstärkungsregelung erfolgt der Anstieg der Rauschleistung bei kleinen Signalen genau wie in Abb. 319 (Verzögerung der Verstärkungsregelung). Dann nimmt aber bei weiter steigendem Signal die Rauschleistung am Ausgang durch die Verringerung der Verstärkung meistens ab, wie in Abb. 367 schematisch angedeutet.

b) Automatische Frequenzregelung.

α) *Grundlagen der automatischen Frequenzregelung.*

In Empfängern tritt vielfach die Aufgabe hervor, die Frequenz der Schwingstufe automatisch zu regeln. Wenn diese Frequenz ursprünglich genau richtig entsprechend der Gleichlaufkurve (Abb. 311) eingestellt ist, können infolge mehrerer Ursachen, wie z. B. Erwärmung und automatischer Verstärkungsregelung, Frequenzverwerfungen auftreten. Durch die automatische Frequenzregelung sollen solche Verwerfungen wieder rückgängig gemacht bzw. vermieden werden. Wenn andererseits beim Empfang eines Senders die Frequenz der Schwingstufe nicht genau auf den Wert eingestellt wird, welcher der Gleichlaufkurve entspricht, so soll durch die automatische Frequenzregelung diese Abweichung korrigiert

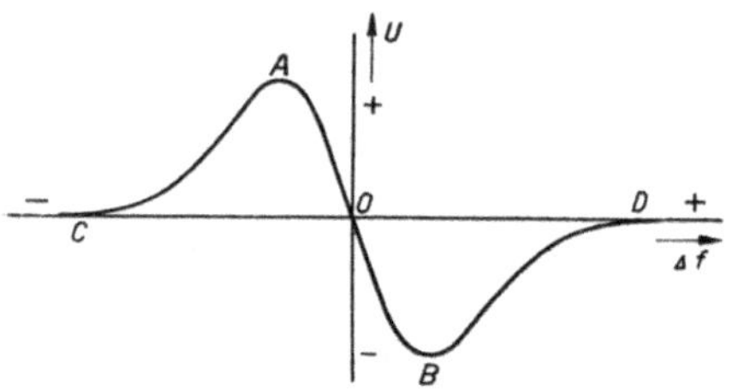

Abb. 368a. Ausgangsspannung (Steuerspannung vertikal) einer Steuerstufe zur automatischen Frequenzregelung als Funktion der Frequenzabweichung vom Sollwert (horizontal).

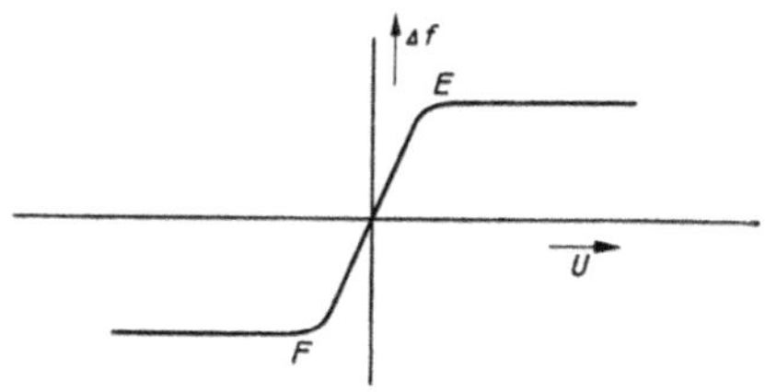

Abb. 368b. Durch die Regelstufe einer Vorrichtung zur automatischen Frequenzregelung erzeugte Frequenzänderung (vertikal) als Funktion der Steuerspannung (horizontal).

werden (automatische Feinabstimmung). Zur Erfüllung dieser Aufgaben behandeln wir eine Anordnung, welche aus zwei Teilen besteht: einer *Steuerstufe* und einer *Regelstufe*. Die Steuerstufe erzeugt als Folge der festgestellten Frequenzabweichung vom Sollwert eine Regelspannung bestimmter Polarität. Diese Steuerspannung (Gleichspannung) wird der Regelstufe zugeführt. In dieser Stufe wird die Steuerspannung in eine Änderung eines komplexen Widerstandes umgesetzt (z. B. Kapazitäts- oder Selbstinduktionsänderung), welche unmittelbar die Frequenz der Schwingstufe beeinflußt.

Die Steuerspannung soll bei Abweichungen nach höheren oder nach tieferen Frequenzen vom Sollwert entgegengesetztes Vorzeichen haben. Wenn die Abweichung einen bestimmten Wert überschreitet, soll die Steuerspannung verschwindend klein werden, damit die Erfüllung der zweiten obengenannten Aufgabe auch ermöglicht wird. Folglich hat die erwünschte Steuerspannung-Frequenz-Kennlinie etwa die in Abb. 368a gezeichnete Gestalt. Die gesamte Frequenzbandbreite CD der Abb. 368a entspricht dem Frequenzbereich, innerhalb welchem eine Regelung der Frequenz angestrebt wird. Im Falle der Feinabstimmung von Rundfunkempfängern ist dieser Frequenzbereich etwa gleich dem Frequenzabstand der Trägerwellen zweier Nachbarsender, d. h. etwa gleich 9 kHz. Der Teil AB der Kurve Abb. 368a soll möglichst steil verlaufen, damit bei kleiner Frequenzverwerfung bereits eine beträchtliche Steuerspannung zur Verfügung steht.

Die Regelstufe erzeugt bei einer vorgegebenen Steuerspannung eine bestimmte Verstimmung der Schwingstufe. Die betreffende Kennlinie soll den in Abb. 368b dargestellten Verlauf haben. Wenn die Steuerspannung einen Schwellenwert (entsprechend dem Punkt E oder F der Abb. 368b) überschreitet, findet keine weitere Verstimmung der Schwingstufe statt. Der Teil EF der Kennlinie in Abb. 368b soll möglichst steil verlaufen, damit eine kleine Steuerspannung bereits eine beträchtliche Verstimmung erzeugt.

Während die Anwendung der Steuerstufe und der Regelstufe zur Beseitigung von Frequenzverwerfungen der Schwingstufe, entsprechend der Schaltskizze 369, ohne weiteres einleuchtet, erörtern wir hier noch kurz die Anwendung dieser Stufen im Falle der automatischen Feinabstimmung eines Empfängers. Im idealen Fall würde diese Feinabstimmung nach Abb. 370 arbeiten. Wenn die Abstimmvorrichtung des Empfängers (Grobabstimmung) auf irgendeine Frequenz (horizontale Skala) in der Umgebung des Punktes *A* (der einem Sender entspricht) oder des Punktes *B*, *C* usw. eingestellt wird, die nicht mehr als $\pm 4{,}5$ kHz von

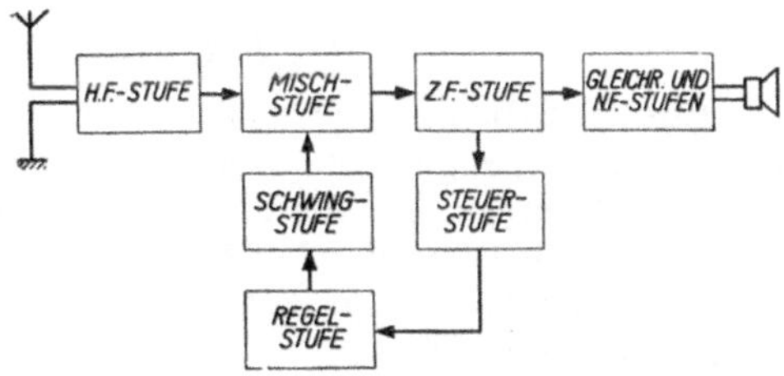

Abb. 369. Schaltskizze zur Anwendung einer Vorrichtung zur automatischen Frequenzregelung.

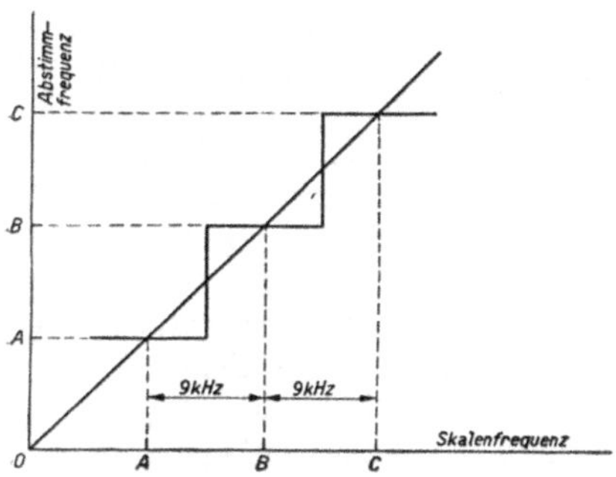

Abb. 370. Wirkungsweise einer automatischen Frequenzregelung zur Feinabstimmung eines Empfängers. Vertikal: Frequenzänderung infolge der Wirkung der Regelstufe. Horizontal: Sollfrequenz der Abstimmskala.

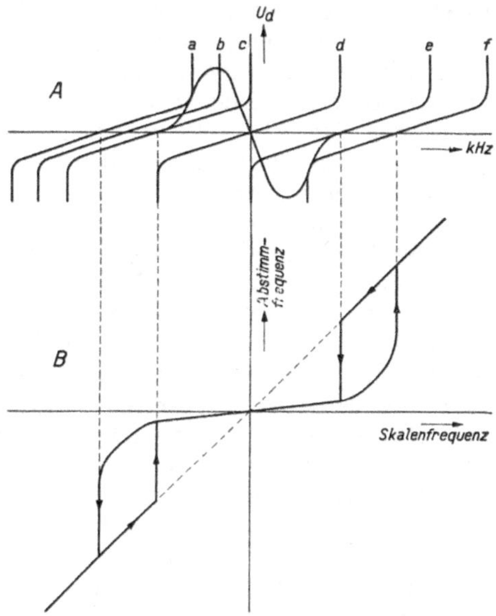

Abb. 371. Oberes Bild: Verschiebung der Kennlinie von Abb. 368b (mit der Steuerspannungsachse vertikal und der Frequenzänderungsachse horizontal) über die Kennlinie der Abb. 368a hinweg (Lagen *a*, *b*, *c*, *d*, *e*, *f*). Unteres Bild: Aus den Schnittpunkten der beiden Kennlinien geht die sich einstellende Frequenzänderung (vertikal) als Funktion der jeweiligen entsprechenden Frequenz der Grobabstimmung (horizontal) hervor. Jede Grobfrequenz entspricht dem Schnittpunkt einer der Kurven *a*, *b*, *c*, *d*, *e*, *f* im oberen Bild mit der Frequenzachse. Wenn die Kurve im unteren Bild von links nach rechts oder umgekehrt durchlaufen wird, ergeben sich nicht die gleichen Werte, was durch das Auftreten mehrerer Schnittpunkte der Steuer- und einer Regelkurve im oberen Bild verursacht wird. Die Kurve im unteren Bild entspricht einer „Stufe" der Treppenkurve von Abb. 370.

der genauen Sollfrequenz abweicht, so soll die automatische Feinabstimmung eine genaue Abstimmung (Feinabstimmung) des Empfängers (der Schwingstufe) auf diese Sollfrequenz bewirken. Mit Hilfe der in Abb. 368a und 368b dargestellten Kennlinien ergibt sich an Stelle einer „Stufe" der Abb. 370 eine im unteren Teil der Abb. 371 dargestellte Kurve. Die Ableitung dieser Kurve aus den Kennlinien 368a und 368b ist im oberen Teil der Abb. 371 dargestellt. Hierbei gleitet der Nullpunkt der Kennlinie von Abb. 368b entlang der horizontalen Achse der Abb. 368a. Für jede Lage dieser Kennlinien zueinander, entsprechend einer bestimmten Grobabstimmung des Empfängers, ergibt sich eine bestimmte Frequenzregelung der Feinabstimmvorrichtung. Weil die Kennlinien mehrere Schnittpunkte aufweisen, ergibt sich ein zweiwertiger Verlauf der Feinabstimmkennlinie im unteren Teil der Abb. 371 beim Verlegen der Grobabstimmfrequenz von links nach rechts und umgekehrt über den betrachteten Bereich hinweg (Pfeilsinn der Kurven).

Schrifttum: 85, 221.

β) Schaltung und Wirkung der Steuerstufe.

Ein Schaltbild einer Steuerstufe haben wir bereits in Abschn. G 4c α, Abb. 345 und 346, kennengelernt. Der Verwendungszweck der Steuerstufe war dort ein anderer als im vorliegenden Fall. Die Wirkung ist aber im wesentlichen die gleiche, und auch die Formel (G 4,25) behält ihre Gültigkeit. Da wir im vorliegenden Fall nur *Gleichspannung* brauchen, soll der Ausgangskondensator, über dem die Steuerspannung U_d nach Gl. (G 4,25) erzeugt wird (Abb. 345), hier größer sein als im Abschn. G 4c α, wo die gleiche Schaltung zur Erzeugung einer Niederfrequenzspannung aus einem frequenzmodulierten Signal verwendet wird. Damit ein möglichst steiler Verlauf der Steuerspannungskennlinie nach Abb. 368a erzielt wird, soll nach Abb. 346 die Kreisgütezahl Q möglichst groß sein (vgl. Abb. 249 zur Berechnung von Δf aus βQ). Die zwei gekoppelten Kreise werden durch die Diodenstrecken gedämpft. Diese Dämpfung können wir durch Einschalten einer kleinen Selbstinduktionsspule (vgl. Abb. 347) verringern. Die Kennlinien der Abb. 346 geben für unseren Fall noch nicht unmittelbar die Steuerspannung als Funktion der Frequenz, weil der Einfluß der Trennschärfekennlinien vor der letzten Zwischenfrequenzröhre sowie der automatischen Verstärkungsregelung noch nicht in Betracht gezogen wurden. Diese beiden Einflüsse wirken einander in gewisser Beziehung entgegen. Durch die genannten Trennschärfekennlinien ist $\mathfrak{J}_a$ in Gl. (G 4,25) zwar in der unmittelbaren Umgebung der Abstimmfrequenz nahezu konstant, aber weiter von dieser Abstimmlage entfernt sinkt $|\mathfrak{J}_a|$ beträchtlich. Folglich verläuft die Kennlinie U_d als Funktion der Frequenz in der unmittelbaren Umgebung der Abstimmlage angenähert nach Abb. 346, aber in größerer Entfernung von dieser Stelle fällt U_d infolge der vorhergehenden Trennschärfekennlinien rascher ab. Die automatische Verstärkungsregelung hat das Bestreben, $|\mathfrak{J}|$ als Funktion der Frequenz konstant zu halten. Dieser Einfluß schwächt den genannten rascheren Abfall von U_d also wieder etwas ab (Abb. 372c).

Außer den beiden Dioden zur automatischen Frequenzregelung sollen häufig noch zwei Dioden, und zwar zur Gleichrichtung und zur automatischen Verstärkungsregelung, an den Ausgang der letzten Zwischenfrequenzstufe angeschlossen werden. Einige Schaltungen, welche einen solchen Anschluß gestatten, sind in Abb. 372a und b zusammengestellt. Bei der Schaltung 372a wird die Spule des zweiten Zwischenfrequenzkreises bifilar gewickelt, und die zweite Wicklung führt sowohl zur Gleichrichterdiode als zur Diode für die automatische Verstärkungsregelung. Diese beiden Diodenkreise erzeugen allerdings eine zusätzliche Dämpfung dieses Zwischenfrequenzkreises. In dieser Hinsicht ist die Schaltung 372b befriedigender. Hier ist ein dritter Zwischenfrequenzkreis mit dem ersten gekoppelt, und an diesen Kreis wird die Gleichrichterdiode d_3 angeschlossen, während die Diode d_4 zur automatischen Verstärkungsregelung ihre Wechselspannung vom Zwischenfrequenzkreis 1 erhält.

γ) Schaltung und Wirkung der Regelstufe.

Die Wirkung der Regelstufe beruht darauf, daß parallel zum Schwingungskreis der Schwingstufe eine regelbare Kapazitäto der eine regelbare Selbstinduktion geschaltet wird. Diese Regelung findet in einer Schaltung statt, in der die Steilheit einer Hilfsröhre unmittelbar die Größe der betreffenden Kapazität bzw.

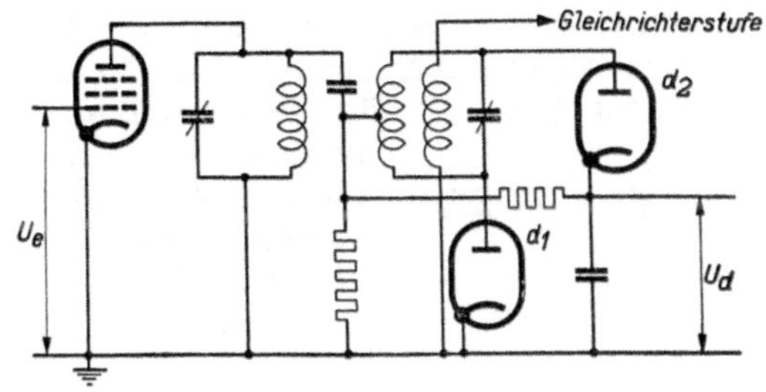

Abb. 372a.

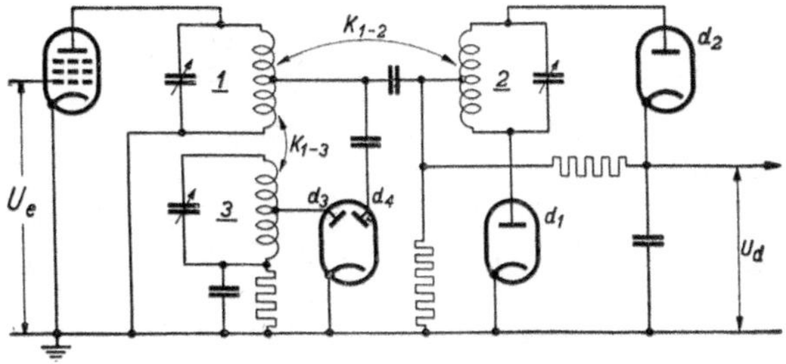

Abb. 372b

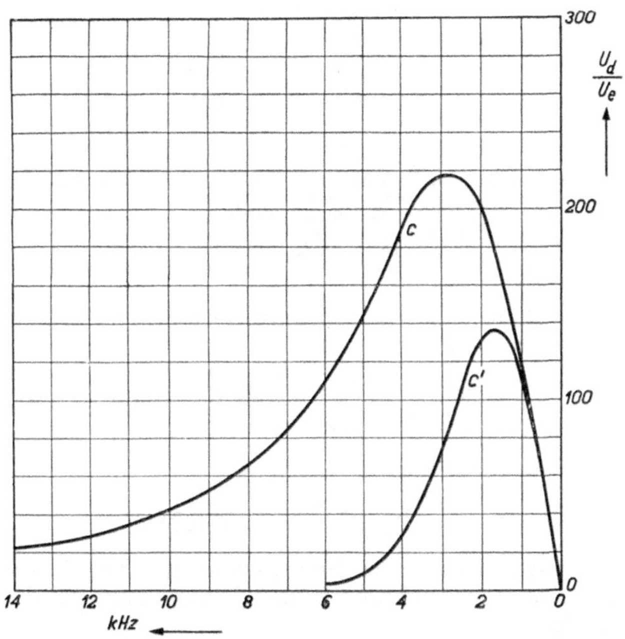

Abb. 372c.

Abb. 372a — c. Bild *a*: Steuerstufe zur automatischen Frequenzregelung mit zwei gekoppelten Zwischenfrequenzkreisen, von denen der eine eine weitere Wicklung trägt zur Kopplung mit der Gleichrichterstufe. Vgl. auch Abb. 345 und 346 von Abschn. G 4 c α. Bild *b*: Steuerstufe zur automatischen Frequenzregelung mit einem zusätzlichen abgestimmten Zwischenfrequenzkreis (*3*), welche die Diodenstufe (d_3) für die Niederfrequenzsignalerzeugung (Gleichrichtung) speist, während die Diode d_4 zur automatischen Lautstärkeregelung dient. Die Kreise *1* und *2* sowie die Dioden d_1 und d_2 bilden zusammen die eigentliche Steuerstufe. Bild *c*: Verhältnis der Steuerspannung U_d zur Eingangssignalspannung U_e (eff.) der letzten Zwischenfrequenzröhre als Funktion der Differenz zwischen der Sollfrequenz und der Abstimmfrequenz bei der Schaltung nach Bild 372b. Kurve *c* gilt für folgende Kreisdaten: $Q_1 = 79$, $Q_2 = Q_3 = 120$, $k_{1-3} = k_{1-2} = k = (2Q_1Q_2)^{-1/2}$, $|\mathfrak{R}_2| = |\mathfrak{R}_3| = 1{,}5\,|\mathfrak{R}_1|$. Hier bedeuten Q die Gütezahlen und $\mathfrak{R}$ die Abstimmwiderstände der Kreise *1*, *2* und *3* von Bild 372b. Bei der Kurve *c'* ist die Trennschärfe der Vorkreise berücksichtigt.

Selbstinduktion beeinflußt. Einige Schaltungen dieser Art sind in Abb. 373 zusammengestellt. Die Gleichspannungsspeisung ist in dieser Abbildung der Übersichtlichkeit wegen fortgelassen. Für die betrachteten Kreisfrequenzen ω ist stets $\omega C_1 R \gg 1$, während in Abbildung 373a auch $\omega R_1 C \gg 1$ ist. Als Beispiel leiten wir das Ersatzschaltbild 373a (oben) ab. Die Wechselspannung zwischen Anode und Kathode

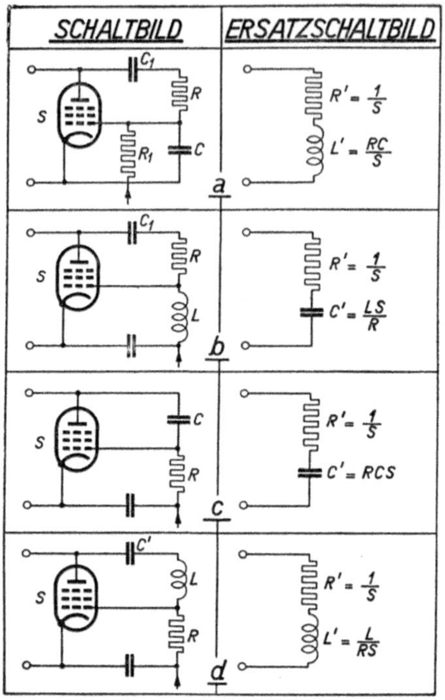

Abb. 373. Einige grundsätzliche Schaltmöglichkeiten für eine Regelstufe. Links die Schaltungen, rechts die entsprechenden Ersatzschaltbilder. Die Blindwiderstände dieser Ersatzschaltungen enthalten die Röhrensteilheit und können folglich durch Regelung dieser Steilheit verändert werden.

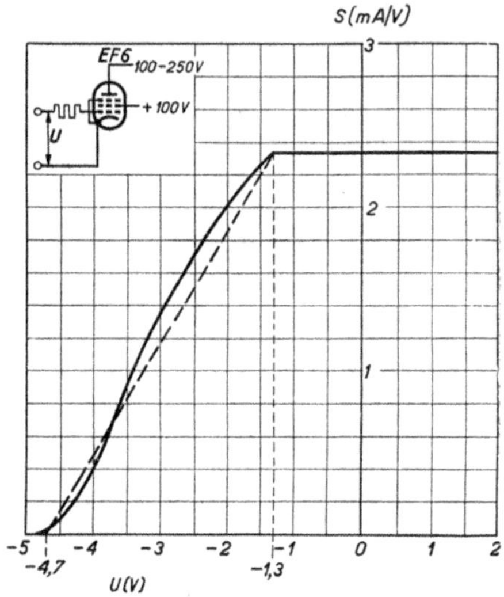

Abb. 374. Steilheit der Pentode EF 6 (vertikal) als Funktion der Steuergitterspannung (horizontal), welche in Reihe mit einem Wirkwiderstand von 1 MOhm an das Steuergitter gelegt wird. Die wirkliche Kurve kann durch die gestrichelte angenähert werden.

der gezeichneten Röhre sei $\mathfrak{U}_a$, jene zwischen Steuergitter und Kathode $\mathfrak{U}_g$. Dann gilt:

$$\mathfrak{U}_g = \frac{\mathfrak{U}_a}{R + \frac{1}{j\omega C}} \frac{1}{j\omega C} = \frac{\mathfrak{U}_a}{1 + j\omega C R}.$$

Der Anodenwechselstrom ist

$$\mathfrak{J}_a = S\,\mathfrak{U}_g = \frac{S\mathfrak{U}_a}{1 + j\omega C R}.$$

Der Wechselstromwiderstand der Reihenschaltung von R und C soll klein im Vergleich zum Anodenwiderstand der Röhre sein. Dann wird der Ersatzwiderstand der Schaltung:

$$\mathfrak{R} = \frac{\mathfrak{U}_a}{\mathfrak{J}_a} = \frac{1}{S} + j\omega \frac{CR}{S},$$

wie in Abb. 373a angegeben. Beim Anschluß einer Schaltung nach Abb. 373 parallel zum Schwingungskreis der Schwingstufe entsteht eine Dämpfung (z. B. bei Abb. 373a entsprechend dem Gliede $1/S$) und eine Verstimmung. Damit die Dämpfung gering ist, soll S möglichst groß gewählt werden. Damit in diesem Falle auch die Verstimmung beträchtlich bleibt, soll in Abb. 373a auch das

Produkt CR groß sein. Analoge Schlüsse gelten für die übrigen Schaltungen der Abb. 373.

Die Steuerspannung der Steuerstufe wird dem Steuergitter der Regelröhre zugeführt und verursacht hier eine Änderung der Steilheit S. Röhren mit beträchtlicher Steilheitsänderung bei kleiner Spannungsänderung sind zu bevorzugen (also *keine* Röhren mit gleitenden Kennlinien). Als Beispiel betrachten wir die in Abb. 374 dargestellte Regelkennlinie einer Pentode. In Reihe mit dem Steuergitter ist nach Abb. 373a ein großer Widerstand R_1 geschaltet. Dieser Widerstand bewirkt, daß die Steilheit bei etwa —1,3 V Steuergitterspannung, entsprechend dem Gitterstromeinsatzpunkt, einen konstanten Wert erhält, der bei weiterer Verschiebung der Vorspannung nach positiven Werten erhalten bleibt. Mit Hilfe einer Kennlinie, wie in Abb. 374 dargestellt, kann der in Abb. 368b gezeichnete Verlauf der Frequenzregelkurve erreicht werden.

Schrifttum: 221, 331.

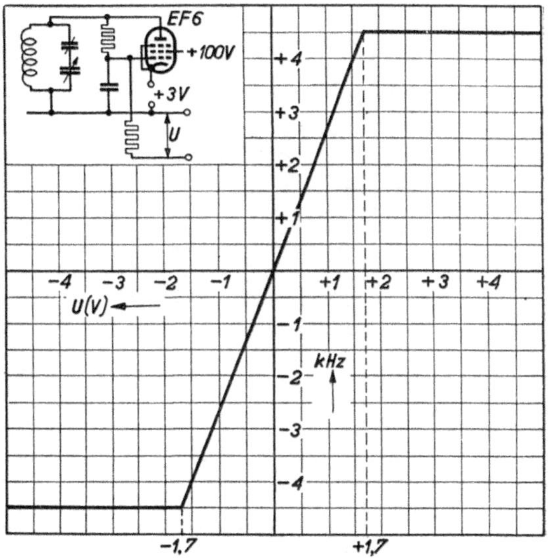

Abb. 375. Kennlinie einer Regelstufe, bei der die Röhre von Abb. 374 und die Schaltung von Abb. 373a benutzt wird. Vertikal: Verstimmung in kHz des an die Regelröhre angeschlossenen Schwingungskreises (vgl. die Schaltung links oben in Abb. 375). Horizontal: Steuerspannung der Regelstufe (vgl. auch Abb. 368b).

δ) *Praktische Anwendung der automatischen Frequenzregelung.*

Wenn wir unserer Schaltung die Kennlinie der Abb. 374 zusammen mit der Schaltung 373a zugrunde legen, würde die Frequenz in ungeregeltem Zustand etwa der Vorspannung —3 V entsprechen und der Regelbereich würde Steuerspannungen zwischen etwa —1,7 V und 1,7 V erfordern, entsprechend den Punkten —4,7 V und —1,3 V der Abb. 374. Dieser Regelbereich soll bei Verwendung der automatischen Frequenzregelung zur Feinabstimmung eines Empfängers etwa ±4,5 kHz betragen, und die der Abb. 368b entsprechende Kennlinie erhält den in Abb. 375 dargestellten Verlauf. Die Schaltung einer Schwingstufe mit angeschlossener Regelstufe ist in Abb. 376 dargestellt. Wir behandeln die Bemessung der verschiedenen Schaltteile an Hand dieses Beispiels. Die Selbstinduktion L_0 des Schwingstufenkreises soll 75 μH betragen und die höchsterzielbare Frequenzregelung ±4,5 kHz (Abb. 375). Dann beträgt die erforderliche Regelselbstinduktion L' nach Abb. 373a bei einer Abstimmfrequenz ω_0 von $2\pi \cdot 1{,}5$ MHz:

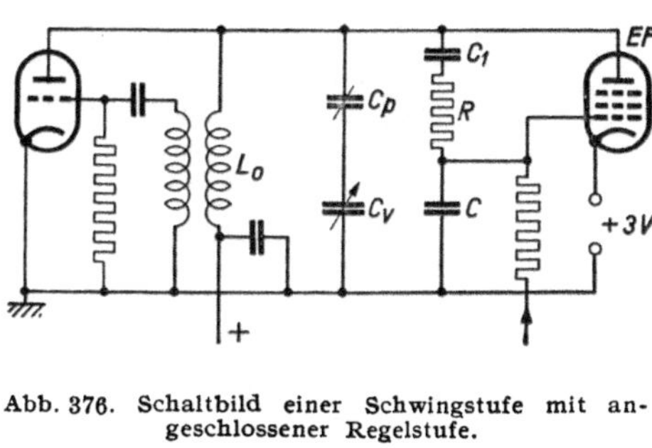

Abb. 376. Schaltbild einer Schwingstufe mit angeschlossener Regelstufe.

$$\Delta\omega_0 = \frac{\omega_0 L_0}{2L'} = 2\pi \cdot 9 \cdot 10^3, \quad \text{also} \quad L' = 6{,}25\,\text{mH}.$$

Die Höchststeilheit S ist 2,34 mA/V (Abb. 374). Folglich gilt nach Abb. 373a: $RC = L'S = 14{,}6 \cdot 10^{-6}$, welche Gleichung angenähert erfüllt wird durch die Wahl $R = 1{,}5$ MOhm und $C = 10$ pF.

Wir geben noch ein Beispiel einer Gesamtschaltung zur automatischen Frequenzregelung (Abb. 377). Hinter der letzten Zwischenfrequenzverstärkerröhre L_2

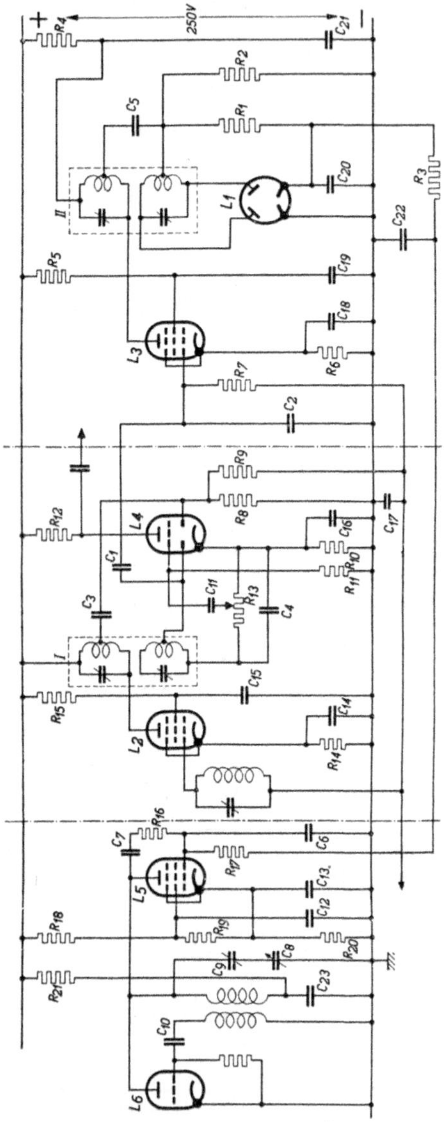

Abb. 377. Vollständiges Schaltbeispiel zur Anwendung von automatischer Verstärkungsregelung und automatischer Frequenzregelung. Die Schaltung wird durch zwei vertikale Punkt-Strich-Linien in drei Teile geteilt. Links ist die Schwingstufe nebst Regelstufe gezeichnet, in der Mitte die letzte Zwischenfrequenzröhre L_2 nebst einer Doppel-Diode-Triode (Verbundröhre) L_4 zur Erzeugung und Verstärkung des Niederfrequenzsignals und zur automatischen Verstärkungsregelung. Rechts ist eine zusätzliche Zwischenfrequenzverstärkerstufe nebst Steuerstufe zur automatischen Frequenzregelung dargestellt. *I* und *II* (gestrichelte Umrandung) sind Kopplungsglieder.

Stückliste.

R_1 = 1 MOhm	R_6 = 325 Ohm	R_{11} = 2 MOhm	R_{16} = 0,8 MOhm
R_2 = 1 „	R_7 = 1 MOhm	R_{12} = 0,1 „	R_{17} = 1 „
R_3 = 1 „	R_8 = 1 „	R_{13} = 0,5 „	R_{18} = 0,025 „
R_4 = 0,01 „	R_9 = 1 „	R_{14} = 325 Ohm	R_{19} = 0,016 „
R_5 = 0,09 „	R_{10} = 0,0025 „	R_{15} = $9 \cdot 10^4$ „	R_{20} = 400 Ohm
			R_{21} = $2{,}5 \cdot 10^4$ „

C_1 = 12,5 pF	C_7 = 10^4 pF
C_2 = 50 „	C_8 = 500 „
C_3 = 100 „	C_9 = Gleichlaufkond.
C_4 = 100 „	C_{10} = 50 pF
C_5 = 100 „	C_{11} = 10^4 „
C_6 = 30 „	C_{12} = ... C_{23} 0,1 µF

Röhren (Philips-Typen):

L_1 = EB 4
L_2 = EF 9
L_3 = EF 9
L_4 = EBC 3
L_5 = EF 6
L_6 = ECH 4 (Triodenteil)

des Gerätes sind die beiden Dioden zur Gleichrichtung und zur automatischen Verstärkungsregelung angeordnet, welche in einer Verbundröhre L_4 mit einer Niederfrequenzverstärkertriode zusammengebaut sind. Wie bereits im Abschnitt H I a ε erwähnt, ist die Diode zur automatischen Verstärkungsregelung an den Primärkreis des Zwischenfrequenzkopplungsgliedes *I* angeschlossen. Die Verzögerungsspannung wird durch R_{10} erzeugt. Der Spannungsteiler R_{13} führt die Niederfrequenzausgangsspannung der Gleichrichterstufe dem Steuergitter der Niederfrequenztriode zu. Der Sekundärkreis des Kopplungsgliedes I ist mit dem Steuergitter einer *zusätzlichen* Zwischenfrequenzverstärkerröhre L_3 verbunden, welche die Schaltung zur automatischen Frequenzregelung speist. Durch diese Anordnung wird eine erhöhte Dämpfung (also verringerte Trennschärfe) des Kopplungsgliedes I durch die Steuerstufe der automatischen Frequenzregelung vermieden. Das Kopplungsglied II der zusätzlichen Zwischenfrequenzstufe ist mit den beiden Dioden L_1 der Steuerstufe verbunden, und diese Steuerstufe speist die Regelstufe (L_5) nach Abb. 373a. Diese Regelstufe ist nach Abb. 376 an die Schwingstufe des Empfängers angeschlossen. Die angegebenen Schaltteile sind so bemessen, daß die automatische Frequenzregelung zur Feinabstimmung im Rundfunkgebiet verwendet werden kann.

Bei der Verwendung der automatischen Frequenzregelung zum Ausgleich etwaiger Frequenzverwerfungen einer Schwingstufe soll darauf geachtet werden, daß diese Verwerfungen weder zu rasch noch zu beträchtlich sind, im Vergleich zur Regelgeschwindigkeit und zum Regelbereich der Regelschaltung. Die Regelgeschwindigkeit wird durch die in der Schaltung vorhandenen wesentlichen Kapazitäts- und Widerstandswerte bedingt (Regelzeit größenordnungsmäßig etwa gleich dem Produkt des Widerstandes und der Ausgangskapazität der Steuerstufe). Der Regelbereich wurde bereits oben erörtert.

2. Speisung von Empfängern.

Eine Reihe allgemeiner Gesichtspunkte bezüglich der Speisung von Verstärkern, die in Abschn. C 6b erörtert wurden, kann ohne weiteres auf die Speisung von Empfängern übertragen werden. Wir werden hier noch einige Punkte bringen, die besonders bei Empfängern hervortreten.

a) Wechselstrom- und Gleichstrom-Wechselstrom-Speisung.

α) *Positive und negative Elektrodenspannungen.*

Die Erzeugung der positiven Elektrodenspannungen bei Wechselstrom-Netzspeisung wurde bereits in Abschn. C 6bα erörtert. In Empfängern tritt verschiedentlich die Aufgabe hervor, feste *negative* Elektrodenspannungen zu erzeugen, welche nicht durch die bekannte Einschaltung eines überbrückten Widerstandes in die Kathodenzuleitung von Röhren mit indirekt geheizter Kathode erhalten werden können (z. B. Abschn. G 2aγ und G 2bβ). In solchen Fällen kann die negative Elektrodenspannung von einem Widerstand in der negativen Rückleitung des Speisungsteiles abgenommen werden (Abb. 378). In Abb. 329 haben wir ein Beispiel für eine solche Schaltung bereits kennengelernt.

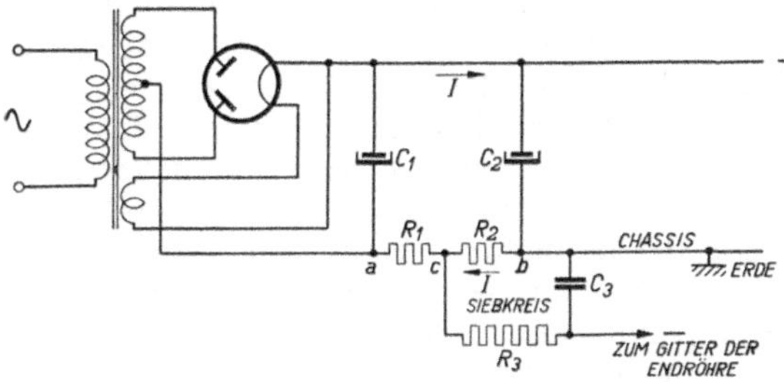

Abb. 378. Schaltskizze zur Erzeugung negativer Vorspannungen für Röhren, welche diese Vorspannung nicht mit Hilfe eines Widerstandes in der Kathodenleitung erhalten können.

Obwohl ihre Ausdehnung noch stets weiter abnimmt, gibt es in Europa noch einige Gleichstromnetze. An sich könnte die betreffende Netzspannung nach gebührender Abschwächung ihrer Welligkeit durch geeignete Siebkreise ohne weiteres als positive Elektrodenspannung verwendet werden. Meistens werden aber die betreffenden Empfänger so eingerichtet, daß sie auch für Wechselstromnetze verwendet werden können. Man gelangt so zur Gleichstrom-Wechselstrom-Speisung. Ein schematisches Beispiel eines solchen Speiseteiles ist in Abb. 379 enthalten. Bei Gleichstromspeisung wird die Anschlußklemme *1* mit dem positiven Netzpol verbunden und die Welligkeit der Netzspannung mit Hilfe der Kondensatoren C_1 und C_2 (z. B. Elektrolytkondensatoren von etwa 30 μF) sowie

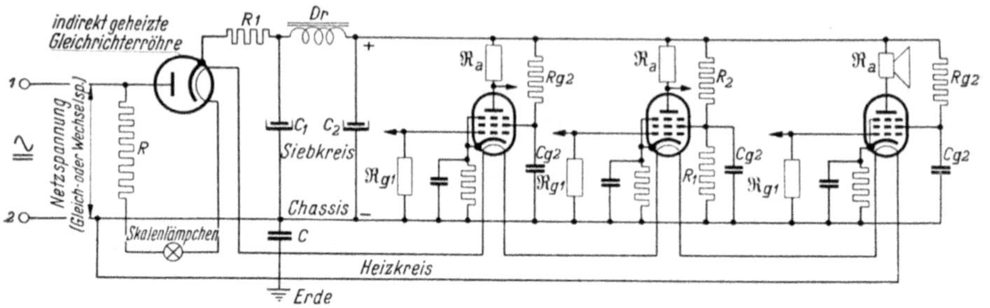

Abb. 379. Schaltskizze zur Gleichstrom-Wechselstrom-Speisung. Die Buchstaben $\mathfrak{R}$ stellen die Schwingungskreise dar.

der Drosselspule *Dr* verringert. Die Speisung der positiven Röhrenelektroden findet durch geeignete Reihenwiderstände, wie z. B. R_{g2} und R_2, statt (vgl. auch Abb. 332 und 334).

β) *Heizspannungen.*

Bei Wechselstromspeisung wird meistens eine besondere Sekundärwicklung für die Heizspannung der Verstärkerröhren auf dem Netztransformator angeordnet. Die Gleichrichterröhre im Speiseteil erhält oft eine weitere getrennte Heizfadenspeisewicklung (vgl. Abb. 378). Bei Gleichstromspeisung und Gleichstrom-Wechselstrom-Speisung werden die Heizdrähte der verschiedenen Röhren im Gerät in Reihe miteinander und mit einem Widerstand geeigneter Größe (*R* in Abb. 379) geschaltet. In dieser Abb. 379 ist in Reihe mit den Heizdrähten der Röhren noch ein Skalenlämpchen gezeichnet, das in Rundfunkempfängern oft zur Skalenbeleuchtung verwendet wird.

Bei der genannten Reihenschaltung der verschiedenen Heizdrähte ist die Reihenfolge der Röhren nicht gleichgültig. Das Gehäuse (Chassis) des Gerätes (vgl. Abb. 379) ist an einer Stelle nahe dem Netzpol *2* mit Hilfe des Kondensators *C* geerdet. Zwischen diesem Pol und Erde kann also keine Hochfrequenzspannung auftreten. Die Niederfrequenzwechselspannung (Netzspannung, Welligkeitsspannung oder Störspannung) zwischen Heizdraht und Chassis ist größer, wenn der betrachtete Heizdraht ferner vom Pol *2* entfernt ist. Da die Kathoden der Röhren kapazitiv mit dem Gehäuse verbunden sind, sind die genannten Störspannungen auch zwischen Heizdraht und Kathode jeder Röhre vorhanden. Sie können auch leicht auf das Steuergitter gelangen (vgl. Abschn. C 2cβ, D 3aα, E 2bβ) und hier Brummodulation oder Brummspannungen verursachen. Diese Überlegungen führen offenbar dazu, jene Heizdrähte am nächsten zum Pol *2* (Abb. 379) anzuordnen, welche zu den brummempfindlichsten Röhren gehören. Als solche können die Diode der Gleichrichtersufe und die Niederfrequenzvorröhre genannt werden. Durch Verwendung von Röhren mit gleitenden Kennlinien (Abschn. D 3cα sowie E 4b und c) können die Hochfrequenz-, Zwischenfrequenz- und Mischröhren gegen Brummodulation weniger empfindlich gewählt werden. Die Endverstärkerröhre ist wegen der geringen Verstärkung vom Gitter- zum Anodenkreis ebenfalls weniger empfindlich. In noch stärkerem

Maß gilt diese Unempfindlichkeit für die Netzgleichrichterröhre, deren Heizdraht am weitesten vom geerdeten Netzpol *2* entfernt geschaltet werden kann. Eine empfehlenswerte Reihenfolge ist also: Gehäuse, Gleichrichterdiode, Niederfrequenzvorröhre, Mischröhre, Hochfrequenzröhre, Zwischenfrequenzröhre, Endröhre, Netzgleichrichterröhre, Skalenbeleuchtungslämpchen, Vorschaltwiderstand oder (und) Reglerröhre (vgl. unten).

Beim Einschalten sowie infolge von Netzspannungsschwankungen treten Stromstöße auf, welche Überlastung oder auch Durchbrennen von Heizdrähten verursachen können. Der Widerstand der Röhrenheizdrähte nimmt bei wachsender Stromstärke zu. Deshalb ist die prozentische Stromzunahme meistens geringer und die prozentische Stromabnahme größer als die Netzspannungszunahme bzw. Spannungsabnahme. Diese Verhältnisse werden durch einen in der Schaltung vorhandenen stromabhängigen Reihenwiderstand (*R* in Abb. 379) in dem Sinne beeinflußt, daß die Strom- im Vergleich zu den Netzspannungsschwankungen geringer werden. Zur Verringerung dieser Heizstromschwankungen, die den Betrieb des Gerätes stören können, wird an Stelle eines Vorschaltwiderstandes oft eine Reglerröhre verwendet. Die Kennlinie einer solchen Röhre ist in Abb. 380 gezeichnet. Der Strom wird durch diese Röhre bei einer Spannungsänderung zwischen 50 und 100 V praktisch konstant gehalten. Analoge Röhren sind für andere Spannungsbereiche käuflich, z. B. 100 bis 200 V. Reglerröhren dieser Art sind oft auch noch mit einem sog. Begrenzerwiderstand ausgestattet, d. h. mit einem Reihenwiderstand, der in kaltem Zustand einen hohen Ohmwert hat und der bei wachsender Temperatur abnimmt. Ein solcher Widerstand begrenzt namentlich die beim Einschalten sonst auftretenden starken Stromstöße (die Heizdrähte der Röhren haben in kaltem Zustand nur etwa ein Siebentel des Widerstandes im Betriebe), welche z. B. zum Durchbrennen der Drähte, besonders des Skalenlämpchens führen könnten.

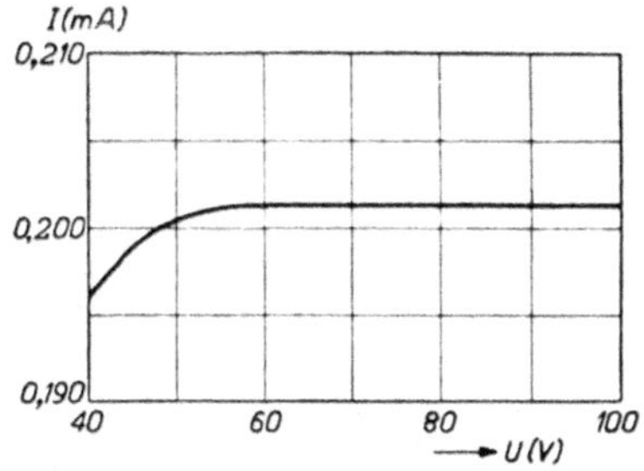

Abb. 380. Kennlinie einer Reglerröhre, welche den Heizstrom der Röhren eines Gerätes bei Netzspannungsschwankungen möglichst konstant halten soll. Vertikal: Strom durch die Reglerröhre in Amp (und nicht, wie irrtümlich angegeben, in mA), horizontal: Spannung an der Reglerröhre in V.

b) Batteriespeisung.

Wir haben bereits in Abschn. C 6bγ die heutigen Bestrebungen in bezug auf Batteriespeisung erörtert: Sparsamkeit im Strom- und Spannungsbedarf auf der Röhrenseite, lange Lebensdauer und große Leistungsfähigkeit je Gewichtseinheit auf der Batterieseite. Diese Bestrebungen gelten selbstverständlich auch für Empfangsgeräte, genau wie für Verstärker.

An dieser Stelle behandeln wir einige Punkte, welche besonders bei der Batteriespeisung der neuzeitlichen Sparröhren hervortreten. Diese Röhren erfordern Heizströme von 25, 50 und 100 mA. Bei der Speisung solcher Röhren mit verschiedenen Heizströmen durch eine einzige Heizbatterie wird Reihenparallelschaltung der Heizdrähte verwendet. Als Beispiel wählen wir eine Batteriespannung von etwa 4,2 V (also z. B. drei Zellen von je etwa 1,4 V, zwei Sammlerzellen von je etwa 2,1 V oder vier Zellen von je etwa 1,1 V). Je Heizdraht soll normalerweise 1,4 V erforderlich sein, wobei dieser Wert z. B. zwischen den Grenzen 1,1 und 1,5 liegen kann. Einige Schaltmöglichkeiten mit diesen Röhren sind in Abb. 381 zusammengestellt. Im Falle 381a ist der geamte Heizstrombedarf 50 mA und die Heizleistung 0,21 W, während bei Unterbrechung eines Heizdrahtes die anderen Drähte keiner Überspannung ausgesetzt werden. Im Falle 381 b gilt der gleiche Strombedarf und die gleiche Heizleistung. Bei Unterbrechung eines der beiden 25 mA-Heizfäden wird der andere gleiche Faden einer Spannung von 2,5 V ausgesetzt. Im Falle 381c ist der Strombedarf 100 mA und die Heizleistung 0,42 W. Bei Unterbrechung eines der beiden 25 mA-Heizfäden wird der andere gleiche Faden einer Spannung von 2,5 V ausgesetzt. Im Falle 381d ist der Strombedarf 100 mA und die Leistung

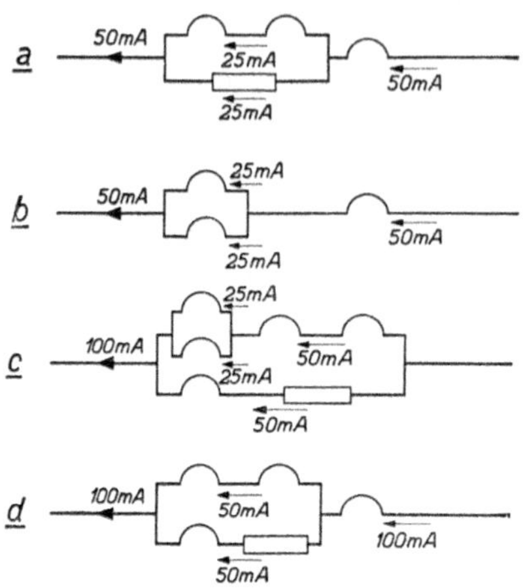

Abb. 381. Einige Schaltmöglichkeiten der Heizdrähte neuzeitlicher Sparröhren bei Speisung mit Hilfe einer Batterie von 4,2 V Nennspannung.

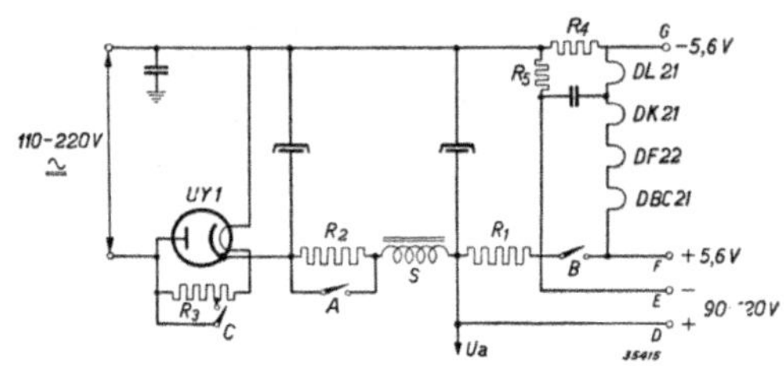

Abb. 382. Speiseschaltung eines Empfängers, der sowohl für Batteriespeisung (vgl. die Spannungen rechts) als auch für Netzspeisung und in diesem Fall sowohl für Gleichstromnetze als auch für Wechselstromnetze eingerichtet ist (vgl. Netzanschluß links).

0,42 W. Bei Unterbrechung eines der drei 50 mA-Heizfäden werden die anderen nämlichen Fäden Spannungen von etwa 1,9 V ausgesetzt.

Die Verwendung neuzeitlicher Batterieröhren (z. B. Philips *D*-Reihe) eröffnet die Möglichkeit Geräte zu bauen, die ohne besondere Hilfsmittel, wie z. B. ein Zerhacker, und ohne verwickelte Umschaltungen aus Batterien, einem Gleichstromnetz oder einem Wechselstromnetz gespeist werden können. Dabei ist der Gesamtleistungsbedarf für jede dieser Speisungsquellen auf ein besonders kleines Maß verringert. Da es sich bei diesen Röhren um direkt geheizte Kathoden handelt, ist es nicht möglich, den Netzwechselstrom unmittelbar zur Speisung der Heizfäden zu benutzen, da dann Brummstörungen am Ausgang des Empfängers auftreten würden. Der Heizstrom wird deshalb in diesem Fall vom Gleichrichter geliefert, nachdem in üblicher Weise mittels Siebkreisen seine Welligkeit entfernt ist. Der Netzgleichrichter liefert somit außer den positiven Elektrodenströmen der Röhren auch den Heizstrom, wobei die Heizfäden in Reihe geschaltet werden. Eine grundsätzliche Speiseschaltung dieser Art ist in Abb. 382 angegeben. Von der geerdeten (negativen) Seite des Heizkreises gerechnet, ist die Reihenfolge der Heizdrähte: Endröhre (DL 21), Mischröhre (DK 21), Zwischenfrequenzröhre (DF 22) und Duodiode-Triode (DBC 21). Diese Schaltung verhindert, daß der Anodenstrom der Endröhre die Heizfäden der übrigen Röhren durchlaufen und dort Störungen erzeugen würde. Der Heizstrom sämtlicher Röhren ist 50 mA und der Strombedarf der positiven Röhrenelektroden insgesamt etwa 15 mA. Der Netzgleichrichter soll also 65 mA liefern. Bei Netzbetrieb (Anschluß links in Abb. 382) sind die Schalter *A* und *C* bei 220 V Netzspannung (Gleich- oder Wechselstrom) offen und bei 110 V Netzspannung kurzgeschlossen. Die Widerstände R_1, R_2 und R_3 und eine Drosselspule *S* dienen zur Erzeugung der richtigen Röhrenspannungen bzw. zur Beseitigung der Welligkeitsspannung. Bei Netzbetrieb erzeugt R_4 die richtige Steuergittervorspannung der Endröhre DL 21, bei Batteriebetrieb wird diese Vorspannung durch $R_4 + R_5$ erzeugt. Die Speiseanschlüsse bei Batteriebetrieb sind in Abb. 382 rechts angegeben. Auch in diesem Falle treten Fragen, die mit Strom- und Spannungsstößen und mit dem Einschalten des Gerätes zusammenhängen, auf. Wir verweisen für diesbezügliche Richtlinien nach dem Abschn. H 2aβ.

3. Bedienung von Empfängern.

Die Bedienung von Empfängern hat sich in den letzten Jahren zu einer besonderen Technik gestaltet, die eine Reihe neuer Überlegungen erfordert. In diesem Abschnitt behandeln wir einige charakteristische Vorrichtungen und Schaltungen, welche zu diesem Zweck ausgearbeitet worden sind.

a) Optische Abstimmanzeiger.

α) *Abstimmskala.*

Die Abstimmskalen dienen dazu, die gewählte Wellenlänge oder den entsprechenden Sender anzuzeigen. Heute werden viele verschiedene Ausführungen

Abb. 383. Beispiel einer runden Abstimmskala.

benutzt, von denen wir zwei beschreiben: die runde Skala und die rechteckige Skala. Als Beispiel der runden Skala betrachten wir Abb. 383. Die Wellenlängen und Sendernamen sind auf dem Umfang mehrerer konzentrischer Kreise verzeichnet. Zwischen den beiden äußeren Kreisen ist ein durchsichtiger Kreisring vorhanden, der einen Zeiger zu verfolgen gestattet. Dieser Zeiger dreht sich hinter der Skala. Die Skala wird von der Rückseite her beleuchtet (Skalenlämpchen, vgl. Abschn. H 2 a β). Innerhalb des inneren Kreises ist ebenfalls der Zeiger sichtbar, der hier die Sender im Langwellenbereich anzeigt. Der Antrieb des Zeigers erfolgt gemeinsam mit der Achse der Abstimmkondensatoren mit Hilfe direkter oder indirekter Antriebe (vgl. Abschn. B 4 b α und β). Auf dem unteren Teil der runden Skala ist ein zweiter Zeiger sichtbar, der den Wellenbereich anzeigt und der vom Wellenschalter aus betätigt wird. Andere Ausführungen runder Abstimmskalen, wobei z. B. die Skala an einem kleinen Fenster im Empfängergehäuse vorbeigedreht wird, finden sich häufig bei Empfängern für gewerbliche Zwecke (vgl. Abb. 80, 408a).

Die rechteckige Skala wird seit einigen Jahren bei der Mehrzahl der Rundfunkempfänger benutzt (Abb. 384). Die hier gezeigte Ausführung besteht aus

Abb. 384. Rückansicht einer rechteckigen Abstimmskala (mit Bewegungsvorrichtung für den Zeiger). *1* Flexibler Kabelantrieb des Wellenbereichanzeigers, *2* Flexibler Kabelantrieb des Skalenzeigers, *3* Schieber des Skalenzeigers, *4* Wellenbereichanzeiger, *5* Abstimmanzeiger, *6* Skalenlämpchen, *7* Einstellmutter des Skalenzeigerantriebs. Vorderansicht einer Skala, wie hier beschrieben, in Abb. 409a.

einer durchscheinenden Glasplatte, auf der die Sendernamen und Wellenlängen verzeichnet sind und die von rückwärts erleuchtet wird. Ein ebenfalls von rückwärts erleuchteter Strichzeiger wird mit Hilfe eines Zugantriebes an der Skala vorbeibewegt.

β) *Abstimmanzeiger.*

Infolge der automatischen Lautstärkeregelung der neuzeitlichen Geräte kann die genaue Abstimmlage kaum aus der Lautstärke am Ausgang beurteilt werden. Zwar kann von Fachleuten eine genaue Abstimmung auf Grund der Tonreinheit sowie des Verhältnisses Signal zu Rauschen erfolgen, aber für Laien war es bei Rundfunkgeräten oft mühsam, die richtige Abstimmlage auf einen gewünschten Sender zu ermitteln. Zur Erleichterung dieser Aufgabe sind seit mehreren Jahren viele Rundfunkgeräte mit einem besonderen Abstimmanzeiger versehen worden. Dieses Gerät zeigt die Spannung über einem Zwischenfrequenzkreis an. Es wird oft an den gleichen Zwischenfrequenzkreis angeschlossen wie die Diode zur automatischen Lautstärkeregelung. Zur Erzielung größerer Trennschärfe kann auch ein gesonderter Zwischenfrequenzkreis, der mit dem Ausgang der letzten Zwischenfrequenzstufe des Gerätes gekoppelt ist, zur Betätigung des Abstimmanzeigers vorgesehen werden. Als Abstimmanzeiger wurden früher oft Leuchtröhrchen (mit Edelgasfüllung) verwendet, wobei die Höhe des Glimmlichtes ein

Maß für die genannte Zwischenfrequenzspannung war. Die geringe Betriebssicherheit dieser Leuchtröhrchen ließ andere Abstimmanzeiger aufkommen, von denen wir ein kleines Zeigerinstrument (Milliamperemeter), das ein Maß für die gleichgerichtete Zwischenfrequenzspannung ergab, erwähnen. Heute erfolgt die Anzeige fast durchwegs mit Hilfe einer kleinen Elektronenstrahlröhre (Abb. 385). Ein Beispiel für den Anschluß eines solchen Abstimmanzeigers EM 4 ist aus dem Schaltbild **331** zu entnehmen.

Da alle Abstimmanzeiger ihre Betätigungsspannung vom Ausgang der letzten Zwischenfrequenzstufe erhalten, kann der Lautstärkeregler am Eingang der ersten Niederfrequenzverstärkerstufe (am Ausgang der Gleichrichterstufe) auf Null heruntergeregelt werden, während man abstimmt. Erst wenn die Abstimmskala und der Abstimmzeiger genau auf den gewünschten Sender eingestellt sind, soll durch

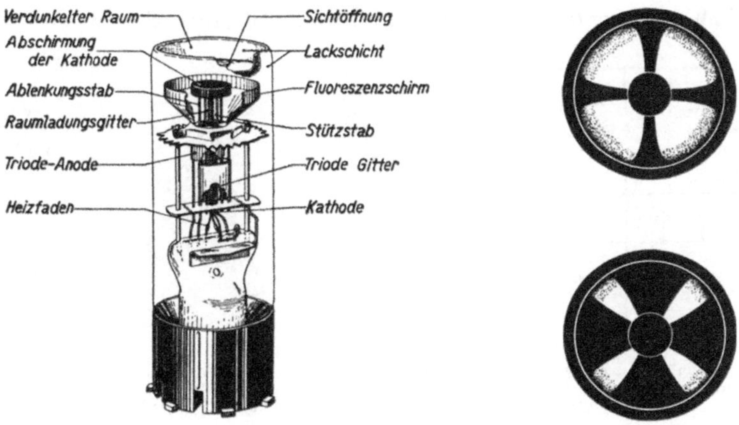

a *b*

Abb. 385. Bild *a*: Elektronenstrahl-Abstimmanzeiger (Philips EM 4). Gesamthöhe etwa 8 cm. Bild *b*: Ansicht eines Fluoreszenzschirms von oben. Oberes Bildchen: bei abgestimmtem Gerät, unteres Bildchen: bei nicht abgestimmtem Gerät.

den Handlautstärkeregler die gewünschte Lautstärke im Lautsprecher erzeugt werden. Das Abstimmen kann auch während der Sendepausen, wenn nur die unmodulierte Trägerwelle des Senders vorhanden ist, stattfinden. Die Abstimmung bei geringem oder nicht vorhandenem Ausgangsschall eines Empfängers wird oft als „Stillabstimmung" bezeichnet. Wir werden diese Stillabstimmung in Abschn. H 3bα ausführlicher behandeln.

Schrifttum: 160, 177.

b) Mechanische Abstimmvorrichtungen.

α) *Abstimmung mittels Drehknöpfen.*

Die älteste Art der Abstimmung ist jene mittels Drehknöpfen. Anfangs wurden die Drehkondensatoren der einzelnen Schwingungskreise einzeln abgestimmt, aber bereits vor mehr als 20 Jahren ging man dazu über, die verschiedenen Abstimmkondensatoren gemeinsam abzustimmen (Mehrfachkondensatoren, vgl. Abschn. B 2bα). Die Empfänger hatten dann mehrere Jahre hindurch (bis etwa 1935) nur zwei Betätigungsdrehknöpfe: einen zur Abstimmung und einen zweiten zur Handlautstärkeregelung. Der Wellenbereichwähler war meistens mit einem der Knöpfe zusammengebaut (vgl. z. B. Abb. 80), ebenso wie der Netzschalter. Später kam bei Rundfunkempfängern höherer Preisklassen auch die Tonreglung

(z. B. Bandbreiteregler) hinzu und bestanden somit insgesamt vier Bedienungsaufgaben: 1. Schalter, zugleich Wellenbereichwähler, 2. Abstimmknopf, 3. Lautstärkeregler, 4. Tonregler. Man hat diese Aufgabe statt mit vier Bedienungsdrehknöpfen mit einem einzigen „Mehrfachknopf" bewältigt (Beispiel in Abb. 82 und 83).

Die Knopfabstimmung ist, wie in Abschn. H 3aβ dargelegt, bei neuzeitlichen Empfängern für Laien schwierig. Eine elegante Lösung dieser Aufgabe wurde durch die „Abstimmbremse" gegeben. Der Grundgedanke dieser Vorrichtung besteht darin, daß die gleichgerichtete Zwischenfrequenzspannung ein magnetisches Relais betätigt, das eine Eisenscheibe, welche auf der Drehachse des Knopfes angeordnet ist, anzieht und stark abbremst, sobald die Abstimmung auf einen Sender erreicht ist. Als Beispiel einer praktischen Ausführung dieses Grundgedankens betrachten wir das Schaltbild 386. Der Punkt P des Schaltbildes 386 ist an einen der letzten Zwischenfrequenzkreise des Empfängers

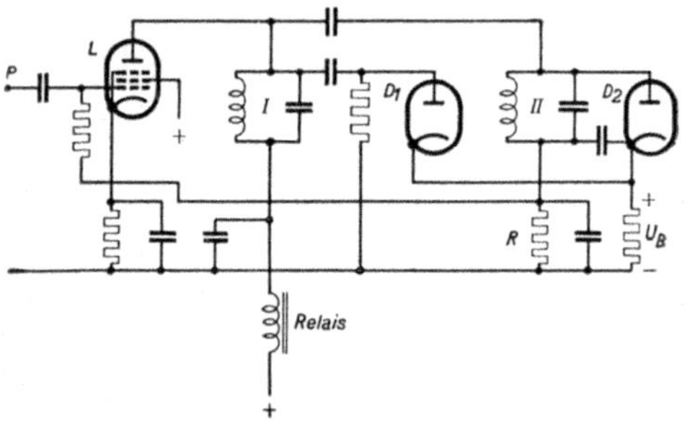

Abb. 386. Schaltbild zur Betätigung einer Abstimmbremse zur automatischen Abstimmung eines Empfängers.

Abb. 387. Abstimmbremsvorrichtung (vgl. Abb. 386). Durch Betätigung des Elektromagneten wird die Eisenscheibe gebremst.

angeschlossen. Die Schwingungskreise I und II, welche an der Anode der zusätzlichen Verstärkerröhre angeschlossen sind, haben beide die gleiche Abstimmfrequenz gleich der Zwischenfrequenz des Empfängers. Die Gleichrichterdiode D_1 erzeugt, sobald das Gerät auf einen Sender abgestimmt wird, eine Schwellenspannung U_B. Hierdurch wird erreicht, daß die Gleichrichterwirkung der Diode D_2 bei gleicher Abstimmlage des Empfängers in bezug auf den gewünschten Sender einsetzt, praktisch unabhängig von der Signalstärke in P. Durch diese Gleichrichtung entsteht am Widerstand R eine Gleichspannung, welche die Verstärkung der gezeichneten Pentode regelt. In der richtigen Abstimmlage wird die Steuergittervorspannung dieser Pentode negativer geschoben, der Anodengleichstrom nimmt ab, das Relais läßt seinen Anker los. Hierdurch wird ein Stromkontakt geschlossen, der den Bremsmagneten (Abb. 387) betätigt. Man kann hierbei noch einen zweiten Kontakt anordnen, der den Lautsprecherkreis, der vorher abgeschaltet war, einschaltet. In dieser Weise entsteht zugleich eine „Stillabstimmung" (vgl. Abschn. H 3aβ).

Schrifttum: 110.

β) *Drucktastenabstimmung.*

Nach einigen Zwischenlösungen, wie z. B. Abstimmung mittels einer Wählerscheibe wie am Telephon, sind die neuzeitlichen Rundfunkempfänger der höheren Preisklassen sowohl in Europa als in den Vereinigten Staaten durchwegs mit Drucktastenabstimmung ausgerüstet. Hierbei soll die richtige Abstimmung auf einen gewünschten Sender durch Niederdrücken einer Taste erreicht werden. Für die technischen Ausführungen dieser Drucktastenabstimmung haben die Hersteller verschiedene Lösungen gewählt, von denen wir einige der bis heute erfolgreichsten beschreiben. Im wesentlichen können diese Lösungen in zwei Gruppen eingeteilt werden: elektrische und mechanische Systeme.

Bei den elektrischen Systemen betätigt die Drucktaste einen Mehrfachschalter, der die Abstimmteile einschaltet, welche dem gewählten Sender entsprechen. Im Empfänger sind mehrere feste Kapazitäten (oder Selbstinduktionen) angeordnet, die zusammen mit den Selbstinduktionsspulen (oder Kapazitäten) der Schwingungskreise auf die Wellenlängen abgestimmt sind, welche den verschiedenen Drucktasten entsprechen. Die genannten Teile der Schwingungskreise sollen unabhängig von Temperatur-, Feuchtigkeits- und mechanischen Einflüssen ihre Sollwerte möglichst unverändert beibehalten.

Bei den mechanischen Systemen kann der eigentliche Abstimmteil des Empfängers (z. B. Dreh- oder Schiebekondensatoren) praktisch unverändert bleiben. Durch die Drucktaste wird eine direkte oder indirekte Antriebsvorrichtung be-

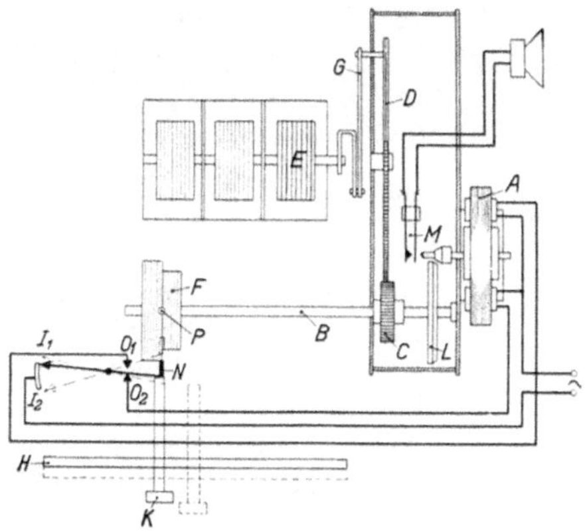

Abb. 388. Skizze einer Drucktastenabstimmvorrichtung mit Motorantrieb und Rastenscheibe F. Beschreibung im Text.

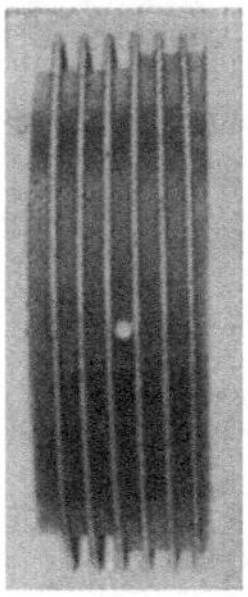

Abb. 389. Rastenscheibe F mit Bohrung P der Abb. 388.

tätigt, welche diesen Abstimmteil des Empfängers in die richtige Lage bringt. Wir behandeln hier insbesondere Motorantriebe. Die grundsätzliche Wirkung eines dieser Antriebe erörtern wir an Hand der Abb. 388. Ein Motor A treibt mittels einer Reibungskupplung L die Welle B, von der aus über die Zahnräder C und D sowie den Hebel G der Drehkondensator E gedreht wird. Auf der Welle B sind ebenso viele Rastenscheiben F mit gewindeförmigen Rillen angeordnet wie Drucktasten vorhanden sind. In Abb. 388 ist nur eine einzige Scheibe gezeichnet. Der Hebel H schließt die Kontaktstelle I_1 und wird durch Niederdrücken jeder Taste bewegt. Ein solcher Druck setzt mit Hilfe des Kontaktes I_1 den Motor A in Bewegung, der die Welle B dreht. Die Motorwelle schließt mit Hilfe des Kontaktes M den Lautsprecher kurz und erzeugt in dieser Weise während des Abstimmvorganges ein Aussetzen der Schallwiedergabe (Stillabstimmung). Der Drehsinn des Motors wird dadurch bestimmt, daß der Tastenstift N beim Niederdrücken der Taste in eine tiefe oder weniger tiefe Rille der Rastenscheibe F gelangen kann. Die Abb. 389 zeigt eine solche Rastenscheibe für sich. Hierdurch wird entweder der Kontakt O_1 oder O_2 geschlossen, und diesen Kontakten entsprechen verschiedene Drehrichtungen des Motors. Die Scheibe F wird durch diesen Antrieb immer so gedreht, daß der Tastenstift F sich in den Rillen zur Mitte der Scheibe F bewegt, wo sich die Rast P befindet (vgl. auch Abb. 389). Wenn N in diese Rast fällt, wird der Antrieb gestoppt, der Kontakt I_1

geöffnet, der Motor abgeschaltet und der Kontakt M freigegeben. Die Abstimmung ist beendet und die Schallwiedergabe setzt wieder ein. Die Abb. 390 zeigt die ganze Abstimmvorrichtung mit dem Empfängergehäuse zusammengebaut.

Abb. 390. Gesamtanordnung der in Abb. 388 und 389 erläuterten Vorrichtung. H ist das Zahnrad D der Abb. 388, n bezeichnet eine Drucktaste und Q den Hebel H der Abb. 388.

Eine andere Motorantriebsvorrichtung ist in Abb. 81 dargestellt und arbeitet in Verbindung mit Schiebekondensatoren. Die grundsätzliche Arbeitsweise dieses Antriebes erörtern wir an Hand der Skizzen 391 und 392. Der Motor M treibt sowohl den Schiebekondensator C wie den Wellenbereichschalter W an. Hierzu wird eine Kupplung K verwendet, die je nach dem Drehsinn des Motors M den Revolverkopf R zur Einstellung des Schiebekondensators oder den Wellenschalter betätigt (Abb. 391). Die richtige Stellung des Kopfes R wird durch eine Scheibe S_1, die Stellung des Wellenschalters durch die Scheibe S_2 festgelegt. Diese Scheiben sind am Umfang bis auf eine kurze Unterbrechung leitend. Auf dem Umfang von S_1 ruhen Kontaktfedern (Abbildung 392, ingesamt 11), die ebenso

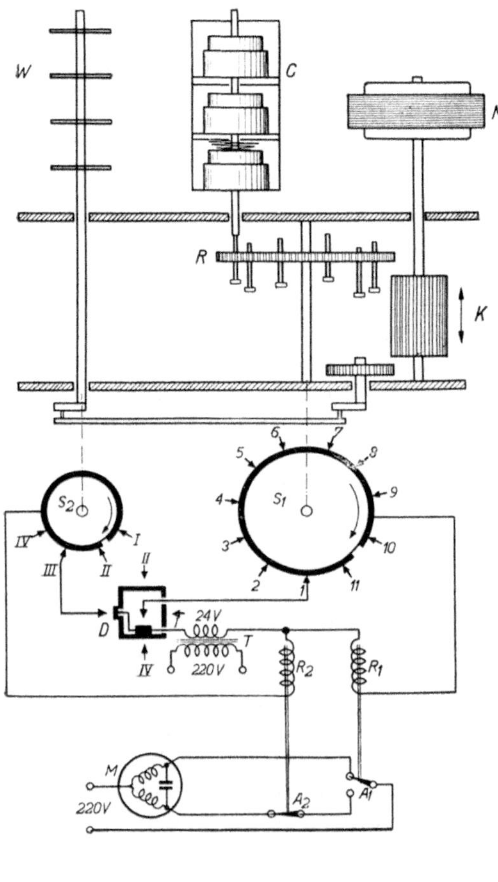

Abb. 391 (oberer Teil des Bildes). Skizze zur Erläuterung der Wirkungsweise einer anderen Drucktastenabstimmvorrichtung nach Abb. 81. Beschreibung im Text. Bei dieser Vorrichtung werden Schiebekondensatoren verwendet.

Abb. 392 (unterer Teil des Bildes). Wie Abb. 391. Schaltbild des elektrischen Teils.

vielen Stellungen des Revolverkopfes *R* entsprechen. Beim Niederdrücken der Taste *D* wird eine dieser Kontaktfedern in eine Strombahn aufgenommen, und über dem Umfang von S_1 wird ein Relais R_1 erregt. Der Schalter A_1 wird geschlossen und der Motor *M* in Tätigkeit gesetzt. Der Kopf *R* und die Scheibe S_1 werden gedreht, bis durch die Unterbrechung im leitenden Umfang von S_1 die Strombahn geöffnet und A_1 umgeschaltet wird. Hierdurch wird der Drehsinn des Motors *M* gewendet. Gleichzeitig ist durch *D* eine zweite Strombahn über dem leitenden Umfang der Scheibe S_2 geschlossen, die das Relais R_2 betätigt und den Schalter A_2 schließt. Der Motor läuft im neuen Drehsinn, bis durch die Unterbrechung am leitenden Umfang von S_2 die Strombahn unterbrochen und der Motor abgeschaltet wird. Durch die Schrauben des Revolverkopfes sind die Abstimmlagen der Schiebekondensatoren bestimmt, welche den Sendern der Drucktasten entsprechen. Die Abb. 392 zeigt 11 Drucktasten, denen 11 Kontakte der Scheibe S_1 und vier gemeinsame Kontakte der Scheibe S_2 entsprechen.

Die behandelten automatischen Abstimmvorrichtungen erfordern größte Präzision (analog wie verwickelte Uhren) und dazu genaueste elektrische Unveränderlichkeit der Schaltelemente. Man kann diese strengen Anforderungen dadurch etwas lockern, daß man eine zusätzliche automatische Feinabstimmung nach Abschn. H 1b anwendet.

Schrifttum: 70, 263.

c) Wellenbanddehnung.

α) *Allgemeines über Wellenbereiche, insbesondere Kurzwellenbereiche.*

Die heute von Rundfunksendern benutzten Wellenlängen liegen zwischen etwa 13 und 2000 m. Hieraus ergibt sich die Aufgabe, Empfänger zu bauen, mit denen alle Wellenlängen zwischen diesen Grenzen empfangen werden können. Die heute allgemein benutzten Dreh- oder Schiebekondensatoren ermöglichen eine Kapazitätsänderung von Schwingkreisen mit fester Selbstinduktion, welche etwa in einem Bereich 1 : 12 gelegen ist, entsprechend einem Wellenbereich von etwa $1 : \sqrt{12}$ oder 1 : 3,5. Wenn wir die obengenannten Wellenlängen durch Bereiche dieser Art überdecken wollen, gelangen wir etwa zu folgender Tabelle:

Wellenbereich	Wellenlänge (m)	Frequenz (kHz)
Kurzwellen I . . .	13— 45	6700—23100
Kurzwellen II . . .	45— 160	1900— 6700
Mittelwellen	160— 560	540— 1900
Langwellen	560—2000	150— 540

Wenn wir für alle Wellenbereiche im Falle der Amplitudenmodulation mit zwei symmetrischen Seitenschwingungen einen Abstand zwischen benachbarten Sendern von 9 kHz einhalten, ergeben sich bei Vollbesetzung folgende Anzahlen von Sendern:

Wellenbereich	Frequenzbereich (kHz)	Senderzahl etwa
Kurzwellen I . . .	16400	1800
Kurzwellen II . . .	4800	530
Mittelwellen	1360	150
Langwellen	390	45

Eine gleiche Bewegung desselben veränderbaren Kondensators würde z. B. im Kurzwellenbereich I zwölfmal soviel Sender überstreichen wie im Mittelwellenbereich. Hieraus geht die Forderung hervor, daß die mechanische Einstellgenauigkeit im Kurzwellenbereich I das Zwölffache des Wertes im Mittelwellenbereich sein soll. Wenn man als Einstellgenauigkeit z. B. 2 kHz fordern würde, so würde diesem Wert im Kurzwellenbereich I ein Höchsteinstellfehler von etwa 0,01% entsprechen.

Die Erfüllung dieser hohen Anforderungen wird dadurch erleichtert, daß die Sender nicht über den ganzen Kurzwellenbereich verteilt, sondern auf bestimmte Wellenbänder in der Umgebung der Wellenlängen **13**, **16**, **20**, **25**, **30**, **40** und **48** m beschränkt sind. Hierdurch wird ein Verfahren ermöglicht, das als „Wellenbanddehnung" bezeichnet wird. Mit Hilfe fester Schaltteile stimmt man jeweils etwa auf die Mitte eines der genannten Wellenbänder ab. Hierauf findet die Abstimmung auf einen Sender im betreffenden Wellenband mittels besonderer Feinabstimmvorrichtungen statt. Bei dieser Feinabstimmung ist die Höchstfrequenzänderung auf etwa 5% der mittleren Frequenz eines der genannten Wellenbänder beschränkt. Die Abstimmung auf die Mitte des gewählten Wellenbandes kann mit Hilfe eines festen Kondensators oder durch eine mechanisch festgelegte Einstellung des veränderbaren Kondensators im Gerät erfolgen. Als Feinabstimmelemente können veränderbare Kapazitäten parallel zur jeweiligen Hauptkapazität oder veränderbare Selbstinduktionen in Reihe mit der jeweiligen Hauptselbstinduktion verwendet werden.

Wenn wir die Frequenzänderung Δf innerhalb eines solchen gedehnten Wellenbandes durch eine entsprechende Kapazitätsänderung ΔC oder Selbstinduktionsänderung ΔL bei fester Abstimmselbstinduktion L ausdrücken, entstehen die Gleichungen:

(H 3,1) $$\Delta f = -\frac{\Delta C}{2C} f = -2\pi^2 f^3 L \Delta C;$$

(H 3,2) $$\Delta f = -\frac{\Delta L}{2L} f.$$

Offenbar ist $\Delta f/\Delta C$ im ersten Fall viel stärker von der Frequenz f abhängig als das Verhältnis $\Delta f/\Delta L$ im letzten Fall. Der ideale Zustand, daß $\Delta f/\Delta C$ bzw. $\Delta f/\Delta L$ frequenzunabhängig wären, wird durch keines der beiden Feinabstimmverfahren erreicht. Im Falle der Selbstinduktionsabstimmung nach Gl. (H 3,2) kommt man aber diesem Idealfall näher als bei der Kapazitätsfeinabstimmung. Wir behandeln zwei Beispiele praktischer Ausführungen der Wellenbanddehnung, den obengenannten Möglichkeiten entsprechend.

Schrifttum: **111**, **143**, **159**.

β) *Wellenbanddehnung mit festen Kondensatoren und Feinabstimmkondensatoren.*

Das erste System wurde in einem Empfänger mit sechs Wellenbereichen angewandt, die in untenstehender Tafel angegeben sind.

I	11— 19 m	(13 m, 16 m)
II	18— 31 m	(20 m, 25 m)
III	30— 54 m	(30 m, 50 m)
IV	52— 174 m	
V	170— 570 m	
VI	750—2200 m	

Wie die Tafel zeigt, sind die Bereiche so gewählt, daß die ersten drei je zwei zu dehnende Bänder enthalten. Die Abstimmung auf die Mitte der Bänder erfolgt jeweils durch einen anderen festen Kondensator. Die zwei Bänder, die jeweils in einem Wellenbereich liegen, haben jedoch eine gemeinsame feste Spule. In Abb. **393** ist die Schaltung dargestellt. Eine eingehende Erklärung gibt die Unterschrift. Wie man sieht, ist die Banddehnung nur in einem einzigen Schwingkreis angewandt, nämlich in dem des Oszillators. Die anderen Kreise müssen also auf dem üblichen Wege genau genug abgestimmt werden.

Die Abstimmung des Gerätes geschieht folgendermaßen: Zunächst wird mit der gewöhnlichen Abstimmvorrichtung, d. h. dem Wellenschalter und den drei gleichlaufenden Kondensatoren, das gewünschte Wellenband grob eingestellt. Die erfolgte Einstellung wird durch ein grünes Lämpchen angezeigt, das durch einen Gleitkontakt zum Aufleuchten gebracht wird, wenn der Skalenstrich sich innerhalb eines der Wellenbänder befindet. Darauf wird durch Herausziehen eines zweiten Abstimmknopfes der Abstimmkondensator des Oszillatorkreises durch einen größeren festen Kondensator C_5 bis C_{10} parallel zu den Kondensatoren C_2 und C_3 ersetzt, während gleichzeitig die Selbstinduktion des Kreises entsprechend verkleinert wird, indem zur Oszillatorspule eine zweite Spule parallelgeschaltet wird. Dreht man nun diesen zweiten Abstimmknopf, so bewegt man den Feinabstimmkondensator C_2 (z. B. einen Schiebekondensator) und kann mit ihm den

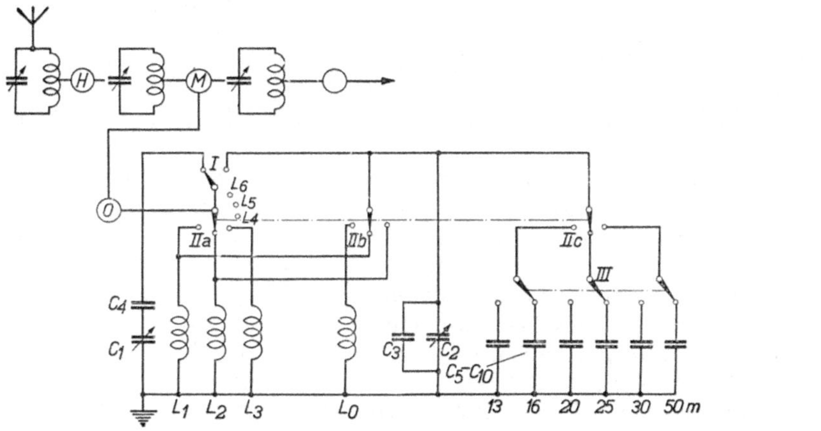

Abb. 393. Vorrichtung zur Wellenbanddehnung mit Hilfe fester Kondensatoren nebst Feinabstimmkondensatoren. *H* Hochfrequenzstufe, *M* Mischstufe, *O* Schwingstufe. Der Schwingungskreis der Stufe *O* kann mit dem Kondensator C_1 und den Spulen L_1 bis L_6 (je nach dem Stand des Wellenschalters *IIa*) in der üblichen Weise eingestellt werden. Legt man den Schalter *I* um, so wird die Banddehnung in Betrieb gesetzt. Als Selbstinduktion dienen dann in den ersten drei Wellenbereichen je 2 parallelgeschaltete Spulen, und zwar $L_0//L_1$; $L_1//L_2$ und $L_2//L_3$, während die zugehörigen Kondensatoren durch die Schalter *IIc* und *III* gewählt werden. Diesen Kondensatoren ist der Kondensator C_3 zur Kompensation von Temperatureffekten (Abb. 62 und 63) und der Feinabstimmkondensator C_2 zur eigentlichen Abstimmung im gedehnten Band parallelgeschaltet.

gewünschten Sender einstellen. Die Einstellung des Schiebekondensators wird durch einen zweiten Skalenstrich auf einer geeichten Skala angegeben.

Hat man die gewünschte Station gefunden, so kann man den Empfang häufig noch verbessern, indem man mit dem ersten Drehknopf die Kondensatoren der ersten beiden Abstimmkreise noch genauer einstellt als dies mit Hilfe des grünen Lämpchens geschehen konnte.

Wie Abb. 393 zeigt, enthält die Umschaltvorrichtung des Banddehnungsmechanismus fünf Schalter. Schalter I entscheidet, ob die Banddehnunng in Betrieb ist oder nicht, und wird, wie bereits erwähnt, durch Herausziehen oder Eindrücken eines Knopfes bedient. Schalter IIa ist der übliche Wellenschalter. Schalter IIb dient zur Wahl der Oszillatorspule im Falle der Banddehnung, Schalter IIc ebenso zur Wahl des festen Kondensators des Oszillatorkreises. Da die letztgenannten Schalter mit dem Wellenschalter gekuppelt sind, würde in jeden Wellenbereich auch ein bestimmter Oszillatorkreis eingeschaltet werden. Das genügt jedoch nicht, da, wie oben gezeigt wurde, die ersten drei Wellenbereiche je zwei Wellenbänder enthalten. Deshalb ist noch der Schalter III hinzugefügt, der in jedem der Wellenbereiche einen von zwei verschiedenen Kondensatoren wählt.

Der Schalter III muß umgelegt werden, wenn man von einem Band zum anderen Band desselben Wellenbereichs übergeht. Die Wellenbereiche sind so gewählt, daß die Umlegung des Schalters in jedem der drei Wellenbereiche bei derselben Einstellung des Schiebekondensators erfolgen darf, so daß der Schalter mit dem Abstimmknopf der Hauptabstimmung mechanisch gekuppelt werden konnte. In Abb. 394 sieht man die Stellung des Skalenstrichs im Augenblick der Umschaltung. Offenbar ist in jedem der drei ersten Wellenbereiche das linke Band bereits verlassen, während das rechte Band noch nicht erreicht ist.

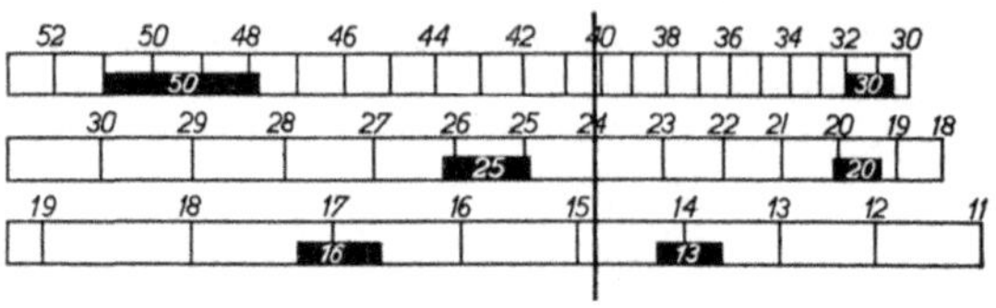

Abb. 394. Skalen mit Wellenbändern. Schaltet man vom 13 m-Band auf das 16 m-Band um, oder von 20 auf 25 m bzw. von 30 auf 50 m, so muß jedesmal der Schalter *III* von Abb. 393 umgelegt werden. Dies kann bei gleichbleibender Stellung des Hauptabstimmkondensators erfolgen, nämlich wenn der Strich auf der Abstimmskala die oben dargestellte Lage hat.

Wie schon erwähnt, kann beim Warmwerden des Geräts eine gewisse Verstimmung der Abstimmkreise eintreten, und zwar hauptsächlich infolge einer Änderung der Kapazitäten mit der Temperatur. Eine erste Ursache thermischer Kapazitätsänderungen ist die thermische Ausdehnung, welche nicht nur die Kapazitäten vergrößert, sondern auch die Selbstinduktion der Spulen. Diese Zunahme der Selbstinduktion kann bei unseren Betrachtungen durch eine gleichwertige Kapazitätszunahme ersetzt werden, d. h. durch eine Kapazitätszunahme, die die Abstimmfrequenz genau so stark ändert.

Neben der thermischen Ausdehnung kommt als zweite und wichtigere Ursache von Kapazitätsänderungen eine Änderung der dielektrischen Eigenschaften isolierender Materialien in Betracht. Dies gilt hauptsächlich für Einzelteile aus Glas und Preßstoffen, wie die Quetschfüße der Empfängerröhren, die Röhrensockel, Schalter usw. Die zu erwartende Kapazitätszunahme im Abstimmkreis beim Warmwerden des Gerätes ist insgesamt von der Größenordnung 0,1 pF.

Um den Einfluß dieser Kapazitätsänderung klein zu halten, wurden zwei Maßnahmen getroffen: Erstens wurden in den Abstimmkreisen sehr große Kapazitäten verwendet. Naturgemäß sind diese bei den verschiedenen Wellenbändern verschieden, jedoch stets von der Größenordnung einiger hundert pF, so daß bereits dadurch die Kapazitätsschwankung auf einige Zehntel Promille herabgesetzt ist. Zweitens ist dem Feinstimmkondensator ein fester Kondensator von 2 bis 4 pF parallelgeschaltet, dessen Aufbau aus Metall und einem keramischen Material einen negativen Temperaturkoeffizienten der effektiven Kapazität erzeugt (vgl. Abb. 62, S. 75). Die Kapazität dieses Kondensators (C_3 in Abb. 393) nimmt also beim Warmwerden ab und kompensiert dadurch die Zunahme der anderen Kapazitäten. In dieser Weise konnte die verlangte Konstanz der Kapazität auf 0,02% erreicht werden, welche einer Konstanz der Abstimmfrequenz auf 0,01% entspricht.

Schrifttum: 111, 143, 263.

γ) *Wellenbanddehnung mit Feinabstimmspulen.*

Ein Schaltbild dieses Banddehnungsverfahrens ist in Abb. 395 dargestellt. Mit Hilfe des Revolverkopfes R (vgl. Abb. 391) kann der bewegbare Teil des dreifachen Schiebekondensators fünf verschiedene Einstellungen erhalten, welche jeweils der Mitte eines der fünf zu dehnenden Wellenbereiche entsprechen. Diese Einstellung erfordert praktisch eine mechanische Genauigkeit von etwa 1 Mikron. Nach der Wahl des Bandes erfolgt die Feinabstimmung auf einen Sender durch

Einstellung der Selbstinduktionen L_2 und L_3, welche in den Eingangsschwingungskreis der Mischstufe und in den Schwingungskreis der Schwingstufe geschaltet sind. Für die Einstellung dieser Selbstinduktionen gibt es verschiedene Möglichkeiten,

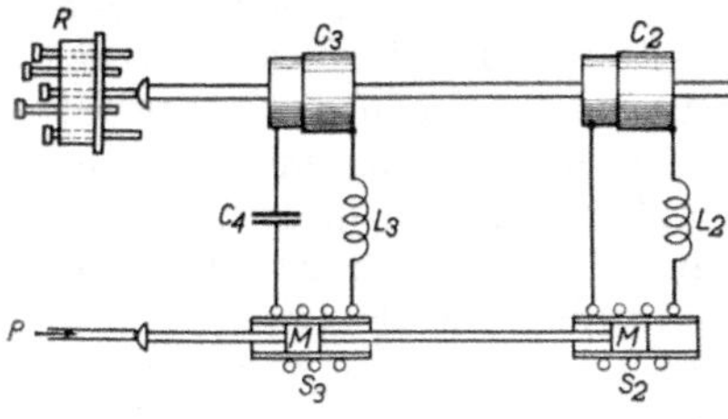

Abb. 395. Banddehnung mit Hilfe zusätzlicher Selbstinduktion. Die Kapazitäten C_1, C_2, C_3 (Schiebekondensatoren, angetrieben vom Revolverkopf R aus Abb. 391) bilden zusammen mit den Selbstinduktionen L_1, L_2, L_3 Schwingungskreise. Die zusätzlichen Selbstinduktionen werden durch kleine Spulen S_2, S_3 dargestellt, welche je einen verschiebbaren Metallkern zur Änderung ihrer Selbstinduktion infolge von Wirbelströmen (Bewegungsrichtung P) enthalten. C_4 ist der Gleichlaufkondensator der Schwingstufe.

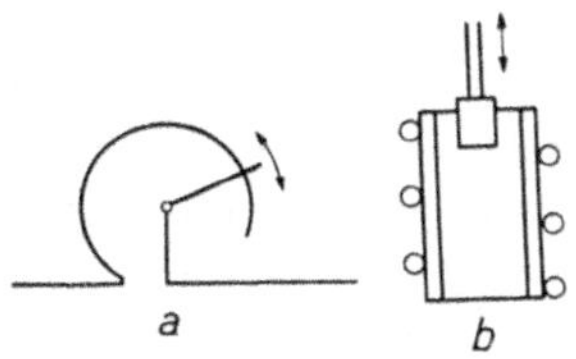

Abb. 396a u. b. Verschiedene Möglichkeiten zur Erzielung geringer Selbstinduktionsänderungen. *a*) Verschieben eines Gleitkontaktes entlang einer Windung. *b*) Verschieben eines Metallkernes in der Spule. Infolge der an der Kernoberfläche entstehenden Wirbelströme wird die Selbstinduktion der Spule geändert. Es werden auch Kerne aus feinem Eisenpulver verwendet, die infolge ihrer Permeabilität eine Selbstinduktionsänderung verursachen.

z. B.: 1. Es wird zur Spule eine Windung hinzugeschaltet, deren Länge mittels eines Gleitkontaktes eingestellt werden kann (Abb. 396a). 2. Zur Abstimmspule wird eine Spule von einigen Windungen hinzugeschaltet, in der ein Kupferkern verschiebbar angeordnet ist (Abb. 396b). Die Wirbelströme im Kupferkern beeinflussen die Selbstinduktion. 3. Statt des Kupferkernes wird ein Eisenkern verwendet, dessen hohe Permeabilität die Selbstinduktion beeinflußt. Eine praktische Ausführung dieser dritten Möglichkeit ist in Abb. 397 gezeigt.

Schrifttum: **143**, **358**.

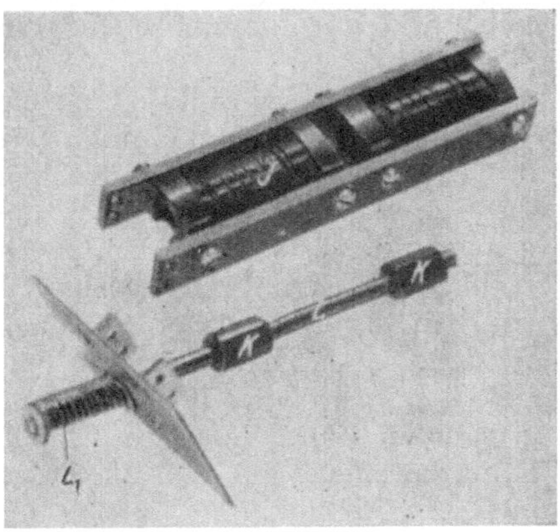

Abb. 397. Praktische Ausführung kleiner, veränderlicher Selbstinduktionen (Spulen I und J) mit Eisenkernen K, die auf einem Isolationsstäbchen L angeordnet sind. Die Feder L_1 führt die Kerne wieder an ihren ursprünglichen Platz zurück.

4. Empfangsstörungsbekämpfung.

Im Abschn. F haben wir insbesondere jene Störungen behandelt, welche von spontanen Strom- und Spannungsschwankungen im Empfänger herrühren und Verfahren zu ihrer Verringerung angegeben. Auch die in Abschn. G 4 und G 5 behandelten Empfangsverfahren führen zu einer weitgehenden Unterdrückung der Empfangsstörungen, und zwar nicht nur jener infolge spontaner Schwankungen, sondern auch jener infolge von Störimpulsen. Im vorliegenden Abschnitt befassen wir uns mit jenen Störungen, die infolge des Betriebes benachbarter gewerblicher Vorrichtungen den Empfänger über die Antenne (Antennenstörungen) oder über das Speisenetz (Netzstörungen) erreichen (Industriestörungen).

a) Verringerung von Antennenstörungen.

α) *Grundsätzliche Feldunterschiede zwischen Sendersignalen und Störungen.*

Die Sendersignale und die im vorliegenden Abschnitt zu behandelnden Störungen erreichen den Empfänger beide durch die Antenne. Bei der Beantwortung der Frage, welche Maßnahmen zu einer Verringerung des aufgefangenen Verhältnisses Störung zu Signal führen können, gehen wir von den elektromagnetischen Feldern der Signale und der Störungen aus. Im freien Raum und in großem Abstand vom Sender (viele Wellenlängen) besteht ein festes Verhältnis zwischen den Augenblickswerten sowie zwischen den Amplituden der elektrischen Feldstärke (V/m) und der magnetischen Feldstärke (Oersted), und zwar ist erstere das 30000fache der letzteren. Weiter ist die elektrische Feldstärke senkrecht zur magnetischen gerichtet in Ebenen, welche senkrecht zur Fortpflanzungsrichtung liegen.

Die Störungen entstammen z. B. elektrischen Dynamomaschinen und Motoren, Großgleichrichtern, medizinischen Geräten, Staubsaugern und sonstigen Haushaltgeräten, Leuchtröhrenanlagen, Straßenbahnen, elektrischen Zügen, Hochspannungsfreileitungen, Kraftwagenzündanlagen. Diese Störungsquellen erzeugen meistens ein ganzes Spektrum elektromagnetischer Schwingungen. Die in einem beschränkten Teil des Spektrums, entsprechend der Frequenzbandbreite eines Empfängers, ausgesandte Störleistung ist oft nur gering. Deshalb finden beträchtliche Störwirkungen meistens nur in der Nachbarschaft der Störquellen statt. In der Umgebung vieler Störquellen ist das Verhältnis der elektrischen Feldstärke zur magnetischen *größer* als oben für Wellen im freien Raum angegeben.

Diese Erörterung führt zu einigen Mitteln zur Hebung des Verhältnisses Signal zur Störung am Empfängereingang: 1. Durch Verwendung von Antennen mit Richtwirkung, z. B. als Rahmenantennen (vgl. Abschn. H 5a, Abb. 409), kann die Störung, falls sie aus einer anderen Richtung eintrifft wie das Signal, weitgehend unterdrückt werden. 2. Durch Verwendung von Antennen, die hauptsächlich für magnetische Wechselfelder empfindlich sind (z. B. Rahmenantennen), kann in der Nähe einer Störungsquelle oft das genannte Verhältnis gehoben werden. 3. Durch Anordnung der Antenne an einem möglichst störungsfreien Ort (z. B. in größerer Entfernung von den Störungsquellen) und Anwendung einer geeigneten Zuleitung zum Empfänger, welche die Störungen nicht auffängt, kann das Signal gut und die Störung nur schwach empfangen werden (vgl. den nächsten Abschn. β).

Schrifttum: 31, 32, 121, 174.

β) *Abgeschirmte Antennen und Gemeinschaftsantennen mit Antennenverstärkern.*

Zur Erläuterung des 3. oben angeführten Mittels ist in Abb. 398 die Wirkung einer Signalspannung $\mathfrak{U}$ auf eine Antenne ohne und mit abgeschirmter Leitung schematisch gezeichnet. Im ersten Fall ist die Spannung $\mathfrak{U}_e$ an den Klemmen des Eingangswiderstandes $\mathfrak{R}$ des Empfängers durch die Gleichung

$$\mathfrak{U}_e = \frac{\mathfrak{U}\mathfrak{R}}{\mathfrak{R} + \frac{1}{j\omega C_a}} = \frac{\mathfrak{U}}{1 + \frac{1}{j\omega C_a \mathfrak{R}}} \tag{H 4,1}$$

gegeben. Ersetzen wir den Zuleitungsdraht von der Antenne zum Empfänger durch ein Kabel, dessen Mantel geerdet ist (Abb. 398b), mit der Kapazität

C_k, wobei $\omega C_k|\mathfrak{R}| \gg 1$, so erhält man an Stelle von (H 4,1) angenähert die Eingangsspannung:

$$\mathfrak{U}_e = \frac{\mathfrak{U} C_a}{C_a + C_k}. \tag{H 4,2}$$

In vielen Fällen bedeutet Gl. (4,2) gegenüber (4,1) eine beträchtliche Schwächung des Signals. Zwar wird auch die Störung oft in nahezu dem gleichen Verhältnis

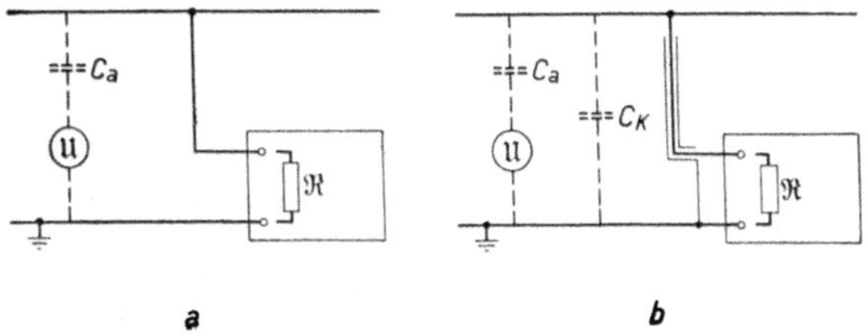

Abb. 398. Anschluß einer Empfangsantenne an einen Empfänger ohne (Bild *a*) und mit (Bild *b*) Zuleitungskabel.

geschwächt, aber es tritt dann kaum eine Verringerung des Verhältnisses Störung zu Signal auf. Eine Verbesserung dieser Anordnung kann durch Anwen-

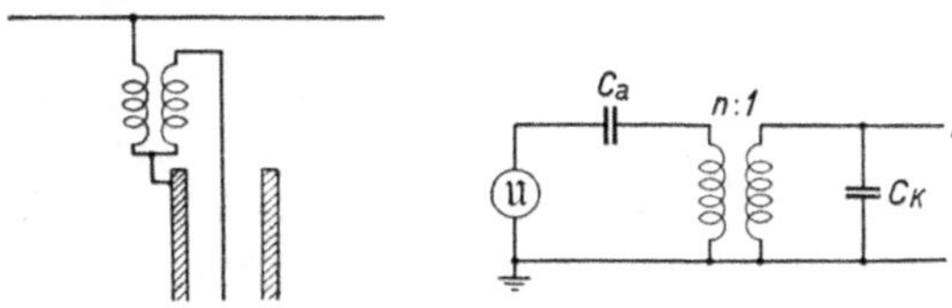

Abb. 399. Verwendung eines Transformators (Bild *a*) zwischen Antenne und Antennenkabel (vgl. Abb. 398b) und entsprechendes Ersatzschaltbild (Bild *b*).

dung eines geeigneten Transformators zwischen der Antenne und dem Kabeleingang erzielt werden (Abb. 399). Hierbei ergibt sich an Stelle von (4,2) die Gleichung

$$\mathfrak{U}_e = \frac{1}{n} \mathfrak{U} \frac{C_a}{C_a + \frac{C_k}{n^2}}. \tag{H 4,3}$$

Dieser Ausdruck (4,3) erreicht für $n^2 = C_k/C_a$ einen Höchstwert und ergibt dann eine Eingangsspannung:

$$\mathfrak{U}_e = \frac{\mathfrak{U}}{2} \sqrt{\frac{C_a}{C_k}}, \tag{H 4,4}$$

die im Falle $C_k \gg C_a$ viel größer ist als nach Gl. (4,2).

Die Verringerung der *Störung* durch die abgeschirmte Antennenzuleitung geht aus der Feldskizze in Abb. 400 hervor.

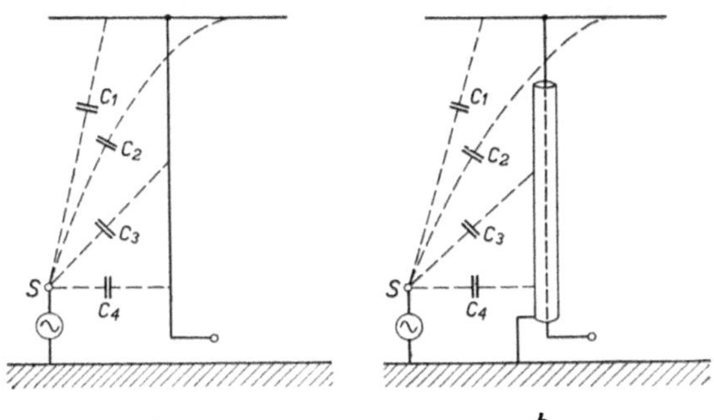

Abb. 400. Störschutz durch ein Antennenzuleitungskabel mit geerdetem Mantel. Bild *a*: Von der Störungsquelle *S* werden Störspannungen über die Kapazitäten C_1, C_2, C_3, C_4 nach dem Empfänger übertragen. Bild *b*: Die Störungsquelle kann nur über die Kapazitäten C_1 und C_2 Störspannungen auf den Empfängereingang übertragen.

Für Kurzwellen kann an Stelle einer Antenne und einer Erdleitung eine symmetrische Antenne nach Abb. 401 verwendet werden. Das Empfangsgerät ist an die Sekundärwicklung *3* des Transformators angeschlossen. In dieser Wicklung werden durch die Wicklungen *1* und *2* infolge einer Störung gleiche Spannungen entgegengesetzten Vorzeichens induziert. Die Störung gelangt daher nicht zum Empfänger.

In Großstädten, wo eine beträchtliche Empfängerdichte vorliegt, während andererseits auch viele und starke Störungsquellen vorhanden sein können, kann eine Erweiterung der oben behandelten Antennenanlage mit abgeschirmter Zuleitung zum Empfänger verwendet werden. Diese Erweiterung besteht darin, daß eine Antenne, welche möglichst außerhalb lokaler Störfelder angeordnet ist, an einen Verstärker angeschlossen wird, der Wechselspannungen aller in Frage kommenden Empfangsfrequenzen verstärkt (Abbildung 402). Da diese Anlage oft Kabellängen von einigen hundert Metern enthält, soll ein gutes, möglichst verlustfreies Hochfrequenzkabel verwendet werden (z. B. bei 200 m Wellenlänge eine Schwächung von etwa 1 Neper/km). Die Wellenwiderstände (vgl. Abschn. A 1 dγ) solcher Kabel liegen oft zwischen 100 und 200 Ohm. Nach dem Verstärker werden die kurzen, kapazitätsarmen Zuleitungskabel zu den einzelnen Empfängern an das Hauptkabel angeschlossen (Abzweigdosen *e* in Abb. 402, welche etwa 30 Ohm Wirkwiderstand in Reihe mit 200 pF Kapazität enthalten). Ein Beispiel eines solchen Antennenverstärkers ist in Abb. 403 dargestellt. Durch die Anordnung des Verstärkers in der Nähe des störungsarmen Aufstellungsortes der Antenne werden die Signale für die

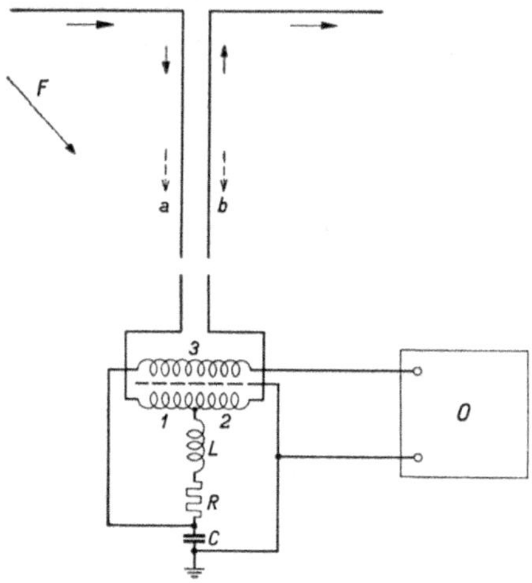

Abb. 401. Störschutz bei einer symmetrischen Kurzwellenantenne. Die Signalströme fließen in den Zuleitungsdrähten gegenphasig (ausgezogene Pfeile), die Störströme gleichphasig (Pfeile *a* und *b*). Die Mitte der Wicklung *1* ist über einen Reihenkreis *L R* geerdet. Die Störströme fließen durch diesen Kreis zur Erde ab. Der Wert *L* ist so gewählt, daß diese Induktivität den Stromwert bestimmt und klein hält. Somit bleibt auch über *C* nur eine geringe Wechselspannung. Diese Kapazität *C* erzeugt für längere Wellen eine beträchtliche Signalspannung am Empfängereingang. Die gegenphasigen Signalströme bleiben unberührt und gelangen zum Empfänger *O*.

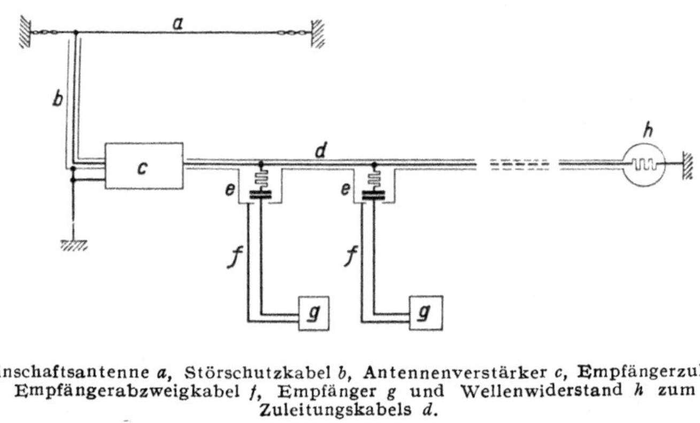

Abb. 402. Gemeinschaftsantenne *a*, Störschutzkabel *b*, Antennenverstärker *c*, Empfängerzuleitungskabel *d*, Abzweigdosen *e*, Empfängerabzweigkabel *f*, Empfänger *g* und Wellenwiderstand *h* zum Abschluß des Zuleitungskabels *d*.

Empfänger beträchtlich verstärkt und liegen dann bedeutend über dem restlichen, durch die Abschirmungen dringenden Störpegel am Empfängereingang.

Schrifttum: 172, 174.

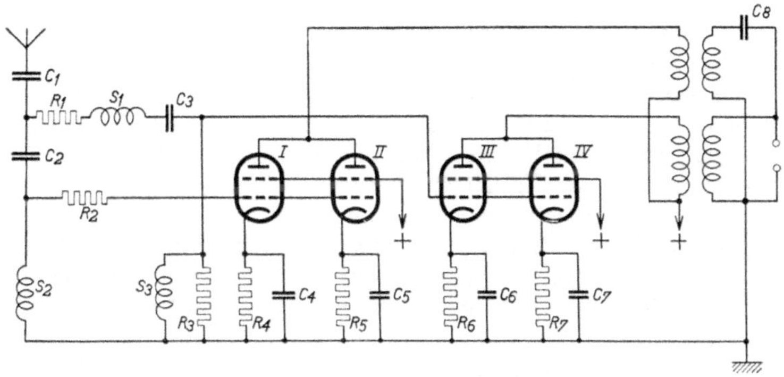

Abb. 403. Schaltbild eines Antennenverstärkers (c in Abb. 402). Die Röhren *I* und *II* verstärken die Kurzwellen, die Röhren *III* und *IV* die beiden Rundfunkwellenbereiche. Die Schaltteile C_1, C_2, C_3, S_1, S_2, S_3, R_1, R_2, R_3 bilden das Sieb für die drei Wellenbereiche. C_8 verhütet, daß die Wicklung des für Kurzwellen bestimmten Transformators einen Kurzschluß für den Rundfunkwellentransformator bildet.

b) Verringerung der Netzstörungen.

Wir betrachten zwei Netzleiter und die „Erde". Die im Abschn. H 4 a α genannten Störquellen können in diesem Fall 1. eine Störspannung zwischen den zwei Leitern, wobei die Leiter in jedem Punkt der Leitung gleiche Störströme entgegengesetzten Vorzeichens führen (Abb. 404b), und 2. eine Störspannung zwischen diesen Leitern parallel und der Erde, wobei die Leiter in jedem Punkt

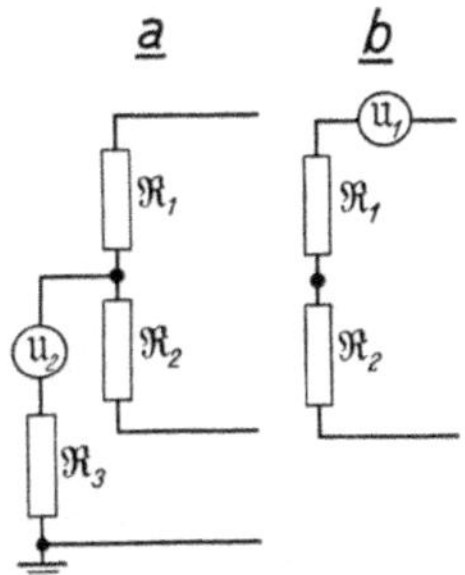

Abb. 404. Zur Definition der symmetrischen (Bild *b*) und asymmetrischen (Bild *a*) Störspannung. Die Störspannungen werden durch $\mathfrak{U}_1$ und $\mathfrak{U}_2$ dargestellt, die Wechselstromwiderstände zwischen den Leitern und zur Erde durch $\mathfrak{R}_1$, $\mathfrak{R}_2$ und $\mathfrak{R}_3$.

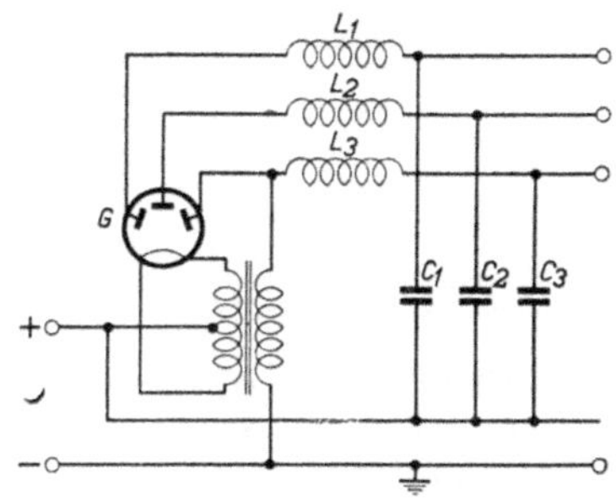

Abb. 405. Beispiel einer Störschutzschaltung an einem Dreiphasengroßgleichrichter *G*. Die Drosselspulen L_1, L_2, L_3 bilden zusammen mit den Kondensatoren C_1, C_2, C_3 Siebglieder, welche verhindern, daß die von der Gleichrichterentladung verursachten Störungen ins Netz gelangen.

der Leitung Ströme gleichen Vorzeichens führen, erzeugen (Abb. 404a). Diese beiden Spannungen bezeichnet man oft als symmetrische Störspannung und asymmetrische Störspannung. Die praktisch auftretenden Störungen gehören meistens weder zur ersten noch zur zweiten Art, sondern entsprechen einer Überlagerung dieser beiden Fälle. Im Falle einer symmetrischen Störspannung ist die Strahlung der Störung in den Raum hinein meistens gering, weil die Netzleiter nahe zusammenliegen und die Strahlungswirkungen der Störströme in ihnen sich folglich nahezu aufheben. Im Falle einer asymmetrischen Störung ist diese Strahlung meistens viel beträchtlicher, weil die beiden Netzleiter, z. B. in Hausanlagen, weit von der Erde entfernt sind. Wir können demnach erwarten, daß die symmetrischen Netzstörungen hauptsächlich durch den Netzspeisungsanschluß in den Empfänger gelangen und die asymmetrischen Netzstörungen hauptsächlich über die Antennenanlage (Strahlung). Für die Bekämpfung der letzteren ist eine zuverlässige Erdverbindung wichtig.

Die Bekämpfung der Netzstörungen kann grundsätzlich an zwei Orten einsetzen: bei der Störungsquelle und beim Empfänger. Die Störungsbekämpfung an der Quelle kann 1. verhindern, daß die Störung überhaupt ins Netz gelangt, oder 2. die bereits ins Netz gelangte Störung unterdrücken. In beiden Fällen findet die Bekämpfung im wesentlichen durch Siebkreise statt, die den in Abb. 198 für die Unterdrückung der Welligkeitsspannung von Netzgleichrichtern verwendeten Sieben entsprechen. Ein Beispiel einer solchen Störschutzschaltung ist in Abb. 405 dargestellt. Bei der Beurteilung der Wirkung einer derartigen Schaltung kann der Störungsherd als Spannungsquelle mit einem komplexen inneren Widerstand dargestellt und dann der Störstrom ohne und mit Schutzschaltung berechnet werden.

Die Verringerung der Wirkung asymmetrischer Netzstörungen auf Empfänger wurde bereits in Abschn. H 4aβ erörtert. Der Schutz eines Empfängers gegen symmetrische Netzstörungen erfordert das Einschalten eines geeigneten Siebkreises in den Netzanschluß.

Schrifttum: **14, 15, 121, 337.**

c) Störungsverringerung bei Kraftwagen- und Flugzeugempfängern.

Kraftwagen- und Flugzeugempfänger haben häufig die gleichen elektrischen Speisungsquellen wie die Motoren. Die hierfür verwendeten Sammler erzeugen

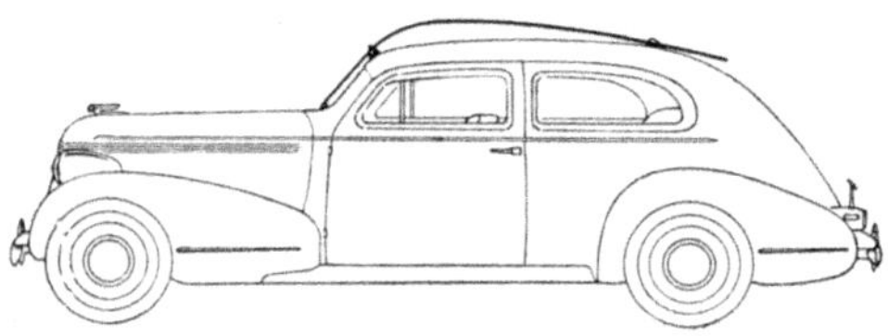

Abb. 406a.

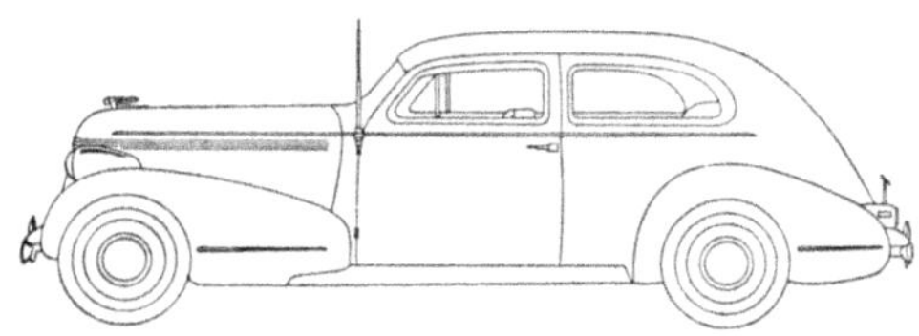

Abb. 406b.

Abb. 406. Verschiedene Anordnungen von Kraftwagenantennen. Die gezeichneten Formen haben die anfangs viel benutzten Antennen unterhalb des Fahrgestells fast vollständig verdrängt.

in vielen Fällen mit Hilfe eines Unterbrechers nebst Hochspannungstransformator auch die Zündspannungsstöße der Zündkerzen. Diese Hochspannungsstöße haben ein Störspektrum zur Folge, das sich über einen weiten Frequenzbereich, einschließlich jenen der Rundfunkwellen, erstreckt. Die Störungsamplituden nehmen häufig nach kürzeren Wellenlängen zu und sind namentlich im Kurzwellenbereich beträchtlich. Vor allem diese kurzwelligen Störspannungen erzeugen in nicht besonders abgeschirmten Kraftwagen- und Flugzeugempfängern infolge ihrer großen Stärke Empfangsstörungen, die zum Teil durch Kennlinienkrümmungen zustande kommen. Früher suchte man diese Störungen u. a. durch Einschalten großer Widerstände in die Zündkerzenleitungen zu verringern. Diese Widerstände ergaben jedoch in einigen Fällen Zündstörungen. Ein anderer, bei neuen Kraftwagen und Flugzeugen brauchbarer Weg besteht darin, daß der Motor und die ganzen Zündgeräte völlig elektrisch eingekapselt und die Zuleitungen mit Siebkreisen versehen werden. Häufig liegen aber die Kraftwagen oder Flugzeuge, welche mit Empfängern versehen werden sollen, fertig vor und müssen deshalb die Empfänger selber völlig abgeschirmt werden. Eine völlige Einkapselung des Empfängers und die Anordnung von Siebkreisen in sämtlichen Zuleitungen (einschließlich Antennenleitung) erwies sich als sehr wirksam. Die Antenne soll hierbei möglichst weit von etwaigen Störungsquellen entfernt angeordnet werden. Als Beispiel diene Abb. 406.

Außer der Zündung verursachen Startmotoren und Ladedynamomaschinen ebenfalls Störspannungen, die durch Überbrücken mit einem großen Kondensator herabgesetzt werden können. Spezifische Kraftwagenstörungen können infolge veränderlicher Kontakte zwischen den nichtangetriebenen Radachsen

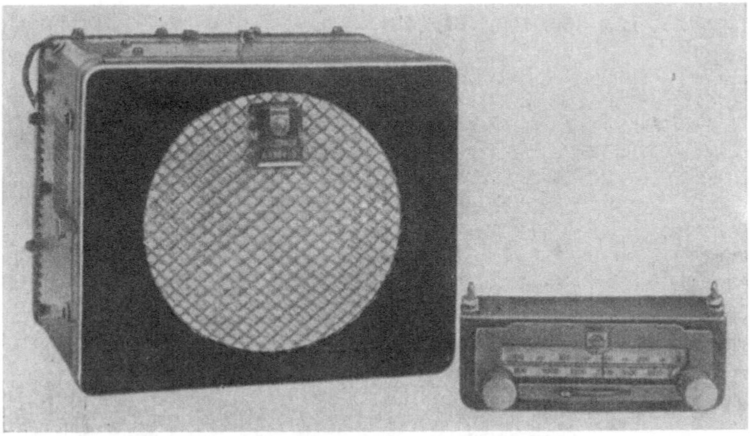

Abb. 407. Neuzeitlicher Kraftwagenempfänger (Philips) (Abmessungen etwa 24,5 × 18,5 × 19 cm) nebst Bedienungskästchen mit Handlautstärkeregler und Frequenzabstimmung. Die Bewegungen werden vom Bedienungskästchen mit Hilfe flexibler Kabel nach dem Empfänger übertragen.

und den Lagern entstehen. In hartnäckigen Fällen schafft eine Kontaktfeder, welche z. B. den Radverschluß mit dem Lager dauerhaft verbindet, Abhilfe. Durch schleifende Bremsen entstehen mitunter ebenfalls Störungen, welche durch bessere Einstellung der Bremskufen beseitigt werden können. Sog. „Reifenstörungen" entstehen durch Reibungselektrizität zwischen der Reifenoberfläche und der Fahrbahn. Namentlich Betonfahrbahnen können in dieser Hinsicht unangenehm sein. Gegen diese Störungen hilft eine Antennenanordnung möglichst weit von der Störungsquelle entfernt, also nicht unter dem Wagengestell, sondern z. B. auf dem Dach (vgl. Abb. 406).

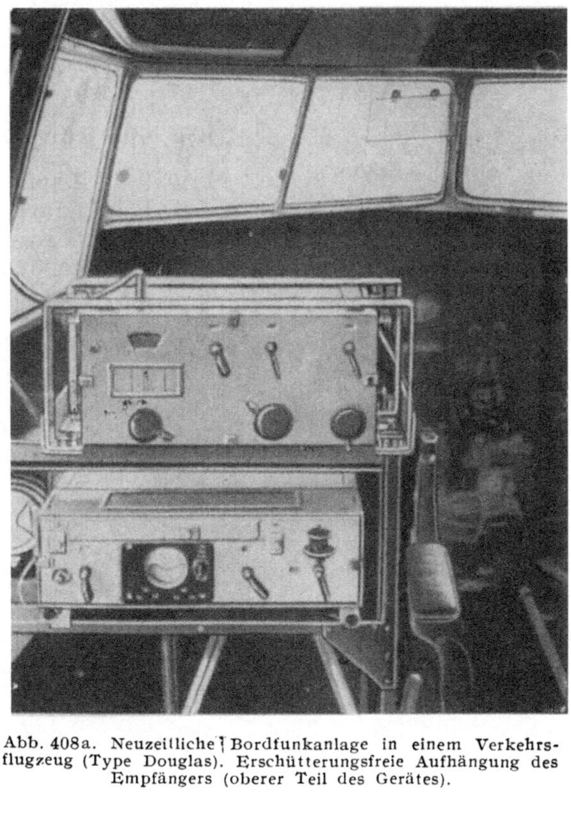

Abb. 408a. Neuzeitliche Bordfunkanlage in einem Verkehrsflugzeug (Type Douglas). Erschütterungsfreie Aufhängung des Empfängers (oberer Teil des Gerätes).

An Kraftwagen- und Flugzeugempfänger werden noch einige besondere Anforderungen gestellt: Kleiner Raumbedarf, geringes Gewicht, Erschütterungsfestigkeit, leichte Bedienung, einfache, leicht zugängliche Bauart, Temperaturbereich: —40° bis 50° C, Luftdruckbereich: Meeresspiegel bis 12 km Höhe (vgl. auch Abschn. E 3bγ). Wie diesen Anforderungen zusammen mit jener der völligen Einkapselung in neuzeitlichen Geräten genügt wird, zeigen Abb. 407 und 408.

Schrifttum: 2, 122, 136, 155, 167, 338.

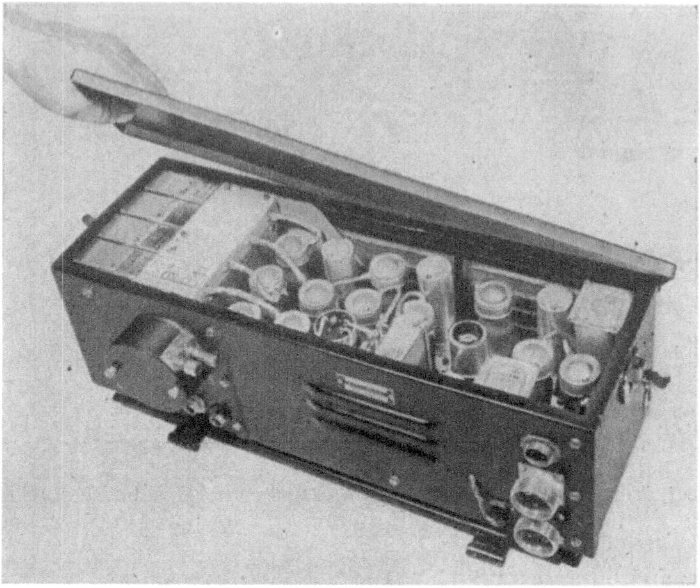

Abb. 408b. Innerer Bau eines Flugzeugempfängers.

5. Bau von Empfängern.

a) Ortsfeste Empfänger.

Unter ortsfesten Empfängern verstehen wir alle Geräte, die wegen ihres Umfanges, Gewichtes oder ihrer elektrischen Ausrüstung wenigstens praktisch an einen festen Ort oder an wenige Orte gebunden sind. Von solchen ortsfesten Empfängern ist die Mehrzahl heute netzgespeist. Wir haben in den vorher-

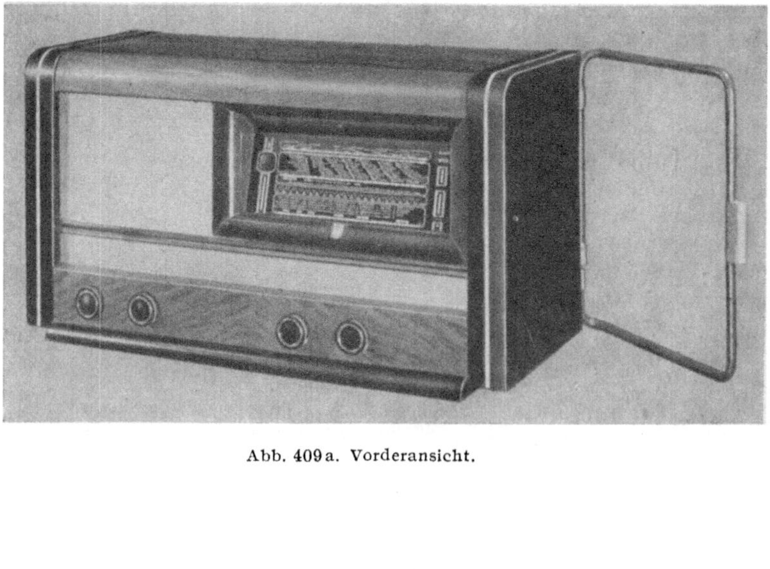

Abb. 409a. Vorderansicht.

Abb. 409b. Rückansicht.

Abb. 409. Neuzeitlicher netzgespeister Rundfunkempfänger mit nicht abgeschirmter, drehbarer Rahmenantenne. Die vier Bedienungsknöpfe betätigen (von links) die Tonregelung, Lautstärkeregelung, Wellenbereichwahl und Frequenzabstimmung. Rechteckige Abstimmskala mit Abstimmanzeiger (links auf der Skala) nach Abb. 385 und Wellenbereichanzeiger (rechts auf der Skala).

gehenden Abschnitten mehrere Beispiele solcher netzgespeister Empfänger kennengelernt. Hier sollen noch zwei weitere Beispiele neuzeitlicher Rundfunkempfänger genannt werden, die wegen ihres besonderen Baues bemerkenswert sind.

Abb. 409 zeigt einen Rundfunkempfänger, der mit einer angebauten, aus einer Windung bestehenden Rahmenantenne versehen ist. Die vier Regelknöpfe an der Vorderseite dienen zur Tonregelung, Handlautstärkeregelung, Wellenbereichwahl und Abstimmung. Der Rahmen ist drehbar angeordnet und kann infolge seiner Richtwirkung (Achterdiagramm) so eingestellt werden, daß ein gewünschter Sender möglichst gut empfangen wird. Wie bereits in Abschn. H 4a α erwähnt, trägt der Rahmenempfang an sich schon zur relativen Verringerung der sonst über die Antenne in den Empfänger dringenden Störungen bei. Durch die genannte Richtwirkung kann diese Störungsverringerung unter Umständen noch kräftig gefördert werden.

Abb. 410a. Vorderansicht.

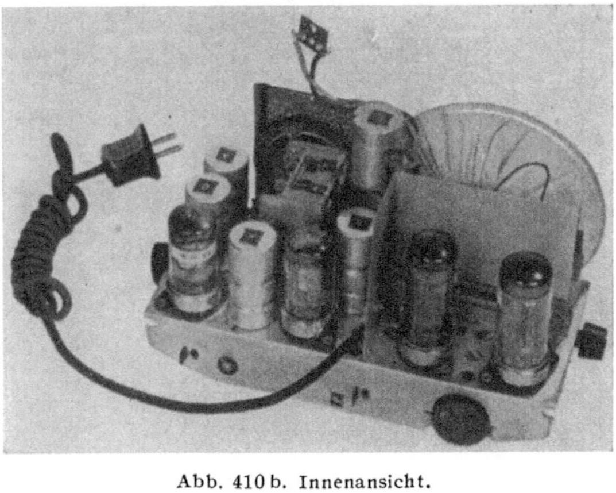

Abb. 410b. Innenansicht.

Abb. 410. Neuzeitlicher netzgespeister Kleinempfänger (Abmessungen 13—16—28 cm) hoher Empfindlichkeit (Philips).

Abb. 410 zeigt einen besonders kleinen Empfänger (Abmessungen: Höhe 16 cm, Breite 28 cm, Tiefe 13 cm, Gewicht mit Röhren 2,7 kg) niedriger Preisklasse mit zwei Wellenbereichen (192 bis 575 und 708 bis 1910 m). Der Empfänger enthält drei Verstärkerröhren und einen Netzgleichrichter und entspricht etwa dem Schaltbild 329 (Verbundröhren UCH 21, UCH 21 und UBL 21). Die Empfindlichkeit entspricht derjenigen eines normalen Überlagerungsempfängers (vgl. Abschn. G 2bβ).

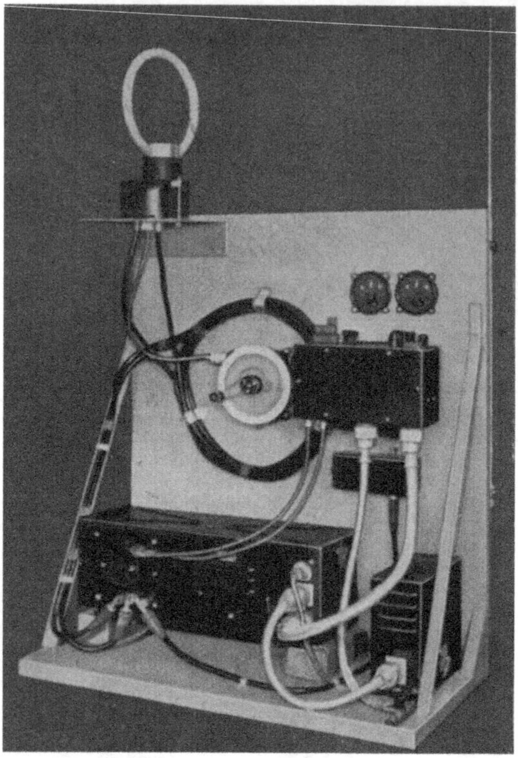

Abb. 411. Funkpeilempfänger für Flugzeuge und Schiffe (Philips).

Ortsfeste Empfänger für Kraftwagen und Flugzeuge wurden bereits in Abschn. H 4c gezeigt. Bei Flugzeugen und Schiffen tritt häufig die Aufgabe der Funkpeilung in den Vordergrund. Einen solchen Funkpeilempfänger zeigt Abb. 411. Empfänger für gewerbliche Zwecke werden häufig auf Gestellen, wie in Abb. 209 und 210 gezeigt, angeordnet.

Schrifttum: 31, 32, 139.

b) Bewegliche Empfänger.

Die beweglichen (tragbaren) Empfänger enthalten selber ihre Speisungsquellen. Ein für Ausflüge, Fahrten u. dgl. geschaffenes

Abb. 412. Vollständiger tragbarer Empfänger neuzeitlicher Bauart (Philips). Abmessungen: 29–26–18 cm. Der Empfängerkasten enthält alle Speisebatterien. Die Antenne ist als Rahmen eingebaut.

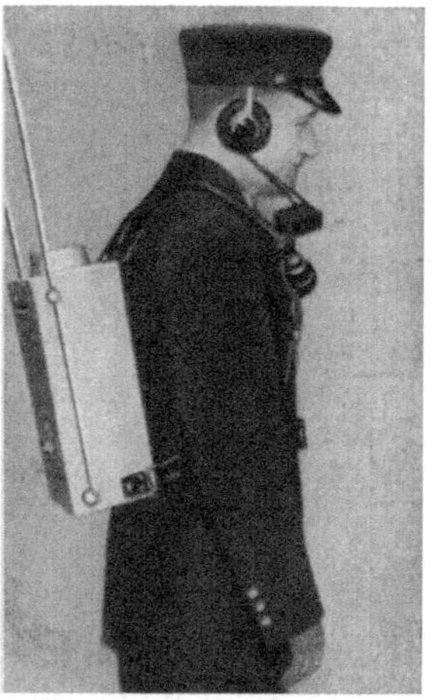

Abb. 413. Empfangs- und Sendeanlage für Feuerwehrleute.

Gerät ist in Abb. 412 dargestellt. Es handelt sich um einen batteriegespeisten Empfänger, der auch für Netzspeisung brauchbar ist. Die Empfindlichkeit entspricht derjenigen eines normalen Überlagerungsempfängers mit vier Verstärkerröhren. Die Bedienung ist möglichst einfach gehalten. Die Antenne ist in Form eines Rahmens eingebaut.

Derartige bewegliche Empfänger werden für Polizei, Feuerwehr, Militärnachrichtenwesen vielfach verwendet. Abb. 413 zeigt eine praktische Ausführung. Auch auf Fahrrädern werden neuerdings kleine Empfänger benutzt, wie Abb. 414 zeigt.

Schrifttum: 39.

Abb. 414. Fahrradempfänger.

6. Normung von Empfängern.

a) Normungsgrundlagen für Empfangsgeräte.

Ebensowenig wie für Kraftwagen hat sich bisher für Empfänger eine Normung durchsetzen können. Die verschiedenen Hersteller wünschen oft ihre Typen verschieden zu halten, und dies gilt auch für die verschiedenen Typen eines einzigen Herstellers. Diese Verhältnisse liegen in den Vereinigten Staaten nicht anders als in Europa.

Indessen können mehrere Anhaltspunkte für eine gewisse Normung von Empfängern angegeben werden, wobei wir uns im wesentlichen auf Rundfunkempfänger beziehen. Hierbei ist heute der Überlagerungsempfänger der am weitesten verbreitete Typ. Bei den jetzt vorliegenden Rundfunkverhältnissen (Senderfrequenzabstand, Senderstärke) ist es für einen hochwertigen Empfänger unter Verwendung der vorliegenden Röhren oft empfehlenswert, zwei Hochfrequenzkreise zu benutzen (Trennschärfe). Man kann nun zwei Typen unterscheiden, mit und ohne Hochfrequenzstufe. Im ersten Fall kann ein Hochfrequenzkreis vor und der zweite hinter der Hochfrequenzröhre angewandt werden. Im zweiten Fall können beide Hochfrequenzkreise vor der Mischröhre (als gekoppelte Kreise) geschaltet werden. Außer diesen beiden Kreisen ist in beiden Fällen auch der Oszillatorkreis im Gleichlauf abzustimmen. Man deutet diese Anordnungen durch $1 + 1 + 1$ bzw. $2 + 1$ an. Diese Zahlen geben alle gleichlaufenden Schwingungskreise an, die letzte Zahl bezieht sich auf den Oszillatorkreis, die vorherigen beziehen sich auf die Hochfrequenzkreise. Der Gleichlauf an sich ist heute stets vorhanden (Norm), und man könnte auf Grund der obigen Einteilung Typennormen aufstellen.

Die Gesamtröhren- und Stufenzahl für Verstärkungszwecke normaler Überlagerungsempfänger liegt bei gegebener Empfindlichkeit ebenfalls fest und könnte an sich ebenfalls Gegenstand einer Normung bilden. Da aber in letzter Zeit Verbundröhren (z. B. ECH 4, vgl. Abb. 290) stets mehr hervortreten, wird die Normungsmöglichkeit in bezug auf *Röhren*zahl verringert. Die *Stufen*zahl bleibt aber auch bei solchen Verbundröhren oft unverändert. Weiter sind noch zusätzliche Stufen (z. B. für automatische Frequenzregelung nach Abschn. H 1b) und für Abstimmanzeige (vgl. Abschn. H 3a) zu berücksichtigen.

Empfänger, welche Reflex- oder Rückkopplungsschaltungen aufweisen, werden heute in den billigeren Preisklassen (Volksempfänger) in großen Zahlen verwendet. Auch hier könnte vielleicht eine gewisse Normung einsetzen, wenn „Normalschaltungen" dieser Art festgelegt würden (Abschn. G 3).

Eine Normung von Empfindlichkeiten, Trennschärfe- und Wiedergabekennlinien erfordert eine vorherige Normung der Meßverfahren (Abschn. J).

Die große Gefahr jeder vorzeitigen und zu weitgehenden Normung: Verstarrung der Technik und Unterdrückung neuer Entwicklungen, könnte durch zweckmäßige Beschränkung der Normung auf geeignete Gegenstände vermieden werden. Zweck dieser Zeilen ist keineswegs, bestimmte Vorschläge zu machen, sondern nur Beispiele für Normungsgegenstände zu geben.

Schrifttum: 112, 122, 149, 316.

b) Normung von Bauteilen.

Gewisse Bauteile: feste Kondensatoren und Widerstände, werden in jedem Empfänger in großer Zahl verwendet. Eine Normung dieser Teile in bezug auf Nennwerte, Streuwerte, Belastung und Nebeneigenschaften (z. B. Welligkeitsspannung bei den Elektrolytkondensatoren, vgl. Abschn. B 2aγ) könnte beträchtliche Ersparnisse an Material und Kosten zeitigen. Auch bewegbare Bauteile, wie Drehkondensatoren, Schiebekondensatoren, müssen heute eine Reihe von allgemein anerkannten Forderungen erfüllen, z. B. in bezug auf Bereich, Konstanz, Abnutzung.

Spulen für Zwischenfrequenzstufen könnten, da heute nur verhältnismäßig wenige Zwischenfrequenzen (niedrige von z. B. etwa 100 kHz und hohe von z. B. etwa 500 kHz) benutzt werden, in bezug auf Güte und Aufbau ebenfalls in eine gewisse Normung einbezogen werden. Für die Hochfrequenzspulen hängt eine Normung eng mit derjenigen der veränderbaren Kondensatoren zusammen.

Schließlich sind auch Teile wie Transformatoren, Lautsprecher und Schalter zu beachten.

Es ist erwähnenswert, daß die genannten Bauteile bei einigen größeren Herstellerfirmen bereits seit Jahren eine gewisse Normung erfahren haben, die allerdings bei weiteren technischen Fortschritten entsprechend geändert wurde. Die allgemeinen Merkmale, welche solche Änderungen überdauert haben, kämen in erster Linie für eine hier etwa einsetzende Normung in Frage.

Schrifttum: 122, 132, 149, 310, 316.

J. Meßgeräte und Meßverfahren.

1. Definitionen.

Von verschiedener Seite sind als Grundlage für Messungen und Meßverfahren in bezug auf Empfänger und Verstärker Definitionen der Meßgrößen vorgeschlagen worden. Diese Definitionen enthalten an sich manche willkürlich gewählten Elemente. Die getroffene Wahl beruht meistens auf praktischen Erwägungen. Weit verbreitet sind bisher die in England vom Verband der Radiogerätehersteller (1936) und in den Vereinigten Staaten vom Institute of Radio Engineers (zuletzt 1938) herausgegebenen Daten und Definitionen. Die betreffenden Definitionen beziehen sich in erster Linie auf Empfänger, und zwar auf: 1. *Ausgangsleistung*, 2. *Empfindlichkeit*, 3. *Trennschärfe*, 4. *Störgeräusche*, 5. *automatische Verstärkungsregelung*.

Als *Vergleichsausgangsleistung* wird meistens 50 mW in einem Belastungswirkwiderstand festgesetzt, der an die Stelle der Lautsprecherspule geschaltet wird und dessen Widerstand gleich dem Wirkwiderstand dieser Spule bei 400 Hz ist.

Die *Empfindlichkeit* eines Empfängers ist die zu 30% mit 400 Hz modulierte Eingangssignalspannung, welche in Reihe mit einer Normalantenne (vgl. unten

Abschn. 2a) einer Spannungsquelle mit sehr geringem Innenwiderstand (in bezug auf den Widerstand der Normalantenne) entnommen wird, die am Ausgang des Gerätes die obengenannte Ausgangsleistung von 50 mW ergibt, wenn die Lautstärkeregelung auf die Höchstausgangsleistung eingestellt ist. Diese Empfindlichkeit kann für jede Abstimmfrequenz des Empfängers (gleich der Frequenz der Signalquelle) bestimmt werden. Im Falle von Empfängern mit Rahmenantenne (vgl. Abb. 409 und 412) kann als Maß für die Empfindlichkeit die Feldstärke an der Stelle des Rahmens (bei empfindlichster Einstellung desselben) angegeben werden (z. B. in V/m), welche zur obengenannten Ausgangsleistung bei 30% Modulationstiefe mit 400 Hz führt.

Als *Trennschärfe* (vgl. Abschn. D 2bα) kann das Verhältnis der Signalspannungen für die Abstimmfrequenz und für eine hiervon in bestimmter Weise abweichende Frequenz gelten, bei 30% Modulationstiefe beider Signale und gleicher Ausgangsleistung des Empfängers. Die Trennschärfe kann in Neper, Dezibel und im Spannungsverhältnis ausgedrückt werden.

Geräuschstörungen umfassen alle unerwünschten Geräusche am Empfängerausgang (Rauschen, Brummen, Krachen usw.), welche *im Empfänger* entstehen. Das Verhältnis der Störungsleistung zur erwünschten Ausgangsleistung bei festgelegtem Eingangssignal kann in Dezibel ausgedrückt werden (vgl. Abschn. **F1** c).

Als Maß für die Wirkung der *automatischen Verstärkungsregelung* kann die Beziehung zwischen einem festgelegten Eingangssignalverhältnis bei der Abstimmfrequenz des Empfängers zum entsprechenden Ausgangsleistungsverhältnis gewählt werden (Abschn. H 1aβ, Abb. 361).

Schrifttum: 73, 122, 149, 261, 262, 310.

2. Meßgeräte.

a) Signalerzeuger nebst Zubehör.

Der Signalerzeuger (Beispiel in Abb. 415) soll Signale mit Frequenzen zwischen etwa 100 kHz und 60 MHz erzeugen. Die Ausgangsspannung soll zwischen etwa

Abb. 415. Beispiel eines neuzeitlichen netzgespeisten Hochfrequenz-Signalerzeugers (Philips) für Empfängermessungen, der den im Text genannten Forderungen entspricht.

0,5 μV und 100 mV regelbar und sofort ablesbar sein, während die Möglichkeit einer Ausgangsspannung von etwa 2 V, zur Nachahmung sehr starker Signale in der Nachbarschaft von Sendern, erwünscht ist. Die Frequenz des Ausgangssignals soll möglichst direkt angezeigt werden. Der Ausgangsspannungsregler soll einen sehr kleinen Ausgangswiderstand (einige Ohm) haben, damit der Ausgang nahezu als Spannungsquelle mit dem Innenwiderstand Null betrachtet werden kann. Eine Anzeigegenauigkeit der Frequenz bis auf etwa 1% und der Spannung bis auf einige Prozent genügt für die meisten Verwendungszwecke. Durch die Spannungsregelung soll keine Beeinflussung der Frequenz stattfinden.

Die üblichen Signalerzeuger haben eine eingebaute einwellige Niederfrequenzspannungsquelle mit der festen Frequenz von 400 Hz, welche eine 30proz. Amplitudenmodulation der Signalwelle erzeugt. Außerdem soll die Möglichkeit vorhanden sein, die Signalwelle mit Hilfe einer äußeren Niederfrequenzspannungsquelle bis zu 80 oder 90% zu modulieren, ohne Modulationsverzerrungen größer als etwa 3% zu erzeugen. Frequenzmodulation soll bei diesem Amplitudenmodulationsvorgang möglichst vermieden werden (z. B. verhältnismäßiger Frequenzhub weniger als 10^{-5}).

Für die Prüfung von Empfängern frequenzmodulierter Signale sind Signalerzeuger erforderlich, welche diese frequenzmodulierten Signale in möglichst verzerrungs- und störungsfreier Form liefern können. Eine Möglichkeit der Frequenzmodulation eines solchen Signalerzeugers wird im Abschn. J 2b erwähnt (vgl. auch Abschn. H 1bγ).

Abb. 416. Beispiel eines neuzeitlichen netzgespeisten Niederfrequenzsignalerzeugers (Philips), der den Forderungen im Text entspricht.

Die oben erwähnte Amplitudenmodulation mittels einer äußeren Niederfrequenzquelle (Beispiel Abbildung 416) stellt an letztere eine Reihe von Anforderungen. Der Frequenzbereich soll etwa 30 Hz bis 16 kHz umfassen, und die Frequenzanzeige soll im Gebiet niedriger Frequenzen z. B. auf 2 Hz genau, im Gebiet höherer Frequenzen (z. B. ab 200 Hz) auf etwa 1% genau stattfinden. Dementsprechend sollen äußere Einflüsse auf die Frequenz (Netzspannungsschwankungen, Temperaturschwankungen) innerhalb dieser Grenzen unwirksam sein. Die Ausgangsspannung soll regelbar sein (z. B. Stufenregelung) zwischen z. B. 10 V und 1 mV. Auch in bezug auf die Spannungsanzeige werden hohe Genauigkeitsanforderungen (z. B. 1%) gestellt. Der Klirrfaktor soll

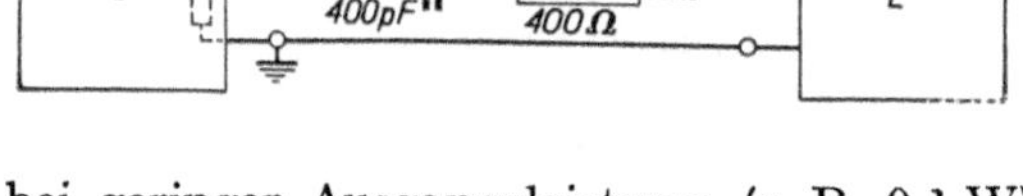

Abb. 417. Schaltbild einer Normalantenne für Empfängermessungen und ihre Schaltung zwischen dem Signalerzeuger *S* und dem Empfänger *E*.

bei geringer Ausgangsleistung (z. B. 0,1 W) unter etwa 0,5% liegen und bei größerer Leistung (z. B. 1 W) möglichst unter etwa 3%.

Für den Anschluß eines Signalspannungserzeugers an Rundfunkempfänger ist eine Normalantenne erforderlich, die für den Mittel- und Langwellenbereich z. B. als Reihenschaltung von 200 pF Kapazität, 20 µH Selbstinduktion und 25 Ohm Widerstand erhalten werden kann. Eine andere Ausführung einer solchen Normalantenne ist in Abb. 417 gezeigt. Die Frequenzkennlinie des Wechselstromwiderstandes zwischen den Klemmen *1* und *2* der Abb. 417 ist in Abb. 418 dargestellt. Offenbar nähert sich der Wechselstromwiderstand für hohe Frequenzen (über

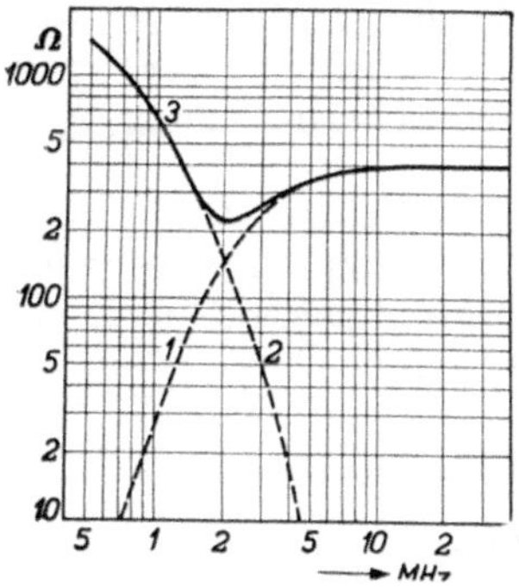

Abb. 418. Komplexer Widerstand zwischen den Punkten *1* und *2* der Abb. 417. Kurve *3*: Absoluter Betrag des Widerstandes (vertikal in Ohm) als Funktion der Frequenz (horizontal in MHz). Kurve *1*: Reeller Teil des komplexen Widerstandes. Kurve *2*: Imaginärer Teil des komplexen Widerstandes.

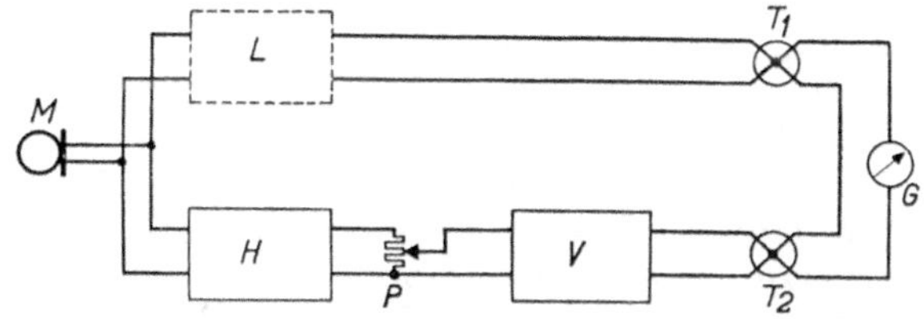

Abb. 419. Grundsätzliches Schaltbild einer Anordnung zur Messung des Klirrfaktors. Das Tiefpaßsieb *L* läßt nur den Grundton der Spannung des Mikrophons *M* durch (an die Stelle von *M* kann ein Verstärker mit vorgeschaltetem Niederfrequenzsignalerzeuger angeordnet werden), dessen Stärke mit dem Thermokreuz T_1 bestimmt wird. Im Hochpaßsieb *H* werden die Obertöne der Eingangsspannung ausgesiebt, welche mit Hilfe des verzerrungsfreien Verstärkers *V* und des Spannungsteilers *P* auf etwa die gleiche Stärke wie der Grundton gebracht werden können (Thermokreuz T_2, das möglichst gleich dem Kreuz T_1 ist). Der Spannungsteiler *P* wird nun so eingeregelt, daß die Thermospannungen der Kreuze T_1 und T_2 gleich groß sind (im Galvanometer *G* zu messen). Die Einstellung von *P* ist ein Maß für das Verhältnis der Oberwellenstärke zur Grundtonstärke, also für den Klirrfaktor.

3 MHz) einem Wirkwiderstand von 400 Ohm und für niedrigere Frequenzen (unter 1,5 MHz) einer Kapazität von 200 pF.

Am Ausgang eines Empfängers soll die elektrische Leistung gemessen und der Klirrfaktor dieser Leistung bestimmt werden. Hierzu werden Verstärker mit

Abb. 420. Anordnung zur Messung der Schallstrahlung eines Empfängers *E* im Freien. M_1 und M_2 Mikrophone, *D* Drehschemel mit Motorantrieb.

abgestimmten Schwingungskreisen (auf Oberwellen der Grundwelle von 400 Hz) und Gleichrichtern benutzt. Eine Anzeigegenauigkeit jeder Oberwellenstärke von 5% ist meistens als ausreichend zu betrachten. Zur Messung der Stärken von Grund- und Oberwellen werden Thermokreuze, Diodengleichrichter, Krümmungs-Röhrengleichrichter sowie z. B. Kupferoxydgleichrichter oder sonstige „Trockengleichrichter" benutzt. Eine einfache Meßvorrichtung dieser Art ist in Abb. 419 dargestellt.

Auch die Schalleistung sowie die Strahlungseigenschaften (Richtungsdiagramm) des Ausgangslautsprechers bilden einen Teil von Empfängermessungen. Hierzu werden oft besonders kleine Kondensatormikrophone benutzt, deren Lage in bezug auf den Lautsprecher veränderbar ist (Abb. 420).

Schrifttum: 8, 73, 149, 223, 260, 261, 262.

b) Frequenzkennlinienschreiber.

Bei der Fertigung sowie bei der Prüfung von Empfängern ist es außerordentlich bequem, wenn die gesamte Frequenzkennlinie sichtbar gemacht werden kann. Zu diesem Zweck sind Frequenzkennlinienschreiber entwickelt worden. Eine Vorrichtung dieser Art ist in Abb. 421 schematisch dargestellt. Der Schwingteil der Oktodenmischröhre *IV* erzeugt mittels der Schwingschaltung *II* Hochfrequenzschwingungen, welche denen des Signalerzeugers *I* überlagert werden. Die entstehende Zwischenfrequenzwechselspannung (mit der Differenz der beiden genannten Frequenzen) wird den Eingangsklemmen des zu prüfenden Empfängers *V* zugeführt. Wenn dieser Empfänger z. B. auf 1000 kHz abgestimmt ist, wird die Schwingstufe *II* auf 4000 kHz und der Signalerzeuger *I* auf 5000 kHz abgestimmt. Die Frequenz der von der Schwingstufe *II* erzeugten Wechselspannung wird nun periodisch um einen bestimmten Betrag über und unter 4000 kHz dadurch geändert, daß parallel zur Schwingspule eine Selbstinduktion *III* geschaltet wird, deren Wert nach Abb. 422 verändert wird. Diese Änderung wird durch eine zeitlich ebenfalls nach Abb. 422 veränderliche „Sägezahnspannung" erzeugt, welche der Stufe *III* von dem Elektronenstrahloszillographen *VI* zugeleitet wird. In diesem Oszillographen befindet sich eine Kippschaltung zur Erzeugung der genannten Spannung. Die Schaltung der Stufe *III*, welche diese Sägezahnspannung in eine entsprechend veränderliche Selbstinduktion umsetzt, haben wir bereits in Abb. 373 kennengelernt. Den Eingangsklemmen des Oszillographen *VI* kann nun z. B. die Wechselspannung des letzten Zwischenfrequenzkreises des Empfängers oder die von der Gleichrichterstufe erzeugte Gleichspannung (der Signalerzeuger *I* liefert eine nichtmodulierte Ausgangsspannung) zugeführt werden. In diesen Fällen entstehen auf dem Leuchtschirm Bilder wie in Abb. 423 wiedergegeben. Man kann z. B. die Hoch- und Zwischenfrequenzkreise des Empfängers ändern und unmittelbar das Ergebnis

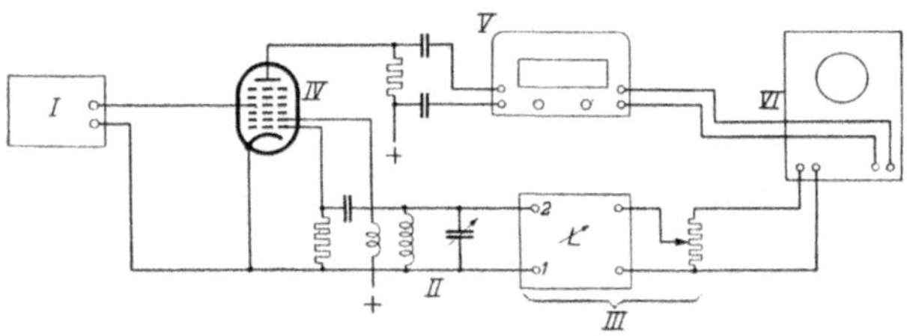

Abb. 421. Frequenzkennlinienschreiber. *I* Signalerzeuger, *IV* Oktode, *II* Schwingschaltung von *IV*, *V* zu prüfender Empfänger, *VI* Elektronenstrahloszillograph, *III* Schaltung zur Erzeugung einer veränderlichen Induktivität.

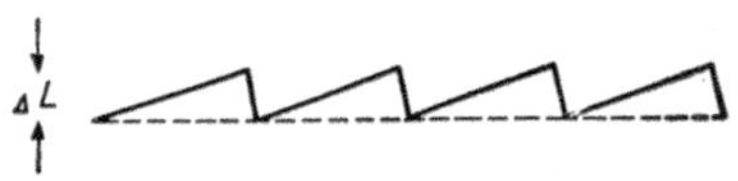

Abb. 422. Zeitlicher Verlauf der veränderlichen Induktivität *III* der Abb. 421.

dieser Änderungen für die Gesamtfrequenzkennlinie feststellen. Wenn der Empfänger auf eine andere Frequenz abgestimmt wird, braucht man nur die Frequenz des Signalerzeugers *I* so zu ändern, daß die Differenz dieser Frequenz und der Frequenz der Stufe *II* wieder gleich der Abstimmfrequenz des Empfängers wird. Die Stufen *II* und *III* können also unverändert bleiben.

Schrifttum: **73, 118, 138, 210.**

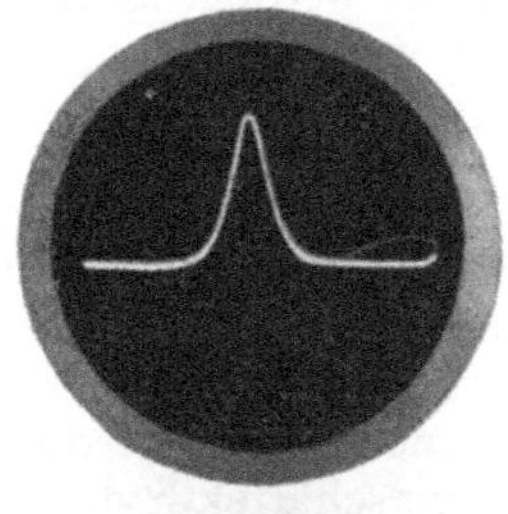

b

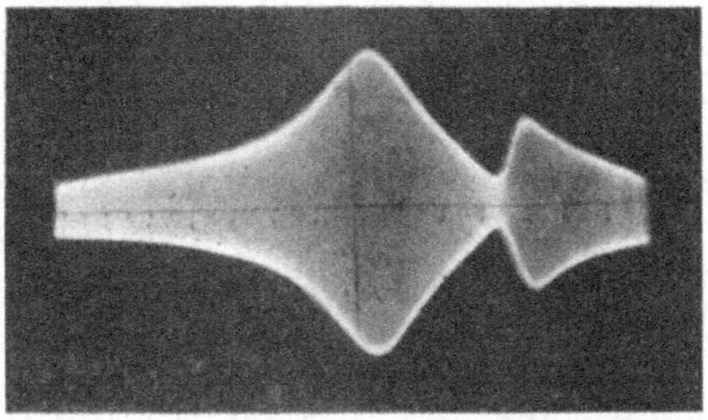

a

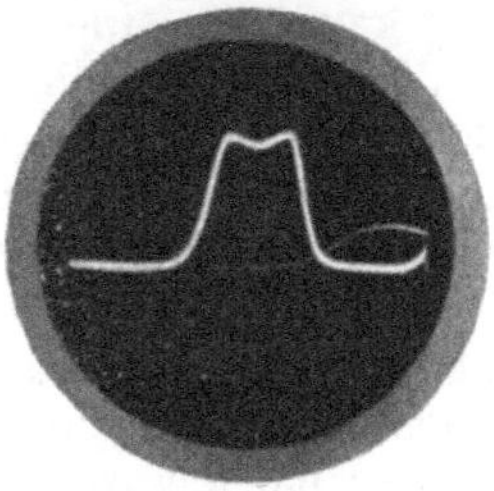

c

Abb. 423a—c. Bilder von Frequenzkennlinien, welche auf dem Leuchtschirm des Oszillographen *VI* von Abb. 421 entstehen können. Bild *a*: Zwischenfrequenzwechselspannung. Bilder *b* und *c*: Spannung am Ausgang der Gleichrichterstufe eines Empfängers mit nicht modulierter Eingangssignalspannung.

3. Elektrische Meßverfahren.

Wir erwähnen nur einige der wichtigsten Messungen an Empfängern und verweisen im übrigen nach dem Schrifttum.

a) Empfindlichkeitsmessungen.

Der in Abschn. J 2a beschriebene Signalspannungserzeuger wird in Reihe mit der Normalantenne (Abb. **417** und **418**) an die Eingangsklemmen des Empfängers angeschlossen. Die automatische Lautstärkeregelung wird außer Betrieb gesetzt. Bei der lautesten Einstellung der Handlautstärkeregelung wird die Ausgangsspannung des Signalerzeugers (30% Modulationstiefe zu 400 Hz) derart geregelt, daß am Ausgang des Empfängers (bewegliche Spule des Lautsprechers) eine Niederfrequenzleistung von 50 mW bei 400 Hz erzielt wird. Diese Regelung wird für eine Reihe von Frequenzen in den verschiedenen Wellenbereichen des Empfängers vorgenommen und durch die Meßpunkte (Mikrovolt Spannung des Signalerzeugers als Funktion der Frequenz) wird eine Kurve gezogen (Abb. 327). Wenn die Messung nur für einzelne Frequenzen stattfinden soll, können etwa folgende Werte gewählt werden: Im Langwellenbereich 160 kHz, 200 kHz und 300 kHz. Im Mittelwellenbereich 600 kHz, 1000 kHz, 1400 kHz. In den Kurzwellenbereichen jeweils die Mitte des betreffenden Bereiches. Die Kurzwellenrundfunkbereiche sind: etwa 26 MHz (11 m Band), etwa 21 MHz (13 m Band), etwa 17 MHz (16 m Band), etwa 15 MHz (20 m Band), etwa 12 MHz (25 m Band), etwa 10 MHz (30 m Band), etwa 7,5 MHz (40 m Band) und etwa 6,1 MHz (49 m Band). Bei der Ausführung vieler Messungen dieser Art empfiehlt sich die Benutzung einer automatischen Schreibvorrichtung für die Empfindlichkeitskurve.

Dieses Meßverfahren kann auch zur Bestimmung der Wirkung der automatischen Verstärkungsregelung eines Empfängers benutzt werden. Hierzu muß die Signalspannung des Signalerzeugers, nachdem der Empfindlichkeitswert nach obigem Verfahren gemessen ist, in gewissen Schritten gesteigert und gleichzeitig die entsprechende Ausgangsleistung bestimmt werden. Aus diesen Daten ergibt sich sofort die Regelkurve (Abb. 361). Wenn nur wenige Punkte dieser Kurve gewünscht werden, können die „Normalsignale“ 50 μV, 5 mV, 100 mV und 2 V benutzt werden.

Schrifttum: **73, 149.**

b) Trennschärfemessungen.

Der Empfänger wird auf die gleiche Frequenz wie der Signalerzeuger abgestimmt. Die Empfindlichkeit wird für diese Frequenz in der oben beschriebenen Weise bestimmt. Dann wird der Signalerzeuger um eine bestimmte Frequenz verstimmt und wieder die Empfindlichkeit gemessen. Man erhält in dieser Weise die Trennschärfekurve des Empfängers für die gewählte Abstimmlage. Die Messung kann für eine Reihe verschiedener Abstimmlagen des Empfängers in jedem Wellenbereich durchgeführt werden. Solche Trennschärfekurven sind in Abb. 328 und 348a dargestellt. Falls der Empfänger eine automatische Verstärkungsregelung hat, soll diese bei der Messung außer Betrieb gesetzt werden. Wenn der Empfänger eine Bandbreitenregelung hat (Abschn. D 2bδ), so sollen die Trennschärfemessungen für verschiedene Stellungen dieser Regelung ausgeführt werden. Bei automatischer Bandbreitenregelung sollen dieser automatischen Regelvorrichtung verschiedene im Betrieb auftretende feste Steuerspannungen nacheinander zugeleitet, und soll für jede dieser Spannungen die Trennschärfekurve bestimmt werden. Die Trennschärfekurve gibt nicht unmittelbar Aufschluß über die Störungen des Empfangs durch Fremdsignale unter normalen Betriebsbedingungen (vgl. Abschn. J 3dα).

Schrifttum: 73, 149.

c) Wiedergabetreue und Verzerrungen.

α) *Wiedergabekennlinie.*

Der Signalerzeuger wird in Reihe mit der Normalantenne an den Empfängereingang angeschlossen und auf eine bestimmte Frequenz in einem der Wellenbereiche des Empfängers abgestimmt. Die Spannung des Signalerregers beträgt normalerweise etwa 5 mV (entsprechend der mittleren Eingangsspannung für gut zu empfangende Sender). Die Modulationsfrequenz wird dann bei einer bestimmten festen Modulationstiefe (Ausgangsspannung der Niederfrequenzquelle, vgl. Abschn. J 2a) von 30 bis 10000 Hz verändert und die Niederfrequenzausgangsleistung an der beweglichen Lautsprecherspule oder an einem entsprechenden Wirkwiderstand gemessen. Die betreffende Kurve ist die Wiedergabekennlinie. Es ist wichtig, daß bei dieser Messung etwaige Störungen und Verzerrungen die Niederfrequenzausgangsleistung entweder nicht beachtlich beeinflussen oder sonst berücksichtigt werden (vgl. Abschn. J 2a, J 3cβ, J 3dα und J 3dβ). Wenn der Empfänger Bandbreitenregelung aufweist, soll die Wiedergabekennlinie für verschiedene Stellungen dieser Regelung gemessen werden. Auch verschiedene Einstellungen der Niederfrequenztonregelung und, wenn diese mit der Handlautstärkeregelung zum Teil gekoppelt ist (Abschn. H 1aα), der Handlautstärkeregelung, sollen berücksichtigt werden. Weiter sind diese Messungen für verschiedene Werte der Signalfrequenz durchzuführen. Endlich ist es erwünscht, verschiedene Modulationstiefen des Signalerzeugers zu berücksichtigen. Diese Messungen sind oft umfangreich, und es empfiehlt sich deshalb, eine automatische Schreibvorrichtung der Kennlinie zu benutzen, welche mit der Frequenzregelung der Niederfrequenzquelle gekoppelt sein kann.

Schrifttum: 73, 149.

β) Verzerrungen.

Die Verzerrungen werden für jeden Punkt der Wiedergabekennlinie (vgl. Abschn. J 3cα) mit Hilfe eines Klirrfaktormeßgerätes bestimmt (vgl. Abschnitt J 2a). Da der Klirrfaktor auch von der Signalstärke abhängt, ist die Messung für verschiedene Eingangssignale bis zur vollen Niederfrequenznennbelastung des Empfängers durchzuführen. Weiter hängen die Verzerrungen von der Modulationstiefe des Signalerzeugers ab und sind somit verschiedene Modulationstiefen des Signals (bis z. B. 90%) zu berücksichtigen.

Schrifttum: 38, 73.

d) Störungsmessungen.

α) Störsignale.

Der Einfluß von Störsignalen auf den Empfang kann sich nach früheren Erörterungen in verschiedener Weise äußern, wie: Kreuzmodulation, Pfeifstellen, Lautstärkebeeinträchtigung. Zur Messung dieser Störungen brauchen wir zwei möglichst gleiche Signalerzeuger, die in Reihe miteinander und mit der Normalantenne an die Empfängereingangsklemmen angeschlossen werden. Damit die Reihenschaltung der Signalerzeugerausgänge meßtechnisch zulässig ist, müssen sie einen sehr geringen Ausgangswiderstand aufweisen.

Bei der Kreuzmodulationsmessung wird die Frequenz des einen Signalerzeugers gleich der Abstimmfrequenz des Empfängers gewählt. Der zweite Signalerzeuger bleibt zunächst stumm (Signal gleich Null). Bei einer gegebenen Eingangssignalstärke (z. B. 5 mV) und 30% Modulationstiefe (400 Hz) wird die Handlautstärkeregelung des Empfängers so eingestellt, daß eine normale Niederfrequenzausgangsleistung, die bestimmt wird, entsteht (z. B. 50 mW). Dann wird die Modulation des ersten Signalerzeugers abgeschaltet. Der zweite Signalerzeuger wird in Betrieb gesetzt und ebenfalls zu 30% mit 400 Hz moduliert. Die Frequenz des zweiten Signalerzeugers wird 10 kHz oder mehr von derjenigen des ersten entfernt eingestellt. Es muß darauf geachtet werden, daß diese Frequenz nicht zu Pfeifstellenempfang oder Spiegelempfang (vgl. unten) Anlaß gibt. Die Signalspannung des zweiten Signalerzeugers wird nun derart geregelt, daß am Ausgang des Empfängers die gleiche Leistung gemessen wird wie oben für den ersten (modulierten) Signalerzeuger allein. Diese Spannung (Mikrovolt) wird als Funktion des Frequenzabstandes zwischen den beiden Signalen abgetragen und als Kreuzmodulationskennlinie des Empfängers bezeichnet. Es entsteht eine Kurve, welche einen ähnlichen Verlauf wie eine Trennschärfekurve aufweist. Diese Kreuzmodulationskennlinie erlaubt eine Beurteilung der Trennschärfe des Empfängers unter normalen Betriebsbedingungen, z. B. mit automatischer Verstärkungsregelung und automatischer Bandbreitenregelung. Die Messung kann für verschiedene Abstimmungen des Empfängers und Signalstärken des ersten Signalerzeugers durchgeführt werden sowie für verschiedene Einstellungen der Handlautstärkeregelung, Bandbreitenregelung und Ausgangsleistung. Als Beispiel von Kreuzmodulationskennlinien kann Abb. 424 dienen.

Zur Bestimmung der Pfeifstörungen werden die obengenannten zwei Signalerzeuger in gleicher Weise geschaltet und mit Hilfe des ersten Signalerzeugers (der zweite zunächst außer Betrieb) bei einem normalen Eingangssignal (z. B. 5 mV) bei 30% Modulationstiefe (400 Hz) die Handlautstärke so eingeregelt, daß eine normale Ausgangsleistung (z. B. 50 mW) entsteht, welche bestimmt wird. Darauf wird die Modulation des ersten Signalerzeugers abgeschaltet und der zweite Signalerzeuger unmoduliert in Betrieb gesetzt. Die Frequenz des ersten Signalerzeugers und die Empfängereinstellung bleiben fest. Die Frequenz und die Stärke des zweiten Signalerzeugers werden darauf so eingestellt, daß am Empfängerausgang (infolge Pfeifstellenempfang) wieder ein Ton von 400 Hz entsteht mit einer Leistung gleich 1‰ der obengenannten Leistung für den ersten Signalerzeuger (mit 30% Modulationstiefe). Die Signalspannung und die Frequenz des zweiten Signalerzeugers, welche dieser Einstellung entsprechen, werden eingetragen. Wenn man mehrere solcher Punkte bestimmt, entsteht ein Pfeifstellendiagramm (Beispiel Abb. 425). Die Messungen können für verschiedene Einstellungen des ersten Signalerzeugers und des Empfängers wiederholt werden.

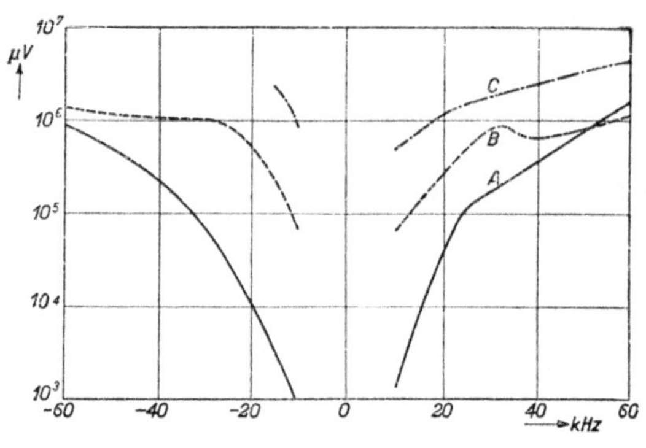

Abb. 424. Kreuzmodulationskennlinien eines Empfängers. Vertikal: Störsignalstärke in Mikrovolt. Horizontal: Abstand der Störsignalfrequenz von der Abstimmfrequenz des Empfängers. Kurve A: Stärke des Abstimmsignals 50 μV, Kurve B: 5 mV, Kurve C: 0,1 V. Die Messung der Kurven wird im Text beschrieben.

Störsignale können eine Beeinträchtigung der Ausgangsleistung eines Empfängers mit einem modulierten (erwünschten) Eingangssignal hervorrufen. Zur Messung benutzen wir wieder zwei Signalerzeuger wie oben. Der erste Signalerzeuger und der Empfänger werden wie oben eingeregelt. Dieser Signalerzeuger bleibt aber im weiteren Verlauf der Messung unverändert moduliert. Der zweite Signalerzeuger wird in Betrieb gesetzt und bleibt weiterhin unmoduliert. Bei einer bestimmten Spannung dieses zweiten Signalerzeugers wird seine Frequenz in einem Wellenbereich des Empfängers verändert und für jede Frequenz die Veränderung der Ausgangsleistung des Empfängers bestimmt. Diese zwei Daten ergeben eine Störkennlinie, welche zur Beurteilung der obenerwähnten Kreuzmodulationskennlinie neben dieser betrachtet werden soll. Die Ursache dieser Störungen liegt in der automatischen Verstärkungsregelung oder (und) in den Röhrenkennlinien.

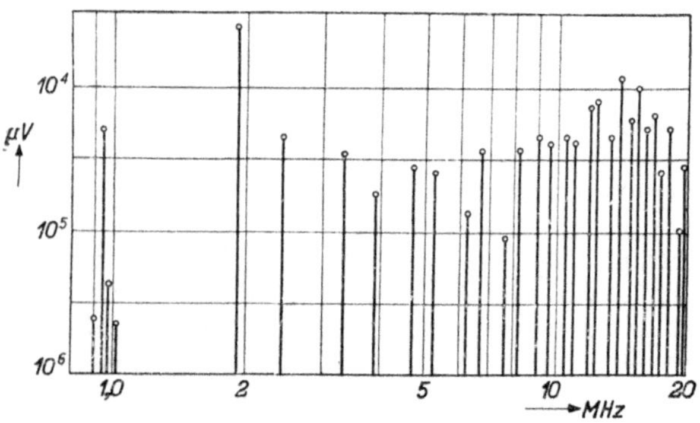

Abb. 425. Pfeifstellendiagramm eines Empfängers. Vertikal: Störsignalstärke in Mikrovolt für eine Pfeifausgangsleistung des Empfängers gleich 1‰ der Normalausgangsleistung. Horizontal: Frequenz des Störsignals.

Schrifttum: 73.

β) *Störgeräusche.*

In erster Linie ist das „Brummen" zu berücksichtigen. Man kann dieses Brummen am Ausgang eines Empfängers erstens mit ganz heruntergeregelter Handlautstärkeregelung und zweitens mit normaler unmodulierter Eingangsträgerwelle bei einem auf normale Lautstärke eingeregelten Empfänger beobachten. Im ersten Fall wird am Ausgang des Empfängers die zur Messung der Wiedergabetreue (Abschn. J 3cα) angegebene Vorrichtung (Abb. 419) benutzt. Die Brummleistung am Ausgang und ihre einzelnen Fourier-Komponenten bilden die hierhergehörigen Meßdaten.

Im zweiten Fall wird an den Eingang des Empfängers in Reihe mit einer Normalantenne ein Signalerzeuger angeschlossen. Der Empfänger wird mit einem der „Normalsignale“ (vgl. Abschn. J 3a) so geregelt, daß bei 30% Modulationstiefe am Ausgang die höchste unverzerrte Nennleistung des Empfängers erzielt wird. Dann wird die Modulation des Signals abgeschaltet und mit der in Abschn. J 2a angegebenen Vorrichtung die Brummspannung $\mathfrak{U}_b$ der einzelnen FOURIER-Komponenten der Ausgangsbrummleistung betimmt. Wenn die entsprechende Ausgangssignalspannung bei eingeschalteter Modulation (30%) des Signalerzeugers $\mathfrak{U}_s$ beträgt, wird die Brummodulation des Empfängers mit der betreffenden Brummkomponente: $M_b = 30\ \mathfrak{U}_b/\mathfrak{U}_s\%$.

Wie in Abschn. E 2aγ erörtert wurde, können am Ausgang eines Empfängers auch Pfeiftöne auftreten, wenn am Eingang nur eine einzige Signalspannung (im Gegensatz zu Abschn. J 3dα) vorhanden ist. Bei einem der Normalsignale mit 30% Modulation wird der Empfänger so geregelt, daß etwa die höchste unverzerrte Ausgangsnennleistung erreicht wird. Die betreffende Ausgangssignalspannung sei $\mathfrak{U}_s$. Dann wird die Modulation des Signalerzeugers abgeschaltet und die Frequenz desselben so eingestellt, bei gleichzeitiger entsprechender Abstimmung des Empfängers, daß am Ausgang ein Pfeifton von etwa 400 Hz entsteht (dies ist auch die Frequenz der ursprünglichen Signalmodulation). Die betreffende Spannung sei $\mathfrak{U}_p$. Hieraus ergibt sich als Modulationstiefe der betrachteten Pfeifstelle: $M = 30\ \mathfrak{U}_p/\mathfrak{U}_s\%$.

Das Rauschen infolge spontaner Schwankungen ist am Ausgang eines Empfängers meßtechnisch schwer von den übrigen Störgeräuschen, wie Brummen, zu trennen. Am einfachsten wird es in solchen Fällen mit dem Gehör beobachtet. Wenn praktisch keine anderen Störgeräusche vorhanden sind und das Rauschen die überwiegende Ausgangsstörung darstellt, kann in folgender Weise verfahren werden: Am Eingang des Empfängers wird ein moduliertes Signal benutzt und die Ausgangsleistung $\mathfrak{N}_s + \mathfrak{N}_r$ beobachtet. Dann wird die Modulation abgeschaltet und wieder die Ausgangsleistung beobachtet ($\mathfrak{N}_r$). Aus diesen zwei Daten kann das Verhältnis $\mathfrak{N}_r/\mathfrak{N}_s$ für das betreffende Signal (vgl. Abschn. F 1c) bestimmt werden, und hieraus geht unmittelbar die effektive Eingangsrauschspannung des Empfängers hervor (vgl. Abschn. F 1c).

Schrifttum: 73, 261, 262.

4. Akustische Meßverfahren.

a) Schallstrahlungsmessungen.

Es sind bisher mehrere Meßverfahren zur Bestimmung der Schallstrahlung von Lautsprechern angegeben worden, von denen wir die beiden gebräuchlichsten hier erwähnen. Das erste Verfahren, das bei sorgfältiger Durchführung als „Normalverfahren“ anzusprechen wäre, ist in Abb. 420 dargestellt. Ein absolut geeichtes Mikrophon nebst Verstärker bestimmt die Schallstärke in gegebener Entfernung (groß gegen die Wellenlänge in Luft) vom und Richtung zum Lautsprecher. Durch Integration über eine Kugel erhält man die gesamte ausgestrahlte Schalleistung für die Meßfrequenz und für das vorliegende Eingangssignal. Zugleich ergibt sich auch das Richtungsdiagramm der Schallstrahlung. Das Verfahren kann für verschiedene Frequenzen wiederholt werden. Durch Verwendung einer selbsttätigen Aufzeichnung der gemessenen Schallstrahlung in Abhängigkeit von der Strahlungsrichtung kann eine bedeutende Zeitersparnis erzielt werden. Trotzdem bleibt die Messung etwas zeitraubend.

Das zweite Verfahren ergibt sofort die Gesamtschallstrahlung und hat Ähnlichkeit mit dem ULBRICHTschen Kugelverfahren der Optik. Der Lautsprecher

(Empfänger) wird in einem Raum angeordnet, dessen Nachhallzeit T bekannt ist. Während der Messung werden Lautsprecher und Mikrophon gegenseitig sowie in bezug auf den Raum bewegt, während auch weitere Maßnahmen zur Erzielung einer möglichst gleichmäßigen Schallstrahlungsdichte im ganzen Meßraum getroffen werden. Wenn E die mit dem Mikrophon gemessene Schallenergiedichte im Raum (Joule je m^3), $\mathfrak{N}$ die Schallstrahlung des Lautsprechers und T die Nachhallzeit des Raumes (Volumen V) für 60 Dezibel Schallstärkeabnahme bedeuten, so gilt:

$$E = \frac{\mathfrak{N}\,T}{13{,}8\,V}.$$

Es handelt sich hier also um ein selbsttätiges Integrationsverfahren.

Schrifttum: 8, 73, 149, 180.

b) Klingen und Resonanzen.

Das Klingen eines Empfängers äußert sich darin, daß bei abgeschalteter Modulation des Eingangssignals der Lautsprecher mit bestimmten Frequenzen zu tönen beginnt (vgl. Abschn. C 2c δ und D 3a β). Bei der Messung dieser Störung kann man wie folgt verfahren. Der Signalerzeuger wird an den Empfängereingang geschaltet und zu 30% moduliert. Der Empfänger wird derart geregelt, daß sich am Ausgang die höchste unverzerrte Nennleistung ergibt. Dann wird die Modulation abgeschaltet und die Signalfrequenz und entsprechend die Abstimmfrequenz des Empfängers im ganzen vorliegenden Wellenbereich verändert. Wir nehmen an, daß bei einer bestimmten Signalfrequenz ein Klingen des Empfängers auftritt. Die Spannung an der beweglichen Lautsprecherspule und die Tonhöhe werden hierbei beobachtet. Dann wird die Lautsprecherspule abgeschaltet und durch eine möglichst gleichwertige Ausgangsbelastung ersetzt. Der Signalerzeuger wird mit der Frequenz des Klingens moduliert und die Modulationstiefe so eingestellt, daß die gleiche Spannung über der Ausgangsbelastung entsteht. Die ermittelte Modulationstiefe ist ein Maß für die Klingneigung und soll einige Prozent nicht überschreiten. Die Messung kann für verschiedene Signalfrequenzen und Wellenbereiche durchgeführt werden. Das Ergebnis ist weitgehend unabhängig von der benutzten Eingangssignalspannung.

In einigen Fällen können Empfängergehäuse Resonanzen zeigen. Diese werden am einfachsten beobachtet, indem ein Signalerzeuger an den Empfängereingang angeschlossen und der Empfänger derart geregelt wird, daß am Ausgang die höchste unverzerrte Nennleistung entsteht. Darauf wird die Modulationsfrequenz bei gleichbleibender Modulationstiefe im ganzen Frequenzbereich des Empfängers verändert. Die Resonanzstellen (manchmal bei niedrigen Frequenzen gelegen) sind, falls sie auftreten, mühelos erkennbar.

Schrifttum: 73, 354.

Schrifttum

nach Anfangsbuchstaben der Verfasser geordnet.

1. ALEXANDER, J. W.: Ein Wechselrichter zum Anschluß von Wechselstromempfängern an das Gleichstromnetz. Philips techn. Rdsch. Bd. 2 (1937) S. 346—349.
2. ALEXANDER, J. W.: Rundfunkempfang im Kraftwagen. Philips techn. Rdsch. Bd. 3 (1938) S. 114—120.
3. ARMSTRONG, E. H.: Some recent developments of regenerative circuits. Proc. Inst. Radio Engrs., N. Y. Bd. 10 (1922) S. 244—260.
4. ARMSTRONG, E. H.: A method of reducing disturbances in radio signaling by a system of frequency modulation. Proc. Inst. Radio Engrs., N. Y. Bd. 24 (1936) S. 689—740.
5. ATAKA, H.: On superregeneration of an ultra short wave receiver. Proc. Inst. Radio Engrs., N. Y. Bd. 23 (1935) S. 841—884.
6. BAKKER, C. J.: Current distribution fluctuations in multi-electrode radio valves, Physica, Haag Bd. 5 (1938) S. 581—592.
7. BAKKER, C. J., u. G. HELLER: On the Brownian motion in electric resistances. Physica, Haag Bd. 6 (1939) S. 262—274.
8. BALLANTINE, S.: Receiver testing with an "artificial ear". Electronics, N. Y. Bd. 13 (1940) Nr. 6 S. 34—35 u. 108—110.
9. BÄRISCH, J.: Triode oder Pentode? Funktechn. Mh. 1940 Heft 11 S. 165—167.
10. BARTELS, H.: Der Eingangswiderstand rückgekoppelter Verstärker. Elektr. Nachr.-Techn. Bd. 16 (1939) S. 155—160.
11. BEDFORD, A. V., and G. L. FREDENHALL: Transient response of multistage video-frequency amplifiers. Proc. Inst. Radio Engrs., N. Y. Bd. 27 (1939) S. 277—285.
12. BENNETT, W. R.: New results in the calculation of modulation products. Bell Syst. techn. J. Bd. 12 (1933) S. 228—243.
13. BLACK, L. J., and H. J. SCOTT: A direct current and audio frequency amplifier. Proc. Inst. Radio Engrs., N. Y. Bd. 28 (1940) S. 269—275.
14. BLOK, L.: Funkstörungen. Philips techn. Rdsch. Bd. 3 (1938) S. 251—256.
15. BLOK, L.: Bekämpfung von Funkstörungen. Philips techn. Rdsch. Bd. 4 (1939) S. 249 bis 256.
16. BODE, H. W.: Relations between attenuation and phase in feedback amplifier design. Bell Syst. techn. J. Bd. 19 (1940) Nr. 3 S. 421—454.
17. DE BOER, J.: Ein elektrisches Megaphon. Philips techn. Rdsch. Bd. 4 (1939) S. 285—287.
18. DE BOER, J.: Der Wirkungsgrad von Lautsprechern. Philips techn. Rdsch. Bd. 4 (1939) S. 313—319.
19. DE BOER, J.: Mikrophone. Philips techn. Rdsch. Bd. 5 (1940) S. 146—155.
20. BÖHME, H., u. E. KOCH: Über den Ausgangswiderstand von gegengekoppelten Verstärkern. Hochfrequenztechn. Bd. 58 (1941) S. 107-109.
21. BOZAK, R. T.: Design of a 27-inch loudspeaker. Electronics, N. Y. Bd. 13 (1940) Nr. 6 S. 22—24.
22. BRAUDE, G.: Über die Möglichkeit einer Beseitigung der Geräusche in Lampenverstärkern. Techn. Physics USSR. Bd. 3 (1936) S. 860—880.
23. BRÜCK, L.: Gegenkopplungsschaltungen unter besonderer Berücksichtigung der Rundfunkempfänger. Telefunkenröhre Heft 11 (1937) S. 244—277.
24. BRÜCK, L.: Frequenzgang und Schwingneigung gegengekoppelter Verstärker für Rundfunkempfänger. Telefunkenröhre Heft 14 (1938) S. 237—254.
25. CARSON, J. R., and T. C. FRY: Variable frequency electric circuit theory. Bell Syst. techn. J. Bd. 16 (1937) S. 513—540.
26. CARSON, J. R.: Theory of the feedback receiving circuit. Bell Syst. techn. J. Bd. 18 (1939) S. 395—403.
27. CAUER, W.: Theorie der linearen Wechselstromschaltungen I. Leipzig: Akademische Verlagsgesellschaft 1941, 614 S.
28. CHAFFEE, E. L.: The application of negative feedback to frequency modulation systems. Proc. Inst. Radio Engrs., N. Y. Bd. 27 (1939) S. 317—331.

29. Cohen-Henriquez, V.: Kompression und Expansion bei der Klangübertragung. Philips techn. Rdsch. Bd. 3 (1938) S. 209—215.
30. Colebrook, F. M., and H. A. Thomas: A critical review of literature on amplifiers for radio reception. Department of scientific and industrial research. Radio Research Rep. Nr. 9, London 1930.
31. Cornelius, P.: Die Empfindlichkeit von Antennen gegen örtliche Störungen. Philips techn. Rdsch. Bd. 6 (1941) S. 307—313.
32. Cornelius, P.: Der Antenneneffekt bei Rundfunkempfängern mit Rahmenantenne. Philips techn. Rdsch. Bd. 7 (1942) H. 3 S. 65—72.
33. Courant, R., u. D. Hilbert: Methoden der mathematischen Physik. 469 S. Berlin: Springer 1931.
34. Cramwinckel, A., en P. R. Dyksterhuis: De electrische grammofoon-opnemer. Radio Nieuws Bd. 16 (1933) S. 61—72.
35. Crosby, M. G.: Frequency modulation noise characteristics. Proc. Inst. Radio Engrs., N. Y. Bd. 25 (1937) S. 472—514.
36. Crosby, M. G.: Communication by phase modulation. Proc. Inst. Radio Engrs., N. Y. Bd. 27 (1939) S. 126—137.
37. Day, J. R.: A receiver for frequency modulation. Electronics, N. Y. June 1939, S. 32—35.
38. Deutscher akustischer Ausschuß: Eichung von Mikrophonen. Akust. Z. Bd. 4 (1939) S. 62-65.
39. Diefenbach, W. W.: Einhundert neuzeitliche Rundfunk-Empfänger- und Verstärkerschaltungen. Berlin: Deutsch-literarisches Institut J. Schneider 1941, 176 S.
40. Dressler, G.: Hochfrequenz-Nachrichtentechnik für Elektrizitätswerke. Berlin: Julius Springer 1941, 206 S.
41. Dyksterhuis, P. R., and Y. B. F. J. Groeneveld: Low-frequency amplification with transformers. Exp. Wireless Bd. 6 (1929) S. 374—379.
42. Eberhardt, R., G. Nüsslein u. H. Rupp: Ein neuartiges Prinzip stabiler Gleichstromverstärkung. Arch. Elektrotechn. Bd. 35 (1941) S. 477—489, 533—549.
43. Eckersley, P. P.: Asymmetric side band broadcasting. Proc. Inst. Radio Engrs., N. Y. Bd. 26 (1938) S. 1041—1092.
44. Feldtkeller, R.: Einführung in die Vierpoltheorie der elektrischen Nachrichtentechnik. 142 S. Leipzig: Hirzel 1937.
45. Feldtkeller, R.: Einführung in die Theorie der Rundfunksiebschaltungen. 168 S. Leipzig: Hirzel 1940.
46. Ferrari-Toniolo, A.: Accopiamento di bipoli e quadripoli e adattamento di impedenze. Alta Frequ. Bd. 8 (1939) S. 707—734.
47. Flechsig, W., u. M. Sandhagen: Über Elektronen-Verstärkerröhren mit statischer Sekundäremissionsvervielfachung. Radio e Televisione Bd. 5 (Nov. 1940) S. 51—64.
48. Fränz, K.: Über die Empfindlichkeitsgrenze beim Empfang elektrischer Wellen und ihre Erreichbarkeit. Elektr. Nachr.-Techn. Bd. 16 (1939) S. 92—96.
49. de Fremery, F., u. G. J. Levenbach: Trägerwellentelephonie über pupinisierte Kabel. Philips techn. Rdsch. Bd. 4 (1939) S. 10—17.
50. Frink, F. W.: The basic principles of superregenerative reception. Proc. Inst. Radio Engrs., N. Y. Bd. 26 (1938) S. 76—106.
51. Fyler, G. W., and J. A. Worcester: A noise-free radio receiver. Gen. Electr. Rev. Bd. 42 (1939) S. 307—310.
52. van Geel, W. Ch., u. A. Claassen: Elektrolytkondensatoren. Philips techn. Rdsch. Bd. 2 (1937) S. 65—71.
53. Goedhart, D., u. J. de Jong: Trägerwellentelephonie. Philips techn. Rdsch. Bd. 6 (1941) S. 329—337.
54. Graffunder, W., u. H. Rothe: Prinzipielle Untersuchungen über das Klingen von Verstärkerröhren. Telefunkenröhre Heft 6 (1936) S. 36—57, Heft 8 (1936) S. 147—157.
55. Graffunder, W.: Über das Brummen indirekt geheizter Verstärkerröhren. Telefunkenröhre Heft 12 (1938) S. 46—63.
56. Haantjes, J.: Die Beurteilung eines Verstärkers mit Hilfe der Sprungkennlinie. Philips techn. Rdsch. Bd. 6 (1941) S. 193—201.
57. de Haas-Lorentz, G. L.: Die Brownsche Bewegung und einige verwandte Erscheinungen. 103 S. Braunschweig: Vieweg 1913. (Übersetzung der entsprechenden Leidener Dissertation von 1912).
58. Hahn, W. C.: Einrichtung zur Beeinflussung der Kopplung zwischen zwei Spulen. DRP. 677653 (1. 10. 35).
59. Hak, J.: Eisenlose Drosselspulen. 246 S. Leipzig: Kochler 1938.
60. Hecht, H.: Die elektroakustischen Wandler. Leipzig: Barth 1941, 243 S.
61. Heidelberg, Q. S., and W. A. Rense: A direct current amplifier employing negative feedback for measuring stellar photoelectric currents. Rev. sci. Instrum. Bd. 11 (1940) S. 386—388.

62. HEINS VAN DER VEN, A. J.: Output stage distortion. Wireless Engr. Bd. 16 (1939) S. 383—390 u. 444—452.
63. HEINS VAN DER VEN, A. J.: Die Untersuchung von Endverstärkerröhren mit Hilfe der Kathodenstrahlröhre. Philips techn. Rdsch. Bd. 5 (1940) S. 61—69.
64. HEINS VAN DER VEN, A. J.: Nutzleistung und Verzerrung der Endröhren bei verschiedener Belastung. Philips techn. Rdsch. Bd. 5 (1940) S. 189—196.
65. HELMHOLTZ, H. v.: Über einige Gesetze der Verteilung elektrischer Ströme in körperlichen Leitern mit Anwendung auf die thierisch-elektrischen Versuche. Poggend. Ann. Bd. 89 (1853) S. 211—233 u. 353—377.
66. HENKLER, O., u. R. OTTO: Modulation. Arch. techn. Messen V 3718-1 Sept. 1940.
67. HERRMANN, W.: Neuere Elektrolytkondensatoren und ihre Eigenschaften. Siemens-Z. Bd. 21 (1941) S. 120—126.
68. HOBBS, M.: F. M.-Receivers. Design and performance. Electronics, N. Y. Bd. 13 (1940) Nr. 8 S. 22—25.
69. HOLZWARTH, H.: Dynamische Kennlinien und Klirrfaktor von Verstärkerröhren bei komplexer Last. Elektr. Nachr.-Techn. Bd. 18 (1941) S. 195—203.
70. HOROWITZ, A., u. J. A. VAN LAMMEREN: Rundfunkempfänger mit Druckknopfabstimmung. Philips techn. Rdsch. Bd. 3 (1938) S. 257—263.
71. HUDEC, E.: Druckempfang in der drahtlosen Telegraphie mit dem Impulsverfahren. Elektr. Nachr.-Techn. Bd. 16 (1939) S. 1—23.
72. HURWITZ, A., u. R. COURANT: Funktionentheorie. Berlin: Springer 1925.
73. The institute of radio engineers (New York): Standards on radio receivers 1938. Standards on electroacoustics 1938.
74. JACOBI, H., u. L. KIRCHGESSNER: Die Raumladungsschwächung des Schroteffektes. Wiss. Veröff. Siemens-Werke Bd. 16 (1937) Heft 2 S. 42—57.
75. JAFFE, D. L.: Modulation circuit theory. J. Franklin Inst. Bd. 229 (1940) Nr. 6 S. 779 bis 782.
76. JANSKY, K. G.: Directional studies of atmospherics at high frequencies. Proc. Inst. Radio Engrs., N. Y. Bd. 20 (1932) S. 1920—1932.
77. JANSKY, K. G.: A note on the source of interstellar interference. Proc. Inst. Radio Engrs., N. Y. Bd. 23 (1935) S. 1158—1163.
78. JIPP, A.: Moderne Telegraphie. Berlin: Springer 1934.
79. JOBST, G.: Über den Zusammenhang zwischen Durchgriff und Entladungsgesetz bei Röhren mit veränderlichem Durchgriff. Telefunkenztg. Bd. 12 (1931) H. 59 S. 29.
80. JOBST, G., u. F. SAMMER: Streuelektronen in Verstärkerröhren. Telefunkenröhre Heft 1 (1934) S. 8—27.
81. JOHNSON, J. B.: The Schottky effect in low frequency circuits. Phys. Rev. Bd. 26 (1925) S. 71—85.
82. JOHNSON, J. B.: Thermal agitation of electricity in conductors. Phys. Rev. Bd. 32 (1928) S. 97—109.
83. JOHNSON, K. S.: Transmission circuits for telephonic communication. 326 S. New York: D. van Nostrand 1925.
84. KADEN, H.: Die Schirmwirkung metallischer Hüllen gegen magnetische Wechselfelder. Hochfrequenztechn. Bd. 40 (1932) S. 92—97.
85. KETTEL, E.: Die selbsttätige Scharfabstimmung. Telefunkenröhre Heft 11 (1937) S. 213 bis 229.
86. KIRCHHOFF, G.: Über die Auflösung der Gleichungen, auf welche man bei der Untersuchung der linearen Verteilung galvanischer Ströme geführt wird. Poggend. Ann. Bd. 72 (1847) S. 497—508.
87. KLEEN, W.: Endröhrenprobleme. Telefunkenröhre, Beilage (1936) S. 6—35.
88. KLEEN, W., u. H. ROTHE: Die Verstärkungseigenschaften der HF-Pentode. Telefunkenröhre Heft 7 (1936) S. 109—131.
89. KLEEN, W.: Zum Problem der linearen Kennlinie. Telefunkenröhre Heft 10 (1937) S. 147—156.
90. KLEEN, W., u. W. GRAFFUNDER: Grenzen der Messung mit Verstärkerröhren. Arch. techn. Messen 1937 J. 8333-1.
91. KLEEN, W., u. K. WILHELM: Über Regelkennlinien. Telefunkenröhre Heft 12 (1938) S. 1—6.
92. KLEEN, W.: Rauschen und Empfindlichkeit von Verstärkerschaltungen. Arch. techn. Messen 1939 J. 8333-3.
93. KLEMT, A.: Das Eigenrauschen von Empfängern und Verstärkern. Funktechn. Mh. 1939 S. 298—304.
94. KLUTKE, F.: Der Blindwiderstand von Rundfunk-Empfangsantennen und sein Einfluß auf die Funktion von Saug- und Sperrkreisen. Hochfrequenztechn. Bd. 42 (1933) S. 99 bis 105.

95. Köhler, J. W. L.: Lichttelephonie. Philips techn. Rdsch. Bd. 1 (1936) S. 152—157.
96. König, H.: Mehrstufiger, kompensierter Differential-Gleichstromverstärker für Netzanschluß. Helv. phys. Acta Bd. 13 (1940) S. 381—392.
97. König, H.: Selbsterregung von Triodenschaltungen im Ultrakurzwellengebiet. Wiss. Veröff. Siemens-Werke Bd. 20 (1941) S. 10—27.
98. König, K.: Einkreis-Einröhren-Allwellen-Allstrom-Empfänger. Funk 15. Jan. 1940 Heft 2 S. 17—20.
99. Koomans, N.: Single side band telephony applied to the radio link between the Netherlands and the Netherlands East Indies. Prov. Inst. Radio Engrs., N. Y. Bd. 26 (1938) S. 182—206.
100. Kotowski, P., u. H. Wisbar: Drahtloser Überseeverkehr. Leipzig: Hirzel 1941, 243 S.
101. Kruithof, A. A.: Trägheitserscheinungen in gasgefüllten Photozellen. Philips techn. Rdsch. Bd. 4 (1939) S. 56—64.
102. Kuperus, J.: Über den Aufbau von Wechselrichtern für Rundfunkgeräte. Philips techn. Rdsch. Bd 6 (1941) S. 347—350.
103. Lampe, W.: Untersuchungen über den Einfluß der Modulation mit veränderlichem Trägerwert auf die Empfangsgüte. Diss. Braunschweig 1935.
104. Landon, V. D., and E. A. Sveen: A solution of the superhetrodyne tracking problem. Electronics, N. Y. Bd. 5 (1932) S. 250—251.
105. Legg, V. E., and F. J. Given: Compressed powdered molybdenum permalloy for high quality inductance coils. Bell Syst. techn. J. Bd. 19 (1940) Nr. 3 S. 385—406.
106. Levy, M. L.: Narrow band versus wide band in F-M-reception. Electronics, N. Y. June 1940 S. 26—29 u. 97.
107. Lichte, H., u. A. Narath: Physik und Technik des Tonfilms. Leipzig: Hirzel 1941, 381 S.
108. Lindenhovius, H. J., u. H. Rinia: Ein Netzanschlußgerät mit stabilisierter Spannung. Philips techn. Rdsch. Bd. 6 (1941) S. 54—61.
109. Lindström, E.: Einspielschallplatten. Ericsson Rev. Nr. 3 (1938) S. 128—132.
110. Loon, C. J. van: Verbesserungen an Rundfunkempfängern. Philips techn. Rdsch. Bd. 1 (1936) S. 264—269.
111. Loon, C. J. van: Ein einfaches System der Banddehnung bei Kurzwellenempfang. Philips techn. Rdsch. Bd. 6 (1941) S. 269—273.
112. Lübeck, H.: Statistischer Rückblick über die Rundfunkgeräte-Entwicklung. Funktechn. Mh. H. 12 (1941) S. 181—187.
113. McProud, C. G.: Volume expansion with a triode. Electronics, N. Y. Bd. 13 (1940) Nr. 8 S. 17—18.
114. Mader, W.: Untersuchungen zur Verringerung des Klirrfaktors von Verstärkern, vorwiegend für Trägerfrequenzsysteme. Elektr. Nachr.-Techn. Bd. 16 (1939) S. 135—149.
115. Mason, W. P., and R. A. Sykes: Electrical wave filters employing crystals with normal and divided electrodes. Bell Syst. techn. J. Bd. 19 (1940) S. 221—248.
116. Matte, A. L.: Advances in carrier telegraph transmission. Bell Syst. techn. J. Bd. 19 (1940) S. 161—208.
117. Mayer, H. F.: Control of the effective internal impedance of amplifiers by means of feedback. Proc. Inst. Radio Engrs., N. Y. Bd. 27 (1939) S. 213—218.
118. Mayer, H. F.: A visual alignment generator. Electronics, N. Y. Bd. 13 (1940) Nr. 4 S. 39—41.
119. Meyer, E., u. H. Thiede: Widerstandsschwankungen dünner Kohleschichten. Elektr. Nachr.-Techn. Bd. 12 (1935) S. 237—242.
120. Meisinger, O.: Die Berechnung des Oszillatorkreises im Überlagerungsempfänger. Funktechn. Mh. 1940 Heft 11 S. 161—164.
121. Merriman, H. O., and F. G. Nixon: Radio interference-investigation, suppression and control. Proc. Inst. Radio Engrs., N. Y. Bd. 27 (1939) S. 16—21.
122. Moebes, R.: Vorschläge für eine einheitliche Gestaltung von Meßwertangaben bei Rundfunkempfängern. Telegr.- u. Fernspr.-Techn. Bd. 30 (1941) S. 194—197.
123. Moeller, F.: Magnetische Abschirmung durch ebene Bleche bei Tonfrequenzen. Elektr. Nachr.-Techn. Bd. 16 (1939) S. 48—52.
124. Moore, J. B., and H. A. Moore: I-f Selectivity in receivers for commercial radio services. RCA review Bd. 4 (1940) S. 319—323.
125. Moullin, E. B.: Spontaneous fluctuations of voltage. Clarendon Press Oxford 1938 251 S.
126. Mühlner, J.: Der Eingangsleitwert zweikreisiger Hochfrequenzbandfilter bei Entdämpfung des Sekundärkreises. Hochfrequenztechn. Bd. 55 (1940) S. 137—141.
127. Neulen, F.: Geräte-Schaltungsfragen. Telefunkenröhre, Beilage (1936) S. 80—87.
128. Nyquist, H.: Thermal agitation of electric charge in conductors. Phys. Rev. Bd. 32 (1928) S. 110—113.

129. O'Connor Horgan, M.: The grid-anode capacity of valves. Wireless Engr. Bd. 11 (1934) S. 464—474.
130. Olney, B.: The coaxial loudspeaker. Electronics, N. Y. Bd. 13 (1940) Nr. 4 S. 32—35, 106—108.
131. Oltze, H.: Anwendung kombinierter Rückkopplungen in Schaltungselementen der Fernmeldetechnik. VDE-Fachberichte Bd. 11 (1939) S. 24—28.
132. Opitz, G.: Eigenschaften und zweckmäßige Anwendung von Normalgüte-Spulen bei Hochfrequenz. Arch. techn. Messen Z. 124-2 Sept. 1940.
133. Oswald, A. A.: A short wave single side band radiotelephone system. Proc. Inst. Radio Engrs., N. Y. Bd. 26 (1938) S. 1431—1454.
134. Pearson, G. L.: Quiet amplifier tubes. Bell Labor. Rec. Bd. 14 (1935) S. 56—59.
135. Pearson, G. L.: Fluctuation noise in vacuum tubes. Physics Bd. 5 (1934) S. 233—243.
136. Peters, J.: Berechnung von Verzerrungen bei vorgegebener statischer Kennlinie. Hochfrequenztechn. Bd. 58 (1941) S. 39—40.
137. Philips: Die Klangverstärkungsanlage an Bord der „Normandie". Philips techn. Rdsch. Bd. 1 (1936) S. 22—25.
138. Philips: Ein Kathodenstrahloszillograph. Philips techn. Rdsch. Bd. 1 (1936) S. 147 bis 151.
139. Philips: Drahtlose Orts- und Richtungsbestimmung von Flugzeugen. Philips techn. Rdsch. Bd. 2 (1937) S. 184—190.
140. Philips: Einrichtung von Funkhäusern. Philips techn. Rdsch. Bd. 4 (1939) S. 140—148.
141. Philips: Neuartige Empfängerröhren. Philips techn. Rdsch. Bd. 4 (1939) S. 170—174.
142. Philips: Rundfunkempfänger mit Schiebekondensatoren. Philips techn. Rdsch. Bd. 4 (1939) S. 289—295.
143. Philips: Empfangsgeräte mit geeichter Abstimmskala für Kurzwellensender. Philips techn. Rdsch. Bd. 4 (1939) S. 296—301.
144. Pipes, L. A.: A matrix generalization of Heaviside's expansion theorem. J. Franklin Inst. Bd. 230 (1940) S. 483—499.
145. Polkinghorn, F. A.: A single sideband musa receiving system for commercial operation on transatlantic radio telephone circuits. Bell Syst. techn. J. Bd. 19 (1940) S. 306 bis 335.
146. Prakke, F., J. L. H. Jonker and M. J. O. Strutt: A new all-glass valve construction. Wireless Engr. Bd. 16 (1939) S. 224—230.
147. Prytz, Kj.: The padding condenser. Ingeniörvidenskabelige Skrifter. Kobenhavn Nr. 3 (1941) 55 S.
148. Raabe, H.: Untersuchungen an der wechselseitigen Mehrfachübertragung. Elektr. Nachr.-Techn. Bd. 16 (1939) S. 213—228.
149. The Radio Manufacturers Association: Specification for testing and expressing overall performance of radio receivers. Part 1: Electrical tests; Part 2: Acoustical tests. London 1936.
150. Reber, G.: Cosmic static. Proc. Inst. Radio Engrs., N. Y. Bd. 28 (1940) S. 68—71.
151. Richards, C. L.: Ein Fernsehempfänger. Philips techn. Rdsch. Bd. 2 (1937) S. 33—38.
152. Richter, H.: Elektrische Kippschwingungen. 154 S. Leipzig: Hirzel 1940.
153. Rinia, H., u. C. Dorsman: Eine Fernsehanlage mit Nipkow-Scheibe. Philips techn. Rdsch. Bd. 2 (1937) S. 72—76.
154. Roetken, A. A.: A single side band receiver for short wave telephone service. Proc. Inst. Radio Engrs., N. Y. Bd. 26 (1938) S. 1455—1465.
155. Romeyn, C.: Die Flugzeug-Bordfunkanlage VR 18. Philips techn. Rdsch. Bd. 1 (1936) S. 114—119.
156. Roosenstein, H. O.: Über fadingarme Demodulation und ihr Auftreten beim Superregenerativempfang. Hochfrequenztechn. Bd. 42 (1933) S. 85—89.
157. Rothe, H., u. W. Engbert: Das Rauschen von Empfängerröhren im Gebiet von 0,15 bis 15 MHz. Telefunkenröhre Heft 11 (1937) S. 183—212.
158. Ruprecht, H.: Über Modulation. Elektr. Nachr.-Techn. Bd. 16 (1939) S. 43—47.
159. Santoro, M.: Nuove considerazioni sul commando unico nelle supereterodine. Alta Frequ. Bd. 9 (1940) S. 208—236.
160. Scheel, J. E.: Die Niederfrequenz-Regelröhre mit Abstimmanzeiger EFM 11. Telefunkenröhre Heft 13 (Beilage) (1938) S. 72—100.
161. Schmidt, O. H.: A method for realizing the full amplification factor of high μ tubes. Rev. Sci. Instrum. Bd. 4 (1933) S. 661—664.
162. Schottky, W.: Über spontane Stromschwankungen in verschiedenen Elektrizitätsleitern. Ann. d. Phys. Bd. 57 (1918) S. 541—567.
163. Schottky, W.: Zur Berechnung und Beurteilung des Schroteffektes. Ann. d. Phys. Bd. 68 (1922) S. 157—176.
164. Schottky, W.: Small shot-effect and flicker effect. Phys. Rev. Bd. 28 (1926) S. 75—103.

165. SCHOTTKY, W.: Die Raumladungsschwächung des Schroteffektes. I. Wiss. Veröff. Siemens-Werke Bd. 16 (1937) Heft 2 S. 1—18.
166. SCHOTTKY, W.: Zur Theorie des Elektronenrauschens in Mehrgitterröhren. Ann. d. Phys. Bd. 32 (1938) S. 195—204.
167. SCHRÖTER, F., u. L. KÖRÖS: Der Stabilisator und seine Anwendungen. Telefunkenröhre Heft 4 (1935) S. 164—175.
168. SHEA, T. E.: Transmission networks and wave filters. 470 S. London: Chapman & Hall 1930.
169. SIX, W., u. H. MULDERS: Verwendung von Verstärkern in der Fernsprechtechnik. Philips techn. Rdsch. Bd. 2 (1937) S. 209—215.
170. SLINGELANDT, J. v.: Fluctuaties by electrische en optische verschijnselen. 75 S. Diss. Leiden 1919.
171. SLOOTEN, J. v.: Over de met terugkoppeling bereikbare versterking. Radio Nieuws Bd. 15 (April 1932) S. 33—38.
172. SLOOTEN, J. v.: Die Gemeinschaftsantenne. Philips techn. Rdsch. Bd. 1 (1936) S. 245-250.
173. SLOOTEN, J. v.: The stability of a triode oscillator with gridcondenser and leak. Wireless Engr. Bd. 16 (1939) S. 16—19.
174. SLOOTEN, J. v.: Empfangsantennen. Philips techn. Rdsch. Bd. 4 (1939) S. 333—337.
175. SPENKE, E.: Die Raumladungsschwächung des Schroteffektes. II. Wiss. Veröff. Siemens-Werke Bd. 16 (1937) Heft 2 S. 19—41.
176. STEIMEL, K.: Sinngemäße und nichtsinngemäße Beanspruchung von Röhren in Empfänger-Schaltungen. Telefunkenröhre Heft 1 (1934) S. 28—42.
177. STEIMEL, K., u. R. SCHIFFEL: Die Regeleigenschaften der Stahlröhrenserie. Telefunkenröhre Heft 13 (Beilage) (1938) S.. 28—40.
178. STORCH, P.: Anwendung der Fernschreibtechnik im In- und Ausland. Jb. d. elektr. Fernmeldewesens. 1937, S. 151.
179. STRUTT, M. J. O.: Gleichrichtung. Hochfrequenztechn. Bd. 42 (1933) S. 206—208.
180. STRUTT, M. J. O.: Raumakustik. Handb. d. Experimentalphysik Bd. XVII/2 (1933) S. 443—512. Leipzig: Akademische Verlagsgesellschaft.
181. STRUTT, M. J. O.: Radioempfangsröhren mit großem innerem Widerstand. Hochfrequenztechn. Bd. 43 (1934) S. 18—22.
182. STRUTT, M. J. O.: On conversion detectors. Proc. Inst. Radio Engrs., N. Y. Bd. 22 (1934) S. 981—1008.
183. STRUTT, M. J. O.: Mixing valves. Wireless Engr. Bd. 12 (1935) S. 59—64.
184. STRUTT, M. J. O.: Whistling notes in superheterodyne receivers. Wireless Engr. Bd. 12 (1935) S. 194—197.
185. STRUTT, M. J. O.: Anode bend detection. Proc. Inst. Radio Engrs., N. Y. Bd. 23 (1935) S. 945—958.
186. STRUTT, M. J. O.: Kompensation der Gitter-Anodenkapazität im Kurzwellengebiet. Niederl. Patentschr. 42089 (1935).
187. STRUTT, M. J. O.: Diode frequency changers. Wireless Engr. Bd. 13 (1936) S. 73—80.
188. STRUTT, M. J. O., u. A. VAN DER ZIEL: Einfache Schaltmaßnahmen zur Verbesserung der Eigenschaften von Hochfrequenz-Verstärkerröhren im Kurzwellengebiet. Elektr. Nachr.-Techn. Bd. 13 (1936) S. 260—268.
189. STRUTT, M. J. O., u. A. VAN DER ZIEL: Kompensierung der Rückwirkung. Brit. Patentschrift 492064 (1936).
190. STRUTT, M. J. O.: Verzerrungseffekte bei Mischröhren. Hochfrequenztechn. Bd. 49 (1937) S. 20—23.
191. STRUTT, M. J. O.: Frequency changers in all-wave receivers. Wireless Engr. Bd. 14 (1937) S. 184—192.
192. STRUTT, M. J. O., u. A. VAN DER ZIEL: Die Ursachen für die Zunahme der Admittanzen moderner Hochfrequenz-Verstärkerröhren im Kurzwellengebiet. Elektr. Nachr.-Techn. Bd. 14 (1937) S. 281—293.
193. STRUTT, M. J. O., u. A. VAN DER ZIEL: Das Verhalten von Verstärkerröhren bei sehr hohen Frequenzen. Philips techn. Rdsch. Bd. 3 (1938) S. 104—112.
194. STRUTT, M. J. O.: Die charakteristischen Admittanzen von Mischröhren für Frequenzen bis 70 MHz. Elektr. Nachr.-Techn. Bd. 15 (1938) S. 10—17.
195. STRUTT, M. J. O., u. A. VAN DER ZIEL: Einige dynamische Messungen der Elektronenbewegung in Mehrgitterröhren. Elektr. Nachr.-Techn. Bd. 15 (1938) S. 277—283.
196. STRUTT, M. J. O.: Electron transit time effects in multigrid valves. Wireless Engr. Bd. 15 (1938) S. 315—321.
197. STRUTT, M. J. O.: Hochfrequenz, Misch- und Gleichrichterstufen von Fernsehempfängern. Vortrag 1. internat. Fernsehtagung, Zürich, Sept. 1938. Funktechn. Mh. 1939.
198. STRUTT, M. J. O., u. A. VAN DER ZIEL: Kurzwellen-Breitband-Verstärkung. Elektr. Nachr.-Techn. Bd. 16 (1939) S. 229—240.

199. STRUTT, M. J. O.: Moderne Kurzwellen-Empfangstechnik. Berlin: Springer 1939. (Vergr.)

200. STRUTT, M. J. O.: Moderne Mehrgitter-Elektronenröhren. 2. Aufl. 282 S. Berlin: Springer 1940.

201. STRUTT, M. J. O.: Spontane Spannungs- und Stromschwankungen in Elektronenröhren und angeschlossenen Kreisen. Tijdschr. Nederl. Radio Genootsch. Bd. 9 (1941) S. 1—36.

202. STRUTT, M. J. O., u. A. VAN DER ZIEL: Methoden zur Kompensierung der Wirkungen verschiedener Arten von Schroteffekt in Elektronenröhren und angeschlossenen Stromkreisen. Physica, Haag Bd. 8 (1941) S. 1—22.

203. STRUTT, M. J. O., u. A. VAN DER ZIEL: Welche Größen kennzeichnen die Verwendbarkeit einer Elektronenröhre zur Verstärkung kleinster Signale? Physica, Haag Bd. 8 (1941) S. 424—425; Bd. 9 (1942) S. 248.

204. STRUTT, M. J. O., u. A. VAN DER ZIEL: Verringerung und Beseitigung der spontanen Schwankungen bei der Verstärkung kleinster Photoströme. Physica, Haag Bd. 8 (1941) S. 576—590.

205. STRUTT, M. J. O., u. A. VAN DER ZIEL: Das Rauschen von Empfangsapparaten bei sehr hohen Frequenzen. Philips techn. Rdsch. Bd. 6 (1941) S. 175—182.

206. STRUTT, M. J. O., u. A. VAN DER ZIEL: Die Diode als Mischröhre, besonders bei Dezimeterwellen. Philips techn. Rdsch. Bd. 6 (1941) S. 289—299.

207. STRUTT, M. J. O., u. A. VAN DER ZIEL: Suppression of spontaneous fluctuations in amplifiers and receivers for electrical communication and for measuring devices. Physica, Haag Bd. 9 (1942) S. 513—527.

208. STURLEY, K. R.: Receiver aerial coupling circuits. Wireless Engr. Bd. 18 (1941) S. 137 bis 146, 190—197.

209. VAN SUCHTELEN, H.: Mikrophoneffekt in Hochfrequenzröhren, Mischröhren und Niederfrequenzröhren. Philips Mh. f. Apparatebauer Heft 28 (1935) S. 4—16.

210. VAN SUCHTELEN, H.: Anwendungen von Kathodenstrahlröhren bei der Massenfertigung. Philips techn. Rdsch. Bd. 4 (1939) S. 90—94.

211. VAN SUCHTELEN, H.: Die Elektrometertriode und ihre Anwendungen. Philips techn. Rdsch. Bd. 5 (1940) S. 55—60.

212. SUHAREVSKY, G. M.: On the maximum possible reinforcing of sound under outdoor conditions. C. R. Acad. Sci., URSS Bd. 26 (1940) S. 885—891.

213. SUHAREVSKY, G. M.: On the maximum possible reinforcing of sound in an enclosure. C. R. Acad. Sci. URSS Bd. 26 (1940) S. 892—899.

214. TELLEGEN, B. D. H.: Endverstärkerprobleme. Hochfrequenztechn. Bd. 31 (1928) S. 183—190.

215. TELLEGEN, B. D. H.: Sur les constantes du quadripole passif. Rev. gen. Electr. Bd. 24 (1928) S. 211—213.

216. TELLEGEN, B. D. H.: Gegenkopplung. Philips techn. Rdsch. Bd. 2 (1937) S. 289—294.

217. THÉVÉNIN, M. L.: Sur un nouveau théorème d'électricité dynamique. C. R. Acad. Sci., Paris Bd. 97 (1883) S. 159—161.

218. THOMAS, H. A.: Theory and design of valve oscillators. London: Chapman 1939, 270 S.

219. THOMPSON, B. J., D. O. NORTH and W. A. HARRIS: Fluctuations in space-charge-limited currents at moderately high frequencies. Part V. Fluctuations in vacuum-tube amplifiers and input systems. RCA review Bd. 6 (1941) S. 114—124.

220. TILLMANN, TH.: Gegentakt-Endstufen in Rundfunk- und Kraftverstärkern. Telefunkenröhre Heft 13 (1938) S. 73—89.

221. TÜXEN, O.: Der Frequenzhub der selbsttätigen Scharfabstimmung. Telefunkenröhre Heft 14 (1938) S. 254—264.

222. VAULOT, M.: Sur les constantes du quadripole passif. Rev. gén. Elektr. Bd. 22 (1927) S. 493—503.

223. VEEGENS, J. D., u. M. K. DE VRIES: Ein einfacher Hochfrequenzschwingungserzeuger für die Prüfung von Empfängern. Philips techn. Rdsch. Bd. 6 (1941) S. 153—160.

224. VELLAT, T.: Der Empfang frequenzmodulierter Wellen. Elektr. Nachr.-Techn. Bd. 18 (1941) S. 61—96.

225. VERMEULEN, R.: Das Verhältnis zwischen Fortissimo und Piano. Philips techn. Rdsch. Bd. 2 (1937) S. 266—269.

226. VERMEULEN, R.: Untersuchung von Lautsprechern. Philips techn. Rdsch. Bd. 4 (1939) S. 371—380.

227. VILBIG, F.: Untersuchung der Vorgänge beim Überlagerungsempfang. Telegr. u. Fernspr.-Techn. Bd. 19 (1930) S. 109—120 u. 140—145.

228. WAGNER, K. W.: Operatorenrechnung nebst Anwendungen in Physik und Technik. 448 S. Leipzig: Barth 1940.

229. WALTER, C. H.: Die Anwendung der Gleichrichterbrücke in der Meßtechnik. Z. techn. Phys. Bd. 13 (1932) S. 436—441.

230. WEHRLIN, H. E.: Grundlagen der Modulation mit veränderlichem Trägerwert. Diss. Braunschweig 1934.
231. WEINBERGER, J.: Basic economic trends in the radio industry. Proc. Inst. Radio Engrs. N. Y. Bd. 27 (1939) S. 704—715.
232. WEIR, I. R.: Field tests of frequency and amplitude modulation with ultrahigh frequency waves. Gen. Electr. Rev. Bd. 42 (1939) S. 188—191 u. 270—273.
233. WEYERS, TH. J.: Recente ontwikkelingen betreffende frequentiemodulatie. Tijdschr. Nederl. Radio Genootsch. Bd. 8 (1940) S. 315—364.
234. WHIPPLE, F. L., and J. L. GREENSTEIN: On the origin of interstellar radio disturbances. Proc. nat. Acad. Sci., Wash. Bd. 23 (1937) S. 177—181.
235. WIGGE, H.: Einige Folgerungen aus dem Ableitungssatz von Helmholtz (Theorem von Thévénin). Arch. Elektrotechn. Bd. 30 (1936) S. 754—760.
236. WILLIAMS, F. C.: Thermal fluctuations in complex networks. J. Inst. electr. Engrs., London Bd. 81 (1937) S. 751—760.
237. WOOD, K. L.: Empire telegraph communications. J. Inst. electr. Engrs., London Bd. 84 (1939) S. 638—671.
238. WUITE, P. J.: Modulativervorming. Tijdschr. Nederl. Radio Genootsch. Bd. 7 (1935) S. 99—114.
239. ZIEGLER, M.: Shot effect of secondary emission I & II. Physica, Haag Bd. 3 (1936) S. 1—11 u. 307—316.
240. ZIEGLER, M.: Die Ursachen des Rauschens in Verstärkern. Philips techn. Rdsch. Bd. 2 (1937) S. 136—141.
241. ZIEGLER, M.: Der Beitrag von Verstärkerröhren zum Rauschen von Verstärkern. Philips techn. Rdsch. Bd. 2 (1937) S. 329—334.
242. ZIEGLER, M.: Das Rauschen von Rundfunkempfängern. Philips techn. Rdsch. Bd. 3 (1938) S. 193—201.
243. ZIEL, A. V. D., and M. J. O. STRUTT: Suppression of spontaneous fluctuations in 2 n-terminal amplifiers and networks. Physica, Haag Bd. 9 (1942).
244. ZUHRT: Die Störverminderung bei Frequenzmodulation in Abhängigkeit von der Amplitudenbegrenzung. Hochfrequenztechn. Bd. 54 (1939) S. 37—44.

Zusätzliches Schrifttum

nach Anfangsbuchstaben der Verfasser geordnet.

245. ABATE, A.: Basic theory and design of electronically regulated power supplies. Proc. Inst. Radio Engrs., N. Y. Bd. 33 (1945) S. 478—481.
246. ADAMS, J. J.: Intermediate-frequency amplifiers for frequency-modulation receivers. Proc. Inst. Radio Engrs., N. Y. Bd. 35 (1947) S. 960—965.
247. ADAMS, J. J.: Undercoupling in tuned coupled circuits to realize optimum gain and selectivity. Proc. Inst. Radio Engrs., N. Y. Bd. 29 (1941) S. 277—280.
248. ADLER, R.: A study of locking phenomena in oscillators. Proc. Inst. Radio Engrs., N. Y. Bd. 34 (1946) S. 351—360.
249. AIGRAIN, P. R., u. E. M. WILLIAMS: Design of optimum transient response amplifiers. Proc. Inst. Radio Engrs., N. Y. Bd. 37 (1949) S. 873—879.
250. ALFORD, A.: Coupled networks in radio-frequency circuits. Proc. Inst. Radio Engrs., N. Y. Bd. 29 (1941) S. 55—70.
251. ANDERSON, A. R.: Cylindrical shielding and its measurement at radio frequencies. Proc. Inst. Radio Engrs., N. Y. Bd. 34 (1946) S. 312—323.
252. BECKER, S.: The stability factor of negative feedback in amplifiers. Proc. Inst. Radio Engrs., N. Y. Bd. 32 (1944) S. 351—354.
253. BEERS, G. L., u. C. M. SINNETT: Some recent developments in record reproducing systems. Proc. Inst. Radio Engrs., N. Y. Bd. 31 (1943) S. 138—146.
254. BEERWALD, P., u. H. KELLER: Konstruktion, Arbeitsweise und Eigenschaften des Kristalltonabnehmers. Funk Heft 8 (1942) S. 109—111.
255. BEHLING, H.: Die mathematische Behandlung n (= beliebig vieler) direkt gekoppelter Hochfrequenz-Schwingungskreise. Funktechn. Mh. Heft 5 (1940) S. 75—80.
256. BEHLING, H.: Höchsterreichbare Empfindlichkeit von Empfängern mit Bandfiltereingang. Elektr. Nachr.-Techn. Bd. 19 (1942) S. 66—72.
257. BLACK, W. L., u. N. C. NORMAN: Program-operated level-governing amplifier. Proc. Inst. Radio Engrs., N. Y. Bd. 29 (1941) S. 573—578.
258. BLACKMAN, R. B.: Effect of feedback on impedance. Bell Syst. techn. J. Bd. 22 (1943) S. 269—277.
259. BRUNETTI, C., u. L. GREENONGH: Some characteristics of a stable negative resistance. Proc. Inst. Radio Engrs., N. Y. Bd. 30 (1942) S. 542—546.

260. Builder, G.: The effect of negative voltage feedback on power-supply hum in audio-frequency amplifiers. Proc. Inst. Radio Engrs., N. Y. Bd. 34 (1946) S. 140W—145W.
261. Burrill, C. M.: Progress in the development of instruments for measuring radio noise. Proc. Inst. Radio Engrs., N. Y. Bd. 29 (1941) S. 433—442.
262. Burrill, C. M.: An evaluation of radio-noise-meter performance in terms of listening experience. Proc. Inst. Radio Engrs., N. Y. Bd. 30 (1942) S. 473—479.
263. Bushby, T. R. W.: Thermal frequency-drift compensation. Proc. Inst. Radio Engrs., N. Y. Bd. 30 (1942) S. 546—554.
264. Cooper, W. H. B.: A method of solving certain non-linear circuit problems. Wireless Engr. Bd. 21 (1944) S. 323.
265. Corrington, M. S.: Variation of bandwidth with modulation index in frequency modulation. Proc. Inst. Radio Engrs., N. Y. Bd. 35 (1947) S. 1013—1021.
266. Crosby, D. R., u. C. H. Pennypacker: Radio frequency resistors as uniform transmission lines. Proc. Inst. Radio Engrs., N. Y. Bd. 34 (1946) S. 62P—67P.
267. Cudell, G.: Experimente mit Amplituden- und Frequenzmodulation. Hochfrequenztechn. Bd. 59 (1942) S. 66—70.
268. Delano, R. H.: Signal-to-noise ratios of linear detectors. Proc. Inst. Radio Engrs., N. Y. Bd. 37 (1949) S. 1120—1127.
269. Diemer, G., u. K. S. Knol: Frequency conversion by phase variation. Philips Res. Rep. Bd. 4 (1949) S. 161—167.
270. Eisele, E.: Der hochfrequente Drahtfunk. Funktechn. Mh. Heft 4 (1941) S. 55—61.
271. Ewald, W. F.: Entwicklung und Stand der Rundfunkempfängerindustrie der Welt. ETZ Bd. 64 (1943) Heft 17/18 S. 243—247, Heft 19/20 S. 271—275.
272. Feldtkeller, R., u. W. Wolman: Fastlineare Netzwerke. Telegr.-, Fernspr.- u. Funktechn. Bd. 20 (1931) S. 167 u. 242.
273. Feldman, C. B., u. W. R. Bennett: Bandwidth and transmission performance. Bell Syst. techn. J. Bd. 28 (1949) S. 490.
274. Fink, D. G.: Bandwidth vs. noise in communication systems. Electronics Jan. 1948.
275. Fletcher, H.: Hearing, the determining factor for high-fidelity transmission. Proc. Inst. Radio Engrs., N. Y. Bd. 30 (1942) S. 266—277.
276. Foster, D. E., u. J. A. Rankin: Intermediate-frequency values for frequency-modulated-wave receivers. Proc. Inst. Radio Engrs., N. Y. Bd. 29 (1941) S. 546—551.
277. Fränz, K.: Die Übertragung von Rauschspannungen über den linearen Gleichrichtern. Hochfrequenztechn. Bd. 57 (1941) S. 146—151.
278. Fränz, K.: Die Amplituden von Geräuschspannungen. Elektr. Nachr.-Techn. Bd. 19 (1942) S. 166—173.
279. Fränz, K.: Beiträge zur Berechnung des Verhältnisses von Signalspannung zu Rauschspannung am Ausgang von Empfängern. Elektr. Nachr.-Techn. Bd. 19 (1942) S. 285—287.
280. Fränz, K.: Dimensionierung der Dreipunktabgleichschaltung bei Gleichlauf von Überlagerungsempfängern. Hochfrequenztechn. Bd. 59 (1942) S. 144—150.
281. Fränz, K., u. T. Vellat: Der Einfluß von Trägern auf das Rauschen hinter Amplitudenbegrenzern und linearen Gleichrichtern. Elektr. Nachr.-Techn. Bd. 20 (1943) S. 183—189.
282. Fubini, E. G., u. D. C. Johnson: Signal-to-noise ratio in AM receivers. Proc. Inst. Radio Engrs., N. Y. Bd. 36 (1948) S. 1461—1467.
283. Gale, H. M., u. P. D. Atkinson: A theoretical and experimental study of the series-connected magnetic amplifier. Proc. Inst. Electr. Ingrs. Bd. 96 Teil I (1949) S. 99—114 u. S. 115—124.
284. Geyger, W.: Grundlagen der magnetischen Verstärker für die Meß- und Regeltechnik. Wiss. Veröff. Siemens-Werk Bd. 19 (1940) S. 226—267.
285. Glucksman, H. A.: Superregeneration — an analysis of the linear mode. Proc. Inst. Radio Engrs., N. Y. Bd. 37 (1949) S. 500—505.
286. Grant, E. F.: Time response of an amplifier of N identical stages. Proc. Inst. Radio Engrs., N. Y. Bd. 36 (1948) S. 315—335.
287. Green, A. L.: Superheterodyne tracking charts. Wireless Engr. Bd. 19 (1942) S. 243—250 u. S. 290—302.
288. Guttwein, G.: Ein Gerät zur Messung von Gleichlaufschwankungen an Tonträgern. Elektr. Nachr.-Techn. Bd. 19 (1942) S. 85—88.
289. Hahn, F.: Schaltungsbuch der Fernmeldetechnik. Bd. I, 239 S.; Bd. II, 231 S. Leipzig: Hachmeister & Thal 1942.
290. Hartley, R. V. L.: Transmission of information. Bell Syst. techn. J. Bd. 7 (1928) S. 535.
291. Hartog, H. den, u. F. A. Muller: Reduction of spontaneous fluctuations in V—T electrometer circuits through mechanical conversion. Physica, Haag Bd. 10 (1943) S. 167—172.

292. HEROLD, E.W.: Superheterodyne frequency conversion using phase-reversal modulation. Proc. Inst. Radio Engrs., N. Y. Bd. 34 (1946) S. 184P—191P.
293. HILDEBRAND, R.: Probleme der Dynamikregelung. Funktechn. Mh. Heft 4 (1942) S. 56-59.
294. HÖLZER, E., u. D. LEYPOLD: Einseitenband-Funkfernsprechverbindung mit Übersee. Veröff. Nachr.-Techn. Siemens Bd. 12 (1942) Heft 1 S. 19—26.
295. HÖLZER, E.: Über die Wirkung von Verzerrungen bei der Übertragung frequenzmodulierter Schwingungen. Elektr. Nachr.-Techn. Bd. 18 (1941) S. 106—118.
296. HOLZWARTH, H.: Zur Theorie der Netzgleichrichterschaltungen. Elektr. Nachr.-Techn. Bd. 19 (1942) S. 219—228.
297. HOLZWARTH, H.: Pulscodemodulation und ihre Verzerrungen bei logarithmischer Amplitudenquantelung. Arch. elektr. Übertr. Bd. 3 (1949) S. 277.
298. HOPKINS, H. F., u. N. R. STRYKER: A proposed loudness-efficiency rating for loudspeakers and the determination of system power requirements for enclosures. Proc. Inst. Radio Engrs., N. Y. Bd. 36 (1948) S. 315—335.
299. HUDEC, E.: Verschiedene Schaltungen von Brückenquarzfiltern. Elektr. Nachr.-Techn. Bd. 19 (1942) S. 16—26.
300. HUDEC, E.: Brückenquarzfilter mit sehr geringer Durchlaßbreite. Elektr. Nachr.-Techn. Bd. 19 (1942) S. 174—190.
301. HUDEC, E.: Der Abgleich der HF-Filter von Überlagerungsempfängern. Elektr. Nachr.-Techn. Bd. 19 (1942) S. 235—241.
302. HUDEC, E.: Kreuzmodulation und Eingangsrauschspannung. Elektr. Nachr.-Techn. Bd. 20 (1943) S. 123—135.
303. HULTBERG, C. A.: Neutralization of screen-grid tubes to improve the stability of intermediate amplifiers. Proc. Inst. Radio Engrs., N. Y. Bd. 31 (1943) S. 663—666; Bd. 32 (1944) S. 66—67.
304. JONES, M. C.: Grounded-grid radio-frequency voltage amplifiers. Proc. Inst. Radio Engrs., N. Y. Bd. 32 (1944) S. 423—430.
305. ISRAEL, D. D.: Civilian receiver design in 1942. Proc. Inst. Radio Engrs., N. Y. Bd. 29 (1941) S. 649—653.
306. KERKHOF, F.: Gleichspannungsverstärkung mit einer Hochfrequenzgegentaktschaltung. Z. techn. Phys. Bd. 23 (1942) S. 267—269.
307. KETTEL, E.: Der Störabstand bei der Nachrichtenübertragung durch Codemodulation. Arch. elektr. Übertr. Bd. 3 (1949) S. 161.
308. KLEEN, W.: Gittersteuerung, Kathodensteuerung und Kathodenverstärker. Elektr. Nachr.-Techn. Bd. 20 (1943) S. 140—144.
309. KLUGE, M.: Gesichtspunkte für Entwicklung und Fertigung von Fernsprech-Leitungsverstärkern. Elektr. Nachr.-Techn. Bd. 18 (1941) S. 252—262.
310. KNAPP, H., u. A. GERRMANN: Ein neues Prüfverfahren für Verstärker und Bauteile der Nachrichtentechnik. Elektr. Nachr.-Techn. Bd. 20 (1943) S. 137—140.
311. KÖHLER, H.: Die Eignung von Widerstandsverstärkern zur Verstärkung von Gleichspannungsimpulsen. Elektr. Nachr.-Techn. Bd. 18 (1941) S. 97—106.
312. KULP, M.: Spektra und Klirrfaktoren frequenz- und amplitudenmodulierter Schwingungen. I. Teil: Die spektrale Zerlegung, II. Teil: Klirrfaktoren durch Veränderungen im Spektrum, III. Teil: Modulationsstörungen in speziellen Fällen. Elektr. Nachr.-Techn. Bd. 19 (1942) S. 72—85, 96—109, 126—137.
313. KÜPFMÜLLER, K.: Die Systemtheorie der elektrischen Nachrichtenübertragung. Zürich: Hirzel 1949.
314. LARSEN, M. J., u. L. L. MERILL: Capacitance-coupled intermediate-frequency amplifiers. Proc. Inst. Radio Engrs., N. Y. Bd. 35 (1947) S. 71—75.
315. LEE, A., u. D. K. C. MACDONALD: Extended employment of Thévénin's theorem. Wireless Engr. Bd. 22 (1945) S. 534.
316. LEITHÄUSER, G.: Von der deutschen Normung. Funktechn. Mh. Heft 11/12 (1942) S. 151—153.
317. LEONHARD, A.: Spannungsregelung von Gleichstromgeneratoren über magnetische Verstärker. ETZ Bd. 71 (1950) S. 387—389.
318. LOHRMANN, G.: Die optimale Dämpfung von Massekernspulen. Hochfrequenztechn. Bd. 59 (1942) S. 150—151.
319. LÜBECK, H.: Die Beziehungen zwischen technischer Entwicklung, Preisgestaltung und Hörerentwicklung im Rundfunk. Funktechn. Mh. Heft 1 (1942) S. 3—9.
320. LUBSZYNSKI, H. G.: Über Messung und Abschirmung magnetischer Störfelder, insbesondere beim Kathodenstrahloszillographen. Diss. T. H. Berlin 1933. 28 S.
321. MASON, W. P., u. R. A. SYKES: Electrical wave filters employing crystals with normal and divided electrodes. Bell Syst. techn. J. Bd. 19 (1940) S. 221—248.
322. MEINEL, E.: Ein Verfahren der verzerrungsfreien Demodulation von Einseitenbandschwingungen. Arch. elektr. Übertr. Bd. 3 (1949) S. 37.

323. MILNES, A. G.: Magnetic amplifiers. Proc. Inst. electr. Engrs. Bd. 96, Part I (1949) S. 89—114 u. 115—125.
324. MORRISON, S., J. NOWAK u. G. B. GREEN: Unitized radio-chassis design. Proc. Inst. Radio Engrs., N. Y. Bd. 32 (1944) S. 521—525.
325. MOXON, L. A.: Recent advances in radio receivers. Cambridge Univ. Press, New York 1950. 168 S.
326. MÜLLER-LÜBECK, K.: Über die Arbeitsweise eines Kathodenverstärkers. Elektr. Nachr.-Techn. Bd. 19 (1942) S. 253—259.
327. PANZERBIETER, H., u. A. ÜBERSCHUSS: Messung der kennzeichnenden Größen an Fernsprechmikrophonen. Arch. techn. Messen (Jan. 1943) V 375-1 u. (Febr. 1943) V 375-2.
328. PETERS, J.: Der neue Zusatzverstärker V 42 der Reichs-Rundfunk-Gesellschaft. Elektr. Nachr.-Techn. Bd. 18 (1941) S. 222—226.
329. PETERS, J.: Verringerung der Schwankungen der Verstärkung durch Gegenkoppelung unter Bezugnahme auf denselben Verstärkungsgrad. Hochfrequenztechn. Bd. 59 (1942) S. 46—50.
330. PULLEN, K. A.: The cathode-coupled amplifier. Proc. Inst. Radio Engrs., N. Y. Bd. 34 (1946) S. 402—406.
331. REICH, H. J.: The use of cvauum tubes as variable impedance elements. Proc. Inst. Radio Engrs., N. Y. Bd. 30 (1942) S. 288—293.
332. RICE, H. E.: Factory alignment equipment for frequency modulation receivers. Proc. Inst. Radio Engrs., N. Y. Bd. 29 (1941) S. 551—554.
333. RIEBMAN, L.: Theory of the superregenerative amplifier. Proc. Inst. Radio Engrs., N. Y. Bd. 37 (1949) S. 29—34, 608.
334. RUNGE, W.: Vergleich der Rauschabstände von Modulationsverfahren. Arch. elektr. Übertr. Bd. 3 (1949) S. 155.
335. SCHLECHTWEG, W.: Eine Aufbauform neuerer technischer Verstärker. Elektr. Nachr.-Techn. Bd. 19 (1942) S. 41—45.
336. SCHLECHTWEG, W.: Ein neuer Vor- und Hauptverstärker der Reichs-Rundfunk-Gesellschaft. Elektr. Nachr.-Techn. Bd. 19 (1942) S. 90—96.
337. SCHMIDT, H. J.: Über die Messung von Erdübergangswiderständen. Elektr. Nachr.-Techn. Bd. 18 (1941) S. 173—178.
338. SCHULZE, W. M. H.: Tropenklima und Fernmeldetechnik. Elektr. Nachr.-Techn. Bd. 18 (1941) S. 134—149.
339. SHANNON, C. E.: A mathematical theory of communication. Bell Syst. techn. J. Bd. 27 (1948) S. 379 u. 623.
340. SHANNON, C. E.: Communication in the presence of noise. Proc. Inst. Radio Engrs., N. Y. Bd. 37 (1949) S. 10.
341. SHANNON, C. E.: Recent developments in communication theory. Electronics (April 1950) S. 80—83.
342. SHAPIRO, D. L.: The graphical design of cathode-output amplifiers. Proc. Inst. Radio Engrs., N. Y. Bd. 32 (1944) S. 263—268; Bd. 32 (1944) S. 573.
343. SHERMAN, J. B.: Aspects of coupled and resonant circuits. Proc. Inst. Radio Engrs., N. Y. Bd. 30 (1942) S. 511.
344. SIMON, H.: Bedeutung und Grundlagen der modernen Telegraphieverbindungen. Funktechn. Mh. (Mai 1942) S. 61—76.
345. SMITH, D. B., u. W. E. BRADLEY: The theory of impulse noise in ideal frequency-modulation receivers. Proc. Inst. Radio Engrs., N. Y. Bd. 34 (1946) S. 743—752.
346. SPANGENBERG, K. R.: The universal characteristics of triple-resonant-circuit bandpass filters. Proc. Inst. Radio Engrs., N. Y. Bd. 34 (1946) S. 629—635.
347. STÄBLEIN, W.: Messung der Kenngrößen frequenzmodulierter Schwingungen. Elektr. Nachr.-Techn. Bd. 20 (1943) S. 102—111.
348. STRUTT, M. J. O., u. A. v. D. ZIEL: Verringerung der Wirkung spontaner Schwankungen in Verstärkern für Meter- und Dezimeterwellen. Physica, Haag Bd. 9 (1942) S. 1003 bis 1012.
349. STRUTT, M. J. O., u. A. VAN DER ZIEL: Über die Verringerung der Wirkung spontaner Schwankungen in Verstärkerröhren für Meter- und Dezimeterwellen. Physica, Haag Bd. 10 (1943) S. 825—826.
350. STRUTT, M. J. O.: Noise figure reduction in mixer stages. Proc. Inst. Radio Engrs., N. Y. Bd. 34 (1946) S. 942—950.
351. STRUTT, M. J. O., u. A. v. D. ZIEL: Signal-noise ratio at v. h. f. Wireless Engr. Bd. 23 (1946) S. 241—249.
352. STRUTT, M. J. O.: Report on the present limits of v. h. f., u. h. f. and s. h. f. reception. Atti Congresso Internazionale Marconiana, Roma (1947) S. 412—447.
353. STRUTT, M. J. O.: Empfindlichkeitssteigerung von Verstärker- und Mischstufen im Meter- und Dezimeterwellengebiet. Bull. Schweiz. El.-Ver. Bd. 38 (1947) S. 363—371.

354. Strutt, M. J. O.: Ultra- and extreme-short wave reception. 387 S. New York: Van Nostrand 1947.
355. Strutt, M. J. O.: Gain et sensibilité des étages amplificateur et changeur de fréquence pour les ondes décimétriques. L'onde él. Nr. 242 (1947).
356. Sturley, K. R.: Radio receiver design part I et II. 421 S. u. 187 Fig. New York: J. Wiley & Sons Inc. 601 W. 26 St.
357. Sturley, K. R., u. F. Duerden: D.C. amplified A.V.C. circuit time constants. Wireless Engr. Bd. 18 (1941) S. 353.
358. Täger, W.: Gekoppelte Kreise mit stromabhängiger Induktivität als Kopplungselement. Arch. Elektrotechn. Bd. 33 (1939) S. 573—585.
359. Tillman, J. R.: Electronic negative resistors. Wireless Engr. Bd. 22 (1945) S. 17.
360. Vellat, T.: Beitrag zur Theorie der Seitenbänder bei der Frequenzmodulation. Elektr. Nachr.-Techn. Bd. 18 (1941) S. 149—155.
361. Verplanck, D. W., M. Fishman u. D. C. Beaumariage: An analysis of magnetic amplifiers with feedback. Proc. Inst. Radio Engrs., N. Y. Bd. 37 (1949) S. 862—866, 1012—1028.
362. Wachenhausen, Ch.: Frequenzgang und Ersatzschaltbild des Elektrolyt-Kondensators. Hochfrequenztechn. Bd. 57 (1941) S. 125—135.
363. Waidelich, D. L., u. C. H. Gleason: Half-wave voltage-doubling rectifier circuit. Proc. Inst. Radio Engrs., N. Y. Bd. 30 (1942) S. 535—542.
364. Weissfloch, A.: Die Wirkleistungsabgabe eines Generators mit konstantem Innenwiderstand und konstanter EMK an beliebige komplexe Außenimpedanzen. Hochfrequenztechn. Bd. 60 (1942) S. 10—11.
365. Wen-Yuan, Pan: Circuit for neutralizing low-frequency regeneration and power-supply hum. Proc. Inst. Radio Engrs., N. Y. Bd. 30 (1942) S. 411—412.
366. Wheeler, H. A.: Common channel interference between two frequency-modulated signals. Proc. Inst. Radio Engrs., N. Y. Bd. 30 (1942) S. 34—50.
367. Wunderlich, R : Über die Afbeitsweise des Kathodenverstärkers. Elektr. Nachr.-Techn. Bd. 19 (1942) S. 63—66.
368. Wyck, C. T. F. v. d.: Modern single-sideband equipment of the Netherlands postals, telephone and telegraph. Proc. Inst. Radio Engrs., N. Y. Bd. 36 (1948) S. 970—981.
369. Zaiser, W.: Untersuchungen an einem Schwingungserzeuger mit Widerstand und Kapazität als frequenzbestimmenden Schaltteilen. Elektr. Nachr.-Techn. Bd. 19 (1942) S. 228—235.
370. Ziel, A. v. d.: Fluctuations in electrometer triode circuits. Physica, Haag Bd. 9 (1942) S. 177—192.
371. Zinke, O.: Seitenband- und Pendelzeigertheorie der Frequenzmodulation für Sinus- und Rechteckmodulation. Elektr. Nachr.-Techn. Bd. 20 (1943) S. 93—101.

Sachverzeichnis.

Leipziger Druckhaus, Leipzig (M 115).
Gen.-Nr. 7407/50 — 9935/49.

GPSR Compliance

The European Union's (EU) General Product Safety Regulation (GPSR) is a set of rules that requires consumer products to be safe and our obligations to ensure this.

If you have any concerns about our products, you can contact us on ProductSafety@springernature.com

In case Publisher is established outside the EU, the EU authorized representative is:

Springer Nature Customer Service Center GmbH
Europaplatz 3
69115 Heidelberg, Germany

Batch number: 10682323

Printed by Printforce, the Netherlands